Springer Collected Works in Mathematics

For further volumes:
http://www.springer.com/series/11104

Auxerre, 1949

Jean-Pierre Serre

Oeuvres - Collected Papers I

1949–1959

Reprint of the 2003 Edition

Springer

Jean-Pierre Serre
Collège de France
Paris, France

ISSN 2194-9875
ISBN 978-3-642-39815-5 (Softcover)
978-3-540-43562-4 (Hardcover)
DOI 10.1007/978-3-642-39816-2
Springer Heidelberg New York Dordrecht London

Library of Congress Control Number: 2012954381

Mathematics Subject Classification (2000): 14-XX, 18-XX, 20-XX, 32-XX, 55-XX

Printed on acid-free paper

Springer is part of Springer Science+Business Media (www.springer.com)

Préface aux volumes I, II, III

Ces trois volumes contiennent:

– presque tous les articles que j'ai publiés dans les différents journaux mathématiques entre 1949 et 1984;
– les résumés de mes cours au Collège de France depuis 1956;
– un choix d'exposés de séminaire;
– quelques inédits.

Des «Notes», placées à la fin de chaque volume, donnent des corrections et des références à des travaux plus récents. J'ai notamment essayé d'y faire le point sur les diverses questions posées dans le texte.

J'ai laissé de côté:

– les ouvrages publiés en librairie, ou sous forme de «Lecture Notes»;
– quelques articles, notamment ceux rédigés avec Armand Borel, qui figurent déjà dans ses propres «Œuvres» (j'ai toutefois reproduit nos Notes aux Comptes Rendus);
– la plupart de mes exposés de séminaire.

Le choix ainsi fait est quelque peu arbitraire, notamment en ce qui concerne les exposés de séminaire. Je m'en excuse d'avance auprès du lecteur. Pour remédier dans une certaine mesure à ce défaut, j'ai dressé une liste, que j'espère complète, des textes non reproduits; on la trouvera plus loin.

J'ai plaisir à remercier:

– en tout premier lieu, la maison Springer-Verlag, et en particulier le Dr. H. Götze, pour m'avoir donné la possibilité de mener à bien cette publication, dans des conditions meilleures que je ne pouvais le rêver;

– les nombreuses personnes à qui je dois mon éducation mathématique, passée et présente: d'abord, et tout spécialement, Henri Cartan et Armand Borel, mais aussi Enrico Bombieri, Pierre Deligne, Alexandre Grothendieck, Serge Lang, Barry Mazur, Harold Stark, John Tate, Jacques Tits et André Weil, sans oublier les collaborateurs de Nicolas Bourbaki, les fidèles de Bures, les auditeurs du Collège de France et les «graduate students» de Harvard.

A tous, un grand merci!

Jean-Pierre Serre

Curriculum Vitae

Né à Bages (Pyrénées Orientales), le 15 septembre 1926, de Jean SERRE et Adèle SERRE (née DIET), pharmaciens.
Marié le 10 aout 1948 à Josiane HEULOT. Un enfant: Claudine SERRE, née le 29 novembre 1949.

Elève à l'école primaire de Vauvert (1932–1937), puis au lycée de garçons de Nîmes (1937–1945).
Bachelier ès sciences et ès lettres (1944).
Elève à l'Ecole Normale Supérieure, rue d'Ulm (1945–1948).
Agrégé des sciences mathématiques (1948).
Attaché, puis chargé de recherches au C.N.R.S. (1948–1953).
Docteur ès sciences (1951).
Maître de recherches au C.N.R.S. (1953–1954).
Maître de conférences à la Faculté des Sciences de Nancy (1954–1956).
Chargé du cours Peccot au Collège de France (1955).
Professeur au Collège de France: chaire d'algèbre et géométrie (1956–1994); professeur honoraire depuis octobre 1994.

Membre des Académies des Sciences d'Amsterdam (1978), Boston (1960), Paris (1977), Stockholm (1981) et Washington (1979). Membre honoraire de la London Mathematical Society (1973) et de la Royal Society (1974). Docteur honoris causa des universités de Cambridge (1978), Stockholm (1980), Glasgow (1983), Athènes (1996), Harvard (1998), Durham (2000), Londres (2001).

Président du Comité Consultatif pour le Congrès International des Mathématiciens de Varsovie (1981–1983). Vice-président du Comité Exécutif de l'Union Mathématique Internationale (1983–1986).

Membre du comité de rédaction des Annales Scientifiques de l'Ecole Normale Supérieure (1967–1970), d'Astérisque (1975–1979) et d'Inventiones Mathematicae (1967–1979 et 1982–1988).

Cours dans des universités étrangères:

Alger (1965, 1966), Bonn (1976), CalTech (1997), Eugene (1998), Genève (1999), Göttingen (1970), Harvard (1957, 1964, 1974, 1976, 1979, 1981, 1985, 1988, 1990, 1992, 1994, 1995, 1996), McGill (1967), Mexico (1956), Moscou (1961, 1984), Princeton (1952, 1999), Singapour (1985), U.C.L.A. (2001), Utrecht (1974).
Séjours à l'I.A.S. (Princeton): 1955, 1957, 1959, 1961, 1963, 1967, 1970, 1972, 1978, 1983, 1999.
Séjour à l'I.H.E.S. (Bures-sur-Yvette): 1963–1964.

Table des Matières

Volume I: 1949–1959

Liste des Travaux

Reproduits dans les Œuvres

Volume I: 1949–1959

1. Extensions de corps ordonnés, C. R. Acad. Sci. Paris **229** (1949), 576–577.
2. (avec A. Borel) Impossibilité de fibrer un espace euclidien par des fibres compactes, C. R. Acad. Sci. Paris **230** (1950), 2258–2260.
3. Cohomologie des extensions de groupes, C. R. Acad. Sci. Paris **231** (1950), 643–646.
4. Homologie singulière des espaces fibrés. I. La suite spectrale, C. R. Acad. Sci. Paris **231** (1950), 1408–1410.
5. Homologie singulière des espaces fibrés. II. Les espaces de lacets, C. R. Acad. Sci. Paris **232** (1951), 31–33.
6. Homologie singulière des espaces fibrés. III. Applications homotopiques, C. R. Acad. Sci. Paris **232** (1951), 142–144.
7. Groupes d'homotopie, Séminaire Bourbaki 1950/51, n° **44**.
8. (avec A. Borel) Détermination des *p*-puissances réduites de Steenrod dans la cohomologie des groupes classiques. Applications, C. R. Acad. Sci. Paris **233** (1951), 680–682.
9. Homologie singulière des espaces fibrés. Applications, Thèse, Paris, 1951, et Ann. of Math. **54** (1951), 425–505.
10. (avec H. Cartan) Espaces fibrés et groupes d'homotopie. I. Constructions générales, C. R. Acad. Sci. Paris **234** (1952), 288–290.
11. (avec H. Cartan) Espaces fibrés et groupes d'homotopie. II. Applications, C. R. Acad. Sci. Paris **234** (1952), 393–395.
12. Sur les groupes d'Eilenberg-MacLane, C. R. Acad. Sci. Paris **234** (1952), 1243–1245.
13. Sur la suspension de Freudenthal, C. R. Acad. Sci. Paris **234** (1952), 1340–1342.
14. Le cinquième problème de Hilbert. Etat de la question en 1951, Bull. Soc. Math. de France **80** (1952), 1–10.
15. (avec G. P. Hochschild) Cohomology of group extensions, Trans. Amer. Math. Soc. **74** (1953), 110–134.
16. (avec G. P. Hochschild) Cohomology of Lie algebras, Ann. of Math. **57** (1953), 591–603.
17. Cohomologie et arithmétique, Séminaire Bourbaki 1952/53, n° 77.
18. Groupes d'homotopie et classes de groupes abéliens, Ann. of Math. **58** (1953), 258–294.
19. Cohomologie modulo 2 des complexes d'Eilenberg-MacLane, Comm. Math. Helv. **27** (1953), 198–232.

20. Lettre à Armand Borel, inédit, avril 1953.
21. Espaces fibrés algébriques (d'après A. Weil), Séminaire Bourbaki 1952/53, n° **82**.
22. Quelques calculs de groupes d'homotopie, C. R. Acad. Sci. Paris **236** (1953), 2475–2477.
23. Quelques problèmes globaux relatifs aux variétés de Stein, Colloque sur les fonctions de plusieurs variables, Bruxelles, 1953, 57–68.
24. (avec H. Cartan) Un théorème de finitude concernant les variétés analytiques compactes, C. R. Acad. Sci. Paris **237** (1953), 128–130.
25. Travaux de Hirzebruch sur la topologie des variétés, Séminaire Bourbaki 1953/54, n° **88**.
26. Fonctions automorphes: quelques majorations dans le cas où X/G est compact, Séminaire H. Cartan, 1953/54, n° **2**.
27. Cohomologie et géométrie algébrique, Congrès International d'Amsterdam, **3** (1954), 515–520.
28. Un théorème de dualité, Comm. Math. Helv. **29** (1955), 9–26.
29. Faisceaux algébriques cohérents, Ann. of Math. **61** (1955), 197–278.
30. Une propriété topologique des domaines de Runge, Proc. Amer. Math. Soc. **6** (1955), 133–134.
31. Notice sur les travaux scientifiques, inédit (1955).
32. Géométrie algébrique et géométrie analytique, Ann. Inst. Fourier **6** (1956), 1–42.
33. Sur la dimension homologique des anneaux et des modules noethériens, Proc. int. symp., Tokyo-Nikko (1956), 175–189.
34. Critère de rationalité pour les surfaces algébriques (d'après K. Kodaira), Séminaire Bourbaki 1956/57, n° **146**.
35. Sur la cohomologie des variétés algébriques, J. de Math. pures et appliquées **36** (1957), 1–16.
36. (avec S. Lang) Sur les revêtements non ramifiés des variétés algébriques, Amer. J. of Math. **79** (1957), 319–330; erratum, *ibid.* **81** (1959), 279–280.
37. Résumé des cours de 1956–1957, Annuaire du Collège de France (1957), 61–62.
38. Sur la topologie des variétés algébriques en caractéristique p, Symp. Int. Top. Alg., Mexico (1958), 24–53.
39. Modules projectifs et espaces fibrés à fibre vectorielle, Séminaire Dubreil-Pisot 1957/58, n° **23**.
40. Quelques propriétés des variétés abéliennes en caractéristique p, Amer. J. of Math. **80** (1958), 715–739.
41. Classes des corps cyclotomiques (d'après K. Iwasawa), Séminaire Bourbaki 1958/59, n° **174**.
42. Résumé des cours de 1957–1958, Annuaire du Collège de France (1958), 55–58.
43. On the fundamental group of a unirational variety, J. London Math. Soc. **34** (1959), 481–484.
44. Résumé des cours de 1958–1959, Annuaire du Collège de France (1959), 67–68.

Volume II: 1960–1971

45. Analogues kählériens de certaines conjectures de Weil, Ann. of Math. **71** (1960), 392–394.
46. Sur la rationalité des représentations d'Artin, Ann. of Math. **72** (1960), 405–420.
47. Résumé des cours de 1959–1960, Annuaire du Collège de France (1960), 41–43.
48. Sur les modules projectifs, Séminaire Dubreil-Pisot 1960/61, n° **2**.
49. Groupes proalgébriques, Publ. Math. I.H.E.S., n° **7** (1960), 5–68.
50. Exemples de variétés projectives en caractéristique p non relevables en caractéristique zéro, Proc. Nat. Acad. Sci. USA **47** (1961), 108–109.
51. Sur les corps locaux à corps résiduel algébriquement clos, Bull. Soc. Math. de France **89** (1961), 105–154.
52. Résumé des cours de 1960–1961, Annuaire du Collège de France (1961), 51–52.
53. Cohomologie galoisienne des groupes algébriques linéaires, Colloque de Bruxelles (1962), 53–68.
54. (avec A. Fröhlich et J. Tate) A different with an odd class, J. de Crelle **209** (1962), 6–7.
55. Endomorphismes complètement continus des espaces de Banach p-adiques, Publ. Math. I.H.E.S., n° **12** (1962), 69–85.
56. Géométrie algébrique, Cong. Int. Math., Stockholm (1962), 190–196.
57. Résumé des cours de 1961–1962, Annuaire du Collège de France (1962), 47–51.
58. Structure de certains pro-p-groupes (d'après Demuškin), Séminaire Bourbaki 1962/63, n° **252**.
59. Résumé des cours de 1962–1963, Annuaire du Collège de France (1963), 49–53.
60. Groupes analytiques p-adiques (d'après Michel Lazard), Séminaire Bourbaki 1963/64, n° **270**.
61. (avec H. Bass et M. Lazard) Sous-groupes d'indice fini dans $\mathbf{SL}(n,\mathbf{Z})$, Bull. Amer. Math. Soc. **70** (1964), 385–392.
62. Sur les groupes de congruence des variétés abéliennes, Izv. Akad. Nauk. SSSR **28** (1964), 3–18.
63. Exemples de variétés projectives conjuguées non homéomorphes, C. R. Acad. Sci. Paris **258** (1964), 4194–4196.
64. Zeta and L functions, Arithmetical Algebraic Geometry, Harper and Row, New York (1965), 82–92.
65. Classification des variétés analytiques p-adiques compactes, Topology **3** (1965), 409–412.
66. Sur la dimension cohomologique des groupes profinis, Topology **3** (1965), 413–420.
67. Résumé des cours de 1964–1965, Annuaire du Collège de France (1965), 45–49.
68. Prolongement de faisceaux analytiques cohérents, Ann. Inst. Fourier **16** (1966), 363–374.

69. Existence de tours infinies de corps de classes d'après Golod et Šafarevič, Colloque CNRS, **143** (1966), 231–238.
70. Groupes de Lie l-adiques attachés aux courbes elliptiques, Colloque CNRS, **143** (1966), 239–256.
71. Résumé des cours de 1965–1966, Annuaire du Collège de France (1966), 49–58.
72. Sur les groupes de Galois attachés aux groupes p-divisibles, Proc. Conf. Local Fields, Driebergen, Springer-Verlag (1966), 118–131.
73. Commutativité des groupes formels de dimension 1, Bull. Sci. Math. **91** (1967), 113–115.
74. (avec H. Bass et J. Milnor) Solution of the congruence subgroup problem for $\mathbf{SL}_n (n \geqq 3)$ and $\mathbf{Sp}_{2n} (n \geqq 2)$, Publ. Math. I.H.E.S., n° **33** (1967), 59–137.
75. Local Class Field Theory, Algebraic Number Theory, édité par J. Cassels et A. Fröhlich, chap. VI, Acad. Press (1967), 128–161.
76. Complex Multiplication, Algebraic Number Theory, édité par J. Cassels et A. Fröhlich, chap. XIII, Acad. Press (1967), 292–296.
77. Groupes de congruence (d'après H. Bass, H. Matsumoto, J. Mennicke, J. Milnor, C. Moore), Séminaire Bourbaki 1966/67, n° **330**.
78. Résumé des cours de 1966–1967, Annuaire du Collège de France (1967), 51–52.
79. (avec J. Tate) Good reduction of abelian varieties, Ann. of Math. **88** (1968), 492–517.
80. Une interprétation des congruences relatives à la fonction τ de Ramanujan, Séminaire Delange-Pisot-Poitou 1967/68, n° **14**.
81. Groupes de Grothendieck des schémas en groupes réductifs déployés, Publ. Math. I.H.E.S, n° **34** (1968), 37–52.
82. Résumé des cours de 1967–1968, Annuaire du Collège de France (1968), 47–50.
83. Cohomologie des groupes discrets, C. R. Acad. Sci. Paris **268** (1969), 268–271.
84. Résumé des cours de 1968–1969, Annuaire du Collège de France (1969), 43–46.
85. Sur une question d'Olga Taussky, J. of Number Theory **2** (1970), 235–236.
86. Le problème des groupes de congruence pour $\mathbf{SL}_2$, Ann. of Math. **92** (1970), 489–527.
87. Facteurs locaux des fonctions zêta des variétés algébriques (définitions et conjectures), Séminaire Delange-Pisot-Poitou, 1969/70, n° **19**.
88. Cohomologie des groupes discrets, Ann. of Math. Studies, n° **70** (1971), 77–169, Princeton Univ. Press.
89. Sur les groupes de congruence des variétés abéliennes II, Izv. Akad. Nauk SSSR **35** (1971), 731–735.
90. (avec A. Borel) Adjonction de coins aux espaces symétriques; applications à la cohomologie des groupes arithmétiques, C. R. Acad. Sci. Paris **271** (1970), 1156–1158.

91. (avec A. Borel) Cohomologie à supports compacts des immeubles de Bruhat-Tits; applications à la cohomologie des groupes S-arithmétiques, C. R. Acad. Sci. Paris **272** (1971), 110–113.
92. Conducteurs d'Artin des caractères réels, Invent. Math. **14** (1971), 173–183.
93. Résumé des cours de 1970–1971, Annuaire du Collège de France (1971), 51–55.

Volume III: 1972–1984

94. Propriétés galoisiennes des points d'ordre fini des courbes elliptiques, Invent. Math. **15** (1972), 259–331.
95. Congruences et formes modulaires (d'après H.P.F. Swinnerton-Dyer), Séminaire Bourbaki 1971/72, n° **416**.
96. Résumé des cours de 1971–1972, Annuaire du Collège de France (1972), 55–60.
97. Formes modulaires et fonctions zêta *p*-adiques, Lect. Notes in Math., n° **350**, Springer-Verlag (1973), 191–268.
98. Résumé des cours de 1972–1973, Annuaire du Collège de France (1973), 51–56.
99. Valeurs propres des endomorphismes de Frobenius (d'après P. Deligne), Séminaire Bourbaki 1973/74, n° **446**.
100. Divisibilité des coefficients des formes modulaires de poids entier, C. R. Acad. Sci. Paris **279** (1974), série A, 679–682.
101. (avec P. Deligne) Formes modulaires de poids 1, Ann. Sci. Ec. Norm. Sup. **7** (1974), 507–530.
102. Résumé des cours de 1973–1974, Annuaire du Collège de France (1974), 43–47.
103. (avec H. Bass et J. Milnor) On a functorial property of power residue symbols, Publ. Math. I.H.E.S., n° **44** (1975), 241–244.
104. Valeurs propres des opérateurs de Hecke modulo *l*, Journées arith. Bordeaux, Astérisque **24–25** (1975), 109–117.
105. Les Séminaires Cartan, Allocution prononcée à l'occasion du Colloque Analyse et Topologie, Orsay, 17 juin 1975.
106. Minorations de discriminants, inédit, octobre 1975.
107. Résumé des cours de 1974–1975, Annuaire du Collège de France (1975), 41–46.
108. Divisibilité de certaines fonctions arithmétiques, L'Ens. Math. **22** (1976), 227–260.
109. Résumé des cours de 1975–1976, Annuaire du Collège de France (1976), 43–50.
110. Modular forms of weight one and Galois representations, Algebraic Number Fields, édité par A. Fröhlich, Acad. Press (1977), 193–268.
111. Majorations de sommes exponentielles, Journées arith. Caen, Astérisque **41–42** (1977), 111–126.

112. Représentations l-adiques, Kyoto Int. Symposium on Algebraic Number Theory, Japan Soc. for the Promotion of Science (1977), 177–193.
113. (avec H. Stark) Modular forms of weight 1/2, Lect. Notes in Math. n° **627**, Springer-Verlag (1977), 29–68.
114. Résumé des cours de 1976–1977, Annuaire du Collège de France (1977), 49–54.
115. Une «formule de masse» pour les extensions totalement ramifiées de degré donné d'un corps local, C. R. Acad. Sci. Paris **286** (1978), série A, 1031–1036.
116. Sur le résidu de la fonction zêta p-adique d'un corps de nombres, C. R. Acad. Sci. Paris **287** (1978), série A, 183–188.
117. Travaux de Pierre Deligne, Gazette des Mathématiciens **11** (1978), 61–72.
118. Résumé des cours de 1977–1978, Annuaire du Collège de France (1978), 67–70.
119. Groupes algébriques associés aux modules de Hodge-Tate, Journées de Géométrie Algébrique de Rennes, Astérisque **65** (1979), 155–188.
120. Arithmetic Groups, Homological Group Theory, édité par C. T. C. Wall, LMS Lect. Note Series n° **36,** Cambridge Univ. Press (1979), 105–136.
121. Un exemple de série de Poincaré non rationnelle, Proc. Nederland Acad. Sci. **82** (1979), 469–471.
122. Quelques propriétés des groupes algébriques commutatifs, Astérisque **69–70** (1979), 191–202.
123. Extensions icosaédriques, Séminaire de Théorie des Nombres de Bordeaux 1979/80, n° **19**.
124. Résumé des cours de 1979–1980, Annuaire du Collège de France (1980), 65–72.
125. Quelques applications du théorème de densité de Chebotarev, Publ. Math. I.H.E.S., n° **54** (1981), 123–201.
126. Résumé des cours de 1980–1981, Annuaire du Collège de France (1981), 67–73.
127. Résumé des cours de 1981–1982, Annuaire du Collège de France (1982), 81–89.
128. Sur le nombre des points rationnels d'une courbe algébrique sur un corps fini, C. R. Acad. Sci. Paris **296** (1983), série I, 397–402.
129. Nombres de points des courbes algébriques sur $\mathbf{F}_q$, Séminaire de Théorie des Nombres de Bordeaux 1982/83, n° **22**.
130. Résumé des cours de 1982–1983, Annuaire du Collège de France (1983), 81–86.
131. L'invariant de Witt de la forme $\mathrm{Tr}(x^2)$, Comm. Math. Helv. **59** (1984), 651–676.
132. Résumé des cours de 1983–1984, Annuaire du Collège de France (1984), 79–83.

Volume IV: 1985–1998

133. Lettres à Ken Ribet, janvier 1981.
134. Lettre à Daniel Bertrand, juin 1984.
135. Résumé des cours de 1984–1985, Annuaire du Collège de France (1985), 85–90.
136. Résumé des cours de 1985–1986, Annuaire du Collège de France (1986), 95–99.
137. Lettre à Marie-France Vignéras, février 1986.
138. Lettre à Ken Ribet, mars 1986.
139. Sur la lacunarité des puissances de η, Glasgow Math. J. **27** (1985), 203–221.
140. $\Delta = b^2 - 4ac$, Math. Medley, Singapore Math. Soc. **13** (1985), 1–10.
141. An interview with J-P. Serre, Intelligencer **8** (1986), 8–13.
142. Lettre à J-F. Mestre, A.M.S. Contemp. Math. **67** (1987), 263–268.
143. Sur les représentations modulaires de degré 2 de Gal($\bar{\mathbf{Q}}/\mathbf{Q}$), Duke Math. J. **54** (1987), 179–230.
144. Une relation dans la cohomologie des p-groupes, C. R. Acad. Sci. Paris **304** (1987), 587–590.
145. Résumé des cours de 1987–1988, Annuaire du Collège de France (1988), 79–82.
146. Résumé des cours de 1988–1989, Annuaire du Collège de France (1989), 75–78.
147. Groupes de Galois sur **Q**, Séminaire Bourbaki 1987/88, n° **689**, Astérisque **161–162** (1988), 73–85.
148. Résumé des cours de 1989–1990, Annuaire du Collège de France (1990), 81–84.
149. Construction de revêtements étales de la droite affine en caractéristique p, C. R. Acad. Sci. Paris **311** (1990), 341–346.
150. Spécialisation des éléments de $\mathrm{Br}_2(\mathbf{Q}(T_1, \ldots, T_n))$, C. R. Acad. Sci. Paris **311** (1990), 397–402.
151. Relèvements dans $\tilde{A}_n$, C. R. Acad. Sci. Paris **311** (1990), 477–482.
152. Revêtements à ramification impaire et thêta-caractéristiques, C. R. Acad. Sci. Paris **311** (1990), 547–552.
153. Résumé des cours de 1990–1991, Annuaire du Collège de France (1991), 111–121.
154. Motifs, Astérisque **198–199–200** (1991), 333–349.
155. Lettre à M. Tsfasman, Astérisque **198–199–200** (1991), 351–353.
156. Résumé des cours de 1991–1992, Annuaire du Collège de France (1992), 105–113.
157. Revêtements des courbes algébriques, Séminaire Bourbaki 1991/92, n° **749**, Astérisque **206** (1992), 167–182.
158. Résumé des cours de 1992–1993, Annuaire du Collège de France (1993), 109–110.
159. (avec T. Ekedahl) Exemples de courbes algébriques à jacobienne complètement décomposable, C. R. Acad. Sci. Paris **317** (1993), 509–513.

160. Gèbres, L'Enseignement Math. **39** (1993), 33–85.
161. Propriétés conjecturales des groupes de Galois motiviques et des représentations ℓ-adiques, Proc. Symp. Pure Math. **55** (1994), vol. I, 377–400.
162. A letter as an appendix to the square-root parameterization paper of Abhyankar, Algebraic Geometry and its Applications (C. L. Bajaj edit.), Springer-Verlag (1994), 85–88.
163. (avec E. Bayer-Fluckiger) Torsions quadratiques et bases normales autoduales, Amer. J. Math. **116** (1994), 1–63.
164. Sur la semi-simplicité des produits tensoriels de représentations de groupes, Invent. Math. **116** (1994), 513–530.
165. Résumé des cours de 1993 – 1994, Annuaire du Collège de France (1994), 91–98.
166. Cohomologie galoisienne: progrès et problèmes, Séminaire Bourbaki 1993/94, n° **783**, Astérisque **227** (1995), 229–257.
167. Exemples de plongements des groupes $\mathbf{PGL}_2(\mathbf{F}_p)$ dans des groupes de Lie simples, Invent. Math. **124** (1996), 525–562.
168. Travaux de Wiles (et Taylor, ...) I, Séminaire Bourbaki 1994/95, n° **803**, Astérisque **237** (1996), 319–332.
169. Two letters on quaternions and modular forms (mod p), Israel J. Math. **95** (1996), 281–299.
170. Répartition asymptotique des valeurs propres de l'opérateur de Hecke T_p, Journal A.M.S. **10** (1997), 75–102.
171. Semisimplicity and tensor products of group representations: converse theorems (with an Appendix by Walter Feit), J. Algebra **194** (1997), 496–520.
172. Deux lettres sur la cohomologie non abélienne, Geometric Galois Actions (L. Schneps and P. Lochak edit.), Cambridge Univ. Press (1997), 175–182.
173. La distribution d'Euler-Poincaré d'un groupe profini, Galois Representations in Arithmetic Algebraic Geometry (A. J. Scholl and R. L. Taylor edit.), Cambridge Univ. Press (1998), 461–493.
174. Sous-groupes finis des groupes de Lie, Séminaire Bourbaki 1998/99, n° **864**, Astérisque **266** (2000), 415–430; Doc. Math. **1**, 233–248, S.M.F., 2001.
175. La vie et l'œuvre d'André Weil, L'Enseignement Mathématique **45** (1999), 5–16.

Textes non reproduits dans les ŒUVRES

1) Ouvrages

Groupes algébriques et corps de classes, Hermann, Paris, 1959; 2e éd. 1975, 204 p. [traduit en anglais et en russe].

Corps Locaux, Hermann, Paris, 1962; 3e éd., 1980, 245 p. [traduit en anglais].

Cohomologie galoisienne, Lecture Notes in Maths. n° **5**, Springer-Verlag, 1964; 5° édition révisée et complétée, 1994, 181 p. [traduit en anglais et en russe].

Lie Algebras and Lie Groups, Benjamin Publ., New York, 1965; 3e éd. 1974, 253 p. [traduit en anglais et en russe].

Algèbre Locale. Multiplicités, Lecture Notes in Maths. n° **11**, Springer-Verlag, 1965 – rédigé avec la collaboration de P. GABRIEL; 3e éd. 1975, 160 p. [traduit en anglais et en russe].

Algèbres de Lie semi-simples complexes, Benjamin Publ., New York, 1966, 135 p. [traduit en anglais et en russe].

Représentations linéaires des groupes finis, Hermann, Paris, 1968; 3e éd. 1978, 182 p. [traduit en allemand, anglais, espagnol, japonais, polonais, russe].

Abelian l-adic representations and elliptic curves, Benjamin Publ., New York, 1968 – rédigé avec la collaboration de W. KUYK et J. LABUTE, 195 p. [traduit en russe]; 2° édition, A.K. Peters, Wellesley, 1998.

Cours d'Arithmétique, Presses Univ. France, Paris, 1970; 2e éd. 1977, 188 p. [traduit en anglais, chinois, japonais, russe].

Arbres, amalgames, SL_2, Astérisque n° **46**, Soc. Math. France 1977 – rédigé avec la collaboration de H. BASS; 3e éd. 1983, 189 p. [traduit en anglais et en russe].

Lectures on the Mordell-Weil Theorem, traduit et édité par M. Brown, d'après des notes de M. Waldschmidt, Vieweg, 1989, 218 p.; 3° édit., 1997.

Topics in Galois Theory, notes written by H. Darmon, Jones & Bartlett, Boston, 1992, 117 p.; A.K. Peters, Wellesley, 1994.

Exposés de Séminaires (1950–1999), Documents Mathématiques 1, S.M.F., 2001, 259 p.

Correspondance Grothendieck-Serre (éditée avec la collaboration de P. Colmez), Documents Mathématiques 2, S.M.F., 2001, 288 p.

2) Articles

Compacité locale des espaces fibrés, C. R. Acad. Sci. Paris **229** (1949), 1295–1297.

Trivialité des espaces fibrés. Applications, C. R. Acad. Sci. Paris **230** (1950), 916–918.

Sur un théorème de T. Szele, Acta Szeged **13** (1950), 190–191.

(avec A. Borel) [1]) Sur certains sous-groupes des groupes de Lie compacts, Comm. Math. Helv. **27** (1953), 128–139.

(avec A. Borel) [1]) Groupes de Lie et puissances réduites de Steenrod, Amer. J. of Math. **75** (1953), 409–448.

Correspondence, Amer. J. of Math. **78** (1956), 898.

(avec S. S. Chern et F. Hirzebruch) [2]) On the index of a fibered manifold, Proc. Amer. Math. Soc. **8** (1957), 587–596.

Revêtements. Groupe fondamental, Mon. Ens. Math., Structures algébriques et structures topologiques, Genève (1958), 175–186.

(avec A. Borel) [1]) Le théorème de Riemann-Roch (d'après des résultats inédits de A. Grothendieck), Bull. Soc. Math. de France **86** (1958), 97–136.

(avec A. Borel) [1]) Théorèmes de finitude en cohomologie galoisienne, Comm. Math. Helv. **39** (1964), 111–164.

Groupes finis d'automorphismes d'anneaux locaux réguliers (rédigé par Marie-José Bertin), Colloque d'algèbre, E.N.S.J.F., Paris, 1967, 11 p.

Groupes discrets – Compactifications, Colloque Elie Cartan, Nancy, 1971, 5 p.

(avec A. Borel) [1]) Corners and arithmetic groups, Comm. Math. Helv. **48** (1973), 436–491.

Fonctions zêta *p*-adiques, Bull. Soc. Math. de France, Mém. **37** (1974), 157–160.

Amalgames et points fixes, Proc. Int. Conf. Theory of Groups, Lect. Notes in Math. **372**, Springer-Verlag (1974), 633–640.

(avec A. Borel) [1]) Cohomologie d'immeubles et de groupes S-arithmétiques, Topology **15** (1976), 211–232.

Deux lettres, Mémoires S.M.F., 2e série, n° **2** (1980), 95–102.

La vie et l'œuvre de Ivan Matveevich Vinogradov, C. R. Acad. Sci. Paris, La Vie des Sciences (1985), 667–669.

C est algébriquement clos (rédigé par A-M. Aubert), E.N.S.J.F., 1985.

Rapport au comité Fields sur les travaux de A. Grothendieck, K-Theory **3** (1989), 73–85.

Entretien avec Jean-Pierre Serre, *in* M. Schmidt, Hommes de Science, 218–227, Hermann, Paris, 1990; reproduit dans Wolf Prize in Mathematics, vol. 2, 542–549, World Sci. Publ. Co., Singapore, 2001.

Les petits cousins, Miscellanea Math., Springer-Verlag, 1991, 277–291.

Smith, Minkowski et l'Académie des Sciences (avec des notes de N. Schappacher), Gazette des Mathématiciens **56** (1993), 3–9.

Représentations linéaires sur des anneaux locaux, d'après Carayol (rédigé par R. Rouquier), ENS, 1993.

Commentaires sur: O. Debarre, Polarisations sur les variétés abéliennes produits, C. R. Acad. Sci. Paris **323** (1996), 631–635.

---

[1]) Ces textes ont été reproduits dans les *Œuvres* de A. Borel, publiées par Springer-Verlag en 1983.

[2]) Ce texte a été reproduit dans les *Selected Papers* de S. S. Chern, publiés par Springer-Verlag en 1978.

Appendix to: J-L. Nicolas, I. Z. Ruzsa et A. Sarközy, On the parity of additive representation functions, J. Number Theory **73** (1998), 292–317.

Appendix to: R. L. Griess, Jr., et A. J. E. Ryba, Embeddings of $PGL_2(31)$ and $SL_2(32)$ in $E_8(\mathbf{C})$, Duke Math. J. **94** (1998), 181–211.

Moursund Lectures on Group Theory, Notes by W. E. Duckworth, Eugene 1998, 30 p. (http:// darkwing.uoregon.edu/~math/serre/index.html).

Jean-Pierre Serre, in Wolf Prize in Mathematics, vol. 2, 523–551 (edit. S. S. Chern et F. Hirzebruch), World Sci. Publ. Co., Singapore, 2001.

Commentaires sur: W. Li, On negative eigenvalues of regular graphs, C. R. Acad. Sci. Paris **333** (2001), 907–912.

Appendix to: K. Lauter, Geometric methods for improving the upper bounds on the number of rational points on algebraic curves over finite fields, J. Algebraic Geometry **10** (2001), 19–36.

On a theorem of Jordan, notes rédigées par H. H. Chan, Math. Medley, Singapore Math. Soc. **29** (2002), 3–18.

Appendix to: K. Lauter, The maximum or minimum number of rational points on curves of genus three over finite fields, Comp. Math., à paraître.

3) Séminaires

Les séminaires marqués d'un astérisque * ont été reproduits, avec corrections, dans *Documents Mathématiques* **1**, S.M.F., 2001.

Séminaire Bourbaki

* Extensions de groupes localement compacts (d'après Iwasawa et Gleason), 1949/50, n° **27**, 6 p.

Utilisation des nouvelles opérations de Steenrod dans la théorie des espaces fibrés (d'après Borel et Serre), 1951/52, n° **54**, 10 p.

Cohomologie et fonctions de variables complexes, 1952/53, n° **71**, 6 p.

Faisceaux analytiques, 1953/54, n° **95**, 6 p.

* Représentations linéaires et espaces homogènes kählériens des groupes de Lie compacts (d'après Borel et Weil), 1953/54, n° **100**, 8 p.

Le théorème de Brauer sur les caractères (d'après Brauer, Roquette et Tate), 1954/55, n° **111**, 7 p.

Théorie du corps de classes pour les revêtements non ramifiés de variétés algébriques (d'après S. Lang), 1955/56, n° **133**, 9 p.

Corps locaux et isogénies, 1958/59, n° **185**, 9 p.

* Rationalité des fonctions zêta des variétés algébriques (d'après Dwork), 1959/60, n° **198**, 11 p.

* Revêtements ramifiés du plan projectif (d'après Abhyankar), 1959/60, n° **204**, 7 p.

* Groupes finis à cohomologie périodique (d'après R. Swan), 1960/61, n° **209**, 12 p.

* Groupes *p*-divisibles (d'après J. Tate), 1966/67, n° **318**, 14 p.

Travaux de Baker, 1969/70, n° **368,** 14 p.

p-torsion des courbes elliptiques (d'après Y. Manin), 1969/70, n° **380,** 14 p.

Cohomologie des groupes discrets, 1970/71, n° **399,** 14 p.

(avec Barry Mazur) Points rationnels des courbes modulaires $X_0(N)$, 1974/75, n° **469,** 18 p.

Représentations linéaires des groupes finis «algébriques» (d'après Deligne-Lusztig), 1975/76, n° **487,** 18 p.

* Points rationnels des courbes modulaires $X_0(N)$ (d'après Barry Mazur), 1977/78, n° **511,** 12 p.

Séminaire Henri CARTAN

Groupes d'homologie d'un complexe simplicial, 1948/49, n° **2,** 9 p.

(avec H. Cartan) Produits tensoriels, 1948/49, n° **11,** 12 p.

Extensions des applications. Homotopie, 1949/50, n° **1,** 6 p.

Groupes d'homotopie, 1949/50, n° **2,** 7 p.

Groupes d'homotopie relatifs. Application aux espaces fibrés, 1949/50, n° **9,** 8 p.

Homotopie des espaces fibrés. Applications, 1949/50, n° **10,** 7 p.

* Applications algébriques de la cohomologie des groupes. I., 1950/51, n° **5,** 7 p.

* Applications algébriques de la cohomologie des groupes. II. Théorie des algèbres simples, 1950/51, n°s **6–7,** 20 p.

La suite spectrale des espaces fibrés. Applications, 1950/51, n° **10,** 9 p.

Espaces avec groupes d'opérateurs. Compléments, 1950/51, n° **13,** 12 p.

La suite spectrale attachée à une application continue, 1950/51, n° **21,** 8 p.

Applications de la théorie générale à divers problèmes globaux, 1951/52, n° **20,** 26 p.

* Fonctions automorphes d'une variable: application du théorème de Riemann-Roch, 1953/54, n°s **4–5,** 15 p.

* Deux théorèmes sur les applications complètement continues, 1953/54, n° **16,** 7 p.

* Faisceaux analytiques sur l'espace projectif, 1953/54, n°s **18–19,** 17 p.

* Fonctions automorphes, 1953/54, n° **20,** 23 p.

* Les espaces $K(\pi,n)$, 1954/55, n° **1,** 7 p.

* Groupes d'homotopie des bouquets de sphères, 1954/55, n° **20,** 7 p.

Rigidité du foncteur de Jacobi d'échelon $n \geqq 3$, 1960/61, n° **17,** Append., 3 p.

Formes bilinéaires symétriques entières à discriminant ± 1, 1961/62, n°s **14–15,** 16 p.

Séminaire Claude CHEVALLEY

* Espaces fibrés algébriques, 1957/58, n° **1,** 37 p.

* Morphismes universels et variété d'Albanese, 1958/59, n° **10,** 22 p.

* Morphismes universels et différentielles de troisième espèce, 1958/59, n° **11,** 8 p.

Séminaire DELANGE-PISOT-POITOU

* Dépendance d'exponentielles p-adiques, 1965/66, n° **15**, 14 p.
Divisibilité de certaines fonctions arithmétiques, 1974/75, n° **20**, 28 p.

Séminaire GROTHENDIECK

Existence d'éléments réguliers sur les corps finis, SGA 3 II 1962/64, n° **14**, Append. Lect. Notes in Math. **152**, 342–348.

Séminaire Sophus LIE

Tores maximaux des groupes de Lie compacts, 1954/55, n° **23**, 8 p.
Sous-groupes abéliens des groupes de Lie compacts, 1954/55, n° **24**, 8 p.

Seminar on Complex Multiplication (Lect. Notes in Math. **21**, 1966)

Statement of results, n° **1**, 8 p.
Modular forms, n° **2**, 16 p.

4) Éditions

G. F. FROBENIUS, *Gesammelte Abhandlungen* (Bd. I, II, III), Springer-Verlag, 1968, 2129 p.

(avec W. KUYK) *Modular Functions of One Variable* III, Lect. Notes in Math. n° **350**, Springer-Verlag, 1973, 350 p.

(avec D. ZAGIER) *Modular Functions of One Variable* V, Lect. Notes in Math. n° **601**, Springer-Verlag, 1977, 294 p.

(avec D. ZAGIER) *Modular Functions of One Variable* VI, Lect. Notes in Math. n° **627**, Springer-Verlag, 1977, 339 p.

(avec R. REMMERT) H. CARTAN, *Œuvres,* vol. I, II, III, Springer-Verlag, 1979, 1469 p.

(avec U. JANNSEN et S. KLEIMAN) *Motives*, Proc. Symp. Pure Math. **55**, AMS 1994, 2 vol., 1423 p.

1.

Extensions de corps ordonnés

C. R. Acad. Sci. Paris **229** (1949), 576–577

Un corps commutatif, muni d'une structure d'ordre total, est dit *corps ordonné* ([1]) si ($x \geqq 0$ et $y \geqq 0$) entraîne ($x+y \geqq 0$ et $xy \geqq 0$).

Soit L une extension d'un corps ordonné K. On dira qu'une structure d'ordre sur L définit sur L une structure d'*extension ordonnée de* K, si L, munie de cette structure d'ordre, est un corps ordonné dont l'ordre prolonge celui de K.

Théorème 1. — *Pour qu'une extension* L *d'un corps ordonné* K *admette une structure d'extension ordonnée de* K, *il faut et il suffit que la condition suivante soit satisfaite : Pour tout système fini d'éléments strictement positifs* (p_i) *de* K, *la relation* $\Sigma p_i x_i^2 = 0$ $(x_i \in \mathrm{L})$ *entraîne :* $x_i = 0$ *pour tout* i.

Nécessité évidente. Pour voir la suffisance, on définit une structure d'ordre sur L, en choisissant, comme ensemble des éléments strictement positifs, un élément maximal de l'ensemble (visiblement inductif et non vide) des parties P de L vérifiant les conditions :

$$0 \notin \mathrm{P}; \qquad \mathrm{P}+\mathrm{P} \subset \mathrm{P}; \qquad \mathrm{P}.\mathrm{P} \subset \mathrm{P} \quad \text{et}$$

P contient tous les éléments de la forme $p.x^2$ ($p > 0$ et $\in \mathrm{K}$, $x \in \mathrm{L}^*$).

Corollaire 1. — (Artin-Schreier). — *Pour qu'un corps* L *soit ordonnable* ([2]) (*c'est-à-dire pour qu'il existe une structure d'ordre qui en fasse un corps ordonné*) *il faut et il suffit que la relation :* $\Sigma x_i^2 = 0$ *entraîne* $x_i = 0$ *pour tout* i.

Il suffit de prendre $\mathrm{K} = \mathrm{Q}$ (corps des rationnels).

Corollaire 2. — *Pour une extension d'un corps ordonné, la propriété d'admettre une structure d'extension ordonnée est de caractère fini.*

Corollaire 3. — *Toute extension transcendante pure d'un corps ordonné admet une structure d'extension ordonnée.*

([1]) E. Artin und O. Schreier, *Abh. Math. Sem. Hamburg*, 5, 1926, p. 83-115.

([2]) « Formal-reell » dans la terminologie d'Artin-Schreier.

Dans l'étude des extensions algébriques d'un corps ordonné, le Corollaire 2 nous permet de nous borner à celles de rang fini, ou, d'après le théorème de l'élément primitif, à celles engendrées par un seul élément. Pour ces dernières, on a, en appliquant le théorème 1 :

Théorème 2. — *Soit* K *un corps ordonné,* $f(x)$ *un polynome irréductible sur* K
1 *et changeant de signe sur* K. *Le corps de rupture de* $f(x)$ *sur* K *admet une structure d'extension ordonnée.*

Corollaire 1. — *Toute extension algébrique de degré impair d'un corps ordonné admet une structure d'extension ordonnée.*

Corollaire 2. — *Si* a_λ *est une famille d'éléments positifs du corps ordonné* K, *l'extension* $(\mathrm{K}, \sqrt{a_\lambda})$ *admet une structure d'extension ordonnée.*

2 Ces résultats complètent des résultats connus d'Artin-Schreier sur les extensions *ordonnables* de corps ordonnables. Ils s'appliquent de façon commode à l'étude des corps ordonnés maximaux [3].

En outre, ils permettent de simplifier légèrement un travail de J. Dieudonné sur les corps « A-ordonnables » [4].

---

[3] Inversement, les propriétés bien connues de ces derniers permettent de démontrer aisément le théorème 2.

[4] *Bol. Soc. Mat. Sao Paulo*, 1, 1946, p. 69-75.

(Extrait des *Comptes rendus des séances de l'Académie des Sciences*, t. 229, p. 576-577, séance du 19 septembre 1949.)

2.

(avec A. Borel)

Impossibilité de fibrer un espace euclidien par des fibres compactes

C. R. Acad. Sci. Paris **230** (1950), 2258–2260

Notre but est de démontrer le théorème énoncé au n° 1, confirmant ainsi une hypothèse émise par D. Montgomery et H. Samelson [1] et dont des cas particuliers ont été traités par B. Eckmann, H. Samelson, G. W. Whitehead [2] et, plus récemment, par G. S. Young [3]. La démonstration est une simple application de la théorie des espaces fibrés développée par J. Leray.

1. Les espaces fibrés considérés dans cette Note sont localement triviaux; nous ne faisons aucune hypothèse sur le groupe structural.

1 Théorème. — *Il n'existe pas de fibration de* R^n *à fibre compacte non réduite à un point.*

Dans tout ce qui suit, F et B désigneront respectivement la fibre et la base d'une fibration de R^n. Comme R^n est localement connexe par arc, il en est de même de F et l'on voit immédiatement que les composantes connexes des fibres F définissent également une fibration (localement triviale) de R^n. Il nous suffit donc de démontrer le théorème dans le cas où F est discrète et dans le cas où F est connexe.

2. *Cas d'une fibre discrète non réduite à un point.* — R^n est alors le revêtement universel de B; le groupe de Poincaré $\pi_1(B)$ est fini, opère sur R^n et tout élément de $\pi_1(B)$ différent de l'élément neutre définit une transformation sans point fixe. En considérant un sous-groupe G de $\pi_1(B)$, d'ordre premier p, on obtient ainsi une contradiction avec un résultat classique de P. A. Smith [4].

Signalons qu'on peut obtenir ce dernier en utilisant un théorème de S. Eilenberg et S. Mac Lane : La cohomologie de R^n étant triviale, celle de R^n/G est isomorphe à celle du groupe G, ce qui est impossible puisque cette dernière est non nulle en toute dimension paire [5].

3. *Cas d'une fibre connexe non réduite à un point.* — Dans la suite, H(X) désigne l'algèbre de cohomologie de Čech à supports compacts de l'espace localement compact X, à coefficients dans un corps k; les espaces considérés ici étant visiblement HLC, cette cohomologie s'identifie d'ailleurs à la cohomologie singulière à supports compacts.

---

(1) *Duke Math. Jour.*, 13, 1946, p. 51-56.
(2) *Bull. Am. Math. Soc.*, 55, 1949, p. 433-438.
(3) *Proc. Am. Math. Soc.*, 1, 1950, p. 215-223.
(4) S. Lefschetz, *Algebraic Topology*, New-York, 1942, App. B.
(5) S. Eilenberg, *Bull. Am. Math. Soc.*, 55, 1949, p. 3-27, n°11.

B est simplement connexe (suite exacte d'homotopie) et localement connexe par arc. La théorie de J. Leray ([6]) montre alors qu'il existe une suite de Leray-Koszul d'algèbres différentielles bigraduées H_1, H_2, ... dont le premier terme est $H_1 = H(F) \otimes H(B)$; H_{i+1} est l'algèbre de cohomologie de H_i pour une différentielle δ_i; pour r assez grand, H_r est indépendant de l'indice r et isomorphe à l'algèbre graduée associée à $H(R^n)$, c'est-à-dire à $H(R^n)$ elle-même puisqu'elle est de dimension 1 sur k comme on va le rappeler. La filtration utilisée ici pour définir cette suite est la filtration f_F de (6 a) ou $l = -1$, $m = 0$ de (6 b).

Comme $H^i(R^n) = 0$ si $i \neq n$ et $H^n(R^n) = k$, on voit que l'algèbre $H_1 = H(F) \otimes H(B)$ doit posséder au moins un élément non nul de degré total n et en particulier que l'on doit avoir $H^q(B) \neq 0$ pour au moins un entier q. Or B est de dimension $n - 1$ au plus [puisque tout point de B admet un voisinage homéomorphe à un sous-ensemble fermé sans point intérieur de R^n([7])], et par suite $q \leqq n - 1$. Considérons un élément y non nul de H(B) de degré minimum p et soit 1 l'élément unité de H(F) qui existe, F étant compacte; l'élément $1 \otimes y$ de $H(F) \otimes H(B)$ est un cocycle pour tous les δ_i car il est de degré *filtrant* maximum 0 et δ_i augmente ce degré de i, mais d'autre part, $1 \otimes y$ étant de degré *total* minimum, ne peut être un cobord puisque tous les δ_i augmentent le degré total d'une unité. Il définit donc un élément non nul de H_r (r quelconque) donc de $H^p(R^n)$ ce qui est absurde, car $p \leqq q \leqq n - 1$.

4. *Remarques.* — La démonstration du n° 3 vaut encore si l'on remplace R^n par une variété V^n simplement connexe et de même cohomologie à supports compacts que R^n (à coefficients entiers). On peut montrer que le théorème lui-même est valable pour une telle variété, en utilisant dans le cas d'une fibre discrète des résultats de Cartan-Leray ([8]) :

On remarque tout d'abord qu'il suffit de montrer qu'un groupe G cyclique d'ordre premier p ne peut opérer sans point fixe sur V^n. Si maintenant G est sans point fixe on montre, en utilisant la suite de Leray-Koszul de ([8]), p. 85, que $H^{n+q}(V^n/G)$, les coefficients étant les entiers modulo p, est isomorphe à $H^q(G)$ avec les mêmes coefficients, d'où une contradiction puisque, d'après ([5]), $H^q(G) \neq 0$ pour tout q.

([6]) *a. Comptes rendus,* 228, 1949, p. 1784-1786, n° 1; *b. Jour. Math. pur. appl.*, 29, 1950, p. 1-139, passim.

([7]) Hurewicz et Wallman, *Dimension Theory*, Princeton, 1948, Theorem IV-3.

([8]) *Coll. Top. Alg.*, Paris, 1947, p. 83-85.

(Extrait des *Comptes rendus des séances de l'Académie des Sciences*. t. 230, p. 2258-2260, séance du 26 juin 1950.)

3.

Cohomologie des extensions de groupes

C. R. Acad. Sci. Paris **231** (1950), 643–646

Soient G un groupe et g un sous-groupe invariant de G; le but de cette Note est de donner des relations entre les groupes de cohomologie de G, g et G/g. Comme dans le cas des espaces fibrés, ces relations sont fournies par l'existence d'un *anneau*
1 *spectral* (1) qui permet de préciser des résultats antérieurs de R. C. Lyndon (2).

1. *Résultats généraux.* — Théorème 1. — *Si* G *est un groupe opérant sur un anneau* A *et* g *un sous-groupe invariant de* G, *il existe un anneau spectral commençant par* $E_2 = H[G/g, H(g, A)]$ *et dont l'anneau terminal est isomorphe à l'anneau gradué associé à l'anneau* H(G, A) *convenablement filtré.*

Corollaire. — *On a la suite* exacte :

$$0 \to H^1(G/g, \underline{A}) \to H^1(G, A) \to \underline{H^1(g, A)} \to H^2(G/g, \underline{A}) \to H^2(G, A).$$

[On a noté $\underline{A}$ l'ensemble des éléments de A laissés fixes par les transformations de g : $\underline{A} = H^0(g, A)$. De même, $\underline{H(g, A)}$ désigne le sous-anneau de $H(g, A)$ formé des éléments invariants par G/g].

Démonstration du théorème 1. — Soit B l'anneau différentiel gradué des cochaînes sur G et à valeurs dans A, telles que :

$$f(yx_0, \ldots, yx_n) = y\, f(x_0, \ldots, x_n), \qquad \text{pour tous } y \in g \text{ et } x_i \in G.$$

On voit immédiatement que $H(B) = H(g, A)$; comme le groupe G/g opère canoniquement sur B, on peut appliquer les résultats de M. H. Cartan (3), et l'on obtient le théorème 1 [compte tenu du fait que B vérifie, par rapport à G/g, les conditions α et β du n° 4 de son travail (3)].

On remarquera l'analogie de cette démonstration avec celle employée par R. C. Lyndon pour démontrer le théorème 4' de son mémoire (2).

---

(1) J. L. Koszul, *Comptes rendus*, **225**, 1947, p. 217-219; J. Leray, *Journ. de Math.*, **29**, 1950, p. 1-139, n° 9.

(2) *Duke Math. Journal*, **15**, 1948, p. 271-292.

(3) H. Cartan, *Comptes rendus*, **226**, 1948, p. 303-305.

Opérateurs définis par G/g *sur* $H(g, A)$. — Ces opérateurs sont définis de la façon suivante : soit $x \in G/g$ et $X \in G$ se projetant sur x. Pour toute cochaîne f sur g, à valeurs dans A, définissons $M_X f$ par :

$$(M_X f)(y_0, \ldots, y_n) = X f(X^{-1} y_0 X, \ldots, X^{-1} y_n X);$$

l'opération M_X définit N_X, automorphisme de $H(g, A)$ et l'on peut vérifier ([4]) que cet automorphisme ne dépend que de x : il en résulte bien que G/g opère sur $H(g, A)$.

Interprétation topologique. — Supposons qu'il existe un espace X de cohomologie singulière triviale et sur lequel G opère sans points fixes. On a alors : $H(X/G, A) = H(G, A)$, ainsi que $H(X/g, A) = H(g, A)$. En appliquant le théorème 2 du mémoire cité ([3]) à l'espace X/g sur lequel opère G/g, l'espace quotient étant homéomorphe à X/G, on obtient le théorème 1.

2. *Application à la cohomologie des groupes de Galois*. — Soient $K \to F \to L$, trois corps commutatifs tels que F et L soient des extensions galoisiennes finies de K, avec les groupes de Galois G/g et G (g désignant le groupe de Galois de L sur F). Nous noterons F^* et L^* les groupes *multiplicatifs* des éléments non nuls de F et L respectivement.

On sait [A. Speiser ([5])] que les groupes de cohomologie $H^1(g, L^*)$, $H^1(G, L^*)$, $H^1(G/g, F^*)$ sont nuls. En examinant alors les termes de degrés 2 et 3 de l'anneau spectral du théorème 1 (où l'on prend $A = L^*$, L^* étant muni par exemple de la structure d'anneau de carré nul), on obtient

THÉORÈME 2. — *On a la suite* exacte

$$0 \to H^2(G/g, F^*) \to H^2(G, L^*) \to \underline{H^2(g, L^*)} \to H^3(G/g, F^*) \to H^3(G, L^*).$$

(Comme dans le corollaire du théorème 1, les homomorphismes qui figurent dans la suite précédente sont ceux définis par les applications canoniques : $g \to G \to G/g$, à l'exception toutefois du quatrième, qui est défini par la différentielle d_2 dans le cas du corollaire et la différentielle d_3 dans le cas du théorème précédent.)

Nota. — L'exactitude de la suite précédente avait déjà été démontrée pour les trois premiers termes par Eilenberg-Mac Lane ([6]), et pour les quatre premiers, par Hochschild ([7]), théorème 1.2. Signalons à propos du premier

([4]) *Voir* (2), n° 10, ainsi que (7), th. 1.3 (pour la dimension 2).
([5]) *Math. Zeits.*, 5, 1919, p. 1-6.
([6]) *Trans. Amer. Math. Soc.*, 64, 1948, p. 1-20, th. 3.1.
([7]) *Ann. of Math.*, 51, 1950, p. 331-347.

travail ([6]) que le groupe $\underline{H^2(g, L^*)}$ est isomorphe au groupe des classes d'algèbres simples de centre F qui admettent L pour corps de décomposition et qui sont G/*g-normales* [ce n'est qu'une autre façon d'énoncer le théorème 9.2 de ce travail ([6])].

3. *Application au cas où le sous-groupe invariant est libre.* — La cohomologie de g étant nulle en dimensions > 1, l'anneau E_2 se réduit à

$$H(G/g, \underline{A}) + H[G/g, H^1(g, A)],$$

ce qui montre que, seule, la différentielle d_2 peut n'être pas nulle. On en déduit :

Théorème 3. — *Avec les notations et hypothèses du théorème 1, et en supposant que g soit libre, on a la suite* exacte

$$\ldots \to H^i(G/g, \underline{A}) \to H^i(G, A) \to H^{i-1}[G/g, H^1(g, A)] \to H^{i+1}(G/g, \underline{A}) \to H^{i+1}(G, A) \to \ldots$$

Corollaire. — *Si* G *est un groupe libre, il y a isomorphisme, pour tout* $i > 0$, *entre* $H^i[G/g, H^1(g, A)]$ *et* $H^{i+2}(G/g, \underline{A})$.

Plus particulièrement, si l'on suppose que g opère trivialement sur A, on a : $\underline{A} = A$, $H^1(g, A) = \mathrm{Hom}(g, A)$, $\underline{H^1(g, A)} = \mathrm{Ophom}(g, A)$ et l'on retrouve le *Cup-product Reduction Theorem* d'Eilenberg-Mac Lane.

Remarque. — On comparera utilement la suite exacte du théorème 3 à celle par laquelle Thom et Chern-Spanier ont traduit les résultats de Gysin relatifs à la cohomologie des espaces fibrés à fibres sphériques. La démonstration utilisée plus haut est d'ailleurs calquée sur celle par laquelle Leray avait retrouvé les résultats de Gysin ([8]).

([8]) *Comptes rendus*, **229**, 1949, p. 281-283, n° 3.

(Extrait des *Comptes rendus des séances de l'Académie des Sciences*. t. 231, p. 643-646, séance du 2 octobre 1950.)

4.

Homologie singulière des espaces fibrés
I. La suite spectrale

C. R. Acad. Sci. Paris **231** (1950), 1408–1410

L'objet de cette Note est de présenter une théorie homologique des espaces fibrés
1 qui soit valable pour l'homologie *singulière;* cette théorie suit de très près celle
développée par J. Leray ([1]) pour la cohomologie de Čech à supports compacts.

1. Espaces fibrés; propriétés homotopiques. — *Définition.* — Un espace fibré est un triple (E, p, B) où p est une application continue de l'espace E sur l'espace B *qui vérifie le théorème de relèvement des homotopies pour les polyèdres.*

Tout espace localement trivial (*fibre-bundle* dans la terminologie américaine), tout *fibre-space* d'Hurewicz-Steenrod est fibré au sens précédent.

Si (E, p, B) est un espace fibré, nous appellerons *fibres* les ensembles $p^{-1}(y)$, $y \in$ B; elles ne sont pas homéomorphes en général, mais leurs groupes d'homologie singulière, d'homotopie, etc., forment des *systèmes locaux* sur B. En particulier, si B est connexe par arcs, ces groupes sont isomorphes les uns aux autres (non canoniquement en général), et l'on peut les désigner par $H_i(F)$, $\pi_i(F)$, etc.

Enfin, on établit sans peine l'existence de la suite exacte :

$$\ldots \to \pi_i(F) \xrightarrow{i} \pi_i(E) \xrightarrow{p} \pi_i(B) \xrightarrow{\partial} \pi_{i-1}(F) \to \ldots$$

2. Espaces fibrés; propriétés homologiques. — On trouve chez J. Leray ([2]) et J.-L. Koszul ([3]) des définitions et constructions adaptées à la cohomologie qu'il n'est pas difficile de transcrire en homologie; on peut alors parler de *suite spectrale d'homologie.* Ceci étant, on démontre ([4]) :

Théorème. — *Soit* (E, p, B) *un espace fibré et supposons que* B *et* F (*donc* E)

([1]) *Comptes rendus*, **222**, 1946, p. 1419-1422; *Journal de Math.*, **29**, 1950, p. 169-213

([2]) *Journal de Math.*, **29**, 1950, p. 1-139, n° **9**.

([3]) *Comptes rendus*, **225**, 1947, p. 217-219.

([4]) H. Cartan et J.-L. Koszul m'ont apporté une aide essentielle dans cette démonstration, m'indiquant notamment quelle filtration il fallait employer.

soient connexes par arcs ([5]). *Il existe une suite spectrale d'homologie* (E_r), *où* $E_2 = H[B, H(F)]$ ([6]) *et où* E_∞ *est le groupe gradué associé à* $H(E)$ *convenablement filtré.*

Précisons que $H[B, H(F)]$ est le groupe d'homologie singulière de B à coefficients dans le système local formé par le groupe d'homologie de F (ce dernier étant lui-même à coefficients dans le groupe abélien G). Ce groupe est bigradué par les $H_p[B, H_q(F)]$, notés $E_2^{p,q}$; p sera dit le *degré-base*, q le *degré-fibre*. Les groupes E_r sont aussi bigradués par les $E_r^{p,q}$ et sont munis de différentielles d_r telles que $H(E_r) = E_{r+1}$; ces dernières jouissent des propriétés de degré suivantes : *d_r augmente le degré-fibre de $r - 1$ et diminue le degré-base de r.*

Ces différentielles définissent en particulier un sous-groupe $E_{n+1}^{n,0}$ de $H_n(B)$ (formé des éléments qui sont des d_r-cycles pour tout r), et un quotient de $H_n(F)$, $E_{n+2}^{0,n}$; on montre que ce sont respectivement les images de $H_n(E)$ dans $H_n(B)$ par p, et de $H_n(F)$ dans $H_n(E)$ par l'injection. De même, l'image de $H_n(E, F)$ dans $H_n(B)$ par p est $E_n^{n,0}$; on a le diagramme commutatif (I).

En outre, si $H_n(E) = H_{n-1}(E) = 0$, l'homomorphisme bord $H_n(E, F) \xrightarrow{\partial} H_{n-1}(F)$ est un isomorphisme sur, et, en désignant par S l'homomorphisme $p_0 \partial^{-1}$, on a le diagramme commutatif (II); S sera appelé *suspension*.

(I)
$$\begin{array}{ccccc}
 & & E_n^{n,0} & \xrightarrow{d_n} & E_n^{0,n-1} \\
 & \swarrow & \uparrow & & \uparrow \\
H_n(B) & \xleftarrow{p} & H_n(E, F) & \xrightarrow{\partial} & H_{n-1}(F) \\
\uparrow & & \uparrow & & \uparrow \\
\pi_n(B) \otimes G & \xleftarrow{p} & \pi_n(E, F) \otimes G & \xrightarrow{\partial} & \pi_{n-1}(F) \otimes G
\end{array}$$

(II)
$$\begin{array}{ccc}
E_n^{n,0} & \xrightarrow{n} & E_n^{0,n-1} \\
\downarrow & \nwarrow S & \uparrow \\
H_n(B) & \leftarrow & H_{n-1}(F)
\end{array}$$

Remarque. — On a également une suite spectrale en *cohomologie singulière*, dont le terme E_2 est la cohomologie de B à valeurs dans celle de F. On peut munir les termes E_r d'une structure d'anneau ([7]) (correspondant au cup-product), pour laquelle les d_r sont des *antidérivations*; les propriétés de degré de ces dernières sont opposées à celles des d_r de l'homologie.

3. Premières applications. — Toutes les applications données par J. Leray ([4]) se transposent sans difficulté, moyennant des hypothèses légèrement différentes. En particulier :

([5]) Ces hypothèses facilitent la démonstration, mais ne sont probablement pas essentielles.

([6]) Il s'agit des groupes d'homologie à coefficients dans un groupe abélien G qui sera constamment sous-entendu dans ce numéro.

([7]) Si G est lui-même muni d'une structure d'anneau.

a. Supposons que le système local des H (F) soit simple sur B, et soit k un corps. Alors, *si* $H_i(B, k) = 0$ *pour* $i > p$ *et* $H_i(F, k) = 0$ *pour* $i > q$, *on a* $H_i(E, k) = 0$ *pour* $i > p + q$, *et* $H_{p+q}(E, k) = H_p(B, k) \otimes H_q(F, k)$.

Au moyen de *a* on montre par exemple, que si un espace euclidien E est fibré localement trivial à fibre F connexe et à base un polyèdre B, alors la fibration est triviale, i. e. $E = F \times B$.

b. *Suite exacte de H. C. Wang* ([8]). — Si B est une sphère S_n, on a la suite exacte :

$$\ldots \to H^p(F) \xrightarrow{\theta} H^{p-n+1}(F) \to H^{p+1}(E) \to H^{p+1}(F) \to \ldots$$

En outre, comme l'a signalé J. Leray, l'homomorphisme θ est une antidérivation si n est pair, et une dérivation si n est impair. La suite exacte duale vaut en homologie.

([8]) *Duke Math. Journal*, 16, 1949, p. 33-38.

(Extrait des *Comptes rendus des séances de l'Académie des Sciences*, t. 231, p. 1408-1410, séance du 18 décembre 1950.)

5.

Homologie singulière des espaces fibrés
II. Les espaces de lacets

C. R. Acad. Sci. Paris **232** (1951), 31 – 33

Cette Note étudie l'homologie et la cohomologie singulières de l'espace Ω des lacets sur un espace X donné. L'espace Ω est considéré comme la fibre d'un certain espace fibré rétractile E, de base X; on applique à cette fibration la théorie singulière des espaces fibrés, résumée dans une Note précédente ([1]). Applications à la théorie de Morse.

1. *L'espace fibré des chemins.* — Soit X un espace tel que $\pi_0(X) = \pi_1(X) = 0$; soit $x \in X$ et désignons par E l'espace des applications continues $f: I \to X$ [où I désigne le segment $(0, 1)$], telles que $f(0) = x$. L'espace E, muni de la topologie de la convergence compacte ([2]), est un espace rétractile, donc d'homologie singulière triviale. Soit $p: E \to X$ l'application définie par $p(f) = f(1)$.

Lemme. — *Le triple* (E, p, X) *est un espace fibré* [au sens de la Note ([1])].

Les fibres de E sont les espaces de chemins tracés sur X qui ont leur origine en x et leur extrémité en un point fixé y. Si $y = x$, on a *l'espace des lacets* au point x, noté Ω. Il résulte de ([1]) :

Théorème 1. — *Il existe une suite spectrale d'homologie* ([3]) (E_r), *de terme* $E_2 = H[X, H(\Omega)]$, *telle que le groupe terminal* E_∞ *soit trivial* ([4]).

Remarques. — *a.* Puisque $\pi_1(X) = 0$, le système local des $H(\Omega)$ est *simple* sur X.

b. Puisque $H_i(E) = 0$ pour tout $i > 0$, la *suspension* S qui envoie $H_i(\Omega)$ dans $H_{i+1}(X)$ est définie pour tout $i > 0$. On peut en donner une définition directe en faisant correspondre à tout simplexe singulier de dimension i de Ω un simplexe singulier de dimension $i+1$ de X de façon évidente.

([1]) *Comptes rendus*, **231**, 1950, p. 1408-1410.

([2]) N. Bourbaki, *Top.* X., § 2, n° 5. déf. 1.

([3]) Une suite analogue existe en cohomologie.

([4]) On remarquera l'analogie avec la théorie des espaces fibrés principaux classifiants pour un groupe de Lie, analogie qui est renforcée par le théorème 3.

Corollaire 1. — *Si* $H_i(X, Z)$ *a un nombre fini de générateurs pour tout i, il en est de même de* $H_i(\Omega, Z)$ (Z désigne le groupe additif des entiers).

Corollaire 2. — *Si* $H_i(X, Z) = 0$ *pour* $0 < i < n$, *alors* $S : H_i(\Omega, Z) \to H_{i+1}(X, Z)$ *est un isomorphisme sur pour tout* $i < 2n - 2$, *et un homomorphisme sur pour* $i = 2n - 2$. *En outre*, $S \circ d_{i+1} = 1$, *pour* $i \leqq 2n - 2$.

Corollaire 3. — *Si* $H_i(X, k) = 0$ *pour* $i > n \geqq 1$, *et si* $H_n(X, k) \neq 0$ (*k étant un corps*), *alors, pour tout* $i \geqq 0$, *il existe un entier j, avec* $0 < j < n$, *tel que* $H_{i+j}(\Omega, k) \neq 0$. *En particulier*, $H_i(\Omega, k)$ *est non nul pour une infinité de valeurs de l'entier i.*

Il résulte du corollaire précédent et de la théorie de Morse [*voir* par exemple (5) et (6)], le résultat suivant :

Théorème 2. — *Soit X un espace de Riemann* (7), *connexe et complet* (8), *tel que* $H_i(X, Z) \neq 0$ *pour au moins un* $i \neq 0$. *Si a et b sont deux points distincts de X, il existe une infinité de géodésiques joignant a et b.*

Ce théorème est notamment applicable à *tout espace de Riemann compact.*

Une méthode analogue permet d'étudier les géodésiques tracées sur X et transversales à deux sous-variétés A et B : on doit considérer l'espace Ω' des chemins tracés sur X joignant A à B; cet espace est fibré de fibre Ω et de base $A \times B$. Par exemple, si A et B sont homotopes à un point sur X, on a : $H(\Omega') = H(\Omega \times A \times B)$, ce qui précise un résultat connu (9).

2. *L'espace des lacets et le théorème de Hopf.* — L'espace Ω des lacets sur X est muni d'une loi de composition bien connue à laquelle le raisonnement classique de Hopf s'applique. Il faut cependant supposer que $H_i(\Omega, k)$ (où k est un corps commutatif) est de dimension finie pour tout i, pour pouvoir affirmer que $H(\Omega \times \Omega, k) = H(\Omega, k) \otimes H(\Omega, k)$ (Eilenberg-Zilber, résultat non publié). On obtient donc :

Théorème 3. — *Supposons que* $H_i(X, k)$ *soit de dimension finie pour tout i, k étant un corps de caractéristique nulle. L'algèbre de cohomologie de* Ω *à coef-*

---

(5) M. Morse, *The Calculus of Variations in the large.*

(6) H. Seifert et W. Threlfall, *Variationsrechnung im Grossen.*

(7) Indéfiniment différentiable, pour fixer les idées.

(8) Au sens de la métrique riemannienne. *Voir* à ce sujet, H. Hopf et W. Rinow, *Com. Math. Helv.*, 3, 1931, p. 209-225.

(9) Par contre, nous ne sommes pas arrivé à étudier par un procédé analogue l'espace des chemins fermés sur X ; cet espace semble cependant indispensable pour l'étude des géodésiques fermées sur un espace de Riemann.

ficients dans k est alors isomorphe à $\mathbf{S}(x_k)\otimes\mathbf{A}(y_l)$, *où* $\mathbf{S}(x_k)$ *désigne une algèbre de polynômes engendrée par des éléments* x_k *de degrés pairs* n_k, *et* $\mathbf{A}(y_l)$ *désigne une algèbre extérieure engendrée par des éléments* y_l *de degré impairs* m_l; *en outre*, $\lim n_k = \lim m_l = +\infty$.

Remarques. — 1. D'après un résultat récent de A. Borel ([10]), l'algèbre de cohomologie de Ω ne peut être réduite à une algèbre extérieure que si H(X) est isomorphe à une algèbre de polynômes ([11]).

2. Bien entendu, si k est de caractéristique p, le théorème précédent n'est plus valable sous la même forme, comme le montrent de nombreux exemples; mais on a les mêmes renseignements (partiels) que ceux obtenus par Hopf.

3. Il est possible de définir dans l'*homologie* de Ω un *produit de Pontrjagin.*

Exemple : la sphère S_n.

La suite exacte de H. C. Wang ([1]) permet de trouver immédiatement l'anneau de *cohomologie* à coefficients entiers de Ω. Par exemple, si n est impair, il admet une base : $e_0 = 1, e_1, \ldots, e_q, \ldots$ avec $\deg. e_q = q(n-1)$, et l'on a : $(e_1)^q = q!\, e_q$ (ce qui détermine complètement la valeur de $e_p e_q$ pour p et q quelconques).

n étant toujours supposé impair, l'anneau d'*homologie* à coefficients entiers de Ω est un anneau de polynômes à un générateur de degré $n-1$.

([10]) *Comptes rendus,* **231**, 1950, p. 943-945, th. 1.

([11]) Il est probable que ce fait, ainsi que les méthodes introduites par S. Froloff et L. Elsholz, permet de montrer que la *catégorie de* Ω *est infinie*, lorsque X est, par exemple, un espace de Riemann compact et simplement connexe.

(Extrait des *Comptes rendus des séances de l'Académie des Sciences.* t. **232**, p. 31-33, séance du 3 janvier 1951.)

6.

Homologie singulière des espaces fibrés
III. Applications homotopiques

C. R. Acad. Sci. Paris **232** (1951), 142–144

L'objet de cette Note est de montrer comment on peut utiliser l'homologie de l'espace des lacets sur un espace X donné pour étudier les propriétés homotopiques de X. Comme application, on obtient des résultats partiels sur les groupes d'homotopie des sphères ainsi que sur les groupes d'Eilenberg-MacLane.

1 1. *Groupes d'homotopie.* — Soit X un espace connexe par arcs; on définit une suite d'espaces (X_n, T_n) de la manière suivante :

$X_0 = X$; T_1 est le revêtement universel de X_0; X_1 est l'espace des lacets (1) sur T_1; T_2 est le revêtement universel de X_1; X_2 est l'espace des lacets sur T_2; etc.

L'espace X_n jouit des propriétés suivantes :

$$\pi_0(X_n) = 0, \qquad \pi_1(X_n) = \pi_{n+1}(X), \qquad \ldots, \qquad \pi_i(X_n) = \pi_{i+n}(X), \ \ldots.$$

D'où, si $n \geq 1$:

$$H_1(X_n, Z) = \pi_{n+1}(X).$$

Ainsi, si l'on pouvait calculer l'homologie des espaces (X_n, T_n) à partir de celle de X, on connaîtrait les groupes d'homotopie de X. Or ce calcul est *partiellement* possible : d'une part, la suite spectrale des revêtements (2) permet le passage de X_{n-1} à T_n, et d'autre part, le théorème 1 de la Note (1) permet le passage de T_n à X_n. On obtient par cette méthode (3) :

Théorème 1. — *Soit* X *un espace simple en toute dimension dont les groupes d'homologie* $H_i(X; Z)$ *ont un nombre fini de générateurs pour tout* $i \geq 0$; *alors il en est de même des groupes d'homotopie* $\pi_i(X)$.

---

(1) J.-P. Serre, *Comptes rendus*, 232, 1951, p. 31.

(2) H. Cartan, *Comptes rendus*, 226, 1948, p. 303.

(3) Le fait suivant est utile dans les calculs : si Y est un espace de lacets et T son revêtement universel, le groupe $\pi_1(Y)$ opère *trivialement* sur les groupes d'homologie et d'homotopie de T. Cela tient à la loi de composition dont est muni Y.

THÉORÈME 2. — *Soit X un espace vérifiant les conditions du théorème précédent, et soit k un corps commutatif. Si* $H_i(X, k) = 0$ *pour* $0 < i < n$, *alors* $\pi_i(X) \otimes k = 0$ *pour* $i < n$, *et* $\pi_n(X) \otimes k = H_n(X, k)$.

THÉORÈME 3. — *Les groupes d'homotopie des sphères* $\pi_i(\mathbf{S}_n)$ *sont finis si* $i > n$, *à la seule exception de* $\pi_{2n-1}(\mathbf{S}_n)$ (*n pair*) *qui est la somme directe de Z et d'un groupe fini.*

THÉORÈME 4. — *Désignons par* Z_p *le groupe additif des entiers modulo p, p étant un nombre premier. Alors, si n est impair* $\geqq 3$,

$$\pi_i(\mathbf{S}_n) \otimes Z_p = 0 \quad \text{pour} \quad n < i < n + 2p - 3$$

et

$$\pi_i(\mathbf{S}_n) \otimes Z_p = Z_p \quad \text{pour} \quad i = n + 2p - 3.$$

Si n est pair $\geqq 4$, *le même résultat est valable, à condition de supposer* $i \neq 2n - 1$.

Par exemple [4], $\pi_6(\mathbf{S}_3) \otimes Z_3 = Z_3$ et $\pi_6(\mathbf{S}_3) \otimes Z_p = 0$ pour p premier > 3.

Remarque. — Soit $\mathbf{W}_{2m-1}$ la variété des vecteurs unitaires tangents à $\mathbf{S}_m$ (m pair). Les résultats énoncés plus haut pour $\pi_i(\mathbf{S}_{2m-1})$ sont valables sans changement pour $\pi_i(\mathbf{W}_{2m-1})$, *sauf ceux relatifs à* $p = 2$ (par exemple, ces groupes sont finis et d'ordre d'une puissance de 2 lorsque $i < 2m - 1$ et $i = 2m, 2m + 1$). En appliquant alors à $\mathbf{W}_{2m-1}$ la suite exacte d'homotopie, on obtient *un isomorphisme des composantes p-primaires de* $\pi_i(\mathbf{S}_m)$ *et* $\pi_{i-1}(\mathbf{S}_{m-1})$ *pour* $2m - 1 < i < 2m + 2p - 4$, *m pair.*

2. *Groupes d'Eilenberg-Mac Lane.* — Soient Q un groupe abélien, q un entier > 0, X un espace tel que [5] : $\pi_i(X) = 0$ pour $i \neq q + 1$ et $\pi_{q+1}(X) = Q$.

Soit Y l'espace des lacets sur X; si l'on désigne par $H_i(Q; q, G)$ les groupes $H_i[K(Q, q), G]$ de l'article [6], on a

$$H_i(X, G) = H_i(Q; q + 1, G) \quad \text{et} \quad H_i(Y, G) = H_i(Q; q, G) \quad \text{pour tout } i.$$

D'où en appliquant le théorème 1 de [1] :

THÉORÈME 5. — *Il existe une suite spectrale d'homologie* (E_r), *de terme* $E_2 = H[Q; q + 1, H(Q; q)]$ *et dont le terme* E_∞ *est trivial* [7].

---

[4] Pour $\pi_6(\mathbf{S}_3)$, les résultats suivants étaient connus :
a. A. L. Blakers et W. S. Massey : $\pi_6(\mathbf{S}_3) \otimes Z_2 \neq 0$;
b. N. E. Steenrod (non publié) : $\pi_6(\mathbf{S}_3) \otimes Z_3 \neq 0$.

[5] L'existence d'un tel espace est assurée par un théorème plus général de J. H. C Whitehead (*Annals*, 50, 1949, p. 261-263).

[6] S. EILENBERG et S. MACLANE, *Proc. of the Nat. Ac. Sc. U. S. A.*, 36, 1950, p. 443-447.

[7] Une suite analogue existe en cohomologie; c'est elle que l'on utilise pour démontrer le corollaire 3.

Ce résultat permet une étude des groupes d'Eilenberg-Mac Lane H(Q; q) par récurrence sur q. Par exemple, en appliquant le corollaire 2 au théorème 1 de ([1]), on retrouve le *théorème de suspension* ([6]). On obtient également :

COROLLAIRE 1. — *Si* Q *a un nombre fini de générateurs, il en est de même de* $H_i(Q; q, Z)$ *pour tout i et tout q*([8]).

COROLLAIRE 2. — *Si* Q *est fini, et si k est un corps tel que* $Q \otimes k = 0$, *alors* $H_i(Q; q, k) = 0$ *pour tout q et tout* $i > 0$.

COROLLAIRE 3. — *Si k est un corps de caractéristique nulle, l'algèbre de cohomo logie* H(Z; q, k) *où q est pair (resp. impair) est une algèbre de polynômes (resp. une algèbre extérieure) engendrée par un élément de degré q.*

Plus généralement, l'interprétation de H(Q; q) comme l'algèbre de cohomologie d'un espace de lacets Y permet de lui appliquer le théorème 3 de la Note ([1]) (du moins, si Q a un nombre fini de générateurs). Autrement dit : *les algèbres* H(Q; q) *vérifient le théorème de Hopf* (et ses compléments mod p).

([8]) S. Eilenberg et S. MacLane (*loc. cit*, p. 657-663) ont indiqué une méthode de calcul effectif qui (sous réserve de l'exactitude de leur conjecture) entraîne immédiatement ce résultat.

(Extrait des *Comptes rendus des séances de l'Académie des Sciences*, t. 232, p. 142-144, séance du 8 janvier 1951.)

7.

Groupes d'homotopie

Séminaire Bourbaki 1950/51, n° 44

1. Les espaces de lacets. Soient X un espace et $a \in X$ un point de X. Soit E l'espace des chemins sur X commençant en a, c'est-à-dire l'espace des applications continues du segment $(0, 1)$ dans X telles que $f(0) = a$. L'espace E est muni de la topologie de la convergence compacte, et l'on voit facilement qu'il est contractile en un point.

Soit p l'application continue de E dans X qui applique le chemin f sur son «extrémité libre», $f(1)$. Si X est connexe par arcs, p applique E *sur* X, et définit ainsi E comme un «espace fibré» de base X. En un certain sens, on peut dire que E généralise aux groupes d'homotopies supérieurs la notion de revêtement universel.

Les *fibres* de E sont les espaces de chemins tracés sur X, d'origine a, et d'extrémité un point fixé $b \in X$. Les groupes d'homologie et d'homotopie de ces fibres sont isomorphes à ceux de l'une d'entre elles, par exemple à ceux de l'espace des lacets tracés sur X et d'extrémités en a. Dans le cas où X est un espace de Riemann complet ces espaces ont été étudiés par Marston MORSE qui a montré que leurs propriétés homologiques sont en rapport étroit avec le nombre de géodésiques joignant deux points donnés de X.

1 **2. Méthode générale.** Nous allons associer à tout espace X connexe par arcs une suite d'espaces (X_n, T_n) définis comme suit:

$X_0 = X$,
T_1 est le revêtement universel de X_0,
X_1 est l'espace des lacets sur T_1,
T_2 est le revêtement universel de X_1,
X_2 est l'espace des lacets sur T_2, etc.

Quels sont les groupes d'homotopie des (X_n, T_n)? Ils s'obtiennent en remarquant que les groupes d'homotopie supérieurs se conservent par passage au revêtement universel, et se décalent d'une dimension quand on passe à l'espace des lacets (par exemple un «lacet de lacets» n'est rien d'autre qu'une sphère sur l'espace de base). On obtient ainsi:

$$\pi_1(X_n) = \pi_{n+1}(X)\,.$$

Le groupe d'homotopie $\pi_{n+1}(X)$ est donc isomorphe au 1er groupe d'homologie à coefficients entiers de l'espace X_n. On pourrait donc déterminer les groupes d'homotopie de X à partir de ses groupes d'homologie si l'on savait:

a) Etant donné un espace Y, dont on connaît l'homologie et le groupe fondamental, déterminer l'homologie de son revêtement universel Z.

b) Etant donné un espace U, simplement connexe, dont on connaît l'homologie, déterminer celle de l'espace des lacets V sur U.

En fait, aucun des deux problèmes précédents n'est résoluble de façon complète en général; mais on a sur eux des renseignements partiels importants que l'on obtient en leur appliquant les méthodes introduites par Leray.

3. Suite spectrale des espaces fibrés. Pour pouvoir attaquer le problème b), nous donnerons d'abord un résumé de la théorie homologique des espaces fibrés.

Soit E fibré, de fibre F, et base B simplement connexe (nous préciserons plus loin le sens qu'il faut attribuer au mot *fibré*). Si G est un groupe abélien de coefficients, on démontre qu'il existe une suite de groupes:

$$E_2, E_3, \ldots, E_r, \ldots$$

jouissant des propriétés suivantes:

E_2 est la somme directe des $H_q(B, H_p(F, G))$; c'est donc un groupe bigradué dont les degrés sont nommés degré-base et degré-fibre. En outre, il est muni d'une différentielle d_2 qui abaisse le degré-base de 2 unités, et augmente le degré-fibre de 1 unité. On a: $H(E_2) = E_3$.

E_r est bigradué; il est muni d'une différentielle d_r qui abaisse le degré-base de r unités et augmente le degré-fibre de $r-1$. On a: $H(E_r) = E_{r+1}$.

La limite des E_r (en un sens facile à préciser) donne le groupe gradué associé à $H(E)$, c'est-à-dire la somme directe des quotients successifs d'une suite de composition de $H(E)$.

L'existence et les propriétés de cette suite spectrale ont été démontrées par J. Leray pour la cohomologie de Čech à supports compacts (il faut avoir soin, puisqu'on est en cohomologie, d'inverser le sens des différentielles d_r); les conditions que doit satisfaire E sont alors les suivantes:

E est *localement trivial* sur B, ou bien: E est fibré à groupe structural compact connexe; de plus E doit être localement compact.

On peut aussi se placer au point de vue de *l'homologie singulière*. On s'aperçoit alors que la seule condition à imposer à E est la suivante:

E vérifie le théorème de relèvement des homotopies pour les polyèdres.

Cette condition est remplie par l'espace fibré E considéré au n° 1. En effet, pour qu'une application continue $f\colon Y \to X$ puisse être «relevée» en une application $Y \to E$, il faut et il suffit que f soit homotope à une application constante.

Dans ce cas, la limite des groupes E_r pour $r \to +\infty$, est un groupe trivial, c'est-à-dire réduit à G en dimension 0, et nul pour les autres dimensions. Ceci impose à l'homologie de la fibre des conditions très restrictives, comme on le verra plus loin.

Notons enfin qu'une suite spectrale analogue existe en cohomologie singulière. Les termes E_r y sont des anneaux, et les d_r (qui ont d'ailleurs des propriétés de degré inverses de celles des différentielles de l'homologie) sont des *antidérivations*.

4. Suite spectrale des revêtements. Soit V un revêtement de U, défini par un groupe G d'automorphismes de V. Il existe alors une suite spectrale, entièrement analogue à celle des espaces fibrés, et commençant par:

$$E_2 = H(G, H(V))$$

($H(G)$ désigne l'homologie du groupe G, au sens d'Eilenberg-MacLane).

Cette suite spectrale a pour limite le groupe gradué associé au groupe d'homologie de U. Une suite analogue existe en cohomologie.

Il revient au même de dire que les groupes d'homologie de G, U, V ont entre eux les mêmes relations que ceux d'un espace fibré dont:

la *base* aurait pour homologie celle de G,
la *fibre* aurait pour homologie celle de V,
l'*espace* aurait pour homologie celle de U.

Cette suite spectrale est particulièrement commode lorsque G *opère trivialement sur les groupes* $H(V)$, et on démontre que c'est justement le cas si U est l'espace des lacets d'un autre espace.

5. Premières applications. Revenons maintenant aux notations du n° 2, et appliquons les résultats des deux paragraphes précédents.

Supposons d'abord que X soit *simplement connexe*, et que *ses groupes d'homologie aient un nombre fini de générateurs en toute dimension* (cette dernière condition est sûrement réalisée si X est un polyèdre fini). On montre alors par récurrence sur n que $H_i(X_n)$ a également un nombre fini de générateurs pour tout i et tout n. C'est une simple conséquence de deux résultats plus généraux sur les espaces fibrés et les revêtements. Comme les groupes d'homotopie de X sont isomorphes à certains groupes d'homologie des X_i, il en résulte que *les groupes d'homotopie de X ont un nombre fini de générateurs.*

Supposons maintenant que X vérifie, en plus des deux conditions précédentes, la condition suivante:

$$H_i(X, k) = 0 \quad (0 < i < n), \ k \text{ étant un corps.}$$

On montre alors, par récurrence sur j, que les groupes $H_i(X_j, k)$ sont nuls pour $i + j < n$, et égaux à $H_j(X, k)$ pour $i + j = n$. En faisant alors $i = 1$, on trouve:

Les groupes d'homotopie de X vérifient les conditions:

$$\pi_i(X) \otimes k = 0 \quad i < n \quad \text{et} \quad \pi_n(X) \otimes k = H_n(X, k).$$

En particulier, le 1er groupe d'homologie d'un espace qui est *non nul modulo p* (p premier), coïncide avec le 1er groupe d'homotopie jouissant de la même propriété.

6. Finitude des groupes d'homotopie des sphères impaires. Soit k un corps de caractéristique 0. Nous désignerons par $A(m)$ (resp. $S(n)$) une algèbre extérieure (resp. de polynômes) sur k, qui est engendrée par un seul élément de degré m (resp. n). Dans tout ce qui suit, m sera impair, et n pair.

Lemme. *Soit X un espace simplement connexe, F l'espace des lacets sur X. Si $H^*(X,k)$* (algèbre de cohomologie de X à coefficients dans k) *est isomorphe à $A(n)$* (resp. $S(n)$), *alors $H^*(F,k)$ est isomorphe à $S(n-1)$* (resp. $A(n-1)$), *à condition que n soit impair* (resp. *pair*).

La démonstration ne présente pas de difficulté.

Une fois ce lemme admis, considérons l'espace $X = \mathbf{S}_n$ (n impair ≥ 3) ainsi que les espaces X_i que l'on définit à partir de X comme au n° 2. Il résulte du lemme que la cohomologie des X_i est alternativement une algèbre de polynômes et une algèbre extérieure jusqu'à $H^*(X_{n-1}, k) = A(1) = H^*(\mathbf{S}_1)$.

On tire alors du n° 4 que T_n, revêtement universel de X_{n-1}, a une cohomologie *triviale* (comparer avec le fait que le revêtement universel de $\mathbf{S}_1$ est $\mathbf{R}$, qui est rétractile). En appliquant les résultats du n° 5, cela donne:

$$\pi_i(T_n) \otimes k = 0 \quad \text{pour tout } i,$$

ou, en revenant aux groupes d'homotopie de $\mathbf{S}_n$: *les groupes d'homotopie $\pi_i(\mathbf{S}_n)$ (n impair) sont finis si $i > n$.* (On montre qu'il en est de même de ceux de $\mathbf{S}_n$, n pair, à l'exception de $\pi_{2n-1}(\mathbf{S}_n)$ qui est la somme directe de $\mathbf{Z}$ et d'un groupe fini.)

7. Autres résultats. En opérant en caractéristique p (p premier), on obtient des résultats quelque peu différents; on peut déterminer le *premier groupe d'homotopie de* $\mathbf{S}_3$ non nul modulo p (correspondant à une dimension > 3). On trouve que c'est $\pi_{2p}(\mathbf{S}_3)$, et que l'on a:

$$\pi_{2p}(\mathbf{S}_3) \otimes Z_p = Z_p .$$

En particulier, on a $\pi_6(\mathbf{S}_3) \otimes Z_3 = Z_3$ (N. E. STEENROD avait démontré que $\pi_6(\mathbf{S}_3) \otimes Z_3 \neq 0$).

On peut faire le même calcul pour $\mathbf{S}_n$, n quelconque. Le résultat est analogue. Par contre, si l'on veut essayer de déterminer le second groupe d'homotopie non nul modulo p, on est conduit à des calculs presque inextricables.

Additif

Les démonstrations détaillées des résultats de cet exposé ont paru dans:

SERRE (Jean-Pierre). *Homologie singulière des espaces fibrés. Applications,* Ann. of Math., **54,** 1951, p. 425–505.

Depuis cette date, les groupes d'homotopie ont fait l'objet de nombreux travaux qu'il est impossible de citer tous; on en trouvera une bibliographie dans:

HILTON (P. J.). *An introduction to homotopy theory.* Cambridge, University Press, 1953 (Cambridge Tract n° **43**).

CARTAN (Henri). *Séminaire Cartan,* t. **7,** 1954/55.

JAMES (I. M.). *On the suspension sequence,* Ann. of Math., **65,** 1957, p. 74–107.

TODA (H.). *On the double suspension E^2,* J. Inst. Polytechn. Osaka Univ., **7,** 1956, p. 103–145.

[Avril 1957]

8.

(avec A. Borel)

Détermination des *p*-puissances réduites de Steenrod dans la cohomologie des groupes classiques. Applications

C. R. Acad. Sci. Paris 233 (1951), 680–682

N. E. Steenrod [1] a introduit récemment de nouvelles opérations cohomologiques, les p-puissances réduites, qui généralisent ses i-carrés. Nous montrons ici comment
1 on peut les déterminer dans la cohomologie des groupes classiques, et nous en déduisons l'inexistence de sections dans de nombreux espaces fibrés associés à ces groupes. Application aux champs de vecteurs unitaires et aux structures presque complexes des sphères.

1. *Les p-puissances réduites de Steenrod.* — Steenrod définit dans [1] des homomorphismes $\mathrm{St}_p^i : \mathrm{H}^q(\mathrm{X}, \mathrm{Z}_p) \to \mathrm{H}^{q+i}(\mathrm{X}, \mathrm{Z}_p)$, où X est un polyèdre, p un nombre premier, et où $0 \leqq i \leqq q(p-1)$ [2]. On a

$$\mathrm{St}_p^0(x) = \lambda_{p,q}x \quad (q = \deg x,\ \lambda_{p,q} \neq 0 \bmod p), \qquad \mathrm{St}_p^{q(p-1)}(x) = x^p,$$

et, si $p \neq 2$:

$$\mathrm{St}_p^{2i}(x.y) = \pm \Sigma_{j+k=i} \mathrm{St}_p^{2j}(x).\mathrm{St}_p^{2k}(y).$$

Ces opérations commutent avec les applications continues, et, à une constante non nulle près, avec le cobord des suites exactes de cohomologie, donc avec la transgression des espaces fibrés.

Enfin, si $x \in \mathrm{H}^2(\mathrm{X}, \mathrm{Z})$, et si x' est l'élément de $\mathrm{H}^2(\mathrm{X}, \mathrm{Z}_p)$ canoniquement défini par x, on a

$$\mathrm{St}_p^i(x') = 0 \quad \text{si} \quad 0 < i < 2p-2 \quad [3].$$

2. *Détermination des p-puissances dans certains groupes de Lie.* — Soient G un groupe de Lie compact connexe, T un tore maximal de G, N le normalisateur de T dans G, $\Phi = \mathrm{N}/\mathrm{T}$, $\mathrm{B_G}$ un espace classifiant pour G, $\mathrm{S_G}$ et $\mathrm{S_T}$ les algèbres de cohomologie $\mathrm{H}(\mathrm{B_G}, \mathrm{Z}_p)$ et $\mathrm{H}(\mathrm{B_T}, \mathrm{Z}_p)$. Rappelons que $\mathrm{S_T}$ est isomorphe à une algèbre de polynômes à l variables $x_1, \ldots, x_l$ de degré 2, l étant le rang

(1) *Reduced powers of cohomology classes*, Cours professé au Collège de France en mai 1951, à paraître aux *Annals of Math*.

(2) Nous notons St_p^i l'opération D_{pq-q-i}^p de Steenrod ; ainsi $\mathrm{St}_2^i = \mathrm{Sq}^i$.

(3) Ce résultat a d'abord été démontré par Wu Wen-Tsün.

de G. *Si* G *est sans p-torsion*, $H(G, Z_p)$ est une algèbre extérieure engendrée par des éléments absolument transgressifs ([4]); il suffit donc de connaître les St_p^i de ces générateurs, ce qui, par transgression, se traduit par le calcul analogue dans S_G.

Si en outre G/T *est sans p-torsion*, S_G s'identifie à $I_G \otimes Z_p$, où I_G désigne le sous-anneau de $H(B_T, Z)$ formé des éléments invariants par Φ ([5]). Il suffit donc de calculer les St_p^i dans S_T; comme ce dernier anneau est engendré par les x_i qui sont de degré 2, ceci ne présente pas de difficulté, vu les résultats rappelés au nº 1 ([6]).

3. *Cas du groupe unitaire* $U(n)$. — L'algèbre $H(U(n))$ est engendrée par des éléments absolument transgressifs $\mathbf{P}_1, \ldots, \mathbf{P}_n$ de degrés 1, 3, ..., $2n-1$; Φ est le groupe des permutations des n éléments $x_1, \ldots, x_n$, et les images par transgression des $\mathbf{P}_i$ sont, modulo des sommes d'éléments décomposables, les $\mathbf{C}_i = \Sigma x_1 \ldots x_i$ ([7]). On a donc ([8])

$$St_p^{2k(p-1)}(\Sigma x_1 \ldots x_i) = (-1)^{i+k} \Sigma x_1^p \ldots x_k^p x_{k+1} \ldots x_i.$$

Exprimant le deuxième membre à l'aide des fonctions symétriques élémentaires, on écrira

$$\Sigma x_1^p \ldots x_k^p x_{k+1} \ldots x_i = b_p^{k,j} \Sigma x_1 \ldots x_j + \ldots \qquad (j = i + k(p-1)),$$

où les termes non écrits sont des produits. L'entier $b_p^{k,j}$ est bien déterminé par
2 cette formule, et peut être calculé (par exemple, on a $b_p^{1,j} = j \bmod p$). On obtient en définitive :

THÉORÈME 1. — *Avec les notations données ci-dessus, on a*

$$St_p^{2k(p-1)}(\mathbf{P}_i) = (-1)^{i+k+1} \left[\frac{p}{2}\right]! \, b_p^{k,j}.\mathbf{P}_j.$$

Les calculs précédents, appliqués aux classes de Chern $\mathbf{C}_i$ d'une sphère presque complexe, donnent :

COROLLAIRE. — *Les sphères* S_2 *et* S_6 *sont les seules sphères admettant une structure presque complexe.*

([4]) A. BOREL, *Comptes rendus*, 232, 1951, p. 2392.

([5]) A. BOREL, *Comptes rendus*, 233, 1951, p. 569.

([6]) On remarquera que, dans les cas étudiés ici, $St_p^i = 0$ si $i \neq 0 \bmod 2(p-1)$; c'est du reste un cas particulier d'un résultat non publié de Thom.

([7]) Nous notons un polynôme symétrique par son terme générique précédé du signe Σ; ainsi Σx_1 désigne $x_1 + x_2 + \ldots + x_n$.

([8]) Dans ce cas particulier, notre méthode revient à calculer les St_p^i dans la grassmannienne complexe, ce qui avait été fait par Wu Wen-Tsün par une autre méthode (non publié).

4. *Champs de vecteurs unitaires.* — Munissons C^n d'un produit scalaire hermitien $\langle X, Y \rangle$, et soit S_{2n-1} la sphère unité de C^n. Nous dirons que k vecteurs $X_1, \ldots, X_k$ d'origine $X_0 \in S_{2n-1}$ forment *un k-repère unitaire tangent à* S_{2n-1} si $\langle X_i, X_j \rangle = \delta_{i,j}$ $(i, j = 0, 1, \ldots, k)$. La variété de ces repères est homéomorphe à $U(n)/U(n-k-1)$, sa cohomologie est appliquée biunivoquement dans celle de $U(n)$ et le théorème 1 permet donc d'y déterminer les St_p^i. Utilisant alors le fait évident qu'un espace fibré E de base S_{2n-1} n'a pas de section si l'image de la classe fondamentale de la base dans H(E) s'exprime par des St_p^i (ou des cup-produits) à partir d'éléments de degrés inférieurs, on obtient :

Théorème 2. — *S'il existe un champ continu de k-repères unitaires tangents à* S_{2n-1}, *n est divisible par l'entier* $N_k = \Pi_p p^{1+h_p}$, *où le produit est étendu à tous les nombres premiers p, et où* h_p *désigne le plus grand entier h tel que* $(p-1)p^h \leqq k$.

Corollaire. — *La fibration* $SU(n)/SU(n-1) = S_{2n-1}$ *n'a pas de section* $(n \geqq 3)$.

Exemples. — $N_1 = 2$, $N_2 = 12$: pour $k = 1$, n pair est aussi une condition suffisante, comme on sait; par contre nous ignorons si, pour $k = 2$, il en est de même de n divisible
3 par 12 : en particulier, existe-t-il un champ de deux repères unitaires tangents à S_{23} ?

5. *Autres applications.* — Les résultats du n° 2 s'appliquent aussi aux groupes $Sp(n)$ et, pour $p \neq 2$, aux groupes $SO(n)$ [on peut également passer par l'intermédiaire des calculs déjà faits pour $U(n)$]. Outre les analogues symplectiques des théorèmes 1 et 2, on obtient :

Théorème 3. — *Les fibrations* $Sp(n)/Sp(n-1) = S_{4n-1}$ $(n \geqq 2)$, $Spin(7)/G_2 = S_7$, $Spin(9)/Spin(7) = S_{15}$ *n'ont pas de section.*

Remarques. — 1° En particulier $Sp(2)/S_3 = S_7$ n'a pas de section, d'où un élément $\neq 0$ de $\pi_6(S_3) \otimes Z_3$.

2° On peut trancher entre les deux possibilités données à la fin de [9] pour $H(F_4, Z_3)$ et voir ainsi que F_4 a *de la 3-torsion.*

3° Une méthode analogue à celle du n° 2 permet de calculer les Sq^i dans les groupes orthogonaux et de retrouver le théorème de Steenrod-Whitehead sur les champs de vecteurs tangents aux sphères.

---

[9] A. Borel, *Comptes rendus*, **232**, 1951, p. 1628.

(Extrait des *Comptes rendus des séances de l'Académie des Sciences*, t. **233**, p. 680-682, séance du 24 septembre 1951.)

9.

Homologie singulière des espaces fibrés. Applications

Thèse, Paris, 1951, et Ann. of Math. **54** (1951), 425–505

à Josiane

Introduction

1 L'objet essentiel de ce mémoire est d'étudier l'espace Ω des lacets sur un espace donné X. L'intérêt de cette étude est double: d'une part, Marston Morse[1] [25] a montré que, si X est un espace de Riemann, les propriétés homologiques de Ω sont étroitement liées aux propriétés des *géodésiques* tracées sur X; et, d'autre part, on peut, avec Hurewicz [18], utiliser Ω pour donner une définition récurrente des *groupes d'homotopie* de X et, par suite, tout renseignement sur les groupes d'homologie de Ω entraînera une meilleure connaissance des groupes d'homotopie de X.

Mais l'étude directe de l'homologie de Ω s'était avérée difficile, et n'avait guère pu être menée à bien que dans le cas où X est une sphère. Nous utilisons ici une méthode indirecte, suggérée par la relation $\pi_i(\Omega) = \pi_{i+1}(X)$, qui consiste à considérer Ω la fibre d'un espace fibré E qui est contractile, la base étant l'espace X donné. En appliquant alors à E la théorie homologique des espaces fibrés développée par J. Leray, on obtient des relations étroites liant l'homologie de Ω et celle de X, relations que l'on peut appliquer avec succès aux deux problèmes cités plus haut.

La théorie homologique utilisée ici étant la théorie *singulière* (seule adaptée aux problèmes homotopiques), il nous a fallu montrer que la théorie de Leray était valable dans ce cas, et pour cela, il nous a fallu en refaire complètement la partie topologique. Notre exposé ne nécessite donc pas la lecture préalable des mémoires de Leray sur le sujet.

Le contenu des divers chapitres est le suivant:

Le Chapitre I contient les notions préliminaires indispensables, essentiellement la notion de suite spectrale ([22], [19]) des groupes différentiels filtrés. On y trouvera un exposé "abstrait" de la *transgression* et de la *suspension*; la première notion avait été introduite tout d'abord par Chern, Hirsch et Koszul dans le cas de certains espaces fibrés, la seconde par Eilenberg-MacLane dans le cas des complexes $K(\pi; q)$. On y trouvera également un bref aperçu de la théorie des revêtements due à Cartan-Leray (dans le cas particulier des revêtements universels).

Le Chapitre II établit les propriétés de la suite spectrale d'homologie (singulière) des espaces fibrés. Il faut d'abord choisir une nouvelle définition de l'homologie singulière, qui utilise les cubes à la place des simplexes, ce qui est fait au n°1. Le point essentiel, une fois la filtration définie, consiste à prouver que le

[1] Les crochets renvoient à la Bibliographie, placée à la fin de ce mémoire.

terme E_1 de la suite spectrale est isomorphe au groupe des chaînes de la base à coefficients dans le groupe d'homologie de la fibre. Ceci exige certaines constructions de cubes singuliers, qui sont toujours possibles pourvu que l'espace vérifie le *théorème de relèvement des homotopies pour les polyèdres*. Aussi cette dernière propriété est-elle prise ici comme définition des espaces fibrés.

Le Chapitre III indique les premières applications de ce qui précède à divers cas particuliers. Signalons notamment la Prop. 5 qui est la clé de plusieurs résultats intéressants pour la suite, ainsi que la Prop. 3. Les autres résultats sont dus à J. Leray [24] (dans le cadre de la théorie de Čech).

Le Chapitre IV, consacré aux espaces de lacets, a un double but. D'un côté il donne des résultats généraux, intéressants en eux-mêmes (tel le th. de Hopf, la simplicité en toute dimension, etc) qui sont appliqués au n°7 et au n°8 à des problèmes de géodésiques, et d'autre part, il prépare la voie à l'étude des groupes d'homotopie qui fait l'objet du chapitre suivant. Parmi les résultats du premier type, signalons une démonstration très simple du fait que, sur tout espace de Riemann compact connexe, il existe une infinité de géodésiques joignant deux points distincts donnés (résultat qui n'était guère connu que dans le cas des sphères).

Le Chapitre V indique une méthode permettant, dans une certaine mesure, de calculer les groupes d'homotopie d'un espace dont on connait les groupes d'homologie. On en tire aisément le fait que les groupes d'homotopie ont un nombre fini de générateurs si et seulement s'il en est de même des groupes d'homologie (au moins lorsque l'espace est simplement connexe). Nous attaquons aussi le problème du calcul des groupes d'homotopie des sphères: ici, il est commode de séparer les difficultés en effectuant des calculs à coefficients dans des corps de caractéristiques variées. Le cas de la caractéristique nulle peut être traité complètement, et montre que les $\pi_i(\mathbf{S}_n)$ sont *finis* sauf $\pi_n(\mathbf{S}_n)$ et $\pi_{4n-1}(\mathbf{S}_{2n})$ (n quelconque). En caractéristique p, par contre, nous nous bornons à trouver le premier groupe d'homotopie de $\mathbf{S}_n$ (après le n-ème) dont l'ordre soit divisible par p: c'est $\pi_{n+2p-3}(\mathbf{S}_n)$ (au moins si n est impair).

Le Chapitre VI indique très brièvement comment la méthode précedente, appliquée mais en sens inverse, aux groupes d'Eilenberg-MacLane, permet d'obtenir très rapidement des résultats, dont certains étaient connus mais de démonstration difficile.

Les résultats essentiels de ce mémoire ont été résumés dans trois notes aux Comptes-Rendus [28].

Je ne terminerai pas cette introduction sans exprimer à M. H. Cartan toute la reconnaissance que je lui dois pour l'aide qu'il n'a cessé de m'apporter dans mon travail, tant par l'intermédiaire du Séminaire qu'il dirige depuis trois ans, que par de nombreux et profitables contacts directs. C'est notamment grâce à son aide (et à celle de J-L Koszul qui voudra bien trouver ici mes remerciements) que j'ai pu transposer la théorie de Leray en homologie singulière et asseoir ainsi sur une base solide les calculs purement heuristiques que je faisais jusqu'alors. Outre cette contribution particulièrement importante, je lui dois de nombreuses améliorations dans les résultats, l'exposition, et la rédaction.

Qu'il me soit permis de remercier aussi MM. A. Borel, N. Bourbaki, S. Eilen-
2 berg, J. Leray pour l'aide, les encouragements, et les conseils, variés mais également efficaces, qu'ils m'ont prodigués. Ma reconnaissance va également à M. A. Denjoy qui a bien voulu présider le jury auquel j'ai soumis cette thèse.

Table des Matières

CHAPITRE I. LA NOTION DE SUITE SPECTRALE

1. La suite spectrale d'un groupe différentiel à filtration croissante

DÉFINITION. Soit (A, d) un groupe différentiel, c'est à dire un groupe abélien A muni d'un endomorphisme d de carré nul. On dit qu'une famille de sous-groupes (A^p) (p entier positif ou négatif) définit sur A une *filtration croissante* si les conditions suivantes sont remplies:

$$\bigcup_p A^p = A; \qquad A^p \subset A^{p+1}; \qquad d(A^p) \subset A^p.$$

On convient de compléter la définition des A^p en posant $A^{-\infty} = 0$ et $A^{+\infty} = A$.

Soit $x \in A$; appelons $w(x)$ la borne inférieure des entiers p tels que $x \in A^p$. L'application $x \to w(x)$ vérifie évidemment les propriétés suivantes:

$$w(a - b) \leqq \operatorname{Sup}(w(a), w(b)); \qquad w(da) \leqq w(a).$$

Réciproquement, si l'on se donne une fonction $w(x)$ sur A, à valeurs entières ($-\infty$ compris), qui vérifie les deux propriétés précédentes, elle définit une *filtration croissante* sur A.

Notations (r désignera un entier positif):

C_r^p: ensemble des éléments de A^p dont le bord est dans A^{p-r}.

B_r^p: ensemble des éléments de A^p qui sont bords d'éléments de A^{p+r}.

C^p_∞: ensemble des éléments de A^p qui sont des cycles.
B^p_∞: ensemble des éléments de A^p qui sont des bords.

Tous ces ensembles sont des sous-groupes de A^p, vérifiant les relations d'inclusion suivantes:

$$B^p_0 \subset B^p_1 \subset \cdots \subset B^p_{r-1} \subset B^p_r \subset \cdots \subset B^p_\infty \subset C^p_\infty \subset \cdots \subset C^p_r$$
$$\subset C^p_{r-1} \subset \cdots \subset C^p_1 \subset C^p_0 = A^p.$$

On notera également que $d(C^{p+r}_r) = B^p_r$.

DÉFINITION DES E^p_r.

Nous poserons: $E^p_r = C^p_r/(C^{p-1}_{r-1} + B^p_{r-1})$.

La différentielle d applique C^p_r dans C^{p-r}_r et $(C^{p-1}_{r-1} + B^p_{r-1})$ dans B^{p-r}_{r-1}. Elle définit donc, par passage au quotient, un homomorphisme:

$$d^p_r: E^p_r \to E^{p-r}_r.$$

Le *noyau* de d^p_r est: $(C^p_{r+1} + C^{p-1}_{r-1})/(C^{p-1}_{r-1} + B^p_{r-1})$.
L'*image* de d^{p+r}_r est: $(C^{p-1}_{r-1} + B^p_r)/(C^{p-1}_{r-1} + B^p_{r-1})$.

En comparant ces deux résultats, on voit que $d^p_r \circ d^{p+r}_r = 0$; en outre le quotient du noyau de d^p_r par l'image de d^{p+r}_r est:

$$(C^p_{r+1} + C^{p-1}_{r-1})/(B^p_r + C^{p-1}_{r-1}) = C^p_{r+1}/[C^p_{r+1} \cap (C^{p-1}_{r-1} + B^p_r)]$$
$$= C^p_{r+1}/(C^{p-1}_r + B^p_r) = E^p_{r+1}.$$

Interprétation des résultats précédents: la suite spectrale.

Posons $E_r = \sum_p E^p_r$ (dans toute la suite, le signe $\sum$ désignera une somme directe); les E^p_r définissent sur E_r une structure graduée: les éléments de E^p_r sont dits de *degré filtrant p*; les applications d^p_r définissent sur E_r une *différentielle d_r homogène et de degré $-r$ vis à vis du degré filtrant.* La suite des groupes différentiels gradués (E_r) $(r = 0, 1, \cdots)$ est dite *suite spectrale* attachée au groupe différentiel filtré A.

Le groupe d'homologie de E_r pour la différentielle d_r, calculé en E^p_r, est isomorphe à E^p_{r+1}, nous venons de le voir. On a donc:

$$H(E_0) = E_1\,;\ H(E_1) = E_2\,;\ \cdots\,;\ H(E_r) = E_{r+1}\,;\ \cdots \text{ etc.}$$

Le terme E_0.

On a: $E^p_0 = A^p/A^{p-1}$. On voit donc que E_0 est la somme directe des quotients successifs A^p/A^{p-1}; on l'appelle *le groupe gradué associé au groupe filtré A.*

La différentielle d_0 applique E^p_0 dans lui-même; elle est obtenue par passage au quotient à partir de la différentielle d de A (ce qui est possible, puisque A^p et A^{p-1} sont stables pour d).

Le terme E_1.

D'après ce qui précède, on a: $E_1^p = H(A^p/A^{p-1})$.

La différentielle d_1 applique E_1^p dans E_1^{p-1}; elle coincide avec l'homomorphisme bord

$$\partial: H(A^p/A^{p-1}) \to H(A^{p-1}/A^{p-2})$$

de la suite exacte d'homologie du "triple" (A^p, A^{p-1}, A^{p-2}).

Le terme E_∞.

Par analogie avec la définition des E_r, on définit le terme $E_\infty = \sum_p E_\infty^p$ (groupe *terminal* de la suite spectrale) en posant:

$$E_\infty^p = C_\infty^p/(C_\infty^{p-1} + B_\infty^p).$$

L'intérêt de cette définition est que, d'une part, on peut considérer le terme E_∞ comme une limite des termes E_r (nous préciserons ceci au n° suivant), et que, d'autre part, E_∞ est intimement lié à $H(A)$. Il fournit donc une sorte de transition entre les (E_r) et $H(A)$.

Pour préciser ce dernier point, soit D^p l'image de $H(A^p)$ dans $H(A)$ par l'application identique de A^p dans A. On a donc:

$$D^p = C_\infty^p/B_\infty^p.$$

Il suit de là: $D^p/D^{p-1} = C_\infty^p/(C_\infty^{p-1} + B_\infty^p) = E_\infty^p$.

Autrement dit, si l'on considère $H(A)$ comme *filtré* par les D^p, *le groupe E_∞ n'est autre que le groupe gradué associé au groupe filtré $H(A)$.*

Remarquons toutefois que, même si $\bigcap_p A^p = 0$, on n'a pas nécessairement $\bigcap_p D^p = 0$; au n° suivant, nous donnerons une condition suffisante pour qu'il en soit ainsi.

Note. Les définitions qui précèdent ne sont que les traductions, dans un langage adapté à l'homologie, des notions introduites par J. Leray [23] et J.-L. Koszul [20]. On peut d'ailleurs obtenir les résultats de ce n° à partir de ceux de Leray par un simple changement de notation: il suffit de remplacer p par $-p$.

Cette théorie peut s'étendre en majeure partie aux "théories axiomatiques de l'homologie". *Voir* à ce sujet un exposé de S. Eilenberg ([6], Exp. VIII).

2. Cas d'un groupe gradué

Nous supposerons à partir de maintenant que le groupe A est *gradué*, c'est-à-dire est somme directe de sous-groupes ${}^nA$ (n entier positif ou négatif); on supposera de plus que d est de degré -1 vis a vis de cette graduation (autrement dit, $d({}^nA) \subset {}^{n-1}A$), et que la filtration est compatible avec la graduation, c'est-à-dire que chaque A^p est somme directe de ses intersections avec les ${}^nA$. Nous poserons $A^{p,q} = {}^{p+q}A \cap A^p$, et nous désignerons par $H_n(A)$ le n-ème groupe d'homologie de A.

Graduation des termes de la suite spectrale.

L'existence d'une graduation sur A permet de définir des graduations sur les divers groupes introduits au n° précédent. Nous noterons $C_r^{p,q}$, $B_r^{p,q}$, $C_\infty^{p,q}$, $B_\infty^{p,q}$,

$D^{p,q}$ les sous-groupes de $C_r^p, \cdots, D^p$ formés des éléments homogènes et de degré $p + q$. Chaque $C_r^p, \cdots, D^p$ est somme directe des $C_r^{p,q}, \cdots, D^{p,q}$ pour $-\infty < q < +\infty$.

On pose de même: $E_r^{p,q} = C_r^{p,q}/(C_{r-1}^{p-1,q+1} + B_{r-1}^{p,q})$ $(0 \leqq r \leqq +\infty)$.

Les $E_r^{p,q}$ graduent E_r^p. Le terme E_r de la suite spectrale est donc *bigradué* par les $E_r^{p,q}$; p est dit degré *filtrant*, q degré *complémentaire*. Il y a avantage à introduire aussi le degré $p + q$, ou degré *total* (il correspond au degré de A). Les propriétés de degré des différentielles d_r sont les suivantes:

d_r diminue le degré filtrant de r unités,
d_r diminue le degré total de 1 unité,
d_r augmente le degré complémentaire de $r - 1$ unités.

Une hypothèse supplémentaire.

Nous ferons dans toute la suite l'hypothèse suivante:

(Φ)—Si $x \neq 0$ est un élément homogène de A, $0 \leqq w(x) \leqq \deg. x$. En d'autres termes: *la filtration et le degré sont positifs, et la filtration est inférieure au degré.* Une autre formulation est: $A^{n,0} = {}^nA$ et $A^{p,q} = 0$ si $p < 0$.

Conséquences de l'hypothèse (Φ).

On a tout d'abord $E_0^{p,q} = 0$ si p ou $q < 0$. Il s'ensuit que $E_r^{p,q} = 0$ pour p ou $q < 0$, et r quelconque. Ceci est encore vrai pour E_∞, comme on le voit tout de suite. Puisque $E_\infty^{p,q} = D^{p,q}/D^{p-1,q+1}$ on en conclut que $D^{-1,n+1} = 0$ et $D^{n,0} = H_n(A)$. On a donc la suite de composition de $H(A)$:

$$0 = D^{-1,n+1} \subset D^{0,n} \subset \cdots \subset D^{n-1,1} \subset D^{n,0} = H_n(A).$$

En particulier, on voit que $\bigcap_p D^p = 0$.

PROPOSITION 1. *Si la condition* (Φ) *est remplie, on a:*

$$E_r^{p,q} = E_{r+1}^{p,q} = E_{r+2}^{p,q} = \cdots = E_\infty^{p,q} \quad \textit{pour} \quad r > \operatorname{Sup}(p, q + 1).$$

Si $r > p$, les éléments de $E_r^{p,q}$ sont tous des cycles pour d_r, puisque d_r diminue le degré filtrant de r unités et que $E_r^{s,t} = 0$ pour $s < 0$. De même, si $r - 1 > q$, aucun élément $\neq 0$ de $E_r^{p,q}$ n'est un bord pour d_r puisque d_r augmente le degré complémentaire de $r - 1$ unités. Il s'ensuit que $E_r^{p,q} = E_{r+1}^{p,q} = \cdots$

Reste à voir que l'on trouve ainsi le groupe $E_\infty^{p,q}$. Pour cela, il suffit de remarquer que, pour r assez grand, on a:

$$C_r^{p,q} = C_\infty^{p,q}; \qquad B_r^{p,q} = B_\infty^{p,q}.$$

On voit donc en quel sens on peut dire que *le groupe E_∞ est la limite des groupes E_r*: pour un degré total n donné, il existe un r assez grand pour que les groupes formés par les termes de degré total n de E_r et de E_∞ soient isomorphes.

Le groupe différentiel R.

Nous poserons $R = A^0$, $R_q = A^{0,q}$. R est un sous-groupe gradué stable de A. On a $E_1^{0,q} = H_q(R)$. D'autre part, tous les éléments de $E_r^{0,q}(r \geqq 1)$ sont des cycles pour d_r, puisque d_r diminue le degré filtrant et que ces éléments sont de degré filtrant minimum. Il en résulte une suite d'homomorphismes sur:

$$H_q(R) = E_1^{0,q} \to E_2^{0,q} \to \cdots$$

En outre ces homomorphismes deviennent des *isomorphismes sur*, dès que $r > q + 1$, d'après la Prop. 1. On voit donc que $E_\infty^{0,q} = E_{q+2}^{0,q}$ s'identifie à un quotient de $H_q(R)$ (ce que l'on peut voir aussi directement, sur l'expression explicite de ces groupes en fonction des $C_r^{p,q}$ et des $B_r^{p,q}$). Mais d'autre part $E_\infty^{0,q} = D^{0,q} \subset H_q(A)$. On peut donc écrire la suite d'homomorphismes:

$$H_q(R) \to E_\infty^{0,q} \to H_q(A),$$

le premier étant sur, le second biunivoque. Le composé n'est autre que l'homomorphisme de $H_q(R)$ dans $H_q(A)$ induit par l'injection: $R \to A$.

Le groupe différentiel S.

Posons $E_1^{p,0} = S_p$, et $S = \sum_p S_p$. Le groupe S est identique au sous-groupe de E_1 formé des éléments de degré complémentaire 0. Comme d_1 conserve le degré complémentaire, il s'ensuit que S *est stable* pour d_1, et constitue un groupe différentiel gradué.

On a $H_p(S) = E_2^{p,0}$; d'autre part, aucun élément $\neq 0$ de $E_r^{p,0}$ n'est un bord pour d_r ($r \geqq 2$) puisque d_r augmente le degré complémentaire et que ces éléments sont de degré complémentaire minimum. Il en résulte une suite d'homomorphismes biunivoques:

$$\cdots \to E_3^{p,0} \to E_2^{p,0} = H_p(S)$$

En outre, ces homomorphismes sont des *isomorphismes sur* dès que r est assez grand. De façon précise (Prop. 1), on a $E_{p+1}^{p,0} = E_\infty^{p,0}$; mais $E_\infty^{p,0} = D^{p,0}/D^{p-1,1} = H_p(A)/D^{p-1,1}$. On peut donc écrire la suite d'homomorphismes:

$$H_p(A) \to E_\infty^{p,0} \to H_p(S),$$

le premier étant sur, le second biunivoque.
Interprétons le produit de ces deux homomorphismes:
Pour cela, rappelons que $E_1^{p,0} = C_1^{p,0}/(C_0^{p-1,1} + B_0^{p,0})$. Comme $C_1^{p,0} = {}^pA$, on a donc un homomorphisme canonique $\pi : A \to S$, qui commute avec le bord et définit un homomorphisme $\pi_* : H_p(A) \to H_p(S)$. Cet homomorphisme π_* est le composé en question.

Il résulte en particulier de ceci que l'image de π_* est $E_\infty^{p,0}$, et que son noyau est $D^{p-1,1}$.

Note. Dans toutes les applications de la suite spectrale connues jusqu'à présent, le groupe A que l'on filtre est un groupe gradué. Par contre, la condition (Φ) n'est en général remplie que dans les applications touchant de près ou de loin à la théorie des espaces fibrés (par exemple, outre cette dernière qui fait l'objet du chapitre suivant, la théorie des groupes d'opérateurs, ou bien celle des extensions de groupes discrets). Le cas le plus important où elle n'est pas remplie est la théorie de Morse.

Dans le cas d'un espace fibré E de fibre F, base B, le groupe A est le groupe des chaînes de E, le groupe R celui des chaînes de F, le groupe S celui des chaînes de B. En outre, les homomorphismes canoniques $R \to A \to S$ sont ceux induits par les applications continues $F \to E \to B$.

3. La transgression et la suspension

Le groupe A/R.

Considérons à nouveau l'application canonique:

$$\pi: A^{p,0} = C_1^{p,0} \to C_1^{p,0}/(C_0^{p-1,1} + B_0^{p,0}) = S_p\,.$$

Si $p \geqq 1$, cette application envoie $R_p = A^{0,p}$ dans $C_0^{p-1,1}$ et définit donc, par passage au quotient, un homomorphisme:

$$\pi': A^{p,0}/A^{0,p} \to S_p\,;$$

en outre, si $p \geqq 2$, π' commute avec le bord et définit donc:

$$\pi'_*: H_p(A/R) \to H_p(S).$$

Or $H_p(A/R) = C_p^{p,0}/(C_0^{0,p} + B_1^{p,0})$ et $H_p(B) = C_2^{p,0}/(C_1^{p-1,1} + B_1^{p,0})$. Il suit de là que le noyau de π'_* est égal à l'image de l'application canonique: $C_{p-1}^{p-1,1} \to H_p(A/R)$, et que l'image de π'_* est égale à:

$$C_p^{p,0}/[C_1^{p,0} \cap (C_1^{p-1,1} + B_1^{p,0})] = C_p^{p,0}/(C_{p-1}^{p-1,1} + B_1^{p,0}) = E_p^{p,0}.$$

On peut résumer ceci en disant que la suite:

$$C_{p-1}^{p-1,1} \to H_p(A/R) \to E_p^{p,0} \to 0,$$

est *exacte*, et que le composé: $H_p(A/R) \to E_p^{p,0} \to E_2^{p,0} = H_p(S)$ n'est autre que π'_*.

Un diagramme.

Considérons le diagramme (I) qui suit.

$$\text{(I)}\quad \begin{array}{ccccccccccc}
0 \longrightarrow & C_\infty^{p-1,1} & & \longrightarrow & C_{p-1}^{p-1,1} & \xrightarrow{d} & B_{p-1}^{0,p-1} & \longrightarrow & 0 & & \\
& \downarrow & & & \downarrow & & \downarrow & & & & \\
& H_p(A) & & \longrightarrow & H_p(A/R) & \xrightarrow{\partial} & H_{p-1}(R) & \longrightarrow & H_{p-1}(A) & & \\
& \downarrow & & & \downarrow & & \downarrow & & \uparrow & & \\
0 \longrightarrow & E_\infty^{p,0} & & \longrightarrow & E_p^{p,0} & \xrightarrow{d_p} & E_p^{0,p-1} & \longrightarrow & E_\infty^{0,p-1} & \longrightarrow & 0 \\
& \downarrow & \searrow^{\lambda} & & \swarrow_{\mu} \ \downarrow & & \downarrow & & \uparrow & & \\
& 0 & H_p(S) & & 0 & & 0 & & 0 & &
\end{array}$$

Les lignes et les colonnes de (I) forment des suites *exactes*; en outre ce diagramme est commutatif car toutes les applications qui y figurent sont définies, soit par une relation d'inclusion dans A, soit par passage au quotient à partir de la différentielle d de A. Enfin les homomorphismes λ et μ qui y figurent sont biunivoques.

La transgression.

Considérons les deux homomorphismes:

$$H_{p-1}(R) \xleftarrow{\partial} H_p(A/R) \xrightarrow{\pi'_*} H_p(S) \qquad (p \geqq 2),$$

et désignons par L le noyau de ∂, par M celui de π'_*, par L' l'image de ∂, par M' l'image de π'_*.

Soit $x \in M'$; choisissons un y tel que $\pi'_*(y) = x$, et considérons $\partial(y)$. C'est un élément de $H_{p-1}(R)$ qui, lorsque y varie, décrit une classe modulo $\partial(M)$. Par passage au quotient, on obtient un homomorphisme canonique, appelé *transgression*:

$$T: M' \to H_{p-1}(R)/\partial(M).$$

Les éléments de M' sont dits *éléments transgressifs* de $H_p(S)$; un cycle de S dont la classe d'homologie est transgressive est appelé *cycle transgressif*.

En traduisant la définition de M' en termes de chaînes, on voit que, pour qu'un cycle $x \in S_p$ soit transgressif, il faut et il suffit qu'il existe un $a \in A$, tel que $\pi(a) = x$ et que $da \in R_{p-1}$.

PROPOSITION 2. *Les groupes M' et $H_{p-1}(R)/\partial(M)$ sont canoniquement isomorphes aux groupes $E_p^{p,0}$ et $E_p^{0,p-1}$. Par ces isomorphismes, la transgression $T: M' \to H_{p-1}(R)/\partial(M)$ est transformée en la différentielle $d_p: E_p^{p,0} \to E_p^{0,p-1}$.*

Cela résulte immédiatement du diagramme (I).

La suspension.

Nous pouvons définir de façon tout analogue à la précédente un homomorphisme de $L' \subset H_{p-1}(R)$ dans $H_p(S)/\pi'_*(L)$. Cet homomorphisme sera appelé *suspension* et noté Σ; on observera qu'il *élève les degrés d'une unité.*

Le cas le plus important pour la suite est celui où $H_p(A) = H_{p-1}(A) = 0$. Dans ce cas, on a $L' = H_{p-1}(R)$, $\pi'_*(L) = 0$, et la suspension est alors *un homomorphisme de $H_{p-1}(R)$ dans $H_p(S)$*, égal à $\pi'_* \circ \partial^{-1}$. On tire alors du diagramme (I) le diagramme commutatif suivant:

$$\text{(II)} \qquad \begin{array}{ccc} E_p^{p,0} & \xrightarrow{d_p} & E_p^{0,p-1} \\ \downarrow & \nwarrow & \uparrow \\ H_p(S) & \xleftarrow{\Sigma} & H_{p-1}(R). \end{array}$$

Dans ce diagramme, d_p est un isomorphisme sur, $E_p^{p,0} \to H_p(S)$ est *biunivoque* et a même image que Σ, $H_{p-1}(R) \to E_p^{0,p-1}$ est *sur*, et a même noyau que Σ.

Note. Comme il a été dit dans l'introduction, les notions de transgression et de suspension ont été introduites par Chern-Hirsch-Koszul et Eilenberg-MacLane respectivement, dans des problèmes particuliers. La proposition 2 est due à Koszul ([20], deux dernières lignes).

4. Une suite exacte

Hypothèses.

Soient i, j, r trois entiers positifs, avec $i < j$.

Nous supposons que, pour tout n tel que $i \leqq n \leqq j$, on ait $E_r^{p,q} = 0$ pour tout couple (p, q), tel que $p + q = n$, et distinct de deux couples particuliers: (a_n, b_n) et (c_n, d_n). Pour éviter un abus d'indices, nous conviendrons de noter ${}^nE'_s$ (resp. ${}^nE''_s$) le terme $E_s^{p,q}$ correspondant à $p = a_n$, $q = b_n$ (resp. $p = c_n$, $q = d_n$). Ainsi E_r pour le degré total n, ne contient que *deux termes éventuellement non nuls:* ${}^nE'_r$ et ${}^nE''_r$. On supposera que $a_n < c_n$.

Enfin nous ferons les deux hypothèses suivantes:

$$E_r^{p,q} = 0 \quad \text{si} \quad p + q = n - 1, \quad p \leqq a_n - r \quad \text{et} \quad i \leqq n \leqq j;$$

$$E_r^{p,q} = 0 \quad \text{si} \quad p + q = n + 1, \quad p \geqq c_n + r \quad \text{et} \quad i \leqq n \leqq j.$$

PROPOSITION 3. *Dans les hypothèses précédentes, on a une suite exacte:*

$${}^jE'_r \to H_j(A) \to {}^jE''_r \to {}^{j-1}E'_r \to \cdots \to {}^iE'_r \to H_i(A) \to {}^iE''_r.$$

DÉMONSTRATION. Considérons d'abord la suite de composition de $H_n(A)$ formée par les $D^{p,q}(p + q = n)$. On sait que $D^{p,q}/D^{p-1,q+1} = E_\infty^{p,q}$. Supposons alors que $i \leqq n \leqq j$; si $p \neq a_n$ ou c_n, on aura par hypothèse $E_r^{p,q} = 0$, d'où $E_\infty^{p,q} = 0$. On a donc la suite *exacte*:

$$0 \to {}^nE'_\infty \to H_n(A) \to {}^nE''_\infty \to 0 \qquad (i \leqq n \leqq j).$$

Cherchons ${}^nE'_\infty$; pour cela, remarquons que la différentielle d_s est nulle sur ${}^nE'_s$ $(s \geqq r)$ puisqu'elle applique ce groupe dans $E_s^{p,q}$, où $p = a_n - s$, $q = b_n + s - 1$, groupe qui est nul vu les hypothèses faites. Il suit de là que ${}^nE'_\infty$ est le quotient de ${}^nE'_r$ par le sous-groupe formé des éléments qui sont des bords pour les différentielles d_s. De même, aucun élément $\neq 0$ de ${}^nE''_s$ n'est un bord pour $d_s (s \geqq r)$, et on en conclut que ${}^nE''_\infty$ est le sous-groupe de ${}^nE''_r$ formé des éléments qui sont des cycles pour les différentielles d_s. On peut donc écrire la suite *exacte*:

$${}^nE'_r \to H_n(A) \to {}^nE''_r \qquad (i \leqq n \leqq j).$$

Quel est le noyau du premier homomorphisme? Nous avons vu que c'est le sous-groupe des éléments qui sont des bords pour l'une des différentielles $d_s(s \geqq r)$. Supposons que $i \leqq n \leqq j - 1$; il n'y a alors que deux termes de E_s, dont le degré total soit $n + 1$, et qui puissent ne pas être nuls: ${}^{n+1}E'_s$ et ${}^{n+1}E''_s$. En outre, nous avons déjà vu que les éléments du premier groupe sont tous des d_s-cycles. Il en résulte qu'il existe au plus une différentielle d_s non nulle, celle qui applique ${}^{n+1}E''_s$ dans ${}^{n}E'_s$, et qui correspond donc à $s = c_{n+1} - a_n$. On a donc la suite *exacte*:

$$ {}^{n+1}E''_r \to {}^{n}E'_r \to H_n(A) \qquad (i \leqq n \leqq j-1). $$

On établit de même la suite *exacte*:

$$ H_n(A) \to {}^{n}E''_r \to {}^{n-1}E'_r \qquad (i+1 \leqq n \leqq j). $$

En combinant les diverses suites exactes que nous avons obtenues, on trouve le résultat cherché.

Corollaire. *Supposons que, pour tout $n \geqq 0$, on ait $E_r^{p,q} = 0$ pour $p + q = n$ et $p \neq a_n$. Supposons en outre que $a_n < a_{n-1} + r$ pour tout $n \geqq 0$. On a alors $H_n(A) = E_r^{a_n, b_n}$ pour tout $n \geqq 0$.*

Il suffit de poser $c_n = a_n + 1$, $d_n = b_n - 1$, $i = 0$, $j = +\infty$, et d'appliquer la proposition.

Note. La proposition 3 est celle que l'on utilise habituellement pour obtenir une suite exacte à partir d'une suite spectrale. On en verra plusieurs exemples au Chapitre III.

5. La suite spectrale—Cas de la cohomologie

C'est le cas classique, pour lequel le lecteur pourra se reporter à [20] ou à [23]. Nous allons en résumer brièvement les points essentiels.

Groupe différentiel gradué à filtration décroissante.

Soit (A^*, d) un groupe gradué muni d'une différentielle d de degré $+1$. On dit que des sous-groupes A^{*p} (p entier positif ou négatif) définissent sur A une filtration décroissante si les conditions suivantes sont remplies:

(1) $\bigcap_p A^{*p} = 0$, $A^{*p} \supset A^{*p+1}$, $d(A^{*p}) \subset A^{*p}$.

(2) Chaque A^{*p} est somme directe de ses composantes homogènes.

(3) Si $x \neq 0$ est homogène, $0 \leqq w(x) \leqq \deg. x$.

(On a noté $w(x)$ la borne supérieure des entiers p tels que $x \in A^{*p}$). Il résulte de (3) que $A^{*0} = A$.

La suite spectrale.

On définit comme au n°2 les groupes $A^{*p,q}$, $C_r^{*p,q}$, $C_\infty^{*p,q}$, $B_r^{*p,q}$, $B_\infty^{*p,q}$, $D^{*p,q}$, $E_r^{*p,q}$. Par exemple, $C_r^{*p,q}$ est formé des éléments $x \in A^{*p}$, homogènes et de degré $p + q$, tels que $dx \in A^{*p+r}$. On a:

$$ E_r^{*p,q} = C_r^{*p,q}/(C_{r-1}^{*p+1,q-1} + B_{r-1}^{*p,q}) \qquad (r = 0, 1, \cdots, \infty) $$

$$ E_\infty^{*p,q} = D^{*p,q}/D^{*p+1,q-1} $$

$$ 0 = D^{*n+1,-1} \subset D^{*n,0} \subset \cdots \subset D^{*1,n-1} \subset D^{*0,n} = H^n(A^*). $$

La différentielle d_r, obtenue par passage au quotient comme au n°1, applique $E_r^{*p,q}$ dans $E_r^{*p+r,q-r+1}$; ses propriétés de degré sont donc opposées à celles données au n°2. On a encore $H(E_r^*) = E_{r+1}^*$. La suite des (E_r^*) est dite *suite spectrale de cohomologie de A*.

Les groupes différentiels R^* et S^*.

On pose $R^* = A^*/A^{*1}$, $S_p^* = E_1^{*p,0}$, $S^* = \sum_p S_p^*$. Les résultats des n° 2 et 3 se transposent alors sans peine: on a des homomorphismes canoniques permis: $S^* \to A^* \to R^*$, qui donnent lieu aux homomorphismes: $H^p(S^*) \to H^p(A^*) \to H^p(R^*)$; la *transgression* $d_p: E_p^{*0,p-1} \to E_p^{*p,0}$ applique un sous-groupe de $H^{p-1}(R^*)$ dans un quotient de $H^p(S^*)$ pour $p \geqq 2$; elle peut aussi être obtenue par passage au quotient à partir des homomorphismes:

$$H^{p-1}(R^*) \xrightarrow{\delta} H^p(A^{*1}) \longleftarrow H^p(S^*);$$

pour qu'un cocycle x de dimension $p - 1$ de R^* soit transgressif (c'est-à-dire pour que sa classe de cohomologie appartienne à $E_p^{*0,p-1}$), il faut et il suffit qu'il existe $a \in A^*$, se projetant en x par l'homomorphisme $A^* \to R^*$, et tel que $da \in S_p^*$.

Exemple.

Soit A un groupe différentiel gradué à filtration croissante, vérifiant (Φ). Posons $^nA^* = \text{Hom}\,(^nA, G)$, où G est un groupe abélien quelconque. Le groupe $A^* = \sum_n {^nA^*}$ est gradué par les $^nA^*$ et peut être muni d'une différentielle d, transposée de celle de A.

Si A^p désigne les sous-groupes définissant la filtration de A, appelons A^{*p} l'annulateur de A^{p-1}. On vérifie aisément les propriétés (1), (2), (3).

Structure multiplicative.

Supposons que A^* soit muni d'une structure d'*anneau* telle que:

(a) Si x et y sont homogènes de degrés p et q, $x \cdot y$ est homogène de degré $p + q$, et l'on a $d(x \cdot y) = dx \cdot y + (-1)^p x \cdot dy$ (on dit alors que d est une antidérivation de A);

(b) $A^{*i} \cdot A^{*j} \subset A^{*i+j}$.

On voit alors tout de suite que l'on peut munir les E_r^* d'une structure d'anneau, avec $E_r^{*p,q} \cdot E_r^{*p',q'} \subset E_r^{*p+p',q+q'}$, et que les différentielles d_r sont des *antidérivations* des E_r^* (pour le degré total).

Si A^* est associatif (resp. possède un élément unité), il en est de même des E_r^*.

Une suite exacte.

Les résultats du n° 4 se laissent également transposer sans aucune difficulté. Les hypothèses à faire sont exactement les mêmes, au remplacement près des $E_r^{p,q}$ par $E_r^{*p,q}$. Nous continuerons à noter $^nE_r^{*\prime}$ (resp. $^nE_r^{*\prime\prime}$) le terme $E_r^{*p,q}$ correspondant à $p = a_n$, $q = b_n$ (resp. $p = c_n$, $q = d_n$). On a alors:

Proposition 3. *Dans les conditions précédentes, on a une suite exacte:*

$$^jE_r^{*\prime} \leftarrow H^j(A^*) \leftarrow {^jE_r^{*\prime\prime}} \leftarrow {^{j-1}E_r^{*\prime}} \leftarrow \cdots \leftarrow {^iE_r^{*\prime}} \leftarrow H^i(A) \leftarrow {^iE_r^{*\prime\prime}}.$$

6. La suite spectrale attachée au revêtement universel d'un espace

Soit X un espace connexe par arcs, localement connexe par arcs, et localement simplement connexe; on définit à la façon habituelle (*Voir* par exemple, Pontrjagin, *Topological groups*, n° 46) son *revêtement universel* T. Nous allons rappeler quelques relations, dues à Leray et Cartan ([8], [3], [6]), existant entre l'homologie de X, celle de T, et celle du groupe fondamental Π de X.

Définition du revêtement universel. Rappelons-la brièvement: soit $e \in X$ un point fixé; T est l'ensemble des classes de chemins homotopes issus de e. Soit $q \in T$, et h un chemin de la classe q; soit U un voisinage de l'extrémité b de h, et désignons par V_U l'ensemble des classes de chemins obtenus en composant h avec un chemin issu de b et contenu dans U; par définition, les V_U forment un système fondamental de voisinages de q dans T. On vérifie aisément que T, muni de cette topologie, est connexe par arcs, localement connexe par arcs, localement simplement connexe, et simplement connexe. Si à tout $q \in T$, on fait correspondre l'extrémité commune b des chemins de la classe q, on définit ainsi une application continue $p: T \rightarrow X$, *appelée projection de* T *sur* X. Cette projection est un homéomorphisme local, et définit comme on sait un isomorphisme du groupe d'homotopie $\pi_i(T)$ sur le groupe d'homotopie $\pi_i(X)$ $(i = 2, 3, \cdots)$

Les opérateurs définis par Π *sur* T.

Identifions Π au groupe des classes de lacets en e; le groupe Π opère alors canoniquement sur T; tout élément de Π, autre que l'élément neutre, définit un homéomorphisme *sans point fixe* de T sur lui-même. Il en résulte que Π opère dans le complexe singulier de T, donc dans les groupes d'homologie et de cohomologie singulières de T. En outre, tout simplexe singulier de X est image par la projection p d'un simplexe singulier de T, défini à une opération de Π près. Autrement dit (avec les notations de [6]): *Le complexe singulier de* T, $K(T)$, *est* Π-*libre, et le complexe* $K(T)_\Pi$ *est isomorphe à* $K(X)$.
(Rappelons que $K(T)_\Pi$ désigne le quotient de $K(T)$ par la relation d'équivalence qu'y définit Π).

La suite spectrale.

Ce qui précède permet d'appliquer les résultats de [6], Exp. XII. On obtient ainsi:

PROPOSITION 4. *Soient* X *un espace connexe par arcs, localement connexe par arcs et localement simplement connexe,* $\Pi = \pi_1(X)$, T *le revêtement universel de* X, G *un groupe abélien. Il existe une suite spectrale d'homologie* (E_r) *avec* $E_2^{p,q} = H_p(\Pi, H_q(T, G))$ *dont le groupe terminal est isomorphe au groupe gradué associé à* $H(X, G)$ *convenablement filtré.*

Une suite analogue existe en cohomologie.

(Précisons que $H_p(\Pi, H_q(T, G))$ désigne le p-ème groupe d'homologie de Π, au sens de Hopf-Eilenberg-MacLane-Eckmann, à valeurs dans le q-ème groupe d'homologie singulière $H_q(T, G)$, groupe sur lequel Π opère canoniquement, comme on l'a vu).

COROLLAIRE 1. *Si* Π *est le groupe additif* Z *des entiers, et s'il opère trivialement sur* $H_i(T, k)$ *pour tout* i (k désignant un corps), *alors* $H_i(X, k)$ *est isomorphe à la somme directe de* $H_i(T, k)$ *et de* $H_{i-1}(T, k)$.

Si $\Pi = Z$ opère trivialement sur un groupe abélien G, on sait que $H_0(\Pi, G) = H_1(\Pi, G) = G$ et $H_i(\Pi, G) = 0$ pour $i \geqq 2$ (ceci n'est rien d'autre, d'après un théorème de Hurewicz [18], que l'homologie d'un *cercle*). Dans le terme E_2 de la suite spectrale de la Prop. 4 le degré filtrant p ne prend que les valeurs 0 et 1, et il s'ensuit que les différentielles $d_2, d_3, \cdots$ sont nulles puisqu'elles abaissent ce degré de 2, 3, $\cdots$ unités. Le terme E_∞ est donc isomorphe à E_2, et, pour le degré total i ne comporte que deux termes:

$$H_0(\Pi, H_i(T, k)) = H_i(T, k) \quad \text{et} \quad H_1(\Pi, H_{i-1}(T, k)) = H_{i-1}(T, k).$$

Puisque les coefficients forment un corps, $H_i(X, k)$ est isomorphe (non canoniquement) à son groupe gradué associé, d'où le résultat.

COROLLAIRE 2. *Supposons que* Π *soit un groupe d'ordre fini, opérant trivialement sur* $H_i(T, k)$ *pour tout* i (k étant un corps dont la caractéristique ne divise pas l'ordre de Π). *Alors:*

$$H_i(X, k) = H_i(T, k).$$

On a $H_0(\Pi, H_i(T, k)) = H_i(T, k)$, et $H_j(\Pi, H_i(T, k)) = 0$ si $j > 0$ (c'est une conséquence bien connue du "Japanese homomorphism"). On applique alors le corollaire à la Prop. 3.

Note. Nous n'avons voulu donner que les deux résultats, très élémentaires, dont il sera fait usage dans la suite. Ce sont des cas très particuliers de résultats plus généraux, pour lesquels nous renvoyons le lecteur à [6], Exp. XI, XII, XIII.

CHAPITRE II. HOMOLOGIE ET COHOMOLOGIE SINGULIÈRES DES ESPACES FIBRÉS

1. Homologie singulière cubique

La théorie singulière classique (Eilenberg [10]) utilise des *simplexes*; dans la suite de ce chapitre, nous aurons besoin d'une définition équivalente, mais utilisant les *cubes*; il est en effet évident que ces derniers se prêtent mieux que les simplexes à l'étude des produits directs, et, a fortiori, des espaces fibrés qui en sont la généralisation.

Passons en revue les différentes définitions et notations de la théorie cubique:

Les cubes singuliers.

Soit I le segment (0, 1), X un espace topologique. Un *cube singulier* de X à n dimensions est, par définition, une application continue $u: I^n \to X$, ou, ce qui revient au même, une fonction continue $u(x_1, \cdots, x_n)$ $(0 \leqq x_i \leqq 1)$ à valeurs dans X. En particulier, un cube de dimension 0 est un *point* de X, un cube de dimension 1 est un arc tracé dans X.

Un cube u de dimension n est dit *dégénéré* lorsque sa valeur ne dépend pas de x_n : on a $u(x_1, \cdots, x_n) = u(x_1, \cdots, x_{n-1}, y_n)$ quelles que soient les valeurs prises par $x_1, \cdots, x_{n-1}, x_n, y_n$. Par exemple, un cube de dimension 0 n'est jamais dégénéré; un cube de dimension 1 est dégénéré si et seulement si il est ponctuel.

On notera $Q_n(X)$ le groupe libre admettant pour base l'ensemble des cubes singuliers de dimension n de X, $D_n(X)$ le sous-groupe de $Q_n(X)$ engendré par les cubes dégénérés, $Q(X)$ (resp. $D(X)$) la somme directe des $Q_n(X)$ (resp. $D_n(X)$).

L'opérateur bord.

Soit u un cube singulier de dimension n; nous allons définir certaines *faces* particulières de u.

Soit H une partie à p éléments de l'ensemble $\{1, \cdots, n\}$ et soit $q = n - p$; soit K le complémentaire de H, et φ_K l'application strictement croissante de K sur l'ensemble $\{1, \cdots q\}$. Si $\varepsilon = 0$ ou 1, nous définirons un nouveau cube singulier $\lambda_H^\varepsilon u$, de dimension q, en posant:

$$(\lambda_H^\varepsilon u)(x_1, \cdots, x_q) = u(y_1, \cdots, y_n)$$

où les y_i sont donnés par:

$$\begin{aligned} &si\ i \in H, && y_i = \varepsilon \\ &si\ i \in K, && y_i = x_{\varphi K(i)}. \end{aligned}$$

Si H est réduit à un seul élément i, on écrit $\lambda_i^\varepsilon u$ au lieu de $\lambda_{\{i\}}^\varepsilon u$. On a donc:

$$(\lambda_i^0 u)(x_1, \cdots, x_{n-1}) = u(x_1, \cdots, x_{i-1}, 0, x_i, \cdots, x_{n-1})$$

$$(\lambda_i^1 u)(x_1, \cdots, x_{n-1}) = u(x_1, \cdots, x_{i-1}, 1, x_i, \cdots, x_{n-1}).$$

Ceci étant, nous appellerons *bord* du cube u de dimension n l'élément de $Q_{n-1}(X)$ défini par:

$$du = \sum_{i=1}^{n} (-1)^i (\lambda_i^0 u - \lambda_i^1 u).$$

La formule évidente:

$$\lambda_i^\varepsilon \circ \lambda_j^{\varepsilon'} = \lambda_{j-1}^{\varepsilon'} \circ \lambda_i^\varepsilon \qquad (i < j)$$

entraîne que $ddu = 0$. En outre, d applique $D_n(X)$ dans $D_{n-1}(X)$, car si u est un cube dégénéré, $\lambda_i^\varepsilon u$ l'est aussi pour $i \leqq n - 1$, et $\lambda_n^0 u = \lambda_n^1 u$. Il en résulte que $D(X)$ est un *sous-groupe permis* du groupe différentiel $Q(X)$.

Les groupes d'homologie et cohomologie cubiques.

Définition. Le groupe gradué à dérivation $C(X) = Q(X)/D(X)$ est dit groupe des *chaînes cubiques singulières* de l'espace X. Ses groupes d'homologie et de cohomologie à coefficients dans un groupe abélien G sont dits *groupes d'homologie et de cohomologie cubiques de* X à coefficients dans G.

On notera $C_n(X)$ le groupe $Q_n(X)/D_n(X)$; on a donc $C(X) = \sum_n C_n(X)$. Ce groupe admet une *base*, dont les éléments correspondent biunivoquement aux cubes non dégénérés de X de dimension n; c'est donc un groupe libre, ce qui permet de lui appliquer les théorèmes classiques des coefficients universels.

Nous noterons $C_n(X, G)$ le groupe $C_n(X) \otimes G$, groupe des chaînes singulières cubiques de dimension n à coefficients dans G; le groupe d'homologie correspondant sera noté $H_n(X, G)$.

Nous noterons $C^n(X, G)$ le groupe $\mathrm{Hom}(C_n(X), G)$ des cochaines cubiques de dimension n à valeurs dans G. Une telle cochaine peut être identifiée à une *fonction*, définie sur les cubes de dimension n de X, nulle sur les cubes dégénérés, et à valeurs dans G. L'opérateur de *cobord* sera noté d; les groupes de cohomologie, $H^p(X, G)$.

Multiplication des cochaines.

Supposons que G soit un anneau, et soient f, g deux cochaines de X à valeurs dans G, de degrés p et q respectivement. Soit u un cube de dimension $p + q$ de X; on va définir une cochaine de degré $p + q$, que l'on notera $f \cdot g$, en posant:

$$(f \cdot g)(u) = \sum_H \rho_{H,K} f(\lambda_K^0 u) \cdot g(\lambda_H^1 u),$$

où H décrit l'ensemble des parties à p éléments de $\{1, \cdots, p + q\}$, K est le complémentaire de H, et $\rho_{H,K} = (-1)^\nu$ (ν étant le nombre des couples (i, j) tels que $i \in H$, $j \in K$, $j < i$).

On vérifie aisément la règle habituelle de dérivation:

$$d(f \cdot g) = df \cdot g + (-1)^p f \cdot dg.$$

Si f et g sont toutes deux nulles sur les cubes dégénérés, il en est de même de $f \cdot g$. En effet, si u est un cube dégénéré, ou bien $\lambda_K^0 u$ est dégénéré, ou bien $\lambda_H^1 u$.

Si l'anneau G a un élément unité, l'anneau des cochaines a un élément unité (grâce au fait qu'il n'y a pas de cubes dégénérés en dimension 0); si G est associatif, il en est de même de l'anneau des cochaines.

Ceci permet de définir l'*anneau de cohomologie* $H^*(X, G) = \sum_n H^n(X, G)$.

Coefficients locaux.

Soit (G_x) un système local sur X au sens de Steenrod [30]. Rappelons que, si h est un arc dans X d'origine a et d'extrémité b, on associe à h un isomorphisme T_h de G_a sur G_b. En outre, T_h ne dépend que de la classe d'homotopie de h et satisfait à une condition évidente de transitivité. Si X est connexe par arcs, tous les G_x sont isomorphes, et le système local est entièrement déterminé par la donnée de l'un d'eux, G_a, et des automorphismes définis dans G_a par le groupe fondamental de X en a.

Les chaînes cubiques sur X à valeurs dans le système local (G_x) sont les combinaisons linéaires formelles de cubes u de X, le coefficient de u étant pris dans le groupe G_x où x est le "premier sommet" de u, c'est à dire le point $x = u(0, \cdots, 0)$.

Le bord de $g \cdot u$ est donné par la formule:

$$d(g \cdot u) = \sum_{i=1}^n (-1)^i (T_{u,i,0}(g) \cdot \lambda_i^0 u - T_{u,i,1}(g) \cdot \lambda_i^1 u),$$

où $T_{u,i,\varepsilon}$ désigne l'isomorphisme attaché au chemin $t \to u(0, \cdots, t\varepsilon, 0, \cdots, 0)$, où $t\varepsilon$ est à la i-ème place. On remarquera que $T_{u,i,0}(g) = g$.

On définit de façon duale les cochaines, et leur cobord. Quant au cup-product, il est donné par la formule:

$$(f\cdot g)(u) = \sum_H \rho_{H,K} f(\lambda_K^0 u) \cdot \tau_{u,H}\, g(\lambda_H^1 u),$$

où $\tau_{u,H}$ représente l'isomorphisme des groupes de coefficients attaché au chemin $\chi_{u,H}$ de X, chemin défini par:

$$\chi_{u,H}(t) = u(x_1, \cdots, x_{p+q}), \qquad \text{avec } x_i = 0 \text{ si } i \in K, \qquad x_i = t \text{ si } i \in H.$$

Comparaison avec la théorie singulière classique.

Soit L_n le simplexe affine type de dimension n, c'est à dire la partie de I^{n+1} formée des systèmes $(y_0, \cdots, y_n)$ avec $0 \leqq y_i \leqq 1$, et $\sum_0^n y_i = 1$. Les formules:

$$\begin{aligned} y_0 &= 1-x_1 \\ y_1 &= x_1(1-x_2) \\ &\cdots \\ y_{n-1} &= x_1x_2 \cdots x_{n-1}(1-x_n) \\ y_n &= x_1x_2 \cdots x_{n-1}x_n\,, \end{aligned}$$

définissent une application θ_n de I^n *sur* L_n.
La famille des applications θ_n permet de définir un homomorphisme θ du groupe des chaînes singulières (au sens usuel) dans le groupe des chaînes singulières cubiques. On vérifie par des calculs faciles que θ commute avec le bord, et que son transposé est multiplicatif vis-à-vis du cup-product. Il définit donc un *homomorphisme* des groupes d'homologie singulière classiques dans les groupes d'homologie cubique, ainsi qu'un homomorphisme *multiplicatif* des groupes de cohomologie cubique dans les groupes de cohomologie singulière classiques. On peut montrer que ces homomorphismes sont, en fait, des *isomorphismes sur*; nous ne le ferons pas ici, renvoyant le lecteur à un article d'Eilenberg-MacLane
3 en préparation.

Il résulte de ceci que l'on peut appliquer à l'homologie cubique tous les résultats connus sur l'homologie singulière. Citons en particulier ceci:
Si G est un anneau commutatif, et si $f \in H^p(X, G)$, $g \in H^q(X, G)$, alors $f\cdot g = (-1)^{pq} g\cdot f$ (*anticommutativité du cup-product*).

Dans la suite de cet article, nous dirons "homologie singulière" et "cohomologie singulière" au lieu de "homologie cubique" et "cohomologie cubique".

2. Espaces fibrés; définition et premières propriétés

Pour établir les propriétés de la suite spectrale d'homologie des espaces fibrés (ce qui est le but de ce chapitre), nous utiliserons exclusivement *le théorème de relèvement des homotopies pour les polyèdres.* Aussi le prendrons-nous comme définition:

DÉFINITION. *Nous appellerons espace fibré le triple (E, p, B), où E et B sont des espaces topologiques et p une application continue de E sur B vérifiant la condition:*

(R)—Quelles que soient les applications continues $f: P \times I \to B$, $g: P \to E$ (où P désigne un polyèdre fini, et I le segment $[0, 1]$) vérifiant $p \circ g(x) = f(x, 0)$ pour tout $x \in P$, il existe une application continue $h: P \times I \to E$ telle que $p \circ h = f$ et que $h(x, 0) = g(x)$ pour tout $x \in P$.

Exemples.

1. Les espaces fibrés *localement triviaux* (fibre-bundles) jouissent de la propriété (R). *Voir*, par exemple, [5], Exp. VIII.
2. Il en est de même des *fibre-spaces* d'Hurewicz-Steenrod.
3. Les espaces fibrés principaux (au sens de [5], Exp. VII) dont le groupe structural est un *GLG* (au sens de Gleason) jouissent de la propriété (R).[2]
4. On verra au Chapitre IV que les espaces de chemins vérifient la propriété (R) bien qu'ils ne rentrent dans aucune des catégories précédentes.

REMARQUE. B n'étant pas supposé séparé, les ensembles $p^{-1}(b)$, $b \in B$, ne sont pas nécéssairement *fermés.* D'autre part, la topologie de B n'est pas nécessairement identique à la topologie quotient de E par la relation d'équivalence définie par p.

PROPOSITION 1. *Soient (E, p, B) un espace fibré, A et X deux polyèdres finis, contractiles, tels que $A \subset X$. On suppose données des applications continues $f: X \to B$, $g: A \to E$, telles que $p \circ g(x) = f(x)$ pour tout $x \in A$. Il existe alors une application continue $h: X \to E$, prolongeant g et telle que $p \circ h = f$.*

Donnons d'abord deux lemmes, dont le premier est bien connu, et dont le second se démontre aisément par récurrence sur n (le cas $n = 1$ n'étant qu'une reformulation de la propriété (R)):

LEMME 1. *Un polyèdre contractile est un rétracte de tout espace normal qui le contient.*

LEMME 2. *Supposons que $X = A \times I^n$, A étant plongé dans X par l'application: $a \to (a, s)$, où s est un point fixé de I^n. La proposition* 1 *est vraie dans ce cas.*

Démontrons maintenant la Prop. 1. Soit Y l'espace X où l'on a identifié l'ensemble A à un seul point y; plongeons Y dans un cube I^n où n est un entier convenable (c'est possible parce que Y est de dimension finie); le point y vient en $s \in I^n$. Nous désignerons par j l'application $X \to Y \subset I^n$, et par r une rétraction de X sur A (qui existe d'après le lemme 1).

L'application $x \to (r(x), j(x))$ plonge X homéomorphiquement dans $A \times I^n$, et, par cette application, le point $a \in A$ vient en (a, s).

---

[2] Cela résulte d'un théorème de A. Borel (C. R. Acad. Sci. Paris, *230*, 1950, p. 1246–1248) et d'un théorème de l'auteur (Ibid., *230*, 1950, p. 916–918).

D'autre part, X est un rétracte de $A \times I^n$ (lemme 1); ceci permet de prolonger $f: X \to B$, en $f': A \times I^n \to B$. On peut alors appliquer le lemme 2, et l'on obtient une application $h': A \times I^n \to E$, prolongeant g et telle que $p \circ h' = f'$. Il n'y a plus alors qu'à prendre pour h la restriction de h' à X.

Remarque. Réciproquement, on montre aisément que la propriété énoncée dans la Prop. 1 entraîne la propriété (R). Nous n'utiliserons pas ce fait dans la suite.

Application. Soit F une *fibre* de E, c'est-à-dire un ensemble de la forme $p^{-1}(b)$, $b \in B$. Un raisonnement bien connu, utilisant la Prop. 1, montre que la projection p définit un isomorphisme de $\pi_i(E \text{ mod. } F)$ sur $\pi_i(B)$ pour tout i. D'où la *suite exacte d'homotopie*:

$$\cdots \to \pi_i(F) \to \pi_i(E) \to \pi_i(B) \to \pi_{i-1}(F) \to \pi_{i-1}(E) \to \cdots$$

3. Le système local formé par l'homologie de la fibre

Soit $x \in E$, et $b = p(x) \in B$; nous désignerons par F la fibre passant par x; autrement dit, $F = p^{-1}(b)$.

A partir de maintenant, et jusqu'à la fin de ce chapitre, nous supposerons que *B et F sont connexes par arcs*. Il en résulte immédiatement que E est connexe par arcs, de même que les autres fibres (utiliser la propriété (R)).

Cette hypothèse permet d'employer uniquement des *cubes singuliers* ayant tous leurs sommets en x (ou b), sans changer l'homologie de F, E, E mod. F, B. Cela résulte, par exemple, de l'isomorphisme entre la théorie cubique et la théorie singulière ordinaire. Ainsi, lorsqu'il sera question dans la suite d'un cube de E (resp. de B), il sera sous-entendu que ses sommets sont tous en x (resp. en b).

Nous allons maintenant montrer comment le groupe $\pi_1(B)$ opère sur les groupes d'homologie de F. Pour cela, introduisons la notion suivante:

Définition. *Soit (E, p, B) un espace fibré, v un lacet sur B dont les extrémités sont confondues au point b. Une application C qui, à tout cube singulier u de dimension n de F, fait correspondre un cube singulier $C(u)$ de dimension $n + 1$ de E est dite une* construction subordonnée à v *si les conditions suivantes sont remplies:*

1. $\lambda_1^0 C(u) = u$.
2. $(p \circ C(u))(t, t_1, \cdots, t_n) = v(t)$.
3. $C(\lambda_i^\varepsilon u) = \lambda_{i+1}^\varepsilon C(u)$ $(\varepsilon = 0, 1)$.
4. *Si u est dégénéré, $C(u)$ est dégénéré.*

Soit S_C l'endomorphisme des chaînes cubiques de F défini par: $(S_C u)(t_1, \cdots, t_n) = C(u)(1, t_1, \cdots, t_n)$ (définition qui est licite parce que la condition 4 est remplie).
La condition 3 entraîne que $S_C(\lambda_i^\varepsilon u) = \lambda_i^\varepsilon(S_C u)$, d'où par récurrence sur le

nombre d'éléments de H, $S_C(\lambda_H^\varepsilon u) = \lambda_H^\varepsilon(S_C u)$. En particulier, S_C commute avec le bord: c'est un *endomorphisme permis*.

LEMME 3. *Pour tout lacet v, il existe au moins une construction subordonnée à v. En outre, si v_1 et v_2 sont deux lacets appartenant à la même classe d'homotopie, et si C_1 et C_2 sont deux constructions subordonnées à v_1 et v_2 respectivement, alors S_{C_1} et S_{C_2} sont homotopiquement équivalents.*

(La démonstration sera donnée au n°13)

Soit v un lacet sur B, de classe d'homotopie $\alpha \in \pi_1(B)$, C une construction subordonnée à v, S_C l'endomorphisme permis qu'elle définit. L'endomorphisme S_C définit un endomorphisme des groupes d'homologie de F, endomorphisme qui, d'après le lemme 3, ne dépend que de α. Nous le noterons T_α.

PROPOSITION 2. *L'application $\alpha \to T_\alpha$ est une représentation de $\pi_1(B)$ dans le groupe des automorphismes de $H(F)$.*

(Rappelons que $\pi_1(B)$ est muni d'une loi de groupe, obtenue par passage au quotient à partir de la loi de composition des lacets, que nous noterons $*$, et dont on trouvera la définition au Chap. IV, n°1).

Il nous suffit de montrer que $T_e = 1$, et que $T_\alpha \circ T_\beta = T_{\alpha * \beta}$. Pour voir que $T_e = 1$, considérons la construction:

$$(Cu)(t, t_1, \cdots, t_n) = u(t_1, \cdots, t_n).$$

Il est clair qu'elle est subordonnée au lacet réduit au point b, et que $S_C(u) = u$ pour tout u. D'où $T_e = 1$.

Pour voir que $T_\alpha \circ T_\beta = T_{\alpha*\beta}$, soit $v \in \alpha$, $v' \in \beta$; on a $v * v' \in \alpha * \beta$. Soient C et C' des constructions subordonnées à v et v' respectivement. On définit une construction C'' par la formule:

$$(C''u)(t, t_1, \cdots, t_n) = \begin{cases} (C'u)(2t, t_1, \cdots, t_n) & \text{si } t \leqq 1/2 \\ (C(S_{C'}u))(2t - 1, t_1, \cdots, t_n) & \text{si } t \geqq 1/2. \end{cases}$$

La construction C'' est subordonnée au lacet $v'' = v * v'$. En outre:

$$(S_{C''}u)(t_1, \cdots, t_n) = (C(S_{C'}u))(1, t_1, \cdots, t_n) = (S_C \circ S_{C'}u)(t_1, \cdots, t_n).$$

D'où $S_{C''} = S_C \circ S_{C'}$ et $T_\alpha \circ T_\beta = T_{\alpha*\beta}$, cqfd.

Nous avons ainsi montré que $\pi_1(B)$ opérait canoniquement sur $H(F)$; on peut de même le faire opérer sur $H^*(F)$, anneau de cohomologie de F. Ainsi, $H(F)$ et $H^*(F)$ forment des systèmes locaux sur B.

PROPOSITION 3. *Supposons que E soit un espace fibré localement trivial dont le groupe structural G soit connexe par arcs. Alors $\pi_1(B)$ opère trivialement sur $H(F)$ et $H^*(F)$.*

Soit v un lacet sur B; nous allons déterminer une construction C subordonnée à v, et telle que $S_C u = u$ pour tout u. Cela démontrera la proposition.

Soit T l'espace obtenu en identifiant les points 0 et 1 de I; v définit une application $v': T \to B$. Soit E' l'espace fibré image réciproque de E par l'application

v' (*Voir* [5], VII et VIII); E' est un espace fibré de fibre F et de base T, et l'on a le diagramme commutatif:

$$\begin{array}{ccc} E' & \xrightarrow{h} & E \\ {\scriptstyle p'}\downarrow & & \downarrow{\scriptstyle p} \\ T & \xrightarrow{v'} & B \end{array}.$$

Comme G est *connexe par arcs*, E' est trivial, c'est à dire isomorphe à $T \times F$. Si alors u est un cube de F, on peut définir dans $E' = T \times F$ le cube $I \times u$, produit direct de l'application canonique $I \to T$, et de $u: I^n \to F$. En posant $C(u) = h \circ (I \times u)$, on obtient une construction telle que $S_C u = u$.

Note. Une méthode analogue à celle suivie ci-dessus permet de montrer (sans hypothèses de connexion) que les groupes d'homologie et de cohomologie des fibres d'un espace fibré (E, p, B) forment des systèmes locaux sur B.

4. Filtration du complexe singulier de E

(Rappelons que F et B sont connexes par arcs, et que tout cube singulier sur E ou B est supposé avoir tous ses sommets en x, ou b).

Nous allons filtrer le complexe $A = C(E)$, complexe singulier cubique de E (formé des cubes ayant tous leurs sommets en x, d'après ce qui précède). Nous obtiendrons ainsi une *suite spectrale* (E_r) dont nous calculerons le second terme en fonction de l'homologie de B et de celle de F (*Voir* Th. 2); le terme E_∞ de cette suite sera le groupe gradué associé au groupe filtré $H(E)$.

Définition de la filtration.

Pour filtrer $A = C(E)$, il suffit de filtrer $Q(E)$ par des sous-groupes $\cdots T^p \subset T^{p+1} \subset \cdots$, et de prendre les images A^p de ces sous-groupes dans A.

Définissons $T^{p,q} \subset Q_{p+q}(E)$ de la façon suivante:

$T^{p,q}$ est engendré par les cubes de E, de dimension $p + q$, soient u, tels que le cube $p \circ u$, projection de u sur B par p, ne dépende pas de ses q dernières coordonnées. Un tel cube u est donc caractérisé par le fait que $p(u(t_1, \cdots, t_{p+q}))$ ne dépend pas de $t_{p+1}, \cdots, t_{p+q}$.

On pose:

$$T^p = \sum_q T^{p,q}.$$

La filtration définie par les T^p vérifie visiblement la condition:

$$(\Phi) \qquad 0 \leqq w(x) \leqq \text{deg. } x,$$

lorsque $x \neq 0$ est homogène.

En outre, si $u \in T^p$, $\lambda_i^\varepsilon u \in T^p$ pour i quelconque, et, si $i \leqq p$, on a même $\lambda_i^\varepsilon u \in T^{p-1}$. Il suit de là que les T^p sont *stables* pour l'opérateur bord, et, par conséquent, les A^p vérifient toutes les conditions imposées aux n°1 et 2 du Chap. I à une filtration.

Etude du terme E_0.

Rappelons que $E_0^p = A^p/A^{p-1}$, que $E_0 = \sum_p E_0^p$, et que chaque E_0^p est muni de la différentielle d_0 obtenue par passage au quotient à partir de A^p. Ici, E_0^p *est donc isomorphe au groupe formé des combinaisons linéaires de cubes* u, *tels que* $w(u) \leqq p$, *modulo les combinaisons linéaires de cubes dégénérés et de cubes tels que* $w(u) \leqq p - 1$.

Si u est un cube tel que $w(u) \leqq p$, on *a*:

$$d_0 u = \sum_{i>p} (-1)^i (\lambda_i^0 u - \lambda_i^1 u) \quad dans \quad E_0^p,$$

puisque $\lambda_i^\varepsilon u \in T^{p-1}$ si $i \leqq p$.

Définissons maintenant deux opérations B et F sur les cubes $u \in T^{p,q}$: Bu sera un cube de dimension p de B, Fu un cube de dimension q de F, définis par les formules:

$$Bu(t_1, \cdots, t_p) = p \circ u(t_1, \cdots, t_p, y_1, \cdots, y_q) \qquad (y_i \text{ quelconques})$$

$$Fu(t_1, \cdots, t_q) = u(0, \cdots, 0, t_1, \cdots, t_q).$$

(Pour un cube u donné, il y a autant de cubes Fu, Bu que d'entiers p tels que $w(u) \leqq p \leqq \deg. u$; en toute rigueur, il faudrait donc indexer les opérations B et F avec l'entier p; nous nous en dispenserons tant qu'aucune confusion ne pourra en résulter).

Les propriétés essentielles de Bu et Fu sont les suivantes:

1) Si $w(u) \leqq p - 1$, Bu est dégénéré.
2) Si u est dégénéré et si $q > 0$, Fu est dégénéré; si u est dégénéré et si $q = 0$, Bu est dégénéré.
3) $B\lambda_i^\varepsilon u = Bu$, $F\lambda_i^\varepsilon u = \lambda_{i-p}^\varepsilon Fu$ si $i > p$, $\varepsilon = 0, 1$.

Introduisons maintenant le complexe $J_p = C_p(B) \otimes C(F)$, muni de la différentielle d_F définie par:

$$d_F(b \otimes f) = (-1)^p b \otimes df.$$

Définissons un homomorphisme $\varphi: E_0^p \to J_p$, en posant:

$$\varphi(u) = Bu \otimes Fu. \tag{1}$$

Cette définition est compatible avec les passages au quotient qui définissent E_0^p grâce aux propriétés 1) et 2) des opérations B et F. En outre, la propriété 3) entraîne que $d_F \circ \varphi = \varphi \circ d_0$, autrement dit que φ *est un homomorphisme permis.*

5. Calcul du terme E_1

Il résultera de la proposition suivante:

PROPOSITION 4. *L'homomorphisme permis* $\varphi: E_0^p \to J_p$, *défini par la formule* (1), *est une équivalence de chaînes.*

Nous allons construire un homomorphisme $\psi: J_p \to E_0^p$, permis, tel que

$\varphi \circ \psi = 1$, et que $\psi \circ \varphi = h$ soit un opérateur d'homotopie. La proposition en résultera évidemment.

Construction de ψ.

LEMME 4. *A tout couple de cubes (u, v), le premier de dimension p situé dans B, le second de dimension q situé dans F, on peut associer un cube $w = K(u, v)$ situé dans E, de degré $n = p + q$, de filtration $\leqq p$, et vérifiant les conditions:*

1. $B \cdot K(u, v) = u$ *et* $F \cdot K(u, v) = v$.
2. *Pour tout* $i \leqq q$, *on a*: $K(u, \lambda_i^\varepsilon v) = \lambda_{i+p}^\varepsilon K(u, v)$ $(\varepsilon = 0, 1)$.
3. *Si v est dégénéré, $K(u, v)$ est dégénéré.*

(La démonstration sera donnée au n°11).

Posons $\psi(u \otimes v) = K(u, v)$, considéré comme élément de E_0^p. Cette définition est compatible avec les passages au quotient définissant J_p, car, si u est dégénéré, $K(u, v)$ est de filtration $\leqq p - 1$ d'après 1., et, si v est dégénéré, $K(u, v)$ l'est aussi d'après 3.

La propriété 2. entraîne que ψ commute avec le bord, et la propriété 1. que $\varphi \circ \psi = 1$; il reste donc simplement à vérifier que: *$h = \psi \circ \varphi$ est un opérateur d'homotopie sur E_0^p.*

LEMME 5. *A tout cube u de E, de filtration $\leqq p$ et de dimension $n = p + q$, on peut faire correspondre un cube Su de E, de filtration $\leqq p$ et de dimension $n + 1$, vérifiant les conditions:*

1. $B \cdot Su = Bu$
2. $Su(0, \cdots, 0, t, x_1, \cdots, x_q) = u(0, \cdots, 0, x_1, \cdots, x_q)$.
3. $\lambda_{p+1}^0 Su = u$ *et* $\lambda_{p+1}^1 Su = K(Bu, Fu)$.
4. *Pour tout* $i > p$, *on a*: $S\lambda_i^\varepsilon u = \lambda_{i+1}^\varepsilon Su$ $(\varepsilon = 0, 1)$.
5. *Si* $q > 0$, *et si u est dégénéré, Su est dégénéré.*

(La démonstration sera donnée au n°12).

Posons, pour $u \in E_0^p$: $k(u) = (-1)^p Su$.
Cette définition est compatible avec les passages au quotient qui définissent E_0^p car:

si $w(u) \leqq p - 1$, $w(Su) \leqq p - 1$ (Propriété 1.)
si u est dégénéré et si $q > 0$, Su est dégénéré (Propriété 5.)
si u est dégénéré et si $q = 0$, $w(Su) \leqq p - 1$ (Propriété 1.).

Calculons alors $d_0 ku + kd_0 u$:

$$d_0\, ku = \sum_{i=p+1}^{n+1} (-1)^{i+p} (\lambda_i^0 Su - \lambda_i^1 Su)$$

$$kd_0\, u = \sum_{i=p+1}^{n+1} (-1)^{i+p} (S\lambda_i^0 u - S\lambda_i^1 u) = \sum_{i=p+2}^{n+1} (-1)^{i+p+1} (\lambda_i^0 Su - \lambda_i^1 Su),$$

d'après la Propriété 4.

On a donc:

$$d_0ku + kd_0u = (-1)^{2p+1}(\lambda^0_{p+1}Su - \lambda^1_{p+1}Su) = K(Bu, Fu) - u = h(u) - u,$$

ce qui montre que h est un opérateur d'homotopie et achève la démonstration de la Proposition 4.

Soit maintenant G un groupe abélien, et filtrons le groupe $A \otimes G$ des chaînes de E à coefficients dans G au moyen des $A^p \otimes G$. Le terme E_0^p de cette nouvelle filtration s'obtient en faisant le produit tensoriel de G et du terme E_0^p associé à la filtration de A (cela tient au fait que les A^p sont *facteurs directs* dans A). La proposition 4 montre que le terme E_0^p ainsi obtenu est homotopiquement équivalent à $C_p(B) \otimes C(F) \otimes G = C_p(B) \otimes C(F, G)$.

Puisque $C_p(B)$ est un groupe *libre*, les groupes d'homologie de $C_p(B) \otimes C(F, G)$ sont canoniquement isomorphes aux groupes $C_p(B) \otimes H_q(F, G)$, et l'on obtient ainsi:

THÉORÈME 1. *L'homomorphisme φ défini par la formule* (1) *induit un isomorphisme du terme $E_1^{p,q}$ de la suite spectrale attachée à la filtration de $C(E, G)$ sur le groupe $C_p(B) \otimes H_q(F, G)$, groupe des chaînes singulières de dimension p de B à coefficients dans le q-ème groupe d'homologie singulière de F à valeurs dans G.*

Plus brièvement, nous écrirons:

$$E_1 = C(B, H(F)). \tag{2}$$

REMARQUE. Le Th. 1 montre la signification des divers degrés dont sont munis les termes de la suite spectrale: le degré filtrant est le degré-base, le degré complémentaire est le degré-fibre, et le degré total correspond au degré dans E.

6. Calcul du terme E_2

Nous venons de voir que E_1 était isomorphe à $C(B) \otimes H(F, G)$; nous allons chercher en quoi se transforme la différentielle d_1 par cet isomorphisme. Cela nous permettra de calculer $E_2 = H(E_1)$.

Soit $x = b \otimes h \in C_p(B) \otimes H_q(F, G)$. Nous pouvons nous borner à examiner le cas où b est un cube de B, de dimension p.

Soit y un élément de $C_p(B) \otimes C_q(F, G)$ qui soit un cycle de la classe d'homologie de x. Pour calculer d_1x, nous procéderons ainsi: nous considérerons $\psi(y) \in E_0^{p,q}$, et nous choisirons un élément $z \in A^p$ qui donne $\psi(y)$ par passage au quotient par A^{p-1}. L'élément dz est alors dans A^{p-1} et c'est un cycle. Nous prendrons son image par l'homomorphisme φ. Nous obtiendrons ainsi un cycle $t \in C_{p-1}(B) \otimes C_q(F, G)$ dont la classe dans $C_{p-1}(B) \otimes H_q(F, G)$ sera égale à d_1x.

(Avant de donner le détail de ce calcul, observons que nous aurons besoin d'utiliser les homomorphismes φ, ψ, B, F, K, pour deux valeurs différentes de p; aussi, pour éviter les confusions, mettrons-nous un indice supérieur p, et écrirons-nous B^pu, $K^p(u, v)$, etc.).

Ecrivons d'abord un cycle m de la classe d'homologie de h sous la forme: $m = \sum_\alpha g_\alpha u_\alpha$, $g_\alpha \in G$, u_α cube de F. On peut donc prendre $y = b \otimes m = \sum_\alpha g_\alpha b \otimes u_\alpha$, d'où:

$$z = \sum_\alpha g_\alpha K^p(b, u_\alpha).$$

On a:

$$dz = \sum_{\alpha, i=1}^{n} (-1)^i g_\alpha [\lambda_i^0 K^p(b, u_\alpha) - \lambda_i^1 K^p(b, u_\alpha)].$$

Nous pouvons décomposer la somme précédente en deux: $\sum_{i \leqq p} + \sum_{i > p}$. Mais, si $i > p$, on a: $\lambda_i^\varepsilon K^p(b, u_\alpha) = K^p(b, \lambda_{i-p}^\varepsilon u_\alpha)$ ($\varepsilon = 0, 1$). Puisque m est un cycle, l'expression $\sum_{\alpha, i=1}^{q} g_\alpha (-1)^i (\lambda_i^0 u_\alpha - \lambda_i^1 u_\alpha)$ est une combinaison linéaire de cubes dégénérés de F. Il en est donc de même de la somme partielle $\sum_{i>p}$, et cette somme est donc nulle *dans* $C(E)$. On peut alors écrire:

$$dz = \sum_{\alpha, i=1}^{p} (-1)^i g_\alpha [\lambda_i^0 K^p(b, u_\alpha) - \lambda_i^1 K^p(b, u_\alpha)].$$

Il est bien clair que chacun des termes de la somme précédente est de filtration $\leqq p - 1$, ce qui nous permet de calculer $\varphi^{p-1}(dz)$ en appliquant l'opérateur φ^{p-1} à chaque terme de cette somme. Comme $\varphi^{p-1}(u) = B^{p-1}u \otimes F^{p-1}u$ pour tout cube u de filtration $\leqq p - 1$, on doit considérer les cubes suivants:

$$B^{p-1}\lambda_i^\varepsilon K^p(b, u_\alpha) \quad \text{et} \quad F^{p-1}\lambda_i^\varepsilon K^p(b, u_\alpha) \qquad (i \leqq p).$$

Le premier de ces cubes est visiblement égal à $\lambda_i^\varepsilon b$; le second est défini par la formule:

$$(F^{p-1}\lambda_i^\varepsilon K^p(b, u_\alpha))(x_1, \cdots, x_q) = K^p(b, u_\alpha)(0, \cdots, 0, \varepsilon, 0, \cdots, 0, x_1, \cdots, x_q)$$

où ε est à la i-ème place.

Pour interpréter cette formule, introduisons, pour tout b, tout $i \leqq p$, $\varepsilon = 0, 1$, la *construction* $u \to C(u)$ définie par:

$$C(u)(t, x_1, \cdots, x_q) = K^p(b, u)(0, \cdots, 0, t\varepsilon, 0, \cdots, 0, x_1, \cdots, x_q).$$

On vérifie immédiatement que l'on a bien une construction subordonnée au lacet $v(t) = b(0, \cdots, 0, t\varepsilon, 0, \cdots, 0)$ où $t\varepsilon$ est à la i-ème place. Si nous notons $S_{C,b,i,\varepsilon}$ l'endomorphisme de $C(F)$ attaché à cette construction, on a donc:

$$S_{C,b,i,\varepsilon} u_\alpha = F^{p-1}\lambda_i^\varepsilon K^p(b, u_\alpha),$$

ce qui permet d'écrire:

$$t = \sum_{\alpha, i=1}^{p} (-1)^i g_\alpha [(\lambda_i^0 b) \otimes S_{C,b,i,0} u_\alpha - (\lambda_i^1 b) \otimes S_{C,b,i,1} u_\alpha].$$

Notons $T_{b,i,\varepsilon}$ l'automorphisme de $H_q(F, G)$ défini par $S_{C,b,i,\varepsilon}$; d'après le lemme 3, cet automorphisme ne dépend que de la classe d'homotopie du lacet $v(t) = b(0, \cdots, 0, t\varepsilon, 0, \cdots, 0)$. On a donc en définitive:

$$(3) \qquad d_1 x = \sum_{i=1}^{p} (-1)^i (\lambda_i^0 b \otimes T_{b,i,0} h - \lambda_i^1 b \otimes T_{b,i,1} h).$$

Si le système local formé par $H_q(F, G)$ sur B est trivial, cette formule se réduit à la suivante:

(3') $$d_1x = (db) \otimes h.$$

Dans le cas général, elle peut s'interpréter en disant:

PROPOSITION 5. *L'isomorphisme canonique induit par φ du groupe $E_1^{p,q}$ sur le groupe $C_p(B) \otimes H_q(F, G)$ transforme la différentielle d_1 en l'opérateur de bord naturel sur $C_p(B)$, au sens des coefficients locaux que forment les $H_q(F, G)$.*

On tire tout de suite de là la valeur du groupe $E_2^{p,q}$ puisque c'est le groupe d'homologie de E_1 muni de la différentielle d_1, calculé en $E_1^{p,q}$:

THÉORÈME 2. *Soit (E, p, B) un espace fibré de fibre F et de base B connexes par arcs; soient G un groupe abélien, (E_r) la suite spectrale attachée au complexe filtré $C(E, G)$. Le terme $E_2^{p,q}$ de cette suite est canoniquement isomorphe à $H_p(B, H_q(F, G))$, p-ème groupe d'homologie singulière de B à valeurs dans le système local formé par $H_q(F, G)$.*

Plus brièvement, nous écrirons:

(4) $$E_2 = H(B, H(F)).$$

Note. Le théorème précédent est le pendant (pour la théorie singulière) du résultat énoncé par Leray dans [24], n°6, *b* (pour la théorie de Čech à supports compacts). On trouvera un résultat analogue (valable pour toute théorie de l'homologie) dans [6], Exp. IX. Dans les trois cas, les hypothèses à faire sur les espaces fibrés considérés ne sont naturellement pas exactement les mêmes.

Signalons d'autre part que l'on peut établir le Th. 2 sans supposer B, ni F, connexes. Nous ne l'avons pas fait ici, parce qu'il nous est plus commode de ne considérer que des cubes dont tous les sommets sont en un seul point: cela permet, comme on va le voir, de faire intervenir commodément l'homologie de F, de E mod. F, ainsi que les groupes d'homotopie de E, F, B.

7. Propriétés de la suite spectrale d'homologie

Commençons par déterminer les groupes différentiels R et S, définis dans le cas général au Chap. I, n°2: *Le groupe différentiel R* est formé, par définition, des éléments de filtration nulle. Or, pour qu'un cube u soit tel que $w(u) = 0$, il faut et il suffit que sa projection soit réduite à un point. Comme tous ses sommets sont en x, c'est donc qu'il est contenu dans la fibre F passant par x. Ainsi, *le groupe R_q est isomorphe à $C_q(F, G)$.*

Le groupe différentiel $S = \sum S_p$ est la somme directe des $E_1^{p,0}$. Or, d'après le Th.1, $E_1^{p,0}$ est isomorphe à $C_p(B) \otimes H_0(F, G) = C_p(B, G)$. Le groupe S est donc isomorphe au *groupe des chaînes de la base*. En outre, d'après la Prop. 5, la différentielle d_1 de S correspond à la différentielle naturelle de $C(B, G)$. Enfin, l'opérateur $\pi: A \to S$ n'est autre que l'homomorphisme induit par la projection $p: E \to B$.

On peut alors appliquer les résultats des n°2 et 3 du Chap. I. On trouve ainsi les homomorphismes:

$$H_i(F, G) \to E_\infty^{0,i} \to H_i(E, G)$$
$$H_i(E, G) \to E_\infty^{i,0} \to H_i(B, G),$$

les premiers étant *sur*, les seconds *biunivoques*. Quant aux composés, ils sont définis par les applications continues: $F \to E \to B$.

Le groupe $E_\infty^{0,i} = E_{i+2}^{0,i}$ est le quotient de $H_i(F, G)$ par les éléments qui sont des bords pour les différentielles d_r successives ($r \geqq 1$).

Le groupe $E_\infty^{i,0} = E_{i+1}^{i,0}$ est le sous-groupe de $H_i(B, G)$ formé des éléments qui sont des cycles pour les d_r ($r \geqq 2$).

La transgression.

D'après la Prop. 2 du Chap. I, elle a deux définitions équivalentes:

(a) c'est la différentielle $d_n : E_n^{n,0} \to E_n^{0,n-1}$. Si $n \geqq 2$, cette différentielle applique un certain sous-groupe de $H_n(B, G)$ dans un certain quotient de $H_{n-1}(F, G)$.

(b) On considère les homomorphismes:

$$H_{n-1}(F, G) \xleftarrow{\partial} H_n(E \text{ mod. } F, G) \xrightarrow{p_*} H_n(B, G),$$

et l'on définit la transgression par passage au quotient, comme il a été expliqué au Chap. I, n°3.

La deuxième définition montre en particulier que $E_n^{n,0}$ est l'image de $H_n(E \text{ mod. } F, G)$ dans $H_n(B, G)$ par la projection. Ceci peut se traduire en disant qu'un cycle x de B est transgressif (c'est-à-dire appartient au domaine de définition de la transgression) si et seulement s'il existe une chaîne y sur E, se projetant sur x par $E \to B$, et telle que dy soit une chaîne de F.

On peut également recopier le diagramme (I) du Chap. I, en y remplaçant A par E, R par F, S par B. Nous nous bornerons à écrire le diagramme suivant:

$$\text{(I)} \qquad \begin{array}{ccccc}
 & & E_n^{n,0} & \xrightarrow{d_n} & E_n^{0,n-1} \\
 & \swarrow & \uparrow & & \uparrow \\
H_n(B, G) & \xleftarrow{p_*} & H_n(E \text{ mod. } F, G) & \xrightarrow{\partial} & H_{n-1}(F, G) \\
\uparrow & & \uparrow & & \uparrow \\
\pi_n(B) \otimes G & \longleftarrow & \pi_n(E \text{ mod. } F) \otimes G & \longrightarrow & \pi_{n-1}(F) \otimes G
\end{array}$$

(On notera que $H_{n-1}(F, G) \to E_n^{0,n-1}$ est *sur*, et que $E_n^{n,0} \to H_n(B, G)$ est *biunivoque.*)

Ce diagramme est *commutatif* parce que, d'une part, le sous-diagramme formé des deux lignes supérieures est extrait du diagramme (I) du Chap. I, donc est commutatif, et, d'autre part, le sous-diagramme formé des deux lignes inférieures est connu pour être commutatif.

Comme l'homomorphisme: $\pi_n(E \text{ mod. } F) \to \pi_n(B)$ est un isomorphisme sur, on voit que l'image de $\pi_n(B) \otimes G$ dans $H_n(B, G)$ est contenue dans $E_n^{n,0}$. Autrement dit:

Toute classe d'homologie sphérique de B est transgressive.

Un cas particulièrement simple est celui où $E_n^{n,0} \to H_n(B, G)$ et $E_n^{0,n-1} \leftarrow H_{n-1}(F, G)$ sont des isomorphismes sur. On peut alors écrire simplement:

$$\text{(I')}\qquad \begin{array}{ccc} H_n(B, G) & \xrightarrow{d_n} & H_{n-1}(F, G) \\ \uparrow & & \uparrow \\ \pi_n(B) \otimes G & \xrightarrow{\partial} & \pi_{n-1}(F) \otimes G \end{array}$$

La suspension.

Dans le cas général, sa définition est analogue à celle donnée plus haut de la transgression (Voir Chap. I, n°3). Dans le cas particulier où $H_{n-1}(E, G) = H_n(E, G) = 0$, l'homomorphisme $\partial: H_n(E \text{ mod. } F, G) \to H_{n-1}(F, G)$ est un isomorphisme sur, et la suspension Σ est définie par:

$$\Sigma = p_* \circ \partial^{-1}$$

Le diagramme (I) se transforme alors en le diagramme:

$$\text{(II)}\qquad \begin{array}{ccc} E_n^{n,0} & \xrightarrow{d_n} & E_n^{0,n-1} \\ \swarrow \quad \nwarrow & & \uparrow \\ H_n(B, G) & \xleftarrow{\Sigma} & H_{n-1}(F, G) \end{array}$$

Dans ce diagramme, d_n est un isomorphisme sur, l'application: $E_n^{n,0} \to H_n(B, G)$ est *biunivoque* et a même image que Σ, et l'application: $H_{n-1}(F, G) \to E_n^{0,n-1}$ est *sur*, et a même noyau que Σ.

8. La suite spectrale de cohomologie

Soit A^* le groupe des cochaines cubiques sur E à valeurs dans le groupe abélien G. On définit sur A^* une filtration décroissante par le procédé indiqué au Chap. I, n°5, Exemple: on appelle A^{*p} le sous-groupe de A formé des cochaines nulles sur les cubes de filtration $\leqq p - 1$.

Les A^p etant facteurs directs dans A comme on l'a déjà remarqué, il s'ensuit que le terme $E_0^{*p,q}$ attaché à la filtration de A^* est isomorphe à $\text{Hom}(E_0^{p,q}, G)$ où $E_0^{p,q}$ désigne le terme correspondant de la suite spectrale d'homologie. On peut donc identifier les éléments de $E_0^{*p,q}$ avec *les fonctions, définies sur les cubes de E dont la dimension est $p + q$ et la filtration $\leqq p$, à valeurs dans G, et nulles sur les cubes dégénérés et les cubes de filtration $\leqq p - 1$.*

Introduisons le groupe $J_p^* = C^p(B, C^*(F, G)) = \text{Hom}(J_p, G)$; posons $J^* = \sum_p J_p^*$, les homomorphismes φ et ψ introduits aux n°4 et 5 définissent des homomorphismes *transposés* $\varphi^*: J^* \to E_0^*$, $\psi^*: E_0^* \to J^*$. Puisque $\varphi \circ \psi = 1$, et que $\psi \circ \varphi = h$ est un opérateur d'homotopie, on a $\psi^* \circ \varphi^* = 1$, et $\varphi^* \circ \psi^* = h^*$ est un opérateur d'homotopie. Il suit de là que E_0^* et J^* sont homotopiquement équivalents. En particulier, φ^* et ψ^* définissent par passage au quotient des isomorphismes réciproques de leurs groupes de cohomologie, ce qui montre que $E_1^{*p,q}$ est canoniquement isomorphe à $C^p(B, H^q(F, G))$.

On montre par un raisonnement calqué sur celui du n°6 que l'isomorphisme

ψ^* transforme la différentielle d_1 en l'opérateur de cobord des cochaines de B à valeurs dans le système local formé par $H^q(F, G)$. Par suite:

PROPOSITION 6. *Le terme $E_2^{*p,q}$ de la suite spectrale de cohomologie de l'espace fibré (E, p, B) est canoniquement isomorphe à $H^p(B, H^q(F, G))$, p-éme groupe de cohomologie de B à valeurs dans le système local défini sur B par $H^q(F, G)$.*

Le résultat précédent ne présente pas un bien grand intérêt par lui-même, étant simplement le "dual" du résultat déjà obtenu pour l'homologie. Il est plus intéressant de connaître les propriétés *multiplicatives* des (E_r^*), et c'est ce que nous allons étudier maintenant.

Nous supposerons pour cela que G est un anneau commutatif, associatif, à élément unité (le cas de deux systèmes de coefficients accouplés sur un troisième se traiterait de façon analogue). On peut alors munir le groupe A^* des cochaines de E d'une structure d'anneau associatif à élément unité (celle qui est définie au n°1). Il est clair que la condition $A^{*p} \cdot A^{*q} \subset A^{*p+q}$ est vérifiée, ce qui permet d'appliquer les résultats du Chap. I, n°5 et de munir les divers termes (E_r^*) $(r = 0, 1, \cdots, \infty)$ d'une structure d'anneau par rapport à laquelle les d_r soient des antidérivations.

Puisque $H^*(F, G)$ définit un système local d'anneaux sur B, on peut munir le groupe $H(J^*) = C^*(B, H^*(F, G))$ d'un produit, que nous noterons $\vee$, qui est le cup-product sur B à valeurs dans le système local $H^*(F, G)$. A partir de ce produit, on peut en définir un autre, noté . , par la formule:

$$(5)\qquad \bar{f} \cdot \bar{g} = (-1)^{p'q} \bar{f} \vee \bar{g} \quad \text{si} \quad \bar{f} \in C^p(B, H^q(F, G)), \qquad \bar{g} \in C^{p'}(B, H^{q'}(F, G)).$$

Pour expliciter davantage cette définition, il est commode de choisir des cocycles $f, g \in J^*$, appartenant aux classes $\bar{f}$ et $\bar{g}$. Comme tout élément de J^*, f peut être identifié à une fonction $f(v, w)$ de deux cubes, $v \in C_p(B)$, $w \in C_q(F)$, nulle si l'un d'eux est dégénéré; de même pour g.

Au moyen de f et g, définissons un élément $k \in J^*$ par la formule suivante:

$$(6)\qquad k(v, w) = (-1)^{p'q} \textstyle\sum_{L,N} \rho_{L,M}\, \rho_{N,P}\, f(\overset{0}{\lambda}_M v, \overset{0}{\lambda}_P w) \cdot g(\overset{1}{\lambda}_L v, \mu_{v,L} \overset{1}{\lambda}_N w),$$

où L décrit l'ensemble des parties à p éléments de $\{1, \cdots, p + p'\}$, N l'ensemble des parties à q éléments de $\{1, \cdots, q + q'\}$, $P = \complement N$, $M = \complement L$, où les symboles $\rho_{L,M}$, $\overset{0}{\lambda}_M$, etc, sont ceux définis au n° 1, et où $\mu_{v,L}$ désigne un endomorphisme permis des chaines de F qui, par passage à la cohomologie, définisse l'automorphisme de $H^*(F)$ correspondant au lacet $\chi_{v,L}$ de B (avec les notations du n° 1).

Il résulte immédiatement de la définition du cup-product sur F et sur B, que k est un cocycle de J^* dont la classe de cohomologie est

$$\bar{f} \cdot \bar{g} \in C^{p+p'}(B, H^{q+q'}(F, G)).$$

Ceci posé, nous allons prouver le lemme suivant:

LEMME 6. *Les homomorphismes φ^* et ψ^* définissent des isomorphismes multiplicatifs des anneaux E_1^* et $C^*(B, H^*(F, G))$ (ce dernier étant muni du produit qui vient d'être défini).*

Comme nous savons déjà que φ^* et ψ^* définissent, par passage à la cohomologie, des isomorphismes (additifs) réciproques, il suffira de vérifier que, si f et g sont des éléments de J^*, alors l'élément $k = \psi^*(\varphi^*(f)\cdot\varphi^*(g))$ est de la forme (6).

Faisons cette vérification. On a:

$$\begin{aligned} k(v, w) &= (\varphi^*(f)\cdot\varphi^*(g))(K(v, w)) \\ &= \textstyle\sum_H \rho_{H,K}\, \varphi^*(f)(\lambda_K^0 K(v, w))\cdot\varphi^*(g)(\lambda_H^1 K(v, w)), \end{aligned}$$

où H parcourt l'ensemble des parties à $p + q$ éléments de $\{1, \cdots, p + p' + q + q'\}$, et $K = \complement H$. Mais, si $H \cap \{1, \cdots, p + p'\}$ a plus de p éléments, $\lambda_H^1 K(v, w)$ est de filtration $< p'$ et $\varphi^*(g)(\lambda_H^1 K(v, w)) = 0$; de même, si $H \cap \{1, \cdots, p + p'\}$ a moins de p éléments, $\lambda_K^0 K(v, w)$ est de filtration $< p$, et $\varphi^*(f)(\lambda_K^0 K(v, w)) = 0$. On peut donc se borner à considérer les parties H dont l'intersection avec l'ensemble $\{1, \cdots, p + p'\}$ a exactement p éléments. Une telle partie H correspond biunivoquement à un couple (L, N), où L est une partie à p éléments de $\{1, \cdots, p + p'\}$, et N une partie à q éléments de $\{1, \cdots, q + q'\}$. On désignera par M et P les complémentaires de L et N respectivement. Si u est un cube de E, de dimension $p + p' + q + q'$ et de filtration $\leqq p + p'$, on a les identités suivantes:

$$B\lambda_K^0 u = \lambda_M^0 Bu, \quad B\lambda_H^1 u = \lambda_L^1 Bu, \quad F\lambda_K^0 u = \lambda_P^0 Fu, \quad F\lambda_H^1 u = \lambda_{M,L}^{0,1}\lambda_N^1 u,$$

où $\lambda_{M,L}^{0,1}$ désigne l'opération consistant à remplacer les variables d'indices $\in M$ par 0, et celles d'indices $\in L$ par 1.

Utilisant ces formules, on voit que:

$$\begin{aligned} k(v, w) &= \textstyle\sum_H \rho_{H,K} f(B\lambda_K^0 K(v, w), F\lambda_K^0 K(v, w))\cdot g(B\lambda_H^1 K(v, w), F\lambda_H^1 K(v, w)) \\ &= \textstyle\sum_{L,N} \rho_{H,K} f(\lambda_M^0 v, \lambda_P^0 w)\cdot g(\lambda_L^1 v, \lambda_{M,L}^{0,1} K(v, \lambda_N^1 w)). \end{aligned}$$

Si l'on compare cette formule à (6), on voit qu'il ne reste plus que deux points à établir:

(a) que $\rho_{H,K} = (-1)^{p'q}\rho_{L,M}\rho_{N,P}$, ce qui est immédiat en remontant à la définition de ρ à partir du nombre d'inversions.

(b) que l'endomorphisme des chaines de F, défini par $s \to \lambda_{M,L}^{0,1} K(v, s)$, est l'endomorphisme S_C associé à une construction C subordonnée au lacet $\chi_{v,L}$ de B. Ceci se voit, comme au nº 6, en définissant la construction C par la formule:

$$C(s)(t, x_1, \cdots, x_{q'}) = K(v, s)(y_1, \cdots, y_{p+p'}, x_1, \cdots, x_{q'}),$$

où $y_i = 0$ si $i \in M$, et $y_i = t$ si $i \in L$.

La démonstration du lemme 6 est donc achevée.

THÉORÈME 3. *Soit (E, p, B) un espace fibré de fibre F et de base B connexes par arcs. Soit G un anneau commutatif, associatif, à élément unité, et soit (E_r^*) la suite spectrale attachée à la filtration de $C^*(E, G)$. Les termes $E_r^* (r \geqq 2)$ sont des anneaux associatifs, à élément unité, vérifiant la loi d'anticommutation par rapport au degré total, et les différentielles d_r en sont des antidérivations.*

En outre, le produit de deux éléments $f \in E_2^{*p,q}$, $g \in E_2^{*p',q'}$ *est égal au produit par* $(-1)^{p'q}$ *de leur produit en tant que classes de cohomologie sur B, à valeurs dans le système local défini par l'anneau* $H^*(F, G)$ *(produit* $\vee$*).*

Vu le lemme 6, il ne nous reste à démontrer que l'anticommutativité (il suffit d'ailleurs de le faire pour E_2^*): Puisque $H^*(F, G)$ est un anneau anticommutatif, l'anneau E_2^*, muni du produit $\vee$, vérifie la loi:

$$f \vee g = (-1)^{pp'+qq'}(g \vee f), \quad \text{si} \quad f \in E_2^{*p,q}, \quad g \in E_2^{*p',q'}.$$

Comme $f \cdot g = (-1)^{p'q}(f \vee g)$ et $g \cdot f = (-1)^{pq'}(g \vee f)$, on a:

$$f \cdot g = (-1)^{pp'+qq'+pq'+qp'}(g \cdot f) = (-1)^{nn'} g \cdot f$$

$$(n = p + q, n' = p' + q'), \text{ cqfd.}$$

Note. Ce théorème est le pendant, pour la théorie singulière, du résultat énoncé par Leray dans [24], n° 6, *i*.

9. Propriétés de la suite spectrale de cohomologie

Ces propriétés étant duales de celles de l'homologie, nous nous bornerons à les énoncer rapidement.

a. *Cohomologie de la fibre.*

On a: $E_1^{*0,q} = C^0(B, H^q(F, G)) = H^q(F, G)$.

Comme les éléments de $E_r^{*0,q}(r \geqq 1)$ sont de degré-base minimum, aucun d'eux, à part 0, n'est un cobord pour d_r. On a donc une suite d'homomorphismes biunivoques:

$$H^q(F, G) = E_1^{*0,q} \leftarrow E_2^{*0,q} \leftarrow \cdots \leftarrow E_{q+2}^{*0,q} = E_{q+3}^{*0,q} = \cdots = E_\infty^{*0,q}.$$

L'anneau $E_\infty^{*0,q}$ s'identifie au quotient de $H^q(E, G) = D^{*0,q}$ par $D^{*1,q-1}$, et, si l'on compose les homomorphismes:

$$H^q(F, G) \leftarrow E_\infty^{*0,q} \leftarrow H^q(E, G),$$

on trouve l'homomorphisme transposé de l'injection: $F \rightarrow E$.

On notera par ailleurs que $E_2^{*0,q} = H^0(B, H^q(F, G))$ est identique au sous-anneau de $H^q(F, G)$ formé des éléments laissés fixes par les transformations T_α, $\alpha \in \pi_1(B)$.

b. *Cohomologie de la base.*

On a: $E_2^{*p,0} = H^p(B, H^0(F, G)) = H^p(B, G)$.

Comme les éléments de $E_r^{*r,0}$ sont de degré-fibre minimum, ce sont tous des d_r-cocycles ($r \geqq 2$), d'où la suite d'homomorphismes *sur*:

$$H^p(B, G) = E_2^{*p,0} \rightarrow E_3^{*p,0} \rightarrow \cdots \rightarrow E_{p+1}^{*p,0} = E_{p+2}^{*p,0} = \cdots = E_\infty^{*p,0}.$$

L'anneau $E_\infty^{*p,0}$ s'identifie au sous-anneau $D^{*p,0}$ de $H^p(E, G)$, et si l'on compose les homomorphismes:

$$H^p(B, G) \rightarrow E_\infty^{*p,0} \rightarrow H^p(E, G),$$

on trouve l'homomorphisme transposé de la projection $p: E \rightarrow B$.

c. *La transgression.*

Elle applique un sous-groupe de $H^{n-1}(F, G)$ dans un quotient de $H^n(B, G)$ ($n \geqq 2$). Elle peut être définie, soit comme la différentielle $d_n : E_n^{*0,n-1} \to E_n^{*n,0}$, soit par passage au quotient à partir des deux homomorphismes canoniques:

$$H^{n-1}(F, G) \xrightarrow{\delta} H^n(E \text{ mod. } F, G) \xleftarrow{p^*} H^n(B, G).$$

En dehors des propriétés duales de celles déjà vues en homologie, signalons ceci: *La transgression* (et aussi la suspension) *commute avec les opérations* Sq^i *de Steenrod.*

Cela résulte par des raisonnements formels de la commutativité du diagramme:

$$\begin{array}{ccccc} H^{n-1}(F, G) & \to & H^n(E \text{ mod. } F, G) & \leftarrow & H^n(B, G) \\ \mathrm{Sq}^i\downarrow & & \mathrm{Sq}^i\downarrow & & \mathrm{Sq}^i\downarrow \\ H^{i+n-1}(F, G) & \to & H^{i+n}(E \text{ mod. } F, G) & \leftarrow & H^{i+n}(B, G) \end{array}$$

(G désigne ici le groupe additif des entiers mod. 2). En particulier, le carré d'un élément transgressif de $H^*(F)$ est un élément transgressif (en cohomologie modulo 2). (Bien entendu, des résultats analogues sont valables pour les "puissances réduites" de Steenrod.)

10. Transformation du second terme des suites spectrales d'homologie et de cohomologie

Dans ce n° nous supposerons que les systèmes locaux formés sur B par les groupes d'homologie et de cohomologie de F sont triviaux. Comme on pourra s'en convaincre par la suite, c'est de beaucoup le cas le plus important pour les applications.

Sous cette hypothèse, nous allons montrer comment, dans certains cas, on peut remplacer les expressions déjà trouvées pour $E_2^{p,q}$ et $E_2^{*p,q}$ par des expressions d'un maniement plus commode.

a. *Cas de l'homologie.*

Supposons que G soit un *anneau principal* (par exemple, l'anneau Z des entiers, ou bien un corps commutatif). Le groupe abélien $C(E, G)$ peut alors être muni d'une structure de G-module unitaire, ainsi que les groupes $E_r^{p,q}$, $D^{p,q}$, etc. En particulier, la formule $E_2^{p,q} = H_p(B, H_q(F, G))$ exprime un isomorphisme de G-modules. Appliquant alors la formule des coefficients universels, on trouve:

$$E_2^{p,q} = H_p(B, G) \otimes H_q(F, G) + \text{Tor}\,(H_{p-1}(B, G), H_q(F, G)),$$

ou le produit tensoriel est pris *sur l'anneau* G, et où le signe Tor désigne le produit de torsion (ou "produit dual") de Cartan-Eilenberg [7].

Puisque Tor $(L, M) = 0$ si L ou M est sans torsion, on a:

Proposition 7. *Si* $H_{p-1}(B, G)$ *ou* $H_q(F, G)$ *est sans torsion, on a:* $E_2^{p,q} = H_p(B, G) \otimes H_q(F, G)$, *le produit tensoriel étant pris sur* G.

(On notera que la condition est toujours remplie si G est un *corps*).

b. *Cas de la cohomologie.*

Supposons encore G principal, et soit M un G-module unitaire. On a un homorphisme canonique:

$$\iota: H^p(B, G) \otimes M \to H^p(B, M)$$

défini ainsi:

Soit $h \otimes m \in H^p(B, G) \otimes M$, et soit $x(u)$ un cocycle de la classe h. L'application $u \to x(u) \cdot m$ est un cocycle sur B à valeurs dans M, dont la classe est, par définition, $\iota(h \otimes m)$.

Si $N = \sum M_q$ est une algèbre graduée on définit ainsi un homomorphisme

$$\iota: H^*(B, G) \otimes N \to \sum_{p,q} H^p(B, M_q).$$

Munissons le premier membre de la structure d'algèbre produit tensoriel des structures d'algèbres de $H^*(B, G)$ et de N, et le second de la structure d'algèbre définie par le cup-product sur B, à valeurs dans l'algèbre N (produit $\vee$ du n° 8); l'homomorphisme ι est alors multiplicatif; il le reste donc quand on change les signes dans les deux membres, au moyen de la formule (5) (ce qui revient à munir le premier membre de la structure d'algèbre produit tensoriel *gauche* des structures d'algèbre de $H^*(B, G)$ et de N).

. Ceci étant, donnons deux conditions suffisantes pour que ι soit un isomorphisme sur:

α. *M est libre de type fini.*

Les deux membres dépendant additivement de M, il suffit de vérifier notre affirmation lorsque $M = G$, auquel cas le résultat est immédiat.

β. *$H_{p-1}(B, G)$ et $H_p(B, G)$ sont libres et $H_p(B, G)$ est de type fini.*

Puisque $H_{p-1}(B, G)$ est libre, on peut identifier $H^p(B, G)$ au module Hom $(H_p(B, G), G)$ et $H^p(B, M)$ à Hom $(H_p(B, G), M)$, d'après la formule des coefficients universels en cohomologie. L'homomorphisme ι se transporte alors en l'homomorphisme canonique:

$$\iota': \mathrm{Hom}\,(H_p(B, G), G) \otimes M \to \mathrm{Hom}\,(H_p(B, G), M).$$

Puisque $H_p(B, G)$ est libre de type fini, on peut supposer, à cause de l'additivité des opérations $\otimes$ et Hom, qu'il est isomorphe à G lui-même, et, dans ce cas, le résultat est immédiat.

Appliquons ce qui précède au cas où $M_q = H^q(F, G)$. On obtient:

PROPOSITION 8. *Soit G un anneau principal; pour que l'algèbre E_2^*, second terme de la suite spectrale de cohomologie de l'espace fibré E, soit isomorphe au produit tensoriel gauche* (sur G) $H^*(B, G) \otimes H^*(F, G)$, *il suffit que l'une ou l'autre des deux conditions suivantes soit remplie:*

α. *$H^q(F, G)$ est un G-module libre de type fini pour tout $q \geqq 0$,*

β. *$H_p(B, G)$ est un G-module libre de type fini pour tout $p \geqq 0$.*

(Rappelons que ce résultat n'est applicable que si le système local formé par $H^q(F, G)$ sur B est trivial pour tout $q \geqq 0$).

Si G est un corps, on peut énoncer ainsi les conditions α et β:

α. $H^q(F, G)$ est de dimension finie sur G pour tout $q \geqq 0$,

β. $H^p(B, G)$ est de dimension finie sur G pour tout $p \geqq 0$.

Note. Il y a ici une différence importante avec la théorie de Leray: dans cette dernière, si les coefficients sont pris dans un corps, et si le système local de cohomologie de la fibre est trivial sur la base, le terme E_2^* est *toujours* isomorphe à $H^*(B) \otimes H^*(F)$. Cela tient au fait que Leray utilise une cohomologie *à supports compacts.*

11. Démonstration du lemme 4

Le reste de ce chapitre est consacré à la démonstration des lemmes 3, 4, 5; nous commençons par le lemme 4.

La démonstration procède par récurrence sur l'entier q.

Première partie—$q = 0$.

Le cube v est donc réduit au point x et le problème est le suivant: étant donnée une application $u:I^p \rightarrow B$, qui envoie tous les sommets de I^p en b, trouver une application $w:I^p \rightarrow E$, qui envoie tous les sommets de I^p en x et qui soit telle que $p \circ w = u$.

Posons $X = I^p$, et $A = \{\omega\}$ (ω, dans toute la suite, désignera le point $(0, \cdots, 0)$). En appliquant la Prop. 1 au couple (X, A), on trouve une application $w':I^p \rightarrow E$, telle que $p \circ w' = u$ et que $w'(\omega) = x$. Soient s_α les différents sommets de I^p, et posons $f_\alpha = w'(s_\alpha)$; on a $f_\alpha \in F$, et, puisque F est *connexe par arcs*, il existe des applications $g_\alpha:I \rightarrow F$, telles que $g_\alpha(0) = f_\alpha$ et $g_\alpha(1) = x$. Nous allons utiliser ces chemins pour déformer le cube w' en un cube w de même projection et dont tous les sommets seront en x.

Pour cela, posons $X = I^p \times I$, $A = I^p \times \{0\} \cup \{s_\alpha\} \times I$. On voit tout de suite que A est contractile. Avec les notations de la Prop. 1, nous définirons $f:I^p \times I \rightarrow B$ par: $f(x_1, \cdots, x_p, t) = u(x_1, \cdots, x_p)$ et $g:A \rightarrow E$ de la façon suivante:

$$\text{sur } I^p \times \{0\} \text{ par}: g(x_1, \cdots, x_p, 0) = w'(x_1, \cdots, x_p)$$
$$\text{sur } \{s_\alpha\} \times I \text{ par}: g(s_\alpha; t) = g_\alpha(t).$$

Appliquant alors la Prop. 1, on trouve une application $h:I^p \times I \rightarrow E$ qui prolonge g et est telle que $p \circ h = f$. Le cube $w:I^p \rightarrow E$, défini par $w(x) = h(x; 1)$ répond alors à la question.

Deuxième partie—passage de $q - 1$ *à* q.

On suppose que $q \geqq 1$ et que, pour tout $q' < q$, on a construit une fonction $K(u, v)$ vérifiant les conditions 1.2.3.; il s'agit de construire K lorsque v est de dimension q.

Premier cas: v est dégénéré.

Le cube v ne dépend donc pas de sa dernière variable. Soit v' le cube de dimension $q - 1$ défini par:
$v'(x_1, \cdots, x_{q-1}) = v(x_1, \cdots, x_q)$. On notera que $v' = \lambda_q^0 v = \lambda_q^1 v$. Définissons alors $K(u, v)$ par la formule:

$$K(u, v)(x_1, \cdots, x_n) = K(u, v')(x_1, \cdots, x_{n-1}).$$

D'après sa définition même, le cube $K(u, v)$ est dégénéré; reste à montrer qu'il vérifie les conditions 1. et 2.:

$$\begin{aligned} BK(u, v)(x_1, \cdots, x_p) &= p\circ K(u, v)(x_1, \cdots, x_p, y_1, \cdots, y_q) \\ &= p\circ K(u, v')(x_1, \cdots, x_p, y_1, \cdots, y_{q-1}) \\ &= u(x_1, \cdots, x_p), \\ FK(u, v)(x_1, \cdots, x_q) &= K(u, v)(0, \cdots, 0, x_1, \cdots, x_q) \\ &= K(u, v')(0, \cdots, 0, x_1, \cdots, x_{q-1}) \\ &= v'(x_1, \cdots, x_{q-1}) = v(x_1, \cdots, x_q). \end{aligned}$$

La condition 1. est donc bien vérifiée.
Pour calculer $\lambda_{i+p}^\varepsilon K(u, v)$ nous distinguerons deux cas:

$i = q$ — $$\begin{aligned} \lambda_{i+p}^\varepsilon K(u, v)(x_1, \cdots, x_{n-1}) &= K(u, v)(x_1, \cdots, x_{n-1}, \varepsilon) \\ &= K(u, v')(x_1, \cdots, x_{n-1}) \\ &= K(u, \lambda_i^\varepsilon v)(x_1, \cdots, x_{n-1}) \end{aligned}$$

puisque $v' = \lambda_q^\varepsilon v$;

$i < q$ —

$$\begin{aligned} \lambda_{i+p}^\varepsilon K(u, v)(x_1, \cdots, x_{n-1}) &= K(u, v)(x_1, \cdots, x_{i+p-1}, \varepsilon, x_{i+p}, \cdots, x_{n-1}) \\ &= K(u, v') \\ &\qquad (x_1, \cdots, x_{i+p-1}, \varepsilon, x_{i+p}, \cdots, x_{n-2}) \\ &= \lambda_{i+p}^\varepsilon K(u, v')(x_1, \cdots, x_{n-2}) \\ &= K(u, \lambda_i^\varepsilon v')(x_1, \cdots, x_{n-2}); \end{aligned}$$

mais d'autre part, le cube $\lambda_i^\varepsilon v$ est dégénéré puisque $i < q$, et on a:

$$\begin{aligned} K(u, \lambda_i^\varepsilon v)(x_1, \cdots, x_{n-1}) &= K(u, \lambda_i^\varepsilon v)(x_1, \cdots, x_{n-2}, \varepsilon) \\ &= \lambda_{n-1}^\varepsilon K(u, \lambda_i^\varepsilon v)(x_1, \cdots, x_{n-2}) \\ &= K(u, \lambda_{n-p-1}^\varepsilon \lambda_i^\varepsilon v)(x_1, \cdots, x_{n-2}). \end{aligned}$$

Or $\lambda_{n-p-1}^\varepsilon \lambda_i^\varepsilon v = \lambda_{q-1}^\varepsilon \lambda_i^\varepsilon v = \lambda_i^\varepsilon \lambda_q^\varepsilon v = \lambda_i^\varepsilon v'$, ce qui achève la vérification de la propriété 2.

Deuxième cas: v n'est pas dégénéré.

Nous allons transformer le problème de la construction du cube $w = K(u, v)$ en un problème de *relèvement* d'application, problème que nous résoudrons au moyen de la Prop. 1.

Posons $X = I^p \times I^q$, $A = \{\omega\} \times I^q \cup I^p \times D(I^q)$, où $D(I^q)$ désigne la frontière de I^q. L'ensemble A est contractile, car il est visiblement rétractile sur $\{\omega\} \times I^q \cup \{\omega\} \times D(I^q) = \{\omega\} \times I^q$.

Définissons alors $f:X \to B$ par:

$$f(x_1, \cdots, x_p, y_1, \cdots, y_q) = u(x_1, \cdots, x_p);$$

définissons $g:A \to E$ de la façon suivante:

sur $\{\omega\} \times I^q$ par: $g(0, \cdots, 0, y_1, \cdots, y_q) = v(y_1, \cdots, y_q)$

sur $I^p \times D(I^q)$ par: $g(x_1, \cdots, x_p, y_1, \cdots, y_{i-1}, \varepsilon, \cdots, y_{q-1}) = K(u, \lambda_i^\varepsilon v)(x_1, \cdots, x_p, y_1, \cdots, y_{q-1})$.

Admettons pour un instant que l'application g ainsi définie soit continue; on peut alors appliquer la Prop. 1, et on en tire l'existence d'une application $w:X \to E$, prolongeant g, et telle que $p \circ w = f$. Il est clair que w est un cube qui remplit les conditions 1. et 2.; en outre, *puisque* $q \geqq 1$, tous les sommets de $I^p \times I^q$ sont contenus dans $I^p \times D(I^q)$ et sont donc appliqués en x (car $K(u, \lambda_i^\varepsilon v)$ est lui-même un cube dont tous les sommets sont en x, d'après l'hypothèse de récurrence).

Il nous reste simplement à montrer que l'application g est continue, c'est-à-dire que les diverses définitions de g, données sur certaines faces du cube $I^p \times I^q$, sont compatibles sur les intersections de ces faces deux à deux.

Compatibilité sur $(\{\omega\} \times I^q) \cap (I^p \times D(I^q))$.

Considérons le point $(0, \cdots, 0, y_1, \cdots, y_{i-1}, \varepsilon, y_i, \cdots, y_{q-1})$. Les deux définitions de g en ce point sont les suivantes:

$$v(y_1, \cdots, y_{i-1}, \varepsilon, y_i, \cdots, y_{q-1}) = \lambda_i^\varepsilon v(y_1, \cdots, y_{q-1}),$$

et:

$$K(u, \lambda_i^\varepsilon v)(0, \cdots, 0, y_1, \cdots, y_{q-1}) = FK(u, \lambda_i^\varepsilon v)(y_1, \cdots, y_{q-1}).$$

Mais d'après l'hypothèse de récurrence, on a bien: $\lambda_i^\varepsilon v = FK(u, \lambda_i^\varepsilon v)$.

Compatibilité sur $I^p \times D(I^q)$.

Considérons le point $(x_1, \cdots, x_p, y_1, \cdots, \varepsilon, \cdots, \varepsilon', \cdots, y_{q-2})$, où ε est à la i-ème place et ε' à la i'-ème $(i < i')$. Les deux définitions de g en ce point sont les suivantes:

$$K(u, \lambda_{i-p}^\varepsilon v)(x_1, \cdots, x_p, y_1, \cdots, \varepsilon', \cdots, y_{q-2}) = \lambda_{i'-1}^{\varepsilon'} K(u, \lambda_{i-p}^\varepsilon v)(x_1, \cdots, y_{q-2})$$

$$K(u, \lambda_{i'-p}^{\varepsilon'} v)(x_1, \cdots, x_p, y_1, \cdots, \varepsilon, \cdots, y_{q-2}) = \lambda_i^\varepsilon K(u, \lambda_{i'-p}^{\varepsilon'} v)(x_1, \cdots, y_{q-2}).$$

Mais d'après l'hypothèse de récurrence, on a:

$$\lambda_{i'-1}^{\varepsilon'} K(u, \lambda_{i-p}^\varepsilon v) = K(u, \lambda_{i'-p-1}^{\varepsilon'} \lambda_{i-p}^\varepsilon v)$$

et

$$\lambda_i^\varepsilon K(u, \lambda_{i'-p}^{\varepsilon'} v) = K(u, \lambda_{i-p}^\varepsilon \lambda_{i'-p}^{\varepsilon'} v).$$

L'identité des deux définitions de g résulte alors de l'égalité:

$$\lambda_{i'-p-1}^{\varepsilon'} \lambda_{i-p}^\varepsilon = \lambda_{i-p}^\varepsilon \lambda_{i'-p}^{\varepsilon'}.$$

La démonstration du lemme 4 est donc achevée.

12. Démonstration du lemme 5

La démonstration étant tout à fait analogue à celle du lemme 4, nous en indiquerons seulement les points essentiels.

Nous raisonnerons par récurrence sur l'entier q.

Première partie—$q = 0$.

Posons $X = I^p \times I$ et $A = (I^p \times \{0\}) \cup (I^p \times \{1\}) \cup (\{\omega\} \times I)$. Il est clair que A est contractile.

Définissons alors $f:X \to B$ par $f(x; t) = p \circ u(x)$, $x \in I^p$, et $g:A \to E$ de la façon suivante:

sur $I^p \times \{0\}$ par: $g(x; 0) = u(x)$
sur $I^p \times \{1\}$ par: $g(x; 1) = K(Bu, Fu)(x)$
sur $\{\omega\} \times I$ par: $g(\omega; t) = x$.

Ces applications sont compatibles et définissent donc une application g qui est continue. En utilisant alors la Prop. 1, on obtient une application $h:I^p \times I \to E$, prolongeant g, et telle que $p \circ h = f$. Nous poserons $Su = h$.

Deuxième partie—passage de $q - 1$ à q.

Premier cas: u est dégénéré.

Soit $u' = \lambda_n^0 u = \lambda_n^1 u$. On pose: $Su(x_1, \cdots, x_{n+1}) = Su'(x_1, \cdots, x_n)$, et on vérifie aisément, compte tenu de l'hypothèse de récurrence, que le cube obtenu vérifie toutes les propriétés requises.

Deuxième cas—u n'est pas dégénéré.

Posons $X = I^p \times I \times I^q$, et:
$A = (I^p \times \{0\} \times I^q) \cup (I^p \times \{1\} \times I^q) \cup (I^p \times I \times D(I^q)) \cup (\{\omega\} \times I \times I^q)$.
On vérifie que A est contractile, puis on définit $f:X \to B$ par: $f(x; t; y) = Bu(x)$, et $g:A \to E$ de la façon suivante:

sur $I^p \times \{0\} \times I^q$: $g(x; 0; y) = u(x; y)$
sur $I^p \times \{1\} \times I^q$: $g(x; 1; y) = K(Bu, Fu)(x; y)$
sur $I^p \times I \times D(I^q)$: $g(x; t; y_1, \cdots, y_{i-1}, \varepsilon, \cdots, y_{q-1}) = S\lambda_{p+i}^\varepsilon u(x; t; y_1, \cdots, y_{q-1})$
sur $\{\omega\} \times I \times I^q$: $g(\omega; t; y) = u(\omega; y) = Fu(y)$.

Il résulte de l'hypothèse de récurrence que ces diverses définitions sont compatibles, ce qui permet d'appliquer la Prop. 1 et d'obtenir une application

$h: X \to E$, prolongeant g, et telle que $p \circ h = f$. En posant $Su = h$, on obtient un cube qui vérifie visiblement toutes les propriétés requises.

13. Démonstration du lemme 3

Soit v un lacet sur B; posons $C(u) = K(u, v)$, K étant l'application dont le lemme 4 établit l'existence.

La propriété 1. de l'opération K signifie que C vérifie les proprietés 1. et 2. d'une construction subordonnée à v; la propriété 2. de K signifie que C vérifie la propriété 3. d'une construction; la propriété 3. de K signifie que C vérifie la propriété 4. d'une construction. L'existence d'au moins une construction est donc établie.

Pour montrer la deuxième partie du lemme 3, nous utiliserons le lemme suivant:

LEMME 7. *Soit $h: I^2 \to B$ un cube de dimension 2 de B tel que $h(0, t') = h(1, t') = b$ pour tout $t' \in I$. Posons $v_1(t) = h(t, 0)$, $v_2(t) = h(t, 1)$; v_1 et v_2 sont donc des lacets homotopes de B. Soient C_1 et C_2 deux constructions subordonnées aux lacets v_1 et v_2 respectivement. Pour tout cube u de dimension n de F, il existe alors un cube de E, Hu, de dimension $n + 2$ et de filtration $\leqq 2$, tel que:*

1. $BHu = h$
2. $\lambda_1^0 Hu(t, y_1, \cdots, y_n) = u(y_1, \cdots, y_n)$
3. $\lambda_2^0 Hu = C_1 u$; $\lambda_2^1 Hu = C_2 u$
4. $H\lambda_i^\varepsilon u = \lambda_{i+2}^\varepsilon Hu$ $(\varepsilon = 0, 1, 1 \leqq i \leqq n)$
5. *Si u est dégénéré, Hu l'est aussi.*

Admettons pour un instant ce lemme, et considérons les endomorphismes $S_{C_1} = S_1$, $S_{C_2} = S_2$, définis par les constructions C_1 et C_2 comme il a été dit au n° 3. Soit $k(u)$ l'endomorphisme de degré $+1$ des chaînes de F défini par: $k(u)(t, x_1, \cdots, x_n) = Hu(1, t, x_1, \cdots, x_n)$.

Si l'on calcule $dku + kdu$, on trouve:

$dku + kdu = S_2 u - S_1 u$, ce qui montre bien que S_1 et S_2 sont homotopiquement équivalents.

Il nous reste donc simplement à donner la

Démonstration du lemme 7.

Comme elle est tout à fait analogue à celle du lemme 4, nous nous bornerons à en donner les points essentiels.

On raisonne par récurrence sur l'entier n.

Première partie—$n = 0$.

Le cube u est donc le cube ponctuel réduit au point x. Le cube Hu sera un cube de dimension 2 de E.

Posons $X = I^2$, $A = (I \times \{0\}) \cup (I \times \{1\}) \cup (\{0\} \times I)$; A est contractile.

Définissons $f: X \to B$ par: $f = h$.

Définissons $g: A \to E$ de la manière suivante:

sur $I \times \{0\}: g(t, 0) = C_1 u(t)$
sur $I \times \{1\}: g(t, 1) = C_2 u(t)$
sur $\{0\} \times I: g(0, t') = x$.

On peut alors appliquer la Prop. 1 et l'on obtient une application $w: X \to E$, telle que $p \circ w = f$, et qui prolonge g; on pose $Hu = w$.

Deuxième partie—passage de $n - 1$ à n.

Premier cas—u est dégénéré.

Si $u' = \lambda_n^0 u = \lambda_n^1 u$, on pose:

$$Hu(t, t', x_1, \cdots, x_n) = Hu'(t, t', x_1, \cdots, x_{n-1}),$$

et l'on vérifie aisément, compte tenu de l'hypothèse de récurrence, que le cube Hu ainsi construit possède les propriétés requises.

Deuxième cas—u n'est pas dégénéré.

Posons $X = I^2 \times I^n$ et:

$$A = (I \times \{0\} \times I^n) \cup (I \times \{1\} \times I^n) \cup (\{0\} \times I \times I^n) \cup (I \times I \times D(I^n))$$

On vérifie que A est contractile.

On définit $f: X \to B$ par $f(t, t', x_1, \cdots, x_n) = h(t, t')$ et $g: A \to E$ de la façon suivante:

sur $I \times \{0\} \times I^n$: $g(t, 0, x_1, \cdots, x_n) = C_1 u(t, x_1, \cdots, x_n)$
sur $I \times \{1\} \times I^n$: $g(t, 1, x_1, \cdots, x_n) = C_2 u(t, x_1, \cdots, x_n)$
sur $\{0\} \times I \times I^n$: $g(0, t, x_1, \cdots, x_n) = u(x_1, \cdots, x_n)$
sur $I \times I \times D(I^n)$: $g(t, t', x_1, \cdots, x_{i-1}, \varepsilon, \cdots, x_{n-1}) = H\lambda_i^\varepsilon u(t, t', x_1, \cdots, x_{n-1})$.

Il résulte de l'hypothèse de récurrence que ces diverses définitions sont compatibles, ce qui permet d'appliquer la Prop. 1 et d'obtenir une application $w: X \to E$, prolongeant g, et telle que $p \circ w = f$. En posant $Hu = w$, on obtient un cube qui vérifie les propriétés requises.

Ceci achève la démonstration du lemme 3.

Remarque importante.

Dans le cas des espaces fibrés localement triviaux, on peut donner des démonstrations beaucoup plus courtes des lemmes 3, 4, 5, 7. Pour cela, soit $u: I^p \to B$ un cube singulier de B, et introduisons l'espace fibré E' *image réciproque* de E par l'application u (Cf. [5], Exp. VII et VIII). Il suffit alors de faire *dans* E' les constructions exigées dans les lemmes en question, ce qui est très facile, vu que E' est le produit direct de I^p par F, d'après un théorème de Feldbau.

Chapitre III. Applications de la suite spectrale des espaces fibrés

Ce chapitre rassemble quelques applications simples de la suite spectrale des espaces fibrés. Les résultats qui s'y trouvent sont, pour la plupart, connus, mais sous des hypothèses différentes, et inapplicables aux espaces de lacets. Aussi avons-nous dû en reproduire les démonstrations.

Notations

Dans tout ce qui suit, (E, p, B) désignera un espace fibré (au sens du Chapitre II, n° 2) de fibre F et de base B *connexes par arcs.* Les termes de la suite spectrale de *cohomologie* de E seront notés $E_r^{p,q}$ (au lieu de $E_r^{*p,q}$) lorsqu'aucune confusion avec l'homologie ne sera à craindre; cette convention sera également utilisée dans les chapitres suivants.

1. Première application

PROPOSITION 1. *Soit A un anneau principal, et supposons que le système local formé par $H_i(F, A)$ sur B soit trivial pour tout i. Alors, si deux des trois espaces E, F, B jouissent de la propriété que leurs groupes d'homologie à valeurs dans A sont des A-modules de type fini en toute dimension, le troisième espace jouit de la même propriété.*

(Rappelons qu'un A-module est dit *de type fini* s'il est engendré par un nombre fini d'éléments).

(a) Supposons d'abord que les deux espaces en question soient B et F. Chaque module $E_2^{p,q} = H_p(B, H_q(F, A))$ est alors de type fini d'après la formule des coefficients universels (Chap. II, n°10). Puisque E_3 est isomorphe au module d'homologie de E_2, muni de la différentielle d_2, $E_3^{p,q}$ est aussi de type fini, et de même $E_4^{p,q}, \cdots$, etc. Il en résulte que $\sum_{p+q=n} E_\infty^{p,q}$, module gradué associé à $H_n(E, A)$, est de type fini, donc aussi $H_n(E, A)$.

(b) Supposons que les deux espaces en question soient E et B. Nous allons montrer que $H_i(F, A)$ est un A-module de type fini par récurrence sur l'entier i, à partir de $i = 0$. Supposons que $H_i(F, A) = E_2^{0,i}$ ne soit pas de type fini; alors $E_3^{0,i}$ ne sera pas non plus de type fini. En effet, $E_3^{0,i}$ est isomorphe au quotient de $E_2^{0,i}$ par l'image de la différentielle $d_2 : E_2^{2,i-1} \to E_2^{0,i}$, et cette image est de type fini puisque $E_2^{2,i-1} = H_2(B, H_{i-1}(F, A))$ est lui-même de type fini d'après l'hypothèse de récurrence. On montre par le même raisonnement que $E_4^{0,i}, \cdots, E_r^{0,i}, \cdots$, n'est pas non plus de type fini. Mais ceci est absurde, car, en prenant r assez grand, $E_r^{0,i}$ est isomorphe à un sous-module du module gradué associé à $H_i(E, A)$, donc doit être de type fini, d'après l'hypothèse faite sur E.

(c) Supposons enfin que les deux espaces en question soient E et F. Nous allons montrer que $H_i(B, A)$ est un A-module de type fini par récurrence sur l'entier i, à partir de $i = 0$. Supposons que $H_i(B, A) = E_2^{i,0}$ ne soit pas de type fini; alors il en est de même de $E_3^{i,0}$, car ce module est isomorphe au noyau de la différentielle $d_2 : E_2^{i,0} \to E_2^{i-2,1}$, et ce dernier module étant isomorphe à $H_{i-2}(B, H_1(F, A))$ est de type fini d'après l'hypothèse de récurrence. On montre par le même raisonnement que $E_4^{i,0}, \cdots, E_r^{i,0}, \cdots$ n'est pas non plus de type fini. Mais ceci est absurde, car, en prenant r assez grand, $E_r^{i,0}$ est isomorphe à un sous-module du module gradué associé à $H_i(E, A)$, donc doit être de type fini, d'après l'hypothèse faite sur E.

REMARQUE. Supposons que A soit un *corps*, et désignons par b_i, f_i, e_i les dimensions des espaces vectoriels (sur A) $H_i(B, A)$, $H_i(F, A)$ et $H_i(E, A)$

respectivement. La partie (a) de la démonstration précédente montre que l'on a l'inégalité:

$$e_n \leqq \sum_{p+q=n} b_p \cdot f_q .$$

On trouvera dans [24], outre l'inégalité précédente, des inégalités relatives aux cas (b) et (c).

2. Caractéristique d'Euler-Poincaré des espaces fibrés

Soit k un corps commutatif, et continuons à noter e_i, b_i, f_i les dimensions des k-espaces vectoriels $H_i(E, k)$, $H_i(B, k)$, $H_i(F, k)$. Si ces nombres sont finis pour tout i, et nuls pour i assez grand, on peut définir les *caractéristiques d'Euler-Poincaré* de E, B, F (que nous noterons $\chi(E)$, $\chi(B)$, $\chi(F)$) par les formules habituelles:

$$\chi(E) = \sum_i (-1)^i e_i, \qquad \chi(B) = \sum_i (-1)^i b_i, \qquad \chi(F) = \sum_i (-1)^i f_i$$

On a alors (Cf. [24], Corollaire 9.1):

PROPOSITION 2. *Soit k un corps commutatif, et supposons:*
(a) *que le système local formé par $H_i(F, k)$ sur B soit trivial pour tout $i \geqq 0$,*
(b) *que les nombres b_i, f_i soient finis pour tout i et nuls pour i assez grand.*

Dans ces conditions, les caractéristiques d'Euler-Poincaré de E, B, F vérifient la relation: $\chi(E) = \chi(B) \cdot \chi(F)$.

Nous pouvons définir les caractéristiques d'Euler-Poincaré des divers termes $E_2, \cdots, E_\infty$ de la suite spectrale, puisque ce sont des espaces vectoriels *gradués* (par le degré total) et *de dimension finie* (puisque $E_2 = H(B, k) \otimes H(F, k)$ est de dimension finie).

Cette dernière propriété entraine que les d_r sont nuls pour r assez grand, donc que $E_r = E_\infty$ pour r assez grand. On a donc: $\chi(E) = \chi(E_\infty) = \chi(E_r)$, pour r assez grand.

D'autre part, $\chi(E_2) = \chi(H(B, k) \otimes H(F, k)) = \chi(B) \cdot \chi(F)$.

Enfin, puisque E_{r+1} est l'espace vectoriel d'homologie de E_r muni d'une différentielle de degré -1 (pour le degré total), un raisonnement classique montre que $\chi(E_{r+1}) = \chi(E_r)$. On a donc en définitive:

$$\chi(B) \cdot \chi(F) = \chi(E_2) = \chi(E_3) = \cdots = \chi(E_r) = \cdots = \chi(E_\infty) = \chi(E), \text{ cqfd.}$$

REMARQUE. Si B est un *polyèdre fini*, la condition (a) est superflue. En effet, on a de toutes façons $\chi(E) = \chi(E_2)$; mais $E_2 = H(B, H(F, k))$ est le groupe d'homologie de $E_1' = C'(B, k) \otimes H(F, k)$, où $C'(B, k)$ désigne l'espace vectoriel des chaînes *simpliciales* de B à coefficients dans k. Vu l'hypothèse faite, $C'(B, k)$ est de dimension finie, et l'on a: $\chi(E_2) = \chi(E_1') = \chi(C'(B, k)) \cdot \chi(F) = \chi(B) \cdot \chi(F)$, ce qui établit le résultat annoncé.

4 Par contre, dans le cas général, j'ignore si la condition (a) est superflue ou non.

3. Fibrations des espaces euclidiens

PROPOSITION 3. *Soit k un corps et supposons que le système local formé par $H_i(F, k)$ sur B soit trivial pour tout $i \geqq 0$. Supposons en outre que $H_i(B, k) = 0$*

pour $i > p$, *et que* $H_i(F, k) = 0$ *pour* $i > q$. *Alors* $H_i(E, k) = 0$ *pour* $i > p + q$, *et* $H_{p+q}(E, k)$ *est isomorphe au produit tensoriel (sur* k*)* $H_p(B, k) \otimes H_q(F, k)$. (*Voir* [24], n° 9 ainsi que [2]).

D'après la Prop. 7 du Chap. II, $E_2^{i,j}$ est isomorphe au produit tensoriel (sur k): $H_i(B, k) \otimes H_j(F, k)$. Il en résulte que $E_r^{i,j} = 0$ dès que $i > p$, ou $j > q$ ($r = 2, 3, \cdots, \infty$). En particulier, tous les termes de E_∞ dont le degré total est strictement supérieur à $p + q$ sont nuls, ce qui démontre la première partie de la proposition.

Reste à voir que $H_{p+q}(E, k)$ est isomorphe à $H_p(B, k) \otimes H_q(F, k)$. Pour cela, remarquons que les éléments de $E_r^{p,q}$ ($r \geqq 2$) jouissent des deux propriétés suivantes:

(a) Tout élément de $E_r^{p,q}$ est un cycle pour d_r, puisqu'il est de degré-fibre maximum et que d_r augmente le degré-fibre.

(b) Aucun élément $\neq 0$ de $E_r^{p,q}$ n'est un bord pour d_r, puisqu'il est de degré-base maximum, et que d_r diminue le degré-base.

De ces deux propriétés il résulte que $E_2^{p,q} = E_3^{p,q} = \cdots = E_\infty^{p,q}$.

Comme nous avons déjà vu que les autres termes de E_∞, de degré total $p + q$ sont nuls, il suit de là que:

$$H_{p+q}(E, k) = E_\infty^{p,q} = E_2^{p,q} = H_p(B, k) \otimes H_q(F, k), \qquad \text{cqfd.}$$

Corollaire. *Soit* k *un corps; supposons que le système local formé par* $H_i(F, k)$ *sur* B *soit trivial pour tout* $i \geqq 0$, *et que* $H_i(E, k) = 0$ *pour tout* $i > 0$. *Alors:*

(α) *ou bien* $H_i(B, k) = H_i(F, k) = 0$ *pour tout* $i > 0$,

(β) *ou bien* $H_i(B, k) \neq 0$ *pour une infinité de valeurs de* i,

(γ) *ou bien* $H_i(F, k) \neq 0$ *pour une infinité de valeurs de* i.

Résulte immédiatement de la proposition qui précède et du fait qu'un produit tensoriel d'espaces vectoriels n'est nul que si l'un des espaces est nul.

Proposition 4. *Supposons que l'espace euclidien* $E = R^n$ *soit un espace fibré localement trivial de fibre* F *et de base* B, F *étant connexe. Alors* F *et* B *sont acycliques:* $H_i(B, Z) = H_i(F, Z) = 0$ *pour tout* $i > 0$ (Z désignant l'anneau des entiers).

Puisque la fibration est localement triviale, F et B sont localement contractiles et de dimension $\leqq n$. Il s'ensuit que $H_i(F, Z)$ et $H_i(B, Z)$ sont nuls pour $i > n$ (*Voir*, par exemple, [4], Exp. XVI, n° 7). Comme F est connexe par arcs, il résulte de la suite exacte d'homotopie que $\pi_1(B) = 0$, donc que le système local des $H_i(F, k)$ (k étant un corps commutatif quelconque) est trivial sur B. On est donc dans les conditions d'application du corollaire précédent; comme les cas (β) et (γ) sont exclus d'après ce qui précède, on a donc: $H_i(B, k) = H_i(F, k) = 0$ pour tout corps k et tout $i > 0$. La démonstration sera donc achevée si l'on prouve le lemme suivant:

Lemme. *Soit* Y *un espace topologique tel que* $H_i(Y, k) = 0$ *pour tout corps* k *et tout entier* i *tel que* $0 < i \leqq q$. *Alors* $H_i(Y, Z) = 0$ *pour tout entier* i *tel que* $0 < i \leqq q - 1$.

D'après la formule des coefficients universels, on a:

$$H_i(Y, k) = H_i(Y, Z) \otimes k + \mathrm{Tor}(H_{i-1}(Y, Z), k),$$

où le signe $+$ désigne une somme directe, et où les opérations $\otimes$ et Tor sont relatives à l'anneau principal Z (Cf. [7]). Désignons alors par M l'un quelconque des groupes $H_i(Y, Z)$, $0 < i \leqq q - 1$. Il résulte de la formule précédente que, pour tout corps k, on a:

$$M \otimes k = \mathrm{Tor}(M, k) = 0.$$

Je dis que cette propriété entraîne $M = 0$.

En effet, prenons d'abord $k = Q$, corps des rationnels; $M \otimes Q = 0$ signifie que M est un groupe de torsion; prenons $k = F_p$, corps à p éléments; $\mathrm{Tor}(M, F_p) = 0$ signifie que la relation $p \cdot x = 0$, $x \in M$, entraîne $x = 0$. Ceci ayant lieu pour tout p, et M étant de torsion comme on vient de le voir, on a bien $M = 0$, ce qui achève la démonstration.

Corollaire. *Dans les conditions de la Prop. 4, supposons que B soit un polyèdre localement fini. Alors la fibration de* $E = R^n$ *est triviale, autrement dit,* $E = B \times F$.

Puisque B est un polyèdre localement fini simplement connexe et acyclique, il est contractile. Le corollaire résulte alors d'un théorème classique de Feldbau.

Remarques: 1. On peut montrer que la conclusion du corollaire précédent subsiste si l'on remplace l'hypothèse "B est un polyèdre localement fini" par la suivante: "F est un polyèdre localement fini". En fait, il paraît probable que l'on peut se passer complètement d'hypothèses restrictives sur B ou F; sans doute n'existe-t-il pas d'autres fibrations de R^n, à fibres connexes, que la décomposition en produit direct: $R^n = R^p \times R^q$ $(p + q = n)$, mais cela paraît difficile à établir.[3] 2. A. Shapiro, utilisant la théorie de Čech ainsi que des méthodes analogues à celles de G. Hirsch, a obtenu la Prop. 4 et a montré comment on pouvait en tirer le résultat suivant, conjecturé par Montgomery et Samelson: *R^n ne peut être fibré à fibres compactes non réduites à un point* [29]. En s'appuyant sur la théorie de Leray (en cohomologie à supports compacts), A. Borel et l'auteur [2] ont obtenu indépendamment le même résultat; leur méthode montre en outre qu'*il n'existe pas de fibration de R^n, à fibres connexes, et à base compacte non réduite à un point* [1].

4. Une suite exacte

Proposition 5. *Soit A un anneau principal, et supposons que le système local formé par $H_i(F, A)$ soit trivial sur B pour tout $i \geqq 0$, que $H_i(B, A) = 0$ pour $0 < i < p$, et que $H_i(F, A) = 0$ pour $0 < i < q$. Dans ces conditions on a la suite exacte:*

$$H_{p+q-1}(F, A) \to H_{p+q-1}(E, A) \to H_{p+q-1}(B, A) \to H_{p+q-2}(F, A) \to \cdots$$
$$\cdots \to H_2(B, A) \to H_1(F, A) \to H_1(E, A) \to H_1(B, A) \to 0.$$

D'après la formule des coefficients universels, on a:

$$E_2^{i,j} = H_i(B, A) \otimes H_j(F, A) + \mathrm{Tor}(H_{i-1}(B, A), H_j(F, A)),$$

[3] Pour plus de détails sur cette question, voir l'article de G. S. Young (Proc. Amer. Math. Soc., *1*, 1950, p. 215–223): *On the factors and fiberings of manifolds.*

les opérations $\otimes$ et Tor étant prises par rapport à l'anneau principal A. Il suit de là que $E_2^{i,j} = 0$ si $i \neq 0, j \neq 0$ et $i + j \leqq p + q - 1$. Pour un degré total n donné, le terme E_2 ne contient donc que deux termes éventuellement non nuls: $E_2^{n,0} = H_n(B, A)$ et $E_2^{0,n} = H_n(F, A)$ (ceci pour $0 \leqq n \leqq p + q - 1$). En outre, les conditions du n° 4 du Chapitre I sont évidemment remplies, et on peut appliquer la proposition 3 de ce n°, qui donne le résultat cherché.

On notera que l'homomorphisme: $H_n(B, A) \to H_{n-1}(F, A)$ $(0 \leqq n \leqq p + q - 1)$ n'est autre que la *transgression* d_n.

Remarques. 1. Une suite exacte duale existe en cohomologie (appliquer la Prop. 3' du Chapitre I).

2. Les homomorphismes:

$$\pi_i(F) \to H_i(F, Z), \qquad \pi_i(E) \to H_i(E, Z), \qquad \pi_i(B) \to H_i(B, Z)$$

définissent un homomorphisme *compatible* de la suite exacte d'homotopie dans la suite exacte de la Prop. 5 (relative à $A = Z$, anneau des entiers); cela résulte immédiatement de la commutativité du diagramme (I') du Chapitre II, n° 7.

Corollaire 1. *Dans les conditions de la proposition précédente, l'application canonique* p_*: $H_i(E \text{ mod.} F, A) \to H_i(B,A)$ *est une application sur pour* $2 \leqq i \leqq p + q$, *et un isomorphisme pour* $2 \leqq i \leqq p + q - 1$.

L'image de $H_i(E \text{ mod. } F, A) \to H_i(B, A)$ est $E_i^{i,0}$ (Chap. II, n° 7); or la différentielle d_r est nulle sur $E_r^{i,0}$ si $2 \leqq r < i \leqq p + q$, puisqu'elle applique ce module dans $E_r^{i-r,r-1}$ qui est nul. Il suit de là que:

$$H_i(B, A) = E_2^{i,0} = E_3^{i,0} = \cdots = E_i^{i,0}, \qquad (2 \leqq i \leqq p + q),$$

ce qui démontre la première partie du corollaire.
Pour démontrer la seconde, considérons le diagramme (où $2 \leqq i \leqq p + q - 1$):

$$\begin{array}{ccccccccc} H_i(F, A) & \to & H_i(E, A) & \to & H_i(E \text{ mod. } F, A) & \to & H_{i-1}(F, A) & \to & H_{i-1}(E, A) \\ \downarrow & & \downarrow & & \downarrow & & \downarrow & & \downarrow \\ H_i(F, A) & \to & H_i(E, A) & \to & H_i(B, A) & \to & H_{i-1}(F, A) & \longrightarrow & H_{i-1}(E, A) \end{array}$$

où les applications verticales sont les applications identiques, à l'exception de la troisième qui est p_*. Ce diagramme est commutatif (d'après le Chap. II, n° 7), et ses deux lignes sont des suites exactes. Il résulte alors du "lemme des cinq" que p_* est un isomorphisme sur, ce qui achève la démonstration du corollaire.

Corollaire 2. *Supposons que* $H_i(E, A) = 0$ *pour tout* $i > 0$, *et que* $H_i(B, A) = 0$ *pour* $0 < i < p$. *Alors la suspension* Σ *applique* $H_i(F, A)$ *sur* $H_{i+1}(B, A)$ *pour* $0 < i \leqq 2p - 2$, *et est un isomorphisme pour* $0 < i < 2p - 2$.
En particulier, $H_i(F, A) = 0$ *pour* $0 < i < p - 1$.

En appliquant la Prop. 5 avec $q = 1$, on trouve d'abord que $H_i(F, A) = 0$ pour $0 < i < p - 1$. L'application du corollaire précédent (avec $q = p - 1$) donne alors le résultat cherché, compte tenu du fait que $\Sigma = p_* \circ \partial^{-1}$, où ∂ désigne l'opérateur bord: $H_{i+1}(E \text{ mod. } F, A) \to H_i(F, A)$.

Corollaire 3. *Supposons que* $H_i(B, A) = 0$ *pour tout* $i > 0$. *Alors l'application canonique:* $H_i(F, A) \to H_i(E, A)$ *définit un isomorphisme du premier module sur le second pour tout* $i \geqq 0$.

On applique la Prop. 5 avec $p = \infty$, $q = 1$.

Corollaire 4. *Supposons que* $H_i(F, A) = 0$ *pour tout* $i > 0$. *Alors la projection* p *de* E *sur* B *définit un isomorphisme de* $H_i(E, A)$ *sur* $H_i(B, A)$ *pour tout* $i \geqq 0$.

On applique la Prop. 5 avec $p = 1, q = \infty$.

Remarque. Ce dernier résultat peut être considéré comme l'analogue, dans la théorie singulière, d'un théorème bien connu de Vietoris, valable pour l'homologie (ou la cohomologie) de Čech; ce théorème de Vietoris peut d'ailleurs être démontré, par la théorie de Leray, de la même façon que ci-dessus.[4]

5. Suite exacte de Gysin

Proposition 6. *Soit* E *un espace fibré de base* B *connexe par arcs et dont la fibre* F *a même cohomologie à coefficients dans* A, *anneau commutatif à élément unité, que la sphère* $\mathbf{S}_k$, $k \geqq 1$. *Supposons que le système local formé par* $H^k(F, A)$ *sur* B *soit trivial. On a alors la suite exacte:*

$$\cdots \to H^i(B, A) \to H^i(E, A) \to H^{i-k}(B, A) \xrightarrow{h} H^{i+1}(B, A) \to \cdots$$

avec $h(x) = x \cdot \Omega = \Omega \cdot x$ *pour tout* $x \in H^{i-k}(B, A)$, Ω *étant un élément bien déterminé de* $H^{k+1}(B, A)$, *tel que* $2\Omega = 0$ *si* k *est pair.*

(Ce résultat est dû essentiellement à W. Gysin [16]; la forme sous laquelle nous le donnons est due à R. Thom [31] et S. S. Chern-E. Spanier [9]. La démonstration qui suit est celle de Leray [24], n° 11).

Considérons le terme E_2 de la suite spectrale de *cohomologie* de l'espace fibré E. On a:

$$E_2 = H^*(B, H^*(F, A)) = H^*(B, H^0(F, A)) + H^*(B, H^k(F, A)).$$

L'homomorphisme d'algèbres: $H^*(B, A) \otimes H^*(F, A) \to H^*(B, H^*(F, A))$ est donc un *isomorphisme sur* (le produit tensoriel étant pris *sur* A).

Il résulte d'abord de là que, pour un degré total i donné, le terme E_2 ne contient que deux termes éventuellement non nuls:

$$E_2^{i,0} = H^i(B, A) \text{ et } E_2^{i-k,k} = H^{i-k}(B, A) \otimes H^k(F, A).$$

Appliquant alors la Prop. 3′ du Chap. I, on obtient la suite exacte:

$$\cdots \to H^i(B, A) \to H^i(E, A) \to H^{i-k}(B, A) \otimes H^k(F, A) \xrightarrow{d_{k+1}} H^{i+1}(B, A) \to \cdots$$

Pour obtenir la suite exacte de l'énoncé, il n'y a plus qu'à choisir un isomorphisme $g: H^{i-k}(B, A) \to H^{i-k}(B, A) \otimes H^k(F, A)$, et à poser: $h = d_{k+1} \circ g$. Soit s un élément générateur de $H^k(F, A)$; nous poserons:

$$g(x) = (-1)^{\deg . x} x \otimes s \text{ pour tout } x \in H^*(B, A).$$

Posons alors $\Omega = d_{k+1}(1 \otimes s) \in H^{k+1}(B, A)$. On a:

$$h(x) = d_{k+1}((-1)^{\deg . x} x \otimes s) = (-1)^{\deg . x} d_{k+1}(x) \cdot s + (-1)^{2 \deg . x} x \cdot d_{k+1}(s).$$

[4] Voir A. Borel (J. Math. Pures Appl., *29*, 1950, p. 313–322): *Remarques sur l'homologie filtrée*, Th.5-a.

Puisque $d_{k+1}(x) = 0$, on en tire bien $h(x) = x \cdot \Omega$. Pour montrer que $h(x) = \Omega \cdot x$, il suffit de voir que $2\Omega = 0$ si k est pair (à cause de la loi d'anticommutation dans $H^*(B, A)$). Or, on a:

$$d_{k+1}(s^2) = 2s \cdot d_{k+1}(s) = 2\Omega \otimes s. \text{ Mais } s^2 = 0, \text{ d'où } 2\Omega = 0, \text{ cqfd.}$$

Remarques. 1. La suite exacte duale vaut en homologie, la démonstration est la même.

2. On trouvera dans la note de R. Thom [31] un résultat plus complet, en ce sens qu'il est valable même si le système local formé par $H^k(F, A)$ n'est pas trivial (espace fibré "non orientable"), et même si $k = 0$. On pourrait étendre notre méthode de façon à englober le cas "non orientable", mais par contre, le cas où $k = 0$ ne semble pas pouvoir être obtenu de cette manière.

6. Suite exacte de Wang

Proposition 7. *Soit E un espace fibré de fibre F connexe par arcs, et dont la base B a même anneau de cohomologie à coefficients dans l'anneau principal A que la sphère $\mathbf{S}_k$, $k \geqq 2$; on suppose en outre que B est simplement connexe. Dans ces conditions, on a la suite exacte:*

$$\cdots \to H^i(E, A) \to H^i(F, A) \xrightarrow{\theta} H^{i-k+1}(F, A) \to H^{i+1}(E, A) \to \cdots$$

où l'homomorphisme θ est une dérivation si k est impair, une antidérivation si k est pair.

(Ce résultat est dû essentiellement à H. C. Wang [32]; le fait que θ soit une dérivation (resp. antidérivation) suivant la parité de k a été signalé par J. Leray [24]. La démonstration qui suit est celle de Leray).

Considérons l'anneau spectral de cohomologie de l'espace fibré E. En appliquant la Prop. 8 du Chap. II, on voit que son terme E_2 est isomorphe à $H^*(B, A) \otimes H^*(F, A) = H^*(\mathbf{S}_k, A) \otimes H^*(F, A)$. Il suit de là que E_2 ne contient, pour un degré total donné, que deux termes éventuellement non nuls, et, en appliquant la Prop. 3′ du Chap. I, ou obtient la suite exacte:

$$\cdots \to H^i(E, A) \to H^i(F, A) \xrightarrow{d_k} H^k(B, A) \otimes H^{i-k+1}(F, A)$$
$$\to H^{i+1}(E, A) \to \cdots$$

Pour obtenir celle de l'énoncé, il n'y a plus qu'à choisir un isomorphisme $g: H^{i-k+1}(F, A) \to H^k(B, A) \otimes H^{i-k+1}(F, A)$, et à poser:

$$\theta = g^{-1} \circ d_k .$$

Soit s un élément générateur de $H^k(B, A)$; nous poserons $g(x) = s \otimes x$.
On a donc par définition: $d_k(x) = s \otimes \theta(x)$, $x \in H^*(F, A)$.
Calculons alors $d_k(xy)$:
D'une part: $d_k(xy) = s \otimes \theta(xy)$,

et d'autre part:

$$\begin{aligned} d_k(xy) &= d_k(x) \cdot y + (-1)^{\deg. x} x \cdot d_k(y) \\ &= (s \otimes \theta(x)) \cdot y + (-1)^{\deg. x} x \cdot (s \otimes \theta(y)) \\ &= s \otimes (\theta(x) \cdot y) + (-1)^{(k+1)\deg. x} s \otimes (x \cdot \theta(y)). \end{aligned}$$

En comparant, on obtient:

$$\theta(xy) = \theta(x) \cdot y + (-1)^{(k+1)\deg. x} x \cdot \theta(y),$$

ce qui signifie bien que θ est une dérivation si k est impair, et une antidérivation si k est pair.

REMARQUE. En homologie, on a la suite exacte duale:

$$\cdots \leftarrow H_i(E, A) \leftarrow H_i(F, A) \leftarrow H_{i-k+1}(F, A) \leftarrow H_{i+1}(E, A) \leftarrow \cdots$$

7. Un théorème de Leray-Hirsch

Soit E un espace, F un sous-espace de E, k un corps commutatif. Les conditions: "$H_i(F, k) \to H_i(E, k)$ est biunivoque" et: "$H^i(E, k) \to H^i(F, k)$ est sur" sont équivalentes, comme il résulte tout de suite de la dualité entre homologie et cohomologie. Si ces conditions sont remplies pour tout $i \geqq 0$, on dit que F est "*totalement non homologue à zéro*" dans E (relativement au corps k).

Cette définition étant posée, on a:

PROPOSITION 8. *Soit E un espace fibré de fibre F et de base B, F et B étant connexes par arcs. Soit k un corps commutatif et supposons:*

(a) *que F soit totalement non homologue à zéro dans E relativement à k,*

(b) *que $H^i(F, k)$ ou bien $H^i(B, k)$ soit de dimension finie sur k pour tout $i \geqq 0$. Dans ces conditions l'algèbre graduée associée à $H^*(E, k)$ est isomorphe à $H^*(B, k) \otimes H^*(F, k)$.* (*Voir* [24], th.7.3)

Il résulte tout d'abord de (a) que le système local formé par $H^i(F, k)$ sur B est trivial pour tout $i \geqq 0$. En effet, on sait (Chap. II n° 9, $a-$) que l'image de $H^*(E, k)$ dans $H^*(F, k)$ par la transposée de l'injection $F \to E$ est formée d'éléments qui sont invariants par les transformations T_α, $\alpha \in \pi_1(B)$; l'hypothèse (a) entraîne donc que *tous* les éléments de $H^i(F, k)$ sont invariants par $\pi_1(B)$, ce qui signifie que le système local est trivial.

Cela étant, il résulte de (b) et de la Prop. 8 du Chap. II que le terme E_2 de la suite spectrale de cohomologie de E est isomorphe (en tant qu'algèbre) au produit tensoriel gauche (sur k) $H^*(B, k) \otimes H^*(F, k)$. Comme l'image de $H^*(E, k)$ dans $H^*(F, k)$ est formée des éléments de $H^*(F, k)$ qui sont des cocycles pour toutes les différentielles d_r, l'hypothèse (a) revient à dire que $d_r = 0$ sur $H^*(F, k)$ pour tout r. Mais comme d_r est nulle sur les éléments de $H^*(B, k)$ et que c'est une *antidérivation*, elle est nulle sur tout $H^*(B, k) \otimes H^*(F, k)$, et l'on a $E_2 = E_3 = \cdots = E_\infty$, cqfd.

En général, l'algèbre $H^*(E, k)$ n'est pas isomorphe à l'algèbre $H^*(B,k) \otimes H^*(F, k)$. On a en effet:

PROPOSITION 9. *Les hypothèses étant celles de la Prop. 8, pour qu'il existe un isomorphisme d'algèbres: $H^*(B, k) \otimes H^*(F, k) \to H^*(E, k)$ qui, par passage aux algèbres graduées associées, donne l'isomorphisme de E_2 sur E_∞, il faut et il suffit qu'il existe un homomorphisme d'algèbre q^*: $H^*(F, k) \to H^*(E, k)$ qui, composé avec l'homomorphisme canonique $i^*: H^*(E, k) \to H^*(F, k)$, donne l'automorphisme identique de $H^*(F, k)$.*

La nécessité est évidente.

Pour voir la suffisance, considérons l'application $p^*: H^*(B, k) \to H^*(E, k)$, transposée de la projection $p: E \to B$. Ceci permet de définir l'homomorphisme d'*algèbres*

$$p^* \otimes q^*: H^*(B, k) \otimes H^*(F, k) \to H^*(E, k).$$

En outre, si nous filtrons $H^*(E, k)$ par les $D^{p,q}$, et $H^*(B, k) \otimes H^*(F, k)$ par le degré-base, l'homomorphisme $p^* \otimes q^*$ est compatible avec ces filtrations de façon évidente. On peut donc définir l'homomorphisme correspondant $\overline{p^* \otimes q^*}$ des algèbres graduées associées, qui applique $H^*(B,k) \otimes H^*(F,k)$ dans $H^*(B, k) \otimes H^*(F, k)$. D'après les propriétés de p^* (resp. q^*), cet homomorphisme est l'identité sur $H^*(B, k)$ (resp. $H^*(F, k)$), et, comme c'est un homomorphisme d'algèbres, c'est l'identité partout. Nous avons donc démontré que $\overline{p^* \otimes q^*}$ est un isomorphisme sur. On en tire par un raisonnement classique (*Voir*, par exemple, [23]; Prop. 6.2) que $p^* \otimes q^*$ est lui-même un isomorphisme sur, ce qui achève la démonstration.

COROLLAIRE 1. *Les hypothèses étant celles de la Prop. 8, supposons que $H^*(F, k)$ soit engendré par des éléments homogènes f_α de degré n_α, vérifiant les seules relations:*

$$f_\alpha f_\beta = (-1)^{n_\alpha n_\beta} f_\beta f_\alpha .$$

Alors $H^*(E, k)$ est isomorphe à $H^*(B, k) \otimes H^*(F, k)$.

Il nous suffit de construire une application q^* vérifiant les conditions de la Prop. 9; pour cela, soient $c_\alpha \in H^*(E, k)$ des éléments tels que $i^*(c_\alpha) = f_\alpha$. L'application: $f_\alpha \to c_\alpha$ se prolonge d'une façon et d'une seule en un homomorphisme d'algèbres $q^*: H^*(F, k) \to H^*(E, k)$ qui vérifie visiblement les conditions prescrites.

REMARQUE. On retrouve ainsi un théorème classique de Samelson, sur les sous-groupes non homologues à zéro d'un groupe de Lie. Toutefois, comme nous n'avons pas supposé que les n_α soient impairs, notre résultat est également applicable au cas où F est un espace de lacets (Cf. Chapitre IV).

COROLLAIRE 2. *Soient B et F deux espaces connexes par arcs, et supposons que $H^i(B, k)$ ou $H^i(F, k)$ soit de dimension finie pour tout $i \geqq 0$. Désignons par p et q les projections canoniques de $E = B \times F$ sur B et F respectivement, par p^* et q^* les homomorphismes de $H^*(B, k)$ et de $H^*(F, k)$ dans $H^*(E, k)$ qu'elles définissent. Dans ces conditions, l'homomorphisme $p^* \otimes q^*$ est un isomorphisme de $H^*(B, k) \otimes H^*(F, k)$ sur $H^*(E, k)$.*

On applique la Prop. 9 à E, considéré comme espace fibré de base B et de fibre F.

REMARQUE. Si l'on supprime l'hypothèse de finitude de l'énoncé précédent, on peut simplement montrer que $H^*(E, k) = \mathrm{Hom}(H(B, k), H^*(F, k))$, ce qui est d'ailleurs un cas particulier d'un théorème général d'Eilenberg-Zilber (non-publié)—Les autres résultats de ce n° sont susceptibles d'une extension analogue.

CHAPITRE IV. LES ESPACES DE LACETS

1. Les espaces de lacets

Soit X un espace topologique (non nécessairement séparé), et désignons par I le segment $[0, 1]$. Nous dirons qu'une application continue $f:I \to X$ est un *lacet* au point $x \in X$, si $f(0) = f(1) = x$. Nous munirons l'ensemble Ω_x des lacets au point x d'une topologie: celle de la *convergence compacte* (compact-open topology, dans la terminologie américaine). Cette topologie est étudiée, par exemple, dans Bourbaki, Top. X, §2, en supposant que l'espace dans lequel les fonctions prennent leurs valeurs (ici X) est séparé. Mais en réalité, presque toutes les propriétés démontrées par Bourbaki sont indépendantes de cette hypothèse. En particulier, on a le résultat suivant:

Soit g une application d'un espace topologique Y dans Ω_x ; g définit une application $G:I \times Y \to X$ par la formule: $G(t, y) = g(y)(t)$. Alors, pour que g soit continue (Ω_x étant muni de la topologie de la convergence compacte), il faut et il suffit que G le soit.

Loi de composition sur l'espace des lacets.

Cette loi fait correspondre à deux lacets $f, g \in \Omega_x$ un troisième lacet, noté $f*g$, et défini par:

$$(f*g)(t) = \begin{cases} g(2t) & \text{si } t \leqq \frac{1}{2} \\ f(2t-1) & \text{si } t \geqq \frac{1}{2} \end{cases}.$$

Nous désignerons par e_x (ou e lorsqu'aucune confusion ne sera à craindre) le lacet réduit au point $x : e_x(t) = x$ pour tout $t \in I$.

On sait que la loi de composition précédente n'est pas associative, et n'a pas d'élément neutre, mais vérifie toutefois ces propriétés "à une homotopie près". Pour préciser ceci, introduisons la notion suivante:

DÉFINITION. *Soit G un espace topologique, muni d'une loi de composition notée $\vee$. Le couple $(G, \vee)$ est dit un H-espace si les conditions suivantes sont réalisées:*

(I) *L'application $(x, y) \to x \vee y$ est une application continue de $G \times G$ dans G.*

(II) *Il existe $e \in G$, avec $e \vee e = e$, tel que les applications: $x \to x \vee e$ et $x \to e \vee x$ soient homotopes à l'identité dans G* (par des homotopies laissant le point e fixe).

Par exemple, tout groupe topologique est un H-espace.

PROPOSITION 1. *Soit X un espace topologique, x un point de X. L'espace des lacets au point x, Ω_x, muni de la topologie de la convergence compacte et de la loi de composition $*$ est un H-espace.*

Pour vérifier (I), il suffit de montrer que l'application de $\Omega_x \times \Omega_x \times I$ dans X définie par:

$$(f, g, t) \to \begin{cases} g(2t) & \text{si } t \leqq \frac{1}{2} \\ f(2t - 1) & \text{si } t \geqq \frac{1}{2} \end{cases}$$

est continue. Or cela résulte immédiatement des continuités des applications: $(g, t) \to g(2t)$ $(t \leqq \frac{1}{2})$ et $(f, t) \to f(2t - 1)$ $(t \geqq \frac{1}{2})$.

Pour vérifier (II) on prend pour e le lacet réduit au point x. Il est clair que $e*e = e$.

D'autre part, soit $f \in \Omega_x$, et définissons la famille de lacets f_θ, $0 \leqq \theta \leqq 1$, par les formules:

$$f_\theta(t) = x \text{ si } t \leqq \theta/2$$

$$f_\theta(t) = f((2t - \theta)/(2 - \theta)) \text{ si } t \geqq \theta/2.$$

On a $f_\theta(1) = f_\theta(0) = x$ pour tout θ; donc f_θ est bien un lacet. D'autre part, $f_0(t) = f(t)$, $f_1 = f*e$, et, si $f = e$, $f_\theta = e$ pour tout θ. On aura donc bien montré que $f \to f*e$ est homotope à l'identité, dans une homotopie laissant fixe le lacet e, si on sait que l'application $(f, \theta) \to f_\theta$ est une application continue de $\Omega_x \times I$ dans Ω_x. En d'autres termes, il faut vérifier que l'application $\varphi:\Omega_x \times I \times I \to X$, définie par $\varphi(f, \theta, t) = f_\theta(t)$ est continue.

Or, soit $Q:I \times I \to I$ l'application définie par:

$$Q(\theta, t) \begin{cases} = 0 & \text{si } t \leqq \theta/2 \\ = (2t - \theta)/(2 - \theta) & \text{si } t \geqq \theta/2. \end{cases}$$

Il est évident que Q est continue. Désignons alors par $(1, Q)$ l'application de $\Omega_x \times I \times I$ dans $\Omega_x \times I$, produit direct de Q et de l'application identique de Ω_x sur lui-même; désignons par F l'application canonique: $\Omega_x \times I \to X$, définie par $F(f, t) = f(t)$. L'application F est continue, par définition même de la topologie de la convergence compacte.
Comme $\varphi = F \circ (1, Q)$, φ est donc bien continue, ce qui achève de montrer que $f \to f*e$ est homotope à l'identité. Une démonstration tout à fait analogue peut être faite pour $f \to e*f$.

2. Le théorème de Hopf

Dans ce paragraphe et le suivant nous donnerons quelques propriétés des H-espaces qui sont bien connues dans le cas des groupes topologiques, mais que nous appliquerons aux espaces de lacets.

Occupons-nous d'abord du théorème de Hopf.

Soit A une algèbre graduée, vérifiant la loi d'anticommutation habituelle: $xy = (-1)^{pq}yx$, si x et y sont homogènes et de degrés p et q respectivement. On supposera en outre que les éléments de degré 0 de A sont les multiples scalaires d'un élément unité, noté 1. Une telle algèbre (sur un corps de base de caractéristique quelconque) sera dite canonique.

Si A et B sont deux algèbres canoniques, $A \otimes B$, muni de la structure de produit tensoriel gauche, est une algèbre canonique. Dans cette algèbre, nous désignerons par N_A (resp. N_B) l'idéal engendré par les éléments de la forme $a \otimes 1$ (resp. $1 \otimes b$) où $a \in A$ est de degré strictement positif (resp. $b \in B$ est de degré strictement positif). L'algèbre quotient $(A \otimes B)/N_A$ est isomorphe à B, comme on le voit immédiatement; de même, $(A \otimes B)/N_B$ est isomorphe à A. En particulier si $A = B$, on obtient ainsi deux homomorphismes de $A \otimes A$ sur A, que nous désignerons respectivement par p et q; on peut donc écrire:

$$x = q(x) \otimes 1 + \cdots + 1 \otimes p(x) \qquad (x \in A \otimes A),$$

les termes non écrits étant des produits tensoriels de deux éléments de A de degrés strictement positifs.

Un homomorphisme d'*algèbre* $r:A \rightarrow A \otimes A$ est dit un *H-homomorphisme* si les composés $p \circ r$ et $q \circ r$ sont des *automorphismes* de A. *L'existence d'un H-homomorphisme* permet d'appliquer à l'algèbre A les raisonnements classiques de Hopf. Nous ne les répèterons pas, renvoyant à l'exposé qu'en donne Leray ([21], n° 24). Rappelons seulement le résultat auquel on arrive:

Théorème de hopf. *Soit B un système minimal de générateurs homogènes de A, et $S(B)$ l'algèbre engendrée par les éléments de B soumis aux seules relations d'anticommutation. Les éléments de $S(B)$ peuvent être appelés polynomes anticommutatifs en les éléments de B; on peut parler de la dérivée d'un tel polynome par rapport à un $b \in B$. L'algèbre A est isomorphe au quotient de $S(B)$ par un idéal homogène N jouissant de la propriété suivante:*

Soit $P \in N$, et soit b un élément de B de degré maximum parmi tous ceux qui figurent dans P; alors $P'_b \in N$.

Si le corps de base est de caractéristique nulle, ceci entraîne que $N = 0$, et par suite $A = S(B)$. En groupant alors les éléments de B de degré pair, et ceux de degré impair, on voit que: *A est isomorphe au produit tensoriel d'une algèbre extérieure engendrée par des éléments de degré impair, et d'une algèbre de polynomes engendrée par des éléments de degré pair.*

La proposition suivante permettra d'appliquer ces résultats aux H-espaces (et en particulier aux espaces de lacets):

Proposition 2. *Soit G un H-espace connexe par arcs, k un corps commutatif. Supposons que $H^i(G, k)$ soit de dimension finie sur k pour tout $i \geqq 0$. Alors l'algèbre $H^*(G, k)$, algèbre de cohomologie de G à coefficients dans k, possède un H-homomorphisme.*

Soit $A = H^*(G, k)$; puisque G est connexe par arcs, A est une algèbre canonique. En outre, d'après le Cor. 2 à la Prop. 9 du Chapitre III, $H^*(G \times G, k) = A \otimes A$. Si $y \in G$ est un point quelconque de G, l'application $P:G \rightarrow G \times G$ définie par $P(x) = (y, x)$ induit un homomorphisme de $H^*(G \times G, k) = A \otimes A$ dans $H^*(G, k) = A$ *qui n'est autre que p*. De même, $Q(x) = (x, y)$ induit q.

Utilisons maintenant la loi de multiplication de G, et définissons l'application continue $R:G \times G \rightarrow G$ par $R(x, y) = x \vee y$. Cette application induit un homomorphisme $r:A \rightarrow A \otimes A$, et *je dis que r est un H-homomorphisme*, ce qui démontrera la proposition.

En effet, considérons l'homomorphisme $q \circ r$. Il est défini par l'application continue $R \circ Q : G \to G$. Mais pour définir Q, nous pouvons prendre un point y arbitraire de G: choisissons $y = e$. On a alors:

$$R \circ Q(x) = x \vee e.$$

Puisque l'application $x \to x \vee e$ est homotope à l'identité, il en résulte que $q \circ r = 1$; on montre de même que $p \circ r = 1$, ce qui achève la démonstration.

COROLLAIRE. *Ajoutons aux hypothèses de la Prop. 2 celle que le corps k est de caractéristique nulle. Alors l'algèbre $H^*(G, k)$ est isomorphe à $S(x_k) \otimes A(y_l)$, où $S(x_k)$ désigne une algèbre de polynomes engendrée par des éléments x_k de degré pair n_k, et $A(y_l)$ une algèbre extérieure engendrée par des éléments y_l de degré impair m_l. En outre, il n'y a qu'un nombre fini de x_k et de y_l dont le degré soit plus petit qu'un entier donné.*

Il nous reste simplement à prouver la dernière assertion; elle résulte évidemment du fait que $H^i(G, k)$ est de dimension finie pour tout $i \geqq 0$.

REMARQUE. Si G est un groupe de Lie, son algèbre de cohomologie est nulle pour les dimensions assez grandes, et ne peut contenir une algèbre de polynomes. C'est donc une algèbre extérieure (si le corps k est de caractéristique nulle), conformément au Th. de Hopf classique.

Par contre, si G est un espace de lacets, il n'y a plus de raison pour qu'il en soit ainsi, bien au contraire (*Voir* en effet Prop. 11). Par exemple, on verra au n° 9 que, si G est l'espace des lacets sur la sphère $\mathbf{S}_n$ (n impair), $H^*(G) = S(x)$ où x est de degré $n - 1$, et si n est pair, $H^*(G) = S(x) \otimes A(y)$, où x est de degré $2n - 2$ et y de degré $n - 1$.

3. Simplicité des H-espaces

Soit G un groupe de Lie connexe, T son revêtement universel; on sait que T peut être muni d'une structure de groupe de Lie telle que la projection $p : T \to G$ soit un homomorphisme; le noyau de p est un sous-groupe discret du centre de T, isomorphe à $\pi_1(G)$. Les automorphismes de T définis par les éléments de $\pi_1(G)$ sont simplement les translations par les éléments de ce sous-groupe discret. Comme toute translation est homotope à l'identité (G étant connexe), on voit que *les automorphismes définis par les éléments de $\pi_1(G)$ sur T sont homotopes à l'identité.*

Nous allons montrer maintenant que cette démonstration peut s'étendre, en la compliquant légèrement, aux H-espaces quelconques. Le résultat ainsi obtenu sera utilisé de façon essentielle au Chapitre suivant (dans le cas particulier où G est un espace de lacets).

Soit donc G un H-espace dont la loi de multiplication est notée $x \vee y$; on supposera G connexe par arcs, localement connexe par arcs et localement simplement connexe; on définit son revêtement universel T comme il a été dit au Chap. I, n° 6 (en choisissant comme point de base l'idempotent e introduit dans la condition (II) des H-espaces). D'autre part, soit E l'espace des chemins issus de e dans G, E étant muni de la topologie de la convergence compacte. Si on fait correspondre à un chemin $q \in E$ sa classe d'homotopie, on définit une application

$\sigma: E \to T$. Cette application permet d'identifier T à un *espace quotient* de E (parce que G est localement simplement connexe).

On peut munir E d'une loi de composition, notée encore $\vee$, définie par la formule: $(f \vee g)(t) = f(t) \vee g(t)$ $t \in I$, $f, g \in E$. Ceci est licite car $e \vee e = e$.

On voit immédiatement que l'application $(f, g) \to f \vee g$ est une application continue de $E \times E$ dans E, et que, si f' est homotope à f, et g' homotope à g, alors $f' \vee g'$ est homotope à $f \vee g$. Ceci permet de définir la loi de composition $\vee$ sur T, par passage au quotient.

Soit maintenant u un lacet sur G. Nous allons définir une déformation de E qui relie l'application identique $f \to f$ à l'application $f \to u * f$ ($u * f$ désigne ici le composé des deux chemins u et f, composé qui est défini par les formules du n° 1). En outre cette déformation devra être telle qu'elle puisse passer au quotient et définir une déformation de T.

Commençons par donner un nom aux déformations de G qui relient l'application $x \to x$ aux applications $x \to x \vee e$ et $x \to e \vee x$: Soit $F_\theta(x)$, fonction continue de $\theta \in I$ et de $x \in G$, telle que:

$$F_0(x) = x, \quad F_1(x) = x \vee e \quad \text{pour tout} \quad x \in G, \quad \text{et} \quad F_\theta(e) = e, \quad \theta \in I.$$

Soit $G_\theta(x)$, fonction continue de $\theta \in I$ et de $x \in G$, telle que:

$$G_0(x) = x, \quad G_1(x) = e \vee x \quad \text{pour tout} \quad x \in G, \quad \text{et} \quad G_\theta(e) = e, \quad \theta \in I.$$

Considérons alors les quatre déformations suivantes qui font correspondre à un élément $f \in E$ une famille f_θ d'éléments de E ($\theta \in I$):

1° *déf.*: $f_\theta(t) = G_\theta(f(t))$ fait passer de f à $e \vee f$.

2° *déf.*: $f_\theta(t) = u(\theta t) \vee f(t)$ fait passer de $e \vee f$ à $u \vee f$.

3° *déf.*: $f_\theta(t) = u(2t) \vee e$ si $t \leqq \theta/2$

$= u(\theta) \vee f(2t - \theta)$ si $\theta/2 \leqq t \leqq \theta$ fait passer de $u \vee f$ à $V(f)$.

$= u(t) \vee f(t)$ si $t \geqq \theta$.

4° *déf.*: $f_\theta(t) = F_{1-\theta}(u(2t))$ si $t \leqq 1/2$

$= G_{1-\theta}(f(2t - 1))$ si $t \geqq 1/2$ fait passer de $V(f)$ à $u * f$.

(On a désigné par $V(f)$ le chemin suivant:

$$V(f)(t) = u(2t) \vee e \quad \text{si} \quad t \leqq 1/2$$

$$V(f)(t) = e \vee f(2t - 1) \quad \text{si} \quad t \geqq 1/2).$$

Il ne nous reste plus maintenant qu'un certain nombre de vérifications à faire:

a—*Les chemins $f_\theta(t)$ commencent au point e.*

1° cas—$f_\theta(0) = G_\theta(f(0)) = G_\theta(e) = e$.

2° cas—$f_\theta(0) = u(0) \vee f(0) = e \vee e = e$.

3° cas—$f_\theta(0) = u(0) \vee e = e \vee e = e$.

4° cas—$f_\theta(0) = F_{1-\theta}(u(0)) = F_{1-\theta}(e) = e$.

b—*Continuité des applications:* $(f, \theta) \to f_\theta$ *de* $E \times I$ *dans* E.

On se ramène à vérifier la continuité d'applications de $E \times I \times I$ dans G, ce qui ne présente pas de difficultés.

c—*L'extrémité de* f_θ *ne dépend que de l'extrémité de* f, *et du lacet* u *choisi.*

1° cas—$f_\theta(1) = G_\theta(f(1))$.

2° cas—$f_\theta(1) = u(\theta) \vee f(1)$.

3° cas—$f_\theta(1) = u(1) \vee f(1) = e \vee f(1)$.

4° cas—$f_\theta(1) = G_{1-\theta}(f(1))$.

Ces trois vérifications permettent de définir les f_θ sur T, par passage au quotient; l'on obtient ainsi une déformation de T qui relie l'automorphisme $f \to u * f$ à l'identité. Autrement dit:

PROPOSITION 3. *Soit* G *un* H*-espace connexe par arcs, localement connexe par arcs et localement simplement connexe. Les éléments de* $\pi_1(G)$ *définissent des automorphismes du revêtement universel* T *de* G *qui sont homotopes à l'identité.*

COROLLAIRE. $\pi_1(G)$ *opère trivialement sur les groupes d'homologie, de cohomologie et d'homotopie de* T.

En particulier, on voit que G est *simple en toute dimension*, ce qu'il est d'ailleurs facile de vérifier directement.

4. Fibrations des espaces de chemins

Soit X un espace connexe par arcs, A et B deux parties de X. Nous désignerons par $E_{A,B}$ l'espace des *chemins tracés dans* X *dont l'origine appartient à* A *et l'extrémité à* B. Autrement dit, $E_{A,B}$ est l'ensemble des applications continues $f: I \to X$, telles que $f(0) \in A$ et $f(1) \in B$. On munira $E_{A,B}$ de la *topologie de la convergence compacte.* On observera que $E_{A,B}$ et $E_{B,A}$ sont homéomorphes.

Si A se réduit au point x, on écrira simplement $E_{x,B}$ au lieu de $E_{\{x\},B}$. Définitions analogues pour $E_{A,x}$ et $E_{x,y} (x, y \in X)$. On observera que $E_{x,x}$ n'est autre que l'espace Ω_x des *lacets* au point x, introduit au n° 1.

Définissons une application $p_{A,B}: E_{A,B} \to A \times B$ par la formule:

$$p_{A,B}(f) = (f(0), f(1)) \quad \text{si } f \in E_{A,B}.$$

Cette application est continue et applique $E_{A,B}$ *sur* $A \times B$ puisque X est connexe par arcs.

PROPOSITION 4. *Le triple* $(E_{A,B}, p_{A,B}, A \times B)$ *est un espace fibré au sens du Chapitre II (c'est à dire vérifie le théorème de relèvement des homotopies pour les polyèdres).*

(En fait, nous allons voir qu'il vérifie le théorème de relèvement des homotopies pour *tous* les espaces).

Soit P un espace topologique, (f, f') une application continue de $I \times P$ dans $A \times B$; soit d'autre part une application continue $g:P \to E_{A,B}$, telle que $p_{A,B} \circ g(y) = (f(0, y), f'(0, y))$ pour tout $y \in P$. La donnée de g est équivalente à la donnée d'une application $G:I \times P \to X$, telle que $G(0, y) = f(0, y)$ et $G(1, y) = f'(0, y)$ pour $y \in P$.

Nous devons trouver une application continue $h:I \times P \to E_{A,B}$, telle que $h(0, y) = g(y)$ et $p_{A,B} \circ h = (f, f')$. Cela revient à chercher une application continue $H:I \times I \times P \to X$ telle que: $H(0, t, y) = G(t, y)$, $H(t, 0, y) = f(t, y)$, $H(t, 1, y) = f'(t, y)$. Si l'on désigne alors par R la partie suivante de $I \times I \times P$:

$$R = (\{0\} \times I \times P) \cup (I \times \{0\} \times P) \cup (I \times \{1\} \times P),$$

on voit qu'il s'agit de *prolonger à $I \times I \times P$ une application continue connue sur R*. Or ceci est évidemment possible puisque $(\{0\} \times I) \cup (I \times \{0\}) \cup (I \times \{1\})$ est un *rétracte* de $I \times I$. Ceci termine la démonstration.

Proposition 5. *Si A est déformable en un point $x \in X$, l'espace $E_{A,B}$ est de même type d'homotopie que $A \times E_{x,B}$.*

(*Comparer* avec [27], *22*, n° 8).

L'hypothèse signifie qu'il existe une application continue $D:A \times I \to X$, telle que $D(a, 0) = a$ et $D(a, 1) = x$ pour tout $a \in A$. Nous noterons f_a l'application: $t \to D(a, t)$, f_a^{-1} l'application: $t \to D(a, 1 - t)$.

Soit φ l'application de $A \times E_{x,B}$ dans $E_{A,B}$ qui fait correspondre au couple (a, f) le chemin $g = f * f_a$ $(a \in A, f \in E_{x,B})$.

Soit ψ l'application de $E_{A,B}$ dans $A \times E_{x,B}$ qui fait correspondre au chemin g le couple $(a, g * f_a^{-1})$, où $a = g(0) \in A$.

On a donc:

$$(\varphi \circ \psi)(g) = g * f_a^{-1} * f_a \qquad \text{si} \quad g \in E_{A,B},$$
$$(\psi \circ \varphi)(a, f) = (a, f * f_a * f_a^{-1}) \quad \text{si} \quad a \in A \quad \text{et} \quad f \in E_{x,B}.$$

Pour tout $y \in X$, soit e_y le chemin réduit au point y. Pour montrer que $\varphi \circ \psi$ et $\psi \circ \varphi$ sont homotopes à l'identité, on commence par déformer $f_a^{-1} * f_a$ en e_a et $f_a * f_a^{-1}$ en e_x. Il en résulte que les applications $\varphi \circ \psi$ et $\psi \circ \varphi$ sont respectivement homotopes à:

$$g \to g * e_a \text{ (avec } a = g(0)) \quad \text{et} \quad (a, f) \to (a, f * e_x).$$

Ces applications étant visiblement homotopes à l'identité, la proposition est donc démontrée.

Corollaire 1. *Si A et B sont déformables en des points x et y, $E_{A,B}$ est de même type d'homotopie que $A \times B \times E_{x,y}$.*

Corollaire 2. *Si x, y, z, t sont des points quelconques de X, $E_{x,y}$ et $E_{z,t}$ sont de même type d'homotopie.*

En effet, puisque X est connexe par arcs, z et t sont déformables en x et y, et on peut appliquer le Corollaire 1.

Le Cor. 2 a pour conséquence que les groupes d'homologie, d'homotopie, des divers espaces $E_{x,y}$ sont isomorphes. En particulier, ils sont isomorphes aux groupes correspondants de l'espace des lacets sur X en un point quelconque de

X. Nous désignerons cet espace par Ω. On notera que Ω est connexe par arcs si et seulement si X est simplement connexe.

Appliquons alors les résultats du Chapitre II à la fibration de la Proposition 4. On obtient ainsi:

PROPOSITION 6. *Soit X un espace connexe par arcs et simplement connexe, Ω l'espace des lacets sur X, A et B deux parties de X, $E_{A,B}$ l'espace des chemins de X dont l'origine appartient à A et l'extrémité appartient à B. Il existe une suite spectrale d'homologie, telle que $E_2^{p,q} = H_p(A \times B, H_q(\Omega))$, dont le groupe terminal E_∞ est isomorphe au groupe gradué associé à $H(E_{A,B})$ convenablement filtré.*

(Bien entendu, une suite spectrale duale existe en cohomologie).

5. L'espace fibré des chemins d'origine fixée

Dans ce numéro, nous allons nous occuper plus particulièrement de l'espace fibré $E_{x,X}$ des chemins d'origine un point fixé $x \in X$ dont l'extrémité est un point quelconque y de X. D'après la Prop. 4 la *base* de cet espace fibré est X, et la *fibre* est Ω, espace des lacets en x.

PROPOSITION 7. *L'espace $E_{x,X}$ est contractile.*

Pour tout couple $(\theta, f) \in I \times E_{x,X}$, posons: $f_\theta(t) = f(\theta t)$. Il est clair que, pour tout θ, f_θ est un chemin de X dont l'origine est x; en outre l'application $(\theta, f) \to f_\theta$ est visiblement continue. Comme $f_0(t) = x$ pour tout $t \in I$, et que $f_1(t) = f(t)$ pour tout $t \in I$, la Proposition est démontrée.

Le même raisonnement donne le résultat plus général suivant:

PROPOSITION 7'. *Pour toute partie A de X, A est un rétracte de déformation de $E_{A,X}$.*

Rôle de l'espace $E_{x,X}$.

Il nous permet de considérer Ω comme *la fibre d'un espace d'homologie triviale dont la base est X*. En appliquant la suite spectrale à cette fibration, on obtiendra (dans une certaine mesure) les groupes d'homologie de Ω à partir de ceux de X.

Une telle situation se rencontre également dans la théorie des espaces fibrés principaux "universels" pour un groupe de Lie. Rappelons qu'un espace fibré principal sur le groupe de Lie G est dit universel (pour une certaine dimension) si tous ses groupes d'homologie sont nuls (jusqu'à cette dimension). De tels espaces existent pour tout groupe de Lie et toute dimension, et leur étude est un préliminaire indispensable à celle des autres espaces fibrés principaux (Cf. [5], ainsi qu'un mémoire de A. Borel en cours de préparation).

On notera toutefois qu'ici, c'est la *base* de l'espace universel que l'on "connait" et c'est la fibre que l'on cherche; dans la théorie habituelle des espaces universels sur un groupe de Lie, on se trouve plutôt dans la position inverse.

La suspension dans l'espace $E_{x,X}$.

Puisque $E_{x,X}$ est contractile, on a $H_i(E_{x,X}) = 0$ pour tout $i > 0$ et tout groupe de coefficients, et la suspension $\Sigma: H_i(\Omega) \to H_{i+1}(X)$ est définie pour tout $i > 0$. Rappelons que:

$$\Sigma = p_* \circ \partial^{-1}$$

où p_* désigne la projection canonique: $H_{i+1}(E_{x,X} \text{ mod. } \Omega) \to H_{i+1}(X)$ et ∂ l'opérateur bord: $H_{i+1}(E_{x,X} \text{ mod. } \Omega) \to H_i(\Omega)$.

Nous allons en donner une définition plus précise.

Pour cela, soient $C(E)$ et $C(X)$ les complexes singuliers cubiques de $E_{x,X}$ et X respectivement. Comme $E_{x,X}$ est contractile, il existe un opérateur k, défini dans $C(E)$, élevant le degré d'une unité, et tel que:

$$kdx + dkx = x \qquad \text{pour tout } x \text{ de dimension} > 0.$$

Soit s l'opérateur $p \circ k$, qui applique $C(\Omega)$ complexe singulier de Ω, dans $C(X)$. L'opérateur s élève le degré d'une unité et l'on a: $dsx + sdx = dpkx + pkdx = p(dkx + kdx) = px = 0$, si x est de degré strictement positif (on a $px = 0$, à cause de l'identification à 0 des cubes dégénérés).

On voit donc que s *anticommute avec le bord* et définit un homomorphisme de $H_i(\Omega)$ dans $H_{i+1}(X)$ $(i > 0)$ qui n'est autre que la suspension, d'après la définition même de cette dernière.

Explicitons maintenant l'opérateur k:

Soit $y(t_1, \cdots, t_n)$ un cube singulier de dimension n à valeurs dans l'espace $E_{x,X}$. Nous définissons le cube ky par la formule:

$$(ky(t_1, \cdots, t_{n+1}))(t) = (y(t_2, \cdots, t_{n+1}))(tt_1).$$

On vérifie sans peine la formule $dk + kd = 1$; ceci étant, pour obtenir l'homomorphisme s, il suffit de faire $t = 1$ dans la formule précédente:

$$(1) \qquad sy(t_1, \cdots, t_{n+1}) = (y(t_2, \cdots, t_{n+1}))(t_1).$$

(On notera que les opérateurs k et s transforment un cube dégénéré en un cube dégénéré, ce qui permet de les faire opérer sur les complexes singuliers $C(E)$ et $C(\Omega)$.)

En définitive, on a:

PROPOSITION 8. *L'application s définie par la formule* (1) *est un homomorphisme de degré* $+1$ *de* $C(\Omega)$ *dans* $C(X)$, *tel que* $sdx + dsx = 0$ *si* deg. $x > 0$. *Elle définit un homomorphisme*: $H_i(\Omega) \to H_{i+1}(X)$, $i > 0$, *qui coincide avec la suspension définie au* Chap. II, n° 7.

Note. La définition de la suspension que nous venons de donner a été simplifiée par le fait que nous avons annulé les cubes ponctuels de X dont la dimension est >0 (ce qui résultait des conventions générales sur les cubes dégénérés). En théorie singulière classique, définie au moyen des simplexes sans aucune "normalisation" de ce genre, on aurait dû prendre pour sy (y étant un simplexe de Ω) la différence entre le simplexe de dimension $n + 1$ de X que définit y de façon évidente (y étant de dimension n) et le simplexe ponctuel de dimension $n + 1$. Ceci explique la formule utilisée par Eilenberg-MacLane [14] pour définir la suspension (*Voir* Chapitre VI).

6. Quelques résultats généraux sur l'homologie des espaces de lacets

Nous conservons les notations et hypothèses des deux numéros qui précèdent. En outre, nous supposons que l'espace X étudié est simplement connexe. Il en résulte évidemment que le système local formé par $H(\Omega)$ sur X est trivial. Si A et B sont deux parties connexes de X, le système local formé par $H(\Omega)$ sur $A \times B$ est la *restriction* d'un système local défini sur $X \times X$, donc qui est trivial.

PROPOSITION 9. *Soit G un anneau principal, et supposons que $H_i(X, G)$ soit un G-module de type fini pour tout $i \geqq 0$. Alors $H_i(\Omega, G)$ est un G-module de type fini pour tout $i \geqq 0$.*

On a: $H_0(E_{x,X}) = G$, $H_i(E_{x,X}) = 0$ si $i > 0$, puisque $E_{x,X}$ est contractile: les modules d'homologie de $E_{x,X}$ sont donc de type fini. La proposition résulte alors immédiatement de la Proposition 1 du Chapitre III.

COROLLAIRE. *Dans les hypothèses précédentes, soient A et B deux parties de X telles que $H_i(A, G)$ et $H_i(B, G)$ soient de type fini pour tout $i \geqq 0$. Alors $H_i(E_{A,B}, G)$ est de type fini pour tout $i \geqq 0$.*

Puisque $H_0(A)$ et $H_0(B)$ sont de type fini, A et B ont un nombre fini de composantes connexes par arcs, A_k, B_j. Puisque $H_i(E_{A,B}) = \sum_{j,k} H_i(E_{A_k,B_j})$, on voit qu'on peut se borner au cas où A et B sont *connexes par arcs*.

Dans ce dernier cas, on applique la Prop. 1 du Chapitre III à l'espace $E_{A,B}$ fibré de fibre Ω et de base $A \times B$.

REMARQUES. 1. La Prop. 9 est applicable, en particulier, à tout polyèdre fini simplement connexe.

2. La Prop. 1 du Chap. III montre que, réciproquement, si $H_i(\Omega)$ est de type fini pour tout $i \geqq 0$, il en est de même de $H_i(X)$.

PROPOSITION 10. *Soit G un anneau principal, et supposons que $H_i(X, G) = 0$ pour $0 < i < p$. Alors la suspension Σ applique $H_i(\Omega, G)$ sur $H_{i+1}(X, G)$ pour $0 < i \leqq 2p - 2$, et est un isomorphisme pour $0 < i < 2p - 2$.*

En particulier, $H_i(\Omega, G) = 0$ pour $0 < i < p - 1$.

Ce n'est que la transcription du Corollaire 2 à la Prop. 5 du Chapitre III.

PROPOSITION 11. *Soit k un corps commutatif, et supposons que $H_i(X, k) = 0$ pour $i > n$ (n étant un entier fixé $\geqq 2$) et que $H_n(X, k) \neq 0$. Alors, pour tout entier $i \geqq 0$, il existe un entier j, $0 < j < n$, tel que $H_{i+j}(\Omega, k) \neq 0$.*

Raisonnons par l'absurde, et soit i un entier mettant en défaut la conclusion de la proposition. Quitte à remplacer i par un entier inférieur, on peut toujours supposer que $H_i(\Omega, k) \neq 0$. On a donc:

$$E_2^{n,i} = H_n(X, H_i(\Omega, k)) = H_n(X, k) \otimes H_i(\Omega, k) \neq 0.$$

Je dis que les éléments de $E_r^{n,i}$ sont des cycles pour d_r quel que soit $r \geqq 2$. Comme d_r applique $E_r^{n,i}$ dans $E_r^{n-r,i+r-1}$, on voit qu'on peut se borner aux différentielles d_r, $2 \leqq r \leqq n$. Mais pour celles-là, le terme $E_2^{n-r,i+r-1} = H_{n-r}(X, k) \otimes H_{i+r-1}(\Omega, k)$ est nul, d'après l'hypothèse faite sur i. Il en est donc de même de $E_r^{n-r,i+r-1}$, ce qui démontre notre affirmation.

Mais d'autre part, ces éléments ne peuvent être des bords pour la différentielle d_r, puisque celle-ci diminue le degré-base et qu'ils sont de degré-base maximum, n. Il suit de là que:

$$E_\infty^{n,i} = E_2^{n,i} \neq 0,$$

ce qui est absurde puisque $E_{x,X}$ est contractile et a donc tous ses groupes d'homologie nuls en dimensions strictement positives.

COROLLAIRE. *Dans les hypothèses précédentes, il existe une infinité de valeurs de i telles que* $H_i(\Omega, k) \neq 0$.

On notera que ce corollaire résulte directement du Corollaire à la Proposition 3 du Chapitre III.

7. Application au calcul des variations (théorie de Morse)

Soit X un espace de Riemann connexe et indéfiniment différentiable. Si a et b sont deux points de X, désignons par $d(a, b)$ la borne inférieure des longueurs (au sens de la métrique riemannienne donnée) des arcs différentiables joignant a et b; la fonction $d(a, b)$ est une *distance* sur X, compatible avec la topologie de X. Hopf et Rinow [17] ont montré que, lorsqu'on munit X de cette structure d'espace métrique, les deux conditions suivantes sont équivalentes:[5]

I) X est complet.

II) Toute partie bornée de X est relativement compacte.

Un espace de Riemann vérifiant ces conditions sera dit *complet* ("normal", dans la terminologie d'E. Cartan).

Soit alors X un espace de Riemann complet et connexe, et soient a et b deux points distincts de X (cette restriction n'étant d'ailleurs pas essentielle). Marston Morse [25], [26] a montré qu'il existe des relations étroites entre les propriétés homologiques de $E_{a,b}$ et les propriétés des géodésiques joignant a à b (nombre de telles géodésiques, nombre de points focaux sur une géodésique "non dégénérée"). En particulier, on a le résultat suivant:

PROPOSITION 12 (Marston Morse). *Soient X un espace de Riemann connexe et complet, a et b deux points distincts de X, $E_{a,b}$ l'espace des chemins tracés dans X et joignant a à b, k un corps commutatif. Si $H_i(E_{a,b}, k) \neq 0$ pour une infinité de valeurs de l'entier i, il existe une infinité de géodésiques de X joignant a à b.*

(On trouvera une démonstration de cette proposition dans le livre déjà cité de Seifert-Threlfall [27], §19, Satz III, tout au moins quand le corps k est celui des entiers modulo 2; leur démonstration est valable dans le cas général sans *aucun* changement.)

Les résultats du numéro précédent, joints à la Prop. 12, vont nous permettre de démontrer la Proposition suivante:

PROPOSITION 13. *Soit X un espace de Riemann connexe et complet tel que $H_i(X, Z) \neq 0$ pour au moins un entier $i \neq 0$. Si a et b sont deux points distincts de X, il existe une infinité de géodésiques de X joignant a à b.*

(Dans cet énoncé, Z désigne, comme d'ordinaire, le groupe additif des entiers.)

Soit T le revêtement universel de X; on peut munir T d'une structure d'espace de Riemann telle que la projection canonique $T \to X$ soit un isomorphisme local; il en résulte que T, muni de cette structure, est un espace de Riemann connexe et *complet*. Si a' désigne un point de T se projetant sur a, et si (b'_i)

[5] Hopf et Rinow ne démontrent ce résultat que lorsque l'espace de Riemann X est de dimension 2 et qu'il est muni d'une structure analytique réelle, mais leur démonstration vaut sans changement dans le cas qui nous intéresse.

désigne l'ensemble des points de T se projetant sur b, il y a une correspondance biunivoque (définie par la projection $T \to X$) entre les géodésiques de T joignant a' à l'un des b'_i et les géodésiques de X joignant a à b. Distinguons alors deux cas:

α) *Le groupe* $\pi_1(X)$ *a une infinité d'éléments* (exemple: X est un tore).

Il y a alors une infinité de b'_i ; comme sur tout espace de Riemann complet connexe il existe au moins une géodésique joignant deux points arbitraires [17], on en conclut que, pour tout i, il y a au moins une géodésique de T joignant a' à b'_i, d'où, par projection sur X, une infinité de géodésiques joignant a à b.

β) *Le groupe* $\pi_1(X)$ *est fini.*

Dans ce cas, il nous faut montrer qu'il existe une infinité de géodésiques de T joignant deux points distincts donnés. Je dis d'abord que $H_i(T, Z) \neq 0$ pour au moins un $i > 0$. Sinon, en effet, T serait acyclique et possèderait un groupe fini d'opérateurs sans points fixes, ce qu'on sait être impossible (*Voir* par exemple, [6], Exposé XII).
D'après le Lemme du Chapitre III, n° 3, il existe donc un corps k et un entier $i > 0$ tels que $H_i(T, k) \neq 0$. En outre, puisque T est simplement connexe, $i \geqq 2$. Appliquant alors le Corollaire de la Prop. 11, on voit qu'il existe une infinité de valeurs de i telles que $H_i(\Omega, k) \neq 0$, Ω désignant l'espace des lacets sur T.

Soient alors x et y deux points distincts de T. D'après le Corollaire 2 à la Prop. 5, $E_{x,y}$ et Ω sont de même type d'homotopie. Ils ont donc mêmes groupes d'homologie, et l'application de la Prop. 12 montre qu'il existe une infinité de géodésiques de T joignant x à y, ce qui achève la démonstration.

On notera que ce résultat est applicable à *tout espace de Riemann compact et connexe.*

Note. Il serait tout à fait désirable d'appliquer des méthodes analogues à celles de ce chapitre à l'*espace des chemins fermés de* X, espace qui est intimement lié aux *géodésiques fermées* de X (*Voir* [25], Chap. VIII). On sait que cet espace a été défini par M. Morse (*loc. cit.*) comme une limite des produits "cycliques" successifs de X avec lui-même et non comme un espace fonctionnel; c'est bien entendu ce qui en complique l'étude.

Il serait également intéressant d'appliquer les résultats de ce numéro à la théorie de la *catégorie* au sens de Lusternik-Schnirelmann. Il est assez naturel d'utiliser pour cela la notion de longueur, due à Froloff et Elsholz, et dont je rappelle la définition:

Soit Ω un espace connexe, $H^*(\Omega, k)$ l'anneau de cohomologie singulière de Ω à coefficients dans le corps k. On appelle *k-longueur* de Ω la borne supérieure des entiers n tels qu'il existe des éléments $x_1, \cdots, x_{n-1} \in H^*(\Omega, k)$, tous de dimension > 0, et de produit non nul.

Nous nous bornerons à donner le résultat suivant:

Proposition 14. *Soit* X *un espace connexe par arcs et simplement connexe,* Ω *l'espace des lacets sur* X. *Si* k *est un corps commutatif quelconque, pour que la k-longueur de* Ω *soit infinie, il faut et il suffit que* $H_i(\Omega, k) \neq 0$ *pour une infinité de valeurs de l'entier* i.

La nécessité est évidente. Pour voir la suffisance, appliquons les résultats du nº 2 (théorème de Hopf). Soit B un système minimal de générateurs homogènes de $H^*(\Omega, k)$. Distinguons deux cas:

α) *B a une infinité d'éléments.*

Alors, d'après le th. de Hopf, le produit d'un nombre quelconque de ces éléments est non nul, et la k-longueur de Ω est bien infinie.

β) *B a un nombre fini d'éléments.*

Soit alors q la borne supérieure des degrés des éléments de B. Si la k-longueur de Ω était un entier fini n, il en résulterait que $H^i(\Omega, k) = 0$ pour $i > q(n - 1)$, d'où, pour les mêmes valeurs de i, $H_i(\Omega, k) = 0$, contrairement à l'hypothèse faite.

Corollaire. *Soit X un espace de Riemann compact connexe simplement connexe et non réduit à un point,* Ω *l'espace des lacets sur X. Pour tout corps k, la k-longueur de* Ω *est infinie.*

8. Application au calcul des variations: les géodésiques transversales à deux sous-variétés

Soit X un espace de Riemann compact, A et B deux sous-variétés de X. Marston Morse a montré que, si $H_i(E_{A,B}, k) \neq 0$ pour une infinité de valeurs de i (k étant un corps commutatif), alors il existe une infinité de géodésiques de X, dont l'origine appartient à A, l'extrémité à B, et qui sont *transversales* à A et B. Nous nous proposons de donner dans ce numéro des conditions suffisantes pour qu'il en soit ainsi.

L'espace $E_{x,B}$.

Commençons par étudier le cas où A est réduit au point x. Pour cela, considérons l'espace $E_{X,B}$; on sait (Prop. 7′) que cet espace admet une rétraction de déformation sur B, donc a mêmes groupes d'homologie et de cohomologie que B. D'autre part, si $f \in E_{X,B}$, désignons par $p(f)$ le point $f(0) \in X$. L'application p est continue, et on voit comme au nº 4 que *le triple* $(E_{X,B}, p, X)$ *est un espace fibré*; il est clair que les *fibres* de cet espace fibré ne sont autres que les divers espaces $E_{x,B}$, $x \in X$. En définitive, nous avons donc obtenu *un espace fibré d'homologie isomorphe à celle de B, dont la fibre est* $E_{x,B}$ *et dont la base est l'espace X*. Cet espace généralise celui étudié au nº 5 (qui correspond au cas où B est réduit à un point). On tire de là:

Proposition 15. *Soient X un espace connexe par arcs et simplement connexe, B un sous-espace de X,* $x \in X$. *Supposons que:*

(a) $H_n(X, k) \neq 0$ *et* $H_i(X, k) = 0$ *si* $i > n$ (*n étant un entier* $\geqq 2$).

(b) $H_i(B, k) = 0$ *si* $i \geqq n$, *k désignant un corps commutatif.*

Il existe alors une infinité de valeurs de l'entier i telles que l'on ait $H_i(E_{x,B}, k) \neq 0$.

Raisonnons par l'absurde, et soit m le plus grand entier tel que $H_m(E_{x,B}, k) \neq 0$; d'après la Prop. 3 du Chapitre III, on a:

$$H_{m+n}(E_{X,B}, k) = H_n(X, k) \otimes H_m(E_{x,B}, k) \neq 0,$$

ce qui est absurde puisque $H_{m+n}(E_{X,B}, k) = H_{m+n}(B, k) = 0$.

Application aux géodésiques.

PROPOSITION 16. *Soit X un espace de Riemann compact connexe et simplement connexe et soient A et B deux sous-variétés fermées de X, telles que* $A \cap B = \emptyset$; *on suppose en outre que A est déformable en un point* $x \in X$. *Il existe alors une infinité de géodésiques de X qui sont transversales à A et B.*

Soit k un corps quelconque, n la dimension de X; on a $n \geqq 2$ puisque X est compact et simplement connexe. Il suit de là que le couple (X, B) vérifie toutes les conditions de la Prop. 15. On en conclut qu'il existe une infinité de valeurs de i telles que:

$$H_i(E_{x,B}, k) \neq 0.$$

Mais, d'après la Prop. 5 du n° 4, $E_{A,B}$ a même type d'homotopie que $A \times E_{x,B}$, d'où le fait que $H_i(E_{A,B}, k) \neq 0$ pour une infinité de valeurs de l'entier i, ce qui démontre la proposition.

Note. On trouvera une démonstration des résultats utilisés dans ce n° dans le livre de Seifert-Threlfall, [27], §22, n° 7.

9. Homologie et cohomologie de l'espace des lacets sur une sphère.

Prenons pour espace X la sphère $\mathbf{S}_n$ ($n \geqq 2$), et étudions l'espace Ω des lacets en un point $x \in \mathbf{S}_n$. Si E désigne l'espace des chemins d'origine x tracés dans $\mathbf{S}_n$, on sait que E est un espace fibré contractile, de fibre Ω, et de base $\mathbf{S}_n$. On peut donc lui appliquer la *suite exacte de* Wang (Chapitre III, n° 6):

$$\cdots \leftarrow H_i(E) \leftarrow H_i(\Omega) \leftarrow H_{i-n+1}(\Omega) \leftarrow H_{i+1}(E) \leftarrow \cdots$$

Puisque E est contractile, $H_i(E) = 0$ pour $i > 0$, d'où:

$$H_i(\Omega) = H_{i-n+1}(\Omega) \qquad \text{si} \quad i > 0.$$

Comme $H_0(\Omega) = Z$ et $H_i(\Omega) = 0$ si $i < 0$, on voit que l'on a ainsi obtenu:

PROPOSITION 17. *Les groupes d'homologie à coefficients entiers de l'espace* Ω *des lacets sur* $\mathbf{S}_n$ *sont les suivants:*

$$H_i(\Omega) = Z \qquad si \quad i \equiv 0 \mod. (n-1)$$

$$H_i(\Omega) = 0 \qquad si \quad i \not\equiv 0 \mod. (n-1)$$

(Ce résultat est dû essentiellement à M. Morse [25].)

Nous allons maintenant étudier la *structure multiplicative* de l'anneau de cohomologie à coefficients entiers de Ω; cette structure jouera un rôle important au Chapitre V.

Pour cela, écrivons la suite exacte de Wang en *cohomologie*; on obtient le même résultat que plus haut, avec le complément suivant: *L'isomorphisme* $\theta: H^i(\Omega) \to H^{i-n+1}(\Omega)$, *défini par la suite exacte de Wang, est une dérivation si n est impair et une antidérivation si n est pair* (Chap. III, Prop. 7).

Définissons une famille $\{e_p\}$ d'éléments de $H^*(\Omega)$ de la façon suivante: $e_0 = 1$, $\theta e_p = e_{p-1}$ $(p \geqq 1)$.

Il est clair que ces relations définissent sans ambiguité les e_p par récurrence sur p, et que e_p forme une base de $H^{p(n-1)}(\Omega)$. Pour connaitre la structure multiplicative de $H^*(\Omega)$, il nous suffit donc de calculer $e_p \cdot e_q \in H^{(p+q)(n-1)}(\Omega)$; c'est ce qui est fait dans la proposition suivante:

PROPOSITION 18. *Les hypothèses et notations étant celles de la Prop. 17, soit* $\{e_p\}(p = 0, 1, \cdots)$ *la base de* $H^*(\Omega)$ *définie comme il vient d'être dit. Les éléments* e_p *sont de degré* $p(n-1)$ *et vérifient la loi de multiplication:*

$$e_p \cdot e_q = c_{p,q} e_{p+q}, \qquad \text{où } c_{p,q} \text{ est donné par:}$$

(α) *Si n est impair:* $$c_{p,q} = \frac{(p+q)!}{p!\,q!}.$$

(β) *Si n est pair* : $$c_{p,q} = 0 \quad \text{si } p \text{ et } q \text{ sont impairs,}$$

$$c_{p,q} = \frac{[(p+q)/2]!}{[p/2]!\,[q/2]!} \quad \text{sinon.}$$

(On a noté $[x]$ la partie entière du nombre x.)

Calculons $y = \theta(e_p \cdot e_q)$. Puisque θ est une dérivation (si n est impair), ou une antidérivation (si n est pair), on a dans tous les cas:

$$y = \theta e_p \cdot e_q + (-1)^{p(n-1)} e_p \cdot \theta e_q = e_{p-1} \cdot e_q + (-1)^{p(n-1)} e_p \cdot e_{q-1}$$
$$= (c_{p-1,q} + (-1)^{p(n-1)} c_{p,q-1}) \cdot e_{p+q-1}.$$

Mais d'autre part, $e_p \cdot e_q = c_{p,q} e_{p+q}$, d'où $y = c_{p,q} \cdot e_{p+q-1}$. En comparant, on obtient:

$$c_{p,q} = c_{p-1,q} + (-1)^{p(n-1)} c_{p,q-1}.$$

Il est clair que cette relation détermine $c_{p,q}$ par récurrence sur $p + q$ à partir de $c_{0,0} = 1$. Il suffit alors de vérifier que les expressions que nous avons données dans l'énoncé de la Prop. 18 satisfont à la relation précédente, ce qui résulte des propriétés connues des coefficients binomiaux.

COROLLAIRE 1. *Si n est impair, on a:* $(e_1)^p = p!e_p$. *Si n est pair, on a:* $(e_1)^2 = 0$, $(e_2)^p = p!e_{2p}$, $e_1 \cdot e_{2p} = e_{2p} \cdot e_1 = e_{2p+1}$.

(On observera que les formules précédentes suffisent à retrouver la table de multiplication des $\{e_p\}$.)

COROLLAIRE 2. *Designons par* Ω_n *l'espace des lacets sur la sphère* $\mathbf{S}_n$. *L'algèbre* $H^*(\Omega_n)$, *n pair, est isomorphe au produit tensoriel des algèbres* $H^*(\mathbf{S}_{n-1})$ *et* $H^*(\Omega_{2n-1})$.

Cela résulte immédiatement de la Proposition 18.

COROLLAIRE 3. *Soit K un corps de caractéristique nulle. Alors, si n est impair,* $H^*(\Omega_n, K)$ *est isomorphe à une algèbre de polynomes à un générateur de degré* $(n-1)$; *si n est pair,* $H^*(\Omega_n, K)$ *est isomorphe au produit tensoriel d'une algèbre extérieure engendrée par un élément de degré* $(n-1)$ *et d'une algèbre de polynomes engendrée par un élément de degré* $2(n-1)$.

Cela résulte immédiatement du Corollaire 1.

Prenons maintenant pour coefficients un corps K de caractéristique p, et désignons par f_i les $e_{(p^i)}$, $i = 0, 1, \cdots$. On tire facilement de la Prop. 18 le fait que $(f_i)^p = 0$ et que les $f_1^{\alpha_1} \cdots f_q^{\alpha_q} (0 \leqq \alpha_i < p)$ forment une base de $H^*(\Omega, K)$ (Cf. J. Dieudonné, *Semi-dérivations et formule de Taylor en caractéristique p*, Archiv der Math., *2*, 1950, p. 364–366). D'où:

COROLLAIRE 4. *Soit K un corps de caractéristique p; si n est impair, l'algèbre* $H^*(\Omega_n, K)$ *est isomorphe à une algèbre de polynomes à une infinité de générateurs* f_i $(i = 0, 1, \cdots)$, *modulo l'idéal engendré par les* $(f_i)^p$. *Les* f_i *sont de degré* $p^i(n-1)$.

Il suit de là que, si $p = 2$, $H^*(\Omega_n, K)$ est une *algèbre extérieure* engendrée par des éléments de degré $2^i(n-1)$ (n pair ou impair).

Note. Les corollaires 3 et 4 sont valables sans changement pour l'espace des lacets sur un espace X ayant même cohomologie (à valeurs dans K) que $\mathbf{S}_n$ et simplement connexe.

CHAPITRE V. GROUPES D'HOMOTOPIE

1. Méthode générale

Soit X un espace connexe par arcs dont l'homologie est supposée connue; nous voulons déterminer, au moins en partie, les groupes d'homotopie de X.

Pour cela, définissons une suite d'espaces (X_n, T_n) de la manière suivante:

$X_0 = X$;
T_1 est le revêtement universel de X_0;
X_1 est l'espace des lacets sur T_1;
T_2 est le revêtement universel de X_1;
X_2 est l'espace des lacets sur T_2;
etc.

LEMME 1. *Les groupes d'homotopie des espaces* X_n *sont donnés par les formules:*

$$\pi_0(X_n) = 0, \qquad \pi_1(X_n) = \pi_{n+1}(X), \cdots, \qquad \pi_i(X_n) = \pi_{i+n}(X).$$

Ces formules sont vraies si $n = 0$; raisonnons par récurrence, et supposons-les vraies pour $n - 1$. Comme T_n est le revêtement universel de X_{n-1} on a:

$$\pi_0(T_n) = \pi_1(T_n) = 0, \qquad \pi_i(T_n) = \pi_{i+n-1}(X) \qquad (i \geqq 2).$$

Mais d'autre part, si A est un espace connexe par arcs et simplement connexe et B est l'espace des lacets sur A, on a $\pi_i(B) = \pi_{i+1}(A)$, comme il résulte de la définition des groupes d'homotopie donnée par Hurewicz [18], ou encore, si l'on veut, de la suite exacte d'homotopie appliquée à l'espace fibré des chemins de A dont l'origine est fixée.

En appliquant ceci à $A = T_n$, $B = X_n$, on obtient le résultat cherché.

Corollaire. *Si* $n \geqq 1$, *on a:* $H_1(X_n, Z) = \pi_{n+1}(X)$.

Ainsi, si l'on pouvait calculer les groupes d'homologie à coefficients entiers des espaces X_n et T_n, on connaîtrait les groupes d'homotopie de X. En fait, les méthodes à notre disposition sont trop faibles pour pouvoir satisfaire à une pareille exigence. Cependant, en utilisant les résultats du Chapitre IV nous obtiendrons des relations étroites entre $H(T_n)$ et $H(X_n)$, et en utilisant la suite spectrale des revêtements (Chapitre I, n°6), nous obtiendrons également des relations entre $H(T_{n+1})$ et $H(X_n)$. L'étude de cette dernière suite spectrale sera grandement facilitée par le fait que le groupe fondamental de X_n (i.e. $\pi_{n+1}(X)$) opère *trivialement* sur les groupes d'homologie et de cohomologie de T_{n+1} si $n \geqq 1$; en effet, X_n est alors un H-espace (Chap. IV, Prop. 1) et tout H-espace jouit de cette propriété (Chapitre IV, Cor. à la Prop. 3).

Conditions de validité.

La méthode qui précède n'est pas applicable telle quelle à tous les espaces X connexes par arcs. En effet, pour pouvoir utiliser le revêtement universel de l'espace X_n, nous devons nous placer dans les conditions d'application du Chap. I, n°6, c'est-à-dire exiger que X_n soit localement connexe par arcs et localement simplement connexe.[6]

Nous allons indiquer une propriété de X qui entraîne que les conditions précédentes soient remplies:

Définition. *Nous dirons qu'un espace* X *est* (*ULC*) *s'il existe un voisinage* $\mathfrak{U}$ *de la diagonale de* $X \times X$, *et une application continue* $F: \mathfrak{U} \times I \to X$, *telle que:*

(a) $$F(x, x, t) = x \quad pour \quad x \in X,\ t \in I;$$

(b) $$F(x, y, 0) = x, \qquad F(x, y, 1) = y \quad pour \quad (x, y) \in \mathfrak{U}.$$

Exemple: Tout rétracte absolu de voisinage, et en particulier tout polyèdre, est (ULC).

Si X est (ULC), il en est de même de l'espace des lacets sur X et du revêtement universel de X, comme on le voit tout de suite. Il suit de là que les espaces X_n et T_n attachés à X sont (ULC), et, a fortiori, localement connexes par arcs, et localement simplement connexes.[7]

Dans la suite de ce chapitre, nous nous bornerons à étudier l'homotopie des espaces (ULC).

---

[6] On peut toutefois se débarrasser de cette condition; pour cela, il faut renoncer à utiliser les *espaces* X_n et T_n et se borner à parler de leurs "complexes singuliers". On doit alors transposer les Chapitres II et IV pour les mettre en accord avec ce point de vue, ce qui n'offre pas de difficultés essentielles. On peut ainsi établir les Prop. 1 et 2 du n° 2 en toute généralité, telles qu'elles sont énoncées dans [28].

[7] Signalons que, dans ce cas, X_n est homéomorphe à l'espace des applications inessentielles de la sphère S_n dans l'espace X qui envoient un point fixé de S_n en un point fixé de X.

2. Premiers résultats

PROPOSITION 1. *Soit X un espace (ULC) tel que $\pi_0(X) = \pi_1(X) = 0$, et supposons que les groupes $H_i(X, Z)$ soient de type fini pour tout $i \geqq 0$. Alors les groupes $\pi_i(X)$ sont de type fini pour tout $i \geqq 0$.*

Il nous suffit évidemment de montrer que les groupes d'homologie des espaces X_n et T_n sont de type fini en toute dimension.

Ceci est vrai pour $X_0 = X$ par hypothèse; pour T_1, puisque $T_1 = X_0$; c'est aussi vrai pour X_1, puisque X_1 est l'espace des lacets sur T_1 (appliquer la Prop. 9 du Chap. IV avec $G = Z$).

Raisonnons par récurrence sur n, et supposons ce fait démontré pour $n - 1$, avec $n \geqq 2$.

Montrons que $H_i(T_n, Z)$ est de type fini pour tout $i \geqq 0$. Pour cela, soit $\Pi = \pi_n(X)$ le groupe fondamental de X_{n-1} ; Π est un groupe abélien de type fini puisqu'il est égal à $H_1(X_{n-1}, Z)$, et il opère trivialement sur les groupes d'homologie de T_n, d'après ce qui a été dit au n°1. Considérons la suite spectrale attachée au revêtement $T_n \rightarrow X_{n-1}$; d'après la Prop. 4 du Chap. I, le terme $E_2^{p,q}$ de cette suite est isomorphe à $H_p(\Pi, H_q(T_n, Z))$, et le terme E_∞ est le groupe gradué associé à $H(X_{n-1}, Z)$. Puisque Π opère trivialement sur $H_q(T_n, Z)$ on a:

$$E_2^{p,q} = H_p(\Pi, Z) \otimes H_q(T_n, Z) + \operatorname{Tor}(H_{p-1}(\Pi, Z), H_q(T_n, Z)).$$

On peut alors recopier le raisonnement de la Prop. 1 du Chapitre III, partie (*b*): puisque Π et les $H_i(X_{n-1}, Z)$ sont de type fini, on en tire que les $H_i(T_n, Z)$ sont de type fini.

Cela étant, la Prop. 9 du Chap. IV déjà citée montre que $H_i(X_n, Z)$ est de type fini pour tout i, ce qui achève la démonstration.

Variantes. En compliquant un peu la démonstration, on peut se borner à supposer que $H_i(X, Z)$ est de type fini pour $i < n$ ($n \geqq 2$); on montre alors que $\pi_i(X)$ est de type fini pour $i < n$, et que, pour $i = n$, le noyau de l'homomorphisme: $\pi_n(X) \rightarrow H_n(X, Z)$ est de type fini ainsi que le quotient de $H_n(X, Z)$ par son image. On peut également remplacer l'hypothèse "X est simplement connexe" par la suivante: "X est simple en toute dimension". Comme nous n'utiliserons pas ces résultats, nous en laissons la vérification au lecteur.

Rappelons le résultat suivant, bien connu:

Si X est un polyèdre fini, $\pi_i(X)$ est *dénombrable* (immédiat par approximation simpliciale, Cf. [18]).

PROPOSITION 2. *Soit X un espace (ULC) tel que $\pi_0(X) = \pi_1(X) = 0$ et que les groupes $H_i(X, Z)$ soient de type fini pour tout i. Si k est un corps, supposons que $H_i(X, k) = 0$ pour $0 < i < n$; alors $\pi_i(X) \otimes k = 0$ pour $0 < i < n$, et $\pi_n(X) \otimes k = H_n(X, k)$.*

Nous prouverons d'abord le résultat suivant:

LEMME 2. *Avec les hypothèses précédentes on a (si $j \leqq n - 1$):*

$$\begin{cases} H_i(X_j, k) = 0 & \text{si} \quad i + j < n \quad \text{et} \quad i > 0, \\ H_i(X_j, k) = H_n(X, k) & \text{si} \quad i + j = n. \end{cases}$$

Nous raisonnerons par récurrence sur l'entier j, le lemme étant visiblement vrai si $j = 0$. Supposons-le vrai pour $j - 1$ $(1 \leqq j \leqq n - 1)$.

Considérons d'abord T_j, revêtement universel de X_{j-1}; soit Π le groupe fondamental de X_{j-1}; on a $\Pi \otimes k = H_1(X_{j-1}) \otimes k = H_1(X_{j-1}, k) = 0$. Comme Π est de type fini d'après la Prop. 1, il suit de là que Π est un groupe fini dont l'ordre est premier à la caractéristique de k. En appliquant alors le Cor. 2 à la Prop. 4 du Chap. I, on voit que $H_i(T_j, k) = H_i(X_{j-1}, k)$ pour tout $i \geqq 0$.

En appliquant la Prop. 10 du Chap. IV à T_j et à son espace de lacets X_j, on obtient le résultat cherché.

Ce lemme une fois démontré, on peut écrire:
$\pi_i(X) \otimes k = H_1(X_{i-1}) \otimes k = H_1(X_{i-1}, k)$, d'où:
si $i < n$, $\pi_i(X) \otimes k = 0$, et
si $i = n$, $\pi_n(X) \otimes k = H_n(X, k)$, cqfd.

Remarques. 1. Il résulte de la démonstration précédente et du diagramme (I') du Chap. II, n°7, que l'isomorphisme entre $\pi_n(X) \otimes k$ et $H_n(X, k)$ est défini par l'homomorphisme canonique: $\pi_n(X) \to H_n(X)$. 2. Si on remplace le corps k par l'anneau Z des entiers dans l'énoncé de la Prop. 2, on obtient un théorème classique d'Hurewicz [18]; la démonstration précédente est encore valable, et se simplifie même notablement, du fait que les groupes Π qui y interviennent sont réduits à l'élément neutre. 3. En compliquant un peu la démonstration, on peut prouver ceci: si k est de caractéristique p, les composantes p-primaires de $\pi_n(X)$ et de $H_n(X)$ sont isomorphes. (Rappelons qu'on appelle composante p-primaire d'un groupe abélien A le sous-groupe de A formé des éléments dont l'ordre est une puissance de p.)

3. Finitude des groupes d'homotopie des sphères de dimension impaire

Lemme 3. *Soit X un espace tel que $\pi_0(X) = \pi_1(X) = 0$ et que l'algèbre de cohomologie de X à coefficients dans un corps K soit isomorphe à une algèbre de polynomes $K[u]$, engendrée par un élément u de degré n pair $(n \geqq 2)$.*

Dans ces conditions, l'algèbre de cohomologie $H^*(\Omega, K)$ de l'espace Ω des lacets sur X est isomorphe à une algèbre extérieure engendrée par un élément v de degré $n - 1$.

(Autrement dit, $H^0(\Omega, K) = H^{n-1}(\Omega, K) = K$, et $H^i(\Omega, K) = 0$ si $i \neq 0$ et $i \neq n - 1$.)

D'après la Prop. 10 du Chap. IV, $H^i(\Omega, K)$ est isomorphe à $H^{i+1}(X, K)$ pour $i < 2n - 2$. D'où le fait que $H^i(\Omega, K) = 0$ pour $0 < i < n - 1$.

D'autre part, considérons la suite spectrale de cohomologie du n°5 du Chap. IV. Vu les hypothèses faites, on peut appliquer la Prop. 8 du Chap. II qui montre que le terme E_2 est isomorphe au produit tensoriel gauche d'*algèbres*: $H^*(X, K) \otimes H^*(\Omega, K)$. Nous identifierons $H^*(X, K)$ et $H^*(\Omega, K)$ aux sous-algèbres $H^*(X, K) \otimes 1$ et $1 \otimes H^*(\Omega, K)$ de ce produit tensoriel. On observera enfin que les seules différentielles d_r éventuellement non nulles sont celles qui correspondent à $r = n, 2n, 3n, \cdots$ etc.

D'après la Prop. 10 du Chap. IV déjà citée, $H^{n-1}(\Omega, K)$ est l'ensemble des multiples d'un élément v tel que:

$$d_n v = u.$$

Designons par U l'ensemble des éléments de E_n dont le degré-fibre est inférieur ou égal à $n - 1$. Les éléments u^k et $u^k \otimes v$ forment une base homogène de U, et l'on a:

$$d_n(u^k) = 0, \qquad d_n(u^k \otimes v) = u^{k+1} \qquad (k = 0, 1, \cdots).$$

Il suit de là que tous les cocycles de U sont des cobords (sauf l'élément unité 1), et il en résulte que l'image U_r de U dans les termes E_r suivants est nulle en dimension >0.

Nous allons maintenant montrer qu'il n'existe aucun élément de $H^*(\Omega, K)$ de degré $\geqq n$ et non nul (ce qui achèvera la démonstration). Raisonnons par l'absurde, et soit $w \neq 0$, homogène et de degré $\geqq n$, et appartenant à $H^*(\Omega, K)$; on peut supposer en outre que w est de degré minimum parmi tous ceux qui jouissent de cette propriété. Nous allons examiner les différentielles successives de w. Vu la dernière hypothèse faite sur w, les $d_r w$ appartiennent à U_r, et sont donc nuls si $r > n$. Ceci montre que la seule différentielle à examiner est d_n. Or $d_n w = u \otimes w'$, avec $w' \in H^*(\Omega, K)$ et deg. w' = deg. $w - n + 1$. On a donc $w' = kv, k \in K$, et $d_n w = ku \otimes v$. Mais puisque $d_n(u \otimes v) = u^2 \neq 0$, ceci entraîne $k = 0$ et $d_n w = 0$. Il suit de là que toutes les différentielles de w sont nulles, et que w définit un élément non nul de E_∞ ce qui est absurde puisque E_∞ est nul en toute dimension >0.

Ceci achève la démonstration du lemme.

Note. Ce lemme peut être considéré comme une réciproque (partielle) d'un théorème de A. Borel [1], disant que, si l'algèbre de cohomologie de Ω est une algèbre extérieure, alors celle de X est une algèbre de polynomes. On observera que ces deux résultats sont valables sans hypothèse sur le corps de base, alors que, "en sens inverse", si l'on suppose que l'algèbre de cohomologie de X est une algèbre extérieure à un générateur, celle de Ω n'est une algèbre de polynomes que si la caractéristique de K est nulle (Cf. Chapitre IV, Cor. 3 à la Prop 18).

Soit $\mathbf{S}_n$ une sphère de dimension impaire ($n \geqq 3$), et définissons les espaces X_m et T_m comme il a été dit au n°1. Nous allons déterminer $H^*(X_m, K)$ et $H^*(T_m, K)$, K étant un corps de *caractéristique nulle*.

Puisque $T_1 = X$, X_1 est l'espace des lacets sur $\mathbf{S}_n$ et d'après le Cor. 3 à la Prop. 18 du Chap. IV, $H^*(X_1, K)$ est isomorphe à une algèbre de polynomes à un générateur de degré $n - 1$. Comme $T_2 = X_1$, il en résulte que $H^*(X_2, K)$ est isomorphe à une algèbre extérieure engendrée par un élément de degré $n - 2$ (Lemme 3). Ceci signifie que $H^*(X_2, K) = H^*(\mathbf{S}_{n-2}, K)$. En utilisant à nouveau le Cor. 3 à la Prop. 18 du Chap. IV, on voit que $H^*(X_3, K)$ est isomorphe à une algèbre de polynomes engendrée par un élément de degré $n - 3$. (Ceci est licite, car la démonstration de ce corollaire s'appuyait uniquement sur la suite exacte de Wang, qui est valable sous des hypothèses purement homologiques.) On peut continuer cette détermination de proche en proche, et l'on trouve alternativement une algèbre de polynomes et une algèbre extérieure. En particulier, $H^*(X_{n-1}, K)$ est une algèbre extérieure engendrée par un élément de degré 1.

Soit T_n le revêtement universel de X_{n-1} ; puisque $\pi_1(X_{n-1}) = \pi_n(\mathbf{S}_n) = Z$, on peut appliquer à ce revêtement le Cor. 1 à la Prop. 4 du Chap. I et on voit ainsi que $H^i(T_n, K) = 0$ si $i > 0$. (Comparer avec le fait que le revêtement universel de T, tore à une dimension, est R.) Il suit de là que $H_i(T_n, K) = 0$ si $i > 0$, d'où (Prop. 2) $\pi_i(T_n) \otimes K = 0$ pour tout i. Comme $\pi_i(T_n) = \pi_{i+n-1}(\mathbf{S}_n)$ $(i \geqq 2)$, il suit de là que:

$$\pi_i(\mathbf{S}_n) \otimes K = 0 \qquad \text{si } i > n.$$

Cette relation signifie que le groupe $\pi_i(\mathbf{S}_n)$ est un groupe de torsion $(i > n)$; mais comme c'est un groupe de type fini (Prop. 1), c'est donc un groupe fini, et nous avons démontré la proposition suivante:

Proposition 3. *Les groupes $\pi_i(\mathbf{S}_n)$ $(i > n)$ sont finis si n est impair.*

Note. On pourrait étudier par un procédé analogue les groupes d'homotopie des sphères de dimension paire. Les calculs étant plus compliqués, nous avons préféré suivre une méthode indirecte que l'on trouvera au n°6.

4. Calculs auxiliaires

Dans tout ce n°, X désignera un espace connexe par arcs et simplement connexe, Ω l'espace des lacets tracés dans X. On notera E_r la suite spectrale de cohomologie de l'espace des chemins tracés dans X et d'origine fixée (Cf. Chap. IV, n°5), les coefficients étant pris dans un *corps K de caractéristique p.* Nous écrirons $H^*(X)$ et $H^*(\Omega)$ au lieu de $H^*(X, K)$ et $H^*(\Omega, K)$.

Ces conventions étant posées, donnons d'abord un Lemme qui est une légère variante du Cor. 4 à la Prop. 18 du Chap. IV:

Lemme 4. *Supposons que $H^i(X) = H^i(\mathbf{S}_q)$ pour $i \leqq p(q-1)+1$ (q impair $\geqq 3$). Alors le sous-espace de $H^*(\Omega)$ formé des éléments de degré $\leqq p(q-1)$ admet une base homogène formée des élements:*

$$\{1, y, y^2, \cdots, y^{p-1}, z\} \quad \textit{où} \quad \deg. y = q-1, \deg. z = p(q-1), \quad y^p = 0.$$

En dimension inférieure ou égale à $p(q-1)+1$, on a $E_2 = H^*(X) \otimes H^*(\Omega)$. Il en résulte que tout élément homogène de E_2 dont le degré total est $\leqq p(q-1)+1$ appartient soit à $H^*(\Omega)$, soit à $x \otimes H^*(\Omega)$, où x désigne un élément non nul de $H^q(X)$. Puisque les différentielles d_r augmentent le degré total d'une unité et le degré-base de r unités, on voit que, pour les éléments de degré total $\leqq p(q-1)$, la seule différentielle à considérer est d_q. Comme le groupe terminal E_∞ doit être nul en toute dimension strictement positive, on en conclut que d_q définit *un isomorphisme θ de $H^i(\Omega)$ sur $H^{i-q+1}(\Omega)$ pour* $0 < i \leqq p(q-1)$.

En outre, q étant impair, cet isomorphisme est une *dérivation.* De la première propriété de θ, on tire que $H^i(\Omega) = 0$ si $i \not\equiv 0$ mod.$(q - 1)$ et $H^i(\Omega) = K$ si $i \equiv 0$ mod.$(q - 1)$, pour $i \leqq p(q - 1)$. On désignera par y un élément non nul de $H^{q-1}(\Omega)$, par z un élément non nul de $H^{p(q-1)}(\Omega)$. De la deuxième propriété de θ, on tire que $\theta(y^j) = j \cdot y^{j-1} \cdot \theta y$, d'où $y^j \neq 0$ si $j < p$, et $y^p = 0$. Ceci achève la démonstration.

LEMME 5. *Supposons que le sous-espace de $H^*(X)$ formé des éléments de degré $\leqq mp$ (m pair $\geqq 2$) admette une base formée des éléments homogènes:*

$$\{1, y, y^2, \cdots, y^{p-1}, z\}$$

où deg. $y = m$, deg. $z = pm$ *et* $y^p = 0$. *Alors le sous-espace de $H^*(\Omega)$ formé des éléments de degré $\leqq mp - 2$ admet une base formée des éléments homogènes $\{1, v, t\}$ où* deg. $v = m - 1$ *et* deg. $t = mp - 2$.

En dimension $\leqq mp$, $E_2 = H^*(X) \otimes H^*(\Omega)$ et d'autre part, d'après la Prop. 10 du Chap. IV, $H^i(\Omega) = 0$ si $0 < i < m - 1$, et $H^{m-1}(\Omega)$ est engendré par un élément v tel que $d_m v = y$.

On tire de là que les éléments de E_m de degré-fibre $\leqq m - 1$ et de degré total $\leqq mp - 1$ forment un sous-espace U de E_m, stable pour d_m, et admettant la base homogène suivante:

$$\{1, y, y^2, \cdots, y^{p-1}, v, y \otimes v, y^2 \otimes v, \cdots, y^{p-1} \otimes v\}.$$

La différentielle d_m y est donnée par les formules:

$$d_m y^k = 0 \quad \text{pour tout } k, \qquad d_m y^k \otimes v = y^{k+1}.$$

Il suit de là que tous les cocycles de U sont des cobords, à la seule exception des combinaisons linéaires de 1 et de $y^{p-1} \otimes v$ (ce dernier parce que $y^p = 0$). En outre ces éléments sont des cocycles pour les différentielles d_r ($r > m$) vu que leur degré-fibre est 0 et $m - 1$.

Cela étant, on montre comme dans le lemme 3 que $H^i(\Omega) = 0$ pour $m - 1 < i < mp - 2$. Par contre, en dimension $mp - 2$, il doit y avoir un élément t tel que:

$$d_{m(p-1)} t = y^{p-1} \otimes v,$$

sinon, $y^{p-1} \otimes v$ définirait un élément non nul de E_∞, ce qui est impossible. Enfin, tout élément de $H^{pm-2}(\Omega)$ est un multiple scalaire de t, car tout autre élément serait un cocycle pour toutes les différentielles d_r, donc définirait encore un élément non nul de E_∞. La démonstration est donc achevée.

5. Le premier groupe d'homotopie d'une sphère de dimension impaire qui est non nul modulo p

Dans ce numéro, X sera une sphère de dimension impaire $2n + 1$ ($n \geqq 1$), et X_i sera l'espace défini à partir de X comme il a été dit au n°1. Nous noterons encore $H^*(X_i)$ l'algèbre de cohomologie de X_i à coefficients *dans un corps de caractéristique* p. Nous allons calculer les premiers groupes de cohomologie des X_i :

LEMME 6. *Les algèbres de cohomologie* $H^*(X_{2i-1})$ *et* $H^*(X_{2i})$, $1 \leqq i \leqq n$, *admettent les bases homogènes suivantes:*

$$\begin{cases} H^*(X_{2i-1}) : \textit{base } \{1, x, x^2, \cdots, x^{p-1}, y\} \ (\textit{en dimension } \leqq p(2n - 2i + 2)), \\ \qquad \textit{où } \text{deg. } x = 2n - 2i + 2, \text{ deg. } y = p(2n - 2i + 2), x^p = 0. \\ H^*(X_{2i}) \ : \textit{base } \{1, v, t\} \ (\textit{en dimension } \leqq p(2n - 2i + 2) - 2) \\ \qquad \textit{où } \text{deg. } v = 2n - 2i + 1, \textit{ et } \text{deg. } t = p(2n - 2i + 2) - 2. \end{cases}$$

Pour $i = 1$, le lemme résulte immédiatement des lemmes 4 et 5. A partir de là, raisonnons par récurrence sur l'entier i $(2 \leqq i \leqq n)$.

Nous devons d'abord déterminer $H^*(X_{2i-1})$ jusqu'à la dimension $p(2n - 2i + 2)$; je dis que nous pouvons appliquer le lemme 4, en posant $X = X_{2i-2}$, $\Omega = X_{2i-1}$, $q = 2n - 2i + 3$. En effet, d'après l'hypothèse de récurrence, on a $H^*(X_{2i-2}) = H^*(\mathbf{S}_q)$ pour les dimensions $\leqq p(2n - 2i + 4) - 3$ et il nous faut seulement vérifier que:

$$p(2n - 2i + 4) - 3 \geqq p(q - 1) + 1;$$

or ceci s'écrit: $p(2n - 2i + 4) - 3 \geqq p(2n - 2i + 2) + 1$, ou encore $2p \geqq 4$, ce qui est bien exact.

Ceci fait, la détermination de $H^*(X_{2i})$ résulte tout de suite du Lemme 5.

Nous allons tirer de là la proposition suivante:

PROPOSITION 4. *Désignons par* F_p *le corps fini à* p *éléments,* p *premier. Si* m *est impair* $\geqq 3$, *on a:*

$$\begin{cases} \pi_i(\mathbf{S}_m) \otimes F_p = 0 \quad \textit{pour} \quad m < i < m + 2p - 3, \\ \pi_i(\mathbf{S}_m) \otimes F_p = F_p \quad \textit{pour} \quad i = m + 2p - 3. \end{cases}$$

Posons $m = 2n + 1$ pour nous conformer aux conventions de ce n°. D'après le lemme 6, l'espace X_{2n} défini à partir de $X = \mathbf{S}_{2n+1}$ comme il a été dit au n°1 a pour cohomologie à coefficients dans F_p les groupes suivants:

$$H^0(X_{2n}) = H^1(X_{2n}) = H^{2p-2}(X_{2n}) = F_p \text{ et } H^i(X_{2n}) = 0 \text{ si } 1 < i < 2p - 2.$$

Le groupe fondamental de X_{2n} est $\pi_{2n+1}(\mathbf{S}_{2n+1}) = Z$, et son revêtement universel est T_{2n+1} ; en outre Z opère trivialement sur les groupes d'homologie et de cohomologie de T_{2n+1} (Cf. n°1). En appliquant le Cor. 1 à la Prop. 4 du Chap. I, on trouve alors que:

$$H^0(T_{2n+1}) = H^{2p-2}(T_{2n+1}) = F_p \quad \text{et} \quad H^i(T_{2n+1}) = 0 \quad \text{si} \quad 0 < i < 2p - 2.$$

En appliquant la Prop. 2 à T_{2n+1}, on obtient:

$$\pi_i(T_{2n+1}) \otimes F_p = 0 \quad \text{si} \quad i < 2p - 2 \quad \text{et} \quad \pi_{2p-2}(T_{2n+1}) \otimes F_p = F_p .$$

Comme $\pi_i(T_{2n+1}) = \pi_i(X_{2n}) = \pi_{i+2n}(\mathbf{S}_{2n+1})$ si $i \geqq 2$, la proposition est démontrée.

EXEMPLE. $\pi_i(\mathbf{S}_3) \otimes F_p = 0$ pour $3 < i < 2p$: ceci signifie que le groupe $\pi_i(\mathbf{S}_3)$ est un groupe fini dont l'ordre n'est pas divisible par p. De plus $\pi_{2p}(\mathbf{S}_3) \otimes F_p$

$= F_p$: le groupe $\pi_{2p}(\mathbf{S}_3)$ est somme directe d'un groupe fini dont l'ordre n'est pas divisible par p et d'un groupe cyclique d'ordre p^k ($k \geqq 1$). Il est à noter que la méthode que nous avons suivie ne nous donne aucun renseignement sur l'entier k; pour en obtenir, il faudrait effectuer des calculs à *coefficients entiers* ce qui est incomparablement plus difficile qu'à coefficients dans un corps (nous n'avons pu les faire que pour les petites valeurs de i).

On notera que $\pi_6(\mathbf{S}_3) \otimes F_3 = F_3$; l'on savait déjà que $\pi_6(\mathbf{S}_3) \otimes F_3$ était différent de zéro: résultat obtenu par N. E. Steenrod (et non publié).

Extensions possibles des résultats précédents. Nous avons obtenu le premier groupe d'homotopie de $\mathbf{S}_m$ (m impair $\geqq 3$), après le m-ème, qui fasse intervenir un nombre premier donné. Il est possible de pousser plus loin notre méthode et d'obtenir des renseignements sur les groupes suivants. Cependant les calculs se compliquent avec une si grande rapidité qu'il n'a pas été jugé utile de les donner ici.

6. Variétés de Stiefel et sphères de dimension paire

Soit $\mathbf{W}_{2m-1}$ la variété des vecteurs unitaires tangents à la sphère $\mathbf{S}_m$ (m pair $\geqq 2$); cette variété a été étudiée par Stiefel qui a notamment calculé ses groupes d'homologie:

$$H_0(\mathbf{W}_{2m-1}) = H_{2m-1}(\mathbf{W}_{2m-1}) = Z, \qquad H_{m-1}(\mathbf{W}_{2m-1}) = Z/(2),$$

et les autres groupes d'homologie sont nuls.

Cette variété est fibrée de façon évidente, la fibre étant $\mathbf{S}_{m-1}$, la base $\mathbf{S}_m$ (il serait facile, en utilisant ce fait, de retrouver au moyen de la suite spectrale les groupes d'homologie de $\mathbf{W}_{2m-1}$). De cette fibration résulte la suite exacte suivante:

$$\cdots \longrightarrow \pi_i(\mathbf{W}_{2m-1}) \longrightarrow \pi_i(\mathbf{S}_m) \longrightarrow \pi_{i-1}(\mathbf{S}_{m-1}) \longrightarrow \pi_{i-1}(\mathbf{W}_{2m-1}) \longrightarrow \cdots .$$

Cette suite exacte a souvent été utilisée pour obtenir des renseignements sur les groupes d'homotopie de $\mathbf{W}_{2m-1}$. Ici au contraire, c'est $\pi_i(\mathbf{S}_m)$ qu'elle va nous permettre d'étudier.

Pour cela, remarquons que $\mathbf{W}_{2m-1}$ *a la même homologie que* $\mathbf{S}_{2m-1}$, *à un groupe* $Z/(2)$ *près.* Cela va nous donner:

LEMME 7. *Les groupes d'homotopie $\pi_i(\mathbf{W}_{2m-1})$ (m pair $\geqq 2$) sont finis pour tout i, sauf $\pi_{2m-1}(\mathbf{W}_{2m-1})$ qui est la somme directe de Z et d'un groupe fini dont l'ordre est une puissance de 2. En outre, pour tout p premier, $p \neq 2$:*

$$\pi_i(\mathbf{W}_{2m-1}) \otimes F_p = 0 \text{ pour } 0 \leqq i < 2m-1 \text{ et } 2m-1 < i < 2m+2p-4,$$

$$\pi_i(\mathbf{W}_{2m-1}) \otimes F_p = F_p \text{ pour } i = 2m+2p-4.$$

Si $m = 2$, le revêtement universel de $\mathbf{W}_3$ est $\mathbf{S}_3$, et le lemme est un cas particulier des Prop. 3 et 4. On peut donc supposer que $m \geqq 4$, ce qui entraîne que $\mathbf{W}_{2m-1}$ est simplement connexe.

En appliquant tout d'abord la Prop. 2, on voit que l'on a:

$$\pi_i(\mathbf{W}_{2m-1}) \otimes K = 0 \quad (i < 2m-1) \quad \text{et} \quad \pi_{2m-1}(\mathbf{W}_{2m-1}) \otimes K = K,$$

pour tout corps K de caractéristique $\neq 2$. En tenant compte du fait que les groupes d'homotopie de $\mathbf{W}_{2m-1}$ sont de type fini d'après la Prop. 1, on voit que $\pi_i(\mathbf{W}_{2m-1})$ est un groupe fini dont l'ordre est une puissance de 2 si $i < 2m - 1$, et est somme directe de Z et d'un groupe fini dont l'ordre est une puissance de 2 si $i = 2m - 1$.

Ceci étant, on n'a plus qu'à observer que les raisonnements de la Prop. 3 (resp. de la Prop. 4) ne font intervenir que l'homologie de $\mathbf{S}_{2m-1}$ à coefficients dans un corps K de caractéristique 0 (resp. p). Ils s'appliquent donc sans changement à $\mathbf{W}_{2m-1}$ si $p \neq 2$.

COROLLAIRE 1. *Pour $i < 2m - 1$, $i = 2m$ et $i = 2m + 1$, l'ordre de $\pi_i(\mathbf{W}_{2m-1})$ est une puissance de* 2.

COROLLAIRE 2. *Les groupes $\pi_i(\mathbf{S}_m)$, $i > m$ et m pair, sont des groupes finis à la seule exception de $\pi_{2m-1}(\mathbf{S}_m)$ qui est la somme directe de Z et d'un groupe fini.*

Cela résulte immédiatement du Lemme 7, de la Prop. 3, et de la suite exacte d'homotopie de $\mathbf{W}_{2m-1}$.

COROLLAIRE 3. *Les composantes p-primaires des groupes finis $\pi_i(\mathbf{S}_m)$ et $\pi_{i-1}(\mathbf{S}_{m-1})$ (m pair) sont isomorphes si $2m - 1 < i < 2m + 2p - 4$, p étant un nombre premier.*

Si $p = 2$, il n'y a rien à démontrer. Supposons donc $p \neq 2$. Ecrivons la suite exacte d'homotopie de $\mathbf{W}_{2m-1}$:

$$\pi_i(\mathbf{W}_{2m-1}) \to \pi_i(\mathbf{S}_m) \to \pi_{i-1}(\mathbf{S}_{m-1}) \to \pi_{i-1}(\mathbf{W}_{2m-1}).$$

Si i vérifie les inégalités de l'énoncé, tous les groupes écrits ci-dessus sont *finis*, sauf si $i = 2m$, auquel cas le dernier est somme directe de Z et d'un groupe 2-primaire (c'est-à-dire dont l'ordre est une puissance de 2). Il en résulte que les composantes p-primaires de ces 4 groupes forment encore une suite exacte, et comme, d'après le Lemme 7 les deux termes extrêmes sont nuls, le résultat est établi.

REMARQUE. Ce résultat peut être considéré comme un complément modulo p au théorème de suspension de Freudenthal qui donne un isomorphisme entre $\pi_{i-1}(\mathbf{S}_{m-1})$ et $\pi_i(\mathbf{S}_m)$ pour $i < 2m - 2$. On observera cependant: (a) que le résultat de Freudenthal ne suppose pas que m soit pair; (b) que nous ne savons pas si l'isomorphisme que nous venons de trouver est ou non défini par la suspension (bien que ce soit assez probable).

COROLLAIRE 4. *Si m est pair $\geqq 4$, la composante p-primaire de $\pi_i(\mathbf{S}_m)$ est nulle pour $i < m + 2p - 3$, et celle de $\pi_{m+2p-3}(\mathbf{S}_m)$ est un groupe cyclique d'ordre p^k, avec $k \geqq 1$.*

Si $i \leqq 2m - 1$, cela résulte du théorème de suspension de Freudenthal et de la Prop. 4. Si $i > 2m - 1$, cela résulte du Cor. 3 ci-dessus et de la Prop. 4.

Pour la commodité du lecteur, nous allons récapituler les résultats obtenus dans ce chapitre sur les $\pi_i(\mathbf{S}_n)$:

PROPOSITION 5. *Les groupes $\pi_i(\mathbf{S}_n)$ ($i > n$) sont des groupes finis à la seule exception de $\pi_{2n-1}(\mathbf{S}_n)$, n pair, qui est somme directe de Z et d'un groupe fini. La composante p-primaire de $\pi_i(\mathbf{S}_n)$ ($n \geqq 3$, p premier) est nulle si $i < n + 2p - 3$, et celle de $\pi_{n+2p-3}(\mathbf{S}_n)$ est un groupe cyclique d'ordre p^k, avec $k \geqq 1$.*

Chapitre VI. Les groupes d'Eilenberg-MacLane

1. Introduction

Soit X un espace topologique tel que $\pi_i(X) = 0$ pour $i \neq q$ (q étant un entier $\geqq 1$); nous poserons $\Pi = \pi_q(X)$.

S. Eilenberg et S. MacLane [12] ont montré que l'homologie et la cohomologie d'un tel espace ne dépend que de l'entier q et du groupe Π. De façon plus précise, ils ont construit, pour tout couple (Π, q) où Π est abélien si $q \geqq 2$, un complexe semi-simplicial $K(\Pi, q)$ et ils ont montré qu'il est homotopiquement équivalent au complexe singulier de X [13]. En particulier, on a:

$$H_i(X, G) = H_i(K(\Pi, q), G), \qquad H^i(X, G) = H^i(K(\Pi, q), G), \qquad i \geqq 0,$$

pour tout groupe abélien G. Pour simplifier, nous écrirons par la suite $H_i(\Pi; q, G)$ au lieu de $H_i(K(\Pi, q), G)$ et de même pour $H^i(\Pi; q, G)$.

L'étude du complexe $K(\Pi, q)$ et de ses groupes d'homologie, les "groupes d'Eilenberg-MacLane" $H_i(\Pi; q, G)$ a été abordée par voie purement algébrique par Eilenberg-MacLane [14], [15]. Nous indiquerons plus loin une méthode topologique (utilisant les espaces de lacets) qui permet d'obtenir rapidement certains résultats sur ces groupes. Comme une méthode voisine de la nôtre, mais purement algébrique, vient d'être utilisée avec succès par H. Cartan qui (dans un travail non encore publié) trouve un procédé mécanique de calcul pour tout groupe d'Eilenberg-MacLane (pour $q \geqq 2$), nous n'essayerons pas ici de donner une étude systématique de ces groupes par notre méthode, et nous nous bornerons à montrer quel parti on peut tirer des calculs faits dans les chapitres précédents.

2. Résultats généraux

Soit Π un groupe *abélien*, q un entier $\geqq 1$, Y un espace topologique tel que:

$$\pi_i(Y) = 0 \qquad (i \neq q+1), \qquad \pi_{q+1}(Y) = \Pi.$$

L'existence d'un tel espace est assurée par un théorème plus général, dû à J. H. C. Whitehead (Ann. of Math., *50*, 1949, p. 261–263), disant qu'il existe toujours un espace ayant des groupes d'homotopie donnés.

Soit X l'espace des lacets sur Y. On a:

$$\pi_i(X) = 0 \ (i \neq q) \quad \text{et} \quad \pi_q(X) = \Pi.$$

Il en résulte que:

$$H_i(X, G) = H_i(\Pi; q, G) \quad \text{et} \quad H_i(Y, G) = H_i(\Pi; q+1, G), \qquad i \geqq 0,$$

pour tout groupe abélien de coefficients G.

On peut donc appliquer la suite spectrale des espaces de lacets (Chapitre IV, n° 5) et l'on obtient:

Proposition 1. *Il existe une suite spectrale d'homologie dont le terme* $E_2^{r,s}$ *est isomorphe à* $H_r(\Pi; q+1, H_s(\Pi; q, G))$ *et dont le terme* E_∞ *est nul en toute dimension* > 0.

(Une suite duale existe en cohomologie.)

Ce résultat permet une étude des groupes d'Eilenberg-MacLane *par récurrence sur l'entier* q, à partir des groupes $H_i(\Pi; 1, G)$ supposés connus (et qui, en fait, peuvent être calculés par d'autres méthodes, au moins si Π est abélien).

L'exemple le plus simple d'application de cette méthode est sans doute le calcul de l'algèbre de cohomologie $H^*(Z; 2, Z)$: les groupes de cohomologie $H^i(Z; 1, Z)$ étant nuls si $i \geqq 2$, et égaux à Z si $i = 0, 1$, on voit aisément que cela entraîne que $H^*(Z; 2, Z)$ est *une algèbre de polynomes à un générateur de degré* 2. Cette méthode ne diffère d'ailleurs pas essentiellement de la méthode classique utilisant l'espace projectif complexe.

COROLLAIRE 1. *Si* Π *est de type fini, il en est de même de* $H_i(\Pi; q, Z)$ *pour tout* i *et tout* q.

Pour $q = 1$, ce résultat est classique (il suffit de le vérifier pour $\Pi = Z$ et $\Pi = Z/(m)$). A partir de là, on raisonne par récurrence en utilisant la Prop. 1 du Chapitre III.

COROLLAIRE 2. *Si* Π *est fini et si* k *est un corps tel que* $\Pi \otimes k = 0$, *alors* $H_i(\Pi; q, k) = 0$ *pour tout* q *et tout* $i > 0$. *En particulier, les groupes* $H_i(\Pi; q, Z)$ *sont finis lorsque* Π *est fini et que* $i > 0$.

Pour $q = 1$, ce résultat est classique, et peut être considéré comme une généralisation naturelle du théorème de Maschke. A partir de $q = 1$, on raisonne par récurrence sur q, en utilisant la Prop. 10 du Chapitre IV.

Comme dans tout espace fibré d'homologie triviale, on peut définir la *suspension* $\Sigma: H_i(\Pi; q, G) \to H_{i+1}(\Pi; q + 1, G)$. En utilisant une formule analogue à celle du Chap. IV, n°5 (mais valable pour les simplexes et non pour les cubes), on pourrait vérifier que cette suspension coincide avec celle introduite par Eilenberg-MacLane [14]. Si l'on observe que $H_i(\Pi; q, G) = 0$ pour $0 < i < q$, on voit que l'on peut appliquer la Prop. 10 du Chap. IV, et l'on obtient ainsi:

PROPOSITION 2. (Th. de suspension d'Eilenberg-MacLane.) *La suspension* Σ *applique* $H_i(\Pi; q, Z)$ *sur* $H_{i+1}(\Pi; q + 1, Z)$ *pour* $0 < i \leqq 2q$; *c'est un isomorphisme si* $0 < i \leqq 2q - 1$.

3. Le théorème de Hopf

Gardons les notations du n° précédent. Nous avons vu que les groupes d'homologie et de cohomologie de $K(\Pi; q)$ étaient ceux de l'espace X des lacets sur un certain espace Y. Mais tout espace de lacets est un H-espace (Chap. IV, Prop. 1), donc son algèbre de cohomologie possède un H-homomorphisme si elle est de type fini en toute dimension (*ibid.*, Prop. 2); elle vérifie donc le théorème de Hopf. On a donc:

PROPOSITION 3. *Soit* Π *un groupe abélien de type fini,* q *un entier* $\geqq 1$, k *un corps commutatif. L'algèbre de cohomologie* $H^*(\Pi; q, k)$ *vérifie le théorème de Hopf, tel qu'il est énoncé au* Chap. IV, n°2.

(En particulier, si k est de caractéristique nulle, c'est le produit tensoriel d'une algèbre extérieure engendrée par des éléments de degré impair, et d'une algèbre de polynomes engendrée par des éléments de degré pair.)

On notera que le résultat précédent est en particulier valable lorsque $q = 1$.

Donnons à titre d'exemple le calcul de $H^*(Z; q, K)$, le corps K étant de caractéristique nulle:

PROPOSITION 4. *Si K est un corps de caractéristique nulle, l'algèbre de cohomologie $H^*(Z; q, K)$ où q est pair (resp. impair) est une algèbre de polynomes (resp. une algèbre extérieure) engendrée par un élément de degré q.*

La proposition est vraie si $q = 1$ (elle revient à déterminer l'homologie d'un cercle). Elle sera donc démontrée par récurrence sur l'entier q si nous prouvons les deux lemmes suivants:

LEMME 1. *Soit X un espace tel que $\pi_0(X) = \pi_1(X) = 0$, Y l'espace des lacets sur X, K un corps. On suppose que $H^*(Y, K)$ est isomorphe à une algèbre extérieure engendrée par un élément de degré q (q impair). Alors $H^*(X, K)$ est isomorphe à une algèbre de polynomes engendrée par un élément de degré $q + 1$.*

LEMME 2. *Soit X un espace tel que $\pi_0(X) = \pi_1(X) = 0$, Y l'espace des lacets sur X, K un corps de caractéristique nulle. On suppose que $H^*(Y, K)$ est isomorphe à une algèbre de polynomes engendrée par un élément de degré q (q pair). Alors $H^*(X, K)$ est isomorphe à une algèbre extérieure engendrée par un élément de degré $q + 1$.*

Démonstration du Lemme 1.

La fibre ayant la cohomologie d'une sphère, on peut appliquer la suite exacte de Gysin (Chap. III, Prop. 6). On a donc une suite exacte:

$$H^i(E, K) \to H^{i-q}(X, K) \xrightarrow{h} H^{i+1}(X, K) \to H^{i+1}(E, K),$$

où l'homomorphisme h est la multiplication par un élément $\Omega \in H^{q+1}(X, K)$. Puisque $H^i(E, K) = 0$ si $i > 0$, h doit être un *isomorphisme sur*, et le lemme en résulte immédiatement.

(On observera que ce résultat est un cas particulier d'un th. de A. Borel déjà cité.)

Démonstration du Lemme 2.

Soit E_r la suite spectrale de l'espace fibré des chemins d'origine fixée et tracés dans X. On a: $E_2 = H^*(X) \otimes H^*(Y)$. D'après la Prop. 10 du Chap. IV, $H^i(X, K) = 0$ pour $0 < i < q + 1$, et $H^{q+1}(X, K)$ admet pour base un élément u tel que $d_{q+1}v = u$, v désignant un élément de base de $H^q(Y, K)$.

Désignons alors par U le sous-espace de $E_{q+1} = E_2$ formé des éléments de degré-base $\leqq q + 1$. L'espace U admet pour base homogène les éléments v^k et $u \otimes v^k$ ($k = 0, 1, \cdots$), et la différentielle d_{q+1} y est donnée par les formules:

$$d_{q+1}(v^k) = k \cdot u \otimes v^{k-1}, \qquad d_{q+1}(u \otimes v^k) = 0.$$

Comme K est de caractéristique nulle, il résulte de ces formules que tout cocycle de U de dimension >0 est un cobord, et donc que l'image canonique U_r de U dans les termes E_r ($r > q + 1$) est nulle en toute dimension >0.

Nous allons maintenant prouver que $H^i(X, K) = 0$ pour $i > q + 1$, ce qui achèvera la démonstration. Pour cela, raisonnons par l'absurde, et soit $w \in H^i(X, K)$; $w \neq 0$, $i \geqq q + 2$; on peut en outre supposer que w est de degré minimum parmi tous ceux jouissant de cette propriété. Puisque w est un élément basique, c'est un cocycle pour toutes les différentielles d_r. En outre, je dis que ce n'est pas un cobord. En effet, ce n'est tout d'abord pas un cobord pour d_{q+1}, car ce ne pourrait être que le cobord de $u \otimes v^k$ qui est un cocycle, on l'a vu; d'autre part, ce n'est pas un cobord pour d_r $(r > q + 1)$, car ce serait le cobord d'un élément de U_r, qui est nul en toute dimension >0, on l'a vu. Il suit de là que w définit un élément non nul de E_∞, ce qui est absurde et achève la démonstration.

Appendice

Sur l'homologie de certains revêtements

(Ajouté le 25 Août 1951)

Au n° 6 du Chapitre I nous avons rappelé sans démonstration un résultat général sur l'homologie des revêtements (Proposition 4). Comme nous n'en avons utilisé par la suite que des cas très particuliers (essentiellement les deux corollaires à la proposition en question), il sera peut-être commode pour le lecteur de trouver ici des démonstrations directes et élémentaires de ces cas particuliers.

Soit Π un groupe opérant sans point fixe sur un espace T, et soit $X = T/\Pi$; T est donc un revêtement galoisien de X; la projection $T \to X$ sera désignée par p. Au sujet de Π, T, X nous faisons les deux hypothèses suivantes (qui sont vérifiées dans les conditions, plus particulières, du n° 6 du Chapitre I):

(1) *Pour tout simplexe singulier s de l'espace X, il existe un simplexe singulier s' de l'espace T tel que $s = p \circ s'$.*

(2) *Si deux simplexes singuliers s', s'' de l'espace T sont tels que $p \circ s' = p \circ s''$, il existe $\sigma \in \Pi$ tel que $\sigma(s') = s''$.*

Rappelons d'autre part quelques définitions concernant les groupes abéliens à opérateurs:

Si A est un groupe abélien sur lequel opère le groupe Π (à gauche, pour fixer les idées) on désigne par A^Π le sous-groupe de A formé des $a \in A$ tels que $\sigma(a) = a$ pour tout $\sigma \in \Pi$, et par A_Π le quotient de A par le sous-groupe engendré par les $a - \sigma(a)$ où a parcourt A et σ parcourt Π.

Le groupe à opérateurs A est dit Π-libre s'il existe une famille $\{a_\iota\}$ $(\iota \in I)$ d'éléments de A telle que les $\sigma(a_\iota)$ $(\sigma \in \Pi, \iota \in I)$ forment une base du groupe abélien A.

Ces définitions rappelées, considérons les complexes singuliers de T et de X, $K(T)$ et $K(X)$ respectivement. Le groupe Π est un groupe d'automorphismes du complexe $K(T)$, et $K(T)$ est Π-*libre* puisque Π opère sans point fixe sur T. L'application $p: T \to X$ définit un homomorphisme de $K(T)$ dans $K(X)$ qui, par passage au quotient, définit un homomorphisme: $K(T)_\Pi \rightarrow K(X)$. La condition (1) entraîne que ce dernier homomorphisme est *sur*, la condition (2) qu'il est *biunivoque*. Ceci nous permet d'*identifier* $K(T)_\Pi$ *à* $K(X)$.

On est ainsi amené à étudier la situation purement algébrique suivante: on a un complexe C ($K(T)$, dans ce qui précède) sur lequel opère un groupe Π; C est Π-libre; on cherche les relations qui existent entre les groupes d'homologie de C et ceux de C_Π. Donnons ces relations dans quelques cas particuliers:

PROPOSITION 1. *Supposons que* $\Pi = Z$, *groupe additif des entiers, et soit* G *un groupe abélien. On a alors la suite exacte*:

$$0 \rightarrow H_i(C, G)_\Pi \rightarrow H_i(C_\Pi, G) \rightarrow H_{i-1}(C, G)^\Pi \rightarrow 0.$$

(En particulier, revenant au cas topologique et supposant en outre que Π opère trivialement sur $H_i(T, G)$ pour tout i, on trouve la suite exacte: $0 \rightarrow H_i(T, G) \rightarrow H_i(X, G) \rightarrow H_{i-1}(T, G) \rightarrow 0$, résultat qui contient le Cor. 1 à la Prop. 4 du Chap. I).

DÉMONSTRATION. Soit σ un générateur de Π. Considérons la suite:

$$0 \rightarrow C \xrightarrow{1-\sigma} C \rightarrow C_\Pi \rightarrow 0,$$

où $C \rightarrow C$ est l'endomorphisme $1 - \sigma$, et $C \rightarrow C_\Pi$ l'application canonique. Je dis que cette suite est *exacte*. Il y a deux choses à vérifier:

a) que $1 - \sigma$ est biunivoque. En effet, si $c = \sigma(c)$, $c \in C$, on a $c \in C^\Pi$. Mais, puisque C est Π-libre et que Π a une infinité d'éléments, on a $C^\Pi = 0$.

b) que tout élément de la forme $c - \sigma^n(c)$ $(n \in Z)$ peut se mettre sous la forme $c' - \sigma(c')$. Cela résulte des identités:

$$1 - \sigma^n = (1 - \sigma)(1 + \sigma + \sigma^2 + \cdots + \sigma^{n-1}) \qquad \text{si } n \geqq 1,$$

$$1 - \sigma^{-n} = (1 - \sigma)(1 + \sigma^{-1} + \sigma^{-2} + \cdots + \sigma^{-n-1}) \qquad \text{si } n \geqq 0.$$

Formons le produit tensoriel de cette suite exacte avec le groupe abélien G; puisque C est Π-libre, C et C_Π sont des groupes abéliens libres, et la suite obtenue sera encore une suite exacte:

$$0 \rightarrow C \otimes G \xrightarrow{1-\sigma} C \otimes G \rightarrow C_\Pi \otimes G \rightarrow 0.$$

Par passage à l'homologie, cela donne la suite exacte:

$$H_i(C, G) \xrightarrow{1-\sigma} H_i(C, G) \rightarrow H_i(C_\Pi, G) \rightarrow H_{i-1}(C, G) \xrightarrow{1-\sigma} H_{i-1}(C, G)$$

d'où la suite exacte cherchée:

$$0 \rightarrow H_i(C, G)_\Pi \rightarrow H_i(C_\Pi, G) \rightarrow H_{i-1}(C, G)^\Pi \rightarrow 0.$$

PROPOSITION 2. *Supposons que* Π *soit un groupe fini d'ordre* n *et soit* G *un groupe abélien où l'équation* $n \cdot x = y$ *ait, pour tout* y, *une solution et une seule. Alors* $H_i(C_\Pi, G) = H_i(C, G)_\Pi$.

(En particulier, revenant au cas topologique et supposant en outre que Π

opère trivialement sur $H_i(T, G)$, on voit que $H_i(T, G) = H_i(X, G)$, résultat qui contient le Cor. 2 à la Prop. 4 du Chap. I).

DÉMONSTRATION. Nous noterons $1/n$ l'automorphisme de G qui transforme un élément y en l'élément x tel que $n \cdot x = y$; cet automorphisme se prolonge à $C \otimes G$. Ceci permet de définir un endomorphisme P de $C \otimes G$ par la formule:

$$P = 1/n \sum_{\sigma \in \Pi} \sigma.$$

On vérifie tout de suite que $P\sigma = \sigma P = P$ pour tout $\sigma \in \Pi$, et que $P^2 = P$; P est un *projecteur*, visiblement nul pour les éléments de la forme $c - \sigma(c)$, $\sigma \in \Pi$. Réciproquement, si $P(c) = 0$, on a:

$$c = \sum_{\sigma \in \Pi} (c/n - \sigma(c/n)),$$

ce qui montre que le noyau de P coincide avec le sous-groupe de $C \otimes G$ engendré par les $c - \sigma(c)$. Il suit de là que $(C \otimes G)_\Pi$, d'ailleurs isomorphe à $C_\Pi \otimes G$, s'identifie au quotient de $C \otimes G$ par le noyau du projecteur P. Passant à l'homologie on voit que $H_i(C_\Pi, G)$ s'identifie au quotient de $H_i(C, G)$ par le noyau du projecteur défini par P, c'est-à-dire, d'après la formule ci-dessus, à $H_i(C, G)_\Pi$.

Donnons enfin, uniquement sous forme topologique pour abréger, un résultat implicitement utilisé dans la démonstration du Lemme 7 du Chapitre V:

PROPOSITION 3. *Supposons que $\Pi = Z + N$, où N est un groupe fini d'ordre n, et soit G un groupe abélien où l'équation $n \cdot x = y$ ait, pour tout y, une solution et une seule. Supposons en outre que Π opère trivialement sur $H_i(T, G)$ pour tout i. On a alors la suite exacte:*

$$0 \to H_i(T, G) \to H_i(X, G) \to H_{i-1}(T, G) \to 0.$$

(Dans l'application au lemme en question, N est un groupe abélien d'ordre une puissance de 2, et G un corps de caractéristique $\neq 2$).

DÉMONSTRATION. Soit $Y = T/N$; d'après la Prop. 2 ci-dessus, la projection $T \to Y$ définit un isomorphisme de $H_i(T, G)$ sur $H_i(Y, G)$. D'autre part, $\Pi/N = Z$ opère sans point fixe sur Y, et $Y/Z = X$. Puisque Π opère trivialement sur $H_i(T, G)$, Π/N opère trivialement sur $H_i(Y, G)$ et l'application de la Prop. 1 ci-dessus donne alors la suite exacte cherchée.

PARIS

BIBLIOGRAPHIE

[1]. A. BOREL. *Impossibilité de fibrer une sphère par un produit de sphères.* C. R. Acad. Sci. Paris, *231*, 1950, p. 943–945.

[2]. A. BOREL et J-P. SERRE. *Impossibilité de fibrer un espace euclidien par des fibres compactes.* C. R. Acad. Sci. Paris, *230*, 1950, p. 2258–2260.

[3]. H. CARTAN. *Sur la cohomologie des espaces où opère un groupe.* C. R. Acad. Sci. Paris, *226*, 1948, p. 148–150 et 303–305.

[4]. H. CARTAN. *Séminaire de Topologie algébrique ENS*, I, 1948–1949.

[5]. H. CARTAN. Idem, II, 1949–1950.

[6]. H. CARTAN. Idem, III, 1950–1951.

[7]. H. CARTAN et S. EILENBERG. *Satellites des foncteurs de modules* (à paraître).

[8]. H. Cartan et J. Leray. *Relations entre anneaux de cohomologie et groupe de Poincaré*. Colloque Top. Alg. Paris 1947, p. 83–85.

[9]. S. S. Chern and E. Spanier. *The homology structure of sphere bundles*. Proc. Nat. Acad. Sci. U.S.A., *36*, 1950, p. 248–255.

[10]. S. Eilenberg. *Singular homology theory*. Ann. of Math., *45*, 1944, p. 407–447.

[11]. S. Eilenberg. *Topological methods in abstract algebra. Cohomology theory of groups*. Bull. Amer. Math. Soc., *55*, 1949, p. 3–27.

[12]. S. Eilenberg and S. MacLane. *Relations between homology and homotopy groups of spaces*. Ann. of Math., *46*, 1945, p. 480–509.

[13]. S. Eilenberg and S. MacLane. Idem, II, Ann. of Math., *51*, 1950, p. 514–533.

[14]. S. Eilenberg and S. MacLane. *Cohomology theory of abelian groups and homotopy theory*. I. Proc. Nat. Acad. Sci. U.S.A., *36*, 1950, p. 443–447.

[15]. S. Eilenberg and S. MacLane. Idem, II, p. 657–663.

[16]. W. Gysin. *Zur Homologie Theorie des Abbildungen und Faserungen von Mannigfaltigkeiten*. Comment. Math. Helv., *14*, 1941, p. 61–121.

[17]. H. Hopf und W. Rinow. *Ueber den Begriff der vollständigen differentialgeometrischen Fläche*. Comment. Math. Helv., *3*, 1931, p. 209–225.

[18]. W. Hurewicz. *Beiträge zur Topologie der Deformationen*. Neder. Akad. Wetensch, I, *38*, 1935, p. 112–119; II, ibid., p. 521–528; III, ibid., *39*, 1936, p. 117–126; IV, ibid., p. 215–224.

[19]. J-L. Koszul. *Sur les opérateurs de dérivation dans un anneau*. C. R. Acad. Sci. Paris, *225*, 1947, p. 217–219.

[20]. J-L. Koszul. *Homologie et cohomologie des algèbres de Lie*. Bulletin Soc. Math. France, *78*, 1950, p. 65–127.

[21]. J. Leray. *Sur la forme des espaces topologiques et sur les points fixes des représentations*. J. Math. Pures Appl., *24*, 1945, p. 95–248.

[22]. J. Leray. *Structure de l'anneau d'homologie d'une représentation*. C. R. Acad. Sci. Paris, *222*, 1946, p. 1419–1422.

[23]. J. Leray. *L'anneau spectral et l'anneau filtré d'homologie d'un espace localement compact et d'une application continue*. J. Math. Pures Appl., *29*, 1950, p. 1–139.

[24]. J. Leray. *L'homologie d'un espace fibré dont la fibre est connexe*. J. Math. Pures Appl., *29*, 1950, p. 169–213.

[25]. M. Morse. The Calculus of variations in the large. Colloquium *18*, 1934.

[26]. M. Morse. Functional Topology and abstract variational theory. Mémorial des Sc. Maths., *92*, 1938.

[27]. H. Seifert und W. Threlfall. Variationsrechnung im Grossen (theorie von Marston Morse). Teubner 1939.

[28]. J-P. Serre. *Homologie singulière des espaces fibrés*. C. R. Acad. Sci. Paris, I, *231*, 1950, p. 1408–1410; II, ibid., *232*, 1951, p. 31–33; III, ibid., p. 142–144.

[29]. A. Shapiro. *Cohomologie dans les espaces fibrés*. C. R. Acad. Sci. Paris, *231*, 1950, p. 206–207.

[30]. N. E. Steenrod. *Homology with local coefficients*. Ann. of Math., *44*, 1945, p. 610–627.

[31]. R. Thom. *Classes caractéristiques et i-carrés*. C. R. Acad. Sci. Paris, *230*, 1950, p. 427–429.

[32]. H. C. Wang. *The homology groups of the fibre-bundles over a sphere*. Duke Math. J., *16*, 1949, p. 33–38.

10.

(avec H. Cartan)

Espaces fibrés et groupes d'homotopie
I. Constructions générales

C. R. Acad. Sci. Paris **234** (1952), 288–290

1 Construction d'espaces fibrés (¹) permettant de « tuer » le groupe d'homotopie $\pi_n(X)$ d'un espace X dont les $\pi_i(X)$ sont nuls pour $i < n$. Cette méthode généralise celle qui consiste, pour $n = 1$, lorsque X est connexe, à « tuer » le groupe fondamental $\pi_1(X)$ en passant au revêtement universel de X.

1. Soient X un espace connexe par arcs, $x \in X$, $\mathcal{S}(X)$ le complexe singulier de X. Pour tout entier $q \geqq 1$, soit $\mathcal{S}(X; x, q)$ le sous-complexe engendré par les simplexes dont les $(q-1)$-faces sont en x. Les groupes d'homologie (resp. cohomologie) de $\mathcal{S}(X; x, q)$ à coefficients dans G sont les *groupes d'Eilenberg* (²) de l'espace X en x; on les notera $H_i(X; x, q, G)$, resp. $H^i(X; x, q, G)$. Ils forment des systèmes locaux. Rappelons (²) que $\pi_q(X; x) \approx H_q(X; x, q, Z)$ pour $q \geqq 2$.

Définition. — Un espace Y, muni d'une application continue f de Y dans X, *tue* les groupes d'homotopie $\pi_i(X)$ pour $i \leqq n (n \geqq 1)$ si $\pi_i(Y) = 0$ pour $i \leqq n$ et si f définit un isomorphisme de $\pi_i(Y)$ sur $\pi_i(X)$ pour $i > n$.

THÉORÈME 1. — *Si un espace* Y *tue les* $\pi_i(X)$ *pour* $i \leqq n$, *les groupes d'homologie* $H_j(Y)$ *sont isomorphes aux groupes d'Eilenberg* $H_j(X; x, n+1)$; *de même pour la cohomologie.*

Cela résulte du :

LEMME 1. — *Si une application f d'un* Y *dans un* X *applique* $y \in Y$ *en* $x \in X$ *et définit, pour tout* $i > n$, *un isomorphisme* $\pi_i(Y; y) \approx \pi_i(X; x)$, *l'homomorphisme* $\mathcal{S}(Y; y, n+1) \to \mathcal{S}(X; x, n+1)$ *défini par f est une chaîne-équivalence.* (*En considérant le « mapping cylinder » de f, on se ramène au cas où* Y *est plongé dans* X; *le lemme s'obtient alors par un procédé standard de déformation.*)

(¹) L'expression « espace fibré » est prise dans le sens général défini par Serre (*Ann. of Math.*, 54, 1951, p. 425-505). Ce Mémoire sera désigné par [S].

(²) *Ann. of Math.*, 45, 1944, p. 407-447; *voir* § 32.

Le théorème 1 justifie la notation $(X, n+1)$ pour n'importe quel espace qui tue les $\pi_i(X)$ pour $i \leqq n$.

2. Théorème 2. — *A tout X connexe par arcs, on peut associer une suite d'espaces* (X, n) [où $n = 1, 2, \ldots$ et $(X, 1) = X$] *et d'applications continues* f_n : $(X, n+1) \to (X, n)$, *de manière que* $(X, n+1)$ *tue les* $\pi_i(X, n)$ *pour* $i \leqq n$, *et que :*

(I) *l'application* f_n *munisse* $(X, n+1)$ *d'une structure d'espace fibré* [1] *de base* (X, n), *ayant pour fibre un espace* $\mathcal{K}[\pi_n(X), n-1]$[3];

(II) *il existe un espace* X'_n *de même type d'homotopie que* (X, n), *et une fibration de* X'_n, *de fibre* $(X, n+1)$, *ayant pour base un* $\mathcal{K}[\pi_n(X), n]$.

Il suffira de dire comment $(X, n+1)$, f_n et X'_n se construisent à partir de (X, n). On utilise d'abord deux lemmes, déjà employés par certains auteurs [4] :

Lemme 2. — *Étant donné un espace connexe* A *et un entier* $k \geqq 1$, *on peut plonger* A *dans un espace* U *de manière que* $\pi_i(A) \to \pi_i(U)$ *soit un isomorphisme (sur) pour* $i < k$, *et* $\pi_k(U) = 0$. [*Pour tout* $\alpha \in \pi_k(A)$ *on choisit un représentant* $g_\alpha : S_\alpha \to A$, *où* S_α *est une sphère de dimension* k, *frontière d'une boule* E_α *de dimension* $k+1$; *on « attache » à* A *les boules* E_α *au moyen des applications* g_α].

Lemme 3. — *Étant donné un espace* A *tel que* $\pi_i(A) = 0$ *pour* $i < n$, *on peut plonger* A *dans un espace* V *de manière que* $\pi_n(A) \to \pi_n(V)$ *soit un isomorphisme sur, et* $\pi_i(V) = 0$ *pour* $i \neq n$. (*Se déduit du lemme* 2 *par itération, en prenant l'espace-réunion.*)

Constructions. — Étant donné une application continue φ d'un espace A dans un $V = \mathcal{K}(\pi, n)$, soit A′ l'espace des couples (a, ω) où $a \in A$ et ω est un chemin [5] de V d'extrémité $\varphi(a)$; A′ se rétracte sur A, identifié à l'espace des couples (a, ω) tels que ω soit ponctuel en $\varphi(a)$. L'application g qui, à (a, ω), associe l'origine de ω, définit A′ comme espace fibré de base V. Soit B la fibre au-dessus de $\varphi(a_0)$(a_0, point fixé de A); l'application f qui, à (a, ω), associe a, définit B comme espace fibré de base A, de fibre l'espace W des lacets sur V, qui est un $\mathcal{K}(\pi, n-1)$.

Appliquons ces constructions à l'espace $A = (X, n)$ supposé déjà obtenu, au groupe $\pi = \pi_n(X)$ et à l'injection φ de A dans V (lemme 3). La suite

---

(3) Rappelons (*cf.* Eilenberg-MacLane, *Ann. of Math.*, 46, 1945, p. 480-509, § 17; *ibid.*, 51, 1950, p. 514-533) que si un espace V satisfait à $\pi_i(V) = 0$ pour tout $i \neq n$, $\pi_n(V) = \pi$, le complexe $\mathfrak{S}(V)$ a même type d'homotopie qu'un complexe $K(\pi, n)$ explicité par ces auteurs, et qui dépend seulement de n et du groupe π (abélien si $n \geqq 2$). D'un tel espace V, nous dirons que c'est un espace $\mathcal{K}(\pi, n)$; ses groupes d'homologie $H_i(\pi; n)$ (resp. de cohomologie) sont les *groupes d'Eilenberg-MacLane* du groupe π, pour l'entier n.

(4) *Voir*, par exemple, J. H. C. Whitehead, *Ann. of Math.*, 50, 1949, p. 261-263.

(5) Pour tout ce qui concerne les espaces de chemins, *voir* [S], Chap. IV.

exacte d'homotopie des espaces fibrés montre que B tue les $\pi_i(A)$ pour $i \leq n$; on peut donc prendre $(X, n+1) = B$, $f_n = f$, $X'_n = A'$, et le théorème 2 est démontré.

3. *Utilisation.* — Chacune des fibrations (I) et (II) définit (pour chaque n) une suite spectrale ([6]). Dans la mesure où l'on connaît les groupes d'Eilenberg-MacLane d'un groupe π donné, on obtient une méthode de calcul (partiel) des groupes d'Eilenberg de X, et notamment des groupes d'homotopie de X.

La méthode utilisée par Hirsch ([7]) pour étudier $\pi_3(X)$ quand $\pi_1(X) = 0$ et que $\pi_2(X)$ est libre de base finie, rentre dans notre méthode générale; elle revient à prendre au-dessus de X une fibre $\mathcal{K}(\pi_2, 1)$ qui est ici un produit de cercles.

En vue des applications, la remarque suivante est utile : l'espace $W = \mathcal{K}[\pi_n(X), n-1]$ opère à gauche dans $B = (X, n+1)$, et par suite chaque $\alpha \in H_i[\pi_n(X), n-1]$ définit un endomorphisme λ_α de la suite spectrale d'homologie de la fibration (I); on démontre que λ_α commute avec toutes les différentielles de cette suite spectrale.

([6]) Il s'agit de la suite spectrale en homologie (resp. cohomologie) singulière; *voir* [S], Chap. I et II.

([7]) *Comptes rendus*, 228, 1949, p. 1920.

(Extrait des *Comptes rendus des séances de l'Académie des Sciences*, t. 234, p. 288-290, séance du 14 janvier 1952.)

11.

(avec H. Cartan)

Espaces fibrés et groupes d'homotopie II. Applications

C. R. Acad. Sci. Paris **234** (1952), 393–395

Applications de la méthode générale exposée dans une Note précédente ([1]). On retrouve la plupart des relations connues entre homologie et homotopie; les résultats nouveaux concernent notamment les groupes d'homotopie des groupes de Lie et des sphères.

Dans toute la suite X désignera un espace *connexe par arcs*.

Considérons la fibration (II) de la Note ([1]), pour $n \geqq 2$; en lui appliquant la Proposition 5 du Chapitre III de [S], on obtient :

Proposition 1. — *Pour tout espace* X *et tout* $n \geqq 2$ ([2]), *on a une suite exacte :*

$$(1)\quad \begin{cases} H_{2n}(X, n+1) \to H_{2n}(X, n) \to H_{2n}(\pi_n(X); n) \to H_{2n-1}(X, n+1) \to H_{2n-1}(X, n) \to \ldots \\ \ldots \to H_{n+2}(X, n+1) \to H_{n+2}(X, n) \to H_{n+2}(\pi_n(X); n) \to \pi_{n+1}(X) \to H_{n+1}(X, n) \to 0. \end{cases}$$

Compte tenu de ce que $H_{n+2}(\pi; n) = \pi/2\pi\ (n \geqq 3)$ et $H_{n+3}(\pi; n) = {}_2\pi\ (n \geqq 4)$, on retrouve des résultats de G. W. Whitehead ([3]).

Corollaire 1. — *Les groupes d'homologie relatifs* $H_i[\mathfrak{S}(X; x, n), \mathfrak{S}(X; x, n+1)]$ (*où* x *est un point de* X) *sont isomorphes aux groupes d'Eilenberg-MacLane* $H_i(\pi_n(X); n)$ *pour* $1 \leqq i \leqq 2n$.

Ce résultat semble en rapport étroit avec une suite spectrale annoncée récemment par W. Massey et G. W. Whitehead (lorsque X est une sphère) ([4]).

Corollaire 2. — *Si* $\pi_i(X) = 0$ *pour* $i < n$ *et* $H_j(X) = 0$ *pour* $n < j \leqq 2n$ (*en particulier si* X *est une sphère* $\mathbf{S}_n$), *on a des isomorphismes :*

$$H_j(X, n+1) \approx H_{j+1}(\pi_n(X); n) \qquad pour\ \ n \leqq j \leqq 2n-1 \qquad (n \geqq 2).$$

([1]) *Comptes rendus*, **234**, 1952, p. 288. Nous renvoyons à cette Note dont nous conservons la terminologie et les notations.

([2]) Le cas $n = 1$ est spécial et n'apporte d'ailleurs rien de nouveau.

([3]) *Proc. Nat. Acad. Sc. USA*, **34**, 1948, p. 207-211.

([4]) *Bull. Amer. Math. Soc.*, 57, 1951, Abstracts 544 et 545.

On notera que, si $j < 2n - 1$, les groupes $H_{j+1}(\pi; n)$ sont « stables » et isomorphes aux groupes $A_{j-n+2}(\pi)$ introduits par Eilenberg-Mac Lane ([5]), ce qui fournit une interprétation géométrique de ces derniers groupes.

PROPOSITION 2. — *Si* $\pi_i(X) = 0$ *pour* $i < n$ *et* $n < i < m$ (*n et m étant deux entiers tels que* $0 < n < m$), *on a une suite exacte :*

$$H_{m+1}(X) \to H_{m+1}(\pi_n(X); n) \to \pi_m(X) \to H_m(X) \to H_m(\pi_n(X); n) \to 0.$$

Ceci se démontre au moyen de la fibration (II) et complète des résultats d'Eilenberg-MacLane ([6]) (à l'exception, toutefois, de ceux relatifs à l'invariant $\mathbf{k}$).

PROPOSITION 3. — *Supposons que* $\pi_1(X) = 0$, *que les nombres de Betti de* X *soient finis en toute dimension et que l'algèbre de cohomologie* $H^*(X, Q)$ (Q *désignant le corps des rationnels*) *soit le produit tensoriel d'une algèbre extérieure engendrée par des éléments de degrés impairs et d'une algèbre de polynômes engendrée par des éléments de degrés pairs; si* d_n *désigne le nombre des générateurs de degré n, on a*

$$\text{rang}\ ({}^7)\ \text{de}\ \pi_n(X) = d_n \quad \text{pour tout } n.$$

On utilise la fibration (I), et le calcul des algèbres de cohomologie d'Eilenberg-MacLane à coefficients dans Q; on montre par récurrence sur n que $H^*(X; n, Q)$ est l'algèbre quotient de $H^*(X, Q)$ par l'idéal engendré par les générateurs de degrés $< n$.

Remarques. — 1. La démonstration montre aussi que le noyau de l'homomorphisme $\pi_n(X) \to H_n(X)$ est un groupe de torsion.

2. La proposition subsiste même si $\pi_1(X) \neq 0$, pourvu que $\pi_1(X)$ soit abélien et opère trivialement dans $H^*(X; 2, Q)$.

3. La proposition 3 s'applique notamment : *a.* à une sphère de dimension impaire; *b.* à un espace de lacets sur un espace simplement connexe dont les nombres de Betti sont finis; *c.* à un groupe de Lie. En particulier, *les groupes d'homotopie d'un groupe de Lie sont finis en toute dimension où il n'y a pas d'élément « primitif »* (donc en toute dimension *paire*).

PROPOSITION 4. — *Soit* X *tel que* $\pi_1(X) = 0$, *et q un entier. Si* $H_i(X)$ *est un groupe de torsion pour* $1 < i < q$, *il en est de même du noyau et du conoyau* ([8]) *de l'homomorphisme* $\varphi_j : H_j(X, q) \to H_j(X)$ *pour tout j. Si en outre la compo-*

([5]) *Proc. Nat. Acad. Sc. USA*, 36, 1950, p. 657-663.

([6]) *Ann. of Math.*, 51, 1950, p. 514-533.

([7]) Le *rang* d'un groupe G est la dimension du Q-espace vectoriel $Q \otimes G$.

([8]) Le *conoyau* d'un homomorphisme $A \to B$ est le quotient de B par l'image de A.

sante p-primaire (p premier) de $H_i(X)$ *est nulle pour* $1 < i < q$, *il en est de même du noyau et du conoyau de* φ_j. *Ceci vaut notamment pour* $\varphi_q : \pi_q(X) \to H_q(X)$.

PROPOSITION 5. — *Les groupes d'homologie de la sphère* $\mathbf{S}_3$ *dont on a tué le troisième groupe d'homotopie sont les suivants :*

$$H_i(\mathbf{S}_3, 4) = 0 \quad \text{pour } i \text{ impair} \qquad \text{et} \qquad H_{2q}(\mathbf{S}_3, 4) = Z/qZ$$

(Les premiers groupes d'homologie sont donc : Z, 0, 0, 0, Z_2, 0, Z_3, 0, Z_4, ...).

COROLLAIRE. — *La composante p-primaire de* $\pi_{2p}(\mathbf{S}_3)$ *est* Z_p [9].

La proposition 5 permet de retrouver aisément les résultats connus sur les $\pi_i(\mathbf{S}_3)$, $i = 4, 5, 6$: pour $i = 4$, c'est évident; appliquant la suite (1) pour $n = 4$, et utilisant le fait que $H_7(Z_2; 4) = Z_2$, on obtient $\pi_5(\mathbf{S}_3) = Z_2$ et $H_6(\mathbf{S}_3, 5) = Z_6$; en appliquant la suite (1) pour $n = 5$ on obtient une suite exacte : $\pi_5(\mathbf{S}_3) \to \pi_6(\mathbf{S}_3) \to Z_6 \to 0$, qui montre que $\pi_6(\mathbf{S}_3)$ a 6 ou 12 éléments [4].

PROPOSITION 6. — *Les groupes* $\pi_7(\mathbf{S}_3)$ *et* $\pi_8(\mathbf{S}_3)$ *sont des groupes 2-primaires;* $\pi_9(\mathbf{S}_3)$ *est somme directe de* Z_3 *et d'un groupe 2-primaire.*

On utilise le fait que $H_i(Z_3; 5) = 0$ pour $i = 7$, 8, et $H_9(Z_3; 5) = Z_3$ [5].

Enfin, si l'on admet les résultats sur les groupes d'Eilenberg-MacLane obtenus par
1 H. Cartan au moyen de calculs dont le fondement théorique n'a pas encore reçu de justification complète, on obtient les résultats suivants (que nous donnons donc comme *conjecturaux*) : *pour n impair* $\geqq 3$, *et p premier, la composante p-primaire de* $\pi_i(\mathbf{S}_n)$ *est* Z_p *si* $i = n + 2p - 3$, *nulle si* $n + 2p - 3 < i < n + 4p - 6$; *celle de* $\pi_{4p-3}(\mathbf{S}_3)$ *est* Z_p, *de même (si* $p \neq 2$) *que celle de* $\pi_{4p-2}(\mathbf{S}_3)$. *Par exemple,* $\pi_{10}(\mathbf{S}_3)$ *est somme directe de* Z_{15} *et d'un groupe 2-primaire.*

---

[9] Notre méthode montre également que l'homomorphisme $f_p : \pi_{2p}(\mathbf{S}_3) \to Z_p$ introduit par N. E. Steenrod est *sur*.

(Extrait des *Comptes rendus des séances de l'Académie des sciences*,
t. 234, p. 393–395, séance du 21 janvier 1952).

12.

Sur les groupes d'Eilenberg-MacLane

C. R. Acad. Sci. Paris **234** (1952), 1243–1245

1 **Détermination des cup-produits et des *i*-carrés dans la cohomologie mod 2 des complexes K(Π; *n*) d'Eilenberg-MacLane. Application aux groupes d'homotopie des sphères.**

Dans ce qui suit, $H^*(\Pi; n)$ désignera l'algèbre de cohomologie du complexe $K(\Pi; n)$ à coefficients dans le corps à deux éléments. Nous étudierons cette algèbre par induction sur n, grâce à la méthode introduite dans (¹) (chap. VI); rappelons que cette méthode consiste à considérer $K(\Pi; n)$ comme la base d'un espace fibré contractile dont la fibre est $K(\Pi; n-1)$.

1. *Détermination de* $H^*(\Pi; n)$. — Prenons d'abord $\Pi = Z_2$; si $n=1$, $H^*(Z_2; 1) = \mathbf{S}(x)$, algèbre de polynomes à un générateur x de dimension 1 (ce n'est rien d'autre que la cohomologie de l'espace projectif réel); mais une algèbre de polynômes sur un corps de caractéristique 2 admet pour système simple de générateurs [au sens de A. Borel (²)] les puissances 2^k-ièmes ($k=0, 1, \ldots$) de ses générateurs au sens usuel; ici, ce système simple est donc : $\{x, Sq^1 x, Sq^2 Sq^1 x, Sq^4 Sq^2 Sq^1 x, \ldots\}$. Dans la suite spectrale définie par la fibration qui relie $K(Z_2; 1)$ à $K(Z_2; 2)$ les éléments de ce système simple sont *transgressifs* puisque x l'est et que les *i*-carrés commutent à la transgression [*voir* (¹) (chap. II)]; désignons par $y \in H^2(Z_2; 2)$ l'image de x par transgression; il résulte alors d'un théorème de A. Borel (²) que $H^*(Z_2; 2)$ est isomorphe à l'algèbre de polynômes admettant pour générateurs y, $Sq^1 y$, $Sq^2 Sq^1 y$, $Sq^4 Sq^2 Sq^1 y, \ldots$:

$$H^*(Z_2; 2) = \mathbf{S}(y, Sq^1 y, Sq^2 Sq^1 y, Sq^4 Sq^2 Sq^1 y, \ldots).$$

Cette algèbre, à son tour, possède un système simple de générateurs transgressifs, à savoir les puissances 2^k-ièmes de y, $Sq^1 y, \ldots$; d'où, par le même raisonnement que plus haut :

$$H^*(Z_2; 3) = \mathbf{S}(z, Sq^1 z, Sq^2 z, Sq^2 Sq^1 z, \ldots), \quad \text{avec} \quad \dim z = 3.$$

(¹) J.-P. Serre, *Ann. of Math.*, 54, 1951, p. 425-505.

(²) *Comptes rendus*, **232**, 1951, p. 1628 et 2392. *Voir* aussi *Thèse*, Paris, 1952, à paraître aux *Ann. of Math.*

De façon générale, on voit ainsi que *l'algèbre de cohomologie* $H^*(Z_2; n)$ *est une algèbre de polynômes dont les générateurs sont certains i-carrés itérés de la classe fondamentale de dimension n.*

Un résultat analogue vaut pour le groupe $Z_{(2^k)}$ et le groupe Z; par exemple :

$$H^*(Z; 3) = \mathbf{S}(z, Sq^2 z, Sq^4 Sq^2 z, Sq^8 Sq^4 Sq^2 z, \ldots), \qquad \text{avec } \dim z = 3.$$

On tire de là le calcul de $H^*(\Pi; n)$ lorsque le groupe Π est de type fini.

Bien entendu, la détermination de proche en proche esquissée plus haut permet de déterminer exactement quels sont les *i*-carrés itérés qui interviennent pour former les générateurs de $H^*(Z_2; n)$; le résultat complet est trop compliqué pour être donné ici. Indiquons seulement ce que vaut la « partie stable » des $H^*(Z_2; n)$: notons $A^q(\Pi)$ les groupes de cohomologie $H^{n+q}(\Pi; n)$ où n est assez grand, et soit u la classe fondamentale de $A^0(Z_2)$; alors *l'espace vectoriel* $A^q(Z_2)$ (*sur le corps* Z_2) *admet pour base l'ensemble des éléments* $Sq^{i_1} Sq^{i_2} \ldots Sq^{i_k} u$, *où les indices vérifient les conditions :*

$$(1) \qquad k \geqq 0, \; i_1 \geqq 2i_2, \; i_2 \geqq 2i_3, \; \ldots, \; i_{k-1} \geqq 2i_k, \; i_1 + i_2 + \ldots + i_k = q.$$

Exemple. — $A^8(Z_2)$ a pour base $Sq^8 u$, $Sq^7 Sq^1 u$, $Sq^6 Sq^2 u$, $Sq^5 Sq^2 Sq^1 u$.

On déduit de ce qui précède *la composante 2-primaire du groupe d'homologie* $A_q(Z_2)$ *à coefficients entiers : c'est une somme directe de groupes* Z_2 *en nombre égal au nombre des partitions de q sous la forme* $q = i_1 + i_2 + \ldots + i_k$ *où les* $i_1, i_2, \ldots, i_k$ *vérifient les conditions* (1) *et où* i_1 *est pair.*

Les résultats précédents valent aussi bien pour $A^q(Z)$, ou $A_q(Z)$, à condition d'ajouter à la condition (1) la condition supplémentaire que $i_k \neq 1$.

2. *Applications.* — *a.* Comme il est bien connu, il y a une correspondance biunivoque entre les constructions cohomologiques partout définies et les éléments des groupes de cohomologie d'Eilenberg-Mac Lane; notre résultat montre donc que, *en cohomologie* mod 2, *toute construction cohomologique partout définie s'obtient par des cup-produits appliqués à des i-carrés itérés.*

b. En fait, le calcul des groupes $A^q(Z_2)$ donne un résultat plus précis; il montre que les *i*-carrés itérés dont les indices vérifient les conditions (1) forment une *base* de l'espace vectoriel sur Z_2 des *i*-carrés itérés. En particulier, tout autre *i*-carré itéré est une combinaison linéaire de ceux-là; ce résultat montre l'existence de relations entre les *i*-carrés (dont la relation $Sq^1 Sq^{2n} = Sq^{2n+1}$ est un exemple élémentaire), mais ne fournit pas de procédé mécanique pour déterminer ces relations. En fait, on peut les obtenir par une méthode toute différente, due à J. Adem [3].

---

2 [3] Résultats non publiés.

c. On peut utiliser les calculs des $H^*(\Pi;\ n)$ et les relations entre *i*-carrés itérés pour déterminer certains groupes d'homotopie des sphères. Utilisant la méthode introduite par H. Cartan et l'auteur ([4]), on obtient assez aisément :

$$\pi_6(\mathbf{S}_3) = Z_{12}\ (^5), \qquad \pi_7(\mathbf{S}_4) = Z + Z_{12}, \qquad \pi_{n+3}(\mathbf{S}_n) = Z_{24}\ (^6) \qquad (n \geqq 5);$$
$$\pi_7(\mathbf{S}_3) = Z_2\ (^7), \qquad \pi_8(\mathbf{S}_4) = Z_2 + Z_2, \qquad \pi_9(\mathbf{S}_5) = Z_2, \qquad \pi_{n+4}(\mathbf{S}_n) = 0 \qquad (n \geqq 6).$$

([4]) *Comptes rendus*, 234, 1952, p. 288 et 393.

([5]) Ce résultat n'est pas nouveau; en effet, d'une part il est connu que $\pi_6(\mathbf{S}_3)$ a 12 éléments [W. Massey et G. Whitehead, *Bull. Amer. Math. Soc.*, 57, 1951, *Abstract* 545; *Cf.* aussi H. Cartan et J.-P. Serre, *loc. cit.* ([4])], et d'autre part M. G. Barratt et G. F. Paechter viennent de démontrer qu'il contient un sous-groupe isomorphe à Z_4 (*Voir* une Note à paraître dans les *Proc. Nat. Acad. Sc. U. S. A*, 38, 1952.)

([6]) On obtient un générateur de ce groupe en appliquant la suspension de Freudenthal à l'application de Hopf : $\mathbf{S}_7 \to \mathbf{S}_4$.

([7]) On savait que $\pi_7(\mathbf{S}_3)$ contient un sous-groupe isomorphe à Z_2; *Cf.* P. Hilton, *Proc. London Math. Soc.*, 1, 1951, p. 462-493.

(Extrait des *Comptes rendus des séances de l'Académie des Sciences*, t. 234, p. 1243-1245, séance du 17 mars 1952.)

13.

Sur la suspension de Freudenthal

C. R. Acad. Sci. Paris **234** (1952), 1340–1342

1 Etude de la suspension de Freudenthal au moyen des espaces de lacets; application aux groupes d'homotopie des sphères.

1. *Un résultat préliminaire.* — Soit $f : X \to Y$ une application continue d'un espace X dans un espace Y, X et Y étant connexes et simplement connexes par arcs; on notera $f_i : H_i(X) \to H_i(Y)$, $f_i^0 : \pi_i(X) \to \pi_i(Y)$ les homomorphismes définis par f; A_i (resp. A_i^0) désignera le noyau de f_i (resp. f_i^0), B_i (resp. B_i^0) désignera le conoyau ([1]) de f_{i+1} (resp. f_{i+1}^0); enfin, on suppose que $B_1 = 0$.

Proposition 1. — *Soit q un entier, et supposons que* A_i *et* B_i *soient des groupes de torsion (resp. des groupes de torsion dont la composante p-primaire est nulle, p premier) pour tout* $i \leqq q$; *alors* A_i^0 *et* B_i^0 *sont des groupes de torsion (resp. des groupes de torsion dont la composante p-primaire est nulle) pour tout* $i \leqq q$.

Cette proposition se démontre de la même façon qu'un résultat analogue de J. H. C. Whitehead ([2]), à cela près que le théorème d'Hurewicz y est remplacé par la proposition 4 de la Note ([3]).

2. *La suspension de Freudenthal.* — Soit Ω_n l'espace des lacets sur la sphère $\mathbf{S}_n$; on peut plonger $\mathbf{S}_{n-1}$ dans Ω_n de telle sorte que l'homomorphisme induit $E : \pi_i(\mathbf{S}_{n-1}) \to \pi_i(\Omega_n) = \pi_{i+1}(\mathbf{S}_n)$ soit la suspension de Freudenthal ([4]). On notera Q_n l'espace des chemins de Ω_n d'origine fixée et d'extrémité dans $\mathbf{S}_{n-1}$; on a

$$\pi_i(Q_n) = \pi_{i+1}(\Omega_n, \mathbf{S}_{n-1}) = \pi_{i+2}(\mathbf{S}_n; E_n^+, E_n^-), \quad ([5])$$

([1]) Rappelons que le conoyau d'un homomorphisme $L \to M$ est le quotient de M par l'image de L.

([2]) *Bull. Amer. Math. Soc.*, 54, 1948, p. 1133-1145.

([3]) H. Cartan et J.-P. Serre, *Comptes rendus*, 234, 1952, p. 393.

([4]) Cette remarque a déjà été utilisée par divers auteurs.

([5]) Il s'agit ici de groupes d'homotopie de *triades* (A. Blakers et W. Massey, *Proc. Nat. Acad. Sc. U. S. A.*, 35, 1949, p. 322-328); l'interprétation de ces groupes comme groupes d'homotopie relatifs d'espaces de chemins est due à S. T. Hu (article à paraître aux *Portugaliae Mathematica*).

d'où la suite exacte :

$$(1) \qquad \ldots \to \pi_i(Q_n) \to \pi_i(\mathbf{S}_{n-1}) \xrightarrow{E} \pi_{i+1}(\mathbf{S}_n) \to \pi_{i-1}(Q_n) \to \ldots$$

Enfin, il existe un espace fibré qui est de même type d'homotopie que $\mathbf{S}_{n-1}$, dont la base est Ω_n et la fibre Q_n; cette fibration permet de déterminer, au moins partiellement, la cohomologie entière de Q_n, et, par là, son homotopie. On retrouve par cette voie les théorèmes de suspension de Freudenthal, et en outre :

Proposition 2. — *Soit ψ une application de $\mathbf{S}_{2n-3}$ dans Q_n qui engendre le groupe $\pi_{2n-3}(Q_n)$* [6]; *ψ définit un homomorphisme de $\pi_i(\mathbf{S}_{2n-3})$ sur $\pi_i(Q_n)$ pour $i \leqq 3n-6$ (pour $i \leqq 4n-7$ si n est pair); cet homomorphisme est biunivoque pour $i < 3n-6$ (pour $i < 4n-7$ si n est pair).*

On tire de là le fait que $\pi_{2n}(\mathbf{S}_n; E_n^+, E_n^-) = Z_2$ pour $n \geqq 4$, $\pi_{2n+1}(\mathbf{S}_n; E_n^+, E_n^-) = Z_2$ pour $n \geqq 6$, $\pi_{2n+2}(\mathbf{S}_n; E_n^+, E_n^-) = Z_{24}$ pour $n \geqq 6$, etc. [7].

Proposition 3. — *Si n est impair, l'homomorphisme $E^2 : \pi_i(\mathbf{S}_n) \to \pi_{i+2}(\mathbf{S}_{n+2})$ a un noyau (resp. un conoyau) dont la composante p-primaire (p premier) est nulle pour $i < p(n+1) - 3$ (resp. $i \leqq p(n+1) - 3$).*

Cette proposition est une conséquence immédiate du Lemme 6 du Chap. V de [8], joint à la proposition 1 ci-dessus.

Proposition 4. — *Soient n un entier pair, u une application de $\mathbf{S}_{2n-1}$ sur $\mathbf{S}_n$ d'invariant de Hopf égal à 2* [9], *$u_* : \pi_i(\mathbf{S}_{2n-1}) \to \pi_i(\mathbf{S}_n)$ l'homomorphisme défini par u; soit $E + u_*$ l'homomorphisme de la somme directe $\pi_{i-1}(\mathbf{S}_{n-1}) + \pi_i(\mathbf{S}_{2n-1})$ dans $\pi_i(\mathbf{S}_n)$ qui, sur le premier facteur, coïncide avec E, sur le second avec u_*. Alors, pour tout $i \geqq 0$, le noyau et le conoyau de $E + u_*$ sont des groupes finis d'ordre une puissance de 2.*

Tout revient à montrer que l'application de $\mathbf{S}_{n-1} \times \Omega_{2n-1}$ dans Ω_n définie par l'injection $\mathbf{S}_{n-1} \to \Omega_n$ et par u, vérifie les conditions de la proposition 1 avec $q = \infty$, p premier $\neq 2$. Ceci se voit en utilisant le calcul de $H^*(\Omega_n)$ et $H^*(\Omega_{2n-1})$ [*voir* [8], chap. IV], et le fait que l'homomorphisme :

$$\pi_{2n-1}(\mathbf{S}_n) = \pi_{2n-2}(\Omega_n) \to H_{2n-2}(\Omega_n) = Z,$$

n'est autre, au signe près, que l'invariant de Hopf [10].

---

[6] On voit facilement que $\pi_{2n-3}(Q_n) = Z$.

[7] En fait, ces deux derniers résultats valent aussi pour $n = 4$.

[8] J.-P. Serre, *Ann. of Math.*, 54, 1951, p. 425-505.

[9] Si l'on pouvait prendre pour u une application d'invariant de Hopf 1, on obtiendrait pour $E + u_*$ un isomorphisme sur (comparer avec le résultat classique d'Hurewicz-Steenrod).

[10] Pour établir ce point, le plus commode est d'utiliser la caractérisation de l'invariant de Hopf par le cup-carré fonctionnel, due à Steenrod.

Corollaire. — *La composante p-primaire (p premier $\neq 2$) de* $\pi_i(\mathbf{S}_n)$, *n pair, est isomorphe à la somme directe des composantes p-primaires de* $\pi_{i-1}(\mathbf{S}_{n-1})$ *et de* $\pi_i(\mathbf{S}_{2n-1})$.

Proposition 5. — *Soit n un entier impair; l'image de* $\pi_i(\mathbf{S}_n)$ *dans* $\pi_{i+2}(\mathbf{S}_{n+2})$ *par* E^2 *est un sous-groupe de* $E(\pi_{i+1}(\mathbf{S}_{n+1}))$ *dont l'indice est une puissance de* 2.

Résulte de la proposition précédente, où l'on prend $u=[i, i]$, produit de Whitehead de l'application identique de $\mathbf{S}_n$ sur $\mathbf{S}_n$ avec elle-même.

3. *Application à la sphère* $\mathbf{S}_3$. — Au moyen de la fibration donnée plus haut on peut déterminer les premiers groupes d'homologie de Q_3; on trouve Z, o, o, Z, Z_3, o, Z_2, Z_3, ...; d'où $\pi_i(Q_3)=0$ si $i<3$, $\pi_3(Q_3)=Z$, $\pi_4(Q_3)=Z_6$; on voit également que $\pi_5(Q_3)=0$ ou Z_2, et que $\pi_6(Q_3)$ a au plus 24 éléments. Confrontant ces résultats avec la suite exacte (1) et des résultats récents de Hilton [11], on retrouve le fait que $\pi_7(\mathbf{S}_3)=Z_2$, et en outre :

Proposition 6. — $\pi_8(\mathbf{S}_3)=Z_2$, $\pi_9(\mathbf{S}_3)=Z_3$ *ou* Z_6.

Appliquant à nouveau la suspension de Freudenthal, et utilisant la forme explicite de l'élément non nul de $\pi_8(\mathbf{S}_3)$ obtenu par Hilton, on obtient :

Corollaire. — $\pi_9(\mathbf{S}_4)=Z_2+Z_2$, $\pi_{10}(\mathbf{S}_5)=Z_2$, $\pi_{11}(\mathbf{S}_6)=Z$, $\pi_{n+5}(\mathbf{S}_n)=0$ *si* $n\geq 7$.

([11]) *Proc. London Math. Soc.*, **1**, 1951, p. 462-493; *voir* aussi un article à paraître dans les *Proc. Camb. Phil. Soc.*

Dans ces articles, P. Hilton démontre notamment l'existence d'éléments non nuls dans $\pi_7(\mathbf{S}_3)$ et $\pi_8(\mathbf{S}_3)$; pour établir la proposition 6, nous n'utilisons de ses résultats que le fait que $\pi_8(\mathbf{S}_3)\neq 0$, et le fait que la suspension de $\pi_7(\mathbf{S}_2)$ dans $\pi_8(\mathbf{S}_3)$ est nulle [ce point résultant lui-même de la nullité de $E: \pi_6(\mathbf{S}_2)\to\pi_7(\mathbf{S}_3)$].

GAUTHIER-VILLARS, IMPRIMEUR-LIBRAIRE DES COMPTES RENDUS DES SÉANCES DE L'ACADÉMIE DES SCIENCES.
14951-52 Paris. — Quai des Grands-Augustins, 55.

14.

Le cinquième problème de Hilbert. Etat de la question en 1951

Bull. Soc. Math. de France **80** (1952), 1 – 10

1. Introduction. — En 1900, Hilbert, dans sa fameuse conférence sur les problèmes des mathématiques [9], proposa comme problème n° 5 de « débarrasser la théorie de Lie de ses hypothèses de différentiabilité ».

Comme on sait, cette théorie se propose essentiellement deux objets :

a. Étudier les rapports existant entre les groupes de Lie et leurs algèbres de Lie (*cf.* [4] et [27] dont nous suivons les notations);

b. Étudier les rapports existant entre les représentations d'un groupe de Lie par des opérateurs d'une variété, et les représentations de son algèbre de Lie par des champs de vecteurs tangents à la variété.

Le 5e Problème se subdivise donc en deux parties que l'on peut énoncer comme suit :

A. *Montrer que tout groupe topologique localement euclidien est un groupe de Lie;*

B. *Montrer que tout groupe localement compact d'opérateurs d'une variété est un groupe de Lie.*

Il est clair que la résolution affirmative de B entraînerait celle de A (faire opérer le groupe sur lui-même par translation à gauche, par exemple). Ceci explique que B soit bien plus inaccessible que A, et que l'on n'ait à son sujet que des résultats fort partiels. Aussi a-t-on coutume de désigner sous le nom de 5e Pro-
1 blème, uniquement la partie A; c'est de cette dernière que nous nous occuperons presque exclusivement dans la suite.

Cet exposé de synthèse de l'état des recherches contenant le cinquième problème de Hilbert a été élaboré, à propos de la seconde thèse de l'auteur. Son intérêt a paru suffisamment grand pour justifier sa publication (N. D. S.)

2. Historique. — Le premier travail concernant le 5e Problème (sous la forme B) est celui de Brouwer en 1910 ([1], [2]) qui montre que tout groupe localement euclidien opérant sur une variété de dimension 1 ou 2 est un groupe de Lie. Du résultat de Brouwer on tire aisément que tout groupe localement euclidien de dimension 1 ou 2 est un groupe de Lie; c'est ce qui est fait en 1931 par Kerejkarto [12]. Entre ces deux dates ne paraît aucun travail sur le 5e Problème, probablement parce que les notions nécessaires pour pouvoir l'énoncer avec précision ne sont introduites qu'en 1926 par Schreier [28].

En 1933, Haar démontre l'existence d'une mesure invariante sur tout groupe localement compact (séparable, restriction inutile comme l'a montré A. Weil [31]); immédiatement von Neumann [25] en tire la résolution du 5e Problème pour les groupes *compacts*, suivi de près par Pontrjagin ([26], *voir* aussi [27]) qui, en 1934, le résout pour les groupes *abéliens*.

En 1941, Chevalley [3] annonce sa résolution pour les groupes *résolubles*; la première démonstration de ce résultat est due à Iwasawa [11], en 1949.

En 1948, Montgomery [17] résout le 5e Problème pour les groupes de dimension 3, et en 1951 Montgomery-Zippin [24] annoncent sa résolution pour les groupes de dimension 4.

Signalons enfin d'importants résultats de Smith [29] et de Gleason [7], [8], dont il sera question plus loin.

Nous allons maintenant passer en revue les diverses méthodes par lesquelles on a attaqué le 5e Problème.

3. Utilisation de la théorie des réprésentations unitaires. — C'est la méthode suivie notamment par von Neumann et Pontrjagin; c'est celle qui a obtenu les résultats les plus brillants. On procède comme suit :

Soit G un groupe localement compact; d'après Gelfand-Raikov, G possède un système complet de représentations unitaires irréductibles et si G est *abélien* (resp. *compact*) on peut montrer qu'une telle représentation est de dimension 1 (resp. de dimension finie). Le groupe G admet donc un système complet de représentations continues dans des groupes de Lie (à savoir les groupes unitaires de dimension finie); il en résulte que G possède un sous-groupe ouvert qui est limite projective de groupes de Lie; ceci se voit en utilisant les deux résultats suivants :

a. Tout groupe localement compact qui admet une représentation continue et biunivoque dans un groupe de Lie est un groupe de Lie (E. Cartan, *cf.* [4]);

b. Toute extension d'un groupe de Lie par un groupe de Lie est un groupe de Lie, Iwasawa [11], Gleason [7].

Posons alors, d'après Gleason [7], la définition suivante :

3.1. *Un groupe topologique est dit « groupe de Lie généralisé »* (en abrégé : GLG) *s'il est localement compact et s'il possède un sous-groupe ouvert qui est limite projective de groupes de Lie.*

On a donc montré :

3.2. *Tout groupe localement compact qui est soit abélien, soit compact, est un* GLG.

Il s'ensuit d'ailleurs que tout groupe localement compact résoluble est un GLG, car on peut montrer ([7], *voir* aussi [11]) que toute extension d'un GLG par un GLG est un GLG.

D'autre part, on a :

3.3. *Tout* GLG *localement connexe de dimension finie est un groupe de Lie.*

Se bornant au cas où le groupe G est limite projective des groupes de Lie G_ι ($\iota \in I$), on voit d'abord que l'on peut supposer que $\dim G = \dim G_\iota$ pour tout $\iota \in I$ (en effet, on a $\dim G = \lim_{\iota \in I} \dim G_\iota$, comme on le voit en « remontant » un cube de G_ι dans G). Cela étant, si les G_ι ne sont pas tous isomorphes au bout d'un certain rang, on montre aisément que G est localement isomorphe au produit direct d'un groupe de Lie et d'un groupe totalement discontinu non discret, ce qui est contraire à l'hypothèse de locale connexion. Le groupe G est donc bien un groupe de Lie.

Combinant 3.2 et 3.3, on obtient :

3.4. *Tout groupe localement compact, localement connexe, de dimension finie, qui est soit résoluble, soit compact, est un groupe de Lie.*

Il est clair que 3.4 entraîne la résolution du 5ᵉ Problème pour les groupes résolubles ou compacts.

Remarques. — α. On conjecture généralement que :

3.5. *Tout groupe localement compact est un* GLG.

D'après 3.3, ceci entraînerait la résolution du 5ᵉ Problème.

β. On notera que :

3.6. *Tout* GLG *sans sous-groupe arbitrairement petit est un groupe de Lie.*

γ. Les propriétés des GLG ont été étudiées systématiquement par Iwasawa [11] et Gleason [7]. Un des résultats les plus intéressants (dû à Iwasawa) est le suivant :

3.7. *Soit* G *un* GLG *connexe*; G *possède des sous-groupes compacts maximaux qui sont connexes et conjugués deux à deux; si* K *est l'un de ces sous-groupes*, G/K *est homéomorphe à un espace euclidien* R^n, *n fini et* G *est donc homéomorphe* à $K \times R^n$.

Ce résultat ramène évidemment l'étude topologique des GLG à celle des groupes compacts.

Possibilités d'extension des résultats précédents. — Si G est un groupe localement compact quelconque, il se peut que toutes ses représentations unitaires irréductibles soient de dimension infinie (c'est le cas, par exemple, pour les groupes de Lie simples non compacts). Il semble improbable que ces représentations puissent être de quelque utilité pour le 5ᵉ Problème.

On peut, par contre, se demander si l'on ne pourrait pas utiliser des représentations linéaires *quelconques* (non nécessairement unitaires). Malheureusement, on ne connaît à l'heure actuelle aucun procédé permettant de construire *a priori* de telles représentations; la découverte d'un pareil procédé serait pourtant extrêmement utile, et permettrait sans doute de donner une démonstration plus satisfaisante du théorème d'Ado.

4. La question des sous-groupes arbitrairement petits. — On dit qu'un groupe topologique n'a pas de sous-groupes arbitrairement petits s'il existe un voisinage de l'élément neutre e ne contenant pas d'autre sous-groupe que $\{e\}$. Cette propriété est vérifiée par les groupes de Lie, comme on sait. Ce fait (ainsi que 3.6) conduit à poser la question suivante (plus faible que le 5e Problème) :

4.1. *Montrer qu'un groupe localement euclidien n'a pas de sous-groupes arbitrairement petits.*

Le résultat le plus important dans cette voie est dû à Smith ([29], *voir* aussi [20] et [5]), qui l'a obtenu comme cas particulier d'un théorème sur les groupes finis d'opérateurs des variétés :

4.2. *Un groupe localement euclidien n'a pas de sous-groupes finis arbitrairement petits.*

De ce résultat découle immédiatement l'équivalence de la question 4.1 avec la question suivante (en apparence plus faible).

4.3. *Montrer qu'un groupe localement euclidien ne peut contenir de sous-groupe isomorphe au groupe additif des entiers p-adiques.*

La démonstration de 4.3 devrait pouvoir se faire en généralisant convenablement la théorie homologique des revêtements au cas où le groupe d'automorphismes est non plus discret, mais totalement discontinu. C'est en tout cas ainsi, que Smith [30] a pu montrer la contradiction des hypothèses suivantes :

G localement euclidien, g sous-groupe de G isomorphe au groupe additif des entiers p-adiques, $\dim G = \dim G/g$.

On notera que les deux premières hypothèses entraînent déjà que $\dim G/g \geqq \dim G$, d'après un théorème classique (*cf.* [10]). Il suffirait donc de démontrer l'inégalité inverse : $\dim G/g \leqq \dim G$ pour avoir résolu 4.3 et donc 4.1. Dans cette direction, le seul résultat général connu est le suivant (Montgomery [18]) :

4.4. *Soit* G *un groupe localement compact, métrique séparable, de dimension finie n; si g est un sous groupe abélien fermé de* G, *on a*

$$\dim G/g \leqq n(n+1)/2,$$

et en particulier, $\dim G/g < +\infty$.

Signalons encore le résultat suivant, dû à l'auteur (non publié), qui se démontre en combinant 4.4 avec la théorie cohomologique des espaces fibrés due à J. Leray :

4.5. *Soit* G *un groupe localement euclidien,* g *un sous-groupe de* G *isomorphe au solénoïde à une dimension (dual du groupe additif des rationnels). On a* $\dim G/g = \dim G + 1$.

On voit nettement par ces exemples que la résolution de 4.1 semble liée à des progrès dans la théorie locale des espaces fibrés et dans la théorie de la dimension des espaces quotients.

5. **La construction des paramètres canoniques.** — Soit d'abord G un groupe de Lie; il existe un voisinage U de l'élément neutre e de G tel que, si $x \in U$, l'équation $y^n = x$ ait une solution et une seule dans U; nous noterons cette solution $x^{1/n}$.

On peut également choisir U pour que, en posant

5.1 $$t.x = \lim_{p/q \to t} x^{p/q}, \quad -1 \leqq t \leqq +1,$$

5.2 $$x + y = \lim_{n \to +\infty} (x^{1/n} y^{1/n})^n,$$

les limites des seconds membres existent et définissent sur U une structure de *noyau d'espace vectoriel*; cet espace vectoriel est dit espace des paramètres canoniques; il définit l'unique structure analytique réelle de G compatible avec sa structure de groupe topologique.

Si maintenant G est un groupe localement compact, on peut essayer de donner un sens aux formules 5.1 et 5.2. Pour cela, la première chose à faire est de montrer l'existence de racines $n^{\text{ièmes}}$ dans un voisinage de l'élément neutre e (les racines carrées suffisent). D'après Kerejkarto et Gleason [5] on a :

5.3. *Soit* G *un groupe localement euclidien,* N *un voisinage de* e*; il existe alors un voisinage* M *de* e *tel que tout* $x \in M$ *ait une racine carrée dans* N.

Malheureusement, ce résultat ne montre pas que la racine carrée considérée est unique, et n'assure pas non plus de la convergence vers e des racines $2^{n^{\text{ièmes}}}$ d'un élément x donné.

Pour pouvoir établir ces deux résultats, on est obligé de faire l'hypothèse supplémentaire que le groupe n'admet pas de sous-groupes arbitrairement petits (*voir*, par exemple, [5], [13], [14], [30], [33]). Nous suivrons l'exposé de Kuranishi ([13], [14]). On montre d'abord :

5.5. *Soit* G *un groupe localement compact; pour que* G *n'ait pas de sous-groupes arbitrairement petits, il faut et il suffit qu'il existe un voisinage* U *de* e*, tel que pour tout* $x \in U$, $x \neq e$*, il y ait un entier* n *avec* $x^{2^n} \notin U$.

(Noter que, si l'on remplace 2^n par n, l'énoncé devient trivial.)

5.5. *Soit* G *un groupe localement compact sans sous-groupes arbitrairement petits. Il existe un voisinage* V *de* e *tel que* $x, y, x^2 = y^2 \in V$ *entraînent* $x = y$.

Démonstration. — Soit U compact, vérifiant la condition de 5.4; on peut trouver un voisinage W symétrique de e tel que $W.W \subset U$, puis un voisinage V tel que, si $g \in U$, $g^{-1}Vg \subset W$. Maintenant, si x, y, $x^2 = y^2 \in V$, posons $a = x^{-1}y$; l'identité $a^{2^n} = x^{-1}.a^{-2^{n-1}}.x.a^{2^{n-1}}$ montre, par récurrence sur n, que $a^{2^n} \in U$, d'où d'après 5.4, $a = e$ et $x = y$.

Si G est localement euclidien, le théorème d'invariance du domaine montre alors que l'application $x \to x^2$ est un homéomorphisme d'un voisinage de e sur un autre voisinage de e. On en tire aisément [13] :

5.6. *Soit* G *un groupe localement euclidien sans sous-groupes arbitrairement petits. Il existe alors un voisinage* W *de e tel que tout* $x \in W$ *ait une racine carrée et une seule contenue dans* W.

Soit maintenant $x \in W$; les racines 2^{n} ièmes de x contenues dans W existent et sont uniques; si y est un de leurs points limites, il est clair que $y^2, y^4, \ldots$ sont aussi des points limites de cette suite, d'où $y = e$, d'après 5.4. Ces racines tendent donc vers e. La formule 5.1 permet alors de définir l'élément $t.x$, $t \in [-1, +1]$, à condition d'utiliser pour fractions p/q des fractions dyadiques, et de passer à la limite suivant un ultrafiltre. On obtient ainsi facilement :

5.7. *Soit* G *un groupe localement euclidien sans sous-groupes arbitrairement petits. Il existe un voisinage* W' *de e tel que l'on puisse définir pour tout* $x \in W'$ *et tout* $t \in [-1, +1]$ *un élément* $s_x(t) \in W'$, *dépendant continûment du couple* (x, t), *tel que* $s_x(1) = x$, *et que, pour tout* $x \in W'$, s_x *soit un sous-groupe à un paramètre de* G.

(Nous empruntons cet énoncé à C. Chevalley, *Proc. Amer. Math. Soc.*, 2, 1951.)

Il est plus difficile de donner un sens à la formule 5.2 sans faire d'hypothèse supplémentaire. La difficulté est la suivante : soit W' un voisinage de e vérifiant les conditions de 5.7 et soit W'_n l'ensemble des racines $n$ièmes (contenues dans W') des éléments de W'. Pour pouvoir donner un sens à 5.2, il faudrait être sûr que $(W'_n)^n$, l'ensemble des produits de n éléments de W'_n, est contenu dans un compact indépendant de n. En *supposant* qu'il en soit ainsi, on voit facilement que les lois de composition $t.x$ et $x + y$ définissent sur un voisinage de e une structure de noyau d'espace vectoriel (pour établir la commutativité de $x + y$, utiliser l'identité :

$$(x^{1/n}y^{1/n})^n = x^{1/n}(y^{1/n}x^{1/n})^n x^{-1/n}.$$

La compacité locale de G entraîne que cet espace vectoriel est de dimension finie. Soit alors Int (G) le groupe des automorphismes intérieurs de G; ces automorphismes sont bien déterminés par leur effet sur les éléments de G assez voisins de e, par exemple sur ceux du noyau d'espace vectoriel précédent (du moins si G est connexe, ce que l'on peut supposer). Il suit de là que Int (G) admet une représentation continue fidèle dans le groupe des automorphismes de cet espace vectoriel, donc est un groupe de Lie. Le groupe G est donc une extension d'un GLG (son centre, qui est un GLG parce qu'abélien) par le groupe de Lie

Int (G); c'est donc un GLG (*voir* § 3) et, comme il est localement euclidien, c'est un groupe de Lie d'après 3.3. On a donc prouvé [33] :

5.8. *Soit* G *un groupe localement euclidien possédant un voisinage* V *compact de e sans sous-groupe distinct de* $\{e\}$, *et un voisinage* $W' \subset V$ *tel que* $(W'_n)^n \subset V$ *pour tout n* (les notations étant celles données plus haut). *Alors* G *est un groupe de Lie.*

Ce dernier résultat contient tous ceux obtenus antérieurement par divers auteurs qui supposaient que le groupe avait une loi de composition deux fois, ou une fois différentiable, ou bien vérifiant une condition de Lipschitz.

Un résultat analogue a d'ailleurs permis à Kuranishi [14] de prouver le théorème suivant, qui est un des plus généraux connus sur la partie B du 5ᵉ Problème :

5.9. *Soit* G *un groupe localement compact de transformations une fois différentiables d'une variété une fois différentiable. Supposons que l'élément neutre de* G *soit le seul élément dont l'ensemble des points fixes ait un intérieur non vide. Alors* G *est un groupe de Lie.*

6. **Le cas des petites dimensions.** — Il a été étudié principalement par Montgomery et Zippin (*voir* § 2) par des méthodes tirées surtout de la Topologie analytique. Nous nous bornerons à de brèves indications.

Dans le cas où G est un groupe localement euclidien de dimension 3, le principe de la démonstration est le suivant : on trouve un sous-groupe H de dimension 1, tel que G/H soit une variété de dimension 2, et la connaissance des groupes d'opérateurs de ces variétés permet alors de montrer que G est un groupe de Lie (*voir* [1], [2]). Les principales difficultés sont :

a. Montrer l'existence d'un sous-groupe H de G tel que $\dim H = 1$;

b. Montrer que G/H est une variété ;

c. Montrer que $\dim G/H = 2$.

Au sujet de *a*, on a (Montgomery [15]) :

6.1. *Soit* G *un groupe localement euclidien*, *connexe*, *simplement connexe*, *de dimension* $n \geqq 2$; G *contient un sous-groupe fermé* H, *avec* $H \neq G$ *et* $\dim H > 0$.

Si $n = 2$, on utilise 6.2 (*voir* plus bas); si $n \geqq 3$, on fait opérer G sur lui-même par la représentation adjointe; supposant que le centre de G est totalement discontinu (sinon le théorème résulte immédiatement des propriétés des groupes abéliens), Montgomery montre que l'on peut prendre pour sous-groupe H l'ensemble des $x \in G$ commutant avec un élément y convenable de G.

Au sujet de *b* et de *c*, on utilise le fait que la fibration de G par H possède une section locale si H est un groupe de Lie (Gleason [6]). Il est alors facile de voir que G/H est une *variété-homologique* de dimension 3-dim H. Mais toute variété-homologique de dimension 1 ou 2 est une variété [32], d'où *b* et *c* lorsque H est un groupe de Lie. Le cas où H est quelconque est plus compliqué à traiter. On utilise notamment le résultat suivant :

6.2. *Tout groupe localement compact, connexe, métrique séparable, de dimension* 1 *ou* 2, *est un* GLG.

(Pour la dimension 1, *voir* [16], [8]; pour la dimension 2, *voir* [19].)

Les démonstrations des résultats de ce paragraphe seraient grandement simplifiées si l'on pouvait établir **4**.1 *a priori*.

7. Les résultats de Gleason. — Gleason [8] a annoncé récemment plusieurs résultats intéressants. Tout d'abord :

7.1. *Tout groupe localement compact, connexe, qui contient plus d'un élément, contient un arc.*

Si le groupe G est métrisable, on voit tout de suite que le semi-groupe des sous-ensembles compacts de G contenant e contient un sous-semi-groupe connexe, totalement ordonné par inclusion, et localement compact. De l'étude de la structure de ce sous-semi-groupe on tire que, ou bien G contient une suite décroissant vers e de sous-groupes compacts connexes (auquel cas 7.1 résulte de 3.2), ou bien G contient une famille de sous-espaces compacts connexes $F(t)$, $t \in [0, 1]$, tels que :

(*a*) $$F(t) \neq \{e\} \quad \text{si} \quad t \neq 0;$$

(*b*) $$\bigcap_{t>0} F(t) = F(0) = \{e\};$$

(*c*) $$F(t)F(u) = F(t+u) \quad \text{si} \quad t+u \leqq 1.$$

A l'aide de cette famille $F(t)$, on construit sans difficulté un arc dans G. Le cas général se ramène au cas métrisable par un procédé standard.

Les autres résultats de Gleason sont relatifs aux groupes de dimension finie. Par une généralisation convenable de résultats de Montgomery, il montre d'abord que :

7.2. *Tout groupe localement connexe par arc et de dimension finie est localement compact.*

Ceci permet de définir sur la composante connexe par arc de e dans G (localement compact, de dimension finie) une topologie plus fine que la topologie induite, et pour laquelle cette composante est un groupe localement compact, de dimension finie, localement connexe par arc. Il en déduit :

7.3. *Tout groupe localement connexe de dimension finie* $\geqq 2$ *contient un sous-groupe distinct de* $\{e\}$ *et de* G (comparer avec 6.1).

D'où, par récurrence sur la dimension de G :

7.4. *Tout groupe localement compact, connexe, de dimension finie qui contient plus d'un point, contient un sous-groupe à* 1 *paramètre.*

Dans la même direction, signalons deux résultats récents de Montgomery-Zippin [22], [23] :

7.5. *Tout groupe métrique séparable, localement compact, non compact, de dimension $n > 0$, contient un sous-groupe fermé isomorphe au groupe additif* R *des nombres réels.*

7.6. *Tout groupe métrique séparable, localement compact, non compact, de dimension $n > 1$, contient un sous-groupe fermé connexe non compact de dimension* 2.

BIBLIOGRAPHIE

[1] L. E. J. Brouwer, *Die Theorie der endlichen kontinuerlichen Gruppen, unabhangig von den Axiomen von Lie* (*Math. Ann.*, t. 67, 1909, p. 246-267).
[2] L. E. J. Brouwer, *Ibid.*, t. 69, 1910, p. 181-203.
[3] C. Chevalley, *Two theorems on solvable topological groups* (*Lectures in Topology*, Michigan, 1941).
[4] C. Chevalley, *Theory of Lie groups*, Princeton, 1946.
[5] A. M. Gleason, *Square roots in locally euclidean groups* (*Bull. Amer. Math. Soc.*, t. 55, 1949, p. 446-449).
[6] A. M. Gleason, *Spaces with a compact Lie group of transformations* (*Proc. Amer. Math. Soc.*, t. 1, 1950, p. 35-43).
[7] A. M. Gleason, *The structure of locally compact groups* (*Duke Math. Journ.*, t. 18, 1951, p. 85-110).
[8] A.M. Gleason, *Arcs in locally compact groups* (*Proc. Nat. Acad. Sc. U.S.A.*, t. 36, 1950, p. 663-667).
[9] D. Hilbert, *Mathematische Probleme* (*Gott. Nachr.*, 1900, p. 253-297).
[10] W. Hurewicz and H. Wallman, *Dimension Theory*, Princeton, 1941.
[11] K. Iwasawa, *On some types of topological groups* (*Ann. Math.*, *t.* 50, 1949, p. 507-558).
[12] Von Kerekjarto, *Geometrische Theorie der Zweigliedrigen kontinuerlichen Gruppen Hamb. Abh.*, t. 8, 1931, p. 107-114).
[13] M. Kuranishi, *On euclidean local groups satisfying certain conditions* (*Proc. Amer. Math. Soc.*, t. 1, 1950, p. 372-380).
[14] M. Kuranishi, *On conditions of differentiability of locally compact groups* (*Nagoya Math. Journ.*, t. 1, 1950, p. 71-81).
[15] D. Montgomery, *A theorem on locally euclidean groups* (*Ann. Math.*, 48, 1947, p. 650-659).
[16] D. Montgomery, *Connected one dimensional groups* (*Ann. Math.*, t. 49, 1948, p. 110-117).
[17] D. Montgomery, *Analytic parameters in three dimensional groups* (*Ann. Math.*. t. 49, 1948, p. 118-131).
[18] D. Montgomery, *Dimension of factor spaces* (*Ann. Math.*, t. 49, 1948, p. 373-378).
[19] D. Montgomery, *Connected two dimensional groups* (*Ann. Math.*, t. 51, 1950, p. 262-277).
[20] D. Montgomery, *Locally homogeneous spaces* (*Ann. Math.*, t. 52, 1950, p. 261-271).
[21] D. Montgomery, *Finite dimensional groups* (*Ann. Math.*, t. 52, 1950, p. 591-605).
[22] D. Montgomery, and L. Zippin, *Existence of subgroups isomorphic to the real numbers* (*Ann. Math.*, t. 53, 1951, p. 298-326).
[23] D. Montgomery, and L. Zippin, *Bull. Amer. Math. Soc.*, t. 57, p. 75, *Abstract* 53 t.
[24] D. Montgomery, and L. Zippin, *Ibid.*, p. 145, *Abstract* 176 t.
[25] J. von Neumann, *Die Einführung analytischer Parameter in topologische Gruppen* (*Ann. Math.*, t. 34, 1933, p. 170-190).
[26] L. Pontrjagin, *The theory of topological commutative groups* (*Ann. Math.*, t. 35, 1934, p. 361-388).
[27] L. Pontrjagin, *Topological groups*, Princeton, 1939.
[28] O. Schreier, *Abstrakte kontinuerliche Gruppen* (*Hamb. Abh.*, t. 4, 1926, p. 15-32).

[29] P. A. SMITH, *Transformations of finite period.* III. *Newman's theorem* (*Ann. Math.*, t. 42, 1941, p. 446-458).
[30] P. A. SMITH, *Periodic and nearly periodic transformations* (*Lectures in Topolody*, Michigan, 1941).
[31] A. WEIL, *L'intégration dans les groupes topologiques et ses applications*, Paris, 1940.
[32] R. L. WILDER, *Topology of Manifolds*. Colloquium, 1949.
[33] H. YAMABE, *Note on locally compact groups* (*Osaka Math. Journ.*, t. 3, 1951, p. 77-82).

15.

(avec G. P. Hochschild)

Cohomology of group extensions

Trans. Amer. Math. Soc. **74** (1953), 110–134

Introduction. Let G be a group, K an invariant subgroup of G. The purpose of this paper is to investigate the relations between the cohomology groups of G, K, and G/K. As in the case of fibre spaces, it turns out that such relations can be expressed by a spectral sequence whose term E_2 is $H(G/K, H(K))$ and whose term E_∞ is the graduated group associated with $H(G)$. This problem was first studied by R. C. Lyndon in his thesis [12]. Lyndon's procedure was to replace the full cochain complex of G by an equivalent bigraduated subcomplex (of "normal" cochains, in his sense). His main result (generalized from the case of a direct product to the case of an arbitrary group extension, according to his indications) is that the bigraduated group associated with $H(G)$ is isomorphic with a factor group of a subgroup of $H(G/K, H(K))$. His methods can also be applied to special situations, like those considered in our Chapter III, and can give essentially the same results.

We give here two different approaches to the problem.

In Chapter I we carry out the method sketched by one of us in [13]. This method is based on the Cartan-Leray spectral sequence, [3; 1], and can be generalized to other algebraic situations, as will be shown in a forthcoming paper of Cartan-Eilenberg [2]. Since the details of the Cartan-Leray technique have not been published (other than in seminar notes of limited circulation), we develop them in Chapter I. The auxiliary theorems we need for this purpose are useful also in other connections.

In Chapter II, which is independent of Chapter I, we obtain a spectral sequence quite directly by filtering the group of cochains for G. This filtration leads to the same group $E_2 = H(G/K, H(K))$ (although we do not know
1 whether or not the succeeding terms are isomorphic to those of the first spectral sequence) and lends itself more readily to applications, because one can identify the maps which arise from it. This is not always the case with the first filtration, and it is for this reason that we have developed the direct method in spite of the somewhat lengthy computations which are needed for its proofs.

Chapter III gives some applications of the spectral sequence of Chapter II. Most of the results could be obtained in the same manner with the spectral sequence of Chapter I. A notable exception is the connection with the theory of simple algebras which we discuss in §5.

Finally, let us remark that the methods and results of this paper can be transferred to Lie Algebras. We intend to take up this subject in a later paper.

Received by the editors March 22, 1952.

CHAPTER I. GENERAL METHODS[1]

1. Notation and definitions. Let Π be an arbitrary group, A an abelian group on which Π operates from the left. A is called a Π-module, and the transform of an element $a \in A$ by an element $\sigma \in \Pi$ is denoted $\sigma \cdot a$. By definition, $\sigma \cdot 0 = 0$, $\sigma \cdot (a+b) = \sigma \cdot a + \sigma \cdot b$, $1 \cdot a = a$, and $\sigma \cdot (\tau \cdot a) = (\sigma\tau) \cdot a$. We shall denote by A^{Π} the subgroup of A which consists of all $a \in A$ for which $\sigma \cdot a = a$, for all $\sigma \in \Pi$. A set (a_i), $i \in I$, of elements $a_i \in A$ is called a Π-basis if the group A is a free abelian group, with the elements $\sigma \cdot a_i$, $\sigma \in \Pi$, $i \in I$, being all distinct and constituting a basis. A is called Π-free if it possesses a Π-basis.

If A and B are two Π-modules, the group $C = \mathrm{Hom}\,(A, B)$ of all homomorphisms of A into B is given the structure of a Π-module by setting $(\sigma \cdot f)(a) = \sigma \cdot f(\sigma^{-1} \cdot a)$. The elements of C^{Π} are then the Π-homomorphisms of A into B. We shall write $C^{\Pi} = \mathrm{Hom}^{\Pi}\,(A, B)$.

Complexes. A chain (cochain) complex is a graduated abelian group $C = \sum_{n=0}^{\infty} C_n$, with an endomorphism d such that $d^2 = 0$, $d(C_0) = (0)$, and, for $n > 0$, $d(C_n) \subset C_{n-1}$ ($d(C_n) \subset C_{n+1}$, for all $n \geqq 0$, respectively). This gives rise to homology (cohomology) groups of C in the usual way.

An *augmentation* of the chain complex C is a homomorphism ϵ of C_0 into the additive group Z of the integers such that $\epsilon \circ d = 0$. An augmented complex (C, ϵ) is said to be *acyclic* if its homology groups $H_i(C)$ are (0) for $i > 0$, and if ϵ induces an isomorphism of $H_0(C)$ onto Z.

If C is a chain complex and A an abelian group, the group $C^* = \sum_{n=0}^{\infty} \mathrm{Hom}\,(C_n, A)$ will be regarded as a cochain complex with regard to the endomorphism d^* which is defined by setting $(d^*f)(x) = f(dx)$. We shall usually denote this complex by $\mathrm{Hom}\,(C, A)$, although this conflicts—strictly speaking—with the notation introduced previously.

Π-complexes. A chain complex C with the structure of a Π-module such that $\sigma(C_n) = C_n$, $\sigma \circ d = d \circ \sigma$, and $\epsilon \circ \sigma = \epsilon$, for all $\sigma \in \Pi$, is called a Π-complex. If each C_n is Π-free, the Π-complex C is said to be Π-free. A cochain Π-complex is defined analogously.

The homology groups $H_i(C)$ of a Π-complex C are Π-modules in the natural fashion. If A is a Π-module, the cochain complex $\mathrm{Hom}\,(C, A)$ is also a Π-module, and $\mathrm{Hom}^{\Pi}\,(C, A)$ is a subcomplex of $\mathrm{Hom}\,(C, A)$.

2. Cohomology groups of a group Π in a Π-module.

PROPOSITION 1. *Let C be a Π-free and acyclic Π-complex, A a Π-module. Then the cohomology groups $H^n(\mathrm{Hom}^{\Pi}\,(C, A))$ depend only on Π and A, not on C. They are called the nth cohomology groups of Π in A, and denoted $H^n(\Pi, A)$*[2].

---

[1] The contents of §§1, 2, 4, 5, 6 are mostly extracted from expositions made by H. Cartan and S. Eilenberg in a seminar conducted in Paris during the academic year 1950–1951. We include them here for the convenience of the reader.

[2] This proposition is valid also for other cohomology theories, cf. [2].

Actually, one proves more than this.

(a) If C is Π-free, and C' is acyclic, there exists a Π-homomorphism $\phi: C \to C'$, such that $\phi(C_n) \subset C'_n$, $\epsilon' \circ \phi = \epsilon$, and $\phi \circ d = d' \circ \phi$. Furthermore, if ψ is any other such homomorphism, there exists a Π-homomorphism $k: C \to C'$ such that $k(C_n) \subset C'_{n+1}$, and $\phi - \psi = d' \circ k + k \circ d$.

From this, one deduces at once the following:

(b) If ϕ and ψ are two Π-homomorphisms satisfying the conditions laid down in (a), then the corresponding homomorphisms ϕ^* and ψ^* of $\text{Hom}^{\Pi}(C', A)$ into $\text{Hom}^{\Pi}(C, A)$ induce the same homomorphism of $H^n(\text{Hom}^{\Pi}(C', A))$ into $H^n(\text{Hom}^{\Pi}(C, A))$, for each $n \geqq 0$.

(c) If C and C' are both Π-free and acyclic, the homomorphism ϕ of (a) induces an isomorphism of $H^n(\text{Hom}^{\Pi}(C', A))$ onto $H^n(\text{Hom}^{\Pi}(C, A))$, and this isomorphism does not depend on the particular choice of ϕ. It is called the canonical isomorphism.

Finally, one proves:

(d) For any Π, there exists a Π-free acyclic Π-complex.

All these results are well known (see [4; 10]) and we shall confine ourselves to recalling the proof of (d):

Construction of a Π*-free acyclic* Π*-complex.* Let E be a set on which Π operates *without fixed points*, i.e., such that, if $\sigma \in \Pi$ and $e \in E$, $\sigma \cdot e = e$ only if $\sigma = 1$. One may, for instance, take $E = \Pi$, with the left translations as operators. One defines a complex $C(E) = \sum_{n=0}^{\infty} C(E)_n$ as follows. $C(E)_n$ is taken to be the free abelian group with the elements $(e_0, \cdots, e_n) \in E^{n+1}$ constituting a basis. The boundary operator d is defined by the formula $d(e_0, \cdots, e_n) = \sum_{i=0}^{n} (-1)^i (e_0, \cdots, \hat{e}_i, \cdots, e_n)$, where the symbol ^ denotes that the argument below it is to be omitted. The augmentation is defined by $\epsilon(e_0) = 1$. Π operates on $C(E)$ according to: $\sigma \cdot (e_0, \cdots, e_n) = (\sigma \cdot e_0, \cdots, \sigma \cdot e_n)$, and one verifies immediately that one so obtains a Π-complex.

We have then $d(C(E)_0) = (0)$, while $d(C(E)_1)$ coincides with the kernel of ϵ, whence it is clear that ϵ induces an isomorphism of $H_0(C(E))$ onto Z. If $n > 0$, and $c \in C(E)_n$, let c' denote the element of $C(E)_{n+1}$ which is obtained from c by replacing each $(n+1)$-tuple $(e_0, \cdots, e_n)$ occurring in c with $(e, e_0, \cdots, e_n)$, where e is a fixed element of E. Then it is immediate that, if $dc = 0$, we have $dc' = c$, and we have shown that $C(E)$ is acyclic. From the fact that Π operates without fixed points on E, it follows that each $C(E)_n$ is Π-free. Thus, $C(E)$ is a Π-free acyclic Π-complex.

If A is a Π-module, the elements of $\text{Hom}^{\Pi}(C(E)_n, A)$ are the functions defined on E^{n+1} with values in A which satisfy the conditions $f(\sigma \cdot e_0 \cdots, \sigma \cdot e_n) = \sigma \cdot f(e_0, \cdots, e_n)$, $\sigma \in \Pi$. In particular, if $E = \Pi$, with the left translations as operators, one arrives at the usual definition of the groups $H^n(\Pi, A)$ by the so-called homogeneous cochains f, where $f(\sigma\sigma_0, \cdots, \sigma\sigma_n) = \sigma \cdot f(\sigma_0, \cdots, \sigma_n)$, the coboundary operator d^* being given by the formula $(d^*f)(\sigma_0, \cdots, \sigma_{n+1}) = \sum_{i=0}^{n+1} (-1)^i f(\sigma_0, \cdots, \hat{\sigma}_i, \cdots, \sigma_{n+1})$.

Finally, let us recall that if one associates with such a cochain the "nonhomogeneous" cochain $\bar{f}(\sigma_1, \cdots, \sigma_n) = f(1, \sigma_1, \sigma_1\sigma_2, \cdots, \sigma_1 \cdots \sigma_n)$, one obtains the usual coboundary operator $\delta\bar{f}(\sigma_1, \cdots, \sigma_{n+1}) = \sigma_1 \cdot \bar{f}(\sigma_2, \cdots, \sigma_{n+1}) + \sum_{i=1}^{n} (-1)^i \bar{f}(\sigma_1, \cdots, \sigma_i\sigma_{i+1}, \cdots, \sigma_{n+1}) + (-1)^{n+1}\bar{f}(\sigma_1, \cdots, \sigma_n)$.

PROPOSITION 2. *Let E and E' be two sets on which Π operates without fixed points, and let ρ be a mapping of E into E' which commutes with the Π-operators. Then, for each $n \geqq 0$, ρ induces on $H^n(\mathrm{Hom}^{\Pi}(C(E'), A))$ the canonical isomorphism onto $H^n(\mathrm{Hom}^{\Pi}(C(E), A))$.*

In fact, it is evident that ρ induces a homomorphism ϕ of $C(E)$ into $C(E')$ which satisfies the conditions of (a) above; and the result follows at once from (c).

Let us apply this to the case where $E = E' = \Pi$, with the left translations as operators, and let us put $\rho(e) = e\sigma$, where σ is a fixed element of Π. Then ρ evidently commutes with the left translations and hence induces the canonical isomorphism of $H^n(\Pi, A)$ onto itself, which is the identity map. Hence we have:

COROLLARY. *Let Π be a group, A a Π-module, $\sigma \in \Pi$. For each homogeneous cochain f let us define the homogeneous cochain $M_\sigma f$ by $(M_\sigma f)(\sigma_0, \cdots, \sigma_n) = f(\sigma_0\sigma, \cdots, \sigma_n\sigma)$. Then the map M_σ commutes with the coboundary and induces the identity map on $H^n(\Pi, A)$.*

Translated into the nonhomogeneous cohomology theory, this means that, if $\bar{f}$ is a nonhomogeneous n-cocycle, the cocycle whose value for $\sigma_1, \cdots, \sigma_n$ is $\sigma \cdot \bar{f}(\sigma^{-1}\sigma_1\sigma, \cdots, \sigma^{-1}\sigma_n\sigma)$ is cohomologous to $\bar{f}$(3).

3. **Applications.** Let G be a group, K a subgroup of G. Let K operate on G by multiplication on the left. We can apply the results of §2 with $E = G$ and $\Pi = K$, introducing the cochain complex $B = \mathrm{Hom}^K(C(G), A)$, where A is an arbitrary K-module. A homogeneous element of degree n of B is a function f defined on G^{n+1}, with values in A, and such that $f(\sigma\gamma_0, \cdots, \sigma\gamma_n) = \sigma \cdot f(\gamma_0, \cdots, \gamma_n)$, for $\sigma \in K$ and $\gamma_i \in G$.

Let $C(K, A)$ be the complex of the homogeneous cochains for K in A. The injection $\rho: K \to G$ gives rise to the dual homomorphism ρ^* of B into $C(K, A)$ which is simply the map obtained by restricting the arguments to K. Applying Proposition 2 to ρ, we obtain:

PROPOSITION 3. *Let G be a group, K a subgroup of G, A a K-module, $B = \mathrm{Hom}^K(C(G), A)$. Then the homomorphism of B into $C(K, A)$ which maps every cochain $f \in B$ into its restriction to K induces an isomorphism of $H^n(B)$ onto $H^n(K, A)$, for all $n \geqq 0$.*

It is easy to define the inverse isomorphism of the above directly. In fact, by Proposition 2, it suffices to take the homomorphism which is induced by

(3) This result is well known, cf. [12, §10] and Theorem 1.3 of [11] (for dimension 2).

any map ψ of G into K for which $\psi(\sigma\gamma)=\sigma\psi(\gamma)$, for all $\sigma\in K$ and $\gamma\in G$.

COROLLARY[4]. *Let B_0 be the group of the maps f of G into the K-module A such that $f(\sigma\gamma)=\sigma\cdot f(\gamma)$, for all $\sigma\in K$, $\gamma\in G$. Let G operate on B_0 according to the definition $(\gamma_1\cdot f)(\gamma)=f(\gamma\gamma_1)$. Let ϕ be the K-homomorphism of B_0 into A defined by $\phi(f)=f(1)$. Then the restriction of the arguments from G to K, combined with the homomorphism ϕ, induces an isomorphism of $H^n(G, B_0)$ onto $H^n(K, A)$, for all $n\geqq 0$.*

Let B denote the group of Proposition 3. If f is a homogeneous element of degree n of B, let us define $\alpha(f)\in C^n(G, B_0)$ by setting $\alpha(f)(\gamma_0, \cdots, \gamma_n)(\gamma)=f(\gamma\gamma_0, \cdots, \gamma\gamma_n)$. Clearly, α commutes with the coboundary operator. Furthermore, α is an isomorphism onto: for $h\in C^n(G, B_0)$, $\alpha^{-1}(h)(\gamma_0, \cdots, \gamma_n)=h(\gamma_0, \cdots, \gamma_n)(1)$. Hence α^{-1} induces an isomorphism of $H^n(G, B_0)$ onto $H^n(B)$. If this is combined with the isomorphism of Proposition 3, one obtains an isomorphism of $H^n(G, B_0)$ onto $H^n(K, A)$, and one sees immediately from the definitions of α^{-1} and ϕ that this is the isomorphism described in the corollary.

REMARK. If the K-operators on A can be extended so that A becomes a G-module, B_0 may be identified with the group F of all maps of the set G/K of the left cosets $K\gamma$ into A, made into a G-module by setting, for $g\in F$, $\gamma\in G$, and $x\in G/K$, $(\gamma\cdot g)(x)=\gamma\cdot g(x\gamma)$. In fact, if $f\in B_0$, we define $\bar{f}\in F$ by setting $\bar{f}(K\gamma)=\gamma^{-1}f(\gamma)$, and the map $f\to\bar{f}$ is a G-isomorphism of B_0 onto F.

4. A preliminary result. Let Π be a group, $U=\sum_{j=0}^{\infty} U_j$ a cochain Π-complex. Put $L^{p,q}=C^p(\Pi, U_q)$, the group of nonhomogeneous p-cochains of Π in U_q. Let $C(\Pi, U)=\sum_{p,q}L^{p,q}$. Thus, $C(\Pi, U)$ is a bigraduated group, on which we define two coboundary operators, as follows: d_Π: $L^{p,q}\to L^{p+1,q}$ is the usual nonhomogeneous coboundary operator on p-cochains, as given in §2, just preceding Proposition 2. The other coboundary operator d_U: $L^{p,q}\to L^{p,q+1}$ is defined by setting $(d_Uf)(\sigma_1, \cdots, \sigma_p)=d(f(\sigma_1, \cdots, \sigma_p))$, where d denotes the coboundary operator in U, and $\sigma_i\in\Pi$.

We have $L^{0,q}=U_q$, so that U is a subgroup of $C(\Pi, U)$. From the two operators d_Π and d_U, we define a third coboundary operator $d=d_\Pi+(-1)^pd_U$: $L^{p,q}\to L^{p+1,q}+L^{p,q+1}$. With this new operator d, $C(\Pi, U)$ constitutes a cochain complex, and since $d_\Pi=0$ on U^Π, the restriction to U^Π of the coboundary operator d coincides with d_U.

PROPOSITION 4. *Suppose that $H^n(\Pi, U_j)=(0)$, for all $j\geqq 0$ and all $n>0$. Then the injection of U^Π into $C(\Pi, U)$ defines an isomorphism of $H^n(U^\Pi)$ onto $H^n(C(\Pi, U))$, for all $n\geqq 0$.*

Put $A^i=\sum_{q\geqq i}\sum_{p=0}^{\infty} L^{p,q}$, $B^i=A^i\cap U^\Pi=\sum_{q\geqq i} U_q^\Pi$. It will suffice to

(4) This result is due to A. Weil (*Sur la théorie du corps de classes*, Jour. Math. Soc. Jap. vol. 3 (1951) pp. 1–35, footnote 4). For a direct proof see G. Hochschild and T. Nakayama (*Cohomology in class field theory*, Ann. of Math. vol. 55 (1952) Lemma 1.1).

prove that the canonical homomorphism $B^i/B^{i+1} \to A^i/A^{i+1}$ induces an isomorphism of $H^n(B^i/B^{i+1})$ onto $H^n(A^i/A^{i+1})$, for each $n \geqq 0$. In fact, if this is proved an application of the "five lemma"(5) to the exact sequences for the triples $(A^i, A^{i+p}, A^{i+p+1})$ and $(B^i, B^{i+p}, B^{i+p+1})$ shows, by induction on p, that the canonical homomorphism $H^n(B^i/B^{i+p}) \to H^n(A^i/A^{i+p})$ is an isomorphism onto for each $p > 0$. Proposition 4 then follows by taking $i = 0$ and $p = n+2$.

Now A^i/A^{i+1} is isomorphic with $\sum_{p=0}^{\infty} L^{p,i} = C(\Pi, U_i)$, with the ordinary coboundary operator for nonhomogeneous p-cochains. The homomorphism $B^i/B^{i+1} \to A^i/A^{i+1}$ corresponds simply to the injection of U_i^{Π} into $C^0(\Pi, U_i) = U_i$, and therefore the statement that it induces an isomorphism of the cohomology groups is equivalent to our assumption that $H^n(\Pi, U_i) = (0)$, for $n > 0$.

5. The spectral sequence of Cartan-Leray. Let $C(\Pi, U)$ be the bigraduated complex defined in §4. We shall define a filtration on this complex and then determine the groups E_1 and E_2 of the corresponding spectral sequence(6).

Definition of the filtration. Let $L_i^q = \sum_{p \geqq i} L^{p,q}$, and $L_i = \sum_{q=0}^{\infty} L_i^q$. Evidently, $C(\Pi, U) = L_0 \supset L_1 \supset \cdots$, $d(L_i) \subset L_i$, and $C^p(\Pi, U_q) \cap L_i = (0)$, if $i > p$. Thus the groups L_i define a filtration of $C(\Pi, U)$.

Calculation of E_1. By definition, $E_1^{p,q} = H^{p+q}(L_p/L_{p+1})$. In our case, L_p/L_{p+1}, with the coboundary operator induced by d, is isomorphic with $\sum_{q=0}^{\infty} L^{p,q} = C^p(\Pi, U)$, with the coboundary operator $(-1)^p d_U$. Hence we have:

LEMMA 1. *The term* $E_1^{p,q}$ *of the spectral sequence is canonically isomorphic with* $C^p(\Pi, H^q(U))$.

Calculation of E_2. Let us recall that the differential operator d_1 on $E_1 = \sum_{p,q} E_1^{p,q}$ maps $E_1^{p,q}$ into $E_1^{p+1,q}$, by the coboundary map of the exact sequence for the triple (L_p, L_{p+1}, L_{p+2}) which sends $H^{p+q}(L_p/L_{p+1})$ into $H^{p+q+1}(L_{p+1}/L_{p+2})$. The term $E_2^{p,q}$ is the (p, q)-cohomology group in the bigraduated complex E_1 (with respect to the operator d_1). We claim that, *under the isomorphism of Lemma* 1, d_1 *is transformed into the coboundary operator for the cochains of* Π *in the* Π*-module* $H^q(U)$.

In order to see this, let $f \in C^p(\Pi, H^q(U))$, and let us compute $d_1 f$. For this, we must first choose an element $x \in L_p$ which is a cocycle mod L_{p+1} and whose cohomology class is f. If $\sigma_1, \cdots, \sigma_p$ are elements of Π, let $x(\sigma_1, \cdots, \sigma_p)$ be a cocycle in U_q whose cohomology class is $f(\sigma_1, \cdots, \sigma_p)$. We have then

(5) We recall the "five lemma": suppose we have two exact sequences of five terms each and five homomorphisms of the groups of the first sequence into the corresponding groups of the second, such that the commutativity relations hold in the resulting diagram. Then, if the four extreme homomorphisms are isomorphisms onto, so is the middle one.

(6) For the notation and the definitions relating to spectral sequences we refer the reader to [14, Chapter I, no. 5] (see also below, Chapter III, §§1, 3). However, we shall omit the signs *, since no confusion with homology can arise here.

$dx = d_{\Pi}x + (-1)^p d_U x = d_{\Pi}x \in L^{p+1,q}$. If this is written out according to the coboundary formula for d_{Π}, it is evident that $dx(\sigma_1, \cdots, \sigma_{p+1})$ is a cocycle in U_q, for all $\sigma_i \in \Pi$. Hence dx defines an element $y \in E_1^{p+1,q}$, and by the definition of d_1 we have $d_1 f = y$. Clearly, y is the coboundary of f, regarded as a cochain for Π in $H^q(U)$. Hence we have:

LEMMA 2. *The term $E_2^{p,q}$ of the spectral sequence derived from the filtration (L_i) is canonically isomorphic with $H^p(\Pi, H^q(U))$.*

The term E_∞. As in every spectral sequence, the group E_∞ is isomorphic with the graduated group associated with $H(C(\Pi, U))$, filtered by the subgroups arising from the L_i. (We recall that if A is any additive group, filtered by a nonincreasing sequence of subgroups A_i, the associated graduated group is defined as the graduated group whose component of degree i is A_i/A_{i+1}. If A is also graduated, compatibly with the filtration, the associated group is bigraduated in the natural fashion.) If we combine the above result with Proposition 4, we obtain the following result of Cartan-Leray [3], [1]:

PROPOSITION 5. *Let U be a cochain Π-complex, such that the groups $H^i(\Pi, U_j)$ vanish for all $j \geq 0$ and all $i > 0$, where U_j denotes the subgroup of U consisting of the homogeneous elements of degree j. Then, in the spectral sequence (E_r) which is derived from the filtration (L_i), the term $E_2^{p,q}$ is isomorphic with $H^p(\Pi, H^q(U))$, and E_∞ is isomorphic with the graduated group associated with $H(U^{\Pi})$, filtered by the subgroups arising from the L_i.*

6. The vanishing of certain cohomology groups. Let A be a Π-module. By a *mean* on A we shall understand an additive function I which associates with each map $f: \Pi \to A$ an element $I(f) \in A$, such that:

(a) If $f(\sigma) = a \in A$, for each $\sigma \in \Pi$, then $I(f) = a$.

(b) For all $\sigma \in \Pi$, $I(\sigma \cdot f) = \sigma \cdot I(f)$, where $(\sigma \cdot f)(\tau) = \sigma \cdot f(\sigma^{-1}\tau)$.

PROPOSITION 6. *If A is a Π-module which admits a mean, then $H^n(\Pi, A) = (0)$, for all $n > 0$.*

In fact, let f be a homogeneous n-cocycle for Π in A. For fixed $\sigma_1, \cdots, \sigma_n$ in Π, the map $\sigma \to f(\sigma, \sigma_1, \cdots, \sigma_n)$ has a mean value $(I_n f)(\sigma_1, \cdots, \sigma_n) \in A$. It is immediate that $(I_n f)(\sigma\sigma_1, \cdots, \sigma\sigma_n) = \sigma \cdot (I_n f)(\sigma_1 \cdots, \sigma_n)$. Thus, $I_n f$ is a homogeneous $(n-1)$-cochain for Π in A, and it is easy to verify that $d(I_n f) = f$.

COROLLARY(7). *Let L be a Π-free Π-module, B an arbitrary Π-module, $A = \text{Hom}(L, B)$. Then $H^n(\Pi, A) = (0)$, for all $n > 0$.*

Decomposing L into a direct sum, one sees that it suffices to prove the corollary in the case where L has a Π-basis consisting of a single element.

(7) Cf. R. C. Lyndon, *Cohomology theory of groups with a single defining relation*, Ann. of Math. vol. 52 (1950) p. 653, Theorem 2.2.

In this case, A is isomorphic with the Π-module of all maps $\phi: \Pi \to B$, where $(\sigma \cdot \phi)(\tau) = \sigma \cdot \phi(\sigma^{-1}\tau)$, for $\sigma, \tau \in \Pi$. A map $f: \Pi \to A$ may then be regarded as a map $f': \Pi \times \Pi \to A$, and one obtains a mean on A by setting $I(f)(\sigma) = f'(\sigma, \sigma)$.

(Actually, this corollary could easily be proved directly; it can also be obtained as a consequence of the corollary to Proposition 3.)

REMARKS. 1. Proposition 6 covers a number of the known cases(8) in which the cohomology groups vanish; for instance, the case where Π is finite of order m and every element of A is uniquely divisible by m, or the case where Π is compact and where one deals with continuous cochains for Π in a vector group R^n (cf. K. Iwasawa, *On some types of topological groups*, Ann. of Math. vol. 50 (1949) pp. 507–558).

2. The corollary to Proposition 6 shows that whenever the complex U, dealt with in §5, is of the form Hom (C, A), where C is a Π-free chain complex, one can apply Proposition 5 to U. For instance, one could take for C the singular complex of a space on which Π operates without fixed points; cf. [4; 6].

7. The spectral sequence for group extensions. Let G be a group, K an invariant subgroup of G, A a G-module. Let M denote the complex Hom $(C(G), A)$, where the notation is that of §§2, 3. The elements of degree n of M are the functions $f: G^{n+1} \to A$, the coboundary operator, d, being defined by $(df)(\gamma_0, \cdots, \gamma_n) = \sum_{i=0}^{n} (-1)^i f(\gamma_0, \cdots, \hat{\gamma}_i, \cdots, \gamma_n)$.

Consider the subcomplex M^K of M. Since K is invariant in G, G/K operates canonically on M^K. Furthermore, M^K, regarded as a G/K-module, admits a mean, in the sense of §6. In fact, let f be a function on G/K with values in the homogeneous component of degree n of M^K. We set, for $\gamma_0, \cdots, \gamma_n \in G$, $I(f)(\gamma_0, \cdots, \gamma_n) = f(\bar{\gamma}_0)(\gamma_0, \cdots, \gamma_n)$, where $\bar{\gamma}_0$ denotes the canonical image of γ_0 in G/K. Then $I(f)$ is a homogeneous element of degree n in M^K, and one sees immediately that I is a mean. Hence we can apply Proposition 5 with $\Pi = G/K$, and $U = M^K$. We have then $U^\Pi = M^G = \mathrm{Hom}^G(C(G), A)$, so that $H^n(U^\Pi) = H^n(G, A)$. On the other hand, Proposition 3 shows that $H^n(U) = H^n(M^K)$ is canonically isomorphic with $H^n(K, A)$. Hence Proposition 5 yields the following:

PROPOSITION 7. *Let G be a group, K an invariant subgroup of G, A a G-module. Then there exists a spectral sequence (E_r) in which the term $E_2^{p,q}$ is isomorphic with $H^p(G/K, H^q(K, A))$, and E_∞ is isomorphic with the graduated group associated with $H(G, A)$, appropriately filtered.*

We can describe the G/K-operators on $H(K, A)$ quite explicitly: If f is a q-cochain for K in A, and $\gamma \in G$, let $(\gamma \cdot f)(\sigma_0, \cdots, \sigma_n) = \gamma \cdot f(\gamma^{-1}\sigma_0\gamma, \cdots, \gamma^{-1}\sigma_n\gamma)$. Then the map $f \to \gamma \cdot f$ induces an automorphism M_γ of $H^q(K, A)$. By the corollary to Proposition 2, M_γ depends only on the

(8) For instance, if there are defined on A a topology and an operation "λ" (in the sense of [1], 2d note, no. 4), A has the mean: $I(f) = \sum_{\sigma \in \Pi} \sigma \circ \lambda \circ \sigma^{-1} f(\sigma)$.

canonical image $\bar{\gamma}$ of γ in G/K, and one verifies that it is the automorphism which corresponds to $\bar{\gamma}$ in the above.

In order to keep our exposition within reasonable bounds we have confined ourselves to cohomology throughout. Actually, the results of this chapter can be transcribed into homology without difficulty. One must merely replace the operation "Hom" by the operation "$\otimes$" of taking the tensor product of a right module by a left module, and the passage $A \to A^{\Pi}$ by the passage $A \to A_{\Pi}$, where A_{Π} denotes the factor group of A by the subgroup generated by the elements of the form $a - \sigma \cdot a$, with $a \in A$ and $\sigma \in \Pi$, cf. [2].

For the reasons we have explained in the introduction, we pursue the study of the spectral sequence of Proposition 7 no further. The reader may convince himself that one can obtain the results of Chapter III (except for the interpretation of the transgression) from Proposition 7.

Chapter II. The direct method

1. **Filtrations.** Let G be a group, M a G-module. Write $A^n = C^n(G, M)$, the group of "normalized" n-cochains for G in M, i.e., of the functions $f: G^n \to M$, such that $f(\gamma_1, \cdots, \gamma_n) = 0$ whenever one of the γ_i is equal to 1. By definition, $A^0 = C^0(G, M) = M$. Let $A = \sum_{n=0}^{\infty} A^n$. Thus, A is a graduated group. We denote by d the nonhomogeneous coboundary operator:

$$(df)(\gamma_1, \cdots, \gamma_{n+1}) = \gamma_1 \cdot f(\gamma_2, \cdots, \gamma_{n+1}) + \sum_{i=1}^{n} (-1)^i f(\gamma_1, \cdots, \gamma_i\gamma_{i+1}, \cdots, \gamma_{n+1}) + (-1)^{n+1} f(\gamma_1, \cdots, \gamma_n).$$

It is easily seen that, if f is normalized, so is df, so that $d(A^n) \subset A^{n+1}$. As is well known, normalization does not influence cohomology, and we have $H^n(A) = H^n(G, M)$.

Let K be a subgroup of G. We define a filtration (A_j) of A as follows: $A_j = A$, for $j \leqq 0$. For $j > 0$, we set $A_j = \sum_{n=0}^{\infty} A_j \cap A^n$, where $A_j \cap A^n = (0)$, if $j > n$, and where, for $j \leqq n$, $A_j \cap A^n$ is the group of all elements $f \in A^n$ for which $f(\gamma_1, \cdots, \gamma_n) = 0$ whenever $n - j + 1$ of the arguments belong to the subgroup K. Evidently, $d(A_j) \subset A_j$, so that the groups A_j constitute a filtration.

Paired modules. Let M, N, and P be three G-modules. A pairing of M and N to P is a map $M \times N \to P$; $(m, n) \to m \cup n$, such that $(m_1 - m_2) \cup n = m_1 \cup n - m_2 \cup n$, $m \cup (n_1 - n_2) = m \cup n_1 - m \cup n_2$, and $\gamma \cdot (m \cup n) = (\gamma \cdot m) \cup (\gamma \cdot n)$. The cup product of cochains is a pairing of $C(G, M)$ and $C(G, N)$ to $C(G, P)$ such that $C^p(G, M) \cup C^q(G, N) \subset C^{p+q}(G, P)$ whose explicit definition is:

$$(f \cup g)(\gamma_1, \cdots, \gamma_{p+q}) = f(\gamma_1, \cdots, \gamma_p) \cup \gamma_1 \cdots \gamma_p \cdot g(\gamma_{p+1}, \cdots, \gamma_{p+q}).$$

One has then $d(f\cup g)=(df)\cup g+(-1)^p f\cup(dg)$, whence it is clear that the cup product also induces a pairing of $H^p(G, M)$ and $H^q(G, N)$ to $H^{p+q}(G, P)$. The above filtration is compatible with pairing by cup products, in the sense that if A_j, B_j, C_j denote the groups of the filtrations for M, N, P, respectively, we have $A_r\cup B_s\subset C_{r+s}$, and we then have induced pairings of the groups of the spectral sequences, such that $E_t^{j,i}(A)\cup E_t^{j',i'}(B)\subset E_t^{j+j',i+i'}(C)$.

In the case where K is invariant in G, we can introduce a second filtration (A_j^*) of A which has the defect of not being compatible with cup products but which will be very helpful in the computation of the spectral sequence. We again define $A_j^*=A$, $j\leqq 0$. For $j>0$, we set $A_j^*=\sum_{n=0}^{\infty} A_j^*\cap A^n$, where, for $j\leqq n$, $A_j^*\cap A^n$ is defined as the group of all $f\in A^n$ for which $f(\gamma_1, \cdots, \gamma_n)$ depends only on $\gamma_1, \cdots, \gamma_{n-j}$ and the cosets $\gamma_{n-j+1}K, \cdots, \gamma_n K$, while $A_j^*\cap A^n=(0)$, for $j>n$. Evidently, we have again $d(A_j^*)\subset A_j^*$. Furthermore, it is clear that $A_j^*\subset A_j$, for all j.

Proposition 1. *If E_r, E_r^* denote the groups of the spectral sequences derived from the filtrations (A_j), (A_j^*), respectively, then the injections $A_j^*\rightarrow A_j$ induce isomorphisms of E_r^* onto E_r, for each $r\geqq 1$.*

This will follow trivially as soon as we have proved it for the case $r=1$. Hence it will suffice to prove that the injections $A_j^*\rightarrow A_j$ induce isomorphisms of $H(A_j^*/A_{j+1}^*)$ onto $H(A_j/A_{j+1})$, for all j. If we apply the "five lemma" to the exact sequences for the pairs (A_j, A_{j+1}) and (A_j^*, A_{j+1}^*), we see that this will follow if we prove that the induced maps $H^n(A_j^*)\rightarrow H^n(A_j)$ are isomorphisms onto, for all n and j. From the exact sequence for the pair (A_j, A_j^*), it is clear that this will be the case provided that the following lemma holds:

Lemma 1. *$H^n(A_j/A_j^*)=(0)$, for all n and j.*

We have to show the following. If $f\in A_j\cap A^n$ and $df\in A_j^*$, then there is an element $g\in A_j$ such that $f-dg\in A_j^*$. This holds trivially for $j\leqq 0$ and for $j>n$, so that we may suppose that $0<j\leqq n$. Now consider the case $j=n$. Then $f(\gamma_1, \cdots, \gamma_n)=0$ whenever one of the γ_i belongs to K, and $df(\gamma_1, \cdots, \gamma_{n+1})$ depends only on γ_1 and the cosets $\gamma_i K$ for $i>1$. From these facts and the coboundary formula, applied to $df(\gamma_1, \cdots, \gamma_i, \sigma, \gamma_{i+1}, \cdots, \gamma_n)=0$, it follows at once that, for $\sigma\in K$, $f(\gamma_1, \cdots, \gamma_i\sigma, \gamma_{i+1}, \cdots, \gamma_n)=f(\gamma_1, \cdots, \gamma_i, \sigma\gamma_{i+1}, \cdots, \gamma_n)$, if $1\leqq i<n$, and $f(\gamma_1, \cdots, \gamma_n\sigma)=f(\gamma_1, \cdots, \gamma_n)$, whence $f\in A_n^*$. Hence we may now suppose that $0<j<n$, and it will clearly suffice to prove the following. Let $0\leqq i<j<n$, $f\in A_j\cap A_i^*\cap A^n$, and $df\in A_j^*$. Then there is an element $g\in A_j$ such that $f-dg\in A_j\cap A_{i+1}^*$. We shall proceed to construct such an element g by successively defining $g_j, g_{j+1}, \cdots, g_n=g$ so as to satisfy increasingly stringent conditions.

If the $n-j+1$ arguments $\sigma_{j-i}, \cdots, \sigma_{n-i}$ are in K, we have, since $f\in A_j\cap A^n$, $f(\gamma_1, \cdots, \gamma_{j-i-1}, \sigma_{j-i}, \cdots, \sigma_{n-i}, \gamma_{n-i+1}, \cdots, \gamma_n)=0$. Let $g_j=0$, and suppose then that we have already found an element $g_p\in A_j\cap A_i^*\cap A^{n-1}$,

$j \leqq p < n$, such that $(f-dg_p)(\gamma_1, \cdots, \gamma_{p-i-1}, \sigma_{p-i}, \cdots, \sigma_{n-i}, \gamma_{n-i+1}, \cdots, \gamma_n) = 0$, for all γ_r in G and all σ_s in K. Write $f_p = f - dg_p$, choose representatives x^* in G for the cosets $x = x^*K$, taking $K^* = 1$, and define, for $\sigma \in K$, and $\gamma_r \in G$,

$$h_p(\gamma_1, \cdots, \gamma_{p-i-1}, x^*\sigma, \gamma_{p-i+2}, \cdots, \gamma_n) = f_p(\gamma_1, \cdots, \gamma_{p-i-1}, x^*, \sigma, \gamma_{p-i+2}, \cdots, \gamma_n).$$

Then $h_p \in A_j \cap A_i^* \cap A^{n-1}$. Now consider the value

$$dh_p(\gamma_1, \cdots, \gamma_{p-i-1}, x^*\sigma_{p-i}, \sigma_{p+1-i}, \cdots, \sigma_{n-i}, \gamma_{n-i+1}, \cdots, \gamma_n).$$

If it is written out according to the coboundary formula, and if the values of h_p are written as values of f_p, we find that the first nonzero term is $(-1)^{p-i}h_p(\gamma_1, \cdots, \gamma_{p-i-1}, x^*\sigma_{p-i}\sigma_{p+1-i}, \cdots, \sigma_{n-i}, \gamma_{n-i+1}, \cdots, \gamma_n) = (-1)^{p-i}f_p(\gamma_1, \cdots, \gamma_{p-i-1}, x^*, \sigma_{p-i}\sigma_{p+1-i}, \cdots, \sigma_{n-i}, \gamma_{n-i+1}, \cdots, \gamma_n)$. On the other hand, if we write out the coboundary

$$df_p(\gamma_1, \cdots, \gamma_{p-i-1}, x^*, \sigma_{p-i}, \sigma_{p+1-i}, \cdots, \sigma_{n-i}, \gamma_{n-i+1}, \cdots, \gamma_n),$$

we find that the first two nonzero terms are:

$$(-1)^{p-i}f_p(\gamma_1, \cdots, \gamma_{p-i-1}, x^*\sigma_{p-i}, \sigma_{p+1-i}, \cdots, \sigma_{n-i}, \gamma_{n-i+1}, \cdots, \gamma_n) + (-1)^{p-i+1}f_p(\gamma_1, \cdots, \gamma_{p-i-1}, x^*, \sigma_{p-i}\sigma_{p+1-i}, \cdots, \sigma_{n-i}, \gamma_{n-i+1}, \cdots, \gamma_n).$$

Now note that $df_p = df \in A_j^* \cap A^{n+1}$. Hence, since $i < j$, the above value of df_p is zero. Furthermore, it is clear from the definition of h_p and the coboundary formula that the terms of dh_p which we have not yet considered above are the same as the remaining terms of df_p, except that they carry opposite signs. Hence we have

$$dh_p(\gamma_1, \cdots, \gamma_{p-i-1}, x^*\sigma_{p-i}, \sigma_{p+1-i}, \cdots, \sigma_{n-i}, \gamma_{n-i+1}, \cdots, \gamma_n) = (-1)^{p-i}f_p(\gamma_1, \cdots, \gamma_{p-i-1}, x^*\sigma_{p-i}, \cdots, \sigma_{n-i}, \gamma_{n-i+1}, \cdots, \gamma_n).$$

Put $g_{p+1} = g_p + (-1)^{p-i}\ h_p$. Then $g_{p+1} \in A_j \cap A_i^* \cap A^{n-1}$, and

$$(f - dg_{p+1})\ (\gamma_1, \cdots, \gamma_{p-i}, \sigma_{p+1-i}, \cdots, \sigma_{n-i}, \gamma_{n-i+1}, \cdots, \gamma_n) = 0.$$

If $p+1 < n$, we repeat this construction for $p+1$ instead of p, and so continue until we obtain $g_n \in A_j \cap A_i^* \cap A^{n-1}$ such that

$$(f - dg_n)(\gamma_1, \cdots, \gamma_{n-i-1}, \sigma_{n-i}, \gamma_{n-i+1}, \cdots, \gamma_n) = 0.$$

Now consider $(f - dg_n)(\gamma_1, \cdots, \gamma_{n-i-1}, x^*\sigma_{n-i}, \gamma_{n-i+1}, \cdots, \gamma_n)$. Since $d(f - dg_n) = df \in A_j^*$, we have

$$d(f - dg_n)(\gamma_1, \cdots, \gamma_{n-i-1}, x^*, \sigma_{n-i}, \gamma_{n-i+1}, \cdots, \gamma_n) = 0,$$

and if this is written out in full according to the coboundary formula we find, using that $f - dg_n \in A_i^*$ and the above, that

$$(f - dg_n)(\gamma_1, \cdots, \gamma_{n-i-1}, x^*\sigma_{n-i}, \gamma_{n-i+1}, \cdots, \gamma_n)$$
$$= (f - dg_n)(\gamma_1, \cdots, \gamma_{n-i-1}, x^*, \gamma_{n-i+1}, \cdots, \gamma_n).$$

Thus $f - dg_n \in A_j \cap A^*_{i+1}$, and Proposition 1 is proved.

2. **The group E^*_1.** Let $f \in A^*_j \cap A^{i+j}$, and denote by ${}_jf = r_j(f)$ the element
2 of $C^j(G/K, C^i(K, M))$ which is obtained by restricting the first i arguments to the invariant subgroup K. Thus, if $x \to x^*$ is a choice of representatives in G for the elements of G/K, with $K^* = 1$, we have

$${}_jf(x_1, \cdots, x_j)(\sigma_1, \cdots, \sigma_i) = f(\sigma_1, \cdots, \sigma_i, x_1^*, \cdots, x_j^*),$$

and it is clear that ${}_jf$ is actually independent of the particular choice of the representatives x^*. Evidently, r_j induces a homomorphism of A^*_j / A^*_{j+1} onto $C^j(G/K, C^i(K, M))$. Furthermore, it is seen immediately from the coboundary formula and the definition of A^*_j that, for any $f \in A^*_j$, we have ${}_j(df)(x_1, \cdots, x_j) = d({}_jf(x_1, \cdots, x_j))$, i.e., in a more suggestive notation, $r_j \circ d = d_K \circ r_j$, where d_K is the coboundary operator for cochains of K in M. Hence it is clear that r_j induces a homomorphism of $E_1^{*j,i} = H^{i+j}(A^*_j / A^*_{j+1})$ into $C^j(G/K, H^i(K, M))$. Actually, we shall prove the following:

THEOREM 1. *The homomorphism of $E_1^{*j,i}$ into $C^j(G/K, H^i(K, M))$ which is induced by the restriction homomorphism r_j: $A^*_j \to C^j(G/K, C^i(K, M))$ is an isomorphism onto.*

We show first that this homomorphism is an isomorphism. Let $f \in A^*_j \cap A^{i+j+1}$, and suppose that $df \in A^*_{j+1}$ and ${}_jf(x_1, \cdots, x_j) = d(u(x_1, \cdots, x_j))$, where $u \in C^j(G/K, C^i(K, M))$. We have to show that there exists $h \in A^*_j \cap A^{i+j}$ such that $f - dh \in A^*_{j+1}$. Here we have replaced i by $i+1$ for greater convenience in the formulas below. The case $i=0$ (which is thereby omitted) is trivial, since then $f = {}_jf$.

Define, for $\sigma_1, \cdots, \sigma_i$ in K and $\gamma_1, \cdots, \gamma_j$ in G, $g(\sigma_1, \cdots, \sigma_i, \gamma_1, \cdots, \gamma_j) = u(x_1, \cdots, x_j)(\sigma_1, \cdots, \sigma_i)$, where $x_r = \gamma_r K$. If $i=0$ (which is now the case $i=1$ of the theorem), we obtain, since $df(x^*, \sigma, \gamma_1, \cdots, \gamma_j) = 0$, for $\sigma \in K$,

$$\begin{aligned} f(x^*\sigma, \gamma_1, \cdots, \gamma_j) &= x^* \cdot f(\sigma, \gamma_1, \cdots, \gamma_j) + f(x^*, \gamma_1, \cdots, \gamma_j) \\ &= x^*\sigma \cdot g(\gamma_1, \cdots, \gamma_j) - x^* \cdot g(\gamma_1, \cdots, \gamma_j) \\ &\quad + f(x^*, \gamma_1, \cdots, \gamma_j). \end{aligned}$$

The last expression differs from $dg(x^*\sigma, \gamma_1, \cdots, \gamma_j)$ only by terms whose values are independent of $\sigma \in K$. Hence the value $(f - dg)(x^*\sigma, \gamma_1, \cdots, \gamma_j)$ is independent of σ, whence it is clear that $f - dg \in A^*_{j+1}$, so that we may take $h = g$ if $i = 0$.

If $i > 0$, we define a sequence of extensions $g_1, \cdots, g_i$ of $g = g_0$ as follows: the function g_k will be defined on the set of $(i+j)$-tuples in which the first k elements and the last j elements are arbitrary elements $\rho_1, \cdots, \rho_k$ and

$\gamma_1, \cdots, \gamma_j$ of G, while the remaining elements σ_r belong to K. For the construction which follows we shall use the abbreviation γ_r^s for the $(s-r+1)$-tuple $(\gamma_r, \gamma_{r+1}, \cdots, \gamma_s)$, etc. We define the g_k's recursively by the formulas: $g_1(x^* \sigma_1, \sigma_2^i, \gamma_1^j) = x^* \cdot g(\sigma_1^i, \gamma_1^j) - f(x^*, \sigma_1^i, \gamma_1^j)$; $g_k(\rho_1^{k-1}, x^*\sigma_k, \sigma_{k+1}^i, \gamma_1^j) = g_{k-1}(\rho_1^{k-2}, \rho_{k-1}x^*, \sigma_k^i, \gamma_1^j) + (-1)^k f(\rho_1^{k-1}, x^*, \sigma_k^i, \gamma_1^j)$, for $k>1$. For $k \geqq 1$, we have then $g_k(\rho_1^{k-1}, \sigma_k^i, \gamma_1^j) = g_{k-1}(\rho_1^{k-1}, \sigma_k^i, \gamma_1^j)$, i.e., each g_k is indeed an extension of g_{k-1}. Hence we have also $dg_k(\rho_1^{k-1}, \sigma_k^{i+1}, \gamma_1^j) = dg_{k-1}(\rho_1^{k-1}, \sigma_k^{i+1}, \gamma_1^j)$. From the first of these relations and from our definition, it follows that, for $1 \leqq l \leqq k$, $g_k(\rho_1^{l-1}, x^*, \sigma_{l+1}^i, \gamma_1^j) = g_l(\rho_1^{l-1}, x^*, \sigma_{l+1}^i, \gamma_1^j) = 0$.

Now it follows from these facts and the coboundary formula that

$$\begin{aligned} dg_k(\rho_1^{k-1}, x^*, \sigma_k^i, \gamma_1^j) &= (-1)^k g_k(\rho_1^{k-1}, x^*\sigma_k, \sigma_{k+1}^i, \gamma_1^j) \\ &\quad + (-1)^{k-1} g_k(\rho_1^{k-2}, \rho_{k-1}x^*, \sigma_k^i, \gamma_1^j) \\ &= f(\rho_1^{k-1}, x^*, \sigma_k^i, \gamma_1^j), \qquad \text{for } k > 1. \end{aligned}$$

Also, $dg_1(x^*, \sigma_1^i, \gamma_1^j) = x^* \cdot g_1(\sigma_1^i, \gamma_1^j) - g_1(x^*\sigma_1, \sigma_2^i, \gamma_1^j) = f(x^*, \sigma_1^i, \gamma_1^j)$. Thus for all $k \geqq 1$, $(f - dg_k)(\rho_1^{k-1}, x^*, \sigma_k^i, \gamma_1^j) = 0$. We shall show next that the same relation holds with $x^*\sigma$ in the place of x^*.

We have $(f-dg_0)(\sigma, \sigma_1^i, \gamma_1^j) = 0$, from the definition of $g_0 = g$. Assume that we have already shown that $(f - dg_{k-1})(\rho_1^{k-1}, \sigma, \sigma_k^i, \gamma_1^j) = 0$. Since $d(f-dg_k)(\rho_1^{k-1}, x^*, \sigma, \sigma_k^i, \gamma_1^j) = 0$, we can write the expression $(f-dg_k)(\rho_1^{k-1}, x^*\sigma, \sigma_k^i, \gamma_1^j)$ as a sum of values of $\pm(f-dg_k)$ for arguments in which the kth place is occupied either by x^* or by σ. The terms in which x^* is in the kth place are 0 by what we have just seen. The terms with σ in the kth place coincide with the terms obtained by replacing g_k with g_{k-1}, and are 0 by our inductive assumption. Hence we have $(f-dg_k)(\rho_1^k, \sigma_k^i, \gamma_1^j) = 0$, for all $k \geqq 1$. In particular, for $k = i$, we have $(f - dg_i)(\rho_1^i, \sigma, \gamma_1^j) = 0$. Hence, proceeding as just above, if we write $(f-dg_i)(\rho_1^i, x^*\sigma, \gamma_1^j)$ as a sum of values of $\pm(f-dg_i)$, with x^* and σ separated in the argument, we find that the non-zero terms have x^* in the $(i+1)$th place, and are independent of $\sigma \in K$, because $f - dg_i \in A_j^*$. Hence $(f-dg_i)(\rho_1^i, x^*\sigma, \gamma_1^j)$ is independent of σ, whence $f - dg_i \in A_{j+1}^*$. Thus we may take $h = g_i$, and conclude that the homomorphism of Theorem 1 is an isomorphism.

In order to prove that it is onto, we must show that for any $u \in C^j(G/K, Z^i(K, M))$, where $Z^i(K, M)$ is the group of the i-cocycles for K in M, there is an element $h \in A_j^* \cap A^{i+j}$ such that $dh \in A_{j+1}^*$ and ${}_jh = u$.

Define $g \in C^j(G, Z^i(K, M))$ by setting $g(\sigma_1, \cdots, \sigma_i, \gamma_1, \cdots, \gamma_j) = u(x_1, \cdots, x_j)(\sigma_1, \cdots, \sigma_i)$. If $i = 0$ we may evidently take $h = g$. Hence we may suppose that $i > 0$. Now we apply exactly the same construction of extensions $g_1, \cdots, g_i$ of g as in the first part of this proof, where now we take $f = 0$. We thus obtain an extension g_i of g such that $g_i \in A_j^* \cap A^{i+j}$ and $dg_i \in A_{j+1}^*$. Clearly, the cochain $h = g_i$ satisfies our requirements, and Theorem 1 is proved.

3. A general identity. We wish to prove a certain identity involving partial coboundary operators which will serve in our subsequent discussion of the differential operator d_1 of the spectral sequence, and of cup products[9].

Let $f \in A^{i+j-1}$, $i>0$, $j>0$. Denote $(i+j)$-tuples of elements of G by $(\alpha_1, \cdots, \alpha_i, \beta_1, \cdots, \beta_j)$. Define the two partial coboundary operators δ_i and ∂_j by the formulas:

$$\begin{aligned} \delta_i f(\alpha_1, \cdots, \alpha_i, \beta_1, \cdots, \beta_j) &= \alpha_1 \cdot f(\alpha_2, \cdots, \alpha_i, \beta_1, \cdots, \beta_j) \\ &+ \sum_{k=1}^{i-1} (-1)^k f(\alpha_1, \cdots, \alpha_k\alpha_{k+1}, \cdots, \alpha_i, \beta_1, \cdots, \beta_j) \\ &+ (-1)^i f(\alpha_1, \cdots, \alpha_{i-1}, \beta_1, \cdots, \beta_j), \end{aligned}$$

and

$$\begin{aligned} \partial_j f(\alpha_1, \cdots, \alpha_i, \beta_1, \cdots, \beta_j) &= \beta_1 \cdot f(\beta_1^{-1}\alpha_1\beta_1, \cdots, \beta_1^{-1}\alpha_i\beta_1, \beta_2, \cdots, \beta_j) \\ &+ \sum_{k=1}^{j-1} (-1)^k f(\alpha_1, \cdots, \alpha_i, \beta_1, \cdots, \beta_k\beta_{k+1}, \cdots, \beta_j) \\ &+ (-1)^j f(\alpha_1, \cdots, \alpha_i, \beta_1, \cdots, \beta_{j-1}). \end{aligned}$$

Let $S=(s_1, \cdots, s_j)$ be an ordered subset of the set $(1, 2, \cdots, i+j)$, and denote by $S^*=(s_1^*, \cdots, s_i^*)$ its ordered complement. Set $b_0=1$, $b_k=\beta_1 \cdots \beta_k$, for $1 \leqq k \leqq j$. For $1 \leqq p \leqq i$, write $p^* = s_p^* - p$ (which is the number of indices $s_q < s_p^*$) and set $\nu(S) = \sum_{p=1}^{i} p^*$. We define, for any $g \in A^{i+j}$, $g_S(\alpha_1, \cdots, \alpha_i, \beta_1, \cdots, \beta_j) = g(\gamma_1, \cdots, \gamma_{i+j})$, where $\gamma_{s_q} = \beta_q$ and $\gamma_{s_p^*} = b_{p^*}^{-1}\alpha_p b_{p^*}$. Finally, we set $g_j = \sum_S (-1)^{\nu(S)} g_S$, where S ranges over all the ordered subsets of j elements from $(1, \cdots, i+j)$[10]. In these terms, we shall establish the following identity:

PROPOSITION 2. *For* $f \in A^{i+j-1}$, *we have*

$$(df)_j = \delta_i(f_j) + (-1)^i \partial_j(f_{j-1}).$$

We consider the terms which occur on the left-hand side of the proposed identity by writing it out in full according to the definition of $(df)_j$ and the coboundary formula. Each coboundary $(df)_S(\alpha_1, \cdots, \alpha_i, \beta_1, \cdots, \beta_j)$ gives

---

(9) This paragraph, being concerned only with a single group G, is independent of the preceding ones. The "shuffling" mechanism which we employ here is closely related to that used by Eilenberg-MacLane in a paper forthcoming in the Ann. of Math. Cf. also Proc. Nat. Acad. Sci. U.S.A. vol. 36 (1950) pp. 657–663.

(10) For instance, with $i=1$ and $j=2$, we have: $g_2(\alpha_1, \beta_1, \beta_2) = g(\alpha_1, \beta_1, \beta_2) - g(\beta_1, \beta_1^{-1}\alpha_1\beta_1, \beta_2) + g(\beta_1, \beta_2, (\beta_1\beta_2)^{-1}\alpha_1(\beta_1\beta_2))$, and it will be convenient for the reader to follow the proof of Proposition 2 with this example.

rise to two types of terms; the "pure" terms in whose arguments each entry has one of the forms $b_{p^*}^{-1}\alpha_p b_{p^*}$, or $b_{p^*}^{-1}\alpha_p\alpha_{p+1}b_{p^*}$, or β_q, or $\beta_q\beta_{q+1}$; and the "impure" terms in whose arguments exactly one entry fails to be of this form but is either $b_{p^*}^{-1}\alpha_p b_{p^*}\beta_{p^*+1}$ or $\beta_{p^*}b_{p^*}^{-1}\alpha_p b_{p^*}$. Now it is not difficult to see that each impure terms occurs exactly twice, and with opposite signs. In fact, an impure term in which the exceptional entry is of the first form occurs a second time, with the exceptional entry of the second form, for the set T which is obtained from S by switching s_{p^*+1} with s_p^*, and since $\nu(T)=\nu(S)+1$, these two terms cancel out. Hence we may conclude that all the impure terms cancel out.

On the other hand, it is clear that the pure terms of the left-hand side of the proposed identity are in one to one correspondence with the terms of the right-hand side. There remains only to verify that they carry the same signs on the two sides. This is easily seen to be the case for the first and the last terms of the coboundaries.

There remains to consider the middle terms. These can be divided into two types, as follows:

(A): The argument contains i elements $b_{p^*}^{-1}\alpha_p b_{p^*}$ and one $\beta_q\beta_{q+1}$.

(B): The argument contains $i-1$ elements $b_{p^*}^{-1}\alpha_p b_{p^*}$ and one $b_{p^*}^{-1}\alpha_p\alpha_{p+1}b_{p^*}$.

A term of type (A) occurs on the left with the sign $(-1)^{\nu(S)+s_q}$, and occurs on the right with the sign $(-1)^{\nu(T)+i+q}$, where T is the set for which the arguments appear in the same order in the relevant term of $\partial_j(f_T)$ as in the relevant term of $(df)_S$. It is easily seen that $\nu(S)-\nu(T)$ is the contribution to $\nu(S)$ which is due to the precedence of β_q before α's, because this occurs twice in computing $\nu(S)$ (a second time as the contribution due to the precedence of β_{q+1} before the same α's) but only once in computing $\nu(T)$. Hence $\nu(S)-\nu(T)$ is equal to the number of s_p^* which are greater than s_q, i.e., $\nu(S)-\nu(T)=i-(s_q-q)$. Hence the signs for the terms of type (A) are the same on the right as on the left.

Similarly, a term of type (B) occurs on the left with the sign $(-1)^{\nu(S)+s_p^*}$ and occurs on the right with the sign $(-1)^{\nu(U)+p}$, where U is the set for which the arguments appear in the same order in the relevant term of $\delta_i(f_U)$ as in the relevant term of $(df)_S$. Here we find by an argument quite similar to the above that $\nu(S)-\nu(T)=p^*=s_p^*-p$, whence we see again that the terms of type (B) carry the same signs on the right as on the left. This completes the proof of Proposition 2.

In particular, consider the case $j=1$. Our identity then becomes $(df)_1=\delta_i(f_1)+(-1)^i\partial_1(f)$. If $df=0$, this reduces to $\partial_1(f)=(-1)^{i-1}\delta_i(f_1)$, or $(\beta\cdot f)-f=d(f_\beta)$, where $f_\beta(\alpha_1,\cdots,\alpha_{i-1})=(-1)^{i-1}f_1(\alpha_1,\cdots,\alpha_{i-1},\beta)$. This shows again that G operates trivially on $H(G, M)$.

4. The operator d_1 of the spectral sequence. Let the map $f\rightarrow f_j$ be defined as in the last paragraph. Suppose $f\in A_{j-1}^*\cap A^{i+j-1}$, and $df\in A_j^*$. Let $\beta_1,\cdots,\beta_j$ be elements of G, and write $x_q=\beta_qK$, where K is the given invariant subgroup of G. Let r_j be the restriction homomorphism of A_j^* onto $C^j(G/K, C(K, M))$, as in §2. It is seen directly from the definitions that if $g \in A_j^* \cap A^{i+j}$, the restriction of the first i arguments in g_j to K yields the natural image in $C^j(G, C^i(K, M))$ of $r_j(g)$. Hence, if, in the identity of Proposition 2 for the above f, we restrict $\alpha_1, \cdots, \alpha_i$ to K, we obtain:

$$r_j(df)(x_1, \cdots, x_j) = d(h(\beta_1, \cdots, \beta_j)) + (-1)^i d(r_{j-1}(f))(x_1, \cdots, x_j),$$

where $h(\beta_1, \cdots, \beta_j) \in C^{i-1}(K, M)$ is given by

$$h(\beta_1, \cdots, \beta_j)(\alpha_1, \cdots, \alpha_{i-1}) = f_j(\alpha_1, \cdots, \alpha_{i-1}, \beta_1, \cdots, \beta_j).$$

This shows immediately that, if e is the element of $E_1^{*j-1,i}$ which corresponds to f, and ϕ is the isomorphism (Theorem 1) of E_1^* onto $C(G/K, H(K, M))$ which is induced by the maps r_j, then $\phi(d_1(e)) = (-1)^i d(\phi(e))$. Hence we have the following result:

THEOREM 2. *Let ϕ be the isomorphism of E_1^* onto $C(G/K, H(K, M))$ which is induced by the restriction homomorphisms r_j of A_j^* onto $C^j(G/K, C(K, M))$. Then, for every $e \in E_1^{*j,i}$, $\phi(d_1(e)) = (-1)^i d(\phi(e))$. Hence ϕ induces an isomorphism of $E_2^{*j,i}$ onto $H^j(G/K, H^i(K, M))$.*

5. **The group E_1, and cup products.** By Proposition 1 of §1, we know that the injections $A_j^* \to A_j$ induce an isomorphism, ψ, of E_1^* onto E_1, which evidently commutes with the operator d_1. Hence we have also isomorphisms $E_1 \approx C(G/K, H(K, M))$ and $E_2 \approx H(G/K, H(K, M))$. In order to be in a position to deal adequately with cup products, we shall investigate the isomorphism of E_1 onto $C(G/K, H(K, M))$ in greater detail.

An element $e \in E_1^{j,i}$ is represented by an element $f \in A_j \cap A^{i+j}$ such that $df \in A_{j+1}$. In the notation of §3, we have then also $(df)_j \in A_{j+1}$, and $f_{j-1} \in A_j$. Hence, if we apply the identity of Proposition 2 to f, and restrict the first $i+1$ arguments to K, we find that $\delta_{i+1}(f_j)(\sigma_1, \cdots, \sigma_{i+1}, \gamma_1, \cdots, \gamma_j) = 0$. This means that if $f_j' \in C^j(G, C^i(K, M))$ is defined by $f_j'(\gamma_1, \cdots, \gamma_j)(\sigma_1, \cdots, \sigma_i) = f_j(\sigma_1, \cdots, \sigma_i, \gamma_1, \cdots, \gamma_j)$, we have, actually, $f_j' \in C^j(G, Z^i(K, M))$, where $Z^i(K, M)$ denotes the group of i-cocycles for K in M.

On the other hand, by Proposition 1, there is an element $f^* \in A_j^* \cap A^{i+j}$, such that $f - f^* \in A_{j+1} + d(A_j)$ and $df^* \in A_{j+1}^*$. The element $\psi^{-1}(e)$ is then the natural image of f^* in $E_1^{*j,i}$. Furthermore, if $u \in A_{j+1}$, then $u_j' = 0$, and if $v \in A_j$, Proposition 2 shows that $(dv)_j' \in C^j(G, d(C^{i-1}(K, M)))$. Hence f and f^* determine the same element of $C^j(G, H^i(K, M))$. This means that f_j' is a representative cochain for $\phi\psi^{-1}(e)$. We may state this as follows:

PROPOSITION 3. *Let ψ denote the canonical isomorphism of E_1^* onto E_1. Then the homomorphisms $f \to f_j'$ of A_j into $C^j(G, C(K, M))$ induce the isomorphism $\phi\psi^{-1}$ of E_1 onto $C(G/K, H(K, M))$.*

Now let us consider a pairing of two G-modules M and N to a third G-

module P. Let A, B, C denote the cochain groups for G in M, N, P, respectively, and let E_1, F_1, G_1 denote the corresponding terms of the spectral sequences.

Let $f \in A_j^* \cap A^{i+j}$, $df \in A_{j+1}^*$; $g \in B_{j'}^* \cap B^{i'+j'}$, $dg \in B_{j'+1}^*$. Then $f \cup g \in C_{j+j'} \cap C^{i+i'+j+j'}$, and $d(f \cup g) \in C_{j+j'+1}$. It is seen at once from the definitions of §3 that $(f \cup g)'_{j+j'}$ consists only of a single $(-1)^{(\nu)S}(f \cup g)'_S$; explicitly:

$$(-1)^{i'j}(f \cup g)_{j+j'}(\sigma_1, \cdots, \sigma_{i+i'}, \gamma_1, \cdots, \gamma_{j+j'})$$
$$= f(\sigma_1, \cdots, \sigma_i, \gamma_1, \cdots, \gamma_j) \cup \rho \cdot g(\gamma^{-1}\sigma_{i+1}\gamma, \cdots, \gamma^{-1}\sigma_{i+i'}\gamma, \gamma_{j+1}, \cdots, \gamma_{j+j'}),$$

where $\gamma = \gamma_1 \cdots \gamma_j$, and $\rho = \sigma_1 \cdots \sigma_i \gamma_1 \cdots \gamma_j$. Hence we have

$$(f \cup g)'_{j+j'}(\gamma_1, \cdots, \gamma_{j+j'}) = (-1)^{i'j} f'_j(\gamma_1, \cdots, \gamma_j) \cup \gamma \cdot (g'_{j'}(\gamma_{j+1}, \cdots, \gamma_{j+j'})),$$

or: $(f \cup g)'_{j+j'} = (-1)^{i'j} f'_j \cup g'_{j'}$. This proves:

THEOREM 3. *Let $\rho = \phi\psi^{-1}$ denote the canonical isomorphism of E_1 (resp. F_1, G_1) onto $C(G/K, H(K, M))$ (resp. etc.). Let $u \in E_1^{j,i}$, $v \in F_1^{j',i'}$, so that $u \cup v \in G_1^{j+j',i+i'}$. Then $\rho(u \cup v) = (-1)^{i'j}\rho(u) \cup \rho(v)$.*

We remark, finally, that the definitions of the cup product and d_1 give the rule $d_1(u \cup v) = d_1(u) \cup v + (-1)^{i+j} u \cup d_1(v)$, and that this provides a check on the sign in the above. Furthermore, these results imply that Theorem 3 holds also for E_2, mutatis mutandis.

CHAPTER III. APPLICATIONS

1. The spectral sequence. We begin by recalling a few general facts concerning the spectral sequence. If Z_r^j denotes the subgroup of A_j consisting of all elements $a \in A_j$ for which $da \in A_{j+r}$, we have $E_r^j = Z_r^j / (Z_{r-1}^{j+1} + d(Z_{r-1}^{j+1-r}))$. The differential operator d_r is the endomorphism of E_r which is induced by d. The group $E_r^{j,i}$ is the canonical image of $Z_r^j \cap A^{i+j}$ in E_r^j, and we have $d_r(E_r^{j,i}) \subset E_r^{j+r,i+1-r}$. Hence $d_r(E_r^{j,i}) = (0)$, if $r > i+1$, and $d_r(E_r) \cap E_r^j = (0)$, if $r > j$. In particular, if $r > \max(j, i+1)$, then $E_r^{j,i} = E_\infty^{j,i}$, which is canonically isomorphic with $H^{i+j}(A)_j / H^{i+j}(A)_{j+1}$, where $H(A)_j$ denotes the image of $H(A_j)$ in $H(A)$. Generally, $E_{r+1}^{j,i} \approx H^{j,i}(E_r)$.

In our case, $H(A) = H(G, M)$. We have canonical maps: $H^i(G, M) \to E_\infty^{0,i} \to E_2^{0,i} \approx H^i(K, M)^G$. The first map is onto, and its kernel is $H^i(G, M)_1$. The second map is an isomorphism into, and the composite map is the natural restriction homomorphism r_i: $H^i(G, M) \to H^i(K, M)^G$.

On the other hand, we have canonical maps:

$$H^j(G/K, M^K) \approx E_2^{j,0} \to E_\infty^{j,0} \to H^j(G, M).$$

The first map is onto, the second map is an isomorphism into, its image is $H^j(G, M)_j$, and the composite map is the natural "lifting homomorphism" l_j: $H^j(G/K, M^K) \to H^j(G, M)$.

All these facts are consequences of the general properties of the spectral sequence, combined with the results of Chapter II.

2. A decomposition theorem.

THEOREM 1. *Let G be a finite group, K an invariant subgroup of G, $m = [G: K]$, $n = [K: (1)]$, and suppose that m and n are relatively prime. Then, for each $j > 0$, $H^j(G, M)$ can be decomposed uniquely into a direct sum $U + V$. where V is mapped isomorphically onto $H^j(K, M)^G$ by the restriction homomorphism r_j, and where U is the isomorphic image of $H^j(G/K, M^K)$ by l_j. Moreover, this decomposition is multiplicative with respect to cup products* (11).

First, let Q be a finite group of order q, B a Q-module, $f \in Z^k(Q, B)$ with $k > 0$. Define $f' \in C^{k-1}(Q, B)$ by setting $f'(\gamma_1, \cdots, \gamma_{k-1}) = \sum_{\gamma \in Q} f(\gamma_1, \cdots, \gamma_{k-1}, \gamma)$. Then we have $df' = (-1)^k qf$. Hence, for any $u \in H^k(Q, B)$, $qu = 0$(12).

Hence, in our present situation, if $u \in H^j(G/K, H^i(K, M))$, then $nu = 0$ if $i > 0$, and $mu = 0$ if $j > 0$. By the results of Chapter II, the same holds therefore for any $u \in E_2^{j,i}$, and hence also for any $u \in E_r^{j,i}$, if $r \geqq 2$. In particular, it follows that $E_r^{j,i} = (0)$, if $r \geqq 2$, $i > 0$, and $j > 0$. Now we have $d_r(E_r^{j,i}) \subset E_r^{j+r,i+1-r}$. If $r \geqq 2$, we have therefore $d_r(E_r^{j,i}) = (0)$, unless $i = r-1$ and $j = 0$. But if $e \in E_r^{0,r-1}$, then $nd_r e = d_r(ne) = 0$, and also $md_r e = 0$, since $d_r e \in E_r^{r,0}$. Hence $d_r = 0$, for all $r \geqq 2$.

Hence $E_2^{j,0} \to E_\infty^{j,0}$ and $E_\infty^{0,j} \to E_2^{0,j}$ are isomorphisms onto and by §1 this means that $l_j: H^j(G/K, M^K) \to H^j(G, M)$ is an isomorphism, and $r_j: H^j(G, M) \to H^j(K, M)^G$ is onto. Since $E_\infty^{p,q} = (0)$ for $p > 0$ and $q > 0$, it follows furthermore that $H^j(G, M)_1 = H^j(G, M)_j$. Since these groups are respectively the kernel of r_j and the image of l_j, the following sequence is exact:

$$(0) \to H^j(G/K, M^K) \xrightarrow{l_j} H^j(G, M) \xrightarrow{r_j} H^j(K, M)^G \to (0).$$

Now choose integers a and b such that $am + bn = 1$. If $x \in H^j(G, M)$, set $\alpha(x) = amx$, $\beta(x) = bnx$, so that $x = \alpha(x) + \beta(x)$. We have then $\alpha\beta = \beta\alpha = 0$, $\alpha^2 = \alpha$, and $\beta^2 = \beta$. Hence α and β define a decomposition of $H^j(G, M)$, and we claim that this decomposition satisfies the requirements of Theorem 1.

In fact, it is clear that $r_j\beta = 0$, and—using the exactness of the above sequence—one sees easily that r_j maps $\alpha(H^j(G, M))$ isomorphically onto $H^j(K, M)^G$, while l_j maps $H^j(G/K, M^K)$ isomorphically onto $\beta(H^j(G, M))$.

Now let $u \in H^j(G, M)$ and $v \in H^{j'}(G, N)$, where M and N are two G-modules which are paired to a third G-module, P. Then we have, clearly,

(11) By means of the transfer homomorphism (of the cohomology group of a subgroup into that for the whole group) which has recently been defined by Eckmann and, independently, by Artin, a very simple proof for Theorem 1 can be given. The proof we give here is to serve as an illustration of the use of the spectral sequence.

(12) This result is, of course, well known.

$\alpha(u)\cup\alpha(v)=\alpha^2(u\cup v)=\alpha(u\cup v)$, and $\beta(u)\cup\beta(v)=\beta^2(u\cup v)=\beta(u\cup v)$.

Finally, it is clear that V is uniquely characterized as the subgroup of $H^i(G, M)$ consisting of all elements whose orders divide n.

3. The transgression. We recall that the transgression is a certain homomorphism which arises from an arbitrary spectral sequence in the following way:

Write $E_0^0=R$, so that $E_1^{0,i}=H^i(R)$. Also, let $S^i=E_1^{i,0}$ and $S=\sum_{i=1}^{\infty} S^i$. Then $d_1(S^i)\subset S^{i+1}$, and the corresponding cohomology groups $H^i(S)$ are the $E_2^{i,0}$. Hence, for $i\geqq 2$, the spectral sequence gives a natural homomorphism σ_i of $H^i(S)$ onto $E_i^{i,0}$. Furthermore, the injection of Z_i^i into A_1 induces an isomorphism μ_i of $E_i^{i,0}$ into $H^i(A_1)$, if $i\geqq 2$. Clearly the composite map $\mu_i\sigma_i$ is the homomorphism ν_i of $H^i(S)$ into $H^i(A_1)$ which is induced by the injection of S into A_1. Now let $i\geqq 2$, and consider the following diagram:

$$
\begin{array}{ccccccccc}
 & & H^{i-1}(A) & \xrightarrow[\pi_{i-1}]{} & H^{i-1}(R) & \xrightarrow[\delta_{i-1}]{} & H^i(A_1) & \longrightarrow & H^i(A) \\
 & & & & & & {\scriptstyle \nu_i}\nwarrow \; \searrow{\scriptstyle \epsilon_i} & & \\
 & & \tau_{i-1}\downarrow & & \rho_i\uparrow & & \mu_i\uparrow \;\; H^i(S) & & \psi_i\uparrow \\
 & & & & & & \swarrow\sigma_i & & \\
(0) & \longrightarrow & E_{i+1}^{0,i-1} & \xrightarrow[h_i]{} & E_i^{0,i-1} & \xrightarrow[d_i]{} & E_i^{i,0} & \xrightarrow[\phi_i]{} & E_{i+1}^{i,0} \longrightarrow (0) \\
 & & \downarrow & & \uparrow & & \uparrow & & \uparrow \\
 & & (0) & & (0) & & (0) & & (0)
\end{array}
$$

Here, the top line is the natural exact sequence for the pair (A, A_1), noting that $R=A/A_1$. The bottom line is composed of natural maps of the spectral sequence, and its exactness is evident from the fact that $E_{i+1}\approx H(E_i)$. The vertical lines are also exact sequences; the nontrivial maps in them are the natural maps induced by injections of subgroups of A. Finally, all the commutativity relations are satisfied.

Now an element $x\in H^{i-1}(R)$ is called transgressive if $\delta_{i-1}(x)\in\nu_i(H^i(S))$. If N_i denotes the kernel of ν_i, then $t_i(x)$ is defined as the coset $\nu_i^{-1}\delta_{i-1}(x)$ in $H^i(S)/N_i$. The map t_i is called the transgression, and we shall see that, essentially, t_i is the map d_i: $E_i^{0,i-1}\to E_i^{i,0}$; more precisely:

PROPOSITION 1. *Let $x\in E_1^{0,i-1}$, with $i\geqq 2$. Then x is transgressive if and only if there is an element $y\in E_i^{0,i-1}$ such that x is the canonical image $\rho_i(y)$ of y in $E_1^{0,i-1}$, and then $t_i(x)$ is the inverse image $\sigma_i^{-1}(d_iy)$ of d_iy under the natural homomorphism σ_i of $E_2^{i,0}$ onto $E_i^{i,0}$.*

In fact, if $x=\rho_i(y)$, then $\delta_{i-1}(x)=\delta_{i-1}\rho_i(y)=\mu_id_i(y)$, by the diagram. Since σ_i is onto, there is a $z\in H^i(S)$ such that $\sigma_i(z)=d_i(y)$. Then $\delta_{i-1}(x)=\mu_i\sigma_i(z)=\nu_i(z)$, showing that x is transgressive. Since the kernel of σ_i coincides with N_i, we have then $t_i(x)=\sigma_i^{-1}(d_iy)$.

On the other hand, if $\delta_{i-1}(x)=\nu_i(z)$ (i.e., if x is transgressive) then, by the diagram, $\psi_i\phi_i\sigma_i(z)=\epsilon_i\mu_i\sigma_i(z)=\epsilon_i\nu_i(z)=\epsilon_i\delta_{i-1}(x)=0$, and hence $\phi_i\sigma_i(z)=0$. Hence there is an element $y_1\in E_i^{0,i-1}$ such that $d_iy_1=\sigma_i(z)$. Now $\delta_{i-1}(x)$

$=\mu_i(d_iy_1)=\delta_{i-1}\rho_i(y_1)$, and hence there is an element $a\in H^{i-1}(A)$ such that $x-\rho_i(y_1)=\pi_{i-1}(a)$. Put $y=y_1+h_i\tau_{i-1}(a)$. Then $\rho_i(y)=\rho_i(y_1)+\rho_ih_i\tau_{i-1}(a)=(x-\pi_{i-1}(a))+\pi_{i-1}(a)=x$, and Proposition 1 is proved.

In our applications, $A=C(G, M)$, and the restriction of cochains from G to K clearly induces an isomorphism of R onto $C(K, M)$. On the other hand, by Theorem 1 of Chapter II, S^i may be identified with $C^i(G/K, M^K)$. The above definition now becomes the following: an element $x\in H^{i-1}(K, M)$ is called transgressive if there is a cochain $f\in C^{i-1}(G, M)$ whose restriction to K is a representing cocycle for x and which is such that df is the natural image in $Z^i(G, M)$ of an element of $Z^i(G/K, M^K)$. Proposition 1 means that the transgressive elements of $H^{i-1}(K, M)$ make up exactly the canonical image of $E_i^{0,i-1}$ in $H^{i-1}(K, M)$, and that t_i takes its values in that factor group of $H^i(G/K, M^K)$ which is canonically isomorphic with $E_i^{i,0}$. More precisely, if x and f are as above, then $t_i(x)$ is the element of this factor group which is determined by df.

4. An exact sequence involving the transgression.

THEOREM 2. *Let $m\geqq 1$, and assume that $H^n(K, M)=(0)$, for $0<n<m$. Then the subgroup constituted by the transgressive elements of $H^m(K, M)$ coincides with $H^m(K, M)^G$, the image $t_{m+1}(H^m(K, M)^G)$ is a subgroup of $H^{m+1}(G/K, M^K)$, and the following sequence is exact:*

$$(0)\rightarrow H^m(G/K, M^K)\xrightarrow[l_m]{} H^m(G, M)\xrightarrow[r_m]{} H^m(K, M)^G$$
$$\xrightarrow[t_{m+1}]{} H^{m+1}(G/K, M^K)\xrightarrow[l_{m+1}]{} H^{m+1}(G, M).$$

Since $E_2^{1,0}$ is canonically isomorphic with $E_\infty^{1,0}$, and so with $H^1(G, M)_1$, it is clear that l_1 is an isomorphism. Hence, by induction on m, it will suffice to prove the result under the assumption that l_m is an isomorphism into. The hypothesis of the theorem gives that $E_r^{j,i}=(0)$, for $0<i<m$ and all $r\geqq 2$. Taking $j=m-i$ and $r=m+1$, we conclude from this that $H^m(G, M)_m=H^m(G, M)_1$. Thus the image of l_m coincides with the kernel of r_m.

Further, $d_r(E_r^{0,m})\subset E_r^{r,m+1-r}=(0)$, if $2\leqq r\leqq m$. Hence, $E_2^{0,m}$ is canonically isomorphic with $E_{m+1}^{0,m}$, which means, by what we have seen in §3, that the transgressive elements of $H^m(K, M)$ are precisely those of $H^m(K, M)^G$.

We have also $E_r^{m+1-r,r-1}=(0)$, if $2\leqq r\leqq m$, and we may conclude from this that $E_{m+1}^{m+1,0}$ is canonically isomorphic with $E_2^{m+1,0}$. Hence the homomorphism σ_{m+1} of §3 is an isomorphism, whence t_{m+1} maps $H^m(K, M)^G$ onto a subgroup of $H^{m+1}(G/K, M^K)$. Moreover, t_{m+1} corresponds canonically to the map d_{m+1}: $E_{m+1}^{0,m}\rightarrow E_{m+1}^{m+1,0}$. Hence the kernel of t_{m+1} is the canonical image of $E_{m+2}^{0,m}$ in $H^m(K, M)^G$; but $E_{m+2}^{0,m}$ is canonically isomorphic with $H^m(G, M)/H^m(G, M)_1$, whence we conclude that the kernel of t_{m+1} coincides with the image of r_m.

Furthermore, the image of t_{m+1} corresponds canonically to $d_{m+1}(E_{m+1}^{0,m})$, which is precisely the kernel of the natural homomorphism: $E_{m+1}^{m+1,0}\rightarrow E_{m+2}^{m+1,0}$

$\approx H^{m+1}(G, M)_{m+1}$. This means that the image of t_{m+1} coincides with the kernel of l_{m+1}, and our proof is complete.

REMARK. In the case $m=1$, the hypothesis of the preceding theorem is vacuous, and hence we have *always* the following exact sequence:

$$(0) \to H^1(G/K, M^K) \to H^1(G, M) \to H^1(K, M)^G \to H^2(G/K, M^K) \to H^2(G, M).$$

5. Interpretation in the theory of simple algebras(13). A particularly interesting case of Theorem 2 is the case where M is the multiplicative group L^* of a field L, and G is a finite group of automorphisms of L. Then, as is well known, $H^1(K, M) = (0)$. The exact sequence of Theorem 2, for $m=2$,

$$(0) \to H^2(G/K, F^*) \underset{l_2}{\to} H^2(G, L^*) \underset{r_2}{\to} H^2(K, L^*)^G \underset{t_3}{\to} H^3(G/K, F^*) \underset{l_3}{\to} H^3(G, L^*)$$

is then significant for the theory of the simple algebras which have the fixed field, F, say, of K in L for center, and which are split by L(14).

Let U be such an algebra. Then there is a vector space V over L which is at the same time a right U-module in such a way that LU' is the ring of all L-linear transformations of V, where U' denotes the ring of endomorphisms of V which corresponds (by an anti-isomorphism) to U. Those nonzero (L, K)-semilinear transformations of V which commute with the elements of U' are automorphisms, and constitute a group S. The map which associates with each $s \in S$ the corresponding automorphism σ of L ($sl = \sigma(l)s$) is a homomorphism ϕ of S onto the Galois group K of L/F whose kernel is precisely L^*. Thus, to each algebra U, as above, we obtain a group extension (S, ϕ) of L^* by K. It follows from the theory of simple algebras that this construction(15) establishes an isomorphism of the Brauer group of the algebra classes over F with splitting field L onto the group of extensions of L^* by K, where the multiplication in the latter is the Baer product. Actually, the commutator ring of U' in the full endomorphism ring of V consists of all sums of elements of S and is a crossed product, $L(K, f)$, in the similarity class of U, where f is the "factor set," i.e., $f \in Z^2(K, L^*)$. Moreover, f is also a factor set belonging to the group extension (S, ϕ), and this correspondence gives an isomorphism of the group of extensions of L^* by K onto $H^2(K, L^*)$.

Now let T denote the fixed field of G in L; $T \subset F \subset L$. The algebra U is normal over T (in the sense that T coincides with the fixed subring of U for the group of all automorphisms of U/T) if and only if every automorphism of F/T can be extended to an automorphism of U. It is easily seen

(13) For the classical theory of simple algebras, see, for instance, Deuring, *Algebren*, and Artin, Nesbitt, Thrall, *Rings with minimum condition*.

(14) The exactness of the first half of this sequence is well known, cf. [9; 11].

(15) This direct construction of the "crossed product" of a given algebra class is due to J. Dieudonné (*La théorie de Galois des anneaux simples et semi-simples*, Comment Math. Helv. vol. 21 (1948) pp. 154–184).

from the above that this is the case if and only if every automorphism of F/T can be extended to an "admissible" automorphism of (S, ϕ), i.e., to an automorphism of S which coincides, on L^*, with a field automorphism of L. This, in turn, is easily seen to be the case if and only if the corresponding element of $H^2(K, L^*)$ is G-fixed. Hence our group $H(K, L^*)^G$ *is isomorphic with the group of those algebra classes over F whose members are split by L, and normal over T*(16).

If U is normal over T, then the extensions of the elements of G/K to admissible automorphisms of (S, ϕ) allow one to regard S as a G/K-kernel, in the sense of Eilenberg-MacLane. This means the following:

If x^* is an admissible automorphism of S which extends $x \in G/K$, then there are elements $s(x, y) \in S$ such that $x^*y^* = s(x, y)^{\cdot}(xy)^*$, where $s^{\cdot}$ denotes the inner automorphism of S which is effected by s. In fact, $x^*y^*(xy)^{*-1}$ induces on L^* an automorphism belonging to K. Hence there is an element $s_1(x, y)$ in S such that $x^*y^*(xy)^{*-1} = \psi(x, y)\, s_1(x, y)^{\cdot}$, where $\psi(x, y)$ is an automorphism leaving the elements of L^* fixed. Using the fact that $H^1(K, L^*) = (0)$, one shows that such an automorphism is an inner automorphism effected by an element of L^*, whence our assertion follows. This defines the structure of a G/K-kernel on S.

Now one shows that $x^*(s(y, z))s(x, yz) = f(x, y, z)s(x, y)s(xy, z)$, where $f \in Z^3(G/K, F^*)$, and that the cohomology class of f (in $H^3(G/K, F^*)$) does not depend on the particular choice of the extensions x^*. We choose the x^* such that $1^* = 1$, and denote by $\hat{x}$ the automorphism of L^* which is induced by x^*. Also we choose elements $s_1(\sigma) \in S$ such that $\phi(s_1(\sigma)) = \sigma \in K$, taking $s_1(1) = 1$. Now define, for σ, τ in K,

$$l(\sigma\hat{x}, \tau\hat{y}) = s_1(\sigma)x^*(s_1(\tau))s(x, y)s_1(\sigma\hat{x}\tau\hat{y}(\widehat{(xy)})^{-1})^{-1}.$$

Then one can verify directly that each $l(\alpha, \beta)$ commutes with every element of L^*, and hence belongs to L^*, i.e., $l \in C^2(G, L^*)$. Furthermore, a direct computation shows that $dl(\sigma\hat{x}, \tau\hat{y}, \rho\hat{z}) = f(x, y, z)$. Also, we have $l(\sigma, \tau) = s_1(\sigma)s_1(\tau)s_1(\sigma\tau)^{-1}$, i.e., the restriction of l to K^2 is in the cohomology class $u \in H^2(K, L^*)^G$ which is determined by (S, ϕ), or by U.

The cohomology class in $H^3(G/K, F^*)$ which is determined by the above f is the "obstruction" of the G/K-kernel S as defined by Eilenberg-MacLane, and, at the same time, the "Teichmüller" class of the normal algebra U. What we have just seen shows again that the element $u \in H^2(K, L^*)^G$ is transgressive, and—furthermore—that the transgression, $t_3(u)$, is precisely the Teichmüller class. From Theorem 2, we can now conclude that the Teichmüller classes make up exactly the kernel of the homomorphism $l_3: H^3(G/K, F^*) \to H^3(G, L^*)$, and that the Teichmüller class of an algebra is 0 if and only if the corresponding cohomology class in $H^2(K, L^*)^G$ is in the canonical image of $H^2(G, L^*)$, which is easily seen to be the case if and only if the given alge-

(16) This is a reformulation of a result of Teichmüller [15].

bra belongs to the class of a tensor product $F\otimes_T B$, where B is a simple algebra with center T. These are the results of Teichmüller, Eilenberg and MacLane, [15; 9].

6. An exact sequence giving the cup product reduction.

THEOREM 3. *Let $m\geqq 1$. If $m>1$, assume that $H^n(K, M)=(0)$, for $n=2, \cdots, m$. Then there is an exact sequence of homomorphisms:*

$$H^m(G/K, M^K) \underset{l_m}{\rightarrow} H^m(G, M) \underset{r'_m}{\rightarrow} H^{m-1}(G/K, H^1(K, M))$$
$$\underset{d'_2}{\rightarrow} H^{m+1}(G/K, M^K) \underset{l_{m+1}}{\longrightarrow} H^{m+1}(G, M).$$

The proof is similar to that of Theorem 2. Our assumption gives that $E_r^{j,i}=(0)$, for $i=2, \cdots, m$ and all $r\geqq 2$. Hence $H^m(G, M)_{m-i}=H^m(G, M)_{m-i+1}$, for $i=2, \cdots, m$, whence $H^m(G, M)=H^m(G, M)_{m-1}$. Now $H^m(G, M)_{m-1}/H^m(G, M)_m$ is canonically isomorphic with $E_{m+2}^{m-1,1}$, for $m\geqq 1$, with $E_{m+1}^{m-1,1}$, for $m\geqq 2$, and with $E_m^{m-1,1}$, for $m>2$. We wish to prove that it is isomorphic with $E_3^{m-1,1}$, for all $m\geqq 1$. From what we have just seen, this will follow if we have shown that $E_m^{m-1,1}$ is canonically isomorphic with $E_3^{m-1,1}$, for $m>2$. But this follows immediately from the fact that $E_r^{m-1-r,r}=(0)$, for $r=3, \cdots, m$. Since this last fact holds also for $r=2$, we find, furthermore, that $E_3^{m-1,1}$ is canonically isomorphic with the kernel of d_2 in $E_2^{m-1,1}$. Thus, we have a canonical homomorphism of $H^m(G, M)$ into $E_2^{m-1,1}$ whose kernel coincides with the image $H^m(G, M)_m$ of $H^m(G/K, M^K)$ under l_m, and whose image is the kernel of d_2 in $E_2^{m-1,1}$. To this there corresponds a homomorphism r'_m of $H^m(G, M)$ into $H^{m-1}(G/K, H^1(K, M))$. (This homomorphism r'_m is induced by restricting the first argument of a suitably selected cocycle, representing the given cohomology class, to K.) The kernel of r'_m is the image of l_m, and the image of r'_m is the kernel of the homomorphism d'_2 which corresponds canonically to d_2.

Finally, the kernel of l_{m+1} is the subgroup of $H^{m+1}(G/K, M^K)$ which corresponds to the kernel of the canonical homomorphism of $E_2^{m+1,0}$ into $E_{m+2}^{m+1,0}$. Since $E_r^{m+1-r,r-1}=(0)$, for $r=3, \cdots, m+1$, we have $E_{m+2}^{m+1,0}\approx E_3^{m+1,0}$, so that the kernel in question is $d_2(E_2^{m-1,1})$. Hence the kernel of l_{m+1} is the image of d'_2. This completes the proof.

When K operates trivially on M, so that $M^K=M$, we can describe the map d'_2 as a cup product. In this case, $H^1(K, M)$ is the group Hom (K, M) of all homomorphisms of K into M. Let K' denote the commutator subgroup of K. The factor group K/K' may be regarded as a G/K-module in the natural fashion. We can define a pairing of this G/K-module K/K' with Hom (K, M) to M by setting, for $\sigma'\in K/K'$, σ a representative of σ' in K, and $f\in$Hom (K, M), $\sigma'\cup f=f(\sigma)$, which, indeed, is independent of our choice of representatives. This is evidently a pairing, compatible with the G/K-module structures. From this we obtain a cup product pairing of $H(G/K, K/K')$ and $H(G/K, \text{Hom}(K, M))$ to $H(G/K, M)$. We shall now prove the following:

THEOREM 4. *Let G be a group, K an invariant subgroup of G which operates trivially on the G-module M. Let* d_2' *denote the homomorphism of* $H^{m-1}(G/K, \text{Hom}(K, M))$ *into* $H^{m+1}(G/K, M)$ *which corresponds to* $d_2: E_2^{m-1,1} \to E_2^{m+1,0}$. *Let c denote the element of* $H^2(G/K, K/K')$ *which is determined by the group extension,*

$$K/K' \to G/K' \to G/K.$$

Then, for every $u \in H^{m-1}(G/K, \text{Hom}(K, M))$, $d_2'(u) = -c \cup u$.

It is easy to see this quite directly, with the filtration (A_j^*). We shall, however, give another proof which utilizes Theorem 3 of Chapter II, in order to illustrate the multiplicative features of the spectral sequence.

Let unprimed letters refer to the spectral sequence for M, primed letters to the spectral sequence for Hom (K, M), and dotted letters to the spectral sequence for K/K'. The above pairing of K/K' and Hom (K, M) to M induces a pairing of $\dot{E}_r$ and E_r' to E_r. Let us identify the element u of the theorem with its canonical image in $E_2^{m-1,1}$. On the other hand, let u' denote the element of $E_2'^{m-1,0}$ which corresponds to u, ($H^{m-1}(G/K, \text{Hom}(K, M))$ being canonically isomorphic with $E_2'^{m-1,0}$ also). The natural homomorphism of K onto K/K' may be regarded as a G/K-fixed one-dimensional cohomology class for K in K/K', and hence corresponds canonically to an element $v \in \dot{E}_2^{0,0}$. It is evident that $v \cup u' = u$, regarded as an element of $E_2^{m-1,1}$. We have $d_2(u) = d_2(v) \cup u' - v \cup d_2(u')$, by the formula of the coboundary for cup products of cochains for G (which represent v, u', and u). But since $u' \in E_2'^{m-1,0}$, we have $d_2(u') = 0$. Hence $d_2(u) = d_2(v) \cup u'$. Now let $x \to x^*$ denote a choice of representatives in G for the elements of G/K, and let f be the map of G into K/K' which sends an element $\sigma x^* (\sigma \in K)$ into the coset mod K' of σ. Then f is a cochain representing v; moreover, it is easily verified that df is the natural image in $C^2(G, K/K')$ of an element $g \in Z^2(G/K, K/K')$, and that g belongs to the cohomology class of $-c$.

Now if we pass to the cohomology groups by the canonical maps, $d_2(u)$ becomes $d_2'(u)$, $d_2(v)$ becomes $-c$, and u' becomes u. By Theorem 3 of Chapter II, the cup product becomes the cup product of the requisite cohomology groups, and hence we obtain, indeed, $d_2'(u) = -c \cup u$.

Now suppose that G is a free group. Then K is free, and hence the assumptions of Theorem 3 are satisfied. Since now $H^m(G, M) = (0)$, for $m \geqq 2$, we conclude that d_2' is an isomorphism onto for $m > 1$, and is a homomorphism onto, with kernel $r_1'(H^1(G, M))$, for $m = 1$. If, furthermore, K operates trivially on M, we can use Theorem 4 to conclude that the map $u \to c \cup u$ is an isomorphism of $H^{m-1}(G/K, \text{Hom}(K, M))$ onto $H^{m+1}(G/K, M)$, if $m > 1$. In the case $m = 1$, this map is a homomorphism of Hom $(K, M)^G$

$=$Ophom (K, M) onto $H^2(G/K, M)$, and the kernel is the group of those operator homomorphisms of K into M (i.e., elements of Hom $(K, M)^G$) which can be extended to cocycles for G in M. This is the cup product reduction theorem of Eilenberg-MacLane [8].

Bibliography

1. H. Cartan, *Sur la cohomologie des espaces où opère un groupe*, C.R. Acad. Sci. Paris vol. 226 (1948) pp. 148–150, 303–305.
2. H. Cartan and S. Eilenberg, *Satellites des foncteurs de modules*, not yet published.
3. H. Cartan and J. Leray, *Relations entre anneaux de cohomologie et groupe de Poincaré*, Colloque Topologie Algebrique, Paris, 1947, pp. 83–85.
4. B. Eckmann, *On complexes over a ring and restricted cohomology groups*, Proc. Nat. Acad. Sci. U.S.A. vol. 33 (1947) pp. 275–281.
5. ———, *On infinite complexes with automorphisms*, Proc. Nat. Acad. Sci. U.S.A. vol. 33, (1947) pp. 372–376.
6. S. Eilenberg, *Homology of spaces with operators*. I, Trans. Amer. Math. Soc. vol. 61 (1947) pp. 378–417.
7. ———, *Topological methods in abstract algebra. Cohomology theory of groups*, Bull. Amer. Math. Soc. vol. 55 (1949) pp. 3–27.
8. S. Eilenberg and S. MacLane, *Cohomology theory in abstract groups*. I, Ann. of Math. vol. 48 (1947) pp. 51–78.
9. ———, *Cohomology and Galois theory*. I, *Normality of algebras and Teichmüller's cocycle*, Trans. Amer. Math. Soc. vol. 64 (1948) pp. 1–20.
10. ———, *Homology of spaces with operators*. II, Trans. Amer. Math. Soc. vol. 65 (1949) pp. 49–99.
11. G. Hochschild, *Local class field theory*, Ann. of Math. vol. 51 (1950) pp. 331–347.
12. R. Lyndon, *The cohomology theory of group extensions*, Duke Math. J. vol. 15 (1948) pp. 271–292.
13. J-P. Serre, *Cohomologie des extensions de groupes*, C.R. Acad. Sci. Paris vol. 231 (1950) pp. 643–646.
14. ———, *Homologie singulière des espaces fibrés. Applications*, Ann. of Math. vol. 54 (1951) pp. 425–505.
15. O. Teichmüller, *Über die sogenannte nichtkommutative Galoische Theorie und die Relation*, Deutsche Mathematik vol. 5 (1940) pp. 138–149.

Yale University,
New Haven, Conn.
Paris, France.

16.

(avec G. P. Hochschild)

Cohomology of Lie algebras

Ann. of Math. 57 (1953), 591–603

Introduction

In a previous paper [4], we have investigated cohomology relations which arise in connection with a group extension $K \to G \to G/K$ by introducing a certain filtration in the graduated group of the cochains for G in a given G-module M and studying the corresponding spectral sequence. Here we consider the precisely analogous filtration for the case where G is a Lie algebra and K is a subalgebra of G.

In the case where M is the 1-dimensional G-module with zero operators, this filtration and the corresponding spectral sequence have been studied by Koszul in [5]. Some of Koszul's results are extended here to the case of general G-modules (see §§6 and 7). For this purpose, it has been necessary to complete the representation theory of reductive Lie algebras in certain points, and the results obtained (by easy extension of well-known techniques) may be of independent interest.

The case where K is an ideal of G represents the precise analogue of the theory we dealt with in [4], and the results obtained there for groups are carried over to Lie algebras in §§3 and 4. It should be observed that, because of the vector space structure of Lie algebras, the main difficulties which present themselves in the case of groups, and which necessitated computations of considerable complexity in [4], dissolve almost completely here.

1. Preliminaries

Let G be a Lie algebra over a field F. A G-module is a vector space, M, over F, together with a homomorphism of G into the Lie algebra of all linear transformations of M. We denote by $\gamma \cdot m$ the transform of the element $m \in M$ by the linear transformation which corresponds to the element $\gamma \in G$. By definition, $\gamma \cdot m$ is bilinear in (γ, m), and $\gamma_1 \cdot (\gamma_2 \cdot m) - \gamma_2 \cdot (\gamma_1 \cdot m) = [\gamma_1, \gamma_2] \cdot m$, where $[\gamma_1, \gamma_2]$ denotes the commutator in G of the elements γ_1 and γ_2. We denote by M^G the subspace of M which consists of all $m \in M$ with $\gamma \cdot m = 0$, for all $\gamma \in G$.

The n-dimensional cochains for G in M are the n-linear *alternating* functions on G^n with values in M, i.e., those n-linear functions f for which $f(\gamma_1, \cdots, \gamma_n) = 0$ whenever two of the arguments γ_i are equal. These cochains make up a vector space $C^n(G, M)$ over F. We identify $C^0(G, M)$ with M.

If K is an ideal of G (in particular, if $K = G$), we define on each $C^n(K, M)$ the structure of a G-module: $C^0(K, M) = M$, and thus is already defined as a G-module. For $n > 0$, $f \in C^n(K, M)$, $\gamma \in G$, $\sigma_1, \cdots, \sigma_n \in K$, we define the transform $\gamma \cdot f$ by the formula

$$(\gamma \cdot f)(\sigma_1, \cdots, \sigma_n) = \gamma \cdot f(\sigma_1, \cdots, \sigma_n) - \sum_{i=1}^{n} f(\sigma_1, \cdots, \sigma_{i-1}, [\gamma, \sigma_i], \sigma_{i+1}, \cdots, \sigma_n).$$

Evidently, $\gamma \cdot f \in C^n(K, M)$, and $\gamma \cdot f$ depends bilinearly on (γ, f). The remaining condition: $\gamma_1 \cdot (\gamma_2 \cdot f) - \gamma_2 \cdot (\gamma_1 \cdot f) = [\gamma_1, \gamma_2] \cdot f$ is easily verified inductively. In fact, if it has been verified in dimension n, and if $f \in C^{n+1}(K, M)$, define, for $\sigma \in K$, $f_\sigma \in C^n(K, M)$ by setting $f_\sigma(\sigma_1, \cdots, \sigma_n) = f(\sigma, \sigma_1, \cdots, \sigma_n)$. Then our definition shows immediately that $\gamma \cdot f_\sigma = (\gamma \cdot f)_\sigma + f_{[\gamma,\sigma]}$, whence the condition for f follows from the condition for f_σ.

The coboundary operator is a linear map $d: C^n(G, M) \to C^{n+1}(G, M)$, such that $d^2 = 0$, $d(\gamma \cdot f) = \gamma \cdot (df)$, and, for $f \in C^0(G, M) = M$, $(df)(\gamma) = \gamma \cdot f$. For $n > 0$, we define d inductively by the formula $(df)_\gamma = \gamma \cdot f - d(f_\gamma)$. Then one can show easily, by induction on n, first that df is alternating, then that $d(\gamma \cdot f) = \gamma \cdot (df)$, and finally that $ddf = 0$. Furthermore, one can verify inductively that the following formula holds:

$$df(\gamma_0, \cdots, \gamma_n) = \sum_{i=0}^{n} (-1)^i \gamma_i \cdot f(\gamma_0, \cdots, \hat{\gamma}_i, \cdots, \gamma_n) + \sum_{p<q} (-1)^{p+q} f([\gamma_p, \gamma_q], \gamma_0, \cdots, \hat{\gamma}_p, \cdots, \hat{\gamma}_q, \cdots, \gamma_n),$$

where the sign ^ indicates that the argument below it must be omitted.

For later use, we note a certain identity involving partial coboundary operators. Let $g \in C^n(G, M)$, $0 \leqq j \leqq n$. We define $g_j \in C^j(G, C^{n-j}(G, M))$ by setting

$$g_j(\gamma_1, \cdots, \gamma_j)(\gamma_{j+1}, \cdots, \gamma_n) = g(\gamma_1, \cdots, \gamma_n).$$

Then we have:

LEMMA 1. *Let $f \in C^n(G, M)$, and $0 \leqq j \leqq n$. Then (with $f_{n+1} = 0$)*

$$(df)_{j+1}(\gamma_0, \cdots, \gamma_j) = d(f_j)(\gamma_0, \cdots, \gamma_j) + (-1)^{j+1} d(f_{j+1}(\gamma_0, \cdots, \gamma_j)).$$

The proof is immediate by grouping the terms of the coboundary formula appropriately. The expression $d(f_j)$ stands for the coboundary of f_j, the underlying G-module being $C^{n-j}(G, M)$. The expression $d(f_{j+1}(\gamma_0, \cdots, \gamma_j))$ is the coboundary of $f_{j+1}(\gamma_0, \cdots, \gamma_j)$, the underlying G-module being M.

Now let M, N, and P be three G-modules. We say that M and N are paired to P if there is given a bilinear map $(m, n) \to m \cup n$ of $M \times N$ into P, such that, for every $\gamma \in G$, $\gamma \cdot (m \cup n) = (\gamma \cdot m) \cup n + m \cup (\gamma \cdot n)$. From such a pairing one obtains a pairing of $C^p(K, M)$ and $C^q(K, N)$ to $C^{p+q}(K, P)$, where K is an ideal of G, as follows:

Let $S = (s_1, \cdots, s_p)$ be an ordered subset of the set $(1, 2, \cdots, p + q)$, and let $T = (t_1, \cdots, t_q)$ be the ordered complement of S. For each $1 \leqq j \leqq q$, let $S(j)$ denote the number of indices i for which s_i is greater than t_j. Set $\nu(S) = \sum_{j=1}^{q} S(j)$. Now suppose that $f \in C^p(K, M)$ and $g \in C^q(K, N)$. We set

$$(f \cup g)(\sigma_1, \cdots, \sigma_{p+q}) = \sum_S (-1)^{\nu(S)} f(\sigma_{s_1}, \cdots, \sigma_{s_p}) \cup g(\sigma_{t_1}, \cdots, \sigma_{t_q}),$$

where the summation is extended over all sets S as described above. This is the usual Grassmann multiplication of alternating functions, and it is well-known that $f \cup g$ is alternating. Furthermore, it is clear from our definition that $(f \cup g)_\sigma = f_\sigma \cup g + (-1)^p f \cup g_\sigma$. From this one shows, by induction on $p + q$, that $\gamma\cdot(f \cup g) = (\gamma\cdot f)\cup g + f\cup(\gamma\cdot g)$, and hence also that $d(f\cup g) = (df)\cup g + (-1)^p f\cup(dg)$.

In particular, it follows that our pairing of cochains induces in the natural fashion a pairing of the cohomology groups:

$$(H^p(K, M), H^q(K, N)) \to H^{p+q}(K, P).$$

If M and N are given G-modules, we define, on the tensor product (relative to F) $M \otimes N$, the structure of a G-module which is determined by the condition $\gamma\cdot(m\otimes n) = (\gamma\cdot m)\otimes n + m\otimes(\gamma\cdot n)$. Then M and N are paired to $M\otimes N$.

2. Spectral sequence relative to a subalgebra

Let G be a Lie algebra over the field F and let K be a subalgebra of G. Write $A^n = C^n(G, M)$, where M is a G-module. Let $A = \sum_{n=0}^{\infty} A^n$ be the graduated cochain group for G in M. The coboundary operator d which we have defined in §1 is a differential operator of degree 1 of the graduated group A.

We define a *filtration* (A_j) of A as follows: $A_j = A$, for $j \leqq 0$. If $j > 0$, $A_j = \sum_{n=0}^{\infty} A_j \cap A^n$, where $A_j \cap A^n = (0)$, if $j > n$, and otherwise consists of all those n-cochains f for which $f(\gamma_1, \cdots, \gamma_n) = 0$ whenever $n - j + 1$ of the arguments γ_i belong to the subalgebra K. It is easy to verify that $d(A_j) \subset A_j$, and $\sigma\cdot A_j \subset A_j$, for all $\sigma \in K$.

In particular, consider $A_j \cap A^j$. This group may evidently be identified with the group of all j-linear alternating functions of j arguments in the factor space G/K, with values in M. We shall therefore write $C^j(G/K, M)$ for $A_j \cap A^j$, occasionally. Observe that this exhibits $C^j(G/K, M)$ as a K-module.

THEOREM 1. *Let r_j denote the map of A_j into $C(K, C^j(G/K, M))$ which consists in restricting all but the last j arguments of a cochain in A_j to the subalgebra K. Then r_j induces an isomorphism of $E_0^{j,i}$ onto $C^i(K, C^j(G/K, M))$, for all $i \geqq 0$ and $j \geqq 0$, where E_0 is the graduated group associated with A by the filtration (A_j).*

By definition, $E_0^j = A_j/A_{j+1}$, and $E_0^{j,i}$ is the natural image of $A_j \cap A^{i+j}$ in E_0^j. Clearly, the kernel of r_j is A_{j+1}, whence r_j induces an isomorphism of $E_0^{j,i}$ *into* $C^i(K, C^j(G/K, M))$. We must show that this isomorphism is *onto*.

Let $\gamma \to \gamma'$ denote the natural linear map of G onto G/K, and let $\gamma \to \gamma^*$ denote a linear map of G onto K which coincides with the identity map on K. Let $S = (s_1, \cdots, s_i)$ be an ordered subset of the set $(1, \cdots, i + j)$, and denote by $T = (t_1, \cdots, t_j)$ the ordered complement of S. Let $\nu(S)$ be the number defined as after the proof of Lemma 1. Now, given $g \in C^i(K, C^j(G/K, M))$, define $f \in A^{i+j}$ by setting $f(\gamma_1, \cdots, \gamma_{i+j}) = \sum_S (-1)^{\nu(S)} g(\gamma_{s_1}^*, \cdots, \gamma_{s_i}^*)(\gamma_{t_1}', \cdots, \gamma_{t_j}')$. Then it is clear that $f \in A_j$ and $r_j(f) = g$. This completes the proof of Theorem 1.

The coboundary operator d induces in the natural fashion a differential operator d_0 in E_0^j, such that $d_0(E_0^{j,i}) \subset E_0^{j,i+1}$. The term E_1^j of the spectral sequence is the cohomology group $H(E_0^j) = H^j(E_0)$, relative to d_0. This group is graduated by the subgroups $E_1^{j,i} = H^{j,i}(E_0)$ that correspond to the kernels of d_0 in $E_0^{j,i}$. We shall prove that d_0 corresponds to the coboundary operator d_K of $C(K, C(G/K, M))$, the underlying K-module being $C(G/K, M)$.

THEOREM 2. *Let ϕ denote the isomorphism of E_0 onto $C(K, C(G/K, M))$ which is given by Theorem* 1. *Then $\phi \circ d_0 = d_K \circ \phi$.*

If $f \in A_j \cap A^{i+j}$ is a representative of a given element $e \in E_0^{j,i}$, then $df \in A_j \cap A^{i+j+1}$ is a representative for $d_0 e \in E_0^{j,i+1}$. By Lemma 1, we have

$$(df)_{i+1}(\sigma_0, \cdots, \sigma_i) = d(f_i)(\sigma_0, \cdots, \sigma_i) + (-1)^{i+1} d(f_{i+1}(\sigma_0, \cdots, \sigma_i)).$$

Since $f \in A_j$, we have $f_{i+1}(\sigma_0, \cdots, \sigma_i) = 0$, if $\sigma_0, \cdots, \sigma_i \in K$. Hence the above relation, with $\sigma_0, \cdots, \sigma_i \in K$, means precisely that $\phi(d_0 e) = d_K(\phi(e))$, and Theorem 2 is proved.

COROLLARY. *The isomorphism ϕ induces an isomorphism of each $E_1^{j,i}$ onto $H^i(K, C^j(G/K, M))$.*

In particular, we have $E_0^{0,i} \approx C^i(K, M)$, and $E_1^{0,i} \approx H^i(K, M)$. The differential operator d_1 of E_1 which is induced by d will be investigated below under special assumptions, and we shall obtain convenient interpretations of the term $E_2 = H(E_1)$ (relative to d_1) of the spectral sequence, in certain cases. Here, we note only that, since $E_2^{0,i}$ may always be identified with a subgroup of $E_1^{0,i}$, it is isomorphic with a subgroup of $H^i(K, M)$. If K is an ideal in G, the G-operators on the cochain groups for K in M induce the structure of a G-module in $H^i(K, M)$, and we shall see in §3 that, in this case, $E_2^{0,i}$ is isomorphic with $H^i(K, M)^G$. On the other hand, under the conditions of §6, we shall have $E_2^{0,i} \approx H^i(K, M)$. In the general case, a good characterization of this subgroup of $H^i(K, M)$ is lacking.

At the other extreme, we have $E_0^{j,0} \approx C^j(G/K, M)$, and $E_1^{j,0} \approx C^j(G/K, M)^K$. The last group is identical with the group $C^j(G, K, M)$ of the cochains of G which are *orthogonal* to K, as defined by Chevalley-Eilenberg.[1] The operator $d_1 : E_1^{j,0} \to E_1^{j+1,0}$ corresponds to the coboundary operator $d : C^j(G, K, M) \to C^{j+1}(G, K, M)$, whence we see that $E_2^{j,0}$ *is isomorphic with the relative cohomology group $H^j(G, K, M)$ of Chevalley-Eilenberg.*

Now let M and N be two G-modules which are paired to a third G-module P. Under the induced pairing of the cochains of G, we have then evidently $A_j(M) \cup A_{j'}(N) \subset A_{j+j'}(P)$, and hence there are induced pairings of the terms E_r of the spectral sequences, such that $E_r^{j,i}(M) \cup E_r^{j',i'}(N) \subset E_r^{j+j',i+i'}(P)$. Since the differential operators d_r on the E_r are the endomorphisms induced by d, we have, for $e \in E_r^{j,i}(M)$, and any $u \in E_r(N)$, $d_r(e \cup u) = (d_r e) \cup u + (-1)^{i+j} e \cup (d_r u)$.

On the other hand, the pairing of M and N to P induces pairings of the K-modules $C^j(G/K, M)$ and $C^{j'}(G/K, N)$ to $C^{j+j'}(G/K, P)$, and these pairings induce pairings of $C^i(K, C^j(G/K, M))$ and $C^{i'}(K, C^{j'}(G/K, N))$ to

$$C^{i+i'}(K, C^{j+j'}(G/K, P)).$$

The isomorphism of Theorem 2 is compatible with these pairings, as follows:

THEOREM 3. *Let $e \in E_0^{j,i}(M)$, $e' \in E_0^{j',i'}(N)$. Then*

$$\phi(e \cup e') = (-1)^{i'j} \phi(e) \cup \phi(e').$$

[1] See §28 of [3].

In fact, let f be a representative of e in $A_j(M) \cap A^{i+j}(M)$ and, similarly, let f' be a representative of e'. Let $\sigma_1, \cdots, \sigma_{i+i'} \in K$ and $\gamma_1, \cdots, \gamma_{j+j'} \in G$. It is seen immediately from the definition of $f \cup f'$ that the non-zero terms of $(f \cup f')(\sigma_1, \cdots, \sigma_{i+i'}, \gamma_1, \cdots, \gamma_{j+j'})$ are all of the form

$$\pm f(\sigma_{p_1}, \cdots, \sigma_{p_i}, \gamma_{q_1}, \cdots, \gamma_{q_j}) \cup g(\sigma_{r_1}, \cdots, \sigma_{r_{i'}}, \gamma_{s_1}, \cdots, \gamma_{s_{j'}}),$$

and the formula of Theorem 3 follows by observing that these terms, multiplied by $(-1)^{i'j}$, precisely make up the value in P, for the given arguments $(\sigma_1, \cdots, \sigma_{i+i'})$ and $(\gamma_1, \cdots, \gamma_{j+j'})$, of the representative $r_j(f) \cup r_{j'}(f')$ of $\phi(e) \cup \phi(e')$.

COROLLARY. *Let $e \in E_1^{j,i}(M)$, $e' \in E_1^{j',i'}(N)$. Then, if ϕ_1 denotes the isomorphism of the corollary to Theorem 2, $\phi_1(e \cup e') = (-1)^{i'j}\phi_1(e) \cup \phi_1(e')$.*

3. The term E_2 of the spectral sequence relative to an ideal

THEOREM 4. *If K is an ideal of G, then the isomorphism ϕ_1 of the corollary to Theorem 2 defines an isomorphism ψ_1 of $E_1^{j,i}$ onto $C^j(G/K, H^i(K, M))$. If $H^i(K, M)$ is regarded in the natural fashion as a module for the Lie algebra G/K, and if $d_{G/K}$ denotes the coboundary operator of $C(G/K, H^i(K, M))$, we have for, $e \in E_1^{j,i}$, $\psi_1(d_1 e) = (-1)^i d_{G/K}(\psi_1(e))$.*

Since the G-operators on the cochains for K in M commute with the coboundary operator d (as is seen from the inductive definition of the coboundary, by regarding the cochains for K as restrictions of cochains for G), they define the structure of a G-module in $H^i(K, M)$. If f is an i-cocycle for K in M, we have $\sigma \cdot f = d(f_\sigma)$, for every $\sigma \in K$, whence we see that K annihilates $H^i(K, M)$, so that $H^i(K, M)$ may be regarded as a G/K-module in the natural fashion.[2]

Since K is an ideal in G, the definition of the K-operators on $C^j(G/K, M)$ shows immediately that we have, for $f \in C^j(G/K, M)$ and $\sigma \in K$,

$$(\sigma \cdot f)(x_1, \cdots, x_j) = \sigma \cdot f(x_1, \cdots, x_j).$$

It follows from this that the natural identification of $C^i(K, C^j(G/K, M))$ with $C^j(G/K, C^i(K, M))$ induces an isomorphism of $H^i(K, C^j(G/K, M))$ onto $C^j(G/K, H^i(K, M))$. The isomorphism ψ_1 is the composite of this isomorphism with ϕ_1. We can describe this map as follows: Let $e \in E_1^{j,i}$, and let $f \in A_j \cap A^{i+j}$ be a representative of e. Define ${}_jf \in C^j(G, C^i(G, M))$ by setting

$${}_jf(\gamma_{i+1}, \cdots, \gamma_{i+j})(\gamma_1, \cdots, \gamma_i) = f(\gamma_1, \cdots, \gamma_{i+j}).$$

Then the restriction to K^i of ${}_jf(\gamma_{i+1}, \cdots, \gamma_{i+j})$ is an i-cocycle for K in M, and depends only on the cosets x_k of the γ_{i+k} mod K. Its cohomology class is $\psi_1(e)(x_1, \cdots, x_j)$.

Now we have $df \in A_{j+1} \cap A^{i+j+1}$, and, by the definition of d_1, this is a repre-

[2] This is the analogue for Lie algebras of the corollary to Proposition 2, Chapter I, of [4].

sentative of $d_1 e$. Hence $\psi_1(d_1 e)$ is obtained from ${}_{j+1}(df)$ in the same way as $\psi_1(e)$ is obtained from ${}_j f$. By Lemma 1, we have

$$(df)_{j+1}(\gamma_0, \cdots, \gamma_j) = d(f_j)(\gamma_0, \cdots, \gamma_j) + (-1)^{j+1} d(f_{j+1}(\gamma_0, \cdots, \gamma_j)).$$

But evidently ${}_j f = (-1)^{ij} f_j$, and ${}_{j+1}(df) = (-1)^{i(j+1)}(df)_{j+1}$. Hence Lemma 1 gives

$$ {}_{j+1}(df)(\gamma_0, \cdots, \gamma_j) = (-1)^i d({}_j f)(\gamma_0, \cdots, \gamma_j) + (-1)^{(i+1)(j+1)} d(f_{j+1}(\gamma_0, \cdots, \gamma_j)).$$

Hence, if we pass to the corresponding elements in $C^{j+1}(G/K, H^i(K, M))$, we obtain $\psi_1(d_1 e) = (-1)^i d_{G/K}(\psi_1(e))$. This completes the proof of Theorem 4.

Corollary. *The isomorphism* ψ_1 *of Theorem 4 induces an isomorphism* ψ_2 *of* $E_2^{j,i}$ *onto* $H^j(G/K, H^i(K, M))$.

From the corollary to Theorem 3, in which we may evidently replace ϕ_1 by ψ_1, we obtain:

Theorem 5. *If M and N are G-modules which are paired to the G-module P. and if* $e \in E_2^{j,i}(M)$ *and* $e' \in E_2^{j',i'}(N)$, *then* $\psi_2(e \cup e') = (-1)^{i'j}\psi_2(e) \cup \psi_2(e')$

4. Applications

Theorem 4 and its corollary give the precise analogue of Theorem 2, Chapter II, in [4], where we dealt with groups, instead of Lie algebras. Hence the results of Chapter III of [4] can be carried over to the case of Lie algebras. Moreover, the proofs given there depend only on the general properties of spectral sequences and apply to the present case without change. We shall therefore omit the proofs of most of the results of this paragraph.

We shall denote by r_n the homomorphism of $H^n(G, M)$ into $H^n(K, M)$ which is induced by the restriction map of $C^m(G, M)$ onto $C^n(K, M)$, K being a subalgebra of G.

If K is an ideal of G, we may regard the cochains for G/K in M^K as cochains for G in M, in the natural fashion. This give rise to a natural homomorphism l_n of $H^n(G/K, M^K)$ into $H^n(G, M)$. The following is the analogue of Theorem 2, Chapter III, of [4].

Theorem 6. *Let K be an ideal of G, M a G-module. Assume that* $m \geqq 1$ *and* $H^n(K, M) = (0)$, *for* $0 < n < m$. *Then every element of* $H^m(K, M)^G$ *has a representative cocycle which is the restriction to K of an element* $f \in C^m(G, M)$, *such that* $df \in A_{m+1}$ *and thus determines an element of* $H^{m+1}(G/K, M^K)$. *Moreover, this element depends only on the given element of* $H^m(K, M)^G$. *If* t_{m+1} *is the resulting homomorphism of* $H^m(K, M)^G$ *into* $H^{m+1}(G/K, M^K)$, *the following sequence is exact:*

$$(0) \to H^m(G/K, M^K) \xrightarrow[l_m]{} H^m(G, M) \xrightarrow[r_m]{} H^m(K, M)^G \xrightarrow[t_{m+1}]{} H^{m+1}(G/K, M^K) \xrightarrow[l_{m+1}]{} H^{m+1}(G, M).$$

Note that the assumption of Theorem 6 is vacuously satisfied for $m = 1$, so that the above always holds with $m = 1$.

THEOREM 7.[3] *Let $m \geqq 1$. If $m > 1$, assume that $H^n(K, M) = (0)$, for $2 \leqq n \leqq m$. Then there is an exact sequence of homomorphisms:*

$$\cdots \to H^m(G/K, M^K) \xrightarrow[l_m]{} H^m(G, M) \xrightarrow[r'_m]{} H^{m-1}(G/K, H^1(K, M)) \xrightarrow[d'_2]{} H^{m+1}(G/K, M^K) \xrightarrow[l_{m+1}]{} H^{m+1}(G, M).$$

Here, the homomorphism r'_m results by restricting the first argument of a suitably selected cocycle, representing the given cohomology class, to K. The homomorphism d'_2 corresponds to $d_2: E_2^{m-1,m} \to E_2^{m+1,0}$. In the case where K annihilates M (i.e. $M^K = M$), we can describe the map d'_2 as a pairing: The adjoint representation of G in K induces on $K/[K, K]$ the structure of a G/K-module in the natural fashion, and the Lie algebra extension $K/[K, K] \to G/[K, K] \to G/K$ determines a certain element $c \in H^2(G/K, K/[K, K])$, exactly analogous to the class of "factor systems" associated with a group extension. In fact, if $x \to x^*$ is a linear map of G/K into $G/[K, K]$ which is inverse to the natural homomorphism of $G/[K, K]$ onto G/K, and if $f(x_1, x_2) = [x_1^*, x_2^*] - [x_1, x_2]^*$, then f is a representative cocycle for c. Now if $M^K = M$, we may evidently identify $H^1(K, M)$ with $C^1(K/[K, K], M)$. If $\sigma' \in K/[K, K]$ and $g \in C^1(K/[K, K], M)$, we set $\sigma' \cup g = g(\sigma')$, and verify immediately that this is a pairing of $K/[K, K]$ and $H^1(K, M)$ to M. We have:

THEOREM 8. *Let G be a Lie algebra, M a G-module, K an ideal of G which annihilates M. Then, for every $u \in H^{m-1}(G/K, H^1(K, M))$, $d'_2(u) = -c \cup u$, where c is the element of $H^2(G/K, K/[K, K])$ which is determined by the extension $K/[K, K] \to G/[K, K] \to G/K$.*

We shall give a direct proof of Theorem 8. Let h be a representative cochain for u; $h \in A_{m-1} \cap A^m$, $dh \in A_{m+1} \cap A^{m+1}$. Then dh is a representative for $d'_2(u)$. Let $x \to x'$ be a linear map of G/K into G which is inverse to the natural homomorphism $G \to G/K$. Define $g \in C^m(G/K, M)$ by setting $g(x_1, \cdots, x_m) = h(x'_1, \cdots, x'_m)$. Write $k(x, y) = [x', y'] - [x, y]'$. Then, if $f(x, y)$ is the coset mod $[K, K]$ of $k(x, y)$, f is a representative cocycle for c. From the coboundary formula, we have

$$(dh)(x'_0, \cdots, x'_m) = (dg)(x_0, \cdots, x_m) + \textstyle\sum_{p<q}(-1)^{p+q}h(k(x_p, x_q), x'_0, \cdots, x'_m).$$

If we pass to the corresponding elements of $C^{m+1}(G/K, M)$, the left hand side becomes a representative cocycle for $d'_2(u)$, the first term on the right is a coboundary, and the sum on the right may be written

$$\textstyle\sum_{p<q}(-1)^{p+q}f(x_p, x_q) \cup v(x_0, \cdots, \hat{x}_p, \cdots, \hat{x}_q, \cdots, x_m),$$

where v is a representative cocycle for u. Theorem 8 follows immediately from this.

---

[3] Cf. Theorem 3, Chapter III, of [4].

We remark that Theorem 7 applies to the case where K is a 1-dimensional ideal of G; for then the assumptions are evidently satisfied, for all $m \geqq 1$. Furthermore, in that case, if also $M^K = M$, we have $H^1(K, M) = C^1(K, M)$. Another interesting case arises when $[K, K] = K$, and $M^K = M$. Then we see from Theorem 8 that $d_2' = 0$, and, under the further assumptions of Theorem 7, we have then that r_m' is onto and l_{m+1} is an isomorphism.

THEOREM 9. *Let G be a finite dimensional Lie algebra, M a G-module, K an ideal of G. Let* $\dim(G/K) = p$, $\dim(K) = q$. *Then*

$$H^{p+q}(G, M) \approx H^p(G/K, H^q(K, M)).$$

If $j > p$, the j-dimensional cohomology groups for G/K are zero, and if $i > q$, the i-dimensional cohomology groups for K are zero. Hence it follows from the corollary to Theorem 4 that $E_2^{j,i} = (0)$ whenever $j > p$ or $i > q$. The same is therefore true for the groups $E_r^{j,i}$, for all $r \geqq 2$. It follows that $E_2^{p,q}$ is naturally isomorphic with $E_\infty^{p,q}$. Since E_∞ is the graduated group associated with $H(G, M)$ (by the filtration induced on $H(G, M)$) and since $\sum_{i+j=p+q} E_\infty^{j,i}$ reduces here to the single term $E_\infty^{p,q}$, we have $E_\infty^{p,q} = H^{p+q}(G, M)$, and Theorem 9 is proved.

Observe that, for paired modules, *the isomorphism of Theorem 9 is multiplicative*, in the same fashion as is expressed by Theorem 5. We merely have to replace $E_2^{p,q}(M)$ by $H^p(G/K, H^q(K, M))$ and $E_2^{p,q}(N)$ by $H^p(G/K, H^q(K, N))$ in order to obtain the precise formula for the isomorphism of Theorem 9.

REMARK. Under the hypothesis of Theorem 9, one has the following exact sequence: $H^{p+q-2}(G, M) \to H^{p-2}(G/K, H^q(K, M)) \to H^p(G/K, H^{q-1}(K, M)) \to H^{p+q-1}(G, M) \to H^{p-1}(G/K, H^q(K, M)) \to (0)$.

The proof is straightforward from the above results on the $E_r^{j,i}$ and is left to the reader.

5. Reductive Lie algebras and semisimple modules

Let G be a finite dimensional Lie algebra over a field F of characteristic 0. A subalgebra K of G is said to be *reductive in* G if G is a semisimple K-module (i.e., a sum of simple K-submodules) in the adjoint representation of K in G. The Lie algebra G is said to be *reductive* if it is a reductive subalgebra of itself.[4] Clearly, if K is reductive in G, then K is reductive.

Let G be an arbitrary finite dimensional Lie algebra over F. Let M be any semisimple G-module, let P be the ideal of G which consists of all $\gamma \in G$ for which $\gamma \cdot M = (0)$, and put $L = G/P$. By a classical result,[5] due essentially to E. Cartan and N. Jacobson, we have then a decomposition $L = [L, L] + Z$, where Z is the center of L, $[L, L]$ is semisimple, and M is semisimple as a Z-module.

Now suppose that G is reductive. Let Z be the center of G. Since Z is a G-submodule of G, there is an ideal U of G such that G is the direct sum $U + Z$. By the result we have just cited, we have $U = [U, U] + C$, where C is the center

[4] By the corollary to Proposition 1 below, these definitions amount to the same as those of Koszul in [5].

[5] See [1], Proposition 7.

of U, and $[U, U]$ is semisimple. But, evidently, $[U, U] = [G, G]$, and $C = (0)$. Hence $G = [G, G] + Z$, and $[G, G]$ is semisimple. Conversely, it is clear that if G satisfies these last conditions, then G is reductive.

In order to proceed further with the study of reductive subalgebras we require the following:

PROPOSITION 1. *Let G be a Lie algebra over a field F of characteristic 0. Let M and N be two finite dimensional semisimple G-modules. Then the tensor product $M \otimes N$ is also a semisimple G-module.*

We observe first that it will suffice to prove the result in the case where F is algebraically closed. In fact, if F' is the algebraic closure of F, then, by a well known result on vector spaces with operators,[6] $M \otimes F'$ and $N \otimes F'$ are semisimple modules for the Lie algebra $G \otimes F'$. Their tensor product (relative to F') is isomorphic with $(M \otimes N) \otimes F'$, and if we can show that it is semisimple for $G \otimes F'$, it follows, again by the general theory of spaces with operators, that $M \otimes N$ is semisimple for G.

Hence we may now suppose that F is algebraically closed. Furthermore, we may evidently assume that M and N are simple. Replacing, if necessary, G by its image in the Lie algebra of all linear transformations of the direct sum $M + N$, we may assume that the annihilator in G of $M + N$ is zero. Then we shall have, by the above, $G = [G, G] + Z$, where Z is the center of G, $[G, G]$ is semisimple, and M and N are semisimple as Z-modules. Since F is algebraically closed and Z is the center of G, it follows from Schur's lemma that we have $z \cdot m = \mu(z)m$, and $z \cdot n = \nu(z)n$, for all $z \in Z$, $m \in M$, and $n \in N$, where μ and ν are linear functions on Z with values in F. Hence we have $z \cdot u = (\mu(z) + \nu(z))u$, for all $z \in Z$ and $u \in M \otimes N$. Therefore, every $[G, G]$ invariant subspace of $M \otimes N$ is also G-invariant. Proposition 1 follows now from the well known fact that every finite dimensional module for a finite dimensional semisimple Lie algebra over a field of characteristic 0 is semisimple.

COROLLARY. *Let G be a finite dimensional Lie algebra over a field F of characteristic 0. Let K be a reductive subalgebra of G, and let M be a semisimple K-module of finite dimension. Then each cochain group $C^n(G, M)$ is a semisimple K-module.*

Let P denote the tensor product of n copies of G. By Proposition 1, P is semisimple as a K-module. Hence the dual space P' of P is semisimple as a K-module, with the dual representation $(\sigma \cdot \phi)(p) = -\phi(\sigma \cdot p)$, where $\phi \in P'$, $\sigma \in K$, $p \in P$. $C^n(G, F)$ is evidently a K-submodule of P', and hence is semisimple. The K-module $C^n(G, M)$ is isomorphic with the tensor product $C^n(G, F) \otimes M$, and thus, by Proposition 1, is semisimple.

We shall also require the following generalization of a well known result on the cohomology groups of a semisimple Lie algebra:

THEOREM 10. *Let G be a reductive Lie algebra of finite dimension over the field F of characteristic 0. Let M be a finite dimensional semisimple G-module, such that $M^G = (0)$. Then $H^n(G, M) = (0)$, for all $n \geqq 0$.*

---

[6] Both this, and the converse used in the next sentence, are covered by Theorem 6, Chapter I, of [2].

In proving this, we may clearly suppose that M is simple, and that $n > 0$. The group $Z^n(G, M)$ of the n-cocycles for G in M is a submodule of the G-module $C^n(G, M)$, and hence, by the above corollary, is semisimple. The group $d(C^{n-1}(G, M))$ is a submodule of $Z^n(G, M)$ and hence we have a direct decomposition $Z^n(G, M) = d(C^{n-1}(G, M)) + V$, where V is a G-submodule. From the inductive definition of the coboundary, it is clear that $G \cdot Z^n(G, M) \subset d(C^{n-1}(G, M))$, whence we have $G.V = (0)$. Hence it suffices to show that every cocycle which is annihilated by G is a coboundary.

Now we have $G = [G, G] + Z$, where Z is the center of G, and $[G, G]$ is semisimple. Since M is simple, we have either $Z.M = (0)$, or no non-zero element of M is annihilated by Z. Now let f be a cocycle which is annihilated by G, let $z \in Z$, and $\gamma_1, \cdots, \gamma_n \in G$. Then we have $0 = (z \cdot f)(\gamma_1, \cdots, \gamma_n) = z \cdot f(\gamma_1, \cdots, \gamma_n)$. Hence, if $Z \cdot M \neq (0)$, it follows that $f = 0$. Thus we may now suppose that $Z \cdot M = (0)$, and $M \neq (0)$.

Then,[7] if C is the annihilator in G of M, $C \supset Z$. Since $M^G = (0)$, we have $C \neq G$. Now $C \cap [G, G]$ is an ideal in the semisimple Lie algebra $[G, G]$, and there is a complementary ideal S. Clearly, S is a non-zero semisimple ideal of G, and we have the direct decomposition $G = S + C$, with $[S, C] = (0)$. Now M is a simple S-module, and the representation of S in M is one to one. Hence the Casimir operator[8] of this representation, Γ, say, is an automorphism of M, and clearly commutes with all the G-operators on M. Furthermore, since $[S, C] = (0)$, it is seen as usual that, if f is any cocycle for G in M, then $\Gamma \circ f$ is a coboundary, dg, say. Hence $f = \Gamma^{-1} \circ (dg) = d(\Gamma^{-1} \circ g)$, and Theorem 10 is proved.

6. The term E_2 of the spectral sequence relative to a reductive subalgebra

THEOREM 11.[9] *Let G be a finite dimensional Lie algebra over a field F of characteristic 0, and let K be a reductive subalgebra of G. Suppose that M is a finite dimensional G-module which is semisimple for K. Then $H^i(K, C^j(G/K, M))$ is naturally isomorphic with the tensor product $H^i(K, F) \otimes C^j(G, K, M)$, F being regarded as a K-module with 0 operators. If this isomorphism is composed with the isomorphism of the corollary to Theorem 2, there results an isomorphism ρ_1 of $E_1^{j,i}$ onto $H^i(K, F) \otimes C^j(G, K, M)$, such that $\rho_1 \circ d_1 = \delta \circ \rho_1$, where δ is the differential operator on $H(K, F) \otimes C(G, K, M)$ for which $\delta(u \otimes v) = (-1)^i u \otimes dv$, when $u \in H^i(K, F)$, and $v \in C(G, K, M)$.*

The K-module $C^j(G, K, M)$ is a submodule of the semisimple K-module $C^j(G, M)$, and thus is semisimple. Hence we have a direct module decomposition $C^j(G/K, M) = C^j(G, K, M) + U$, where U is such that $U^K = (0)$. There is a

[7] If we use the spectral sequence relative to the ideal $[G, G]$, we can dispose of this case very quickly: Theorem 10 is well known in the case of a semisimple Lie algebra (see Theorem 24.1 of [3]). Here, $[G, G]$ is semisimple, and $M^{[G,G]} = M^G = (0)$. Hence $H([G, G], M) = (0)$. By the corollary to Theorem 4, with $K = [G, G]$, we have therefore $E_2^{j,i} = (0)$, for all i, j, and this implies that $H(G, M) = (0)$.

[8] See §24 of [3]; in particular the proof of Theorem 24.1.

[9] This theorem and its corollary are extensions of Koszul's Theorems 15.2 and 15.3 in [5]. In Koszul's case, $M = M^G = F$.

corresponding decomposition of $H^i(K, C^j(G/K, M))$. But, by Theorem 10, $H^i(K, U) = (0)$. Hence the injection of $C^j(G, K, M)$ into $C^j(G/K, M)$ induces an isomorphism of $H^i(K, C^j(G, K, M))$ onto $H^i(K, C^j(G/K, M))$. Clearly, $H^i(K, C^j(G, K, M))$ may be identified with the tensor product $H^i(K, F) \otimes C^j(G, K, M)$, because the K-operators on $C^j(G, K, M)$ are 0.

Now let $e \in E_1^{j,i}$. What we have seen so far implies that there is a representative cochain $f \in A_j \cap A^{i+j}$ for e such that $df \in A_{j+1}$ and $f_i(\sigma_1, \cdots, \sigma_i) \in C^j(G, K, M)$, for all $\sigma_1, \cdots, \sigma_i \in K$. Similarly, we may conclude that there is an element $u \in A_{j+2} \cap A^{i+j+1}$ and an element $v \in A_{j+1} \cap A^{i+j}$ such that $(df + u + dv)_i$ takes values in $C^{j+1}(G, K, M)$. Replacing f by $f + v$, we obtain a representative $g \in A_j \cap A^{i+j}$ such that both g_i and $(dg)_i$ take values in $C(G, K, M)$.

By Lemma 1, we have

$$(dg)_i(\sigma_1, \cdots, \sigma_i) = d(g_{i-1})(\sigma_1, \cdots, \sigma_i) + (-1)^i d(g_i(\sigma_1, \cdots, \sigma_i)).$$

Now $g_{i-1} \in C^{i-1}(K, C^{j+1}(G, M))$, and we have a module decomposition $C^{j+1}(G, M) = C^{j+1}(G, K, M) + V$. Accordingly we write $g_{i-1} = h + k$, where $h \in C^{i-1}(K, C^{j+1}(G, K, M))$ and $k \in C^{i-1}(K, V)$. Then we have

$$dh \in C^i(K, C^{j+1}(G, K, M))$$

and $dk \in C^i(K, V)$. On the other hand, $dh + dk = d(g_{i-1}) \in C^i(K, C^{j+1}(G. K, M))$. Hence $dk = 0$, and

$$(dg)_i(\sigma_1, \cdots, \sigma_i) = dh(\sigma_1, \cdots, \sigma_i) + (-1)^i d(g_i(\sigma_1, \cdots, \sigma_i)).$$

Since dg is a representative for $d_1 e$, this shows that $\rho_1(d_1 e) = (-1)^i \delta(\rho_1(e))$, and Theorem 11 is proved.

COROLLARY. *The isomorphism ρ_1 of Theorem 11 induces an isomorphism ρ_2 of $E_2^{j,i}$ onto $H^i(K, F) \otimes H^j(G, K, M)$.*

If M and N are two G-modules which are paired to a G-module P, and if M, N and P are all semisimple for K, the above isomorphisms ρ_1 and ρ_2 are multiplicative, in the following sense: we pair $H^i(K, F) \otimes H^j(G, K, M)$ and $H^{i'}(K, F) \otimes H^{j'}(G, K, N)$ to $H^{i+i'}(K, F) \otimes H^{j+j'}(G, K, P)$ in such a way that $(u \otimes v) \cup (u' \otimes v') = (-1)^{i'j}(u \cup u') \otimes (v \cup v')$. Then it is clear from the corollary to Theorem 3 that $\rho_2(e \cup e') = \rho_2(e) \cup \rho_2(e')$. The exactly analogous result holds for ρ_1.

7. A factorization theorem

THEOREM 12.[10] *Let G, K, M, F be as in Theorem* 11, *and assume furthermore that the restriction homomorphism maps $H^n(G, F)$ onto $H^n(K, F)$, for all $n \geqq 0$. Then any multiplicative inverse isomorphism*[11] $H(K, F) \to H(G, F)$ *defines an*

[10] Cf. Theorem 17.3 in [5].

[11] By this we mean an isomorphism of the graduated *algebra* $H(K, F)$ into the graduated *algebra* $H(G, F)$, inverse to the restriction homomorphism. By the theorem of Hopf (Theorem 10.2 of [5]), $H(K, F)$ is the exterior algebra over a subspace of $H(K, F)$ which is spanned by homogeneous elements of odd degrees. It follows from this that a multiplicative inverse isomorphism $H(K, F) \to H(G, F)$ exists, provided only that K is reductive and the restriction homomorphism maps $H(G, F)$ onto $H(K, F)$.

isomorphism π *of* $H(K, F) \otimes H(G, K, M)$ *onto* $H(G, M)$ *such that* $H^n(G, M)$ *is the image of* $\sum_{i+j=n} H^i(K, F) \otimes H^j(G, K, M)$. *If* M, N, P *are K-semisimple G-modules, and if* M *and* N *are paired to* P, *we have* $\pi(a \cup b) = \pi(a) \cup \pi(b)$, *for all* $a \in H(K, F) \otimes H(G, K, M)$ *and all* $b \in H(K, F) \otimes H(G, K, N)$, *where the pairing of the tensor products is defined as at the end of* §6.

Let β be the natural homomorphism of $H(G, K, M)$ into $H(G, M)$, and let α be a multiplicative isomorphism of $H(K, F)$ into $H(G, F)$ which is inverse to the restriction homomorphism and preserves degrees. For $u \in H^i(K, F)$ and $v \in H^j(G, K, M)$, we define $\pi(u \otimes v) = \alpha(u) \cup \beta(v) \in H^{i+j}(G, M)$, where the pairing on the right is induced by the tensor product pairing of F and M to M. Clearly, π can be extended by linearity to a homomorphism of $H(K, F) \otimes H(G, K, M)$ into $H(G, M)$, and it follows immediately from the definition that $\pi(a \cup b) = \pi(a) \cup \pi(b)$. There remains only to show that π is an isomorphism onto.

Let f be an i-cocycle for G in F which belongs to the cohomology class $\alpha(u)$, and let g be a cocycle in $C^j(G, K, M)$ which belongs to the cohomology classes v and $\beta(v)$. Then $f \cup g$ is a cocycle for G in M which belongs to the cohomology class $\pi(u \otimes v)$. Clearly, $f \cup g \in A_j \cap A^{i+j}$ and hence determines an element e of $E_2^{j,i}$. It is clear from this construction that, if ρ_2 is the isomorphism of the corollary to Theorem 11, we have $\rho_2(e) = u \otimes v$. Since $f \cup g$ is a cocycle, we have $d_2(e) = 0$. Since ρ_2 is an isomorphism of $E_2^{j,i}$ onto $H^i(K, F) \otimes H^j(G, K, M)$, $E_2^{j,i}$ consists of sums of elements e such as the above. Hence we may conclude that $d_2 = 0$, and that every element of $E_2^{j,i}$ has a representative in $A_j \cap A^{i+j}$ *which is a cocycle*. If we have already shown that $d_r = 0$, and that every element of $E_r^{j,i}$ is represented by a cocycle, it follows that $E_{r+1}^{j,i}$ is canonically isomorphic with $E_r^{j,i}$, so that all its elements are represented by cocycles, whence $d_{r+1} = 0$. Hence we conclude that $E_2^{j,i}$ is canonically isomorphic with $E_\infty^{j,i}$, and that $f \cup g$ is a representative cocycle for the element of $E_\infty^{j,i}$ which corresponds to e.

Now $E_\infty^{j,i}$ is the graduated group associated with $H(G, M)$, i.e., if $H(G, \mathrm{M})_j = \sum_{n=0}^{\infty} H^n(G, M)_j$ are the groups of the filtration of $H(G, M)$ which is induced by the filtration (A_j), we have $E_\infty^{j,i} = H^{i+j}(G, M)_j/H^{i+j}(G, M)_{j+1}$. We can find a linear basis of $H(G, M)$ which contains a basis for each of the finite dimensional subspaces $H^n(G, M)_j$. Such a basis allows us to define a linear isomorphism λ of $H(G, M)$ onto E_∞ which induces the identity map on each $H(G, M)_j/H(G, M)_{j+1}$. Then $\lambda(\pi(u \otimes v))$ is the element of $E_\infty^{j,i}$ which corresponds to $e = \rho_2^{-1}(u \otimes v)$. Hence it is clear that $\lambda \circ \pi$ is an isomorphism onto, and therefore π is also an isomorphism onto. This completes the proof of Theorem 12.

In particular, the assumptions of Theorem 12 are satisfied in the following case: let G be a finite dimensional Lie algebra over the field F of characteristic 0, and let M be any finite dimensional G-module. Suppose L is an ideal of G such that G/L is semisimple. Then, as is well known, there is a subalgebra K of G which is mapped isomorphically onto G/L by the natural homomorphism $G \to G/L$, and we have $G = K + L$. Since K is semisimple, it is a reductive subalgebra of G, and M is semisimple for K. Furthermore, the restriction homomorphism $H^n(G, F) \to H^n(K, F)$ is onto, for all $n \geqq 0$. In fact, if f is any n-cocycle for K in F, and if p denotes the projection homomorphism of G onto K, we obtain an n-cocycle g for G in F by setting $g(\gamma_1, \cdots, \gamma_n) = f(p(\gamma_1), \cdots, p(\gamma_n))$. Since the restriction of g to K^n coincides with f, our assertion is proved.

We may evidently identify $H(K, F)$ with $H(G/L, F)$. On the other hand, there is a natural isomorphism of $H(G, K, M)$ onto $H(L, M)^G$. This is seen as follows: since L annihilates $H(L, M)$, we may regard $H(L, M)$ as a K-module, and then $H(L, M)^G = H(L, M)^K$. We make a K-module decomposition: $C^n(L, M) = d(C^{n-1}(L, M)) + U$, from which we see that every element of $H(L, M)^K$ has a representative cocycle in $C^n(L, M)^K$. Now we decompose the K-module $C^{n-1}(L, M)$ into the direct sum of the submodule $Z^{n-1}(L, M)$ of the $(n-1)$-cocycles, and a complementary submodule V. Suppose then that $f \in C^{n-1}(L, M)$ and $df \in C^n(L, M)^K$. Then $\sigma \cdot f \in Z^{n-1}(L, M)$, for all $\sigma \in K$. Hence, if we write $f = g + h$, with $g \in Z^{n-1}(L, M)$ and $h \in V$, we have $\sigma \cdot h = 0$, for all $\sigma \in K$, so that $h \in C^{n-1}(L, M)^K$; and $df = dh$. Since each $C^m(L, M)^K$ may be identified with $C^m(G, K, M)$, the last two results show that $H^n(L, M)^G \approx H^n(G, K, M)$. Hence Theorem 12 gives:

THEOREM 13.[12] *Let G be a finite dimensional Lie algebra over the field F of characteristic* 0, *and let M be a finite dimensional G-module. Suppose that L is an ideal of G such that G/L is semisimple. Then*

$$H^n(G, M) \approx \sum_{i+j=n} H^i(G/L, F) \otimes H^j(L, M)^G,$$

for all $n \geqq 0$, *by an isomorphism which is multiplicative for paired modules.*

This result can also be derived by using the filtration relative to L and applying the corollary to Theorem 4.

YALE UNIVERSITY and PARIS

BIBLIOGRAPHY

[1] C. CHEVALLEY, *Algebraic Lie Algebras*, Ann. of Math., 48 (1947), pp. 91–100.
[2] C. CHEVALLEY, Théorie des Groupes de Lie, II (Groupes Algébriques), Paris, 1951.
[3] C. CHEVALLEY and S. EILENBERG, *Cohomology Theory of Lie Groups and Lie Algebras*, Trans. Amer. Math. Soc., 63 (1948), pp. 85–124.
[4] G. HOCHSCHILD and J-P. SERRE, *Cohomology of Group Extensions*, Trans. Amer. Math. Soc., 74 (1953), pp. 110–134.
[5] J.-L. KOSZUL, *Homologie et Cohomologie des Algèbres de Lie*, Bull. Soc. Math. France, 78 (1950) pp. 65–127.

[12] For the case $M = M^G = F$, this gives a sharpening of Theorem 17.4 of [5], where the relevant subgroup of $H^j(L, M)$ is not specified.

17.

Cohomologie et arithmétique

Séminaire Bourbaki 1952/53, n° 77

La cohomologie des groupes joue un rôle de plus en plus grand en théorie du corps de classes, aussi bien pour en exprimer les résultats que pour les démontrer. Les articles de HOCHSCHILD [2] (dans le cas local) et de WEIL [6] (cas global) avaient déjà montré l'utilité des groupes de cohomologie du groupe de Galois d'une extension K/k, les coefficients étant, soit le groupe multiplicatif K^* (dans le cas local), soit le groupe C_K des classes d'idèles de K (dans le cas global). Ces derniers groupes ont été déterminés, pour les dimensions 1 et 2, par HOCHSCHILD-NAKAYAMA [3], et J. TATE [5] a montré récemment que leur détermination complète pouvait s'effectuer à partir de là par voie purement algébrique.

Nous démontrerons le théorème de Tate au § 2, et dans les §§ 3, 4 nous en indiquerons rapidement quelques applications. Pour plus de détails, le lecteur pourra se reporter à [1], I et II.

§ 1. Cohomologie des groupes: rappel

1.1. Notations. Dans ce qui suit, G désignera un groupe *fini,* abélien ou non. Un groupe abélien A sur lequel G opère à gauche sera dit un *G-module,* et l'on posera:

$$\begin{cases} NA = \text{ ensemble des } \sum_{g \in G} g \cdot a, \text{ pour } a \in A \ (\sum_{g \in G} g \cdot a = N(a) \text{ est la \textit{norme} de } a). \\ QA = \text{ ensemble des } a \in A, \text{ avec } N(a) = 0. \\ DA = \text{ sous-groupe engendré par les } a - g \cdot a, a \in A, g \in G. \\ FA = \text{ ensemble des } a \in A, \text{ avec } g \cdot a = a \text{ pour tout } g \in G. \end{cases}$$

Lorsque le groupe G devra être précisé, on écrira $N_G A$, ..., au lieu de NA, ... Les NA, QA, DA, FA sont des sous-groupes de A, et l'on a:

$$NA \subset FA, \quad DA \subset QA.$$

1 **1.2.** Un G-module A est dit *fin* (ou G-fin, si l'on veut spécifier G) s'il existe un sous-groupe B de A tel que A soit somme directe des $g \cdot B$, pour $g \in G$. Si A est G-fin, il est *a fortiori* U-fin pour tout sous-groupe U de G.

Définition équivalente: A est isomorphe à $\mathbf{Z}(G) \otimes B$, où $\mathbf{Z}(G)$ désigne *l'algèbre* du groupe G sur l'anneau $\mathbf{Z}$ des entiers.

Lorsque A est fin, on voit tout de suite que $NA = FA$ et $DA = QA$.

1.3. Soit A un G-module. On définit classiquement les groupes *d'homologie* et de *cohomologie* de G à coefficients dans A, notés $H_i(G,A)$ et $H^i(G,A)$. Nous n'en répèterons pas la définition, renvoyant à HOPF, EILENBERG-MACLANE, etc. Pour $i = 0$, nous nous écarterons de la définition habituelle, et nous poserons:

$$\begin{cases} H^0(G,A) = FA/NA & \text{(au lieu de } FA) \\ H_0(G,A) = QA/DA & \text{(au lieu de } A/DA). \end{cases}$$

1.4. *Suite exacte de cohomologie.* – Soit $0 \to A \to B \to C \to 0$ une suite exacte de G-modules. Au moyen de la norme, on définit un homomorphisme canonique de $H_0(G,C)$ dans $H^0(G,A)$, et l'on vérifie directement que la suite:

$$H_0(G,A) \to H_0(G,B) \to H_0(G,C) \to H^0(G,A) \to H^0(G,B) \to H^0(G,C)$$

est exacte. Ceci conduit, avec TATE, à poser $H_0(G,A) = H^{-1}(G,A)$, et plus généralement, $H_i(G,A) = H^{-i-1}(G,A)$; on obtient donc des groupes de cohomologie de dimension négative, et la suite exacte:

$$\cdots \to H^i(G,A) \to H^i(G,B) \to H^i(G,C) \to H^{i+1}(G,A) \to \cdots,$$

est valable pour $-\infty < i < +\infty$.

1.5. Si A est fin, il est classique que $H^i(G,A) = 0$ pour $-\infty < i < +\infty$.

1.6. Soit A un G-module arbitraire, et soit $B = \mathbf{Z}(G) \otimes A$, où G opère par $g \cdot (z \otimes a) = g \cdot z \otimes a$. Posons $\varphi(g \otimes a) = g \cdot a$; ceci définit un homomorphisme φ de B sur A; soit C le noyau de φ. Comme B est fin, la suite exacte de cohomologie montre que:

$$H^i(G,C) \approx H^{i-1}(G,A) \quad \text{pour tout } i.$$

1.7. On peut inversement plonger A dans B en posant:

$$\psi(a) = \sum_{g \in G} g^{-1} \otimes g \cdot a, \quad \text{pour tout } a \in A.$$

Posons $D = B/A$. On a alors:

$$H^i(G,D) \approx H^{i+1}(G,A) \quad \text{pour tout } i.$$

Les constructions 1.6 et 1.7 sont utilisées pour «décaler» les groupes de cohomologie. On notera qu'elles valent pour tout sous-groupe U de G, puisque B est U-fin.

§ 2. Le théorème de Tate

Dans tout ce paragraphe, G désigne un groupe fini, A un G-module.

2.1. Lemme. *Pour tout nombre entier p, soit G_p un sous-groupe de Sylow de G, relatif à p. Si $H^i(G_p,A) = 0$ pour tout p, alors $H^i(G,A) = 0$.*

Par décalage, on peut supposer que $i = 0$, et l'on est ramené à un calcul élémentaire sur les normes.

2.2. Lemme. *Si, pour un entier i, on a $H^i(U,A) = H^{i+1}(U,A) = 0$ pour tout sous-groupe U de G, alors $H^j(G,A) = 0$ pour tout j.*

A cause du lemme précédent, on peut supposer G résoluble; si G est cyclique on sait que $H^j(G,A)$ ne dépend que de la parité de j, donc le lemme est vrai dans ce cas. Nous pouvons donc supposer que G contient un sous-groupe invariant U tel que le lemme soit vrai pour U et pour G/U. En outre, à cause du décalage, il nous suffit de prouver que, lorsque $i=0$, on a $H^{-1}(G,A) = H^2(G,A) = 0$.

Le groupe G/U opère sur $F_U A$, et on voit facilement que le couple $(G/U, F_U A)$ vérifie les hypothèses 2.2, donc que $H^j(G/U, F_U A) = 0$ pour tout j; d'autre part, $H^j(U,A) = 0$ pour tout j. En utilisant les relations qui lient les groupes de cohomologie de G, U et G/U (voir par exemple [4]), on en tire bien que $H^{-1}(G,A) = 0$ et $H^2(G,A) = 0$.

2.3. Lemme. *Supposons que $H^{-1}(U,A) = 0$, et que $H^0(U,A)$ soit cyclique de même ordre que U, pour tout sous-groupe U de G. Alors $H^i(G,A) \approx H^i(G,\mathbf{Z})$ pour tout i, $\mathbf{Z}$ désignant le groupe additif des entiers sur lequel G opère trivialement.*

Soit $a \in FA$ un élément dont l'image dans $FA/NA = H^0(G,A)$ soit un générateur de ce dernier groupe. On voit facilement que l'image de a dans $H^0(U,A)$ est un élément d'ordre égal à l'ordre de U, donc est un générateur de $H^0(U,A)$. Soit $f\colon \mathbf{Z} \to A$ l'application $n \mapsto n \cdot a$. Pour tout U, f définit donc un isomorphisme de $H^0(U,\mathbf{Z})$ sur $H^0(U,A)$. Soit A' la somme directe de $\mathbf{Z}(G)$ et de A, et plongeons $\mathbf{Z}$ dans A' par $n \mapsto (n \cdot \varepsilon, f(n))$, où $\varepsilon = \sum_{g \in G} g \in \mathbf{Z}(G)$. Soit $C = A'/\mathbf{Z}$; on a la suite exacte:

$$H^{-1}(U,A') \to H^{-1}(U,C) \to H^0(U,\mathbf{Z}) \to H^0(U,A') \to H^0(U,C) \to H^1(U,\mathbf{Z}).$$

Puisque $\mathbf{Z}(G)$ est U-fin, on a $H^i(U,A') \approx H^i(U,A)$ pour tout i, d'où $H^{-1}(U,A') = 0$, et $H^0(U,\mathbf{Z}) \approx H^0(U,A')$; comme en outre $H^1(U,\mathbf{Z}) = 0$ (c'est le groupe des homomorphismes de U dans $\mathbf{Z}$), la suite exacte précédente montre que $H^{-1}(U,C) = H^0(U,C) = 0$, d'où (lemme 2.2) $H^i(G,C) = 0$ pour tout i, d'où par suite exacte:

$$H^i(G,\mathbf{Z}) \approx H^i(G,A') \approx H^i(G,A), \qquad \text{C.Q.F.D.}$$

Par décalage de deux unités, on tire de là le théorème de Tate:

2.4. Théorème. *Supposons que $H^1(U,A) = 0$ et que $H^2(U,A)$ soit cyclique de même ordre que U, pour tout sous-groupe U de G. Alors $H^i(G,A) \approx H^{i-2}(G,\mathbf{Z})$ pour tout i.*

2.5. Corollaire. $FA/NA \approx G/G'$ (on note G' le groupe des commutateurs de G).

En effet $FA/NA = H^0(G,A)$, et $G/G' = H_1(G,\mathbf{Z}) = H^{-2}(G,\mathbf{Z})$.

2.6. Corollaire. $H^3(G,A) = 0$.

En effet $H^1(G,\mathbf{Z}) = 0$.

2.7. Corollaire. $H^4(G,A) \approx \hat{G}$ (groupe des caractères de degré 1 de G).

En effet $H^2(G,\mathbf{Z}) = \operatorname{Ext}(H_1(G,\mathbf{Z}),\mathbf{Z}) \approx \hat{G}$.

Signalons que l'isomorphisme du Corollaire 2.5 peut être obtenu ainsi: on prend un cocycle $a(s,t)$ sur G, à valeurs dans A, dont la classe de cohomologie engendre $H^2(G,A)$ et l'on pose $\theta(t) = \sum_{s \in G} a(s,t)$; par passage au quotient, θ définit l'isomorphisme de G/G' sur FA/NA.

§ 3. Cas local

Soit k un corps local, c'est-à-dire un corps valué localement compact non discret. Si l'on excepte $k = \mathbf{R}$ et $k = \mathbf{C}$, la valuation de k est non archimédienne, son groupe des ordres est $\mathbf{Z}$, et son corps des restes est fini. Si la caractéristique de k est 0, k est une extension finie d'un corps p-adique $\mathbf{Q}_p$; si la caractéristique de k est p, k est isomorphe au corps des séries formelles à une variable sur son corps des restes.

Soit K une extension galoisienne finie de k, de groupe de Galois G. Le groupe G opère sur le groupe multiplicatif K^* des éléments non nuls de K, qui est donc un G-module, et l'on peut parler des groupes $H^i(G,K^*)$. D'après un résultat général de théorie de Galois, $H^1(G,K^*) = 0$. Le groupe $H^2(G,K^*)$ est cyclique de même ordre que G: ce fait constitue le résultat principal de la théorie du corps de classes local. On le démontre (cf. [2], ainsi que SCHILLING, *Valuations*) en se ramenant, grâce aux «deux inégalités», au cas où K est non ramifié (on peut éviter la seconde inégalité en utilisant le résultat suivant, dû à S. LANG: l'extension maximale non ramifiée de k est quasi-algébriquement close). En outre, $H^2(G,K^*)$ a un générateur canonique, qui correspond à la substitution $x \mapsto x^q$, où q est le nombre d'éléments du corps des restes de k.

Le couple (G,K^*) vérifie donc les hypothèses du théorème 2.4; en particulier, on a $G/G' \approx FK^*/NK^* = k^*/NK^*$. On sait que ce résultat, combiné avec les théorèmes d'existence, conduit à la détermination du groupe de Galois de l'extension abélienne maximale de k: c'est le complété de k^* pour une certaine topologie.

Le groupe $H^2(G,K^*)$ a une interprétation simple dans la théorie des algèbres: c'est le groupe des classes d'algèbres simples, de centre k, décomposées par K. En faisant croître K, on obtient donc la détermination du *groupe de Brauer* $\mathscr{G}_k$ de k: $\mathscr{G}_k \approx \mathbf{Q}/\mathbf{Z}$, groupe des rationnels mod 1 (sauf, bien entendu, si $k = \mathbf{R}$ ou $\mathbf{C}$!).

§ 4. Cas global

Soit k un corps de nombres algébriques; pour toute valuation v de k (archimédienne ou non) soit k_v le complété de k pour v; k_v est un corps local. Soit J_k le sous-groupe de $\prod_v k_v^*$ formé des (x_v) tels que x_v soit une unité de k_v pour tout v, sauf un nombre fini (v parcourant l'ensemble de toutes les valuations essentiellement distinctes de k). J_k est le groupe des *idèles* de k; si $x \in k^*$, et si l'on pose $x_v = x$ pour tout v, on obtient un idèle *principal* de J_k; on peut identifier k^* au sous-groupe des idèles principaux; le groupe quotient $C_k = J_k/k^*$ est appelé groupe des *classes d'idèles.*

Si K est une extension galoisienne finie de k, de groupe de Galois G, on peut identifier J_k au sous-groupe des éléments de J_K laissés fixes par G, et de même pour C_k (pour J_k, c'est évident; pour C_k, cela résulte de la nullité de $H^1(G, K^*)$).

Le résultat principal de la théorie du corps de classes global est alors le suivant:

4.1. *Le couple* (G, C_K) *vérifie les hypothèses du théorème 2.4.* Autrement dit, on a $H^1(G, C_K) = 0$, et $H^2(G, C_K)$ est cyclique de même ordre que G.

Pour la démonstration, voir [1], II, ainsi que [3]. Indiquons simplement que la suite exacte suivante y joue un rôle essentiel:

$$\cdots \to H^1(G, J_K) \to H^1(G, C_K) \to H^2(G, K^*)$$
$$\to H^2(G, J_K) \to H^2(G, C_K) \to H^3(G, K^*) \to \cdots.$$

Les groupes $H^i(G, J_K)$ peuvent facilement être déterminés: pour toute valuation v sur k, choisissons une valuation v^* de K prolongeant v; et soit G_{v^*} le sous-groupe de G formé des automorphismes qui conservent v^* («groupe de décomposition» de v^*); G_{v^*} est le groupe de Galois de l'extension locale K_{v^*}/k_v, et l'on a:

4.2. $H^i(G, J_K) = \prod' H^i(G_{v^*}, K_{v^*}^*)$, le signe $\prod'$ indiquant que l'on se borne aux éléments qui n'ont qu'un nombre fini de composantes non nulles.

En particulier, $H^1(G, J_K) = 0$, donc le fait que $H^1(G, C_K) = 0$ équivaut au théorème de Hasse: toute classe d'algèbres simples décomposée localement est décomposée globalement.

On voit de même que le groupe $H^2(G, J_K)$ est isomorphe au groupe des fonctions $f(v)$, à valeurs dans $\mathbf{Q}/\mathbf{Z}$, nulles pour tout v sauf un nombre fini, et telles que $n_v \cdot f(v) = 0$, $n_v = [K_{v^*} : k_v] =$ ordre de G_{v^*}; $H^2(G, K^*)$ est isomorphe au sous-groupe du groupe précédent formé des fonctions $f(v)$ telles que $\sum_v f(v) = 0$, et il en résulte que l'image de $H^2(G, J_K)$ dans $H^2(G, C_K)$ est cyclique d'ordre le ppcm des n_v; compte tenu de 4.1, $H^3(G, K^*)$ est donc cyclique d'ordre $n/\mathrm{ppcm}\,(n_v) = \mathrm{pgcd}\,(n/n_v)$.

Conséquence de 4.1:

4.3. D'après 2.5, $G/G' \approx C_k/NC_K \approx J_k/k^* \cdot NJ_K$. C'est ce résultat qui permet de montrer que le groupe de Galois de l'extension abélienne maximale de k est isomorphe au quotient de C_k par sa composante connexe de l'unité.

4.4. Cherchons à quelle condition un élément de k^*, qui est une norme dans tous les k_v^*, est une norme globale (généralisation du théorème de Hasse). Cela revient à voir si $H^0(G, K^*) \to H^0(G, J_K)$ est biunivoque, ou encore si $H^{-1}(G, J_K)$ est appliqué *sur* $H^{-1}(G, C_K)$. Or le premier groupe est isomorphe à $\prod' H^{-1}(G_{v^*}, K_{v^*}^*) = \prod' H^{-3}(G_{v^*}, \mathbf{Z})$, d'après la théorie locale; le second est isomorphe à $H^{-3}(G, \mathbf{Z})$. Les groupes de caractères de ces deux groupes sont donc respectivement $\prod H^3(G_{v^*}, \mathbf{Z})$ et $H^3(G, \mathbf{Z})$, et l'on obtient ainsi la condition nécessaire et suffisante suivante (due à Tate): *toute classe de cohomologie entière de degré 3 de G qui induit* 0 *sur tous les groupes de décomposition doit être nulle.* Cette condition est notamment vérifiée si $H^3(G, \mathbf{Z}) = 0$.

Bibliographie

[1] Artin, E. *Algebraic numbers and algebraic functions,* I. Princeton University and New York University, 1951; II. à paraître.

[2] Hochschild, G. *Local class field theory,* Ann. of Math., **51,** 1950, p. 331–347 (voir aussi l'exposé de Samuel, Séminaire Bourbaki, t. **3,** 1950/51).

[3] Hochschild, G. and Nakayama, T. *Cohomology in class field theory,* Ann. of Math., **55,** 1952, p. 348–366.

[4] Hochschild, G. and Serre, J.-P. *Cohomology of group extensions,* Trans. Amer. math. Soc., **74,** 1953, p. 110–134.

[5] Tate, J. *The higher dimensional cohomology groups of class field theory,* Ann. of Math., **56,** 1952, p. 294–297.

[6] Weil, A. *Sur la théorie du corps de classes,* J. math. Soc. Japan, **3,** 1951, p. 1–35.

Additif

[7] Chevalley, C. *Class field theory.* Nagoya, Nagoya University, 1954. [Cet article contient les démonstrations d'à peu près tous les résultats du présent exposé.]

[8] Cartan, H. and Eilenberg, S. *Homological Algebra.* Princeton, Princeton Univ. Press, 1956 (Princeton math. Series n° **19**). [Le chapitre 12 contient une étude de la cohomologie des groupes finis.]

Pour d'autres applications du théorème de Tate (et de la notion de «class-formation»), voir:

[9] Kawada, Y. *Class formations,* I, Duke math. J., **22,** 1955, p. 165–178; II (en collaboration avec I. Satake), J. Fac. Sc. Tokyo, **7,** 1955, p. 353–389; III, J. math. Soc. Japan, **7,** 1955, p. 453–490.

[10] Kawada, Y. and Tate, J. *On the Galois cohomology of unramified extensions of functions fields in one variable,*. Amer. J. of Math., **77,** 1955, p. 197–217.

2 [Avril 1957]

18.

Groupes d'homotopie et classes de groupes abéliens

Ann. of Math. **58** (1953), 258–294

Introduction

Rappelons un théorème classique d'Hurewicz: *Soit X un espace tel que $\pi_i(X) = 0$ pour $i < n$; on a alors $H_i(X) = 0$ pour $0 < i < n$, et $\pi_n(X)$ est isomorphe à $H_n(X)$.*

Nous avons indiqué dans un travail antérieur [8] diverses généralisations de ce théorème. On peut les formuler de la manière suivante: si l'on ne suppose plus que $\pi_i(X)$ est nul pour $i < n$, mais seulement que c'est un groupe de type fini (resp. un groupe fini), on trouve que $H_i(X)$ est un groupe de type fini (resp. un groupe fini) pour $0 < i < n$, et que les groupes $\pi_n(X)$ et $H_n(X)$ sont isomorphes "modulo" un groupe de type fini (resp. un groupe fini).

Nous reprenons ici la question, et nous montrons que le cadre naturel de ces diverses généralisations est la notion de *classe* de groupes abéliens.

Une classe $\mathcal{C}$ est, par définition, une collection de groupes abéliens qui vérifie certaines conditions algébriques simples. Ces conditions expriment essentiellement que $\mathcal{C}$ est *stable* vis à vis des opérations de l'algèbre élémentaire: sous-groupe, groupe quotient, extension. La donnée d'une classe $\mathcal{C}$ permet d'introduire des "$\mathcal{C}$-notions" où l'on "néglige" les groupes de la classe $\mathcal{C}$ (par exemple, un $\mathcal{C}$-isomorphisme est un homomorphisme dont le noyau appartient à $\mathcal{C}$). L'étude des classes et notamment de certains axiomes supplémentaires, nécessaires pour les applications ultérieures, fait l'objet du Chapitre I.

Dans le langage de la $\mathcal{C}$-théorie, notre généralisation du théorème d'Hurewicz s'énonce ainsi (Chapitre III, Théorème 1):

Si $\pi_0(X) = \pi_1(X) = 0$, et si $\pi_i(X)$ appartient à $\mathcal{C}$ pour $i < n$, alors $H_i(X)$ appartient à $\mathcal{C}$ pour $0 < i < n$, et l'homomorphisme $\pi_n(X) \to H_n(X)$ est un $\mathcal{C}$-isomorphisme sur.

(Pour retrouver l'énoncé classique, prendre pour $\mathcal{C}$ la classe des groupes à un seul élément).

On a également un *théorème d'Hurewicz relatif* mod $\mathcal{C}$ (il faut, à vrai dire, imposer à $\mathcal{C}$ des conditions un peu plus restrictives que pour le théorème absolu). On tire de là un *théorème de J. H. C. Whitehead* mod $\mathcal{C}$ (Chapitre III, Théorème 3) dont je me bornerai à énoncer ici un cas particulier:

Soient A et B deux espaces connexes et simplement connexes par arcs, $f: A \to B$ une application continue qui applique $\pi_2(A)$ sur $\pi_2(B)$. Les propriétés suivantes sont alors équivalentes:

(a) $f_* : H_i(A) \to H_i(B)$ *est un $\mathcal{C}$-isomorphisme sur pour tout i.*

(b) $f_0 : \pi_i(A) \to \pi_i(B)$ *est un $\mathcal{C}$-isomorphisme sur pour tout i.*

Les démonstrations de ces théorèmes se font de la manière suivante: on établit d'abord (Chapitre II) certains résultats auxiliaires sur les espaces fibrés, et on tire de là le théorème d'Hurewicz par la méthode de [4], ou par celle de [8], Chapitre V. Le théorème d'Hurewicz relatif (et celui de J. H. C. Whitehead qui en découle) se ramènent au précédent par l'intermédiaire d'espaces de lacets convenablement choisis.

Les résultats généraux qui précèdent font l'objet des Chapitres I, II et III, alors que les Chapitres IV et V sont consacrés aux applications. Dans ces applications le théorème de J. H. C. Whitehead cité plus haut joue un rôle important, notamment lorsque $\mathcal{C}$ est la classe des groupes finis d'ordre divisible seulement par des nombres premiers donnés. Il y a là la possibilité d'une étude *locale* (au sens arithmétique!) des groupes d'homotopie; citons par exemple la Proposition 3 du Chapitre IV:

Le groupe $\pi_i(S_n)$, *n pair, est* $\mathcal{C}$-*isomorphe à la somme directe de* $\pi_{i-1}(S_{n-1})$ *et de* $\pi_i(S_{2n-1})$, $\mathcal{C}$ *désignant la classe des groupes finis d'ordre une puissance de* 2.

Le Chapitre IV contient d'autres résultats de ce genre, relatifs à la suspension de Freudenthal et au calcul des p-composants des groupes $\pi_i(S_n)$.

Le Chapitre V est consacré à la comparaison des espaces (et en particulier des groupes de Lie) avec les sphères. Nous introduisons notamment la notion de nombre premier *régulier* pour un groupe de Lie donné G. Grosso modo, p est dit régulier pour G si G est équivalent, "vis à vis de p", à un produit de sphères. Lorsque G est un groupe simple classique (compact et simplement connexe), de dimension n et de rang l, nous déterminons tous les nombres premiers p réguliers pour G: ce sont ceux qui sont supérieurs à $n/l - 1$.

Chapitre I. La notion de classe

Notations

Soient A et B deux groupes abéliens, $f\colon A \to B$ un homomorphisme; nous noterons par Im.f l'*image* de f, par Ker.f le *noyau* de f, et par Coker.f le *conoyau* de f (c'est-à-dire le quotient B/Im.f). La suite:

$$0 \to \text{Ker}.f \to A \xrightarrow{f} B \to \text{Coker}.f \to 0$$

est donc *exacte*.

1. Définition des classes

Une collection *non vide* $\mathcal{C}$ de groupes abéliens est dite une *classe* si elle vérifie l'axiome suivant:

(I). *Si, dans une suite exacte* $L \to M \to N$, *les groupes* L *et* N *appartiennent à* $\mathcal{C}$, *alors* M *appartient à* $\mathcal{C}$.

On peut mettre cet axiome sous une forme légèrement différente:

Proposition 1. *Pour que l'axiome* (I) *soit satisfait, il faut et il suffit que les trois conditions suivantes soient remplies:*

(a) *Tout groupe réduit à l'élément neutre est dans* $\mathcal{C}$.

(b) *Tout groupe isomorphe à un sous-groupe ou à un groupe quotient d'un groupe de* $\mathcal{C}$ *est dans* $\mathcal{C}$.

(c) *Toute extension de deux groupes de $\mathcal{C}$ est dans $\mathcal{C}$.*

Nécessité. Puisque $\mathcal{C}$ est non vide, il existe un M tel que $M \in \mathcal{C}$; soit A un groupe réduit à l'élément neutre; la suite $M \to A \to M$ étant exacte, l'axiome (I) entraîne que $A \in \mathcal{C}$, et (a) est vérifié. La propriété (c) est un cas particulier de (I); il en est de même de (b), compte tenu de (a).

Suffisance. Soit $L \xrightarrow{f} M \xrightarrow{g} N$ une suite exacte, avec $L \in \mathcal{C}$, $N \in \mathcal{C}$; M est donc une extension de $\mathrm{Im}.f$ par $\mathrm{Im}.g$; puisque $\mathrm{Im}.f$ est isomorphe à un groupe quotient de L, (b) entraîne que $\mathrm{Im}.f \in \mathcal{C}$; de même pour $\mathrm{Im}.g$; la propriété (c) entraîne donc $M \in \mathcal{C}$, ce qui montre que $\mathcal{C}$ vérifie (I). D'autre part $\mathcal{C}$ n'est pas vide, à cause de (a); $\mathcal{C}$ est bien une classe.

Remarques. (1) Nous donnerons des exemples de classes au n° 6 et au n° 7; pour l'instant, signalons simplement la classe des groupes réduits à l'élément neutre, et la classe de tous les groupes.

(2). Il résulte de (b) que *tout groupe isomorphe à un groupe de $\mathcal{C}$ appartient à $\mathcal{C}$*; ceci montre évidemment que $\mathcal{C}$ ne peut pas être un "ensemble", et on ne peut donc pas appliquer à la relation $A \in \mathcal{C}$ toutes les propriétés de la relation d'appartenance. Par exemple, il serait dépourvu de sens d'écrire $\Pi_{A \in \mathcal{C}} A$.

2. Les $\mathcal{C}$-notions

Dans la suite de ce travail, les groupes appartenant à une classe donnée $\mathcal{C}$ seront, en un certain sens, négligés. Ceci est précisé par les définitions suivantes:

Un groupe A est $\mathcal{C}$-*nul* si $A \in \mathcal{C}$.

1 Un homomorphisme $f: A \to B$ est $\mathcal{C}$-*biunivoque* si $\mathrm{Ker}.f \in \mathcal{C}$; il est $\mathcal{C}$-*sur* si $\mathrm{Coker}.f \in \mathcal{C}$.

Un homomorphisme qui est à la fois $\mathcal{C}$-biunivoque et $\mathcal{C}$-sur est un $\mathcal{C}$-*isomorphisme sur*.

Deux groupes A et B sont $\mathcal{C}$-*isomorphes* s'il existe un groupe L et deux homomorphismes $f: L \to A$, $g: L \to B$ qui soient tous deux des $\mathcal{C}$-isomorphismes sur. Cette notion est *transitive*, car si $h: M \to B$, et $k: M \to C$ sont deux $\mathcal{C}$-isomorphismes sur, en prenant pour N le sous-groupe de la somme directe $L + M$ formé des (l, m) tels que $g(l) = h(m)$, et en posant $r(l, m) = f(l)$, $s(l, m) = k(m)$, on obtient deux homomorphismes $r: N \to A$, $s: N \to C$ qui sont des $\mathcal{C}$-isomorphismes sur.

Les notions précédentes ont les mêmes propriétés formelles que les notions classiques (auxquelles elles se réduisent lorsque la classe $\mathcal{C}$ est formée des groupes à un seul élément); par exemple, soient $A \xrightarrow{f} B \xrightarrow{g} C$ deux homomorphismes; on vérifie alors sans difficulté que:

2.1. *Si f et g sont $\mathcal{C}$-biunivoques, $g \circ f$ est $\mathcal{C}$-biunivoque.*

2.2. *Si f et g sont $\mathcal{C}$-sur, $g \circ f$ est $\mathcal{C}$-sur.*

2.3. *Si $g \circ f$ est $\mathcal{C}$-biunivoque, f est $\mathcal{C}$-biunivoque.*

2.4. *Si $g \circ f$ est $\mathcal{C}$-sur, g est $\mathcal{C}$-sur.*

2.5. *Si $g \circ f$ est $\mathcal{C}$-biunivoque et si f est $\mathcal{C}$-sur, g est $\mathcal{C}$-biunivoque.*

2.6. *Si $g \circ f$ est $\mathcal{C}$-sur et si g est $\mathcal{C}$-biunivoque, f est $\mathcal{C}$-sur.*

On vérifie également que le "lemme des cinq" reste valable pour les $\mathcal{C}$-notions. De façon précise, si l'on a deux suites exactes à 5 termes, et 5 homomorphismes des groupes de la première suite dans les groupes correspondants de la seconde (vérifiant les relations de commutation nécessaires), et si les 4 homomorphismes "extrêmes" sont des $\mathcal{C}$-isomorphismes sur, alors l'homomorphisme médian est aussi un $\mathcal{C}$-isomorphisme sur.

On peut donner de nombreux autres résultats de ce genre[1]; signalons seulement le suivant, qui nous sera utile dans la suite:

PROPOSITION 2. *Soient $\mathcal{C}$ une classe, $A_1 \xrightarrow{p_1} A_2 \xrightarrow{p_2} A_3 \xrightarrow{p_3} A_4 \xrightarrow{p_4} A_5$ une suite exacte, $k: A_2 \to A_1$ et $k': A_5 \to A_4$ des homomorphismes tels que $p_1 \circ k$ et $p_4 \circ k'$ soient des $\mathcal{C}$-automorphismes de A_2 et de A_5 respectivement. Soit (p_3, k') l'homomorphisme de la somme directe $A_3 + A_5$ dans A_4 qui coincide sur le premier facteur avec p_3, sur le second avec k'. L'homomorphisme (p_3, k') est un $\mathcal{C}$-isomorphisme sur.*

(Dans cet énoncé, le terme "$\mathcal{C}$-automorphisme" désigne un endomorphisme qui est un $\mathcal{C}$-isomorphisme sur).

Indiquons, à titre d'exemple, la démonstration de cette Proposition:

Tout d'abord, il résulte de 2.4 que p_1 et p_4 sont $\mathcal{C}$-sur; puisque la suite est exacte, Ker.p_3 est isomorphe à Coker.p_1, et p_3 est donc $\mathcal{C}$-biunivoque.

Soit alors N le noyau de (p_3, k'), et $(a_3, a_5) \in N$; on a $p_3(a_3) + k'(a_5) = 0$, d'où $p_4 \circ k'(a_5) = 0$, et $a_5 \in$ Ker.$(p_4 \circ k')$. Si $a_5 = 0$, on a $a_3 \in$ Ker.p_3 ; il suit de là que l'on a une suite exacte: Ker.$p_3 \to N \to$ Ker.$(p_4 \circ k')$, et comme les deux groupes extrêmes sont dans $\mathcal{C}$, on a $N \in \mathcal{C}$, et (p_3, k') est $\mathcal{C}$-biunivoque.

Désignons maintenant par q le composé $A_4 \xrightarrow{p_4} A_5 \to$ Coker.$(p_4 \circ k')$, et considérons la suite: $A_3 + A_5 \xrightarrow{(p_3, k')} A_4 \xrightarrow{q}$ Coker.$(p_4 \circ k')$. Le composé de ces deux homomorphismes est 0, et, réciproquement, si $q(a_4) = 0$, cela signifie qu'il y a $x_5 \in A_5$ tel que $p_4 \circ k'(x_5) = p_4(a_4)$, ou encore $p_4(a_4 - k'(x_5)) = 0$, ce qui entraîne l'existence de $x_3 \in A_3$ tel que $a_4 - k'(x_5) = p_3(x_3)$; a_4 est donc dans Im.(p_3, k') et la suite écrite plus haut est exacte. Comme Coker.$(p_4 \circ k') \in \mathcal{C}$ par hypothèse, (p_3, k') est $\mathcal{C}$-sur, ce qui achève la démonstration.

3. Le produit de torsion

H. Cartan et S. Eilenberg ont introduit dans [3] une nouvelle notion, celle du *produit de torsion* de deux groupes abéliens (ou plus généralement de deux modules); leur livre n'étant pas encore paru, nous allons rappeler la définition et les principales propriétés de cette opération.

---

[1] Signalons deux autres $\mathcal{C}$-notions:

(a) La *$\mathcal{C}$-égalité* de deux sous-groupes A et B d'un même groupe C: elle a lieu lorsque les homomorphismes $A \cap B \to A$ et $A \cap B \to B$ sont tous deux des $\mathcal{C}$-isomorphismes sur. Cette notion permet de définir les *suites $\mathcal{C}$-exactes*, etc.

(b) Les *$\mathcal{C}$-homomorphismes*: un $\mathcal{C}$-homomorphisme de A dans B est défini par son graphe F, sous-groupe de $A \times B$ dont la projection dans A est $\mathcal{C}$-égale à A, et qui vérifie $F \cap (\{0\} \times B) \in \mathcal{C}$.

Soient A et B deux groupes abéliens; écrivons B sous la forme $B = L/R$, où L est *libre*, et soit C le noyau de l'homomorphisme $A \otimes R \to A \otimes L$. On démontre que C ne dépend que de A et de B, c'est par définition le *produit de torsion* de A et de B; on le note $\mathrm{Tor}(A, B)$ ou encore $A * B$. C'est un foncteur covariant en A et en B. Il jouit des propriétés suivantes:

3.1. $A * B \approx B * A$.

3.2. Soit $0 \to L \to M \to N \to 0$ une suite exacte, A un groupe; on a alors une suite exacte:

$$0 \to A * L \to A * M \to A * N \to A \otimes L \to A \otimes M \to A \otimes N \to 0.$$

3.3. Le foncteur $A * B$ commute avec les opérations de somme directe (finie ou infinie) et de limite inductive.

3.4. $A * B$ ne dépend que des sous-groupes de torsion de A et de B (ce qui justifie la terminologie).

Les propriétés 3.3 et 3.4 montrent que, pour calculer $A * B$ lorsque A et B sont de type fini, il suffit de connaître $A * Z_n$, où Z_n désigne le groupe cyclique d'ordre n. Or, il résulte immédiatement de la définition donnée plus haut que:

3.5. $A * Z_n \approx {}_nA$, sous-groupe des éléments $a \in A$ tels que $na = 0$.

Le produit de torsion intervient de façon essentielle dans la *formule de Künneth*:

3.6. Soient K et L deux complexes gradués, $K \otimes L$ leur produit tensoriel (muni de la structure de complexe gradué déduite de celles de K et de L). Supposons K ou L sans torsion; alors les groupes d'homologie de K, de L, et de $K \otimes L$ sont liés par la suite exacte:

$$0 \to \sum\nolimits_{i+j=n} H_i(K) \otimes H_j(L) \to H_n(K \otimes L) \to \sum\nolimits_{i+j=n-1} H_i(K) * H_j(L) \to 0.$$

3.7. Si les sous-groupes des cycles de K et de L possèdent des supplémentaires dans K et L respectivement, la suite exacte précédente se réduit à une somme directe.

Les cas particuliers les plus importants de 3.6 et 3.7 sont: (a) celui où K et L sont libres (en Topologie, cela fournit l'homologie d'un produit direct en fonction de celle de ses facteurs), (b) celui où K est libre et où l'opérateur bord de L est nul ("*formule des coefficients universels*" qui, en Topologie, fournit l'homologie d'un espace à valeurs dans un groupe de coefficients arbitraire en fonction de l'homologie à coefficients entiers).

Les propriétés 3.1, $\cdots$, 3.7 sont des cas très particuliers des propriétés démontrées dans l'article [3] déjà cité; signalons par exemple qu'elles sont vraies sans aucun changement pour les modules sur un anneau principal; nous nous sommes bornés au cas de l'anneau des entiers parce qu'il est suffisant pour la suite.

4. Deux axiomes sur les classes

Revenons aux propriétés des classes. Dans le Chapitre suivant (relatif aux espaces fibrés), nous aurons besoin de supposer que les classes $\mathcal{C}$ considérées vérifient l'un ou l'autre des deux axiomes suivants:

(II_A). *$A \in \mathcal{C}$ et $B \in \mathcal{C}$ entraînent $A \otimes B \in \mathcal{C}$ et $A * B \in \mathcal{C}$.*

($\mathrm{II_B}$). *$A \in \mathcal{C}$ entraîne $A \otimes B \in \mathcal{C}$ quel que soit B.*

L'axiome ($\mathrm{II_B}$) entraîne l'axiome ($\mathrm{II_A}$). En effet:

Proposition 3. *L'axiome* ($\mathrm{II_B}$) *est équivalent à chacun des axiomes:*

($\mathrm{II_B}$)'. *$A \in \mathcal{C}$ entraîne $A \otimes B \in \mathcal{C}$ et $A * B \in \mathcal{C}$ quel que soit B.*

($\mathrm{II_B}$)''. *Quel que soit $A \in \mathcal{C}$, toute somme directe (finie ou infinie) de groupes isomorphes à A est dans $\mathcal{C}$.*

($\mathrm{II_B}$) *entraîne* ($\mathrm{II_B}$)'', car ($\mathrm{II_B}$)'' équivaut à dire que $A \otimes L \in \mathcal{C}$ si $A \in \mathcal{C}$ et si L est libre.

($\mathrm{II_B}$)'' *entraîne* ($\mathrm{II_B}$)'; en effet, soit $A \in \mathcal{C}$ et B arbitraire; écrivons $B = L/R$, où L (donc R) est libre; d'après ($\mathrm{II_B}$)'' on a $A \otimes L \in \mathcal{C}$ et $A \otimes R \in \mathcal{C}$; comme $A \otimes B$ est isomorphe à un groupe quotient de $A \otimes L$, et que $A * B$ est isomorphe à un sous-groupe de $A \otimes R$, on a bien aussi $A \otimes B \in \mathcal{C}$ et $A * B \in \mathcal{C}$.

($\mathrm{II_B}$)' *entraîne* ($\mathrm{II_B}$) trivialement.

Corollaire. *Soit $\mathcal{C}$ une classe vérifiant* ($\mathrm{II_B}$); *si A et B sont $\mathcal{C}$-isomorphes respectivement à A' et B', alors $A \otimes B$ et $A * B$ sont $\mathcal{C}$-isomorphes respectivement à $A' \otimes B'$ et $A' * B'$.*

Il suffit de prouver ce Corollaire lorsque $B = B'$; en outre, vu la définition des $\mathcal{C}$-isomorphismes, on peut supposer qu'il existe $f \colon A \to A'$ tel que $\mathrm{Ker.}f \in \mathcal{C}$ et $\mathrm{Coker.}f \in \mathcal{C}$; en factorisant f par $A \to \mathrm{Im.}f \to A'$, on se ramène aux deux cas particuliers où $\mathrm{Ker.}f = 0$ et $\mathrm{Coker.}f = 0$. Examinons le premier cas (le second étant tout à fait semblable); on a donc une suite exacte $0 \to A \xrightarrow{f} A' \to A'' \to 0$, avec $A'' \in \mathcal{C}$. Appliquant 3.2, on en tire la suite exacte:

$$0 \to A * B \to A' * B \to A'' * B \to A \otimes B \to A' \otimes B \to A'' \otimes B \to 0.$$

D'après ($\mathrm{II_B}$)'', on a $A'' * B \in \mathcal{C}$ et $A'' \otimes B \in \mathcal{C}$, d'où le fait que $A * B \to A' * B$ et $A \otimes B \to A' \otimes B$ sont des $\mathcal{C}$-isomorphismes sur, ce qui achève la démonstration.

Proposition 4. *Soient $\mathcal{C}$ une classe vérifiant* ($\mathrm{II_B}$), *X un espace topologique, et* **G** *un système local sur X (au sens de Steenrod) formé de groupes abéliens tous isomorphes à un même groupe G tel que $G \in \mathcal{C}$. On a alors $H_i(X, \mathbf{G}) \in \mathcal{C}$ pour tout $i \geqq 0$.*

Soit $S(X)$ le complexe singulier de X; les groupes $H_i(X, \mathbf{G})$ sont les groupes d'homologie du complexe $S(X) \otimes G$, muni d'un certain opérateur bord; puisque $G \in \mathcal{C}$, on a $S(X) \otimes G \in \mathcal{C}$ d'après ($\mathrm{II_B}$), d'où a fortiori $H_i(X, \mathbf{G}) \in \mathcal{C}$ pour tout $i \geqq 0$.

Note. Il existe des classes qui ne vérifient pas ($\mathrm{II_B}$): on en verra des exemples
2 au n° 6. Par contre, j'ignore s'il existe des classes ne vérifiant pas ($\mathrm{II_A}$).

5. Un nouvel axiome

Soit Π un groupe, commutatif ou non, et L un groupe abélien sur lequel Π opère à droite; on définit alors classiquement (cf. [5], [6]) les *groupes d'homologie de Π à valeurs dans L*, notés $H_i(\Pi, L)$. En particulier, on peut prendre pour L le groupe additif des entiers, Z, sur lequel Π opère trivialement; les groupes $H_i(\Pi, Z)$ ainsi obtenus seront appelés *groupes d'homologie de* Π, et notés simplement

$H_i(\Pi)$. Par définition, ce sont les groupes d'homologie du *complexe non homogène* de Π, tel qu'il est défini dans [5]. Rappelons quelques propriétés classiques de ces groupes:

5.1. Si Π est limite inductive des groupes Π_α, alors $H_i(\Pi)$ est limite inductive des $H_i(\Pi_\alpha)$ pour tout i (en effet, le complexe non homogène de Π est limite inductive des complexes non homogènes des Π_α).

5.2. $H_{2i}(Z_n) = 0$ si $i > 0$, $H_{2i+1}(Z_n) = Z_n$ si $i \geqq 0$.

5.3. $H_0(Z) = H_1(Z) = Z$, $H_i(Z) = 0$ si $i > 1$.

5.4. Soient S et T deux groupes; on a:

$$H_n(S \times T) \approx \sum_{i+j=n} H_i(S) \otimes H_j(T) + \sum_{i+j=n-1} H_i(S) * H_j(T).$$

(En effet, soient K_S et K_T les complexes non homogènes de S et T respectivement; il résulte immédiatement de la théorie des complexes libres et acycliques que $H_n(S \times T) \approx H_n(K_S \otimes K_T)$ pour tout n, et la formule de Künneth donne alors le résultat).

Les propriétés 5.2, 5.3, 5.4 permettent évidemment de calculer $H_i(\Pi)$ lorsque Π est abélien de type fini.

Ce rappel étant fait, nous pouvons poser notre nouvel axiome (nécessaire pour l'étude des groupes d'homotopie):

(III). *$A \in \mathcal{C}$ entraîne $H_i(A) \in \mathcal{C}$ pour tout $i > 0$.*

3 *Note.* J'ignore s'il existe des classes ne vérifiant pas (III).

6. Exemples de classes vérifiant les axiomes (II_A) et (III).

(Dans chacun de ces exemples la vérification de l'axiome (I) est laissée au lecteur.)

6.1. *Les groupes de type fini.* Si les a_i engendrent A et les b_j engendrent B, les $a_i \otimes b_j$ engendrent $A \otimes B$ qui est donc de type fini. Ecrivons maintenant $B = L/R$, où L est le groupe libre de base les b_j ; L est de type fini, donc également R, et puisque $A * B$ est isomorphe, par définition, à un sous-groupe de $A \otimes R$, $A * B$ est de type fini, ce qui achève la vérification de (II_A).

Pour prouver (III) il suffit, d'après 5.4, de le vérifier lorsque $A = Z$, et lorsque $A = Z_n$; cela résulte alors de 5.2 et de 5.3.

6.2. *Les groupes dont l'ensemble des éléments a une puissance inférieure ou égale à un cardinal infini donné $\aleph_\alpha$.*

Puisque tout élément de $A \otimes B$ s'écrit sous la forme $\sum a_i \otimes b_i$, $a_i \in A$, $b_i \in B$, le groupe $A \otimes B$ a au plus $\aleph_\alpha$ éléments[2]. Soit maintenant L le groupe libre de base l'ensemble des éléments de B; on a $B = L/R$, et L (donc aussi R) a au plus $\aleph_\alpha$ éléments; puisque $A * B$ est isomorphe à un sous-groupe de $A \otimes R$, il a au plus $\aleph_\alpha$ éléments d'après ce qui précède. L'axiome (II_A) est donc vérifié.

Soit K_A le complexe non homogène de A; d'après sa définition, ce complexe admet une base ayant au plus $\aleph_\alpha$ éléments, ce qui montre que ses groupes d'homologie ont au plus $\aleph_\alpha$ éléments, et vérifie (III).

---

[2] Rappelons (Bourbaki, *Ensembles*, Chapitre III) que, si E est un ensemble infini, l'ensemble des parties finies de E est équipotent à E.

6.3. *Les groupes finis.* L'axiome (II_A) résulte immédiatement de 3.3, 3.4, 3.5. L'axiome (III) résulte de 5.2 et 5.4.

6.4. *Les groupes finis dont l'ordre n'est divisible que par les nombres premiers appartenant à une famille donnée.*

Même démonstration que pour 6.3.

6.5. *Les groupes qui vérifient la condition de chaîne descendante pour leurs sous-groupes.* On doit s'appuyer sur la structure de ces groupes (voir *Bourbaki*, Alg. VII, Exercices): ce sont des sommes directes finies de groupes finis et de groupes du type U_p (ibid. §2, Ex. 3; les groupes de type U_p sont parfois appelés *groupes de type* (p^∞)); or on voit aisément que $U_p \otimes A = U_p * A = 0$ lorsque A est un groupe de torsion; l'axiome (II_A) est donc vérifié.

Utilisant le fait que U_p est limite inductive de groupes $Z_{(p^k)}$ et la propriété 5.1, on montre que $H_i(U_p) = 0$ lorsque i est pair et > 0, et que $H_i(U_p) = U_p$ si i est impair. L'axiome (III) résulte de là et de la propriété 5.4.

7. Exemples de classes vérifiant les axiomes (II_B) et (III).

Introduisons d'abord un nouvel axiome:

(IV). *Toute somme directe (finie ou infinie) de groupes de* $\mathcal{C}$ *est dans* $\mathcal{C}$.

Cet axiome est d'ailleurs visiblement équivalent au suivant:

(IV)'. *Toute limite inductive de groupes de* $\mathcal{C}$ *est dans* $\mathcal{C}$.

PROPOSITION 5. *L'axiome* (IV) *entraîne les axiomes* (II_B) *et* (III).

L'axiome (IV) entraîne trivialement (II_B)″, donc aussi (II_B). Montrons qu'il entraîne (III). Soit $A \in \mathcal{C}$; A est limite inductive de ses sous-groupes de type fini, A_α, et d'après 5.1 $H_i(A)$ est donc limite inductive des $H_i(A_\alpha)$; d'après l'axiome (IV)′ on est donc ramené à montrer que, si A est de type fini et appartient à $\mathcal{C}$, alors $H_i(A)$ appartient à $\mathcal{C}$. Or ceci est une simple conséquence de l'axiome (I), car il résulte de 5.2, 5.3 et 5.4 que $H_i(A)$ est, pour tout $i > 0$, isomorphe à un groupe quotient de A^j, où j est assez grand.

Donnons maintenant des exemples de classes:

7.0. *Les groupes à un seul élément.*

7.1. *Les groupes de torsion*[3].

L'axiome (IV) est évidemment vérifié.

7.2. *Les groupes de torsion dont les p-composants sont nuls pour une famille donnée de nombres premiers p.*

L'axiome (IV) est évidemment vérifié.

7.3. *Les groupes* A *tels qu'il existe un entier* $K \neq 0$ *avec* $K \cdot a = 0$ *pour tout* $a \in A$.

L'axiome (II_B) résulte de ce que $K(\sum a_i \otimes b_i) = \sum (Ka_i) \otimes b_i = 0$. Pour

[3] Rappelons (Bourbaki, *Algèbre*, Chapitre VII) qu'un groupe abélien A est dit *de torsion* si pour tout $x \in A$ il existe un entier $n \neq 0$ tel que $n \cdot x = 0$. Si p est un nombre premier, le *p-composant* (ou composante p-primaire) d'un groupe A est le sous-groupe des $x \in A$ pour lesquels il existe un entier $k \geqq 0$ avec $p^k \cdot x = 0$; si A est un groupe de torsion, il est somme directe de ses p-composants (p parcourant l'ensemble des nombres premiers). Si A est réduit à son p-composant (p premier donné), on dit que A est un *p-groupe*; si A est de type fini, cela équivaut à dire que A est fini et que son ordre est une puissance de p.

prouver (III), il suffit de montrer que, pour tout $x \in H_i(A)$, $i > 0$, on a $K \cdot x = 0$; puisque A est limite inductive de ses sous-groupes de type fini, il suffit de vérifier ceci lorsque A est de type fini, et cela résulte alors de ce qui a été dit à la fin de la démonstration de la Proposition 5.

Remarque. La classe 7.3 ne vérifie pas l'axiome (IV), ce qui montre que celui-ci n'est pas une conséquence des axiomes (I), (II_B) et (III). D'ailleurs, on peut déterminer toutes les classes qui vérifient (IV): si l'on excepte celle formée de *tous* les groupes, on trouve qu'elles sont toutes du type 7.2 (la classe 7.1 correspond à la famille vide, la classe 7.0 à la famille pleine).

Chapitre II. Espaces fibrés

1. Espaces fibrés relatifs

Soit (E, p, B) un espace fibré au sens de [8], II (en d'autres termes, la projection $p: E \to B$ vérifie le théorème de relèvement des homotopies pour les polyèdres); soit B' un sous-espace de B, et soit $E' = p^{-1}(B')$. Nous dirons que le couple (E, E') est *un espace fibré relatif de base le couple* (B, B') *et de même fibre* F *que* E.

Les propriétés des espaces fibrés relatifs sont tout à fait analogues à celles des espaces fibrés absolus. Par exemple, si $B' \neq \emptyset$, on a:

Proposition 1. *La projection p définit un isomorphisme de* $\pi_i(E, E')$ *sur* $\pi_i(B, B')$ *pour tout* $i \geqq 0$.

Soit $b \in B'$, et soit $F = p^{-1}(b)$; considérons le diagramme commutatif:

$$\begin{array}{ccccccccc} \pi_i(E', F) & \to & \pi_i(E, F) & \to & \pi_i(E, E') & \to & \pi_{i-1}(E', F) & \to & \pi_{i-1}(E, F) \\ \downarrow & & \downarrow & & \downarrow & & \downarrow & & \downarrow \\ \pi_i(B', b) & \to & \pi_i(B, b) & \to & \pi_i(B, B') & \to & \pi_{i-1}(B', b) & \to & \pi_{i-1}(B, b). \end{array}$$

Les deux lignes de ce diagramme sont des suites exactes, et les 4 homomorphismes "verticaux" extrêmes sont des isomorphismes sur, on le sait. Le lemme des cinq montre alors que l'homomorphisme vertical médian est un isomorphisme sur, ce qui démontre la Proposition.

2. La suite spectrale d'homologie d'un espace fibré relatif

Nous conservons les notations du numéro précédent; nous supposons en outre que B, B' et F sont *connexes par arcs* et que $B' \neq \emptyset$ (le cas $B' = \emptyset$ ayant été traité dans [8], II); choisissons un point $b \in B'$ et un point $x \in E'$ tels que $p(x) = b$. Tous les cubes singuliers considérés auront leurs sommets en x (ou b); cela ne change pas l'homologie, vu les hypothèses de connexion faites plus haut.

Soit $C(E)$ le complexe singulier cubique de E, $C(E')$ celui de E'; les groupes d'homologie du complexe $C(E)/C(E')$ sont, par définition, les groupes d'homologie du couple (E, E'). La filtration définie dans [8], II, n° 4 sur $C(E)$ induit une filtration sur $C(E')$, et une filtration sur $C(E)/C(E')$. Cela définit trois suites spectrales, que nous noterons respectivement $E_r^{p,q}$, $'E_r^{p,q}$ et $''E_r^{p,q}$ ($r = 0, 1, \cdots, \infty$); les deux premières sont les suites spectrales attachées respectivement aux espaces fibrés E et E'; par définition, la troisième sera dite *attachée à l'espace fibré relatif* (E, E').

On posera, comme d'ordinaire, $E_r^p = \sum_q E_r^{p,q}$, et de même pour $'E_r^p$ et $''E_r^p$. Avec cette notation, considérons le diagramme:

$$\begin{array}{ccccccccc} 0 & \to & 'E_0^p & \to & E_0^p & \to & ''E_0^p & \to & 0 \\ \downarrow & & \varphi' \downarrow & & \varphi \downarrow & & \varphi'' \downarrow & & \downarrow \\ 0 & \to & C_p(B') \otimes C(F) & \to & C_p(B) \otimes C(F) & \to & C_p(B, B') \otimes C(F) & \to & 0. \end{array}$$

Les lignes de ce diagramme sont des suites exactes, comme on le voit immédiatement; l'homomorphisme $\varphi: E_0^p \to C_p(B) \otimes C(F)$ est celui qui est défini dans [8], II, n° 4; les autres homomorphismes verticaux sont définis à partir de φ, par restriction et passage au quotient. Comme φ et φ' sont des équivalences de chaînes (*loc. cit.* n° 5), il en est de même de φ'', ce qui, par passage à l'homologie, donne le diagramme suivant (où les flèches verticales sont maintenant des isomorphismes sur):

$$\begin{array}{ccccccccc} 0 & \to & 'E_1^p & \to & E_1^p & \to & ''E_1^p & \to & 0 \\ \downarrow & & \varphi' \downarrow & & \varphi \downarrow & & \varphi'' \downarrow & & \downarrow \\ 0 & \to & C_p(B') \otimes H(F) & \to & C_p(B) \otimes H(F) & \to & C_p(B, B') \otimes H(F) & \to & 0. \end{array}$$

Puisque les homomorphismes horizontaux proviennent d'homomorphismes respectant la filtration, ils commutent avec la différentielle d_1. Or nous connaissons d_1 sur $E_1^p \approx C_p(B) \otimes H(F)$ (*loc. cit.* n° 6); il en résulte que l'isomorphisme φ'' transforme la différentielle d_1'' en la différentielle naturelle de $C_p(B, B')$, au sens des coefficients locaux que forment les groupes $H(F)$ sur l'espace B. D'où, puisque $E_2 = H(E_1)$:

Proposition 2: *Soit* (E, E') *un espace fibré relatif de base* (B, B') *et de fibre* F, *les espaces* B, B' *et* F *étant connexes par arcs. Le terme* $''E_2^{p,q}$ *de la suite spectrale d'homologie attachée à* (E, E') *est canoniquement isomorphe à* $H_p(B, B'; H_q(F))$, *p-ème groupe d'homologie singulière de* (B, B') *à valeurs dans le système local formé par* $H_q(F)$ *sur* B.

(Si, au lieu de filtrer $C(E)/C(E')$, on avait filtré $C(E)/C(E') \otimes G$, où G est un groupe de coefficients, on aurait obtenu:

$$''E_2^{p,q} \approx H_p(B, B'; H_q(F, G)). \qquad \text{Cf. [8], II, th. 2.)}$$

Il résulte de la Proposition précédente que la suite spectrale attachée à l'espace fibré relatif (E, E') a toutes les propriétés formelles d'une suite spectrale d'espace fibré absolu. Son terme E_∞ est le groupe gradué associé au groupe filtré $H(E, E')$. Plus précisément, considérons l'homomorphisme $p_* : H_i(E, E') \to H_i(B, B')$; comme dans le cas absolu, $\text{Ker.}p_*$ admet une suite de composition dont les quotients successifs sont les groupes $''E_\infty^{m,n}$ $(m + n = i, n > 0)$; on a $\text{Im.}p_* = {''E_\infty^{i,0}} \subset H_i(B, B')$: c'est l'intersection des noyaux des $d_r'' : {''E_r^{i,0}} \to {''E_r^{i-r,r-1}}$,

$r \geqq 2$. En particulier Coker.p_* admet une suite de composition dont les quotients successifs sont isomorphes à des sous-groupes des groupes $''E_r^{i-r,r-1}$ $(r = 2, 3, \cdots, i)$.

(Comme dans [8], ces propriétés sont de simples conséquences de la Prop. 2, et de la théorie générale des suites spectrales développée dans [8], I).

On notera cependant une différence avec le cas absolu: on a $E_r^{0,q} = 0$ pour $r \geqq 2$ et tout $q \geqq 0$, car $H_0(B, B') = 0$ puisque $B' \neq \emptyset$.

3. La suite spectrale de cohomologie d'un espace fibré relatif

Nous n'expliciterons pas les résultats qui sont simplement les *transposés* de ceux du n° 2, et nous nous bornerons à donner une propriété du *cup-product*:

On sait que le cup-product d'un élément $f \in C^n(E, E')$ et d'un élément $g \in C^m(E)$ est un élément $f \cdot g \in C^{m+n}(E, E')$, et que l'on a la formule habituelle de dérivation:

$$d(f \cdot g) = df \cdot g + (-1)^n f \cdot dg.$$

En outre, on voit tout de suite que le cup-product est compatible avec les filtrations et définit donc des applications bilinéaires:

$$''E_r^{p,q} \times E_r^{p',q'} \to ''E_r^{p+p',q+q'},$$

qui, si on les note $(x, y) \to x \cdot y$, satisfont à la formule:

$$d_r''(x \cdot y) = (d_r''x) \cdot y + (-1)^{p+q} x \cdot (d_r y).$$

Pour $r = 2$, le produit $x \cdot y$ s'obtient en multipliant par $(-1)^{p'q}$ le cup-product de $x \in H^p(B, B'; H^q(F))$ par $y \in H^{p'}(B, H^{q'}(F))$: cela se voit de la même façon que le Théorème 3 de [8], II.

4. Les théorèmes principaux

Nous conservons les hypothèses et notations des numéros précédents; on a donc $\pi_0(B) = \pi_0(B') = \pi_0(F) = 0$ et $B' \neq \emptyset$. En outre, nous supposons que *le système local formé par $H_i(F)$ sur B est trivial pour tout i*; il résulte alors de la Proposition 2 et de la formule des coefficients universels que:

(4.1) $$''E_2^{p,q} \approx H_p(B, B') \otimes H_q(F) + H_{p-1}(B, B') * H_q(F).$$

THÉORÈME 1. A. *Soit $\mathcal{C}$ une classe de groupes abéliens vérifiant l'axiome* (II_A). *Supposons que $H_1(B, B') = 0$, que $H_i(B, B') \in \mathcal{C}$ pour $0 \leqq i < p$, et que $H_j(F) \in \mathcal{C}$ pour $0 < j < q$ (p et q étant des entiers donnés). Posons $r = Inf\,(p, q + 1)$. Alors la projection $p_*: H_i(E, E') \to H_i(B, B')$ est $\mathcal{C}$-biunivoque pour $i \leqq r$ et $\mathcal{C}$-sur pour $i \leqq r + 1$.*

THÉORÈME 1. B. *Soit $\mathcal{C}$ une classe de groupes abéliens vérifiant l'axiome (II_B). Supposons que $H_i(B, B') \in \mathcal{C}$ pour $0 \leqq i < p$, et que $H_j(F) \in \mathcal{C}$ pour $0 < j < q$ (p et q étant des entiers donnés). Posons $r = p + q - 1$. Alors la projection $p_*: H_i(E, E') \to H_i(B, B')$ est $\mathcal{C}$-biunivoque pour $i \leqq r$ et $\mathcal{C}$-sur pour $i \leqq r + 1$.*

Nous ferons simultanément les deux démonstrations.

(a) D'après ce qu'on a vu au n° 2, pour prouver que Ker.$p_* \in \mathcal{C}$ si $i \leqq r$, il suffit de montrer que $''E_\infty^{m,n} \in \mathcal{C}$ si $m + n \leqq r$ et $n > 0$, et il suffit *a fortiori* de montrer que $''E_2^{m,n} \in \mathcal{C}$ si $m + n \leqq r$ et $n > 0$.

Si l'on est dans les hypothèses du Théorème 1. A, alors $r = \text{Inf}\,(p, q + 1)$, et, comme $m + n \leqq r$, cela donne soit $m = 0, 1$, et alors $H_m(B, B') = H_{m-1}(B, B') = 0$, soit $1 < m < p$, et alors $0 < n < q$, d'où $H_m(B, B') \in \mathcal{C}$, $H_{m-1}(B, B') \in \mathcal{C}$, $H_n(F) \in \mathcal{C}$. Dans les deux cas la formule (4.1) montre bien que $''E_2^{m,n} \in \mathcal{C}$, compte tenu de ($\text{II}_\text{A}$).

Si maintenant l'on est dans les hypothèses du Théorème 1.B, alors $r = p + q - 1$, et l'on a soit $m < p$ auquel cas $H_m(B, B') \in \mathcal{C}$ et $H_{m-1}(B, B') \in \mathcal{C}$, soit $0 < n < q$ auquel cas $H_n(F) \in \mathcal{C}$. Dans les deux cas la formule (4.1) montre bien que $''E_2^{m,n} \in \mathcal{C}$, compte tenu de $(\text{II}_\text{B})'$.

(b) D'après ce qu'on a vu au n° 2, Coker.p_* admet une suite de composition dont les quotients successifs sont isomorphes à des sous-groupes des termes $''E_s^{i-s,s-1}$ $(s = 2, 3, \cdots, i)$. Il nous suffit donc de prouver que $''E_2^{i-s,s-1} \in \mathcal{C}$ lorsque l'on a $2 \leqq s \leqq i$, et $i \leqq r + 1$; mais cela vient justement d'être fait dans (a) et le théorème est donc démontré.

Remarque. Si l'on suppose que $\mathcal{C}$ est la classe des groupes à un seul élément et que B' est réduit à un point, on retrouve un résultat connu (cf. [8], p. 469):

Si $H_i(F) = 0$ pour $0 < i < q$, et $H_i(B) = 0$ pour $0 < i < p$, alors la projection p_*: $H_i(E, F) \to H_i(B)$ est biunivoque pour $0 \leqq i \leqq p + q - 1$ et sur pour $0 < i \leqq p + q$.

5. Applications

Dans ce numéro, E désigne un espace fibré de base B, fibre F; B et F sont supposés connexes par arcs, et B simplement connexe.

Proposition 3. A. *Soit $\mathcal{C}$ une classe vérifiant* (II_A). *Supposons que $H_i(E) \in \mathcal{C}$ pour tout $i > 0$, et que $H_i(B) \in \mathcal{C}$ pour $0 < i < p$; alors $H_i(F) \in \mathcal{C}$ pour $0 < i < p - 1$, et $H_{p-1}(F)$ est $\mathcal{C}$-isomorphe à $H_p(B)$.*

Proposition 3. B. *Soit $\mathcal{C}$ une classe vérifiant* (II_B). *Supposons les hypothèses de la Proposition précédente remplies. Alors $H_i(F)$ est $\mathcal{C}$-isomorphe à $H_{i+1}(B)$ pour $0 < i < 2p - 2$.*

Les deux Propositions se démontrent par récurrence sur p, le cas $p = 1$ étant trivial. L'hypothèse de récurrence montre d'abord que $H_i(F) \in \mathcal{C}$ pour $0 < i < p - 2$, et que $H_{p-2}(F)$ est $\mathcal{C}$-isomorphe à $H_{p-1}(B)$, donc appartient aussi à $\mathcal{C}$. Appliquant alors le Théorème 1. A (resp. le Théorème 1. B) avec $q = p - 1$ et B' réduit à un point, on voit que $H_i(E, F)$ est $\mathcal{C}$-isomorphe à $H_i(B)$ pour $i = p$(resp. $0 < i \leqq 2p - 2$). Comme, d'après la suite exacte du couple (E, F) et l'hypothèse faite sur E, $H_{i-1}(F)$ est $\mathcal{C}$-isomorphe à $H_i(E, F)$ pour $i > 1$, les Propositions en résultent.

Introduisons maintenant une définition:

Un espace X sera dit $\mathcal{C}$-*acyclique*[4] si $H_i(X) \in \mathcal{C}$ pour tout $i > 0$.

[4] Notons que l'axiome (II_A) équivaut à dire que si deux espaces X et Y sont connexes et $\mathcal{C}$-acycliques, leur produit direct est aussi $\mathcal{C}$-acyclique.

On a alors:

PROPOSITION 4. A. *Soit* $\mathcal{C}$ *une classe vérifiant* (II_A). *Si deux des trois espaces* E, B, F *sont* $\mathcal{C}$*-acycliques, le troisième l'est aussi.*

Si les deux espaces sont B et F, il résulte de la formule des coefficients universels que $E_2^{i,j} \in \mathcal{C}$ lorsque $i + j > 0$, d'où $E_\infty^{i,j} \in \mathcal{C}$, et le groupe gradué associé à $H_n(E)$ appartient à $\mathcal{C}$ pour tout $n > 0$; il en résulte que $H_n(E)$ lui-même appartient à $\mathcal{C}$.

Si les deux espaces sont E et B, on applique la Proposition 3. A avec $p = \infty$.

Si les deux espaces sont E et F, montrons par récurrence sur n que $H_n(B) \in \mathcal{C}$, le cas $n = 1$ étant trivial. En appliquant la Proposition 3. A et l'hypothèse de récurrence, on voit que $H_{n-1}(F)$ est $\mathcal{C}$-isomorphe à $H_n(B)$, et, comme $H_{n-1}(F) \in \mathcal{C}$, cela donne bien $H_n(B) \in \mathcal{C}$.

REMARQUE. Si l'on prend pour $\mathcal{C}$ la classe des groupes de type fini (cf. Chapitre I, 6.1), on retrouve la Proposition 1 du Chapitre III de [8], sous l'hypothèse supplémentaire $\pi_1(B) = 0$. Cette hypothèse supplémentaire nous a simplement servi à simplifier la démonstration: il serait en effet facile de prouver la Proposition précédente sous la seule hypothèse que le système local formé par $H_i(F)$ sur B est trivial pour tout i. Nous en laissons la vérification au lecteur.

PROPOSITION 5. B. *Soit* $\mathcal{C}$ *une classe vérifiant* (II_B). *Supposons que* $H_i(B) \in \mathcal{C}$ *pour tout* $i > 0$. *Alors l'homomorphisme* $H_i(F) \to H_i(E)$ *est un* $\mathcal{C}$*-isomorphisme sur pour tout* $i \geqq 0$.

Il suffit de voir que $H_i(E, F) \in \mathcal{C}$ pour tout $i \geqq 0$, ce qui résulte du Théorème 1. B, où l'on prend B' réduit à un point, $q = 1$ et $p = \infty$.

PROPOSITION 6. B. *Soit* $\mathcal{C}$ *une classe vérifiant* (II_B). *Supposons que* $H_i(F) \in \mathcal{C}$ *pour tout* $i > 0$. *Alors l'homomorphisme* $H_i(E) \to H_i(B)$ *est un* $\mathcal{C}$*-isomorphisme sur pour tout* $i \geqq 0$.

Il suffit de voir que $H_i(E, F) \to H_i(B, B')$ est un $\mathcal{C}$-isomorphisme sur, B' étant réduit à un point; or cela résulte du Théorème 1. B, où l'on prend $p = 1$ et $q = \infty$.

REMARQUES. 1. La Proposition 5. B est un "théorème de Feldbau mod $\mathcal{C}$", la Proposition 6. B un "théorème de Vietoris mod $\mathcal{C}$".

2. Les Propositions 5. B et 6. B ne subsistent pas lorsqu'on suppose seulement que $\mathcal{C}$ vérifie (II_A): il suffit de prendre $E = B \times F$ pour le voir.

6. Espaces de lacets et groupes d'Eilenberg-MacLane

Soit X un espace tel que $\pi_0(X) = \pi_1(X) = 0$ et soit Ω l'espace des lacets de X. On sait (cf. [8], IV) qu'il existe un espace fibré contractile de fibre Ω et de base X; les résultats du numéro précédent lui sont donc applicables; en particulier:

PROPOSITION 7. A. *Soit* $\mathcal{C}$ *une classe vérifiant* (II_A). *Les deux propriétés suivantes sont équivalentes*:

(a) X *est* $\mathcal{C}$*-acyclique.*

(b) Ω *est* $\mathcal{C}$*-acyclique.*

Soit maintenant Π un groupe abélien, n un entier $\geqq 1$; nous noterons $H_i(\Pi; n)$

les groupes d'homologie du complexe d'Eilenberg-MacLane $K(\Pi, n)$ (pour la définition de ce complexe, voir [5]). Les groupes $H_i(\Pi; 1)$ ne sont autres que les *groupes d'homologie de* Π, dont nous avons rappelé les propriétés au Chapitre I, n° 5.

On sait (cf. [8], p. 499) que pour tout couple (Π, n) il existe un espace X tel que $\pi_i(X) = 0$ si $i \neq n$, $\pi_n(X) = \Pi$; un tel espace sera dit *un espace* $\mathcal{K}(\Pi, n)$; cette terminologie est justifiée par le fait que $H_i(\mathcal{K}(\Pi, n)) = H_i(\Pi; n)$ pour tout i (cf. [5]).

Proposition 8. *Soit* $\mathcal{C}$ *une classe vérifiant les axiomes* (II_A) *et* (III). *Si* $\Pi \in \mathcal{C}$, *on a* $H_i(\Pi; n) \in \mathcal{C}$ *pour* $i \geqq 1, n \geqq 1$.

(En d'autres termes si $\Pi \in \mathcal{C}$, tout espace $\mathcal{K}(\Pi, n)$ est $\mathcal{C}$-acyclique).

On raisonne par récurrence sur n, le cas $n = 1$ n'étant rien d'autre que l'axiome (III). Soit donc $n \geqq 2$, et soit X un espace $\mathcal{K}(\Pi, n)$; il est clair que l'espace Ω des lacets de X est un espace $\mathcal{K}(\Pi, n-1)$; d'après l'hypothèse de récurrence on a donc $H_i(\Omega) \in \mathcal{C}$ pour tout $i > 0$, d'où (Proposition 7. A) $H_i(X) \in \mathcal{C}$ pour tout $i > 0$.

Remarque. Cette Proposition est bien connue dans le cas particulier des classes 6.1, 6.3 et 6.4 du Chapitre I; cf. [8], VI.

Chapitre III. Les théorèmes d'Hurewicz et de J. H. C. Whitehead

1. Le théorème d'Hurewicz

Théorème 1. *Soit* $\mathcal{C}$ *une classe vérifiant les axiomes* (II_A) *et* (III). *Soit* X *un espace tel que* $\pi_0(X) = \pi_1(X) = 0$ *et que* $\pi_i(X) \in \mathcal{C}$ *pour* $i < n$, n *étant un entier donné. On a alors* $H_i(X) \in \mathcal{C}$ *pour* $0 < i < n$, *et* $\pi_n(X) \to H_n(X)$ *est un* $\mathcal{C}$*-isomorphisme sur.*

Lorsque $\mathcal{C}$ est la classe des groupes à un seul élément, on retrouve bien le théorème d'Hurewicz classique.

Nous donnerons deux démonstrations de ce théorème, la première faisant usage de la méthode introduite dans [8], V, la seconde de celle introduite dans [4].

Première démonstration. (Cette démonstration n'est valable que si X est (ULC), au sens de [8], p. 490.)

On procède par récurrence sur n, le théorème étant trivial pour $n = 1$. L'hypothèse de récurrence montre que $H_i(X) \in \mathcal{C}$ pour $0 < i < n$, et il nous suffit d'étudier l'homomorphisme $\pi_n(X) \to H_n(X)$.

Soit Ω l'espace des lacets de X, T le revêtement universel de Ω (qui existe, puisque X est (ULC)); on a $\pi_0(T) = \pi_1(T) = 0$ ainsi que $\pi_i(T) = \pi_{i+1}(X)$ pour $i \geqq 2$; appliquant alors l'hypothèse de récurrence à T on en conclut que $H_i(T) \in \mathcal{C}$ pour $0 < i < n-1$ et que $\pi_{n-1}(T) \to H_{n-1}(T)$ est un $\mathcal{C}$-isomorphisme sur.

Considérons maintenant le revêtement $T \to \Omega$, et appliquons-lui la suite spectrale de Cartan-Leray[5]; son terme $E_2^{p,q}$ est isomorphe au groupe

[5] Cette suite est brièvement étudiée dans [3], le lecteur pourra également se reporter à un article de G. Hochschild et l'auteur (*Cohomology of group extensions*, à paraître aux Trans. Amer. Math. Soc.) où sont établies les propriétés de la suite spectrale duale (appli-

$H_p(\pi_1(\Omega), H_q(T))$, et son terme E_∞ est le groupe gradué associé au groupe filtré $H(\Omega)$. Posons $\Pi = \pi_1(\Omega) = \pi_2(X)$; d'après l'hypothèse faite on a $\Pi \in \mathcal{C}$, d'où $H_i(\Omega) \in \mathcal{C}$ d'après (III). D'autre part Π opère *trivialement* sur les groupes $H_i(T)$ ([8], p. 479) ce qui permet d'appliquer la formule des coefficients universels à $H_p(\Pi, H_q(T))$:

$$H_p(\Pi, H_q(T)) \approx H_p(\Pi) \otimes H_q(T) + H_{p-1}(\Pi) * H_q(T).$$

En appliquant (II_A), on voit alors que $E_2^{p,q} \in \mathcal{C}$ pour $p \geqq 0$, $0 < q < n-1$, et pour $q = 0$, $p > 0$; on a donc $E_2^{p,q} \in \mathcal{C}$ si $0 < p + q < n - 1$, et lorsque $p + q = n - 1$ et $p > 0$; en dimension totale $n - 1$ le seul terme qui n'appartient peut-être pas à $\mathcal{C}$ est donc $E_2^{0,n-1} \approx H_0(\Pi, H_{n-1}(T)) = H_{n-1}(T)$; en outre aucun des éléments de ce terme, à part 0, n'est un bord pour les d_r, alors que les d_r appliquent ce groupe dans des groupes appartenant à $\mathcal{C}$; il en résulte finalement que $H_{n-1}(T) \to H_{n-1}(\Omega)$ est un $\mathcal{C}$-isomorphisme sur. On voit de même que $H_i(\Omega) \in \mathcal{C}$ pour $0 < i < n - 1$. Enfin, puisque $\pi_i(T) \to \pi_i(\Omega)$ est un isomorphisme sur pour $i \geqq 2$, et un $\mathcal{C}$-isomorphisme sur pour $i = 1$, on voit que $\pi_{n-1}(\Omega) \to H_{n-1}(\Omega)$ est un $\mathcal{C}$-isomorphisme sur.

Soit maintenant E l'espace fibré des chemins de X d'origine fixée $x \in X$. Le couple (E, Ω) est donc un espace fibré relatif de fibre Ω et de base (X, x); en lui appliquant le Théorème 1. A avec $p = n$, $q = n - 1$, on obtient le fait que $H_n(E, \Omega) \to H_n(X)$ est un $\mathcal{C}$-isomorphisme sur. Considérons le diagramme commutatif suivant:

$$\begin{array}{ccccc} \pi_{n-1}(\Omega) & \leftarrow & \pi_n(E, \Omega) & \rightarrow & \pi_n(X) \\ \downarrow & & \downarrow & & \downarrow \\ H_{n-1}(\Omega) & \leftarrow & H_n(E, \Omega) & \rightarrow & H_n(X). \end{array}$$

Dans ce diagramme, les flèches horizontales sont toutes des $\mathcal{C}$-isomorphismes sur, et nous avons vu qu'il en est de même de l'homomorphisme $\pi_{n-1}(\Omega) \to H_{n-1}(\Omega)$. Les autres flèches verticales, et en particulier $\pi_n(X) \to H_n(X)$, sont donc aussi des $\mathcal{C}$-isomorphismes sur, ce qui achève cette démonstration.

2. Le théorème d'Hurewicz; deuxième démonstration

Rappelons d'abord le principe de la méthode de calcul des groupes d'homotopie introduite par H. Cartan et l'auteur dans [4], et, indépendamment, par G. W. Whitehead[6]:

A tout espace X on associe une suite d'espaces (X, n) ($n = 1, 2, \cdots$, et $(X, 1) = X$) et d'applications continues $f_n : (X, n + 1) \to (X, n)$ de telle

cable à la cohomologie). On peut d'ailleurs retrouver la suite spectrale de Cartan-Leray par la méthode de [4], en introduisant un espace fibré Ω', de même type d'homotopie que Ω, de fibre T, et de base un espace $\mathcal{K}(\pi_1(\Omega), 1)$. Voir aussi [1] où ceci est généralisé à un espace fibré principal de groupe structural non nécessairement discret.

[6] *Voir* G. W. Whitehead. *Fiber spaces and the Eilenberg homology groups*. Proc. Nat. Acad. Sci. U. S. A., **38**, 1952, p. 426–430.

sorte que:

(I). Le triple $(X, n+1)$, f_n, (X, n) est un espace fibré de fibre un espace $\mathcal{K}(\pi_n(X), n-1)$.

(II). Il existe un espace fibré X'_n, qui a même type d'homotopie que (X, n), dont la fibre est $(X, n+1)$ et la base un espace $\mathcal{K}(\pi_n(X), n)$.

En outre $\pi_i(X, n) = 0$ pour $i < n$, et $f_1 \circ f_2 \circ \cdots \circ f_{n-1}$ définit un isomorphisme de $\pi_i(X, n)$ sur $\pi_i(X)$ pour $i \geqq n$.

(On définit les (X, n) par récurrence sur n; on plonge (X, n), supposé construit, dans un espace $\mathcal{K}(\pi_n(X), n)$ obtenu par adjonction de cellules à (X, n); ceci fait, $(X, n+1)$ est l'espace des chemins de $\mathcal{K}(\pi_n(X), n)$ dont l'origine est fixée et l'extrémité est dans (X, n); X'_n est l'espace des chemins de $\mathcal{K}(\pi_n(X), n)$ d'origine arbitraire et d'extrémité dans (X, n); les fibrations (I) et (II) sont alors des fibrations standard d'espaces de chemins.)

Il résulte des propriétés homotopiques des (X, n) et du théorème d'Hurewicz classique (que nous supposons connu) que l'on a:

$$H_n(X, n) \approx \pi_n(X, n) \approx \pi_n(X).$$

Ainsi les groupes d'homotopie de X sont isomorphes à certains groupes d'homologie des (X, n); c'est évidemment ce qui permet d'utiliser les espaces (X, n) pour le calcul des $\pi_i(X)$.

Après ces préliminaires, venons-en à la démonstration du Théorème 1. De même que dans la 1-ère démonstration on procède par récurrence sur n, et on est ramené à voir que $\pi_n(X) \to H_n(X)$ est un $\mathcal{C}$-isomorphisme sur. Introduisons les espaces (X, j) associés à X comme il vient d'être dit. Comme $\pi_1(X) = 0$, on peut poser $(X, 2) = X$. En outre $\pi_i(X, j) \in \mathcal{C}$ pour $i < n$, d'où $H_i(X, j) \in \mathcal{C}$ pour $0 < i < n$. Démontrons un lemme:

LEMME 1. *Si $j < n$, la projection $(f_j)_* : H_i(X, j+1) \to H_i(X, j)$ est $\mathcal{C}$-biunivoque pour $i \leqq n$ et $\mathcal{C}$-sur pour $i \leqq n+1$.*[7]

On applique le Théorème 1. A du Chapitre II avec $E = (X, j+1)$, $F = \mathcal{K}(\pi_j(X), j-1)$, $B = (X, j)$, B' réduit à un point, $p = n$, $q = \infty$. C'est licite, car du fait que $j < n$, on a $\pi_j(X) \in \mathcal{C}$, d'où (Chapitre II, Proposition 8) $H_i(F) \in \mathcal{C}$ pour tout $i > 0$. L'homomorphisme $H_i(E, F) \to H_i(B, B')$ est donc un $\mathcal{C}$-isomorphisme pour $i \leqq n$, et est $\mathcal{C}$-sur pour $i \leqq n+1$; comme $H_i(E) \to H_i(E, F)$ est un $\mathcal{C}$-isomorphisme sur pour tout $i > 0$ en raison de la suite exacte d'homologie, le lemme est démontré.

Considérons maintenant le diagramme commutatif suivant:

$$\begin{array}{ccc} \pi_n(X, n) & \to & H_n(X, n) \\ \downarrow & & \downarrow \\ \pi_n(X) & \to & H_n(X). \end{array}$$

Dans ce diagramme, les homomorphismes $\pi_n(X, n) \to H_n(X, n)$ et $\pi_n(X, n) \to$

[7] Si $\mathcal{C}$ vérifie $(\mathrm{II_B})$, $(f_j)_*: H_i(X, j+1) \to H_i(X, j)$ est un $\mathcal{C}$-isomorphisme sur pour $j < n$, $i \geqq 0$.

$\pi_n(X)$ sont des isomorphismes sur, et il résulte du Lemme précédent que $H_n(X, n) \to H_n(X)$ est un $\mathcal{C}$-isomorphisme sur. Donc $\pi_n(X) \to H_n(X)$ est un $\mathcal{C}$-isomorphisme sur et la démonstration est achevée.

Corollaire 1. *Si* $\pi_0(X) = \pi_1(X) = 0$, *et si* $H_i(X) \in \mathcal{C}$ *pour* $0 < i < n$, *alors* $\pi_i(X) \in \mathcal{C}$ *pour* $i < n$.

En prenant pour classe $\mathcal{C}$ la classe des groupes finis, ou bien des groupes de type fini, on retrouve des résultats de [8], V, débarrassés de l'hypothèse: X est (ULC). En prenant pour classe $\mathcal{C}$ la classe des groupes finis d'ordre premier à p, p premier donné, on trouve un résultat sensiblement plus précis que celui de [8], p. 401 qui affirme simplement que, si $H_n(X)$ est de type fini, alors l'homomorphisme $\pi_n(X) \otimes Z_p \to H_n(X) \otimes Z_p$ est un isomorphisme sur.

On notera un cas particulier intéressant du Cor. 1:

Corollaire 2. *Si* $\pi_0(X) = \pi_1(X) = 0$ *et si* X *est* $\mathcal{C}$*-acyclique, alors* X *est* $\mathcal{C}$*-asphérique, i.e.* $\pi_i(X) \in \mathcal{C}$ *pour tout* i.

Remarques. 1. Il résulte du Lemme 1 que $H_{n+1}(X, n) \to H_{n+1}(X)$ est $\mathcal{C}$-sur. Supposons $n \geqq 2$ (le cas $n = 1$ étant trivial); on sait alors que $H_{n+1}(\Pi; n) = 0$ pour tout groupe Π, et il s'ensuit aisément que $\pi_{n+1}(X, n) \to H_{n+1}(X, n)$ est sur (cf. [10], par exemple). En combinant ces deux résultats on obtient:

L'homomorphisme $\pi_{n+1}(X) \to H_{n+1}(X)$ *est* $\mathcal{C}$*-sur.*

2. On pourrait croire que le Théorème 1 subsiste lorsqu'on ne suppose plus X simplement connexe, mais qu'on suppose seulement que $\pi_1(X)$ est abélien et appartient à $\mathcal{C}$; il n'en est rien comme le montre l'exemple de la classe des groupes de type fini. Cependant, supposons que X possède un revêtement universel $\hat{X}$, que $\pi_1(X)$ soit abélien, appartienne à $\mathcal{C}$, et opère trivialement sur les groupes $H_i(\hat{X})$ (c'est notamment le cas lorsque X est un H-espace au sens de [8], IV); alors le Théorème 1 vaut pour X. Cela se voit en appliquant d'abord le Théorème 1 à $\hat{X}$, puis en appliquant au revêtement $\hat{X} \to X$ la suite spectrale de Cartan-Leray, comme dans la démonstration du n° 1.

3. Comme on l'a déjà remarqué, la deuxième démonstration du Théorème 1 *utilise* le théorème d'Hurewicz classique. Par contre la première ne l'utilise pas, et le démontre donc à nouveau; d'ailleurs dans ce cas la démonstration se simplifie notablement du fait que $T = \Omega$; en particulier on n'a plus besoin de supposer que X est ULC. On notera que cette démonstration du théorème d'Hurewicz présente sur les démonstrations classiques l'avantage technique de n'utiliser aucun "lemme d'additivité"; il faut simplement savoir que $\pi_1(X)$, rendu abélien. est isomorphe à $H_1(X)$, ce qui est tout à fait élémentaire.

3. Le théorème d'Hurewicz relatif

Théorème 2. *Soit* $\mathcal{C}$ *une classe vérifiant les axiomes* ($\mathrm{II_B}$) *et* (III). *Soient* A *et* B *deux espaces connexes et simplement connexes par arcs, tels que* $A \subset B$*; on suppose que* $\pi_2(A) \to \pi_2(B)$ *est sur. Alors, si* $\pi_i(B, A) \in \mathcal{C}$ *pour* $i < n$, n *étant un entier donné, on a* $H_i(B, A) \in \mathcal{C}$ *pour* $0 < i < n$, *et* $\pi_n(B, A) \to H_n(B, A)$ *est un* $\mathcal{C}$*-isomorphisme sur.*

Nous supposerons $A \neq \emptyset$, le cas $A = \emptyset$ résultant du Théorème 1. On procède alors par récurrence sur n, le cas $n = 1$ étant trivial, et on est ramené à voir que $\pi_n(B, A) \to H_n(B, A)$ est un $\mathcal{C}$-isomorphisme sur.

Soit b un point de B, T l'espace des chemins de B d'origine en b et d'extrémité arbitraire, Y le sous-espace de T formé des chemins d'extrémité contenue dans A; la projection $p: T \to B$ qui, à un chemin, fait correspondre son extrémité, définit *le couple* (T, Y) *comme un espace fibré relatif de base le couple* (B, A) *et de fibre l'espace* Ω_B *des lacets de* B. Il en résulte d'abord (Chapitre II, Proposition 1) $\pi_i(T, Y) \approx \pi_i(B, A)$ pour tout i, d'où, puisque T est rétractile, $\pi_i(B, A) \approx \pi_{i-1}(Y)$, résultat d'ailleurs évident directement. La suite exacte:

$$\pi_2(A) \to \pi_2(B) \to \pi_2(B, A) \to \pi_1(A) \to \pi_1(B) \to \pi_1(B, A) \to 0$$

montre que les hypothèses faites entraînent $\pi_1(B, A) = \pi_2(B, A) = 0$, d'où $\pi_0(Y) = \pi_1(Y) = 0$. Comme $\pi_i(Y) \in \mathcal{C}$ pour $i < n - 1$, on peut appliquer à Y le Théorème 1, et $\pi_{n-1}(Y) \to H_{n-1}(Y)$ est un $\mathcal{C}$-isomorphisme sur.

D'autre part l'espace fibré relatif (T, Y) vérifie les hypothèses du Théorème 1. B du Chapitre II avec $p = n$ et $q = 1$ (la fibre Ω_B est connexe puisque on a supposé B simplement connexe); donc $H_n(T, Y) \to H_n(B, A)$ est un $\mathcal{C}$-isomorphisme sur. Considérons alors le diagramme commutatif suivant:

$$\begin{array}{ccccc} \pi_{n-1}(Y) & \leftarrow & \pi_n(T, Y) & \to & \pi_n(B, A) \\ \downarrow & & \downarrow & & \downarrow \\ H_{n-1}(Y) & \leftarrow & H_n(T, Y) & \to & H_n(B, A). \end{array}$$

Dans ce diagramme toutes les flèches horizontales sont des $\mathcal{C}$-isomorphismes sur, et en outre nous avons prouvé que $\pi_{n-1}(Y) \to H_{n-1}(Y)$ est aussi un $\mathcal{C}$-isomorphisme sur; il en résulte que les autres flèches verticales, et en particulier $\pi_n(B, A) \to H_n(B, A)$, sont des $\mathcal{C}$-isomorphismes sur, ce qui achève la démonstration.

COROLLAIRE. *Si* $H_i(B, A) \in \mathcal{C}$ *pour* $0 < i < n$, *alors* $\pi_i(B, A) \in \mathcal{C}$ *pour* $i < n$.

REMARQUES. 1. Le Théorème 2 ne subsiste pas lorsqu'on suppose seulement que $\mathcal{C}$ vérifie $(\mathrm{II_A})$[8]; cette différence entre les hypothèses des Théorèmes 1 et 2 n'a cependant pas une grande importance pratique, car dans les applications tous les groupes d'homotopie et d'homologie considérés sont, d'ordinaire, des groupes de type fini; or, soit $\mathcal{F}$ la classe des groupes de type fini, $\mathcal{C}$ la classe donnée; considérons la classe $\mathcal{D}$ des groupes dont les sous-groupes de type fini appartiennent à $\mathcal{C}$; il est clair que $\mathcal{D}$ vérifie l'axiome (IV) du Chapitre I, donc *a fortiori* les axiomes $(\mathrm{II_B})$ et (III), et que $\mathcal{D} \cap \mathcal{F} = \mathcal{C} \cap \mathcal{F}$. Le Théorème 2 vaudra donc pour $\mathcal{D}$. Ainsi, *si les groupes* $H_i(A)$ *et* $H_i(B)$ *sont de type fini pour tout* i, *le Théorème* 2 *est valable sans hypothèse sur la classe* $\mathcal{C}$. Bien entendu, la même remarque s'applique au Théorème 1.

---

[8] Pour le voir, il suffit de prendre $B = X \times Y$, $A = X \times \{y\}$ $(y \in Y)$, où Y est $\mathcal{C}$-acyclique, et où X est choisi convenablement. En fait, on peut montrer que, pour que le Théorème 2 (resp. le Théorème 1) soit vrai pour une classe $\mathcal{C}$ donnée, il faut et il suffit que $\mathcal{C}$ vérifie $(\mathrm{II_B})$ et (III) (resp. vérifie $(\mathrm{II_A})$ et (III)).

2. D'après la Remarque 1 du n° 2, l'homomorphisme $\pi_n(Y) \to H_n(Y)$ est $\mathcal{C}$-sur; d'après le Théorème 1. B du Chapitre II, $H_{n+1}(T, Y) \to H_{n+1}(B, A)$ est $\mathcal{C}$-sur. En combinant ces deux résultats on obtient:

L'homomorphisme $\pi_{n+1}(B, A) \to H_{n+1}(B, A)$ *est* $\mathcal{C}$*-sur.*

3. Dans le but de simplifier la démonstration, nous avons fait dans l'énoncé du Théorème 2 des hypothèses assez restrictives sur A et B. Ces hypothèses sont remplies dans les cas les plus intéressants, comme on le verra; cependant il y aurait avantage à se débarrasser de l'hypothèse: $\pi_2(A) \to \pi_2(B)$ est sur. On peut y parvenir si l'on suppose que l'espace Y possède un revêtement universel $\hat{Y}$, car on peut montrer que $\pi_1(Y)$ opère trivialement sur les groupes d'homologie de $\hat{Y}$ et Y est donc justiciable de la Remarque 2 du n° 2 (pour établir le premier point, utiliser la loi de composition des lacets pour définir une application continue $\Omega_B \times Y \to Y$, puis raisonner comme dans [8], IV, n° 3). Nous n'insisterons pas là-dessus.

4. Le théorème de J. H. C. Whitehead

THÉORÈME 3. *Soit* $\mathcal{C}$ *une classe vérifiant les axiomes* (II_B) *et* (III). *Soient* A *et* B *deux espaces connexes et simplement connexes par arcs,* $f: A \to B$ *une application continue qui applique* $\pi_2(A)$ *sur* $\pi_2(B)$, n *un entier* > 0. *Les deux propriétés suivantes sont alors équivalentes:*

(a) $f_*: H_i(A) \to H_i(B)$ *est* $\mathcal{C}$*-biunivoque pour* $i < n$ *et* $\mathcal{C}$*-sur pour* $i \leqq n$.

(b) $f_0: \pi_i(A) \to \pi_i(B)$ *est* $\mathcal{C}$*-biunivoque pour* $i < n$ *et* $\mathcal{C}$*-sur pour* $i \leqq n$.

(Si l'on prend pour $\mathcal{C}$ la classe des groupes réduits à un seul élément, on retrouve, à de légères modifications près, un théorème de J. H. C. Whitehead, [13]; la démonstration qui suit est d'ailleurs calquée sur la sienne.)

Introduisons le "mapping cylinder" B_f de l'application f (pour la définition de cette notion, voir par exemple [13]); on sait que les espaces A et B se trouvent canoniquement plongés dans B_f, B étant un *rétracte de déformation* de B_f. En outre on peut factoriser f en:

$$A \to B_f \to B$$

où la première application est une injection, et la seconde est la rétraction de déformation en question. Les groupes d'homologie (resp. d'homotopie) de B_f et de B sont donc isomorphes, et les propriétés (a) et (b) équivalent à:

(a)′ $H_i(A) \to H_i(B_f)$ *est* $\mathcal{C}$*-biunivoque pour* $i < n$ *et* $\mathcal{C}$*-sur pour* $i \leqq n$.

(b)′ $\pi_i(A) \to \pi_i(B_f)$ *est* $\mathcal{C}$*-biunivoque pour* $i < n$ *et* $\mathcal{C}$*-sur pour* $i \leqq n$.

Il résulte alors des suites exactes d'homologie et d'homotopie du couple (B_f, A) que (a)′ et (b)′ sont respectivement équivalents à:

(a)″ $H_i(B_f, A) \in \mathcal{C}$ *pour* $i \leqq n$.

(b)″ $\pi_i(B_f, A) \in \mathcal{C}$ *pour* $i \leqq n$.

Comme (a)″ et (b)″ sont équivalents d'après le Théorème 2, notre théorème est donc démontré.

5. Critères d'application du théorème de J. H. C. Whitehead

Reprenons les hypothèses précédentes, et soient A et B deux espaces connexes et simplement connexes par arcs, $f: A \to B$ une application continue qui applique

$\pi_2(A)$ sur $\pi_2(B)$. Nous supposerons également que *les groupes d'homologie de A et de B sont de type fini en toute dimension*; il en est alors de même des groupes d'homotopie à cause du Théorème 1.

PROPOSITION 1. *Soient $\mathcal{C}$ la classe des groupes finis, $\mathfrak{D}$ la classe des groupes de torsion, k un corps de caractéristique nulle. Les conditions suivantes sont équivalentes:*

(1) $f_*: H_i(A) \to H_i(B)$ *est $\mathcal{C}$-biunivoque pour* $i < n$ *et $\mathcal{C}$-sur pour* $i \leqq n$.

(2) $f_*: H_i(A) \to H_i(B)$ *est $\mathfrak{D}$-biunivoque pour* $i < n$ *et $\mathfrak{D}$-sur pour* $i \leqq n$.

(3) $f_*: H_i(A, k) \to H_i(B, k)$ *est biunivoque pour* $i < n$ *et sur pour* $i \leqq n$.

(4) $f^*: H^i(B, k) \to H^i(A, k)$ *est sur pour* $i < n$ *et biunivoque pour* $i \leqq n$.

Soit $\mathfrak{F}$ la classe des groupes de type fini; puisque $\mathfrak{D} \cap \mathfrak{F} = \mathcal{C} \cap \mathfrak{F}$ il est clair que (1) et (2) sont équivalents. L'équivalence entre (3) et (4) provient de ce que $H^i(A, k)$ (resp. $H^i(B, k)$) est le *dual* du k-espace vectoriel $H_i(A, k)$ (resp. $H_i(B, k)$). L'équivalence entre (2) et (3) provient de la formule: $H_i(A, k) \approx H_i(A) \otimes k$ (le produit tensoriel étant pris *sur Z*).

NOTES. (1) Puisque la classe $\mathfrak{D}$ vérifie les axiomes ($\mathrm{II_B}$) et (III), on peut appliquer le Théorème de J. H. C. Whitehead à l'application $f: A \to B$.

(2) La démonstration précédente montre que les propriétés (2), (3), (4) sont équivalentes même si les groupes d'homologie considérés ne sont pas de type fini.

PROPOSITION 2. *Soient $\mathcal{C}$ la classe des groupes finis d'ordre premier à p, (p étant un nombre premier donné), $\mathfrak{D}$ la classe des groupes de torsion dont le p-composant est nul, k un corps de caractéristique p. Les conditions suivantes sont équivalentes:*

(1) $f_*: H_i(A) \to H_i(B)$ *est $\mathcal{C}$-biunivoque pour* $i < n$ *et $\mathcal{C}$-sur pour* $i \leqq n$.

(2) $f_*: H_i(A) \to H_i(B)$ *est $\mathfrak{D}$-biunivoque pour* $i < n$ *et $\mathfrak{D}$-sur pour* $i \leqq n$.

(3) $f_*: H_i(A, k) \to H_i(B, k)$ *est biunivoque pour* $i < n$ *et sur pour* $i \leqq n$.

(4) $f^*: H^i(B, k) \to H^i(A, k)$ *est sur pour* $i < n$ *et biunivoque pour* $i \leqq n$.

L'équivalence de (1) et (2) et l'équivalence de (3) et (4) se montrent de la même façon que dans la Proposition 1. Introduisons alors le mapping-cylinder B_f de $f: A \to B$. Les conditions (1) et (3) équivalent respectivement à:

(1)′ $H_i(B_f, A) \in \mathcal{C}$ *pour* $i \leqq n$.

(3)′ $H_i(B_f, A; k) = 0$ *pour* $i \leqq n$.

L'équivalence de (1)′ et de (3)′ résulte alors de la formule:

$$H_i(B_f, A; k) \approx H_i(B_f, A) \otimes k + H_{i-1}(B_f, A) * k,$$

et du fait que $H_i(B_f, A)$ est de type fini.

NOTES. (1) Il est facile de prouver la Proposition 2 sans passer par l'intermédiaire du mapping-cylinder.

(2) Les Propositions 1 et 2 permettent dans de nombreux cas de remplacer les calculs "modulo $\mathcal{C}$" par des calculs à coefficients dans un corps.

CHAPITRE IV. GROUPES D'HOMOTOPIE DES SPHÈRES

1. Certains endomorphismes

Soient $\mathbf{S}_n$ une sphère de dimension n, $h: \mathbf{S}_n \to \mathbf{S}_n$ une application de degré $q \neq 0$; cette application définit un endomorphisme $\varphi_q^{i,n}$ (ou, plus simplement, φ_q) de $\pi_i(\mathbf{S}_n)$. En désignant par i_n l'application identique de $\mathbf{S}_n$, on a donc:

(1.1) $$\varphi_q^{i,n}(\alpha) = (q\cdot i_n)\circ\alpha, \quad si\ \alpha \in \pi_i(\mathbf{S}_n).$$

On a évidemment:

(1.2) $$\varphi_{qq'} = \varphi_q \circ \varphi_{q'} .$$

Enfin il est classique[9] que:

(1.3) $$\varphi_q^{i,n}(\alpha) = q\cdot\alpha \qquad \text{lorsque } n = 1, 3, 7 \text{ ou lorsque } i < 2n - 1.$$

Nous donnerons d'autres propriétés des endomorphismes φ_q au Chapitre V, n° 1; dans ce Chapitre nous n'utiliserons que le résultat suivant:

PROPOSITION 1. *Soient q un entier non nul, $\mathcal{C}$ la classe des groupes finis d'ordre divisant une puissance de q; l'endomorphisme $\varphi_q^{i,n}$ est alors un $\mathcal{C}$-automorphisme de $\pi_i(\mathbf{S}_n)$.*

On applique le Théorème de J. H. C. Whitehead (Chapitre III, Théorème 3) à $h: \mathbf{S}_n \to \mathbf{S}_n$; c'est licite car les groupes d'homologie de $\mathbf{S}_n$ sont de type fini (cf. Chapitre III, n° 3, Remarque 1 ainsi que Chapitre III, n° 5), à condition que l'on ait $n \geqq 3$. Mais pour $n = 1$, on a $\varphi_q(\alpha) = q\cdot\alpha$, et pour $n = 2$, $\varphi_q(\alpha) = q^2\cdot\alpha$ si $i \geqq 3$. Ceci démontre la Proposition.

COROLLAIRE. *Soit p un nombre premier ne divisant pas q; la restriction de φ_q au p-composant de $\pi_i(\mathbf{S}_n)$ est un automorphisme.*

2. La variété des vecteurs tangents à une sphère de dimension paire

Soit $\mathbf{W}_{2n-1}$ la variété des vecteurs de longueur unité tangents à $\mathbf{S}_n$, n pair; on sait que les seuls groupes d'homologie non nuls de $\mathbf{W}_{2n-1}$ sont:

$$H_0(\mathbf{W}_{2n-1}) = Z, \qquad H_{n-1}(\mathbf{W}_{2n-1}) = Z_2 , \qquad H_{2n-1}(\mathbf{W}_{2n-1}) = Z.$$

Nous avons utilisé cette variété dans [8], pour l'étude des groupes $\pi_i(\mathbf{S}_n)$; nous allons compléter les résultats que nous avions obtenus.

PROPOSITION 2. *Soit $\mathcal{C}$ la classe des 2-groupes finis; il existe une application $f: \mathbf{S}_{2n-1} \to \mathbf{W}_{2n-1}$ telle que $f_0: \pi_i(\mathbf{S}_{2n-1}) \to \pi_i(\mathbf{W}_{2n-1})$ soit un $\mathcal{C}$-isomorphisme sur pour tout i.*

On sait que le revêtement universel de $\mathbf{W}_3$ est $\mathbf{S}_3$, ce qui nous permet de nous borner au cas $n \geqq 4$; appliquant alors le Théorème de J. H. C. Whitehead, on voit qu'il suffit de trouver $f: \mathbf{S}_{2n-1} \to \mathbf{W}_{2n-1}$ tel que l'homomorphisme $f_*: H_{2n-1}(\mathbf{S}_{2n-1}) \to H_{2n-1}(\mathbf{W}_{2n-1})$ soit un $\mathcal{C}$-isomorphisme sur, ou, ce qui revient au

[9] *Voir* B. Eckmann. *Ueber die Homotopiegruppen von Gruppenraümen.* Comment. Math. Helv., **14**, 1941, p. 234–256.

même, de trouver un élément de $\pi_{2n-1}(\mathbf{W}_{2n-1})$ dont l'image dans $H_{2n-1}(\mathbf{W}_{2n-1})$ engendre un sous-groupe d'indice une puissance de 2; comme un tel élément existe d'après le Théorème d'Hurewicz (Chapitre III, Théorème 1), la Proposition est démontrée.

Remarque. Soit g: $\mathbf{W}_{2n-1} \rightarrow \mathbf{S}_{2n-1}$ une application de degré brouwérien égal à 1; le Théorème de J. H. C. Whitehead montre que g_0: $\pi_i(\mathbf{W}_{2n-1}) \rightarrow \pi_i(\mathbf{S}_{2n-1})$ est aussi un $\mathcal{C}$-isomorphisme sur pour tout i.

Corollaire. *Si p est premier* $\neq 2$, *le p-composant de* $\pi_i(\mathbf{W}_{2n-1})$ *est isomorphe à celui de* $\pi_i(\mathbf{S}_{2n-1})$.

Rappelons maintenant sans démonstration un résultat connu[10]:

Lemme 1. *Soit* $\mathbf{W}$ *un espace fibre de base* $\mathbf{S}_n$, *de fibre* F, *et soit* d: $\pi_i(\mathbf{S}_n) \rightarrow \pi_{i-1}(F)$ *l'homomorphisme bord de la suite exacte d'homotopie de* $\mathbf{W}$; *posons* $\gamma = d(i_n) \in \pi_{n-1}(F)$, *et désignons par E la suspension de Freudenthal. On a alors, pour tout* $\alpha \in \pi_i(\mathbf{S}_{n-1})$:

$$dE(\alpha) = \gamma \circ \alpha, \text{ dans le groupe } \pi_i(F).$$

Appliquons ce Lemme à $\mathbf{W}_{2n-1}$ fibré par $F = \mathbf{S}_{n-1}$, base $\mathbf{S}_n$; la classe γ est ici $2 \cdot i_{n-1} \in \pi_{n-1}(\mathbf{S}_{n-1})$, et le Lemme montre alors que $dE = \varphi_2$, les notations étant celles du n° 1. Si $\mathcal{C}$ est la classe des 2-groupes finis on sait (Proposition 1) que φ_2 est un $\mathcal{C}$-automorphisme de $\pi_{i-1}(\mathbf{S}_{n-1})$; appliquant à la suite exacte:

$$\pi_{i+1}(\mathbf{S}_n) \rightarrow \pi_i(\mathbf{S}_{n-1}) \rightarrow \pi_i(\mathbf{W}_{2n-1}) \rightarrow \pi_i(\mathbf{S}_n) \rightarrow \pi_{i-1}(\mathbf{S}_{n-1}),$$

la Proposition 2 du Chapitre I, on obtient finalement:

Proposition 3. *Soient* $\mathcal{C}$ *la classe des 2-groupes finis, n un entier pair. Soit* k: $\pi_i(\mathbf{W}_{2n-1}) + \pi_{i-1}(\mathbf{S}_{n-1}) \rightarrow \pi_i(\mathbf{S}_n)$ *l'homomorphisme qui coincide sur la première composante de la somme directe avec la projection* $\pi_i(\mathbf{W}_{2n-1}) \rightarrow \pi_i(\mathbf{S}_n)$, *et sur la seconde composante avec la suspension de Freudenthal. L'homomorphisme k ainsi défini est un* $\mathcal{C}$-*isomorphisme sur pour tout* $i \geqq 0$.

Les Propositions 2 et 3 entraînent:

Corollaire 1. *Le groupe* $\pi_i(\mathbf{S}_n)$, *n pair, est* $\mathcal{C}$-*isomorphe à la somme directe de* $\pi_{i-1}(\mathbf{S}_{n-1})$ *et de* $\pi_i(\mathbf{S}_{2n-1})$.

Le Corollaire précédent sera précisé plus loin (Proposition 5, Corollaire 2). Notons dès maintenant qu'il contient comme cas particulier:

Corollaire 2. *Le p-composant de* $\pi_i(\mathbf{S}_n)$ *(p premier* $\neq 2$, *n pair) est isomorphe à la somme directe des p-composants de* $\pi_{i-1}(\mathbf{S}_{n-1})$ *et de* $\pi_i(\mathbf{S}_{2n-1})$.

3. La suspension itérée

Soit Ω_n l'espace des lacets de $\mathbf{S}_n$; si nous identifions $\mathbf{S}_{n-1}$ à l'*équateur* de $\mathbf{S}_n$, on voit que tout point de $\mathbf{S}_{n-1}$ détermine un *lacet* d'un type particulier, ce qui a pour effet de *plonger* $\mathbf{S}_{n-1}$ *dans* Ω_n. Il est bien connu (E. Pitcher[11], G. W. Whitehead [12]) que l'homomorphisme ainsi défini E: $\pi_{i-1}(\mathbf{S}_{n-1}) \rightarrow \pi_{i-1}(\Omega_n) = \pi_i(\mathbf{S}_n)$

[10] *Voir* B. Eckmann. *Espaces fibrés et homotopie.* Colloque de Topologie, Bruxelles, 1950, p. 83–99, §*2.3*.

[11] Proc. Int. Congress 1950, I, p. 528–529.

coincide avec la suspension de Freudenthal. En appliquant le théorème d'Hurewicz relatif au couple (Ω_n, S_{n-1}) on retrouve ainsi la "partie facile" des théorèmes de Freudenthal; nous n'insisterons pas là-dessus, renvoyant le lecteur à [12] pour plus de détails.

Proposition 4. *Soient n un entier impair, p un nombre premier, $\mathcal{C}$ la classe des groupes finis d'ordre premier à p; posons $r = p(n+1) - 3$. La suspension itérée $E^2: \pi_i(S_n) \to \pi_{i+2}(S_{n+2})$ est $\mathcal{C}$-biunivoque si $i < r$ et $\mathcal{C}$-sur si $i \leqq r$.*

Soient Ω_{n+2} l'espace des lacets de S_{n+2}, T l'espace des lacets de Ω_{n+2}; le plongement de S_{n+1} dans Ω_{n+2} définit un plongement $\Omega_{n+1} \to T$, d'où un plongement $S_n \to \Omega_{n+1} \to T$; si on identifie $\pi_i(T)$ à $\pi_{i+2}(S_{n+2})$ il est clair que l'homomorphisme: $\pi_i(S_n) \to \pi_{i+2}(S_{n+2})$ ainsi obtenu n'est autre que E^2. Vu la Proposition 2 du Chapitre III et le Théorème de J. H. C. Whitehead, il nous suffit donc de montrer que l'homomorphisme $H^i(T, k) \to H^i(S_n, k)$ est sur si $i < r$, et biunivoque si $i \leqq r$ (k étant un corps de caractéristique p); or il est évident que cet homomorphisme est un isomorphisme sur si $i = n$ (cela revient à dire que E^2 est un isomorphisme sur si $i = n$), et d'autre part on a $H^i(T, k) = 0$ pour $0 < i < n$ et pour $n < i \leqq r$ ([8], Chapitre V, Lemme 6). La Proposition en résulte.

Corollaire. *Les p-composants de $\pi_i(S_n)$ et de $\pi_{i-n+3}(S_3)$ sont isomorphes si n est impair $\geqq 3$, p premier, et $i < n + 4p - 6$.*

On raisonne par récurrence sur n, à partir de $n = 3$; d'après la Proposition 4 il suffit de vérifier que $p(n-1) - 3 \geqq n + 4p - 8$, ou encore que $(p-1)(n-5) \geqq 0$, ce qui est bien exact pour $n \geqq 5$.

Remarque. La démonstration de la Proposition 4 donnée plus haut n'est valable que si $n \geqq 3$, à cause des hypothèses restrictives nécessaires à la validité du Théorème de J. H. C. Whitehead; mais il est clair que la Proposition 4 subsiste lorsque $n = 1$, puisque le p-composant de $\pi_i(S_3)$ est nul lorsque $i < 2p$ (cf. [8], p. 496, ainsi que la Proposition 7).

4. Homotopie des sphères de dimension paire

Nous utiliserons le Lemme suivant:

Lemme 2. *L'homomorphisme: $\pi_{2n-1}(S_n) = \pi_{2n-2}(\Omega_n) \to H_{2n-2}(\Omega_n) = Z$, coincide au signe près avec l'invariant de Hopf.*

(La démonstration sera donnée au n° 7).

Soit $u: S_{2n-1} \to S_n$ (n pair) une application d'invariant de Hopf égal à q, avec $q \neq 0$; elle définit une application $v: \Omega_{2n-1} \to \Omega_n$ dont nous allons déterminer l'effet sur les algèbres de cohomologie à coefficients entiers $H^*(\Omega_n)$ et $H^*(\Omega_{2n-1})$. On sait ([8], p. 488) que $H^*(\Omega_n)$ admet une base $\{e_i\}$, où $\dim. e_i = i(n-1)$, $i = 0, 1, \cdots$, telle que:

$$e_0 = 1,\ (e_1)^2 = 0,\ (e_2)^p = p!\, e_{2p},\ e_1 \cdot e_{2p} = e_{2p} \cdot e_1 = e_{2p+1}.$$

De même, $H^*(\Omega_{2n-1})$ admet une base $\{e'_i\}$, où $\dim. e'_i = i(2n-2)$, $i = 0, 1, \cdots$, telle que: $e'_0 = 1$, $(e'_1)^p = p!\, e'_p$.

Soit $v^*: H^*(\Omega_n) \to H^*(\Omega_{2n-1})$ l'homomorphisme défini par v. Il résulte du Lemme 2 ci-dessus que $v^*(e_2) = \pm q \cdot e'_1$, et, en changeant éventuellement e'_1 de signe, on peut donc supposer que $v^*(e_2) = q \cdot e_1'$. On tire de là:

$$p!\, v^*(e_{2p}) = v^*((e_2)^p) = q^p \cdot (e_1')^p = q^p \cdot p!\, e_p', \text{ d'où } v^*(e_{2p}) = q^p \cdot e_p'.$$

Comme on a évidemment $v^*(e_{2p+1}) = 0$, il en résulte que v^* est complètement déterminé.

Soit maintenant $j \colon \mathbf{S}_{n-1} \to \Omega_n$ l'application qui définit la suspension; si l'on pose $e'' = j^*(e_1)$, on sait que e'' est un générateur de $H^{n-1}(\mathbf{S}_{n-1})$.

A cause de la loi de composition dont est muni l'espace Ω_n, les applications j et v définissent une application

$$j \cdot v : \mathbf{S}_{n-1} \times \Omega_{2n-1} \to \Omega_n .$$

L'algèbre de cohomologie $H^*(\mathbf{S}_{n-1} \times \Omega_{2n-1})$ est canoniquement isomorphe au produit tensoriel $H^*(\mathbf{S}_{n-1}) \otimes H^*(\Omega_{2n-1})$ (cela résulte, soit d'un théorème d'Eilenberg-Zilber sur l'homologie des produits directs, soit d'un raisonnement analogue à celui de [8], p. 473). Cela permet de déterminer immédiatement l'homomorphisme $(j \cdot v)^*$:

$$(j \cdot v)^*(e_{2p}) = q^p \cdot 1 \otimes e_p'$$

$$(j \cdot v)^*(e_{2p+1}) = (j \cdot v)^*(e_1) \cdot (j \cdot v)^*(e_{2p}) = (e'' \otimes 1) \cdot (q^p \cdot 1 \otimes e_p') = q^p \cdot e'' \otimes e_p'.$$

Il résulte de ces formules que $(j \cdot v)^*$ *est biunivoque et a pour conoyau un groupe fini d'ordre une puissance de* q, et ceci en toute dimension. D'où, par dualité, la même propriété en homologie; en d'autres termes, si $\mathcal{C}$ désigne la classe des groupes finis d'ordre divisant une puissance de q, $(j \cdot v)_* : H_i(\mathbf{S}_{n-1} \times \Omega_{2n-1}) \to H_i(\Omega_n)$ *est un* $\mathcal{C}$*-isomorphisme sur pour tout* i.

D'après le Théorème de J. H. C. Whitehead, il en est donc de même de

$$(j \cdot v)_0 \colon \pi_i(\mathbf{S}_{n-1} \times \Omega_{2n-1}) \to \pi_i(\Omega_n).$$

Mais le groupe $\pi_i(\mathbf{S}_{n-1} \times \Omega_{2n-1})$ est isomorphe à $\pi_i(\mathbf{S}_{n-1}) + \pi_i(\Omega_{2n-1})$, c'est-à-dire à $\pi_i(\mathbf{S}_{n-1}) + \pi_{i+1}(\mathbf{S}_{2n-1})$; de même $\pi_i(\Omega_n)$ est isomorphe à $\pi_{i+1}(\mathbf{S}_n)$. L'homomorphisme $(j \cdot v)_0$ est transformé par les identifications précédentes en un homomorphisme

$$\psi_u \colon \pi_i(\mathbf{S}_{n-1}) + \pi_{i+1}(\mathbf{S}_{2n-1}) \to \pi_{i+1}(\mathbf{S}_n).$$

Il résulte de la définition même de ψ_u que ψ_u coincide sur le premier facteur de la somme directe avec la suspension E, et, sur le second facteur avec l'homomorphisme $\alpha \to u \circ \alpha$. On obtient donc finalement (après changement de i en $i - 1$):

Proposition 5. *Soient* $u \colon \mathbf{S}_{2n-1} \to \mathbf{S}_n$ *une application d'invariant de Hopf égal à* q ($q \neq 0$, n *pair*), $\mathcal{C}$ *la classe des groupes finis d'ordre divisant une puissance de* q. *Soit* ψ_u *l'homomorphisme de la somme directe* $\pi_{i-1}(\mathbf{S}_{n-1}) + \pi_i(\mathbf{S}_{2n-1})$ *dans* $\pi_i(\mathbf{S}_n)$ *qui coincide sur le premier facteur avec la suspension et sur le second facteur avec l'application* $\alpha \to u \circ \alpha$. *Pour tout* $i \geqq 0$ ψ_u *est un* $\mathcal{C}$*-isomorphisme sur.*

Remarque. La démonstration donnée plus haut de la Proposition 5 n'est valable que si $n \geqq 4$, à cause des hypothèses restrictives nécessaires à la validité du Théorème de J. H. C. Whitehead; mais il est clair que la Proposition 5 subsiste lorsque $n = 2$.

Si $q = 1$ la classe $\mathcal{C}$ de la Proposition 5 est formée des groupes à un seul élément. On a donc:

COROLLAIRE 1. *S'il existe un élément* $u \in \pi_{2n-1}(S_n)$ *d'invariant de Hopf égal à* 1, *l'homomorphisme* ψ_u *est un isomorphisme de* $\pi_{i-1}(S_{n-1}) + \pi_i(S_{2n-1})$ *sur* $\pi_i(S_n)$.

(En particulier, la suspension $E: \pi_{i-1}(S_{n-1}) \to \pi_i(S_n)$ est biunivoque).

On comparera le Corollaire 1 avec un résultat classique d'Hurewicz-Steenrod.

COROLLAIRE 2. *Soient n pair, i arbitraire,* $\mathcal{C}$ *la classe des 2-groupes finis. Le groupe* $\pi_i(S_n)$ *est alors* $\mathcal{C}$*-isomorphe à la somme directe de* $\pi_{i-1}(S_{n-1})$ *(appliqué par la suspension) et de* $\pi_i(S_{2n-1})$ *(appliqué par l'intermédiaire de n'importe quel élément* $u \in \pi_{2n-1}(S_n)$ *d'invariant de Hopf égal à* 2).

Ce résultat est plus précis que celui que nous avions obtenu au n° 2. Nous allons en tirer:

PROPOSITION 6. *Soient n impair, i arbitraire; l'image de* $\pi_i(S_n)$ *dans* $\pi_{i+2}(S_{n+2})$ *par* E^2 *est un sous-groupe de* $E(\pi_{i+1}(S_{n+1}))$ *dont l'indice est une puissance de* 2.

Soit $\mathcal{C}$ la classe des 2-groupes finis; on doit prouver que le quotient de $E(\pi_{i+1}(S_{n+1}))$ par $E^2(\pi_i(S_n))$ appartient à $\mathcal{C}$. D'après le Corollaire 2 à la Proposition 5, $\pi_{i+1}(S_{n+1})$ est $\mathcal{C}$-isomorphe à $\pi_i(S_n) + \pi_{i+1}(S_{2n+1})$; il suffit donc, pour prouver la Proposition, de trouver un élément $u \in \pi_{2n+1}(S_{n+1})$ d'invariant de Hopf égal à 2 et tel que $E(u \circ \alpha) = 0$ pour tout α; l'élément $u = [i_{n+1}, i_{n+1}]$ (produit de Whitehead de l'application identique de S_{n+1} avec elle-même) répond évidemment à ces conditions puisque la suspension d'un produit de Whitehead est toujours nulle ([11], 3.66).

COROLLAIRE. *Le p-composant de* $E(\pi_{i+1}(S_{n+1}))$ *coincide avec celui de* $E^2(\pi_i(S_n))$ *lorsque n est impair et p premier* $\neq 2$.

NOTE. On trouvera d'autres résultats sur la suspension dans la Note [9]; nous
4 reviendrons là-dessus dans un article ultérieur.

5. La sphère de dimension 3

Appliquons à la sphère S_3 la méthode de la Note [4] (cf. Chapitre III, n° 2); on obtient ainsi un espace $(S_3, 4) = Y$ et une application continue $\varphi: Y \to S_3$ tels que:

5.1. $\pi_i(Y) = 0$ pour $i < 4$.

5.2. $\varphi_0 : \pi_i(Y) \to \pi_i(S_3)$ est un isomorphisme sur lorsque $i \geqq 4$.

5.3. Le triple (Y, φ, S_3) est un espace fibré de fibre un espace $\mathcal{K}(Z, 2)$. Nous allons maintenant calculer les groupes d'homologie de Y (cf. [4], II, Proposition 5):

LEMME 3. *Les groupes d'homologie de l'espace Y sont les suivants:* $H_i(Y) = 0$ *si i est impair;* $H_{2n}(Y) = Z_n$.

(Les premiers groupes sont donc: $Z, 0, 0, 0, Z_2, 0, Z_3, 0, Z_4, 0, \cdots$).

Puisque la base de l'espace fibré (Y, φ, S_3) est une *sphère*, on peut lui appliquer *la suite exacte de Wang* (en cohomologie):

$$\cdots \to H^i(Y) \to H^i(Z; 2) \xrightarrow{\vartheta} H^{i-2}(Z; 2) \to H^{i+1}(Y) \to \cdots$$

En outre on sait que l'opérateur ϑ est une *dérivation* de l'algèbre $H^*(Z; 2)$. Mais cette algèbre, d'après un résultat connu, n'est autre que l'algèbre de polynômes engendrée par un élément u de dimension 2. En faisant $i = 2$ dans la suite exacte précédente, et en remarquant que, d'après 5.1, $H^i(Y) = 0$ lorsque $0 < i < 4$, on voit que $\vartheta(u) = \pm 1$, d'où, en changeant éventuellement le signe de u, $\vartheta(u) = 1$. On en tire $\vartheta(u^n) = n \cdot u^{n-1}$, ce qui détermine complètement ϑ, et, ainsi, les groupes $H^i(Y)$: on a $H^i(Y) = 0$ si i est pair > 0, et $H^{2n+1}(Y) = Z_n$. Par dualité on en tire les groupes d'homologie de Y.

Soit p un nombre premier, $\mathcal{C}$ la classe des groupes finis d'ordre premier à p; on a $H_i(Y) \in \mathcal{C}$ pour $0 < i < 2p$, et on peut appliquer à Y le Théorème d'Hurewicz. Compte tenu de 5.2 cela donne:

PROPOSITION 7. *Le p-composant de $\pi_i(S_3)$ est nul si $i < 2p$; celui de $\pi_{2p}(S_3)$ est Z_p.*

Mais on peut tirer du Lemme 3 des renseignements sensiblement plus précis. Pour cela, introduisons d'abord l'espace $S_n \mid q$ que l'on obtient en attachant à S_n une cellule E_{n+1} au moyen d'une application de la frontière de la cellule dans S_n qui soit de degré q (on supposera toujours $q \neq 0$). Soit T un espace, $x \in \pi_n(T)$ un élément tel que $q \cdot x = 0$, et f: $S_n \to T$ un représentant de x; il est clair que l'on peut dans ces conditions *prolonger f en une application f'* de $S_n \mid q$ dans T. En particulier, prenons $T = Y$, $n = 2p$ (p premier), $q = p$, et prenons pour x un *générateur* du p-composant de $\pi_{2p}(Y)$ (qui est égal à Z_p, on l'a vu). On obtient ainsi une application

$$\chi: S_{2p} \mid p \to Y.$$

PROPOSITION 8. *L'application $\varphi \circ \chi$: $S_{2p} \mid p \to S_3$ définit un homomorphisme de $\pi_i(S_{2p} \mid p)$ sur le p-composant de $\pi_i(S_3)$ lorsque $i \leqq 4p - 1$; cet homomorphisme est biunivoque lorsque $i \leqq 4p - 2$.*

Remarquons d'abord que tous les groupes $H_i(S_{2p} \mid p)$ sont nuls si $i > 0$, à la seule exception de $H_{2p}(S_{2p} \mid p) \approx Z_p$; d'après le Théorème d'Hurewicz les groupes $\pi_i(S_{2p} \mid p)$ sont donc des p-groupes (finis) pour tout i, ce qui montre que l'image de $\pi_i(S_{2p} \mid p)$ est contenue dans le p-composant de $\pi_i(S_3)$; si $\mathcal{C}$ désigne, comme plus haut, la classe des groupes finis d'ordre premier à p, il nous suffira donc de montrer que $\pi_i(S_{2p} \mid p) \to \pi_i(S_3)$ est $\mathcal{C}$-biunivoque pour $3 < i \leqq 4p - 2$, et $\mathcal{C}$-sur pour $3 < i \leqq 4p - 1$, ou encore, d'après 5.2, que $\chi_0 : \pi_i(S_{2p} \mid p) \to \pi_i(Y)$ est $\mathcal{C}$-biunivoque pour $i \leqq 4p - 2$ et $\mathcal{C}$-sur pour $i \leqq 4p - 1$; comme cette dernière propriété résulte immédiatement du Théorème de J. H. C. Whitehead et du Lemme 3, la Proposition est démontrée.

La Proposition 8 conduit évidemment à se demander ce que sont les groupes $\pi_i(S_n \mid q)$; nous allons répondre (très partiellement) à cette question:

PROPOSITION 9. *Pour $i \leqq 2n - 2$ on a une suite exacte:*

$$0 \to \pi_i(S_n) \otimes Z_q \to \pi_i(S_n \mid q) \to \pi_{i-1}(S_n) * Z_q \to 0.$$

Pour ne pas compliquer l'écriture, nous poserons $X = S_n \mid q$; on a $S_n \subset X$, et on peut écrire la suite exacte d'homotopie du couple (X, S_n). Soit g une application de E_{n+1} sur X dont la restriction h à S_n soit de degré q; on peut écrire le diagramme commutatif:

$$\begin{array}{ccccccccc}
\cdots \to \pi_{i+1}(X, \mathbf{S}_n) & \xrightarrow{d} & \pi_i(\mathbf{S}_n) & \to & \pi_i(X) & \to & \pi_i(X, \mathbf{S}_n) & \xrightarrow{d} & \pi_{i-1}(\mathbf{S}_n) \to \cdots \\
g\uparrow & & h\uparrow & & & & g\uparrow & & h\uparrow \\
\pi_{i+1}(E, \mathbf{S}_n) & \xrightarrow{d} & \pi_i(\mathbf{S}_n) & & & & \pi_i(E, \mathbf{S}_n) & \xrightarrow{d} & \pi_{i-1}(\mathbf{S}_n).
\end{array}$$

Il résulte d'un théorème de J. H. C. Whitehead, étendu d'une dimension par Blakers-Massey et P. Hilton [7], que $g: \pi_{i+1}(E, \mathbf{S}_n) \to \pi_{i+1}(X, \mathbf{S}_n)$ est un isomorphisme sur lorsque $i \leqq 2n - 2$; d'autre part l'homomorphisme $h: \pi_i(\mathbf{S}_n) \to \pi_i(\mathbf{S}_n)$ n'est autre que l'homomorphisme φ_q du n° 1, et coincide donc avec $\alpha \to q \cdot \alpha$ lorsque $i \leqq 2n - 2$. On peut donc remplacer la suite exacte d'homotopie de $(X, \mathbf{S}_n)$ par la suite exacte:

$$\pi_i(\mathbf{S}_n) \xrightarrow{\varphi_q} \pi_i(\mathbf{S}_n) \to \pi_i(\mathbf{S}_n \mid q) \to \pi_{i-1}(\mathbf{S}_n) \xrightarrow{\varphi_q} \pi_{i-1}(\mathbf{S}_n),$$

valable si $i \leqq 2n - 2$. Comme le noyau et le conoyau de $\varphi_q: \pi_i(\mathbf{S}_n) \to \pi_i(\mathbf{S}_n)$ sont respectivement isomorphes à $\pi_i(\mathbf{S}_n) * Z_q$ et $\pi_i(S_n) \otimes Z_q$, on obtient finalement la suite exacte de la Proposition 9.

Remarque. La Proposition 9 est tout à fait analogue à la "formule des coefficients universels" utilisée en homologie. Il ne faudrait cependant pas croire que $\pi_i(\mathbf{S}_n \mid q)$ est toujours isomorphe à la somme directe de $\pi_i(\mathbf{S}_n) \otimes Z_q$ et de $\pi_{i-1}(\mathbf{S}_n) * Z_q$: on peut montrer que c'est inexact si $n = 4$, $q = 2$, $i = 6$.

6. Groupes d'homotopie des sphères

En groupant les renseignements donnés par les Propositions 4, 5, 7, 8, 9 on peut obtenir des résultats sur les p-composants des groupes $\pi_i(\mathbf{S}_n)$ qui sont sensiblement plus précis que ceux de [8]. Commençons par $p = 2$:

Proposition 10. *Les groupes $\pi_{n+1}(\mathbf{S}_n)$ et $\pi_{n+2}(\mathbf{S}_n) (n \geqq 3)$ sont isomorphes à Z_2. Le groupe $\pi_6(\mathbf{S}_3)$ a 12 éléments.*

La Proposition 7 montre que $\pi_4(\mathbf{S}_3) = Z_2$ d'où par suspension le même résultat pour $\pi_{n+1}(\mathbf{S}_n)$, $n \geqq 3$. Appliquant la Proposition 9 avec $n = 4$, $q = 2$, $i = 5$ on obtient $\pi_5(\mathbf{S}_4 \mid 2) = Z_2$, d'où (Proposition 8) le fait que le 2-composant de $\pi_5(\mathbf{S}_3)$ est Z_2, et puisque les p-composants de $\pi_5(\mathbf{S}_3)$ sont nuls lorsque $p \neq 2$ (Proposition 7) il suit de là que $\pi_5(\mathbf{S}_3) = Z_2$, d'où, par suspension, $\pi_{n+2}(\mathbf{S}_n) = Z_2$. On peut alors appliquer la Proposition 9 avec $n = 4$, $q = 2$, $i = 6$, ce qui donne une suite exacte: $0 \to Z_2 \to \pi_6(\mathbf{S}_4 \mid 2) \to Z_2 \to 0$ qui montre que $\pi_6(\mathbf{S}_4 \mid 2)$ a 4 éléments; d'où (Proposition 8) le fait que le 2-composant de $\pi_6(\mathbf{S}_3)$ a 4 éléments; comme son 3-composant est Z_3 et que ses p-composants sont nuls pour $p > 3$ (Proposition 7) il en résulte bien que $\pi_6(\mathbf{S}_3)$ a 12 éléments.

Remarques. (1) La méthode précédente donne en outre un moyen de construire des éléments non nuls de $\pi_i(\mathbf{S}_3)$, $i = 5, 6$. Par exemple, il résulte de la démonstration que l'élément non nul de $\pi_5(\mathbf{S}_3)$ est image de l'élément non nul de $\pi_5(\mathbf{S}_4 \mid 2)$; comme ce dernier, d'après la Proposition 9, est obtenu par composition: $\mathbf{S}_5 \to \mathbf{S}_4 \to \mathbf{S}_4 \mid 2$, il s'ensuit que l'élément non nul de $\pi_5(\mathbf{S}_3)$ est de la forme

$S_5 \to S_4 \to S_3$, conformément au résultat connu de L. Pontrjagin et G. W. Whitehead. De la même façon, on voit que l'élément $S_6 \to S_5 \to S_4 \to S_3$ (où chaque application partielle est essentielle) représente un élément non nul de $\pi_6(S_3)$, conformément au résultat connu de P. Hilton ([7], Cor. 4.10).

(2) On pourrait également appliquer la méthode précédente pour obtenir une majoration du 2-composant de $\pi_7(S_3)$ (et donc de $\pi_7(S_3)$ lui-même, d'après le Corollaire à la Proposition 11); il suffirait d'appliquer la Proposition 8 et le Théorème 6.4 de [7].

(3) Il ne m'a pas été possible de montrer par la méthode précédente que $\pi_6(S_3)$ est *cyclique*; en tout cas, il est équivalent de montrer que $\pi_6(S_4 \mid 2)$ est isomorphe à Z_4 et non à $Z_2 + Z_2$; c'est d'ailleurs cette équivalence, qui m'a été signalée par P. Hilton, qui est à l'origine de la méthode suivie ici.

Etudions maintenant le cas $p \neq 2$:

PROPOSITION 11. *Soient n impair $\geqq 3$, p premier $\neq 2$. Le p-composant de $\pi_i(S_n)$ est nul si $i < n + 2p - 3$, isomorphe à Z_p si $i = n + 2p - 3$, nul si $n + 2p - 3 < i < n + 4p - 6$. En outre les p-composants de $\pi_{4p-3}(S_3)$ et de $\pi_{4p-2}(S_3)$ sont isomorphes à Z_p.*

Il résulte de la Proposition 7 et du Corollaire à la Proposition 4 que le p-composant de $\pi_i(S_n)$ est nul si $i < n + 2p - 3$, isomorphe à Z_p si $i = n + 2p - 3$. Appliquons alors la Proposition 9 avec $n = 2p$, $q = p$, $i \leqq 4p - 3$; puisque $i \leqq 2n - 3$, on a $\pi_i(S_n) = \pi_{i+1}(S_{n+1})$ et ainsi les p-composants des groupes d'homotopie des sphères qui interviennent sont connus. On en tire: $\pi_i(S_{2p} \mid p) = 0$ si $2p < i < 4p - 3$, $\pi_{4p-3}(S_{2p} \mid p) = Z_p$.

Appliquant la Proposition 8 on voit que le p-composant de $\pi_i(S_3)$ est 0 si $2p < i < 4p - 3$ et que celui de $\pi_{4p-3}(S_3)$ est Z_p. Le Corollaire de la Proposition 4 montre alors que le p-composant de $\pi_i(S_n)$ est 0 si $n + 2p - 3 < i < n + 4p - 6$, et que celui de $\pi_{n+4p-6}(S_n)$ est 0 ou Z_p. Appliquant la Proposition 9 on en tire $\pi_{4p-2}(S_{2p} \mid p) = Z_p$, d'où (Proposition 8) le fait que le p-composant de $\pi_{4p-2}(S_3)$ est Z_p.

COROLLAIRE. *Les groupes $\pi_7(S_3)$ et $\pi_8(S_3)$ sont des 2-groupes; $\pi_9(S_3)$ est somme directe de Z_3 et d'un 2-groupe; $\pi_{10}(S_3)$ est somme directe de Z_{15} et d'un 2-groupe.*

REMARQUES. (1) On a vu en cours de démonstration que le p-composant de $\pi_{n+4p-6}(S_n)$ est 0 ou Z_p (n impair $\geqq 5$, p premier $\neq 2$). En fait, on peut montrer au moyen des puissances réduites de N. E. Steenrod que c'est 0.

(2) On obtient un générateur du p-composant de $\pi_{4p-3}(S_3)$ par composition: $S_{4p-3} \to S_{2p} \to S_3$ (chaque application partielle étant d'ordre p). Cela se voit comme pour $p = 2$.

(3) On peut montrer que le p-composant de $\pi_{4p-1}(S_3)$ est 0 si $p \neq 2$. En effet, il résulte de la Proposition 8 et de la démonstration de la Proposition 9 qu'un élément de ce composant peut se mettre sous la forme $S_{4p-1} \to S_{2p} \to S_3$, où $S_{2p} \to S_3$ est d'ordre p; mais la suspension d'un tel élément est du type $S_{4p} \to S_{2p+1} \to S_4$ et, comme le p-composant de $\pi_{4p}(S_{2p+1})$ est nul (Proposition 11), cette suspension est nulle. L'élément considéré est donc lui-même nul puisque $E: \pi_i(S_3) \to \pi_{i+1}(S_4)$ est biunivoque.

(4) Le lecteur explicitera lui-même les p-composants des groupes $\pi_i(\mathbf{S}_n)$, n pair, $i < n + 4p - 6$, en combinant la Proposition 11 avec le Corollaire de la Proposition 3.

NOTE. Les résultats ci-dessus ont été d'abord obtenus par H. Cartan qui se servait d'une méthode substantiellement équivalente à celle de la Note [4], ainsi que de certains calculs sur les groupes d'Eilenberg-MacLane. Ils ont été annoncés dans [4], sous réserve de l'exactitude des calculs en question. La démonstration donnée ci-dessus a été trouvée indépendamment par J. C. Moore (en même temps que d'autres résultats intéressants dont il n'est pas question ici).

7. Démonstration du Lemme 2

Soit f une application continue de $\mathbf{S}_{2n-1}$ dans $\mathbf{S}_n$, n pair, et soit $f': \mathbf{S}_{2n-2} \to \Omega_n$ l'application qu'elle définit ; nous noterons D le mapping-cylinder de f; on a $\mathbf{S}_{2n-1} \subset D$, et D est rétractile sur $\mathbf{S}_n$. On désignera par v (resp. w) un générateur du groupe de cohomologie à coefficients entiers $H^n(D, \mathbf{S}_{2n-1})$ (resp. $H^{2n}(D, \mathbf{S}_{2n-1})$). D'après N. E. Steenrod[12] l'invariant de Hopf de l'application f est l'entier m tel que $v^2 = m.w$.

Soit d'autre part m' le degré de l'application

$$f'_*: H_{2n-2}(\mathbf{S}_{2n-2}) \to H_{2n-2}(\Omega_n);$$

c'est aussi le degré de $f'^*: H^{2n-2}(\Omega_n) \to H^{2n-2}(\mathbf{S}_{2n-2})$. Pour prouver le Lemme 2 il nous faut donc montrer que $m = \pm m'$.

Soit E l'espace des chemins de D d'origine fixée, Ω'_n l'espace des lacets de D (rétractile sur Ω_n), E' le sous-espace de E formé des chemins dont l'extrémité est dans $\mathbf{S}_{2n-1}$. Le couple (E, E') est donc un *espace fibré relatif* de base le couple $(D, \mathbf{S}_{2n-1})$ et de fibre Ω'_n. Nous allons calculer $H^{2n}(E, E')$ de deux manières différentes:

(a) Puisque $H^i(E) = 0$ pour $i > 0$, on a $H^{2n}(E, E') \approx H^{2n-1}(E')$; or E' est fibré de fibre Ω'_n et de base $\mathbf{S}_{2n-1}$; la "classe caractéristique" de cette fibration est donc un élément de $\pi_{2n-2}(\Omega'_n)$, et, si on identifie ce dernier groupe à $\pi_{2n-2}(\Omega_n)$, il est clair que cette classe caractéristique n'est autre que f'. Appliquant alors à E' la suite exacte de Wang on trouve

$$H^{2n-1}(E') \approx Z_{m'}, \text{ d'où } H^{2n-2}(E, E') \approx Z_{m'}.$$

(b) Soit (E_r) la suite spectrale de cohomologie de l'espace fibré relatif (E, E'). On a $E_2^{p,q} = H^p(D, \mathbf{S}_{2n-1}) \otimes H^q(\Omega'_n)$. Il en résulte que $E_2^{p,q}$ est nul si $p \neq n, 2n$ et si $q \not\equiv 0 \bmod (n - 1)$. La seule différentielle d_r éventuellement non nulle est donc d_n, et on a en particulier $E_n^{p,q} = E_2^{p,q}$. Soit u un générateur de $H^{n-1}(\Omega'_n)$; le groupe $E_n^{n,n-1} = E_2^{n,n-1}$ est un groupe libre de générateur $v \otimes u$, et $E_n^{2n,0} = E_2^{2n,0}$ est un groupe libre de générateur $w \otimes 1$; on a donc $d_n(v \otimes u) = m'' \cdot w \otimes 1$, m'' étant un certain entier, et on en tire immédiatement $H^{2n}(E, E') = Z_{m''}$.

Comparant (a) et (b) on voit qu'il nous suffit de prouver que $m'' = \pm m$.

[12] N. E. Steenrod. *Cohomology invariants of mappings*. Ann. of Math., **50**, 1949, p. 954-988, §17.

Or ceci est immédiat. En effet, nous avons vu au Chapitre II, n° 3 que le cup-product définit un accouplement des suites spectrales de E et de (E, E') dans celle de (E, E') et que les d_r sont des antidérivations vis-à-vis de cet accouplement. Il est clair que l'élément $v \otimes u$ considéré plus haut est le cup-product (au sens de cet accouplement) $(v \otimes 1)\cdot(1 \otimes u)$; comme par ailleurs $d_n(1 \otimes u) = \pm v \otimes 1$ dans la suite spectrale de E, on en déduit:

$$d_n((v \otimes 1)\cdot(1 \otimes u)) = (v \otimes 1)\cdot d_n(1 \otimes u) = \pm(v \otimes 1)\cdot(v \otimes 1) = \pm m\cdot w \otimes 1,$$

d'où, en comparant avec (b), $m'' = \pm m$, ce qui achève la démonstration.

Chapitre V. Compléments

1. Résultats préliminaires

Nous retournons à l'étude des endomorphismes $\varphi_q^{i,n}$ de $\pi_i(\mathbf{S}_n)$, définis au Chapitre IV, n° 1.

Proposition 1. *Si n est impair, on a* $\varphi_q \circ \varphi_2 = q\cdot\varphi_2$.

Nous aurons besoin du lemme suivant:

Lemme 1. *Si n est impair, il existe une application de* $\mathbf{S}_n \times \cdots \times \mathbf{S}_n$ *dans* $\mathbf{S}_n$ *qui est de type* $(2, \cdots, 2)$.

Comme l'a remarqué H. Hopf, il existe une application $(x, y) \to x\cdot y$ de $\mathbf{S}_n \times \mathbf{S}_n$ dans $\mathbf{S}_n$ qui est de type $(2,1)$; autrement dit, l'application $y \to x\cdot y$ est de degré 1 pour tout x, alors que l'application $x \to x\cdot y$ est de degré 2 pour tout y. Il en résulte immédiatement que l'application $(x_1, \cdots, x_q) \to x_1\cdot(x_2\cdot(\cdots x_q)\cdots))$ de $\mathbf{S}_n \times \cdots \times \mathbf{S}_n$ dans $\mathbf{S}_n$ est de type $(2,2, \cdots, 2,1)$ et, en composant cette application avec une application $\mathbf{S}_n \times \cdots \times \mathbf{S}_n \to \mathbf{S}_n \times \cdots \times \mathbf{S}_n$ de degré 2 sur la dernière sphère et de degré 1 sur les autres, on trouve bien une application du type voulu.

Démontrons maintenant la Proposition 1. Pour cela, soit τ une application de type $(2, \cdots, 2)$ de $(\mathbf{S}_n)^q$ dans $\mathbf{S}_n$, soit σ l'application diagonale $\mathbf{S}_n \to (\mathbf{S}_n)^q$ définie par $\sigma(x) = (x, \cdots, x)$, et soit $\rho = \tau \circ \sigma$; l'application ρ: $\mathbf{S}_n \to \mathbf{S}_n$ est de degré $2q$, et l'homomorphisme ρ_0: $\pi_i(\mathbf{S}_n) \to \pi_i(\mathbf{S}_n)$ coincide donc avec φ_{2q}.

Identifions $\pi_i(\mathbf{S}_n \times \cdots \times \mathbf{S}_n)$ avec $\pi_i(\mathbf{S}_n) + \cdots + \pi_i(\mathbf{S}_n)$; on a alors $\sigma_0(\alpha) = (\alpha, \cdots, \alpha)$, si $\alpha \in \pi_i(\mathbf{S}_n)$; d'autre part, puisque τ est de type $(2, \cdots, 2)$, on a $\tau_0(0, \cdots, 0, \alpha, 0, \cdots, 0) = \varphi_2(\alpha)$; il suit de là que:

$$\rho_0(\alpha) = \tau_0 \circ \sigma_0(\alpha) = \tau_0(\alpha, \cdots, \alpha) = \varphi_2(\alpha) + \cdots + \varphi_2(\alpha) = q\cdot\varphi_2(\alpha),$$

d'où, en comparant avec le résultat trouvé plus haut, $\varphi_{2q} = q\cdot\varphi_2$. La Proposition résulte alors de la formule (1.2) du Chapitre IV.

Remarque. Si n est tel qu'il existe une application $\mathbf{S}_n \times \mathbf{S}_n \to \mathbf{S}_n$ de type $(1,1)$, alors le raisonnement précédent conduit à la relation classique $\varphi_q = q$.

Corollaire 1. *Si n est impair et p premier $\neq 2$, la restriction de φ_q au p-composant de $\pi_i(\mathbf{S}_n)$ coincide avec la multiplication par q.*

On a en effet $(\varphi_q - q)\circ\varphi_2 = 0$, et comme la restriction de φ_2 au p-composant de $\pi_i(\mathbf{S}_n)$ est un automorphisme si $p \neq 2$ (Chapitre IV, Corollaire à la Proposition 1), ceci entraîne $\varphi_q - q = 0$.

Corollaire 2. *Soit $x \in \pi_i(S_n)$ un élément tel que $q \cdot x = 0$ (n étant impair); on a alors $\varphi_{2q}(x) = 0$, et, si q est impair, on a même $\varphi_q(x) = 0$.*

On a $\varphi_{2q}(x) = q \cdot \varphi_2(x) = \varphi_2(q \cdot x) = 0$, ce qui démontre la lère partie du Corollaire. Si maintenant q est impair, x est contenu dans la somme directe des p-composants de $\pi_i(S_n)$, $p \neq 2$, et d'après le Corollaire 1 on a $\varphi_q(x) = q \cdot x = 0$.

Corollaire 3. *Si n est impair et p premier, la restriction de φ_p au p-composant de $\pi_i(S_n)$, $i > n$, est un endomorphisme nilpotent.*

Résulte du Corollaire 2 ci-dessus.

Remarque. J'ignore si, dans les conditions du Corollaire 2, on a toujours $\varphi_q(x) = 0$; par contre si on ne suppose plus que n est impair c'est inexact: ainsi si l'on prend pour x le composé $S_8 \to S_7 \to S_4$, où $S_8 \to S_7$ est essentielle et où $S_7 \to S_4$ est la fibration de Hopf, on a $2 \cdot x = 0$ et cependant $\varphi_2(x) \neq 0$.[13] Plus généralement d'ailleurs il serait intéressant de voir ce qui subsiste des résultats précédents lorsque n est pair; il est facile de traiter le cas des p-composants, $p \neq 2$, grâce au Corollaire 2 de la Proposition 5, Chapitre IV (où l'on prend $u = [i_n, i_n]$); cela montre par exemple que le Corollaire 3 est valable si n est pair et $p \neq 2$; mais pour $p = 2$ ce procédé ne donne aucun renseignement.

2. Applications d'un polyèdre dans une sphère de dimension impaire

Proposition 2. *Soit K un polyèdre fini, n un entier impair, x un élément de $H^n(K, Z)$. Il existe un entier $N \neq 0$ et une application $f: K \to S_n$ tels que $f^*(u) = N \cdot x$, u désignant la classe fondamentale de $H^n(S_n, Z)$.*

Soit K_q le squelette de dimension q du polyèdre K; d'après un théorème bien connu de H. Hopf, il existe une application $f_n: K_{n+1} \to S_n$ telle que $f_n^*(u) = x$ (en convenant d'identifier $H^n(K)$ à $H^n(K_{n+1})$).

Si $i > n$, le groupe $\pi_i(S_n)$ est un groupe *fini*; soit r_i le nombre de ses éléments, et soit $g_i: S_n \to S_n$ une application de degré $2r_i$. Quel que soit $\alpha \in \pi_i(S_n)$, on a $g_i \circ \alpha = 0$, d'après le Corollaire 2 à la Proposition 1.

Ceci posé, nous allons définir des applications $f_i: K_{i+1} \to S_n$, $i \geqq n$, telles que f_n soit l'application précédemment construite, et que la restriction de f_i à K_i coincide avec $g_i \circ f_{i-1}$; supposons f_{i-1} connu, et soit e un simplexe de dimension $i + 1$ de K; la restriction de f_{i-1} à la frontière de ce simplexe définit un élément $\alpha_e \in \pi_i(S_n)$, et la restriction de $g_i \circ f_{i-1}$ définit l'élément $g_i \circ \alpha_e$, c'est-à-dire 0, comme on l'a vu. Ceci signifie que $g_i \circ f_{i-1}$ peut se prolonger à K_{i+1}, et l'on obtient ainsi l'application f_i cherchée.

L'existence des f_i étant démontrée, posons $f = f_{m-1}$, où m désigne la dimension de K. Je dis que l'application f répond aux conditions posées. En effet, on a $f_i^*(u) = f_{i-1}^* \circ g_i^*(u) = 2r_i \cdot f_{i-1}^*(u)$, d'où finalement $f^*(u) = N \cdot x$, avec:

$$N = 2^{m-n-1} \cdot \prod_{i=n+1}^{i=m-1} r_i .$$

5 Corollaire. *Soient K un polyèdre fini, k un corps de caractéristique nulle. Pour tout $x \in H^n(K, k)$, n impair, il existe $f: K \to S_n$ et $u \in H^n(S_n, k)$ tels que $f^*(u) = x$.*

[13] On peut montrer que $\varphi_2(x)$ est la suspension de $S_7 \to S_6 \to S_3$, où $S_7 \to S_6$ est essentielle, et où $S_6 \to S_3$ est l'élément de Blakers-Massey. La non-nullité de cet élément résulte alors par exemple de [7], §4.

Supposons que l'on ait dim $K \leqq n + 2p - 3$, p étant premier; les nombres r_i $(n + 1 \leqq i \leqq m - 1)$ sont alors premiers à p d'après la Proposition 11 du Chapitre IV, et le nombre N n'est donc pas divisible par p. Il résulte de là que
6 *le Corollaire précédent est valable si la caractéristique de k est p, à condition de supposer* dim $K \leqq n + 2p - 3$.

On peut étendre les résultats qui précèdent dans d'autres directions. Signalons par exemple la Proposition suivante (valable que n soit pair ou impair):

PROPOSITION 2'. *Supposons que* dim $K \leqq 2n - 2$ *et désignons par* $\mathcal{C}$ *la classe des groupes finis. L'homomorphisme* $\pi^n(K) \to H^n(K, Z)$ *est alors un* $\mathcal{C}$*-isomorphisme sur.*

Cette Proposition se démontre immédiatement en utilisant *la suite spectrale de cohomotopie*[14] du polyèdre K. Nous n'insistons pas là-dessus, d'autant plus que la Proposition 2 elle-même est très vraisemblablement valable pour n pair, à condition de supposer que le cup-carré de u est un élement d'ordre fini de $H^{2n}(K, Z)$.

3. Groupes de Lie et produits de sphères

Dans toute la suite de ce Chapitre, G désignera un *groupe de Lie semi-simple, compact, et connexe.* Si k est un corps de caractéristique nulle, d'après un résultat classique de H. Hopf, l'algèbre de cohomologie $H^*(G, k)$ est une algèbre extérieure engendrée par des éléments $x_1, \cdots, x_l$ de dimensions impaires $n_1, \cdots, n_l$; l'entier l est le *rang* de G, et l'on a $n_1 + n_2 + \cdots + n_l = n$, *dimension* de G.

Soit X le produit direct des sphères de dimension $n_1, \cdots, n_l$; le théorème de Hopf que nous venons de rappeler équivaut à dire que $H^*(G, k) \approx H^*(X, k)$. Nous allons préciser ceci:

PROPOSITION 3. *Avec les hypothèses précédentes, il existe une application continue $f: G \to X$ telle que f^* soit un isomorphisme de $H^i(X, k)$ sur $H^i(G, k)$ pour tout i.*

Pour tout i, $1 \leqq i \leqq l$, choisissons une application $f_i: G \to \mathbf{S}_{n_i}$, et un élément $u_i \in H^{n_i}(\mathbf{S}_{n_i}, k)$ tels que $f_i^*(u_i) = x_i$, ce qui est possible d'après le Corollaire à la Proposition 2. Soit $f: G \to X = \prod \mathbf{S}_{n_i}$ l'*application produit* des applications f_i; il est clair que f^* est un isomorphisme de $H^*(X, k)$ sur $H^*(G, k)$.

COROLLAIRE 1. *Soit $\mathcal{C}$ la classe des groupes finis. Toute application $f: G \to X$ vérifiant les conditions de la Proposition 3 définit un $\mathcal{C}$-isomorphisme de $\pi_i(G)$ sur $\pi_i(X)$ pour tout $i \geqq 0$.*

Soit $\bar{G}$ le revêtement universel de G; c'est un groupe semi-simple compact, et $H^*(\bar{G}, k) \approx H^*(G, k)$. Ceci montre qu'il suffit de prouver le Corollaire lorsque G est simplement connexe; mais dans ce cas il résulte du Théorème de J. H. C. Whitehead et de la Proposition 1 du Chapitre III.

COROLLAIRE 2. *Pour tout $q \geqq 0$, le rang de $\pi_q(G)$ est égal au nombre des entiers i tels que $n_i = q$. En particulier, $\pi_q(G)$ est fini si q est pair.*

Vu le Corollaire 1, il suffit de prouver ceci pour X au lieu de G. Mais on a:

---

[14] Pour tout ce qui concerne les groupes de cohomotopie $\pi^n(K)$, ainsi que la suite spectrale attachée à la filtration de K par les squelettes K_q, nous renvoyons le lecteur à E. Spanier. *Borsuk's cohomotopy groups.* Ann. of Math., **50**, 1949, p. 203–245.

$\pi_q(X) = \pi_q(S_{n_1}) + \cdots + \pi_q(S_{n_l})$, et le Corollaire résulte alors de la finitude des groupes $\pi_i(S_n)$ pour $i > n$, n impair.

Remarque. Le Corollaire précédent se généralise à tout espace G tel que $H^*(G, k)$ soit le produit tensoriel d'une algèbre extérieure et d'une algèbre de polynômes; cela se démontre immédiatement en utilisant la méthode de la Note [4], I, ainsi, que [8], VI, Proposition 4; Cf. [4], II, Proposition 3.

4. Nombres premiers réguliers pour un groupe de Lie donné

Nous conservons les hypothèses et notations du numéro précédent. Nous allons poursuivre la comparaison entre le groupe de Lie G et le produit de sphères X.

Définition. *Un nombre premier p est dit régulier pour G s'il existe $f: X \to G$ tel que f_* soit un isomorphisme de $H_i(X, Z_p)$ sur $H_i(G, Z_p)$ pour tout $i \geqq 0$.*[15]

Une telle application f sera dite une *p-équivalence.*

On notera que, si G a de la p-torsion (i.e. a un coefficient de torsion divisible par p), p est irrégulier pour G, car la dimension sur le corps Z_p de $H_*(G, Z_p)$ est alors strictement supérieure à celle de $H_*(X, Z_p)$. La réciproque est inexacte en général, comme on le verra sur les exemples du n° 5.

Le but de ce numéro et du suivant est de déterminer, dans la mesure du possible, les nombres premiers réguliers pour un groupe de Lie donné. La Proposition suivante ramène cette recherche au cas d'un groupe simplement connexe:

Proposition 4. *Soit $\bar{G}$ un revêtement de G, et soit H le noyau de la projection $q: \bar{G} \to G$. Pour qu'un nombre premier soit régulier pour G, il faut et il suffit qu'il soit régulier pour $\bar{G}$ et qu'il ne divise pas l'ordre de H.*

(Rappelons que H est un sous-groupe fini du centre de $\bar{G}$).

Supposons d'abord p régulier pour G; G n'a donc pas de p-torsion, et, puisque $H_1(G)$ admet le groupe H comme groupe quotient, il s'ensuit que p ne divise pas l'ordre de H; l'homomorphisme $q_* : H_i(\bar{G}, Z_p) \to H_i(G, Z_p)$ est alors un isomorphisme sur pour tout $i \geqq 0$, d'après un resultat élémentaire de la théorie des revêtements. Soit $f: X \to G$ une p-équivalence; puisque $\pi_1(X) = 0$, f se relève en $\bar{f}: X \to \bar{G}$ qui est aussi une p-équivalence, d'après ce que nous venons de voir sur q_*.

Réciproquement, s'il existe une p-équivalence $\bar{f}: X \to \bar{G}$, et si p ne divise pas l'ordre de H, l'application $f = q \circ \bar{f}: X \to G$ est une p-équivalence et p est régulier pour G.

L'intérêt de la notion de nombre premier régulier provient de la Proposition suivante:

Proposition 5. *Soient p un nombre premier régulier pour G, $\mathcal{C}$ la classe des groupes finis d'ordre premier à p. Pour tout $q \geqq 0$, le groupe $\pi_q(G)$ est $\mathcal{C}$-isomorphe à la somme directe des groupes $\pi_q(S_{n_i})$, $1 \leqq i \leqq l$.*

En raison de la Proposition 4, on peut se borner au cas où $\pi_1(G) = 0$. Soit

---

[15] **Il serait intéressant de savoir si le fait que p est régulier entraîne l'existence d'une p-équivalence $g: G \to X$. Plus généralement est-il possible de bâtir une théorie du "$\mathcal{C}$-type**
7 **d'homotopie" d'un espace?**

$f\colon X \to G$ une p-équivalence; puisque $\pi_1(X) = 0$, et que $\pi_1(G) = \pi_2(G) = 0$[16], on peut appliquer le théorème de J. H. C. Whitehead, et l'homomorphisme $f_0\colon \pi_q(X) \to \pi_q(G)$ est un $\mathcal{C}$-isomorphisme sur pour tout $q \geqq 0$. La Proposition résulte alors de ce que $\pi_q(X) = \pi_q(\mathbf{S}_{n_1}) + \cdots + \pi_q(\mathbf{S}_{n_l})$.

Corollaire. *Si p est régulier pour G, le p-composant de $\pi_q(G)$ est isomorphe à la somme directe des p-composants des $\pi_q(\mathbf{S}_{n_i})$, $1 \leqq i \leqq l$.*

Nous allons maintenant montrer que tout nombre premier suffisamment grand est régulier pour G. De façon plus précise:

Proposition 6. *Soit p un nombre premier tel que G n'ait pas de p-torsion et que l'on ait $n_i \leqq 2p - 1$ pour $1 \leqq i \leqq l$. Alors p est régulier pour G.*

Puisque G n'a pas de p-torsion, l'ordre de $\pi_1(G)$ n'est pas divisible par p, et en appliquant la Proposition 4, on voit qu'on peut supposer G simplement connexe.

D'autre part, d'après [1], §20, Remarque 1, l'*algèbre* $H_*(G, Z_p) = H_*(G) \otimes Z_p$ (munie du produit de Pontrjagin) est une algèbre extérieure engendrée par des éléments $z_1, \cdots, z_l$ de dimensions $n_1, \cdots, n_l$; nous noterons I_k la *sous-algèbre* de $H_*(G) \otimes Z_p$ engendrée par les éléments de dimension inférieure ou égale à k. De même, nous poserons $X_k = \prod_{n_i \leqq k} \mathbf{S}_{n_i}$; on a: $H_*(X_k) \otimes Z_p \approx I_k$.

Nous allons maintenant construire des applications $f_k\colon X_k \to G$ qui vérifient la condition:

(a) *L'image de $(f_k)_*: H_*(X_k) \otimes Z_p \to H_*(G) \otimes Z_p$ est I_k.*

Il est clair que (a) entraîne:

(b) *$(f_k)_*$ est biunivoque.*

Une fois les f_k construites, on posera $f = f_{n_l}$, et l'on obtiendra bien une p-équivalence.

Tout revient donc à construire les f_k, ce qui se fait par récurrence sur l'entier k; puisque $X_k = X_{k-1}$ si k n'est égal à aucun des n_i, il suffit de s'occuper du cas où k est égal à l'un des n_i ; si m désigne le nombre des entiers i tels que $n_i = k$, on a:

$$X_k = X_{k-1} \times (\mathbf{S}_k)_1 \times (\mathbf{S}_k)_2 \times \cdots \times (\mathbf{S}_k)_m .$$

Soit G' le mapping-cylinder de $f_{k-1}\colon X_{k-1} \to G$; puisque f_{k-1} vérifie la condition (a), on a $H_i(G', X_{k-1} ; Z_p) = 0$ pour $i < k$; appliquant le Théorème d'Hurewicz relatif (ce qui est licite puisque $\pi_1(G) = \pi_2(G) = 0$) avec pour classe $\mathcal{C}$ la classe des groupes finis d'ordre premier à p, on voit que $\pi_k(G', X_{k-1}) \to H_k(G', X_{k-1})$ est un $\mathcal{C}$-isomorphisme sur, donc que $\pi_k(G', X_{k-1}) \otimes Z_p \to H_k(G', X_{k-1}) \otimes Z_p$ est un isomorphisme sur; comme $H_{k-1}(G', X_{k-1}) \in \mathcal{C}$, on a $H_k(G', X_{k-1}) \otimes Z_p = H_k(G', X_{k-1} ; Z_p)$. D'autre part, puisque k est égal à l'un des n_i, on a $k \leqq 2p - 1$, et il résulte de la Proposition 11 du Chapitre IV que $\pi_k(X_{k-1})$ et $\pi_{k-1}(X_{k-1})$ appartiennent à $\mathcal{C}$; d'où, en appliquant la suite exacte d'homotopie, le fait que $\pi_k(G) \otimes Z_p \to \pi_k(G', X_{k-1}) \otimes Z_p$ est un isomorphisme sur. Considérons alors le

[16] Le fait que $\pi_2(G) = 0$ pour tout groupe de Lie est dû à Elie Cartan. *Voir: la Topologie des groupes de Lie*, Paris, Hermann, 1936.

diagramme commutatif suivant, où la ligne inférieure est une suite exacte:

$$\begin{array}{ccccccc} & & \pi_k(G) \otimes Z_p & \rightarrow & \pi_k(G', X_{k-1}) \otimes Z_p & & \\ & & \downarrow & & \downarrow & & \\ H_k(X_{k-1}) \otimes Z_p & \rightarrow & H_k(G) \otimes Z_p & \rightarrow & H_k(G', X_{k-1}) \otimes Z_p & \rightarrow & H_{k-1}(X_{k-1}) \otimes Z_p . \end{array}$$

Il résulte de la propriété (b) et du diagramme précédent que l'homomorphisme $\pi_k(G) \otimes Z_p \rightarrow H_k(G) \otimes Z_p$ est biunivoque et que son image Σ_k est supplémentaire dans $H_k(G) \otimes Z_p$ de l'image de $H_k(X_{k-1}) \otimes Z_p$; d'après (a) cette dernière image n'est autre que $I_{k-1} \cap (H_k(G) \otimes Z_p)$. La dimension de Σ_k est donc égale à m, et si $y_1, \cdots, y_m$ forment une base de Σ_k, la sous-algèbre de $H_*(G) \otimes Z_p$ engendrée par I_{k-1} et les y_i n'est autre que I_k.

Soient g_i: $\mathbf{S}_k \rightarrow G$ des représentants des y_i, $1 \leqq i \leqq m$. Puisque $X_k = X_{k-1} \times (\mathbf{S}_k)_1 \times \cdots \times (\mathbf{S}_k)_m$, on peut définir une application f_k: $X_k \rightarrow G$ en posant:

$$f_k(a, b_1, \cdots, b_m) = f_{k-1}(a) \cdot g_1(b_1) \cdots g_m(b_m), \quad a \in X_{k-1}, \ b_i \in (\mathbf{S}_k)_i,$$

le produit étant celui qui définit la structure de groupe de G. Par définition même du produit de Pontrjagin, l'image de $(f_k)_*$ est la sous-algèbre de $H_*(G) \otimes Z_p$ engendrée par l'image de $(f_{k-1})_*$ et par les images des $(g_i)_*$, c'est-à-dire I_k, d'après ce qu'on vient de voir. L'application f_k vérifie donc (a), ce qui achève la démonstration.

Remarques. (1) Signalons brièvement comment on peut prouver la Proposition précédente de façon légèrement différente, en utilisant les résultats du n° 2: si Y désigne le squelette de dimension $n_l + 1$ de G (supposé triangulé) on construit $h: Y \rightarrow X$ telle que $h_*: H_i(Y) \otimes Z_p \rightarrow H_i(X) \otimes Z_p$ soit un isomorphisme sur pour $i \leqq n_l$; c'est possible du fait que $n_l + 1 \leqq 2p$. Comme $\pi_i(Y) = \pi_i(G)$ pour $i \leqq n_l$, l'application h donne assez de renseignements sur les $\pi_i(G)$ pour que l'on puisse être assuré de l'existence d'éléments $g_i \in \pi_{n_i}(G)$ dont les images dans $H_*(G) \otimes Z_p$ constituent un système de générateurs de l'algèbre $H_*(G) \otimes Z_p$. On prend alors pour f le produit (au sens de G) des g_i.

(2) Supposons que G soit un groupe *simple* de dimension n, rang l; les nombres n_i vérifient alors la propriété de *symétrie*[17] bien connue: $n_1 + n_l = n_2 + n_{l-1} = \cdots = 2n/l$; comme $n_1 = 3$, la condition $n_l \leqq 2p - 1$ équivaut donc à $p \geqq n/l - 1$.

5. Groupes classiques

Rappelons que tout groupe simple est de l'un des types A_l, B_l, C_l, D_l, G_2, F_4, E_6, E_7, E_8, les quatre premiers types étant dits *classiques*, les cinq derniers *exceptionnels*. Le tableau suivant indique pour chacun de ces types la valeur de la dimension n, de $n/l - 1$, et (dans le cas classique) indique le représentant

[17] *Voir* au sujet de cette symétrie H. S. M. Coxeter. *The product of the generators of a finite group generated by reflections*. Duke Math. J., **18**, 1951, p. 765–782.

simplement connexe:

$$\begin{array}{llll}
A_l - SU(l+1) & -n = l(l+2) & -n/l - 1 = l+1 \\
B_l - Spin(2l+1) & -n = l(2l+1) & -n/l - 1 = 2l \\
C_l - Sp(l) & -n = l(2l+1) & -n/l - 1 = 2l \\
D_l - Spin(2l) & -n = l(2l-1) & -n/l - 1 = 2l-2 \\
G_2 - n = 14 & -n/l - 1 = 6 \\
F_4 - n = 52 & -n/l - 1 = 12 \\
E_6 - n = 78 & -n/l - 1 = 12 \\
E_7 - n = 133 & -n/l - 1 = 18 \\
E_8 - n = 248 & -n/l - 1 = 30.
\end{array}$$

Nous allons voir que, si G est classique, on peut démontrer une réciproque de la Proposition 6:

PROPOSITION 7. *Soit G un groupe simple, compact, connexe, classique, et simplement connexe, de dimension n et de rang l. Pour qu'un nombre premier p soit régulier pour G, il faut et il suffit que $p \geqq n/l - 1$.*

Suffisance. D'après la Proposition 6 et la Remarque 2 qui la suit, il suffit de voir que G n'a pas de p-torsion si $p \geqq n/l - 1$; or cela résulte immédiatement de la détermination de la torsion des groupes classiques due à C. Ehresmann et A. Borel.[18]

Nécessité. Nous devons montrer que, si $p < n/l - 1$, p est irrégulier pour G.

(a) *Cas de $SU(l+1)$.*

Il faut montrer que tout $p \leqq l$ est irrégulier. Or il résulte de la Note [2] que, sous cette hypothèse, l'opération St_p^{2p-2} de Steenrod transforme le générateur de $H^3(G) \otimes Z_p$ en un élément non nul; comme les opérations de Steenrod commutent avec f^*, et qu'elles sont nulles dans $H^*(X) \otimes Z_p$, il s'ensuit bien que p est irrégulier pour G.

(b) *Cas de $Sp(l)$.*

Le cas de $p \neq 2$ se traite comme précédemment. Reste à voir que 2 est irrégulier pour $Sp(l)$ si $l \geqq 2$; d'après le Corollaire à la Proposition 5, il suffit de faire voir que le 2-composant de $\pi_6(Sp(l))$ n'est pas isomorphe à celui de $\pi_6(\mathbf{S}_3)$, et il suffit d'examiner le cas $l = 2$. Or on a $Sp(2)/\mathbf{S}_3 = \mathbf{S}_7$, d'où la suite exacte $\pi_7(\mathbf{S}_7) \to \pi_6(\mathbf{S}_3) \to \pi_6(Sp(2)) \to 0$. Tout revient donc à montrer que le 2-composant de la classe caractéristique $\gamma \in \pi_6(\mathbf{S}_3)$ de la fibration $Sp(2)/\mathbf{S}_3 = \mathbf{S}_7$ n'est pas nul. Or ceci est bien exact, car l'élément γ n'est autre que l'élément de Blakers-Massey.

(c) *Cas de $Spin(2l)$ et de $Spin(2l+1)$.*

Le cas de $p \neq 2$ se traite comme pour $SU(l+1)$, et il reste à voir que 2 est irrégulier pour $Spin(n)$, si $n \geqq 5$. Pour $n = 5$, cela résulte de ce que $Spin(5) = Sp(2)$; pour $n = 6$, de ce que $Spin(6) = SU(4)$; pour $n \geqq 7$, de ce que $Spin(n)$ a de la 2-torsion (A. Borel, loc. cit.).

[18] *Sur la cohomologie des variétés de Stiefel et de certains groupes de Lie.* C. R. Acad. Sci. Paris, **232**, 1951, p. 1628–1630.

Remarques. (1) La Proposition précédente est valable sans supposer G simplement connexe, à condition d'exclure le groupe $SO(3)$.

(2) Il serait intéressant de voir si la Proposition 7 peut s'étendre aux groupes
8 exceptionnels; le cas du groupe G_2 semble le plus facile: on montre aisément que 2 et 5 sont irréguliers pour G_2 (car G_2 a de la 2-torsion, et l'opération St_5^8 a un effet non nul sur $H^3(G_2) \otimes Z_5$), et que tout nombre premier $\geqq 7$ est régulier (Proposition 6). Pour vérifier la Proposition 7 dans ce cas, il faudrait donc montrer que 3 est irrégulier; on voit d'ailleurs aisément que cela équivaut à montrer que le 3-composant de $\pi_{10}(G_2)$ est nul.

Paris

Bibliographie

[1]. A. Borel. *Sur la cohomologie des espaces fibrés principaux et des espaces homogènes de groupes de Lie compacts.* Ann. of Math., **57** (1953), p. 115–207.

[2]. A. Borel et J-P. Serre. *Détermination des p-puissances réduites de Steenrod dans la cohomologie des groupes classiques. Applications.* C. R. Acad. Sci. Paris, **233**, 1951, p. 680–682.

[3]. H. Cartan and S. Eilenberg. *Homological algebra.* A paraître.[19]

[4]. H. Cartan et J-P. Serre. *Espaces fibrés et groupes d'homotopie.* I. C. R. Acad. Sci. Paris, **234**, 1952, p. 288–290; II, ibid., p. 393–395.

[5]. S. Eilenberg and S. MacLane. *Relations between homology and homotopy groups of spaces.* Ann. of Math., **46**, 1945, p. 480–509.

[6]. H. Hopf. *Ueber die Bettischen Gruppen, die zu einer beliebigen Gruppe gehören.* Comment. Math. Helv., **17**, 1944, p. 39–79.

[7]. P. Hilton. *Suspension theorems and generalized Hopf invariant.* Proc. London Math. Soc., **1**, 1951, p. 462–493.

[8] J-P. Serre. *Homologie singulière des espaces fibrés. Applications.* Ann. of Math., **54**, 1951, p. 425–505.

[9]. J-P. Serre. *Sur la suspension de Freudenthal.* C. R. Acad. Sci. Paris, **234**, 1952, p. 1340–1342.

[10]. G. W. Whitehead. *On spaces with vanishing low-dimensional homotopy groups.* Proc. Nat. Acad. Sci. U. S. A., **34**, 1948, p. 207-211.

[11]. G. W. Whitehead. *A generalization of the Hopf invariant.* Ann. of Math., **51**, 1950, p. 192–237.

[12]. G. W. Whitehead. *On the Freudenthal theorems.* Ann. of Math., **57** (1953), p. 209–228

[13]. J. H. C. Whitehead. *Combinatorial Homotopy* I. Bull. Amer. Math. Soc., **55**, 1949 p. 213–245.

[19] Cf. Eilenberg-Steenrod. Foundations of algebraic topology.

19.

Cohomologie modulo 2 des complexes d'Eilenberg-MacLane

Comm. Math. Helv. 27 (1953), 198–232

Introduction

On sait que les complexes $K(\Pi, q)$ introduits par Eilenberg-MacLane dans [4] jouent un rôle essentiel dans un grand nombre de questions de topologie algébrique. Le présent article est une contribution à leur étude.

En nous appuyant sur un théorème démontré par A. Borel dans sa
1 thèse [2], nous déterminons les algèbres de cohomologie modulo 2 de ces complexes, tout au moins lorsque le groupe Π possède un nombre fini de générateurs. Ceci fait l'objet du § 2. Dans le § 3 nous étudions le comportement asymptotique des séries de Poincaré des algèbres de cohomologie précédentes ; nous en déduisons que, lorsqu'un espace X vérifie des conditions très larges (par exemple, lorsque X est un polyèdre fini, simplement connexe, d'homologie modulo 2 non triviale), il existe une infinité d'entiers i tels que le groupe d'homotopie $\pi_i(X)$ contienne un sous-groupe isomorphe à Z ou à Z_2. Dans le § 4 nous précisons les relations qui lient les complexes $K(\Pi, q)$ et les diverses «opérations cohomologiques»; ceci nous fournit notamment une méthode permettant d'étudier les relations entre i-carrés itérés. Le § 5 contient le calcul des groupes $\pi_{n+3}(S_n)$ et $\pi_{n+4}(S_n)$; ce calcul est effectué en combinant les résultats des §§ 2 et 4 avec ceux d'une Note de H. Cartan et l'auteur ([3], voir aussi [14]). Les §§ 4 et 5 sont indépendants du § 3.

Les principaux résultats de cet article ont été résumés dans une Note aux Comptes Rendus [9].

§ 1. Préliminaires

1. Notations

Si X est un espace topologique et G un groupe abélien, nous notons $H_i(X, G)$ le i-ème groupe d'homologie singulière de X à coefficients dans G ; nous posons $H_*(X, G) = \sum_{i=0}^{\infty} H_i(X, G)$, le signe $\sum$ représentant une somme directe.

De façon analogue, nous notons $H^i(X, G)$ les groupes de cohomologie de X, et nous posons $H^*(X, G) = \sum_{i=0}^{\infty} H^i(X, G)$.

Les groupes d'homologie et de cohomologie relatifs d'un couple (X, Y) sont notés $H_i(X, Y; G)$ et $H^i(X, Y; G)$.

Nous notons Z le groupe additif des entiers et Z_n le groupe additif des entiers modulo n.

2. Les *i*-carrés de Steenrod

N. E. Steenrod a défini dans [12] (voir aussi [13]) des homomorphismes :

$$Sq^i: \ H^n(X, Y; Z_2) \to H^{n+i}(X, Y; Z_2) \quad (i \text{ entier } \geqslant 0),$$

où (X, Y) désigne un couple d'espaces topologiques, avec $Y \subset X$. Ces opérations ont les propriétés suivantes[1]) :

2.1. $Sq^i \circ f^* = f^* \circ Sq^i$, lorsque f est une application continue d'un couple (X, Y) dans un couple (X', Y').

2.2. $Sq^i \circ \delta = \delta \circ Sq^i$, δ désignant le cobord de la suite exacte de cohomologie.

2.3. $Sq^i(x \cdot y) = \sum_{j+k=i} Sq^j(x) \cdot Sq^k(y)$, $x \cdot y$ désignant le cup-produit.

2.4. $Sq^i(x) = x^2$ si dim. $x = i$, $Sq^i(x) = 0$ si dim. $x < i$.

2.5. $Sq^0(x) = x$.

On sait que toute suite exacte $0 \to A \to B \to C \to 0$ définit un opérateur cobord δ: $H^n(X, Y; C) \to H^{n+1}(X, Y; A)$. En particulier :

2.6. Sq^1 coïncide avec l'opérateur cobord attaché à la suite exacte

$$0 \to Z_2 \to Z_4 \to Z_2 \to 0 .$$

On a donc une suite exacte :

2.7. $$\ldots \to H^n(X, Y; Z_4) \to H^n(X, Y; Z_2) \xrightarrow{Sq^1} H^{n+1}(X, Y; Z_2) \to H^{n+1}(X, Y; Z_4) \to \ldots$$

3. Les *i*-carrés itérés

On peut composer entre elles les opérations Sq^i. On obtient ainsi les *i-carrés itérés* $Sq^{i_1} \circ Sq^{i_2} \circ \ldots \circ Sq^{i_r}$ qui appliquent $H^n(X, Z_2)$ dans le groupe $H^{n+i_1+\cdots+i_r}(X, Z_2)$. Une telle opération sera notée Sq^I, I désignant la suite d'entiers $\{i_1, \ldots, i_r\}$. Nous supposerons toujours que

---

[1]) Ces propriétés sont démontrées dans [12], à l'exception de 2.3, dont on trouvera la démonstration dans une Note de H. Cartan aux Comptes Rendus 230, 1950, p. 425.

les entiers $i_1, \ldots, i_r$ sont > 0 (ceci ne restreint pas la généralité, à cause de 2.5).

Les définitions suivantes joueront un rôle essentiel par la suite :

3.1. L'entier $n(I) = i_1 + \cdots + i_r$ est appelé le *degré* de I.

3.2. Une suite I est dite *admissible* si l'on a :

$$i_1 \geqslant 2i_2, i_2 \geqslant 2i_3, \ldots, i_{r-1} \geqslant 2i_r .$$

3.3. Si une suite I est admissible, on définit son *excès* $e(I)$ par :

$$\begin{aligned} e(I) &= (i_1 - 2i_2) + (i_2 - 2i_3) + \cdots + (i_{r-1} - 2i_r) + i_r \\ &= i_1 - i_2 - \ldots - i_r = 2i_1 - n(I) . \end{aligned}$$

Par définition, $e(I)$ est un entier $\geqslant 0$, et si $e(I) = 0$ la suite I est vide (l'opération Sq^I correspondante est donc l'identité).

4. Les complexes d'Eilenberg-MacLane

Soient q un entier, Π un groupe (abélien si $q \geqslant 2$). Nous dirons qu'un espace X est *un espace* $K(\Pi, q)$ si $\pi_i(X) = 0$ pour $i \neq q$, et si $\pi_q(X) = \Pi$. On sait (cf. [4]) que les groupes d'homologie et de cohomologie de X sont isomorphes à ceux du complexe $K(\Pi, q)$ défini de façon purement algébrique par Eilenberg-MacLane. Nous noterons ces groupes $H_i(\Pi; q, G)$ et $H^i(\Pi; q, G)$, G étant le groupe de coefficients.

Pour tout couple (Π, q) il existe un espace X qui est un espace $K(\Pi, q)$ (cf. J. H. C. Whitehead, Ann. Math. **50**, 1949, p. 261–263). Soit X' le complexe cellulaire obtenu en «réalisant géométriquement» le complexe singulier de X [2]); on sait que $\pi_i(X') = \pi_i(X)$ pour tout $i \geqslant 0$, donc X' est un espace $K(\Pi, q)$. Comme d'autre part on peut subdiviser simplicialement X', on obtient finalement :

4.1. *Pour tout couple* (Π, q) *il existe un espace* $K(\Pi, q)$ *qui est un complexe simplicial.*

(Ici, comme dans toute la suite, nous entendons par *complexe simplicial* un complexe K qui peut avoir une infinité de simplexes et qui est muni de la topologie *faible* : une partie de K est fermée si ses intersections avec les sous-complexes finis de K sont fermées.)

---

[2]) L'espace X' est défini et étudié dans les articles suivants: 1) *J. B. Giever*, On the equivalence of two singular homology theory, Ann. Math. **51**, 1950, p. 178–191; 2) *J. H. C. Whitehead*, A certain exact sequence, Ann. Math. **52**, 1950, p. 51–110 (voir notamment les n°s 19, 20, 21).

5. Propriétés élémentaires des espaces $K(\Pi, q)$

5.1. *Pour tout couple* (Π, q) *il existe un espace fibré contractile dont la base est un espace* $K(\Pi, q)$ *et dont la fibre est un espace* $K(\Pi, q-1)$.

Rappelons ([8], p. 499) que l'on obtient un tel espace fibré en prenant l'espace des chemins d'origine fixée sur un espace $K(\Pi, q)$.
L'énoncé suivant est évident:

5.2. *Si* X *est un espace* $K(\Pi, q)$ *et si* X' *est un espace* $K(\Pi', q)$, *le produit direct* $X \times X'$ *est un espace* $K(\Pi + \Pi', q)$.

Soit maintenant X un espace $K(\Pi, q)$, le groupe Π étant abélien (ce n'est une restriction que si $q = 1$). On a alors $H_q(X, Z) = \Pi$, d'où $H^q(X, \Pi) = \mathrm{Hom}(\Pi, \Pi)$. Le groupe $H^q(X, \Pi)$ contient donc une «classe fondamentale» u qui correspond dans $\mathrm{Hom}(\Pi, \Pi)$ à l'application identique de Π sur Π. Soit alors $f: Y \to X$ une application continue d'un espace Y dans l'espace X; l'élément $f^*(u)$ est un élément bien défini de $H^q(Y, \Pi)$ et il résulte de la théorie classique des obstructions (cf. S. Eilenberg, *Lectures in Topology*, Michigan 1941, p. 57–100) que l'on a:

5.3. *Si* Y *est un complexe simplicial,* $f \to f^*(u)$ *met en correspondance biunivoque les classes d'homotopie des applications de* Y *dans* X *et les éléments de* $H^q(Y, \Pi)$.

(On trouvera dans [5], IV un résultat très proche du précédent.)
Si Y est un espace $K(\Pi', q)$, on a $H^q(Y, \Pi) = \mathrm{Hom}(\Pi', \Pi)$, d'où:

5.4. *Si un complexe simplicial* Y *est un espace* $K(\Pi', q)$, *les classes d'homotopie des applications de* Y *dans un espace* $K(\Pi, q)$ *correspondent biunivoquement aux homomorphismes de* Π' *dans* Π.

6. Fibrations des espaces $K(\Pi, q)$ [3]

Donnons-nous un entier q, et une suite exacte de groupes abéliens:

$$0 \to A \to B \to C \to 0 \,.$$

6.1. *Il existe un espace fibré* E, *de fibre* F *et base* X, *où* F *est un espace* $K(A, q)$, E *un espace* $K(B, q)$, X *un espace* $K(C, q)$, *et dont la suite exacte d'homotopie (en dimension* q) *est la suite exacte donnée.*

Soient Y un complexe simplicial qui soit un espace $K(B, q)$, X un espace $K(C, q)$ et $f: Y \to X$ une application continue telle que

$$f_0: \pi_q(Y) \to \pi_q(X)$$

soit l'homomorphisme donné de B sur C (cf. 5.4).

[3]) Ces fibrations m'ont été signalées par H. Cartan.

On prend pour espace E l'espace des couples $(y, \alpha(t))$, où $y \in Y$, et où $\alpha(t)$ est un chemin de X tel que $\alpha(0) = f(y)$. L'espace E est rétractile sur Y, c'est donc un espace $K(B, q)$. L'application $(y, \alpha(t)) \to \alpha(1)$ fait de E un espace fibré de base X (c'est une généralisation immédiate de la Proposition 6 de [8], Chapitre IV). La suite exacte d'homotopie montre alors que la fibre F de cette fibration est un espace $K(C, q)$; plus précisément, la suite :

$$\pi_{q+1}(X) \to \pi_q(F) \to \pi_q(E) \to \pi_q(X) \to \pi_{q-1}(F) ,$$

est identique à la suite exacte $0 \to A \to B \to C \to 0$ donnée.

On montre de façon tout analogue l'existence d'un espace fibré où :

6.2. *L'espace fibré est un espace* $K(A, q)$, *la fibre est un espace* $K(C, q-1)$ *et la base est un espace* $K(B, q)$.

De même, il existe un espace fibré où :

6.3. *L'espace fibré est un espace* $K(C, q-1)$, *la fibre est un espace* $K(B, q-1)$ *et la base est un espace* $K(A, q)$.

§ 2. Détermination de l'algèbre $H^*(\Pi; q, Z_2)$

7. Un théorème de A. Borel

Soient X un espace et $A = H^*(X, Z_2)$ l'algèbre de cohomologie de X à coefficients dans Z_2. On dit ([2], Définition 6.3) qu'une famille (x_i) $(i = 1, \ldots)$, d'éléments de A est un *système simple de générateurs* de A si :

7.1. Les x_i sont des éléments homogènes de A,

7.2. Les produits $x_{i_1} . x_{i_2} \ldots x_{i_r}$ $(i_1 < i_2 < \cdots < i_r, r \geqslant 0$ quelconque) forment une base de A, considéré comme espace vectoriel sur Z_2.

Nous pouvons maintenant rappeler le théorème de A. Borel ([2], Proposition 16.1) qui est à la base des résultats de ce paragraphe :

Théorème 1. *Soit E un espace fibré de fibre F et base B connexes par arcs, vérifiant les hypothèses suivantes :*

α) *Le terme E_2 de la suite spectrale de cohomologie de E (à coefficients dans Z_2) est $H^*(B, Z_2) \otimes H^*(F, Z_2)$ (c'est le cas, comme on sait, si $\pi_1(B) = 0$ et si les groupes d'homologie de B ou de F sont de type fini).*

β) $H^i(E, Z_2) = 0$ *pour tout* $i > 0$.

γ) $H^*(F, Z_2)$ possède un système simple de générateurs (x_i) qui sont transgressifs.

Alors, si les y_i sont des éléments homogènes de $H^*(B, Z_2)$ qui correspondent aux x_i par transgression, $H^*(B, Z_2)$ est l'algèbre de polynômes ayant les y_i pour générateurs.

(En d'autres termes, les y_i engendrent $H^*(B, Z_2)$ et ne vérifient aucune relation non triviale.)

Nous utiliserons ce théorème principalement dans le cas particulier où $H^*(F, Z_2)$ est elle-même une algèbre de polynômes ayant pour générateurs des éléments transgressifs z_i, de degrés n_i. Il est immédiat que $H^*(F, Z_2)$ admet alors pour système simple de générateurs les puissances (2^r)-èmes des z_i $(i = 1, \ldots, ; r = 0, 1, \ldots)$. Si a et r sont deux entiers, désignons par $L(a, r)$ la suite $\{2^{r-1} a, \ldots, 2a, a\}$; d'après 2.4 on a $z_i^{(2^r)} = Sq^{L(n_i, r)}(z_i)$, les notations étant celles du n° 3. Soient alors $t_i \in H^{n_i+1}(B, Z_2)$ des éléments qui correspondent par transgression aux z_i ; puisque les Sq^i commutent à la transgression ([8], p. 457), les éléments $z_i^{(2^r)}$ sont transgressifs et leurs images par transgression sont les $Sq^{L(n_i, r)}(t_i)$. Appliquant le Théorème 1, on obtient donc :

7.3. *Sous les hypothèses précédentes, $H^*(B, Z_2)$ est l'algèbre de polynômes ayant pour générateurs les $Sq^{L(n_i, r)}(t_i)$ $(i = 1, \ldots ; r = 0, 1, \ldots)$.*

8. Détermination de l'algèbre $H^*(Z_2 ; q, Z_2)$

On a $H^i(Z_2 ; q, Z_2) = 0$ pour $0 < i < q$, et $H^q(Z_2 ; q, Z_2) = Z_2$. Nous désignerons par u_q l'unique générateur de ce dernier groupe.

Théorème 2. *L'algèbre $H^*(Z_2 ; q, Z_2)$ est l'algèbre de polynômes ayant pour générateurs les éléments $Sq^I(u_q)$, où I parcourt l'ensemble des suites admissibles d'excès $< q$ (au sens du n° 3).*

On sait que l'espace projectif réel à une infinité de dimensions est un espace $K(Z_2, 1)$; $H^*(Z_2 ; 1, Z_2)$ est donc l'algèbre de polynômes ayant u_1 pour unique générateur ; comme d'autre part $e(I) < 1$ entraîne que I soit vide, le théorème est vérifié pour $q = 1$.

Supposons-le vérifié pour $q - 1$ et démontrons-le pour q. Considérons la fibration 5.1. Par hypothèse, $H^*(Z_2 ; q - 1, Z_2)$ est l'algèbre de polynômes ayant pour générateurs les éléments $z_J = Sq^J(u_{q-1})$, où J parcourt l'ensemble des suites admissibles d'excès $e(J) < q - 1$. Nous noterons s_J le degré de l'élément z_J ; on a $s_J = q - 1 + n(J)$. Il est clair que u_{q-1} est transgressif et que son image par la transgression τ

est u_q. D'après [8], loc. cit., z_J est donc aussi transgressif et $\tau(z_J) = Sq^J(u_q)$. Il s'ensuit que l'on peut appliquer 7.3 à la fibration 5.1, ce qui montre que $H^*(Z_2; q, Z_2)$ est l'algèbre de polynômes ayant pour générateurs les éléments $Sq^{L(s_J, r)} \circ Sq^J(u_q)$, où r parcourt l'ensemble des entiers $\geqslant 0$, et J l'ensemble des suites admissibles d'excès $<q-1$. La démonstration du Théorème 2 sera donc achevée si nous prouvons le Lemme suivant :

Lemme 1. *Si à tout entier* $r \geqslant 0$, *et à toute suite admissible* $J = \{j_1, \ldots, j_k\}$ *d'excès* $<q-1$, *on fait correspondre la suite :*

$$I = \{2^{r-1} \cdot s_J, \ldots, 2s_J, s_J, j_1, \ldots, j_k\}, \quad \text{où} \quad s_J = q - 1 + n(J),$$

on obtient toutes les suites admissibles d'excès $<q$ *une fois et une seule.*

Notons d'abord que $s_J - 2j_1 = n(J) - 2j_1 + q - 1 = q - 1 - e(J) > 0$, donc I est une suite *admissible*. Si $r = 0$, on a $I = J$, d'où $e(I) = e(J) < q - 1$; si $r > 0$, on a $e(I) = e(J) + s_J - 2j_1 = q - 1$. Ainsi, en prenant $r = 0$ on trouve toutes les suites admissibles d'excès $e(I) < q - 1$, et en prenant $r > 0$ on trouve des suites admissibles d'excès $q - 1$.

Inversement, si l'on se donne une suite admissible $I = \{i_1, \ldots, i_p\}$ d'excès $q - 1$, r et J sont déterminés sans ambiguïté :

$$\begin{cases} r \text{ est le plus grand entier tel que } i_1 = 2i_2, \ldots, i_{r-1} = 2i_r, \\ J = \{i_{r+1}, \ldots, i_p\}. \end{cases}$$

La suite associée au couple (r, J) est bien I car l'on a :

$$q - 1 = e(I) = i_r - 2i_{r+1} + e(J) = i_r - 2i_{r+1} + 2i_{r+1} - n(J),$$

d'où $i_r = n(J) + q - 1 = s_J$, et $i_{r-1} = 2s_J, \ldots, i_1 = 2^{r-1} \cdot s_J$.

Le Lemme 1 est donc démontré.

9. Exemples

$H^*(Z_2; 1, Z_2)$ est l'algèbre de polynômes engendrée par u_1.

$H^*(Z_2; 2, Z_2)$ est l'algèbre de polynômes engendrée par :

$u_2, Sq^1 u_2, Sq^2 Sq^1 u_2, \ldots, Sq^{2^k} Sq^{2^{k-1}} \ldots Sq^2 Sq^1 u_2, \ldots$.

$H^*(Z_2; 3, Z_2)$ est l'algèbre de polynômes engendrée par :

$u_3, Sq^2 u_3, Sq^4 Sq^2 u_3, \ldots, Sq^{2^r} Sq^{2^{r-1}} \ldots Sq^2 u_3, \ldots$

$Sq^1 u_3, Sq^3 Sq^1 u_3, Sq^6 Sq^3 Sq^1 u_3, \ldots, Sq^{3 \cdot 2^r} Sq^{3 \cdot 2^{r-1}} \ldots Sq^3 Sq^1 u_3, \ldots$

. . . . . .

$Sq^{2^{k-1}} \ldots Sq^2 Sq^1 u_3, \ldots, Sq^{(2^k+1)2^r} \ldots Sq^{2^k+1} Sq^{2^{k-1}} \ldots Sq^2 Sq^1 u_3, \ldots$

. . . .

10. Détermination de l'algèbre $H^*(Z; q, Z_2)$

Le cercle S_1 est un espace $K(Z, 1)$; ceci détermine $H^*(Z; 1, Z_2)$. Nous pouvons donc nous borner au cas où $q \geqslant 2$. Nous désignerons encore par u_q l'unique générateur de $H^q(Z; q, Z_2)$.

Théorème 3. *Si $q \geqslant 2$, l'algèbre $H^*(Z; q, Z_2)$ est l'algèbre de polynômes ayant pour générateurs les éléments $Sq^I(u_q)$ où I parcourt l'ensemble des suites admissibles $\{i_1, \ldots, i_r\}$, d'excès $< q$, et telles que $i_r > 1$.*

On sait que l'espace projectif complexe à une infinité de dimensions est un espace $K(Z, 2)$; $H^*(Z; 2, Z_2)$ est donc l'algèbre de polynômes ayant u_2 pour unique générateur ; comme d'autre part $e(I) < 2$ et $i_r > 1$ entraînent que I soit vide, le théorème est vérifié pour $q = 2$.

A partir de là on raisonne par récurrence sur q, exactement comme dans la démonstration du Théorème 2. Il faut simplement observer que, si $q \geqslant 3$, les suites I dont le dernier terme est > 1 correspondent, par la correspondance du Lemme 1, aux couples (r, J) où le dernier terme de J est > 1.

Corollaire. *Si $q \geqslant 2$, l'algèbre $H^*(Z; q, Z_2)$ est isomorphe au quotient de l'algèbre $H^*(Z_2; q, Z_2)$ par l'idéal engendré par les $Sq^I(u_q)$ où I est admissible, d'excès $< q$, et de dernier élément égal à* 1.

De façon plus précise, l'homomorphisme canonique $Z \to Z_2$ définit (grâce à 5.4) un homomorphisme de $H^*(Z_2; q, Z_2)$ dans $H^*(Z; q, Z_2)$, et les théorèmes 2 et 3 montrent que cet homomorphisme applique la première algèbre sur la seconde, le noyau étant l'idéal défini dans l'énoncé du corollaire.

11. Détermination de l'algèbre $H^*(Z_m; q, Z_2)$ lorsque $m = 2^h$, $h \geqslant 2$

L'algèbre $H^*(Z_m; 1, Z_2)$ n'est pas autre chose que l'algèbre de cohomologie modulo 2 du groupe Z_m, au sens de Hopf. Sa structure est bien connue (on peut la déterminer soit algébriquement, soit en utilisant les espaces lenticulaires) :

C'est le produit tensoriel d'une algèbre extérieure de générateur u_1 et d'une algèbre de polynômes de générateur un élément v_2 de degré 2. L'élément v_2 peut être défini ainsi :

Soit δ_h l'opérateur cobord attaché à la suite exacte de coefficients $0 \to Z_2 \to Z_{2^{h+1}} \to Z_{2^h} \to 0$. Soit u_1' le générateur canonique de $H^1(Z_m; 1, Z_m)$; on a alors $v_{\cdot} = \delta_h(u_1')$.

Si h était égal à 1, on aurait $\delta_h = Sq^1$, d'après 2.6 ; mais comme nous avons supposé $h \geqslant 2$, δ_h diffère de Sq^1 (on a d'ailleurs $Sq^1(u_1) = u_1^2 = 0$), Nous écrirons : $v_2 = Sq_h^1(u_1)$, lorsque cette écriture ne pourra pas prêter à confusion.

Le raisonnement de [8], p. 457, montrant que les Sq^i commutent à la transgression, se laisse adapter sans difficulté à l'opération δ_h, et montre ainsi que v_2 est un élément transgressif de $H^2(Z_m; 1, Z_2)$ dans la fibration qui a $K(Z_m, 1)$ pour fibre et $K(Z_m, 2)$ pour base. Comme $H^*(Z_m; 1, Z_2)$ a pour système simple de générateurs le système :

$$u_1, v_2 = Sq_h^1(u_1), Sq^2 Sq_h^1(u_1), \ldots, Sq^{2^k} \ldots Sq^2 Sq_h^1(u_1), \ldots,$$

le théorème 1 montre que $H^*(Z_m; 2, Z_2)$ est l'algèbre de polynômes ayant pour générateurs les éléments :

$$u_2, Sq_h^1(u_2), \ldots, Sq^{2^k} \ldots Sq^2 Sq_h^1(u_2), \ldots.$$

Ceci nous conduit à la notation suivante : si $I = \{i_1, \ldots, i_r\}$ est une suite admissible, on définit $Sq_h^I(u_q)$ comme étant égal à $Sq^I(u_q)$ si $i_r > 1$, et à $Sq^{i_1} \ldots Sq^{i_{r-1}} Sq_h^1(u_q)$ si $i_r = 1$ ($Sq_h^1(u_q)$ a le même sens que plus haut, autrement dit $Sq_h^1(u_q) = \delta_h(u_q'), u_q'$ désignant le générateur canonique de $H^q(Z_m; q, Z_m)$).

La détermination de $H^*(Z_m; q, Z_2)$ se poursuit alors par récurrence sur q, exactement comme celle de $H^*(Z_2; q, Z_2)$, à cela près que les Sq_h^I remplacent les Sq^I. On obtient finalement :

Théorème 4. *Si $q \geqslant 2$, l'algèbre $H^*(Z_m; q, Z_2)$, où $m = 2^h$ avec $h \geqslant 2$, est l'algèbre de polynômes ayant pour générateurs les éléments $Sq_h^I(u_q)$ où I parcourt l'ensemble des suites admissibles d'excès $< q$.*

Comme les Sq_h^I correspondent biunivoquement aux Sq^I, on a :

Corollaire. $H^*(Z_m; q, Z_2)$ *et* $H^*(Z_2; q, Z_2)$ *sont isomorphes en tant qu'espaces vectoriels sur le corps* Z_2.

Le résultat précédent est valable même si $q = 1$.

12. Détermination de l'algèbre $H^*(\Pi; q, Z_2)$ lorsque Π est un groupe abélien de type fini

Le résultat suivant peut être considéré comme classique :

Théorème 5. *Soient Π et Π' deux groupes abéliens, Π étant de type fini, et soit k un corps commutatif. L'algèbre $H^*(\Pi + \Pi'; q, k)$ est isomorphe au produit tensoriel sur k des algèbres $H^*(\Pi; q, k)$ et $H^*(\Pi'; q, k)$.*

Rappelons la démonstration : Soient X un espace $K(\Pi, q)$ et X' un espace $K(\Pi', q)$. L'espace $X \times X'$ est un espace $K(\Pi + \Pi', q)$, comme nous l'avons déjà signalé (5.2). Puisque Π est de type fini, les groupes d'homologie de X sont de type fini en toute dimension d'après [8], p. 500 (voir aussi [11], Chapitre II, Proposition 8). Appliquant alors un cas particulier de la formule de Künneth[4]), on a :

$$H^*(X \times X', k) = H^*(X, k) \otimes H^*(X', k) ,$$

ce qui démontre le Théorème 5.

Comme tout groupe abélien de type fini est somme directe de groupes isomorphes à Z et de groupes cycliques d'ordre une puissance d'un nombre premier, le Théorème 5 ramène le calcul de $H^*(\Pi; q, Z_2)$ aux trois cas particuliers : $\Pi = Z$, $\Pi = Z_{2^h}$, $\Pi = Z_{p^h}$ avec p premier $\neq 2$. Les deux premiers cas ont été traités dans les n[os] précédents et l'on sait par ailleurs (cf. [8] et [11], loc. cit.) que $H^n(Z_m; q, Z_2) = 0$ pour $n > 0$, si m est un entier impair ; le troisième cas conduit donc à une algèbre de cohomologie triviale, et la détermination de $H^*(\Pi; q, Z_2)$ est ainsi achevée, pour tout groupe Π de type fini.

13. Relations entre les diverses algèbres $H^*(\Pi; q, Z_2)$

Dans ce qui précède nous avons traité indépendamment les cas $\Pi = Z$, $\Pi = Z_2$, $\Pi = Z_{2^h}$. Il y a cependant des relations entre ces trois cas, qui proviennent des fibrations du n° 6. Nous allons en donner un exemple :

Posons $m = 2^h$, avec $h \geqslant 1$. Considérons la suite exacte

$$0 \to Z \to Z \to Z_m \to 0 ,$$

où le premier homomorphisme est la multiplication par m. En appliquant 6.3 on en déduit l'existence d'une fibration où l'espace fibré est un espace $K(Z_m, q-1)$, où la fibre est un espace $K(Z, q-1)$ et la base un espace $K(Z, q)$. Soit u_{q-1} l'unique générateur du groupe $H^{q-1}(Z; q, Z_2)$; l'image de u_{q-1} par la transgression τ est nulle, car sinon $H^{q-1}(Z_m; q-1, Z_2)$ serait nul, ce qui n'est pas ; puisque les Sq^I commutent à la transgression, on a $\tau(Sq^I u_{q-1}) = 0$ pour toute suite I, et comme $H^*(Z; q-1, Z_2)$ est engendré par les $Sq^I u_{q-1}$, il s'ensuit que toutes les différentielles d_r $(r \geqslant 2)$ de la suite spectrale de cohomologie modulo 2 de la fibration précédente sont identiquement nulles. Le terme E_∞ de cette suite spectrale est donc isomorphe au terme E_2, ce qui donne :

---

[4]) Ce cas particulier est démontré dans [8], p. 473.

13.1. *L'algèbre graduée associée à* $H^*(Z_m; q-1, Z_2)$, *convenablement filtrée, est isomorphe à* $H^*(Z; q, Z_2) \otimes H^*(Z; q-1, Z_2)$.

En particulier :

13.2. $H^*(Z_m; q-1, Z_2)$ *et* $H^*(Z; q, Z_2) \otimes H^*(Z; q-1, Z_2)$ *sont isomorphes en tant qu'espaces vectoriels sur le corps* Z_2.

On notera que 13.2 fournit une nouvelle démonstration du Corollaire au Théorème 4. D'un autre côté, il serait facile de tirer 13.2 des Théorèmes 2, 3, 4.

14. Les groupes stables; cas de la cohomologie

Π et G étant deux groupes abéliens, nous poserons[5]) :

14.1. $A_n(\Pi, G) = H_{n+q}(\Pi; q, G)$, avec $q > n$.

On sait (cf. [5] ainsi que [8], p. 500) que ces groupes ne dépendent pas de la valeur de q choisie, mais seulement de Π, G et n. Ce sont les «groupes stables».

Le raisonnement du Théorème 5 montre immédiatement que l'on a la formule suivante (voir aussi [5]) :

14.2. $A_n(\Pi + \Pi', G) = A_n(\Pi, G) + A_n(\Pi', G)$ pour tout $n \geqslant 0$.

On définit de façon analogue les groupes $A^n(\Pi, G) = H^{n+q}(\Pi; q, G)$, avec $q > n$. Les Théorèmes 2, 3, 4 permettent de déterminer ces groupes lorsque $G = Z_2$, et lorsque $\Pi = Z$, Z_2, ou Z_m avec $m = 2^h$:

Théorème 6. *L'espace vectoriel* $A^n(Z_2, Z_2)$ (*resp.* $A^n(Z_m, Z_2)$, *avec* $m = 2^h$) *admet pour base l'ensemble des éléments* $Sq^I(u)$ (*resp.* $Sq^I_h(u)$), *où* I *parcourt l'ensemble des suites admissibles de degré* n.

(Nous avons noté u l'unique générateur de $A^0(Z_m, Z_2)$).

Par exemple, $A^{10}(Z_2, Z_2)$ admet pour base les six éléments :

$Sq^{10}u,\ Sq^9Sq^1u,\ Sq^8Sq^2u,\ Sq^7Sq^3u,\ Sq^7Sq^2Sq^1u,\ Sq^6Sq^3Sq^1u$.

Théorème 7. *L'espace vectoriel* $A^n(Z, Z_2)$ *admet pour base l'ensemble des éléments* $Sq^I u$, *où* I *parcourt l'ensemble des suites admissibles dont le dernier terme est* > 1 *et dont le degré est* n.

Par exemple, $A^{10}(Z, Z_2)$ admet pour base les trois éléments : $Sq^{10}u$, Sq^8Sq^2u, Sq^7Sq^3u.

---

[5]) La notation adoptée ici diffère d'une unité de celle de [5].

15. Les groupes stables; cas de l'homologie

Pour passer des groupes de cohomologie modulo 2 aux groupes d'homologie nous aurons besoin du Lemme suivant :

Lemme 2. *Soient X un espace, n un entier >0. Supposons que $H_n(X,Z)$ ait un nombre fini de générateurs, et que la suite :*

$$H^{n-1}(X,Z_2) \xrightarrow{Sq^1} H^n(X,Z_2) \xrightarrow{Sq^1} H^{n+1}(X,Z_2)$$

soit exacte. Posons $N = dim.\ [H^n(X,Z_2)/Sq^1(H^{n-1}(X,Z_2))]$.

Le groupe $H_n(X,Z)$ est alors somme directe d'un groupe fini d'ordre impair et de N groupes isomorphes à Z_2.

Pour simplifier les notations, nous poserons $L_i = H_i(X,Z)$. D'après la formule des coefficients universels[6]), on a, pour tout groupe abélien G, une suite exacte :

$$0 \to \mathrm{Ext}\,(L_{n-1},G) \to H^n(X,G) \to \mathrm{Hom}\,(L_n,G) \to 0\ .$$

En appliquant ceci à $G = Z_4$ et à $G = Z_2$, on obtient le diagramme :

$$\begin{array}{ccccccccc} 0 & \to & \mathrm{Ext}\,(L_{n-1},Z_4) & \to & H^n(X,Z_4) & \to & \mathrm{Hom}\,(L_n,Z_4) & \to & 0 \\ \downarrow & & \varphi\downarrow & & \psi\downarrow & & \chi\downarrow & & \downarrow \\ 0 & \to & \mathrm{Ext}\,(L_{n-1},Z_2) & \to & H^n(X,Z_2) & \to & \mathrm{Hom}\,(L_n,Z_2) & \to & 0\ . \end{array}$$

D'après la suite exacte 2.7, le noyau Q^n de

$$Sq^1 : H^n(X,Z_2) \to H^{n+1}(X,Z_2)$$

est égal à l'image de ψ. Comme l'application φ est sur (d'après une propriété générale du foncteur Ext), il s'ensuit que Q^n contient $\mathrm{Ext}\,(L_{n-1},Z_2)$.

Soit d'autre part R^n l'image de $Sq^1 : H^{n-1}(X,Z_2) \to H^n(X,Z_2)$. On voit facilement (par calcul direct, par exemple) que toute classe de cohomologie $f \in R^n$ donne 0 dans $\mathrm{Hom}(L_n,Z_2)$. Donc R^n est contenu dans $\mathrm{Ext}\,(L_{n-1},Z_2)$.

Vu l'hypothèse faite dans le Lemme, on a donc :

$$Q^n = R^n = \mathrm{Ext}\,(L_{n-1},Z_2)\ .$$

Ainsi l'image de ψ est égale à $\mathrm{Ext}\,(L_{n-1},Z_2)$. Il s'ensuit que l'homomorphisme χ est nul ; compte tenu de la structure des groupes abéliens à un nombre fini de générateurs, ceci montre que L_n est somme directe d'un groupe fini d'ordre impair et d'un certain nombre de groupes Z_2.

---

[6]) Voir par exemple *S. Eilenberg and N. E. Steenrod*, Foundations of Algebraic Topology, I., Princeton 1952, p. 161.

Il est clair que le nombre de ces derniers est égal à la dimension de Hom (L_n, Z_2) c'est-à-dire à N.

Théorème 8. *Le groupe $A_n(Z_2, Z)$ est somme directe de groupes Z_2 en nombre égal au nombre des suites admissibles $I = \{i_1, \ldots, i_k\}$, où i_1 est pair et où $n(I) = i_1 + \cdots + i_k$ est égal à n.*

Nous allons déterminer l'opération Sq^1 dans $A^*(Z_2, Z_2)$, de façon à pouvoir appliquer le Lemme 2.

Rappelons que l'on a $Sq^1 Sq^n = Sq^{n+1}$ si n est pair, et $Sq^1 Sq^n = 0$ si n est impair. On tire de là :

$$Sq^1(Sq^{i_1} \ldots Sq^{i_k} u) = \begin{cases} 0 & \text{si } i_1 \text{ est impair} \\ Sq^{i_1+1} \ldots Sq^{i_k} u & \text{si } i_1 \text{ est pair}. \end{cases}$$

Soit alors B^n (resp. C^n) le sous-espace vectoriel de $A^n(Z_2, Z_2)$ engendré par les $Sq^I(u)$ où i_1 est pair (resp. impair). $A^n(Z_2, Z_2)$ est somme directe de B^n et de C^n ; d'après la formule écrite plus haut, Sq^1 est nul sur C^n et applique isomorphiquement B^n sur C^{n+1}. La suite :

$$A^{n-1}(Z_2, Z_2) \xrightarrow{Sq^1} A^n(Z_2, Z_2) \xrightarrow{Sq^1} A^{n+1}(Z_2, Z_2)$$

est donc exacte, et B^n est isomorphe à $A^n(Z_2, Z_2)/Sq^1 A^{n-1}(Z_2, Z_2)$.

Le théorème résulte alors du Lemme 2, et du fait (démontré dans [8], p. 500), que $A_n(Z_2, Z)$ est un groupe fini d'ordre une puissance de 2.

On démontre de même ;

Théorème 9. *Le groupe $A_n(Z_m, Z)$, $n > 0$, est isomorphe à $A_n(Z_2, Z)$ lorsque m est une puissance de 2.*

Théorème 10. *Le groupe $A_n(Z, Z)$, $n > 0$, est un groupe fini dont le 2-composant est somme directe de groupes Z_2 en nombre égal au nombre des suites admissibles $I = \{i_1, \ldots, i_k\}$, où i_1 est pair, $i_k > 1$, et où $n(I) = i_1 + \cdots + i_k$ est égal à n.*

Remarque. En comparant les Théorèmes 7 et 8, on peut montrer que $A_n(Z_2, Z)$ est isomorphe à $A_n(Z, Z_2)$. De façon générale, on conjecture que $A_n(\Pi, G)$ est isomorphe à $A_n(G, \Pi)$ quels que soient les groupes abéliens G et Π ; il suffirait d'ailleurs de démontrer le cas particulier $\Pi = Z$ pour avoir le cas général (compte tenu des résultats annoncés par Eilenberg-MacLane dans [5], II, ceci vérifie la conjecture en question pour $n = 0, 1, 2, 3$).

Théorème 11. *Pour tout groupe abélien Π, le groupe $A_n(\Pi, Z)$, $n > 0$, est un groupe de torsion dont le 2-composant est somme directe de groupes isomorphes à Z_2.*

Soient Π_α les sous-groupes de type fini de Π ; puisque Π est limite inductive des Π_α, le complexe $K(\Pi, q)$ est limite inductive des complexes $K(\Pi_\alpha, q)$, et on en conclut que $A_n(\Pi, Z)$ est limite inductive des $A_n(\Pi_\alpha, Z)$ ce qui réduit la question au cas où Π est de type fini.

En utilisant la formule 14.2, on est alors ramené au cas des groupes cycliques, qui est traité dans les Théorèmes 8, 9, 10.

Remarque. Le fait que $A_n(\Pi, Z)$ soit un groupe de torsion résulte aussi de [8], p. 500–501.

§ 3. Séries de Poincaré des algèbres $H^*(\Pi ; q, Z_2)$

16. Définition des séries de Poincaré

Soit L un espace vectoriel, somme directe de sous-espaces L_n de dimension finie ; la *série de Poincaré* de L est :

$$L(t) = \Sigma_{n=0}^{\infty} \dim (L_n) \cdot t^n \ . \tag{16.1}$$

Lorsque L est de dimension finie, la série formelle précédente se réduit à un polynôme, le *polynôme de Poincaré* de L.

Soit Π un groupe abélien de type fini, et prenons pour L l'algèbre $H^*(\Pi; q, Z_2) = \Sigma H^n(\Pi ; q, Z_2)$. La série de Poincaré correspondante sera notée $\vartheta(\Pi ; q, t)$. On a donc par définition :

$$\vartheta(\Pi ; q, t) = \Sigma_{n=0}^{\infty} \dim \left(H^n(\Pi ; q, Z_2)\right) \cdot t^n \ . \tag{16.2}$$

De même, nous noterons $\vartheta(\Pi, t)$ la série de Poincaré de $A^*(\Pi, Z_2)$. D'après le Théorème 5 du § 2, on a :

$$\vartheta(\Pi + \Pi' ; q, t) = \vartheta(\Pi ; q, t) \cdot \vartheta(\Pi' ; q, t) \ . \tag{16.3}$$

D'après la formule 14.2, on a :

$$\vartheta(\Pi + \Pi', t) = \vartheta(\Pi, t) + \vartheta(\Pi', t) \ . \tag{16.4}$$

On pourrait d'ailleurs déduire 16.4 de 16.3 au moyen de la formule suivante (qui ne fait qu'exprimer la définition des groupes stables) :

$$\vartheta(\Pi , t) = \lim_{q \to \infty} . \frac{\vartheta(\Pi; q, t) - 1}{t^q} \tag{16.5}$$

17. La série $\vartheta(Z_2 ; q, t)$

Soit d'abord L une algèbre de polynômes dont les générateurs ont pour degrés les entiers $m_1, \ldots, m_i, \ldots$. La série de Poincaré de L est évidemment :

$$L(t) = \prod_i \frac{1}{1 - t^{m_i}} . \qquad (17.1)$$

Compte tenu du Théorème 2 du § 2, ceci donne :

$$\vartheta(Z_2; q, t) = \prod_{e(I) < q} \frac{1}{1 - t^{q+n(I)}} . \qquad (17.2)$$

Pour transformer cette expression, il nous faut calculer le nombre de suites admissibles I, d'excès $<q$, telles que $q + n(I) = n$, où n est un entier donné. Or, soit $I = \{i_1, \ldots, i_r\}$ une telle suite, et posons : $\alpha_1 = i_1 - 2i_2, \ldots, \alpha_{r-1} = i_{r-1} - 2i_r, \alpha_r = i_r$. Par hypothèse les α_i sont $\geqslant 0$, l'on a $\sum_{i=1}^{r} \alpha_i \leqslant q - 1$, et il est clair que les α_i déterminent sans ambiguïté la suite I. La condition $q + n(I) = n$ équivaut à

$$\textstyle\sum_{i=0}^{r} \alpha_i (2^i - 1) = n - q .$$

Posons $\alpha_0 = q - 1 - \sum_{i=1}^{r} \alpha_i$. On a alors $\sum_{i=0}^{r} \alpha_i = q - 1$, et :

$$n = 1 + \textstyle\sum_{i=0}^{r} \alpha_i \cdot 2^i . \qquad (17.3)$$

On voit ainsi que les suites I vérifiant les conditions écrites plus haut correspondent biunivoquement aux suites d'entiers $\geqslant 0$: $\{\alpha_0, \ldots, \alpha_r\}$, de somme $q - 1$, qui vérifient 17.3.

Nous pouvons écrire 17.3 sous la forme suivante :

$$n = 1 + 2^0 + \cdots + 2^0 + 2^1 + \cdots + 2^1 + \cdots + 2^r + \cdots + 2^r , \qquad (17.4)$$

où 2^i figure α_i fois. Comme $\sum_{i=0}^{r} \alpha_i = q - 1$, il y aura en tout $q - 1$ puissances de 2. Ceci montre que le nombre de suites I vérifiant les conditions écrites plus haut est égal au nombre de décompositions de n de la forme :

$$n = 1 + 2^{h_1} + 2^{h_2} + \cdots + 2^{h_{q-1}} \text{ avec } h_1 \geqslant h_2 \geqslant \cdots \geqslant h_{q-1} \geqslant 0 . \qquad (17.5)$$

D'où :

Théorème 1. $\vartheta(Z_2 ; q, t) = \prod_{h_1 \geqslant h_2 \geqslant \ldots \geqslant h_{q-1} \geqslant 0} \frac{1}{1 - t^{2^{h_1} + \ldots + 2^{h_{q-1}} + 1}}$

Pour $q = 1$, la famille des h_i est vide, et le Théorème redonne la série de Poincaré de $H^*(Z_2 ; 1, Z_2)$:

17.6. $\vartheta(Z_2 ; 1, t) = 1/(1 - t)$.

Le Théorème 1 donne également la valeur de $\vartheta(Z_m ; q, t)$ lorsque m est une puissance de 2. En effet, d'après le Corollaire au Théorème 4 du § 2, on a :

$$\vartheta(Z_m ; q, t) = \vartheta(Z_2 ; q, t)' \text{ si } m = 2^h . \qquad (17.7)$$

18. La série $\vartheta(Z\,;q,t)$

Si $q=1$, on a évidemment $\vartheta(Z\,;q,t)=1+t$. Nous pouvons donc supposer $q\geqslant 2$.

On raisonne alors comme au numéro précédent. La condition $i_r>1$ du Théorème 3 du § 2 équivaut à $\alpha_r>1$, ou encore à $h_1=h_2$. La condition 17.5 doit donc être remplacée par la suivante :

$$n=1+2^{h_1}+2^{h_1}+2^{h_3}+\cdots+2^{h_{q-1}}\,, \qquad (18.1)$$

ou encore :

$$n=1+2^{h_1+1}+2^{h_3}+\cdots+2^{h_{q-1}}\,, \qquad (18.2)$$

d'où, en renumérotant les h_i, le résultat suivant (valable si $q\geqslant 2$, rappelons-le) :

Théorème 2. $\vartheta(Z\,;q,t)=\prod_{h_1>h_2\geqslant\ldots h_{q-2}\geqslant 0}\dfrac{1}{1-t^{2^{h_1}+2^{h_2}+\ldots+2^{h_{q-2}}+1}}$.

En comparant les Théorèmes 1 et 2 on voit que $\vartheta(Z;q,t)$ ne diffère de $\vartheta(Z_2;q-1,t)$ que par l'omission des termes correspondants à $h_1=h_2$. Or ces derniers définissent justement $\vartheta(Z;q-1,t)$, comme on l'a vu plus haut. On a donc:

Corollaire 1. $\vartheta(Z\,;q,t)=\vartheta(Z_2\,;q-1,t)/\vartheta(Z\,;q-1,t)$.

En itérant, on obtient :

Corollaire 2. $\vartheta(Z\,;q,t)=\dfrac{\vartheta(Z_2\,;q-1,t)\cdot\vartheta(Z_2\,;q-3,t)\ldots}{\vartheta(Z_2\,;q-2,t)\cdot\vartheta(Z_2\,;q-4,t)\ldots}$.

Remarque. On peut retrouver les résultats précédents d'une autre façon : en utilisant 13.2, on démontre d'abord le Corollaire 1, puis on en tire par récurrence sur q le Théorème 2.

19. Les séries $\vartheta(Z_2,t)$ et $\vartheta(Z,t)$

D'après le n° 17, la dimension de $A^n(Z_2,Z_2)$ est égale au nombre des suites d'entiers $\geqslant 0$: $\{\alpha_1,\ldots,\alpha_r\}$, telles que :

$$n=\Sigma_{i=1}^{r}\alpha_i\cdot(2^i-1)\ . \qquad (19.1)$$

En comparant avec 17.1, on obtient :

Théorème 3. $\vartheta(Z_2,t)=\prod_{i=1}^{\infty}\dfrac{1}{1-t^{2^i-1}}$.

D'après 17.7, on a :

$$\vartheta(Z_m,t)=\vartheta(Z_2,t) \quad \text{si} \quad m=2^h\ . \qquad (19.2)$$

Le Corollaire 1 du Théorème 2, joint à la formule 16.5, donne l'identité suivante :

$$\vartheta(Z,t)=\vartheta(Z_2,t)/(1+t)\ . \qquad (19.3)$$

D'où :

Théorème 4. $\vartheta(Z, t) = \frac{1}{1-t^2} \prod_{i=2}^{\infty} \frac{1}{1-t^{2^i-1}}$.

20. Exemples

$\vartheta(Z_2; 2, t) = 1/(1-t^2)(1-t^3)(1-t^5)(1-t^9)(1-t^{17})\ldots$
$= 1 + t^2 + t^3 + t^4 + 2t^5 + 2t^6 + 2t^7 + 3t^8 + 4t^9 + 4t^{10} + 5t^{11} + 6t^{12}$
$+ 6t^{13} + 8t^{14} + 8t^{15} + \ldots$

$\vartheta(Z; 3, t) = 1/(1-t^3)(1-t^5)(1-t^9)(1-t^{17})\ldots$
$= 1 + t^3 + t^5 + t^6 + t^8 + 2t^9 + t^{10} + t^{11} + 2t^{12} + t^{13}$
$+ 2t^{14} + 3t^{15} + \ldots$

$\vartheta(Z_2, t) = 1/(1-t)(1-t^3)(1-t^7)(1-t^{15})\ldots$
$= 1 + t + t^2 + 2t^3 + 2t^4 + 2t^5 + 3t^6 + 4t^7 + 4t^8 + 5t^9 + 6t^{10}$
$+ 6t^{11} + 7t^{12} + 8t^{13} + 9t^{14} + 11t^{15} + \ldots$

$\vartheta(Z, t) = 1/(1-t^2)(1-t^3)(1-t^7)(1-t^{15})\ldots$
$= 1 + t^2 + t^3 + t^4 + t^5 + 2t^6 + 2t^7 + 2t^8 + 3t^9 + 3t^{10} + 3t^{11}$
$+ 4t^{12} + 4t^{13} + 5t^{14} + 6t^{15} + \cdots$

21. Convergence des séries $\vartheta(\Pi; q, t)$

Théorème 5. *Lorsque Π est un groupe abélien de type fini, la série entière $\vartheta(\Pi; q, t)$ converge dans le disque $|t| < 1$.*

D'après les formules des numéros précédents, il suffit d'établir ce résultat pour $\Pi = Z_2$. Dans ce cas, il nous faut voir que la série :

$$\sum_{h_1 \geqslant h_2 \geqslant \ldots h_{q-1} \geqslant 0} t^{2^{h_1} + \ldots + 2^{h_{q-1}} + 1},$$

converge dans le disque $|t| < 1$, ce qui résulte immédiatement du fait qu'elle est majorée par la série $t \cdot (\sum_{n=1}^{\infty} t^n)^{q-1}$.

La singularité «dominante» de $\vartheta(\Pi; q, t)$ sur le cercle $|t| = 1$ est $t = 1$; nous allons étudier le comportement de $\vartheta(\Pi; q, t)$ au voisinage de cette singularité. Il est commode pour cela de prendre comme nouvelle variable $x = -\log_2(1-t)$, et comme nouvelle fonction $\log_2 \vartheta$, $\log_2$ désignant comme d'ordinaire le logarithme à base 2. En d'autres termes, nous posons :

$$\varphi(\Pi; q, x) = \log_2 \vartheta(\Pi; q, 1 - 2^{-x}), \quad 0 \leqslant x < +\infty, \qquad (21.1)$$

et nous sommes ramenés à étudier la croissance de $\varphi(\Pi; q, x)$ lorsque x tend vers $+\infty$. Nous envisagerons d'abord le cas $\Pi = Z_2$.

22. Croissance de la fonction $\varphi(Z_2; q, x)$

Théorème 6. *Lorsque* x *tend vers* $+\infty$, *on a* $\varphi(Z_2; q, x) \sim x^q/q!$
(Rappelons que $f(x) \sim g(x)$ signifie que $\lim. f(x)/g(x) = 1$.)
Nous démontrerons ce théorème par récurrence sur q. Lorsque $q=1$, on a $\vartheta(Z_2; q, t) = 1/(1-t)$, d'où $\varphi(Z_2; q, x) = x$.

Supposons le théorème démontré pour $q-1$ et démontrons-le pour q. Pour simplifier les notations, nous écrirons $\vartheta_q(t)$ au lieu de $\vartheta(Z_2; q, t)$ et $\varphi_q(x)$ au lieu de $\varphi(Z_2; q, x)$.

Nous introduirons les fonctions auxiliaires suivantes :

$$\vartheta_q^0(t) = \prod_{h_1 \geqslant h_2 \geqslant \ldots h_{q-1} \geqslant 0} \frac{1}{1 - t^{2^{h_1} + 2^{h_2} + \ldots + 2^{h_{q-1}}}},$$

$$\varphi_q^0(x) = \log_2 \vartheta_q^0(1 - 2^{-x}),$$

$$\vartheta_q'(t) = \prod_{h_1 \geqslant h_2 \geqslant \ldots h_{q-1} \geqslant 0} \frac{1}{1 - t^{2^{h_1+1} + \ldots + 2^{h_{q-1}+1}}}.$$

Les inégalités évidentes :

$$2^{h_1+1} + \cdots + 2^{h_{q-1}+1} \geqslant 2^{h_1} + \cdots + 2^{h_{q-1}} + 1 \geqslant 2^{h_1} + \cdots + 2^{h_{q-1}},$$

entraînent les inégalités :

$$\vartheta_q'(t) \leqslant \vartheta_q(t) \leqslant \vartheta_q^0(t) \quad \textit{pour} \quad 0 \leqslant t < 1. \qquad (22.1)$$

Mais par ailleurs $\vartheta_q'(t)$ ne diffère de $\vartheta_q^0(t)$ que par les facteurs correspondants à $h_{q-1} = 0$, c'est-à-dire par $\vartheta_{q-1}(t)$. On a donc :

$$\vartheta_q'(t) = \vartheta_q^0(t)/\vartheta_{q-1}(t). \qquad (22.2)$$

En comparant 22.1 et 22.2, on obtient :

$$\vartheta_q^0(t)/\vartheta_{q-1}(t) \leqslant \vartheta_q(t) \leqslant \vartheta_q^0(t) \quad \textit{pour} \quad 0 \leqslant t < 1, \qquad (22.3)$$

d'où, en prenant les logarithmes :

$$\varphi_q^0(x) - \varphi_{q-1}(x) \leqslant \varphi_q(x) \leqslant \varphi_q^0(x) \qquad \textit{pour} \qquad 0 \leqslant x < +\infty. \qquad (22.4)$$

Si l'on savait que $\varphi_q^0(x) \sim x^q/q!$, on aurait $\varphi_q^0(x) - \varphi_{q-1}(x) \sim x^q/q!$ (car, d'après l'hypothèse de récurrence, $\varphi_{q-1}(x) \sim x^{q-1}/(q-1)!$), d'où $\varphi_q(x) \sim \varphi_q^0(x) \sim x^q/q!$

Nous sommes donc ramenés à prouver que $\varphi_q^0(x) \sim x^q/q!$ Pour cela, substituons t^2 à t dans $\vartheta_q^0(t)$. On obtient visiblement $\vartheta_q^0(t^2) = \vartheta_q'(t) = \vartheta_q^0(t)/\vartheta_{q-1}(t)$, d'où, en prenant les logarithmes :

$$\varphi_q^0(x) = \varphi_{q-1}(x) + \varphi_q^0(x - 1 - \log_2(1 - 2^{-x-1})). \qquad (22.5)$$

Lorsque x tend vers $+\infty$, $\log_2(1-2^{-x-1})$ tend vers 0 par valeurs inférieures. Pour tout $\varepsilon > 0$, on a donc, pour x assez grand :

$$\varphi_q^0(x-1) + \varphi_{q-1}(x) \leqslant \varphi_q^0(x) \leqslant \varphi_q^0(x-1+\varepsilon) + \varphi_{q-1}(x) \ . \qquad (22.6)$$

D'après l'hypothèse de récurrence $\varphi_{q-1}(x) \sim x^{q-1}/(q-1)\,!$; donc, pour tout $\varepsilon' > 0$, on a, pour x assez grand :

$$(1-\varepsilon')\cdot x^{q-1}/(q-1)\,! \leqslant \varphi_{q-1}(x) \leqslant (1+\varepsilon')\cdot x^{q-1}/(q-1)\,! \ . \qquad (22.7)$$

En combinant 22.6 et 22.7 on obtient :

$$\varphi_q^0(x-1) + (1-\varepsilon')\cdot x^{q-1}/(q-1)\,! \leqslant \varphi_q^0(x) \leqslant \varphi_q^0(x-1+\varepsilon) + (1+\varepsilon')\cdot x^{q-1}/(q-1)\,!$$

Or, il est bien connu que l'équation aux différences finies :

$$f(x) = f(x-1) + A\cdot x^{q-1}/(q-1)\,!$$

admet une solution de la forme $F(x) = A\cdot x^q/q\,! + R(x)$, où $R(x)$ est un polynôme de degré $< q$. En outre, si une fonction continue g vérifie

$$g(x) \leqslant g(x-1) + A\cdot x^{q-1}/(q-1)\,! \ ,$$

il est clair qu'il existe une constante K telle que $g(x) \leqslant F(x) + K$. On a un résultat analogue en remplaçant $\leqslant$ par $\geqslant$.

Appliquant ceci à la fonction $\varphi_q^0(x)$, on conclut à l'existence de deux polynômes R' et R'', de degrés $< q$, tels que l'on ait, pour x assez grand :

$$(1-\varepsilon')\cdot x^q/q\,! + R'(x) \leqslant \varphi_q^0(x) \leqslant \frac{1+\varepsilon'}{1-\varepsilon}\cdot x^q/q\,! + R''(x) \ .$$

Comme ε et ε' sont arbitraires, les inégalités précédentes entraînent que $\lim.\ \varphi_q^0(x)/(x^q/q\,!) = 1$, ce qui achève la démonstration, d'après ce qui a été dit plus haut.

23. Croissance de la fonction $\varphi(\Pi\,; q, x)$ lorsque Π est de type fini

Théorème 7. $\varphi(Z_m\,; q, x) \sim x^q/q\,!$ *si m est une puissance de* 2.
En effet $\varphi(Z_m\,; q, x) = \varphi(Z_2\,; q, x)$ d'après 17.7.

Théorème 8. $\varphi(Z\,; q, x) \sim x^{q-1}/(q-1)\,!$

Pour $q = 1$ on vérifie directement que $\varphi(Z\,; q, x)$ tend vers 1 lorsque x tend vers $+\infty$. Pour $q \geqslant 2$, on a

$$\vartheta(Z\,; q, t) = \vartheta(Z_2\,; q-1, t)/\vartheta(Z\,; q-1, t) \ ,$$

d'où $\varphi(Z; q, x) = \varphi(Z_2; q-1, x) - \varphi(Z; q-1, x)$ et le Théorème 8 résulte de là, par récurrence sur q.

En combinant les Théorèmes 6, 7, 8 on obtient :

Théorème 9. *Soit Π un groupe abélien de type fini, somme directe d'un groupe fini d'ordre impair, de r groupes cycliques d'ordre une puissance de 2, et de s groupes cycliques infinis.*

a) *Si* $r \geqslant 1$, *on a* $\varphi(\Pi; q, x) \sim r \cdot x^q/q!$,

b) *Si* $r = 0$ *et* $s \geqslant 1$, *on a* $\varphi(\Pi; q, x) \sim s \cdot x^{q-1}/(q-1)!$,

c) *Si* $r = 0$ *et* $s = 0$, *on a* $\varphi(\Pi; q, x) = 0$.

Remarque. A côté des $\varphi(\Pi; q, x)$ on peut définir

$$\varphi(\Pi, x) = \log_2 \vartheta(\Pi, 1 - 2^{-x}) .$$

On montre facilement que $\varphi(Z_2, x) \sim \varphi(Z_2; 2, x) \sim x^2/2$, d'où également $\varphi(Z, x) \sim x^2/2$. Mais j'ignore si ces résultats ont une application topologique analogue au Théorème 10.

24. Application topologique

Nous nous proposons de démontrer le théorème suivant :

Théorème 10. *Soit X un espace topologique connexe par arcs, simplement connexe, et vérifiant les conditions suivantes :*

1) $H_i(X, Z)$ *est un groupe abélien de type fini pour tout* $i > 0$,

2) $H_i(X, Z_2) = 0$ *pour i assez grand,*

3) $H_i(X, Z_2) \neq 0$ *pour au moins un* $i \neq 0$.

Il existe alors une infinité d'entiers i tels que le groupe d'homotopie $\pi_i(X)$ contienne un sous-groupe isomorphe à Z ou à Z_2.

(On notera que les conditions 1 et 2 sont vérifiées d'elles-mêmes si X est un polyèdre fini.)

Remarquons tout d'abord que d'après [8], p. 491 (voir aussi [11], Chapitre III, Théorème 1) la condition 1 entraîne que $\pi_i(X)$ soit un groupe de type fini pour tout i. La propriété «$\pi_i(X)$ contient un sous-groupe isomorphe à Z ou à Z_2» équivaut donc à la suivante «$\pi_i(X) \otimes Z_2 \neq 0$». Soit j le plus petit entier > 0 tel que $H_j(X, Z_2) \neq 0$. D'après [8], [11], loc. cit., $\pi_j(X) \otimes Z_2 = H_j(X, Z_2) \neq 0$. En outre, on a $j \geqslant 2$ puisque $\pi_1(X) = 0$.

Raisonnons alors par l'absurde, et supposons qu'il existe un plus grand entier q tel que $\pi_q(X) \otimes Z_2 \neq 0$. On a évidemment $q \geqslant j \geqslant 2$. Nous poserons $\Pi = \pi_q(X)$.

217

Nous allons obtenir une contradiction en étudiant les propriétés des espaces (X, i) obtenus en tuant les $i - 1$ premiers groupes d'homotopie de X (au sens de [3], I, voir aussi [11] et [14]). Rappelons que par définition on a $\pi_r(X, i) = 0$ pour $r < i$, $\pi_r(X, i) = \pi_r(X)$ pour $r \geqslant i$.

Considérons d'abord l'espace $T = (X, q + 1)$. D'après les hypothèses faites, on a $\pi_r(T) \otimes Z_2 = 0$ pour tout r, d'où $H_r(T, Z_2) = 0$ pour tout $r > 0$ d'après [8], [11], loc. cit.

Venons-en à l'espace $X_q = (X, q)$. D'après [3], I, X_q a même type d'homotopie qu'un espace fibré X'_q de fibre T et de base un espace $K(\pi_q(X), q) = K(\Pi, q)$. En appliquant alors un résultat connu ([8], p. 470), on obtient :

$$H^i(X_q, Z_2) = H^i(X'_q, Z_2) = H^i(\Pi; q, Z_2) \text{ pour tout } i \geqslant 0. \tag{24.1}$$

Si l'on désigne par $X_q(t)$ la série de Poincaré de $H^*(X_q, Z_2)$, on a donc :

$$X_q(t) = \vartheta(\Pi; q, t) . \tag{24.2}$$

De façon analogue, soit $X_i(t)$ la série de Poincaré de $H^*(X_i, Z_2)$[7]), avec $X_i = (X, i)$. On sait (cf. [3]) que X_q est un espace fibré de base X_{q-1} et de fibre un espace $K(\pi_{q-1}(X), q - 2)$. Les séries de Poincaré des algèbres de cohomologie modulo 2 de ces trois espaces vérifient donc la relation :

$$X_q(t) \prec X_{q-1}(t) \cdot \vartheta(\pi_{q-1}(X); q - 2, t) , \tag{24.3}$$

où le signe $\prec$ signifie que tous les coefficients de la série formelle écrite à gauche sont inférieurs aux coefficients correspondants de la série formelle écrite à droite. De même :

$$\begin{aligned} X_{q-1}(t) &\prec X_{q-2}(t) \cdot \vartheta(\pi_{q-2}(X); q - 3, t) \\ \cdots&\cdot \\ X_3(t) &\prec X_2(t) \cdot \vartheta(\pi_2(X); 1, t) . \end{aligned} \tag{24.4}$$

On a évidemment $X_2(t) = X(t)$, série de Poincaré de $H^*(X, Z_2)$, qui se réduit d'ailleurs à un polynôme, vu les hypothèses 1 et 2. Multipliant les inégalités précédentes, on obtient :

$$\vartheta(\Pi; q, t) = X_q(t) \prec X(t) \cdot \prod_{1<i<q} \vartheta(\pi_i(X); i - 1, t) .$$

A fortiori, la même inégalité vaut pour les *fonctions* définies par les

[7]) On a le droit de parler de ces séries de Poincaré parce que les groupes d'homologie des X_i sont de type fini (puisqu'il en est ainsi des groupes d'homotopie, d'après l'hypothèse 1).

séries précédentes dans l'intervalle $[0, 1]$. Comme $X(t)$ est un polynôme, $X(t)$ est borné sur $[0, 1]$ par une constante h, et l'on a :

$$\vartheta(\Pi\,;q,t) \leqslant h \cdot \prod_{1<i<q} \vartheta(\pi_i(X)\,;i-1,t)\;, \qquad 0 \leqslant t < 1\;.$$

En passant aux fonctions $\varphi(\Pi\,;q,x)$, l'inégalité précédente devient :

$$\varphi(\Pi\,;q,x) \leqslant \log_2 h + \textstyle\sum_{i=2}^{q-1} \varphi(\pi_i(X)\,;i-1,x)\;, \quad 0 \leqslant x < +\infty\,. \tag{24.5}$$

Par ailleurs, d'après le Théorème 9, $\varphi(\Pi\,;q,x)$ équivaut, soit à $r\cdot x^q/q\,!$ avec $r \geqslant 1$, soit à $s\cdot x^{q-1}/(q-1)\,!$ avec $s \geqslant 1$ (le cas c) du Théorème 9 étant écarté par l'hypothèse $\Pi \otimes Z_2 \neq 0$), alors que les $\varphi(\pi_i(X)\,;i-1,x)$ sont majorés par $A\cdot x^{i-1}/(i-1)\,!$, où A est une constante. Comme $i<q$, il s'ensuit que le second membre de 24.5 est majoré par $B\cdot x^{q-2}$, où B est une constante, et est donc un infiniment grand strictement inférieur au premier membre. Cette contradiction achève notre démonstration.

Explicitons un cas particulier du Théorème 10 :

Corollaire. *Pour tout entier $n \geqslant 2$ il existe une infinité d'entiers i tels que $\pi_i(S_n)$ contienne un sous-groupe isomorphe à Z_2.*

En effet, on sait que $\pi_i(S_n)$ ne contient de sous-groupe isomorphe à Z que pour un nombre fini de valeurs de i, à savoir $i = n$ si n est impair, $i = n$ et $i = 2n-1$ si n est pair.

25. Remarques

1) Soit X un espace vérifiant les hypothèses du Théorème 10. Il y a trois possibilités :

α) $\pi_i(X)$ contient Z_2 pour une infinité de valeurs de i, et Z pour une infinité de valeurs de i,

β) $\pi_i(X)$ contient Z_2 pour une infinité de valeurs de i, et Z pour un nombre fini de valeurs de i,

γ) $\pi_i(X)$ contient Z pour une infinité de valeurs de i, et Z_2 pour un nombre fini de valeurs de i.

Une sphère, un groupe de Lie, donnent des exemples de β). On peut montrer qu'un «joint» de sphères $X = S_n^1 \vee \ldots \vee S_n^k$, $n \geqslant 2$, $k \geqslant 2$, vérifie α). Par contre, je ne connais aucun exemple du cas γ), et je conjecture qu'il n'en existe pas, tout au moins parmi les polyèdres finis.
2

2) Posons $G_i = \pi_{n+i}(S_n)$, $n > i+1$. On sait que les G_i sont des groupes finis (si $i>0$), indépendants de la valeur de n choisie. Il est naturel de conjecturer que G_i contient Z_2 pour une infinité de valeurs de i, mais cela ne semble pas résulter de la méthode suivie plus haut.
3

219

§ 4. Opérations cohomologiques

26. Définition des opérations cohomologiques

Soient q et n deux entiers > 0, A et B deux groupes abéliens. Une *opération cohomologique*, relative à $\{q, n, A, B\}$, est une application :

$$C : H^q(X, A) \to H^n(X, B) ,$$

définie pour tout complexe simplicial X, et vérifiant la condition suivante :

26.1. Pour toute application continue f d'un complexe X dans un complexe Y, on a $C \circ f^* = f^* \circ C$.

Remarque. Nous nous sommes placés dans la catégorie des complexes simpliciaux pour des raisons de commodité. On pourrait aussi bien se placer dans la catégorie de tous les espaces topologiques (la cohomologie étant la cohomologie singulière). Cela ne changerait rien, puisque l'on peut remplacer tout espace topologique par le complexe simplicial «réalisation géométrique» de son complexe singulier, et que cette opération ne modifie pas les groupes de cohomologie.

27. Exemples

27.1. Supposons que $n = q$, et donnons-nous un homomorphisme de A dans B. Cela définit un homomorphisme de $H^q(X, A)$ dans $H^q(X, B)$ qui vérifie 26.1.

27.2. Supposons que $n = q + 1$, et donnons-nous une suite exacte :

$$0 \to B \to L \to A \to 0 .$$

Cette suite définit une opération cobord : $H^q(X, A) \to H^{q+1}(X, B)$ qui vérifie 26.1.

27.3. Supposons que $n = 2q$, et donnons-nous une application bilinéaire de A dans B. Au moyen de cette application, on peut définir le cup-carré d'un élément de $H^q(X, A)$, qui est un élément de $H^{2q}(X, B)$, et cette opération vérifie 26.1.

27.4. Les Sq^i, les Sq^I, les puissances réduites de Steenrod (voir [13]), sont des opérations cohomologiques.

28. Caractérisation des opérations cohomologiques

Théorème 1. *Les opérations cohomologiques relatives à* $\{q, n, A, B\}$ *correspondent biunivoquement aux éléments du groupe* $H^n(A ; q, B)$.

Soit T un complexe simplicial qui soit un espace $K(A, q)$. Comme nous l'avons vu au n° 3, $H^q(T, A)$ possède une classe fondamentale u qui correspond dans Hom (A, A) à l'application identique de A sur A. Si C est une opération cohomologique relative à $\{q, n, A, B\}$, $C(u)$ est un élément bien défini de $H^n(T, B) = H^n(A; q, B)$, élément que nous noterons $\varphi(C)$.

Inversement, soit c un élément de $H^n(T, B)$, et soit $x \in H^q(X, A)$ une classe de cohomologie d'un complexe simplicial arbitraire X. D'après 5.3, il existe une application $g_x : X \to T$ telle que $g_x^*(u) = x$, et cette application g_x est unique, à une homotopie près. L'élément $g_x^*(c) \in H^n(X, B)$ est donc défini sans ambiguïté, et il est immédiat que l'application $x \to g_x^*(c)$ vérifie 26.1. C'est donc une opération cohomologique relative à $\{q, n, A, B\}$, que nous noterons $\psi(c)$.

On a $\varphi \circ \psi = 1$. Soit en effet $c \in H^n(A; q, B)$. Par définition, $\varphi \circ \psi(c)$ est égal à $g_u^*(c)$, où $g_u : T \to T$ est une application telle que $g_u^*(u) = u$. On peut donc prendre pour g_u l'application identique, ce qui donne $\varphi \circ \psi(c) = g_u^*(c) = c$.

Il nous reste à montrer que $\psi \circ \varphi = 1$. Pour cela, soit C une opération cohomologique, et posons $c = \varphi(C) = C(u)$. Pour tout élément $x \in H^q(X, A)$, on a $\psi(c)(x) = g_x^*(c) = g_x^*(C(u)) = C(g_x^*(u)) = C(x)$. Ceci signifie bien que $\psi(c) = \psi \circ \varphi(C)$ est identique à C.

Corollaire. *Soient C_1 et C_2 deux opérations cohomologiques relatives au même système $\{q, n, A, B\}$, et soit u la classe fondamentale de $H^q(A; q, A)$. Si $C_1(u) = C_2(u)$, alors $C_1 = C_2$.*

Remarques. 1) On aurait aussi bien pu définir les opérations cohomologiques pour la cohomologie relative (des complexes simpliciaux, ou bien de tous les espaces topologiques, ce qui revient au même). La démonstration précédente reste valable.

2) On pourrait également définir les opérations cohomologiques $C(x_1, \ldots, x_r)$ de plusieurs variables $x_i \in H^{q_i}(X, A_i)$, à valeurs dans $H^n(X, B)$. Ces opérations correspondent biunivoquement aux éléments de $H^n(K(A_1, q_1) \times \cdots \times K(A_r, q_r), B)$, comme on le voit par le même raisonnement que plus haut. Lorsque les A_i sont de type fini et que B est un corps, il résulte de la formule de Künneth que ces opérations se réduisent à des cup-produits d'opérations cohomologiques à une seule variable.

29. Premières applications

Nous allons appliquer le Théorème 1 à divers cas simples. Nous désignerons par C une opération cohomologique relative à $\{q, n, A, B\}$.

29.1. *Si* $0<n<q$, *C est identiquement nulle.* En effet, $H^n(A\,;q, B)$ est alors réduit à 0.

29.2. *Si* $n = q$, *C est associé à un homomorphisme de A dans B* (au sens de 27.1). En effet, $H^q(A\,;q, B) = \mathrm{Hom}\,(A, B)$.

29.3. *Si* $q = 1$, $A = Z$, $n>1$, *C est identiquement nulle.* En effet $H^n(Z\,;1, B) = 0$ si $n>1$, puisq'un cercle est un espace $K(Z, 1)$.

29.4. *Si* $q = 2$, $A = Z$, *n impair, C est identiquement nulle. Si n est pair, et si* $B = Z$ *ou* Z_m, *on a* $C(x) = k\cdot x^{n/2}$, $k \in B$. En effet, on peut prendre pour espace $K(Z, 2)$ un espace projectif complexe à une infinité de dimensions.

29.5. *Si q est impair,* $A = Z$, $B = Q$ *(corps des rationnels),* $n>q$, *C est identiquement nulle.* En effet, on a $H^n(Z\,;q, Q) = 0$ si $n>q$, d'après [8], p. 501.

29.6. *Si q est pair,* $A = Z$, $B = Q$, *et si n n'est pas divisible par q, C est identiquement nulle; si n est divisible par q, on a* $C(x) = k\cdot x^{n/q}$, $k \in Q$. En effet, d'après [8], loc. cit., $H^*(Z\,;q, Q)$ est l'algèbre de polynômes sur Q qui admet u pour unique générateur.

On peut donner bien d'autres applications du Théorème 1. Par exemple lorsque B est un corps, établir une formule de produit :

$$C(x\cdot y) = \Sigma C_i(x)\cdot C_j(y)\ ;$$

lorsque $n<2q$, montrer que C est un homomorphisme. Etc.

30. Caractérisation des *i*-carrés

Soit i un entier $\geqslant 0$, et supposons donné, pour tout couple (X, Y) de complexes simpliciaux, et tout entier $n \geqslant 0$, des applications

$$A^i : H^q(X, Y\,; Z_2) \to H^{q+i}(X, Y\,; Z_2)$$

vérifiant les propriétés 2.1, 2.2 et 2.4, c'est-à-dire telles que $A^i \circ f^* = f^* \circ A^i$, $A^i \circ \delta = \delta \circ A^i$, $A^i(x) = x^2$ si dim. $x = i$, $A^i(x) = 0$ si dim. $x<i$. Nous allons montrer que les A^i coïncide avec les Sq^i [8]).

D'après le Théorème 1 (qui est valable dans le cas de la cohomologie relative, comme nous l'avons remarqué), il suffit de prouver que $A^i(u_q) = Sq^i(u_q)$, u_q désignant le générateur de $H^q(Z_2\,;q, Z_2)$. Ceci est clair si

[8]) R. Thom a obtenu antérieurement une caractérisation analogue.

$q \leqslant i$, à cause de 2.4; pour $q > i$, raisonnons par récurrence sur q. D'après le raisonnement de [8], p. 457 (qui n'utilise que les propriétés 2.1 et 2.2), A^i commute à la transgression τ. On a donc

$$A^i(u_q) = A^i(\tau\, u_{q-1}) = \tau(A^i\, u_{q-1}) = \tau(Sq^i u_{q-1}) = Sq^i u_q\ ,$$

c. q. f. d.

Note. Comme nous l'avons indiqué au n° 26, on peut étendre les A^i à tous les couples (X, Y) d'espaces topologiques, à condition d'utiliser la cohomologie singulière, et les propriétés 2.1, 2.2, 2.4 sont encore vérifiées. C'est ce qui nous a permis d'utiliser les A^i dans la cohomologie de l'espace fibré 5.1, qui relie $K(Z_2, q-1)$ à $K(Z_2, q)$, espace fibré qui n'est pas un complexe simplicial.

On pourrait d'ailleurs remplacer, dans la démonstration précédente, le complexe $K(Z_2, q)$ par le joint de $K(Z_2, q-1)$ avec deux points, et l'on pourrait ainsi demeurer entièrement à l'intérieur de la catégorie des complexes simpliciaux.

31. Opérations cohomologiques en caractéristique 2

Posons $A = B = Z_2$. En combinant le Théorème 1 avec le Théorème 2 du § 2, on obtient :

Théorème 2. *Toute opération cohomologique* $C: H^q(X, Z_2) \to H^n(X, Z_2)$ *est de la forme :*

$$C(x) = P\big(Sq^{I_1}(x), \ldots, Sq^{I_k}(x)\big)\ ,$$

où P désigne un polynôme (par rapport au cup-produit), et où $Sq^{I_1}, \ldots, Sq^{I_k}$ désignent les i-carrés itérés correspondant aux suites admissibles d'excès $< q$. En outre, deux polynômes distincts P et P' définissent des opérations C et C' distinctes.

Lorsque $A = Z_m$ $(m = 2^h)$, on a un résultat analogue en remplaçant les Sq^I par les Sq^I_h ; lorsque $A = Z$, on ne doit considérer que des suites I dont le dernier terme est > 1.

Corollaire. *Si $n \leqslant 2q$, les i-carrés itérés Sq^I, où I parcourt l'ensemble des suites admissibles de degré $n - q$, forment une base de l'espace vectoriel des opérations cohomologiques relatives à* $\{q, n, Z_2, Z_2\}$.

32. Relations entre *i*-carrés itérés

Le Corollaire précédent montre que tout *i*-carré itéré est combinaison linéaire de Sq^I, où I est admissible. Il est naturel de chercher une méthode permettant d'écrire *explicitement* une telle décomposition. Cette question a été résolue par J. Adem [1], qui a démontré la formule suivante (conjecturée par Wu-Wen-Tsün):

$$\text{Si } a<2b, \quad Sq^a Sq^b = \Sigma_{0\leqslant c\leqslant a/2} \binom{b-c-1}{a-2c} Sq^{a+b-c} Sq^c , \qquad (32.1)$$

où $\binom{k}{j}$ désigne le coefficient binômial $k!/j!(k-j)!$, avec la convention usuelle: $\binom{k}{j}=0$ si $j>k$.

On voit facilement que cette formule permet de ramener, par des réductions successives, tout i-carré itéré à une somme de Sq^I où I est admissible. Elle répond donc bien à la question posée.

Citons quelques cas particuliers de 32.1 dont nous ferons usage au § 5:

32.2. $Sq^1 Sq^n = 0$ *si n est impair,* $Sq^1 Sq^n = Sq^{n+1}$ *si n est pair.*

32.3. $Sq^2 Sq^2 = Sq^3 Sq^1$; $Sq^2 Sq^3 = Sq^5 + Sq^4 Sq^1$.

33. Méthode permettant d'obtenir les relations entre *i*-carrés itérés

La démonstration donnée par J. Adem de la formule 32.1 est basée sur une étude directe des i-carrés itérés. Nous allons esquisser une méthode plus indirecte, mais qui conduit plus aisément au résultat[9]).

Soit X l'espace projectif réel à une infinité de dimensions, $Y=X^q$ le produit direct de q espaces homéomorphes à X. L'algèbre de cohomologie $H^*(Y, Z_2)$ est donc l'algèbre de polynômes à q générateurs $x_1, \ldots, x_q$, de degrés 1. Nous noterons W_q le produit $x_1 \ldots x_q$ de ces générateurs: on a $W_q \in H^q(Y, Z_2)$.

Lemme 1. *Soit C une somme de i-carrés itérés, tous de degrés $\leqslant q$. Si $C(W_q)=0$, alors C est identiquement nulle.*

Compte tenu du Corollaire au Théorème 2, il suffit de vérifier que les $Sq^I(W_q)$ sont linéairement indépendants lorsque I parcourt l'ensemble des suites admissibles de degré $\leqslant q$. Or, il est très facile de déterminer explicitement les opérations Sq^i dans $H^*(Y, Z_2)$, en utilisant les propriétés 2.3, 2.4, 2.5; le résultat cherché s'ensuit par un calcul que nous ne ferons pas ici (voir un article en préparation de R. Thom).

Théorème 3. *Soit C une somme de i-carrés itérés. Supposons que, pour tout espace T, la relation $C(y)=0$, $y \in H^*(T, Z_2)$, entraîne $C(x\cdot y)=0$ pour tout $x \in H^1(T, Z_2)$. Alors C est identiquement nulle.*

Prenons pour T l'espace Y défini plus haut (q étant égal au degré maximum des i-carrés itérés qui figurent dans C). On a évidemment

---

[9]) Cette méthode est d'ailleurs très proche de celle qui avait amené Wu-Wen-Tsün à conjecturer la formule 32.1.

$C(1) = 0$, d'où $C(x_1 \dots x_i) = 0$ par récurrence sur i, et en particulier $C(W_q) = 0$, d'où $C = 0$ d'après le Lemme 1.

A titre d'exemple, vérifions l'hypothèse du Théorème 3 pour $C = Sq^2Sq^2 + Sq^3Sq^1$. En utilisant 2.3, 2.4, 2.5, on obtient :

$$Sq^2Sq^2(x\cdot y) = x^4\cdot Sq^1y + x^2\cdot(Sq^2Sq^1y + Sq^1Sq^2y) + x\cdot Sq^2Sq^2y \ ,$$
$$Sq^3Sq^1(x\cdot y) = x^4\cdot Sq^1y + x^2\cdot(Sq^3y + Sq^2Sq^1y) + x\cdot Sq^3Sq^1y \ .$$

Comme $Sq^3 = Sq^1Sq^2$, on tire de là :

$$C(x\cdot y) = x\cdot C(y) \ ,$$

ce qui montre bien que $C(y) = 0$ entraîne $C(x\cdot y) = 0$. D'après le Théorème 3, on a donc $Sq^2Sq^2 + Sq^3Sq^1 = 0$, d'où $Sq^2Sq^2 = Sq^3Sq^1$, et nous avons démontré la première des relations 32.3.

On démontrerait de la même façon la formule 32.1 dans le cas général, en raisonnant par récurrence sur $a + b$. Nous laissons le détail du calcul au lecteur.

§ 5. Application aux groupes d'homotopie des sphères

34. Méthode

Nous allons combiner les résultats du § 2 et ceux de la note [3], I pour obtenir un certain nombre de renseignements sur les groupes $\pi_6(S_3)$ et $\pi_7(S_3)$. En confrontant ces renseignements avec les résultats déjà obtenus par ailleurs, nous en déduirons le calcul des groupes $\pi_{n+3}(S_n)$ et $\pi_{n+4}(S_n)$ pour tout n.

Nous supposons connus les faits suivants (démontrés notamment dans [11], Chapitre IV ; voir aussi [7]) :

$\pi_4(S_3) = Z_2$, $\pi_5(S_3) = Z_2$, $\pi_6(S_3)$ a 12 éléments,
$\pi_7(S_3)$ est un 2-groupe.

35. Les espaces (S_3, q)

Conformément aux notations de [3], I, nous notons (S_3, q) la sphère S_3 dont on a tué les $q - 1$ premiers groupes d'homotopie. Par définition, on a donc :

$$\pi_i(S_3, q) = 0 \text{ si } i<q \text{ et } \pi_i(S_3, q) = \pi_i(S_3) \text{ si } i \geqslant q \ . \quad (35.1)$$

En appliquant le Théorème d'Hurewicz, on en tire :

$$H_q(S_3, q) = \pi_q(S_3) \ . \quad (35.2)$$

Dans les numéros qui suivent, nous calculerons les premiers groupes de cohomologie des espaces (S_3, q), *à valeurs dans* Z_2. Ces groupes seront notés $H^i(S_3, q)$. Nous utiliserons pour cela les suites spectrales attachées aux fibrations (I) et (II) de [3]. Rappelons que :

35.3. Dans la fibration (I) l'espace fibré est $(S_3, q+1)$, la base est (S_3, q), et la fibre est un espace $K(\pi_q(S_3), q-1)$.

35.4. Dans la fibration (II) l'espace fibré a même type d'homotopie que (S_3, q) (nous l'identifierons à (S_3, q) afin de simplifier les notations), la base est un espace $K(\pi_q(S_3), q)$, et la fibre est $(S_3, q+1)$.

Si x est un d_r-cocycle de E_r (E_r désignant l'une des suites spectrales précédentes), nous noterons encore x l'élément de E_{r+1} qu'il définit.

36. Cohomologie de l'espace $(S_3, 4)$

Lemme 1. *En dimensions* $\leqslant 11$, $H^*(S_3, 4)$ *possède une base* $\{1, a, b, c, d\}$ *où* $\dim. a = 4$, $\dim. b = 5$, $\dim. c = 8$, $\dim. d = 9$, *et où* $b = Sq^1 a$, $c = a^2$, $d = a \cdot b$.

On sait (voir [3], II, Proposition 5, ainsi que [11], Chap. IV, Lemme 3) que les groupes d'homologie à coefficients entiers de $(S_3, 4)$ sont :

$$Z, 0, 0, 0, Z_2, 0, Z_3, 0, Z_4, 0, Z_5, 0, \ldots,$$

d'où, en utilisant la formule des coefficients universels, l'existence de la base $\{1, a, b, c, d\}$. En outre il résulte de 2.6 que l'on a $Sq^1 a \neq 0$, d'où $Sq^1 a = b$. Il nous reste à déterminer les cup-produits dans $H^*(S_3, 4)$, pour prouver que $a^2 = c$ et que $a \cdot b = d$.

Pour cela, nous utiliserons la fibration (I). D'après 35.3, l'espace fibré est $(S_3, 4)$, la base est S_3 et la fibre est un espace $K(Z, 2)$. Soit u_2 le générateur de $H^2(Z; 2)$, v celui de $H^3(S_3)$. Le terme E_2 de la suite spectrale de cohomologie modulo 2 de cette fibration admet pour base les éléments $(u_2)^n$ et $v \otimes (u_2)^n$, n entier $\geqslant 0$. On a évidemment $d_3(u_2) = v$, d'où $d_3((u_2)^n) = 0$ si n est pair et $d_3((u_2)^n) = v \otimes (u_2)^{n-1}$ si n est impair. Comme les différentielles d_r, $r > 3$, sont identiquement nulles, il s'ensuit que E_∞ admet pour base les éléments $(u_2)^{2n}$ et $v \otimes (u_2)^{2n+1}$. Si l'on pose $a' = (u_2)^2$, $b' = v \otimes u_2$, on voit que E_∞ admet pour base les éléments a'^n et $b' \cdot a'^n$. Les éléments $\{a, b, c, d\}$ de $H^*(S_3, 4)$ correspondent donc dans E_∞ aux éléments $\{a', b', a'^2, a' \cdot b'\}$, et comme E_∞ est *l'algèbre graduée* associé à $H^*(S_3, 4)$, cela donne bien $a^2 = c$, et $a \cdot b = d$.

37. Cohomologie de l'espace $(S_3, 5)$

Lemme 2. *En dimensions* $\leqslant 8$, $H^*(S_3, 5)$ *possède une base* $\{1, e, f, g, h, i\}$ *où* $dim.\, e = 5$, $dim.\, f = dim.\, g = 6$, $dim.\, h = 7$, $dim.\, i = 8$, *et où* $f = Sq^1 e$, $h = Sq^1 g = Sq^2 e$, $i = Sq^2 f$, $Sq^2 g = 0$.

Utilisons la fibration (II). D'après 35.4, l'espace fibré est $(S_3, 4)$, la base est un espace $K(Z_2, 4)$, et la fibre est $(S_3, 5)$.

D'après le Théorème 2 du § 2, $H^*(Z_2 ; 4)$ possède la base suivante (en dimensions $\leqslant 9$) :

$$\{1, u_4, Sq^1 u_4, Sq^2 u_4, Sq^3 u_4, Sq^2 Sq^1 u_4, u_4^2, Sq^3 Sq^1 u_4,$$
$$Sq^4 Sq^1 u_4, u_4 \cdot Sq^1 u_4\} .$$

L'homomorphisme $H^*(Z_2 ; 4) \to H^*(S_3, 4)$ applique évidemment u_4 sur a. Il applique donc $Sq^1 u_4$ sur $Sq^1 a = b$, $Sq^2 u_4, Sq^3 u_4$ et $Sq^2 Sq^1 u_4$ sur 0, u_4^2 sur $a^2 = c$, $Sq^3 Sq^1 u_4$ sur $Sq^3 Sq^1 a = Sq^2 Sq^2 a = 0$, $Sq^4 Sq^1 u_4$ sur $Sq^4 Sq^1 a = Sq^2 Sq^3 a + Sq^5 a = 0$, $u_4 \cdot Sq^1 u_4$ sur $a \cdot b = d$. On voit en particulier que cet homomorphisme applique $H^i(Z_2 ; 4)$ *sur* $H^i(S_3, 4)$ pour $i \leqslant 11$ (en fait, cela vaut pour tout i). Nous désignerons le noyau de cet homomorphisme par N^i.

Comme $H^k(S_3, 5) = 0$ si $0 < k < 5$, et $H^k(Z_2 ; 4) = 0$ si $0 < i < 4$, on peut appliquer la suite exacte de [8], p. 469 (en cohomologie). Compte tenu de ce qui précède, cette suite exacte montre que *la transgression* τ *est un isomorphisme de* $H^i(S_3, 5)$ *sur* N^{i+1} *pour* $i \leqslant 7$.

Or N^6 a pour base $Sq^2 u_4$, N^7 a pour base $Sq^3 u_4$ et $Sq^2 Sq^1 u_4$, N^8 a pour base $Sq^3 Sq^1 u_4$. Donc, en dimensions $\leqslant 7$, $H^*(S_3, 5)$ possède une base $\{1, e, f, g, h\}$, caractérisée par :

$$\tau(e) = Sq^2 u_4, \quad \tau(f) = Sq^3 u_4, \quad \tau(g) = Sq^2 Sq^1 u_4, \quad \tau(h) = Sq^3 Sq^1 u_4 .$$

Comme τ commute aux Sq^i, on a :

$$\tau(Sq^1 e) = Sq^1 \tau(e) = Sq^1 Sq^2 u_4 = Sq^3 u_4 = \tau(f) , \qquad \text{d'où } f = Sq^1 e ,$$
$$\tau(Sq^2 e) = Sq^2 Sq^2 u_4 = Sq^3 Sq^1 u_4 = \tau(h) , \qquad \text{d'où } h = Sq^2 e ,$$
$$\tau(Sq^1 g) = Sq^1 Sq^2 Sq^1 u_4 = Sq^3 Sq^1 u_4 = \tau(h) , \qquad \text{d'où } h = Sq^1 g .$$

Montrons maintenant que τ est encore un isomorphisme de $H^8(S_3, 5)$ *sur* N^9. Il faut d'abord vérifier qu'aucun élément non nul de $H^9(Z_2 ; 4)$ n'est un d_r-cobord, avec $r < 9$: cela résulte de la nullité de $E_2^{p,q}$ pour $p + q = 8$, $q > 0$. Il faut ensuite vérifier que tout élément $x \in H^8(S_3, 5)$ est transgressif, autrement dit, que l'on a $d_r(x) = 0$ pour $r < 9$. Or d_r applique $E_r^{0,8}$ dans $E_r^{r, 9-r}$; ce dernier groupe est évidemment nul si $r < 9$, sauf pour $r = 4$, où il admet pour base l'élément $u_4 \otimes e$. Nous devons donc montrer qu'on ne peut pas avoir $d_4(x) = u_4 \otimes e$. Or, si cela était, $u_4 \otimes e$ définirait un élément nul dans $E_5, E_6, \ldots$, et en particulier on aurait $d_6(u_4 \otimes e) = 0$; comme $d_6(e) = \tau(e) = Sq^2 u_4$, on a $d_6(u_4 \otimes e) = u_4 \cdot Sq^2 u_4 \in E_6^{10,0}$.

Mais on a $E_6^{10,0} = E_5^{10,0} = \ldots = E_2^{10,0} = H^{10}(Z_2\,;4)$, et l'on sait (§ 2, Théorème 2) que $u_4 \cdot Sq^2 u_4$ est un élément non nul de $H^{10}(Z_2\,;4)$. On a donc $d_6(u_4 \otimes e) \neq 0$, et cette contradiction prouve bien que x est transgressif.

Comme N^9 a pour base l'élément $Sq^4 Sq^1 u_4$, $H^8(S_3, 5)$ a pour base un élément i caractérisé par $\tau(i) = Sq^4 Sq^1 u_4$. On a en outre:

$$\tau(Sq^2 g) = Sq^2 Sq^2 Sq^1 u_4 = Sq^3 Sq^1 Sq^1 u_4 = 0, \quad \text{d'où} \quad Sq^2 g = 0\,.$$
$$\tau(Sq^2 f) = Sq^2 Sq^3 u_4 = Sq^5 u_4 + Sq^4 Sq^1 u_4 = \tau(i), \quad \text{d'où} \quad i = Sq^2 f\,.$$

Ceci achève la démonstration du Lemme 2.

38. Cohomologie de l'espace $(S_3, 6)$

Lemme 3. *En dimensions* $\leqslant 7$, $H^*(S_3, 6)$ *possède une base* $\{1, j, k\}$ *où* *dim.* $j = 6$, *dim.* $k = 7$, *et où* $Sq^1 j = 0$, $Sq^2 j = 0$.

Utilisons la fibration (II). D'après 35.4, l'espace fibré est $(S_3, 5)$, la base est un espace $K(Z_2, 5)$, et la fibre est $(S_3, 6)$.

En dimensions $\leqslant 8$, $H^*(Z_2\,;5)$ possède la base suivante:

$$\{1, u_5, Sq^1 u_5, Sq^2 u_5, Sq^3 u_5, Sq^2 Sq^1 u_5\}\,.$$

L'homomorphisme $H^*(Z_2\,;5) \to H^*(S_3, 5)$ applique évidemment u_5 sur e, donc $Sq^1 u_5$ sur $Sq^1 e = f$, $Sq^2 u_5$ sur $Sq^2 e = h$, $Sq^3 u_5$ sur $Sq^3 e = Sq^1 h = Sq^1 Sq^1 g = 0$, $Sq^2 Sq^1 u_5$ sur $Sq^2 Sq^1 e = Sq^2 f = i$.

D'après [8], loc. cit., on a une suite exacte (valable en tout cas pour $i \leqslant 8$):

$$\cdots \to H^i(Z_2\,;5) \to H^i(S_3, 5) \to H^i(S_3, 6) \xrightarrow{\tau} H^{i+1}(Z_2\,;5) \to \cdots\,.$$

En combinant cette suite exacte avec les résultats précédents, on voit que $H^6(S_3, 6)$ possède une base formée d'un élément j, image de l'élément $g \in H^6(S_3, 5)$, et que $H^7(S_3, 6)$ possède une base formée d'un élément k tel que $\tau(k) = Sq^3 u_5 \in H^8(Z_2\,;5)$. En outre $Sq^1 j$ est image de $Sq^1 g = h$; mais h est image de $Sq^2 u_5$ dans l'homomorphisme $H^7(Z_2\,;5) \to H^7(S_3, 5)$, donc h donne 0 dans $H^7(S_3, 6)$, et $Sq^1 j = 0$. De même $Sq^2 j$ est image de $Sq^2 g = 0$, donc $Sq^2 j = 0$, ce qui achève la démonstration.

Corollaire. $\pi_6(S_3) = Z_{12}$[10].

Puisque $\pi_6(S_3)$ a 12 éléments, il est isomorphe soit à Z_{12}, soit à $Z_2 + Z_6$. Dans le second cas on aurait $H^6(S_3, 6) = \text{Hom}\,(H_6(S_3, 6), Z_2) = \text{Hom}\,(\pi_6(S_3), Z_2) = Z_2 + Z_2$, en contradiction avec le Lemme 3.

39. Cohomologie de l'espace $(S_3, 7)$

Lemme 4. $H^7(S_3, 7)$ *possède une base formée d'un seul élément* m, *et l'on a* $Sq^1 m \neq 0$.

On utilise comme précédemment la suite exacte:

$$\cdots \to H^i(Z_{12}; 6) \to H^i(S_3, 6) \to H^i(S_3, 7) \xrightarrow{\tau} H^{i+1}(Z_{12}; 6) \to \cdots .$$

D'après le Théorème 5 du § 2, $H^*(Z_{12}; 6)$ est isomorphe à $H^*(Z_4; 6)$. En dimensions $\leqslant 8$, $H^*(Z_{12}; 6)$ possède donc la base suivante:

$$\{1, u_6, Sq^1_2 u_6, Sq^2 u_6\} .$$

L'image de u_6 dans $H^6(S_3, 6)$ est évidemment j; celle de $Sq^1_2 u_6$ est k, car sinon on aurait $H^6(S_3, 7) \neq 0$, ce qui est absurde; celle de $Sq^2 u_6$ est $Sq^2 j = 0$. La suite exacte précédente montre alors que $H^7(S_3, 7)$ possède une base formée d'un seul élément m tel que $\tau(m) = Sq^2 u_6$. On a en outre $Sq^1 m \neq 0$, car $\tau(Sq^1 m) = Sq^1 Sq^2 u_6 = Sq^3 u_6 \neq 0$.

Corollaire. $\pi_7(S_3) = Z_2$.

Le Lemme 4 montre que $\text{Hom}\,(\pi_7(S_3), Z_2) = Z_2$. Cela signifie que le 2-composant de $\pi_7(S_3)$, donc $\pi_7(S_3)$ lui-même, est isomorphe à Z_m, avec $m = 2^h$, $h \geqslant 1$. Si $h \geqslant 2$, l'homomorphisme de $\pi_7(S_3)$ sur Z_2 pourrait être factorisé en $\pi_7(S_3) \to Z_4 \to Z_2$, et l'on aurait $Sq^1 m = 0$ d'après 2.7. Ceci étant exclu d'après le Lemme 4, on a $h = 1$ (on aurait pu également invoquer le Lemme 2 du § 2).

40. Les groupes $\pi_{n+3}(S_n)$

Dans ce numéro et le suivant, nous noterons E la suspension de Freudenthal, ν_i le générateur de $\pi_{i+1}(S_i)$, ν'_4 l'élément de $\pi_7(S_4)$ défini par la fibration de Hopf: $S_7 \to S_4$, ω l'élément de $\pi_6(S_3)$ introduit par Blakers-Massey.

---

[10]) Ce Corollaire résulte aussi du fait (annoncé par Barratt-Paechter, Proc. Nat. Acad. Sci. U. S. A. 38, 1952, p. 119—121) que $\pi_6(S_3)$ contient un sous-groupe isomorphe à Z_4. Signalons également que V. A. Rokhlin (Doklady 84, 1952, p. 221—224) a annoncé des résultats équivalents à ceux du nº 40.

Sachant que $\pi_6(S_3) = Z_{12}$, on peut montrer que ω en est un générateur (cf. A. Borel et J.-P. Serre, *Groupes de Lie et puissances réduites de Steenrod*, Prop. 19. 1).

Le groupe $\pi_7(S_4) = \pi_7(S_7) + E\pi_6(S_3)$ est isomorphe à $Z + Z_{12}$, le facteur Z étant engendré par ν_4', et le facteur Z_{12} par $E\omega$.

On sait que E applique $\pi_7(S_4)$ sur $\pi_8(S_5)$, le noyau étant engendré par $[i_4, i_4]$, où i_n désigne le générateur canonique de $\pi_n(S_n)$ et où le crochet désigne le produit de Whitehead. En outre, on a :

$$[i_4, i_4] = 2\nu_4' - \varepsilon E \omega ,$$

où $\varepsilon = \pm 1$ dépend des conventions d'orientation utilisées (cette formule résulte, par exemple, du Théorème 23.6 du livre de N. E. Steenrod sur les espaces fibrés). Il s'ensuit que dans $\pi_8(S_5)$ on a :

$$E^2\omega = 2\varepsilon E \nu_4' ,$$

ce qui montre que $\pi_8(S_5)$ est isomorphe à Z_{24}, et admet $E\nu_4'$ pour générateur [11]).

Par suspension, on a $\pi_{n+3}(S_n) = Z_{24}$ si $n \geqslant 5$, et $E^{n-4}\nu_4'$ en est un générateur.

41. Les groupes $\pi_{n+4}(S_n)$:

On a vu que $\pi_7(S_3) = Z_2$. D'après P. Hilton [6] les éléments $\omega \circ \nu_6$ et $\nu_3 \circ \nu_4'$ sont des éléments non nuls de ce groupe. Ils sont donc égaux (ce qui n'était pas évident *a priori*), et en constituent l'unique générateur.

On a $\pi_8(S_4) = \pi_8(S_7) + E\,\pi_7(S_3) = Z_2 + Z_2$, le premier facteur Z_2 étant engendré par $\nu_4' \circ \nu_7$, le second par $E(\omega \circ \nu_6) = E\,\omega \circ \nu_7$.

D'après un théorème de Freudenthal, E applique $\pi_8(S_4)$ sur $\pi_9(S_5)$. Par ailleurs, comme il n'existe pas d'application d'invariant de Hopf unité de S_{11} sur S_6 (voir [1] pour une démonstration simple), l'élément $[i_5, i_5]$ de $\pi_9(S_5)$ est non nul. Le noyau de $E: \pi_8(S_4) \to \pi_9(S_5)$ a donc au plus 2 éléments (il est d'ailleurs facile de retrouver ce fait directement, cf. [10]). D'autre part, on a :

$$E(E\,\omega \circ \nu_7) = E^2\,\omega \circ \nu_8 = (2\varepsilon\,E\,\nu_4') \circ \nu_8 = \varepsilon(E\,\nu_4') \circ 2\,\nu_8 = 0 \; .$$

Ceci montre que $E\omega \circ \nu_7$ appartient au noyau de E, qui est donc

[11]) Voir également les articles cités plus haut de V. A. Rokhlin et de A. Borel et l'auteur.

exactement Z_2. Il s'ensuit que $\pi_9(S_5) = Z_2$ et que son unique générateur est $[i_5, i_5] = E(\nu_4' \circ \nu_7) = E\,\nu_4' \circ \nu_8$ [12]).

Comme E applique $\pi_9(S_5)$ *sur* $\pi_{10}(S_6)$ et que $E([i_5, i_5]) = 0$, on a $\pi_{10}(S_6) = 0$, d'où $\pi_{n+4}(S_n) = 0$ pour $n \geqslant 6$.

Récapitulons les résultats obtenus :

Théorème. $\pi_6(S_3) = Z_{12}$, $\pi_7(S_4) = Z + Z_{12}$, $\pi_{n+3}(S_n) = Z_{24}$ *si* $n \geqslant 5$. $\pi_7(S_3) = Z_2$, $\pi_8(S_4) = Z_2 + Z_2$, $\pi_9(S_5) = Z_2$, $\pi_{n+4}(S_n) = 0$ *si* $n \geqslant 6$.

42. Remarques

1) On peut calculer les groupes stables $\pi_{n+3}(S_n)$ et $\pi_{n+4}(S_n)$ sans passer par l'intermédiaire des $\pi_i(S_3)$, par des calculs tout analogues à ceux des numéros 36, 37, 38, 39 (et légèrement plus simples, du fait que la suite spectrale s'y réduit à une suite exacte).

2) On peut pousser les calculs des numéros 36, 37, 38, 39 sensiblement plus loin que nous ne l'avons fait ici, et déterminer les 2-composants des groupes $\pi_8(S_3)$ et $\pi_9(S_3)$. On trouve ainsi $\pi_8(S_3) = Z_2$ et $\pi_9(S_3) = Z_3$. Nous ne donnerons pas ici le détail de ces calculs, parce qu'ils sont trop fastidieux, et parce que l'on peut calculer $\pi_8(S_3)$ et $\pi_9(S_3)$ par la méthode, plus rapide, de la Note [10].

[12]) $E\nu_4' \circ \nu_8 \neq 0$ résulte aussi du Théorème 5.1 de [1], où l'on fait $m = 4$, $n = 2$, $p = 1$. On notera que $E(E\nu_4' \circ \nu_8) = 0$, ce qui montre l'impossibilité d'étendre le théorème en question au cas $p = n$.

BIBLIOGRAPHIE

[1] *J. Adem*, The iteration of the Steenrod squares in algebraic topology, Proc. Nat. Acad. Sci. U. S. A. 38, 1952, p. 720—726.

[2] *A. Borel*, Sur la cohomologie des espaces fibrés principaux et des espaces homogènes de groupes de Lie compacts, Ann. Math. 57, 1953, p. 115—207.

[3] *H. Cartan et J.-P. Serre*, Espaces fibrés et groupes d'homotopie. I., *C. R. Acad. Sci. Paris* 234, 1952, p. 288—290; II., ibid., p. 393—395.

[4] *S. Eilenberg and S.MacLane*, Relations between homology and homotopy groups of spaces, Ann. Math. 46, 1945, p. 480—509; II., ibid. 51, 1950, p. 514—533.

[5] *S. Eilenberg and S. MacLane*, Cohomology theory of abelian groups and homotopy theory. I., Proc. Nat. Acad. Sci. U. S. A. 36, 1950, p. 443—447; II., ibid. p. 657—663; III., ibid. 37, 1951, p. 307—310; IV., ibid. 38, 1952, p. 1340—1342.

[6] *P. Hilton*, The Hopf invariant and homotopy groups of spheres, Proc. Cambridge Philos. Soc. 48, 1952, p. 547—554.

[7] *J. C. Moore*, Some applications of homology theory to homotopy problems, Ann. Math., 1953.

[8] *J.-P. Serre*, Homologie singulière des espaces fibrés. Applications, Ann. Math. 54, 1951, p. 425—505.

[9] *J.-P. Serre*, Sur les groupes d'Eilenberg-MacLane, C. R. Acad. Sci. Paris 234, 1952, p. 1243—1245.

[10] *J.-P. Serre*, Sur la suspension de Freudenthal, C. R. Acad. Sci. Paris 234, 1952, p. 1340—1342.

[11] *J.-P. Serre*, Groupes d'homotopie et classes de groupes abéliens, Ann. Math. 1953.

[12] *N. E. Steenrod*, Products of cocycles and extensions of mappings, Ann. Math. 48, 1947, p. 290—320.

[13] *N. E. Steenrod*, Reduced powers of cohomology classes, Ann. Math. 56, 1952, p. 47—67.

[14] *G. W. Whitehead*, Fibre spaces and the Eilenberg homology groups, Proc. Nat. Acad. Sci. U. S. A. 38, 1952, p. 426—430.

(Reçu le 16 janvier 1953.)

20.

Lettre à Armand Borel

1 inédit, avril 1953

Paris, 16 avril 1953

Cher Borel,

Voici, à titre d'état 1, quelques détails sur la dualité analytique, et Riemann-Roch.

1. Soit X une variété analytique complexe de dim. complexe n, supposée toujours dénombrable à l'infini. Soit V un espace fibré analytique, de base X, de fibre un espace vectoriel sur $\mathbf{C}$ (le groupe de structure est donc un groupe linéaire complexe). Je noterai S_V le faisceau des germes de sections holomorphes de V; on peut l'appeler si l'on veut «faisceau des fonctions holomorphes sur X, à coefficients dans V»; ce faisceau est analytique cohérent et localement libre (sur $\mathcal{O}_x$, anneau des germes de fonctions holomorphes) – réciproquement on peut montrer facilement que tout faisceau analytique cohérent loc. libre est un S_V, pour V bien choisi, mais peu importe.

On peut définir le faisceau $A_V^{p,q}$ (resp. $K_V^{p,q}$) des formes dif. de type (p,q) (resp. des courants de type (p,q)) à coefficients dans V: leur expression locale est évidente. On peut d'ailleurs les définir par une formule «intrinsèque» (chic à Bourbaki!) qui est la suivante:

En un point $x \in X$, $A_V^{p,q} = S_V \otimes A^{p,q}$, où $A^{p,q}$ désigne le faisceau des formes dif. usuelles de type (p,q), et où le $\otimes$ est pris *sur l'anneau* $\mathcal{O}_x$ des fonctions holomorphes en x.

L'opération de différentiation extérieure d n'a *pas* de sens en général sur les $A_V^{p,q}$, mais l'opération d'' en a un. En effet d'' est un $\mathcal{O}_x$-homomorphisme (d'' d'une fonction holomorphe $= 0$!) donc $1 \otimes d''$ est défini et applique $S_V \otimes A^{p,q}$ dans $S_V \otimes A^{p,q+1}$.

La suite:

$$(1) \qquad 0 \to S_V \to A_V^{0,0} \xrightarrow{d''} A_V^{0,1} \xrightarrow{d''} A_V^{0,2} \to \ldots \to A_V^{0,n} \to 0\,,$$

est exacte, car localement on identifie V à un produit direct (ou S_V à un faisceau libre, cela revient au même), et on est ramené au fait que la d''-cohomologie locale est triviale. D'autre part les faisceaux $A_V^{p,q}$ sont *fins.* Il s'ensuit par un raisonnement standard que $H_\Phi^q(X, S_V)$ *est isomorphe à la d''-cohomologie de type* $(0,q)$, calculée avec des formes *à coefficients dans V,* et à supports dans la famille Φ. Même résultat avec $K_V^{p,q}$ à la place de $A_V^{p,q}$.

Plus généralement, si l'on appelle Ω_V^p le faisceau $S_V \otimes \Omega^p$ des formes de 1ère espèce, de degré p, à coef. dans V, on voit que $H_\Phi^q(X, \Omega_V^p)$ est isomorphe à la d''-cohomologie de type (p,q), à coefficients dans V, ce qui constitue la généralisation complète (et complètement triviale!) du théorème de Dolbeault. Mais ici, le cas $p > 0$ peut se déduire du cas $p = 0$; en effet, $\Omega_V^p = S_W$, où $W = V \otimes \overset{p}{\wedge} T^*$, T désignant l'espace tangent à X, et T^* son dual, ce qui montre que $H_\Phi^q(X, \Omega_V^p)$ peut se calculer à l'aide des formes de type $(0,q)$, à coefficients dans W; bien entendu, on constate alors que ces formes peuvent être identifiées aux formes de type (p,q) à coef. dans V (l'opération d'' étant transformée en l'opération d'' – cela provient de ce que d'' ne travaille pas sur la partie holomorphe).

Conséquence: $H_\Phi^q(X, F) = 0$ pour $q > n$, lorsque F est localement libre.

2 (En fait je conjecture, et j'ai un très sérieux espoir de démontrer, que ceci est vrai pour tout faisceau analytique cohérent – Mais c'est une autre histoire!).

2. Je peux maintenant énoncer le *théorème de dualité analytique*. Mêmes notations que ci-dessus; je ne considérerai que deux familles Φ: tous les fermés (notation H^q), tous les compacts (notation H_*^q). Si V est un fibré analytique à fibre vectorielle, je noterai V^* le fibré dont les fibres sont les *duals* des fibres de V (il s'agit de dualité sur **C**, bien entendu). Voici l'énoncé:

Supposons que, pour un entier $q \geq 0$, $H^q(X, S_V)$ et $H^{q+1}(X, S_V)$ soient des espaces vectoriels de dimension finie sur le corps **C**. *Alors $H^q(X, S_V)$ et $H_*^{n-q}(X, \Omega_{V^*}^n)$ sont en dualité sur le corps* **C**. *En particulier, ces deux espaces vectoriels ont même dimension.*

Enoncé équivalent: notons $\tilde{V}$ le produit tensoriel $V^* \otimes \overset{n}{\wedge} T^*$, où T est l'espace tangent; alors, sous les hypothèses faites plus haut, $H^q(X, S_V)$ et $H_*^{n-q}(X, S_{\tilde{V}})$ ont même dimension.

(Noter que $\tilde{\tilde{V}} = V$, comme de juste!).

Démonstration. Je noterai $\underline{A}_V^{p,q}$ l'espace des *sections* de $A_V^{p,q}$; autrement dit, c'est l'espace des formes différentielles de type (p,q), définies sur tout X, à coef. dans V. Muni de la topologie de la convergence compacte pour toutes les dérivées (espace $\mathscr{E}$ de Schwartz) c'est un *espace de Fréchet* (métrisable et complet); l'opération d'' est *continue* pour cette topologie.

De même, je noterai $\underline{K}_{V^*}^{n-p,n-q}$ l'espace des sections à supports compacts de $K_{V^*}^{n-p,n-q}$; c'est donc l'espace des courants à sup. compacts, de type (p,q), à coef. dans V^*. On a évidemment un produit scalaire entre cet espace et le précédent: on commence par *contracter* le V et le V^* ensemble, et on multiplie extérieurement: ça fait une forme de type (n,n) sur X que l'on intègre. Ce produit scalaire fait de $\underline{K}_{V^*}^{n-p,n-q}$ *le dual topologique de* $\underline{A}_V^{p,q}$. Pourquoi: parce que c'est comme ça dans le couple $(\mathscr{E}, \mathscr{E}')$ de Schwartz et que la «torsion» infligée à nos espaces ne peut détruire une propriété aussi simple! (Autrement dit: j'ai eu la flemme de faire une démonstration en forme, mais le résultat était connu de Grothendieck, Schwartz, etc.)

Ceci étant, considérons les deux suites:

(2) $$\underline{A}_V^{0,q-1} \xrightarrow{d''} \underline{A}_V^{0,q} \xrightarrow{d''} \underline{A}_V^{0,q+1},$$

(3) $$\underline{K}_{V^*}^{n,n-q+1} \xleftarrow{d''} \underline{K}_{V^*}^{n,n-q} \xleftarrow{d''} \underline{K}_{V^*}^{n,n-q-1}.$$

3 On voit facilement que les d'' de la seconde ligne sont les *transposés,* au sens des EVT, des d'' de la première ligne. *Si l'on sait que les d'' de la suite* (2) *sont des homomorphismes* (au sens de Bourbaki) alors un raisonnement bien simple d'EVT montre qui'il y a dualité entre le quotient noyau/image de (2) et le quotient noyau/image de (3). D'où, d'après ce qui a été dit plus haut, la dualité entre $H^q(X, S_V)$ et $H_*^{n-q}(X, \Omega_{V^*}^n)$.

Tout revient donc à donner une condition sous laquelle l'opération $d''\colon \underline{A}_V^{0,q-1} \to \underline{A}_V^{0,q}$ est un homomorphisme. Or, supposons que $H^q(X, S_V)$ soit de dimension finie; d'après ce qu'on a vu, ceci équivaut à dire que $d''(\underline{A}_V^{0,q-1})$ est de codimension finie dans le noyau de $d''\colon \underline{A}_V^{0,q} \to \underline{A}_V^{0,q+1}$. Or ce noyau, étant un sous-espace fermé d'un espace de Fréchet, est un espace de Fréchet. Il s'ensuit que d'' est un homomorphisme grâce au Lemme suivant:

Lemme. *Soit $u\colon E \to F$ une application continue d'un Fréchet E dans un Fréchet F. Si $u(E)$ est de codimension finie dans F, u est un homomorphisme.*

Soient H un supplémentaire algébrique de $u(E)$ dans F, i l'injection de H dans F. L'application $u+i\colon E \times H \to F$ est une application linéaire, continue, de $E \times H$ sur F. D'après un théorème de Banach, c'est un homomorphisme, et on en tire facilement que u est elle-même un homomorphisme (démonstration de Schwartz).

On voit ainsi pourquoi on doit supposer que $H^q(X, S_V)$ *et* $H^{q+1}(X, S_V)$ sont de dimension finie: on a besoin de savoir que les *deux* opérations d'' qui figurent dans (2) sont des homomorphismes.

Commentaires: 1. On connait des exemples de variétés analytiques complexes X où d'' *n'est pas* un homomorphisme (plus précisément, on en connait où il n'y a pas dualité entre $H^q(X, S_V)$ et $H_*^{n-q}(X, \Omega_{V^*}^n)$ – *a fortiori,* d'' n'y est pas un homomorphisme!). Ceci est assez inquiétant pour les gens qui voudraient essayer de trouver une démonstration purement «faisceautique» de la dualité analytique, analogue à celle de la dualité usuelle.

2. Par contre, si X est *compacte,* $H^q(X, S_V)$ est de dimension finie *dans tous*
4 *les cas connus.* Une démonstration générale serait bien agréable (et utile); peut-être est-elle plus facile si X est kählérienne? Bien entendu, si $q = 0$, il est trivial (Bochner, Weil) que $H^0(X, S_V)$ est de dimension finie: c'est à la fois un Banach et un espace de Montel!

Conséquence de la dualité analytique: Si X est une variété de Stein, $H_*^q(X, F) = 0$ pour $q \neq n$, si F est un faisceau analytique cohérent localement libre.

C'est parfaitement clair.

3. Je suis maintenant armé pour parler du théorème de Riemann-Roch. On a une variété *compacte* X, et un diviseur D sur X. Il s'agit de dire ce qu'on peut sur la dimension $l(D)$ de l'espace vectoriel des fonctions f, méromorphes sur X, telles que $(f) \succ -D$. L'entier $l(D)$ est fini, comme on va le voir, et ne dépend que de la *classe* de D (pour l'équivalence linéaire, où un diviseur est dit ~ 0 si c'est le diviseur d'une fonction méromorphe).

On sait qu'un diviseur définit un espace fibré principal de fibre $\mathbf{C}^*$, qui caractérise entièrement sa classe. En ajoutant un 0 à chaque fibre, on obtient un fibré à fibre vectorielle de dimension 1, E_D, et on voit tout de suite que les f telles que $(f) \succ -D$ correspondent biunivoquement aux *sections* de E_D. Convenons de noter $H^q(D)$ le groupe de cohomologie H^q de X, à coef. dans le faisceau des germes de sections de E_D, et $h^q(D)$ la dimension de $H^q(D)$. On a donc:

$$l(D) = h^0(D), \text{ ce qui montre la finitude de } l(D)\,.$$

Pour la suite, il est important de décrire directement le faisceau des germes de sections de E_D (notons-le F_D), à partir de D: c'est tout simplement le sous-faisceau du faisceau de toutes les fonctions méromorphes sur X formé des germes de fonctions qui sont (localement) $\succ -D$. En un point non situé dans D, c'est donc le faisceau des germes de fonctions holomorphes; de toutes façons, c'est un faisceau localement libre de dimension 1 (sur $\mathcal{O}_X$).

Je noterai $\chi(D)$ l'entier $h^0(D) - h^1(D) + \ldots + (-1)^n h^n(D)$, c'est *la caractéristique d'E-P. de D* (ou plutôt du faisceau F_D). Bien entendu, au point où j'en suis, je ne sais pas encore qu'elle est définie, c'est-à-dire que les $h^q(D)$ sont *finis.* Riemann-Roch tel que je le conçois me paraît être ceci:

$\chi(D)$ est défini pour tout diviseur D, ne dépend que de la classe de cohomologie x du diviseur D, et peut se calculer à partir de x et des classes de Chern $C_2, \ldots, C_{2n}$ de X par une formule:

$$\langle P(x, C_2, \ldots, C_{2n}), X\rangle = \chi(D)\,,$$

où P est un polynôme de degré 2 n, ne dépendant que de n.

5 L'énoncé précédent n'est pas encore démontré dans toute sa généralité. Mais j'ai bon espoir, au moins pour les variétés algébriques.

4. Riemann-Roch sur les courbes. Dans ce cas, le diviseur D est note traditionnellement $\mathfrak{a}$; je ferai de même. On a $\mathfrak{a} = \sum n_P \cdot P$, $n_P \in \mathbf{Z}$, $n_P = 0$ sauf pour un nombre fini de points P. L'entier $\deg(\mathfrak{a}) = \sum n_P$ est le degré de $\mathfrak{a}$; il peut être positif ou négatif.

On démontre d'abord le lemme suivant:

Lemme. *Soient $\mathfrak{a}$ et $\mathfrak{b}$ deux diviseurs, $\mathfrak{a} \succ \mathfrak{b}$. Si l'une des deux expressions $\chi(\mathfrak{a})$ et $\chi(\mathfrak{b})$ est définie, l'autre l'est aussi et* $\chi(\mathfrak{a}) - \chi(\mathfrak{b}) = \deg(\mathfrak{a}) - \deg(\mathfrak{b})$.

Si $F_\mathfrak{b}$ et $F_\mathfrak{a}$ sont les faisceaux attachés à $\mathfrak{b}$ et $\mathfrak{a}$, on a évidemment $F_\mathfrak{b} \subset F_\mathfrak{a}$. Le faisceau quotient $Q = F_\mathfrak{a}/F_\mathfrak{b}$ est un faisceau extrêmement trivial: il est nul pour presque tous les points de X, et en un point $P \in X$ c'est un espace vectoriel sur $\mathbf{C}$ de dimension $a_P - b_P$, si a_P (resp. b_P) est le coefficient de P dans $\mathfrak{a}$ (resp. dans $\mathfrak{b}$). On a donc $H^0(Q) =$ esp. de dimension $\sum (a_P - b_P)$

$= \deg(\mathfrak{a}) - \deg(\mathfrak{b})$, et $H^1(Q) = 0$. La suite exacte:

$$0 \to H^0(\mathfrak{b}) \to H^0(\mathfrak{a}) \to H^0(Q) \to H^1(\mathfrak{b}) \to H^1(\mathfrak{a}) \to 0$$

démontre alors évidemment le Lemme.

D'autre part, on a $\chi(0) = -g+1$. En effet, $h^0(0) = 1$, et $h^1(0) = g$, d'après le théorème de Dolbeault (g intervient ici comme la dim. de la cohomologie de type (0, 1) de X).

Il suit de là tout d'abord que $\chi(\mathfrak{a})$ est défini pour tout $\mathfrak{a} \succ 0$, puis pour un $\mathfrak{a}$ quelconque, et que $\chi(\mathfrak{a}) - \deg(\mathfrak{a})$ est une constante indépendante de $\mathfrak{a}$. Lorsque $\mathfrak{a} = 0$, cette constante est $-g+1$; on obtient donc finalement:

Théorème. *Pour tout diviseur $\mathfrak{a}$ sur la courbe X, on a:*

$$\chi(\mathfrak{a}) = h^0(\mathfrak{a}) - h^1(\mathfrak{a}) = \deg(\mathfrak{a}) - g + 1 .$$

Reste à interpréter $h^0(\mathfrak{a})$ et $h^1(\mathfrak{a})$; pour $h^0(\mathfrak{a})$, c'est déjà fait: $h^0(\mathfrak{a}) = l(\mathfrak{a})$.

Pour $h^1(\mathfrak{a})$, on applique la dualité analytique (c'est possible puisqu'on a justement prouvé que $H^q(\mathfrak{a})$ est de dimension finie pour tout $q, \mathfrak{a}$). On voit alors que $h^1(\mathfrak{a}) = \dim.\ H^0(X, \Omega^1_{V^*})$, ce qui ici peut s'interpréter comme la dimension de *l'espace des différentielles méromorphes de diviseur* $\succ \mathfrak{a}$. Si $\mathfrak{k}$ désigne le diviseur d'une différentielle méromorphe arbitraire (tous ces diviseurs étant visiblement linéairement équivalents), on voit facilement que $\Omega^1_{V^*}$ correspond au diviseur $\mathfrak{k} - \mathfrak{a}$ (car V^* correspond au diviseur $-\mathfrak{a}$, et le produit tensoriel correspond à l'addition des diviseurs). On obtient donc $h^1(\mathfrak{a}) = h^0(\mathfrak{k} - \mathfrak{a}) = l(\mathfrak{k} - \mathfrak{a})$, et le théorème énoncé plus haut prend la forme classique:

(4) $$l(\mathfrak{a}) - l(\mathfrak{k} - \mathfrak{a}) = \deg(\mathfrak{a}) - g + 1 .$$

On peut encore énoncer ce résultat sous une forme qui a l'avantage d'être généralisable:

$\chi(\mathfrak{a}) = \langle x + C_2/2, X \rangle$, où x = classe de coh. de degré 2 duale de $\mathfrak{a}$, C_2 = classe de Chern de X = carac. d'E-P. usuelle.

On considère d'ordinaire la formule (4) comme fournissant un bon procédé de calcul de $l(\mathfrak{a})$ parce que, si $\mathfrak{a}$ est «grand» (i.e. si son degré est assez grand), $\mathfrak{k} - \mathfrak{a}$ est petit, et $l(\mathfrak{k} - \mathfrak{a}) = 0$. La formule (4) donne donc, à partir d'un certain rang (facile à déterminer, d'ailleurs):

$$l(\mathfrak{a}) = \deg(\mathfrak{a}) - g + 1 ,$$

c'est-à-dire une expression qui ne dépend plus que de la classe de cohomologie du diviseur.

Remarques. 1. Il serait sûrement intéressant d'examiner de très près l'analogie qui existe entre cette démonstration de Riemann-Roch et celle due à Weil qui utilise les adèles (= répartitions = valuation vectors), et qui est reproduite dans le bouquin de Chevalley ou le Séminaire Artin I. Il semble bien que, dans les deux cas, il y ait essentiellement deux choses à montrer: la formule qui donne $\chi(\mathfrak{a})$, et l'interprétation de $h^1(\mathfrak{a})$ au moyen des différentielles (c'est-à-dire la dualité de Poincaré analytique). Si on pouvait bien comprendre cette analogie, on pourrait peut-être s'en inspirer pour obtenir des démonstrations purement algébriques (en car. p) de Riemann-Roch pour les surfaces, etc. Bien entendu, cela exigerait une définition algébrique des groupes de coh. à coef. dans certains faisceaux «algébriques»; c'est sûrement possible!

2. La démonstration précédente fait intervenir la technique kählérienne à un seul endroit: pour montrer que la d''-cohomologie des formes de type (0, 1) s'identifie à l'espace des formes harmoniques de type (0, 1), d'où à l'espace des formes différentielles de lère espèce. On retrouvera ce point pour les surfaces.

3. Vu la dualité de Poincaré analytique, on a $\chi(\mathfrak{k}-\mathfrak{a}) = -\chi(\mathfrak{a})$. Comme la classe de cohomologie de $\mathfrak{k}$ est $-C_2$, il s'ensuit que $\chi(\mathfrak{a})$ doit être une fonction *impaire* de $x + C_2/2$, ce qui est bien le cas.

5. Riemann-Roch sur les surfaces. Soit X une surface analytique complexe. On veut encore calculer $\chi(D)$ à partir des invariants cohomologiques de D. Comme précédemment, tout ce que l'on peut faire est de calculer des différences $\chi(D) - \chi(D')$, et on a besoin de connaître $\chi(0)$.

Nous supposerons donc que $\chi(0)$ *est défini,* et nous le noterons $p_a + 1$. (p_a sera dit le genre arithmétique; $p_a = h^2(0) - h^1(0)$). L'hypothèse précédente est vérifiée si X est une variété kählérienne, car dans ce cas $h^q(0)$ est égal à la dimension de l'espace vectoriel des formes holomorphes de degré q. Il serait bien intéressant de trouver d'autres cas où elle est vérifiée (variété de Hopf?). Je noterai K le *diviseur canonique* de X, c'est-à-dire le diviseur d'une forme différentielle méromorphe de degré 2 non identiquement nulle (s'il en existe, ce qui est le cas sur une variété algébrique); la classe de cohomologie de K est $-C_2$, classe de Chern de degré 2; s'il n'existe pas de différentielle méromorphe de degré 2, on appelle K n'importe quel cycle dont la classe de cohomologie duale est $-C_2$.

On a alors:

Lemme. *Soit W un diviseur de X, D une courbe algébrique sans points multiples sur X. Si l'une des deux expressions $\chi(W)$ et $\chi(W-D)$ est définie, l'autre l'est aussi et l'on a:*

$$\chi(W) - \chi(W-D) = W \cdot D - K \cdot D/2 - D \cdot D/2\,,$$

où $W \cdot D$, etc., désignent des nombres d'intersection.

Je ferai la démonstration en supposant que D ne figure pas dans W; sinon c'est un tout petit peu plus compliqué (mais essentiellement pareil).

On a $F_{W-D} \subset F_W$, et le faisceau quotient Q peut être identifié au faisceau *sur la courbe D* des fonctions méromorphes de diviseur $\succ - W \cdot D$. On en tire, vu le Riemann-Roch des courbes, que si l'un des $\chi(W)$ et $\chi(W-D)$ est défini, l'autre l'est aussi; en outre on a:

$$\chi(W) - \chi(W-D) = \chi(Q) = \deg(W \cdot D) - \text{genre de } D + 1\,.$$

Or il est facile de voir au moyen de la formule de dualité des classes de Chern que l'on a:

$$\text{genre de } D - 1 = K \cdot D/2 + D \cdot D/2 .$$

Ceci démontre le lemme.

Soit maintenant un diviseur D, somme de courbes *sans points multiples*, affectées de coef. entiers positifs ou négatifs. En appliquant le Lemme, on voit facilement (par récurrence sur le nombre de courbes figurant dans D), que $\chi(D)$ est défini, et que l'expression $\chi(D) - D \cdot (D-K)/2$ est indépendante de D. Comme cette expression vaut $p_a + 1$ pour $D = 0$, on en déduit finalement le théorème:

Théorème. *Si $\chi(0)$ est défini et égal à $p_a + 1$, et si toutes les composantes irréductibles du diviseur D sont sans points multiples, on a la formule:*

$$\chi(D) = h^0(D) - h^1(D) + h^2(D) = p_a + 1 + D \cdot (D-K)/2 .$$

Interprétation des $h^q(D)$: $h^0(D) = l(D)$; je noterai $\sup(D)$ l'entier $h^1(D)$, c'est un entier ≥ 0, et la dualité montre que $h^1(D) = h^1(K-D)$; $h^2(D) = h^0(K-D)$ d'après la dualité analytique. Finalement, on obtient le *théorème de Riemann-Roch*:

(5) $$l(D) - \sup(D) + l(K-D) = p_a + 1 + D \cdot (D-K)/2 .$$

Par comparaison avec le papier de Kodaira (dont je me suis bien entendu fortement inspiré), on voit que $\sup(D)$ est la *superabondance de D*. C'est le seul élément antipathique de la formule (5), car il ne possède pas de formule simple. Heureusement, il est toujours ≥ 0, ce qui permet en tout cas d'avoir l'*inégalité* de Riemann-Roch:

$$l(D) + l(K-D) \geq p_a + 1 + D \cdot (D-K)/2 .$$

D'autre part, il vérifie la symétrie «analytique» $\sup(D) = \sup(K-D)$. Cette formule permet de le calculer dans certains cas, par exemple lorsque D est de la forme $K+H$, où H est une courbe: on a alors $\sup(K+H) = \sup(-H)$, et on considère la suite exacte des faisceaux $0 \to F_{-H} \to F_0 \to C_H \to 0$, où F_{-H} est formé des germes nuls sur H, F_0 est formé des fonctions holomorphes, et C_H est le faisceau des fonctions holomorphes sur H. On en tire:

$$0 \to H^1(F_{-H}) \to H^1(F_0) \to H^1(C_H) ,$$

d'où le fait que $\sup(-H)$ est égal au nombre de formes dif. de lère espèce et degré 1 sur X qui induisent 0 sur H (du moins si X est kählérienne). Cf. Kodaira, Th. 6.5. A partir de là, on peut montrer comme Kodaira que $\sup(D + nE) = 0$ pour n assez grand, E étant une section hyperplane de X, supposée plongée dans un espace projectif. Etc.

Cas des variétés kählériennes. On peut alors exprimer $\chi(D)$ de façon purement cohomologique. Pour cela, vu le théorème de Riemann-Roch, il suffit d'exprimer le *genre arithmétique* p_a de façon cohomologique. Or, notons $b^{p,q}$ la dimension de l'espace vectoriel des formes harmoniques de type (p, q). Les seuls $b^{p,q}$ à considérer sont $b^{0,1}$, $b^{0,2}$ et $b^{1,1}$. La caractéristique d'Euler-Poincaré de X se calcule à partir des $b^{p,q}$; comme elle est égale à $\langle C_4, X\rangle$ on en tire:

$$\langle C_4, X\rangle = -4b^{0,1} + 2b^{0,2} + b^{1,1} + 2. \tag{6}$$

D'autre part:

$$p_a + 1 = 1 + b^{0,2} - b^{0,1}. \tag{7}$$

L'indice d'inertie τ de la forme quadratique canonique sur $H^2(X)$ vaut, d'après un calcul de Hodge:

$$\tau = 2 + 2b^{0,2} - b^{1,1}. \tag{8}$$

D'après un théorème de Thom, on a $3\tau = \langle P_4, X\rangle$, où P_4 est la classe de Pontrjagin, égale à $(C_2)^2 - 2C_4$.

Par combinaison linéaire de toutes ces mirificques identités, on en tire:

$$p_a + 1 = \langle (C_4 + C_2 \cdot C_2)/12, X\rangle, \tag{9}$$

ce qui résout la question.

Finalement, le théorème de Riemann-Roch sur les surfaces kähleriennes prend la forme suivante:

$$\chi(D) = \langle x \cdot (C_2 + x)/2 + (C_4 + C_2 \cdot C_2)/12, X\rangle, \tag{10}$$

x étant la classe de coh. duale de D.

On vérifie que $\chi(D)$ est une fonction *paire* de $x + C_2/2$, conformément à la dualité analytique.

6. Riemann-Roch général. Il est clair d'après ce qui précède que la forme générale de Riemann-Roch serait démontrée *si l'on savait chaque fois exprimer le genre arithmétique à l'aide des classes de Chern.*

En effet, on récurrerait sur la dimension, et on utiliserait un Lemme analogue à celui du n° 5, pour calculer la différence $\chi(W) - \chi(W-D)$.

Pour les variétés à 3 dimensions, on peut faire ce calcul explicitement; il est inutile de le reproduire ici, vu qu'il est fait dans le mémoire de Kodaira paru récemment aux Annals.

On notera que, dans le cas général, il y a lieu d'introduire plusieurs indices de superabondance: $\sup^1(D), \ldots, \sup^{n-1}(D)$, égaux aux dimensions de $H^1(F_D), \ldots, H^{n-1}(F_D)$; la somme alternée de ces indices pourrait être appelée la superabondance *totale* de D, $\sup(D)$. Mais ici, $\sup(D)$ peut avoir un signe *a priori* quelconque, ce qui rend impossible l'obtention d'une inégalité générale.

Les $\sup^q(D)$ vérifient la symétrie analytique: $\sup^q(D) = \sup^{n-q}(K-D)$, où K est le diviseur canonique. Donc $\sup(D)$ vérifie la relation:

$$\sup(D) = (-1)^n \sup(K-D).$$

21.

Espaces fibrés algébriques (d'après A. Weil)

Séminaire Bourbaki 1952/53, n° 82

Dans ce qui suit, nous munirons toute variété algébrique V (sur un corps
1 de caractéristique quelconque) de la topologie de Zariski: une partie F de V est fermée si elle est réunion finie de sous-variétés de V. Tout recouvrement de V sera supposé fini, et formé d'ensembles ouverts au sens de la topologie précédente.

Nous dirons «application» au lieu de «application rationnelle».

1. Définition des espaces fibrés. Elle s'obtient en remplaçant dans la définition usuelle de la topologie les mots «application continue en un point x» par «application rationnelle définie en un point x». Plus précisément:

Soient V une variété, (V_i) un recouvrement de V, G une variété de groupe (au sens de [3], p. 17), et, pour tout couple (i, j) une application g_{ij} de V dans G, définie en tout point de $V_i \cap V_j$; supposons que les g_{ij} vérifient la relation $g_{ik} = g_{ij} \cdot g_{jk}$; soit d'autre part F une variété sur laquelle G opère à gauche (autrement dit, on se donne une application $(g, y) \mapsto g\,y$ de $G \times F$ dans F, partout définie, et telle que $e\,y = y$, $(g\,h)\,y = g\,(h\,y)$). Pour tout couple (i, j) considérons la correspondance entre $V_i \times F$ et $V_j \times F$ qui transforme (x, y) en $(x, g_{ji}(x)\,y)$; la variété X, obtenue à partir des $V_i \times F$ en identifiant les points correspondants, est *dite espace fibré de fibre F, groupe G, base V, définie par les* g_{ij}. On a une projection canonique p de X sur V, partout définie. On observera que X est birationnellement équivalent à $V \times F$ (mais pas birégulièrement, en général).

Prenons en particulier $F = G$, G opérant sur lui-même par translations à gauche; l'espace fibré P ainsi obtenu est appelé *principal*; G opère à droite sur P. Deux espaces principaux P_1 et P_2 sont dits *isomorphes* s'il existe entre eux une correspondance birégulière commutant aux opérations de G et compatible avec les projections sur V. Deux espaces fibrés sont dits isomorphes si les espaces principaux correspondants sont isomorphes.

Si (W_α) est un recouvrement plus fin que (V_i), on voit tout de suite que les restrictions des g_{ij} aux $W_\alpha \cap W_\beta$ définissent un espace fibré principal isomorphe à l'espace initial. Ceci permet (en prenant l'intersection de deux recouvrements) de ne considérer que des g_{ij} relatifs au *même* recouvrement (V_i); alors, pour que (g_{ij}) et (g'_{ij}) définissent des espaces fibrés isomorphes, il faut et il suffit qu'il existe des applications h_i de V dans G, définies en tout point de V_i, et telles que $g'_{ij} = h_i^{-1} \cdot g_{ij} \cdot h_j$.

Nous noterons $A(V, G)$ l'ensemble des classes d'espaces fibrés de base V et groupe G; cet ensemble possède un élément «neutre» correspondant à l'espace trivial $V \times G$. Si G est abélien, $A(V,G)$ est un groupe abélien. Nous déterminerons plus loin $A(V,G)$ dans certains cas particuliers.

Enfin, on a la notion de *quasi-section*: c'est une application f de V dans l'espace fibré X, telle que $p \circ f = 1$; l'image de V par f est une sous-variété W de X telle que la restriction de p à W soit une transformation birationnelle de
2 W sur V. Par définition même des espaces fibrés, il existe une quasi-section définie en un point donné de V. Une quasi-section définie en *tout* point de V est appelée une *section*. Pour qu'un espace principal soit trivial, il faut et il suffit qu'il possède une section. Tout espace fibré de base une courbe sans singularités, et de fibre une variété *complète* possède une section (en effet, toute application de la courbe dans la fibre est évidemment définie en tout point). Pour la même raison, tout espace fibré de base une variété sans singularités, et de fibre une variété abélienne, possède une section (appliquer le théorème 6, p. 27, de [3]); en particulier, tout espace fibré principal de groupe une variété abélienne est trivial lorsque la base n'a pas de singularités.

2. Classification de certains espaces fibrés. Il est commode de remplacer les g_{ij} par la notion suivante:

Soit P un espace principal de base V, groupe G, et choisissons une quasi-section s de P. Pour tout $x \in V$, soit s_x une quasi-section de P, définie au point x; il existe une application g_x de V dans G telle que $s = s_x \cdot g_x$, ce que nous écrirons $g_x = s_x^{-1} \cdot s$. En outre nous pouvons supposer que seulement un nombre fini des s_x (donc des g_x) sont distincts. Les g_x vérifient la propriété suivante:

(1) *Pour tout x, il existe un ouvert V_x, avec $x \in V_x$, tel que $g_x \cdot g_y^{-1}$ soit défini en tout point de $V_x \cap V_y$.*

(Prendre pour V_x l'ensemble des points où s_x est défini, et observer que $g_x \cdot g_y^{-1} = s_x \cdot s_y$.)

Changer la quasi-section s revient à changer g_x en $g_x \cdot g$, où g est une application de V dans G; changer s_x revient à changer g_x en $h_x \cdot g_x$, où h_x est une application de V dans G, définie en x. Comme les g_x déterminent évidemment P, on a ainsi *mis en correspondance biunivoque l'ensemble $A(V,G)$ avec l'ensemble des classes d'équivalence de systèmes (g_x) vérifiant* (1), *pour la relation d'équivalence*: $g_x \sim h_x \cdot g_x \cdot g$, *$h_x$ défini en x.*

Remarques. 1) Si V est une courbe, la condition (1) est automatiquement vérifiée (prendre pour V_x la réunion de $\{x\}$ et de l'ensemble des points où tous les g_y sont définis).

2) On peut supposer sans restreindre la généralité que $g_x = e$ pour tout x d'un ouvert non vide de V.

Exemple 1. *$G = G_m$, groupe multiplicatif du corps, et V est une variété de dimension n, sans sous-variétés multiples de dimension $n-1$.*

On peut parler du *diviseur D* des (g_x) (cela a un sens, grâce à la condition (1)); changer g_x en $h_x \cdot g_x$ ne change pas D; changer g_x en $g_x \cdot g$ change D en $D + (g)$; enfin, D est localement le diviseur d'une fonction. On obtient ainsi un isomorphisme de $A(V,G_m)$ sur le groupe quotient du groupe des diviseurs localement linéairement équivalents à 0 par le sous-groupe des diviseurs linéairement équivalents à 0. En particulier si V est sans points multiples tout diviseur est localement linéairement équivalent à 0, et *$A(V, G_m)$ est isomorphe au groupe des classes de diviseurs de V*, au sens de l'équivalence linéaire.

La correspondance entre P et D peut aussi être définie comme suit: soit F la droite projective sur laquelle G_m opère par $x \mapsto cx$, et soit X l'espace fibré de fibre F, de base V, associé à P. L'espace X possède deux sections V_0 et V_∞ qui correspondent aux points 0 et ∞ de F, laissés fixes par G_m. Soit Z une quasi-section distincte de V_0 et de V_∞; on pose alors $D = \mathrm{pr}(V_0 \cdot Z - V_\infty \cdot Z)$.

Exemple 2. *$G = G_a$, groupe additif du corps, et V est une courbe complète sans singularités.*

Soit ω une forme de première espèce sur V, et posons, pour tout système g_x: $\langle \omega, g_x \rangle = \sum_{x \in V} \mathrm{Res}_x(g_x \omega)$, où Res_x désigne le résidu au point x. La formule des résidus montre que $\langle \omega, g_x \rangle = \langle \omega, g'_x \rangle$ si g'_x est équivalent à g_x; ceci définit une forme bilinéaire sur le produit de $A(V, G_a)$ par l'espace $\Omega(V)$ des formes de première espèce sur V, et il est classique (cf. [1], par exemple) que cette forme bilinéaire met en dualité les deux espaces précédents. Donc *$A(V, G_a)$ est un espace vectoriel de dimension égale au genre de la courbe V.*

Exemple 3. *G est le groupe affine $x \mapsto ax + b$, et V est une courbe complète sans singularités.*

Les éléments de G sont les couples (a, b), avec la loi de multiplication $(a,b) \cdot (a', b') = (aa', b + ab')$. L'homomorphisme $G \to G_m$ applique $A(V, G)$ sur $A(V, G_m)$; nous allons chercher quelle est l'image réciproque d'un élément donné de $A(V, G_m)$, c'est-à-dire d'une classe de diviseurs. Cela revient à examiner les systèmes (g_x), où $g_x = (a_x, b_x)$, les (a_x) étant donnés. On constate alors que b_x et b'_x sont équivalents si l'on peut passer de l'un à l'autre par les opérations:

$$b'_x = \lambda \cdot b_x \quad (\lambda \text{ constant}), \qquad b'_x = b_x + a_x \cdot b, \quad b'_x = b_x + h_x,$$

où h_x est défini en x. Si l'on ne tient compte que des deux dernières opérations, on obtient un espace vectoriel isomorphe à $\mathscr{X}/(\mathscr{X}(-\mathfrak{a}) + R)$, avec les notations de [1], p. 26, $\mathfrak{a}$ désignant le diviseur des (a_x); cet espace est en dualité avec l'espace des différentielles $\succ \mathfrak{a}$; soit $i(\mathfrak{a})$ sa dimension. On obtient ainsi:

Soit $\mathfrak{a}$ un diviseur de V. L'image réciproque de la classe de $\mathfrak{a}$ dans $A(V, G)$ est formée de la réunion d'un élément «nul» (qui correspond à $b_x = 0$ pour tout x) et d'un espace projectif de dimension $i(\mathfrak{a}) - 1$.

Exemple 4. *G est un groupe de matrices, et V est une courbe complète sans singularités.*

Les éléments de $A(V, G)$ correspondent biunivoquement aux classes de «diviseurs matriciels» sur V, définies et étudiées dans [2].

3. Quelques exemples d'espaces fibrés. Les plus importants sont les espaces fibrés à *fibre vectorielle.* Lorsque V est complète, leurs sections forment un espace vectoriel de dimension finie (sur lequel on sait du reste fort peu de choses, mis à part le cas des courbes).

On peut effectuer sur les fibres de ces espaces toutes les opérations tensorielles: on obtient encore des espaces fibrés algébriques.

Exemple 1. Soit D un diviseur de V, supposée sans points multiples; D définit comme on l'a vu une classe d'espaces fibrés de groupe G_m, donc une classe d'espaces fibrés à fibre vectorielle de dimension 1; soit X l'un de ces espaces. On voit immédiatement que les sections de X correspondent biunivoquement aux fonctions f sur V telles que $(f) \succ -D$, donc la dimension de l'espace de ces sections est égale à $1+\dim|D|$, en notant $|D|$ la série linéaire complète contenant D.

Si l'on a deux diviseurs D_1 et D_2, correspondant aux espaces X_1 et X_2, le diviseur D_1+D_2 correspond à l'espace fibré dont la fibre est le produit tensoriel des fibres de X_1 et X_2; de même l'opération $D \mapsto -D$ correspond au passage au dual.

Exemple 2. Si V est sans points multiples, on peut définir l'espace fibré des vecteurs tangents à V, d'où l'espace des différentielles de degré p. Les sections de ce dernier espace sont les *formes de première espèce* sur V, de degré p. Ces espaces conduisent à la définition des *classes canoniques* de V, introduites par EGER-TODD (cf. un mémoire de S. S. CHERN [6]).

4. Quelques questions. 1) Comment peut-on classer les espaces fibrés de fibre une droite projective (autrement dit, les variétés réglées)? Même lorsque la base est une courbe, la réponse n'est pas connue.

2) Que donne la classification des espaces fibrés de groupe $ax+b$ lorsque la base est une surface? L'analogie avec le cas «analytique» semble indiquer que $i(\mathfrak{a})$ doit alors être remplacé par la «superabondance» du diviseur $\mathfrak{a}$.

3) Si la caractéristique est 0 et si V est sans singularités, on peut supposer que le domaine universel est le corps $\mathbf{C}$ des complexes, et V devient une variété analytique complexe. Soit $H(V,G)$ l'ensemble des classes d'espaces fibrés *analytiques* de base V et groupe G, et soit φ l'application canonique de $A(V,G)$ dans $H(V,G)$. Il paraît très probable que φ est *biunivoque*; par contre lorsque G est une variété abélienne, φ n'applique pas $A(V,G)$ *sur* $H(V,G)$ même lorsque V est une courbe. L'application φ est-elle un isomorphisme lorsque $G=G_m$ ou G_a?

4) Lorsque G est abélien, $A(V,G)$ peut être interprété comme le premier groupe de cohomologie de V à valeurs dans le faisceau $\mathcal{F}_G$ des applications rationnelles de V dans G, définies au point considéré. Que donnent les groupes de cohomologie supérieurs? La question se pose aussi pour des faisceaux plus généraux; par exemple le théorème de Riemann-Roch est étroitement lié au faisceau des fonctions f dont le diviseur est, en un point x, supérieur à $-D$ (D, diviseur donné).

Bibliographie

[1] CHEVALLEY (Claude). *Introduction to the theory of algebraic functions of one variable.* New York, Amer. math. Soc., 1951. Math. Surveys, n° **6**.
[2] WEIL (André). *Généralisation des fonctions abéliennes.* J. Math. pures et appl., **17,** 1938, p. 47–87.
[3] WEIL (André). *Variétés abéliennes et courbes algébriques.* Paris, Hermann, 1948. Act. Scient. et ind. n° **1064**.
[4] WEIL (André). *Fibre spaces in algebraic geometry,* conference on algebraic geometry and algebraic number theory. Chicago, Chicago University, 1949, p. 55–59.
[5] WEIL (André). *Fibre spaces in algebraic geometry* (Notes by A. Wallace, 1952). University of Chicago, 1955.
[6] CHERN (S. S.) *On the characteristic classes of complex sphere bundles and algebraic varieties,* Amer. J. of Math., **75,** 1953, p. 565–597.

Additif

Les questions posées au paragraphe 4 ont été plus ou moins complètement résolues. Pour la question 1, voir:

ATIYAH (M.). *Complex fibre bundles and ruled surfaces.* Proc. London math. Soc., **5,** 1955, p. 407–434.

Voir aussi le rapport de

CHERN (S. S.). *Complex manifolds,* Scientific report on the second Summer Institute: Several complex variables, Bull. Amer. math. Soc., **62,** 1956, p. 101–117.

On a en outre une classification complète des espaces fibrés à fibre vectorielle de base une courbe de genre 0 (GROTHENDIECK) ou 1 (ATIYAH). La réponse à la question 2 est évidemment affirmative, puisque l'on sait maintenant que la superabondance d'un diviseur $\mathfrak{a}$ sur une surface S est égale à dim $H^1(s, \mathscr{L}(\mathfrak{a}))$. Les questions posées dans 3 ont également été résolues affirmativement; voir:

SERRE (Jean-Pierre). *Géométrie algébrique et géométrie analytique,* Ann. Inst. Fourier, **6,** 1956, p. 1–42.

Pour la question 4 (relations entre le théorème de Riemann-Roch et la théorie des faisceaux), renvoyons au rapport de

ZARISKI (Oscar). *Algebraic sheaf theory,* Scientific report on the second Summer Institute: Several complex variables, Bull. Amer. math. Soc., **62,** 1956, p. 117–141.

[Avril 1957]

22.

Quelques calculs de groupes d'homotopie

C. R. Acad. Sci. Paris **236** (1953), 2475–2477

L'étude de la suspension de Freudenthal $E:\pi_i(S_3)\rightarrow\pi_{i+1}(S_4)$, amorcée dans une Note antérieure (1), conduit au calcul des groupes $\pi_i(S_3)$ pour $i\leqq 11$. A partir de là, et en utilisant les valeurs des groupes $\pi_i(SO(n))$, $i\leqq 8$, on obtient le calcul des groupes $\pi_{n+i}(S_n)$, $i\leqq 8$ (2).

1. *Homologie et homotopie de l'espace* Q_3. — Cet espace est défini dans la Note (1), à laquelle nous renvoyons pour toutes les notations. On détermine l'algèbre de cohomologie $H^*(Q_3, Z)$ par un calcul de suite spectrale; le résultat est le suivant :

Lemme 1. — $H^i(Q_3, Z)=0$ *pour* $i=1, 2, 4$; $H^3(Q_3, Z)=Z$; *le* 2-*composant de* $H^i(Q_3, Z)$ *est nul pour* $i=5, 6, 8, 9, 11, 12$; *celui de* $H^7(Q_3, Z)$ *est isomorphe à* Z_2; *celui de* $H^{10}(Q_3, Z)$ *est isomorphe à* Z_2 *et est engendré par le cup-produit du générateur de* $H^3(Q_3, Z)$ *avec le générateur du* 2-*composant de* $H^7(Q_3, Z)$.

Soit f une application de S_3 dans Q_3 qui définisse, par passage à l'homologie, un isomorphisme de $H_3(S_3)$ sur $H_3(Q_3)$; une telle application existe d'après le lemme précédent. Soit Q'_3 le « mapping-cylinder » de f; on sait que l'on a $S_3\subset Q'_3$; un calcul simple de suite spectrale permet alors de déduire du lemme 1 le résultat suivant :

Lemme 2. — *Le* 2-*composant de* $\pi_i(Q'_3, S_3)$ *est isomorphe à* $\pi_{i-1}(S_5|2)$ *pour* $i\leqq 9$; *celui de* $\pi_{10}(Q'_3, S_3)$ *est isomorphe à un quotient de* $\pi_9(S_5|2)$.

($S_5|2$ désigne le complexe obtenu en attachant à S_5 une cellule de dimension 6 par une application de degré 2 de sa frontière).

---

(1) J.-P. Serre, *Comptes rendus*, **234**, 1952, p. 1340.

(2) Ces groupes étaient connus pour $i\leqq 5$; nous ne reproduisons donc pas leurs valeurs ici. Pour $i=6, 7, 8$ on n'avait que des résultats partiels (*cf.* notamment H. Toda, *J. Inst. Poly. Osaka*, **3**, 1952, p. 43-82).

Le lemme 2 entraîne l'existence d'une suite exacte :

$$\pi_9(\mathbf{S}_5 \mid 2) \to {}^2\pi_9(\mathbf{S}_3) \to {}^2\pi_9(Q_3) \to \pi_8(\mathbf{S}_5 \mid 2) \to \ldots$$

où ^{2}A désigne le 2-composant du groupe abélien A.

2. *Groupes d'homotopie de* $\mathbf{S}_3$. — En combinant la suite exacte du n° 1 avec la suite exacte obtenue dans la Note ([1]) :

$$\ldots \to \pi_i(\mathbf{S}_2) \xrightarrow{E} \pi_{i+1}(\mathbf{S}_3) \to \pi_{i-1}(Q_3) \to \pi_{i-1}(\mathbf{S}_2) \to \ldots,$$

on retrouve les résultats de ([1]), et en outre :

THÉORÈME 1. — $\pi_9(\mathbf{S}_3) = Z_3$, $\pi_{10}(\mathbf{S}_3) = Z_{15}$, $\pi_{11}(\mathbf{S}_3) = Z_2$.

On peut prendre pour générateur de $\pi_9(\mathbf{S}_3)$ l'élément $\omega \circ E^3\omega$, où $\omega \in \pi_6(\mathbf{S}_3)$ désigne l'application introduite par Blakers et Massey. Je ne connais pas
1 de forme explicite des générateurs des groupes $\pi_{10}(\mathbf{S}_3)$ et $\pi_{11}(\mathbf{S}_3)$.

3. *Les groupes* $\pi_{n+6}(\mathbf{S}_n)$. — En utilisant la suspension de Freudenthal et le fait que les groupes $\pi_6(SO(n))$ sont nuls si $n \geqq 5$ [*voir* ([3])], on tire assez facilement du théorème 1 les résultats suivants :

THÉORÈME 2. — $\pi_{10}(\mathbf{S}_4) = Z_2 + Z_{24}$, $\pi_{n+6}(\mathbf{S}_n) = Z_2$ *si* $n \geqq 5$.

Le générateur de $\pi_{n+6}(\mathbf{S}_n)$, $n \geqq 5$, est égal à $E^{n-4}\nu'_4 \circ E^{n-1}\nu'_4$, ν'_4 désignant la fibration de Hopf : $\mathbf{S}_7 \to \mathbf{S}_4$ ([4]).

4. *Les groupes* $\pi_{n+7}(\mathbf{S}_n)$. — Au moyen des fibrations classiques, ainsi que de la fibration Spin $(7)/G_2 = \mathbf{S}_7$, due à A. Blanchard et A. Borel ([5]), on obtient tout d'abord :

LEMME 3. — $\pi_7(SO(n)) = Z$ *pour* $n = 5, 6, 7$ *et* $n \geqq 9$; $\pi_7(SO(8)) = Z + Z$ ([6]).

Utilisant ce lemme, le théorème 1, et la suspension de Freudenthal, on trouve alors :

THÉORÈME 3. — $\pi_{11}(\mathbf{S}_4) = Z_{15}$, $\pi_{12}(\mathbf{S}_5) = Z_{30}$, $\pi_{13}(\mathbf{S}_6) = Z_{60}$, $\pi_{14}(\mathbf{S}_7) = Z_{120}$, $\pi_{15}(\mathbf{S}_8) = Z + Z_{120}$, $\pi_{n+7}(\mathbf{S}_n) = Z_{240}$ *si* $n \geqq 9$.

([3]) A. BOREL et J.-P. SERRE, *Groupes de Lie et puissances réduites de Steenrod* (article à paraître à l'*Amer. J. of Math.*, Prop. **19**.4).

([4]) Le fait que $E^{n-4}\nu'_4 \circ E^{n-1}\nu'_4$ est non nul résulte également d'un théorème de J. Adem (*Proc. Nat. Acad. Sc. U. S. A.*, **38**, 1952, p. 720-726, th. 5.1). *Voir* aussi H. TODA, *loc. cit.*

([5]) A. BOREL, *Comptes rendus*, **230**, 1950, p. 1378.

Signalons que, pour tout $n \geqq 3$, le 2-composant de $\pi_{n+7}(\mathbf{S}_n)$ est contenu dans l'image de J : $\pi_7(SO(n)) \to \pi_{n+7}(\mathbf{S}_n)$.

5. *Les groupes* $\pi_{n+8}(\mathbf{S}_n)$. — On démontre, de la même façon que précédemment :

Lemme 4. — $\pi_8(SO(5)) = 0$, $\pi_8(SO(6)) = Z_{24}$, $\pi_8(SO(7)) = Z_2 + Z_2$, $\pi_8(SO(8)) = Z_2 + Z_2 + Z_2$, $\pi_8(SO(9)) = Z_2 + Z_2$, $\pi_8(SO(n)) = Z_2$ *pour* $n \geqq 10$ [6].

D'où :

Théorème 4. — $\pi_{12}(\mathbf{S}_4) = Z_2$, $\pi_{13}(\mathbf{S}_5) = Z_2$, $\pi_{14}(\mathbf{S}_6) = Z_2 + Z_{24}$, $\pi_{15}(\mathbf{S}_7) = Z_2 + Z_2 + Z_2$, $\pi_{16}(\mathbf{S}_8) = Z_2 + Z_2 + Z_2 + Z_2$, $\pi_{17}(\mathbf{S}_9) = Z_2 + Z_2 + Z_2$, $\pi_{n+8}(\mathbf{S}_n) = Z_2 + Z_2$ *pour* $n \geqq 10$.

Signalons que, pour tout $n \geqq 5$, J : $\pi_8(SO(n)) \to \pi_{n+8}(\mathbf{S}_n)$ est biunivoque [7] et que $\pi_{n+8}(\mathbf{S}_n)$ est somme directe de Z_2 et de l'image de J.

---

(6) Ces résultats on été obtenus indépendamment par G. F. Paechter (*Some problems in algebraic homotopy*, à paraître).

(7) Cette remarque est due à I. M. James (*The iterated Freudenthal suspension*
2 *operator*, à paraître).

(Extrait des *Comptes rendus des séances de l'Académie des Sciences*, t. 236, p. 2475-2477, séance du 29 juin 1953.)

23.

Quelques problèmes globaux relatifs aux variétés de Stein

Colloque sur les fonctions de plusieurs variables, Bruxelles (1953), 57–68

Nous allons indiquer diverses applications des théorèmes A et B énoncés dans la conférence de H. Cartan à ce Colloque [**4**]. Pour les définitions utilisées (faisceaux, groupes de cohomologie, variétés de Stein, etc.) nous renvoyons à cette conférence, ainsi qu'à [**3**].

I. Formes différentielles holomorphes sur une variété de Stein

1. Sur toute variété analytique complexe X, de dimension complexe n, on a la notion de forme différentielle *holomorphe* de degré p : c'est une forme différentielle

$$\omega = \Sigma_{i_1 < \ldots < i_p} f_{i_1 \ldots i_p}(z_i)\, dz_{i_1} \wedge \ldots \wedge dz_{i_p}$$

qui peut s'exprimer en tout point au moyen des différentielles des coordonnées locales complexes $(z_1, \ldots, z_n)$, les coefficients $f_{i_1 \ldots i_p}$ étant des fonctions holomorphes. En géométrie algébrique, ces formes sont appelées « formes de première espèce ».

La différentielle extérieure $d\omega$ d'une forme holomorphe ω est encore une forme holomorphe. Désignons alors par $C^p(X)$ le groupe des formes différentielles holomorphes ω, de degré p, définies sur X tout entier, et telles que $d\omega = 0$ (formes *fermées*) ; désignons par $B^p(X)$ le groupe des $d\alpha$, où α est holomorphe, de degré $p-1$, et définie sur X tout entier ; on a $B^p(X) \subset C^p(X)$.

Théorème 1. — *Si* X *est une variété de Stein, le groupe* $C^p(X)/B^p(X)$ *est isomorphe à* $H^p(X, \mathbf{C})$, p^{me} *groupe de cohomologie de* X *à coefficients dans le corps des nombres complexes* $\mathbf{C}$.

(Pour $p=1$, le résultat précédent était connu, cf. [**2**] et [**9**].)

2. *Démonstration du théorème 1.* — Considérons, sur l'espace X, le faisceau Ω^p des germes de formes différentielles holomorphes de degré p ; la différentiation extérieure d est un homomorphisme de Ω^p dans Ω^{p+1}, dont le noyau est le faisceau $\mathfrak{Z}^p$ des germes de formes *fermées*. En particulier, Ω^0 est le faisceau $\mathcal{O}$ des germes de fonctions holomorphes, et $\mathfrak{Z}^0$ est le sous-faisceau des germes de fonctions constantes, faisceau que l'on peut identifier avec le faisceau *constant* **C** des nombres complexes. On a les deux lemmes suivants :

LEMME 1. — *La suite*

$$0 \to \mathfrak{Z}^{p-1} \to \Omega^{p-1} \xrightarrow{d} \mathfrak{Z}^p \to 0$$

est une suite exacte pour tout $p \geqslant 1$.

LEMME 2. — *Si* X *est une variété de Stein,* $H^i(X, \Omega^p)=0$ *pour tout* $i>0$ *et tout* $p \geqslant 0$.

Le lemme 1 exprime que toute forme holomorphe fermée de degré $p \geqslant 1$ est *localement* la différentielle d'une forme holomorphe, ce qui est classique. Le lemme 2 est un cas particulier du théorème B de [**4**], car Ω^p est un faisceau analytique, localement isomorphe au faisceau des systèmes de $\binom{n}{p}$ fonctions holomorphes $(f_{i_1 \ldots i_p})$ donc *cohérent*.

Démontrons maintenant le théorème 1. La suite exacte du lemme 1 donne naissance à une suite exacte de cohomologie :

$$\ldots \to H^i(X, \Omega^{p-1}) \to H^i(X, \mathfrak{Z}^p) \to H^{i+1}(X, \mathfrak{Z}^{p-1}) \to H^{i+1}(X, \Omega^{p-1}) \to \ldots$$

Pour tout $i \geqslant 0$, on a $H^{i+1}(X, \Omega^{p-1}) = 0$, d'après le lemme 2. En particulier, si $i=0$, on a la suite exacte :

$$H^0(X, \Omega^{p-1}) \to H^0(X, \mathfrak{Z}^p) \to H^1(X, \mathfrak{Z}^{p-1}) \to 0.$$

Ceci signifie que $H^1(X, \mathfrak{Z}^{p-1})$ est isomorphe au quotient du groupe $H^0(X, \mathfrak{Z}^p)$ par l'image du groupe $H^0(X, \Omega^{p-1})$, c'est-à-dire au groupe $C^p(X)/B^p(X)$.

Si $i \geqslant 1$, on a $H^i(X, \Omega^{p-1}) = H^{i+1}(X, \Omega^{p-1}) = 0$ d'après le lemme 2. On a donc :

$$H^i(X, \mathfrak{Z}^p) \approx H^{i+1}(X, \mathfrak{Z}^{p-1}),$$

d'où :

$$C^p(X)/B^p(X) \approx H^1(X, \mathfrak{Z}^{p-1}) \approx H^2(X, \mathfrak{Z}^{p-2})$$
$$\approx \ldots \approx H^p(X, \mathfrak{Z}^0) \approx H^p(X, \mathbf{C}),$$

et le théorème 1 est donc démontré.

3. Le théorème 1 est à rapprocher du classique *théorème de de Rham* ; d'ailleurs la démonstration que nous venons de donner s'applique à ce dernier théorème [1], à condition de remplacer partout le faisceau Ω^p par le faisceau des germes de formes différentielles de degré p, à coefficients différentiables (ou à coefficients distributions, au sens de Schwartz). Les lemmes 1 et 2 sont encore vrais (la démonstration du lemme 2 étant d'ailleurs beaucoup plus élémentaire).

En comparant ces deux démonstrations on obtient aisément le résultat suivant :

COROLLAIRE 1. — *Soient* X *une variété de Stein*, α *une forme différentielle sur* X *telle que* $d\alpha$ *soit holomorphe ; il existe une forme* β *telle que* $\alpha - d\beta$ *soit holomorphe.*

En particulier, toute forme fermée est cohomologue à une forme holomorphe, ce qui montre l'existence d'une forme holomorphe fermée ayant un « système de périodes » donné.

4. *Une propriété topologique des variétés de Stein.* — Appliquons le théorème 1 avec un entier $p > n$. Le groupe $C^p(X)$ est alors réduit à 0, car toute forme holomorphe de degré $> n$ est identiquement nulle. On a donc $H^p(X, \mathbf{C}) = 0$.

Soit $H_p(X)$ le p^{me} groupe d'homologie de X, à coefficients entiers. On sait que $H^p(X, \mathbf{C})$ est isomorphe au groupe des homomorphismes de $H_p(X)$ dans le groupe additif $\mathbf{C}$; puisque $H^p(X, \mathbf{C})$ est nul, il s'ensuit que $H_p(X)$ est nécessairement un groupe *de torsion*, autrement dit que tout élément de $H_p(X)$ est d'ordre fini. On a donc démontré :

COROLLAIRE 2. — *Soit* X *une variété de Stein, de dimension complexe égale à* n *(donc de dimension réelle* $2n$*). Les groupes d'homologie* $H_p(X)$ *sont des groupes de torsion pour* $p > n$ [2].

[1] Elle ne diffère qu'en apparence de celle qu'André Weil vient de publier dans les *Commentarii*.

[2] Pour $n \geqslant 2$, on voit ainsi que $H_{2n-1}(X)$ est un groupe de torsion, donc est réduit à 0 (d'après les propriétés générales des variétés topologiques). Par conséquent, une variété de Stein de dimension complexe $\geqslant 2$ n'a qu'*un seul bout* (au sens de Freudenthal). Lorsque X est un domaine d'holomorphie, ce résultat n'est d'ailleurs pas essentiellement nouveau.

En particulier, si $H_p(X)$ a un nombre fini de générateurs, on peut définir le p^{me} *nombre de Betti* B_p de X, et le corollaire 2 équivaut à dire que $B_p = 0$ pour $p > n$.

Nous avons ainsi obtenu une condition nécessaire purement topologique pour qu'une variété X donnée puisse être une variété de Stein, et, *a fortiori*, un domaine d'holomorphie de type fini.

II. Second problème de Cousin

5. Soit X une variété analytique complexe paracompacte de dimension n ; on sait que l'on appelle *diviseur* de X toute combinaison linéaire localement finie à coefficients entiers (positifs ou négatifs) de sous-variétés analytiques de X dont la dimension complexe est $n-1$. Si ces coefficients sont tous positifs, le diviseur est dit *positif*.

Si f est une fonction méromorphe sur X, l'ensemble des zéros et des pôles de f (comptés avec leur ordre de multiplicité) forme un diviseur, que nous noterons (f) ; il est positif si f est holomorphe.

Nous pouvons maintenant énoncer le second problème de Cousin : étant donné un diviseur D sur X, à quelle condition existe-t-il une fonction méromorphe f telle que $D = (f)$?

6. Nous allons reformuler ce problème dans le langage des faisceaux : soient $\mathcal{G}$ le faisceau des germes de fonctions méromorphes sur X (la loi de composition étant la *multiplication*), $\mathcal{F}$ le sous-faisceau de $\mathcal{G}$ formé des germes de fonctions holomorphes inversibles (c'est-à-dire non nulles au voisinage du point considéré), $\mathcal{D}$ le faisceau quotient $\mathcal{G}/\mathcal{F}$; il est clair que $\mathcal{D}$ est le faisceau des germes de diviseurs de X.

La suite exacte de faisceaux :

$$0 \longrightarrow \mathcal{F} \longrightarrow \mathcal{G} \longrightarrow \mathcal{D} \longrightarrow 0$$

donne naissance à la suite exacte de cohomologie :

$$H^0(X, \mathcal{G}) \longrightarrow H^0(X, \mathcal{D}) \longrightarrow H^1(X, \mathcal{F}) .$$

Ainsi, pour qu'un diviseur $D \in H^0(X, \mathcal{D})$ soit le diviseur d'une fonction méromorphe $f \in H^0(X, \mathcal{G})$, il faut et il suffit que son image dans $H^1(X, \mathcal{F})$ soit nulle, ce qui nous ramène à étudier ce dernier groupe.

Pour cela soit $\mathcal{O}$ le faisceau des germes de fonctions holomorphes sur X (la loi de composition étant *l'addition*), et soit $\mathfrak{I}$ l'application qui à toute fonction holomorphe φ fait correspondre $e^{2\pi i\varphi}$; $\mathfrak{I}$ définit un homomorphisme du faisceau $\mathcal{O}$ *sur* le faisceau $\mathcal{F}$ (car toute fonction holomorphe non nulle a *localement* un logarithme), et le noyau de ϑ est évidemment le faisceau constant $\mathbf{Z}$ des entiers. En d'autres termes, nous avons obtenu une suite exacte :

$$0 \longrightarrow \mathbf{Z} \longrightarrow \mathcal{O} \overset{\vartheta}{\longrightarrow} \mathcal{F} \longrightarrow 0 .$$

Cette suite exacte donne naissance à une suite exacte de cohomologie :

$$H^1(X, \mathcal{O}) \longrightarrow H^1(X, \mathcal{F}) \longrightarrow H^2(X, \mathbf{Z}) \longrightarrow H^2(X, \mathcal{O}) .$$

Par composition : $H^0(X, \mathcal{D}) \longrightarrow H^1(X, \mathcal{F}) \longrightarrow H^2(X, \mathbf{Z})$ nous faisons ainsi correspondre à tout diviseur $D \in H^0(X, \mathcal{D})$ une classe de cohomologie $h(D) \in H^2(X, \mathbf{Z})$; on peut d'ailleurs faire voir que c'est la classe « duale » du cycle de dimension $2n-2$ porté par le diviseur. La nullité de cette classe est évidemment une condition *nécessaire* pour que D soit le diviseur d'une fonction méromorphe; si $H^1(X, \mathcal{O}) = 0$, l'homomorphisme

$$H^1(X, \mathcal{F}) \longrightarrow H^2(X, \mathbf{Z})$$

est biunivoque d'après la suite exacte écrite plus haut, donc la condition précédente est aussi suffisante. Nous avons donc obtenu :

THÉORÈME 2. — *Si* X *est une variété analytique complexe telle que* $H^1(X, \mathcal{O}) = 0$, *la condition nécessaire et suffisante pour qu'un diviseur* D *de* X *soit le diviseur d'une fonction méromorphe sur* X *est que la classe de cohomologie* $h(D) \in H^2(X, \mathbf{Z})$ *définie par* D *soit nulle.*

L'hypothèse du théorème 2 est notamment vérifiée *si* X *est une variété de Stein*, et en particulier un domaine d'holomorphie de type fini (cas traité par K. Oka [7] et K. Stein [8], notamment); elle est également vérifiée si X est une variété kählérienne compacte dont le premier nombre de Betti est nul (cf. [5], par exemple), donc si X est une variété algébrique d'irrégularité nulle.

7. On peut se demander quelles sont les classes de cohomologie $x \in H^2(X, \mathbf{Z})$ qui sont de la forme $h(D)$, autrement dit qui correspondent à un diviseur ([3]). Nous allons répondre à cette question lorsque X est une variété de Stein :

THÉORÈME 3. — *Soient* X *une variété de Stein,* x *un élément de* $H^2(X, \mathbf{Z})$. *Il existe un diviseur positif* D *de* X *tel que* $h(D) = x$.

([3]) Lorsque X est une variété algébrique compacte, un théorème de Lefschetz affirme qu'il est nécessaire et suffisant que x définisse dans $H^2(X, \mathbf{C})$ une classe de cohomologie de type (1, 1).

(Ce théorème avait été démontré par K. Stein dans les deux cas particuliers suivants : 1° lorsque X est un polycylindre [8]; 2° lorsque x est infiniment divisible dans $H^2(X, \mathbf{Z})$ [9].)

Démonstration. — D'après le théorème B de [4] on a $H^2(X, \mathcal{O}) = 0$; la suite exacte écrite plus haut montre donc qu'il existe un élément $z \in H^1(X, \mathcal{F})$ dont l'image dans $H^2(X, \mathbf{Z})$ est égale à x. Si (U_i) est un recouvrement ouvert assez fin de X, on peut représenter z par une famille de fonctions holomorphes inversibles f_{ij}, définies sur $U_i \cap U_j$, et vérifiant l'identité $f_{ij} f_{jk} = f_{ik}$ sur $U_i \cap U_j \cap U_k$ (voir [3]). Désignons alors par $\mathcal{M}_i$ le faisceau des germes de fonctions holomorphes sur U_i ; sur l'intersection $U_i \cap U_j$, soit r_{ij} l'isomorphisme de $\mathcal{M}_j$ sur $\mathcal{M}_i$ défini par : $\varphi \longrightarrow f_{ij}\varphi$. Les isomorphismes r_{ij} vérifient la relation de transitivité $r_{ij} \circ r_{jk} = r_{ik}$, ce qui permet de les utiliser pour identifier $\mathcal{M}_i$ et $\mathcal{M}_j$ sur $U_i \cap U_j$; on obtient ainsi un faisceau $\mathcal{M}$, localement iso morphe aux $\mathcal{M}_i$, donc analytique cohérent. Puisque ce faisceau n'est pas identiquement nul, le théorème A de [4] montre qu'il possède au moins une section g non identiquement nulle. Une telle section définit sur U_i une section g_i de $\mathcal{M}_i$, c'est-à-dire une fonction holomorphe, et l'on a $g_i = f_{ij} g_j$ sur $U_i \cap U_j$. L'ensemble des zéros des g_i forme un diviseur positif D (car aucune des fonctions g_i n'est identiquement nulle); la relation $\frac{g_i}{g_j} = f_{ij}$ montre que l'image de D dans $H^1(X, \mathcal{F})$ est $z = (f_{ij})$, donc que $h(D) = x$, ce qui achève la démonstration.

8. Il résulte du théorème 3 que, pour tout diviseur D, il existe un diviseur positif D′ tel que $h(D) = h(D')$; il existe donc une fonction méromorphe f telle que $(f) = D' - D$ (on peut aussi, sans invoquer le théorème 3, déduire l'existence d'une telle fonction directement du théorème A de [4]).

En particulier, soit g une fonction méromorphe sur X, et écrivons :

$$(g) = D_+ - D_-,$$

où D_+ et D_- sont positifs.

En appliquant ce qui précède à $D = -D_-$ on trouve une fonction méromorphe f et un diviseur positif D′ tels que $(f) = D' + D_-$; puisque $(f) \geqslant 0$, la fonction f est holomorphe. D'autre part, $(fg) = (f) + (g) = D_+ + D' \geqslant 0$; donc $fg = h$ est aussi holomorphe et nous voyons que g peut s'écrire comme quotient des deux fonctions holomorphes h et f. En résumé :

Toute fonction méromorphe sur une variété de Stein est quotient de deux fonctions holomorphes.

9. *Un exemple.* — En réponse à une question posée par Behnke et Thullen ([**1**], p. 68), donnons un exemple de *domaine d'holomorphie simplement connexe où le second problème de Cousin n'est pas toujours résoluble :*

Dans l'espace $\mathbf{C}^3$, considérons l'ensemble X des points (x, y, z) tels que

$$|x^2+y^2+z^2-1|<1.$$

Le domaine X est un domaine d'holomorphie univalent. En coupant par les droites complexes issues de l'origine on montre aisément que X est rétractile ([4]) sur la quadrique complexe Q d'équation

$$x^2+y^2+z^2-1=0.$$

En utilisant un système de génératrices rectilignes de Q, on voit que Q est, à son tour, rétractile sur l'ensemble de ses points réels, c'est-à-dire sur la sphère à deux dimensions $\mathbf{S}_2$. Puisque $\mathbf{S}_2$ est simplement connexe, X est simplement connexe, et puisque $H^2(\mathbf{S}_2, \mathbf{Z})\neq 0$, on a $H^2(X, \mathbf{Z})\neq 0$, donc le second problème de Cousin n'est pas toujours résoluble dans X. Il est d'ailleurs facile de former explicitement un diviseur de X qui n'est le diviseur d'aucune fonction méromorphe : par exemple, l'une des deux composantes connexes de l'intersection de X avec le plan complexe d'équation $y=ix$.

III. Cohomologie à supports compacts

10. Les résultats qui précèdent, ainsi que ceux exposés dans [**3**] et [**4**], font intervenir les groupes de cohomologie de l'espace X *à supports arbitraires.* Mais on sait ([5]) que l'on peut définir également des groupes de cohomologie *à supports compacts*, que nous noterons $H^q_*(X, \mathcal{F})$; le principal résultat concernant ces groupes est le suivant (dû à Cartan et Schwartz) :

Théorème 4. — *Soient* X *une variété de Stein de dimension complexe n et* Ω^p *le faisceau des germes de formes différentielles holomorphes de degré p. On a* $H^q_*(X, \Omega^p)=0$ *pour* $q\neq n$ *et* $p\geqslant 0$.

11. *Démonstration du théorème 4.* — Rappelons d'abord

([4]) De façon plus précise, X est analytiquement isomorphe au produit direct de la quadrique Q par un disque.

([5]) Voir, par exemple, H. Cartan, *Séminaire E. N. S., 1950-1951.*

(cf. [3] par exemple), que, sur toute variété analytique complexe X on a la notion de forme différentielle *de type* (p, q) : c'est une forme de degré $p+q$ dont l'expression en fonction des différentielles des coordonnées locales complexes $(z_1, \ldots, z_n)$ et de leurs conjuguées fait intervenir p différentielles dz_i et q différentielles $d\bar{z}_i$. Si ω est de type (p, q), on a

$$d\omega = d'\omega + d''\omega,$$

où $d'\omega$ est de type $(p+1, q)$ et $d''\omega$ de type $(p, q+1)$; ceci définit sans ambiguïté les opérateurs d' et d''. On a évidemment $d'd' = 0$, $d'd'' + d''d' = 0$, $d''d'' = 0$.

Soit maintenant $A^{p,q}$ (resp. $K^{p,q}$) le groupe des formes différentielles sur X, de type (p, q), à supports quelconques (resp. à supports compacts), et à coefficients indéfiniment différentiables (resp. à coefficients distributions). L'opérateur d'' applique $A^{p,q}$ dans $A^{p,q+1}$ et $K^{p,q}$ dans $K^{p,q+1}$. Puisque X est une variété de Stein, on a $H^{q+1}(X, \Omega^p) = 0$ pour $p, q \geqslant 0$ (lemme 2); d'après un théorème de P. Dolbeault [5], ceci équivaut à dire que la suite

$$A^{p,q} \xrightarrow{d''} A^{p,q+1} \xrightarrow{d''} A^{p,q+2} \tag{1}$$

est exacte pour $p, q \geqslant 0$. Or, si nous munissons $A^{p,q}$ de la topologie de la convergence compacte de toutes les dérivées partielles, $A^{p,q}$ devient un espace vectoriel topologique localement convexe, métrisable et complet (autrement dit, un espace de Fréchet) dont le dual topologique s'identifie canoniquement à $K^{n-p,n-q}$ (la forme bilinéaire qui établit cette dualité étant l'intégrale

$$\int_X \omega_1 \wedge \omega_2, \quad \omega_1 \in A^{p,q}, \quad \omega_2 \in K^{n-p,n-q}).$$

L'opérateur $d'' : A^{p,q} \longrightarrow A^{p,q+1}$ est un opérateur linéaire *continu* ; en outre, puisque la suite (1) est exacte, $d''(A^{p,q})$ est égal au noyau de $d'' : A^{p,q+1} \longrightarrow A^{p,q+2}$, donc est un sous-espace vectoriel *fermé* de $A^{p,q+1}$. En vertu d'un théorème de Banach (⁶), ceci entraîne que $d'' : A^{p,q} \longrightarrow A^{p,q+1}$ est un *homomorphisme*. D'autre part, on vérifie immédiatement que le transposé de l'opérateur d'' précédent n'est autre que

$$\dot{d''} : K^{n-p,n-q-1} \longrightarrow K^{n-p,n-q}$$

(au signe près).

LEMME 3. — *Soit* $E \xrightarrow{u} F \xrightarrow{v} G$ *une suite exacte, où* E, F, G *sont trois espaces vectoriels topologiques localement convexes,*

(⁶) Cf. N. BOURBAKI, *Esp. vect. top.*, I, p. 34.

u une application linéaire continue, v un homomorphisme. La suite des applications transposées :

$$E^* \overset{{}^t u}{\leftarrow} F^* \overset{{}^t v}{\leftarrow} G^* \qquad (E^*, F^*, G^* \textit{ duals de } E, F, G)$$

est alors une suite exacte.

Démonstration. — Soit φ une forme linéaire continue sur F telle que $\varphi \circ u = 0$; il nous faut montrer l'existence d'une forme linéaire continue ψ sur G telle que $\varphi = \psi \circ v$. Or, puisque φ s'annule sur $u(E) = v^{-1}(0)$, φ définit par passage au quotient une forme linéaire sur $v(F) \subset G$; cette forme est continue pour la topologie induite, puisque v est un homomorphisme; d'après le théorème de Hahn-Banach elle se prolonge en une forme linéaire continue ψ sur G, et l'on a bien $\varphi = \psi \circ v$.

Revenons maintenant à la démonstration du théorème 4. En appliquant le lemme précédent à la suite exacte (1), on voit que la suite

$$K^{n-p,n-q} \overset{d''}{\leftarrow} K^{n-p,n-q-1} \overset{d''}{\leftarrow} K^{n-p,n-q-2}$$

est exacte pour p, $q \geqslant 0$. D'après le théorème de Dolbeault cité plus haut, ceci équivaut à dire que $H_*^{n-q-1}(X, \Omega^{n-p}) = 0$, d'où $H_*^r(X, \Omega^s) = 0$ pour $s \geqslant 0$ et $r < n$. Lorsque $r > n$, on sait ([5], n° 4) que $H_*^r(X, \Omega^s) = 0$ quelle que soit la variété analytique complexe X de dimension n. Le théorème 4 est donc entièrement démontré.

12. *Remarques.* — La démonstration précédente montre en fait ceci : si X est une variété analytique complexe paracompacte de dimension complexe n, et si l'on a

$$H^{n-q}(X, \Omega^{n-p}) = H^{n-q+1}(X, \Omega^{n-p}) = 0$$

avec p, $q \geqslant 0$, alors $H_*^q(X, \Omega^p) = 0$. En particulier le théorème 4 est valable pour une variété X dont les groupes de cohomologie $H^q(X, \Omega^p)$ sont tous nuls pour $q > 0$. J'ignore d'ailleurs s'il existe de telles variétés qui ne soient pas des variétés de Stein; en tout cas, on peut montrer que, si X est un domaine de $\mathbf{C}^n$, l'hypothèse $H^q(X, \Omega^0) = 0$ pour $q = 1, \ldots, n-1$ suffit à assurer que X est un domaine d'holomorphie [7], donc une variété de Stein.

[7] On raisonne par récurrence sur n. On peut supposer $n \geqslant 2$; puisque $H^1(X, \mathcal{O}) = 0$, le premier problème de Cousin est résoluble dans X ; d'autre part, si H est un hyperplan complexe, on voit facilement (au moyen d'une suite exacte) que $X \cap H$ vérifie les mêmes hypothèses que X (avec $n-1$ au lieu de n), et par suite est un domaine d'holomorphie en vertu de l'hypothèse de récurrence. Donc X est un domaine

Signalons également que, sous les hypothèses du théorème 4, l'espace vectoriel $H_*^n(X, \Omega^p)$ est isomorphe au dual topologique de l'espace des formes différentielles holomorphes de degré $n-p$ sur X, muni de la topologie de la convergence compacte.

13. *Applications du théorème 4: cas* $q=0$ *et* $q=1$. — Dans ces applications nous ferons $p=0$, autrement dit, nous ne considérerons que le faisceau $\mathcal{O}=\Omega^0$ des germes de fonctions holomorphes sur X. Le cas $q=0$ du théorème 4 est trivial : il signifie simplement que toute fonction holomorphe à support compact sur X est nulle si $n \geqslant 1$. Le cas $q=1$ conduit au résultat suivant :

Soient X *une variété de Stein de dimension complexe* $\geqslant 2$, K *un compact de* X, *f une fonction holomorphe sur* $X-K$. *Il existe une fonction holomorphe g sur* X *qui coïncide avec f en dehors d'un compact* $K' \supset K$.

Soit U un ouvert relativement compact de X, contenant K, et qui soit une variété de Stein; un tel ouvert existe d'après les propriétés générales des variétés de Stein. Posons $F=X-U$. On a la suite exacte :

$$H^0(X, \mathcal{O}) \to H^0(F, \mathcal{O}) \to H_*^1(U, \mathcal{O}).$$

D'après le théorème 4, $H_*^1(U, \mathcal{O})=0$; donc toute section de $\mathcal{O}$ au-dessus de F est restriction d'une section de $\mathcal{O}$ au-dessus de X ; en d'autres termes, toute fonction holomorphe sur F (c'est-à-dire dans un voisinage de F) se prolonge en une fonction holomorphe sur X tout entier; en appliquant ceci à la restriction de f à F on obtient la fonction g cherchée.

Remarque. — Dans le cas où X est un domaine d'holomorphie le résultat précédent était bien connu (cf. [**1**], Satz 18).

14. *Applications du théorème 4: cas* $q=2$. — Soient de nouveau X une variété de Stein, U un ouvert relativement compact de X qui soit une variété de Stein, $F=X-U$. Soit n la dimension complexe de X. On a :

Si $n \neq 2$, *le premier problème de Cousin est toujours résoluble sur* F.

On écrit la suite exacte :

$$H^1(X, \mathcal{O}) \to H^1(F, \mathcal{O}) \to H_*^2(U, \mathcal{O}).$$

où le premier problème de Cousin est résoluble, et dont toute section hyperplane est un domaine d'holomorphie. Il en résulte facilement, par un raisonnement dû à H. Cartan, que X est un domaine d'holomorphie.

Vu le théorème 4 on a $H^2_*(U, \mathcal{O}) = 0$; puisque X est une variété de Stein, on a $H^1(X, \mathcal{O}) = 0$. Donc $H^1(F, \mathcal{O}) = 0$, ce qui entraîne, comme on sait, la résolubilité du premier problème de Cousin sur F.

Si en outre $H^2(F, \mathbf{Z}) = 0$, le raisonnement du n° 6 montre que *le second problème de Cousin* est, lui aussi, résoluble sur F. Si alors D est un diviseur $\geqslant 0$ sur F, il existe f holomorphe sur F telle que $D = (f)$. Si l'on suppose $n \geqslant 3$, f se prolonge dans tout X, comme nous l'avons vu plus haut; il s'ensuit que D se prolonge aussi. En résumé :

Si $n \geqslant 3$, *et si* $H^2(F, \mathbf{Z}) = 0$, *tout diviseur de* F *se prolonge en un diviseur de* X.

En appliquant ce qui précède au cas où X est une boule ouverte de $\mathbf{C}^n$ $(n \geqslant 3)$, et U une boule concentrique de rayon plus petit, on retrouve des résultats antérieurs de W. Rothstein (*Math. Ann.*, 1950, 1952).

IV. Quelques questions non résolues

15. Nous avons vu au n° 4 que, si X est une variété de Stein de dimension complexe n, les groupes d'homologie $H_p(X)$, $p > n$, sont des groupes de torsion. Lorsque X est une variété algébrique affine, c'est-à-dire est égale à $V - E$, où V est une variété algébrique projective, et E une section hyperplane de V, les groupes $H_p(X)$ sont isomorphes aux groupes de cohomologie relatifs $H^{2n-p}(V, E)$, et sont donc nuls d'après un théorème de Lefschetz ([8]). Ce fait est-il général ? Autrement dit : *a-t-on* $H_p(X) = 0$ *pour* $p > n$ *quelle que soit la*
1 *variété de Stein* X, *de dimension complexe n ?*

16. Soient X une variété de Stein, G un groupe de Lie complexe. Désignons par C(X, G) [resp. A(X, G)] l'ensemble des classes d'espaces fibrés principaux (resp. d'espaces fibrés principaux analytiques) de base X et de groupe G; soit φ l'application canonique de A(X, G) dans C(X, G). Si G est *abélien*, on montre facilement (cf. [**3**]) que φ est une application biunivoque de A(X, G) sur C(X, G); ce résultat vient d'être généralisé par J. Frenkel [**6**] au cas où G est *résoluble*.

2 *Est-il valable sans aucune hypothèse sur* G ?

17. *Un revêtement d'une variété de Stein est-il toujours*
3 *une variété de Stein ?*

On peut répondre affirmativement dans un certain nombre

([8]) *L'analysis situs et la géométrie algébrique*, Paris, 1924, p. 89.

de cas particuliers, par exemple si le revêtement est fini, ou bien s'il est galoisien et si son groupe est isomorphe à un sous-groupe discret d'un groupe de matrices.

18. Plus généralement :

Un espace fibré analytique dont la base et la fibre sont
4 *des variétés de Stein est-il toujours une variété de Stein?*

Ici également, la réponse est affirmative dans divers cas particuliers, par exemple lorsqu'il s'agit d'un espace fibré principal dont le groupe structural est isomorphe à un sous-groupe fermé du groupe linéaire complexe, ou bien lorsque la fibre est un espace vectoriel complexe (le groupe structural respectant cette structure vectorielle). En particulier *l'espace des vecteurs tangents* à une variété de Stein est encore une variété de Stein.

Bibliographie

[1] Behnke, H. und Thullen, P., *Theorie der Funktionen mehrerer komplexer Veränderlichen*, Ergebnisse III, 3, Springer, 1934.

[2] Cartan, H., *Problèmes globaux dans la théorie des fonctions analytiques de plusieurs variables complexes* (*Proc. Int. Cong. Math.*, 1950, I, pp. 152-164).

[3] Cartan, H., *Séminaire E. N. S. 1951-1952* (polycopié).

[4] Cartan, H., *Variétés analytiques complexes et cohomologie*. Ce Colloque, pp. 41-55.

[5] Dolbeault, P., *Sur la cohomologie des variétés analytiques complexes* (*C. R.*, **236**, 1953, pp. 175-177).

[6] Frenkel, J., *Sur une classe d'espaces fibrés analytiques* (*C. R.*, **236**, 1953, pp. 40-41).

[7] Oka, K., *Sur les fonctions analytiques de plusieurs variables*, [III], *Deuxième problème de Cousin* (*J. Sci. Hirosima.*, **9**, 1939, pp. 7-19).

[8] Stein, K., *Topologische Bedingungen für die Existenz analytischer Funktionen komplexer Veränderlichen zu vorgegebenen Nullstellenflächen* (*Math. Ann.*, **117**, 1941, pp. 727-757).

[9] Stein, K., *Analytische Funktionen mehrerer komplexer Veränderlichen zu vorgegebenen Periodizitätsmoduln und das zweite Cousinsche Problem* (*Math. Ann.*, **123**, 1951, pp. 201-222).

24.

(avec H. Cartan)

Un théorème de finitude concernant les variétés analytiques compactes

C. R. Acad. Sci. Paris **237** (1953), 128–130

Théorème. — *Soit X une variété analytique complexe, compacte. Soit $\mathcal{F}$ un faisceau analytique cohérent* (1) *sur* X. *Alors les groupes de cohomologie* $H^q(X, \mathcal{F})$ (*q entier* ≥ 0) *sont des espaces vectoriels complexes de dimension finie.*

Ce résultat vaut notamment dans le cas particulier où $\mathcal{F}$ est le faisceau des germes de sections holomorphes d'un espace fibré analytique E, de base X, dont la fibre est un espace vectoriel complexe de dimension finie (2). Un tel faisceau est localement isomorphe au faisceau $\mathcal{O}^r$ des systèmes de r germes de fonctions holomorphes (r désignant la dimension de la fibre de E).

1. Avant de démontrer le théorème précédent, donnons quelques définitions préliminaires. Un ouvert V de X sera dit *adapté* à $\mathcal{F}$ si V est une variété de Stein (1) et s'il existe un système fini de p sections $s_i \in H^0(V, \mathcal{F})$ qui engendre $\mathcal{F}_x$ en tout point $x \in V$. Tout ouvert de Stein assez petit est adapté à $\mathcal{F}$. Si V est adapté à $\mathcal{F}$, $\mathcal{F}$ s'identifie, au-dessus de V, au quotient du faisceau $\mathcal{O}^p$ par un sous-faisceau $\mathcal{R}$, qui est cohérent, puisque $\mathcal{F}$ est cohérent. Donc $H^q(V, \mathcal{R}) = 0$ pour $q > 0$ (1). Il en résulte que la suite

$$0 \to H^0(V, \mathcal{R}) \to H^0(V, \mathcal{O}^p) \to H^0(V, \mathcal{F}) \to 0$$

est exacte. Munissons $H^0(V, \mathcal{O}^p)$ de la topologie de la convergence compacte; c'est un espace de Fréchet (i. e. localement convexe, métrisable, et complet). $H^0(V, \mathcal{R})$ est fermé (3) dans $H^0(V, \mathcal{O}^p)$, donc l'espace quotient $H^0(V, \mathcal{O}^p)/H^0(V, \mathcal{R})$

(1) Cf. *Séminaire Ec. Norm. Sup.*, 1951-1952, exposés XVIII et XIX, ainsi que la conférence de H. Cartan, *Colloque de Bruxelles sur les fonctions de plusieurs variables* (mars 1953).

(2) Dans ce cas particulier, le théorème avait déjà été démontré par K. Kodaira (sous des hypothèses légèrement plus restrictives), grâce à une généralisation de la théorie des formes harmoniques. *Cf.* K. Kodaira, *Proc. Nat. Acad. Sc. U. S. A.*, 39, 1953 (à paraître).

(3) *Cf.* H. Cartan, *Ann. Ec. Norm. Sup.*, 61, 1944, p. 149-197 (premier corollaire au théorème α, p. 194).

est un espace de Fréchet. Ceci définit une topologie sur $H^0(V, \mathcal{F})$, et l'on voit facilement qu'elle ne dépend pas du choix des s_i.

Bien entendu, si $\mathcal{F}$ est isomorphe à $\mathcal{O}^p$ au-dessus de V, la topologie de $H^0(V, \mathcal{F})$ est celle de la convergence compacte.

Lemme. — *Soit $\mathcal{F}$ un faisceau analytique cohérent sur une variété analytique complexe* X; *soient* V *et* V′ *deux ouverts adaptés à $\mathcal{F}$, tels que* $V \subset V'$. *Alors l'application* $\varphi : H^0(V', \mathcal{F}) \to H^0(V, \mathcal{F})$ *est continue. Si de plus l'adhérence de* V *est compacte et contenue dans* V′, φ *est complètement continue.*

Le premier point est évident. Le second résulte du fait que tout ensemble de fonctions holomorphes dans V′ et bornées sur $\overline{V}$ induit dans V un ensemble relativement compact.

2. Soit $U = (U_i)_{i \in I}$ un recouvrement fini de la variété compacte X par des ouverts U_i adaptés à $\mathcal{F}$. Pour chaque entier $q \geq 0$, associons à chaque système $(i_0, \ldots, i_q)$ d'indices de I une section $f_{i_0, \ldots, i_q}$ de $\mathcal{F}$ au-dessus de $U_{i_0 \ldots i_q} = U_{i_0} \cap \ldots \cap U_{i_q}$, dépendant de façon alternée des indices. Ces systèmes $(f_{i_0 \ldots i_q})$ forment un espace vectoriel $C^q(U, \mathcal{F})$. La topologie des $H^0(U_{i_0 \ldots i_q}, \mathcal{F})$ obtenue par le procédé du n° 1, définit sur $C^q(U, \mathcal{F})$ une topologie d'espace de Fréchet. On définit à la manière habituelle un opérateur cobord δ : $C^q(U, \mathcal{F}) \to C^{q+1}(U, \mathcal{F})$, qui est continu d'après le lemme. Le noyau $Z^q(U, \mathcal{F})$ de δ est un espace de Fréchet. Nous noterons $H^q(U, \mathcal{F})$ les espaces de cohomologie du complexe $\{C^q(U, \mathcal{F}), \delta\}$.

3. Prenons maintenant deux recouvrements finis $U = (U_i)$ et $U' = (U'_i)$ tels que $\overline{U}_i \subset U'$, les U_i et U'_i étant des ouverts adaptés à $\mathcal{F}$. Les applications linéaires

$$H^q(U', \mathcal{F}) \xrightarrow{\rho} H^q(U, \mathcal{F}) \to H^q(X, \mathcal{F})$$

sont des isomorphismes (algébriques), parce que [1] les groupes de cohomologie $H^p(U'_{i_0 \ldots i_q}, \mathcal{F})$ et $H^p(U_{i_0 \ldots i_q}, \mathcal{F})$ sont nuls pour $p > 0$. Tout revient maintenant à prouver que $H^q(U, \mathcal{F})$ est de dimension finie.

L'application $r : Z^q(U', \mathcal{F}) \to Z^q(U, \mathcal{F})$ est *complètement continue* en vertu du lemme. Soient alors E l'espace produit $C^{q-1}(U, \mathcal{F}) \times Z^q(U', \mathcal{F})$, F l'espace $Z^q(U, \mathcal{F})$, u l'application (δ, r) de E dans F, v l'application $(0, -r)$. Puisque ρ est un isomorphisme, u applique E *sur* F; un théorème de

---

(1) Ce résultat connu ne figure pas explicitement dans la bibliographie; il se démontre par une méthode analogue a celle utilisée par A. Weil dans sa démonstration des théorèmes de de Rham (*Comm. Math. Helv.*, 26, 1952, p. 119-145).

L. Schwartz ([5]) montre alors que l'image de $u+v=(\delta, 0)$ est un sous-espace fermé de codimension finie de F. Ceci entraîne que $H^q(U, \mathcal{F})$, donc aussi $H^q(X, \mathcal{F})$, est de dimension finie. C. Q. F. D.

([5]) *Comptes rendus*, **236**, 1953, p. 2472 (corollaire au théorème 2).

(Extrait des *Comptes rendus des séances de l'Académie des Sciences*, t. **237**, p. 128-130, séance du 15 juillet 1953.)

25.

Travaux de Hirzebruch sur la topologie des variétés

Séminaire Bourbaki 1953/54, n° **88**

1. Le formalisme algébrique. Soient A un anneau commutatif à élément unité, et $Q(x) = \sum \gamma_i \cdot x^i$ une série formelle, $\gamma_i \in A$, $\gamma_0 = 1$ (toutes les séries formelles considérées vérifieront cette dernière condition). Si $C(x) = \sum c_i \cdot x^i$ est une autre série formelle, on va lui associer la série:

$$K_Q(C) = \sum_{j=0}^{\infty} K_j(c_1, \ldots, c_j) \cdot x^j, \tag{1}$$

obtenue de la façon suivante:

Pour tout entier m, on décompose formellement $1 + c_1 x + \cdots + c_m x^m$ en produit $(1 + \alpha_1 x) \ldots (1 + \alpha_m x)$ et on considère le produit $Q(\alpha_1 x) \ldots Q(\alpha_m x)$; ce produit est une série formelle en x, dont les coefficients sont symétriques en les α_i, donc peuvent être écrits comme polynômes en les fonctions symétriques élémentaires $c_1, \ldots, c_m$:

$$Q(\alpha_1 x) \ldots Q(\alpha_m x) = \sum_{j=0}^{\infty} K_{j,m}(c_1, \ldots, c_m) \cdot x^j. \tag{2}$$

On voit tout de suite que les $K_{j,m}$ sont indépendants de m dès que $m \geq j$, et on les note K_j. La série (1) est donc bien définie.

Propriétés des K_j. Ce sont des polynômes isobares de poids j en les c_i, chaque c_i étant affecté du poids i. En particulier K_j ne contient que $c_1, \ldots, c_j$.

L'opération $C \to K_Q(C)$ est *multiplicative,* i.e. $K_Q(C \cdot D) = K_Q(C) \cdot K_Q(D)$, si C et D sont deux séries formelles (commençant par 1, comme toujours).

La connaissance de K_Q détermine Q car $K_Q(1+x) = Q(x)$.

Exemples. 1.1. $Q(x) = 1 + x$ donne $K_j = c_j$.

1.2. $Q(x) = \dfrac{x}{1-e^{-x}}$ donne pour K_j *les polynômes de Todd,* notés $T_j(c_1, \ldots, c_j)$. On a par exemple:

$$T_1 = \frac{1}{2} c_1, \quad T_2 = \frac{1}{12}(c_1^2 + c_2), \quad T_3 = \frac{1}{24} c_1 c_2,$$

$$T_4 = \frac{1}{720}(-c_4 + c_3 c_1 + 3c_2^2 + 4c_2 c_1^2 - c_1^4).$$

Lemme 1. *Le coefficient de x^n dans $Q(x)^{n+1}$ est égal à 1 pour tout $n \geq 0$, si $Q(x) = x/(1-e^{-x})$.*

(En effet, ce coefficient est égal à

$$\mathrm{Res}_0[dx/(1-e^{-x})^{n+1}] = \mathrm{Res}_0[du/(1-u)\,u^{n+1}] = 1\,,$$

en posant $u = 1-e^{-x}$.)

1.3. $Q(x) = \dfrac{\sqrt{x}}{\operatorname{tgh}\sqrt{x}}$ donne pour K_j des polynômes notés $L_j(p_1, \ldots, p_j)$:

$$L_1 = \frac{1}{3}p_1\,, \quad L_2 = \frac{1}{45}(7p_2 - p_1^2)\,, \quad L_3 = \frac{1}{3^3 \cdot 5 \cdot 7}(62p_3 - 13p_1p_2 + 2p_1^3)\,.$$

(On a noté les variables p_i au lieu de c_i parce que, dans les applications topologiques, elles correspondent à des classes de Pontrjagin, et non à des classes de Chern.)

Le lemme suivant se démontre comme le lemme 1:

Lemme 2. *Le coefficient de x^n dans $Q(x)^{2n+1}$ est égal à* 1 *pour tout $n \geq 0$, si $Q(x) = \sqrt{x}/\operatorname{tgh}\sqrt{x}$.*

En utilisant le théorème de Clausen-von Staudt sur la divisibilité des nombres de Bernoulli, on peut démontrer:

Lemme 3. *Pour tout entier r, les polynômes $p^r T_{r(p-1)}$ (p premier) et $p^r L_{r(p-1)/2}$ (p premier $\neq 2$) ont des dénominateurs premiers à p.*

2. L'indice d'inertie d'une variété différentiable compacte. Si V est une variété orientable, on sait définir (cf. [8]) ses classes de Pontrjagin $p_1, p_2, \ldots$ qui sont des classes de cohomologie entières de dimensions 4, 8, ... Supposons que la dimension de V soit $4k$, et que V soit compacte; alors on peut former le polynôme $L_k(p_1, \ldots, p_k)$ qui est un multiple rationnel, soit $L(V)$, de la classe fondamentale de V supposée orientée. D'autre part, le cup-produit définit une forme bilinéaire symétrique sur $H^{2k}(V, \mathbf{R})$; nous désignerons l'indice d'inertie de cette forme (différence entre le nombre de carrés positifs et le nombre de carrés négatifs) par $I(V)$. On a alors ([2], Théorème 3.1):

Théorème 1. *Pour toute variété V, différentiable, compacte, orientée, et de dimension divisible par* 4, *on a $L(V) = I(V)$.*

(En particulier, si $\dim V = 4$, on a $I(V) = p_1/3$, cf. [5], [7]).

La démonstration repose de façon essentielle sur les résultats de Thom concernant les variétés bords (cf. [5]). Thom définit l'algèbre graduée Ω des classes de variétés différentiables compactes orientées modulo la relation d'équivalence du cobordisme, et montre que l'algèbre $\Omega \otimes \mathbf{Q}$ ($\mathbf{Q}$, corps des rationnels) est une algèbre de polynômes engendrée par les classes des espaces projectifs complexes $\mathbf{P}_{2k}(\mathbf{C})$, $k \geq 1$. Etendons alors les définitions de $I(V)$ et $L(V)$ en posant $I(V) = L(V) = 0$ si $\dim V \not\equiv 0 \bmod 4$. On montre que $I(V)$ et $L(V)$ sont invariants par cobordisme, donc définissent des applications de Ω dans $\mathbf{Q}$; de plus ce sont des homomorphismes d'anneaux ($L(V \times W) =$

$L(V) \cdot L(W)$ résulte de la formule $K_Q(C \cdot D) = K_Q(C) \cdot K_Q(D)$, et du fait que les classes de Pontrjagin rationnelles vérifient un «théorème de dualité», cf. [1] par exemple). Donc $I(V)$ et $L(V)$ définissent des homomorphismes de $\Omega \otimes \mathbf{Q}$ dans $\mathbf{Q}$, et pour voir que ces homomorphismes coïncident il suffit de montrer que $L(V) = I(V)$ lorsque $V = \mathbf{P}_{2k}(\mathbf{C})$; or on a évidemment $I(\mathbf{P}_{2k}(\mathbf{C})) = 1$; d'autre part on sait que le polynôme de Pontrjagin $P(t) = \sum p_i \cdot t^{4i}$ de $\mathbf{P}_{2k}(\mathbf{C})$ est égal à $(1+u^2t^4)^{2k+1}$, où u désigne la classe de cohomologie de dimension 2 duale d'un hyperplan; le fait que $L(\mathbf{P}_{2k}(\mathbf{C})) = 1$ résulte alors du lemme 2.

Application ([3]). Il n'y a pas de variété différentiable compacte V de dimension 12, admettant pour polynôme de Poincaré réel le polynome $1+t^6+t^{12}$.

En effet, on aurait $1 = I(V) = L(V) = \dfrac{62 \cdot p_3}{3^3 \cdot 5 \cdot 7}$, ce qui est impossible puisque $3^3 \cdot 5 \cdot 7$ n'est pas divisible par 62.

Résultat analogue pour les variétés de dimension 20.

3. Le genre de Todd. Soit E un espace fibré de base V et de groupe structural le groupe unitaire $\mathbf{U}(n)$. Les classes de Chern $c_1, \ldots, c_n$ de E sont des classes de cohomologie entières de dimensions $2, \ldots, 2n$ de la base V. On peut former les polynômes $T_j(c_1, \ldots, c_j)$ et l'on obtient les classes de Todd du fibré E.

Ceci s'applique en particulier au cas d'une variété presque-complexe V de dimension $2k$. La classe de cohomologie $T_k(c_1, \ldots, c_k)$ est un multiple rationnel, soit $T(V)$, de la classe fondamentale de V. Le nombre rationnel $T(V)$ est appelé *genre de Todd* de V.

Propriétés du genre de Todd. On a $T(V \times W) = T(V) \cdot T(W)$, cela se voit comme pour $L(V)$. On a $T(\mathbf{P}_k(\mathbf{C})) = 1$, car le polynôme de Chern de $\mathbf{P}_k(\mathbf{C})$ est $(1+ut^2)^{k+1}$, avec les notations du n° 2, et l'on applique le lemme 1.

Les propriétés de $T(V)$ sont très analogues à celles de $L(V)$. Il y a cependant une différence importante: alors que le théorème 1 montre que $L(V)$ est un *entier*, on ignore s'il en est de même de $T(V)$. On a toutefois:

Théorème 2. ([2], Théorème 4.1). $2^{k-1} \cdot T(V)$ *est un entier si* dim $V = 2k$.

Théorème 3. (THOM, *cité dans* [3], *c*), Théorème 8.3). *Si* dim $V = 2$, 4 *ou* 6, $T(V)$ *est un entier.*

Pour démontrer le théorème 3, il suffit d'examiner le cas où dim $V = 6$. On choisit alors une variété $W \subset V$, de dimension 4, dont la classe d'homologie soit duale de la classe c_1. En appliquant la dualité de Whitney, on voit que la classe W_2 de W est nulle, donc la classe $p_1(W)$ est divisible par 48, d'après un théorème de Rokhlin. Comme $p_1(W) = -2c_1c_2$, c_1c_2 est divisible par 24, C.Q.F.D.

Genre de Todd et genre arithmétique. Soit V une variété algébrique sans singularités, de dimension complexe k, et soit $\mathcal{O}$ le faisceau des germes de fonctions holomorphes sur V. Posons:

$$\pi(V)=\sum_{q=0}^{q=k}(-1)^q\cdot\dim_{\mathbf{C}}H^q(V,\mathcal{O})$$

$$=\sum_{q=0}^{q=k}(-1)^q\cdot\dim_{\mathbf{C}}\{\text{espace vectoriel des formes de 1e espèce de degré } q\}.$$

On démontre (cf. [4] par exemple) que $\pi(V)$ est égal au *genre arithmétique* de V (défini au moyen de la formule de postulation de Hilbert), et l'on *conjecture* que $\pi(V)=T(V)$ (l'égalité $\pi(V)=T(V)$ a été démontrée par TODD, mais en s'appuyant sur un raisonnement insuffisant de SEVERI).

Lorsque $k=1, 2, 3$, on sait démontrer que $\pi(V)=T(V)$ (pour $k=1$, ce n'est rien d'autre que la relation bien connue entre le genre et la caractéristique d'Euler-Poincaré, pour $k=2$, 3, il faut utiliser des résultats moins triviaux, notamment le théorème 1).

On sait également démontrer que $\pi(V)=T(V)$ lorsque V est une intersection complète d'hypersurfaces sans singularités et se coupant proprement.

4. Les puissances réduites de Steenrod. Soit V une variété compacte différentiable, de dimension m. Soit p un nombre premier $\neq 2$. Les puissances de Steenrod (cf. [1], par exemple) sont des homomorphismes:

$$\mathcal{P}_p^r: H^k(V,Z_p)\ \rightarrow\ H^{k+2r(p-1)}(V,Z_p).$$

Supposons V orientée; alors, si $k+2r(p-1)=m$, la dualité de Poincaré montre qu'il existe des classes bien déterminées $s_p^r\in H^{2r(p-1)}(V,Z_p)$ telles que:

$$\mathcal{P}_p^r(u)=s_p^r\cdot u\quad\text{pour tout } u\in H^k(V,Z_p).$$

Théorème 4. ([2], Théorème 2.1, voir aussi [7]). *Les classes s_p^r peuvent être exprimées comme polynômes en les classes de Pontrjagin p_i de V. De façon précise:*

$$s_p^r\equiv p^r\cdot L_{r(p-1)/2}(p_1,\ldots,p_{r(p-1)/2})\ \bmod p,$$

le second membre ayant un sens à cause du lemme 3.

[Pour $p=2$, on a un résultat tout à fait analogue: les classes U_i de Wu ([6]) s'expriment en fonction des classes de Stiefel-Whitney W_i par les formules: $U^i\equiv 2^i\cdot T_i(W_1,\ldots,W_i)\bmod 2$.]

Le théorème 4 se déduit sans trop de difficulté du lemme suivant:

Lemme 4. ([3], b), Théorème 4.3). $\sum_{r,t}\mathcal{P}_p^t(s_p^r)=\sum_{j=0}^{\infty}B_{p,j}(p_i,\ldots,p_j)$, *où les polynômes $B_{p,j}$ sont les polynômes associés à la série $Q(x)=1+x^{(p-1)/2}$.*

Le lemme 4 se démontre par une méthode analogue à celle de Wu dans [6]; on considère la diagonale Δ de $V\times V$, et on calcule de deux façons différentes les $\mathcal{P}_p^r(U)$, où U désigne la classe duale de Δ dans $V\times V$. Pour plus de détails, voir [3], b).

Lorsque V est presque-complexe, on peut calculer les classes de Pontrjagin p_i en fonction des classes de Chern, et le théorème 4 donne:

Théorème 4'. *Si V est presque-complexe, on a*:

$$s_p^r \equiv p^r \cdot T_{r(p-1)}(c_1, \ldots, c_{r(p-1)}) \mod p .$$

Soit $2n$ la dimension de V. On a:

$$\mathscr{P}_p^1(c_{n-p+1}) \equiv c_{n-p+1} \cdot s_p^1 \equiv c_{n-p+1} \cdot \sum u_1^{p-1} \quad (2 \leq p \leq n+1),$$

en convenant de désigner par $\sum u_1^{p-1}$ le polynôme symétrique $u_1^{p-1} + \ldots + u_n^{p-1}$, exprimé au moyen des fonctions symétriques élémentaires $c_i = \sum u_1 \ldots u_i$.

Mais d'autre part, on sait exprimer les $\mathscr{P}_p^r(c_i)$ en fonction des c_i, cf. [1]. En faisant $r=1$ et $i=n-p+1$ et comparant avec le résultat précédent, on obtient certaines congruences entre classes de Chern ([3], c), Théorème 5.3):

Théorème 5. *Les classes de Chern c_i d'une structure presque-complexe de la variété V de dimension $2n$ vérifient les relations suivantes modulo p (p premier $\leq n+1$)*:

$$c_{n-p+2} \sum u_1^{p-2} - c_{n-p+3} \sum u_1^{p-3} + \ldots + c_{n-1} c_1 - n c_n \equiv 0 \mod p .$$

En particulier $n c_n \equiv 0 \mod 2$, $c_{n-1} c_1 - n c_n \equiv 0 \mod 3$, etc.

Bibliographie

[1] BOREL (Armand) et SERRE (Jean-Pierre). *Groupes de Lie et puissances réduites de Steenrod,* Amer. J. of Math., **75,** 1953, p. 409–448.

[2] HIRZEBRUCH (Friedrich). *On Steenrod's reduced powers, the index of inertia and the Todd genus,* Proc. nat. Acad. Sci. U.S.A., **39,** 1953, p. 951–956.

[3] a), b), c) HIRZEBRUCH (Friedrich). Notes polycopiées, Princeton 1953.

[4] KODAIRA (K.) and SPENCER (D. C.). *On arithmetic genera of algebraic varieties,* Proc. nat. Acad. Sci. U.S.A., **39,** 1953, p. 641–649.

[5] THOM (R.). *Variétés différentiables cobordantes,* C.R. Acad. Sci. Paris, **236,** 1953, p. 1733–1735; *Sur les variétés-bords,* Séminaire Bourbaki, t. **6,** 1953/54; *Quelques propriétés globales des variétés différentiables,* Comm. Math. Helv., **28,** 1954, p. 17–86.

[6] WU WEN-TSÜN. *Classes caractéristiques et i-carrés,* C.R. Acad. Sci. Paris, **230,** 1950, p. 508–511.

[7] WU WEN-TSÜN. *Sur les puissances de Steenrod.* Colloque de Topologie, Strasbourg 1951.

[8] WU WEN-TSÜN. *Sur les classes caractéristiques des structures fibrées sphériques,* Publ. Inst. Math. Univ. Strasbourg, n° **11**: *Sur les espaces fibrés et les variétés feuilletées.* Paris, Hermann, 1952 (Actual. scient. et ind. n° **1183**).

Pour les §§ 1, 2, 3 et la démonstration de la conjecture $\pi(V) = T(V)$ (pour toute variété algébrique V, projective et non singulière), voir:

HIRZEBRUCH (Friedrich). *Neue topologische Methoden in der algebraischen Geometrie.* Berlin, Springer, 1956 (Ergebnisse der Math., neue Folge, Heft 9).

[Avril 1957]

26.

Fonctions automorphes: quelques majorations dans le cas où X/G est compact

Séminaire H. Cartan, 1953/54, n° 2

§ 1. Préliminaires

Lemme 1 (Schwarz). *Soit U le polydisque de $\mathbf{C}^n$ défini par $|z_i| \leq R_i$, et soit $V = \lambda \cdot U$ un polydisque homothétique, avec $0 < \lambda < 1$. Si f est une fonction holomorphe sur U qui s'annule à l'origine ainsi que ses dérivées partielles d'ordre $< p$, on a:*

$$\sup_{z \in V} |f(z)| \leq \lambda^p \cdot \sup_{z \in U} |f(z)|.$$

En coupant par une droite complexe issue de l'origine on est ramené au cas d'une seule variable; on peut alors écrire $f(z) = z^p \cdot g(z)$, où $g(z)$ est holomorphe sur U, et l'inégalité ci-dessus en résulte en appliquant le principe du maximum à $g(z)$.

La démonstration précédente montre évidemment que le Lemme 1 est valable pour tout domaine *cerclé* U.

Lemme 2 (Cousin). *Soient U un polydisque de $\mathbf{C}^n$ et D un diviseur sur U. Il existe alors une fonction f, méromorphe sur U, telle que $D = (f)$.*

Dire que D est un diviseur sur U signifie que D est un diviseur d'un voisinage ouvert (non précisé) du compact U. Or U possède un système fondamental de voisinages isomorphes à des *cubes* (il suffit de le voir pour une variable, auquel cas on utilise la représentation conforme). Il suffit donc de démontrer le Lemme 2 en remplaçant le polydisque U par un cube X.

Par définition, D peut s'écrire localement comme diviseur d'une fonction méromorphe; on peut donc partager X en cubes assez petits pour que D soit, sur chacun d'eux, le diviseur d'une fonction méromorphe, et tout revient à «regrouper» des cubes, ce qui se fait au moyen du Lemme suivant:

Lemme 3. *Soit X un cube de $\mathbf{C}^n$, produit direct du carré Y: $0 \leq \mathrm{Re}(z_1) \leq R$, $0 \leq \mathrm{Im}(z_1) \leq R$, par un cube Z de $\mathbf{C}^{n-1}$. Soit Y_1 (resp. Y_2) la partie de Y formée des points z_1 tels que $\mathrm{Re}(z_1) \leq R'$ (resp. $\mathrm{Re}(z_1) \geq R'$), avec $0 < R' < R$. Soit D un diviseur sur X, et soient f_1 et f_2 deux fonctions méromorphes sur $Y_1 \times Z$ et $Y_2 \times Z$ respectivement, telles que $D = (f_1)$ sur $Y_1 \times Z$ et que $D = (f_2)$ sur $Y_2 \times Z$. Il existe alors une fonction f méromorphe sur X telle que $D = (f)$ sur X.*

Démonstration du Lemme 2: La fonction f_1/f_2 est méromorphe sur $W = (Y_1 \cap Y_2) \times Z$, et $(f_1/f_2) = D - D = 0$, donc f_1/f_2 est holomorphe inversible,

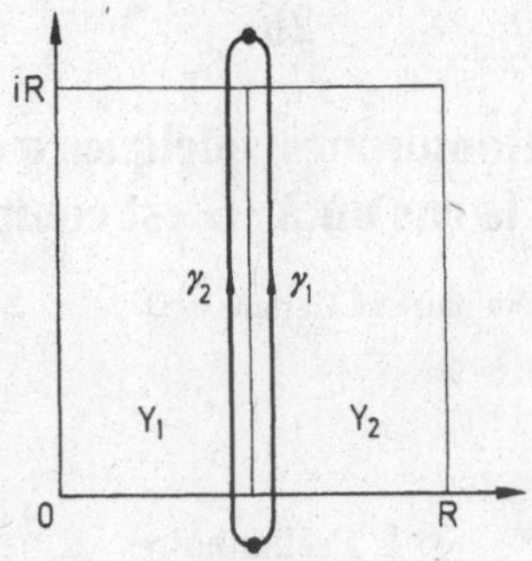

et, puisque W est simplement connexe, on peut écrire $f_1/f_2 = e^g$, où g est holomorphe sur W. Soit alors γ un contour entourant le segment $Y_1 \cap Y_2$, et assez voisin de ce segment pour que g soit holomorphe à l'intérieur de $\gamma \times Z$. Coupons γ en deux morceaux γ_1 et γ_2 de telle sorte que γ_1 (resp. γ_2) ne rencontre pas Y_1 (resp. Y_2), cf. figure. Posons:

$$g_1(z_1, \ldots, z_n) = \frac{1}{2\pi i} \int_{\gamma_1} \frac{g(t, z_2, \ldots, z_n)}{t - z_1} dt, \quad g_2 = \frac{1}{2\pi i} \int_{\gamma_1} \frac{g(t, \ldots, z_n)}{t - z_1} dt.$$

Les fonctions g_1 et g_2 sont holomorphes dans $Y_1 \times Z$ et $Y_2 \times Z$ respectivement, et l'on a $g_1 - g_2 = g$, d'après la formule de Cauchy. On en tire $f_1/e^{g_1} = f_2/e^{g_2}$ sur W, ce qui permet de définir une fonction f sur X en posant $f = f_1/e^{g_1}$ sur $Y_1 \times Z$ et $f = f_2/e^{g_2}$ sur $Y_2 \times Z$; comme $(f) = (f_1)$ sur $Y_1 \times Z$ et $(f) = (f_2)$ sur $Y_2 \times Z$, on a bien $(f) = D$ sur X tout entier.

C.Q.F.D.

On trouvera des généralisations du Lemme 2 dans le Séminaire 51–52, Exposé 17, et Exposé 20, § 4.

§ 2. Le théorème principal

Soit X une variété analytique complexe de dimension complexe n, et soit G un groupe d'automorphismes de X. Dans toute la suite de cet exposé nous ferons l'hypothèse suivante:

Il existe un compact K dans X qui rencontre toute classe mod G. (Autrement dit, les translatés $g \cdot K$ de K forment un recouvrement de X lorsque g parcourt G.)

Si l'espace quotient X/G est séparé, cette hypothèse équivaut à dire que X/G est compact, comme on le voit immédiatement en tenant compte du fait que la relation d'équivalence définie par G est *ouverte* (cf. BOURBAKI, Top. Gén., Chap. I, 2ème éd., § 10, Exer. 17).

Puisque K est compact, K est contenu dans la réunion d'un nombre fini de cartes locales de la variété X. Il existe donc un nombre fini de polydisques U_i (compacts) dont les intérieurs recouvrent K; si λ est un nombre réel < 1, et assez voisin de 1, les polydisques homothétiques $V_i = \lambda \cdot U_i$ sont tels que leurs intérieurs recouvrent encore K; nous noterons m le nombre des U_i, et nous désignerons par P_i le centre commun de V_i et de U_i (bien entendu, les notions de «polydisque homothétique», de «centre d'un polydisque», etc., sont relatives aux cartes locales choisies précédemment; elles n'ont pas de caractère intrinsèque). Soit $M = \bigcup_i U_i$; M est compact, et, puisque les intérieurs des V_i recouvrent K, un nombre fini de translatés des V_i recouvrent M; il existe donc une partie finie H de G telle que $M \subset \bigcup_{i,g \in H} g \cdot V_i$. Dans toute la suite de l'exposé, K, les U_i, les V_i, les P_i, λ, m, H, *seront fixés une fois pour toutes.*

Soit maintenant D un diviseur de X, *invariant* par G, c'est-à-dire tel que $g \cdot D = D$ pour tout $g \in G$. D'après le Lemme 2 il existe des fonctions f_i, méromorphes sur U_i, telles que $D = (f_i)$ sur U_i. Pour tout couple d'indices i, j, et tout $g \in H$, considérons la fonction $k^g_{i,j}(x) = f_i(g \cdot x)/f_j(x)$, définie sur $U_j \cap g^{-1} \cdot U_i$. On a:

$$(k^g_{i,j}(x)) = (f_i(g \cdot x)) - (f_j(x)) = g^{-1} \cdot D - D = 0 \quad \text{sur } U_j \cap g^{-1} \cdot U_i\,,$$

ce qui signifie que $k^g_{i,j}$ est holomorphe inversible.

Posons:

$$b(f_i; D) = \sup_{i,j,g \in H} \ \sup_{x \in V_j \cap g^{-1} \cdot U_i} |k^g_{i,j}(x)|\,,$$

où le premier sup ne porte que sur les triplets $i, j, g \in H$ tels que $V_j \cap g^{-1} \cdot U_i \neq \emptyset$.

Le nombre $b(f_i; D)$ dépend des f_i choisis. En conséquence, nous poserons:

$$b(D) = \inf_{f_i} b(f_i; D)\,,$$

pour tous les systèmes f_i tels que $D = (f_i)$ sur U_i.

Théorème 1. *Soit D un diviseur invariant de X, et soit $L(D)$ l'espace vectoriel complexe des fonctions méromorphes h sur X, telles que $h(g \cdot x) = h(x)$ pour tout $g \in G$ et que $(h) \geq -D$. Si $l(D)$ désigne la dimension complexe de $L(D)$, on a l'inégalité:*

$$\text{(I)} \qquad l(D) \leq A(\log \cdot b(D) + B)^n\,, \qquad n = \dim X\,,$$

où A et B ne dépendent que de X et G, mais pas de D.

De façon précise, on peut prendre:

$$A = \frac{m}{(-\log \lambda)^n \cdot n!} \quad \text{et} \quad B = -n \cdot \log \lambda\,.$$

Démonstration. Choisissons des fonctions f_i telles que $D = (f_i)$ sur U_i. Il suffit évidemment de démontrer l'inégalité (I) avec $b(f_i; D)$ à la place de $b(D)$.

Soit $h \in L(D)$. Sur chaque U_i, on peut écrire $h = h_i/f_i$, et l'on a $(h_i) = (h) + (f_i) = (h) + D \geq 0$, ce qui signifie que h_i est *holomorphe* sur U_i.

Posons alors:

$$s_h = \sup_i \sup_{x \in V_i} |h_i(x)| \quad \text{et} \quad S_h = \sup_i \sup_{x \in U_i} |h_i(x)|\,.$$

Nous allons maintenant démontrer que l'inégalité:

(II) $$l(D) > m(p+n-1)^n/n!\,,$$

où p est un entier, entraîne l'inégalité suivante:

(III) $$p \leq \log \cdot b(f_i; D)/(-\log\lambda)\,.$$

L'inégalité (I) résultera immédiatement de là, puisqu' on aura $l(D) \leq m \cdot (p+n-1)^n/n!$ avec $p = [\log \cdot b(f_i; D)/(-\log\lambda)] + 1$, d'où *a fortiori*

$$l(D) \leq m \cdot (\log \cdot b(f_i; D)/(-\log\lambda) + n)^n/n!\,,$$

ce qui est bien équivalent à (I), avec les valeurs des constantes A et B indiquées dans le théorème 1.

Il nous reste donc à montrer que (II) entraîne (III). Si (II) est vérifiée, on a

(IV) $$l(D) > m \cdot \binom{p+n-1}{n}.$$

Je dis qu'il existe alors une fonction $h \in L(D)$ telle que les fonctions h_i soient nulles aux points P_i, centres des polydisques V_i et U_i, ainsi que toutes leurs dérivées partielles d'ordre $<p$, et telle que h ne soit pas identiquement nulle. En effet, si l'on fait correspondre à $h \in L(D)$ la valeur en un point P_i d'une des dérivées partielles de h_i, on obtient ainsi une forme linéaire sur $L(D)$. Le nombre de ces formes linéaires étant égal à $m \cdot \binom{p+n-1}{n} < l(D)$, il existe un élément $h \neq 0$ dans $L(D)$ sur lequel toutes ces formes linéaires sont nulles.

En appliquant aux fonctions h_i associées à cette fonction h le Lemme 1, on obtient: $s_h \leq \lambda^p \cdot S_h$.

D'autre part, soit i un indice, et $x \in U_i$ tels que $|h_i(x)| = S_h$. Puisque $x \in M$, il existe $g \in H$ et $y \in V_j$ avec $g \cdot y = x$. D'où:

$$\begin{aligned} h_i(x) &= h(x) \cdot f_i(x) = h(g \cdot y) \cdot f_i(g \cdot y) = h(y) \cdot f_i(g \cdot y) \\ &= h_j(y) \cdot f_j(y)^{-1} \cdot f_i(g \cdot y) = h_j(y) \cdot k^g_{i,j}(y) \quad \text{avec} \quad y \in V_j \cap g^{-1} \cdot U_i\,. \end{aligned}$$

D'où:

$$S_h = |h_i(x)| = |h_j(y) \cdot k^g_{i,j}(y)| \leq s_h \cdot b(f_i; D)\,,$$

d'où, en comparant avec $s_h \leq \lambda^p \cdot S_h$ et en tenant compte de $s_h \neq 0$, l'inégalité $1 \leq \lambda^p \cdot b(f_i; D)$, visiblement équivalente à (III); la démonstration est donc achevée, compte tenu de ce qui a été dit plus haut.

§ 3. Application aux fonctions automorphes

Nous auvons besoin du Lemme suivant:

Lemme 4. *Soient D_1 et D_2 deux diviseurs invariants de X. On a l'inégalité $b(D_1 + D_2) \leq b(D_1) \cdot b(D_2)$.*

Soient f_i^1 des fonctions méromorphes sur U_i telles que $D_1 = (f_i^1)$ sur U_i; soient f_i^2 des fonctions analogues pour D_2; les fonctions $f_i = f_i^1 \cdot f_i^2$ sont alors telles que $D_1 + D_2 = (f_i)$ sur U_i, et l'on vérifie tout de suite que l'on a:

$$b(f_i; D_1 + D_2) \leq b(f_i^1; D_1) \cdot b(f_i^2; D_2).$$

Le lemme 4 résulte immédiatement de là.

Théorème 2. *Etant données n fonctions automorphes* $h_1, \ldots, h_n$ *sur* X ($n = \dim X$), *il existe un entier* d *jouissant de la propriété suivante:*

Toute fonction automorphe h *sur* X *vérifie une relation polynomiale non triviale* $P(h, h_1, \ldots, h_n) = 0$ *dont le degré en* h *est* $\leq d$.

Soit Δ un diviseur positif de X, invariant par G, et tel que $(h_i) \geq -\Delta$ pour $1 \leq i \leq n$; un tel diviseur existe; il suffit de prendre la somme des diviseurs des pôles des h_i, diviseurs qui sont invariants puisque les h_i sont automorphes. Nous prendrons pour d un entier vérifiant:

(V) $$d \geq A \cdot (n \cdot \log \cdot b(\Delta))^n.$$

Soit maintenant h une fonction automorphe arbitraire, et soit D un diviseur invariant tel que $(h) \geq -D$, $D > 0$. Considérons les monômes:

$$h^\alpha \cdot h_1^{\alpha_1} \cdots h_n^{\alpha_n}, \quad \text{où } \alpha \leq d, \quad \alpha_i \leq N,$$

où N est un entier ≥ 0.

Ces monômes sont en nombre égal à $(d+1)(N+1)^n$, et chacun d'eux a un diviseur $\geq -(d \cdot D + nN \cdot \Delta)$. D'après le Théorème 1 et le Lemme 4, on a:

$$l(d \cdot D + nN \cdot \Delta) \leq A \cdot (d \cdot \log \cdot b(D) + nN \cdot \log \cdot b(\Delta) + B)^n,$$

quantité qui est $< (d+1)(N+1)^n$ pour N grand, vu l'inégalité (V). Les monômes $h^\alpha \cdot h_1^{\alpha_1} \cdots h_n^{\alpha_n}$, $\alpha \leq d$, $\alpha_i \leq N$, ne sont donc pas linéairement indépendants, ce qui démontre le Théorème 2.

Corollaire 1. *Le degré de transcendance du corps* E *des fonctions automorphes sur* X *est au plus égal à la dimension* n *de* X.

Corollaire 2. *Si le degré de transcendance de* E *est égal à* n, E *est un corps de fonctions algébriques à* n *variables.*

En effet, soient $h_1, \ldots, h_n$ des éléments algébriquement indépendants de E; ils engendrent un sous-corps F de E qui est un corps de fractions rationnelles à n indéterminées. Le Théorème 2 montre que tout élément $h \in E$ est algébrique sur F, et de degré au plus d; choisissons un élément $h_0 \in E$ dont le degré sur F soit maximum, soit d_0. Je dis que $E = F(h_0)$, ce qui démontrera le corollaire. Or, soit $h \in E$, et considérons l'extension $F(h, h_0)/F$; d'après le théorème de l'élément primitif (applicable parce que E est de caractéristique nulle), il existe $h' \in E$ tel que $F(h') = F(h, h_0)$; comme le degré de h' est $\leq d_0$, il s'ensuit que $F(h')$ est de degré 1 sur $F(h_0)$, d'où $F(h, h_0) = F(h') = F(h_0)$, ce qui signifie bien que $h \in F(h_0)$. C.Q.F.D.

Remarques. 1. Par contre, si le degré de transcendance de E est $<n$, le Théorème 2 ne permet pas d'affirmer que E est un corps de fonctions algébriques, i.e. que E est engendré par un nombre fini de fonctions.

2. Le Théorème 2 et ses corollaires s'appliquent en particulier au cas où X est une variété analytique compacte et où G est réduit à l'identité. Dans ce cas
1 le corps E n'est autre que le corps des fonctions *méromorphes* sur X.

3. Le Théorème 2 était connu lorsque X est un domaine d'holomorphie, cf. [2] et [4]. Dans le cas général, il a été annoncé sans démonstration par Chow.

§ 4. Application aux formes automorphes

Soit maintenant $J_g(x)$ un facteur d'automorphie sur X, et posons:

$$c(J) = \sup_{g \in H} \sup_{x \in M} |J_g(x)| .$$

Soit D_m l'espace vectoriel des formes automorphes de poids m relativement à (J_g), et soit d_m la dimension de D_m. On a alors:

Théorème 3. $d_m \leq A \cdot (m \cdot \log \cdot c(J) + B)^n$.

Il suffit de faire la démonstration lorsque $m=1$, car $c(J^m) = c(J)^m$. Dans ce cas, ou bien $d_1 = 0$, et le Théorème 3 est démontré, ou bien il existe une forme automorphe ψ non identiquement nulle. Soit D le diviseur de ψ; on voit immédiatement que l'application $h \mapsto h/\psi$ est un isomorphisme de D_1 sur $L(D)$, donc que $d_1 = l(D)$. Tout revient donc à montrer que $b(D) \leq c(J)$, à cause du Théorème 1. Or, soit $f_i = \psi$ sur tout U_i; on a bien $(f_i) = D$, et, si l'on calcule les fonctions $k_{i,j}^g$ correspondantes, on trouve:

$$k_{i,j}^g(x) = f_i(g \cdot x)/f_j(x) = J_g(x) ,$$

d'où évidemment $b(f_i; D) \leq c(J)$, et *a fortiori* $b(D) \leq c(J)$.

C.Q.F.D.

Corollaire. $d_m = O(m^n)$ *lorsque* $m \to +\infty$.

(Ce corollaire est dû à Hervé [3] dans le cas particulier où X est un domaine borné et où $J_g(x)$ est le jacobien de $x \mapsto g \cdot x$.)

§ 5. Complément

La démonstration du th. 1 s'applique à des cas sensiblement plus généraux (cf. [1]). En voici un:

Supposons G réduit à l'identité, donc X compacte, et soit Y un espace fibré analytique, à fibres vectorielles de dimension r. Soit $L(Y)$ l'espace vectoriel des sections holomorphes de Y, et soit $l(Y)$ la dimension de $L(Y)$.

D'après un théorème de H. Cartan (cf. Sém. 51–52, Exp. 17) le fibré Y est trivial au-dessus de chaque U_i et peut donc être défini par des matrices M_{ij}, holomorphes inversibles, sur $U_i \cap U_j$. Si M est une matrice carrée d'ordre r, nous noterons $|M|$ le produit par r de la borne supérieure des valeurs absolues de ses coefficients. On peut donc définir un nombre $b(M_{ij}; Y) = \sup_{i,j} \sup_{V_j \cap U_i} |M_{ij}(x)|$. Soit $b(Y)$ la borne inférieure des $b(M_{ij}; Y)$ pour tous les systèmes de M_{ij} définissant Y. On a alors:

Théorème 4. $l(Y) \leq r \cdot A \cdot (\log \cdot b(Y) + B)^n$.

Nous n'expliciterons pas la démonstration de ce théorème: elle est tout à fait semblable à celle du théorème 1. On remarque que, si $l(Y)$ était «trop grand», il existerait une section holomorphe non nulle de Y, nulle en chaque point P_i ainsi que ses dérivées partielles d'ordre «très élevé»; le lemme de Schwarz donne alors une contradiction si l'on a majoré les changements de cartes M_{ij}.

Bibliographie

[1] S. Bochner. *Algebraic and linear dependence of automorphic functions in several variables,* J. Ind. Math. Soc., **16**, 1952, p. 1–6.

[2] A. Borel. *Les fonctions automorphes de plusieurs variables complexes,* Bull. Soc. Math. Fr., **80**, 1952, p. 167–182.

[3] M. Hervé. *Sur les fonctions automorphes de n variables complexes,* C. R. Acad. Sci. Paris, **226**, 1948, p. 462–464.

[4] C. L. Siegel. *Analytic Functions of Several Complex Variables,* Princeton, 1948–1949. Notes polycopiées.

27.

Cohomologie et géométrie algébrique

Congrès International d'Amsterdam 3 (1954), 515–520

De nombreux problèmes de géométrie algébrique classique peuvent être formulés et étudiés de la façon la plus commode au moyen de la théorie des faisceaux: c'est ce que montrent clairement les travaux récents de Kodaira-Spencer (cf. [3], [4], ainsi que d'autres notes publiées en 1953 aux Proc. Nat. Acad. Sci. USA) et de Hirzebruch [2]. Il était naturel d'essayer d'étendre ces méthodes à la géométrie algébrique „abstraite", sur un corps de caractéristique quelconque; dans ce qui suit, je me propose de résumer rapidement les principaux résultats que j'ai obtenus dans cette direction.

1. Propriétés générales des faisceaux algébriques cohérents sur une variété projective.

Dans toute la suite, le corps de base k sera un corps commutatif, algébriquement clos, de caractéristique quelconque. Dans l'espace projectif $\boldsymbol{P}_r(k)$, de dimension r sur k, nous choisirons une fois pour toutes un système de coordonnées homogènes $t_0, \ldots, t_r$.

Soit X une *sous-variété* de $\boldsymbol{P}_r(k)$, c'est-à-dire l'ensemble des zéros communs à une famille de polynômes homogènes en $t_0, \ldots, t_r$. Une sous-variété de X sera appelée un sous-ensemble fermé; X se trouve ainsi muni d'une topologie, la *topologie de Zariski*, qui en fait un espace quasi-compact (le théorème de Borel-Lebesgue est valable). La notion de *faisceau* sur X se définit, comme d'ordinaire, par la donnée d'une famille de groupes abéliens $\mathscr{F}_x$, $x \in X$, et d'une topologie sur l'ensemble $\mathscr{F}$, somme des $\mathscr{F}_x$; la projection canonique $\pi : \mathscr{F} \to X$ doit être un homéomorphisme local, et l'application $(f, g) \to f - g$ doit être continue là où elle est définie (cf. [6], n°. 1).

Soit $\mathscr{F}(X)$ le faisceau des germes de fonctions sur X, à valeurs dans k. Si x est un point de X, soit S_x l'ensemble des fractions rationnelles en $t_0, \ldots, t_r$ qui peuvent s'écrire $f = P/Q$, où P et Q sont des polynômes homogènes de même degré, et $Q(x) \neq 0$; S_x n'est autre que l'anneau local de x sur $\boldsymbol{P}_r(k)$. L'opération de restriction à X est un homomorphisme $\varepsilon_x : S_x \to \mathscr{F}(X)_x$ dont nous désignerons l'image par $\mathcal{O}_x$; l'anneau $\mathcal{O}_x$ est *l'anneau local de x sur X*; lorsque x parcourt X, les $\mathcal{O}_x$ forment un sous-faisceau du faisceau $\mathscr{F}(X)$, que nous désignerons par $\mathcal{O}$ (ou par $\mathcal{O}_X$ lorsque nous voudrons préciser la variété X); le faisceau $\mathcal{O}$ est appelé le *faisceau des anneaux locaux* de X.

Un faisceau $\mathscr{F}$ sur X est appelé un *faisceau algébrique* si c'est un fais ceau de $\mathcal{O}$-modules, c'est-à-dire si chaque $\mathscr{F}_x$ est muni d'une structure de $\mathcal{O}_x$-module unitaire, variant continûment avec x. Désignons par $\mathcal{O}^p$ (p entier $\geqq 0$) la somme directe de p faisceaux isomorphes à $\mathcal{O}$; un faisceau algébrique $\mathscr{F}$ est dit *cohérent* si l'on peut recouvrir X par des ouverts U tels que, au-dessus de chacun d'eux, il existe une suite exacte de faisceaux:

$$\mathcal{O}^p \xrightarrow{\varphi} \mathcal{O}^q \xrightarrow{\psi} \mathscr{F} \to 0 \quad (p \text{ et } q \text{ étant des entiers convenables}),$$

où φ et ψ soient des homomorphismes $\mathcal{O}$-linéaires définis au-dessus de U. Les faisceaux algébriques cohérents jouissent des mêmes propriétés formelles que les faisceaux analytiques cohérents de la théorie de Cartan-Oka (voir [6], Chap. I, § 2 et Chap. II, § 2).

Les *groupes de cohomologie* $H^q(X, \mathscr{F})$ de l'espace X à valeurs dans un faisceau $\mathscr{F}$ se définissent par le procédé de Čech. Plus précisément, soit $\mathfrak{U} = \{U_i\}_{i \in I}$ un recouvrement ouvert de X; une q-cochaîne de $\mathfrak{U}$ à valeurs dans $\mathscr{F}$ est, par définition, un système $f_{i_0 \ldots i_q}$, où chaque $f_{i_0 \ldots i_q}$ est une section de $\mathscr{F}$ au-dessus de $U_{i_0} \cap \ldots \cap U_{i_q}$; on pose

$$(df)_{i_0 \ldots i_{q+1}} = \sum_{j=0}^{j=q+1} (-1)^j f_{i_0 \ldots \hat{i}_j \ldots i_{q+1}}.$$

Les q-cochaînes de $\mathfrak{U}$ ($q = 0, 1, \ldots$), ainsi que l'opérateur d, constituent un complexe $C(\mathfrak{U}, \mathscr{F})$, dépendant du recouvrement $\mathfrak{U}$. On définit alors $H^q(X, \mathscr{F})$ comme la limite inductive des groupes de cohomologie des complexes $C(\mathfrak{U}, \mathscr{F})$. Les groupes $H^q(X, \mathscr{F})$ jouissent des propriétés habituelles des groupes de cohomologie; en particulier, $H^0(X, \mathscr{F})$ est canoniquement isomorphe au groupe $\Gamma(X, \mathscr{F})$ des sections de $\mathscr{F}$ au-dessus de X. A toute suite exacte de faisceaux

$$0 \to \mathscr{A} \to \mathscr{B} \to \mathscr{C} \to 0,$$

où $\mathscr{A}$ est un faisceau algébrique cohérent, est attachée une *suite exacte de cohomologie* ([6], n°. 47):

$$\ldots \to H^q(X, \mathscr{B}) \to H^q(X, \mathscr{C}) \to H^{q+1}(X, \mathscr{A}) \to H^{q+1}(X, \mathscr{B}) \to \ldots$$

Lorsque $\mathscr{F}$ est un faisceau algébrique cohérent sur X, les groupes de cohomologie $H^q(X, \mathscr{F})$ possèdent des propriétés particulières importantes. On a tout d'abord ([6], n°. 66):

Théorème 1. *Les groupes $H^q(X, \mathscr{F})$ sont des espaces vectoriels de dimension finie sur k, nuls pour $q > \dim X$.*

Avant d'énoncer le théorème 2, introduisons une notation. Soit U_i l'ensemble des points $x \in X$ où $t_i \neq 0$; les U_i, $0 \leqq i \leqq r$, forment un recouvrement ouvert de X. Si $\mathscr{F}$ est un faisceau algébrique cohérent sur X, soit $\mathscr{F}_i$ la restriction de $\mathscr{F}$ à U_i; n étant un entier quelconque, la multiplication par $(t_j/t_i)^n$ est un isomorphisme

$$\theta_{ij}(n) : \mathscr{F}_j \to \mathscr{F}_i,$$

516

défini au-dessus de $U_i \cap U_j$; comme l'on a $\theta_{ij}(n) \circ \theta_{jk}(n) = \theta_{ik}(n)$ au-dessus de $U_i \cap U_j \cap U_k$, on peut définir un faisceau $\mathscr{F}(n)$ à partir des $\mathscr{F}_i$ par recollement au moyen des isomorphismes $\theta_{ij}(n)$. Au-dessus de U_i, $\mathscr{F}$ et $\mathscr{F}(n)$ sont isomorphes, ce qui montre que $\mathscr{F}(n)$ est un faisceau algébrique cohérent. Le théorème suivant ([6], n°. 66) indique quelles sont les propriétés de $\mathscr{F}(n)$ lorsque n tend vers $+\infty$:

Théorème 2. *Pour n assez grand, on a:*

a) $H^0(X, \mathscr{F}(n))$ *engendre le $\mathcal{O}_x$-module $\mathscr{F}(n)_x$ quel que soit $x \in X$.*

b) $H^q(X, \mathscr{F}(n)) = 0$ *pour tout $q > 0$.*

On peut également étudier $H^q(X, \mathscr{F}(n))$ pour n tendant vers $-\infty$. On obtient ([6], n°. 74):

Théorème 3. *Soit q un entier $\geqq 0$. Pour que $H^q(X, \mathscr{F}(-n))$ soit nul pour n assez grand, il faut et il suffit que* $\mathrm{Ext}_{S_x}^{r-q}(\mathscr{F}_x, S_x)$ *soit nul pour tout $x \in X$.*

Dans l'énoncé ci-dessus, $\mathscr{F}_x$ est considéré comme un S_x-module, au moyen de l'homomorphisme $\varepsilon_x : S_x \to \mathcal{O}_x$ défini plus haut; les Ext sont relatifs à l'anneau S_x (pour leur définition, voir [1]).

2. Le théorème de dualité.

Nous supposerons à partir de maintenant que X est une variété *sans singularités*, irréductible, et de dimension m.

Si p est un entier $\geqq 0$, nous noterons $W^{(p)}$ l'espace fibré des p-covecteurs tangents à X; c'est un espace fibré algébrique, à fibre vectorielle, et de base X (pour la définition de ces espaces, voir [7], ainsi que [5], n°. 4 et [6], n°. 41). Si V est un espace fibré algébrique à fibre vectorielle quelconque, nous noterons $\mathscr{S}(V)$ le faisceau des germes de sections régulières de V; nous désignerons par V^* l'espace fibré *dual* de V, et par $\tilde{V}$ l'espace fibré $V^* \otimes W^{(m)}$. Le faisceau $\mathscr{S}(W^{(p)})$ n'est autre que le faisceau Ω^p des germes de formes différentielles de degré p; le faisceau $\mathscr{S}(\tilde{V})$ est canoniquement isomorphe à $\mathrm{Hom}\,(\mathscr{S}(V), \Omega^m)$.

Lemme. $H^m(X, \Omega^m)$ *est un espace vectoriel de dimension* 1 *sur* k.

Lorsque X est une courbe ($m = 1$), ce résultat est une conséquence classique du théorème des résidus. A partir de là, on raisonne par récurrence sur m. Si C désigne le diviseur découpé sur X par un polynôme homogène de degré n, suffisamment „général", on définit (cf. [4]) une suite exacte de faisceaux:

$$0 \to \Omega^m \to \Omega^m(n) \to \Omega_C^{m-1} \to 0,$$

où Ω_C^{m-1} désigne le faisceau des germes de formes différentielles de degré $m-1$ sur la variété C. Pour n assez grand, le théorème 2 montre que $H^q(X, \Omega^m(n)) = 0$ si $q \neq 0$; la suite exacte de cohomologie montre alors que $H^m(X, \Omega^m)$ est isomorphe à $H^{m-1}(C, \Omega_C^{m-1})$, d'où le résultat, compte tenu de l'hypothèse de récurrence.

Soit maintenant V un espace fibré algébrique à fibre vectorielle, de base X. Puisque $\mathscr{S}(\tilde{V})$ est isomorphe à Hom $(\mathscr{S}(V), \Omega^m)$, on a un homomorphisme canonique:

$$\mathscr{S}(V) \otimes \mathscr{S}(\tilde{V}) \to \Omega^m;$$

cet homomorphisme donne naissance à un cup-produit qui est une application bilinéaire de $H^q(X, \mathscr{S}(V)) \times H^{m-q}(X, \mathscr{S}(\tilde{V}))$ dans $H^m(X, \Omega^m)$. D'après le lemme précédent, $H^m(X, \Omega^m)$ est une espace vectoriel de dimension 1 sur k; on obtient donc ainsi une forme bilinéaire sur $H^q(X, \mathscr{S}(V)) \times H^{m-q}(X, \mathscr{S}(\tilde{V}))$, définie à la multiplication près par un scalaire.

Théorème 4. *La forme bilinéaire définie ci-dessus met en dualité les espaces vectoriels* $H^q(X, \mathscr{S}(V))$ *et* $H^{m-q}(X, \mathscr{S}(\tilde{V}))$.

Ce théorème est l'analogue, dans le cas abstrait, du ,,théorème de dualité'' de [5]. On le démontre par récurrence sur $m = \dim X$; pour $m = 1$, il résulte facilement de la dualité entre différentielles et classes de répartitions; le passage de $m - 1$ à m se fait au moyen de suites exactes analogues à celle utilisée dans la démonstration du lemme ci-dessus; les théorèmes 2 et 3 y jouent un rôle essentiel.

Un cas particulier important est celui où V est l'espace fibré associé à un diviseur D de X (cf. [7], ainsi que [5], n°. 16). Dans ce cas, $\mathscr{S}(V)$ est isomorphe au faisceau $\mathscr{L}(D)$ défini de la manière suivante: un élément de $\mathscr{L}(D)_x$ est une fonction rationnelle f sur X, dont le diviseur (f) vérifie l'inégalité $(f) \geqq -D$ au voisinage de x. On a alors $\mathscr{S}(\tilde{V}) = \mathscr{L}(K - D)$, K désignant un diviseur de la classe canonique de X (cf. [8]), et le théorème 4 prend la forme suivante:

Corollaire. *Les espaces vectoriels* $H^q(X, \mathscr{L}(D))$ *et* $H^{m-q}(X, \mathscr{L}(K - D))$ *sont en dualité.*

3. Caractéristiques d'Euler-Poincaré et formule de Riemann-Roch.

Si $\mathscr{F}$ est un faisceau algébrique cohérent sur X, nous poserons:

$$h^q(X, \mathscr{F}) = \dim_k H^q(X, \mathscr{F}) \quad \text{et} \quad \chi(X, \mathscr{F}) = \sum_{q=0}^{q=m} (-1)^q h^q(X, \mathscr{F}).$$

On montre facilement ([6], n°. 80) que $\chi(X, \mathscr{F}(n))$ est un polynôme en n, de degré $\leqq m$. D'après le théorème 2, $\chi(X, \mathscr{F}(n)) = h^0(X, \mathscr{F}(n))$ pour n assez grand; appliquant ceci au faisceau $\mathscr{F} = \mathscr{O}$, on voit que $\chi(X, \mathscr{O}(n))$ est égal, pour *tout* n, à la fonction caractéristique de Hilbert de la variété X (voir [8], § 10). En particulier, $\chi(X, \mathscr{O})$ est égal au terme constant de la fonction caractéristique, d'où ([6], n°. 80):

Théorème 5. $\chi(X, \mathscr{O})$ *est égal au genre arithmétique de* X.

(Nous appelons genre arithmétique la quantité notée $1 + (-1)^m p_a(X)$ dans [8]).

A partir de maintenant, nous écrirons $\chi(X)$ au lieu de $\chi(X, \mathcal{O})$.

Si H est une sous-variété de X, sans singularités et de dimension $m-1$, on a une suite exacte de faisceaux:

$$0 \to \mathcal{L}(-H) \to \mathcal{O} \to \mathcal{O}_H \to 0.$$

La suite exacte de cohomologie associée à cette suite exacte de faisceaux montre que $\chi(X, \mathcal{O}) = \chi(H, \mathcal{O}_H) + \chi(X, \mathcal{L}(-H))$, autrement dit:

$$\chi(H) = \chi(X) - \chi(X, \mathcal{L}(-H)).$$

Considérons alors un diviseur D quelconque, et soit $\chi_X(D)$ son *genre arithmétique virtuel* ([8], § 11). Si E est une section hyperplane de X, on voit aisément que $\chi_X(D+nE)$ est un polynôme en n; il en est de même de $\chi(X) - \chi(X, \mathcal{L}(-D-nE))$; de plus, la formule ci-dessus montre que ces deux expressions sont égales pour n assez grand. Elles le sont donc pour tout n, ce qui donne:

Théorème 6. *Pour tout diviseur D, on a* $\chi_X(D) = \chi(X) - \chi(X, \mathcal{L}(-D))$.

En remplaçant D par $-D$, on peut écrire le théorème précédent sous la forme:

Formule de Riemann-Roch. $\chi(X, \mathcal{L}(D)) = \chi(X) - \chi_X(-D)$.

Appliquons cette formule au cas $m = 2$. On a

$$h^0(X, \mathcal{L}(D)) = \dim_k \Gamma(X, \mathcal{L}(D)) = l(D),$$

et $h^2(X, \mathcal{L}(D)) = h^0(X, \mathcal{L}(K-D)) = l(K-D)$, d'après le théorème de dualité. On obtient donc:

$$l(D) - h^1(X, \mathcal{L}(D)) + l(K-D) = \chi(X) - \chi_X(-D).$$

On retrouve donc bien *l'inégalité de Riemann-Roch* ([8], § 13):

$$l(D) + l(K-D) \geqq \chi(X) - \chi_X(-D),$$

et l'on voit en outre que $h^1(X, \mathcal{L}(D))$ n'est pas autre chose que la superabondance de D.

Remarque. D'après le théorème de dualité, on a:

$$\chi(X, \mathcal{L}(K-D)) = (-1)^m \chi(X, \mathcal{L}(D)).$$

En particulier, $\chi(X, \mathcal{L}(K)) = (-1)^m \chi(X)$, ce qui, joint au théorème 6, donne:

$$\chi_X(-K) = \begin{cases} 2\chi(X) & \text{si } m \text{ est impair} \\ 0 & \text{si } m \text{ est pair.} \end{cases}$$

Avec les notations de [8], § 13, ceci s'écrit $P_a(X) = p_a(X)$, conformément à une conjecture de Severi.

4. Questions non résolues.

Nous venons d'étendre au cas abstrait quelques uns des résultats connus dans le cas classique. Mais il y en a d'autres dont l'extension paraît plus difficile. Citons notamment:

a) Soit $h^{p,q} = \dim_k H^q(X, \Omega^p)$. A-t-on $h^{p,q} = h^{q,p}$? La dimension de la variété de Picard de X est-elle égale à $h^{1,0}$?

(Signalons que le théorème de dualité entraîne l'égalité de $h^{p,q}$ et de $h^{m-p,\, m-q}$).

b) Si V est un espace fibré algébrique, à fibre vectorielle, de base X, $\chi(X, \mathscr{S}(V))$ est-il égal à un polynôme en les classes canoniques de V et de la
1 structure tangente à X (cf. [2])?

On peut également se demander si les $B_n = \sum_{p+q=n} h^{p,q}$ coïncident avec les „nombres de Betti" qui interviennent dans les conjectures de Weil relatives à la fonction zêta de X (la variété X étant supposée définie sur un corps fini).[1])

Bibliographie

[1] H. Cartan and S. Eilenberg. Homological Algebra. Princeton Math. Ser., n°. 19.

[2] F. Hirzebruch. Arithmetic genera and the theorem of Riemann-Roch for algebraic varieties. Proc. Nat. Acad. Sci. USA, **40**, 1954, p. 110—114.

[3] K. Kodaira and D. C. Spencer. On arithmetic genera of algebraic varieties. Proc. Nat. Acad. Sci. USA, **39**, 1953, p. 641—649.

[4] K. Kodaira and D. C. Spencer. On a theorem of Lefschetz and the lemma of Enriques-Severi-Zariski. Proc. Nat. Acad. Sci. USA, **39**, 1953, p. 1273—1278.

[5] J.-P. Serre. Un théorème de dualité. Comment. Math. Helv., **29**, 1955, p. 9—26.

[6] J.-P. Serre. Faisceaux algébriques cohérents. Ann. of Math. **61**, 1955, p. 197—278.

[7] A. Weil. Fibre-spaces in algebraic geometry (Notes by A. Wallace). Chicago Univ., 1952.

[8] O. Zariski. Complete linear systems on normal varieties and a generalization of a lemma of Enriques-Severi. Ann. of Math., **55**, 1952, p. 552—592.

---

[1]) J. Igusa vient de résoudre négativement deux des questions posées ci-dessus: il a construit une variété X avec $h^{0,1} = h^{1,0} = 2$, alors que la dimension de la variété de Picard de X est 1 et que le premier nombre de Betti de X (au sens de Weil) est 2.

Cf. J. Igusa. *On some problems in abstract algebraic geometry*. Proc. Nat. Acad. Sci. USA, **41**, 1955.

28.

Un théorème de dualité

Comm. Math. Helv. **29** (1955), 9–26

Herrn H. Hopf zum sechzigsten Geburtstag gewidmet

Introduction

Soit X une variété analytique complexe, de dimension complexe n, et soit V un espace fibré analytique de base X dont la fibre est un espace vectoriel de dimension r sur C. Le faisceau $\mathsf{S}(V)$ des germes de sections holomorphes de V est un faisceau analytique cohérent sur X, et les groupes de cohomologie $H^q(X, \mathsf{S}(V))$ jouent un rôle important dans diverses questions ; en particulier, si X est une variété algébrique projective, et V l'espace fibré associé à une classe D de diviseurs de X (auquel cas $r = 1$), les dimensions des espaces vectoriels $H^q(X, \mathsf{S}(V))$ coïncident avec les „superabondances" qui interviennent dans le théorème général de Riemann-Roch (voir là-dessus les Notes publiées en 1953 et 1954 aux Proc. Nat. Acad. Sci. U. S. A. par K. Kodaira, D. C. Spencer et F. Hirzebruch).

Or l'on sait que les classes de diviseurs D et $K - D$ (K étant la classe canonique) jouent un rôle dual dans le théorème de Riemann-Roch. Nous nous proposons ici de préciser ce résultat et de l'étendre au cas d'un espace fibré V quelconque en montrant que, sous des hypothèses très larges, les espaces vectoriels $H^q(X, \mathsf{S}(V))$ et $H_*^{n-q}(X, \mathsf{S}(\tilde{V}))$ sont en dualité, $\tilde{V}$ désignant un espace fibré dont la construction généralise celle de $K - D$. Un cas particulier de ce théorème avait d'ailleurs été déjà obtenu par H. Cartan et L. Schwartz ([10], théorème 4) et la démonstration du cas général n'est qu'une extension facile de la leur.

§ 1. Préliminaires

1. Produit tensoriel de deux faisceaux de modules. Soient X un espace topologique, et $\mathsf{A} = \bigcup_{x \in X} \mathsf{A}_x$ un faisceau d'anneaux sur X (pour toutes les définitions relatives aux faisceaux, nous renvoyons à [2] et [4]) ; nous supposons que les A_x sont commutatifs et possèdent un élément unité variant continûment avec x. On dit qu'un faisceau M est un *faisceau de* A*-modules* si, pour tout $x \in X$, M_x est muni d'une structure de module unitaire sur A_x telle que l'application $(a, m) \to a \cdot m$, définie sur l'ensemble G des couples (a, m) tels qu'il existe $x \in X$ avec $a \in \mathsf{A}_x$ et $m \in \mathsf{M}_x$, soit une application continue de $\mathsf{G} \subset \mathsf{A} \times \mathsf{M}$ dans M.

Soient maintenant M et N deux faisceaux de A-modules. Si U est un ouvert de X, soient A_U, M_U, N_U les groupes formés par les sections de A, M, N sur U ; il est clair que A_U est un anneau commutatif à élément unité, et que M_U et N_U sont des modules unitaires sur A_U. Posons $P_U = M_U \otimes N_U$, le produit tensoriel étant pris sur A_U ; si $V \subset U$, on a des homomorphismes canoniques :

$$A_U \to A_V \,, \qquad M_U \to M_V \,, \qquad N_U \to N_V \,,$$

qui définissent, par passage au produit tensoriel, un homomorphisme de P_U dans P_V. La collection des modules P_U et des homomorphismes $P_U \to P_V$ définit un faisceau P (cf. [2], XIV—3) ; le module ponctuel P_x est la limite inductive (pour $x \in U$) des modules P_U. Comme l'on a :

$$\mathsf{A}_x = \lim_{x \in U} A_U \,, \qquad \mathsf{M}_x = \lim_{x \in U} M_U \,, \qquad \mathsf{N}_x = \lim_{x \in U} N_U \,,$$

il en résulte[1]) que P_x est isomorphe à $\mathsf{M}_x \otimes \mathsf{N}_x$, le produit tensoriel étant pris sur A_x. Pour cette raison, le faisceau P est appelé le *produit tensoriel* des faisceaux M et N et on le note $\mathsf{M} \otimes_{\mathsf{A}} \mathsf{N}$. Du fait que A est commutatif, c'est un faisceau de A-modules ; lorsque A est un faisceau constant, on retrouve la notion définie dans [2], XIV—10.

Les propriétés de $\mathsf{M} \otimes_{\mathsf{A}} \mathsf{N}$ sont tout à fait semblables à celles du produit tensoriel de deux modules :

1.1. Si M' et N' sont deux autres faisceaux de A-modules, et si φ (resp. ψ) est un homomorphisme A-linéaire de M dans M' (resp. de N dans N'), le produit tensoriel $\varphi \otimes \psi$ est un homomorphisme A-linéaire de $\mathsf{M} \otimes_{\mathsf{A}} \mathsf{N}$ dans $\mathsf{M}' \otimes_{\mathsf{A}} \mathsf{N}'$.

1.2. Toute suite exacte d'homomorphismes A-linéaires :

$$\mathsf{N} \to \mathsf{N}' \to \mathsf{N}'' \to 0 \,,$$

donne naissance à une suite exacte :

$$\mathsf{M} \otimes_{\mathsf{A}} \mathsf{N} \to \mathsf{M} \otimes_{\mathsf{A}} \mathsf{N}' \to \mathsf{M} \otimes_{\mathsf{A}} \mathsf{N}'' \to 0 \,.$$

---

[1]) A cause de la commutation du produit tensoriel avec les limites inductives.

10

1.3. On a des isomorphismes canoniques :

$$(\mathsf{M}\otimes_{\mathsf{A}}\mathsf{N})\otimes_{\mathsf{A}}\mathsf{Q}\approx\mathsf{M}\otimes_{\mathsf{A}}(\mathsf{N}\otimes_{\mathsf{A}}\mathsf{Q}),\ \mathsf{M}\otimes_{\mathsf{A}}\mathsf{N}\approx\mathsf{N}\otimes_{\mathsf{A}}\mathsf{M},\ \mathsf{M}\otimes_{\mathsf{A}}\mathsf{A}\approx\mathsf{M},\ \text{etc.}$$

Si X est une variété analytique complexe, et si l'on prend pour A le faisceau O des germes de fonctions holomorphes sur X, la notion de faisceau de O-modules coincide avec celle de faisceau analytique, définie dans [4], n^0 5. En outre les propriétés 1.2 et 1.3 entraînent immédiatement que le produit tensoriel de deux faisceaux analytiques cohérents est un faisceau analytique cohérent.

Signalons enfin que l'on peut définir de façon analogue les faisceaux $\mathrm{Tor}_p^{\mathsf{A}}(\mathsf{M},\mathsf{N}) = \bigcup_{x\in X} \mathrm{Tor}_p^{\mathsf{A}_x}(\mathsf{M}_x,\mathsf{N}_x)$ pour tout $p \geqslant 0$ (pour la définition de Tor_p, voir [5], Chap. VI, § 1). Par contre, la définition de $\mathrm{Hom}_{\mathsf{A}}(\mathsf{M},\mathsf{N})$ est plus délicate, et ne peut se faire sans hypothèses restrictives sur M. Nous n'insistons pas là-dessus, car nous n'utiliserons dans toute la suite que le produit tensoriel.

2. Cohomologie d'un espace à coefficients dans un faisceau. (Dans ce numéro, nous supposerons que l'espace X est paracompact.)

Soit Φ une famille de parties de X vérifiant les conditions suivantes :

2.1. Tout ensemble de Φ est fermé.

2.2. Tout sous-ensemble fermé d'un ensemble de Φ appartient à Φ.

2.3. Toute réunion finie d'ensembles de Φ appartient à Φ.

2.4. Tout ensemble de Φ possède un voisinage qui appartient à Φ.

Si F est un faisceau sur X, on définit alors (cf. [2]) les groupes de cohomologie de X à coefficients dans F et à supports dans Φ, notés $H^q_\Phi(X,\mathsf{F})$, $q = 0, 1, \ldots$ Rappelons leurs propriétés essentielles :

2.5. $H^0_\Phi(X,\mathsf{F})$ est égal au groupe des sections de F dont le support appartient à Φ.

2.6. $H^q_\Phi(X,\mathsf{F}) = 0$ pour $q > 0$ si F est *fin*.

2.7. Toute suite exacte de faisceaux $0 \to \mathsf{A} \to \mathsf{B} \to \mathsf{C} \to 0$ donne naissance à une suite exacte de cohomologie :

$$\ldots \to H^q_\Phi(X,\mathsf{A}) \to H^q_\Phi(X,\mathsf{B}) \to H^q_\Phi(X,\mathsf{C}) \to H^{q+1}_\Phi(X,\mathsf{A}) \to \cdots .$$

Des propriétés précédentes on tire facilement (cf. [2], XVI, XIX ou encore [10], n^0 2) :

2.8. Soit $0 \to \mathsf{F} \to \mathsf{C}^0 \xrightarrow{\delta} \mathsf{C}^1 \xrightarrow{\delta} \mathsf{C}^2 \xrightarrow{\delta} \cdots$ une suite exacte de faisceaux, et supposons que tous les $H^p_\Phi(X,\mathsf{C}^q)$ soient nuls pour $p > 0$

(ce qui sera notamment le cas si les faisceaux C^q sont fins). Dans ces conditions, la somme directe $\Sigma_{q \geqslant 0} H^0_\Phi(X, \mathsf{C}^q)$, munie de l'opérateur cobord défini par δ, est un complexe gradué dont le q-ième groupe de cohomologie est isomorphe à $H^q_\Phi(X, \mathsf{F})$.

Lorsque Φ est la famille de tous les sous-ensembles fermés (resp. compacts) de X, on écrit $H^q(X, \mathsf{F})$ (resp. $H^q_*(X, \mathsf{F})$) à la place de $H^q_\Phi(X, \mathsf{F})$. Ces deux familles, de beaucoup les plus importantes dans les applications, sont les seules qui interviendront dans les §§ 3 et 4.

§ 2. Généralisation d'un théorème de Dolbeault

Nous supposons à partir de maintenant que X est une variété analytique complexe, dénombrable à l'infini (donc paracompacte), et de dimension complexe n.

3. Faisceaux de formes différentielles sur X. Nous aurons à considérer les faisceaux suivants sur la variété X:

O faisceau des germes de fonctions holomorphes.

Ω^p faisceau des germes de formes différentielles holomorphes de degré p.

$\mathsf{A}^{p,q}$ faisceau des germes de formes différentielles de type (p, q) à coefficients indéfiniment différentiables.

$\mathsf{K}^{p,q}$ faisceau des germes de formes différentielles de type (p, q) à coefficients distributions[2]).

Tous ces faisceaux sont des faisceaux de O-modules, de façon évidente. On a $\Omega^0 = \mathsf{O}$, $\Omega^p \subset \mathsf{A}^{p,0}$, $\mathsf{A}^{p,q} \subset \mathsf{K}^{p,q}$. Les sections de $\mathsf{K}^{p,q}$ sont les *courants* de type (p, q) cf. [8].

On sait que, si ω est une forme de type (p, q), $d\omega$ est la somme d'une forme de type $(p+1, q)$ et d'une forme de type $(p, q+1)$ que nous noterons respectivement $d'\omega$ et $d''\omega$; l'opérateur différentiel d'' définit donc un homomorphisme de $\mathsf{A}^{p,q}$ dans $\mathsf{A}^{p,q+1}$ et un homomorphisme de $\mathsf{K}^{p,q}$ dans $\mathsf{K}^{p,q+1}$. On observera que ces homomorphismes sont O-linéaires puisque $d''(f) = 0$ si f est une fonction holomorphe.

Si ω est une forme différentielle de type $(p, 0)$, à coefficients différentiables, la condition $d''\omega = 0$ équivaut visiblement à dire que ω est

[2]) Sur une variété orientée de dimension réelle m, nous appelons „distribution" un courant de degré 0, c'est-à-dire un élément du dual de l'espace des formes différentielles à supports compacts de degré m (cf. [8]). Cette définition est nécessaire si l'on veut qu'une fonction soit une distribution particulière.

12

holomorphe; le même résultat vaut pour les courants, comme il résulte par exemple de [9], Chap. VI, §§ 6—7. Par ailleurs, d'après un résultat de Grothendieck (cité dans [7]), toute forme ω, à coefficients différentiables ou distributions, de type (p, q) avec $q \geqslant 1$, et telle que $d''\omega=0$, est localement égale à $d''\alpha$, avec α de type $(p, q-1)$. En d'autres termes (cf. [7]):

Proposition 1. *Les suites d'homomorphismes de faisceaux:*

$$0 \to \Omega^p \to \mathsf{A}^{p,0} \xrightarrow{d''} \mathsf{A}^{p,1} \xrightarrow{d''} \ldots \to \mathsf{A}^{p,n} \to 0$$

et

$$0 \to \Omega^p \to \mathsf{K}^{p,0} \xrightarrow{d''} \mathsf{K}^{p,1} \xrightarrow{d''} \ldots \to \mathsf{K}^{p,n} \to 0$$

sont des suites exactes.

4. Espaces fibrés analytiques à fibres vectorielles. Soit P un espace fibré principal analytique complexe, de base X, et de groupe structural G le groupe linéaire complexe $\boldsymbol{GL_r(C)}$. Prenons pour fibre type F l'espace $\boldsymbol{C}^r$ sur lequel G opère de façon évidente, et soit $V = P \times_G F$ l'espace fibré associé à P et de fibre type F (rappelons que V est l'espace quotient de $P \times F$ par la relation d'équivalence $(p \cdot g, f) \equiv (p, g \cdot f)$ pour $p \in P$, $g \in G$, $f \in F$). Puisque les opérations de G conservent la structure vectorielle de $\boldsymbol{C}^r$, chaque fibre V_x de V $(x \in X)$ est munie d'une structure d'espace vectoriel complexe de dimension r. Un tel espace fibré V est dit *espace fibré analytique à fibre vectorielle.* Il est localement isomorphe à $X \times \boldsymbol{C}^r$, les changement de cartes se faisant au moyen de matrices holomorphes inversibles de degré r.

Si $s(x)$ est une section holomorphe de V au-dessus d'un ouvert U de X, et si $f(x)$ est une fonction holomorphe sur U, le produit $f(x) \cdot s(x)$ est une section holomorphe de V sur U; en outre, la somme de deux sections holomorphes est encore une section holomorphe. Il en résulte que le faisceau $\mathsf{S}(V)$ des germes de sections holomorphes de V est muni d'une structure de faisceau analytique; puisque V est localement isomorphe à $X \times \boldsymbol{C}^r$, ce faisceau est localement isomorphe à O^r et c'est en particulier un faisceau analytique cohérent.

Inversement, soit F un faisceau analytique localement isomorphe à O^r. Il existe donc un recouvrement ouvert $\{U_\alpha\}$ de X et, pour chaque α, un isomorphe φ_α de O^r sur la restriction de F à U_α; $\varphi_\beta^{-1} \circ \varphi_\alpha$ est un automorphisme de O^r au-dessus de $U_\alpha \cap U_\beta$, donc est défini par une matrice holomorphe inversible $M^{\alpha\beta}$ sur $U_\alpha \cap U_\beta$; les $M^{\alpha\beta}$ définissent un espace

13

fibré V à fibre vectorielle tel que $\mathsf{S}(V)$ soit isomorphe à F, et l'on voit facilement que cette propriété caractérise V, à un isomorphisme près.

Il y a donc une correspondance biunivoque entre faisceaux analytiques localement libres de rang r (i. e. localement isomorphes à O^r), et espaces fibrés analytiques à fibres vectorielles de dimension r [3]).

5. Formes différentielles à coefficients dans un espace fibré analytique à fibre vectorielle. Soit V un espace fibré analytique à fibre vectorielle de base X. Nous allons attacher à V les faisceaux suivants :

$$\Omega^p(V) = \mathsf{S}(V) \otimes_{\mathsf{O}} \Omega^p , \quad \mathsf{A}^{p,q}(V) = \mathsf{S}(V) \otimes_{\mathsf{O}} \mathsf{A}^{p,q} ,$$
$$\mathsf{K}^{p,q}(V) = \mathsf{S}(V) \otimes_{\mathsf{O}} \mathsf{K}^{p,q} .$$

On a $\Omega^0(V) = \mathsf{S}(V)$, $\Omega^p(V) \subset \mathsf{A}^{p,0}(V)$, $\mathsf{A}^{p,q}(V) \subset \mathsf{K}^{p,q}(V)$. Une section de $\mathsf{A}^{p,q}(V)$ sera appelée une forme différentielle de type (p, q) à coefficients dans V ; comme $\mathsf{S}(V)$ est localement isomorphe à O^r, une telle forme peut être localement identifiée à un système de r formes différentielles de type (p, q), au sens usuel.

Puisque d'' est un homomorphisme O-linéaire de $\mathsf{A}^{p,q}$ dans $\mathsf{A}^{p,q+1}$, on peut définir l'homomorphisme

$$1 \otimes d'' : \mathsf{S}(V) \otimes_{\mathsf{O}} \mathsf{A}^{p,q} \to \mathsf{S}(V) \otimes_{\mathsf{O}} \mathsf{A}^{p,q+1} ,$$

et l'on obtient ainsi un homomorphisme de $\mathsf{A}^{p,q}(V)$ dans $\mathsf{A}^{p,q+1}(V)$ que nous noterons encore d''. Définition analogue pour $\mathsf{K}^{p,q}(V)$.

Proposition 2. *Les suites d'homomorphismes de faisceaux :*

$$0 \to \Omega^p(V) \to \mathsf{A}^{p,0}(V) \xrightarrow{d''} \mathsf{A}^{p,1}(V) \xrightarrow{d''} \dots \to \mathsf{A}^{p,n}(V) \to 0$$

et

$$0 \to \Omega^p(V) \to \mathsf{K}^{p,0}(V) \xrightarrow{d''} \mathsf{K}^{p,1}(V) \xrightarrow{d''} \dots \to \mathsf{K}^{p,n}(V) \to 0$$

sont des suites exactes.

En effet, elles se déduisent des suites exactes de la proposition 1 par produit tensoriel avec $\mathsf{S}(V)$ qui est localement libre.

Proposition 3. *Les faisceaux* $\mathsf{A}^{p,q}(V)$ *et* $\mathsf{K}^{p,q}(V)$ *sont fins.*

En effet, si g est une fonction différentiable sur X, l'application $\omega \to g \cdot \omega$ est un homomorphisme O-linéaire de $\mathsf{A}^{p,q}$ dans lui-même, donc définit un homomorphisme de $\mathsf{A}^{p,q}(V)$ dans lui-même ; en considérant alors une partition de l'unité $\{g_\alpha\}$, on voit que $\mathsf{A}^{p,q}(V)$ est fin, et de même pour $\mathsf{K}^{p,q}(V)$.

---

3) Bien entendu, un résultat analogue vaut pour les espaces fibrés topologiques (resp. différentiables, analytiques réels, algébriques, ...) à fibres vectorielles.

6. Groupes de cohomologie de X à coefficients dans $\Omega^p(V)$.

Posons $A_\Phi^{p,q}(V) = H_\Phi^0(X, \mathsf{A}^{p,q}(V))$, espace des formes différentielles de type (p, q), à coefficients dans V, et à supports dans une famille Φ vérifiant les conditions 2.1, 2.2, 2.3 et 2.4. L'opérateur différentiel d'' applique $A_\Phi^{p,q}(V)$ dans $A_\Phi^{p,q+1}(V)$ et l'on a $d'' \circ d'' = 0$. Posons alors $A_\Phi(V) = \Sigma_{p,q} A_\Phi^{p,q}(V)$; muni de l'opérateur d'', $A_\Phi(V)$ est un complexe bigradué dont nous désignerons le groupe de cohomologie de bidegré (p, q) par $H^{p,q}(A_\Phi(V))$. Si Φ est la famille de tous les sous-ensembles fermés (resp. compacts) de X, on écrira $A^{p,q}(V)$ et $A(V)$ (resp. $A_*^{p,q}(V)$ et $A_*(V)$) à la place de $A_\Phi^{p,q}(V)$ et $A_\Phi(V)$.

On définit de même $K_\Phi^{p,q}(V)$ et $K_\Phi(V) = \Sigma_{p,q} K_\Phi^{p,q}(V)$.

En appliquant 2.8 aux suites exactes de la proposition 2 (ce qui est licite, vu la proposition 3), on obtient le théorème suivant, qui généralise celui de [7]:

Théorème 1. *Soient X une variété analytique complexe dénombrable à l'infini, V un espace fibré analytique à fibre vectorielle de base X et Φ une famille de parties de X vérifiant les conditions* 2.1, 2.2, 2.3 *et* 2.4. *Le groupe $H_\Phi^q(X, \Omega^p(V))$ est isomorphe à $H^{p,q}(A_\Phi(V))$ ainsi qu'à $H^{p,q}(K_\Phi(V))$.*

(En outre, les trois groupes en question sont munis de structures vectorielles complexes, et les isomorphismes du théorème 1 respectent ces structures.)

Corollaire 1. *Le groupe $H_\Phi^q(X, \mathsf{S}(V))$ est isomorphe à $H^{0,q}(A_\Phi(V))$ ainsi qu'à $H^{0,q}(K_\Phi(V))$.*

Inversement, le corollaire 1 permet de retrouver le théorème 1 : puisque le faisceau $\Omega^p(V)$ est localement libre, il existe un espace fibré à fibre vectorielle W tel que $\mathsf{S}(W)$ soit isomorphe à $\Omega^p(V)$; il est d'ailleurs facile de voir que la fibre W_x de W en $x \in X$ est canoniquement isomorphe à $V_x \otimes_C \overset{p}{\wedge} D_x$, où D_x désigne le dual de l'espace tangent à X en x. En appliquant le corollaire 1 à W, on voit que

$$H_\Phi^q(X, \Omega^p(V)) = H_\Phi^q(X, \mathsf{S}(W))$$

est isomorphe à $H^{0,q}(A_\Phi(W))$; pour retrouver le théorème 1, il suffit alors de vérifier que $\mathsf{A}^{0,q}(W)$ est isomorphe à $\mathsf{A}^{p,q}(V)$, ce qui ne présente pas de difficultés.

Corollaire 2. $H_\Phi^q(X, \Omega^p(V)) = 0$ *pour* $q > n$, *si n est la dimension complexe de X.*

7. Remarque. Si F est un faisceau analytique quelconque, on peut encore former la suite :

$$0 \to \mathsf{F} \to \mathsf{F} \otimes_{\mathsf{O}} \mathsf{A}^{0,0} \xrightarrow{d''} \mathsf{F} \otimes_{\mathsf{O}} \mathsf{A}^{0,1} \to \ldots \to \mathsf{F} \otimes_{\mathsf{O}} \mathsf{A}^{0,n} \to 0 \; .$$

Si l'on pouvait montrer que cette suite est exacte, on aurait ainsi obtenu une résolution de F par des faisceaux fins (cf. 2.8) et le théorème 1 ainsi que ses corollaires seraient ainsi étendus à tout faisceau analytique. Malheureusement, il n'est nullement évident que cette suite soit exacte ; on pourrait penser à le démontrer en prouvant que $\mathrm{Tor}_p^{\mathsf{O}_x}(\mathsf{F}_x, \mathsf{A}_x^{0,0}) = 0$
1 pour tout $p \geqslant 1$, mais la question parait difficile.

§ 3. Le théorème de dualité

8. Topologie sur l'espace $A^{p,q}(V)$. Nous allons définir une famille de semi-normes [4] sur l'espace $A^{p,q}(V)$ des sections de $\mathsf{A}^{p,q}(V)$.

Considérons les systèmes (K, φ, ψ, k) qui vérifient les conditions suivantes :

8.1. K est un compact de X.

8.2. φ est un homéomorphisme analytique d'un voisinage U de K sur un ouvert de C^n.

8.3. ψ est un isomorphisme de $\pi^{-1}(U)$ sur $U \times C^r$, π désignant la projection de V sur X.

8.4. k est une suite de $2n$ entiers $\geqslant 0$: $r_1, \ldots, r_n, s_1, \ldots, s_n$.

Si ω est un élément de $A^{p,q}(V)$, la restriction de ω à U peut être identifiée (au moyen de ψ) à un système de r formes différentielles de type (p, q) sur U, système qui peut lui-même être identifié (au moyen de φ) à un système de $r \cdot \binom{n}{p} \cdot \binom{n}{q} = N$ fonctions différentiables sur $\varphi(U)$; nous noterons ces fonctions $\omega_{i,\varphi,\psi}$, $1 \leqslant i \leqslant N$. Soit D^k l'opérateur différentiel $\dfrac{\partial^{r_1 + \ldots + r_n + s_1 + \ldots + s_n}}{\partial z_1^{r_1} \ldots \partial z_n^{r_n} \partial \bar{z}_1^{s_1} \ldots \partial \bar{z}_n^{s_n}}$. Nous poserons :

$$p_{K,\varphi,\psi,k}(\omega) = \sup_{z \in \varphi(K)} \; \sup_{1 \leqslant i \leqslant N} \; | D^k \omega_{i,\varphi,\psi}(z) | \; . \tag{8.5}$$

Les fonctions $p_{K,\varphi,\psi,k}$ sont des semi-normes ; lorsque (K, φ, ψ, k) varie de toutes les façons possibles, ces semi-normes définissent une topologie sur $A^{p,q}(V)$ qui est visiblement séparée. On voit aisément

---

[4]) Cf. [1], auquel nous renvoyons pour tout ce qui concerne les espaces vectoriels topologiques.

16

que cette topologie ne change pas si l'on se borne à considérer une famille de compacts K_α dont les intérieurs recouvrent X, et, pour chacun d'eux, un couple $(\varphi_\alpha, \psi_\alpha)$ vérifiant 8.2 et 8.3. La topologie de $A^{p,q}(V)$ peut donc être définie par une famille dénombrable de semi-normes : c'est une topologie métrisable.

Une suite ω^n d'éléments de $A^{p,q}(V)$ tend vers 0 au sens de la topologie précédente si, au voisinage de tout point de X, les N fonctions qui représentent localement ω^n tendent uniformément vers 0 ainsi que chacune de leurs dérivées partielles. On peut donc dire que la topologie de $A^{p,q}(V)$ est celle de la *convergence uniforme locale* (ou sur tout compact, cela revient au même) *de chaque dérivée*. L'espace $A^{p,q}(V)$ est tout à fait analogue à l'espace E de Schwartz ([9], p. 88) ; on vérifie, comme pour E, qu'il est complet, autrement dit que c'est un *espace de Fréchet*.

9. Dual topologique de $A^{p,q}(V)$. On sait que le dual topologique de E peut être identifié à l'espace des distributions à supports compacts (cf. [9], p. 89, théorème XXV). Nous allons étendre ce résultat à $A^{p,q}(V)$.

Soit V^* l'espace fibré dual de V : si V est défini au moyen de l'espace fibré principal P, on peut définir V^* comme espace associé à P, de fibre type C^r sur lequel $GL_r(C)$ opère par la représentation contragrédiente de la représentation usuelle ; ou encore, si V est défini par des changements de cartes qui sont des matrices holomorphes inversibles $M^{\alpha\beta}$, on peut définir V^* au moyen des matrices contragrédientes $\check{M}^{\alpha\beta} = {}^t(M^{\alpha\beta})^{-1}$.

Pour tout $x \in X$, il existe une forme bilinéaire canonique sur $V_x \times V_x^*$ qui met ces deux espaces en dualité (d'où le nom d'espace fibré „dual") ; elle définit un homomorphisme O-linéaire de $\mathsf{S}(V) \otimes_{\mathsf{O}} \mathsf{S}(V^*)$ dans O ; d'autre part, l'opération de produit extérieur définit un homomorphisme O-linéaire de $\mathsf{A}^{p,q} \otimes_{\mathsf{O}} \mathsf{K}^{p',q'}$ dans $\mathsf{K}^{p+p',q+q'}$, q et q' étant des entiers $\geqslant 0$ quelconques. D'où, en passant au produit tensoriel un homomorphisme O-linéaire

$$\varepsilon : \mathsf{A}^{p,q}(V) \otimes_{\mathsf{O}} \mathsf{K}^{p',q'}(V^*) \to \mathsf{K}^{p+p',q+q'} .$$

Si $\omega \in A^{p,q}(V)$ et $T \in K_*^{p',q'}(V^*)$, l'image de $\omega \otimes T$ par ε sera notée $\omega \wedge T$; c'est un élément de $K_*^{p+p',q+q'}$, c'est-à-dire un courant à support compact de type $(p+p', q+q')$. Si l'on prend une carte locale de V et la carte correspondante de V^*, la forme ω s'identifie à r formes ω_i, le courant T à r courants T_i, et $\omega \wedge T$ est égal à $\Sigma_{i=1}^{i=r} \omega_i \wedge T_i$.

17

Prenons en particulier $p' = n - p$, $q' = n - q$. Alors $\omega \wedge T$ est un courant à support compact de type (n, n), que l'on peut donc intégrer sur X (X étant orientée de façon naturelle par sa structure complexe). Nous poserons :

$$\langle \omega, T \rangle = \int_X \omega \wedge T .$$

Pour T fixé, l'application $\omega \to \langle \omega, T \rangle$ est une forme linéaire sur $A^{p,q}(V)$ que nous désignerons par L_T.

Proposition 4. *L'application* $T \to L_T$ *est un isomorphisme de* $K_*^{n-p,\, n-q}(V^*)$ *sur le dual topologique de* $A^{p,q}(V)$. [5])

Il est immédiat que $L_T = 0$ entraîne $T = 0$. Il nous faut donc montrer : a) que L_T est continue, b) que toute forme linéaire continue L sur $A^{p,q}(V)$ est égale à une forme L_T.

Choisissons un recouvrement ouvert localement fini $\{U_\alpha\}$ de X assez fin pour que V soit trivial au-dessus de chaque U_α et que U_α soit relativement compact. Soit $\{\theta_\alpha\}$ une partition différentiable de l'unité subordonnée à $\{U_\alpha\}$.

Montrons d'abord la continuité de L_T. Soit ω^n une suite d'éléments de $A^{p,q}(V)$ tendant vers 0. Pour tout α, la suite $\theta_\alpha \omega^n$ tend vers 0, et les supports de ces formes restent contenus dans un compact fixe intérieur à U_α ; l'expression locale de $\theta_\alpha \omega^n \wedge T$ écrite plus haut montre alors que $\langle \theta_\alpha \omega^n, T \rangle$ tend vers 0. D'autre part, l'ensemble H des indices α tels que U_α rencontre le support de T est fini, puisque ce support est compact. Il en résulte que $\langle \omega^n, T \rangle = \Sigma_{\alpha \in H} \langle \theta_\alpha \omega^n, T \rangle$ tend vers 0, et L_T est bien une forme linéaire continue.

Soit inversement L une forme linéaire continue sur $A^{p,q}(V)$. Soit ω^n une suite d'éléments de $A^{p,q}(V)$, tendant vers 0, et telle que le support de ω^n soit contenu dans un compact fixe intérieur à U_α. Evidemment $L(\omega^n)$ tend vers 0. Or chaque ω^n est défini sur U_α par un système de r formes différentielles de type (p, q) à supports compacts, et l'on sait que le dual topologique de l'espace des formes différentielles à supports compacts de type (p, q) (muni de la topologie précédente, analogue à celle de l'espace D de Schwartz) est l'espace des courants de type $(n - p, n - q)$ (cf. [8], où ceci est pris comme définition des

---

[5]) Cette proposition est un cas particulier d'un résultat valable pour tout espace fibré différentiable V : le dual de l'espace des sections différentiables de V est isomorphe à l'espace des courants de degré maximum, à coefficients dans l'espace fibré dual de V, et à supports compacts.

courants). Il s'ensuit qu'il existe, pour chaque α, une section T_α de $K^{n-p,\,n-q}(V^*)$ au-dessus de U_α, telle que $\int_{U_\alpha} \omega \wedge T_\alpha = L(\omega)$ pour tout $\omega \in A^{p,q}(V)$ dont le support est contenu dans U_α. Il est clair que $T_\alpha = T_\beta$ dans $U_\alpha \cap U_\beta$, autrement dit que T_α est la restriction à U_α d'une section T de $K^{n-p,\,n-q}(V^*)$ au-dessus de X ; la continuité de L montre en outre que $T_\alpha = 0$ pour tous les α sauf un nombre fini d'entre eux, c'est-à-dire que le support de T est compact. Enfin, pour tout $\omega \in A^{p,q}(V)$, on a :

$$L(\omega) = \sum_\alpha L(\theta_\alpha \omega) = \sum_\alpha \int_{U_\alpha} \theta_\alpha \omega \wedge T_\alpha = \int_X \omega \wedge T = L_T(\omega)\ ,$$

c. q. f. d.

A partir de maintenant, nous identifierons $K_*^{n-p,\,n-q}(V^*)$ avec le dual topologique de $A^{p,q}(V)$ au moyen de l'application $T \to L_T$.

Proposition 5. *L'application linéaire* $d'' : A^{p,q}(V) \to A^{p,q+1}(V)$ *est continue et sa transposée est* $(-1)^{p+q+1} d'' : K_*^{n-p,\,n-q-1}(V^*) \to K_*^{n-p,\,n-q}(V^*)$.

Soient $\omega \in A^{p,q}(V)$ et $T \in K_*^{n-p,\,n-q-1}(V^*)$. On a :

$$d(\omega \wedge T) = d''(\omega \wedge T) = d''(\omega) \wedge T + (-1)^{p+q} \omega \wedge d''(T)\ ,$$

et comme $\int_X d(\omega \wedge T) = 0$, on en déduit

$$\langle d''(\omega), T \rangle + (-1)^{p+q} \langle \omega, d''(T) \rangle = 0\ ,$$

ce qui démontre la proposition (la continuité de d'' étant évidente).

10. Démonstration du théorème de dualité. Les propositions 4 et 5 signifient que le dual topologique du complexe $A(V)$ est isomorphe au complexe $K_*(V^*)$. Pour passer de là aux groupes de cohomologie de ces complexes, nous utiliserons le lemme suivant :

Lemme 1. *Soient L, M, N trois espaces de Fréchet, et $u : L \to M$, $v : M \to N$, deux homomorphismes* [6]) *linéaires tels que $v \circ u = 0$. Soient L^*, M^*, N^* les duals topologiques de L, M, N, et ${}^t u$, ${}^t v$ les applications transposées de u, v. Posons $C = v^{-1}(0)$, $B = u(L)$, $H = C/B$, et $C' = {}^t u^{-1}(0)$, $B' = {}^t v(N^*)$, $H' = C'/B'$.*

Alors H est un espace de Fréchet dont le dual topologique est isomorphe à H'.

Puisque u est un homomorphisme, $B = u(L)$ est complet, donc fermé, et H est un espace de Fréchet (cf. [1], p. 34).

---

[6]) Cf. *N. Bourbaki*, Top. Gén., Chap. III, § 2.

Soit d'autre part $c' \in C'$, et soit h' l'élément de H' défini par c'. Par définition, c' est une forme linéaire continue sur M, nulle sur B, donc définit une forme linéaire continue sur H qui ne dépend que de h'. Si cette forme linéaire est nulle, c' est nulle sur C, donc appartient à ${}^t v(N^*) = B'$, puisque v est un homomorphisme, autrement dit $h' = 0$.

Inversement, toute forme linéaire λ continue sur H, peut être identifiée à une forme linéaire continue sur C qui est nulle sur B ; d'après le théorème de Hahn-Banach ([1], p. 111) on peut la prolonger à M ; on obtient ainsi un élément c' de C', donc un élément h' de H', et il est immédiat que la forme linéaire définie par h' sur H n'est autre que λ, ce qui achève de démontrer que H' est isomorphe au dual topologique de H.

Nous allons appliquer le lemme précédent avec $L = A^{p,q-1}(V)$, $M = A^{p,q}(V)$, $N = A^{p,q+1}(V)$, et $u = d''$, $v = d''$. D'après la proposition 4, on a :

$$L^* = K_*^{n-p,\,n-q+1}(V^*), \qquad M^* = K_*^{n-q,\,n-q}(V^*), \qquad N^* = K_*^{n-p,\,n-q-1}(V^*),$$

et d'après la proposition 5, ${}^t u = (-1)^{p+q} d''$, ${}^t v = (-1)^{p+q+1} d''$. D'autre part, le théorème 1 montre que

$$H = H^q(X, \Omega^p(V)) \quad \text{et} \quad H' = H_*^{n-q}(X, \Omega^{n-p}(V^*)) .$$

D'où, en appliquant le lemme 1 :

Théorème 2. *Soit X une variété analytique complexe, dénombrable à l'infini, de dimension complexe n, et soit V un espace fibré analytique à fibre vectorielle de base X. Supposons que les deux applications linéaires :*

$$A^{p,q-1}(V) \xrightarrow{d''} A^{p,q}(V) \xrightarrow{d''} A^{p,q+1}(V)$$

soient des homomorphismes. Alors le dual topologique de l'espace de Fréchet $H^q(X, \Omega^p(V))$ est canoniquement isomorphe à $H_*^{n-q}(X, \Omega^{n-p}(V^*))$.

Pour $p = 0$ (cas auquel on peut toujours se ramener, comme on l'a vu au n° 6), le théorème 2 montre que $H^q(X, \mathsf{S}(V))$ est en dualité avec $H_*^{n-q}(X, \Omega^n(V^*))$. Or $\Omega^n(V^*)$ est localement libre, donc est isomorphe à $\mathsf{S}(\tilde{V})$, où $\tilde{V}$ désigne un espace fibré à fibre vectorielle dont la fibre $\tilde{V}_x$ en un point $x \in X$ est canoniquement isomorphe à $V_x^* \otimes_C \overset{n}{\wedge} D_x$, avec les notations du n° 6. On observera que $\tilde{\tilde{V}} = V$.

On peut donc énoncer :

Corollaire. *Supposons que les deux applications linéaires*

$$A^{0,q-1}(V) \xrightarrow{d''} A^{0,q}(V) \xrightarrow{d''} A^{0,q+1}(V)$$

soient des homomorphismes. Alors le dual topologique de l'espace de Fréchet $H^q(X, \mathsf{S}(V))$ *est canoniquement isomorphe à* $H_*^{n-q}(X, \mathsf{S}(\tilde{V}))$.

11. Un critère. Pour appliquer le théorème de dualité, il est nécessaire de démontrer que d'' est un homomorphisme. Voici un critère permettant d'affirmer qu'il en est bien ainsi :

Proposition 6. *Si la dimension de* $H^q(X, \Omega^p(V))$ *est finie, l'application* $d'' : A^{p,q-1}(V) \to A^{p,q}(V)$ *est un homomorphisme.*

Soit $C^{p,q}(V)$ le noyau de $d'' : A^{p,q}(V) \to A^{p,q+1}(V)$; puisque d'' est continue, $C^{p,q}(V)$ est fermé, donc est un espace de Fréchet. Comme l'hypothèse faite équivaut à dire que $d''(A^{p,q-1}(V))$ est un sous-espace de codimension finie de $C^{p,q}(V)$, on voit que la proposition 6 est un cas particulier du résultat suivant :

Lemme 2. *Soit u une application linéaire continue d'un espace de Fréchet L dans un espace de Fréchet M. Si* $u(L)$ *est un sous-espace de codimension finie de M, l'application u est un homomorphisme.*

Démonstration[7] : Soit P un supplémentaire algébrique de $u(L)$ dans M, et soit v l'application de $L \times P$ dans M définie par :

$$v(x, y) = u(x) + y \quad \text{si} \quad x \in L, \ y \in P .$$

L'application v est une application linéaire continue de $L \times P$ sur M ; or P est un espace séparé de dimension finie, donc $L \times P$ est un espace de Fréchet. Le théorème de Banach ([1], p. 34) montre alors que v est un homomorphisme, d'où il résulte immédiatement que u est un homomorphisme.

12. Application aux variétés de Stein.

Théorème 3. *Soit X une variété de Stein, de dimension complexe* n, *et soit V un espace fibré analytique à fibre vectorielle, de base* X. *On a* $H_*^q(X, \Omega^p(V)) = 0$ *pour* $q \neq n$, *et* $H_*^n(X, \Omega^p(V))$ *est isomorphe au dual topologique de* $H^0(X, \Omega^{n-p}(V^*))$.

(Lorsque V est l'espace fibré trivial $X \times \boldsymbol{C}$, on retrouve le théorème 4 de [10]).

En effet, d'après le théorème B des variétés de Stein (cf. [3], [4]), on a $H^{n-q}(X, \Omega^{n-p}(V^*)) = 0$ pour $q \neq n$, ce qui montre (proposition 6) que d'' est toujours un homomorphisme. En appliquant le théorème 2,

---

[7]) Cette démonstration est due à *L. Schwartz.*

21

avec V^* et $n-p$ à la place de V et de p respectivement, on obtient le résultat énoncé.

On notera que la topologie de $H^0(X, \Omega^{n-p}(V^*))$ est celle de la *convergence compacte*.

Corollaire. *Soient K une partie compacte de X et s une section holomorphe de V au-dessus de $X-K$. Si $n \geqslant 2$, il existe une section holomorphe de V au-dessus de X tout entier qui coïncide avec s en dehors d'un compact $K' \supset K$.*

La démonstration est identique à celle donnée dans [10], n⁰ 13, dans le cas où V est trivial.

13. Application aux variétés compactes. Lorsque X est une variété analytique complexe compacte, on sait (cf. [6]) que la dimension de $H^q(X, \mathsf{F})$ est finie quel que soit le faisceau analytique cohérent F. On peut donc appliquer le critère de la proposition 6, et l'on obtient ainsi (compte tenu de ce que $H^q_*(X, \mathsf{F}) = H^q(X, \mathsf{F})$ puisque X est compacte) :

Théorème 4. *Soit X une variété analytique complexe compacte, de dimension complexe n, et soit V un espace fibré analytique à fibre vectorielle, de base X. Alors les espaces vectoriels*

$$H^q(X, \Omega^p(V)) \quad et \quad H^{n-q}(X, \Omega^{n-p}(V^*))$$

sont en dualité ; en particulier, ces espaces ont même dimension.

Pour $p = 0$:

Corollaire. $H^q(X, \mathsf{S}(V))$ *et* $H^{n-q}(X, \mathsf{S}(\tilde{V}))$ *ont même dimension.*

14. Un exemple où d'' n'est pas un homomorphisme. Soit $Y = \mathbf{C}^2$, et soit F un sous-ensemble fermé, connexe, et non compact de Y. Posons $X = Y - F$. En appliquant la suite exacte de cohomologie (cf. [2], XVII—4), on obtient la suite exacte :

$$H^0_*(F, \mathsf{O}) \to H^1_*(X, \mathsf{O}) \to H^1_*(Y, \mathsf{O}) .$$

D'après le théorème 4 de [10] (ou le théorème 3 ci-dessus),

$$H^1_*(Y, \mathsf{O}) = 0 ,$$

et d'après l'hypothèse faite sur F, $H^0_*(F, \mathsf{O}) = 0$. Donc $H^1_*(X, \mathsf{O}) = 0$. Choisissons F de telle sorte que X ne soit pas un domaine d'holomorphie (il suffit de prendre pour F une droite réelle, par exemple). D'après un résultat de H. Cartan (cf. [10], p. 65, note 7), on a $H^1(X, \mathsf{O}) \neq 0$, et

22

d'autre part $H^1_*(X, \Omega^2) = H^1_*(X, \mathsf{O}) = 0$, nous venons de le voir. Le théorème 2 montre alors que d'' n'est pas un homomorphisme.

Le comportement de l'opérateur d'' est donc assez différent de celui de d, puisque d est toujours un homomorphisme (en effet, le sous-espace des cobords est caractérisé par l'annulation des périodes, donc fermé).

15. Interprétation de la dualité entre $H^q(X, \Omega^p(V))$ et $H^{n-q}_*(X, \Omega^{n-p}(V^*))$. Nous allons donner une interprétation purement cohomologique de la forme bilinéaire définie par le produit scalaire $\langle\omega, T\rangle$ sur

$$H^q(X, \Omega^p(V)) \times H^{n-q}_*(X, \Omega^{n-p}(V^*)).$$

La dualité entre V et V^* définit (cf. n° 9) un homomorphisme O-linéaire : $\mathsf{S}(V) \otimes_{\mathsf{O}} \mathsf{S}(V^*) \to \mathsf{O}$; d'autre part, l'opération de produit extérieur définit un homomorphisme O-linéaire : $\Omega^p \otimes_{\mathsf{O}} \Omega^{n-p} \to \Omega^n$; par passage au produit tensoriel, on obtient ainsi un homomorphisme O-linéaire : $\Omega^p(V) \otimes_{\mathsf{O}} \Omega^{n-p}(V^*) \to \Omega^n$, d'où un homomorphisme O-linéaire : $\Omega^p(V) \otimes_{\mathsf{O}} \Omega^{n-p}(V^*) \to \mathsf{Z}^n$, Z^n désignant le faisceau des germes de formes différentielles fermées de degré n.

Or un tel homomorphisme donne naissance à un cup-produit (cf. [2], XVII—9) qui est ici une application bilinéaire de

$$H^q(X, \Omega^p(V)) \times H^{n-q}_*(X, \Omega^{n-p}(V^*)) \quad \text{dans} \quad H^n_*(X, \mathsf{Z}^n) .$$

Comme $H^n_*(X, \mathsf{Z}^n) = H^{2n}_*(X, \boldsymbol{C})$ (cf. la démonstration du théorème de de Rham donnée dans [10]), qui est lui-même isomorphe à $\boldsymbol{C}$ si X est connexe (ce que l'on peut supposer), on a bien ainsi obtenu une forme bilinéaire à valeurs complexes sur $H^q(X, \Omega^p(V)) \times H^{n-q}_*(X, \Omega^{n-p}(V^*))$, et il n'est pas difficile de montrer qu'elle coincide avec celle définie plus haut.

§ 4. Application aux diviseurs

16. Espace fibré associé à un diviseur. Soit D un diviseur de la variété X. En un point $x \in X$, D est égal au diviseur d'une fonction g_x méromorphe en x, non identiquement nulle, et définie à la multiplication près par un élément inversible de O_x. Soit $\mathsf{L}(D)_x$ l'ensemble des fonctions f, méromorphes au voisinage de x, et telles que $g_x . f$ soit holomorphe en x. La réunion des $\mathsf{L}(D)_x$ formé un sous-faisceau $\mathsf{L}(D)$ du faisceau des germes de fonctions méromorphes sur X. Ce faisceau est localement isomorphe à O, donc est isomorphe à $\mathsf{S}(V_D)$, où V_D est un

23

espace fibré analytique à fibre vectorielle de dimension 1, de base X. On vérifie tout de suite que, si D et D' sont linéairement équivalents (c'est-à-dire si $D - D'$ est égal au diviseur (f) d'une fonction f méromorphe sur X tout entier), alors $\mathsf{L}(D)$ et $\mathsf{L}(D')$ sont isomorphes, donc aussi V_D et $V_{D'}$; réciproquement, si V_D et $V_{D'}$ sont isomorphes, D et D' sont linéairement équivalents. Enfin V_{-D} est isomorphe à V_D^*, et $V_{D+D'}$ est isomorphe à $V_D \otimes V_{D'}$ [8]).

Soit de même $\Omega^p(D)_x$ l'ensemble des formes différentielles ω, de degré p, méromorphes au voisinage de x, et telles que $g_x . \omega$ soit holomorphe en x. La réunion des $\Omega^p(D)_x$ forme un sous-faisceau du faisceau des germes de formes différentielles méromorphes de degré p sur X. On a $\Omega^p(D) = \mathsf{L}(D) \otimes_{\mathsf{O}} \Omega^p = \mathsf{S}(V_D) \otimes_{\mathsf{O}} \Omega^p = \Omega^p(V_D)$. D'où, en appliquant le théorème 4 à l'espace fibré V_D:

Théorème 5. *Soit X une variété analytique complexe compacte, de dimension complexe n, et soit D un diviseur de X. Alors les espaces vectoriels $H^q(X, \Omega^p(D))$ et $H^{n-q}(X, \Omega^{n-p}(-D))$ sont en dualité.*

Pour $p = 0$, il y a donc dualité entre

$$H^q(X, \mathsf{L}(D)) \quad \text{et} \quad H^{n-q}(X, \Omega^n(-D)).$$

En particulier, $H^n(X, \mathsf{L}(D))$ est isomorphe au dual de $H^0(X, \Omega^n(-D))$, espace des formes différentielles méromorphes de degré n dont le diviseur est $\geqslant D$.

S'il existe des formes différentielles méromorphes ω de degré n non identiquement nulles (ce qui est toujours le cas si X est algébrique, par exemple), leurs diviseurs (ω) sont linéairement équivalents et leur classe K est appelée la *classe canonique* de X. On a alors $\mathsf{L}(K) = \Omega^n$, d'où $\mathsf{L}(K - D) = \Omega^n(-D)$ (ce qui peut aussi s'écrire $\widetilde{V}_D = V_{K-D}$), et l'on obtient ainsi:

Corollaire. *Si la classe canonique K est définie, les espaces vectoriels $H^q(X, \mathsf{L}(D))$ et $H^{n-q}(X, \mathsf{L}(K - D))$ sont en dualité.*

17. Application: théorème de Riemann-Roch sur une courbe. Soit X une variété analytique complexe compacte, connexe, de dimension 1. Soit $D = \sum_{P \in X} n_P \cdot P$ un diviseur de X, les n_P étant des entiers nuls sauf un nombre fini d'entre eux. Nous poserons:

$$h^0(D) = \dim H^0(X, \mathsf{L}(D)), \quad h^1(D) = \dim H^1(X, \mathsf{L}(D)), \quad \deg(D) = \sum_{P \in X} n_P.$$

[8]) Cette correspondance entre espaces fibrés et diviseurs est due à *A. Weil*; cf. [11], par exemple.

24

Lemme 3. *L'entier* $h^0(D) - h^1(D) - \deg(D)$ *ne dépend pas de* D.

Il suffit de montrer que cet entier ne change pas lorsqu'on remplace D par $D + P$, où P est un point quelconque de X. Or $\mathsf{L}(D)$ est un sous-faisceau de $\mathsf{L}(D+P)$; soit Q le faisceau quotient $\mathsf{L}(D+P)/\mathsf{L}(D)$. On a $\mathsf{Q}_x = 0$ si $x \neq P$, et $\mathsf{Q}_x = \boldsymbol{C}$ si $x = P$, comme on le voit tout de suite. Donc $H^0(X, \mathsf{Q}) = \boldsymbol{C}$, et $H^q(X, \mathsf{Q}) = 0$ pour $q > 0$. La suite exacte de faisceaux: $0 \to \mathsf{L}(D) \to \mathsf{L}(D+P) \to \mathsf{Q} \to 0$ donne naissance à la suite exacte de cohomologie:

$$0 \to H^0(X, \mathsf{L}(D)) \to H^0(X, \mathsf{L}(D+P)) \to \boldsymbol{C} \to H^1(X, \mathsf{L}(D)) \to H^1(X, \mathsf{L}(D+P)) \to 0.$$

D'où, en formant la somme alternée des dimensions:

$$h^0(D) - h^0(D+P) + 1 - h^1(D) + h^1(D+P) = 0 ,$$

ce qui entraîne évidemment:

$$h^0(D) - h^1(D) - \deg(D) = h^0(D+P) - h^1(D+P) - \deg(D+P),$$

c. q. f. d.

Pour $D = 0$, $\mathsf{L}(D) = \mathsf{O}$, d'où $h^0(D) = 1$, puisque X est connexe. Nous poserons $h^1(0) = g$, c'est le *genre* de X. Le lemme 3 peut donc s'écrire sous la forme équivalente:

Lemme 4. $h^0(D) - h^1(D) = \deg(D) + 1 - g$.

Or $H^0(X, \mathsf{L}(D))$ est l'espace vectoriel des fonctions méromorphes f telles que $(f) \geqslant -D$; donc $h^0(D)$ coincide avec l'entier noté d'ordinaire $l(D)$.

D'autre part, le théorème 5 montre que $h^1(D)$ est égal à la dimension $i(D)$ de $H^0(X, \Omega^1(-D))$, espace des formes différentielles méromorphes ω telles que $(\omega) \geqslant D$.

En portant ces expressions dans le lemme 4, on obtient:

Théorème de Riemann-Roch. $l(D) - i(D) = \deg(D) + 1 - g$.

Remarques. 1) Il résulte, comme on sait, du théorème de Riemann-Roch que X possède „assez" de fonctions et de formes méromorphes; en particulier, la classe canonique K de X est définie, et l'on a $i(D) = l(K - D)$, d'où la formule usuelle:

$$l(D) - l(K-D) = \deg(D) + 1 - g .$$

2) Le genre g a été défini comme $h^1(0) = i(0)$, c'est-à-dire comme dimension de l'espace vectoriel des formes différentielles holomorphes.

Il n'est pas difficile de montrer qu'il est égal à la moitié du premier nombre de Betti de X : cela résulte, soit de la théorie des formes harmoniques, soit, plus simplement, de la suite exacte de cohomologie définie par la suite exacte de faisceaux $0 \to \boldsymbol{C} \to \Omega^0 \xrightarrow{d} \Omega^1 \to 0$ (on fait une somme alternée de dimensions, et l'on trouve que $2 - 2g$ est égal à la caractéristique d'Euler-Poincaré de X, d'où le résultat cherché).

BIBLIOGRAPHIE

[1] *N. Bourbaki,* Livre V. Espaces vectoriels topologiques. Chap. I—II. Paris, Hermann, 1953.

[2] *H. Cartan,* Séminaire E. N. S. 1950—1951.

[3] *H. Cartan,* Séminaire E. N. S. 1951—1952.

[4] *H. Cartan,* Variétés analytiques complexes et cohomologie, Colloque de Bruxelles, 1953, p. 41—55.

[5] *H. Cartan and S. Eilenberg,* Homological Algebra. Princeton Math. Ser., n°. 19.

[6] *H. Cartan et J.-P. Serre,* Un théorème de finitude concernant les variétés analytiques compactes, C.-R. Acad. Sci. Paris 237 (1953), p. 128—130.

[7] *P. Dolbeault,* Sur la cohomologie des variétés analytiques complexes, C.-R. Acad. Sci. Paris 236 (1953), p. 175—177.

[8] *G. de Rham and K. Kodaira,* Harmonic Integrals. Institute for Advanced Study, 1950.

[9] *L. Schwartz,* Théorie des distributions, I—II. Paris, Hermann, 1950—1951.

[10] *J.-P. Serre,* Quelques problèmes globaux relatifs aux variétés de Stein. Colloque de Bruxelles, 1953, p. 57—68.

[11] *A. Weil,* Fibre spaces in algebraic geometry (Notes by A. Wallace). University of Chicago 1952.

(Reçu le 29 avril 1954)

29.

Faisceaux algébriques cohérents

Ann. of Math. **61** (1955), 197–278

Introduction

On sait que les méthodes cohomologiques, et particulièrement la théorie des faisceaux, jouent un rôle croissant, non seulement en théorie des fonctions de plusieurs variables complexes (cf. [5]), mais aussi en géométrie algébrique classique (qu'il me suffise de citer les travaux récents de Kodaira-Spencer sur le théorème de Riemann-Roch). Le caractère algébrique de ces méthodes laissait penser qu'il était possible de les appliquer également à la géométrie algébrique abstraite; le but du présent mémoire est de montrer que tel est bien le cas.

Le contenu des différents chapitres est le suivant:

Le Chapitre I est consacré à la théorie générale des faisceaux. Il contient les démonstrations des résultats de cette théorie qui sont utilisés dans les deux autres chapitres. Les diverses opérations algébriques que l'on peut effectuer sur les faisceaux sont décrites au §1; nous avons suivi d'assez près l'exposé de Cartan ([2], [5]). Le §2 contient l'étude des faisceaux cohérents de modules; ces faisceaux généralisent les faisceaux analytiques cohérents (cf. [3], [5]), et jouissent de propriétés tout analogues. Au §3 sont définis les groupes de cohomologie d'un espace X à valeurs dans un faisceau $\mathcal{F}$. Dans les applications ultérieures, X est une variété algébrique, munie de la topologie de Zariski, donc n'est pas un espace topologique séparé, et les méthodes utilisées par Leray [10], ou Cartan [3] (basées sur les "partitions de l'unité", ou les faisceaux "fins") ne lui sont pas
1 applicables; aussi avons-nous dû revenir au procédé de Čech, et définir les groupes de cohomologie $H^q(X, \mathcal{F})$ par passage à la limite sur des recouvrements ouverts de plus en plus fins. Une autre difficulté, liée à la non-séparation de X, se rencontre dans la "suite exacte de cohomologie" (cf. n°s 24 et 25): nous n'avons pu établir cette suite exacte que dans des cas particuliers, d'ailleurs suffisants pour les applications que nous avions en vue (cf. n°s 24 et 47).

Le Chapitre II débute par une définition des variétés algébriques, analogue à celle de Weil ([17], Chap. VII), mais englobant le cas des variétés réductibles (signalons à ce propos que, contrairement à l'usage de Weil, nous ne réservons pas le terme de "variété" aux seules variétés irréductibles); nous définissons la structure de variété algébrique par la donnée d'une topologie (la topologie de Zariski) et d'un sous-faisceau du faisceau des germes de fonctions (le faisceau des anneaux locaux). Un faisceau algébrique cohérent sur une variété algébrique V est simplement un faisceau cohérent de $\mathcal{O}_V$-modules, $\mathcal{O}_V$ désignant le faisceau des anneaux locaux de V; nous en donnons divers exemples au §2. Le §3 est consacré aux variétés affines. Les résultats obtenus sont tout à fait semblables à ceux relatifs aux variétés de Stein (cf. [3], [5]): si $\mathcal{F}$ est un faisceau algébrique cohérent sur la variété affine V, on a $H^q(V, \mathfrak{F}) = 0$ pour tout $q > 0$, et $\mathfrak{F}_x$ est engendré par $H^0(V, \mathfrak{F})$ quel que soit $x \in V$. De plus (§4), $\mathfrak{F}$ est bien déterminé par $H^0(V, \mathfrak{F})$ considéré comme module sur l'anneau de coordonnées de V.

Le Chapitre III, relatif aux variétés projectives, contient les résultats essentiels de ce travail. Nous commençons par établir une correspondance entre faisceaux algébriques cohérents $\mathfrak{F}$ sur l'espace projectif $X = \mathbf{P}_r(K)$ et S-modules gradués vérifiant la condition (TF) du n° 56 (S désignant l'algèbre de polynômes $K[t_0, \cdots, t_r]$); cette correspondance est biunivoque si l'on convient d'identifier deux S-modules qui ne diffèrent que par leurs composantes homogènes de degrés assez bas (pour les énoncés précis, voir n°s 57, 59 et 65). A partir de là, toute question portant sur $\mathfrak{F}$ peut être traduite en une question portant sur le S-module associé M. C'est ainsi que nous donnons au §3 un procédé permettant de déterminer algébriquement les $H^q(X, \mathfrak{F})$ à partir de M, ce qui nous permet notamment d'étudier les propriétés des $H^q(X, \mathfrak{F}(n))$ pour n tendant vers $+\infty$ (pour la définition de $\mathfrak{F}(n)$, voir n° 54); les résultats obtenus sont énoncés aux n°s 65 et 66. Au §4, nous mettons les groupes $H^q(X, \mathfrak{F})$ en relation avec les foncteurs Ext_S^q introduits par Cartan-Eilenberg [6]; ceci nous permet, au §5, d'étudier le comportement des $H^q(X, \mathfrak{F}(n))$ pour n tendant vers $-\infty$, et de donner une caractérisation homologique des variétés "k-fois de première espèce". Le §6 expose quelques propriétés élémentaires de la caractéristique d'Euler-Poincaré d'une variété projective, à valeurs dans un faisceau algébrique cohérent.

Nous montrerons ailleurs comment on peut appliquer les résultats généraux du présent mémoire à divers problèmes particuliers, et notamment étendre au cas abstrait le "théorème de dualité" de [15], ainsi qu'une partie des résultats de Kodaira-Spencer sur le théorème de Riemann-Roch; dans ces applications, les théorèmes des n°s 66, 75 et 76 jouent un rôle essentiel. Nous montrerons également que, lorsque le corps de base est le corps des complexes, la théorie des faisceaux algébriques cohérents est essentiellement identique à celle des faisceaux analytiques cohérents (cf. [4]).

Table des Matières

CHAPITRE I. FAISCEAUX

§1. Opérations sur les faisceaux

1. Définition d'un faisceau. Soit X un espace topologique. Un *faisceau de groupes abéliens* sur X (ou simplement un *faisceau*) est constitué par:

(a) *Une fonction* $x \to \mathcal{F}_x$ *qui fait correspondre à tout* $x \in X$ *un groupe abélien* $\mathcal{F}_x$,

(b) *Une topologie sur l'ensemble* $\mathcal{F}$, *somme des ensembles* $\mathcal{F}_x$.

Si f est un élément de $\mathcal{F}_x$, nous poserons $\pi(f) = x$; l'application π est appelée la *projection* de $\mathcal{F}$ sur X; la partie de $\mathcal{F} \times \mathcal{F}$ formée des couples (f, g) tels que $\pi(f) = \pi(g)$ sera notée $\mathcal{F} + \mathcal{F}$.

Ces définitions étant posées, nous pouvons énoncer les deux axiomes auxquels sont soumises les données (a) et (b):

(I) *Pour tout* $f \in \mathcal{F}$, *il existe un voisinage* V *de* f *et un voisinage* U *de* $\pi(f)$ *tels que la restriction de* π *à* V *soit un homéomorphisme de* V *sur* U.

(Autrement dit, π doit être un homéomorphisme local).

(II) *L'application* $f \to -f$ *est une application continue de* $\mathcal{F}$ *dans* $\mathcal{F}$, *et l'application* $(f, g) \to f + g$ *est une application continue de* $\mathcal{F} + \mathcal{F}$ *dans* $\mathcal{F}$.

On observera que, même si X est séparé (ce que nous n'avons pas supposé), $\mathcal{F}$ n'est pas nécessairement séparé, comme le montre l'exemple du faisceau des germes de fonctions (cf. n° 3).

EXEMPLE de faisceau. G étant un groupe abélien, posons $\mathcal{F}_x = G$ pour tout $x \in X$; l'ensemble $\mathcal{F}$ peut être identifié au produit $X \times G$, et, si on le munit de la topologie produit de la topologie de X par la topologie discrète de G, on obtient un faisceau, appelé le *faisceau constant* isomorphe à G, et souvent identifié à G.

2. Sections d'un faisceau. Soit $\mathcal{F}$ un faisceau sur l'espace X, et soit U une partie de X. On appelle *section* de $\mathcal{F}$ au-dessus de U une application continue $s: U \to \mathcal{F}$ telle que $\pi \circ s$ soit l'application identique de U. On a donc $s(x) \in \mathcal{F}_x$ pour tout $x \in U$. L'ensemble des sections de $\mathcal{F}$ au-dessus de U sera désigné par $\Gamma(U, \mathcal{F})$; l'axiome (II) entraîne que $\Gamma(U, \mathcal{F})$ est un groupe abélien. Si $U \subset V$, et si s est une section au-dessus de V, la restriction de s à U est une section au-dessus de U; d'où un homomorphisme $\rho_U^V: \Gamma(V, \mathcal{F}) \to \Gamma(U, \mathcal{F})$.

Si U est ouvert dans X, $s(U)$ est ouvert dans $\mathcal{F}$, et, lorsque U parcourt une base d'ouverts de X, les $s(U)$ parcourent une base d'ouverts de $\mathfrak{F}$: ce n'est qu'une autre façon d'exprimer l'axiome (I).

Notons encore une conséquence de l'axiome (I): Pour tout $f \in \mathfrak{F}_x$, il existe une section s au-dessus d'un voisinage de x telle que $s(x) = f$, et deux sections jouissant de cette propriété coincident dans un voisinage de x. Autrement dit, $\mathfrak{F}_x$ est *limite inductive* des $\Gamma(U, \mathfrak{F})$ suivant l'ordonné filtrant des voisinages de x.

3. Construction de faisceaux. Supposons donnés, pour tout ouvert $U \subset X$, un groupe abélien $\mathfrak{F}_U$, et, pour tout couple d'ouverts $U \subset V$, un homomorphisme $\varphi_U^V : \mathfrak{F}_V \to \mathfrak{F}_U$, de telle sorte que la condition de transitivité $\varphi_U^V \circ \varphi_V^W = \varphi_U^W$ soit vérifiée chaque fois que $U \subset V \subset W$.

La collection des $(\mathfrak{F}_U, \varphi_U^V)$ permet alors de définir un faisceau $\mathfrak{F}$ de la manière suivante:

(a) On pose $\mathfrak{F}_x = \lim \mathfrak{F}_U$ (limite inductive suivant l'ordonné filtrant des voisinages ouverts U de x). Si x appartient à l'ouvert U, on a donc un homomorphisme canonique $\varphi_x^U : \mathfrak{F}_U \to \mathfrak{F}_x$.

(b) Soit $t \in \mathfrak{F}_U$, et désignons par $[t, U]$ l'ensemble des $\varphi_x^U(t)$ pour x parcourant U; on a $[t, U] \subset \mathfrak{F}$, et on munit $\mathfrak{F}$ de la topologie engendrée par les $[t, U]$. Ainsi, un élément $f \in \mathfrak{F}_x$ admet pour base de voisinages dans $\mathfrak{F}$ les ensembles $[t, U]$ où $x \in U$ et $\varphi_x^U(t) = f$.

On vérifie aussitôt que les données (a) et (b) satisfont aux axiomes (I) et (II), autrement dit, que $\mathfrak{F}$ est bien un faisceau. Nous dirons que c'est le faisceau *défini par le système* $(\mathfrak{F}_U, \varphi_U^V)$.

Si $t \in \mathfrak{F}_U$, l'application $x \to \varphi_x^U(t)$ est une section de $\mathfrak{F}$ au-dessus de U; d'où un homomorphisme canonique $\iota : \mathfrak{F}_U \to \Gamma(U, \mathfrak{F})$.

Proposition 1. *Pour que $\iota : \mathfrak{F}_U \to \Gamma(U, \mathfrak{F})$ soit injectif,*[1] *il faut et il suffit que la condition suivante soit vérifiée:*

Si un élément $t \in \mathfrak{F}_U$ est tel qu'il existe un recouvrement ouvert $\{U_i\}$ de U avec $\varphi_{U_i}^U(t) = 0$ pour tout i, alors $t = 0$.

Si $t \in \mathfrak{F}_U$ vérifie la condition précédente, on a

$$\varphi_x^U(t) = \varphi_x^{U_i} \circ \varphi_{U_i}^U(t) = 0 \qquad \text{si } x \in U_i,$$

ce qui signifie que $\iota(t) = 0$. Inversement, supposons que l'on ait $\iota(t) = 0$, avec $t \in \mathfrak{F}_U$; puisque $\varphi_x^U(t) = 0$ pour $x \in U$, il existe un voisinage ouvert $U(x)$ de x tel que $\varphi_{U(x)}^U(t) = 0$, par définition de la limite inductive. Les $U(x)$ forment alors un recouvrement ouvert de U vérifiant la condition de l'énoncé.

Proposition 2. *Soit U un ouvert de X, et supposons que $\iota : \mathfrak{F}_V \to \Gamma(V, \mathfrak{F})$ soit injectif pour tout ouvert $V \subset U$. Pour que $\iota : \mathfrak{F}_U \to \Gamma(U, \mathfrak{F})$ soit surjectif*[1] *(donc bijectif), il faut et il suffit que la condition suivante soit vérifiée:*

Pour tout recouvrement ouvert $\{U_i\}$ de U, et tout système $\{t_i\}$, $t_i \in \mathfrak{F}_{U_i}$, tels que

[1] Rappelons (cf. [1]) qu'une application $f : E \to E'$ est dite *injective* si $f(e_1) = f(e_2)$ entraîne $e_1 = e_2$, *surjective* si $f(E) = E'$, *bijective* si elle est à la fois injective et surjective. Une application injective (resp. surjective, bijective) est appelée une injection (resp. une surjection, une bijection).

$\varphi^{U_i}_{U_i \cap U_j}(t_i) = \varphi^{U_j}_{U_i \cap U_j}(t_j)$ *pour tout couple* (i, j), *il existe* $t \in \mathfrak{F}_U$ *avec* $\varphi^U_{U_i}(t) = t_i$ *pour tout* i.

La condition est nécessaire: chaque t_i définit une section $s_i = \iota(t_i)$ au-dessus de U_i, et l'on a $s_i = s_j$ au-dessus de $U_i \cap U_j$; il existe donc une section s au-dessus de U qui coincide avec s_i sur U_i pour tout i; si $\iota: \mathfrak{F}_U \to \Gamma(U, \mathfrak{F})$ est surjectif, il existe $t \in \mathfrak{F}_U$ tel que $\iota(t) = s$. Si l'on pose $t'_i = \varphi^U_{U_i}(t)$, la section définie par t'_i sur U_i n'est autre que s_i ; d'où $\iota(t_i - t'_i) = 0$ ce qui entraîne $t_i = t'_i$ vu que ι est supposé injectif.

La condition est suffisante: si s est une section de $\mathfrak{F}$ au-dessus de U, il existe un recouvrement ouvert $\{U_i\}$ de U, et des éléments $t_i \in \mathfrak{F}_{U_i}$ tels que $\iota(t_i)$ soit égal à la restriction de s à U_i ; il s'ensuit que les éléments $\varphi^{U_i}_{U_i \cap U_j}(t_i)$ et $\varphi^{U_j}_{U_i \cap U_j}(t_j)$ définissent la même section sur $U_i \cap U_j$, donc sont égaux, d'après l'hypothèse faite sur ι. Si $t \in \mathfrak{F}_U$ est tel que $\varphi^U_{U_i}(t) = t_i$, $\iota(t)$ coïncide avec s sur chaque U_i, donc sur U, cqfd.

Proposition 3. *Si* $\mathfrak{F}$ *est un faisceau de groupes abéliens sur* X, *le faisceau défini par le système* $(\Gamma(U, \mathfrak{F}), \rho^V_U)$ *est canoniquement isomorphe à* $\mathfrak{F}$.

Cela résulte immédiatement des propriétés des sections énoncées au n° 2.

La Proposition 3 montre que tout faisceau peut être défini par un système $(\mathfrak{F}_U, \varphi^V_U)$ convenable. On notera que des systèmes différents peuvent définir le *même* faisceau $\mathfrak{F}$; toutefois, si l'on impose aux $(\mathfrak{F}_U, \varphi^V_U)$ de vérifier les conditions des Propositions 1 et 2, il n'y a (à un isomorphisme près) qu'un seul système possible: celui formé par les $(\Gamma(U, \mathfrak{F}), \rho^V_U)$.

Exemple. Soit G un groupe abélien, et prenons pour $\mathfrak{F}_U$ l'ensemble des fonctions sur U à valeurs dans G; définissons $\varphi^V_U: \mathfrak{F}_V \to \mathfrak{F}_U$ par l'opération de *restriction* d'une fonction. On obtient ainsi un système $(\mathfrak{F}_U, \rho^V_U)$, d'où un faisceau $\mathfrak{F}$, appelé *faisceau des germes de fonctions* à valeurs dans G. On vérifie tout de suite que le système $(\mathfrak{F}_U, \varphi^V_U)$ vérifie les conditions des Propositions 1 et 2; il en résulte que l'on peut identifier les sections de $\mathfrak{F}$ sur un ouvert U avec les éléments de $\mathfrak{F}_U$.

4. Recollement de faisceaux. Soit $\mathfrak{F}$ un faisceau sur X, et soit U une partie de X; l'ensemble $\pi^{-1}(U) \subset \mathfrak{F}$, muni de la topologie induite par celle de $\mathfrak{F}$, forme un faisceau sur U, appelé le faisceau *induit* par $\mathfrak{F}$ sur U, et noté $\mathfrak{F}(U)$ (ou même $\mathfrak{F}$, lorsqu'aucune confusion n'est à craindre).

Nous allons voir que, inversement, on peut définir un faisceau sur X au moyen de faisceaux sur des ouverts recouvrant X:

Proposition 4. *Soit* $\mathfrak{U} = \{U_i\}_{i \in I}$ *un recouvrement ouvert de* X, *et, pour chaque* $i \in I$, *soit* $\mathfrak{F}_i$ *un faisceau sur* U_i ; *pour tout couple* (i, j), *soit* θ_{ij} *un isomorphisme de* $\mathfrak{F}_j(U_i \cap U_j)$ *sur* $\mathfrak{F}_i(U_i \cap U_j)$; *supposons que l'on ait* $\theta_{ij} \circ \theta_{jk} = \theta_{ik}$ *en tout point de* $U_i \cap U_j \cap U_k$, *pour tout système* (i, j, k).

Il existe alors un faisceau $\mathfrak{F}$, *et, pour chaque* $i \in I$, *un isomorphisme* η_i *de* $\mathfrak{F}(U_i)$ *sur* $\mathfrak{F}_i$, *tels que* $\theta_{ij} = \eta_i \circ \eta_j^{-1}$ *en tout point de* $U_i \cap U_j$. *De plus,* $\mathfrak{F}$ *et les* η_i *sont déterminés à un isomorphisme près par la condition précédente.*

L'unicité de $\{\mathfrak{F}, \eta_i\}$ est évidente; pour en démontrer l'existence, on pourrait définir $\mathcal{F}$ comme espace quotient de l'espace somme des $\mathcal{F}_i$. Nous utiliserons plutôt le procédé du n° 3: si U est un ouvert de X, soit $\mathcal{F}_U$ le groupe dont les éléments sont les systèmes $\{s_k\}_{k \in I}$, avec $s_k \in \Gamma(U \cap U_k, \mathcal{F}_k)$, et $s_k = \theta_{kj}(s_j)$ sur $U \cap U_j \cap U_k$; si $U \subset V$, on définit φ_U^V de façon évidente. Le faisceau défini par le système $(\mathcal{F}_U, \varphi_U^V)$ est le faisceau $\mathcal{F}$ cherché; de plus, si $U \subset U_i$, l'application qui fait correspondre au système $\{s_k\} \in \mathcal{F}_U$ l'élément $s_i \in \Gamma(U_i, \mathcal{F}_i)$ est un isomorphisme de $\mathcal{F}_U$ sur $\Gamma(U, \mathcal{F}_i)$, d'après la condition de transitivité; on obtient ainsi un isomorphisme $\eta_i : \mathcal{F}(U_i) \to \mathcal{F}_i$ qui répond évidemment à la condition posée.

On dit que le faisceau $\mathcal{F}$ est obtenu par *recollement* des faisceaux $\mathcal{F}_i$ au moyen des isomorphismes θ_{ij}.

5. Extension et restriction d'un faisceau. Soient X un espace topologique, Y un sous-espace *fermé* de X, $\mathcal{F}$ un faisceau sur X. Nous dirons que $\mathcal{F}$ *est concentré sur* Y, ou *est nul en dehors de* Y si l'on a $\mathcal{F}_x = 0$ pour tout $x \in X - Y$.

PROPOSITION 5. *Si le faisceau $\mathcal{F}$ est concentré sur Y, l'homomorphisme*

$$\rho_Y^X : \Gamma(X, \mathcal{F}) \to \Gamma(Y, \mathcal{F}(Y))$$

est bijectif.

Si une section de $\mathcal{F}$ au-dessus de X est nulle au-dessus de Y, elle est nulle partout puisque $\mathcal{F}_x = 0$ si $x \notin Y$, ce qui montre que ρ_Y^X est injectif. Inversement, soit s une section de $\mathcal{F}(Y)$ au-dessus de Y, et prolongeons s à X en posant $s(x) = 0$ si $x \notin Y$; l'application $x \to s(x)$ est évidemment continue sur $X - Y$; d'autre part, si $x \in Y$, il existe une section s' de $\mathcal{F}$ au-dessus d'un voisinage U de x telle que $s'(x) = s(x)$; comme s est continue sur Y par hypothèse, il existe un voisinage V de x, contenu dans U, et tel que $s'(y) = s(y)$ pour tout $y \in V \cap Y$; du fait que $\mathcal{F}_y = 0$ si $y \notin Y$, on a aussi $s'(y) = s(y)$ pour $y \in V - V \cap Y$; donc s et s' coïncident sur V, ce qui prouve que s est continue au voisinage de Y, donc continue partout. Il s'ensuit que ρ_Y^X est surjectif, ce qui achève la démonstration.

Nous allons maintenant montrer que le faisceau $\mathcal{F}(Y)$ détermine sans ambiguïté le faisceau $\mathcal{F}$:

PROPOSITION 6. *Soit Y un sous-espace fermé d'un espace X, et soit $\mathcal{G}$ un faisceau sur Y. Posons $\mathcal{F}_x = \mathcal{G}_x$ si $x \in Y$, $\mathcal{F}_x = 0$ si $x \notin Y$, et soit $\mathcal{F}$ l'ensemble somme des $\mathcal{F}_x$. On peut munir $\mathcal{F}$ d'une structure de faisceau sur X, et d'une seule, telle que $\mathcal{F}(Y) = \mathcal{G}$.*

Soit U un ouvert de X; si s est une section de $\mathcal{G}$ sur $U \cap Y$, prolongeons s par 0 sur $U - U \cap Y$; lorsque s parcourt $\Gamma(U \cap Y, \mathcal{G})$ on obtient ainsi un groupe $\mathcal{F}_U$ d'applications de U dans $\mathcal{F}$. La Proposition 5 montre que, si $\mathcal{F}$ est muni d'une structure de faisceau telle que $\mathcal{F}(Y) = \mathcal{G}$, on a $\mathcal{F}_U = \Gamma(U, \mathcal{F})$, ce qui prouve l'unicité de la structure en question. Son existence se montre par le procédé du n° 3, appliqué aux $\mathcal{F}_U$, et aux homomorphismes de restriction $\varphi_U^V : \mathcal{F}_U \to \mathcal{F}_V$.

On dit que le faisceau $\mathcal{F}$ est obtenu *en prolongeant le faisceau $\mathcal{G}$ par 0 en dehors de* Y; on le note $\mathcal{G}^Y$, ou même $\mathcal{G}$, si aucune confusion ne peut en résulter.

6. Faisceaux d'anneaux et faisceaux de modules. La notion de faisceau définie au n° 1 est celle de faisceau de *groupes abéliens*. Il est clair qu'il existe des définitions analogues pour toute structure algébrique (on pourrait même définir les "faisceaux d'ensembles", où $\mathcal{F}_x$ ne serait muni d'aucune structure algébrique, et où l'on postulerait seulement l'axiome (I)). Dans la suite, nous rencontrerons principalement des faisceaux d'*anneaux* et des faisceaux de *modules*:

Un faisceau d'anneaux $\mathcal{A}$ est un faisceau de groupes abéliens $\mathcal{A}_x$, $x \in X$, où chaque $\mathcal{A}_x$ est muni d'une structure d'anneau telle que l'application $(f, g) \rightarrow f.g$ soit une application continue de $\mathcal{A} + \mathcal{A}$ dans $\mathcal{A}$ (les notations étant celles du n° 1). Nous supposerons toujours que chaque $\mathcal{A}_x$ possède un élément unité, variant continûment avec x.

Si $\mathcal{A}$ est un faisceau d'anneaux vérifiant la condition précédente, $\Gamma(U, \mathcal{A})$ est un anneau à élément unité, et $\rho_U^V : \Gamma(V, \mathcal{A}) \rightarrow \Gamma(U, \mathcal{A})$ est un homomorphisme unitaire si $U \subset V$. Inversement, si l'on se donne des anneaux $\mathcal{A}_U$ à élément unité, et des homomorphismes unitaires $\varphi_U^V : \mathcal{A}_V \rightarrow \mathcal{A}_U$, vérifiant $\varphi_U^V \circ \varphi_V^W = \varphi_U^W$, le faisceau $\mathcal{A}$ défini par le système $(\mathcal{A}_U , \varphi_U^V)$ est un faisceau d'anneaux. Par exemple, si G est un anneau à élément unité, le faisceau des germes de fonctions à valeurs dans G (défini au n° 3) est un faisceau d'anneaux.

Soit $\mathcal{A}$ un faisceau d'anneaux. Un faisceau $\mathcal{F}$ est appelé un *faisceau de $\mathcal{A}$-modules* si chaque $\mathcal{F}_x$ est muni d'une structure de $\mathcal{A}_x$-module unitaire (à gauche, pour fixer les idées), variant "continûment" avec x, au sens suivant: si $\mathcal{A} + \mathcal{F}$ est la partie de $\mathcal{A} \times \mathcal{F}$ formée des couples (a, f) tels que $\pi(a) = \pi(f)$, l'application $(a, f) \rightarrow a.f$ est une application continue de $\mathcal{A} + \mathcal{F}$ dans $\mathcal{F}$.

Si $\mathcal{F}$ est un faisceau de $\mathcal{A}$-modules, $\Gamma(U, \mathcal{F})$ est un module unitaire sur $\Gamma(U, \mathcal{A})$. Inversement, supposons $\mathcal{A}$ défini par le système $(\mathcal{A}_U , \varphi_U^V)$ comme ci-dessus, et soit $\mathcal{F}$ le faisceau défini par le système $(\mathcal{F}_U , \psi_U^V)$, où chaque $\mathcal{F}_U$ est un $\mathcal{A}_U$-module unitaire, avec $\psi_U^V(a.f) = \varphi_U^V(a).\psi_U^V(f)$ si $a \in \mathcal{A}_V , f \in \mathcal{F}_V$; alors $\mathcal{F}$ est un faisceau de $\mathcal{A}$-modules.

Tout faisceau de groupes abéliens peut être considéré comme un faisceau de Z-modules, Z désignant le faisceau constant, isomorphe à l'anneau des entiers. Ceci nous permettra, par la suite, de nous borner à étudier les faisceaux de modules.

7. Sous-faisceau et faisceau quotient. Soient $\mathcal{A}$ un faisceau d'anneaux, $\mathcal{F}$ un faisceau de $\mathcal{A}$-modules. Pour tout $x \in X$, soit $\mathcal{G}_x$ un sous-ensemble de $\mathcal{F}_x$. On dit que $\mathcal{G} = \bigcup \mathcal{G}_x$ est un *sous-faisceau* de $\mathcal{F}$ si:

(a) *$\mathcal{G}_x$ est un sous-$\mathcal{A}_x$-module de $\mathcal{F}_x$ pour tout $x \in X$,*

(b) *$\mathcal{G}$ est un sous-ensemble ouvert de $\mathcal{F}$.*

La condition (b) peut encore s'exprimer ainsi:

(b') *Si x est un point de X, et si s est une section de $\mathcal{F}$ au-dessus d'un voisinage de x telle que $s(x) \in \mathcal{G}_x$, on a $s(y) \in \mathcal{G}_y$ pour tout y assez voisin de x.*

Il est clair que, si ces conditions sont vérifiées, $\mathcal{G}$ est un faisceau de $\mathcal{A}$-modules.

Soit $\mathcal{G}$ un sous-faisceau de $\mathcal{F}$, et posons $\mathcal{H}_x = \mathcal{F}_x/\mathcal{G}_x$ pour tout $x \in X$. Munissons $\mathcal{H} = \bigcup \mathcal{H}_x$ de la topologie quotient de la topologie de $\mathcal{F}$; on voit aisément que l'on obtient ainsi un faisceau de $\mathcal{A}$-modules, appelé *faisceau quotient* de $\mathcal{F}$ par $\mathcal{G}$, et noté $\mathcal{F}/\mathcal{G}$. On peut en donner une autre définition, utilisant le procédé du n° 3:

si U est un ouvert de X, posons $\mathcal{H}_U = \Gamma(U, \mathcal{F})/\Gamma(U, \mathcal{G})$, φ_U^V étant l'homomorphisme défini par passage au quotient à partir de $\rho_U^V : \Gamma(V, \mathcal{F}) \rightarrow \Gamma(U, \mathcal{F})$; le faisceau défini par le système $(\mathcal{H}_U, \varphi_U^V)$ n'est autre que $\mathcal{H}$.

L'une ou l'autre définition de $\mathcal{H}$ montre que, si s est une section de $\mathcal{H}$ au voisinage de x, il existe une section t de $\mathcal{F}$ au voisinage de x, telle que la classe de $t(y)$ mod $\mathcal{G}_y$ soit égale à $s(y)$ pour tout y assez voisin de x. Bien entendu, ceci n'est plus vrai globalement, en général: si U est un ouvert de X, on a seulement la suite exacte:

$$0 \rightarrow \Gamma(U, \mathcal{G}) \rightarrow \Gamma(U, \mathcal{F}) \rightarrow \Gamma(U, \mathcal{H}),$$

l'homomorphisme $\Gamma(U, \mathcal{F}) \rightarrow \Gamma(U, \mathcal{H})$ n'étant pas surjectif en général (cf. n° 24).

8. Homomorphismes. Soient $\mathcal{A}$ un faisceau d'anneaux, $\mathcal{F}$ et $\mathcal{G}$ deux faisceaux de $\mathcal{A}$-modules. Un *$\mathcal{A}$-homomorphisme* (ou encore un homomorphisme $\mathcal{A}$-linéaire, ou simplement un homomorphisme) de $\mathcal{F}$ dans $\mathcal{G}$ est la donnée, pour tout $x \in X$, d'un $\mathcal{A}_x$-homomorphisme $\varphi_x : \mathcal{F}_x \rightarrow \mathcal{G}_x$, de telle sorte que l'application $\varphi : \mathcal{F} \rightarrow \mathcal{G}$ définie par les φ_x, soit continue. Cette condition peut aussi s'exprimer en disant que, si s est une section de $\mathcal{F}$ au-dessus de U, $x \rightarrow \varphi_x(s(x))$ est une section de $\mathcal{G}$ au-dessus de U (section que l'on notera $\varphi(s)$, ou $\varphi \circ s$). Par exemple, si $\mathcal{G}$ est un sous-faisceau de $\mathcal{F}$, l'injection $\mathcal{G} \rightarrow \mathcal{F}$, et la projection $\mathcal{F} \rightarrow \mathcal{F}/\mathcal{G}$, sont des homomorphismes.

PROPOSITION 7. *Soit φ un homomorphisme de $\mathcal{F}$ dans $\mathcal{G}$. Pour tout $x \in X$, soit $\mathcal{N}_x$ le noyau de φ_x, et soit $\mathcal{I}_x$ l'image de φ_x. Alors $\mathcal{N} = \bigcup \mathcal{N}_x$ est un sous-faisceau de $\mathcal{F}$, $\mathcal{I} = \bigcup \mathcal{I}_x$ est un sous-faisceau de $\mathcal{G}$, et φ définit un isomorphisme de $\mathcal{F}/\mathcal{N}$ sur $\mathcal{I}$.*

Puisque φ_x est un $\mathcal{A}_x$-homomorphisme, $\mathcal{N}_x$ et $\mathcal{I}_x$ sont des sous-modules de $\mathcal{F}$ et de $\mathcal{G}$ respectivement, et φ_x définit un isomorphisme de $\mathcal{F}_x/\mathcal{N}_x$ sur $\mathcal{I}_x$. D'autre part, si s est une section locale de $\mathcal{F}$, telle que $s(x) \in \mathcal{N}_x$, on a $\varphi \circ s(x) = 0$, d'où $\varphi \circ s(y) = 0$ pour y assez voisin de x, d'où $s(y) \in \mathcal{N}_y$, ce qui montre que $\mathcal{N}$ est un sous-faisceau de $\mathcal{F}$. Si t est une section locale de $\mathcal{G}$, telle que $t(x) \in \mathcal{I}_x$, il existe une section locale s de $\mathcal{F}$, telle que $\varphi \circ s(x) = t(x)$, d'où $\varphi \circ s = t$ au voisinage de x, ce qui montre que $\mathcal{I}$ est un sous-faisceau de $\mathcal{G}$, isomorphe à $\mathcal{F}/\mathcal{N}$.

Le faisceau $\mathcal{N}$ est appelé le *noyau* de φ, et noté $\mathrm{Ker}(\varphi)$; le faisceau $\mathcal{I}$ est appelé l'*image* de φ, et noté $\mathrm{Im}(\varphi)$; le faisceau $\mathcal{G}/\mathcal{I}$ est appelé le *conoyau* de φ, et noté $\mathrm{Coker}(\varphi)$. Un homomorphisme φ est dit *injectif*, ou biunivoque, si chacun des φ_x est injectif, ce qui équivaut à $\mathrm{Ker}(\varphi) = 0$; il est dit *surjectif* si chacun des φ_x est surjectif, ce qui équivaut à $\mathrm{Coker}(\varphi) = 0$; il est dit *bijectif* s'il est à la fois injectif et surjectif, auquel cas la Proposition 7 montre que c'est un isomorphisme de $\mathcal{F}$ sur $\mathcal{G}$, et φ^{-1} est aussi un homomorphisme. Toutes les définitions relatives aux homomorphismes de modules peuvent se transposer de même aux faisceaux de modules; par exemple, une suite d'homomorphismes est dite *exacte* si l'image de chaque homomorphisme coincide avec le noyau de l'homomorphisme suivant. Si $\varphi : \mathcal{F} \rightarrow \mathcal{G}$ est un homomorphisme, les suites:

$$0 \rightarrow \mathrm{Ker}(\varphi) \rightarrow \mathcal{F} \rightarrow \mathrm{Im}(\varphi) \rightarrow 0$$

$$0 \rightarrow \mathrm{Im}(\varphi) \rightarrow \mathcal{G} \rightarrow \mathrm{Coker}(\varphi) \rightarrow 0$$

sont des suites exactes.

Si φ est un homomorphisme de $\mathfrak{F}$ dans $\mathfrak{G}$, l'application $s \to \varphi \circ s$ est un $\Gamma(U, \mathfrak{A})$-homomorphisme de $\Gamma(U, \mathfrak{F})$ dans $\Gamma(U, \mathfrak{G})$. Inversement, supposons $\mathfrak{A}$, $\mathfrak{F}$, $\mathfrak{G}$ définis par des systèmes $(\mathfrak{A}_U, \varphi_U^V)$, $(\mathfrak{F}_U, \psi_U^V)$, $(\mathfrak{G}_U, \chi_U^V)$, comme au n° 6, et donnons-nous, pour tout ouvert $U \subset X$, un $\mathfrak{A}_U$-homomorphisme $\varphi_U : \mathfrak{F}_U \to \mathfrak{G}_U$ tel que $\chi_U^V \circ \varphi_V = \varphi_U \circ \psi_U^V$; par passage à la limite inductive, les φ_U définissent un homomorphisme $\varphi : \mathfrak{F} \to \mathfrak{G}$.

9. Somme directe de deux faisceaux. Soient $\mathfrak{A}$ un faisceau d'anneaux, $\mathfrak{F}$ et $\mathfrak{G}$ deux faisceaux de $\mathfrak{A}$-modules; pour tout $x \in X$, formons le module $\mathfrak{F}_x + \mathfrak{G}_x$, *somme directe* de $\mathfrak{F}_x$ et $\mathfrak{G}_x$; un élément de $\mathfrak{F}_x + \mathfrak{G}_x$ est un couple (f, g), avec $f \in \mathfrak{F}_x$ et $g \in \mathfrak{G}_x$. Soit $\mathfrak{K}$ l'ensemble somme des $\mathfrak{F}_x + \mathfrak{G}_x$ lorsque x parcourt X; on peut identifier $\mathfrak{K}$ à la partie de $\mathfrak{F} \times \mathfrak{G}$ formés des couples (f, g) tels que $\pi(f) = \pi(g)$. Si l'on munit $\mathfrak{K}$ de la topologie induite par celle de $\mathfrak{F} \times \mathfrak{G}$, on vérifie immédiatement que $\mathfrak{K}$ est un faisceau de $\mathfrak{A}$-modules; on l'appelle *la somme directe* de $\mathfrak{F}$ et de $\mathfrak{G}$, et on le note $\mathfrak{F} + \mathfrak{G}$. Toute section de $\mathfrak{F} + \mathfrak{G}$ sur un ouvert $U \subset X$ est de la forme $x \to (s(x), t(x))$ où s et t sont des sections de $\mathfrak{F}$ et $\mathfrak{G}$ sur U; en d'autres termes, $\Gamma(U, \mathfrak{F} + \mathfrak{G})$ est isomorphe à la somme directe $\Gamma(U, \mathfrak{F}) + \Gamma(U, \mathfrak{G})$.

La définition de la somme directe s'étend par récurrence à un nombre fini de $\mathfrak{A}$-modules. En particulier, le faisceau somme directe de p faisceaux isomorphes à un même faisceau $\mathfrak{F}$ sera noté $\mathfrak{F}^p$.

10. Produit tensoriel de deux faisceaux. Soient $\mathfrak{A}$ un faisceau d'anneaux, $\mathfrak{F}$ un faisceau de $\mathfrak{A}$-modules à droite, $\mathfrak{G}$ un faisceau de $\mathfrak{A}$-modules à gauche. Pour tout $x \in X$, posons $\mathfrak{K}_x = \mathfrak{F}_x \otimes \mathfrak{G}_x$, le produit tensoriel étant pris sur l'anneau $\mathfrak{A}_x$ (cf. par exemple [6], Chap. II, §2); soit $\mathfrak{K}$ l'ensemble somme des $\mathfrak{K}_x$.

Proposition 8. *Il existe sur l'ensemble $\mathfrak{K}$ une structure de faisceau et une seule telle que, si s et t sont des sections de $\mathfrak{F}$ et de $\mathfrak{G}$ sur un ouvert U, l'application $x \to s(x) \otimes t(x) \in \mathfrak{K}_x$ soit une section de $\mathfrak{K}$ au-dessus de U.*

Le faisceau $\mathfrak{K}$ ainsi défini est appelé le produit tensoriel (sur $\mathfrak{A}$) de $\mathfrak{F}$ et de $\mathfrak{G}$, et on le note $\mathfrak{F} \otimes_{\mathfrak{A}} \mathfrak{G}$; si les $\mathfrak{A}_x$ sont commutatifs, c'est un faisceau de $\mathfrak{A}$-modules.

Si $\mathfrak{K}$ est muni d'une structure de faisceau vérifiant la condition de l'énoncé, et si s_i et t_i sont des sections de $\mathfrak{F}$ et de $\mathfrak{G}$ au-dessus d'un ouvert $U \subset X$, l'application $x \to \sum s_i(x) \otimes t_i(x)$ est une section de $\mathfrak{K}$ sur U. Or tout $h \in \mathfrak{K}_x$ peut s'écrire sous la forme $h = \sum f_i \otimes g_i$, $f_i \in \mathfrak{F}_x$, $g_i \in \mathfrak{G}_x$, donc aussi sous la forme $\sum s_i(x) \otimes t_i(x)$, où s_i et t_i sont des sections définies dans un voisinage U de x; il en résulte que toute section de $\mathfrak{K}$ doit être localement égale à une section de la forme précédente, ce qui démontre l'unicité de la structure de faisceau de $\mathfrak{K}$.

Montrons maintenant son existence. Nous pouvons supposer que $\mathfrak{A}$, $\mathfrak{F}$, $\mathfrak{G}$, sont définis par des systèmes $(\mathfrak{A}_U, \varphi_U^V)$, $(\mathfrak{F}_U, \psi_U^V)$, $(\mathfrak{G}_U, \chi_U^V)$ comme au n° 6. Posons alors $\mathfrak{K}_U = \mathfrak{F}_U \otimes \mathfrak{G}_U$, le produit tensoriel étant pris sur $\mathfrak{A}_U$; les homomorphismes ψ_U^V et χ_U^V définissent, par passage au produit tensoriel, un homomorphisme $\eta_U^V : \mathfrak{K}_V \to \mathfrak{K}_U$; en outre, on a $\lim_{x \in U} \mathfrak{K}_U = \lim_{x \in U} \mathfrak{F}_U \otimes \lim_{x \in U} \mathfrak{G}_U = \mathfrak{K}_x$, le produit tensoriel étant pris sur $\mathfrak{A}_x$ (commutation du produit tensoriel avec les limites inductives, cf. par exemple [6], Chap. VI, Exer. 18). Le faisceau défini par le système $(\mathfrak{K}_U, \eta_U^V)$ peut donc être identifié à $\mathfrak{K}$, et $\mathfrak{K}$ se trouve ainsi muni d'une structure de faisceau répondant visiblement à la condition imposée. Enfin, si les $\mathcal{A}_x$ sont commutatifs, on peut supposer que les $\mathcal{A}_U$ le sont aussi (il suffit de prendre pour $\mathcal{A}_U$ l'anneau $\Gamma(U, \mathcal{A})$), donc $\mathcal{K}_U$ est un $\mathcal{A}_U$-module, et $\mathcal{K}$ est un faisceau de $\mathcal{A}$-modules.

Soient maintenant φ un $\mathcal{A}$-homomorphisme de $\mathcal{F}$ dans $\mathcal{F}'$, et ψ un $\mathcal{A}$-homomorphisme de $\mathcal{G}$ dans $\mathcal{G}'$; alors $\varphi_x \otimes \psi_x$ est un homomorphisme (de groupes abéliens, en général—de $\mathcal{A}_x$-modules, si $\mathcal{A}_x$ est commutatif), et la définition de $\mathcal{F} \otimes_{\mathcal{A}} \mathcal{G}$ montre que la collection des $\varphi_x \otimes \psi_x$ est un homomorphisme de $\mathcal{F} \otimes_{\mathcal{A}} \mathcal{G}$ dans $\mathcal{F}' \otimes_{\mathcal{A}} \mathcal{G}'$; cet homomorphisme est noté $\varphi \otimes \psi$; si ψ est l'application identique, on écrit φ au lieu de $\varphi \otimes 1$.

Toutes les propriétés usuelles du produit tensoriel de deux modules se transposent d'elles-mêmes au produit tensoriel de deux faisceaux de modules. Par exemple, toute suite exacte:

$$\mathcal{F} \rightarrow \mathcal{F}' \rightarrow \mathcal{F}'' \rightarrow 0$$

donne naissance à une suite exacte:

$$\mathcal{F} \otimes_{\mathcal{A}} \mathcal{G} \rightarrow \mathcal{F}' \otimes_{\mathcal{A}} \mathcal{G} \rightarrow \mathcal{F}'' \otimes_{\mathcal{A}} \mathcal{G} \rightarrow 0.$$

On a des isomorphismes canoniques:

$$\mathcal{F} \otimes_{\mathcal{A}} (\mathcal{G}_1 + \mathcal{G}_2) \approx \mathcal{F} \otimes_{\mathcal{A}} \mathcal{G}_1 + \mathcal{F} \otimes_{\mathcal{A}} \mathcal{G}_2, \qquad \mathcal{F} \otimes_{\mathcal{A}} \mathcal{A} \approx \mathcal{F},$$

et (en supposant les $\mathcal{A}_x$ commutatifs, pour simplifier les notations):

$$\mathcal{F} \otimes_{\mathcal{A}} \mathcal{G} \approx \mathcal{G} \otimes_{\mathcal{A}} \mathcal{F}, \qquad \mathcal{F} \otimes_{\mathcal{A}} (\mathcal{G} \otimes_{\mathcal{A}} \mathcal{K}) \approx (\mathcal{F} \otimes_{\mathcal{A}} \mathcal{G}) \otimes_{\mathcal{A}} \mathcal{K}.$$

11. Faisceau des germes d'homomorphismes d'un faisceau dans un autre faisceau. Soient $\mathcal{A}$ un faisceau d'anneaux, $\mathcal{F}$ et $\mathcal{G}$ deux faisceaux de $\mathcal{A}$-modules. Si U est un ouvert de X, soit $\mathcal{K}_U$ le groupe des homomorphismes de $\mathcal{F}(U)$ dans $\mathcal{G}(U)$ (nous dirons également "homomorphisme de $\mathcal{F}$ dans $\mathcal{G}$ au-dessus de U" à la place de "homomorphisme de $\mathcal{F}(U)$ dans $\mathcal{G}(U)$"). L'opération de restriction d'un homomorphisme définit $\varphi_U^V : \mathcal{K}_V \rightarrow \mathcal{K}_U$; le faisceau défini par le système $(\mathcal{K}_U, \varphi_U^V)$ est appelé le *faisceau des germes d'homomorphismes* de $\mathcal{F}$ dans $\mathcal{G}$, et on le note $\mathrm{Hom}_{\mathcal{A}}(\mathcal{F}, \mathcal{G})$. Si les $\mathcal{A}_x$ sont commutatifs, $\mathrm{Hom}_{\mathcal{A}}(\mathcal{F}, \mathcal{G})$ est un faisceau de $\mathcal{A}$-modules.

Un élément de $\mathrm{Hom}_{\mathcal{A}}(\mathcal{F}, \mathcal{G})_x$, étant un germe d'homomorphisme de $\mathcal{F}$ dans $\mathcal{G}$ au voisinage de x, définit sans ambiguïté un $\mathcal{A}_x$-homomorphisme de $\mathcal{F}_x$ dans $\mathcal{G}_x$; d'où un homomorphisme canonique

$$\rho : \mathrm{Hom}_{\mathcal{A}}(\mathcal{F}, \mathcal{G})_x \rightarrow \mathrm{Hom}_{\mathcal{A}_x}(\mathcal{F}_x, \mathcal{G}_x).$$

Mais, contrairement à ce qui se passait pour les opérations étudiées jusqu'à présent, l'homomorphisme ρ n'est pas en général une bijection; nous donnerons au n° 14 une condition suffisante pour qu'il le soit.

Si $\varphi : \mathcal{F}' \rightarrow \mathcal{F}$ et $\psi : \mathcal{G} \rightarrow \mathcal{G}'$ sont des homomorphismes, on définit de façon évidente un homomorphisme

$$\mathrm{Hom}_{\mathcal{A}}(\varphi, \psi) : \mathrm{Hom}_{\mathcal{A}}(\mathcal{F}, \mathcal{G}) \rightarrow \mathrm{Hom}_{\mathcal{A}}(\mathcal{F}', \mathcal{G}').$$

Toute suite exacte: $0 \to \mathcal{G} \to \mathcal{G}' \to \mathcal{G}''$ donne naissance à une suite exacte:

$$0 \to \mathrm{Hom}_{\mathcal{A}}(\mathcal{F}, \mathcal{G}) \to \mathrm{Hom}_{\mathcal{A}}(\mathcal{F}, \mathcal{G}') \to \mathrm{Hom}_{\mathcal{A}}(\mathcal{F}, \mathcal{G}'').$$

On a également des isomorphismes canoniques: $\mathrm{Hom}_{\mathcal{A}}(\mathcal{A}, \mathcal{G}) \approx \mathcal{G}$,

$$\mathrm{Hom}_{\mathcal{A}}(\mathcal{F}, \mathcal{G}_1 + \mathcal{G}_2) \approx \mathrm{Hom}_{\mathcal{A}}(\mathcal{F}, \mathcal{G}_1) + \mathrm{Hom}_{\mathcal{A}}(\mathcal{F}, \mathcal{G}_2)$$

$$\mathrm{Hom}_{\mathcal{A}}(\mathcal{F}_1 + \mathcal{F}_2, \mathcal{G}) \approx \mathrm{Hom}_{\mathcal{A}}(\mathcal{F}_1, \mathcal{G}) + \mathrm{Hom}_{\mathcal{A}}(\mathcal{F}_2, \mathcal{G}).$$

§2. Faisceaux cohérents de modules

Dans ce paragraphe, X désigne un espace topologique, et $\mathcal{A}$ un faisceau d'anneaux sur X. On suppose que tous les $\mathcal{A}_x$, $x \in X$, sont commutatifs et possèdent un élément unité variant continûment avec x. Tous les faisceaux considérés jusqu'au n° 16 sont des faisceaux de $\mathcal{A}$-modules, et tous les homomorphismes sont des $\mathcal{A}$-homomorphismes.

12. Définitions. Soit $\mathcal{F}$ un faisceau de $\mathcal{A}$-modules, et soient $s_1, \cdots, s_p$ des sections de $\mathcal{F}$ au-dessus d'un ouvert $U \subset X$. Si l'on fait correspondre à toute famille $f_1, \cdots, f_p$ d'éléments de $\mathcal{A}_x$ l'élément $\sum_{i=1}^{i=p} f_i \cdot s_i(x)$ de $\mathcal{F}_x$, on obtient un homomorphisme $\varphi: \mathcal{A}^p \to \mathcal{F}$, défini au-dessus de l'ouvert U (de façon plus correcte, φ est un homomorphisme de $\mathcal{A}^p(U)$ dans $\mathcal{F}(U)$, avec les notations du n° 4). Le noyau $\mathcal{R}(s_1, \cdots, s_p)$ de l'homomorphisme φ est un sous-faisceau de $\mathcal{A}^p$, appelé *faisceau des relations* entre les s_i ; l'image de φ est le sous-faisceau de $\mathcal{F}$ engendré par les s_i. Inversement, tout homomorphisme $\varphi: \mathcal{A}^p \to \mathcal{F}$ définit des sections $s_1, \cdots, s_p$ de $\mathcal{F}$ par les formules:

$$s_1(x) = \varphi_x(1, 0, \cdots, 0), \quad \cdots, \quad s_p(x) = \varphi_x(0, \cdots, 0, 1).$$

DÉFINITION 1. *Un faisceau de $\mathcal{A}$-modules $\mathcal{F}$ est dit de type fini s'il est localement engendré par un nombre fini de ses sections.*

Autrement dit, pour tout point $x \in X$, il doit exister un ouvert U contenant x, et un nombre fini de sections $s_1, \cdots, s_p$ de $\mathcal{F}$ au-dessus de U, tels que tout élément de $\mathcal{F}_y$, $y \in U$, soit combinaison linéaire, à coefficients dans $\mathcal{A}_y$, des $s_i(y)$. D'après ce qui précède, il revient au même de dire que la restriction de $\mathcal{F}$ à U est isomorphe à un faisceau quotient d'un faisceau $\mathcal{A}^p$.

PROPOSITION 1. *Soit $\mathcal{F}$ un faisceau de type fini. Si $s_1, \cdots, s_p$ sont des sections de $\mathcal{F}$, définies au-dessus d'un voisinage d'un point $x \in X$, et qui engendrent $\mathcal{F}_x$, elles engendrent $\mathcal{F}_y$ pour tout y assez voisin de x.*

Puisque $\mathcal{F}$ est de type fini, il y a un nombre fini de sections de $\mathcal{F}$ au voisinage de x, soient $t_1, \cdots, t_q$, qui engendrent $\mathcal{F}_y$ pour y assez voisin de x. Puisque les $s_j(x)$ engendrent $\mathcal{F}_x$, il existe des sections f_{ij} de $\mathcal{A}$ au voisinage de x telles que $t_i(x) = \sum_{j=1}^{j=p} f_{ij}(x) \cdot s_j(x)$; il s'ensuit que, pour y assez voisin de x, on a:

$$t_i(y) = \sum_{j=1}^{j=p} f_{ij}(y) \cdot s_j(y),$$

ce qui entraîne que les $s_j(y)$ engendrent $\mathcal{F}_y$, cqfd.

Définition 2. *Un faisceau de $\mathcal{A}$-modules $\mathcal{F}$ est dit cohérent si:*

(a) *$\mathcal{F}$ est de type fini,*

(b) *Si $s_1, \cdots, s_p$ sont des sections de $\mathcal{F}$ au-dessus d'un ouvert $U \subset X$, le faisceau des relations entre les s_i est un faisceau de type fini (sur l'ouvert U).*

On notera le caractère *local* des définitions 1 et 2.

Proposition 2. *Localement, tout faisceau cohérent est isomorphe au conoyau d'un homomorphisme $\varphi: \mathcal{A}^q \rightarrow \mathcal{A}^p$.*

Cela résulte immédiatement des définitions, et des remarques qui précèdent la définition 1.

Proposition 3. *Tout sous-faisceau de type fini d'un faisceau cohérent est un faisceau cohérent.*

En effet, si un faisceau $\mathcal{F}$ vérifie la condition (b) de la définition 2, il est évident que tout sous-faisceau de $\mathcal{F}$ la vérifie aussi.

13. Principales propriétés des faisceaux cohérents.

Théorème 1. *Soit $0 \rightarrow \mathcal{F} \xrightarrow{\alpha} \mathcal{G} \xrightarrow{\beta} \mathcal{H} \rightarrow 0$ une suite exacte d'homomorphismes. Si deux des trois faisceaux $\mathcal{F}$, $\mathcal{G}$, $\mathcal{H}$ sont cohérents, le troisième l'est aussi.*

Supposons $\mathcal{G}$ et $\mathcal{H}$ cohérents. Il existe donc localement un homomorphisme surjectif $\gamma: \mathcal{A}^p \rightarrow \mathcal{G}$; soit $\mathcal{I}$ le noyau de $\beta \circ \gamma$; puisque $\mathcal{H}$ est cohérent, $\mathcal{I}$ est un faisceau de type fini (condition (b)); donc $\gamma(\mathcal{I})$ est un faisceau de type fini, donc cohérent d'après la Proposition 3; comme α est un isomorphisme de $\mathcal{F}$ sur $\gamma(\mathcal{I})$, il en résulte bien que $\mathcal{F}$ est cohérent.

Supposons $\mathcal{F}$ et $\mathcal{G}$ cohérents. Puisque $\mathcal{G}$ est de type fini, $\mathcal{H}$ est aussi de type fini, et il reste à montrer que $\mathcal{H}$ vérifie la condition (b) de la définition 2. Soient $s_1, \cdots, s_p$ un nombre fini de sections de $\mathcal{H}$ au voisinage d'un point $x \in X$. La question étant locale, on peut supposer qu'il existe des sections $s'_1, \cdots, s'_p$ de $\mathcal{G}$ telles que $s_i = \beta(s'_i)$. Soient d'autre part $n_1, \cdots, n_q$ un nombre fini de sections de $\mathcal{F}$ au voisinage de x, engendrant $\mathcal{F}_y$ pour y assez voisin de x. Pour qu'une famille $f_1, \cdots, f_p$ d'éléments de $\mathcal{A}_y$ appartiennent à $\mathcal{R}(s_1, \cdots, s_p)_y$, il faut et il suffit qu'il existe $g_1, \cdots, g_q \in \mathcal{A}_y$ tels que

$$\sum_{i=1}^{i=p} f_i \cdot s'_i = \sum_{j=1}^{j=q} g_j \cdot \alpha(n_j) \quad \text{en } y.$$

Or le faisceau des relations entre les s'_i et les $\alpha(n_j)$ est de type fini, puisque $\mathcal{G}$ est cohérent. Le faisceau $\mathcal{R}(s_1, \cdots, s_p)$, image du précédent par la projection canonique de $\mathcal{A}^{p+q}$ sur $\mathcal{A}^p$ est donc de type fini, ce qui achève de montrer que $\mathcal{H}$ est cohérent.

Supposons $\mathcal{F}$ et $\mathcal{H}$ cohérents. La question étant locale, on peut supposer $\mathcal{F}$ (resp. $\mathcal{H}$) engendré par un nombre fini de sections $n_1, \cdots, n_q$ (resp. $s_1, \cdots, s_p$); en outre on peut supposer qu'il existe des sections s'_i de $\mathcal{G}$ telles que $s_i = \beta(s'_i)$. Il est alors clair que les sections s'_i et $\alpha(n_j)$ engendrent $\mathcal{G}$, ce qui prouve que $\mathcal{G}$ est un faisceau de type fini. Soient maintenant $t_1, \cdots, t_r$ un nombre fini de sections de $\mathcal{G}$ au voisinage d'un point x; puisque $\mathcal{H}$ est cohérent, il existe des sections f^i_j de $\mathcal{A}^r$ ($1 \leqq i \leqq r$, $1 \leqq j \leqq s$), définies au voisinage de x, et qui engendrent le faisceau des relations entre les $\beta(t_i)$. Posons $u_j = \sum_{i=1}^{i=r} f^i_j \cdot t_i$; puisque $\sum_{i=1}^{i=r} f_j^i \cdot \beta(t_i) = 0$, les u_j sont contenus dans $\alpha(\mathfrak{F})$, et, comme $\mathfrak{F}$ est cohérent, le faisceau des relations entre les u_j est engendré, au voisinage de x, par un nombre fini de sections, soient g_k^j $(1 \leqq j \leqq s, 1 \leqq k \leqq t)$. Je dis que les $\sum_{j=1}^{j=s} g_k^j \cdot f_j^i$ engendrent le faisceau $\mathcal{R}(t_1, \cdots, t_r)$ au voisinage de x; en effet, si $\sum_{i=1}^{i=r} f_i \cdot t_i = 0$ en y, avec $f_i \in \mathcal{A}_y$, on a $\sum_{i=1}^{i=r} f_i \cdot \beta(t_i) = 0$, et il existe $g_j \in \mathcal{A}_y$ avec $f_i = \sum_{j=1}^{j=s} g_j \cdot f_j^i$; en écrivant que $\sum_{i=1}^{i=r} f_i \cdot t_i = 0$, on obtient $\sum_{j=1}^{j=s} g_j \cdot u_j = 0$, d'où le fait que le système des g_j est combinaison linéaire des systèmes g_k^j, ce qui démontre notre assertion. Il s'ensuit que $\mathcal{G}$ vérifie la condition (b), ce qui achève la démonstration.

Corollaire. *La somme directe d'une famille finie de faisceaux cohérents est un faisceau cohérent.*

Théorème 2. *Soit φ un homomorphisme d'un faisceau cohérent $\mathfrak{F}$ dans un faisceau cohérent $\mathcal{G}$. Le noyau, le conoyau, et l'image de φ sont alors des faisceaux cohérents.*

Puisque $\mathfrak{F}$ est cohérent, $\mathrm{Im}(\varphi)$ est de type fini, donc cohérent d'après la Proposition 3. En appliquant le Théorème 1 aux suites exactes:

$$0 \to \mathrm{Ker}(\varphi) \to \mathfrak{F} \to \mathrm{Im}(\varphi) \to 0$$
$$0 \to \mathrm{Im}(\varphi) \to \mathcal{G} \to \mathrm{Coker}(\varphi) \to 0$$

on voit alors que $\mathrm{Ker}(\varphi)$ et $\mathrm{Coker}(\varphi)$ sont cohérents.

Corollaire. *Soient $\mathfrak{F}$ et $\mathcal{G}$ deux sous-faisceaux cohérents d'un faisceau cohérent $\mathcal{K}$. Les faisceaux $\mathfrak{F} + \mathcal{G}$ et $\mathfrak{F} \cap \mathcal{G}$ sont cohérents.*

Pour $\mathfrak{F} + \mathcal{G}$, cela résulte de la Proposition 3; quant à $\mathfrak{F} \cap \mathcal{G}$, c'est le noyau de $\mathfrak{F} \to \mathcal{K}/\mathcal{G}$.

14. Opérations sur les faisceaux cohérents. Nous venons de voir que la somme directe d'un nombre fini de faisceaux cohérents est un faisceau cohérent. Nous allons démontrer des résultats analogues pour les foncteurs $\otimes$ et Hom.

Proposition 4. *Si $\mathfrak{F}$ et $\mathcal{G}$ sont deux faisceaux cohérents, $\mathfrak{F} \otimes_{\mathcal{A}} \mathcal{G}$ est un faisceau cohérent.*

D'aprè la Proposition 2, $\mathfrak{F}$ est localement isomorphe au conoyau d'un homomorphisme $\varphi: \mathcal{A}^q \to \mathcal{A}^p$; donc $\mathfrak{F} \otimes_{\mathcal{A}} \mathcal{G}$ est localement isomorphe au conoyau de $\varphi: \mathcal{A}^q \otimes_{\mathcal{A}} \mathcal{G} \to \mathcal{A}^p \otimes_{\mathcal{A}} \mathcal{G}$. Mais $\mathcal{A}^q \otimes_{\mathcal{A}} \mathcal{G}$ et $\mathcal{A}^p \otimes_{\mathcal{A}} \mathcal{G}$ sont respectivement isomorphes à $\mathcal{G}^q$ et à $\mathcal{G}^p$, qui sont cohérents (Corollaire au Théorème 1). Donc $\mathfrak{F} \otimes_{\mathcal{A}} \mathcal{G}$ est cohérent (Théorème 2).

Proposition 5. *Soient $\mathfrak{F}$ et $\mathcal{G}$ deux faisceaux, $\mathfrak{F}$ étant cohérent. Pour tout $x \in X$, le module ponctuel* $\mathrm{Hom}_{\mathcal{A}}(\mathfrak{F}, \mathcal{G})_x$ *est isomorphe à* $\mathrm{Hom}_{\mathcal{A}_x}(\mathfrak{F}_x, \mathcal{G}_x)$.

De façon plus précise, montrons que l'homomorphisme

$$\rho : \mathrm{Hom}_{\mathcal{A}}(\mathfrak{F}, \mathcal{G})_x \to \mathrm{Hom}_{\mathcal{A}_x}(\mathfrak{F}_x, \mathcal{G}_x),$$

défini au n° 11, est bijectif. Soit tout d'abord $\psi: \mathfrak{F} \to \mathcal{G}$ un homomorphisme défini au voisinage de x, et nul sur $\mathfrak{F}_x$; du fait que $\mathfrak{F}$ est de type fini, on conclut aussitôt que ψ est nul au voisinage de x, ce qui prouve que ρ est injectif. Montrons que ρ est surjectif, autrement dit que, si φ est un $\mathcal{A}_x$-homomorphisme de

$\mathcal{F}_x$ dans $\mathcal{G}_x$, il existe un homomorphisme $\psi: \mathcal{F} \to \mathcal{G}$, défini au voisinage de x, et tel que $\psi_x = \varphi$. Soient $m_1, \cdots, m_p$ un nombre fini de sections de $\mathcal{F}$ au voisinage de x, engendrant $\mathcal{F}_y$ pour tout y assez voisin de x, et soient f_j^i $(1 \leqq i \leqq p, 1 \leqq j \leqq q)$ des sections de $\mathcal{A}^p$ engendrant $\mathcal{R}(m_1, \cdots, m_p)$ au voisinage de x. Il existe des sections locales de $\mathcal{G}$, soient $n_1, \cdots, n_p$, telles que $n_i(x) = \varphi(m_i(x))$. Posons $p_j = \sum_{i=1}^{i=p} f_j^i \cdot n_i$, $1 \leqq j \leqq q$; les p_j sont des sections locales de $\mathcal{G}$ qui s'annulent en x, donc en tous les points d'un voisinage U de x. Il s'ensuit que, pour $y \in U$, la formule $\sum f_i \cdot m_i(y) = 0$ avec $f_i \in \mathcal{A}_y$, entraîne $\sum f_i \cdot n_i(y) = 0$; pour tout élément $m = \sum f_i \cdot m_i(y) \in \mathcal{F}_y$, on peut donc poser:

$$\psi_y(m) = \sum_{i=1}^{i=p} f_i \cdot n_i(y) \in \mathcal{G}_y,$$

cette formule définissant $\psi_y(m)$ sans ambiguïté. La collection des ψ_y, $y \in U$, constitue un homomorphisme $\psi: \mathcal{F} \to \mathcal{G}$, défini au-dessus de U, et tel que $\psi_x = \varphi$, ce qui achève la démonstration.

Proposition 6. *Si $\mathcal{F}$ et $\mathcal{G}$ sont deux faisceaux cohérents,* $\mathrm{Hom}_{\mathcal{A}}(\mathcal{F}, \mathcal{G})$ *est un faisceau cohérent.*

La question étant locale, on peut supposer, d'après la Proposition 2, que l'on a une suite exacte: $\mathcal{A}^q \to \mathcal{A}^p \to \mathcal{F} \to 0$. Il résulte alors de la Proposition précédente que la suite:

$$0 \to \mathrm{Hom}_{\mathcal{A}}(\mathcal{F}, \mathcal{G}) \to \mathrm{Hom}_{\mathcal{A}}(\mathcal{A}^p, \mathcal{G}) \to \mathrm{Hom}_{\mathcal{A}}(\mathcal{A}^q, \mathcal{G})$$

est exacte. Or le faisceau $\mathrm{Hom}_{\mathcal{A}}(\mathcal{A}^p, \mathcal{G})$ est isomorphe à $\mathcal{G}^p$, donc est cohérent, et de même pour $\mathrm{Hom}_{\mathcal{A}}(\mathcal{A}^q, \mathcal{G})$. Le Théorème 2 montre alors que $\mathrm{Hom}_{\mathcal{A}}(\mathcal{F}, \mathcal{G})$ est cohérent.

15. Faisceaux cohérents d'anneaux. Le faisceau d'anneaux $\mathcal{A}$ peut être regardé comme un faisceau de $\mathcal{A}$-modules; si ce faisceau de $\mathcal{A}$-modules est cohérent, nous dirons que $\mathcal{A}$ est un *faisceau cohérent d'anneaux.* Comme $\mathcal{A}$ est évidemment de type fini, cela signifie que $\mathcal{A}$ vérifie la condition (b) de la Proposition 2. Autrement dit:

Définition 3. *Le faisceau $\mathcal{A}$ est un faisceau cohérent d'anneaux si le faisceau des relations entre un nombre fini de sections de $\mathcal{A}$ au-dessus d'un ouvert U est un faisceau de type fini sur U.*

Exemples. (1) Si X est une variété analytique complexe, le faisceau des germes de fonctions holomorphes sur X est un faisceau cohérent d'anneaux, d'après un théorème de K. Oka (cf. [3], exposé XV, ou [5], §5).

(2) Si X est une variété algébrique, le faisceau des anneaux locaux de X est un faisceau cohérent d'anneaux (cf. n° 37, Proposition 1).

Lorsque $\mathcal{A}$ est un faisceau cohérent d'anneaux, on a les résultats suivants:

Proposition 7. *Pour qu'un faisceau de $\mathcal{A}$-modules soit cohérent, il faut et il suffit que, localement, il soit isomorphe au conoyau d'un homomorphisme $\varphi: \mathcal{A}^q \to \mathcal{A}^p$.*

La nécessité n'est autre que la Proposition 2; la suffisance résulte de ce que $\mathcal{A}^p$ et $\mathcal{A}^q$ sont cohérents, et du Théorème 2.

PROPOSITION 8. *Pour qu'un sous-faisceau de* $\mathcal{A}^p$ *soit cohérent, il faut et il suffit qu'il soit de type fini.*

C'est un cas particulier de la Proposition 3.

COROLLAIRE. *Le faisceau des relations entre un nombre fini de sections d'un faisceau cohérent est un faisceau cohérent.*

En effet, ce faisceau est de type fini, par définition même des faisceaux cohérents.

PROPOSITION 9. *Soit* $\mathcal{F}$ *un faisceau cohérent de* $\mathcal{A}$*-modules. Pour tout* $x \in X$, *soit* $\mathcal{I}_x$ *l'idéal de* $\mathcal{A}_x$ *formé des* $a \in \mathcal{A}_x$ *tels que* $a.\, f = 0$ *pour tout* $f \in \mathcal{F}_x$. *Les* $\mathcal{I}_x$ *forment un faisceau cohérent d'idéaux (appelé l'annulateur de* $\mathcal{F}$*).*

En effet, $\mathcal{I}_x$ est le noyau de l'homomorphisme: $\mathcal{A}_x \to \mathrm{Hom}_{\mathcal{A}_x}(\mathcal{F}_x, \mathcal{F}_x)$; on applique alors les Propositions 5 et 6, et le Théorème 2.

Plus généralement, le *transporteur* $\mathcal{F} : \mathcal{G}$ d'un faisceau cohérent $\mathcal{G}$ dans un sous-faisceau cohérent $\mathcal{F}$ est un faisceau cohérent d'idéaux (c'est l'annulateur de $\mathcal{G}/\mathcal{F}$).

16. Changement d'anneaux. Les notions de faisceau de type fini, et de faisceau cohérent, sont relatives à un faisceau d'anneaux $\mathcal{A}$ déterminé. Lorsqu'on considèrera plusieurs faisceaux d'anneaux, on dira "de type fini sur $\mathcal{A}$", "$\mathcal{A}$-cohérent", pour préciser qu'il s'agit de faisceaux de $\mathcal{A}$-modules.

THÉORÈME 3. *Soient* $\mathcal{A}$ *un faisceau cohérent d'anneaux,* $\mathcal{I}$ *un faisceau cohérent d'idéaux de* $\mathcal{A}$. *Soit* $\mathcal{F}$ *un faisceau de* $\mathcal{A}/\mathcal{I}$*-modules. Pour que* $\mathcal{F}$ *soit* $\mathcal{A}/\mathcal{I}$*-cohérent, il faut et il suffit qu'il soit* $\mathcal{A}$*-cohérent. En particulier,* $\mathcal{A}/\mathcal{I}$ *est un faisceau cohérent d'anneaux.*

Il est clair que "de type fini sur $\mathcal{A}$" équivaut à "de type fini sur $\mathcal{A}/\mathcal{I}$". D'autre part, si $\mathcal{F}$ est $\mathcal{A}$-cohérent, et si $s_1, \cdots, s_p$ sont des sections de $\mathcal{F}$ sur un ouvert U, le faisceau des relations entre les s_i, à coefficients dans $\mathcal{A}$, est de type fini sur $\mathcal{A}$; il s'ensuit aussitôt que le faisceau des relations entre les s_i, à coefficients dans $\mathcal{A}/\mathcal{I}$, est de type fini sur $\mathcal{A}/\mathcal{I}$, puisque c'est l'image du précédent par l'application canonique $\mathcal{A}^p \to (\mathcal{A}/\mathcal{I})^p$. Donc $\mathcal{F}$ est $\mathcal{A}/\mathcal{I}$-cohérent. En particulier, puisque $\mathcal{A}/\mathcal{I}$ est $\mathcal{A}$-cohérent, il est aussi $\mathcal{A}/\mathcal{I}$-cohérent, autrement dit, $\mathcal{A}/\mathcal{I}$ est un faisceau cohérent d'anneaux. Inversement, si $\mathcal{F}$ est $\mathcal{A}/\mathcal{I}$-cohérent, il est localement isomorphe au conoyau d'un homomorphisme $\varphi : (\mathcal{A}/\mathcal{I})^q \to (\mathcal{A}/\mathcal{I})^p$, et comme $\mathcal{A}/\mathcal{I}$ est $\mathcal{A}$-cohérent, $\mathcal{F}$ est $\mathcal{A}$-cohérent, d'après le Théorème 2.

17. Extension et restriction d'un faisceau cohérent. Soit Y un sous-espace fermé de l'espace X. Si $\mathcal{G}$ est un faisceau sur Y, nous noterons $\mathcal{G}^X$ le faisceau obtenu en prolongeant $\mathcal{G}$ par 0 en dehors de Y; c'est un faisceau sur X (cf. n° 5). Si $\mathcal{A}$ est un faisceau d'anneaux sur Y, $\mathcal{A}^X$ est un faisceau d'anneaux sur X, et, si $\mathcal{F}$ est un faisceau de $\mathcal{A}$-modules, $\mathcal{F}^X$ est un faisceau de $\mathcal{A}^X$-modules.

PROPOSITION 10. *Pour que* $\mathcal{F}$ *soit de type fini sur* $\mathcal{A}$, *il faut et il suffit que* $\mathcal{F}^X$ *soit de type fini sur* $\mathcal{A}^X$.

Soit U un ouvert de X, et soit $V = U \cap Y$. Tout homomorphisme $\varphi : \mathcal{A}^p \to \mathcal{F}$ au-dessus de V définit un homomorphisme $\varphi^X : (\mathcal{A}^X)^p \to \mathcal{F}^X$ au-dessus de U, et réciproquement; pour que φ soit surjectif, il faut et il suffit que φ^X le soit. La proposition résulte immédiatement de là.

On démontre de même:

PROPOSITION 11. *Pour que $\mathfrak{F}$ soit $\mathfrak{A}$-cohérent, il faut et il suffit que $\mathfrak{F}^X$ soit $\mathfrak{A}^X$-cohérent.*

D'où, en prenant $\mathfrak{F} = \mathfrak{A}$:

COROLLAIRE. *Pour que $\mathfrak{A}$ soit un faisceau cohérent d'anneaux, il faut et il suffit que $\mathfrak{A}^X$ soit un faisceau cohérent d'anneaux.*

§3. Cohomologie d'un espace à valeurs dans un faisceau

Dans ce paragraphe, X désigne un espace topologique, séparé ou non. Par un *recouvrement* de X, nous entendrons toujours un recouvrement ouvert.

18. Cochaînes d'un recouvrement. Soit $\mathfrak{U} = \{U_i\}_{i \in I}$ un recouvrement de X. Si $s = (i_0, \cdots, i_p)$ est une suite finie d'éléments de I, nous poserons:

$$U_s = U_{i_0 \cdots i_p} = U_{i_0} \cap \cdots \cap U_{i_p}.$$

Soit $\mathfrak{F}$ un faisceau de groupes abéliens sur l'espace X. Si p est un entier $\geqq 0$, on appelle *p-cochaîne de $\mathfrak{U}$ à valeurs dans $\mathfrak{F}$* une fonction f qui fait correspondre à toute suite $s = (i_0, \cdots, i_p)$ de $p + 1$ éléments de I, une section $f_s = f_{i_0 \cdots i_p}$ de $\mathfrak{F}$ au-dessus de $U_{i_0 \cdots i_p}$. Les p-cochaînes forment un groupe abélien, noté $C^p(\mathfrak{U}, \mathfrak{F})$; c'est le groupe produit $\prod \Gamma(U_s, \mathfrak{F})$, le produit étant étendu à toutes les suites s de $p + 1$ éléments de I. La famille des $C^p(\mathfrak{U}, \mathfrak{F})$, $p = 0, 1, \cdots$, est notée $C(\mathfrak{U}, \mathfrak{F})$. Une p-cochaîne est aussi appelée une cochaîne de degré p.

Une p-cochaîne f est dite *alternée* si:

(a) $f_{i_0 \cdots i_p} = 0$ chaque fois que deux des indices $i_0, \cdots, i_p$ sont égaux,

(b) $f_{i_{\sigma 0} \cdots i_{\sigma p}} = \varepsilon_\sigma f_{i_0 \cdots i_p}$, si σ est une permutation de l'ensemble $\{0, \cdots, p\}$ (ε_σ désignant la signature de σ).

Les p-cochaînes alternées forment un sous-groupe $C'^p(\mathfrak{U}, \mathfrak{F})$ du groupe $C^p(\mathfrak{U}, \mathfrak{F})$; la famille des $C'^p(\mathfrak{U}, \mathfrak{F})$ est notée $C'(\mathfrak{U}, \mathfrak{F})$.

19. Opérations simpliciales. Soit $S(I)$ le simplexe ayant pour ensemble de sommets l'ensemble I; un simplexe (ordonné) de $S(I)$ est une suite $s = (i_0, \cdots, i_p)$ d'éléments de I; p est appelé la dimension de s. Soit $K(I) = \sum_{p=0}^{\infty} K_p(I)$ le complexe défini par $S(I)$: par définition, $K_p(I)$ est le groupe libre ayant pour base l'ensemble des simplexes de dimension p de $S(I)$.

Si s est un simplexe de $S(I)$, nous noterons $|s|$ l'ensemble des sommets de s.

Une application $h: K_p(I) \to K_q(I)$ est appelée un *endomorphisme simplicial* si

(i) h est un homomorphisme,

(ii) Pour tout simplexe s de dimension p de $S(I)$, on a

$$h(s) = \sum_{s'} c_s^{s'} \cdot s', \qquad \text{avec } c_s^{s'} \in \mathbf{Z},$$

la somme étant étendue aux simplexes s' de dimension q tels que $|s'| \subset |s|$.

Soit h un endomorphisme simplicial, et soit $f \in C^q(\mathfrak{U}, \mathfrak{F})$ une cochaîne de degré q. Pour tout simplexe s de dimension p, posons:

$$({}^t hf)_s = \sum_{s'} c_s^{s'} \cdot \rho_s^{s'}(f_{s'}),$$

$\rho^{s'}$ désignant l'homomorphisme de restriction: $\Gamma(U_{s'}, \mathfrak{F}) \to \Gamma(U_s, \mathfrak{F})$, qui a un sens, puisque $|s'| \subset |s|$. L'application $s \to ({}^t hf)_s$ est une p-cochaîne, notée ${}^t hf$. L'application $f \to {}^t hf$ est un homomorphisme

$${}^t h : C^q(\mathfrak{U}, \mathfrak{F}) \to C^p(\mathfrak{U}, \mathfrak{F}),$$

et l'on vérifie immédiatement les formules:

$${}^t(h_1 + h_2) = {}^t h_1 + {}^t h_2, \qquad {}^t(h_1 \circ h_2) = {}^t h_2 \circ {}^t h_1, \qquad {}^t 1 = 1.$$

Note. Dans la pratique, on néglige fréquemment d'écrire l'homomorphisme de restriction $\rho_s^{s'}$.

20. Les complexes de cochaînes. Appliquons ce qui précède à l'endomorphisme simplicial

$$\partial : K_{p+1}(I) \to K_p(I),$$

défini par la formule usuelle:

$$\partial(i_0, \cdots, i_{p+1}) = \sum_{j=0}^{j=p+1} (-1)^j (i_0, \cdots, \hat{i}_j, \cdots, i_{p+1}),$$

le signe ^ signifiant, comme d'ordinaire, que le symbole au-dessus duquel il se trouve doit être omis.

Nous obtenons ainsi un homomorphisme ${}^t\partial : C^p(\mathfrak{U}, \mathfrak{F}) \to C^{p+1}(\mathfrak{U}, \mathfrak{F})$, que nous noterons d; par définition, on a donc:

$$(df)_{i_0 \cdots i_{p+1}} = \sum_{j=0}^{j=p+1} (-1)^j \rho_j(f_{i_0 \cdots \hat{i}_j \cdots i_{p+1}}),$$

ρ_j désignant l'homomorphisme de restriction

$$\rho_j : \Gamma(U_{i_0 \cdots \hat{i}_j \cdots i_{p+1}}, \mathfrak{F}) \to \Gamma(U_{i_0 \cdots i_{p+1}}, \mathfrak{F}).$$

Puisque $\partial \circ \partial = 0$, on a $d \circ d = 0$. Ainsi $C(\mathfrak{U}, \mathfrak{F})$ se trouve muni d'un opérateur cobord qui en fait un complexe. Le q-ème groupe de cohomologie du complexe $C(\mathfrak{U}, \mathfrak{F})$ sera noté $H^q(\mathfrak{U}, \mathfrak{F})$. On a:

PROPOSITION 1. $H^0(\mathfrak{U}, \mathfrak{F}) = \Gamma(X, \mathfrak{F})$.

Une 0-cochaîne est un système $(f_i)_{i \in I}$, chaque f_i étant une section de $\mathfrak{F}$ au-dessus de U_i ; pour que cette cochaîne soit un cocycle, il faut et il suffit que $f_i - f_j = 0$ au-dessus de $U_i \cap U_j$, autrement dit qu'il existe une section f de $\mathfrak{F}$ sur X tout entier qui coincide avec f_i sur U_i pour tout $i \in I$. D'où la Proposition.

(Ainsi $H^0(\mathfrak{U}, \mathfrak{F})$ est indépendant de $\mathfrak{U}$; bien entendu, il n'en est pas de même de $H^q(\mathfrak{U}, \mathfrak{F})$, en général).

On constate immédiatement que df est alternée si f est alternée; autrement dit, d laisse stable $C'(\mathfrak{U}, \mathfrak{F})$ qui forme un sous-complexe de $C(\mathfrak{U}, \mathfrak{F})$. Les groupes de cohomologie de $C'(\mathfrak{U}, \mathfrak{F})$ seront notés $H'^q(\mathfrak{U}, \mathfrak{F})$.

PROPOSITION 2. *L'injection de $C'(\mathfrak{U}, \mathfrak{F})$ dans $C(\mathfrak{U}, \mathfrak{F})$ définit un isomorphisme de $H'^q(\mathfrak{U}, \mathfrak{F})$ sur $H^q(\mathfrak{U}, \mathfrak{F})$ pour tout $q \geqq 0$.*

Munissons l'ensemble I d'une structure d'ordre total, et soit h l'endomorphisme simplicial de $K(I)$ défini de la façon suivante:
$h((i_0, \cdots, i_q)) = 0$ si deux des indices $i_0, \cdots, i_q$ sont égaux,
$h((i_0, \cdots, i_q)) = \varepsilon_\sigma(i_{\sigma 0}, \cdots, i_{\sigma q})$ si tous les indices $i_0, \cdots, i_q$ sont distincts, σ désignant la permutation de $\{0, \cdots, q\}$ telle que $i_{\sigma 0} < i_{\sigma 1} < \cdots < i_{\sigma q}$.

On vérifie tout de suite que h commute avec ∂, et que $h(s) = s$ si $\dim(s) = 0$; il en résulte (cf. [7], Chap. VI, §5) qu'il existe un endomorphisme simplicial k, élevant la dimension d'une unité, et tel que $1 - h = \partial \circ k + k \circ \partial$. D'où, en passant à $C(\mathfrak{U}, \mathfrak{F})$,

$$1 - {}^t h = {}^t k \circ d + d \circ {}^t k.$$

Mais on vérifie aussitôt que ${}^t h$ est un *projecteur* de $C(\mathfrak{U}, \mathfrak{F})$ sur $C'(\mathfrak{U}, \mathfrak{F})$; comme la formule précédente montre que c'est un opérateur d'homotopie, la Proposition est démontrée. (Comparer avec [7], Chap. VI, th. 6.10).

COROLLAIRE. *$H^q(\mathfrak{U}, \mathfrak{F}) = 0$ pour $q > \dim(\mathfrak{U})$.*

Par définition de $\dim(\mathfrak{U})$, on a $U_{i_0 \cdots i_q} = \emptyset$ pour $q > \dim(\mathfrak{U})$, si les indices $i_0, \cdots, i_q$ sont distincts; d'où $C'^q(\mathfrak{U}, \mathfrak{F}) = 0$, ce qui entraîne

$$H^q(\mathfrak{U}, \mathfrak{F}) = H'^q(\mathfrak{U}, \mathfrak{F}) = 0.$$

21. Passage d'un recouvrement à un recouvrement plus fin. Un recouvrement $\mathfrak{U} = \{U_i\}_{i \in I}$ est dit *plus fin* qu'un recouvrement $\mathfrak{V} = \{V_j\}_{j \in J}$ s'il existe une application $\tau: I \to J$ telle que $U_i \subset V_{\tau i}$ pour tout $i \in I$. Si $f \in C^q(\mathfrak{V}, \mathfrak{F})$, posons:

$$(\tau f)_{i_0 \cdots i_q} = \rho_U^V(f_{\tau i_0 \cdots \tau i_q}),$$

ρ_U^V désignant l'homomorphisme de restriction défini par l'inclusion de $U_{i_0 \cdots i_q}$ dans $V_{\tau i_0 \cdots \tau i_q}$. L'application $f \to \tau f$ est un homomorphisme de $C^q(\mathfrak{V}, \mathfrak{F})$ dans $C^q(\mathfrak{U}, \mathfrak{F})$, défini pour tout $q \geqq 0$, et commutant avec d, donc qui définit des homomorphismes

$$\tau^*: H^q(\mathfrak{V}, \mathfrak{F}) \to H^q(\mathfrak{U}, \mathfrak{F}).$$

PROPOSITION 3. *Les homomorphismes $\tau^*: H^q(\mathfrak{V}, \mathfrak{F}) \to H^q(\mathfrak{U}, \mathfrak{F})$ ne dépendent que de $\mathfrak{U}$ et $\mathfrak{V}$, et pas de l'application τ choisie.*

Soient τ et τ' deux applications de I dans J telles que $U_i \subset V_{\tau i}$ et $U_i \subset V_{\tau' i}$; il nous faut montrer que $\tau^* = \tau'^*$.

Soit $f \in C^q(\mathfrak{V}, \mathfrak{F})$; posons

$$(kf)_{i_0 \cdots i_{q-1}} = \sum_{h=0}^{h=q-1} (-1)^h \rho_h(f_{\tau i_0 \cdots \tau i_h \tau' i_h \cdots \tau' i_{q-1}}),$$

où ρ_h désigne l'homomorphisme de restriction défini par l'inclusion de $U_{i_0 \cdots i_{q-1}}$ dans $V_{\tau i_0 \cdots \tau i_h \tau' i_h \cdots \tau' i_{q-1}}$.

On vérifie par un calcul direct (cf. [7], Chap. VI, §3) que l'on a:

$$dkf + k\, df = \tau' f - \tau f,$$

ce qui démontre la Proposition.

Ainsi, si $\mathfrak{U}$ est plus fin que $\mathfrak{V}$, il existe pour tout entier $q \geqq 0$ un homomorphisme canonique de $H^q(\mathfrak{V}, \mathfrak{F})$ dans $H^q(\mathfrak{U}, \mathfrak{F})$. Dans toute la suite, cet homomorphisme sera noté $\sigma(\mathfrak{U}, \mathfrak{V})$.

22. Groupes de cohomologie de X à valeurs dans le faisceau $\mathfrak{F}$. La relation "$\mathfrak{U}$ est plus fin que $\mathfrak{V}$" (que nous noterons désormais $\mathfrak{U} \prec \mathfrak{V}$) est une relation de *préordre* entre recouvrements de X; de plus, cette relation est *filtrante*, car si $\mathfrak{U} = \{U_i\}_{i \in I}$ et $\mathfrak{V} = \{V_j\}_{j \in J}$ sont deux recouvrements, $\mathfrak{W} = \{U_i \cap V_j\}_{(i,j) \in I \times J}$ est un recouvrement qui est à la fois plus fin que $\mathfrak{U}$ et plus fin que $\mathfrak{V}$.

Nous dirons que deux recouvrements $\mathfrak{U}$ et $\mathfrak{V}$ sont équivalents si l'on a $\mathfrak{U} \prec \mathfrak{V}$ et $\mathfrak{V} \prec \mathfrak{U}$. Tout recouvrement $\mathfrak{U}$ est équivalent à un recouvrement $\mathfrak{U}'$ dont l'ensemble d'indices est une partie de $\mathfrak{P}(X)$; en effet, on peut prendre pour $\mathfrak{U}'$ *l'ensemble* des ouverts de X appartenant à la *famille* $\mathfrak{U}$. On peut donc parler de l'ensemble des classes de recouvrements, pour la relation d'équivalence précédente; c'est un ensemble ordonné filtrant.[2]

Si $\mathfrak{U} \prec \mathfrak{V}$, nous avons défini à la fin du n° précédent un homomorphisme bien déterminé $\sigma(\mathfrak{U}, \mathfrak{V}): H^q(\mathfrak{V}, \mathfrak{F}) \to H^q(\mathfrak{U}, \mathfrak{F})$, défini pour tout entier $q \geqq 0$ et tout faisceau $\mathfrak{F}$ sur X. Il est clair que $\sigma(\mathfrak{U}, \mathfrak{U})$ est l'identité, et que $\sigma(\mathfrak{U}, \mathfrak{V}) \circ \sigma(\mathfrak{V}, \mathfrak{W}) = \sigma(\mathfrak{U}, \mathfrak{W})$ si $\mathfrak{U} \prec \mathfrak{V} \prec \mathfrak{W}$. Il s'ensuit que, si $\mathfrak{U}$ est équivalent à $\mathfrak{V}$, $\sigma(\mathfrak{U}, \mathfrak{V})$ et $\sigma(\mathfrak{V}, \mathfrak{U})$ sont des isomorphismes réciproques; autrement dit, $H^q(\mathfrak{U}, \mathfrak{F})$ ne dépend que de la classe du recouvrement $\mathfrak{U}$.

DÉFINITION. *On appelle q-ème groupe de cohomologie de X à valeurs dans le faisceau $\mathfrak{F}$, et on note $H^q(X, \mathfrak{F})$, la limite inductive des groupes $H^q(\mathfrak{U}, \mathfrak{F})$, définie suivant l'ordonné filtrant des classes de recouvrements de X au moyen des homomorphismes $\sigma(\mathfrak{U}, \mathfrak{V})$.*

En d'autres termes, un élément de $H^q(X, \mathfrak{F})$ n'est pas autre chose qu'un couple $(\mathfrak{U}, x)$, avec $x \in H^q(\mathfrak{U}, \mathfrak{F})$, en convenant d'identifier deux couples $(\mathfrak{U}, x)$ et $(\mathfrak{V}, y)$ s'il existe $\mathfrak{W}$, avec $\mathfrak{W} \prec \mathfrak{U}$, $\mathfrak{W} \prec \mathfrak{V}$, et $\sigma(\mathfrak{W}, \mathfrak{U})(x) = \sigma(\mathfrak{W}, \mathfrak{V})(y)$ dans $H^q(\mathfrak{W}, \mathfrak{F})$. A tout recouvrement $\mathfrak{U}$ de X est donc associé un homomorphisme canonique $\sigma(\mathfrak{U}): H^q(\mathfrak{U}, \mathfrak{F}) \to H^q(X, \mathfrak{F})$.

On observera que $H^q(X, \mathfrak{F})$ peut également être défini comme la limite inductive des $H^q(\mathfrak{U}, \mathfrak{F})$ suivant une famille cofinale de recouvrements $\mathfrak{U}$. Ainsi, si X est quasi-compact (resp. quasi-paracompact), on peut se borner à considérer les recouvrements finis (resp. localement finis).

Lorsque $q = 0$, on a, en appliquant la Proposition 1:

PROPOSITION 4. $H^0(X, \mathfrak{F}) = \Gamma(X, \mathfrak{F})$.

23. Homomorphismes de faisceaux. Soit φ un homomorphisme d'un faisceau $\mathfrak{F}$ dans un faisceau $\mathfrak{G}$. Si $\mathfrak{U}$ est un recouvrement de X, faisons correspondre à tout $f \in C^q(\mathfrak{U}, \mathfrak{F})$ l'élément $\varphi f \in C^q(\mathfrak{U}, \mathfrak{G})$ défini par la formule $(\varphi f)_s = \varphi(f_s)$. L'application $f \to \varphi f$ est un homomorphisme de $C(\mathfrak{U}, \mathfrak{F})$ dans $C(\mathfrak{U}, \mathfrak{G})$ qui commute avec le cobord, donc qui définit des homomorphismes $\varphi^*: H^q(\mathfrak{U}, \mathfrak{F}) \to H^q(\mathfrak{U}, \mathfrak{G})$. On a $\varphi^* \circ \sigma(\mathfrak{U}, \mathfrak{V}) = \sigma(\mathfrak{U}, \mathfrak{V}) \circ \varphi^*$, d'où, par passage à la limite, des homomorphismes

$$\varphi^*: H^q(X, \mathfrak{F}) \to H^q(X, \mathfrak{G}).$$

[2] Par contre, on ne pourrait parler de "l'ensemble" de tous les recouvrements, puisqu'un recouvrement est une famille dont l'ensemble d'indices est arbitraire.

Lorsque $q = 0$, φ^* coincide avec l'homomorphisme de $\Gamma(X, \mathcal{F})$ dans $\Gamma(X, \mathcal{G})$ défini de façon naturelle par φ.

Dans le cas général, les homomorphismes φ^* jouissent des propriétés formelles usuelles:

$$(\varphi + \psi)^* = \varphi^* + \psi^*, \qquad (\varphi \circ \psi)^* = \varphi^* \circ \psi^*, \qquad 1^* = 1.$$

En d'autres termes, pour tout $q \geqq 0$, $H^q(X, \mathcal{F})$ est un foncteur covariant additif de $\mathcal{F}$. Il en résulte notamment que, si $\mathcal{F}$ est somme directe de deux faisceaux $\mathcal{G}_1$ et $\mathcal{G}_2$, $H^q(X, \mathcal{F})$ est somme directe de $H^q(X, \mathcal{G}_1)$ et de $H^q(X, \mathcal{G}_2)$.

Supposons que $\mathcal{F}$ soit un faisceau de $\mathcal{A}$-modules. Toute section du faisceau $\mathcal{A}$ sur X tout entier définit un endomorphisme de $\mathcal{F}$, donc de chacun des $H^q(X, \mathcal{F})$. Il s'ensuit que les $H^q(X, \mathcal{F})$ sont des modules sur l'anneau $\Gamma(X, \mathcal{A})$.

24. Suite exacte de faisceaux: cas général. Soit $0 \to \mathcal{A} \xrightarrow{\alpha} \mathcal{B} \xrightarrow{\beta} \mathcal{C} \to 0$ une suite exacte de faisceaux. Si $\mathfrak{U}$ est un recouvrement de X, la suite

$$0 \to C(\mathfrak{U}, \mathcal{A}) \xrightarrow{\alpha} C(\mathfrak{U}, \mathcal{B}) \xrightarrow{\beta} C(\mathfrak{U}, \mathcal{C})$$

est évidemment exacte, mais l'homomorphisme β n'est pas en général surjectif. Désignons par $C_0(\mathfrak{U}, \mathcal{C})$ l'image de cet homomorphisme; c'est un sous-complexe de $C(\mathfrak{U}, \mathcal{C})$ dont les groupes de cohomologie seront notés $H_0^q(\mathfrak{U}, \mathcal{C})$. La suite exacte de complexes:

$$0 \to C(\mathfrak{U}, \mathcal{A}) \to C(\mathfrak{U}, \mathcal{B}) \to C_0(\mathfrak{U}, \mathcal{C}) \to 0$$

donne naissance à une suite exacte de cohomologie:

$$\cdots \to H^q(\mathfrak{U}, \mathcal{B}) \to H_0^q(\mathfrak{U}, \mathcal{C}) \xrightarrow{d} H^{q+1}(\mathfrak{U}, \mathcal{A}) \to H^{q+1}(\mathfrak{U}, \mathcal{B}) \to \cdots,$$

où l'opérateur cobord d est défini à la façon habituelle.

Soient maintenant $\mathfrak{U} = \{U_i\}_{i \in I}$ et $\mathfrak{V} = \{V_j\}_{j \in J}$ deux recouvrements, et soit $\tau: I \to J$ une application telle que $U_i \subset V_{\tau i}$; on a donc $\mathfrak{U} < \mathfrak{V}$. Le diagramme commutatif:

$$\begin{array}{ccccccc}
0 & \to & C(\mathfrak{V}, \mathcal{A}) & \to & C(\mathfrak{V}, \mathcal{B}) & \to & C(\mathfrak{V}, \mathcal{C}) \\
 & & \tau\downarrow & & \tau\downarrow & & \tau\downarrow \\
0 & \to & C(\mathfrak{U}, \mathcal{A}) & \to & C(\mathfrak{U}, \mathcal{B}) & \to & C(\mathfrak{U}, \mathcal{C})
\end{array}$$

montre que τ applique $C_0(\mathfrak{V}, \mathcal{C})$ dans $C_0(\mathfrak{U}, \mathcal{C})$, donc définit des homomorphismes $\tau^*: H_0^q(\mathfrak{V}, \mathcal{C}) \to H_0^q(\mathfrak{U}, \mathcal{C})$. De plus, les homomorphismes τ^* sont indépendants du choix de l'application τ^* : cela provient du fait que, si $f \in C_0^q(\mathfrak{V}, \mathcal{C})$, on a $kf \in C_0^{q-1}(\mathfrak{U}, \mathcal{C})$, avec les notations de la démonstration de la Proposition 3. On a ainsi obtenu des homomorphismes canoniques $\sigma(\mathfrak{U}, \mathfrak{V}): H_0^q(\mathfrak{V}, \mathcal{C}) \to H_0^q(\mathfrak{U}, \mathcal{C})$; on peut alors définir $H_0^q(X, \mathcal{C})$ comme la limite inductive suivant $\mathfrak{U}$ des groupes $H_0^q(\mathfrak{U}, \mathcal{C})$.

Comme une limite inductive de suites exactes est une suite exacte (cf. [7], Chap. VIII, th. 5.4), on a:

PROPOSITION 5. *La suite*

$$\cdots \to H^q(X, \mathcal{B}) \xrightarrow{\beta^*} H^q_0(X, \mathcal{C}) \xrightarrow{d} H^{q+1}(X, \mathcal{A}) \xrightarrow{\alpha^*} H^{q+1}(X, \mathcal{B}) \to \cdots$$

est exacte.

(d désignant l'homomorphisme obtenu par passage à la limite à partir de $d: H^q_0(\mathfrak{U}, \mathcal{C}) \to H^{q+1}(\mathfrak{U}, \mathcal{A})$).

Pour pouvoir appliquer la Proposition précédente, il est commode de comparer les groupes $H^q_0(X, \mathcal{C})$ et $H^q(X, \mathcal{C})$. L'injection de $C_0(\mathfrak{U}, \mathcal{C})$ dans $C(\mathfrak{U}, \mathcal{C})$ définit des homomorphismes $H^q_0(\mathfrak{U}, \mathcal{C}) \to H^q(\mathfrak{U}, \mathcal{C})$, d'où, par passage à la limite sur $\mathfrak{U}$, des homomorphismes:

$$H^q_0(X, \mathcal{C}) \to H^q(X, \mathcal{C}).$$

PROPOSITION 6. *L'homomorphisme canonique* $H^q_0(X, \mathcal{C}) \to H^q(X, \mathcal{C})$ *est bijectif pour* $q = 0$ *et injectif pour* $q = 1$.

Démontrons d'abord un lemme:

LEMME 1. *Soit* $\mathfrak{V} = \{V_j\}_{j \in J}$ *un recouvrement, et soit* $f = (f_j)$ *un élément de* $C^0(\mathfrak{V}, \mathcal{C})$. *Il existe un recouvrement* $\mathfrak{U} = \{U_i\}_{i \in I}$ *et une application* $\tau: I \to J$ *tels que* $U_i \subset V_{\tau i}$ *et que* $\tau f \in C^0_0(\mathfrak{U}, \mathcal{C})$.

Pour tout $x \in X$, choisissons $\tau x \in J$ tel que $x \in V_{\tau x}$. Puisque $f_{\tau x}$ est une section de $\mathcal{C}$ au-dessus de $V_{\tau x}$, il existe un voisinage ouvert U_x de x, contenu dans $V_{\tau x}$, et une section b_x de $\mathcal{B}$ au-dessus de U_x tels que $\beta(b_x) = f_{\tau x}$ sur U_x. Les $\{U_x\}_{x \in X}$ forment un recouvrement $\mathfrak{U}$ de X, et les b_x forment une 0-cochaîne b de $\mathfrak{U}$ à valeurs dans $\mathcal{B}$; comme $\tau f = \beta(b)$, on a bien $\tau f \in C^0_0(\mathfrak{U}, \mathcal{C})$.

Montrons maintenant que $H^1_0(X, \mathcal{C}) \to H^1(X, \mathcal{C})$ est injectif. Un élément du noyau de cette application peut être représenté par un 1-cocycle $z = (z_{j_0 j_1}) \in C'_0(\mathfrak{V}, \mathcal{C})$ tel qu'il existe $f = (f_j) \in C^0(\mathfrak{V}, \mathcal{C})$ avec $df = z$; appliquant le Lemme 1 à f, on trouve un recouvrement $\mathfrak{U}$ tel que $\tau f \in C^0_0(\mathfrak{U}, \mathcal{C})$, ce qui entraîne que τz est cohomologue à dans $C_0(\mathfrak{U}, \mathcal{C})$, donc a pour image 0 dans $H^1_0(X, \mathcal{C})$. On démontre de même que $H^0_0(X, \mathcal{C}) \to H^0(X, \mathcal{C})$ est bijectif.

COROLLAIRE 1. *On a une suite exacte:*

$$0 \to H^0(X, \mathcal{A}) \to H^0(X, \mathcal{B}) \to H^0(X, \mathcal{C}) \to H^1(X, \mathcal{A}) \to H^1(X, \mathcal{B}) \to H^1(X, \mathcal{C}).$$

C'est une conséquence immédiate des Propositions 5 et 6.

COROLLAIRE 2. *Si* $H^1(X, \mathcal{A}) = 0$, *alors* $\Gamma(X, \mathcal{B}) \to \Gamma(X, \mathcal{C})$ *est surjectif.*

25. Suite exacte de faisceaux: cas où X est paracompact. Rappelons qu'un espace X est dit paracompact s'il est séparé et si tout recouvrement de X admet un recouvrement localement fini plus fin. Pour un tel espace, on peut étendre la Proposition 6 à toute valeur de q (j'ignore si une telle extension est possible pour des espaces non séparés):

PROPOSITION 7. *Si X est paracompact, l'homomorphisme canonique*

$$H_0^q(X, \mathfrak{C}) \to H^q(X, \mathfrak{C})$$

est bijectif pour tout $q \geqq 0$.

La Proposition est une conséquence immédiate du lemme suivant, analogue au Lemme 1:

LEMME 2. *Soit $\mathfrak{B} = \{V_j\}_{j \in J}$ un recouvrement, et soit $f = (f_{j_0 \ldots j_q})$ un élément de $C^q(\mathfrak{B}, \mathfrak{C})$. Il existe un recouvrement $\mathfrak{U} = \{U_i\}_{i \in I}$ et une application $\tau: I \to J$ tels que $U_i \subset V_{\tau i}$ et que $\tau f \in C_0^q(\mathfrak{U}, \mathfrak{C})$.*

Puisque X est paracompact, on peut supposer $\mathfrak{B}$ localement fini. Il existe alors un recouvrement $\{W_j\}_{j \in J}$ tel que $\overline{W}_j \subset V_j$. Pour tout $x \in X$, choisissons un voisinage ouvert U_x de x tel que:

(a) Si $x \in V_j$ (resp. $x \in W_j$), on a $U_x \subset V_j$ (resp. $U_x \subset W_j$),

(b) Si $U_x \cap W_j \neq \emptyset$, on a $U_x \subset V_j$,

(c) Si $x \in V_{j_0 \ldots j_q}$, il existe une section b de $\mathfrak{B}$ au-dessus de U_x telle que $\beta(b) = f_{j_0 \ldots j_q}$ au-dessus de U_x.

La condition (c) est réalisable, vu la définition d'un faisceau quotient, et le fait que x n'appartient qu'à un nombre fini d'ensembles $V_{j_0 \ldots j_q}$. Une fois (c) vérifiée, il suffit de restreindre convenablement U_x pour satisfaire à (a) et (b).

La famille des $\{U_x\}_{x \in X}$ forme un recouvrement $\mathfrak{U}$; pour tout $x \in X$, choisissons $\tau x \in J$ tel que $x \in W_{\tau x}$. Vérifions maintenant que τf appartient à $C_0^q(U, \mathfrak{C})$, autrement dit que $f_{\tau x_0 \ldots \tau x_q}$ est image par β d'une section de $\mathfrak{B}$ au-dessus de $U_{x_0} \cap \cdots \cap U_{x_q}$. Si $U_{x_0} \cap \cdots \cap U_{x_q}$ est vide, c'est évident; sinon, on a $U_{x_0} \cap U_{x_k} \neq \emptyset$ pour $0 \leqq k \leqq q$, et comme $U_{x_k} \subset W_{\tau x_k}$, on a $U_{x_0} \cap W_{\tau x_k} \neq \emptyset$ ce qui entraîne d'après (b) que $U_{x_0} \subset V_{\tau x_k}$, d'où $x_0 \in V_{\tau x_0 \cdots \tau x_q}$; appliquant alors (c), on voit qu'il existe une section b de $\mathfrak{B}$ au-dessus de U_{x_0} telle que $\beta(b)_x = f_{\tau x_0 \cdots \tau x_q}$ au-dessus de U_{x_0}, donc a fortiori au-dessus de $U_{x_0} \cap \cdots \cap U_{x_q}$, ce qui achève la démonstration.

COROLLAIRE. *Si X est paracompact, on a une suite exacte:*

$$\cdots \to H^q(X, \mathfrak{B}) \xrightarrow{\beta^*} H^q(X, \mathfrak{C}) \xrightarrow{d} H^{q+1}(X, \mathfrak{A}) \xrightarrow{\alpha^*} H^{q+1}(X, \mathfrak{B}) \to \cdots$$

(l'opérateur d étant défini comme le composé de l'isomorphisme réciproque de $H_0^q(X, \mathfrak{C}) \to H^q(X, \mathfrak{C})$ et de $d: H_0^q(X, \mathfrak{C}) \to H^{q+1}(X, \mathfrak{A})$).

La suite exacte précédente est appelée la *suite exacte de cohomologie* définie par la suite exacte de faisceaux $0 \to \mathfrak{A} \to \mathfrak{B} \to \mathfrak{C} \to 0$ donnée. Elle vaut, plus généralement, chaque fois que l'on peut démontrer que $H_0^q(X, \mathfrak{C}) \to H^q(X, \mathfrak{C})$ est bijectif (nous verrons au n° 47 que c'est le cas lorsque X est une variété algébrique et que $\mathfrak{A}$ est un faisceau algébrique cohérent).

26. Cohomologie d'un sous-espace fermé. Soit $\mathfrak{F}$ un faisceau sur l'espace X, et soit Y un sous-espace de X. Soit $\mathfrak{F}(Y)$ le faisceau induit par $\mathfrak{F}$ sur Y, au sens du n° 4. Si $\mathfrak{U} = \{U_i\}_{i \in I}$ est un recouvrement de X, les $U'_i = Y \cap U_i$ forment un recouvrement $\mathfrak{U}'$ de Y; si $f_{i_0 \cdots i_q}$ est une section de $\mathfrak{F}$ au-dessus de $U_{i_0 \cdots i_q}$, la restriction de $f_{i_0 \cdots i_q}$ à $U'_{i_0 \cdots i_q} = Y \cap U_{i_0 \cdots i_q}$ est une section de $\mathfrak{F}(Y)$. L'opération de restriction est un homomorphisme $\rho: C(\mathfrak{U}, \mathfrak{F}) \to C(\mathfrak{U}', \mathfrak{F}(Y))$, commutant avec d, donc définissant $\rho^*: H^q(\mathfrak{U}, \mathfrak{F}) \to H^q(\mathfrak{U}', \mathfrak{F}(Y))$. Si $\mathfrak{U} \prec \mathfrak{V}$, on a $\mathfrak{U}' \prec \mathfrak{V}'$, et $\rho^* \circ \sigma(\mathfrak{U}, \mathfrak{V}) = \sigma(\mathfrak{U}', \mathfrak{V}') \circ \rho^*$; donc les homomorphismes ρ^* définissent, par passage à la limite sur $\mathfrak{U}$, des homomorphismes $\rho^*: H^q(X, \mathfrak{F}) \to H^q(Y, \mathfrak{F}(Y))$.

Proposition 8. *Supposons que Y soit fermé dans X, et que $\mathfrak{F}$ soit nul en dehors de Y. Alors $\rho^*: H^q(X, \mathfrak{F}) \to H^q(Y, \mathfrak{F}(Y))$ est bijectif pour tout $q \geqq 0$.*

La Proposition résulte des deux faits suivants:

(a) Tout recouvrement $\mathfrak{W} = \{W_i\}_{i \in I}$ de Y est de la forme $\mathfrak{U}'$, où $\mathfrak{U}$ est un recouvrement de X.

En effet, il suffit de poser $U_i = W_i \cup (X - Y)$, puisque Y est fermé dans X.

(b) Pour tout recouvrement $\mathfrak{U}$ de X, $\rho: C(\mathfrak{U}, \mathfrak{F}) \to C(\mathfrak{U}', \mathfrak{F}(Y))$ est bijectif.

En effet, cela résulte de la Proposition 5 du n° 5, appliquée à $U_{i_0 \cdots i_q}$ et au faisceau $\mathfrak{F}$.

On peut aussi exprimer la Proposition 8 de la manière suivante: Si $\mathcal{G}$ est un faisceau sur Y, et si $\mathcal{G}^X$ est le faisceau obtenu en prolongeant $\mathcal{G}$ par 0 en dehors de Y, on a $H^q(Y, \mathcal{G}) = H^q(X, \mathcal{G}^X)$ pour tout $q \geqq 0$; autrement dit, l'identification de $\mathcal{G}$ avec $\mathcal{G}^X$ est compatible avec le passage aux groupes de cohomologie.

§4. Comparaison des groupes de cohomologie de recouvrements différents

Dans ce paragraphe, X désigne un espace topologique, et $\mathfrak{F}$ un faisceau sur X. On se propose de donner des conditions, portant sur un recouvrement $\mathfrak{U}$ de X, pour que $H^n(\mathfrak{U}, \mathfrak{F}) = H^n(X, \mathfrak{F})$ pour tout $n \geqq 0$.

27. Complexes doubles. Un complexe double (cf. [6], Chap. IV, §4) est un groupe abélien bigradué

$$K = \sum_{p,q} K^{p,q}, \qquad p \geqq 0, q \geqq 0,$$

muni de deux endomorphismes d' et d'' vérifiant les propriétés suivantes:

$$\begin{cases} d' \text{ applique } K^{p,q} \text{ dans } K^{p+1,q} \text{ et } d'' \text{ applique } K^{p,q} \text{ dans } K^{p,q+1}, \\ d' \circ d' = 0, d' \circ d'' + d'' \circ d' = 0, d'' \circ d'' = 0. \end{cases}$$

Un élément de $K^{p,q}$ est dit bihomogène, de bidegré (p, q), et de degré total $p + q$. L'endomorphisme $d = d' + d''$ vérifie $d \circ d = 0$, et les groupes de cohomologie de K, muni de cet opérateur cobord, seront notés $H^n(K)$, n désignant le degré total.

On peut également munir K de l'opérateur de cobord d'; comme d' est compatible avec la bigraduation de K, on obtient ainsi des groupes de cohomologie, notés $H_I^{p,q}(K)$; avec d'', on a les groupes $H_{II}^{p,q}(K)$.

Nous désignerons par K_{II}^q le sous-groupe de $K^{0,q}$ formé des éléments x tels que $d'(x) = 0$, et par K_{II} la somme directe des K_{II}^q $(q = 0, 1, \cdots)$. Définition analogue pour $K_I = \sum_{p=0}^{\infty} K_I^p$. On notera que

$$K_{II}^q = H_I^{0,q}(K) \quad \text{et} \quad K_I^p = H_{II}^{p,0}(K).$$

K_{II} est un sous-complexe de K, et l'opérateur d coincide sur K_{II} avec l'opérateur d''.

PROPOSITION 1. *Si $H_I^{p,q}(K) = 0$ pour $p > 0$ et $q \geqq 0$, l'injection $K_{II} \to K$ définit une bijection de $H^n(K_{II})$ sur $H^n(K)$ pour tout $n \geqq 0$.*

(Cf. [4], exposé XVII-6, dont nous reproduisons ci-dessous la démonstration).

Remplaçant K par K/K_{II}, on est ramené à démontrer que, si $H_I^{p,q}(K) = 0$ pour $p \geqq 0$ et $q \geqq 0$, alors $H^n(K) = 0$ pour tout $n \geqq 0$. Posons

$$K_h = \sum_{q \geqq h} K^{p,q}.$$

Les K_h ($h = 0, 1, \cdots$) sont des sous-complexes emboîtés de K, et K_h/K_{h+1} est isomorphe à $\sum_{p=0}^{\infty} K^{p,h}$, muni de l'opérateur cobord d'. On a donc $H^n(K_h/K_{h+1}) = H_I^{h,n-h}(K) = 0$ quels que soient n et h, d'où $H^n(K_h) = H^n(K_{h+1})$. Comme $H^n(K_h) = 0$ si $h > n$, on en déduit, par récurrence descendante sur h, que $H^n(K_h) = 0$ quels que soient n et h, et comme K_0 est égal à K, la Proposition est démontrée.

28. Complexe double défini par deux recouvrements. Soient $\mathfrak{U} = \{U_i\}_{i \in I}$ et $\mathfrak{V} = \{V_j\}_{j \in J}$ deux recouvrements de X. Si s est un p-simplexe de $S(I)$, et s' un q-simplexe de $S(J)$, nous désignerons par U_s l'intersection des U_i, $i \in s$ (cf. n° 18), par $V_{s'}$ l'intersection des V_j, $j \in s'$, par $\mathfrak{V}_s$ le recouvrement de U_s formé par les $\{U_s \cap V_j\}_{j \in J}$, et par $\mathfrak{U}_{s'}$ le recouvrement de $V_{s'}$ formé par les $\{V_{s'} \cap U_i\}_{i \in I}$.

Définissons un complexe double $C(\mathfrak{U}, \mathfrak{V}; \mathfrak{F}) = \sum_{p,q} C^{p,q}(\mathfrak{U}, \mathfrak{V}; \mathfrak{F})$ de la façon suivante:

$C^{p,q}(\mathfrak{U}, \mathfrak{V}; \mathfrak{F}) = \prod \Gamma(U_s \cap V_{s'}, \mathfrak{F})$, le produit étant étendu à tous les couples (s, s') où s est un simplexe de dimension p de $S(I)$ et s' un simplexe de dimension q de $S(J)$.

Un élément $f \in C^{p,q}(\mathfrak{U}, \mathfrak{V}; \mathfrak{F})$ est donc un système $(f_{s,s'})$ de sections de $\mathfrak{F}$ sur les $U_s \cap V_{s'}$, ou encore, avec les notations du n° 18, c'est un système

$$f_{i_0 \cdots i_p, j_0 \cdots j_q} \in \Gamma(U_{i_0 \cdots i_p} \cap V_{j_0 \cdots j_q}, \mathfrak{F}).$$

On peut aussi identifier $C^{p,q}(\mathfrak{U}, \mathfrak{V}; \mathfrak{F})$ avec $\prod_{s'} C^p(\mathfrak{U}_{s'}, \mathfrak{F})$; comme, pour chaque s', on a une opération de cobord $d: C^p(\mathfrak{U}_{s'}, \mathfrak{F}) \to C^{p+1}(\mathfrak{U}_{s'}, \mathfrak{F})$ on en déduit un homomorphisme

$$d_{\mathfrak{U}} : C^{p,q}(\mathfrak{U}, \mathfrak{V}; \mathfrak{F}) \longrightarrow C^{p+1,q}(\mathfrak{U}, \mathfrak{V}; \mathfrak{F}).$$

En explicitant la définition de $d_{\mathfrak{U}}$, on obtient:

$$(d_{\mathfrak{U}} f)_{i_0 \cdots i_{p+1}, j_0 \cdots j_q} = \sum_{k=0}^{k=p+1} (-1)^k \rho_k (f_{i_0 \cdots \hat{i}_k \cdots i_{p+1}, j_0 \cdots j_q}),$$

ρ_k désignant l'homomorphisme de restriction défini par l'inclusion de

$$U_{i_0 \cdots i_{p+1}} \cap V_{j_0 \cdots j_q} \quad \text{dans} \quad U_{i_0 \cdots \hat{i}_k \cdots i_{p+1}} \cap V_{j_0 \cdots j_q}.$$

On définit de même $d_{\mathfrak{V}} : C^{p,q}(\mathfrak{U}, \mathfrak{V}; \mathfrak{F}) \longrightarrow C^{p,q+1}(\mathfrak{U}, \mathfrak{V}; \mathfrak{F})$ et l'on a:

$$(d_{\mathfrak{V}} f)_{i_0 \cdots i_p, j_0 \cdots j_{q+1}} = \sum_{h=0}^{h=q+1} (-1)^h \rho_h (f_{i_0 \cdots i_p, j_0 \cdots \hat{j}_h \cdots j_{q+1}}).$$

Il est clair que $d_{\mathfrak{U}} \circ d_{\mathfrak{U}} = 0$, $d_{\mathfrak{U}} \circ d_{\mathfrak{V}} = d_{\mathfrak{V}} \circ d_{\mathfrak{U}}$, $d_{\mathfrak{V}} \circ d_{\mathfrak{V}} = 0$. En posant alors $d' = d_{\mathfrak{U}}$, $d'' = (-1)^p d_{\mathfrak{V}}$, on munit $C(\mathfrak{U}, \mathfrak{V}; \mathfrak{F})$ d'une structure de double complexe. On peut donc appliquer à $K = C(\mathfrak{U}, \mathfrak{V}; \mathfrak{F})$ les définitions du nº précédent; les groupes ou complexes désignés dans le cas général par $H^n(K)$, $H_I^{p,q}(K)$, $H_{II}^{p,q}(K)$, K_I, K_{II}, seront notés ici $H^n(\mathfrak{U}, \mathfrak{V}; \mathfrak{F})$, $H_I^{p,q}(\mathfrak{U}, \mathfrak{V}; \mathfrak{F})$, $H_{II}^{p,q}(\mathfrak{U}, \mathfrak{V}; \mathfrak{F})$, $C_I(\mathfrak{U}, \mathfrak{V}; \mathfrak{F})$ et $C_{II}(\mathfrak{U}, \mathfrak{V}; \mathfrak{F})$ respectivement.

Vu les définitions de d' et d'', on a immédiatement:

Proposition 2. *$H_I^{p,q}(\mathfrak{U}, \mathfrak{V}; \mathfrak{F})$ est isomorphe à $\prod_{s'} H^p(\mathfrak{U}_{s'}, \mathfrak{F})$, le produit étant étendu à tous les simplexes de dimension q de $S(J)$. En particulier,*

$$C_{II}^q(\mathfrak{U}, \mathfrak{V}; \mathfrak{F}) = H_I^{0,q}(\mathfrak{U}, \mathfrak{V}; \mathfrak{F})$$

est isomorphe à $\prod_{s'} H^0(\mathfrak{U}_{s'}, \mathfrak{F}) = C^q(\mathfrak{V}, \mathfrak{F})$.

Nous noterons ι'' l'isomorphisme canonique: $C(\mathfrak{V}, \mathfrak{F}) \to C_{II}(\mathfrak{U}, \mathfrak{V}; \mathfrak{F})$. Si $(f_{j_0 \cdots j_q})$ est un élément de $C^q(\mathfrak{V}, \mathfrak{F})$, on a donc:

$$(\iota'' f)_{i_0, j_0 \cdots j_q} = \rho_{i_0}(f_{j_0 \cdots j_q}),$$

ρ_{i_0} désignant l'homomorphisme de restriction défini par l'inclusion de

$$U_{i_0} \cap V_{j_0 \cdots j_q} \quad \text{dans} \quad V_{j_0 \cdots j_q}.$$

Bien entendu, un résultat analogue à la Proposition 2 vaut pour $H_{II}^{p,q}(\mathfrak{U}, \mathfrak{V}; \mathfrak{F})$, et l'on a un isomorphisme $\iota' : C(\mathfrak{U}, \mathfrak{F}) \to C_I(\mathfrak{U}, \mathfrak{V}; \mathfrak{F})$.

29. Applications. Les notations étant celles du nº précédent, on a:

Proposition 3. *Supposons que $H^p(\mathfrak{U}_{s'}, \mathfrak{F}) = 0$ pour tout s' et tout $p > 0$. Alors l'homomorphisme $H^n(\mathfrak{V}, \mathfrak{F}) \to H^n(\mathfrak{U}, \mathfrak{V}; \mathfrak{F})$, défini par ι'', est bijectif pour tout $n \geqq 0$.*

C'est une conséquence immédiate des Propositions 1 et 2.

Avant d'énoncer la Proposition 4, démontrons un lemme:

Lemme 1. *Soit $\mathfrak{W} = \{W_i\}_{i \in I}$ un recouvrement d'un espace Y, et soit $\mathfrak{F}$ un faisceau sur Y. S'il existe $i \in I$ tel que $W_i = Y$, alors $H^p(\mathfrak{W}, \mathfrak{F}) = 0$ pour tout $p > 0$.*

Soit $\mathfrak{W}'$ le recouvrement de Y formé de l'unique ouvert Y; on a évidemment $\mathfrak{W} < \mathfrak{W}'$, et l'hypothèse faite sur $\mathfrak{W}$ signifie que $\mathfrak{W}' < \mathfrak{W}$. Il en résulte (nº 22) que $H^p(\mathfrak{W}, \mathfrak{F}) = H^p(\mathfrak{W}', \mathfrak{F}) = 0$ si $p > 0$.

Proposition 4. *Supposons que le recouvrement $\mathfrak{V}$ soit plus fin que le recouvrement $\mathfrak{U}$. Alors $\iota'' : H^n(\mathfrak{V}, \mathfrak{F}) \to H^n(\mathfrak{U}, \mathfrak{V}; \mathfrak{F})$ est bijectif pour tout $n \geqq 0$. De plus, l'homomorphisme $\iota' \circ \iota''^{-1} : H^n(\mathfrak{U}, \mathfrak{F}) \to H^n(\mathfrak{V}, \mathfrak{F})$ coïncide avec l'homomorphisme $\sigma(\mathfrak{V}, \mathfrak{U})$ du nº 21.*

En appliquant le Lemme 1 à $\mathfrak{W} = \mathfrak{U}_{s'}$ et $Y = V_{s'}$, on voit que $H^p(\mathfrak{U}_{s'}, \mathfrak{F}) = 0$ pour tout $p > 0$, et la Proposition 3 montre alors que

$$\iota'' : H^n(\mathfrak{V}, \mathfrak{F}) \to H^n(\mathfrak{U}, \mathfrak{V}; \mathfrak{F})$$

est bijectif pour tout $n \geqq 0$.

Soit $\tau : J \to I$ une application telle que $V_j \subset U_{\tau j}$; pour démontrer la seconde partie de la Proposition, il nous faut faire voir que, si f est un n-cocycle de $C(\mathfrak{U}, \mathfrak{F})$, les cocycles $\iota'(f)$ et $\iota''(\tau f)$ sont cohomologues dans $C(\mathfrak{U}, \mathfrak{V}; \mathfrak{F})$.

Pour tout entier p, $0 \leqq p \leqq n-1$, définissons $g^p \in C^{p,n-p-1}(\mathfrak{U}, \mathfrak{V}; \mathfrak{F})$ par la formule suivante:

$$g^p_{i_0 \cdots i_p, j_0 \cdots j_{n-p-1}} = \rho_p(f_{i_0 \cdots i_p \tau j_0 \cdots \tau j_{n-p}}),$$

ρ_p désignant l'homomorphisme de restriction défini par l'inclusion de

$$U_{i_0 \cdots i_p} \cap V_{j_0 \cdots j_{n-p-1}} \quad \text{dans} \quad U_{i_0 \cdots i_p \tau j_0 \cdots \tau j_{n-p-1}}.$$

On vérifie par un calcul direct (en tenant compte de ce que f est un cocycle) que l'on a:

$$d''(g^0) = \iota''(\tau f), \cdots, d''(g^p) = d'(g^{p-1}), \cdots, d'(g^{n-1}) = (-1)^n \iota'(f)$$

d'où $d(g^0 - g^1 + \cdots + (-1)^{n-1} g^{n-1}) = \iota''(\tau f) - \iota'(f)$, ce qui montre bien que $\iota''(\tau f)$ et $\iota'(f)$ sont cohomologues.

Proposition 5. *Supposons que $\mathfrak{V}$ soit plus fin que $\mathfrak{U}$, et que $H^q(\mathfrak{V}_s, \mathfrak{F}) = 0$ pour tout s et tout $q > 0$. Alors l'homomorphisme $\sigma(\mathfrak{V}, \mathfrak{U}): H^n(\mathfrak{U}, \mathfrak{F}) \to H^n(\mathfrak{V}, \mathfrak{F})$ est bijectif pour tout $n \geqq 0$.*

Si l'on applique la Proposition 3 en permutant les rôles de $\mathfrak{U}$ et de $\mathfrak{V}$, on voit que $\iota': H^n(\mathfrak{V}, \mathfrak{F}) \to H^n(\mathfrak{U}, \mathfrak{V}; \mathfrak{F})$ est bijectif. La Proposition résulte alors directement de la Proposition 4.

Théorème 1. *Soient X un espace topologique, $\mathfrak{U} = \{U_i\}_{i \in I}$ un recouvrement de X, $\mathfrak{F}$ un faisceau sur X. Supposons qu'il existe une famille $\mathfrak{V}^\alpha$, $\alpha \in A$, de recouvrements de X vérifiant les deux conditions suivantes:*

(a) *Pour tout recouvrement $\mathfrak{W}$ de X, il existe $\alpha \in A$ tel que $\mathfrak{V}^\alpha \prec \mathfrak{W}$.*

(b) *$H^q(\mathfrak{V}^\alpha_s, \mathfrak{F}) = 0$ pour tout $\alpha \in A$, tout simplexe s de $S(I)$, et tout $q > 0$.*

Alors $\sigma(\mathfrak{U}): H^n(\mathfrak{U}, \mathfrak{F}) \to H^n(X, \mathfrak{F})$ est bijectif pour tout $n \geqq 0$.

Puisque les $\mathfrak{V}^\alpha$ sont arbitrairement fins, nous pouvons supposer qu'ils sont plus fins que $\mathfrak{U}$. En ce cas l'homomorphisme

$$\sigma(\mathfrak{V}^\alpha, \mathfrak{U}): H^n(\mathfrak{U}, \mathfrak{F}) \to H^n(\mathfrak{V}^\alpha, \mathfrak{F})$$

est bijectif pour tout $n \geqq 0$, d'après la Proposition 5. Comme les $\mathfrak{V}^\alpha$ sont arbitrairement fins, $H^n(X, \mathfrak{F})$ est limite inductive des $H^n(\mathfrak{V}^\alpha, \mathfrak{F})$, et le théorème résulte immédiatement de là.

Remarques. (1) Il est probable que le Théorème 1 reste valable lorsqu'on remplace la condition (b) par la condition plus faible suivante:

(b′) $\lim_\alpha H^q(\mathfrak{V}^\alpha_s, \mathfrak{F}) = 0$ pour tout simplexe s de $S(I)$ et tout $q > 0$.

(2) Le Théorème 1 est analogue à un théorème de Leray sur les recouvrements acycliques. Cf. [10], ainsi que [4], exposé XVII-7.

Chapitre II. Variétés Algébriques—Faisceaux algébriques cohérents sur les variétés affines

Dans toute la suite de cet article K désigne un corps commutatif algébriquement clos, de caractéristique quelconque.

§1. Variétés algébriques

30. Espaces vérifiant la condition (A). Soit X un espace topologique. La condition (A) est la suivante:

(A)—*Toute suite décroissante de parties fermées de X est stationnaire.*

Autrement dit, si l'on a $F_1 \supset F_2 \supset F_3 \supset \cdots$, les F_i étant fermés dans X, il existe un entier n tel que $F_m = F_n$ pour $m \geqq n$. Ou encore:

(A')—*L'ensemble des parties fermées de X, ordonné par inclusion, vérifie la condition minimale.*

Exemples. Munissons un ensemble X de la topologie où les sous-ensembles fermés sont les parties finies de X et X lui-même; la condition (A) est alors vérifiée. Plus généralement, toute variété algébrique, muni de la topologie de Zariski, vérifie (A) (cf. n° 34).

Proposition 1. (a) *Si X vérifie la condition* (A), *X est quasi-compact.*

(b) *Si X vérifie la condition* (A), *tout sous-espace de X la vérifie aussi.*

(c) *Si X est réunion d'une famille finie Y_i de sous-espaces vérifiant la condition* (A), *alors X vérifie aussi la condition* (A).

Si F_i est un ensemble filtrant décroissant de parties fermées de X, et si X vérifie (A'), il existe un F_i contenu dans tous les autres; si $\bigcap F_i = \emptyset$ il y a donc un i tel que $F_i = \emptyset$, ce qui démontre (a).

Soit $G_1 \supset G_2 \supset G_3 \supset \cdots$ une suite décroissante de parties fermées d'un sous-espace Y de X; si X vérifie (A), il existe un n tel que $\bar{G}_m = \bar{G}_n$ pour $m \geqq n$, d'où $G_m = Y \cap \bar{G}_m = Y \cap \bar{G}_n = G_n$, ce qui démontre (b).

Soit $F_1 \supset F_2 \supset F_3 \supset \cdots$ une suite décroissante de parties fermées d'un espace X vérifiant (c); puisque les Y_i vérifient (A) il existe pour chaque i un n_i tel que $F_m \cap Y_i = F_{n_i} \cap Y_i$ pour $m \geqq n_i$; si $n = \mathrm{Sup}(n_i)$, on a alors $F_m = F_n$ si $m \geqq n$, ce qui démontre (c).

Un espace X est dit *irréductible* s'il n'est pas réunion de deux sous-ensembles fermés, distincts de lui-même; il revient au même de dire que deux ouverts non vides de X ont une intersection non vide. Toute famille finie d'ouverts non vides de X a alors une intersection non vide, et tout ouvert de X est également irréductible.

Proposition 2. *Tout espace X vérifiant la condition* (A) *est réunion d'un nombre fini de sous-espaces fermés irréductibles Y_i. Si l'on suppose que Y_i n'est contenu dans Y_j pour aucun couple (i, j), $i \neq j$, l'ensemble des Y_i est déterminé de façon unique par X; les Y_i sont alors appelés les composantes irréductibles de X.*

L'existence d'une décomposition $X = \bigcup Y_i$ résulte évidemment de (A). Si Z_k est une autre décomposition de X, on a $Y_i = \bigcup Y_i \cap Z_k$, et, comme Y_i est irréductible, cela implique l'existence d'un indice k tel que $Z_k \supset Y_i$; échangeant les rôles de Y_i et de Z_k, on conclut de même à l'existence d'un indice i' tel que $Y_{i'} \supset Z_k$; d'où $Y_i \subset Z_k \subset Y_{i'}$, ce qui, vu l'hypothèse faite sur les Y_i entraîne $i = i'$ et $Y_i = Z_k$, d'où aussitôt l'unicité de la décomposition.

Proposition 3. *Soit X un espace topologique, réunion d'une famille finie de sous-ensembles ouverts non vides V_i. Pour que X soit irréductible, il faut et il suffit que les V_i soient irréductibles et que $V_i \cap V_j \neq \emptyset$ pour tout couple (i, j).*

La nécessité de ces conditions a été signalée plus haut; montrons qu'elles sont suffisantes. Si $X = Y \cup Z$, où Y et Z sont fermés, on a $V_i = (V_i \cap Y) \cup (V_i \cap Z)$, ce qui montre que chaque V_i est contenu soit dans Y, soit dans Z. Supposons Y et Z distincts de X; on peut alors trouver deux indices i, j tels que V_i ne soit pas contenu dans Y et V_j ne soit pas contenu dans Z; d'après ce qui précède, on a donc $V_i \subset Z$ et $V_j \subset Y$. Soit $T = V_j - V_i \cap V_j$; T est fermé dans V_j, et l'on a $V_j = T \cup (Z \cap V_j)$; comme V_j est irréductible, ceci entraîne soit $T = V_j$, c'est-à-dire $V_i \cap V_j = \emptyset$, soit $Z \cap V_j = V_j$, c'est-à-dire $V_j \subset Z$, et dans les deux cas on aboutit à une contradiction, cqfd.

31. Sous-ensembles localement fermés de l'espace affine. Soit r un entier $\geqq 0$, et soit $X = K^r$ *l'espace affine* de dimension r sur le corps K. Nous munirons X de la *topologie de Zariski*; rappelons qu'un sous-ensemble de X est fermé pour cette topologie s'il est l'ensemble des zéros communs à une famille de polynômes $P^\alpha \in K[X_1, \cdots, X_r]$. Puisque l'anneau des polynômes est noethérien, X vérifie la condition (A) du n° précédent; de plus, on montre facilement que X est un espace irréductible.

Si $x = (x_1, \cdots, x_r)$ est un point de X, nous noterons $\mathcal{O}_x$ *l'anneau local* de x; rappelons que c'est le sous-anneau du corps $K(X_1, \cdots, X_r)$ formé des fractions rationnelles R qui peuvent être mises sous la forme:

$R = P/Q$, où P et Q sont des polynômes, et $Q(x) \neq 0$.

Une telle fraction rationnelle est dite *régulière en* x; en tout point $x \in X$ où $Q(x) \neq 0$, la fonction $x \to P(x)/Q(x)$ est une fonction continue à valeurs dans K (K étant muni de la topologie de Zariski) que l'on peut identifier avec R, le corps K étant infini. Les $\mathcal{O}_x$, $x \in X$, forment donc un sous-faisceau $\mathcal{O}$ du faisceau $\mathcal{F}(X)$ des germes de fonctions sur X à valeurs dans K (cf. n° 3); le faisceau $\mathcal{O}$ est un faisceau d'anneaux.

Nous allons étendre ce qui précède aux sous-espaces localement fermés de X (nous dirons qu'un sous-ensemble d'un espace X est *localement fermé* dans X s'il est l'intersection d'un sous-ensemble ouvert et d'un sous-ensemble fermé de X). Soit Y un tel sous-espace, et soit $\mathcal{F}(Y)$ le faisceau des germes de fonctions sur Y à valeurs dans K; si x est un point de Y, l'opération de restriction d'une fonction définit un homomorphisme canonique

$$\varepsilon_x : \mathcal{F}(X)_x \to \mathcal{F}(Y)_x .$$

L'image de $\mathcal{O}_x$ par ε_x est un sous-anneau de $\mathcal{F}(Y)_x$, que nous désignerons par $\mathcal{O}_{x,Y}$; les $\mathcal{O}_{x,Y}$ forment un sous-faisceau $\mathcal{O}_Y$ de $\mathcal{F}(Y)$, que nous appellerons le *faisceau des anneaux locaux* de Y. Une section de $\mathcal{O}_Y$ sur un ouvert V de Y est donc, par définition, une application $f: V \to K$ qui est égale, au voisinage de chaque point $x \in V$, à la restriction à V d'une fonction rationnelle régulière en x; une telle fonction f sera dite *régulière* sur V; c'est une fonction continue lorsque l'on munit V de la topologie induite par celle de X, et K de la topologie de Zariski. L'ensemble des fonctions régulières en tout point de V est un anneau, l'anneau $\Gamma(V, \mathcal{O}_Y)$; observons également que, si $f \in \Gamma(V, \mathcal{O}_Y)$ et si $f(x) \neq 0$ pour tout $x \in V$, alors $1/f$ appartient aussi à $\Gamma(V, \mathcal{O}_Y)$.

On peut caractériser autrement le faisceau $\mathcal{O}_Y$:

PROPOSITION 4. *Soit U (resp. F) un sous-espace ouvert (resp. fermé) de X, et soit* $Y = U \cap F$. *Soit* $I(F)$ *l'idéal de* $K[X_1, \cdots, X_r]$ *formé des polynomes nuls sur F. Si x est un point de Y, le noyau de la surjection* ε_x: $\mathcal{O}_x \to \mathcal{O}_{x,Y}$ *est égal à l'idéal* $I(F).\mathcal{O}_x$ *de* $\mathcal{O}_x$.

Il est clair que tout élément de $I(F).\mathcal{O}_x$ appartient au noyau de ε_x. Inversement, soit $R = P/Q$ un élément de ce noyau, P et Q étant deux polynômes, et $Q(x) \neq 0$. Par hypothèse, il existe un voisinage ouvert W de x tel que $P(y) = 0$ pour tout $y \in W \cap F$; soit F' le complémentaire de W, qui est fermé dans X; puisque $x \notin F'$, il existe, par définition même de la topologie de Zariski, un polynôme P_1, nul sur F' et non nul en x; le polynôme $P \cdot P_1$ appartient alors à $I(F)$, et l'on peut écrire $R = P \cdot P_1 / Q \cdot P_1$, ce qui montre bien que $R \in I(F) \cdot \mathcal{O}_x$.

COROLLAIRE. *L'anneau* $\mathcal{O}_{x,Y}$ *est isomorphe à l'anneau des fractions de* $K[X_1, \cdots, X_r]/I(F)$ *relatif à l'idéal maximal défini par le point x.*

Cela résulte immédiatement de la construction de l'anneau des fractions d'un anneau quotient (cf. par exemple [8], Chap. XV, §5, th.XI).

32. Applications régulières. Soit U (resp. V) un sous-espace localement fermé de K^r (resp. K^s). Une application $\varphi: U \to V$ est dite *régulière* sur U (ou simplement régulière) si:

(a) φ *est continue,*

(b) *Si* $x \in U$, *et si* $f \in \mathcal{O}_{\varphi(x),V}$, *alors* $f \circ \varphi \in \mathcal{O}_{x,U}$.

Désignons les coordonnées du point $\varphi(x)$ par $\varphi_i(x)$, $1 \leqq i \leqq s$. On a alors:

PROPOSITION 5. *Pour que* $\varphi: U \to V$ *soit régulière sur U, il faut et il suffit que les* $\varphi_i: U \to K$ *soient régulières sur U pour tout i,* $1 \leqq i \leqq s$.

Comme les fonctions coordonnées sont régulières sur V, la condition est nécessaire. Inversement, supposons que l'on ait $\varphi_i \in \Gamma(U, \mathcal{O}_U)$ pour tout i; si $P(X_1, \cdots, X_s)$ est un polynôme, la fonction $P(\varphi_1, \cdots, \varphi_s)$ appartient à $\Gamma(U, \mathcal{O}_U)$ puisque $\Gamma(U, \mathcal{O}_U)$ est un anneau; il s'ensuit que c'est une fonction continue sur U, donc que le lieu de ses zéros est fermé, ce qui prouve la continuité de φ. Si l'on a $x \in U$ et $f \in \mathcal{O}_{\varphi(x),V}$, on peut écrire localement f sous la forme $f = P/Q$, où P et Q sont des polynômes et $Q(\varphi(x)) \neq 0$. La fonction $f \circ \varphi$ est alors égale à $P \circ \varphi / Q \circ \varphi$ au voisinage de x; d'après ce que nous venons de voir, $P \circ \varphi$ et $Q \circ \varphi$ sont régulières au voisinage de x; comme $Q \circ \varphi(x) \neq 0$, il en résulte que $f \circ \varphi$ est régulière au voisinage de x, cqfd.

La *composée* de deux applications régulières est régulière. Une bijection $\varphi: U \to V$ est appelée un *isomorphisme birégulier* (ou simplement un isomorphisme) si φ et φ^{-1} sont des applications régulières; il revient au même de dire que φ est un homéomorphisme de U sur V qui transforme le faisceau $\mathcal{O}_U$ en le faisceau $\mathcal{O}_V$.

33. Produits. Si r et r' sont deux entiers $\geqq 0$, nous identifierons l'espace affine $K^{r+r'}$ au produit $K^r \times K^{r'}$. La topologie de Zariski de $K^{r+r'}$ est *plus fine* que la topologie produit des topologies de Zariski de K^r et de $K^{r'}$; elle est même strictement plus fine si r et r' sont >0. Il en résulte que, si U et U' sont des sous-espaces localement fermés de K^r et de $K^{r'}$, $U \times U'$ est un sous-espace localement fermé de $K^{r+r'}$ et le faisceau $\mathcal{O}_{U \times U'}$ est bien défini.

Soit d'autre part W un sous-espace localement fermé de K^t, $t \geqq 0$, et soient $\varphi: W \rightarrow U$ et $\varphi': W \rightarrow U'$ deux applications. Il résulte immédiatement de la Proposition 5 que l'on a:

PROPOSITION 6. *Pour que l'application* $x \rightarrow (\varphi(x), \varphi'(x))$ *soit une application régulière de* W *dans* $U \times U'$, *il faut et il suffit que* φ *et* φ' *soient régulières.*

Comme toute application *constante* est régulière, la Proposition précédente montre que toute *section* $x \rightarrow (x, x'_0)$, $x'_0 \in U'$, est une application régulière de U dans $U \times U'$; d'autre part, les *projections* $U \times U' \rightarrow U$ et $U \times U' \rightarrow U'$ sont évidemment régulières.

Soient V et V' des sous-espaces localement fermés de K^s et $K^{s'}$, et soient $\psi: U \rightarrow V$ et $\psi': U' \rightarrow V'$ deux applications. Les remarques qui précèdent, jointes à la Proposition 6, montrent que l'on a alors (cf. [1], Chap. IV):

2 PROPOSITION 7. *Pour que* $\psi \times \psi' : U \times U' \rightarrow V \times V'$ *soit régulière, il faut et il suffit que* ψ *et* ψ' *soient régulières.*

D'où:

COROLLAIRE. *Pour que* $\psi \times \psi'$ *soit un isomorphisme birégulier, il faut et il suffit que* ψ *et* ψ' *soient des isomorphismes biréguliers.*

34. Définition de la structure de variété algébrique.

DÉFINITION. *On appelle variété algébrique sur* K *(ou simplement variété algébrique) un ensemble* X *muni:*

1° *d'une topologie,*

2° *d'un sous-faisceau* $\mathcal{O}_X$ *du faisceau* $\mathcal{F}(X)$ *des germes de fonctions sur* X *à valeurs dans* K,

ces données étant assujetties à vérifier les axiomes (VA_I) *et* (VA_{II}) *énoncés ci-dessous.*

Remarquons d'abord que, si X et Y sont munis de deux structures du type précédent, on a la notion d'*isomorphisme* de X sur Y: c'est un homéomorphisme de X sur Y qui transforme $\mathcal{O}_X$ en $\mathcal{O}_Y$. D'autre part, si X' est un ouvert de X, on peut munir X' de la topologie induite et du faisceau induit: on a une notion de *structure induite* sur un ouvert. Ceci précisé, nous pouvons énoncer l'axiome (VA_I):

(VA_I)—*Il existe un recouvrement ouvert fini* $\mathfrak{V} = \{V_i\}_{i \in I}$ *de l'espace* X *tel que chaque* V_i, *muni de la structure induite par celle de* X, *soit isomorphe à un sous-espace localement fermé* U_i *d'un espace affine, muni du faisceau* $\mathcal{O}_{U_i}$ *défini au* n° 31.

Pour simplifier le langage, nous appellerons *variété préalgébrique* tout espace topologique X muni d'un faisceau $\mathcal{O}_X$ vérifiant l'axiome (VA_I). Un isomorphisme $\varphi_i: V_i \rightarrow U_i$ sera appelé une *carte* de l'ouvert V_i; la condition (VA_I) signifie donc qu'il est possible de recouvrir X au moyen d'un nombre fini d'ouverts possédant des cartes. La Proposition 1 du n° 30 montre que X vérifie alors la condition (A), donc est quasi-compact, ainsi que tous ses sous-espaces.

La topologie de X sera appelée "topologie de Zariski" de X, et le faisceau $\mathcal{O}_X$ sera appelé le *faisceau des anneaux locaux* de X.

PROPOSITION 8. *Soit X un ensemble, réunion d'une famille finie de sous-ensembles X_j, $j \in J$. Supposons que chaque X_j soit muni d'une structure de variété préalgébrique, et que les conditions suivantes soient vérifiées:*

(a) *$X_i \cap X_j$ est ouvert dans X_i quels que soient $i, j \in J$,*

(b) *les structures induites par X_i et par X_j sur $X_i \cap X_j$ coincident quels que soient $i, j \in J$.*

Il existe alors une structure de variété préalgébrique et une seule sur X telle que les X_j soient ouverts dans X et que la structure induite sur chaque X_j soit la structure donnée.

L'existence et l'unicité de la topologie de X et du faisceau $\mathcal{O}_X$ sont immédiates; il reste à vérifier que cette topologie et ce faisceau satisfont à (VA_I), ce qui résulte du fait que les X_j sont en nombre fini et vérifient chacun (VA_I).

COROLLAIRE. *Soient X et X' deux variétés préalgébriques. Il existe sur $X \times X'$ une structure de variété préalgébrique et une seule vérifiant la condition suivante: Si $\varphi : V \to U$ et $\varphi' : V' \to U'$ sont des cartes (V étant ouvert dans X et V' ouvert dans X'), alors $V \times V'$ est ouvert dans $X \times X'$ et $\varphi \times \varphi' : V \times V' \to U \times U'$ est une carte.*

Recouvrons X par un nombre fini d'ouverts V_i ayant des cartes $\varphi_i : V_i \to U_i$, et soit (V'_j, U'_j, φ'_j) un système analogue pour X'. L'ensemble $X \times X'$ est réunion des $V_i \times V'_j$; munissons chaque $V_i \times V'_j$ de la structure de variété préalgébrique image de celle de $U_i \times U'_j$ par $\varphi_i^{-1} \times \varphi_j'^{-1}$; les hypothèses (a) et (b) de la Proposition 8 sont applicables à ce recouvrement de $X \times X'$, d'après le corollaire à la Proposition 7. On obtient ainsi une structure de variété préalgébrique sur $X \times X'$ qui vérifie les conditions voulues.

On peut appliquer le corollaire précédent au cas particulier $X' = X$; ainsi $X \times X$ se trouve muni d'une structure de variété préalgébrique, et en particulier d'une *topologie*. Nous pouvons maintenant énoncer l'axiome (VA_{II}):

(VA_{II})—*La diagonale Δ de $X \times X$ est fermée dans $X \times X$.*

Supposons que X soit une variété préalgébrique, obtenue par le procédé de "recollement" de la Proposition 8; pour que la condition (VA_{II}) soit satisfaite, il faut et il suffit que $X_{ij} = \Delta \cap X_i \times X_j$ soit fermé dans $X_i \times X_j$. Or X_{ij} est l'ensemble des (x, x) avec $x \in X_i \cap X_j$. Supposons alors qu'il existe des cartes $\varphi_i : X_i \to U_i$, et soit $T_{ij} = \varphi_i \times \varphi_j(X_{ij})$; T_{ij} est l'ensemble des $(\varphi_i(x), \varphi_j(x))$ pour x parcourant $X_i \cap X_j$. L'axiome (VA_{II}) prend donc la forme suivante:

(VA'_{II})—*Pour tout couple (i, j), T_{ij} est fermé dans $U_i \times U_j$.*

Sous cette forme, on reconnait l'axiome (A) de Weil (cf. [16], p. 167), à cela près que Weil ne considère que des variétés irréductibles.

EXEMPLES de variétés algébriques: Tout sous-espace localement fermé U d'un espace affine, muni de la topologie induite et du faisceau $\mathcal{O}_U$ défini au n° 31, est une variété algébrique. Toute variété projective est une variété algébrique (cf. n° 51). Tout espace fibré algébrique (cf. [17]) dont la base et la fibre sont des variétés algébriques est une variété algébrique.

REMARQUES. (1) On notera l'analogie de la condition (VA_{II}) et de la condition de *séparation* imposée aux variétés topologiques, différentiables, analytiques.

(2) Des exemples simples montrent que la condition (VA_{II}) *n'est pas* une conséquence de la condition (VA_I).

35. Applications régulières, structures induites, produits. Soient X et Y deux variétés algébriques, φ une application de X dans Y. On dit que φ est *régulière* si:

(a) *φ est continue,*

(b) *Si $x \in X$, et si $f \in \mathcal{O}_{\varphi(x),Y}$, alors $f \circ \varphi \in \mathcal{O}_{x,X}$.*

De même qu'au n° 32, la composée de deux applications régulières est régulière, et, pour qu'une bijection $\varphi: X \to Y$ soit un isomorphisme, il faut et il suffit que φ et φ^{-1} soient des applications régulières. Les applications régulières forment donc une famille de *morphismes* pour la structure de variété algébrique, au sens de [1], Chap. IV.

Soit X une variété algébrique, et X' un sous-ensemble localement fermé de X. Munissons X' de la topologie induite par celle de X et du faisceau $\mathcal{O}_{X'}$ induit par $\mathcal{O}_X$ (de façon plus précise, pour tout $x \in X'$, on définit $\mathcal{O}_{x,X'}$ comme l'image de $\mathcal{O}_{x,X}$ par l'homomorphisme canonique: $\mathcal{F}(X)_x \to \mathcal{F}(X')_x$). L'axiome ($VA_I$) est vérifié: si $\varphi_i: V_i \to U_i$ est un système de cartes tel que $X = \bigcup V_i$, on pose $V'_i = X' \cap V_i$, $U'_i = \varphi_i(V'_i)$, et $\varphi_i: V'_i \to U'_i$ est un système de cartes tel que $X' = \bigcup V'_i$. L'axiome (VA_{II}) est vérifié du fait que la topologie de $X' \times X'$ est induite par celle de $X \times X$ (on pourrait aussi bien utiliser (VA'_{II})). On définit ainsi une structure de variété algébrique sur X', qui est dite *induite* par celle de X; on dit aussi que X' est une *sous-variété* de X (chez Weil [16], le terme de "sous-variété" est réservé à ce que nous appelons ici une sous-variété irréductible fermée). Si ι désigne l'injection de X' dans X, ι est une application régulière; de plus, si φ est une application d'une variété algébrique Y dans X', pour que $\varphi: Y \to X'$ soit régulière, il faut et il suffit que $\iota \circ \varphi: Y \to X$ soit régulière (ce qui justifie le terme de "structure induite", cf. [1], loc. cit.).

Si X et X' sont deux variétés algébriques, $X \times X'$ est une variété algébrique, appelée *variété produit*; il suffit en effet de montrer que l'axiome (VA'_{II}) est vérifié autrement dit que, si $\varphi_i: V_i \to U_i$ et $\varphi'_{i'}: V'_{i'} \to U'_{i'}$ sont des systèmes de cartes tels que $X = \bigcup V_i$ et $X' = \bigcup V'_{i'}$, l'ensemble $T_{ij} \times T'_{i',j'}$ est alors fermé dans $U_i \times U_j \times U'_{i'} \times U'_{j'}$ (les notations étant celles du n° 34); or cela résulte immédiatement du fait que T_{ij} et $T'_{i'j'}$ sont fermés dans $U_i \times U_j$ et $U'_{i'} \times U'_{j'}$ respectivement.

Les Propositions 6 et 7 sont valables sans changement pour des variétés algébriques quelconques.

Si $\varphi: X \to Y$ est une application régulière, le graphe Φ de φ est *fermé* dans $X \times Y$, car c'est l'image réciproque de la diagonale de $Y \times Y$ par l'application $\varphi \times 1: X \times Y \to Y \times Y$; de plus, l'application $\psi: X \to \Phi$ définie par $\psi(x) = (x, \varphi(x))$ est un isomorphisme: en effet, ψ est une application régulière, ainsi que ψ^{-1} (puisque c'est la restriction de la projection $X \times Y \to X$).

36. Corps des fonctions rationnelles sur une variété irréductible. Nous démontrerons d'abord deux lemmes de nature purement topologique:

LEMME 1. *Soient X un espace connexe, G un groupe abélien, et $\mathcal{G}$ le faisceau constant sur X, isomorphe à G. L'application canonique $G \rightarrow \Gamma(X, \mathcal{G})$ est bijective.*

Un élément de $\Gamma(X, \mathcal{G})$ n'est pas autre chose qu'une application continue de X dans G muni de la topologie discrète. Puisque X est connexe, une telle application est constante, ce qui démontre le lemme.

Nous dirons qu'un faisceau $\mathcal{F}$ sur un espace X est *localement constant* si tout point de x possède un voisinage U tel que $\mathcal{F}(U)$ soit constant sur U.

LEMME 2. *Tout faisceau localement constant sur un espace irréductible est constant.*

Soient $\mathcal{F}$ le faisceau, X l'espace, et posons $F = \Gamma(X, \mathcal{F})$; il nous suffira de montrer que l'homomorphisme canonique $\rho_x : F \longrightarrow \mathcal{F}_x$ est bijectif pour tout $x \in X$, car nous obtiendrons ainsi un isomorphisme du faisceau constant isomorphe à F sur le faisceau $\mathcal{F}$ donné.

Si $f \in F$, le lieu des points $x \in X$ tels que $f(x) = 0$ est ouvert (d'après les propriétés générales des faisceaux), et fermé (parce que $\mathcal{F}$ est localement constant); vu qu'un espace irréductible est connexe, ce lieu est donc, soit $\emptyset$, soit X, ce qui démontre déjà que ρ_x est injectif.

Soit maintenant $m \in \mathcal{F}_x$, et soit s une section de $\mathcal{F}$ au-dessus d'un voisinage U de x telle que $s(x) = m$; recouvrons X par des ouverts non vides U_i tels que $\mathcal{F}(U_i)$ soit constant sur U_i; puisque X est irréductible, on a $U \cap U_i \neq \emptyset$; choisissons un point $x_i \in U \cap U_i$; il existe évidemment une section s_i de $\mathcal{F}$ sur U_i telle que $s_i(x_i) = s(x_i)$, et comme les sections s et s_i coincident en x_i, elles coincident dans tout $U \cap U_i$, puisque $U \cap U_i$ est irréductible, donc connexe; de même s_i et s_j coincident sur $U_i \cap U_j$, puisqu'elles coincident sur $U \cap U_i \cap U_j \neq \emptyset$; donc les sections s_i définissent une section unique s de $\mathcal{F}$ au-dessus de X, et l'on a $\rho_x(s) = m$, ce qui achève la démonstration.

Soit maintenant X une variété algébrique irréductible. Si U est un ouvert non vide de X, posons $\mathcal{A}_U = \Gamma(U, \mathcal{O}_X)$; $\mathcal{A}_U$ est un *anneau d'intégrité*: en effet, supposons que l'on ait $f \cdot g = 0$, f et g étant des applications régulières de U dans K; si F (resp. G) est le lieu des points $x \in U$ tels que $f(x) = 0$ (resp. $g(x) = 0$), on a $U = F \cup G$, et F et G sont fermés dans U, puisque f et g sont continues; comme U est irréductible, cela entraîne $F = U$ ou $G = U$, ce qui signifie bien que f ou g est nul sur U. On peut donc parler du corps des quotients de $\mathcal{A}_U$, que nous noterons $\mathcal{K}_U$; si $U \subset V$, l'homomorphisme $\rho_U^V : \mathcal{A}_V \rightarrow \mathcal{A}_U$ est injectif puisque U est dense dans V, et l'on a un isomorphisme bien déterminé φ_U^V de $\mathcal{K}_V$ dans $\mathcal{K}_U$; le système des $\{\mathcal{K}_U, \varphi_U^V\}$ définit un *faisceau de corps* $\mathcal{K}$; d'ailleurs $\mathcal{K}_x$ est canoniquement isomorphe au corps des quotients de $\mathcal{O}_{x,X}$.

PROPOSITION 9. *Pour toute variété algébrique irréductible X, le faisceau $\mathcal{K}$ défini ci-dessus est un faisceau constant.*

Vu le Lemme 2, il suffit de démontrer la Proposition lorsque X est une sous-variété localement fermée de l'espace affine K^r; soit F l'adhérence de X dans K^r, et soit $I(F)$ l'idéal de $K[X_1, \cdots, X_r]$ formé des polynômes nuls sur F (ou sur X, cela revient au même). Si l'on pose $A = K[X_1, \cdots, X_r]/I(F)$, l'anneau A est un anneau d'intégrité puisque X est irréductible; soit $K(A)$ le corps des quotients de A. D'après le corollaire à la Proposition 4, on peut identifier $\mathcal{O}_{x,X}$

à l'anneau des fractions de A relativement à l'idéal maximal défini par x; on obtient ainsi un isomorphisme du corps $K(A)$ sur le corps des fractions de $\mathcal{O}_{x,X}$, et il est facile de vérifier que l'on définit ainsi un isomorphisme du faisceau constant égal à $K(A)$ sur le faisceau $\mathcal{K}$, ce qui démontre la proposition.

D'après le Lemme 1, les sections du faisceau $\mathcal{K}$ forment un corps, isomorphe à $\mathcal{K}_x$ pour tout $x \in X$, et que nous noterons $K(X)$. On l'appelle le *corps des fonctions rationnelles* sur X; c'est une extension de type fini du corps K, dont le degré de transcendance sur K est la *dimension* de X (on étend cette définition aux variétés algébriques réductibles en posant $\dim X = \operatorname{Sup} \dim Y_i$, si X est réunion des sous-variétés fermées irréductibles Y_i). On identifiera en général le corps $K(X)$ avec les corps $\mathcal{K}_x$; comme l'on a $\mathcal{O}_{x,X} \subset \mathcal{K}_x$, on voit que l'on identifie ainsi $\mathcal{O}_{x,X}$ à un *sous-anneau* de $K(X)$ (c'est l'anneau de spécialisation du point x dans $K(X)$, au sens de Weil, [16], p. 77). Si U est ouvert dans X, $\Gamma(U, \mathcal{O}_X)$ est donc l'intersection dans $K(X)$ des anneaux $\mathcal{O}_{x,X}$ pour x parcourant U.

Si Y est une sous-variété de X, on a $\dim Y \leqq \dim X$; si en outre Y est fermée, et ne contient aucune composante irréductible de X, on a $\dim Y < \dim X$, comme on le voit en se ramenant au cas de sous-variétés de K^r (cf. par exemple [8], Chap. X, §5, th. II).

§2. Faisceaux algébriques cohérents

37. Le faisceau des anneaux locaux d'une variété algébrique. Revenons aux notations du n° 31: soit $X = K^r$, et soit $\mathcal{O}$ le faisceau des anneaux locaux de X. On a:

LEMME 1. *Le faisceau $\mathcal{O}$ est un faisceau cohérent d'anneaux, au sens du* n° 15.

Soient $x \in X$, U un voisinage de x, et $f_1, \cdots, f_p$ des sections de $\mathcal{O}$ sur U, c'est-à-dire des fonctions rationnelles régulières en tout point de U; il nous faut montrer que le faisceau des relations entre $f_1, \cdots, f_p$ est un faisceau de type fini sur $\mathcal{O}$. Quitte à remplacer U par un voisinage plus petit, on peut supposer que les f_i s'écrivent $f_i = P_i/Q$, où les P_i et Q sont des polynômes, Q ne s'annulant pas sur U. Soient maintenant $y \in U$, et $g_i \in \mathcal{O}_y$ tels que $\sum_{i=1}^{i=p} g_i f_i$ soit nulle au voisinage de y; on peut encore écrire les g_i sous la forme $g_i = R_i/S$, où les R_i et S sont des polynômes, S ne s'annulant pas en y. La relation $\sum_{i=1}^{i=p} g_i f_i = 0$ au voisinage de y" équivaut à la relation "$\sum_{i=1}^{i=p} R_i P_i = 0$ au voisinage de y", elle-même équivalente à $\sum_{i=1}^{i=p} R_i P_i = 0$. Comme le module des relations entre les polynômes P_i est un module de type fini (puisque l'anneau des polynômes est noethérien), il s'ensuit bien que le faisceau des relations entre les f_i est de type fini.

Soit maintenant V une sous-variété fermée de $X = K^r$; pour tout $x \in X$, soit $\mathcal{I}_x(V)$ l'idéal de $\mathcal{O}_x$ formé des éléments $f \in \mathcal{O}_x$ dont la restriction à V est nulle au voisinage de x (on a donc $\mathcal{I}_x(V) = \mathcal{O}_x$ si $x \notin V$). Les $\mathcal{I}_x(V)$ forment un sous-faisceau $\mathcal{I}(V)$ du faisceau $\mathcal{O}$.

LEMME 2. *Le faisceau $\mathcal{I}(V)$ est un faisceau cohérent de $\mathcal{O}$-modules.*

Soit $I(V)$ l'idéal de $K[X_1, \cdots, X_r]$ formé des polynômes P s'annulant sur V. D'après la Proposition 4 du n° 31, $\mathcal{I}_x(V)$ est égal à $I(V) . \mathcal{O}_x$ pour tout $x \in V$, et cette formule subsiste pour $x \notin V$ comme on le voit aussitôt. L'idéal $I(V)$ étant engendré par un nombre fini d'éléments, il en résulte que le faisceau $\mathcal{I}(V)$ est de type fini, donc cohérent d'après le Lemme 1 et la Proposition 8 du n° 15.

Nous allons maintenant étendre le Lemme 1 à une variété algébrique arbitraire:

Proposition 1. *Si V est une variété algébrique, le faisceau $\mathcal{O}_V$ est un faisceau cohérent d'anneaux sur V.*

La question étant locale, nous pouvons supposer que V est une sous-variété fermée de l'espace affine K^r. D'après le Lemme 2, le faisceau $\mathcal{I}(V)$ est un faisceau cohérent d'idéaux, donc le faisceau $\mathcal{O}/\mathcal{I}(V)$ est un faisceau cohérent d'anneaux sur X, d'après le Théorème 3 du n° 16. Ce faisceau d'anneaux est nul en dehors de V, et sa restriction à V n'est autre que $\mathcal{O}_V$ (n° 31); donc le faisceau $\mathcal{O}_V$ est un faisceau cohérent d'anneaux sur V (n° 17, corollaire à la Proposition 11).

Remarque. Il est clair que la Proposition 1 vaut, plus généralement, pour toute variété préalgébrique.

38. Faisceaux algébriques cohérents. Si V est une variété algébrique dont le faisceau des anneaux locaux est $\mathcal{O}_V$, nous appellerons *faisceau algébrique* sur V tout faisceau de $\mathcal{O}_V$-modules, au sens du n° 6; si $\mathcal{F}$ et $\mathcal{G}$ sont deux faisceaux algébriques, nous dirons que $\varphi: \mathcal{F} \to \mathcal{G}$ est un *homomorphisme algébrique* (ou simplement un homomorphisme) si c'est un $\mathcal{O}_V$-homomorphisme; rappelons que cela équivaut à dire que chacun des $\varphi_x: \mathcal{F}_x \to \mathcal{G}_x$ est $\mathcal{O}_{x,V}$-linéaire et que φ transforme toute section locale de $\mathcal{F}$ en une section locale de $\mathcal{G}$.

Si $\mathcal{F}$ est un faisceau algébrique sur V, les groupes de cohomologie $H^q(V, \mathcal{F})$ sont des modules sur $\Gamma(V, \mathcal{O}_V)$, cf. n° 23; en particulier, ce sont des *espaces vectoriels sur K*.

Un faisceau algébrique $\mathcal{F}$ sur V sera dit *cohérent* si c'est un faisceau cohérent de $\mathcal{O}_V$-modules, au sens du n° 12; vu la Proposition 7 du n° 15 et la Proposition 1 ci-dessus, un tel faisceau est caractérisé par le fait qu'il est localement isomorphe au conoyau d'un homomorphisme algébrique $\varphi: \mathcal{O}_V^q \to \mathcal{O}_V^p$.

Nous allons donner quelques exemples de faisceaux algébriques cohérents (on en verra d'autres plus tard, cf. n°s 48, 57 notamment).

39. Faisceau d'idéaux défini par une sous-variété fermée. Soit W une sous-variété fermée d'une variété algébrique V. Pour tout $x \in V$, soit $\mathcal{I}_x(W)$ l'idéal de $\mathcal{O}_{x,V}$ formé des éléments f dont la restriction à W est nulle au voisinage de x; soit $\mathcal{I}(W)$ le sous-faisceau de $\mathcal{O}_V$ formé par les $\mathcal{I}_x(W)$. On a la Proposition suivante, qui généralise le Lemme 2:

Proposition 2. *Le faisceau $\mathcal{I}(W)$ est un faisceau algébrique cohérent.*

La question étant locale, nous pouvons supposer que V (donc aussi W) est une sous-variété fermée de l'espace affine K^r. Il résulte alors du Lemme 2, appliqué à W, que le faisceau d'idéaux défini par W dans K^r est de type fini; il s'ensuit que $\mathcal{I}(W)$, qui en est l'image par l'homomorphisme canonique $\mathcal{O} \to \mathcal{O}_V$, est également de type fini, donc est cohérent d'après la Proposition 8 du n° 15 et la Proposition 1 du n° 37.

Soit $\mathcal{O}_W$ le faisceau des anneaux locaux de W, et soit $\mathcal{O}_W^V$ le faisceau sur V obtenu en prolongeant $\mathcal{O}_W$ par 0 en dehors de W (cf. n° 5); ce faisceau est canoniquement isomorphe à $\mathcal{O}_V/\mathcal{I}(W)$, autrement dit, on a une suite exacte:

$$0 \to \mathcal{I}(W) \to \mathcal{O}_V \to \mathcal{O}_W^V \to 0.$$

Soit alors $\mathcal{F}$ un faisceau algébrique sur W, et soit $\mathcal{F}^V$ le faisceau obtenu en prolongeant $\mathcal{F}$ par 0 en dehors de W; on peut considérer $\mathcal{F}^V$ comme un faisceau de $\mathcal{O}_W^V$-modules, donc aussi comme un faisceau de $\mathcal{O}_V$-modules dont l'annulateur contient $\mathcal{I}(W)$. On a:

PROPOSITION 3. *Si $\mathcal{F}$ est un faisceau algébrique cohérent sur W, $\mathcal{F}^V$ est un faisceau algébrique cohérent sur V. Inversement, si $\mathcal{G}$ est un faisceau algébrique cohérent sur V dont l'annulateur contient $\mathcal{I}(W)$, la restriction de $\mathcal{G}$ à W est un faisceau algébrique cohérent sur W.*

Si $\mathcal{F}$ est un faisceau algébrique cohérent sur W, $\mathcal{F}^V$ est un faisceau cohérent de $\mathcal{O}_W^V$-modules (n° 17, Proposition 11), donc un faisceau cohérent de $\mathcal{O}_V$-modules (n° 16, Théorème 3). Inversement, si $\mathcal{G}$ est un faisceau algébrique cohérent sur V, dont l'annulateur contient $\mathcal{I}(W)$, $\mathcal{G}$ peut être considéré comme un faisceau de $\mathcal{O}_V/\mathcal{I}(W)$-modules, et c'est un faisceau cohérent (n° 16, Théorème 3); la restriction de $\mathcal{G}$ à W est alors un faisceau cohérent de $\mathcal{O}_W$-modules (n° 17, Proposition 11).

Ainsi, tout faisceau algébrique cohérent sur W peut être identifié à un faisceau algébrique cohérent sur V (et cette identification ne change pas les groupes de cohomologie, d'après la Proposition 8 du n° 26). En particulier, tout faisceau algébrique cohérent sur une variété affine (resp. projective) peut être considéré comme un faisceau algébrique cohérent sur l'espace affine (resp. projectif); nous ferons fréquemment usage de cette possibilité par la suite.

REMARQUE. Soit $\mathcal{G}$ un faisceau algébrique cohérent sur V, qui soit nul en dehors de W; l'annulateur de $\mathcal{G}$ *ne contient pas nécessairement* $\mathcal{I}(W)$ (autrement dit, $\mathcal{G}$ ne peut pas toujours être considéré comme un faisceau algébrique cohérent sur W); tout ce que l'on peut affirmer, c'est qu'il contient une *puissance* de $\mathcal{I}(W)$.

40. Faisceaux d'idéaux fractionnaires. Soit V une variété algébrique irréductible, et soit $K(V)$ le faisceau constant des fonctions rationnelles sur V (cf. n° 36); $K(V)$ est un faisceau algébrique, qui n'est pas cohérent si dim $V > 0$. Un sous-faisceau algébrique $\mathcal{F}$ de $K(V)$ peut être appelé un "faisceau d'idéaux fractionnaires", puisque chaque $\mathcal{F}_x$ est un idéal fractionnaire de $\mathcal{O}_{x,V}$.

PROPOSITION 4. *Pour qu'un sous-faisceau algébrique $\mathcal{F}$ de $K(V)$ soit cohérent, il faut et il suffit qu'il soit de type fini.*

La nécessité est triviale. Pour démontrer la suffisance, il suffit de prouver que $K(V)$ vérifie la condition (b) de la définition 2 du n° 12, autrement dit que, si $f_1, \cdots, f_p$ sont des fractions rationnelles, le faisceau $\mathcal{R}(f_1, \cdots, f_p)$ est de type fini. Si x est un point de V, on peut trouver des fonctions g_i et h, telles que $f_i = g_i/h$, g_i et h étant régulières sur un voisinage U de x, et h étant non nulle sur U; le faisceau $\mathcal{R}(f_1, \cdots, f_p)$ est alors égal au faisceau $\mathcal{R}(g_1, \cdots, g_p)$ qui est de type fini, puisque $\mathcal{O}_V$ est un faisceau cohérent d'anneaux.

41. Faisceau associé à un espace fibré à fibre vectorielle. Soit E un espace fibré algébrique, à fibre vectorielle de dimension r, et de base une variété algébrique V; par définition, la fibre type de E est l'espace vectoriel K^r, et le groupe structural est le groupe linéaire $\mathbf{GL}(r, K)$ opérant sur K^r à la façon usuelle (pour la définition d'un espace fibré algébrique, cf. [17]; voir aussi [15], n° 4 pour les espaces fibrés *analytiques* à fibres vectorielles).

Si U est un ouvert de V, soit $\mathcal{S}(E)_U$ l'ensemble des sections de E régulières sur U; si $V \supset U$, on a un homomorphisme de restriction $\varphi_U^V : \mathcal{S}(E)_V \to \mathcal{S}(E)_U$; d'où un faisceau $\mathcal{S}(E)$, appelé le *faisceau des germes de sections* de E. Du fait que E est un espace fibré à fibre vectorielle, chaque $\mathcal{S}(E)_U$ est un $\Gamma(U, \mathcal{O}_V)$-module, et il s'ensuit que $\mathcal{S}(E)$ est un faisceau algébrique sur V. Si l'on identifie localement E à $V \times K^r$, on voit que:

PROPOSITION 5. *Le faisceau $\mathcal{S}(E)$ est localement isomorphe à $\mathcal{O}_V^r$; en particulier, c'est un faisceau algébrique cohérent.*

Inversement, il est facile de voir que tout faisceau algébrique $\mathcal{F}$ sur V, localement isomorphe à $\mathcal{O}_V^r$, est isomorphe à un faisceau $\mathcal{S}(E)$, où E est déterminé à un isomorphisme près (cf. [15], pour le cas analytique).

Si V est une variété sans singularités, on peut prendre pour E l'espace fibré des *p-covecteurs* tangents à V (p étant un entier $\geqq 0$); soit Ω^p le faisceau $\mathcal{S}(E)$ correspondant; un élément de Ω_x^p, $x \in V$, n'est pas autre chose qu'une *forme différentielle* de degré p sur V, régulière en x. Si l'on pose $h^{p,q} = \dim_K H^q(V, \Omega^p)$, on sait que, dans le cas classique (et si V est projective), $h^{p,q}$ est égal à la dimension de l'espace des formes harmoniques de type (p, q) (théorème de Dolbeault[3]), et, si B_n désigne le n-ème nombre de Betti de V, on a $B_n = \sum_{p+q=n} h^{p,q}$. Dans le cas général, on pourrait prendre la formule précédente pour *définition* des nombres de Betti d'une variété projective sans singularités (nous verrons en effet au n° 66 que les $h^{p,q}$ sont finis). Il conviendrait d'étudier leurs propriétés
3 et notamment de voir s'ils coïncident avec ceux qui interviennent dans les conjectures de Weil relatives aux variétés sur les corps finis.[4] Signalons seulement ici qu'ils vérifient la "dualité de Poincaré" $B_n = B_{2m-n}$ lorsque V est irréductible et de dimension m.

Les groupes de cohomologie $H^q(V, \mathcal{S}(E))$ interviennent aussi dans d'autres questions, notamment dans le théorème de Riemann-Roch, ainsi que dans la classification des espaces fibrés algébriques de base V, et de groupe structural le groupe affine $x \to ax + b$ (cf. [17], §4, où est traité le cas où $\dim V = 1$).

§3. Faisceaux algébriques cohérents sur les variétés affines

42. Variétés affines. Une variété algébrique V est dite *affine* si elle est isomorphe à une sous-variété fermée d'un espace affine. Le produit de deux variétés

---

[3] P. Dolbeault. *Sur la cohomologie des variétés analytiques complexes*. C. R. Paris, 236, 1953, p. 175–177.

[4] Bulletin Amer. Math. Soc., 55, 1949, p. 507.

affines est une variété affine; toute sous-variété fermée d'une variété affine est une variété affine.

Un sous-ensemble ouvert U d'une variété algébrique X est dit *affine* si, muni de la structure de variété algébrique induite par celle de X, c'est une variété affine.

PROPOSITION 1. *Soient U et V deux sous-ensembles ouverts d'une variété algébrique X. Si U et V sont affines, $U \cap V$ est affine.*

Soit Δ la diagonale de $X \times X$; d'après le n° 35, l'application $x \to (x, x)$ est un isomorphisme birégulier de X sur Δ; donc la restriction de cette application à $U \cap V$ est un isomorphisme birégulier de $U \cap V$ sur $\Delta \cap U \times V$. Comme U et V sont des variétés affines, $U \times V$ est aussi une variété affine; d'autre part, Δ est fermée dans $X \times X$ d'après l'axiome (VA_{II}), donc $\Delta \cap U \times V$ est fermée dans $U \times V$, et c'est bien une variété affine, cqfd.

(Il est facile de voir que cette Proposition est en défaut pour les variétés préalgébriques: l'axiome (VA_{II}) y joue un rôle essentiel).

Introduisons maintenant une notation qui sera utilisée dans toute la suite de ce paragraphe: si V est une variété algébrique, et f une fonction régulière sur V, nous noterons V_f le sous-ensemble ouvert de V formé des points $x \in V$ tels que $f(x) \neq 0$.

PROPOSITION 2. *Si V est une variété algébrique affine, et f une fonction régulière sur V, l'ouvert V_f est un ouvert affine.*

Soit W le sous-ensemble de $V \times K$ formé des couples (x, λ) tels que $\lambda . f(x) = 1$; il est clair que W est fermé dans $V \times K$, donc est une variété affine. Pour tout $(x, \lambda) \in W$, posons $\pi(x, \lambda) = x$; l'application π est une application régulière de W dans V_f. Inversement, pour tout $x \in V_f$, posons $\omega(x) = (x, 1/f(x))$; l'application $\omega : V_f \to W$ est régulière, et l'on a $\pi \circ \omega = 1$, $\omega \circ \pi = 1$, donc V_f et W sont isomorphes, cqfd.

PROPOSITION 3. *Soient V une sous-variété fermée de K^r, F un sous-ensemble fermé de V, et $U = V - F$. Les ouverts V_P forment une base pour la topologie de U lorsque P parcourt l'ensemble des polynômes nuls sur F.*

Soit $U' = V - F'$ un ouvert de U, et soit $x \in U'$; il nous faut montrer qu'il existe P tel que $V_P \subset U'$ et $x \in V_P$; autrement dit, P doit être nul sur F' et non nul en x; l'existence d'un tel polynôme résulte simplement de la définition de la topologie de K^r.

THÉORÈME 1. *Les ouverts affines d'une variété algébrique X forment une base d'ouverts pour la topologie de X.*

La question étant locale, on peut supposer que X est une sous-variété localement fermée d'un espace affine K^r; dans ce cas, le théorème résulte immédiatement des Propositions 2 et 3.

COROLLAIRE. *Les recouvrements de X formés d'ouverts affines sont arbitrairement fins.*

On notera que, si $\mathfrak{U} = \{U_i\}_{i \in I}$ est un tel recouvrement, les $U_{i_0 \dots i_p}$ sont tous des ouverts affines, d'après la proposition 1.

43. Quelques propriétés préliminaires des variétés irréductibles. Soit V une sous-variété fermée de K^r, et soit $I(V)$ l'idéal de $K[X_1, \cdots, X_r]$ formé des polynômes nuls sur V; soit A l'anneau quotient $K[X_1, \cdots, X_r]/I(V)$; on a un homomorphisme canonique

$$\iota : A \to \Gamma(V, \mathcal{O}_V)$$

qui est injectif par définition même de $I(V)$.

PROPOSITION 4. *Si V est irréductible, $\iota : A \to \Gamma(V, \mathcal{O}_V)$ est bijectif.*

(En fait, ceci vaut pour *toute* sous-variété fermée de K^r, comme nous le montrerons au n° suivant).

Soit $K(V)$ le corps des fractions de A; d'après le n° 36, on peut identifier $\mathcal{O}_{x,V}$ à l'anneau des fractions de A relativement à l'idéal maximal $\mathfrak{m}_x$ formé par les polynômes nuls en x, et l'on a $\Gamma(V, \mathcal{O}_V) = A = \bigcap_{x \in V} \mathcal{O}_{x,V}$ (tous les $\mathcal{O}_{x,V}$ étant considérés comme des sous-anneaux de $K(V)$). Mais tout idéal maximal de A est égal à l'un des $\mathfrak{m}_x$, puisque K est algébriquement clos (théorème des zéros de Hilbert); il en résulte immédiatement (cf. [8], Chap. XV, §5, th. X) que $A = \bigcap_{x \in V} \mathcal{O}_{x,V} = \Gamma(V, \mathcal{O}_V)$, cqfd.

PROPOSITION 5. *Soient X une variété algébrique irréductible, Q une fonction régulière sur X, et P une fonction régulière sur X_Q. Alors, pour tout n assez grand, la fonction rationnelle Q^nP est régulière sur X tout entier.*

Vu la quasi-compacité de X, la question est locale; d'après le Théorème 1, on peut donc supposer que X est une sous-variété fermée de K^r. La Proposition précédente montre alors que Q est un élément de $A = K[X_1, \cdots, X_r]/I(X)$. L'hypothèse faite sur P signifie que, pour tout point $x \in X_Q$, on peut écrire $P = P_x/Q_x$, avec P_x et Q_x dans A, et $Q_x(x) \neq 0$; si $\mathfrak{a}$ désigne l'idéal de A engendré par les Q_x, la variété des zéros de $\mathfrak{a}$ est contenue dans la variété des zéros de Q; en vertu du théorème des zéros de Hilbert, ceci entraîne $Q^n \in \mathfrak{a}$ pour n assez grand, d'où $Q^n = \sum R_x \cdot Q_x$ et $Q^nP = \sum R_x \cdot P_x$ avec $R_x \in A$, ce qui montre bien que Q^nP est régulière sur X.

(On aurait pu également utiliser le fait que X_Q est affine si X l'est, et appliquer la Proposition 4 à X_Q).

PROPOSITION 6. *Soient X une variété algébrique irréductible, Q une fonction régulière sur X, $\mathcal{F}$ un faisceau algébrique cohérent sur X, et s une section de $\mathcal{F}$ au-dessus de X dont la restriction à X_Q soit nulle. Alors, pour tout n assez grand, la section Q^ns est nulle sur X tout entier.*

La question étant encore locale, nous pouvons supposer:

(a) que X est une sous-variété fermée de K^r,

(b) que $\mathcal{F}$ est isomorphe au conoyau d'un homomorphisme $\varphi : \mathcal{O}_X^p \to \mathcal{O}_X^q$,

(c) que s est image d'une section σ de $\mathcal{O}_X^q$.

(En effet, toutes ces conditions sont vérifiées localement).

Posons $A = \Gamma(X, \mathcal{O}_X) = K[X_1, \cdots, X_r]/I(X)$. La section σ peut être identifiée à un système de q éléments de A. Soient, d'autre part,

$$t_1 = \varphi(1, 0, \cdots, 0), \cdots, t_p = \varphi(0, \cdots, 0, 1);$$

les t_i, $1 \leqq i \leqq p$, sont des sections de $\mathcal{O}_X^q$ au-dessus de X, donc peuvent aussi être identifiés à des systèmes de q éléments de A. L'hypothèse faite sur s signifie que, pour tout $x \in X_Q$, on a $\sigma(x) \in \varphi(\mathcal{O}_{x,X}^p)$, c'est-à-dire que σ peut s'écrire sous la forme $\sigma = \sum_{i=1}^{i=p} f_i \cdot t_i$, avec $f_i \in \mathcal{O}_{x,X}$; ou, en chassant les dénominateurs, qu'il existe $Q_x \in A$, $Q_x(x) \neq 0$, tel que $Q_x \cdot \sigma = \sum_{i=1}^{i=p} R_i \cdot t_i$, avec $R_i \in A$. Le raisonnement fait plus haut montre alors que, pour tout n assez grand, Q^n appartient à l'idéal engendré par les Q_x, d'où $Q^n \sigma(x) \in \varphi(\mathcal{O}_{x,X}^p)$ pour tout $x \in X$, ce qui signifie bien que $Q^n s$ est nulle sur X tout entier.

44. Nullité de certains groupes de cohomologie.

PROPOSITION 7. *Soient X une variété affine irréductible, Q_i une famille finie de fonctions régulières sur X, ne s'annulant pas simultanément, et $\mathfrak{U}$ le recouvrement ouvert de X formé par les $X_{Q_i} = U_i$. Si $\mathcal{F}$ est un sous-faisceau algébrique cohérent de $\mathcal{O}_X^p$, on a $H^q(\mathfrak{U}, \mathcal{F}) = 0$ pour tout $q > 0$.*

Quitte à remplacer $\mathfrak{U}$ par un recouvrement équivalent, on peut supposer qu'aucune des fonctions Q_i n'est identiquement nulle, autrement dit que l'on a $U_i \neq \emptyset$ pour tout i.

Soit $f = (f_{i_0 \cdots i_q})$ un q-cocycle de $\mathfrak{U}$ à valeurs dans $\mathcal{F}$. Chaque $f_{i_0 \cdots i_q}$ est une section de $\mathcal{F}$ sur $U_{i_0 \cdots i_q}$, donc peut être identifié à un système de p fonctions régulières sur $U_{i_0 \cdots i_q}$; appliquant la Proposition 5 à $Q = Q_{i_0} \cdots Q_{i_q}$, on voit que, pour tout n assez grand, $g_{i_0 \cdots i_q} = (Q_{i_0} \cdots Q_{i_q})^n f_{i_0 \cdots i_q}$ est un système de p fonctions régulières sur X tout entier, autrement dit est une section de $\mathcal{O}^p$ au-dessus de X. Choisissons un entier n tel que ceci soit valable pour tous les systèmes $i_0, \cdots, i_q$, ce qui est possible puisque ces systèmes sont en nombre fini. Considérons l'image de $g_{i_0 \cdots i_q}$ dans le faisceau cohérent $\mathcal{O}_X^p/\mathcal{F}$; c'est une section nulle sur $U_{i_0 \cdots i_q}$; appliquant alors la Proposition 6, on voit que, pour tout m assez grand, le produit de cette section par $(Q_{i_0} \cdots Q_{i_q})^m$ est nul sur X tout entier, ce qui signifie que $(Q_{i_0} \cdots Q_{i_q})^m g_{i_0 \cdots i_q}$ est une section de $\mathcal{F}$ sur X tout entier. En posant $N = m + n$, on voit donc que l'on a construit des sections $h_{i_0 \cdots i_q}$ de $\mathcal{F}$ au-dessus de X, qui coincident avec $(Q_{i_0} \cdots Q_{i_q})^N f_{i_0 \cdots i_q}$ sur $U_{i_0 \cdots i_q}$.

Comme les Q_i^N ne s'annulent pas simultanément, il existe des fonctions

$$R_i \in \Gamma(X, \mathcal{O}_X)$$

telles que $\sum R_i \cdot Q_i^N = 1$. Posons alors, pour tout système $i_0, \cdots, i_{q-1}$:

$$k_{i_0 \cdots i_{q-1}} = \sum_i R_i \cdot h_{i i_0 \cdots i_{q-1}} / (Q_{i_0} \cdots Q_{i_{q-1}})^N,$$

ce qui a un sens, puisque $Q_{i_0} \cdots Q_{i_{q-1}}$ est différent de 0 sur $U_{i_0 \cdots i_{q-1}}$.

On définit ainsi une cochaîne $k \in C^{q-1}(\mathfrak{U}, \mathcal{F})$. Je dis que $f = dk$, ce qui démontrera la Proposition.

Il faut vérifier que $(dk)_{i_0 \cdots i_q} = f_{i_0 \cdots i_q}$; il suffira de montrer que ces deux sections coïncident sur $U = \bigcap U_i$, car elles coincideront alors partout, puisque ce sont des systèmes de p fonctions rationnelles sur X et que $U \neq \emptyset$. Or, au-dessus de U, on peut écrire

$$k_{i_0 \cdots i_{q-1}} = \sum_i R_i \cdot Q_i^N \cdot f_{i i_0 \cdots i_{q-1}},$$

d'où

$$(dk)_{i_0 \cdots i_q} = \sum_{j=0}^{j=q} (-1)^q \sum_i R_i \cdot Q_i^N \cdot f_{i i_0 \cdots \hat{i}_j \cdots i_q},$$

et, en tenant compte de ce que f est un cocycle,

$$(dk)_{i_0 \cdots i_q} = \sum_i R_i \cdot Q_i^N \cdot f_{i_0 \cdots i_q} = f_{i_0 \cdots i_q}, \qquad \text{cqfd.}$$

COROLLAIRE 1. *$H^q(X, \mathcal{F}) = 0$ pour $q > 0$.*

En effet la Proposition 3 montre que les recouvrements du type utilisé dans la Proposition 7 sont arbitrairement fins.

COROLLAIRE 2. *L'homomorphisme $\Gamma(X, \mathcal{O}_X^p) \to \Gamma(X, \mathcal{O}_X^p/\mathcal{F})$ est surjectif.*

Cela résulte du Corollaire 1 ci-dessus et du Corollaire 2 à la Proposition 6 du n° 24.

COROLLAIRE 3. *Soit V une sous-variété fermée de K^r, et soit*

$$A = K[X_1, \cdots, X_r]/I(V).$$

L'homomorphisme $\iota : A \to \Gamma(V, \mathcal{O}_V)$ est bijectif.

On applique le Corollaire 2 ci-dessus avec $X = K^r$, $p = 1$, $\mathcal{F} = \mathcal{I}(V)$, faisceau d'idéaux défini par V; on obtient que tout élément de $\Gamma(V, \mathcal{O}_V)$ est restriction d'une section de $\mathcal{O}$ sur X, c'est-à-dire d'un polynôme, d'après la Proposition 4 appliquée à X.

45. Sections d'un faisceau algébrique cohérent sur une variété affine.

THÉORÈME 2. *Soit $\mathcal{F}$ un faisceau algébrique cohérent sur une variété affine X. Pour tout $x \in X$, le $\mathcal{O}_{x,X}$-module $\mathcal{F}_x$ est engendré par les éléments de $\Gamma(X, \mathcal{F})$.*

Puisque X est affine, on peut la plonger comme sous-variété fermée dans un espace affine K^r; en prolongeant le faisceau $\mathcal{F}$ par 0 en dehors de X, on obtient un faisceau algébrique cohérent sur K^r (cf. n° 39), et on est ramené à prouver le théorème pour ce nouveau faisceau. Autrement dit, nous pouvons supposer que $X = K^r$.

Vu la définition des faisceaux cohérents, il existe un recouvrement de X formé d'ouverts au-dessus desquels $\mathcal{F}$ est isomorphe à un quotient d'un faisceau $\mathcal{O}^p$. Utilisant la Proposition 3, on voit qu'il existe un nombre fini de polynômes Q_i, ne s'annulant pas simultanément, et tels qu'il existe au-dessus de chaque $U_i = X_{Q_i}$ un homomorphisme surjectif $\varphi_i : \mathcal{O}^{p_i} \to \mathcal{F}$; on peut en outre supposer qu'aucun de ces polynômes n'est identiquement nul.

Le point x appartient à l'un des U_i, disons U_0 ; il est clair que $\mathcal{F}_x$ est engendré par les sections de $\mathcal{F}$ sur U_0 ; comme Q_0 est inversible dans $\mathcal{O}_x$, il nous suffira donc de démontrer le lemme suivant:

LEMME 1. *Si s_0 est une section de $\mathcal{F}$ au-dessus de U_0, il existe un entier N et une section s de $\mathcal{F}$ au-dessus de X tels que $s = Q_0^N \cdot s_0$ au-dessus de U_0.*

D'après la Proposition 2, $U_i \cap U_0$ est une variété affine, évidemment irréductible; en appliquant le Corollaire 2 de la Proposition 7 à cette variété et à $\varphi_i : \mathcal{O}^{p_i} \to \mathcal{F}$, on voit qu'il existe une section σ_{0i} de $\mathcal{O}^{p_i}$ sur $U_i \cap U_0$ telle que $\varphi_i(\sigma_{0i}) = s_0$ sur $U_i \cap U_0$; comme $U_i \cap U_0$ est le lieu des points de U_i où Q_0 ne s'annule pas, on peut appliquer la Proposition 5 à $X = U_i$, $Q = Q_0$, et l'on voit ainsi qu'il existe, pour n assez grand, une section σ_i de $\mathcal{O}^{p_i}$ au-dessus de U_i qui coïncide avec $Q_0^n \cdot \sigma_{0i}$ au-dessus de $U_i \cap U_0$; en posant $s_i' = \varphi_i(\sigma_i)$, on obtient une section de $\mathcal{F}$ au-dessus de U_i qui coïncide avec $Q_0^n \cdot s_0$ au-dessus de $U_i \cap U_0$. Les sections s'_i et s'_j coïncident sur $U_i \cap U_j \cap U_0$; en appliquant la Proposition 6 à $s'_i - s'_j$ on voit que, pour m assez grand, on a $Q_0^m \cdot (s'_i - s'_j) = 0$ sur $U_i \cap U_j$ tout entier. Les $Q_0^m \cdot s'_i$ définissent alors une section unique s de $\mathcal{F}$ sur X, et l'on a $s = Q_0^{n+m} s_0$ sur U_0, ce qui démontre le lemme, et achève la démonstration du Théorème 2.

COROLLAIRE 1. *Le faisceau $\mathcal{F}$ est isomorphe à un faisceau quotient d'un faisceau $\mathcal{O}_X^p$.*

Puisque $\mathcal{F}_x$ est un $\mathcal{O}_{x,X}$-module de type fini, il résulte du théorème ci-dessus qu'il existe un nombre fini de sections de $\mathcal{F}$ engendrant $\mathcal{F}_x$; d'après la Proposition 1 du n° 12, ces sections engendrent aussi $\mathcal{F}_y$ pour y assez voisin de x. L'espace X étant quasi-compact, on en conclut qu'il existe un nombre fini de sections $s_1, \cdots, s_p$ de $\mathcal{F}$ engendrant $\mathcal{F}_x$ pour tout $x \in X$, ce qui signifie bien que $\mathcal{F}$ est isomorphe à un faisceau quotient du faisceau $\mathcal{O}_X^p$.

COROLLAIRE 2. *Soit $\mathcal{A} \xrightarrow{\alpha} \mathcal{B} \xrightarrow{\beta} \mathcal{C}$ une suite exacte de faisceaux algébriques cohérents sur une variété affine X. La suite $\Gamma(X, \mathcal{A}) \xrightarrow{\alpha} \Gamma(X, \mathcal{B}) \xrightarrow{\beta} \Gamma(X, \mathcal{C})$ est alors exacte.*

On peut supposer, comme dans la démonstration du Théorème 2, que X est l'espace affine K^r, donc est irréductible. Posons $\mathcal{I} = \mathrm{Im}(\alpha) = \mathrm{Ker}(\beta)$; tout revient à voir que $\alpha: \Gamma(X, \mathcal{A}) \rightarrow \Gamma(X, \mathcal{I})$ est surjectif. Or, d'après le Corollaire 1, on peut trouver un homomorphisme surjectif $\varphi: \mathcal{O}_X^p \rightarrow \mathcal{A}$, et, d'après le Corollaire 2 à la Proposition 7, $\alpha \circ \varphi: \Gamma(X, \mathcal{O}_X^p) \rightarrow \Gamma(X, \mathcal{I})$ est surjectif; il en est a fortiori de même de $\alpha: \Gamma(X, \mathcal{A}) \rightarrow \Gamma(X, \mathcal{I})$, cqfd.

46. Groupes de cohomologie d'une variété affine à valeurs dans un faisceau algébrique cohérent. Nous allons généraliser la Proposition 7:

THÉORÈME 3. *Soient X une variété affine, Q_i une famille finie de fonctions régulières sur X, ne s'annulant pas simultanément, et $\mathfrak{U}$ le recouvrement ouvert de X formé par les $X_{Q_i} = U_i$. Si $\mathcal{F}$ est un faisceau algébrique cohérent sur X, on a $H^q(\mathfrak{U}, \mathcal{F}) = 0$ pour tout $q > 0$.*

Supposons d'abord X irréductible. D'après le Corollaire 1 au Théorème 2, on peut trouver une suite exacte

$$0 \rightarrow \mathcal{R} \rightarrow \mathcal{O}_X^p \rightarrow \mathcal{F} \rightarrow 0.$$

La suite de complexes: $0 \rightarrow C(\mathfrak{U}, \mathcal{R}) \rightarrow C(\mathfrak{U}, \mathcal{O}_X^p) \rightarrow C(\mathfrak{U}, \mathcal{F}) \rightarrow 0$ est *exacte*; en effet, cela revient à dire que toute section de $\mathcal{F}$ sur un $U_{i_0 \cdots i_q}$ est image d'une section de $\mathcal{O}_X^p$ sur $U_{i_0 \cdots i_q}$, ce qui résulte du Corollaire 2 à la Proposition 7, appliqué à la variété irréductible $U_{i_0 \cdots i_q}$. Cette suite exacte de complexes donne naissance à une suite exacte de cohomologie:

$$\cdots \rightarrow H^q(\mathfrak{U}, \mathcal{O}_X^p) \rightarrow H^q(\mathfrak{U}, \mathcal{F}) \rightarrow H^{q+1}(\mathfrak{U}, \mathcal{R}) \rightarrow \cdots,$$

et comme $H^q(\mathfrak{U}, \mathcal{O}_X^p) = H^{q+1}(\mathfrak{U}, \mathcal{R}) = 0$ pour $q > 0$ d'après la Proposition 7, on en conclut que $H^q(\mathfrak{U}, \mathcal{F}) = 0$.

Passons maintenant au cas général. On peut plonger X comme sous-variété fermée dans un espace affine K^r; d'après le Corollaire 3 à la Proposition 7, les fonctions Q_i sont induites par des polynômes P_i ; soit d'autre part R_j un système fini de générateurs de l'idéal $I(X)$. Les fonctions P_i, R_j ne s'annulent pas simultanément sur K^r, donc définissent un recouvrement ouvert $\mathfrak{U}'$ de K^r; soit $\mathfrak{F}'$ le faisceau obtenu en prolongeant $\mathfrak{F}$ par 0 en dehors de X; en appliquant ce que nous venons de démontrer à l'espace K^r, aux fonctions P_i, R_j, et au faisceau $\mathfrak{F}'$, on voit que $H^q(\mathfrak{U}', \mathfrak{F}') = 0$ pour $q > 0$. Comme on vérifie immédiatement que le complexe $C(\mathfrak{U}', \mathfrak{F}')$ est isomorphe au complexe $C(\mathfrak{U}, \mathfrak{F})$, il s'ensuit bien que $H^q(\mathfrak{U}, \mathfrak{F}) = 0$, cqfd.

COROLLAIRE 1. *Si X est une variété affine, et $\mathfrak{F}$ un faisceau algébrique cohérent sur X, on a $H^q(X, \mathfrak{F}) = 0$ pour tout $q > 0$.*

En effet les recouvrements du type utilisé dans le théorème précédent sont arbitrairement fins.

COROLLAIRE 2. *Soit $0 \to \mathfrak{A} \to \mathfrak{B} \to \mathfrak{C} \to 0$ une suite exacte de faisceaux sur une variété affine X. Si le faisceau $\mathfrak{A}$ est algébrique cohérent, l'homomorphisme $\Gamma(X, \mathfrak{B}) \to \Gamma(X, \mathfrak{C})$ est surjectif.*

Cela résulte du Corollaire 1, où l'on fait $q = 1$.

47. Recouvrements des variétés algébriques par des ouverts affines.

PROPOSITION 8. *Soit X une variété affine, et soit $\mathfrak{U} = \{U_i\}_{i \in I}$ un recouvrement fini de X par des ouverts affines. Si $\mathfrak{F}$ est un faisceau algébrique cohérent sur X, on a $H^q(\mathfrak{U}, \mathfrak{F}) = 0$ pour tout $q > 0$.*

D'après la Proposition 3, il existe des fonctions régulières P_j sur X telles que le recouvrement $\mathfrak{B} = \{X_{P_j}\}$ soit plus fin que $\mathfrak{U}$. Pour tout $(i_0, \cdots, i_p)$, le recouvrement $\mathfrak{B}_{i_0 \cdots i_p}$ induit par $\mathfrak{B}$ sur $U_{i_0 \cdots i_p}$ est défini par les restrictions des P_j à $U_{i_0 \cdots i_p}$; comme $U_{i_0 \cdots i_p}$ est une variété affine d'après la Proposition 1, on peut lui appliquer le Théorème 3, et on en conclut que $H^q(\mathfrak{B}_{i_0 \cdots i_p}, \mathfrak{F}) = 0$ pour tout $q > 0$. Appliquant alors la Proposition 5 du n° 29, on voit que

$$H^q(\mathfrak{U}, \mathfrak{F}) = H^q(\mathfrak{B}, \mathfrak{F}),$$

et, comme $H^q(\mathfrak{B}, \mathfrak{F}) = 0$ pour $q > 0$ d'après le Théorème 3, la Proposition est démontrée.

THÉORÈME 4. *Soient X une variété algébrique, $\mathfrak{F}$ un faisceau algébrique cohérent sur X, et $\mathfrak{U} = \{U_i\}_{i \in I}$ un recouvrement fini de X par des ouverts affines. L'homomorphisme $\sigma(\mathfrak{U}) : H^n(\mathfrak{U}, \mathfrak{F}) \to H^n(X, \mathfrak{F})$ est bijectif pour tout $n \geqq 0$.*

Considérons la famille $\mathfrak{B}^\alpha$ des recouvrements finis de X par des ouverts affines. D'après le corollaire au Théorème 1, ces recouvrements sont arbitrairement fins. D'autre part, pour tout système $(i_0, \cdots, i_p)$, le recouvrement $\mathfrak{B}^\alpha_{i_0 \cdots i_p}$ induit par $\mathfrak{B}^\alpha$ sur $U_{i_0 \cdots i_p}$ est un recouvrement par des ouverts affines, d'après la Proposition 1; d'après la Proposition 8, on a donc $H^q(\mathfrak{B}^\alpha_{i_0 \cdots i_p}, \mathfrak{F}) = 0$ pour $q > 0$. Les conditions (a) et (b) du Théorème 1, n° 29, étant vérifiées, le théorème en résulte.

THÉORÈME 5. *Soient X une variété algébrique, et $\mathfrak{U} = \{U_i\}_{i \in I}$ un recouvrement* *fini de X par des ouverts affines. Soit $0 \to \mathcal{A} \to \mathcal{B} \to \mathcal{C} \to 0$ une suite exacte de faisceaux sur X, le faisceau $\mathcal{A}$ étant algébrique cohérent. L'homomorphisme canonique* $H_0^q(\mathfrak{U}, \mathcal{C}) \to H^q(\mathfrak{U}, \mathcal{C})$ (cf. n° 24) *est bijectif pour tout* $q \geqq 0$.

Il suffit évidemment de montrer que $C_0(\mathfrak{U}, \mathcal{C}) = C(\mathfrak{U}, \mathcal{C})$, c'est-à-dire que toute section de $\mathcal{C}$ au-dessus de $U_{i_0 \ldots i_q}$ est image d'une section de $\mathcal{B}$ au-dessus de $U_{i_0 \ldots i_q}$, ce qui résulte du Corollaire 2 au Théorème 3.

Corollaire 1. *Soit X une variété algébrique, et soit $0 \to \mathcal{A} \to \mathcal{B} \to \mathcal{C} \to 0$ une suite exacte de faisceaux sur X, le faisceau $\mathcal{A}$ étant algébrique cohérent. L'homomorphisme canonique $H_0^q(X, \mathcal{C}) \to H^q(X, \mathcal{C})$ est bijectif pour tout $q \geqq 0$.*

C'est une conséquence immédiate des Théorèmes 1 et 5.

Corollaire 2. *On a une suite exacte:*

$$\cdots \to H^q(X, \mathcal{B}) \to H^q(X, \mathcal{C}) \to H^{q+1}(X, \mathcal{A}) \to H^{q+1}(X, \mathcal{B}) \to \cdots$$

§4. Correspondance entre modules de type fini et faisceaux algébriques cohérents

48. Faisceau associé à un module. Soient V une variété affine, $\mathcal{O}$ le faisceau des anneaux locaux de V; l'anneau $A = \Gamma(V, \mathcal{O})$ sera appelé *l'anneau de coordonnées* de V, c'est une algèbre sur K qui n'a pas d'autre élément nilpotent que 0. Si V est plongée comme sous-variété fermée dans un espace affine K^r, on sait (cf. n° 44) que A s'identifie à l'algèbre quotient de $K[X_1, \cdots, X_r]$ par l'idéal des polynômes nuls sur V; il s'ensuit que l'algèbre A est engendrée par un nombre fini d'éléments.

Inversement, on vérifie aisément que, si A est une K-algèbre commutative sans élément nilpotent (autre que 0) et engendrée par un nombre fini d'éléments, il existe une variété affine V telle que A soit isomorphe à $\Gamma(V, \mathcal{O})$; de plus V est déterminée à un isomorphisme près par cette propriété (on peut identifier V à l'ensemble des caractères de A, muni de la topologie usuelle).

Soit M un A-module; M définit sur V un faisceau constant, que nous noterons encore M; de même A définit un faisceau constant, et le faisceau M peut être considéré comme un faisceau de A-modules. Posons $\mathcal{A}(M) = \mathcal{O} \otimes_A M$, le faisceau $\mathcal{O}$ étant aussi considéré comme un faisceau de A-modules; il est clair que $\mathcal{A}(M)$ est un faisceau algébrique sur V. De plus, si $\varphi: M \to M'$ est un A-homomorphisme, on a un homomorphisme $\mathcal{A}(\varphi) = 1 \otimes \varphi: \mathcal{A}(M) \to \mathcal{A}(M')$; en d'autres termes, $\mathcal{A}(M)$ est un foncteur covariant du module M.

Proposition 1. *Le foncteur $\mathcal{A}(M)$ est exact.*

Soit $M \to M' \to M''$ une suite exacte de A-modules. Il nous faut voir que la suite $\mathcal{A}(M) \to \mathcal{A}(M') \to \mathcal{A}(M'')$ est exacte, autrement dit que, pour tout $x \in V$, la suite:

$$\mathcal{O}_x \otimes_A M \to \mathcal{O}_x \otimes_A M' \to \mathcal{O}_x \otimes_A M''$$

est exacte.

Or $\mathcal{O}_x$ n'est pas autre chose que l'anneau de fractions A_S de A, S étant l'ensemble des $f \in A$ tels que $f(x) \neq 0$ (pour la définition d'un anneau de fractions, cf. [8], [12] ou [13]). La Proposition 1 est donc un cas particulier du résultat suivant:

LEMME 1. *Soient A un anneau, S une partie multiplicativement stable de A ne contenant pas 0, A_S l'anneau de fractions de A relativement à S. Si $M \to M' \to M''$ est une suite exacte de A-modules, la suite $A_S \otimes_A M \to A_S \otimes_A M' \to A_S \otimes_A M''$ est exacte.*

Désignons par M_S l'ensemble des fractions m/s, avec $m \in M$, $s \in S$, deux fractions m/s et m'/s' étant identifiées s'il existe $s'' \in S$ tel que $s''(s' \cdot m - s \cdot m') = 0$; on voit facilement que M_S est un A_S-module, et que l'application

$$a/s \otimes m \to a \cdot m/s$$

est un isomorphisme de $A_S \otimes_A M$ sur M_S ; on est donc ramené à montrer que la suite

$$M_S \to M'_S \to M''_S$$

est exacte, ce qui est immédiat.

PROPOSITION 2. $\mathcal{A}(M) = 0$ *entraîne* $M = 0$.

Soit m un élément de M; si $\mathcal{A}(M) = 0$, on a $1 \otimes m = 0$ dans $\mathcal{O}_x \otimes_A M$ pour tout $x \in V$. D'après ce qui précède, $1 \otimes m = 0$ équivaut à l'existence d'un élément $s \in A$, $s(x) \neq 0$, tel que $s \cdot m = 0$; l'annulateur de m dans M n'est donc contenu dans aucun idéal maximal de A, ce qui entraîne qu'il est égal à A, d'où $m = 0$.

PROPOSITION 3. *Si M est un A-module de type fini, $\mathcal{A}(M)$ est un faisceau algébrique cohérent sur V.*

Puisque M est de type fini et que A est noethérien, M est isomorphe au conoyau d'un homomorphisme $\varphi: A^q \to A^p$, et $\mathcal{A}(M)$ est isomorphe au conoyau de $\mathcal{A}(\varphi): \mathcal{A}(A^q) \to \mathcal{A}(A^p)$. Comme $\mathcal{A}(A^p) = \mathcal{O}^p$ et $\mathcal{A}(A^q) = \mathcal{O}^q$, il en résulte bien que $\mathcal{A}(M)$ est cohérent.

49. Module associé à un faisceau algébrique. Soit $\mathcal{F}$ un faisceau algébrique sur V, et soit $\Gamma(\mathcal{F}) = \Gamma(V, \mathcal{F})$; puisque $\mathcal{F}$ est un faisceau de $\mathcal{O}$-modules, $\Gamma(\mathcal{F})$ est muni d'une structure naturelle de A-module. Tout homomorphisme algébrique $\varphi: \mathcal{F} \to \mathcal{G}$ définit un A-homomorphisme $\Gamma(\varphi): \Gamma(\mathcal{F}) \to \Gamma(\mathcal{G})$. Si l'on a une suite exacte de faisceaux algébriques cohérents $\mathcal{F} \to \mathcal{G} \to \mathcal{K}$, la suite

$$\Gamma(\mathcal{F}) \to \Gamma(\mathcal{G}) \to \Gamma(\mathcal{K})$$

est exacte (n° 45); en appliquant ceci à une suite exacte $\mathcal{O}^p \to \mathcal{F} \to 0$, on voit que $\Gamma(\mathcal{F})$ est un A-module de type fini si F est cohérent.

Les foncteurs $\mathcal{A}(M)$ et $\Gamma(\mathcal{F})$ sont "réciproques" l'un de l'autre:

THÉORÈME 1. (a) *Si M est un A-module de type fini, $\Gamma(\mathcal{A}(M))$ est canoniquement isomorphe à M.*

(b) *Si $\mathcal{F}$ est un faisceau algébrique cohérent sur V, $\mathcal{A}(\Gamma(\mathcal{F}))$ est canoniquement isomorphe à $\mathcal{F}$.*

Démontrons d'abord (a). Tout élément $m \in M$ définit une section $\alpha(m)$ de $\mathcal{A}(M)$ par la formule: $\alpha(m)(x) = 1 \otimes m \in \mathcal{O}_x \otimes_A M$; d'où un homomorphisme $\alpha: M \to \Gamma(\mathcal{A}(M))$. Lorsque M est un module libre de type fini, α est bijectif (il suffit de le voir lorsque $M = A$, auquel cas c'est évident); si M est un module de type fini quelconque, il existe une suite exacte $L^1 \to L^0 \to M \to 0$, où L^0 et L^1 sont libres de type fini; la suite $\mathcal{A}(L^1) \to \mathcal{A}(L^0) \to \mathcal{A}(M) \to 0$ est exacte, donc aussi la suite $\Gamma(\mathcal{A}(L^1)) \to \Gamma(\mathcal{A}(L^0)) \to \Gamma(\mathcal{A}(M)) \to 0$. Le diagramme commutatif:

$$\begin{array}{ccccccc} L^1 & \to & L^0 & \to & M & \to & 0 \\ \alpha\downarrow & & \alpha\downarrow & & \alpha\downarrow & & \alpha\downarrow \\ \Gamma(\mathcal{A}(L^1)) & \to & \Gamma(\mathcal{A}(L^0)) & \to & \Gamma(\mathcal{A}(M)) & \to & 0 \end{array}$$

montre alors que $\alpha: M \to \Gamma(\mathcal{A}(M))$ est bijectif, ce qui démontre (a).

Soit maintenant $\mathcal{F}$ un faisceau algébrique cohérent sur V. Si l'on associe à tout $s \in \Gamma(\mathcal{F})$ l'élément $s(x) \in \mathcal{F}_x$, on obtient un A-homomorphisme: $\Gamma(\mathcal{F}) \to \mathcal{F}_x$ qui se prolonge en un $\mathcal{O}_x$-homomorphisme $\beta_x: \mathcal{O}_x \otimes_A \Gamma(\mathcal{F}) \to \mathcal{F}_x$; on vérifie facilement que les β_x forment un homomorphisme de faisceaux $\beta: \mathcal{A}(\Gamma(\mathcal{F})) \to \mathcal{F}$. Lorsque $\mathcal{F} = \mathcal{O}^p$, l'homomorphisme β est bijectif; il en résulte, par le même raisonnement que ci-dessus, que β est bijectif pour tout faisceau algébrique cohérent $\mathcal{F}$, ce qui démontre (b).

Remarques. (1) On peut également déduire (b) de (a); cf. nº 65, démonstration de la Proposition 6.

(2) Nous verrons au Chapitre III comment il faut modifier la correspondance précédente lorsqu'on étudie les faisceaux cohérents sur l'espace projectif.

50. Modules projectifs et espaces fibrés à fibres vectorielles. Rappelons ([6], Chap. I, th. 2.2) qu'un A-module M est dit *projectif* s'il est facteur direct d'un A-module libre.

Proposition 4. *Soit M un A-module de type fini. Pour que M soit projectif, il faut et il suffit que le $\mathcal{O}_x$-module $\mathcal{O}_x \otimes_A M$ soit libre pour tout $x \in V$.*

Si M est projectif, $\mathcal{O}_x \otimes_A M$ est $\mathcal{O}_x$-projectif, donc $\mathcal{O}_x$-libre puisque $\mathcal{O}_x$ est un anneau local (cf. [6], Chap. VIII, th. 6.1′).

Réciproquement, si tous les $\mathcal{O}_x \otimes_A M$ sont libres, on a

$$\dim(M) = \operatorname{Sup} \dim_{x \in V} (\mathcal{O}_x \otimes_A M) = 0 \quad \text{(cf. [6], Chap. VII, Exer. 11)},$$

ce qui entraîne que M est projectif ([6], Chap. VI, §2).

Remarquons que, si $\mathcal{F}$ est un faisceau algébrique cohérent sur V, et si $\mathcal{F}_x$ est isomorphe à $\mathcal{O}_x^p$, $\mathcal{F}$ est isomorphe à $\mathcal{O}^p$ au-dessus d'un voisinage de x; si cette propriété est vérifiée en tout point $x \in V$, le faisceau $\mathcal{F}$ est donc localement isomorphe à un faisceau $\mathcal{O}^p$, l'entier p restant constant sur toute composante connexe de V. En appliquant ceci au faisceau $\mathcal{A}(M)$, on obtient:

Corollaire. *Soit $\mathcal{F}$ un faisceau algébrique cohérent sur une variété affine connexe V. Les trois propriétés suivantes sont équivalentes:*

(i) *$\Gamma(\mathcal{F})$ est un A-module projectif.*

(ii) *$\mathcal{F}$ est localement isomorphe à un faisceau $\mathcal{O}^p$.*

(iii) *$\mathcal{F}$ est isomorphe au faisceau des germes de sections d'un espace fibré algébrique à fibre vectorielle de base V.*

En outre, l'application $E \to \Gamma(\mathcal{S}(E))$ (E désignant un espace fibré à fibre vectorielle) met en correspondance biunivoque les classes d'espaces fibrés et les classes de A-modules projectifs de type fini; dans cette correspondance, un espace fibré *trivial* correspond à un module *libre*, et réciproquement.

Signalons que, lorsque $V = K^r$ (auquel cas $A = K[X_1, \cdots, X_r]$), on ignore
4 s'il existe des A-modules projectifs de type fini qui ne soient pas libres, ou, ce qui revient au même, s'il existe des espaces fibrés algébriques à fibres vectorielles, de base K^r, et non triviaux.

Chapitre III. Faisceaux algébriques cohérents sur les variétés projectives

§1. Variétés projectives

51. Notations. (Les notations introduites ci-dessous seront utilisées sans référence dans toute la suite du chapitre).

Soit r un entier $\geqq 0$, et soit $Y = K^{r+1} - \{0\}$; le groupe multiplicatif K^* des éléments $\neq 0$ de K opère sur Y par la formule:

$$\lambda(\mu_0, \cdots, \mu_r) = (\lambda\mu_0, \cdots, \lambda\mu_r).$$

Deux points y et y' seront dits équivalents s'il existe $\lambda \in K^*$ tel que $y' = \lambda y$; l'espace quotient de Y par cette relation d'équivalence sera noté $\mathbf{P}_r(K)$, ou simplement X; c'est *l'espace projectif de dimension r sur K*; la projection canonique de Y sur X sera notée π.

Soit $I = \{0, 1, \cdots, r\}$; pour tout $i \in I$, nous désignerons par t_i la i-ème fonction coordonnée sur K^{r+1}, définie par la formule:

$$t_i(\mu_0, \cdots, \mu_r) = \mu_i .$$

Nous désignerons par V_i le sous-ensemble ouvert de K^{r+1} formé des points où t_i est $\neq 0$, et par U_i l'image de V_i par π; les $\{U_i\}_{i \in I}$ forment un recouvrement $\mathfrak{U}$ de X. Si $i \in I$ et $j \in I$, la fonction t_j/t_i est régulière sur V_i, et invariante par K^*, donc définit une fonction sur U_i que nous noterons encore t_j/t_i ; pour i fixé, les fonctions t_j/t_i, $j \neq i$, définissent une bijection $\psi_i: U_i \to K^r$.

Nous munirons K^{r+1} de sa structure de variété algébrique, et Y de la structure induite. Nous munirons également X de la topologie quotient de celle de Y: un sous-ensemble fermé de X est donc l'image par π d'un cône fermé de K^{r+1}. Si U est ouvert dans X, nous poserons $A_U = \Gamma(\pi^{-1}(U), \mathcal{O}_Y)$; c'est l'anneau des fonctions régulières sur $\pi^{-1}(U)$. Soit A_U^0 le sous-anneau de A_U formé des éléments invariants par K^* (c'est-à-dire des fonctions homogènes de degré 0). Lorsque $V \supset U$, on a un homomorphisme de restriction $\varphi_U^V: A_V^0 \to A_U^0$, et le système des (A_U^0, φ_U^V) définit un faisceau $\mathcal{O}_X$ que l'on peut considérer comme un sous-faisceau du faisceau $\mathcal{F}(X)$ des germes de fonctions sur X. Pour qu'une fonction f, définie au voisinage de x, appartienne à $\mathcal{O}_{x,X}$, il faut et il suffit qu'elle coincide localement avec une fonction de la forme P/Q, où P et Q sont deux polynômes homogènes de même degré en $t_0, \cdots, t_r$, avec $Q(y) \neq 0$ pour $y \in \pi^{-1}(x)$ (ce que nous écrirons plus brièvement $Q(x) \neq 0$).

PROPOSITION 1. *L'espace projectif $X = \mathbf{P}_r(K)$, muni de la topologie et du faisceau précédents, est une variété algébrique.*

Les U_i, $i \in I$, sont des ouverts de X, et on vérifie tout de suite que les bijections $\psi_i : U_i \to K^r$ définies ci-dessus sont des isomorphismes biréguliers, ce qui montre que l'axiome (VA_I) est satisfait. Pour démontrer que (VA_{II}) l'est aussi, il faut voir que la partie de $K^r \times K^r$ formée des couples $(\psi_i(x), \psi_j(x))$, où $x \in U_i \cap U_j$, est fermée, ce qui ne présente pas de difficultés.

Dans la suite, X sera toujours muni de la structure de variété algébrique qui vient d'être définie; le faisceau $\mathcal{O}_X$ sera simplement noté $\mathcal{O}$. Une variété algébrique V sera dite *projective* si elle est isomorphe à une sous-variété fermée d'un espace projectif. L'étude des faisceaux algébriques cohérents sur les variétés projectives peut se ramener à l'étude des faisceaux algébriques cohérents sur les $\mathbf{P}_r(K)$, cf. n° 39.

52. Cohomologie des sous-variétés de l'espace projectif. Appliquons le Théorème 4 du n° 47 au recouvrement $\mathfrak{U} = \{U_i\}_{i \in I}$, défini au n° précédent: c'est possible puisque chacun des U_i est isomorphe à K^r. On obtient ainsi:

PROPOSITION 2. *Si $\mathcal{F}$ est un faisceau algébrique cohérent sur $X = \mathbf{P}_r(K)$, l'homomorphisme $\sigma(\mathfrak{U}) : H^n(\mathfrak{U}, \mathcal{F}) \to H^n(X, \mathcal{F})$ est bijectif pour tout $n \geqq 0$.*

Puisque $\mathfrak{U}$ est formé de $r + 1$ ouverts, on a (cf. n° 20, corollaire à la Proposition 2):

COROLLAIRE. $H^n(X, \mathcal{F}) = 0$ *pour* $n > r$.

Ce dernier résultat peut être généralisé de la façon suivante:

PROPOSITION 3. *Soit V une variété algébrique, isomorphe à une sous-variété localement fermée d'un espace projectif X. Soit $\mathcal{F}$ un faisceau algébrique cohérent sur V, et soit W une sous-variété de V telle que $\mathcal{F}$ soit nul en dehors de W. On a alors $H^n(V, \mathcal{F}) = 0$ pour $n >$ dim W.*

En particulier, prenant $W = V$, on voit que l'on a:

COROLLAIRE. $H^n(V, \mathcal{F}) = 0$ *pour* $n > \dim V$.

Identifions V à une sous-variété localement fermée de $X = \mathbf{P}_r(K)$; il existe un ouvert U de X tel que V soit fermée dans U. Nous supposerons que W est fermée dans V, ce qui est évidemment licite; alors W est fermée dans U. Posons $F = X - U$. Avant de démontrer la Proposition 3, établissons deux lemmes:

LEMME 1. *Soit $k = \dim W$; il existe $k + 1$ polynômes homogènes $P_i(t_0, \cdots, t_r)$, de degrés >0, nuls sur F, et ne s'annulant pas simultanément sur W.*

(Par abus de langage, on dit qu'un polynôme homogène P s'annule en un point x de $\mathbf{P}_r(K)$ s'il s'annule sur $\pi^{-1}(x)$).

Raisonnons par récurrence sur k, le cas où $k = -1$ étant trivial. Choisissons un point sur chaque composante irréductible de W, et soit P_1 un polynôme homogène nul sur F, de degré > 0, et ne s'annulant en aucun de ces points (l'existence de P_1 résulte de ce que F est fermé, compte tenu de la définition de la topologie de $\mathbf{P}_r(K)$). Soit W' la sous-variété de W formée des points $x \in W$ tels que $P_1(x) = 0$; vu la construction de P_1, aucune composante irréductible de W n'est contenue dans W', et il s'ensuit (cf. n° 36) que $\dim W' < k$. En appliquant l'hypothèse de récurrence à W', on voit qu'il existe k polynômes homogènes $P_2, \cdots, P_{k+1}$, nuls sur F, et ne s'annulant pas simultanément sur W'; il est clair que les polynômes $P_1, \cdots, P_{k+1}$ vérifient les conditions voulues.

LEMME 2. *Soit $P(t_0, \cdots, t_r)$ un polynôme homogène de degré $n > 0$. L'ensemble X_P des points $x \in X$ tels que $P(x) \neq 0$ est un ouvert affine de X.*

Si l'on fait correspondre à tout point $y = (\mu_0, \cdots, \mu_r) \in Y$ le point d'un espace K^N convenable qui a pour coordonnées tous les monômes $\mu_0^{m_0} \cdots \mu_r^{m_r}$, $m_0 + \cdots + m_r = n$, on obtient, par passage au quotient, une application $\varphi_n : X \to \mathbf{P}_{N-1}(K)$. Il est classique, et d'ailleurs facile à vérifier, que φ_n est un isomorphisme birégulier de X sur une sous-variété fermée de $\mathbf{P}_{N-1}(K)$ ("variété de Veronese"); or φ_n transforme l'ouvert X_P en le lieu des points de $\varphi_n(X)$ non situés sur un certain hyperplan de $\mathbf{P}_{N-1}(K)$; comme le complémentaire d'un hyperplan est isomorphe à un espace affine, on en conclut que X_P est bien isomorphe à une sous-variété fermée d'un espace affine.

Démontrons maintenant la Proposition 3. Prolongeons le faisceau $\mathfrak{F}$ par 0 sur $U - V$; nous obtenons un faisceau algébrique cohérent sur U, que nous noterons encore $\mathfrak{F}$, et l'on sait (cf. n° 26) que $H^n(U, \mathfrak{F}) = H^n(V, \mathfrak{F})$. Soient d'autre part $P_1, \cdots, P_{k+1}$ des polynômes homogènes vérifiant les conditions du Lemme 1; soient $P_{k+2}, \cdots, P_h$ des polynômes homogènes de degrés > 0, nuls sur $W \cup F$, et ne s'annulant simultanément en aucun point de $U - W$ (pour obtenir de tels polynômes, il suffit de prendre un système de générateurs homogènes de l'idéal défini par $W \cup F$ dans $K[t_0, \cdots, t_r]$). Pour tout i, $1 \leqq i \leqq h$, soit V_i l'ensemble des points $x \in X$ tels que $P_i(x) \neq 0$; on a $V_i \subset U$, et les hypothèses faites ci-dessus montrent que $\mathfrak{V} = \{V_i\}$ est un recouvrement ouvert de U; de plus, le Lemme 2 montre que les V_i sont des ouverts affines, d'où $H^n(\mathfrak{V}, \mathfrak{F}) = H^n(U, \mathfrak{F}) = H^n(V, \mathfrak{F})$ pour tout $n \geqq 0$. D'autre part, si $n > k$, et si les indices $i_0, \cdots, i_n$ sont distincts, l'un de ces indices est $> k + 1$, et $V_{i_0 \cdots i_n}$ ne rencontre pas W; on en conclut que le groupe des cochaînes alternées $C'^n(\mathfrak{V}, \mathfrak{F})$ est nul si $n > k$, ce qui entraîne bien $H^n(\mathfrak{V}, \mathfrak{F}) = 0$, d'après la Proposition 2 du n° 20.

53. Cohomologie des courbes algébriques irréductibles. Si V est une variété algébrique irréductible de dimension 1, les sous-ensembles fermés de V, distincts de V, sont les sous-ensembles *finis*. Si F est une partie finie de V, et x un point de F, nous poserons $V_x^F = (V - F) \cup \{x\}$; les V_x^F, $x \in F$, forment un recouvrement ouvert fini $\mathfrak{V}^F$ de V.

LEMME 3. *Les recouvrements $\mathfrak{V}^F$ du type précédent sont arbitrairement fins.*

Soit $\mathfrak{U} = \{U_i\}_{i \in I}$ un recouvrement ouvert de V, que l'on peut supposer fini, puisque V est quasi-compact. On peut également supposer $U_i \neq \emptyset$ pour tout $i \in I$. Si l'on pose $F_i = V - U_i$, F_i est donc fini, et il en est de même de $F = \bigcup_{i \in I} F_i$. Montrons que $\mathfrak{V}^F \prec \mathfrak{U}$, ce qui démontrera le lemme. Soit $x \in F$; il existe $i \in I$ tel que $x \notin F_i$, puisque les U_i recouvrent V; on a alors $F - \{x\} \supset F_i$, puisque $F \supset F_i$, ce qui signifie que $V_x^F \subset U_i$, et démontre bien que $\mathfrak{V}^F \prec \mathfrak{U}$.

LEMME 4. *Soient $\mathfrak{F}$ un faisceau sur V, et F une partie finie de V. On a*

$$H^n(\mathfrak{B}^F, \mathfrak{F}) = 0$$

pour $n \geqq 2$.

Posons $W = V - F$; il est clair que $V^F_{x_0} \cap \cdots \cap V^F_{x_n} = W$ si les $x_0, \cdots, x_n$ sont distincts, et si $n \geqq 1$. Si l'on pose $G = \Gamma(W, \mathfrak{F})$, il en résulte que le complexe alterné $C'(\mathfrak{B}^F, \mathfrak{F})$ est isomorphe, en dimensions $\geqq 1$, à $C'(S(F), G)$, $S(F)$ désignant le simplexe ayant F pour ensemble de sommets. Il s'ensuit que

$$H^n(\mathfrak{B}^F, \mathfrak{F}) = H^n(S(F), G) = 0 \text{ pour } n \geqq 2,$$

la cohomologie d'un simplexe étant triviale.

Les Lemmes 3 et 4 entraînent évidemment:

PROPOSITION 4. *Si V est une courbe algébrique irréductible, et $\mathfrak{F}$ un faisceau quelconque sur V, on a $H^n(V, \mathfrak{F}) = 0$ pour $n \geqq 2$.*

5 REMARQUE. J'ignore si un résultat analogue au précédent est valable pour les variétés de dimension quelconque.

§2. Modules gradués et faisceaux algébriques cohérents sur l'espace projectif

54. L'opération $\mathfrak{F}(n)$. Soit $\mathfrak{F}$ un faisceau algébrique sur $X = \mathbf{P}_r(K)$. Soit $\mathfrak{F}_i = \mathfrak{F}(U_i)$ la restriction de $\mathfrak{F}$ à U_i (cf. n° 51); n désignant un entier quelconque, soit $\theta_{ij}(n)$ l'isomorphisme de $\mathfrak{F}_j(U_i \cap U_j)$ sur $\mathfrak{F}_i(U_i \cap U_j)$ défini par la multiplication par la fonction t_j^n/t_i^n; cela a un sens, puisque t_j/t_i est une fonction régulière sur $U_i \cap U_j$ et à valeurs dans K^*. On a $\theta_{ij}(n) \circ \theta_{jk}(n) = \theta_{ik}(n)$ en tout point de $U_i \cap U_j \cap U_k$; on peut donc appliquer la Proposition 4 du n° 4, et l'on obtient ainsi un faisceau algébrique, noté $\mathfrak{F}(n)$, défini par recollement des faisceaux $\mathfrak{F}_i = \mathfrak{F}(U_i)$ au moyen des isomorphismes $\theta_{ij}(n)$.

On a des isomorphismes canoniques: $\mathfrak{F}(0) \approx \mathfrak{F}$, $\mathfrak{F}(n)(m) \approx \mathfrak{F}(n + m)$. De plus, $\mathfrak{F}(n)$ est localement isomorphe à $\mathfrak{F}$, donc cohérent si $\mathfrak{F}$ l'est; il en résulte également que toute suite exacte $\mathfrak{F} \to \mathfrak{F}' \to \mathfrak{F}''$ de faisceaux algébriques donne naissance à une suite exacte $\mathfrak{F}(n) \to \mathfrak{F}'(n) \to \mathfrak{F}''(n)$ pour tout $n \in \mathbf{Z}$.

On peut appliquer ce qui précède au faisceau $\mathfrak{F} = \mathcal{O}$, et l'on obtient ainsi les faisceaux $\mathcal{O}(n)$, $n \in \mathbf{Z}$. Nous allons donner une autre description de ces faisceaux: si U est ouvert dans X, soit A^n_U la partie de $A_U = \Gamma(\pi^{-1}(U), \mathcal{O}_Y)$ formée des fonctions homogènes de degré n (c'est-à-dire vérifiant l'identité $f(\lambda y) = \lambda^n f(y)$ pour $\lambda \in K^*$, et $y \in \pi^{-1}(U)$); les A^n_U sont des A^0_U-modules, donc donnent naissance à un faisceau algébrique, que nous désignerons par $\mathcal{O}'(n)$. Un élement de $\mathcal{O}'(n)_x$, $x \in X$, peut donc être identifié à une fraction rationnelle P/Q, P et Q étant des polynômes homogènes tels que $Q(x) \neq 0$ et que $\deg P - \deg Q = n$.

PROPOSITION 1. *Les faisceaux $\mathcal{O}(n)$ et $\mathcal{O}'(n)$ sont canoniquement isomorphes.*

Par définition, une section de $\mathcal{O}(n)$ sur un ouvert $U \subset X$ est un système (f_i) de sections de $\mathcal{O}$ sur les $U \cap U_i$, avec $f_i = (t_j^n/t_i^n).f_j$ sur $U \cap U_i \cap U_j$; les f_j peuvent être identifiées à des fonctions régulières et homogènes de degré 0 sur les $\pi^{-1}(U) \cap \pi^{-1}(U_i)$; posons $g_i = t_i^n.f_i$; on a alors $g_i = g_j$ en tout point de $\pi^{-1}(U) \cap \pi^{-1}(U_i) \cap \pi^{-1}(U_j)$, donc les g_i sont restrictions d'une fonction unique

g, régulière sur $\pi^{-1}(U)$, et homogène de degré n. Inversement, une telle fonction g définit un système (f_i) en posant $f_i = g/t_i^n$. L'application $(f_i) \to g$ est donc un isomorphisme de $\mathcal{O}(n)$ sur $\mathcal{O}'(n)$.

Dans la suite, nous identifierons le plus souvent $\mathcal{O}(n)$ et $\mathcal{O}'(n)$ au moyen de l'isomorphisme précédent. On observera qu'une section de $\mathcal{O}'(n)$ au-dessus de X n'est pas autre chose qu'une fonction régulière sur Y et homogène de degré n. Si l'on suppose $r \geqq 1$, une telle fonction est identiquement nulle pour $n < 0$, et c'est un *polynôme* homogène de degré n pour $n \geqq 0$.

Proposition 2. *Pour tout faisceau algébrique $\mathcal{F}$, les faisceaux $\mathcal{F}(n)$ et $\mathcal{F} \otimes_{\mathcal{O}} \mathcal{O}(n)$ sont canoniquement isomorphes.*

Puisque $\mathcal{O}(n)$ est obtenu à partir des $\mathcal{O}_i$ par recollement au moyen des $\theta_{ij}(n)$, $\mathcal{F} \otimes \mathcal{O}(n)$ est obtenu à partir des $\mathcal{F}_i \otimes \mathcal{O}_i$ par recollement au moyen des isomorphismes $1 \otimes \theta_{ij}(n)$; en identifiant $\mathcal{F}_i \otimes \mathcal{O}_i$ à $\mathcal{F}_i$, on retrouve bien la définition de $\mathcal{F}(n)$.

Dans la suite, nous ferons également l'identification de $\mathcal{F}(n)$ et de $\mathcal{F} \otimes \mathcal{O}(n)$.

55. Sections de $\mathcal{F}(n)$. Démontrons d'abord un lemme sur les variétés affines, qui est tout à fait analogue au Lemme 1 du n° 45:

Lemme 1. *Soient V une variété affine, Q une fonction régulière sur V, et V_Q l'ensemble des points $x \in V$ tels que $Q(x) \neq 0$. Soit $\mathcal{F}$ un faisceau algébrique cohérent sur V, et soit s une section de $\mathcal{F}$ au-dessus de V_Q. Alors, pour tout n assez grand, il existe une section s' de $\mathcal{F}$ au-dessus de V tout entier, telle que $s' = Q^n s$ au-dessus de V_Q.*

En plongeant V dans un espace affine, et prolongeant $\mathcal{F}$ par 0 en dehors de V, on se ramène au cas où V est un espace affine, donc est irréductible. D'après le Corollaire 1 au Théorème 2 du n° 45, il existe un homomorphisme surjectif $\varphi\colon \mathcal{O}_V^p \to \mathcal{F}$; d'après la Proposition 2 du n° 42, V_Q est un ouvert affine, et il existe donc (n° 44, Corollaire 2 à la Proposition 7) une section σ de $\mathcal{O}_V^p$ au-dessus de V_Q telle que $\varphi(\sigma) = s$. On peut identifier σ à un système de p fonctions régulières sur V_Q; appliquant à chacune de ces fonctions la Proposition 5 du n° 43, on voit qu'il existe une section σ' de $\mathcal{O}_V^p$ sur V telle que $\sigma' = Q^n\sigma$ sur V_Q, pourvu que n soit assez grand. En posant $s' = \varphi(\sigma')$, on obtient bien une section de $\mathcal{F}$ sur V telle que $s' = Q^n s$ sur V_Q.

Théorème 1. *Soit $\mathcal{F}$ un faisceau algébrique cohérent sur $X = \mathbf{P}_r(K)$. Il existe un entier $n(\mathcal{F})$ tel que, pour tout $n \geqq n(\mathcal{F})$, et tout $x \in X$, le $\mathcal{O}_x$-module $\mathcal{F}(n)_x$ soit engendré par les éléments de $\Gamma(X, \mathcal{F}(n))$.*

Par définition de $\mathcal{F}(n)$, une section s de $\mathcal{F}(n)$ sur X est un système (s_i) de sections de $\mathcal{F}$ sur les U_i, vérifiant les conditions de cohérence:

$$s_i = (t_j^n/t_i^n).s_j \text{ sur } U_i \cap U_j\,;$$

nous dirons que s_i est *la i-ème composante de s*.

D'autre part, puisque U_i est isomorphe à K^r, il existe un nombre fini de sections s_i^α de $\mathcal{F}$ sur U_i qui engendrent $\mathcal{F}_x$ pour tout $x \in U_i$ (n° 45, Corollaire 1 au Théorème 2); si, pour un certain entier n, on peut trouver des sections s^α de

$\mathcal{F}(n)$ dont les i-èmes composantes soient les s_i^α, il est évident que $\Gamma(X, \mathcal{F}(n))$ engendre $\mathcal{F}(n)_x$ pour tout $x \in U_i$. Le Théorème 1 sera donc démontré si nous prouvons le Lemme suivant:

LEMME 2. *Soit s_i une section de $\mathcal{F}$ au-dessus de U_i. Pour tout n assez grand, il existe une section s de $\mathcal{F}(n)$ dont la i-ème composante est égale à s_i.*

Appliquons le Lemme 1 à la variété affine $V = U_j$, à la fonction $Q = t_i/t_j$, et à la section s_i restreinte à $U_i \cap U_j$; c'est licite, puisque t_i/t_j est une fonction régulière sur U_j dont le lieu des zéros est $U_j - U_i \cap U_j$. On en conclut qu'il existe un entier p et une section s_j' de $\mathcal{F}$ sur U_j tels que $s_j' = (t_i^p/t_j^p).s_i$ sur $U_i \cap U_j$; pour $j = i$, ceci entraîne $s_i' = s_i$, ce qui permet d'écrire la formule précédente $s_j' = (t_i^p/t_j^p).s_i'$.

Les s_j' étant définies pour tout indice j (avec le même exposant p), considérons $s_j' - (t_k^p/t_j^p).s_k'$; c'est une section de $\mathcal{F}$ sur $U_j \cap U_k$ dont la restriction à $U_i \cap U_j \cap U_k$ est nulle; en lui appliquant la Proposition 6 du nº 43, on voit que, pour tout entier q assez grand, on a $(t_i^q/t_j^q)(s_j' - (t_k^p/t_j^p).s_k') = 0$ sur $U_j \cap U_k$; si on pose alors $s_j = (t_i^q/t_j^q).s_j'$, et $n = p + q$, la formule précédente s'écrit $s_j = (t_k^n/t_j^n).s_k$, et le système $s = (s_j)$ est bien une section de $\mathcal{F}(n)$ dont la i-ème composante est égale à s_i, cqfd.

COROLLAIRE. *Tout faisceau algébrique cohérent $\mathcal{F}$ sur $X = \mathbf{P}_r(K)$ est isomorphe à un faisceau quotient d'un faisceau $\mathcal{O}(n)^p$, n et p étant des entiers convenables.*

D'après le théorème qui précède, il existe un entier n tel que $\mathcal{F}(-n)_x$ soit engendré par $\Gamma(X, \mathcal{F}(-n))$ pour tout $x \in X$; vu la quasi-compacité de X, cela équivaut à dire que $\mathcal{F}(-n)$ est isomorphe à un faisceau quotient du faisceau $\mathcal{O}^p$, p étant un entier $\geqq 0$ convenable. Il en résulte alors que $\mathcal{F} \approx \mathcal{F}(-n)(n)$ est isomorphe à un faisceau quotient de $\mathcal{O}(n)^p \approx \mathcal{O}^p(n)$.

56. Modules gradués. Soit $S = K[t_0, \cdots, t_r]$ l'algèbre des polynômes en $t_0, \cdots, t_r$; pour tout entier $n \geqq 0$, soit S_n le sous-espace vectoriel de S formé par les polynômes homogènes de degré n; pour $n < 0$, on posera $S_n = 0$. L'algèbre S est somme directe des S_n, $n \in \mathbf{Z}$, et l'on a $S_p.S_q \subset S_{p+q}$; autrement dit, S est une *algèbre graduée.*

Rappelons qu'un S-module M est dit *gradué* lorsqu'on s'est donné une décomposition de M comme somme directe: $M = \sum_{n \in \mathbf{Z}} M_n$, les M_n étant des sous-groupes de M tels que $S_p.M_q \subset M_{p+q}$, pour tout couple d'entiers (p, q). Un élément de M_n est dit *homogène* de degré n; un sous-module N de M est dit *homogène* s'il est somme directe des $N \cap M_n$, auquel cas c'est un S-module gradué. Si M et M' sont deux S-modules gradués, un S-homomorphisme

$$\varphi : M \to M'$$

est dit *homogène de degré s* si $\varphi(M_n) \subset M'_{n+s}$ pour tout $n \in \mathbf{Z}$. Un S-homomorphisme homogène de degré 0 sera appelé simplement un *homomorphisme.*

Si M est un S-module gradué, et n un entier, nous noterons $M(n)$ le S-module gradué:

$$M(n) = \sum_{p \in \mathbf{Z}} M(n)_p, \quad \text{avec} \quad M(n)_p = M_{n+p}.$$

On a donc $M(n) = M$ en tant que S-module, mais un élément homogène de degré p dans $M(n)$ est homogène de degré $n + p$ dans M; autrement dit, $M(n)$ se déduit de M en abaissant les degrés de n unités.

Nous désignerons par $\mathcal{C}$ la classe des S-modules gradués M tels que $M_n = 0$ pour n assez grand. Si $A \to B \to C$ est une suite exacte d'homomorphismes de S-modules gradués, les relations $A \in \mathcal{C}$ et $C \in \mathcal{C}$ entraînent évidemment $B \in \mathcal{C}$; autrement dit, $\mathcal{C}$ est bien une classe, au sens de [14], Chap. I. De façon générale, nous utiliserons la terminologie introduite dans l'article précité; en particulier, un homomorphisme $\varphi: A \to B$ sera dit *$\mathcal{C}$-injectif* (resp. *$\mathcal{C}$-surjectif*) si $\operatorname{Ker}(\varphi) \in \mathcal{C}$ (resp. si $\operatorname{Coker}(\varphi) \in \mathcal{C}$), et *$\mathcal{C}$-bijectif* s'il est à la fois $\mathcal{C}$-injectif et $\mathcal{C}$-surjectif.

Un S-module gradué M est dit *de type fini* s'il est engendré par un nombre fini d'éléments; nous dirons que M *vérifie la condition* (TF) s'il existe un entier p tel que le sous-module $\sum_{n \geq p} M_n$ de M soit de type fini; il revient au même de dire que M est $\mathcal{C}$-isomorphe à un module de type fini. Les modules vérifiant (TF) forment une classe contenant $\mathcal{C}$.

Un S-module gradué L est dit *libre* (resp. *libre de type fini*) s'il admet une base (resp. une base finie) formée d'éléments homogènes, autrement dit s'il est isomorphe à une somme directe (resp. une somme directe finie) de modules $S(n_i)$.

57. Faisceau algébrique associé à un S-module gradué. Si U est une partie non vide de X, nous noterons $S(U)$ le sous-ensemble de $S = K[t_0, \cdots, t_r]$ formé des polynômes homogènes Q tels que $Q(x) \neq 0$ pour tout $x \in U$; $S(U)$ est un sous-ensemble multiplicativement stable de S, ne contenant pas 0. Pour $U = \{x\}$, on écrira $S(x)$ au lieu de $S(\{x\})$.

Soit M un S-module gradué. Nous désignerons par M_U l'ensemble des fractions m/Q, avec $m \in M$, $Q \in S(U)$, m et Q étant homogènes de *même* degré; on identifie deux fractions m/Q et m'/Q' s'il existe $Q'' \in S(U)$ tel que

$$Q''(Q'.m - Q.m') = 0;$$

il est clair que l'on définit bien ainsi une relation d'équivalence entre couples (m, Q). Pour $U = \{x\}$ on écrira M_x au lieu de $M_{\{x\}}$.

Appliquant ceci à $M = S$, on trouve pour S_U l'anneau des fractions rationnelles P/Q, où P et Q sont des polynômes homogènes de même degré et $Q \in S(U)$; si M est un S-module gradué quelconque, on peut munir M_U d'une structure de S_U-module en posant:

$$m/Q + m'/Q' = (Q'm + Qm')/QQ'$$
$$(P/Q).(m/Q') = Pm/QQ'.$$

Si $U \subset V$, on a $S(V) \subset S(U)$, d'où des homomorphismes canoniques

$$\varphi_U^V : M_V \to M_U ;$$

le système (M_U, φ_U^V), où U et V parcourent les ouverts non vides de X, définit donc un faisceau que nous noterons $\mathcal{A}(M)$; on vérifie tout de suite que

$$\lim_{x \in U} M_U = M_x ,$$

c'est-à-dire que $\mathcal{A}(M)_x = M_x$. On a en particulier $\mathcal{A}(S) = \mathcal{O}$, et comme les M_U sont des S_U-modules, il s'ensuit que $\mathcal{A}(M)$ est un faisceau de $\mathcal{A}(S)$-modules, c'est-à-dire un *faisceau algébrique* sur X. Tout homomorphisme $\varphi: M \to M'$ définit de façon naturelle des homomorphismes S_U-linéaires $\varphi_U: M_U \to M'_U$, d'où un homomorphisme de faisceaux $\mathcal{A}(\varphi): \mathcal{A}(M) \to \mathcal{A}(M')$, que nous noterons souvent φ. On a évidemment

$$\mathcal{A}(\varphi + \psi) = \mathcal{A}(\varphi) + \mathcal{A}(\psi),\ \mathcal{A}(1) = 1,\ \mathcal{A}(\varphi \circ \psi) = \mathcal{A}(\varphi) \circ \mathcal{A}(\psi).$$

L'opération $\mathcal{A}(M)$ est donc un *foncteur additif covariant,* défini sur la catégorie des S-modules gradués, et à valeurs dans la catégorie des faisceaux algébriques sur X.

(Les définitions ci-dessus sont tout à fait analogues à celles du §4 du Chap. II; on observera toutefois que S_U *n'est pas* l'anneau de fractions de S relativement à $S(U)$, mais seulement sa composante homogène de degré 0.)

58. Premières propriétés du foncteur $\mathcal{A}(M)$.

PROPOSITION 3. *Le foncteur $\mathcal{A}(M)$ est un foncteur exact.*

Soit $M \xrightarrow{\alpha} M' \xrightarrow{\beta} M''$ une suite exacte de S-modules gradués, et montrons que la suite $M_x \xrightarrow{\alpha} M'_x \xrightarrow{\beta} M''_x$ est aussi exacte. Soit $m'/Q \in M'_x$ un élément du noyau de β; vu la définition de M''_x, il existe $R \in S(x)$ tel que $R\beta(m') = 0$; mais alors il existe $m \in M$ tel que $\alpha(m) = Rm'$, et l'on a $\alpha(m/RQ) = m'/Q$, cqfd. (Comparer avec le n° 48, Lemme 1.)

PROPOSITION 4. *Si M est un S-module gradué, et si n est un entier, $\mathcal{A}(M(n))$ est canoniquement isomorphe à $\mathcal{A}(M)(n)$.*

Soient $i \in I$, $x \in U_i$, et $m/Q \in M(n)_x$, avec $m \in M(n)_p$, $Q \in S(x)$, $\deg Q = p$. Posons:

$$\eta_{i,x}(m/Q) = m/t_i^n Q \in M_x,$$

ce qui est licite puisque $m \in M_{n+p}$ et $t_i^n Q \in S(x)$. On voit immédiatement que $\eta_{i,x}: M(n)_x \to M_x$ est bijectif pour tout $x \in U_i$, et définit un isomorphisme η_i de $\mathcal{A}(M(n))$ sur $\mathcal{A}(M)$ au-dessus de U_i. En outre, on a $\eta_i \circ \eta_j^{-1} = \theta_{ij}(n)$ au-dessus de $U_i \cap U_j$. Vu la définition de l'opération $\mathcal{F}(n)$, et la Proposition 4 du n° 4, cela montre bien que $\mathcal{A}(M(n))$ est isomorphe à $\mathcal{A}(M)(n)$.

COROLLAIRE. *$\mathcal{A}(S(n))$ est canoniquement isomorphe à $\mathcal{O}(n)$.*

En effet, on a déjà dit que $\mathcal{A}(S)$ était isomorphe à $\mathcal{O}$.

(Il est d'ailleurs évident directement que $\mathcal{A}(S(n))$ est isomorphe à $\mathcal{O}'(n)$, puisque $\mathcal{O}'(n)_x$ est justement formé des fractions rationnelles P/Q, telles que deg P − deg $Q = n$, et $Q \in S(x)$.)

PROPOSITION 5. *Soit M un S-module gradué vérifiant la condition* (TF). *Le faisceau algébrique $\mathcal{A}(M)$ est alors un faisceau cohérent, et, pour que $\mathcal{A}(M) = 0$, il faut et il suffit que $M \in \mathcal{C}$.*

Si $M \in \mathcal{C}$, pour tout $m \in M$ et tout $x \in X$, il existe $Q \in S(x)$ tel que $Qm = 0$: il suffit de prendre Q de degré assez grand; on a donc $M_x = 0$, d'où $\mathcal{A}(M) = 0$. Soit maintenant M un S-module gradué vérifiant la condition (TF); il existe un sous-module homogène N de M, de type fini, tel que $M/N \in \mathcal{C}$; en appliquant ce qui précède, ainsi que la Proposition 3, on voit que $\mathcal{A}(N) \to \mathcal{A}(M)$ est bijectif, et il suffit donc de prouver que $\mathcal{A}(N)$ est cohérent. Puisque N est de type fini, il existe une suite exacte $L^1 \to L^0 \to N \to 0$, où L^0 et L^1 sont des modules *libres* de type fini. D'après la Proposition 3, la suite $\mathcal{A}(L^1) \to \mathcal{A}(L^0) \to \mathcal{A}(N) \to 0$ est exacte. Mais, d'après le corollaire à la Proposition 4, $\mathcal{A}(L^0)$ et $\mathcal{A}(L^1)$ sont isomorphes à des sommes directes finies de faisceaux $\mathcal{O}(n_i)$, donc sont cohérents. Il s'ensuit bien que $\mathcal{A}(N)$ est cohérent.

Soit enfin M un S-module gradué vérifiant (TF), et tel que $\mathcal{A}(M) = 0$; vu ce qui précède, on peut supposer M de type fini. Si m est un élément homogène de M, soit $\mathfrak{a}_m$ l'annulateur de m, c'est-à-dire l'ensemble des polynômes $Q \in S$ tels que $Q.m = 0$; il est clair que $\mathfrak{a}_m$ est un idéal homogène. De plus, l'hypothèse $M_x = 0$ pour tout $x \in X$ entraîne que la variété des zéros de $\mathfrak{a}_m$ dans K^{r+1} est vide où réduite à $\{0\}$; le théorème des zéros de Hilbert montre alors que tout polynôme homogène de degré assez grand appartient à $\mathfrak{a}_m$. Appliquant ceci à un système fini de générateurs de M, on en conclut aussitôt que $M_p = 0$ pour p assez grand, ce qui achève la démonstration.

En combinant les Propositions 3 et 5 on obtient:

PROPOSITION 6. *Soient M et M' deux S-modules gradués vérifiant la condition* (TF), *et soit $\varphi: M \to M'$ un homomorphisme de M dans M'. Pour que*

$$\mathcal{A}(\varphi) : \mathcal{A}(M) \to \mathcal{A}(M')$$

soit injectif (*resp. surjectif, bijectif*), *il faut et il suffit que φ soit $\mathcal{C}$-injectif* (*resp. $\mathcal{C}$-surjectif, $\mathcal{C}$-bijectif*).

59. S-module gradué associé à un faisceau algébrique. Soit $\mathcal{F}$ un faisceau algébrique sur X, et posons:

$$\Gamma(\mathcal{F}) = \sum_{n \in \mathbf{Z}} \Gamma(\mathcal{F})_n, \quad \text{avec} \quad \Gamma(\mathcal{F})_n = \Gamma(X, \mathcal{F}(n)).$$

Le groupe $\Gamma(\mathcal{F})$ est un groupe gradué; nous allons le munir d'une structure de S-module. Soit $s \in \Gamma(X, \mathcal{F}(q))$ et soit $P \in S_p$; on peut identifier P à une section de $\mathcal{O}(p)$ (cf. n° 54), donc $P \otimes s$ est une section de $\mathcal{O}(p) \otimes \mathcal{F}(q) = \mathcal{F}(q)(p) = \mathcal{F}(p + q)$, en utilisant les isomorphismes du n° 54; nous avons ainsi défini une section de $\mathcal{F}(p + q)$ que nous noterons $P.s$ au lieu de $P \otimes s$. L'application $(P, s) \to P.s$ munit $\Gamma(\mathcal{F})$ d'une structure de S-module compatible avec sa graduation.

On peut aussi définir $P.s$ au moyen de ses composantes sur les U_i : si les composantes de s sont $s_i \in \Gamma(U_i, \mathcal{F})$, avec $s_i = (t_j^q/t_i^q).s_j$ sur $U_i \cap U_j$, on a $(P.s)_i = (P/t_i^p).s_i$, ce qui a bien un sens, puisque P/t_i^p est une fonction régulière sur U_i.

Pour pouvoir comparer les foncteurs $\mathcal{A}(M)$ et $\Gamma(\mathcal{F})$ nous allons définir deux homomorphismes canoniques:

$$\alpha : M \to \Gamma(\mathcal{A}(M)) \quad \text{et} \quad \beta : \mathcal{A}(\Gamma(\mathcal{F})) \to \mathcal{F}.$$

Définition de α. Soit M un S-module gradué, et soit $m \in M_0$ un élément homogène de degré 0 de M. L'élément $m/1$ est un élément bien défini de M_x, et varie continûment avec $x \in X$; donc m définit une section $\alpha(m)$ de $\mathcal{A}(M)$. Si maintenant m est homogène de degré n, m est homogène de degré 0 dans $M(n)$, donc définit une section $\alpha(m)$ de $\mathcal{A}(M(n)) = \mathcal{A}(M)(n)$ (cf. Proposition 4). D'où la définition de $\alpha: M \to \Gamma(\mathcal{A}(M))$, et il est immédiat que c'est un homomorphisme.

Définition de β. Soit $\mathcal{F}$ un faisceau algébrique sur X, et soit s/Q un élément de $\Gamma(\mathcal{F})_x$, avec $s \in \Gamma(X, \mathcal{F}(n))$, $Q \in S_n$, et $Q(x) \neq 0$. La fonction $1/Q$ est homogène de degré $-n$, et régulière en x, c'est donc une section de $\mathcal{O}(-n)$ au voisinage de x; il s'ensuit que $1/Q \otimes s$ est une section de $\mathcal{O}(-n) \otimes \mathcal{F}(n) = \mathcal{F}$ au voisinage de x, donc définit un élément de $\mathcal{F}_x$, que nous noterons $\beta_x(s/Q)$, car il ne dépend que de s/Q. On peut également définir β_x en utilisant les composantes s_i de s: si $x \in U_i$, $\beta_x(s/Q) = (t_i^n/Q).s_i(x)$. La collection des homomorphismes β_x définit l'homomorphisme $\beta: \mathcal{A}(\Gamma(\mathcal{F})) \to \mathcal{F}$.

Les homomorphismes α et β sont reliés par les Propositions suivantes, qui se démontrent par un calcul direct:

Proposition 7. *Soit M un S-module gradué. Le composé des homomorphismes* $\mathcal{A}(M) \to \mathcal{A}(\Gamma(\mathcal{A}(M))) \to \mathcal{A}(M)$ *est l'identité.*

(Le premier homomorphisme est défini par $\alpha: M \to \Gamma(\mathcal{A}(M))$, et le second est β, appliqué à $\mathcal{F} = \mathcal{A}(M)$.)

Proposition 8. *Soit $\mathcal{F}$ un faisceau algébrique sur X. Le composé des homomorphismes* $\Gamma(\mathcal{F}) \to \Gamma(\mathcal{A}(\Gamma(\mathcal{F}))) \to \Gamma(\mathcal{F})$ *est l'identité.*

(Le premier homomorphisme est α, appliqué à $M = \Gamma(\mathcal{F})$, tandis que le second est défini par $\beta: \mathcal{A}(\Gamma(\mathcal{F})) \to \mathcal{F}$.)

Nous montrerons au n° 65 que $\beta: \mathcal{A}(\Gamma(\mathcal{F})) \to \mathcal{F}$ est bijectif si $\mathcal{F}$ est cohérent, et que $\alpha: M \to \Gamma(\mathcal{A}(M))$ est $\mathcal{C}$-bijectif si M vérifie la condition (TF).

60. Cas des faisceaux algébriques cohérents. Démontrons d'abord un résultat préliminaire:

Proposition 9. *Soit $\mathcal{L}$ un faisceau algébrique sur X, somme directe d'un nombre fini de faisceaux $\mathcal{O}(n_i)$. Alors $\Gamma(\mathcal{L})$ vérifie* (TF), *et $\beta: \mathcal{A}(\Gamma(\mathcal{L})) \to \mathcal{L}$ est bijectif.*

On se ramène tout de suite à $\mathcal{L} = \mathcal{O}(n)$, puis à $\mathcal{L} = \mathcal{O}$. Dans ce cas, on sait que $\Gamma(\mathcal{O}(p)) = S_p$ pour $p \geqq 0$, donc on a $S \subset \Gamma(\mathcal{O})$, le quotient appartenant à $\mathcal{C}$. Il s'ensuit d'abord que $\Gamma(\mathcal{O})$ vérifie (TF), puis que $\mathcal{A}(\Gamma(\mathcal{O})) = \mathcal{A}(S) = \mathcal{O}$, cqfd.

(On observera que l'on a $\Gamma(\mathcal{O}) = S$ si $r \geqq 1$; par contre, si $r = 0$, $\Gamma(\mathcal{O})$ n'est même pas un S-module de type fini.)

Théorème 2. *Pour tout faisceau algébrique cohérent $\mathcal{F}$ sur X, il existe un S-module gradué M, vérifiant* (TF), *tel que $\mathcal{A}(M)$ soit isomorphe à $\mathcal{F}$.*

D'après le corollaire au Théorème 1, il existe une suite exacte de faisceaux algébriques:

$$\mathcal{L}^1 \xrightarrow{\varphi} \mathcal{L}^0 \to \mathcal{F} \to 0,$$

où $\mathcal{L}^1$ et $\mathcal{L}^0$ vérifient les hypothèses de la Proposition précédente. Soit M le conoyau de l'homomorphisme $\Gamma(\varphi): \Gamma(\mathcal{L}^1) \to \Gamma(\mathcal{L}^0)$; d'après la Proposition 9, M vérifie la condition (TF). En appliquant le foncteur $\mathcal{A}$ à la suite exacte:

$$\Gamma(\mathcal{L}^1) \to \Gamma(\mathcal{L}^0) \to M \to 0,$$

on obtient la suite exacte:

$$\mathcal{A}(\Gamma(\mathcal{L}^1)) \to \mathcal{A}(\Gamma(\mathcal{L}^0)) \to \mathcal{A}(M) \to 0.$$

Considérons le diagramme commutatif suivant:

$$\begin{array}{ccccccc} \mathcal{A}(\Gamma(L^1)) & \to & \mathcal{A}(\Gamma(L^0)) & \to & \mathcal{A}(M) & \to & 0 \\ \beta\downarrow & & \beta\downarrow & & & & \\ \mathcal{L}^1 & \to & \mathcal{L}^0 & \to & \mathcal{F} & \to & 0. \end{array}$$

D'après la Proposition 9, les deux homomorphismes verticaux sont bijectifs. Il en résulte que $\mathcal{A}(M)$ est isomorphe à $\mathcal{F}$, cqfd.

§3. Cohomologie de l'espace projectif à valeurs dans un faisceau algébrique cohérent

61. Les complexes $C_k(M)$ et $C(M)$. Nous conservons les notations des n°s 51 et 56. En particulier, I désignera l'intervalle $\{0, 1, \cdots, r\}$, et S désignera l'algèbre graduée $K[t_0, \cdots, t_r]$.

Soient M un S-module gradué, k et q deux entiers $\geqq 0$; nous allons définir un groupe $C_k^q(M)$: un élément de $C_k^q(M)$ est une application

$$(i_0, \cdots, i_q) \to m\langle i_0 \cdots i_q\rangle$$

qui fait correspondre à toute suite $(i_0, \cdots, i_q)$ de $q + 1$ éléments de I un élément homogène de degré $k(q + 1)$ de M, dépendant de façon alternée de $i_0, \cdots, i_q$. En particulier, on a $m\langle i_0 \cdots i_q\rangle = 0$ si deux des indices $i_0, \cdots, i_q$ sont égaux. On définit de façon évidente l'addition dans $C_k^q(M)$, ainsi que la multiplication par un élément $\lambda \in K$, et $C_k^q(M)$ est un *espace vectoriel sur K*.

Si m est un élément de $C_k^q(M)$, définissons $dm \in C_k^{q+1}(M)$ par la formule:

$$(dm)\langle i_0 \cdots i_{q+1}\rangle = \sum_{j=0}^{j=q+1} (-1)^j\, t_{i_j}^k . m\langle i_0 \cdots \hat{i}_j \cdots i_{q+1}\rangle.$$

On vérifie par un calcul direct que $d \circ d = 0$; donc, la somme directe $C_k(M) = \sum_{q=0}^{q=r} C_k^q(M)$, munie de l'opérateur cobord d, est un *complexe*, dont le q-ème groupe de cohomologie sera noté $H_k^q(M)$.

(Signalons, d'après [11], une autre interprétation des éléments de $C_k^q(M)$: introduisons $r + 1$ symboles différentiels $dx_0, \cdots, dx_r$, et faisons correspondre à tout $m \in C_k^q(M)$ la "forme différentielle" de degré $q + 1$:

$$\omega_m = \sum_{i_0 < \cdots < i_q} m\langle i_0 \cdots i_i\rangle\, dx_{i_0} \wedge \cdots \wedge dx_{i_q}.$$

Si l'on pose $\alpha_k = \sum_{i=0}^{i=r} t_i^k\, dx_i$, on voit que l'on a:

$$\omega_{dm} = \alpha_k \wedge \omega_m,$$

autrement dit, l'opération de cobord se transforme en la multiplication extérieure par la forme α_k).

Si h est un entier $\geqq k$, soit $\rho_k^h:C_k^q(M) \to C_h^q(M)$ l'homomorphisme défini par la formule:

$$\rho_k^h(m)\langle i_0 \cdots i_q\rangle = (t_{i_0} \cdots t_{i_q})^{h-k} m\langle i_0 \cdots i_q\rangle.$$

On a $\rho_k^h \circ d = d \circ \rho_k^h$, et $\rho_h^l \circ \rho_k^h = \rho_k^l$ si $k \leqq h \leqq l$. On peut donc définir le complexe $C(M)$, limite inductive du système $(C_k(M), \rho_k^h)$ pour $k \to +\infty$. Les groupes de cohomologie de ce complexe seront notés $H^q(M)$. Puisque la cohomologie commute avec les limites inductives (cf. [6], Chap. V, Prop. 9.3*), on a:

$$H^q(M) = \lim_{k\to\infty} H_k^q(M).$$

Tout homomorphisme $\varphi:M \to M'$ définit un homomorphisme

$$\varphi:C_k(M) \to C_k(M')$$

par la formule: $\varphi(m)\langle i_0 \cdots i_q\rangle = \varphi(m\langle i_0 \cdots i_q\rangle)$, d'où, par passage à la limite, $\varphi:C(M) \to C(M')$; de plus ces homomorphismes commutent avec le cobord, et définissent donc des homomorphismes

$$\varphi:H_k^q(M) \to H_k^q(M') \quad \text{et} \quad \varphi:H^q(M) \to H^q(M').$$

Si l'on a une suite exacte $0 \to M \to M' \to M'' \to 0$, on a une suite exacte de complexes $0 \to C_k(M) \to C_k(M') \to C_k(M'') \to 0$, d'où une suite exacte de cohomologie:

$$\cdots \to H_k^q(M') \to H_k^q(M'') \to H_k^{q+1}(M) \to H_k^{q+1}(M') \to \cdots$$

Mêmes résultats pour $C(M)$ et les $H^q(M)$.

Remarque. Nous verrons plus loin (cf. n° 69) que l'on peut exprimer les $H_k^q(M)$ au moyen des Ext_S^q.

62. Calcul des $H_k^q(M)$ pour certains modules M. Soient M un S-module gradué, et $m \in M$ un élément homogène de degré 0. Le système des $(t_i^k.m)$ est un 0-cocycle de $C_k(M)$, que nous noterons $\alpha^k(m)$, et que nous identifierons à sa classe de cohomologie. On obtient ainsi un homomorphisme K-linéaire $\alpha^k:M_0 \to H_k^0(M)$; comme $\alpha^h = \rho_k^h \circ \alpha^k$ si $h \geqq k$, les α^k définissent par passage à la limite un homomorphisme $\alpha:M_0 \to H^0(M)$.

Introduisons encore deux notations:

Si $(P_0, \cdots, P_h)$ sont des éléments de S, nous noterons $(P_0, \cdots, P_h)M$ le sous-module de M formé des éléments $\sum_{i=0}^{i=h} P_i.m_i$, avec $m_i \in M$; si les P_i sont homogènes, ce sous-module est homogène.

Si P est un élément de S, et N un sous-module de M, nous noterons $N:P$ le sous-module de M formé des éléments $m \in M$ tels que $P.m \in N$; on a évidemment $N:P \supset N$; si N et P sont homogènes, $N:P$ est homogène.

Ces notations étant précisées, on a:

PROPOSITION 1. *Soient M un S-module gradué et k un entier $\geqq 0$. Supposons que, pour tout $i \in I$, on ait:*

$$(t_0^k, \cdots, t_{i-1}^k)M : t_i^k = (t_0^k, \cdots, t_{i-1}^k)M.$$

Alors:

(a) *$\alpha^k : M_0 \to H_k^0(M)$ est bijectif (si $r \geqq 1$).*

(b) *$H_k^q(M) = 0$ pour $0 < q < r$.*

(Pour $i = 0$, l'hypothèse signifie que $t_0^k.m = 0$ entraîne $m = 0$.)

Cette Proposition est un cas particulier d'un résultat dû à de Rham [11] (le résultat de de Rham étant d'ailleurs valable même si l'on ne suppose pas les $m\langle i_0 \cdots i_q\rangle$ homogènes). Voir aussi [6], Chap. VIII, §4, où est traité un cas particulier, suffisant pour les applications que nous allons faire.

Nous allons appliquer la Proposition 1 au S-module gradué $S(n)$:

PROPOSITION 2. *Soient k un entier $\geqq 0$, n un entier quelconque. Alors:*

(a) *$\alpha^k : S_n \to H_k^0(S(n))$ est bijectif (si $r \geqq 1$).*

(b) *$H_k^q(S(n)) = 0$ pour $0 < q < r$.*

(c) *$H_k^r(S(n))$ admet pour base (sur K) les classes de cohomologie des monômes $t_0^{\alpha_0} \cdots t_r^{\alpha_r}$, avec $0 \leqq \alpha_i < k$ et $\sum_{i=0}^{i=r} \alpha_i = k(r+1) + n$.*

Il est clair que le S-module $S(n)$ vérifie les hypothèses de la Proposition 1, ce qui démontre (a) et (b). D'autre part, pour tout S-module gradué M, on a $H_k^r(M) = M_{k(r+1)}/(t_0^k, \cdots, t_r^k)M_{kr}$; or les monômes

$$t_0^{\alpha_0} \cdots t_r^{\alpha_r},\ \alpha_i \geqq 0,\ \sum_{i=0}^{i=r} \alpha_i = k(r+1) + n,$$

forment une base de $S(n)_{k(r+1)}$, et ceux de ces monômes pour lesquels l'un au moins des α_i est $\geqq k$ forment une base de $(t_0^k, \cdots, t_r^k)S(n)_{kr}$; d'où (c).

Il est commode d'écrire les exposants α_i sous la forme $\alpha_i = k - \beta_i$. Les conditions énoncées dans (c) s'écrivent alors:

$$0 < \beta_i \leqq k \quad \text{et} \quad \sum_{i=0}^{i=r} \beta_i = -n.$$

La deuxième condition, jointe à $\beta_i > 0$, entraîne $\beta_i \leqq -n - r$; si donc $k \geqq -n - r$, la condition $\beta_i \leqq k$ est conséquence des deux précédentes. D'où:

COROLLAIRE 1. *Pour $k \geqq -n - r$, $H_k^r(S(n))$ admet pour base les classes de cohomologie des monômes $(t_0 \cdots t_r)^k / t_0^{\beta_0} \cdots t_r^{\beta_r}$, avec $\beta_i > 0$ et $\sum_{i=0}^{i=r} \beta_i = -n$.*

On a également:

COROLLAIRE 2. *Si $h \geqq k \geqq -n - r$, l'homomorphisme*

$$\rho_k^h : H_k^q(S(n)) \to H_h^q(S(n))$$

est bijectif pour tout $q \geqq 0$.

Pour $q \neq r$, cela résulte des assertions (a) et (b) de la Proposition 2. Pour $q = r$, cela résulte du Corollaire 1, compte tenu de ce que ρ_k^h transforme

$$(t_0 \cdots t_r)^k / t_0^{\beta_0} \cdots t_r^{\beta_r} \quad \text{en} \quad (t_0 \cdots t_r)^h / t_0^{\beta_0} \cdots t_r^{\beta_r}.$$

COROLLAIRE 3. *L'homomorphisme $\alpha : S_n \to H^0(S(n))$ est bijectif si $r \geqq 1$,* *ou si* $n \geqq 0$. *On a* $H^q(S(n)) = 0$ *pour* $0 < q < r$, *et* $H^r(S(n))$ *est un espace vectoriel de dimension* $\binom{-n-1}{r}$ *sur* K.

L'assertion relative à α résulte de la Proposition 2, (a), dans le cas où $r \geqq 1$; elle est immédiate si $r = 0$ et $n \geqq 0$. Le reste du Corollaire est une conséquence évidente des Corollaires 1 et 2 (en convenant que le coefficient binômial $\binom{a}{r}$ est nul si $a < r$).

63. Propriétés générales des $H^q(M)$.

PROPOSITION 3. *Soit* M *un* S*-module gradué vérifiant la condition* (TF). *Alors*:

(a) *Il existe un entier* $k(M)$ *tel que* $\rho_k^h: H_k^q(M) \to H_h^q(M)$ *soit bijectif pour* $h \geqq k \geqq k(M)$ *et* q *quelconque.*

(b) $H^q(M)$ *est un espace vectoriel de dimension finie sur* K *pour tout* $q \geqq 0$.

(c) *Il existe un entier* $n(M)$ *tel que, pour* $n \geqq n(M)$, $\alpha: M_n \to H^0(M(n))$ *soit bijectif, et que* $H^q(M(n))$ *soit nul pour tout* $q > 0$.

On se ramène tout de suite au cas où M est de type fini. Nous dirons alors que M est de *dimension* $\leqq s$ (s étant un entier $\geqq 0$) s'il existe une suite exacte:

$$0 \to L^s \to L^{s-1} \to \cdots \to L^0 \to M \to 0,$$

où les L^i soient des S-modules gradués libres de type fini. D'après le théorème des syzygies de Hilbert (cf. [6], Chap. VIII, th. 6.5), cette dimension est toujours $\leqq r + 1$.

Nous démontrerons la Proposition par récurrence sur la dimension de M. Si elle est 0, M est libre de type fini, i.e. somme directe de modules $S(n_i)$, et la Proposition résulte des Corollaires 2 et 3 à la Proposition 2. Supposons que M soit de dimension $\leqq s$, et soit N le noyau de $L^0 \to M$. Le S-module gradué N est de dimension $\leqq s - 1$, et l'on a une suite exacte:

$$0 \to N \to L^0 \to M \to 0.$$

Vu l'hypothèse de récurrence, la Proposition est vraie pour N et L^0. En appliquant le lemme des cinq ([7], Chap. I, Lemme 4.3) au diagramme commutatif:

$$\begin{array}{ccccccccc} H_k^q(N) & \to & H_k^q(L^0) & \to & H_k^q(M) & \to & H_k^{q+1}(N) & \to & H_k^{q+1}(L^0) \\ \downarrow & & \downarrow & & \downarrow & & \downarrow & & \downarrow \\ H_h^q(N) & \to & H_h^q(L^0) & \to & H_h^q(M) & \to & H_h^{q+1}(N) & \to & H_h^{q+1}(L^0), \end{array}$$

où $h \geqq k \geqq \mathrm{Sup}(k(N), k(L^0))$, on démontre (a), d'où évidemment (b), puisque les $H_k^q(M)$ sont de dimension finie sur K. D'autre part, la suite exacte

$$H^q(L^0(n)) \to H^q(M(n)) \to H^{q+1}(N(n))$$

montre que $H^q(M(n)) = 0$ pour $n \geqq \mathrm{Sup}(n(L^0), n(N))$. Considérons enfin le diagramme commutatif:

$$\begin{array}{ccccccccc} 0 & \to & N_n & \to & L_n & \to & M_n & \to & 0 \\ \downarrow & & \downarrow\alpha & & \downarrow\alpha & & \downarrow\alpha & & \downarrow \\ 0 & \to & H^0(N(n)) & \to & H^0(L^0(n)) & \to & H^0(M(n)) & \to & H^1(N(n)); \end{array}$$

pour $n \geqq n(N)$, on a $H^1(N(n)) = 0$; on en déduit que $\alpha: M_n \to H^0(M(n))$ est bijectif pour $n \geqq \operatorname{Sup}(n(L^0), n(N))$, ce qui achève la démonstration de la Proposition.

64. Comparaison des groupes $H^q(M)$ et $H^q(X, \mathcal{A}(M))$. Soit M un S-module gradué, et soit $\mathcal{A}(M)$ le faisceau algébrique sur $X = \mathbf{P}_r(K)$ défini à partir de M par le procédé du n° 57. Nous allons comparer $C(M)$ avec $C'(\mathfrak{U}, \mathcal{A}(M))$, complexe des cochaînes alternées du recouvrement $\mathfrak{U} = \{U_i\}_{i \in I}$ à valeurs dans le faisceau $\mathcal{A}(M)$.

Soit $m \in C_k^q(M)$, et soit $(i_0, \cdots, i_q)$ une suite de $q + 1$ éléments de I. Le polynôme $(t_{i_0} \cdots t_{i_q})^k$ appartient visiblement à $S(U_{i_0 \cdots i_q})$, avec les notations du n° 57. Il en résulte que $m\langle i_0 \cdots i_q \rangle / (t_{i_0} \cdots t_{i_q})^k$ appartient à M_U, où $U = U_{i_0 \cdots i_q}$, donc définit une section de $\mathcal{A}(M)$ au-dessus de $U_{i_0 \cdots i_q}$. Lorsque $(i_0, \cdots, i_q)$ varie, le système formé par ces sections est une q-cochaîne alternée de $\mathfrak{U}$, à valeurs dans $\mathcal{A}(M)$, que nous noterons $\iota_k(m)$. On voit tout de suite que ι_k commute avec d, et que $\iota_k = \iota_h \circ \rho_k^h$ si $h \geqq k$. Par passage à la limite inductive, les ι_k définissent donc un homomorphisme $\iota: C(M) \to C'(\mathfrak{U}, \mathcal{A}(M))$, commutant avec d.

PROPOSITION 4. *Si M vérifie la condition* (TF), $\iota: C(M) \to C'(\mathfrak{U}, \mathcal{A}(M))$ *est bijectif.*

Si $M \in \mathcal{C}$, on a $M_n = 0$ pour $n \geqq n_0$, d'où $C_k(M) = 0$ pour $k \geqq n_0$, et $C(M) = 0$. Comme tout S-module vérifiant (TF) est $\mathcal{C}$-isomorphe à un module de type fini, ceci montre que l'on peut se borner au cas où M est de type fini. On peut alors trouver une suite exacte $L^1 \to L^0 \to M \to 0$, où L^1 et L^0 sont libres de type fini. D'après les Propositions 3 et 5 du n° 58, la suite

$$\mathcal{A}(L^1) \to \mathcal{A}(L^0) \to \mathcal{A}(M) \to 0$$

est une suite exacte de faisceaux algébriques cohérents; comme les $U_{i_0 \cdots i_q}$ sont des ouverts affines, la suite

$$C'(\mathfrak{U}, \mathcal{A}(L^1)) \to C'(\mathfrak{U}, \mathcal{A}(L^0)) \to C'(\mathfrak{U}, \mathcal{A}(M)) \to 0$$

est une suite exacte (cf. n° 45, Corollaire 2 au Théorème 2). Le diagramme commutatif

$$\begin{array}{ccccccc} C(L^1) & \to & C(L^0) & \to & C(M) & \to & 0 \\ \downarrow \iota & & \downarrow \iota & & \downarrow \iota & & \downarrow \\ C'(\mathfrak{U}, \mathcal{A}(L^1)) & \to & C'(\mathfrak{U}, \mathcal{A}(L^0)) & \to & C'(\mathfrak{U}, \mathcal{A}(M)) & \to & 0 \end{array}$$

montre alors que, si la Proposition est vraie pour les modules L^1 et L^0, elle l'est pour M. Nous sommes donc ramenés au cas particulier d'un module libre de type fini, puis, par décomposition en somme directe, au cas où $M = S(n)$.

Dans ce cas, on a $\mathcal{A}(S(n)) = \mathcal{O}(n)$; une section $f_{i_0 \cdots i_q}$ de $\mathcal{O}(n)$ sur $U_{i_0 \cdots i_q}$ est, par définition même de ce faisceau, une fonction régulière sur $V_{i_0} \cap \cdots \cap V_{i_q}$ et homogène de degré n. Comme $V_{i_0} \cap \cdots \cap V_{i_q}$ est l'ensemble des points de

K^{r+1} où la fonction $t_{i_0} \cdots t_{i_q}$ est $\neq 0$, il existe un entier k tel que

$$f_{i_0 \cdots i_q} = P\langle i_0 \cdots i_q \rangle / (t_{i_0} \cdots t_{i_q})^k,$$

$P\langle i_0 \cdots i_q \rangle$ étant un polynôme homogène de degré $n + k(q + 1)$, c'est-à-dire de degré $k(q + 1)$ dans $S(n)$. Ainsi, toute cochaîne alternée $f \in C'(\mathfrak{U}, \mathcal{O}(n))$ définit un système $P\langle i_0 \cdots i_q \rangle$ qui est un élément de $C_k(S(n))$; d'où un homomorphisme

$$\nu : C'(\mathfrak{U}, \mathcal{O}(n)) \to C(S(n)).$$

Comme on vérifie tout de suite que $\iota \circ \nu = 1$ et $\nu \circ \iota = 1$, il en résulte que ι est bijectif, ce qui achève la démonstration.

Corollaire. *ι définit un isomorphisme de $H^q(M)$ sur $H^q(X, \mathcal{A}(M))$ pour tout $q \geqq 0$.*

En effet, on sait que $H'^q(\mathfrak{U}, \mathcal{A}(M)) = H^q(\mathfrak{U}, \mathcal{A}(M))$ (nº 20, Proposition 2), et que $H^q(\mathfrak{U}, \mathcal{A}(M)) = H^q(X, \mathcal{A}(M))$ (nº 52, Proposition 2, qui est applicable puisque $\mathcal{A}(M)$ est cohérent).

Remarque. Il est facile de voir que $\iota : C(M) \to C'(\mathfrak{U}, \mathcal{A}(M))$ est *injectif*, même si M ne vérifie pas la condition (TF).

65. Applications.

Proposition 5. *Si M est un S-module gradué vérifiant la condition* (TF), *l'homomorphisme $\alpha: M \to \Gamma(\mathcal{A}(M))$, défini au* nº 59, *est $\mathcal{C}$-bijectif.*

Il faut voir que $\alpha: M_n \to \Gamma(X, \mathcal{A}(M(n)))$ est bijectif pour n assez grand. Or, d'après la Proposition 4, $\Gamma(X, \mathcal{A}(M(n)))$ s'identifie à $H^0(M(n))$; la Proposition résulte donc de la Proposition 3, (c), compte tenu du fait que l'homomorphisme α est transformé par l'identification précédente en l'homomorphisme défini au début du nº 62, et également noté α.

Proposition 6. *Soit $\mathcal{F}$ un faisceau algébrique cohérent sur X. Le S-module gradué $\Gamma(\mathcal{F})$ vérifie la condition* (TF), *et l'homomorphisme $\beta: \mathcal{A}(\Gamma(\mathcal{F})) \to \mathcal{F}$, défini au* nº 59, *est bijectif.*

D'après le Théorème 2 du nº 60, on peut supposer que $\mathcal{F} = \mathcal{A}(M)$, où M est un module vérifiant (TF). D'après la Proposition précédente, $\alpha: M \to \Gamma(\mathcal{A}(M))$ est $\mathcal{C}$-bijectif; comme M vérifie (TF), il s'ensuit que $\Gamma(\mathcal{A}(M))$ la vérifie aussi. Appliquant la Proposition 6 du nº 58, on voit que $\alpha: \mathcal{A}(M) \to \mathcal{A}(\Gamma(\mathcal{A}(M)))$ est bijectif. Puisque le composé: $\mathcal{A}(M) \xrightarrow{\alpha} \mathcal{A}(\Gamma(\mathcal{A}(M))) \xrightarrow{\beta} \mathcal{A}(M)$ est l'identité (nº 59, Proposition 7), il s'ensuit que β est bijectif, cqfd.

Proposition 7. *Soit $\mathcal{F}$ un faisceau algébrique cohérent sur X. Les groupes $H^q(X, \mathcal{F})$ sont des espaces vectoriels de dimension finie sur K pour tout $q \geqq 0$, et l'on a $H^q(X, \mathcal{F}(n)) = 0$ pour $q > 0$ et n assez grand.*

On peut supposer, comme ci-dessus, que $\mathcal{F} = \mathcal{A}(M)$, où M est un module vérifiant (TF). La Proposition résulte alors de la Proposition 3 et du corollaire à la Proposition 4.

Proposition 8. *On a $H^q(X, \mathcal{O}(n)) = 0$ pour $0 < q < r$, et $H^r(X, \mathcal{O}(n))$ est un espace vectoriel de dimension $\binom{-n-1}{r}$ sur K, admettant pour base les classes* *de cohomologie des cocycles alternés de* $\mathfrak{U}$

$$f_{01\cdots r} = 1/t_0^{\beta_0}\cdots t_r^{\beta_r}, \quad \textit{avec} \quad \beta_i > 0 \quad \textit{et} \quad \textstyle\sum_{i=0}^{i=r} \beta_i = -n.$$

On a $\mathcal{O}(n) = \mathcal{A}(S(n))$, d'où $H^q(X, \mathcal{O}(n)) = H^q(S(n))$, d'après le corollaire à la Proposition 4; la Proposition résulte immédiatement de là et des corollaires à la Proposition 2.

On notera en particulier que $H^r(X, \mathcal{O}(-r-1))$ est un espace vectoriel de dimension 1 sur K, admettant pour base la classe de cohomologie du cocycle $f_{01\cdots r} = 1/t_0 \cdots t_r$.

66. Faisceaux algébriques cohérents sur les variétés projectives. Soit V une sous-variété fermée de l'espace projectif $X = \mathbf{P}_r(K)$, et soit $\mathcal{F}$ un faisceau algébrique cohérent sur V. En prolongeant $\mathcal{F}$ par 0 en dehors de V, on obtient un faisceau algébrique cohérent sur X (cf. n° 39), noté $\mathcal{F}^X$; on sait que $H^q(X, \mathcal{F}^X) = H^q(V, \mathcal{F})$. Les résultats du n° précédent s'appliquent donc aux groupes $H^q(V, \mathcal{F})$. On obtient tout d'abord (compte tenu du n° 52):

THÉORÈME 1. *Les groupes* $H^q(V, \mathcal{F})$ *sont des espaces vectoriels de dimension finie sur* K, *nuls pour* $q >$ dim V.

En particulier, pour $q = 0$, on a:

COROLLAIRE. $\Gamma(V, \mathcal{F})$ *est un espace vectoriel de dimension finie sur* K.

6 (Il est naturel de conjecturer que le théorème ci-dessus est valable pour toute variété *complète*, au sens de Weil [16].)

Soit $U'_i = U_i \cap V$; les U'_i forment un recouvrement ouvert $\mathfrak{U}'$ de V. Si $\mathcal{F}$ est un faisceau algébrique sur V, soit $\mathcal{F}_i = \mathcal{F}(U'_i)$, et soit $\theta_{ij}(n)$ l'isomorphisme de $\mathcal{F}_j(U'_i \cap U'_j)$ sur $\mathcal{F}_i(U'_i \cap U'_j)$ défini par la multiplication par $(t_j/t_i)^n$. On notera $\mathcal{F}(n)$ le faisceau obtenu à partir des $\mathcal{F}_i$ par recollement au moyen des $\theta_{ij}(n)$. L'opération $\mathcal{F}(n)$ jouit des mêmes propriétés que celle définie au n° 54 et qu'elle généralise; en particulier $\mathcal{F}(n)$ est canoniquement isomorphe à $\mathcal{F} \otimes \mathcal{O}_V(n)$.

On a $\mathcal{F}^X(n) = \mathcal{F}(n)^X$. Appliquant alors le Théorème 1 du n° 55, ainsi que la Proposition 7 du n° 65, on obtient:

THÉORÈME 2. *Soit* $\mathcal{F}$ *un faisceau algébrique cohérent sur* V. *Il existe un entier* $m(\mathcal{F})$ *tel que l'on ait, pour tout* $n \geqq m(\mathcal{F})$:

(a) *Pour tout* $x \in V$, *le* $\mathcal{O}_{x,V}$*-module* $\mathcal{F}(n)_x$ *est engendré par les éléments de* $\Gamma(V, \mathcal{F}(n))$,

(b) $H^q(V, \mathcal{F}(n)) = 0$ *pour tout* $q > 0$.

REMARQUE. Il est essentiel d'observer que le faisceau $\mathcal{F}(n)$ *ne dépend pas seulement de* $\mathcal{F}$ *et de* n, mais aussi du *plongement* de V dans l'espace projectif X. Plus précisément, soit P l'espace fibré principal $\pi^{-1}(V)$, de groupe structural le groupe K^*; n étant un entier, faisons opérer K^* sur K par la formule:

$$(\lambda, \mu) \to \lambda^{-n}\mu \quad \text{si} \quad \lambda \in K^* \quad \text{et} \quad \mu \in K.$$

Soit $E^n = P \times_{K^*} K$ l'espace fibré associé à P et de fibre type K, muni des opérateurs précédents; soit $\mathcal{S}(E^n)$ le faisceau des germes de sections de E^n (cf. n° 41). En tenant compte du fait que les t_i/t_j forment un système de changement de cartes pour P, on vérifie tout de suite que $\mathcal{S}(E^n)$ est canoniquement isomorphe à $\mathcal{O}_V(n)$. La formule $\mathcal{F}(n) = \mathcal{F} \otimes \mathcal{O}_V(n) = \mathcal{F} \otimes \mathcal{S}(E^n)$ montre alors que l'opération $\mathcal{F} \to \mathcal{F}(n)$ ne dépend que *de la classe de l'espace fibré P défini par le plongement $V \to X$*. En particulier, si V est normale, $\mathcal{F}(n)$ ne dépend que de la classe d'équivalence linéaire des sections hyperplanes de V dans le plongement considéré (cf. [17]).

67. Un complément. Si M est un S-module gradué vérifiant (TF), nous noterons $M^\natural$ le S-module gradué $\Gamma(\mathcal{A}(M))$. Nous avons vu au n° 65 que $\alpha: M \to M^\natural$ est $\mathcal{C}$-bijectif. Nous allons donner des conditions permettant d'affirmer que α est bijectif.

Proposition 9. *Pour que $\alpha: M \to M^\natural$ soit bijectif, il faut et il suffit que les conditions suivantes soient vérifiées:*

(i) *Si $m \in M$ est tel que $t_i \,.\, m = 0$ pour tout $i \in I$, alors $m = 0$.*

(ii) *Si des éléments $m_i \in M$, homogènes et de même degré, vérifient la relation $t_j \cdot m_i - t_i \cdot m_j = 0$ pour tout couple (i, j), il existe $m \in M$ tel que $m_i = t_i \cdot m$.*

Montrons que les conditions (i) et (ii) sont vérifiées par $M^\natural$, ce qui prouvera leur nécessité. Pour (i), on peut supposer que m est homogène, c'est-à-dire est une section de $\mathcal{A}(M(n))$; dans ce cas, la condition $t_i \cdot m = 0$ entraîne que m est nulle sur U_i, et, ceci ayant lieu pour tout $i \in I$, on a bien $m = 0$. Pour (ii), soit n le degré des m_i; on a donc $m_i \in \Gamma(\mathcal{A}(M(n)))$; comme $1/t_i$ est une section de $\mathcal{O}(-1)$ sur U_i, m_i/t_i est une section de $\mathcal{A}(M(n-1))$ sur U_i, et la condition $t_j \cdot m_i - t_i \cdot m_j = 0$ montre que ces diverses sections sont les restrictions d'une section unique m de $\mathcal{A}(M(n-1))$ sur X; il reste à comparer les sections $t_i \cdot m$ et m_i; pour montrer qu'elles coïncident sur U_j, il suffit de voir que $t_j(t_i \cdot m - m_i) = 0$ sur U_j, ce qui résulte de la formule $t_j \cdot m_i = t_i \cdot m_j$ et de la définition de m.

Montrons maintenant que (i) entraîne que α soit injectif. Pour n assez grand, on sait que $\alpha: M_n \to M^\natural_n$ est bijectif, et l'on peut donc raisonner par récurrence descendante sur n; si $\alpha(m) = 0$, avec $m \in M_n$, on aura $t_i\, \alpha(m) = \alpha(t_i \cdot m) = 0$, et l'hypothèse de récurrence, applicable puisque $t_i \cdot m \in M_{n+1}$, montre que $m = 0$. Montrons enfin que (i) et (ii) entraînent que α soit surjectif. On peut, comme précédemment, raisonner par récurrence descendante sur n. Si $m' \in M^\natural_n$, l'hypothèse de récurrence montre qu'il existe $m_i \in M_{n+1}$ tels que $\alpha(m_i) = t_i \cdot m'$; on a $\alpha(t_j \cdot m_i - t_i \cdot m_j) = 0$, d'où $t_j \cdot m_i - t_i \cdot m_j = 0$, puisque α est injectif. La condition (ii) entraîne alors l'existence de $m \in M_n$ tel que $t_i \cdot m = m_i$; on a $t_i(m' - \alpha(m)) = 0$, ce qui montre que $m' = \alpha(m)$, et achève la démonstration.

Remarques. (1) La démonstration montre que la condition (i) est nécessaire et suffisante pour que α soit injectif.

(2) On peut exprimer (i) et (ii) ainsi: l'homomorphisme $\alpha^1: M_n \to H^0_1(M(n))$ est bijectif pour tout $n \in \mathbf{Z}$. D'ailleurs, la Proposition 4 montre que l'on peut identifier $M^\natural$ au S-module $\sum_{n \in \mathbf{Z}} H^0(M(n))$, et il serait facile de tirer de là

une démonstration purement algébrique de la Proposition 9 (sans utiliser le faisceau $\mathfrak{A}(M)$).

§4. Relations avec les foncteurs Ext_S^q

68. Les foncteurs Ext_S^q. Nous conservons les notations du n° 56. Si M et N sont deux S-modules gradués, nous désignerons par $\mathrm{Hom}_S(M, N)_n$ le groupe des S-homomorphismes homogènes de degré n de M dans N, et par $\mathrm{Hom}_S(M, N)$ le groupe gradué $\sum_{n \in \mathbf{Z}} \mathrm{Hom}_S(M, N)_n$; c'est un S-module gradué; lorsque M est de type fini il coïncide avec le S-module de tous les S-homomorphismes de M dans N.

Les foncteurs dérivés (cf. [6], Chap. V) du foncteur $\mathrm{Hom}_S(M, N)$ sont les foncteurs $\mathrm{Ext}_S^q(M, N)$, $q = 0, 1, \cdots$. Rappelons brièvement leur définition:[5]

On choisit une "résolution" de M, c'est-à-dire une suite exacte:

$$\cdots \to L^{q+1} \to L^q \to \cdots \to L^0 \to M \to 0,$$

où les L^q sont des S-modules gradués libres, et les applications des homomorphismes (c'est-à-dire, comme d'ordinaire, des S-homomorphismes homogènes de degré 0). Si l'on pose $C^q = \mathrm{Hom}_S(L^q, N)$, l'homomorphisme $L^{q+1} \to L^q$ définit par transposition un homomorphisme $d: C^q \to C^{q+1}$, vérifiant $d \circ d = 0$; ainsi $C = \sum_{q \geq 0} C^q$ se trouve muni d'une structure de complexe, et le q-ème groupe de cohomologie de C n'est autre, par définition, que $\mathrm{Ext}_S^q(M, N)$; on montre qu'il ne dépend pas de la résolution choisie. Comme les C^q sont des S-modules gradués, et que $d: C^q \to C^{q+1}$ est homogène de degré 0, les $\mathrm{Ext}_S^q(M, N)$ sont des S-modules gradués par des sous-espaces $\mathrm{Ext}_S^q(M, N)_n$; les $\mathrm{Ext}_S^q(M, N)_n$ sont les groupes de cohomologie du complexe formé par les $\mathrm{Hom}_S(L^q, N)_n$, c'est-à-dire sont les foncteurs dérivés du foncteur $\mathrm{Hom}_S(M, N)_n$.

Rappelons les principales propriétés des Ext_S^q :

$\mathrm{Ext}_S^0(M, N) = \mathrm{Hom}_S(M, N)$; $\mathrm{Ext}_S^q(M, N) = 0$ pour $q > r + 1$ si M est de type fini (à cause du théorème des syzygies de Hilbert, cf. [6], Chap. VIII, th. 6.5); $\mathrm{Ext}_S^q(M, N)$ est un S-module de type fini si M et N sont de type fini (car on peut choisir une résolution où les L^q soient de type fini); pour tout $n \in \mathbf{Z}$, on a des isomorphismes canoniques:

$$\mathrm{Ext}_S^q(M(n), N) \approx \mathrm{Ext}_S^q(M, N(-n)) \approx \mathrm{Ext}_S^q(M, N)(-n).$$

Les suites exactes:

$$0 \to N \to N' \to N'' \to 0 \quad \text{et} \quad 0 \to M \to M' \to M'' \to 0$$

[5] Lorsque M n'est pas un module de type fini, les $\mathrm{Ext}_S^q(M, N)$ définis ci-dessus peuvent différer des $\mathrm{Ext}_S^q(M, N)$ définis dans [6]: cela tient à ce que $\mathrm{Hom}_S(M, N)$ n'a pas le même sens dans les deux cas. Cependant, toutes les démonstrations de [6] sont valables sans changement dans le cas envisagé ici: cela se voit, soit directement, soit en appliquant l'Appendice de [6].

donnent naissance à des suites exactes:

$$\cdots \to \mathrm{Ext}^q_S(M, N) \to \mathrm{Ext}^q_S(M, N') \to \mathrm{Ext}^q_S(M, N'') \to \mathrm{Ext}^{q+1}_S(M, N) \to \cdots$$

$$\cdots \to \mathrm{Ext}^q_S(M'', N) \to \mathrm{Ext}^q_S(M', N) \to \mathrm{Ext}^q_S(M, N) \to \mathrm{Ext}^{q+1}_S(M'', N) \to \cdots$$

69. Interprétation des $H^q_k(M)$ au moyen des Ext^q_S. Soit M un S-module gradué, et soit k un entier $\geqq 0$. Posons:

$$B^q_k(M) = \sum_{n \in \mathbf{Z}} H^q_k(M(n)),$$

avec les notations du n° 61.

On obtient ainsi un groupe gradué, isomorphe au q-ème groupe de cohomologie du complexe $\sum_{n \in \mathbf{Z}} C_k(M(n))$; ce complexe peut être muni d'une structure de S-module compatible avec sa graduation en posant

$$(P \cdot m)\langle i_0 \cdots i_q \rangle = P \cdot m\langle i_0 \cdots i_q \rangle, \text{ si } P \in S_p, \text{ et } m\langle i_0 \cdots i_q \rangle \in C^q_k(M(n));$$

comme l'opérateur cobord est un S-homomorphisme homogène de degré 0, il s'ensuit que les $B^q_k(M)$ sont eux-mêmes des S-modules gradués.

Nous poserons

$$B^q(M) = \lim_{k \to \infty} B^q_k(M) = \sum_{n \in \mathbf{Z}} H^q(M(n)).$$

Les $B^q(M)$ sont des S-modules gradués. Pour $q = 0$, on a

$$B^0(M) = \sum_{n \in \mathbf{Z}} H^0(M(n)),$$

et l'on retrouve le module noté $M^\natural$ au n° 67 (lorsque M vérifie la condition (TF)). Pour chaque $n \in \mathbf{Z}$, on a défini au n° 62 une application linéaire $\alpha: M_n \to H^0(M(n))$; on vérifie immédiatement que la somme de ces applications définit un homomorphisme, que nous noterons encore α, de M dans $B^0(M)$.

PROPOSITION 1. *Soit k un entier $\geqq 0$, et soit J_k l'idéal $(t_0^k, \cdots, t_r^k)$ de S. Pour tout S-module gradué M, les S-modules gradués $B^q_k(M)$ et $\mathrm{Ext}^q_S(J_k, M)$ sont isomorphes.*

Soit L^q_k, $q = 0, \cdots, r$, le S-module gradué libre admettant pour base des éléments $e\langle i_0 \cdots i_q \rangle$, $0 \leqq i_0 < i_1 < \cdots < i_q \leqq r$, de degré $k(q+1)$; on définit un opérateur $d: L^{q+1}_k \to L^q_k$ et un opérateur $\varepsilon: L^0_k \to J_k$ par les formules:

$$d(e\langle i_0 \cdots i_{q+1} \rangle) = \sum_{j=0}^{j=q+1} (-1)^j t^k_{i_j} \cdot e\langle i_0 \cdots \hat{i}_j \cdots i_{q+1} \rangle.$$

$$\varepsilon(e\langle i \rangle) = t^k_i .$$

LEMME 1. *La suite d'homomorphismes:*

$$0 \to L^r_k \xrightarrow{d} L^{r-1}_k \to \cdots \to L^0_k \xrightarrow{\varepsilon} J_k \to 0$$

est une suite exacte.

Pour $k = 1$, ce résultat est bien connu (cf. [6], Chap. VIII, §4); le cas général se démontre de la même manière (ou s'y ramène); on peut également utiliser le théorème démontré dans [11].

La Proposition 1 se déduit immédiatement du Lemme, si l'on remarque que le complexe formé par les $\mathrm{Hom}_S(L_k^q, M)$ et le transposé de d n'est autre que le complexe $\sum_{n \in \mathbf{Z}} C_k(M(n))$.

COROLLAIRE 1. *$H_k^q(M)$ est isomorphe à* $\mathrm{Ext}_S^q(J_k, M)_0$.

En effet ces deux groupes sont les composantes de degré 0 des groupes gradués $B_k^q(M)$ et $\mathrm{Ext}_S^q(J_k, M)$.

COROLLAIRE 2. *$H^q(M)$ est isomorphe à* $\lim_{k \to \infty} \mathrm{Ext}_S^q(J_k, M)_0$.

On voit facilement que l'homomorphisme $\rho_k^h : H_k^q(M) \to H_h^q(M)$ du n° 61 est transformé par l'isomorphisme du Corollaire 1 en l'homomorphisme de

$$\mathrm{Ext}_S^q(J_k, M)_0 \quad \text{dans} \quad \mathrm{Ext}_S^q(J_h, M)_0$$

défini par l'inclusion $J_h \to J_k$; d'où le Corollaire 2.

REMARQUE. Soit M un S-module gradué de type fini; M définit (cf. n° 48) un faisceau algébrique cohérent $\mathcal{F}'$ sur K^{r+1}, donc sur $Y = K^{r+1} - \{0\}$, et l'on peut vérifier que $H^q(Y, \mathcal{F}')$ est isomorphe à $B^q(M)$.

70. Définition des foncteurs $T^q(M)$. Définissons d'abord la notion de module *dual* d'un S-module gradué. Soit M un S-module gradué; pour tout $n \in \mathbf{Z}$, M_n est un espace vectoriel sur K, dont nous désignerons l'espace vectoriel dual par $(M_n)'$. Posons:

$$M^* = \sum_{n \in \mathbf{Z}} M_n^*, \quad \text{avec} \quad M_n^* = (M_{-n})'.$$

Nous allons munir M^* d'une structure de S-module compatible avec sa graduation; pour tout $P \in S_p$, l'application $m \to P.m$ est une application K-linéaire de M_{-n-p} dans M_{-n}, donc définit par transposition une application K-linéaire de $(M_{-n})' = M_n^*$ dans $(M_{-n-p})' = M_{n+p}^*$; ceci définit la structure de S-module de M^*. On aurait également pu définir M^* comme $\mathrm{Hom}_S(M, K)$, en désignant par K le S-module gradué $S/(t_0, \cdots, t_r)$.

Le S-module gradué M^* est appelé le *dual* de M; on a $M^{**} = M$ si chacun des M_n est de dimension finie sur K, ce qui est le cas si $M = \Gamma(\mathcal{F})$, $\mathcal{F}$ étant un faisceau algébrique cohérent sur X, ou bien si M est de type fini. Tout homomorphisme $\varphi : M \to N$ définit par transposition un homomorphisme de N^* dans M^*. Si la suite $M \to N \to P$ est exacte, la suite $P^* \to N^* \to M^*$ l'est aussi; autrement dit, M^* est un foncteur *contravariant*, et *exact*, du module M. Lorsque I est un idéal homogène de S, le dual de S/I n'est autre que l' "inverse system" de I, au sens de Macaulay (cf. [9], n° 25).

Soient maintenant M un S-module gradué, et q un entier $\geqq 0$. Nous avons défini au n° précédent le S-module gradué $B^q(M)$; *le module dual de $B^q(M)$ sera noté $T^q(M)$*. On a donc, par définition:

$$T^q(M) = \sum_{n \in \mathbf{Z}} T^q(M)_n, \quad \text{avec} \quad T^q(M)_n = (H^q(M(-n)))'.$$

Tout homomorphisme $\varphi : M \to N$ définit un homomorphisme de $B^q(M)$ dans $B^q(N)$, d'où un homomorphisme de $T^q(N)$ dans $T^q(M)$; ainsi les $T^q(M)$ sont des foncteurs *contravariants* de M (nous verrons d'ailleurs au n° 72 qu'ils peuvent s'exprimer très simplement en fonction des Ext_S). Toute suite exacte:

$$0 \to M \to N \to P \to 0$$

donne naissance à une suite exacte:

$$\cdots \to B^q(M) \to B^q(N) \to B^q(P) \to B^{q+1}(M) \to \cdots,$$

d'où, par transposition, une suite exacte:

$$\cdots \to T^{q+1}(M) \to T^q(P) \to T^q(N) \to T^q(M) \to \cdots.$$

L'homomorphisme $\alpha: M \to B^0(M)$ définit par transposition un homomorphisme $\alpha^*: T^0(M) \to M^*$.

Puisque $B^q(M) = 0$ pour $q > r$, on a $T^q(M) = 0$ pour $q > r$.

71. Détermination de $T^r(M)$. (Dans ce n°, ainsi que dans le suivant, nous supposerons que l'on a $r \geqq 1$; le cas $r = 0$ conduit à des énoncés quelque peu différents, et d'ailleurs triviaux).

Nous désignerons par Ω le S-module gradué $S(-r-1)$; c'est un module libre, admettant pour base un élément de degré $r + 1$. On a vu au n° 62 que $H^r(\Omega) = H^r_k(\Omega)$ pour k assez grand, et que $H^r_k(\Omega)$ admet une base sur K formé de l'unique élément $(t_0 \cdots t_r)^k/t_0 \cdots t_r$; l'image dans $H^r(\Omega)$ de cet élément sera notée ξ; ξ constitue donc une base de $H^r(\Omega)$.

Nous allons maintenant définir un produit scalaire $\langle h, \varphi\rangle$ entre éléments $h \in B^r(M)_{-n}$ et $\varphi \in \mathrm{Hom}_S(M, \Omega)_n$, M étant un S-module gradué quelconque. L'élément φ peut être identifié à un élément de $\mathrm{Hom}_S(M(-n), \Omega)_0$, c'est-à-dire à un homomorphisme de $M(-n)$ dans Ω; il définit donc, par passage aux groupes de cohomologie, un homomorphisme de $H^r(M(-n)) = B^r(M)_{-n}$ dans $H^r(\Omega)$, que nous noterons encore φ. L'image de h par cet homomorphisme est donc un multiple scalaire de ξ, et nous définirons $\langle h, \varphi\rangle$ par la formule:

$$\varphi(h) = \langle h, \varphi\rangle\, \xi.$$

Pour tout $\varphi \in \mathrm{Hom}_S(M, \Omega)_n$, la fonction $h \to \langle h, \varphi\rangle$ est une forme linéaire sur $B^r(M)_{-n}$, donc peut être identifiée à un élément $\nu(\varphi)$ du dual de $B^r(M)_{-n}$, qui n'est autre que $T^r(M)_n$. Nous avons ainsi défini une application homogène de degré 0

$$\nu: \mathrm{Hom}_S(M, \Omega) \to T^r(M),$$

et la formule $\langle P.h, \varphi\rangle = \langle h, P.\varphi\rangle$ montre que ν est un S-homomorphisme.

Proposition 2. *L'homomorphisme* $\nu: \mathrm{Hom}_S(M, \Omega) \to T^r(M)$ *est bijectif.*

Nous démontrerons d'abord la Proposition lorsque M est un module *libre*. Si M est somme directe de sous-modules homogènes M^α, on a:

$$\mathrm{Hom}_S(M, \Omega)_n = \prod\nolimits_\alpha \mathrm{Hom}_S(M^\alpha, \Omega)_n \quad \text{et} \quad T^r(M)_n = \prod\nolimits_\alpha T^r(M^\alpha)_n.$$

Ainsi, si la proposition est vraie pour les M^α, elle l'est pour M, et cela ramène le cas des modules libres au cas particulier d'un module libre à un seul générateur, c'est-à-dire au cas où $M = S(m)$. On peut alors identifier $\mathrm{Hom}_S(M, \Omega)_n$ à $\mathrm{Hom}_S(S, S(n - m - r - 1))_0$, c'est-à-dire à l'espace vectoriel des polynômes homogènes de degré $n - m - r - 1$. Donc $\mathrm{Hom}_S(M, \Omega)_n$ admet pour base la famille des monômes $t_0^{\gamma_0} \cdots t_r^{\gamma_r}$, avec $\gamma_i \geqq 0$ et $\sum_{i=0}^{i=r} \gamma_i = n - m - r - 1$. D'autre part, nous avons vu au n° 62 que $H_k^r(S(m - n))$ admet pour base (si k est assez grand) la famille des monômes $(t_0 \cdots t_r)^k / t_0^{\beta_0} \cdots t_r^{\beta_r}$, avec $\beta_i > 0$ et $\sum_{i=0}^{i=r} \beta_i = n - m$. En posant $\beta_i = \gamma_i' + 1$, on peut écrire ces monômes sous la forme $(t_0 \cdots t_r)^{k-1} / t_0^{\gamma_0'} \cdots t_r^{\gamma_r'}$, avec $\gamma_i' \geqq 0$ et $\sum_{i=0}^{i=r} \gamma_i' = n - m - r - 1$. En remontant à la définition de $\langle h, \varphi \rangle$, on constate alors que le produit scalaire:

$$\langle (t_0 \cdots t_r)^{k-1} / t_0^{\gamma_0'} \cdots t_r^{\gamma_r'},\, t_0^{\gamma_0} \cdots t_r^{\gamma_r} \rangle$$

est toujours nul, sauf si $\gamma_i = \gamma_i'$ pour tout i, auquel cas il est égal à 1. Cela signifie que ν transforme la base des $t_0^{\gamma_0} \cdots t_r^{\gamma_r}$ en la base duale de la base des $(t_0 \cdots t_r)^{k-1} / t_0^{\gamma_0} \cdots t_r^{\gamma_r}$, donc est bijectif, ce qui achève de prouver la Proposition dans le cas où M est libre.

Passons maintenant au cas général. Choisissons une suite exacte

$$L^1 \longrightarrow L^0 \longrightarrow M \longrightarrow 0$$

où L^0 et L^1 soient libres. Considérons le diagramme commutatif suivant:

$$\begin{array}{ccccccc} 0 & \longrightarrow & \mathrm{Hom}_S(M, \Omega) & \longrightarrow & \mathrm{Hom}_S(L^0, \Omega) & \longrightarrow & \mathrm{Hom}_S(L^1, \Omega) \\ \nu\downarrow & & \nu\downarrow & & \nu\downarrow & & \nu\downarrow \\ 0 & \longrightarrow & T^r(M) & \longrightarrow & T^r(L^0) & \longrightarrow & T^r(L^1). \end{array}$$

La première ligne de ce diagramme est une suite exacte, d'après les propriétés générales du foncteur Hom_S; la seconde est aussi une suite exacte, car c'est la suite duale de la suite

$$B^r(L^1) \longrightarrow B^r(L^0) \longrightarrow B^r(M) \longrightarrow 0,$$

suite qui est elle-même exacte, à cause de la suite exacte de cohomologie des B^q, et du fait que $B^{r+1}(M) = 0$ quel que soit le S-module gradué M. D'autre part, les deux homomorphismes verticaux

$$\nu: \mathrm{Hom}_S(L^0, \Omega) \rightarrow T^r(L^0) \text{ et } \nu: \mathrm{Hom}_S(L^1, \Omega) \rightarrow T^r(L^1)$$

sont bijectifs, on vient de le voir. Il s'ensuit que

$$\nu: \mathrm{Hom}_S(M, \Omega) \rightarrow T^r(M)$$

est également bijectif, ce qui achève la démonstration.

72. Détermination des $T^q(M)$. Nous allons démontrer le théorème suivant, qui généralise la Proposition 2:

THÉORÈME 1. *Soit M un S-module gradué. Pour $q \neq r$, les S-modules gradués $T^{r-q}(M)$ et $\mathrm{Ext}_S^q(M, \Omega)$ sont isomorphes. De plus, on a une suite exacte:*

$$0 \longrightarrow \mathrm{Ext}_S^r(M, \Omega) \longrightarrow T^0(M) \xrightarrow{\alpha^*} M^* \longrightarrow \mathrm{Ext}_S^{r+1}(M, \Omega) \longrightarrow 0.$$

Nous allons utiliser la caractérisation axiomatique des foncteurs dérivés donnée dans [6], Chap. III, §5. Pour cela, définissons d'abord de nouveaux foncteurs $E^q(M)$ de la façon suivante:

Pour $q \neq r, r+1$, $\qquad E^q(M) = T^{r-q}(M)$

Pour $q = r$, $\qquad E^r(M) = \mathrm{Ker}(\alpha^*)$

Pour $q = r+1$, $\qquad E^{r+1}(M) = \mathrm{Coker}(\alpha^*)$.

Les $E^q(M)$ sont des foncteurs additifs contravariants de M, jouissant des propriétés suivantes:

(i) *$E^0(M)$ est isomorphe à* $\mathrm{Hom}_S(M, \Omega)$.

C'est ce qu'affirme la Proposition 2.

(ii) *Si L est libre, $E^q(L) = 0$ pour tout $q > 0$.*

Il suffit de le vérifier pour $L = S(n)$, auquel cas cela résulte du n° 62.

(iii) *A toute suite exacte $0 \to M \to N \to P \to 0$ est associée une suite d'opérateurs cobords $d^q : E^q(M) \to E^{q+1}(P)$, et la suite:*

$$\cdots \to E^q(P) \to E^q(N) \to E^q(M) \xrightarrow{d^q} E^{q+1}(P) \to \cdots$$

est exacte.

La définition de d^q est évidente si $q \neq r-1, r$: c'est l'homomorphisme de $T^{r-q}(M)$ dans $T^{r-q-1}(P)$ défini au n° 70. Pour $q = r-1$ ou r, on utilise le diagramme commutatif suivant:

$$\begin{array}{ccccccccc} T^1(M) & \to & T^0(P) & \to & T^0(N) & \to & T^0(M) & \to & 0 \\ & & \alpha^*\downarrow & & \alpha^*\downarrow & & \alpha^*\downarrow & & \alpha^*\downarrow \\ 0 & \to & P^* & \to & N^* & \to & M^* & \to & 0. \end{array}$$

Ce diagramme montre tout d'abord que l'image de $T^1(M)$ est contenue dans le noyau de $\alpha^* : T^0(P) \to P^*$, qui n'est autre que $E^r(P)$. D'où la définition de $d^{r-1} : E^{r-1}(M) \to E^r(P)$.

Pour définir $d^r : \mathrm{Ker}(T^0(M) \to M^*) \to \mathrm{Coker}(T^0(P) \to P^*)$, on utilise le procédé de [6], Chap. III, Lemme 3.3: si $x \in \mathrm{Ker}(T^0(M) \to M^*)$, il existe $y \in P^*$ et $z \in T^0(N)$ tels que x soit image de z et que y et z aient même image dans N^*; on pose alors $d^r(x) = y$.

L'exactitude de la suite

$$\cdots \to E^q(P) \to E^q(N) \to E^q(M) \xrightarrow{d^q} E^{q+1}(P) \to \cdots$$

résulte de l'exactitude de la suite

$$\cdots \to T^{r-q}(P) \to T^{r-q}(N) \to T^{r-q}(M) \to T^{r-q-1}(P) \to \cdots$$

et de [6], loc. cit.

(iv) *L'isomorphisme de* (i) *et les opérateurs d^q de* (iii) *sont "naturels".*

Cela résulte immédiatement de leurs définitions.

Comme les propriétés (i) à (iv) caractérisent les foncteurs dérivés du foncteur $\mathrm{Hom}_S(M, \Omega)$, on a $E^q(M) \approx \mathrm{Ext}_S^q(M, \Omega)$, ce qui démontre le Théorème.

COROLLAIRE 1. *Si M vérifie* (TF), $H^q(M)$ *est isomorphe à l'espace vectoriel dual de* $\mathrm{Ext}_S^{r-q}(M, \Omega)_0$ *pour tout* $q \geqq 1$.

En effet, nous savons que $H^q(M)$ est un espace vectoriel de dimension finie dont le dual est isomorphe à $\mathrm{Ext}_S^{r-q}(M, \Omega)_0$.

COROLLAIRE 2. *Si M vérifie* (TF), *les* $T^q(M)$ *sont des S-modules gradués de type fini pour* $q \geqq 1$, *et* $T^0(M)$ *vérifie* (TF).

On peut remplacer M par un module de type fini sans changer les $B^q(M)$, donc les $T^q(M)$. Les $\mathrm{Ext}_S^{r-q}(M, \Omega)$ sont alors des S-modules de type fini, et l'on a $M^* \in \mathcal{C}$, d'où le Corollaire.

§5. Applications aux faisceaux algébriques cohérents

73. Relations entre les foncteurs Ext_S^q et $\mathrm{Ext}_{\mathcal{O}_x}^q$. Soient M et N deux S-modules gradués. Si x est un point de $X = \mathbf{P}_r(K)$, nous avons défini au n° 57 les $\mathcal{O}_x$-modules M_x et N_x ; nous allons mettre en relation les $\mathrm{Ext}_{\mathcal{O}_x}^q(M_x, N_x)$ avec le S-module gradué $\mathrm{Ext}_S^q(M, N)$:

PROPOSITION 1. *Supposons que M soit de type fini. Alors:*

(a) *Le faisceau* $\mathcal{A}(\mathrm{Hom}_S(M, N))$ *est isomorphe au faisceau* $\mathrm{Hom}_{\mathcal{O}}(\mathcal{A}(M), \mathcal{A}(N))$.

(b) *Pour tout* $x \in X$, *le* $\mathcal{O}_x$*-module* $\mathrm{Ext}_S^q(M, N)_x$ *est isomorphe au* $\mathcal{O}_x$*-module* $\mathrm{Ext}_{\mathcal{O}_x}^q(M_x, N_x)$.

Définissons d'abord un homomorphisme $\iota_x : \mathrm{Hom}_S(M, N)_x \to \mathrm{Hom}_{\mathcal{O}_x}(M_x, N_x)$. Un élément du premier module est une fraction φ/P, avec $\varphi \in \mathrm{Hom}_S(M, N)_n$, $P \in S(x)$, P homogène de degré n; si m/P' est un élément de M_x, $\varphi(m)/PP'$ est un élément de N_x qui ne dépend que de φ/P et de m/P', et l'application $m/P' \to \varphi(m)/PP'$ est un homomorphisme $\iota_x(\varphi/P): M_x \to N_x$; ceci définit ι_x. D'après la Proposition 5 du n° 14, $\mathrm{Hom}_{\mathcal{O}_x}(M_x, N_x)$ peut être identifié à

$$\mathrm{Hom}_{\mathcal{O}}(\mathcal{A}(M), \mathcal{A}(N))_x ;$$

cette identification transforme ι_x en

$$\iota_x : \mathcal{A}(\mathrm{Hom}_S(M, N))_x \to \mathrm{Hom}_{\mathcal{O}}(\mathcal{A}(M), \mathcal{A}(N))_x ,$$

et l'on vérifie facilement que la collection des ι_x est un homomorphisme

$$\iota : \mathcal{A}(\mathrm{Hom}_S(M, N)) \to \mathrm{Hom}_{\mathcal{O}}(\mathcal{A}(M), \mathcal{A}(N)).$$

Lorsque M est un module libre de type fini, ι_x est bijectif: en effet, il suffit de le voir lorsque $M = S(n)$, auquel cas c'est immédiat.

Si maintenant M est un S-module gradué de type fini quelconque, choisissons une résolution de M:

$$\cdots \to L^{q+1} \to L^q \to \cdots \to L^0 \to M \to 0,$$

où les L^q soient libres de type fini, et considérons le complexe C formé par les $\mathrm{Hom}_S(L^q, N)$. Les groupes de cohomologie de C sont les $\mathrm{Ext}_S^q(M, N)$; autrement dit, si l'on désigne par B^q et Z^q les sous-modules de C^q formés respectivement des cobords et des cocycles, on a des suites exactes:

$$0 \to Z^q \to C^q \to B^{q+1} \to 0,$$

et

$$0 \to B^q \to Z^q \to \mathrm{Ext}^q_S(M, N) \to 0.$$

Comme le foncteur $\mathfrak{A}(M)$ est exact, les suites

$$0 \to Z^q_x \to C^q_x \to B^{q+1}_x \to 0,$$

et

$$0 \to B^q_x \to Z^q_x \to \mathrm{Ext}^q_S(M, N)_x \to 0$$

sont aussi exactes.

Mais, d'après ce qui précède, C^q_x est isomorphe à $\mathrm{Hom}_{\mathcal{O}_x}(L^q_x, N_x)$; les $\mathrm{Ext}^q_S(M, N)_x$ sont isomorphes aux groupes de cohomologie du complexe formé par les $\mathrm{Hom}_{\mathcal{O}_x}(L^q_x, N_x)$, et, comme les L^q_x sont évidemment $\mathcal{O}_x$-libres, on retrouve bien la définition des $\mathrm{Ext}^q_{\mathcal{O}_x}(M_x, N_x)$, ce qui démontre (b); pour $q = 0$, ce qui précède montre que ι_x est bijectif, donc ι est un isomorphisme, d'où (a).

74. Nullité des groupes de cohomologie $H^q(X, \mathfrak{F}(-n))$ pour $n \to +\infty$.

THÉORÈME 1. *Soit $\mathfrak{F}$ un faisceau algébrique cohérent sur X, et soit q un entier $\geqq 0$. Les deux conditions suivantes sont équivalentes:*

(a) $H^q(X, \mathfrak{F}(-n)) = 0$ *pour n assez grand.*

(b) $\mathrm{Ext}^{r-q}_{\mathcal{O}_x}(\mathfrak{F}_x, \mathcal{O}_x) = 0$ *pour tout $x \in X$.*

D'après le Théorème 2 du n° 60, on peut supposer que $\mathfrak{F} = \mathfrak{A}(M)$, où M est un S-module gradué de type fini, et, d'après le n° 64, $H^q(X, \mathfrak{F}(-n))$ est isomorphe à $H^q(M(-n)) = B^q(M)_{-n}$; donc la condition (a) équivaut à

$$T^q(M)_n = 0$$

pour n assez grand, c'est-à-dire à $T^q(M) \in \mathcal{C}$. D'après le Théorème 1 du n° 72 et le fait que $M^* \in \mathcal{C}$ puisque M est de type fini, cette dernière condition équivaut à $\mathrm{Ext}^{r-q}_S(M, \Omega) \in \mathcal{C}$; puisque $\mathrm{Ext}^{r-q}_S(M, \Omega)$ est un S-module de type fini,

$$\mathrm{Ext}^{r-q}_S(M, \Omega) \in \mathcal{C}$$

équivaut à $\mathrm{Ext}^{r-q}_S(M, \Omega)_x = 0$ pour tout $x \in X$, d'après la Proposition 5 du n° 58; enfin, la Proposition 1 montre que $\mathrm{Ext}^{r-q}_S(M, \Omega)_x = \mathrm{Ext}^{r-q}_{\mathcal{O}_x}(M_x, \Omega_x)$, et comme M_x est isomorphe à $\mathfrak{F}_x$, et Ω_x isomorphe à $\mathcal{O}(-r-1)_x$, donc à $\mathcal{O}_x$, ceci achève la démonstration.

Pour énoncer le Théorème 2, nous aurons besoin de la notion de *dimension* d'un $\mathcal{O}_x$-module. Rappelons ([6], Chap. VI, §2) qu'un $\mathcal{O}_x$-module de type fini P est dit de dimension $\leqq p$ s'il existe une suite exacte de $\mathcal{O}_x$-modules:

$$0 \to L_p \to L_{p-1} \to \cdots \to L_0 \to P \to 0,$$

où chaque L_p soit libre (cette définition équivaut à celle de [6], loc. cit., du fait que tout $\mathcal{O}_x$-module projectif de type fini est libre—cf. [6], Chap. VIII, Th. 6.1').

Tout $\mathcal{O}_x$-module de type fini est de dimension $\leqq r$, d'après le théorème des syzygies (cf. [6], Chap. VIII, Th. 6.2′).

Lemme 1. *Soient P un $\mathcal{O}_x$-module de type fini, et soit p un entier $\geqq 0$. Les deux conditions suivantes sont équivalentes:*

(i) *P est de dimension $\leqq p$.*

(ii) $\mathrm{Ext}^m_{\mathcal{O}_x}(P, \mathcal{O}_x) = 0$ *pour tout $m > p$.*

Il est clair que (i) entraîne (ii). Démontrons que (ii) entraîne (i) par récurrence descendante sur p; pour $p \geqq r$, le Lemme est trivial, puisque (i) est toujours vérifié; passons maintenant de $p + 1$ à p; soit N un $\mathcal{O}_x$-module de type fini quelconque. On peut trouver une suite exacte $0 \to R \to L \to N \to 0$, où L est libre de type fini (parce que $\mathcal{O}_x$ est noethérien). La suite exacte

$$\mathrm{Ext}^{p+1}_{\mathcal{O}_x}(P, L) \to \mathrm{Ext}^{p+1}_{\mathcal{O}_x}(P, N) \to \mathrm{Ext}^{p+2}_{\mathcal{O}_x}(P, R)$$

montre que $\mathrm{Ext}^{p+1}_{\mathcal{O}_x}(P, N) = 0$: en effet, on a $\mathrm{Ext}^{p+1}_{\mathcal{O}_x}(P, L) = 0$ d'après la condition (ii), et $\mathrm{Ext}^{p+2}_{\mathcal{O}_x}(P, R) = 0$ puisque $\dim P \leqq p + 1$ d'après l'hypothèse de récurrence. Comme cette propriété caractérise les modules de dimension $\leqq p$, le Lemme est démontré.

En combinant le Lemme et le Théorème 1, on obtient:

Théorème 2. *Soit $\mathcal{F}$ un faisceau algébrique cohérent sur X, et soit p un entier $\geqq 0$. Les deux conditions suivantes sont équivalentes:*

(a) $H^q(X, \mathcal{F}(-n)) = 0$ *pour n assez grand et $0 \leqq q < p$.*

(b) *Pour tout $x \in X$, le $\mathcal{O}_x$-module $\mathcal{F}_x$ est de dimension $\leqq r - p$.*

75. Variétés sans singularités. Le résultat suivant joue un rôle essentiel dans l'extension au cas abstrait du "théorème de dualité" de [15]:

Théorème 3. *Soit V une sous-variété sans singularités de l'espace projectif $P_r(K)$; supposons que toutes les composantes irréductibles de V aient la même dimension p. Soit $\mathcal{F}$ un faisceau algébrique cohérent sur V tel que, pour tout $x \in V$, $\mathcal{F}_x$ soit un module libre sur $\mathcal{O}_{x,V}$. On a alors $H^q(V, \mathcal{F}(-n)) = 0$ pour n assez grand et $0 \leqq q < p$.*

D'après le Théorème 2, tout revient à montrer que $\mathcal{O}_{x,V}$, considéré comme $\mathcal{O}_x$-module, est de dimension $\leqq r - p$. Désignons par $\mathcal{I}_x(V)$ le noyau de l'homomorphisme canonique $\varepsilon_x\colon \mathcal{O}_x \to \mathcal{O}_{x,V}$; puisque le point x est simple sur V, on sait (cf. [18], th. 1) que cet idéal est engendré par $r - p$ éléments $f_1, \cdots, f_{r-p}$, et le théorème de Cohen-Macaulay (cf. [13], p. 53, prop. 2) montre que l'on a

$$(f_1, \cdots, f_{i-1}) : f_i = (f_1, \cdots, f_{i-1}) \qquad \text{pour } 1 \leqq i \leqq r - p.$$

Désignons alors par L_q le $\mathcal{O}_x$-module libre admettant pour base des éléments $e\langle i_1 \cdots i_q\rangle$ correspondant aux suites $(i_1, \cdots, i_q)$ telles que

$$1 \leqq i_1 < i_2 < \cdots < i_q \leqq r - p;$$

pour $q = 0$, prenons $L_0 = \mathcal{O}_x$, et posons:

$$d(e\langle i_1 \cdots i_q\rangle) = \textstyle\sum_{j=1}^{j=q} (-1)^j f_{i_j} \cdot e\langle i_1 \cdots \hat{\imath}_j \cdots i_q\rangle$$

$$d(e\langle i\rangle) = f_i .$$

D'après [6], Chap. VIII, prop. 4.3, la suite

$$0 \longrightarrow L_{r-p} \xrightarrow{d} L_{r-p-1} \xrightarrow{d} \cdots \xrightarrow{d} L_0 \xrightarrow{\varepsilon_x} \mathcal{O}_{x,V} \longrightarrow 0$$

est exacte, ce qui démontre bien que $\dim_{\mathcal{O}_x} (\mathcal{O}_{x,V}) \leqq r - p$, cqfd.

COROLLAIRE. *On a* $H^q(V, \mathcal{O}_V(-n)) = 0$ *pour n assez grand et* $0 \leqq q < p$.

REMARQUE. La démonstration ci-dessus s'applique, plus généralement, chaque fois que l'idéal $\mathcal{J}_x(V)$ admet un système de $r - p$ générateurs, autrement dit lorsque la variété V est *localement une intersection complète*, en tout point.

76. Variétés normales. Nous aurons besoin du Lemme suivant:

LEMME 2. *Soit M un* $\mathcal{O}_x$*-module de type fini, et soit f un élément non inversible de* $\mathcal{O}_x$, *tel que la relation* $f.m = 0$ *entraîne* $m = 0$ *si* $m \in M$. *La dimension du* $\mathcal{O}_x$*-module* M/fM *est alors égale à la dimension de M augmentée d'une unité.*

Par hypothèse, on a une suite exacte $0 \to M \xrightarrow{\alpha} M \to M/fM \to 0$, où α est la multiplication par f. Si N est un $\mathcal{O}_x$-module de type fini, on a donc une suite exacte:

$$\cdots \to \operatorname{Ext}^q_{\mathcal{O}_x}(M, N) \xrightarrow{\alpha} \operatorname{Ext}^q_{\mathcal{O}_x}(M, N) \to \operatorname{Ext}^{q+1}_{\mathcal{O}_x}(M/fM, N) \to \operatorname{Ext}^{q+1}_{\mathcal{O}_x}(M, N) \to \cdots$$

Notons p la dimension de M. En faisant $q = p + 1$ dans la suite exacte précédente, on voit que $\operatorname{Ext}^{p+2}_{\mathcal{O}_x}(M/fM, N) = 0$, ce qui entraîne ([6], Chap. VI, §2) que $\dim\,(M/fM) \leqq p + 1$. D'autre part, puisque $\dim M = p$, on peut choisir un N tel que $\operatorname{Ext}^p_{\mathcal{O}_x}(M, N) \neq 0$; en faisant alors $q = p$ dans la suite exacte ci-dessus, on voit que $\operatorname{Ext}^{p+1}_{\mathcal{O}_x}(M/fM, N)$ s'identifie au conoyau de

$$\operatorname{Ext}^p_{\mathcal{O}_x}(M, N) \xrightarrow{\alpha} \operatorname{Ext}^p_{\mathcal{O}_x}(M, N);$$

comme ce dernier homomorphisme n'est autre que la multiplication par f, et que f n'est pas inversible dans l'anneau local $\mathcal{O}_x$, il résulte de [6], Chap. VIII, prop. 5.1' que ce conoyau est $\neq 0$, ce qui montre que $\dim M/fM \geqq p + 1$ et achève la démonstration.

Nous allons maintenant démontrer un résultat qui est en rapport étroit avec le "lemme d'Enriques-Severi", dû à Zariski [19]:

THÉORÈME 4. *Soit V une sous-variété irréductible, normale, de dimension* $\geqq 2$, *de l'espace projectif* $\mathbf{P}_r(K)$. *Soit* $\mathcal{F}$ *un faisceau algébrique cohérent sur V tel que, pour tout* $x \in V$, $\mathcal{F}_x$ *soit un module libre sur* $\mathcal{O}_{x,V}$. *On a alors* $H^1(V, \mathcal{F}(-n)) = 0$ *pour n assez grand.*

D'après le Théorème 2, tout revient à montrer que $\mathcal{O}_{x,V}$, considéré comme $\mathcal{O}_x$-module, est de dimension $\leqq r - 2$. Choisissons d'abord un élément $f \in \mathcal{O}_x$, tel que $f(x) = 0$ et que l'image de f dans $\mathcal{O}_{x,V}$ ne soit pas nulle; c'est possible du fait que $\dim V > 0$. Puisque V est irréductible, $\mathcal{O}_{x,V}$ est un anneau d'intégrité, et l'on peut appliquer le Lemme 2 au couple $(\mathcal{O}_{x,V}, f)$; on a donc:

$$\dim \mathcal{O}_{x,V} = \dim \mathcal{O}_{x,V}/(f) - 1, \quad \text{avec} \quad (f) = f.\mathcal{O}_{x,V}.$$

Puisque $\mathcal{O}_{x,V}$ est un anneau intégralement clos, tous les idéaux premiers $\mathfrak{p}^\alpha$ de l'idéal principal (f) sont minimaux (cf. [12], p. 136, ou [9], n° 37), et aucun d'eux n'est donc égal à l'idéal maximal $\mathfrak{m}$ de $\mathcal{O}_{x,V}$ (sinon, on aurait $\dim V \leqq 1$). On peut donc trouver un élément $g \in \mathfrak{m}$ n'appartenant à aucun des $\mathfrak{p}^\alpha$; cet élément g n'est pas diviseur de 0 dans l'anneau quotient $\mathcal{O}_{x,V}/(f)$; en appelant $\bar{g}$ un représentant de g dans $\mathcal{O}_x$, on voit que l'on peut appliquer le Lemme 2 au couple $(\mathcal{O}_{x,V}/(f), \bar{g})$; on a donc:

$$\dim \mathcal{O}_{x,V}/(f) = \dim \mathcal{O}_{x,V}/(f, g) - 1.$$

Mais, d'après le théorème des syzygies déjà cité, on a $\dim \mathcal{O}_{x,V}/(f, g) \leqq r$; d'où $\dim \mathcal{O}_{x,V}/(f) \leqq r - 1$ et $\dim \mathcal{O}_{x,V} \leqq r - 2$, cqfd.

COROLLAIRE. *On a* $H^1(V, \mathcal{O}_V(-n)) = 0$ *pour* n *assez grand.*

REMARQUES. (1) Le raisonnement fait ci-dessus est classique en théorie des syzygies. Cf. par exemple W. Gröbner, *Moderne Algebraische Geometrie*, 152.6 et 153.1.

(2) Même si la dimension de V est >2, on peut avoir $\dim \mathcal{O}_{x,V} = r - 2$. C'est notamment le cas lorsque V est un cône dont la section hyperplane W est une variété projectivement normale et irrégulière (i.e. $H^1(W, \mathcal{O}_W) \neq 0$).

77. Caractérisation homologique des variétés k-fois de première espèce. Soit M un S-module gradué de type fini. On démontre, par un raisonnement identique à celui du Lemme 1:

LEMME 3. *Pour que* $\dim M \leqq k$, *il faut et il suffit que* $\mathrm{Ext}^q_S(M, S) = 0$ *pour* $q > k$.

Puisque M est gradué, on a $\mathrm{Ext}^q_S(M, \Omega) = \mathrm{Ext}^q_S(M, S)(-r-1)$, donc la condition ci-dessus équivaut à $\mathrm{Ext}^q_S(M, \Omega) = 0$ pour $q > k$. Compte tenu du Théorème 1 du n° 72, on en conclut:

PROPOSITION 2. (a) *Pour que* $\dim M \leqq r$, *il faut et il suffit que* $\alpha: M_n \to H^0(M(n))$ *soit injectif pour tout* $n \in \mathbf{Z}$.

(b) *Si* k *est un entier* $\geqq 1$, *pour que* $\dim M \leqq r - k$, *il faut et il suffit que* $\alpha: M_n \to H^0(M(n))$ *soit bijectif pour tout* $n \in \mathbf{Z}$, *et que* $H^q(M(n)) = 0$ *pour* $0 < q < k$ *et tout* $n \in \mathbf{Z}$.

Soit V une sous-variété fermée de $\mathbf{P}_r(K)$, et soit $I(V)$ l'idéal des polynômes homogènes nuls sur V. Posons $S(V) = S/I(V)$, c'est un S-module gradué dont le faisceau associé n'est autre que $\mathcal{O}_V$. Nous dirons[6] que V est une sous-variété "k-fois de première espèce" de $\mathbf{P}_r(K)$ si la dimension du S-module $S(V)$ est $\leqq r - k$. Il est immédiat que $\alpha: S(V)_n \to H^0(V, \mathcal{O}_V(n))$ est injectif pour tout $n \in \mathbf{Z}$, donc toute variété est 0-fois de première espèce. En appliquant la Proposition précédente à $M = S(V)$, on obtient:

[6] Cf. P. Dubreil, *Sur la dimension des idéaux de polynômes*, J. Math. Pures App., 15, 1936, p. 271–283. Voir aussi W. Gröbner, Moderne Algebraische Geometrie, §5.

PROPOSITION 3. *Soit k un entier $\geqq 1$. Pour que la sous-variété V soit k-fois de première espèce, il faut et il suffit que les conditions suivantes soient vérifiées pour tout $n \in \mathbf{Z}$:*

(i) $\alpha: S(V)_n \to H^0(V, \mathcal{O}_V(n))$ *est bijectif.*

(ii) $H^q(V, \mathcal{O}_V(n)) = 0$ *pour* $0 < q < k$.

(La condition (i) peut aussi s'exprimer en disant que la série linéaire découpée sur V par les formes de degré n est complète, ce qui est bien connu.)

En comparant avec le Théorème 2 (ou en raisonnant directement), on obtient:

COROLLAIRE. *Si V est k-fois de première espèce, on a $H^q(V, \mathcal{O}_V) = 0$ pour $0 < q < k$ et, pour tout $x \in V$, la dimension du $\mathcal{O}_x$-module $\mathcal{O}_{x,V}$ est $\leqq r - k$.*

Si m est un entier $\geqq 1$, notons φ_m le plongement de $\mathbf{P}_r(K)$ dans un espace projectif de dimension convenable donné par les monômes de degré m (cf. [8], Chap. XVI, §6, ou bien n° 52, démonstration du Lemme 2). Le corollaire ci-dessus admet alors la réciproque suivante:

PROPOSITION 4. *Soit k un entier $\geqq 1$, et soit V une sous-variété connexe et fermée de $\mathbf{P}_r(K)$. Supposons que $H^q(V, \mathcal{O}_V) = 0$ pour $0 < q < k$, et que, pour tout $x \in V$, la dimension du $\mathcal{O}_x$-module $\mathcal{O}_{x,V}$ soit $\leqq r - k$.*

Alors, pour tout m assez grand, $\varphi_m(V)$ est une sous-variété k-fois de première espèce.

Du fait que V est connexe, on a $H^0(V, \mathcal{O}_V) = K$. En effet, si V est irréductible, c'est évident (sinon $H^0(V, \mathcal{O}_V)$ contiendrait une algèbre de polynômes, et ne serait pas de dimension finie sur K); si V est réductible, tout élément $f \in H^0(V, \mathcal{O}_V)$ induit une constante sur chacune des composantes irréductibles de V, et ces constantes sont les mêmes, à cause de la connexion de V.

Du fait que $\dim \mathcal{O}_{x,V} \leqq r - 1$, la dimension algébrique de chacune des composantes irréductibles de V est au moins égale à 1. Il en résulte que

$$H^0(V, \mathcal{O}_V(-n)) = 0$$

pour $n > 0$ (car si $f \in H^0(V, \mathcal{O}_V(-n))$ et $f \neq 0$, les $f^k.g$, avec $g \in S(V)_{nk}$ formeraient un sous-espace vectoriel de $H^0(V, \mathcal{O}_V)$ de dimension >1).

Ceci étant précisé, notons V_m la sous-variété $\varphi_m(V)$; on a évidemment

$$\mathcal{O}_{V_m}(n) = \mathcal{O}_V(nm).$$

Pour m assez grand, les conditions suivantes sont satisfaites:

(a) $\alpha: S(V)_{nm} \to H^0(V, \mathcal{O}_V(nm))$ *est bijectif pour tout* $n \geqq 1$.

Cela résulte de la Proposition 5 du n° 65.

(b) $H^q(V, \mathcal{O}_V(nm)) = 0$ *pour* $0 < q < k$ *et pour tout* $n \geqq 1$.

Cela résulte de la Proposition 7 du n° 65.

(c) $H^q(V, \mathcal{O}_V(nm)) = 0$ *pour* $0 < q < k$ *et pour tout* $n \leqq -1$.

Cela résulte du Théorème 2 du n° 74, et de l'hypothèse faite sur les $\mathcal{O}_{x,V}$.

D'autre part, on a $H^0(V, \mathcal{O}_V) = K$, $H^0(V, \mathcal{O}_V(nm)) = 0$ pour tout $n \leqq -1$, et $H^q(V, \mathcal{O}_V) = 0$ pour $0 < q < k$, en vertu de l'hypothèse. Il s'ensuit que V_m vérifie toutes les hypothèses de la Proposition 3, cqfd.

COROLLAIRE. *Soit k un entier $\geqq 1$, et soit V une variété projective sans singularités, de dimension $\geqq k$. Pour que V soit birégulièrement isomorphe à une sous-variété k-fois de première espèce d'un espace projectif convenable, il faut et il suffit que V soit connexe et que $H^q(V, \mathcal{O}_V) = 0$ pour $0 < q < k$.*

La nécessité est évidente, d'après la Proposition 3. Pour démontrer la suffisance, il suffit de remarquer que $\mathcal{O}_{x,V}$ est alors de dimension $\leqq r - k$ (cf. n° 75) et d'appliquer la Proposition précédente.

78. Intersections complètes. Une sous-variété V de dimension p de l'espace projectif $\mathbf{P}_r(K)$ est une *intersection complète* si l'idéal $I(V)$ des polynômes nuls sur V admet un système de $r - p$ générateurs $P_1, \cdots, P_{r-p}$; dans ce cas, toutes les composantes irréductibles de V ont la dimension p, d'après le théorème de Macaulay (cf. [9], n° 17). Il est bien connu qu'une telle variété est p-fois de première espèce, ce qui entraîne déjà que $H^q(V, \mathcal{O}_V(n)) = 0$ pour $0 < q < p$, comme nous venons de le voir. Nous allons déterminer $H^p(V, \mathcal{O}_V(n))$ en fonction des degrés $m_1, \cdots, m_{r-p}$ des polynômes homogènes $P_1, \cdots, P_{r-p}$.

Soit $S(V) = S/I(V)$ l'anneau de coordonnées projectives de V. D'après le théorème 1 du n° 72, tout revient à déterminer le S-module $\mathrm{Ext}_S^{r-p}(S(V), \Omega)$. Or, on a une résolution analogue à celle du n° 75: on prend pour L^q le S-module gradué libre admettant pour base des éléments $e\langle i_1 \cdots i_q\rangle$ correspondant aux suites $(i_1, \cdots, i_q)$ telles que $1 \leqq i_1 < i_2 < \cdots < i_q \leqq r - p$, et de degrés $\sum_{j=1}^{j=q} m_j$; pour L^0, on prend S. On pose:

$$d(e\langle i_1 \cdots i_q\rangle) = \sum_{j=1}^{j=q} (-1)^j P_{i_j} \cdot e\langle i_1 \cdots \hat{\imath}_j \cdots i_q\rangle$$
$$d(e\langle i\rangle) = P_i .$$

La suite $0 \to L^{r-p} \xrightarrow{d} \cdots \xrightarrow{d} L^0 \to S(V) \to 0$ est exacte ([6], Chap. VIII, Prop. 4.3). Il en résulte que les $\mathrm{Ext}_S^q(S(V), \Omega)$ sont les groupes de cohomologie du complexe formé par les $\mathrm{Hom}_S(L^q, \Omega)$; mais on peut identifier un élément de $\mathrm{Hom}_S(L^q, \Omega)_n$ à un système $f\langle i_1 \cdots i_q\rangle$, où les $f\langle i_1 \cdots i_q\rangle$ sont des polynômes homogènes de degrés $m_{i_1} + \cdots + m_{i_q} + n - r - 1$; une fois cette identification faite, l'opérateur cobord est donné par la formule usuelle:

$$(df)\langle i_1 \cdots i_{q+1}\rangle = \sum_{j=1}^{j=q+1} (-1)^j P_{i_j} \cdot f\langle i_1 \cdots \hat{\imath}_j \cdots i_{q+1}\rangle.$$

Le théorème de Macaulay déjà cité montre que l'on est dans les conditions de [11], et l'on retrouve bien le fait que $\mathrm{Ext}_S^q(S(V), \Omega) = 0$ pour $q \neq r - p$. D'autre part, $\mathrm{Ext}_S^{r-p}(S(V), \Omega)_n$ est isomorphe au sous-espace de $S(V)$ formé des éléments homogènes de degré $N + n$, avec $N = \sum_{i=1}^{i=r-p} m_i - r - 1$. Compte tenu du Théorème 1 du n° 72, on obtient:

PROPOSITION 5. *Soit V une intersection complète, définie par des polynômes homogènes $P_1, \cdots, P_{r-p}$, de degrés $m_1, \cdots, m_{r-p}$.*

(a) *L'application* $\alpha: S(V)_n \to H^0(V, \mathcal{O}_V(n))$ *est bijective pour tout* $n \in \mathbf{Z}$.

(b) $H^q(V, \mathcal{O}_V(n)) = 0$ *pour* $0 < q < p$ *et tout* $n \in \mathbf{Z}$.

(c) $H^p(V, \mathcal{O}_V(n))$ *est isomorphe à l'espace vectoriel dual de* $H^0(V, \mathcal{O}_V(N - n))$, *avec* $N = \sum_{i=1}^{i=r-p} m_i - r - 1$.

On notera, en particulier, que $H^p(V, \mathcal{O}_V)$ n'est nul que si $N < 0$.

§6. Fonction caractéristique et genre arithmétique

79. Caractéristique d'Euler-Poincaré. Soit V une variété projective, et soit $\mathcal{F}$ un faisceau algébrique cohérent sur V. Posons:

$$h^q(V, \mathcal{F}) = \dim_K H^q(V, \mathcal{F}).$$

Nous avons vu (n° 66, Théorème 1) que les $h^q(V, \mathcal{F})$ sont *finis* pour tout entier q, et nuls pour $q > \dim V$. On peut donc définir un entier $\chi(V, \mathcal{F})$ en posant:

$$\chi(V, \mathcal{F}) = \sum_{q=0}^{\infty} (-1)^q\, h^q(V, \mathcal{F}).$$

C'est la *caractéristique d'Euler-Poincaré* de V, à valeurs dans $\mathcal{F}$.

LEMME 1. *Soit* $0 \to L_1 \to \cdots \to L_p \to 0$ *une suite exacte, les* L_i *étant des espaces vectoriels de dimension finie sur* K, *et les homomorphismes* $L_i \to L_{i+1}$ *étant* K-*linéaires. On a alors*:

$$\sum_{q=1}^{q=p} (-1)^q \dim_K L_q = 0.$$

On raisonne par récurrence sur p, le lemme étant évident si $p \leqq 3$; si L'_{p-1} désigne le noyau de $L_{p-1} \to L_p$, on a les deux suites exactes:

$$0 \to L_1 \to \cdots \to L'_{p-1} \to 0$$

$$0 \to L'_{p-1} \to L_{p-1} \to L_p \to 0.$$

En appliquant l'hypothèse de récurrence à chacune de ces suites, on voit que $\sum_{q=1}^{q=p-2} (-1)^q \dim L_q + (-1)^{p-1} \dim L'_{p-1} = 0$, et

$$\dim L'_{p-1} - \dim L_{p-1} + \dim L_p = 0,$$

d'où aussitôt le Lemme.

PROPOSITION 1. *Soit* $0 \to \mathcal{A} \to \mathcal{B} \to \mathcal{C} \to 0$ *une suite exacte de faisceaux algébriques cohérents sur une variété projective* V, *les homomorphismes* $\mathcal{A} \to \mathcal{B}$ *et* $\mathcal{B} \to \mathcal{C}$ *étant* K-*linéaires. On a alors*:

$$\chi(V, \mathcal{B}) = \chi(V, \mathcal{A}) + \chi(V, \mathcal{C}).$$

D'après le Corollaire 2 au Théorème 5 du n° 47, on a une suite exacte de cohomologie:

$$\cdots \to H^q(V, \mathcal{B}) \to H^q(V, \mathcal{C}) \to H^{q+1}(V, \mathcal{A}) \to H^{q+1}(V, \mathcal{B}) \to \cdots$$

En appliquant le Lemme 1 à cette suite exacte d'espaces vectoriels, on obtient la Proposition.

PROPOSITION 2. *Soit* $0 \to \mathcal{F}_1 \to \cdots \to \mathcal{F}_p \to 0$ *une suite exacte de faisceaux algé-*

briques cohérents sur une variété projective V, les homomorphismes $\mathcal{F}_i \to \mathcal{F}_{i+1}$ étant algébriques. On a alors:

$$\sum_{q=1}^{q=p} (-1)^q \chi(V, \mathcal{F}_q) = 0.$$

On raisonne par récurrence sur p, la Proposition étant un cas particulier de la Proposition 1 si $p \leqq 3$. Si l'on désigne par $\mathcal{F}'_{p-1}$ le noyau de $\mathcal{F}_{p-1} \to \mathcal{F}_p$, le faisceau $\mathcal{F}'_{p-1}$ est algébrique cohérent puisque $\mathcal{F}_{p-1} \to \mathcal{F}_p$ est un homomorphisme algébrique. On peut donc appliquer l'hypothèse de récurrence aux deux suites exactes

$$0 \to \mathcal{F}_1 \to \cdots \to \mathcal{F}'_{p-1} \to 0$$

$$0 \to \mathcal{F}'_{p-1} \to \mathcal{F}_{p-1} \to \mathcal{F}_p \to 0,$$

et la Proposition en résulte aussitôt.

80. Relation avec la fonction caractéristique d'un S-module gradué.

Soit $\mathcal{F}$ un faisceau algébrique cohérent sur l'espace $\mathbf{P}_r(K)$; nous écrirons $\chi(\mathcal{F})$ au lieu de $\chi(\mathbf{P}_r(K), \mathcal{F})$. On a:

PROPOSITION 3. *$\chi(\mathcal{F}(n))$ est un polynôme en n de degré $\leqq r$.*

D'après le Théorème 2 du n° 60, il existe un S-module gradué M, de type fini, tel que $\mathcal{A}(M)$ soit isomorphe à $\mathcal{F}$. En appliquant à M le théorème des syzygies de Hilbert, on obtient une suite exacte de S-modules gradués:

$$0 \to L^{r+1} \to \cdots \to L^0 \to M \to 0,$$

où les L^q sont libres de type fini. En appliquant le foncteur $\mathcal{A}$ à cette suite, obtient une suite exacte de faisceaux:

$$0 \to \mathcal{L}^{r+1} \to \cdots \to \mathcal{L}^0 \to \mathcal{F} \to 0,$$

où chaque $\mathcal{L}^q$ est isomorphe à une somme directe finie de faisceaux $\mathcal{O}(n_i)$. La Proposition 2 montre que $\chi(\mathcal{F}(n))$ est égal à la somme alternée des $\chi(\mathcal{L}^q(n))$, ce qui nous ramène au cas du faisceau $\mathcal{O}(n_i)$. Or il résulte du n° 62 que l'on a $\chi(\mathcal{O}(n)) = \binom{n+r}{r}$, ce qui est bien un polynôme en n, de degré $\leqq r$; d'où la Proposition.

PROPOSITION 4. *Soit M un S-module gradué vérifiant la condition* (TF), *et soit $\mathcal{F} = \mathcal{A}(M)$. Pour tout n assez grand, on a $\chi(\mathcal{F}(n)) = \dim_K M_n$.*

En effet, on sait (n° 65) que, pour n assez grand, l'homomorphisme $\alpha: M_n \to H^0(X, \mathcal{F}(n))$ est bijectif, et $H^q(X, \mathcal{F}(n)) = 0$ pour tout $q > 0$; on a alors

$$\chi(\mathcal{F}(n)) = h^0(X, \mathcal{F}(n)) = \dim_K M_n.$$

On retrouve ainsi le fait bien connu que $\dim_K M_n$ est un polynôme en n pour n assez grand; ce polynôme, que nous noterons P_M, est appelé la *fonction caractéristique* de M; pour tout $n \in \mathbf{Z}$, on a $P_M(n) = \chi(\mathcal{F}(n))$, et, en particulier, pour $n = 0$, on voit que *le terme constant de P_M est égal à $\chi(\mathcal{F})$.*

Appliquons ceci à $M = S/I(V)$, $I(V)$ étant l'idéal homogène de S formé des polynômes nuls sur une sous-variété fermée V de $\mathbf{P}_r(K)$. Le terme constant de P_M est appelé, dans ce cas, le *genre arithmétique* de V (cf. [19]); comme d'autre part on a $\mathcal{A}(M) = \mathcal{O}_V$, on obtient:

PROPOSITION 5. *Le genre arithmétique d'une variété projective V est égal à*

$$\chi(V, \mathcal{O}_V) = \sum_{q=0}^{\infty} (-1)^q \dim_K H^q(V, \mathcal{O}_V).$$

REMARQUES. (1) La Proposition précédente met en évidence le fait que le genre arithmétique est indépendant du plongement de V dans un espace projectif, puisqu'il en est de même des $H^q(V, \mathcal{O}_V)$.

(2) Le genre arithmétique *virtuel* (défini par Zariski dans [19]) peut également être ramené à une caractéristique d'Euler-Poincaré. Nous reviendrons ultérieure-
7 ment sur cette question, étroitement liée au théorème de Riemann-Roch.

(3) Pour des raisons de commodité, nous avons adopté une définition du genre arithmétique légèrement différente de la définition classique (cf. [19]). Si toutes les composantes irréductibles de V ont la même dimension p, les deux définitions sont reliées par la formule suivante: $\chi(V, \mathcal{O}_V) = 1 + (-1)^p\, p_a(V)$.

81. Degré de la fonction caractéristique. Si $\mathcal{F}$ est un faisceau algébrique cohérent sur une variété algébrique V, nous appellerons *support* de $\mathcal{F}$, et nous noterons $\mathrm{Supp}(\mathcal{F})$, l'ensemble des points $x \in V$ tels que $\mathcal{F}_x \neq 0$. Du fait que $\mathcal{F}$ est un faisceau de type fini, cet ensemble est *fermé*: en effet, si l'on a $\mathcal{F}_x = 0$, la section nulle engendre $\mathcal{F}_x$, donc aussi $\mathcal{F}_y$ pour y assez voisin de x (n° 12, Proposition 1), ce qui signifie que le complémentaire de $\mathrm{Supp}(\mathcal{F})$ est ouvert.

Soit M un S-module gradué de type fini, et soit $\mathcal{F} = \mathcal{A}(M)$ le faisceau défini par M sur $\mathbf{P}_r(K) = X$. On peut déterminer $\mathrm{Supp}(\mathcal{F})$ à partir de M de la manière suivante:

Soit $0 = \bigcap_\alpha M^\alpha$ une décomposition de 0 comme intersection de sous-modules primaires homogènes M^α de M, les M^α correspondant aux idéaux premiers homogènes $\mathfrak{p}^\alpha$ (cf. [12], Chap. IV); on supposera que cette décomposition est "la plus courte possible", i.e. qu'aucun des M^α n'est contenu dans l'intersection des autres. Pour tout $x \in X$, chaque $\mathfrak{p}^\alpha$ définit un idéal premier $\mathfrak{p}^\alpha_x$ de l'anneau local $\mathcal{O}_x$, et l'on a $\mathfrak{p}^\alpha_x = \mathcal{O}_x$ si et seulement si x n'appartient pas à la variété V^α définie par l'idéal $\mathfrak{p}^\alpha$. On a de même $0 = \bigcap_\alpha M^\alpha_x$ dans M_x, et l'on vérifie sans difficulté que l'on obtient ainsi une décomposition primaire de 0 dans M_x, les M^α_x correspondant aux idéaux premiers $\mathfrak{p}^\alpha_x$; si $x \notin V^\alpha$, on a $M^\alpha_x = M_x$, et, si l'on se borne à considérer les M^α_x tels que $x \in V^\alpha$, on obtient une décomposition "la plus courte possible" (cf. [12], Chap. IV, th. 4, où sont établis des résultats analogues). On en conclut aussitôt que $M_x \neq 0$ si et seulement si x appartient à l'une des variétés V^α, autrement dit $\mathrm{Supp}(\mathcal{F}) = \bigcup_\alpha V^\alpha$.

PROPOSITION 6. *Si $\mathcal{F}$ est un faisceau algébrique cohérent sur $\mathbf{P}_r(K)$, le degré du polynôme $\chi(\mathcal{F}(n))$ est égal à la dimension de* $\mathrm{Supp}(\mathcal{F})$.

Nous raisonnerons par récurrence sur r, le cas $r = 0$ étant trivial. On peut supposer que $\mathcal{F} = \mathcal{A}(M)$, où M est un S-module gradué de type fini; utilisant les notations introduites ci-dessus, nous devons montrer que $\chi(\mathcal{F}(n))$ est un polynôme de degré $q = \mathrm{Sup} \dim V^\alpha$.

Soit t une forme linéaire homogène n'appartenant à aucun des idéaux premiers $\mathfrak{p}^\alpha$, sauf éventuellement à l'idéal premier "impropre" $\mathfrak{p}^0 = (t_0, \cdots, t_r)$; une telle forme existe du fait que le corps K est infini. Soit E l'hyperplan de X d'équation $t = 0$. Considérons la suite exacte:

$$0 \to \mathcal{O}(-1) \to \mathcal{O} \to \mathcal{O}_E \to 0,$$

où $\mathcal{O} \to \mathcal{O}_E$ est l'homomorphisme de restriction, tandis que $\mathcal{O}(-1) \to \mathcal{O}$ est l'homomorphisme $f \to t.f$. Par produit tensoriel avec $\mathcal{F}$, on obtient la suite exacte:

$$\mathcal{F}(-1) \to \mathcal{F} \to \mathcal{F}_E \to 0, \quad \text{avec} \quad \mathcal{F}_E = \mathcal{F} \otimes_{\mathcal{O}} \mathcal{O}_E.$$

Au-dessus de U_i, on peut identifier $\mathcal{F}(-1)$ à $\mathcal{F}$, et cette identification transforme l'homomorphisme $\mathcal{F}(-1) \to \mathcal{F}$ défini ci-dessus en la multiplication par t/t_i ; du fait que t a été choisie en dehors des $\mathfrak{p}^\alpha$, t/t_i n'appartient à aucun des idéaux premiers de $M_x = \mathcal{F}_x$ si $x \in U_i$, et l'homomorphisme précédent est injectif (cf. [12], p. 122, th. 7, b'''). On a donc la suite exacte:

$$0 \to \mathcal{F}(-1) \to \mathcal{F} \to \mathcal{F}_E \to 0,$$

d'où, pour tout $n \in \mathbf{Z}$, la suite exacte:

$$0 \to \mathcal{F}(n-1) \to \mathcal{F}(n) \to \mathcal{F}_E(n) \to 0.$$

En appliquant la Proposition 1, on voit que:

$$\chi(\mathcal{F}(n)) - \chi(\mathcal{F}(n-1)) = \chi(\mathcal{F}_E(n)).$$

Mais le faisceau $\mathcal{F}_E$ est un faisceau cohérent de $\mathcal{O}_E$-modules, autrement dit est un faisceau algébrique cohérent sur E, qui est un espace projectif de dimension $r - 1$. De plus, $\mathcal{F}_{x,E} = 0$ signifie que l'endomorphisme de $\mathcal{F}_x$ défini par la multiplication par t/t_i est surjectif, ce qui entraîne $\mathcal{F}_x = 0$ (cf. [6], Chap. VIII, prop. 5.1'). Il s'ensuit que $\mathrm{Supp}(\mathcal{F}_E) = E \cap \mathrm{Supp}(\mathcal{F})$, et, comme E ne contient aucune des variétés V^α, il s'ensuit par un résultat connu que la dimension de $\mathrm{Supp}(\mathcal{F}_E)$ est égale à $q - 1$. L'hypothèse de récurrence montre alors que $\chi(\mathcal{F}_E(n))$ est un polynôme de degré $q - 1$; comme c'est la différence première de la fonction $\chi(\mathcal{F}(n))$, cette dernière est donc bien un polynôme de degré q.

REMARQUES. (1) La Proposition 6 était bien connue lorsque $\mathcal{F} = \mathcal{O}/\mathcal{I}$, $\mathcal{I}$ étant un faisceau cohérent d'idéaux. Cf. [9], n° 24, par exemple.

(2) La démonstration précédente n'utilise pas la Proposition 3, et la démontre donc à nouveau.

PARIS

BIBLIOGRAPHIE

[1] N. BOURBAKI. Théorie des Ensembles. Paris (Hermann).

[2] H. CARTAN. *Séminaire E.N.S.*, 1950–1951.

[3] H. CARTAN. *Séminaire E.N.S.*, 1951–1952.

[4] H. CARTAN. *Séminaire E.N.S.*, 1953–1954.

[5] H. CARTAN. *Variétés analytiques complexes et cohomologie.* Colloque de Bruxelles, (1953), p. 41–55.

[6] H. Cartan and S. Eilenberg. Homological Algebra. Princeton Math. Ser., n° 19.
[7] S. Eilenberg and N. E. Steenrod. Foundations of Algebraic Topology. Princeton Math. Ser., n° 15.
[8] W. V. D. Hodge and D. Pedoe. Methods of Algebraic Geometry. Cambridge Univ. Press.
[9] W. Krull. Idealtheorie. Ergebnisse IV-3. Berlin (Springer).
[10] J. Leray. *L'anneau spectral et l'anneau filtré d'homologie d'un espace localement compact et d'une application continue.* J. Math. Pures App., 29, (1950), p. 1–139.
[11] G. de Rham. *Sur la division de formes et de courants par une forme linéaire.* Comment. Math. Helv., 28, (1954), p. 346–352.
[12] P. Samuel. *Commutative Algebra* (Notes by D. Hertzig). Cornell Univ., 1953.
[13] P. Samuel. Algèbre locale. Mém. Sci. Math., CXXIII, Paris, 1953.
[14] J-P. Serre. *Groupes d'homotopie et classes de groupes abéliens.* Ann. of Math., 58, (1953), p. 258–294.
[15] J-P. Serre. *Un théorème de dualité.* Comment. Math. Helv., 29, (1955), p. 9–26.
[16] A. Weil. Foundations of Algebraic Geometry. Colloq. XXIX.
[17] A. Weil. *Fibre-spaces in Algebraic Geometry* (Notes by A. Wallace). Chicago Univ., 1952.
[18] O. Zariski. *The concept of a simple point of an abstract algebraic variety.* Trans. Amer. Math. Soc., 62, (1947), p. 1–52.
[19] O. Zariski, *Complete linear systems on normal varieties and a generalization of a lemma of Enriques-Severi.* Ann. of Math., 55, (1952), p. 552–592.

30.

Une propriété topologique des domaines de Runge

Proc. Amer. Math. Soc. **6** (1955), 133–134

Nous dirons qu'un domaine X de l'espace numérique complexe $\mathbf{C}^n$ est un *domaine de Runge* si:

1. X est un domaine d'holomorphie.
2. Toute fonction holomorphe sur X est limite uniforme sur tout compact de polynômes.

On sait que, si $n=1$, X est simplement connexe. Nous allons généraliser ce résultat:

THÉORÈME. *Le $n^{ème}$ nombre de Betti d'un domaine de Runge de* $\mathbf{C}^n$ *est nul.*

DÉMONSTRATION. Soit $C^n(X)$ l'espace vectoriel des formes différentielles $\omega = f(z_1, \cdots, z_n)\, dz_1 \wedge \cdots \wedge dz_n$, où f est holomorphe sur X. Une telle forme est toujours fermée, i.e. $d\omega = 0$. Soit $B^n(X)$ le sous-espace de $C^n(X)$ formé des éléments ω qui sont de la forme $d\alpha$, où α est une forme différentielle holomorphe de degré $n-1$. D'après le Théorème 1 de [2], qui s'applique à cause de l'hypothèse 1, l'espace quotient $C^n(X)/B^n(X)$ est isomorphe à $H^n(X, \mathbf{C})$, et tout revient donc à montrer que $B^n(X) = C^n(X)$.

Munissons $C^n(X)$ de la topologie de la convergence compacte. Alors:

(a) $B^n(X)$ est *fermé* dans $C^n(X)$.

Received by the editors April 24, 1954.

En effet, d'après [2, no. 3], pour qu'un élément ω de $C^n(X)$ appartienne à $B^n(X)$, il faut et il suffit que ses périodes $\int_c \omega$ sur les cycles différentiables c de X soient nulles. Notre assertion résulte alors de la continuité de l'application $\omega \to \int_c \omega$.

(b) $B^n(X)$ est *dense* dans $C^n(X)$.

En effet, l'hypothèse 2 signifie que les formes $\omega = P \cdot dz_1 \wedge \cdots \wedge dz_n$, où P est un polynôme en $z_1, \cdots, z_n$, sont denses dans $C^n(X)$. Or une telle forme appartient à $B^n(X)$, car on peut écrire $P = \partial Q / \partial z_1$, où Q est un polynôme, et l'on a

$$P \cdot dz_1 \wedge \cdots \wedge dz_n = d(Q \cdot dz_2 \wedge \cdots \wedge dz_n).$$

Les propriétés (a) et (b) entraînent $B^n(X) = C^n(X)$, cqfd.

REMARQUES. (1) Il existe des domaines de Runge de $\mathbf{C}^n$, $n > 1$, qui ne sont pas simplement connexes; on en trouvera un exemple simple dans [1, p. 209].

(2) Le théorème démontré ci-dessus équivaut à dire que $H_n(X)$ est un groupe de torsion. En fait, je ne connais aucun exemple dans
1 lequel ce groupe ne soit pas nul.

BIBLIOGRAPHIE

1. H. Behnke und K. Stein, *Konvergente Folgen von Regularitätsbereichen und die Meromorphiekonvexität*, Math. Ann. vol. 116 (1939) pp. 204–216.

2. J-P. Serre, *Quelques problèmes globaux relatifs aux variétés de Stein*, Colloque de Bruxelles, 1953, pp. 57–68.

PARIS

31.

Notice sur les travaux scientifiques

1 inédit (1955)

I. Topologie

Groupes d'homotopie. Ma thèse [11] est principalement consacrée à l'étude des groupes d'homotopie $\pi_i(X)$ d'un espace topologique X. Mon point de départ est le suivant: d'après la définition même des groupes d'homotopie, le groupe $\pi_i(X)$ est isomorphe au groupe $\pi_{i-1}(\Omega)$, où Ω désigne l'espace des lacets tracés sur X; si l'on avait un procédé permettant de calculer l'homologie de Ω en fonction de celle de X, on arriverait, par récurrence sur i, à déterminer les $\pi_i(X)$. Tout revenait donc à étudier les relations existant entre l'homologie de Ω et celle de X, question qu'avait d'ailleurs rencontrée M. Morse au cours de ses recherches sur les propriétés globales des géodésiques d'un espace de Riemann. La méthode par laquelle j'ai traité cette question est simple dans son principe: considérons l'espace E des chemins continus tracés sur X, d'origine fixée x; si l'on fait correspondre à un tel chemin son extrémité, on obtient une projection continue $p\colon E \to X$, et $p^{-1}(x)$ n'est autre que l'espace des lacets Ω. On constate alors aisément que l'espace E jouit de toutes les propriétés usuelles d'un espace fibré, de base X, et de fibre Ω. En appliquant à E la théorie homologique des espaces fibrés, due à J. Leray, on met en relations les groupes d'homologie de E, de X, et de Ω. Comme l'espace E est contractile, ses groupes d'homologie sont nuls en dimension $\neq 0$, et l'on obtient finalement des relations étroites liant l'homologie de Ω à celle de X. Dans des cas simples, ces relations permettent même de déterminer complètement la structure homologique de Ω.

En utilisant cette méthode, j'ai obtenu les résultats généraux suivants:

a) Si X est un polyèdre compact simplement connexe, $\pi_i(X)$ peut être engendré par un nombre fini d'éléments (résultat qui n'était même pas connu dans le cas des sphères).

b) Les groupes d'homotopie des sphères $\pi_i(\mathbf{S}_n)$ sont d'ordre fini pour $i > n$, à la seule exception de $\pi_{2n-1}(\mathbf{S}_n)$ pour n pair.

J'ai poursuivi l'étude des groupes d'homotopie dans plusieurs mémoires postérieurs à ma thèse: [12], [13], [14], [15], [20], [21], [22], [23].

Dans les notes [12] et [13], écrites en collaboration avec H. Cartan, nous indiquons comment l'on peut généraliser la construction du revêtement universel d'un espace topologique X pour «tuer» les groupes d'homotopie de X jusqu'à une dimension donnée; on obtient des espaces fibrés dont les fibres sont des complexes d'Eilenberg-MacLane $K(\pi, n)$, et la détermination de l'homologie de ces espaces fournit une nouvelle méthode pour déterminer les $\pi_i(X)$, méthode qui est souvent plus efficace que celle de ma thèse. Cependant, avant de l'appliquer, il est nécessaire de calculer les groupes d'homologie des

$K(\pi, n)$; c'est ce que j'ai fait dans ma thèse (pour le cas des coefficients réels), et dans le mémoire [21] (pour le cas des coefficients entiers modulo 2); le cas général a été traité récemment par EILENBERG-MACLANE et H. CARTAN. De plus, j'ai démontré dans [21] que toute opération cohomologique partout définie correspond à une classe de cohomologie bien déterminée d'un espace $K(\pi, n)$; il en résulte, par exemple, que toute opération cohomologique à coefficients réels peut se déduire du cup-produit; dans le cas des coefficients entiers modulo 2, on trouve en outre les i-carrés de STEENROD et l'on obtient immédiatement les relations (dues à J. ADEM) qui relient les i-carrés itérés. Dans le même mémoire, j'ai étudié le comportement asymptotique de la série de Poincaré des $K(\pi, n)$, à coefficients entiers modulo 2 (série qui est analogue à celles que l'on rencontre dans la théorie des partitions); j'en ai notamment déduit que, pour tout $n \geq 2$, il existe une infinité d'entiers i tels que le groupe $\pi_i(\mathbf{S}_n)$ soit d'ordre pair.

Le mémoire [22] reprend et perfectionne les méthodes introduites dans [11], [12], [13]. J'y montre comment on peut, dans la plupart des questions relatives aux groupes d'homotopie, «négliger» les groupes appartenant à une classe de groupes abéliens donnée. Par exemple, négliger les groupes de torsion revient à calculer à coefficients réels, comme on le fait d'ordinaire en géométrie différentielle; d'ailleurs, c'est bien dans la théorie des variétés que cette méthode a conduit aux résultats les plus intéressants, avec les belles recherches de R. THOM sur les variétés bords.

A côté des résultats généraux que je viens de résumer, les mémoires précédents contiennent des applications à divers espaces particuliers. Dans le mémoire [22], j'ai montré que tout groupe de Lie est homotopiquement équivalent à un produit de sphères, tout au moins modulo certains nombres premiers que j'ai déterminés complètement pour les groupes classiques; cela précise des résultats bien connus de E. CARTAN et H. HOPF. Je me suis également attaqué au problème du calcul des groupes d'homotopie des sphères $\pi_i(\mathbf{S}_n)$; ces groupes avaient été déterminés par H. FREUDENTHAL (1938) lorsque $i = n + 1$, et par L. PONTRJAGIN et G. W. WHITEHEAD (1950) lorsque $i = n + 2$. J'ai obtenu leurs valeurs pour $i \leq n + 8$ ([14], [15], [21], [22], [23]); récemment, H. TODA et H. CARTAN sont parvenus jusqu'à $i \leq n + 13$.

Groupes de Lie. J'ai publié deux mémoires sur les groupes de Lie ([19], [20]), tous deux écrits en collaboration avec A. BOREL.

On sait que les tores maximaux d'un groupe de Lie compact G sont en rapport étroit avec la cohomologie réelle de G. Nous avons cherché dans [19] si une relation analogue existe entre les sous-groupes maximaux de type $(p, \ldots, p)$ et la cohomologie modulo p de G, p étant un nombre premier. Dans cet ordre d'idées, nous avons établi le résultat suivant: si G est sans p-torsion, et de rang r, tous ses sous-groupes de type $(p, \ldots, p)$ ont un ordre $\leq p^r$. Il en résulte, par exemple, que le groupe exceptionnel E_8 possède de la 2-torsion. Nous avons également démontré que tout sous-groupe abélien (et même nilpotent) d'un groupe de Lie compact G est contenu dans le normalisateur d'un tore maximal de G; ce résultat facilite la recherche des sous-groupes de type $(p, \ldots, p)$ et en même temps généralise un théorème de Blichfeldt sur les représentations linéaires des p-groupes.

Le mémoire [20] est consacré au calcul des opérations de Steenrod dans la cohomologie des groupes classiques et de leurs espaces classifiants. Ce calcul met en évidence des relations entre classes de Chern d'où nous avons pu déduire que les sphères $\mathbf{S}_n$, $n > 6$, ne possèdent pas de structure presque-complexe.

Calcul des variations. En utilisant la théorie de Morse, j'ai démontré dans ma thèse [11] que, sur tout espace de Riemann compact et connexe, il existe une infinité de géodésiques joignant deux points distincts donnés. La partie homologique de la démonstration présente une grande analogie avec un raisonnement que j'avais utilisé antérieurement (dans la note [4], écrite en collaboration avec A. Borel) pour démontrer l'inexistence de fibrations d'un espace euclidien dont les fibres soient compactes et non réduites à un point.

II. Fonctions analytiques et géométrie algébrique

Domaines d'holomorphie et variétés de Stein. A l'occasion du Séminaire qu'il dirige depuis 1948 à l'Ecole Normale, H. Cartan avait exposé les propriétés des faisceaux analytiques cohérents portés par un domaine d'holomorphie, et, plus généralement, par une variété de Stein. Comme je le lui ai suggéré, on peut énoncer ces résultats de façon plus commode, et en même temps les généraliser, en utilisant le langage de la cohomologie. On est ainsi amené à énoncer les théorèmes de Cartan-Oka sous la forme suivante:

Si $\mathscr{F}$ est un faisceau analytique cohérent porté par une variété de Stein X, on a $H^q(X,\mathscr{F}) = 0$ pour tout entier $q > 0$.

L'énoncé précédent se prête particulièrement bien aux applications. J'en ai donné divers exemples dans une communication au Colloque de Bruxelles [25]. J'ai montré que, sur toute variété de Stein, il existe un diviseur positif dont la classe d'homologie soit une classe entière donnée arbitrairement, généralisant ainsi des résultats antérieurs de Stein lui-même. J'ai également démontré que la cohomologie d'une telle variété peut être calculée en utilisant le complexe des formes différentielles holomorphes. C'est là un résultat analogue au célèbre théorème de de Rham. Il entraîne comme conséquence immédiate une propriété purement topologique des variétés de Stein de dimension complexe n (donc de dimension topologique $2n$): leurs nombres de Betti de dimension $> n$ sont tous nuls. De plus, si l'on suppose que l'on a affaire à un domaine de Runge, le nombre de Betti de dimension n est lui-même nul [29], ce qui généralise le fait bien connu qu'un domaine de Runge à une variable est simplement connexe. Dans le même mémoire, j'ai indiqué comment un théorème de Cartan-Schwartz sur la cohomologie à supports compacts permet de retrouver des résultats de W. Rothstein sur le prolongement analytique des diviseurs.

Géométrie algébrique classique. Après avoir appliqué la théorie des faisceaux aux variétés de STEIN, j'ai entrepris de l'appliquer aux variétés algébriques projectives. Un résultat préliminaire indispensable est le suivant (démontré dans la note [24], écrite en collaboration avec H. CARTAN): si $\mathscr{F}$ est un faisceau analytique cohérent, porté par une variété analytique compacte X, les groupes de cohomologie $H^q(X, \mathscr{F})$ sont des espaces vectoriels de dimension finie sur le corps des nombres complexes; ceci s'applique notamment lorsque X est une variété algébrique projective.

En me basant sur le théorème précédent, j'ai obtenu des résultats analogues à ceux relatifs aux variétés de STEIN, mais valables pour les variétés projectives. Je les ai exposés dans plusieurs conférences au Séminaire H. CARTAN et au Séminaire N. BOURBAKI, et je compte rédiger prochainement un mémoire détaillé sur ce sujet.

J'ai également étudié la question du «théorème de RIEMANN-ROCH». On sait quel rôle joue ce théorème dans la théorie des courbes algébriques, et, malgré les efforts des géomètres italiens, on n'était pas parvenu à le généraliser de façon satisfaisante aux variétés de dimension supérieure. Même dans le cas des surfaces, on n'obtenait qu'une inégalité, et la différence entre les deux membres de cette inégalité (la «superabondance» du diviseur D considéré) ne pouvait pas être caractérisée de façon simple par les méthodes classiques. Guidé par des résultats de K. KODAIRA d'une part, et de A. WEIL d'autre part, je me suis rendu compte que les superabondances en question n'étaient pas autre chose que les dimensions des groupes de cohomologie $H^q(X, \mathscr{S}(D))$, X désignant la variété projective considérée, et $\mathscr{S}(D)$ désignant le faisceau des germes de fonctions méromorphes $\geq -D$. Simultanément (et indépendamment) K. KODAIRA et D. C. SPENCER parvenaient à la même conclusion. Pris de ce point de vue, le théorème de RIEMANN-ROCH est simplement une formule permettant d'exprimer la caractéristique d'Euler-Poincaré de X à coefficients dans le faisceau $\mathscr{S}(D)$ au moyen d'invariants simples du diviseur D:

$$(*) \qquad \sum (-1)^q \dim H^q(X, \mathscr{S}(D)) = \chi(X) - \chi_X(-D),$$

où $\chi(X)$ désigne le genre arithmétique de la variété X, et $\chi_X(-D)$ le genre arithmétique virtuel du diviseur $-D$.

A vrai dire, les résultats déjà connus suggéraient un résultat plus précis, à savoir que le premier membre de la formule (*) peut être exprimé comme un polynôme en D et en les classes canoniques de X. Cela m'a amené à formuler la conjecture plus générale suivante: si V est un espace fibré analytique à fibre vectorielle de base X, et si $\mathscr{S}(V)$ désigne le faisceau de ses germes de sections holomorphes, l'entier $\sum (-1)^q \dim H^q(X, \mathscr{S}(V))$ est égal à un certain polynôme (facile à expliciter) en les classes canoniques de X et celles de V. Cette conjecture est vérifiée pour $\dim X = 1$, d'après des résultats de A. WEIL (1938), et je la démontrai pour $\dim X = 2$. Récemment, F. HIRZEBRUCH en a donné une démonstration générale, qui utilise de façon essentielle les résultats de R. THOM sur les variétés bords auxquels j'ai fait allusion plus haut.

Dans le cas des courbes, la formule (*) ne se réduit à la forme classique du théorème de RIEMANN-ROCH que si l'on utilise la dualité existant entre $H^1(X, \mathscr{S}(D))$ et $H^0(\hat{X}, \mathscr{S}(K-D))$, K désignant le diviseur canonique de X.

J'ai montré dans le mémoire [27] que cette dualité est valable dans un cas beaucoup plus général, celui des variétés analytiques compactes et des faisceaux de germes de sections holomorphes d'espaces fibrés analytiques à fibre vectorielle. Ma démonstration repose essentiellement sur un théorème de P. DOLBEAULT et sur la théorie des courants de G. DE RHAM et L. SCHWARTZ; elle s'applique également aux variétés de STEIN.

Fonctions automorphes. Si X est un domaine de $\mathbf{C}^n$ sur lequel opère un groupe discontinu G, les fonctions automorphes sur X relativement à G peuvent être considérées comme les sections de certains faisceaux portés par la variété quotient X/G. J'ai démontré que ces faisceaux sont des faisceaux cohérents. Si l'on suppose que X est un domaine borné, et que X/G est compact, la variété X/G est une variété algébrique projective, d'après un théorème de H. CARTAN. En lui appliquant les résultats cités plus haut, j'ai pu démontrer dans toute leur généralité des théorèmes dus à M. HERVÉ pour certains domaines particuliers de $\mathbf{C}^2$. J'ai également démontré, par un raisonnement très simple, que le corps des fonctions méromorphes sur une variété analytique compacte a un degré de transcendance inférieur ou égal à la dimension de la variété, conformément à une conjecture de C. L. SIEGEL. Ces résultats n'ont pas encore été publiés, mais ils ont fait l'objet d'exposés au Séminaire H. CARTAN.

Géométrie algébrique abstraite. Dans le mémoire [28], j'ai jeté les bases d'une théorie des faisceaux cohérents applicable aux variétés algébriques définies sur un corps algébriquement clos de caractéristique quelconque, et non plus sur le corps des nombres complexes. J'ai été amené, tout d'abord, à donner un exposé de la théorie des faisceaux qui soit applicable à des espaces non séparés; cela m'a amené à renoncer à la technique des faisceaux «fins», et à définir les groupes de cohomologie à la ČECH, au moyen de recouvrements. J'ai donné également une définition nouvelle des variétés algébriques abstraites, quelque peu différente de la définition originale de A. WEIL, et que je crois plus maniable, tout au moins en ce qui concerne la géométrie birégulière. Dans cette définition, la structure de variété consiste dans la donnée de la topologie de ZARISKI (qui n'est pas séparée) et du faisceau des anneaux locaux. La théorie des variétés affines peut alors se dérouler de façon parallèle à celle des variétés de STEIN, et, à partir de là, on peut étudier les variétés projectives, et démontrer sans difficulté des résultats analogues à ceux que j'avais obtenus dans le cas classique. J'ai montré en outre que les groupes de cohomologie $H^q(X,\mathscr{F})$, où X est une variété projective et $\mathscr{F}$ un faisceau cohérent, peuvent être calculés algébriquement au moyen des foncteurs Ext, introduits récemment en Algèbre par H. CARTAN et S. EILENBERG. Par ce moyen, j'ai pu étendre au cas abstrait le théorème de dualité de [27], en déduire une démonstration simple du lemme d'ENRIQUES-SEVERI, ainsi que la première démonstration générale d'une conjecture de SEVERI [26]. J'ai également obtenu une caractérisation homologique des variétés k-fois de première espèce.

Par contre, je ne suis pas parvenu à étendre au cas abstrait la formule de symétrie $h^{p,q} = h^{q,p}$, bien connue dans le cas classique (où elle résulte du théorème de DOLBEAULT et de la théorie des formes harmoniques). On touche d'ailleurs là à la question des «nombres de Betti» d'une variété abstraite, question soulevée par A. WEIL à propos de ses recherches sur les variétés définies sur un corps fini, et qui reste fort mystérieuse.

Lorsque le corps de base est celui des nombres complexes, il n'est nullement évident que les définitions purement algébriques précédentes conduisent aux mêmes groupes de cohomologie que les définitions basées sur les faisceaux analytiques. C'est toutefois le cas, comme je l'ai montré dans un travail non encore publié. Ce résultat contient comme cas particulier le théorème de CHOW (toute sous-variété analytique de l'espace projectif est algébrique) et le théorème de LEFSCHETZ (sur toute variété projective il existe un diviseur dont la classe d'homologie soit une classe entière de type (1,1) donnée arbitrairement). Il montre en outre que les nombres de BETTI d'une variété projective peuvent être calculés algébriquement, et sont donc invariants par tout automorphisme du corps des complexes, conformément à une conjecture de A. WEIL.

III. Algèbre

Cohomologie des groupes et des algèbres de Lie. La note [6] étudie les relations existant entre la cohomologie d'un groupe discret G, d'un sous-groupe invariant K de G, et du groupe quotient G/K. Guidé par l'analogie avec la situation des espaces fibrés, j'y établis l'existence d'une suite spectrale dont le second terme est $H(G/K, H(K,A))$ et qui aboutit à $H(G,A)$, A désignant le groupe des coefficients. J'ai repris cette question dans le mémoire [17], écrit en collaboration avec G. HOCHSCHILD; nous y donnons deux démonstrations essentiellement différentes du résultat précédent, et nous en indiquons diverses applications, notamment la suivante:

Si $H^r(K,A)=0$ pour $0<r<q$, on a une suite exacte:

$$0 \to H^q(G/K, A^K) \to H^q(G,A) \to H^q(K,A)^{G/K} \to H^{q+1}(G/K, A^K) \to H^{q+1}(G,A).$$

Cette suite exacte s'est révélée utile dans l'application des méthodes cohomologiques à la théorie du corps de classes.

Dans le mémoire [18], également écrit en collaboration avec G. HOCHSCHILD, nous avons développé une théorie analogue pour le cas des algèbres de Lie, continuant la voie ouverte par J.-L. KOSZUL dans sa thèse.

Algèbre commutative. Au cours de mes recherches sur la géométrie algébrique, j'ai obtenu un certain nombre de résultats purement algébriques, que j'espère publier prochainement:

La théorie des faisceaux sur une variété affine peut être généralisée au cas d'un anneau de HILBERT. Un anneau de HILBERT A est un anneau commutatif, noethérien, dont tout idéal premier est intersection d'idéaux maximaux; son spectre Ω est l'ensemble de ses idéaux maximaux, muni d'une topologie analogue à celle de ZARISKI. Les anneaux locaux $A_{\mathfrak{m}}$, $\mathfrak{m} \in \Omega$, forment un faisceau cohérent d'anneaux $\mathscr{A}$ sur Ω, et les faisceaux cohérents de $\mathscr{A}$-modules correspondent biunivoquement aux A-modules de type fini. Diverses notions géométriques peuvent ainsi être traduites en langage algébrique; par exemple, les espaces fibrés à fibre vectorielle correspondent aux A-modules projectifs. On peut espérer que ces résultats se révèleront utiles lorsque la «géométrie algébrique sur les entiers» sera plus avancée.

Je me suis également intéressé à la théorie des anneaux locaux. Je me suis aperçu que la théorie des syzygies de HILBERT s'applique à tous les anneaux locaux réguliers et que l'on obtient par cette voie une démonstration simple du théorème de COHEN-MACAULAY. Les anneaux locaux réguliers sont d'ailleurs les seuls anneaux locaux dont la dimension homologique soit finie; cette caractérisation m'a permis de démontrer (conformément à une conjecture de ZARISKI) que, si $\mathfrak{p}$ est un idéal premier d'un anneau local régulier A, l'anneau de fractions $A_{\mathfrak{p}}$ est régulier.

J'ai établi une formule qui exprime la multiplicité d'intersection de deux sous-variétés algébriques V et W d'une variété algébrique X à partir des foncteurs Tor de H. CARTAN-S. EILENBERG:

$$i(C; V \cdot W) = \sum (-1)^p \, l(\mathrm{Tor}_p^A(A_V, A_W))$$

(A, A_V et A_W désignant les anneaux locaux de X, V et W en C, et l désignant la longueur). Cette formule a, sur celles proposées par C. CHEVALLEY et P. SAMUEL, l'avantage de s'appliquer sans supposer que V ni W ne soient des intersections complètes en C; elle a malheureusement l'inconvénient de ne s'appliquer que si l'intersection est propre, ce qui est inutile si l'on applique la définition de P. SAMUEL. La question appelle donc de nouvelles recherches.

Liste des travaux

1949

[1] *Extensions de corps ordonnés* (C.R. Acad. Sci. Paris, **229,** p. 576–577).
[2] *Compacité locale des espaces fibrés* (C.R. Acad. Sci. Paris, **229,** p. 1295–1297).

1950

[3] *Trivialité des espaces fibrés. Applications* (C.R. Acad. Sci. Paris, **230,** p. 916–918).
[4] (avec A. BOREL) *Impossibilité de fibrer un espace euclidien par des fibres compactes* (C.R. Acad. Sci. Paris, **230,** p. 2258–2260).
[5] *Sur un théorème de T. Szele* (Acta Sci. Math., **13,** p. 190–191).
[6] *Cohomologie des extensions de groupes* (C.R. Acad. Sci. Paris, **231,** p. 643–646).
[7] *Homologie singulière des espaces fibrés. I. La suite spectrale* (C.R. Acad. Sci. Paris, **231,** p. 1408–1410).

1951

[8] *Homologie singulière des espaces fibrés. II. Les espaces de lacets* (C.R. Acad. Sci. Paris, **232,** p. 31–33).
[9] *Homologie singulière des espaces fibrés. III. Applications homotopiques* (C.R. Acad. Sci. Paris, **232,** p. 142–144).
[10] (avec A. BOREL *Détermination des p-puissances réduites de Steenrod dans la cohomologie des groupes classiques. Applications* (C.R. Acad. Sci. Paris, **233,** p. 680–682).
[11] *Homologie singulière des espaces fibrés. Applications* (Thèse, Paris, et Ann. of Math., **54,** p. 425–505).

1952

[12] (avec H. Cartan) *Espaces fibrés et groupes d'homotopie. I. Constructions générales* (C.R. Acad. Sci. Paris, **234**, p. 288–290).
[13] (avec H. Cartan) *Espaces fibrés et groupes d'homotopie. II. Applications* (C.R. Acad. Sci. Paris, **234**, p. 393–395).
[14] *Sur les groupes d'Eilenberg-MacLane* (C.R. Acad. Sci. Paris, **234**, p. 1243–1245).
[15] *Sur la suspension de Freudenthal* (C.R. Acad. Sci. Paris, **234**, p. 1340–1342).
[16] *Le cinquième problème de Hilbert. Etat de la question en 1951* (Bull. Soc. Math. Fr., **80**, p. 1–10.

1953

[17] (avec G. Hochschild) *Cohomology of group extensions* (Trans. Amer. Math. Soc., **74**, p. 110–134).
[18] (avec G. Hochschild) *Cohomology of Lie algebras* (Ann. of Math., **57**, p. 591–603).
[19] (avec A. Borel) *Sur certains sous-groupes des groupes de Lie compacts* (Comm. Math. Helv., **27**, p. 128–139).
[20] (avec A. Borel) *Groupes de Lie et puissances réduites de Steenrod* (Amer. J. of Math., **75**, p. 409–448).
[21] *Cohomologie modulo 2 des complexes d'Eilenberg-MacLane* (Comm. Math. Helv., **27**, p. 198–232).
[22] *Groupes d'homotopie et classes de groupes abéliens* (Ann. of Math., **58**, p. 258–294).
[23] *Quelques calculs de groupes d'homotopie* (C.R. Acad. Sci. Paris, **236**, p. 2475–2477).
[24] (avec H. Cartan) *Un théorème de finitude concernant les variétés analytiques compactes* (C.R. Acad. Sci. Paris, **237**, p. 128–130).
[25] *Quelques problèmes globaux relatifs aux variétés de Stein* (Colloque de Bruxelles, p. 57–68).

1954

[26] *Cohomologie et géométrie algébrique* (Congrès d'Amsterdam, t. **3**, p. 515–520).

1955

[27] *Un théorème de dualité* (Comm. Math. Helv., **29**, p. 9–26).
[28] *Faisceaux algébriques cohérents* (Ann. of Math., **61**, p. 197–278).
[29] *Une propriété topologique des domaines de Runge* (Proc. Am. Math. Soc., **6**, p. 133–134).

32.

Géométrie algébrique et géométrie analytique

Ann. Inst. Fourier **6** (1956), 1–42

INTRODUCTION

Soit X une variété algébrique projective, définie sur le corps des nombres complexes. L'étude de X peut être entreprise de deux points de vue : le point de vue *algébrique*, dans lequel on s'intéresse aux anneaux locaux des points de X, aux applications rationnelles, ou régulières, de X dans d'autres variétés, et le point de vue *analytique* (parfois appelé « transcendant ») dans lequel c'est la notion de fonction holomorphe sur X qui joue le principal rôle. On sait que ce second point de vue s'est révélé particulièrement fécond lorsque X est non singulière, cette hypothèse permettant de lui appliquer toutes les ressources de la théorie des variétés kählériennes (formes harmoniques, courants, cobordisme, etc.)

Dans de nombreuses questions, les deux points de vue conduisent à des résultats essentiellement équivalents, bien que par des méthodes très différentes. Par exemple, on sait que les formes différentielles holomorphes en tout point de X ne sont pas autre chose que les formes différentielles rationnelles qui sont partout « de première espèce » (la variété X étant encore supposée non singulière); le théorème de Chow, d'après lequel tout sous-espace analytique fermé de X est une variété algébrique, est un autre exemple du même type.

Le but principal du présent mémoire est d'étendre cette équivalence aux *faisceaux cohérents*; de façon précise, nous montrons que faisceaux algébriques cohérents et faisceaux analytiques cohérents se correspondent biunivoquement, et que la correspondance entre ces deux catégories de faisceaux laisse invariants les groupes de cohomologie (voir n° 12 pour les énoncés); nous indiquons diverses applications de ces résultats, notamment à la comparaison entre espaces fibrés algébriques et espaces fibrés analytiques.

Les deux premiers paragraphes sont préliminaires. Au § 1 nous rappelons la définition et les principales propriétés des « espaces analytiques ». La définition que nous avons adoptée est celle proposée par H. Cartan dans [3], à cela près que H. Cartan se bornait aux variétés *normales*, restriction inutile pour notre objet; une définition très voisine a été utilisée par W-L. Chow dans ses travaux, encore inédits, sur ce sujet. Dans le § 2, nous montrons comment l'on peut munir toute variété algébrique X d'une structure d'espace analytique, et nous en donnons diverses propriétés élémentaires. La plus importante est sans doute le fait que, si $\mathcal{O}_x$ (resp. $\mathcal{H}_x$) désigne l'anneau local (resp. l'anneau des germes de fonctions holomorphes) de X au point x, les anneaux $\mathcal{O}_x$ et $\mathcal{H}_x$ ont même complété, et, de ce fait, forment un « couple plat », au sens de l'Annexe, déf. 4.

Le § 3 contient les démonstrations des théorèmes sur les faisceaux cohérents auxquels nous avons fait allusion plus haut. Ces démonstrations reposent principalement, d'une part sur la théorie des faisceaux algébriques cohérents développée dans [18], et d'autre part sur les théorèmes A et B de [3], exp. XVIII-XIX; pour être complets, nous avons reproduit les démonstrations de ces théorèmes.

Le § 4 est consacré aux applications (¹): invariance des nombres de Betti par automorphisme du corps des complexes, théorème de Chow, comparaison des espaces fibrés algébriques et analytiques de groupe structural un groupe algébrique donné. Nos résultats sur cette dernière question sont d'ailleurs fort incomplets : de tous les groupes semi-simples, nous ne savons traiter que le groupe linéaire unimodulaire, et le groupe symplectique.

(¹) Nous avons laissé de côté les applications aux fonctions automorphes, pour lesquelles nous renvoyons à [3], exp. XX.

Enfin, nous avons eu besoin d'un certain nombre de résultats sur les anneaux locaux qui ne se trouvent pas explicitement dans la littérature; nous les avons groupés dans une Annexe.

§ 1. — Espaces analytiques.

1. Sous-ensembles analytiques de l'espace affine.

Soit n un entier $\geqslant 0$, et soit $\mathbf{C}^n$ l'espace numérique complexe de dimension n, muni de la topologie usuelle. Si U est un sous-ensemble de $\mathbf{C}^n$, on dit que U est *analytique* si, pour tout $x \in$U, il existe des fonctions $f_1, \ldots, f_k$, holomorphes dans un voisinage W de x, et telles que $U \cap W$ soit identique à l'ensemble des points $z \in$W vérifiant les équations $f_i(z) = 0$, $i = 1, \ldots, k$. Le sous-ensemble U est alors localement fermé dans $\mathbf{C}^n$ (c'est-à-dire intersection d'un ouvert et d'un fermé), donc localement compact lorsqu'on le munit de la topologie induite par celle de $\mathbf{C}^n$.

Nous allons maintenant munir l'espace topologique U d'un faisceau. Si X est un espace quelconque, nous noterons $\mathcal{C}(X)$ le faisceau des germes de fonctions sur X, à valeurs dans $\mathbf{C}$ (cf. [18], n° 3). Si $\mathcal{H}$ désigne le faisceau des germes de fonctions holomorphes sur $\mathbf{C}^n$, le faisceau $\mathcal{H}$ est un sous-faisceau de $\mathcal{C}(\mathbf{C}^n)$. Soit alors x un point de U; on a un homomorphisme de restriction

$$\varepsilon_x : \quad \mathcal{C}(\mathbf{C}^n)_x \to \mathcal{C}(U)_x.$$

L'image de $\mathcal{H}_x$ par ε_x est un sous-anneau $\mathcal{H}_{x,U}$ de $\mathcal{C}(U)_x$; les $\mathcal{H}_{x,U}$ forment un sous-faisceau $\mathcal{H}_U$ de $\mathcal{C}(U)$, que nous appellerons le *faisceau des germes de fonctions holomorphes sur* U; c'est un faisceau d'anneaux. Nous noterons $\mathcal{I}_x(U)$ le noyau de $\varepsilon_x : \mathcal{H}_x \to \mathcal{H}_{x,U}$; vu la définition de $\mathcal{H}_{x,U}$, c'est l'ensemble des $f \in \mathcal{H}_x$ dont la restriction à U est nulle dans un voisinage de x; nous identifierons fréquemment $\mathcal{H}_{x,U}$ à l'anneau quotient $\mathcal{H}_x/\mathcal{I}_x(U)$.

Puisque nous avons une topologie et un faisceau de fonctions sur U, nous pouvons définir la notion d'*application holomorphe* (cf. [3], exp. VI ainsi que [18], n° 32) :

Soient U et V deux sous-ensembles analytiques de $\mathbf{C}^r$ et de $\mathbf{C}^s$, respectivement. Une application $\varphi : U \to V$ sera dite holomorphe si elle est continue, et si $f \in \mathcal{H}_{\varphi(x),V}$ entraîne $f \circ \varphi \in \mathcal{H}_{x,U}$.

Il revient au même de dire que les s coordonnées de $\varphi(x)$, $x \in U$, sont des fonctions holomorphes de x, autrement dit des sections de $\mathcal{H}_U$.

La composée de deux applications holomorphes est holomorphe. Une bijection $\varphi : U \to V$ est appelée un *isomorphisme analytique* (ou simplement un isomorphisme) si φ et φ^{-1} sont holomorphes; cela équivaut à dire que φ est un homéomorphisme de U sur V qui transforme le faisceau $\mathcal{H}_U$ en le faisceau $\mathcal{H}_V$.

Si U et U′ sont deux sous-ensembles analytiques de $\mathbf{C}^r$ et de $\mathbf{C}^{r'}$, le produit $U \times U'$ est un sous-ensemble analytique de $\mathbf{C}^{r+r'}$. Les propriétés énoncées dans [18], n° 33 sont valables, en remplaçant partout sous-ensemble localement fermé par sous-ensemble analytique, et application régulière par application holomorphe; en particulier, si $\varphi : U \to V$ et $\varphi' : U' \to V'$ sont des isomorphismes analytiques, il en est de même de

$$\varphi \times \varphi' : \quad U \times U' \to V \times V'.$$

Toutefois, à la différence du cas algébrique, la topologie de $U \times U'$ est identique à la topologie produit des topologies de U et de U′.

2. La notion d'espace analytique.

Définition 1. — *On appelle espace analytique un ensemble* X *muni d'une topologie et d'un sous-faisceau* $\mathcal{H}_X$ *du faisceau* $\mathcal{C}(X)$, *ces données étant assujetties à vérifier les axiomes suivants* :

(H_I). *Il existe un recouvrement ouvert* $\{V_i\}$ *de l'espace* X, *tel que chaque* V_i, *muni de la topologie et du faisceau induits par ceux de* X, *soit isomorphe à un sous-ensemble analytique* U_i *d'un espace affine, muni de la topologie et du faisceau définis au* n° 1.

(H_{II}). *La topologie de* X *est séparée.*

Les définitions du n° 1, étant de caractère local, se transportent aux espaces analytiques. Ainsi, si X est un espace analytique, le faisceau $\mathcal{H}_X$ sera appelé le faisceau des germes de fonctions holomorphes sur X; si X et Y sont deux espaces analytiques, une application $\varphi : X \to Y$ sera dite holomorphe si elle continue, et si $f \in \mathcal{H}_{\varphi(x), Y}$ entraîne $f \circ \varphi \in \mathcal{H}_{x, X}$; ces applications forment une famille de *morphismes* (au sens de N. Bourbaki) pour la structure d'espace analytique.

Si V est un sous-ensemble ouvert d'un espace analytique X, nous appellerons *carte* de V tout isomorphisme analytique de V sur un sous-ensemble analytique U d'un espace affine. L'axiome (H_1) signifie qu'il est possible de recouvrir X par des ouverts possédant des cartes. Si Y est un sous-ensemble de X, nous dirons que Y est analytique si, pour toute carte $\varphi: V \to U$, l'image $\varphi(Y \cap V)$ est un sous-ensemble analytique de U. S'il en est ainsi, Y est localement fermé dans X, et peut être muni de façon naturelle d'une structure d'espace analytique, dite *induite* par celle de X (cf. [18], n° 35 pour le cas algébrique). De même, soient X et X′ deux espaces analytiques; il existe alors sur $X \times X'$ une structure d'espace analytique et une seule telle que, si $\varphi: V \to U$ et $\varphi': V' \to U'$ sont des cartes, $\varphi \times \varphi': V \times V' \to U \times U'$ soit une carte de $V \times V'$; muni de cette structure, $X \times X'$ est appelé le *produit* des espaces analytiques X et X′; on observera que la topologie de $X \times X'$ coïncide avec la topologie produit des topologies de X et de X′.

Nous laissons au lecteur le soin de transposer aux espaces analytiques les autres résultats de [18], n°s 34-35.

3. Faisceaux analytiques.

La définition des faisceaux analytiques donnée dans [2], exp. XV s'étend d'elle-même au cas d'un espace analytique X : un faisceau analytique $\mathcal{F}$ est simplement un faisceau de modules sur le faisceau d'anneaux $\mathcal{H}_X$, autrement dit, un faisceau de $\mathcal{H}_X$-modules (cf. [18], n° 6).

Soit Y un sous-ensemble analytique fermé de X; pour tout $x \in X$, soit $\mathcal{A}_x(Y)$ l'ensemble des $f \in \mathcal{H}_{x, X}$ dont la restriction à Y est nulle au voisinage de x. Les $\mathcal{A}_x(Y)$ forment un faisceau d'idéaux $\mathcal{A}(Y)$ du faisceau $\mathcal{H}_X$; le faisceau $\mathcal{A}(Y)$ est donc un faisceau analytique. Le faisceau quotient $\mathcal{H}_X/\mathcal{A}(Y)$ est nul en dehors de Y, et sa restriction à Y n'est autre que $\mathcal{H}_Y$, par définition même de la structure induite; on pourra donc l'identifier à $\mathcal{H}_Y$, cf. [18], n° 5.

Proposition 1. — a) *Le faisceau $\mathcal{H}_X$ est un faisceau cohérent d'anneaux* ([18], n° 15).

b) *Si* Y *est un sous-espace analytique fermé de* X, *le faisceau* $\mathcal{A}(Y)$ *est un faisceau analytique cohérent* (*c'est-à-dire un faisceau cohérent de $\mathcal{H}_X$-modules, au sens de* [18], n° 12).

Dans le cas où X est un ouvert de $\mathbf{C}^n$, ces résultats sont dus à K. Oka et H. Cartan cf. [1], ths. 1 et 2 ainsi que [2], exp. XV-XVI. Le cas général se ramène immédiatement à celui-là; en effet, la question étant locale, on peut supposer que X est un sous-ensemble analytique fermé d'un ouvert U de $\mathbf{C}^n$; on a $\mathcal{H}_X = \mathcal{H}_U/\mathcal{A}(X)$, et, d'après ce qui précède, $\mathcal{H}_U$ est un faisceau cohérent d'anneaux, et $\mathcal{A}(X)$ est un faisceau cohérent d'idéaux de $\mathcal{H}_U$; il en résulte bien que $\mathcal{H}_U$ est cohérent, cf. [18], n° 16. L'assertion *b*) se démontre de la même manière.

Comme autres exemples de faisceaux analytiques cohérents, signalons les faisceaux de germes de sections d'espaces fibrés à fibre vectorielle (cf. n° 20), et les faisceaux de germes de fonctions automorphes ([3], exp. XX).

4. Voisinage d'un point dans un espace analytique.

Soient X un espace analytique, x un point de X, et $\mathcal{H}_x$ l'anneau des germes de fonctions holomorphes sur X au point x; cet anneau est une algèbre sur $\mathbf{C}$, admettant pour unique idéal maximal l'idéal $\mathfrak{m}$ formé des fonctions f nulles en x, et le corps $\mathcal{H}_x/\mathfrak{m}$ n'est autre que $\mathbf{C}$; autrement dit, $\mathcal{H}_x$ est une *algèbre locale* sur $\mathbf{C}$. Lorsque $X = \mathbf{C}^n$, l'algèbre $\mathcal{H}_x$ n'est autre que l'algèbre $\mathbf{C}\{z_1, \ldots, z_n\}$ des séries convergentes à n variables; dans le cas général, $\mathcal{H}_x$ est isomorphe à une algèbre quotient $\mathbf{C}\{z_1, \ldots, z_n\}/\mathfrak{a}$, puisque X est localement isomorphe à un sous-espace analytique de $\mathbf{C}^n$; il en résulte que $\mathcal{H}_x$ est un *anneau noethérien*; c'est de plus un anneau *analytique*, au sens de H. Cartan ([3], exp. VII).

On voit facilement que la connaissance de $\mathcal{H}_x$ détermine X au voisinage de x ([3], *loc. cit.*). En particulier, pour que X soit isomorphe à $\mathbf{C}^n$ au voisinage de x, il faut et il suffit que l'algèbre $\mathcal{H}_x$ soit isomorphe à $\mathbf{C}\{z_1, \ldots, z_n\}$; on voit aisément que cette condition équivaut à dire que $\mathcal{H}_x$ est un anneau local *régulier* de dimension n (pour tout ce qui concerne les anneaux locaux, cf. [16]). Le point x est alors appelé un point *simple* de dimension n sur X; si tous les points de X sont simples, X est appelé une *variété* analytique.

Revenons au cas général; l'anneau $\mathcal{H}_x$ n'ayant pas d'autre élément nilpotent que 0, il en résulte (cf. [15], chap. IV, § 2) que l'on a :

$$0 = \bigcap \mathfrak{p}_i,$$

les $\mathfrak{p}_i$ désignant les idéaux premiers minimaux de $\mathcal{H}_x$. Si l'on note X_i les composantes irréductibles de X en x, on a $\mathfrak{p}_i = \mathcal{A}_x(X_i)$ et $\mathcal{H}_x/\mathfrak{p}_i = \mathcal{H}_{x, X_i}$. Ceci ramène essentiellement l'étude locale de X à celle des X_i; par exemple, la *dimension* (analytique — c'est-à-dire la moitié de la dimension topologique) de X en x est la borne supérieure des dimensions des X_i. On observera que cette dimension *coïncide* avec la dimension (au sens de Krull) de l'anneau local $\mathcal{H}_x$; en effet, il suffit de le vérifier lorsque X est irréductible en x, c'est-à-dire lorsque $\mathcal{H}_x$ est un anneau d'intégrité; dans ce cas, si l'on note r la dimension analytique de X en x, on sait (cf. [14], § 4 ainsi que [3], exp. VIII) que $\mathcal{H}_x$ est une extension finie de $\mathbf{C}\{z_1, \ldots, z_r\}$; comme $\mathbf{C}\{z_1, \ldots, z_r\}$ a pour complété l'algèbre de séries formelles $\mathbf{C}[[z_1, \ldots, z_r]]$, sa dimension est r, et il en est alors de même de $\mathcal{H}_x$, d'après [16], p. 18, ce qui démontre notre assertion.

§ 2. — Espace analytique associé à une variété algébrique.

Dans ce qui suit, nous aurons à considérer des variétés algébriques sur le corps $\mathbf{C}$. Une telle variété sera munie de deux topologies : la topologie « usuelle », et la topologie « de Zariski ». Pour éviter les confusions, nous ferons précéder de la lettre Z les notions relatives à cette dernière topologie; par exemple, « Z-ouvert » signifiera « ouvert pour la topologie de Zariski ».

5. Définition de l'espace analytique associé à une variété algébrique.

La possibilité de munir toute variété algébrique d'une structure d'espace analytique résulte du lemme suivant :

Lemme 1. — a) *La Z-topologie de* $\mathbf{C}^n$ *est moins fine que la topologie usuelle.*

b) *Tout sous-ensemble Z-localement fermé de* $\mathbf{C}^n$ *est analytique.*

c) *Si* U *et* U′ *sont deux sous-ensembles Z-localement fermés de* $\mathbf{C}^n$ *et de* $\mathbf{C}^{n'}$, *et si* f: U → U′ *est une application régulière, alors* f *est holomorphe.*

d) *Dans les hypothèses de* c), *si l'on suppose en outre que* f *est un isomorphisme birégulier, c'est aussi un isomorphisme analytique.*

Par définition, un sous-ensemble Z-fermé de $\mathbf{C}^n$ est défini par l'annulation d'un certain nombre de polynômes; comme un polynôme est continu pour la topologie usuelle (resp. holomorphe), on en déduit bien *a*) (resp. *b*)). Pour démontrer *c*), on peut supposer que $U' = \mathbf{C}$; on doit alors montrer que toute fonction régulière sur U est holomorphe, ce qui résulte encore du fait qu'un polynôme est une fonction holomorphe. Enfin, *d*) est conséquence immédiate de *c*) appliqué à f^{-1}.

Soit maintenant X une variété algébrique sur le corps $\mathbf{C}$ (au sens de [18], nº 34, donc non nécessairement irréductible). Soit V un sous-ensemble Z-ouvert de X, possédant une carte (algébrique)

$$\varphi: \ V \rightarrow U,$$

sur un sous-ensemble Z-localement fermé U d'un espace affine. D'après le lemme 1, *b*), U peut être muni d'une structure d'espace analytique.

Proposition 2. — *Il existe sur* X *une structure d'espace analytique et une seule telle que, pour toute carte* $\varphi: V \rightarrow U$, *l'ensemble* Z-*ouvert* V *soit ouvert, et* φ *soit un isomorphisme analytique de* V (*muni de la structure analytique induite par celle de* X) *sur* U (*muni de la structure analytique définie au* nº 1).

(Plus brièvement : toute carte algébrique doit être une carte analytique).

L'unicité est évidente, puisque l'on peut recouvrir X par des ensembles Z-ouverts V possédant des cartes. Pour prouver l'existence, soit $\varphi: V \rightarrow U$ une carte, et transportons à V la structure analytique de U au moyen de φ^{-1}. Si $\varphi': V' : \rightarrow U'$ est une autre carte, les structures analytiques induites sur $V \cap V'$ par V et par V' sont les mêmes, en vertu du lemme 1, *d*); de plus $V \cap V'$ est ouvert à la fois dans V et dans V', en vertu du lemme 1, *a*). Par recollement, on obtient ainsi sur X une topologie et un faisceau $\mathcal{H}_X$ qui vérifient visiblement l'axiome (H_I). Pour vérifier (H_{II}) nous utiliserons l'axiome (VA'_{II}) de [18], nº 34; avec les notations de cet axiome, les graphes T_{ij} des relations d'identification entre deux U_i et U_j sont Z-fermés dans $U_i \times U_j$, donc *a fortiori* fermés, ce qui signifie bien que X est séparé.

Remarque. — On peut donner une définition directe de la structure analytique de X, sans passer par les cartes $\varphi: V \rightarrow U$.

On définit la topologie comme la moins fine rendant continues les fonctions régulières sur les sous-ensembles Z-ouverts de X, et l'on définit $\mathcal{H}_{x,\mathrm{X}}$ comme le sous-anneau analytique de $\mathcal{C}(\mathrm{X})_x$ engendré par $\mathcal{O}_{x,\mathrm{X}}$ (au sens de [3], exp. VIII). Nous laissons au lecteur le soin de vérifier l'équivalence des deux définitions.

Dans la suite, nous noterons X^h l'ensemble X muni de la structure d'espace analytique qui vient d'être définie. La topologie de X^h est *plus fine* que la topologie de X; comme X^h peut être recouvert par un nombre fini d'ouverts possédant des cartes, X^h est un espace localement compact *dénombrable à l'infini.*

Les propriétés suivantes résultent immédiatement de la définition de X^h:

Si X et Y sont deux variétés algébriques, on a $(\mathrm{X}\times\mathrm{Y})^h=\mathrm{X}^h\times\mathrm{Y}^h$. Si Y est un sous-ensemble Z-localement fermé dans X, alors Y^h est un sous-ensemble analytique de X^h; de plus, la structure analytique de Y^h coïncide avec la structure analytique induite sur Y par X^h. Enfin, si $f\colon \mathrm{X}\to\mathrm{Y}$ est une application régulière d'une variété algébrique X dans une variété algébrique Y, f est aussi une application holomorphe de X^h dans Y^h.

6. Relations entre l'anneau local d'un point et l'anneau des fonctions holomorphes en ce point.

Soit X une variété algébrique, et soit x un point de X. Nous nous proposons de comparer l'anneau local $\mathcal{O}_x$ des fonctions régulières sur X au point x avec l'anneau local $\mathcal{H}_x$ des fonctions holomorphes sur X^h au voisinage de x.

Comme toute fonction régulière est holomorphe, toute fonction $f\in\mathcal{O}_x$ définit un germe de fonction holomorphe en x, que nous désignerons par $\theta(f)$. L'application $\theta\colon \mathcal{O}_x\to\mathcal{H}_x$ est un homomorphisme, et applique l'idéal maximal de $\mathcal{O}_x$ dans celui de $\mathcal{H}_x$; elle se prolonge donc par continuité en un homomorphisme $\hat{\theta}\colon \hat{\mathcal{O}}_x\to\hat{\mathcal{H}}_x$ du complété de $\mathcal{O}_x$ dans celui de $\mathcal{H}_x$ (cf. Annexe, n° 24).

Proposition 3. — *L'homomorphisme* $\hat{\theta}\colon \hat{\mathcal{O}}_x\to\hat{\mathcal{H}}_x$ *est bijectif.*

Nous démontrerons la proposition précédente en même temps qu'un autre résultat:

Soit Y un sous-ensemble Z-localement fermé de X, et soit $\mathfrak{I}_x(\mathrm{Y})$ (ou $\mathfrak{I}_x(\mathrm{Y},\mathrm{X})$ lorsque l'on veut préciser X) l'idéal de $\mathcal{O}_x$

formé des fonctions f dont la restriction à Y est nulle, dans un Z-voisinage de x (cf. [18], n° 39). L'image de $\mathfrak{J}_x(Y)$ par θ est évidemment contenue dans l'idéal $\mathcal{A}_x(Y)$ de $\mathcal{H}_x$ défini au n° 3.

Proposition 4. — *L'idéal* $\mathcal{A}_x(Y)$ *est engendré par* $\theta(\mathfrak{J}_x(Y))$.

Nous démontrerons d'abord les propositions 3 et 4 dans le cas particulier où X est l'espace affine $\mathbf{C}^n$. La proposition 3 est alors triviale, car $\hat{\mathcal{O}}_x$ et $\hat{\mathcal{H}}_x$ ne sont autres que l'algèbre $\mathbf{C}[[z_1, \ldots, z_n]]$ des séries formelles en n indéterminées. Passons à la proposition 4; soit $\mathfrak{a}$ l'idéal de $\mathcal{H}_x$ engendré par $\mathfrak{J}_x(Y)$ (l'anneau $\mathcal{O}_x$ étant identifié à un sous-anneau de $\mathcal{H}_x$ au moyen de θ). Tout idéal de $\mathcal{H}_x$ définit un germe de sous-ensemble analytique de X en x, cf. [1], n° 3 ou [3], exp. VI, p. 6; il est clair que le germe défini par $\mathfrak{a}$ n'est autre que Y. Soit alors f un élément de $\mathcal{A}_x(Y)$; en vertu du « théorème des zéros » (qui est valable pour les idéaux de $\mathcal{H}_x$, cf. [14], p. 278, ainsi que [2], exp. XIV, p. 3 et [3], exp. VIII, p. 9) il existe un entier $r \geqslant 0$ tel que $f^r \in \mathfrak{a}$. *A fortiori*, on aura

$$f^r \in \mathfrak{a}.\hat{\mathcal{H}}_x = \mathfrak{J}_x(Y).\hat{\mathcal{H}}_x = \mathfrak{J}_x(Y).\hat{\mathcal{O}}_x.$$

Mais l'idéal $\mathfrak{J}_x(Y)$ est intersection d'idéaux premiers, qui correspondent aux composantes irréductibles de Y passant par x. D'après un théorème de Chevalley (cf. [16], p. 40 ainsi que [17], p. 67), il en est donc de même de l'idéal $\mathfrak{J}_x(Y).\hat{\mathcal{O}}_x$, et la relation $f^r \in \mathfrak{J}_x(Y).\hat{\mathcal{O}}_x$ entraîne donc $f \in \mathfrak{J}_x(Y).\hat{\mathcal{O}}_x$. Puisque $\mathcal{H}_x$ est un anneau local noethérien, on a $\mathfrak{a}.\hat{\mathcal{H}}_x \cap \mathcal{H}_x = \mathfrak{a}$ (cf. [15], Chap. IV, ou Annexe, prop. 27); on a donc $f \in \mathfrak{a}$, ce qui démontre la proposition 4 dans le cas considéré.

Passons au cas général. La question étant locale, on peut supposer que X est une sous-variété d'un espace affine que nous désignerons par U. Par définition, on a :

$$\mathcal{O}_x = \mathcal{O}_{x,\mathrm{U}}/\mathfrak{J}_x(X, U) \quad \text{et} \quad \mathcal{H}_x = \mathcal{H}_{x,\mathrm{U}}/\mathcal{A}_x(X, U).$$

L'application $\theta : \mathcal{O}_x \to \mathcal{H}_x$ est obtenue par passage au quotient à partir de l'application $\theta : \mathcal{O}_{x,\mathrm{U}} \to \mathcal{H}_{x,\mathrm{U}}$, et, d'après ce qui précède, nous savons que $\hat{\theta} : \hat{\mathcal{O}}_{x,\mathrm{U}} \to \hat{\mathcal{H}}_{x,\mathrm{U}}$ est bijectif, et que $\mathcal{A}_x(X, U) = \theta(\mathfrak{J}_x(X, U)).\mathcal{H}_{x,\mathrm{U}}$. La proposition 3 en résulte immédiatement, en appliquant la proposition 29 de l'Annexe. Quant à la proposition 4, elle résulte de ce que $\mathcal{A}_x(Y)$ est l'image canonique de l'idéal $\mathcal{A}_x(Y, U)$, lequel est engendré par $\theta(\mathfrak{I}_x(Y, U))$, d'après ce qui précède.

La proposition 3 montre en particulier que $\theta : \mathcal{O}_x \to \mathcal{H}_x$ est *injectif* ce qui nous permettra d'identifier $\mathcal{O}_x$ au sous-anneau $\theta(\mathcal{O}_x)$ de $\mathcal{H}_x$. Compte tenu de cette identification, on a :

Corollaire 1. — *Le couple d'anneaux* $(\mathcal{O}_x, \mathcal{H}_x)$ *est un couple plat (au sens de l'Annexe, déf. 4).*

C'est une conséquence immédiate de la proposition 3 et de la proposition 28 de l'Annexe.

Corollaire 2. — *Les anneaux* $\mathcal{O}_x$ *et* $\mathcal{H}_x$ *ont même dimension.*

En effet, on sait que la dimension d'un anneau local noethérien est égale à celle de son complété (cf. [16], p. 26).

Compte tenu des résultats énoncés au n° 4, on obtient le résultat suivant (où nous supposons X irréductible pour simplifier l'énoncé) :

Corollaire 3. — *Si* X *est une variété algébrique irréductible de dimension r, l'espace analytique* X^h *est de dimension analytique r en chacun de ses points.*

7. Relations entre la topologie usuelle et la topologie de Zariski d'une variété algébrique.

Proposition 5. — *Soient* X *une variété algébrique, et* U *une partie de* X. *Si* U *est* Z*-ouverte et* Z*-dense dans* X, *alors* U *est dense dans* X.

Soit Y le complémentaire de U dans X; c'est une partie Z-fermée de X. Soit x un point de X; si x n'était pas adhérent à U, on aurait $Y = X$ au voisinage de x, d'où $\mathcal{A}_x(Y) = 0$, avec les notations du n° 6. Comme $\mathcal{A}_x(Y)$ contient $\theta(\mathfrak{I}_x(Y))$, et que θ est injectif (prop. 3), on aurait alors $\mathfrak{I}_x(Y) = 0$, ce qui signifierait que $Y = X$ dans un Z-voisinage de X, contrairement à l'hypothèse que U est Z-dense dans X, cqfd.

Remarque. — On voit facilement que la proposition 5 *équivaut* au fait que $\theta : \mathcal{O}_x \to \mathcal{H}_x$ est injectif, fait beaucoup plus élémentaire que la proposition 3, et que l'on peut, par exemple, démontrer par réduction au cas d'une courbe.

Nous allons maintenant donner deux applications simples de la proposition 5.

PROPOSITION 6. — *Pour qu'une variété algébrique* X *soit complète, il faut et il suffit qu'elle soit compacte.*

Rappelons d'abord un résultat de CHOW (cf. [7], ainsi que [19], nº 4) : pour toute variété algébrique X, il existe une variété projective Y, une partie U de Y, Z-ouverte et Z-dense dans Y, et une application régulière surjective f: U $\to$ X dont le graphe T soit Z-fermé dans X $\times$ Y. On a U $=$ Y si et seulement si X est complète.

Ceci étant, supposons d'abord X complète; on a alors X $= f$(Y), et, comme toute variété projective est compacte pour la topologie usuelle, on en conclut bien que X est compacte. Réciproquement, supposons X compacte; il en est alors de même de T qui est fermé dans X $\times$ Y, donc de U puisque c'est la projection de T dans Y; ainsi, U est fermé dans Y, et la proposition 5 montre que U $=$ Y, ce qui achève la démonstration.

Le lemme suivant est essentiellement dû à CHEVALLEY:

LEMME 2. — *Soit* f: X $\to$ Y *une application régulière d'une variété algébrique* X *dans une variété algébrique* Y, *et supposons que* f(X) *soit* Z*-dense dans* Y. *Il existe alors une partie* U $\subset f$(X) *qui est* Z*-ouverte et* Z*-dense dans* Y.

Lorsque X et Y sont irréductibles, ce résultat est bien connu, cf. [4], exp. 3 ou [17], p. 15, par exemple. Nous allons ramener le cas général à celui-là : soient X_i, $i \in$ I, les composantes irréductibles de X, et soit Y_i la Z-adhérence de $f(X_i)$ dans Y; les Y_i sont irréductibles, et l'on a Y $= \bigcup Y_i$; il existe donc J $\subset$ I tel que les Y_j, $j \in$ J, soient les composantes irréductibles de Y. D'après le résultat rappelé au début, pour tout $j \in$ J, il existe une partie $U_j \subset f(X_j)$ qui est Z-ouverte et Z-dense dans Y_j; quitte à restreindre U_j, on peut en outre supposer que U_j ne rencontre aucun des Y_k, $k \in$ J, $k \neq j$. En posant alors $U = \bigcup_{j \in J} U_j$, on obtient un sous-ensemble de Y qui jouit de toutes les propriétés requises.

PROPOSITION 7. — *Si* f: X $\to$ Y *est une application régulière d'une variété algébrique* X *dans une variété algébrique* Y, *l'adhérence et la* Z*-adhérence de* f(X) *dans* Y *coïncident.*

Soit T la Z-adhérence de f(X) dans Y. En appliquant le lemme 2 à f: X $\to$ T, on voit qu'il existe une partie U $\subset f$(X) qui est Z-ouverte et Z-dense dans T. D'après la proposition 5, U est donc dense dans T, et il en est *a fortiori* de même de $f(X)$; ceci montre que T est contenu dans l'adhérence de $f(X)$; comme l'inclusion opposée est évidente, ceci achève la démonstration.

8. Un critère analytique de régularité.

On sait que toute application régulière est holomorphe. La proposition suivante (que nous complèterons d'ailleurs au n° 19) indique dans quel cas la réciproque est vraie.

Proposition 8. — *Soient* X *et* Y *deux variétés algébriques, et soit* $f: X \to Y$ *une application holomorphe de* X *dans* Y. *Si le graphe* T *de* f *est un sous-ensemble* Z*-localement fermé* (*i.e. une sous-variété algébrique*) *de* $X \times Y$, *l'application* f *est régulière.*

Soit $p = pr_X$ la projection canonique de T sur le premier facteur X de $X \times Y$; l'application p est régulière, bijective, et son application inverse est l'application $x \to (x, f(x))$ qui est holomorphe par hypothèse; donc p est un isomorphisme analytique, et tout revient à montrer que p est un isomorphisme birégulier (puisque l'on a $f = pr_Y \circ p^{-1}$). C'est ce qui résulte de la proposition suivante :

Proposition 9. — *Soient* T *et* X *deux variétés algébriques, et soit* $p: T \to X$ *une application régulière bijective. Si* p *est un isomorphisme analytique de* T *sur* X, *c'est aussi un isomorphisme birégulier.*

Montrons d'abord que p est un homéomorphisme pour les topologies de Zariski de T et de X. Soit F un sous-ensemble Z-fermé de T; puisque p est un isomorphisme analytique, c'est *a fortiori* un homéomorphisme, et $p(F)$ est fermé dans X. En appliquant la proposition 7 à $p: F \to X$, on en conclut que $p(F)$ est Z-fermé dans X, ce qui démontre notre assertion.

Il nous reste maintenant à montrer que p transforme le faisceau $\mathcal{O}_X$ des anneaux locaux de X en le faisceau $\mathcal{O}_T$ des anneaux locaux de T. De façon plus précise, si t est un point de T, et si $x = p(t)$, l'application p définit un homomorphisme

$$p^*: \quad \mathcal{O}_{x, X} \to \mathcal{O}_{t, T},$$

et il nous faut prouver que p^* est bijectif (²).

(²) La démonstration qui suit m'a été communiquée par P. Samuel.

Du fait que p est un Z-homéomorphisme, p^* est injectif, ce qui permet d'identifier $\mathcal{O}_{x,\mathrm{X}}$ à un sous-anneau de $\mathcal{O}_{t,\mathrm{T}}$. Pour simplifier l'écriture, nous poserons $\mathrm{A} = \mathcal{O}_{x,\mathrm{X}}$, $\mathrm{A}' = \mathcal{O}_{t,\mathrm{T}}$, de sorte que l'on a $\mathrm{A} \subset \mathrm{A}'$. De même, nous noterons B (resp. B′) l'anneau $\mathcal{H}_{x,\mathrm{X}}$ (resp. $\mathcal{H}_{t,\mathrm{T}}$), et nous considèrerons A et A′ comme plongés respectivement dans B et B′ (ce qui est licite, en vertu de la proposition 3). L'hypothèse que p est un isomorphisme analytique signifie que $\mathrm{B} = \mathrm{B}'$.

Soient X_i les composantes irréductibles de X passant par x; chaque X_i détermine un idéal premier $\mathfrak{p}_i = \mathfrak{I}_x(\mathrm{X}_i)$ de l'anneau A, et l'anneau local quotient $\mathrm{A}_i = \mathrm{A}/\mathfrak{p}_i$ n'est autre que l'anneau local de x sur X_i; le corps des quotients de A_i, soit K_i, n'est donc pas autre chose que le corps des fonctions rationnelles sur la variété irréductible X_i. Les idéaux $\mathfrak{p}_i$ sont évidemment les idéaux premiers minimaux de l'anneau A, et l'on a $0 = \bigcap \mathfrak{p}_i$. L'ensemble S des éléments de A qui n'appartiennent à aucun des $\mathfrak{p}_i$ est multiplicativement stable (il est facile de voir que c'est l'ensemble des éléments réguliers de A). L'anneau total de fractions A_S est égal au composé direct des corps K_i (cf. lemme 3 ci-après).

Soit $\mathrm{T}_i = p^{-1}(\mathrm{X}_i)$; puisque p est un Z-homéomorphisme, les T_i sont les composantes irréductibles de T passant par t, et définissent des idéaux premiers $\mathfrak{p}'_i$ de A′; on posera encore $\mathrm{A}'_i = \mathrm{A}'/\mathfrak{p}'_i$, et l'on désignera par K'_i le corps des fractions de A'_i; l'anneau total de fractions $\mathrm{A}'_{\mathrm{S}'}$ est égal au composé direct des K′. Notons que $\mathfrak{p}'_i \cap \mathrm{A} = \mathfrak{p}_i$, d'où $\mathrm{A}_i \subset \mathrm{A}'_i$, $\mathrm{K}_i \subset \mathrm{K}'_i$ et $\mathrm{A}_\mathrm{S} \subset \mathrm{A}'_{\mathrm{S}'}$.

Nous allons d'abord montrer que $\mathrm{K}_i = \mathrm{K}'_i$, autrement dit que p définit une correspondance « birationnelle » entre T_i et X_i; puisque $p : \mathrm{T}_i \rightarrow \mathrm{X}_i$ est un Z-homéomorphisme, T_i et X_i ont même dimension, et les corps K_i et K'_i ont même degré de transcendance sur $\mathbf{C}$. Si l'on pose alors $n_i = [\mathrm{K}'_i : \mathrm{K}_i]$, on sait (3) qu'il existe un sous-ensemble Z-ouvert et non vide U_i de X_i tel que l'image réciproque de tout point de U_i se compose d'exactement n_i points de T_i. Comme p est bijectif, ceci montre que $n_i = 1$, et l'on a bien $\mathrm{K}_i = \mathrm{K}'_i$.

Puisque A_S (resp. $\mathrm{A}'_{\mathrm{S}'}$) est composé direct des K_i (resp.

(3) C'est un résultat classique, et facile à démontrer, sur les correspondances. On trouvera dans [17], p. 16 un résultat un peu plus faible, mais suffisant pour l'application que nous en faisons.

des K'_i), il s'ensuit que $A_S = A'_{S'}$. Soit alors $f' \in A'$; vu ce qui précède, on a $f' \in A_S$, autrement dit il existe $g \in A$ et $s \in S$ tels que $g = sf'$. On a donc $g \in sA'$, d'où $g \in sB'$, c'est-à-dire $g \in sB$. Mais, d'après le cor. 1 à la prop. 3, le couple (A, B) est un couple plat, et l'on a donc $sB \cap A = sA$, cf. Annexe, n° 22. On en tire $g \in sA$, autrement dit, il existe $f \in A$ tel que $g = sf$, ou encore $s(f - f') = 0$, et, comme s est non diviseur de zéro dans A', ceci entraîne $f = f'$, c'est-à-dire $A = A'$, cqfd.

Nous avons utilisé en cours de démonstration le résultat suivant, que nous allons maintenant démontrer :

Lemme 3. — *Soit* A *un anneau commutatif, dans lequel l'idéal* 0 *soit intersection d'un nombre fini d'idéaux premiers minimaux distincts* $\mathfrak{p}_i$; *soit* K_i *le corps des fractions de* $A/\mathfrak{p}_i$, *et soit* S *l'ensemble des éléments de* A *qui n'appartiennent à aucun des* $\mathfrak{p}_i$. *L'anneau de fractions* A_S *est alors isomorphe au composé direct des* K_i.

On sait que les idéaux premiers de A_S correspondent biunivoquement à ceux des idéaux premiers de A qui ne rencontrent pas S (cf. [15], chap. IV, § 3, auquel nous renvoyons pour tout ce qui concerne les anneaux de fractions). Il s'ensuit que, si l'on pose $\mathfrak{m}_i = \mathfrak{p}_i A_S$, les $\mathfrak{m}_i$ sont les seuls idéaux premiers de A_S; en particulier, ce sont des idéaux maximaux, évidemment distincts, puisque $\mathfrak{m}_i \cap A = \mathfrak{p}_i$ ([15], *loc. cit.*). De plus, le corps $A_S/\mathfrak{m}_i$ est engendré par $A/\mathfrak{p}_i$, donc coïncide avec K_i. Il reste à montrer que l'homomorphisme canonique

$$\varphi : A_S \rightarrow \prod A_S/\mathfrak{m}_i = \prod K_i$$

est bijectif.

Tout d'abord, la relation $\bigcap \mathfrak{p}_i = 0$ entraîne $\bigcap \mathfrak{m}_i = 0$, ce qui montre que φ est injectif. Désignons alors par $\mathfrak{b}_i$ le produit (dans l'anneau A_S) des idéaux $\mathfrak{m}_j$, $j \neq i$, et posons $\mathfrak{b} = \sum \mathfrak{b}_i$. L'idéal $\mathfrak{b}$ n'est contenu dans aucun des $\mathfrak{m}_i$, donc est identique à A_S, et il existe des éléments $x_i \in \mathfrak{b}_i$ tels que $\sum x_i = 1$. On a :

$$x_i \equiv 1 \pmod{\mathfrak{m}_i} \quad \text{et} \quad x_i \equiv 0 \pmod{\mathfrak{m}_j}, \qquad j \neq i,$$

ce qui montre que $\varphi(A_S)$ contient les éléments (1, 0, ..., 0), ..., (0, ..., 0, 1) de $\prod K_i$. Comme ces éléments engendrent le A_S-module $\prod K_i$, cela montre bien que φ est bijectif, et achève la démonstration.

§ 3. — Correspondance entre faisceaux algébriques et faisceaux analytiques cohérents.

9. Faisceau analytique associé à un faisceau algébrique.

Soit X une variété algébrique, et soit X^h l'espace analytique qui lui est associé par le procédé du n° 5. Si $\mathcal{F}$ est un faisceau quelconque sur X, nous munirons l'ensemble $\mathcal{F}$ d'une nouvelle topologie, qui en fait un faisceau sur X^h; cette topologie est définie de la manière suivante : si $\pi : \mathcal{F} \rightarrow X$ désigne la projection de $\mathcal{F}$ sur X, on plonge $\mathcal{F}$ dans $X^h \times \mathcal{F}$ par l'application $f \rightarrow (\pi(f), f)$, et la topologie en question est celle induite sur $\mathcal{F}$ par celle de $X^h \times \mathcal{F}$. On vérifie tout de suite que l'on a ainsi muni l'ensemble $\mathcal{F}$ d'une structure de faisceau sur X^h, faisceau que nous désignerons par $\mathcal{F}'$. Pour tout $x \in X$, on a donc $\mathcal{F}'_x = \mathcal{F}_x$; les faisceaux $\mathcal{F}$ et $\mathcal{F}'$ ne diffèrent que par leur topologie ($\mathcal{F}'$ n'est pas autre chose que *l'image réciproque* de $\mathcal{F}$ par l'application continue $X^h \rightarrow X$).

Ce qui précède s'applique notamment au faisceau $\mathcal{O}$ des anneaux locaux de X; la prop. 3 du n° 6 nous permet d'identifier le faisceau $\mathcal{O}'$ ainsi obtenu à un sous-faisceau du faisceau $\mathcal{H}$ des germes de fonctions holomorphes sur X^h.

Définition 2. — *Soit $\mathcal{F}$ un faisceau algébrique sur* X. *On appelle faisceau analytique associé à $\mathcal{F}$, le faisceau $\mathcal{F}^h$ sur X^h défini par la formule :*

$$\mathcal{F}^h = \mathcal{F}' \otimes \mathcal{H},$$

le produit tensoriel étant pris sur le faisceau d'anneaux $\mathcal{O}'$.

(Autrement dit, $\mathcal{F}^h$ se déduit de $\mathcal{F}'$ par extension de l'anneau d'opérateurs à $\mathcal{H}$).

Le faisceau $\mathcal{F}^h$ est un faisceau de $\mathcal{H}$-modules, c'est-à-dire un faisceau *analytique*; l'injection $\mathcal{O}' \rightarrow \mathcal{H}$ définit un homomorphisme canonique $\alpha : \mathcal{F}' \rightarrow \mathcal{F}^h$.

Tout homomorphisme algébrique (c'est-à-dire $\mathcal{O}$-linéaire)

$$\varphi : \mathcal{F} \rightarrow \mathcal{G}$$

définit, par extension de l'anneau d'opérateurs, un homomorphisme analytique

$$\varphi^h : \mathcal{F}^h \rightarrow \mathcal{G}^h.$$

Ainsi $\mathcal{F}^h$ est un *foncteur covariant* de $\mathcal{F}$.

PROPOSITION 10. — a) *Le foncteur $\mathcal{F}^h$ est un foncteur exact.*

b) *Pour tout faisceau algébrique $\mathcal{F}$, l'homomorphisme $\alpha : \mathcal{F}' \to \mathcal{F}^h$ est injectif.*

c) *Si $\mathcal{F}$ est un faisceau algébrique cohérent, $\mathcal{F}^h$ est un faisceau analytique cohérent.*

Si $\mathcal{F}_1 \to \mathcal{F}_2 \to \mathcal{F}_3$ est une suite exacte de faisceaux algébriques, il en est évidemment de même de la suite $\mathcal{F}'_1 \to \mathcal{F}'_2 \to \mathcal{F}'_3$, donc aussi de la suite

$$\mathcal{F}'_1 \otimes \mathcal{H} \to \mathcal{F}'_2 \otimes \mathcal{H} \to \mathcal{F}'_3 \otimes \mathcal{H},$$

d'après le cor. 1 à la prop. 3, ce qui démontre *a*). L'assertion *b*) résulte également du même corollaire.

Pour démontrer *c*) remarquons d'abord que l'on a $\mathcal{O}^h = \mathcal{H}$; si alors $\mathcal{F}$ est algébrique cohérent, et si x est un point de X, on peut trouver une suite exacte :

$$\mathcal{O}^q \to \mathcal{O}^p \to \mathcal{F} \to 0,$$

valable dans un Z-voisinage U de x. D'après *a*), on en déduit une suite exacte :

$$\mathcal{H}^q \to \mathcal{H}^p \to \mathcal{F}^h \to 0,$$

valable sur U. Comme U est un voisinage de x, et que le faisceau d'anneaux $\mathcal{H}$ est cohérent (prop. 1, n° 3), ceci montre bien que $\mathcal{F}^h$ est cohérent ([18], n° 15).

La proposition précédente montre en particulier que, si $\mathcal{I}$ est un faisceau d'idéaux de $\mathcal{O}$, le faisceau $\mathcal{I}^h$ n'est autre que le faisceau d'idéaux de $\mathcal{H}$ engendré par les éléments de $\mathcal{I}$.

10. Prolongement d'un faisceau.

Soit Y une sous-variété Z-fermée de la variété algébrique X, et soit $\mathcal{F}$ un faisceau algébrique cohérent sur Y. Si l'on note $\mathcal{F}^X$ le faisceau obtenu en prolongeant $\mathcal{F}$ par 0 sur X — Y (cf. [18], n° 5), on sait que $\mathcal{F}^X$ est un faisceau algébrique cohérent sur X, et le faisceau $(\mathcal{F}^X)^h$ est bien défini; c'est un faisceau analytique cohérent sur X^h. Mais, d'autre part, le faisceau $\mathcal{F}^h$ est un faisceau analytique cohérent sur Y^h, que l'on peut prolonger par 0 sur X^h — Y^h, obtenant ainsi un nouveau faisceau $(\mathcal{F}^h)^X$. On a :

Proposition 11. — *Les faisceaux* $(\mathcal{F}^h)^X$ *et* $(\mathcal{F}^X)^h$ *sont canoniquement isomorphes.*

Les deux faisceaux en question sont nuls en dehors de Y^h; il nous suffira donc de montrer que leurs restrictions à Y^h sont isomorphes.

Soit x un point de Y. Posons, pour simplifier les notations :

$$A = \mathcal{O}_{x, X}, \quad A' = \mathcal{O}_{x, Y}, \quad B = \mathcal{H}_{x, X}, \quad B' = \mathcal{H}_{x, Y}, \quad E = \mathcal{F}_x.$$

On a alors :

$$(\mathcal{F}^h)^X_x = E \otimes_{A'} B' \quad \text{et} \quad (\mathcal{F}^X)^h_x = E \otimes_A B.$$

L'anneau A′ est le quotient de A par un idéal $\mathfrak{a}$, et, d'après la prop. 4 du nº 6, on a $B' = B/\mathfrak{a}B = B \otimes_A A'$. En vertu de l'associativité du produit tensoriel, on obtient alors un isomorphisme :

$$\theta_x : \ E \otimes_{A'} B' = E \otimes_A A' \otimes_{A'} B \to E \otimes_A B,$$

qui varie continûment avec x, comme on le voit aisément; la proposition en résulte.

On peut exprimer la proposition 11 en disant que le foncteur $\mathcal{F}^h$ est *compatible avec l'identification usuelle de* $\mathcal{F}$ *avec* $\mathcal{F}^X$.

11. Homomorphismes induits sur la cohomologie.

Les notations étant les mêmes qu'au nº 9, soient X une variété algébrique, $\mathcal{F}$ un faisceau algébrique sur X, et $\mathcal{F}^h$ le faisceau analytique associé à $\mathcal{F}$. Si U est un sous-ensemble Z-ouvert de X, et si s est une section de $\mathcal{F}$ au-dessus de U, on peut considérer s comme une section s' de $\mathcal{F}'$ au-dessus de l'ouvert U^h de X^h, et $\alpha(s') = s' \otimes 1$ est une section de $\mathcal{F}^h = \mathcal{F}' \otimes \mathcal{H}$ au-dessus de U^h. L'application $s \to \alpha(s')$ est un homomorphisme

$$\varepsilon : \Gamma(U, \mathcal{F}) \to \Gamma(U^h, \mathcal{F}^h).$$

Soit maintenant $\mathfrak{U} = \{U_i\}$ un recouvrement Z-ouvert fini de X; les U_i^h forment un recouvrement ouvert fini de X^h, que nous noterons $\mathfrak{U}^h$. Pour tout système d'indices $i_0, \ldots, i_q$, on a, d'après ce qui précède, un homomorphisme canonique

$$\varepsilon : \Gamma(U_{i_0} \cap \ldots \cap U_{i_q}, \mathcal{F}) \to \Gamma(U^h_{i_0} \cap \ldots \cap U^h_{i_q}, \mathcal{F}^h),$$

d'où un homomorphisme

$$\varepsilon : C(\mathfrak{U}, \mathcal{F}) \to C(\mathfrak{U}^h, \mathcal{F}^h),$$

avec les notations de [18], nº 18.

Cet homomorphisme commute avec le cobord d, donc définit, par passage à la cohomologie, de nouveaux homomorphismes :

$$\varepsilon : H^q(\mathfrak{U}, \mathcal{F}) \to H^q(\mathfrak{U}^h, \mathcal{F}^h).$$

Enfin, par passage à la limite inductive sur $\mathfrak{U}$, on obtient *les homomorphismes induits sur les groupes de cohomologie*

$$\varepsilon : H^q(X, \mathcal{F}) \to H^q(X^h, \mathcal{F}^h).$$

Ces homomorphismes jouissent des propriétés fonctorielles usuelles ; ils commutent avec les homomorphismes $\varphi : \mathcal{F} \to \mathcal{G}$; si l'on a une suite exacte de faisceaux algébriques :

$$0 \to \mathcal{A} \to \mathcal{B} \to \mathcal{C} \to 0,$$

où le faisceau $\mathcal{A}$ est *cohérent*, le diagramme :

$$\begin{array}{ccc} H^q(X, \mathcal{C}) & \xrightarrow{\delta} & H^{q+1}(X, \mathcal{A}) \\ \varepsilon\downarrow & & \varepsilon\downarrow \\ H^q(X^h, \mathcal{C}^h) & \xrightarrow{\delta} & H^{q+1}(X^h, \mathcal{A}^h) \end{array}$$

est commutatif : cela se voit, par exemple, en prenant pour recouvrements $\mathfrak{U}$ des recouvrements par des ouverts affines (cf. [18]).

12. Variétés projectives. Énoncé des théorèmes.

Supposons que X soit une *variété projective*, c'est-à-dire une sous-variété Z-fermée d'un espace projectif $\mathbf{P}_r(\mathbf{C})$. On a alors les théorèmes suivants, que nous démontrerons dans la suite de ce paragraphe :

1 THÉORÈME 1. — *Pour tout faisceau algébrique cohérent* $\mathcal{F}$ *sur* X, *et pour tout entier* $q \geqslant 0$, *l'homomorphisme*

$$\varepsilon : H^q(X, \mathcal{F}) \to H^q(X^h, \mathcal{F}^h),$$

défini au n° 11, *est bijectif.*

Pour $q = 0$ on obtient en particulier un isomorphisme de $\Gamma(X, \mathcal{F})$ sur $\Gamma(X^h, \mathcal{F}^h)$.

THÉORÈME 2. — *Si* $\mathcal{F}$ *et* $\mathcal{G}$ *sont deux faisceaux algébriques cohérents sur* X, *tout homomorphisme analytique de* $\mathcal{F}^h$ *dans* $\mathcal{G}^h$ *provient d'un homomorphisme algébrique de* $\mathcal{F}$ *dans* $\mathcal{G}$, *et d'un seul.*

Théorème 3. — *Pour tout faisceau analytique cohérent $\mathcal{M}$ sur X^h, il existe un faisceau algébrique cohérent $\mathcal{F}$ sur X tel que $\mathcal{F}^h$ soit isomorphe à $\mathcal{M}$. De plus, cette propriété détermine $\mathcal{F}$ de façon unique, à un isomorphisme près.*

Remarques — 1. Ces trois théorèmes signifient que la théorie des faisceaux analytiques cohérents sur X^h coïncide essentiellement avec celle des faisceaux algébriques cohérents sur X. Bien entendu, ils tiennent à ce que X est une variété *projective*, et sont inexacts même pour une variété affine.

2. On peut factoriser ε en :

$$H^q(X, \mathcal{F}) \to H^q(X^h, \mathcal{F}') \to H^q(X^h, \mathcal{F}^h).$$

Le théorème 1 conduit à se demander si $H^q(X, \mathcal{F}) \to H^q(X^h, \mathcal{F}')$ est bijectif. La réponse est négative; en effet, si cet homomorphisme était bijectif pour tout faisceau algébrique cohérent $\mathcal{F}$, il le serait aussi pour le faisceau constant $K = \mathbf{C}(X)$ des fonctions rationnelles sur X (supposé irréductible), puisque ce faisceau est réunion de faisceaux cohérents (comparer avec [19], § 2); or, on a $H^q(X, K) = 0$ pour $q > 0$, alors que $H^q(X^h, K)$ est un K-espace vectoriel de dimension égale au q-ème nombre de Betti de X^h.

13. Démonstration du théorème 1.

Supposons X plongé dans l'espace projectif $\mathbf{P}_r(\mathbf{C})$; si nous identifions $\mathcal{F}$ avec le faisceau obtenu en le prolongeant par 0 en dehors de X, on sait ([18], n° 26) que l'on a :

$$H^q(X, \mathcal{F}) = H^q(\mathbf{P}_r(\mathbf{C}), \mathcal{F}) \quad \text{et} \quad H^q(X^h, \mathcal{F}^h) = H^q(\mathbf{P}_r(\mathbf{C})^h, \mathcal{F}^h),$$

la notation $\mathcal{F}^h$ étant justifiée par la proposition 11. On voit donc qu'il suffit de prouver que

$$\varepsilon : H^q(\mathbf{P}_r(\mathbf{C}), \mathcal{F}) \to H^q(\mathbf{P}_r(\mathbf{C})^h, \mathcal{F}^h)$$

est bijectif, autrement dit, on est ramené au cas où $X = \mathbf{P}_r(\mathbf{C})$.

Nous établirons tout d'abord deux lemmes :

Lemme 4. — *Le théorème 1 est vrai pour le faisceau $\mathcal{O}$.*

Pour $q = 0$, $H^0(X, \mathcal{O})$ et $H^0(X^h, \mathcal{O}^h)$ sont tous deux réduits aux constantes. Pour $q > 0$, on sait que $H^q(X, \mathcal{O}) = 0$, cf. [18], n° 65, proposition 8; d'autre part, d'après le théorème de Dolbeault (cf. [8]), $H^q(X^h, \mathcal{O}^h)$ est isomorphe à la cohomologie de type $(0, q)$ de l'espace projectif X, donc est réduit à 0, c.q.f.d. ([4]).

LEMME 5. — *Le théorème* 1 *est vrai pour le faisceau* $\mathcal{O}(n)$. (Pour la définition de $\mathcal{O}(n)$, cf. [18], n° 54, ainsi que le n° 16 ci-après).

Nous raisonnerons par récurrence sur $r = \dim. X$, le cas $r = 0$ étant trivial. Soit t une forme linéaire non identiquement nulle en les coordonnées homogènes $t_0, \ldots, t_r$, et soit E l'hyperplan défini par l'équation $t = 0$. On a une suite exacte :

$$0 \to \mathcal{O}(-1) \to \mathcal{O} \to \mathcal{O}_E \to 0,$$

où $\mathcal{O} \to \mathcal{O}_E$ est l'homomorphisme de restriction, alors que $\mathcal{O}(-1) \to \mathcal{O}$ est la multiplication par t (cf. [18], n° 81). De là, on déduit une suite exacte, valable pour tout $n \in \mathbf{Z}$:

$$0 \to \mathcal{O}(n-1) \to \mathcal{O}(n) \to \mathcal{O}_E(n) \to 0.$$

D'après le n° 11, on a un diagramme commutatif :

$$\begin{array}{ccccccccc}
\cdots \to & H^q(X, \mathcal{O}(n-1)) & \to & H^q(X, \mathcal{O}(n)) & \to & H^q(E, \mathcal{O}_E(n)) & \to & H^{q+1}(X, \mathcal{O}(n-1)) & \to \cdots \\
& \downarrow \varepsilon & & \downarrow \varepsilon & & \downarrow \varepsilon & & \downarrow \varepsilon & \\
\cdots \to & H^q(X^h, \mathcal{O}(n-1)^h) & \to & H^q(X^h, \mathcal{O}(n)^h) & \to & H^q(E^h, \mathcal{O}_E(n)^h) & \to & H^{q+1}(X^h, \mathcal{O}(n-1)^h) & \to \cdots
\end{array}$$

Vu l'hypothèse de récurrence, l'homomorphisme

$$\varepsilon : H^q(E, \mathcal{O}_E(n)) \to H^q(E^h, \mathcal{O}_E(n)^h)$$

est bijectif pour tout $q \geqslant 0$ et tout $n \in \mathbf{Z}$. En appliquant le lemme des cinq, on voit alors que, si le théorème 1 est vrai pour $\mathcal{O}(n)$, il est vrai pour $\mathcal{O}(n-1)$, et réciproquement. Comme il est vrai pour $n = 0$ d'après le lemme 4, il est donc vrai pour tout n.

Nous pouvons maintenant passer à la démonstration du théorème 1. Nous raisonnerons par récurrence descendante sur q, le théorème étant trivial pour $q > 2r$, puisque $H^q(X, \mathcal{F})$ et $H^q(X^h, \mathcal{F}^h)$ sont alors nuls tous les deux. D'après [18], n° 55, cor. au th. 1, il existe une suite exacte de faisceaux algébriques cohérents :

$$0 \to \mathcal{R} \to \mathcal{L} \to \mathcal{F} \to 0,$$

([4]) On peut aussi calculer *directement* $H^q(X, \mathcal{O})$ en utilisant le recouvrement ouvert de X défini au n° 16, ainsi que des développements en séries de LAURENT (J. FRENKEL, non publié). On évite ainsi tout recours à la théorie des variétés kählériennes.

où $\mathcal{L}$ est somme directe de faisceaux isomorphes à $\mathcal{O}(n)$; vu le lemme 5, le théorème 1 est vrai pour le faisceau $\mathcal{L}$.

On a un diagramme commutatif :

$$\begin{array}{ccccccccc} H^q(X, \mathcal{R}) & \to & H^q(X, \mathcal{L}) & \to & H^q(X, \mathcal{F}) & \to & H^{q+1}(X, \mathcal{R}) & \to & H^{q+1}(X, \mathcal{L}) \\ \downarrow{\scriptstyle \varepsilon_1} & & \downarrow{\scriptstyle \varepsilon_2} & & \downarrow{\scriptstyle \varepsilon_3} & & \downarrow{\scriptstyle \varepsilon_4} & & \downarrow{\scriptstyle \varepsilon_5} \\ H^q(X^h, \mathcal{R}^h) & \to & H^q(X^h, \mathcal{L}^h) & \to & H^q(X^h, \mathcal{F}^h) & \to & H^{q+1}(X^h, \mathcal{R}^h) & \to & H^{q+1}(X^h, \mathcal{L}^h). \end{array}$$

Dans ce diagramme, les homomorphismes ε_4 et ε_5 sont bijectifs, d'après l'hypothèse de récurrence; d'après ce que l'on vient de dire, il en est de même de ε_2. Le lemme des cinq montre donc que ε_3 est surjectif. Ce résultat, étant valable pour tout faisceau algébrique cohérent $\mathcal{F}$ s'applique en particulier à $\mathcal{R}$, ce qui montre que ε_1 est surjectif. Une nouvelle application du lemme des cinq montre alors que ε_3 est bijectif, ce qui achève la démonstration.

14. Démonstration du théorème 2.

Soit $\mathcal{A} = \mathrm{Hom}(\mathcal{F}, \mathcal{G})$ le faisceau des germes d'homomorphismes de $\mathcal{F}$ dans $\mathcal{G}$ (cf. [18], n°s 11 et 14). Un élément $f \in \mathcal{A}_x$ est un germe d'homomorphisme de $\mathcal{F}$ dans $\mathcal{G}$, au voisinage de x, donc définit un germe d'homomorphisme f^h du faisceau analytique $\mathcal{F}^h$ dans le faisceau $\mathcal{G}^h$; l'application $f \to f^h$ est un homomorphisme $\mathcal{O}'$-linéaire du faisceau $\mathcal{A}'$ défini par $\mathcal{A}$ (cf. n° 9) dans le faisceau $\mathcal{B} = \mathrm{Hom}(\mathcal{F}^h, \mathcal{G}^h)$; cet homomorphisme se prolonge par linéarité en un homomorphisme

$$\iota : \mathcal{A}^h \to \mathcal{B}.$$

Lemme 6. — *L'homomorphisme* $\iota : \mathcal{A}^h \to \mathcal{B}$ *est bijectif.*

Soit $x \in X$. Puisque $\mathcal{F}$ est cohérent, on a, d'après [18], n° 14 :

$$\mathcal{A}_x = \mathrm{Hom}(\mathcal{F}_x, \mathcal{G}_x) \qquad \text{d'où} \qquad \mathcal{A}^h_x = \mathrm{Hom}(\mathcal{F}_x, \mathcal{G}_x) \otimes \mathcal{H}_x,$$

les foncteurs $\otimes$ et Hom étant pris sur l'anneau $\mathcal{O}_x$.

Puisque $\mathcal{F}^h$ est cohérent, on a de même :

$$\mathcal{B}_x = \mathrm{Hom}(\mathcal{F}_x \otimes \mathcal{H}_x, \mathcal{G}_x \otimes \mathcal{H}_x),$$

le foncteur $\otimes$ étant pris sur $\mathcal{O}_x$, et le foncteur Hom sur $\mathcal{H}_x$.

Tout revient donc à voir que l'homomorphisme

$$\iota_x : \quad \mathrm{Hom}(\mathcal{F}_x, \mathcal{G}_x) \otimes \mathcal{H}_x \to \mathrm{Hom}(\mathcal{F}_x \otimes \mathcal{H}_x, \mathcal{G}_x \otimes \mathcal{H}_x)$$

est bijectif, ce qui résulte du fait que le couple $(\mathcal{O}_x, \mathcal{H}_x)$ est plat et de la prop. 21 de l'Annexe.

Démontrons maintenant le théorème 2. Considérons les homomorphismes

$$H^0(X, \mathcal{A}) \xrightarrow{\varepsilon} H^0(X^h, \mathcal{A}^h) \xrightarrow{\iota} H^0(X^h, \mathcal{B}).$$

Un élément de $H^0(X^h, \mathcal{A})$ (resp. de $H^0(X^h, \mathcal{B})$) n'est pas autre chose qu'un homomorphisme de $\mathcal{F}$ dans $\mathcal{G}$ (resp. de $\mathcal{F}^h$ dans $\mathcal{G}^h$). De plus, si $f \in H^0(X, \mathcal{A})$, on a $\iota \circ \varepsilon(f) = f^h$, par définition même de ι. Le théorème 2 revient donc à affirmer que $\iota \circ \varepsilon$ est bijectif. Or ε est bijectif d'après le théorème 1 (qui est applicable parce que $\mathcal{A}$ est cohérent, d'après [18], n° 14), et ι est bijectif d'après le lemme 6, c.q.f.d.

15. Démonstration du théorème 3. Préliminaires.

L'*unicité* du faisceau $\mathcal{F}$ résulte du théorème 2. En effet, si $\mathcal{F}$ et $\mathcal{G}$ sont deux faisceaux algébriques cohérents sur X répondant à la question, il existe par hypothèse un isomorphisme $g: \mathcal{F}^h \to \mathcal{G}^h$. D'après le théorème 2, il existe donc un homomorphisme $f: \mathcal{F} \to \mathcal{G}$ tel que $g = f^h$. Si l'on désigne par $\mathcal{A}$ et $\mathcal{B}$ le noyau et le conoyau de f, on a une suite exacte :

$$0 \to \mathcal{A} \to \mathcal{F} \xrightarrow{f} \mathcal{G} \to \mathcal{B} \to 0,$$

d'où, d'après la prop. 10 *a*), une suite exacte :

$$0 \to \mathcal{A}^h \to \mathcal{F}^h \xrightarrow{g} \mathcal{G}^h \to \mathcal{B}^h \to 0.$$

Puisque g est bijectif, ceci entraîne $\mathcal{A}^h = \mathcal{B}^h = 0$, d'où, d'après la prop. 10 *b*), $\mathcal{A} = \mathcal{B} = 0$, ce qui montre bien que f est bijectif.

Reste à démontrer l'*existence* de $\mathcal{F}$. Je dis que l'on peut se borner au cas où X *est un espace projectif* $\mathbf{P}_r(\mathbf{C})$. En effet, soit Y une sous-variété algébrique de $X = \mathbf{P}_r(\mathbf{C})$, et soit $\mathcal{M}$ un faisceau analytique cohérent sur Y^h. Le faisceau $\mathcal{M}^X$ obtenu en prolongeant $\mathcal{M}$ par 0 en dehors de Y^h est un faisceau analytique cohérent sur X^h. Si l'on suppose le théorème 3 démontré pour l'espace X, il existe donc un faisceau algébrique cohérent $\mathcal{G}$ sur X tel que $\mathcal{G}^h$ soit isomorphe à $\mathcal{M}^X$. Soit $\mathcal{I} = \mathcal{I}(Y)$ le faisceau cohérent d'idéaux défini par la sous-variété Y. Si $f \in \mathcal{I}_x$, la multiplication par f est un endomorphisme φ de $\mathcal{G}_x$; l'endomorphisme φ^h de $\mathcal{G}^h_x = \mathcal{M}^X_x$ est réduit à 0, puisque $\mathcal{M}$ est un faisceau analytique cohérent sur Y^h; il en est donc de même de φ, d'après la prop. 10 *b*). Ainsi, l'on a $\mathcal{J}.\mathcal{G} = 0$, ce qui signifie qu'il existe un faisceau algébrique cohérent $\mathcal{F}$ sur Y, tel que $\mathcal{G} = \mathcal{F}^X$ ([18], n° 39, prop. 3). D'après la prop. 11, $(\mathcal{F}^h)^X$ est isomorphe à $(\mathcal{F}^X)^h = \mathcal{G}^h$, lequel est isomorphe à $\mathcal{M}^X$. Par restriction à Y, on voit que $\mathcal{F}^h$ est isomorphe à $\mathcal{M}$, ce qui démontre notre assertion.

16. Démonstration du théorème 3. Les faisceaux $\mathcal{M}(n)$.

Vu le n° précédent, nous supposerons que $X = \mathbf{P}_r(\mathbf{C})$, et nous raisonnerons par récurrence sur r, le cas $r = 0$ étant trivial.

Pour tout $n \in \mathbf{Z}$, nous définirons d'abord un nouveau faisceau analytique, le faisceau $\mathcal{M}(n)$:

Soient $t_0, \ldots, t_r$ un système de coordonnées homogènes dans X, et soit U_i l'ensemble ouvert formé des points où $t_i \neq 0$; nous noterons $\mathcal{M}_i$ la restriction du faisceau $\mathcal{M}$ à U_i; la multiplication par t_j^n/t_i^n est un isomorphisme de $\mathcal{M}_j$ sur $\mathcal{M}_i$, défini au-dessus de $U_i \cap U_j$. Le faisceau $\mathcal{M}(n)$ est alors défini par recollement des faisceaux $\mathcal{M}_i$ au moyen des isomorphismes précédents (cf. [18], n° 54, où la même construction est appliquée aux faisceaux algébriques). Le faisceau $\mathcal{M}(n)$ est localement isomorphe à $\mathcal{M}$, donc cohérent puisque $\mathcal{M}$ l'est; on a un isomorphisme canonique $\mathcal{M}(n) = \mathcal{M} \otimes \mathcal{H}(n)$, le produit tensoriel étant pris sur $\mathcal{H}$. Si $\mathcal{F}$ est un faisceau algébrique, on a $\mathcal{F}^h(n) = \mathcal{F}(n)^h$.

LEMME 7. — *Soit* E *un hyperplan de* $\mathbf{P}_r(\mathbf{C})$, *et soit* $\mathcal{A}$ *un faisceau analytique cohérent sur* E. *On a* $H^q(E^h, \mathcal{A}(n)) = 0$ *pour* $q > 0$ *et* n *assez grand.*

(C'est le « théorème B » de [3], exp. XVIII).

En vertu de l'hypothèse de récurrence, il existe un faisceau algébrique cohérent $\mathcal{F}$ sur E tel que $\mathcal{A} = \mathcal{F}^h$, d'où $\mathcal{A}(n) = \mathcal{F}(n)^h$; d'après le théorème 1, $H^q(E^h, \mathcal{A}(n))$ est isomorphe à $H^q(E, \mathcal{F}(n))$, et le lemme 7 résulte alors de la prop. 7 de [8], n° 65.

LEMME 8. — *Soit* $\mathcal{M}$ *un faisceau analytique cohérent sur* $X = \mathbf{P}_r(\mathbf{C})$. *Il existe un entier* $n(\mathcal{M})$ *tel que, pour tout* $n \geqslant n(\mathcal{M})$, *et pour tout* $x \in X$, *le* $\mathcal{H}_x$*-module* $\mathcal{M}(n)_x$ *soit engendré par les éléments de* $H^0(X^h, \mathcal{M}(n))$.

(C'est le « théorème A » de [3], exp. XVIII).

Remarquons d'abord que, si $H^0(X^h, \mathcal{M}(n))$ engendre $\mathcal{M}(n)_x$, la même propriété vaut pour tout $m \geqslant n$. En effet, soit k un indice tel que $x \in U_k$; pour tout i, soit θ_i l'homothétie de rapport $(t_k/t_i)^{m-n}$ dans $\mathcal{M}_i$; les θ_i commutent aux identifications qui définissent respectivement $\mathcal{M}(n)$ et $\mathcal{M}(m)$, donc donnent naissance à un homomorphisme $\theta : \mathcal{M}(n) \rightarrow \mathcal{M}(m)$; comme θ est un isomorphisme au-dessus de U_k, notre assertion en résulte.

Remarquons également que, si $H^0(X^h, \mathcal{M}(n))$ engendre $\mathcal{M}(n)_x$, il engendre aussi $\mathcal{M}(n)_y$ pour y assez voisin de x, d'après [18], n° 12.

Ces deux remarques, jointes à la compacité de X^h, nous ramènent à démontrer l'énoncé suivant :

Pour tout $x \in X$, *il existe un entier* n, *dépendant de* x *et de* $\mathcal{M}$, *tel que* $H^0(X^h, \mathcal{M}(n))$ *engendre* $\mathcal{M}(n)_x$.

Choisissons un hyperplan E passant par x, d'équation homogène $t = 0$. Si $\mathcal{I}(E)$ désigne le faisceau d'idéaux défini par E (cf. n° 3), on a une suite exacte :

$$0 \rightarrow \mathcal{I}(E) \rightarrow \mathcal{H} \rightarrow \mathcal{H}_E \rightarrow 0.$$

De plus, le faisceau $\mathcal{I}(E)$ est isomorphe à $\mathcal{H}(-1)$, l'isomorphisme $\mathcal{H}(-1) \rightarrow \mathcal{I}(E)$ étant défini par la multiplication par t (cf. démonstration du lemme 5).

Par produit tensoriel avec $\mathcal{M}$, on obtient une suite exacte :

$$\mathcal{M} \otimes \mathcal{I}(E) \rightarrow \mathcal{M} \rightarrow \mathcal{M} \otimes \mathcal{H}_E \rightarrow 0.$$

Nous noterons $\mathcal{B}$ le faisceau $\mathcal{M} \otimes \mathcal{H}_E$, et nous désignerons par $\mathcal{C}$ le noyau de l'homomorphisme $\mathcal{M} \otimes \mathcal{I}(E) \rightarrow \mathcal{M}$ (on a $\mathcal{C} = \mathrm{Tor}_1(\mathcal{M}, \mathcal{H}_E)$); du fait que $\mathcal{I}(E)$ est isomorphe à $\mathcal{H}(-1)$, le faisceau $\mathcal{M} \otimes \mathcal{I}(E)$ est isomorphe à $\mathcal{M}(-1)$, et l'on obtient donc une suite exacte :

$$(1) \qquad 0 \rightarrow \mathcal{C} \rightarrow \mathcal{M}(-1) \rightarrow \mathcal{M} \rightarrow \mathcal{B} \rightarrow 0.$$

En appliquant le foncteur $\mathcal{M}(n)$ à la suite exacte (1), on obtient une nouvelle suite exacte :

$$(2) \qquad 0 \rightarrow \mathcal{C}(n) \rightarrow \mathcal{M}(n-1) \rightarrow \mathcal{M}(n) \rightarrow \mathcal{B}(n) \rightarrow 0.$$

Soit $\mathcal{L}_n$ le noyau de l'homomorphisme $\mathcal{M}(n) \rightarrow \mathcal{B}(n)$; la suite (2) se décompose en les deux suites exactes :

$$(3) \qquad 0 \rightarrow \mathcal{C}(n) \rightarrow \mathcal{M}(n-1) \rightarrow \mathcal{L}_n \rightarrow 0,$$

$$(4) \qquad 0 \rightarrow \mathcal{L}_n \rightarrow \mathcal{M}(n) \rightarrow \mathcal{B}(n) \rightarrow 0,$$

qui, à leur tour, donnent naissance aux suites exactes de cohomologie :

(5) $H^1(X^h, \mathcal{M}(n-1)) \to H^1(X^h, \mathcal{L}_n) \to H^2(X^h, \mathcal{C}(n))$

et

(6) $H^1(X^h, \mathcal{L}_n) \to H^1(X^h, \mathcal{M}(n)) \to H^1(X^h, \mathcal{B}(n))$.

D'après la définition de $\mathcal{B}$ et de $\mathcal{C}$, on a $\mathcal{A}(E).\mathcal{B} = 0$ et $\mathcal{A}(E).\mathcal{C} = 0$, ce qui signifie que $\mathcal{B}$ et $\mathcal{C}$ sont des faisceaux analytiques cohérents sur l'hyperplan E. Appliquant alors le lemme 7, on voit qu'il existe un entier n_0 tel que l'on ait, pour tout $n \geqslant n_0$, $H^1(X^h, \mathcal{B}(n)) = 0$ et $H^2(X^h, \mathcal{C}(n)) = 0$. Les suites exactes (5) et (6) donnent alors les inégalités :

(7) $$\dim.H^1(X^h, \mathcal{M}(n-1)) \geqslant \dim.H^1(X^h, \mathcal{L}_n) \geqslant \dim.H^1(X^h, \mathcal{M}(n)).$$

Ces dimensions sont *finies*, d'après [5] (voir aussi [3], exp. XVII). Il en résulte que $\dim.H^1(X^h, \mathcal{M}(n))$ est une fonction *décroissante* de n, pour $n \geqslant n_0$; il existe donc un entier $n_1 \geqslant n_0$ tel que la fonction $\dim.H^1(X^h, \mathcal{M}(n))$ soit *constante* pour $n \geqslant n_1$. On a alors :

(8) $$\dim.H^1(X^h, \mathcal{M}(n)) = \dim.H^1(X^h, \mathcal{L}_n) = \dim.H^1(X^h, \mathcal{M}(n)) \quad \text{si} \quad n > n_1.$$

Puisque $n_1 \geqslant n_0$, on a $H^1(X^h, \mathcal{B}(n)) = 0$, et la suite exacte (6) montre que $H^1(X^h, \mathcal{L}_n) \to H^1(X^h, \mathcal{M}(n))$ est surjectif; mais, d'après (8), ces deux espaces vectoriels ont même dimension; l'homomorphisme en question est donc injectif, et la suite exacte de cohomologie associée à la suite exacte (4) montre que (5) :

(9) $H^0(X^h, \mathcal{M}(n)) \to H^0(X^h, \mathcal{B}(n))$ *est surjectif pour* $n > n_1$.

Nous choisirons maintenant un entier $n > n_1$ tel que $H^0(X^h, \mathcal{B}(n))$ engendre $\mathcal{B}(n)_x$; c'est possible, car, $\mathcal{B}$ étant un faisceau analytique cohérent sur E, est de la forme $\mathcal{G}^h$, d'où $H^0(X^h, \mathcal{B}(n)) = H^0(X, \mathcal{G}(n))$, d'après le théorème 1, et l'on sait que $H^0(X, \mathcal{G}(n))$ engendre $\mathcal{G}(n)_x$ pour n assez grand, cf. [18], n° 55, th. 1.

Ceci étant, je dis qu'un tel entier n répond à la question.

(5) On reconnaît le procédé utilisé par KODAIRA-SPENCER pour démontrer le théorème de LEFSCHETZ (cf. [12]).

En effet, posons, pour simplifier l'écriture, $A = \mathcal{H}_x$, $M = \mathcal{M}(n)_x$, $\mathfrak{p} = \mathcal{A}_x(E)$, et soit N le sous-A-module de M engendré par $H^0(X^h, \mathcal{M}(n))$. On a $\mathcal{B}(n)_x = \mathcal{M}(n)_x \otimes \mathcal{H}_{x,E} = M \otimes_A A/\mathfrak{p} = M/\mathfrak{p}M$; d'autre part, il résulte de ce qui précède que l'image canonique de N dans $M/\mathfrak{p}M$ engendre $M/\mathfrak{p}M$. Ceci s'écrit $M = N + \mathfrak{p}M$, d'où, *a fortiori*, $M = N + \mathfrak{m}M$ ($\mathfrak{m}$ désignant l'idéal maximal de l'anneau local A), ce qui entraîne bien $M = N$ (Annexe, prop. 24, cor.), et achève la démonstration du lemme 8.

17. Fin de la démonstration du théorème 3.

Soit toujours $\mathcal{M}$ un faisceau analytique cohérent sur $X = \mathbf{P}_r(\mathbf{C})$. En vertu du lemme 8, il existe un entier n tel que $\mathcal{M}(n)$ soit isomorphe à un faisceau quotient d'un faisceau $\mathcal{H}^p$, et $\mathcal{M}$ est donc isomorphe à un quotient de $\mathcal{H}(-n)^p$. Si nous désignons par $\mathcal{L}_0$ le faisceau algébrique cohérent $\mathcal{O}(-n)^p$, on voit donc que l'on a une suite exacte :

$$0 \rightarrow \mathcal{R} \rightarrow \mathcal{L}_0^h \rightarrow \mathcal{M} \rightarrow 0,$$

où $\mathcal{R}$ est un faisceau analytique cohérent.

Appliquant le même raisonnement au faisceau $\mathcal{R}$, on construit un faisceau algébrique cohérent $\mathcal{L}_1$ et un homomorphisme analytique surjectif $\mathcal{L}_1^h \rightarrow \mathcal{R}$. D'où une suite exacte :

$$\mathcal{L}_1^h \xrightarrow{g} \mathcal{L}_0^h \rightarrow \mathcal{M} \rightarrow 0.$$

D'après le théorème 2, il existe un homomorphisme $f : \mathcal{L}_1 \rightarrow \mathcal{L}_0$ tel que $g = f^h$. Si l'on désigne par $\mathcal{F}$ le conoyau de f, on a une suite exacte :

$$\mathcal{L}_1 \xrightarrow{f} \mathcal{L}_0 \rightarrow \mathcal{F} \rightarrow 0,$$

d'où (prop. 10), une nouvelle suite exacte :

$$\mathcal{L}_1^h \xrightarrow{g} \mathcal{L}_0^h \rightarrow \mathcal{F}^h \rightarrow 0,$$

qui montre bien que $\mathcal{M}$ est isomorphe à $\mathcal{F}^h$, ce qui achève la démonstration du théorème 3.

§ 4. Applications.

18. Caractère algébrique des nombres de Betti.

Soit σ un automorphisme du corps $\mathbf{C}$; si x est un point de $\mathbf{P}_r(\mathbf{C})$, de coordonnées homogènes $t_0, \ldots, t_r$, nous noterons x^σ

le point de coordonnées homogènes $t_0^\sigma, \ldots, t_r^\sigma$; ainsi, σ définit une permutation de $\mathbf{P}_r(\mathbf{C})$.

Si X est une sous-variété algébrique Z-fermée de $\mathbf{P}_r(\mathbf{C})$, sa transformée X^σ par σ est encore une sous-variété algébrique Z-fermée de $\mathbf{P}_r(\mathbf{C})$; si X est non-singulière, il en est de même de X^σ (à cause du critère jacobien, par exemple).

2 Proposition 12. — *Si* X *est non singulière, les nombres de Betti de* X *et de* X^σ *sont les mêmes.*

Soit $b_n(X)$ le $n^{\text{ième}}$ nombre de Betti de X, et soit $\Omega^p(X)^h$ le faisceau des germes de formes différentielles holomorphes de degré p sur X. Posons :

$$h^{p,q}(X) = \dim. H^q(X^h, \Omega^p(X)^h).$$

D'après le théorème de Dolbeault (cf. [8]), on a :

$$b_n(X) = \sum_{p+q=n} h^{p,q}(X),$$

et de même :

$$b_n(X^\sigma) = \sum_{p+q=n} h^{p,q}(X^\sigma).$$

Mais, d'après le théorème 1, on a $h^{p,q}(X) = \dim. H^q(X, \Omega^p(X))$, en désignant cette fois par $\Omega^p(X)$ le faisceau algébrique cohérent des germes de formes différentielles régulières de degré p sur X, et de même $h^{p,q}(X^\sigma) = \dim. H^q(X^\sigma, \Omega^p(X^\sigma))$. De plus, si ω est une forme différentielle régulière sur un sous-ensemble Z-ouvert U de X, la forme ω^σ est régulière sur le sous-ensemble Z-ouvert U^σ de X^σ; on en conclut que pour tout recouvrement Z-ouvert $\mathfrak{U}$ de X, σ définit un isomorphisme semi-linéaire de $C(\mathfrak{U}, \Omega^p(X))$ sur $C(\mathfrak{U}^\sigma, \Omega^p(X^\sigma))$, donc de $H^q(\mathfrak{U}, \Omega^p(X^\sigma))$ sur $H^q(\mathfrak{U}^\sigma, \Omega^p(X^\sigma))$, donc aussi de $H^q(X, \Omega^p(X))$ sur $H^q(X^\sigma, \Omega^p(X^\sigma))$, et l'on a bien $h^{p,q}(X) = h^{p,q}(X^\sigma)$, ce qui démontre la proposition.

La proposition 12 entraîne le résultat suivant, conjecturé par A. Weil :

Corollaire. — *Soit* V *une variété projective, non singulière, définie sur un corps de nombres algébriques* K. *Les variétés complexes* X *obtenues à partir de* V *en plongeant* K *dans* $\mathbf{C}$ *ont des nombres de Betti indépendants du plongement choisi.*

En effet, on sait que deux plongements de K dans $\mathbf{C}$ ne diffèrent que par un automorphisme de $\mathbf{C}$.

Remarque. — J'ignore si les variétés X et X^σ sont toujours
3 homéomorphes; en tout cas, l'exemple d'une courbe de genre 1 montre déjà qu'elles ne sont pas toujours analytiquement isomorphes.

19. Le théorème de Chow.

C'est le résultat suivant (cf. [6]) :

PROPOSITION 13. — *Tout sous-ensemble analytique fermé de l'espace projectif est algébrique.*

Montrons comment cette proposition résulte du théorème 3. Soit X un espace projectif et soit Y un sous-ensemble analytique fermé de X^h. D'après un théorème de H. CARTAN cité plus haut (n° 3, prop. 1), le faisceau $\mathcal{H}_Y = \mathcal{H}_X/\mathcal{A}(Y)$ est un faisceau analytique cohérent sur X^h; il existe donc (th. 3) un faisceau algébrique cohérent $\mathcal{F}$ sur X tel que $\mathcal{H}_Y = \mathcal{F}^h$. D'après la prop. 10, b), le support de $\mathcal{F}^h$ est égal à celui de $\mathcal{F}$ (rappelons, cf. [18], n° 81, que le support de $\mathcal{F}$ est l'ensemble des $x \in X$ tels que $\mathcal{F}_x \neq 0$), donc est Z-fermé, puisque $\mathcal{F}$ est cohérent. Comme $\mathcal{F}^h = \mathcal{H}_Y$, ceci signifie que Y est Z-fermé, c.q.f.d.

Indiquons maintenant quelques applications simples du théorème de CHOW :

PROPOSITION 14. — *Si* X *est une variété algébrique, tout sous-ensemble analytique compact* X′ *de* X *est algébrique.*

Reprenons les notations de la démonstration de la proposition 6 : soient Y une variété projective, U une partie de Y, Z-ouverte et Z-dense dans Y, et $f: U \to X$ une application régulière surjective dont le graphe T soit Z-fermé dans $X \times Y$. Soit $T' = T \cap (X' \times Y)$; puisque X′ et Y sont compacts, et que T est fermé, T′ est compact; il en est donc de même de la projection Y′ de T′ sur le facteur Y. D'autre part, $Y' = f^{-1}(X')$, ce qui montre que Y′ est un sous-ensemble analytique de U, donc de Y; le théorème de CHOW montre alors que Y′ est un sous-ensemble Z-fermé de Y. En appliquant la proposition 7 à $f: Y' \to X$, on en conclut que $X' = f(Y')$ est Z-fermé dans X, c.q.f.d.

PROPOSITION 15. — *Toute application holomorphe f d'une variété algébrique compacte* X *dans une variété algébrique* Y *est régulière.*

Soit T le graphe de f dans $X \times Y$. Puisque f est holomorphe, T est un sous-ensemble analytique compact de $X \times Y$; la proposition 14 montre alors que T est algébrique, d'où le fait que f est régulière, d'après la proposition 8.

Corollaire. — *Tout espace analytique compact possède au plus une structure de variété algébrique.*

20. Espaces fibrés algébriques et espaces fibrés analytiques.

Soient G un groupe algébrique et X une variété algébrique. Les germes d'applications régulières de X dans G forment un faisceau de groupes, en général non abéliens, que nous désignerons par $\mathcal{G}$.

On sait que, si $\mathcal{A}$ est un faisceau de groupes, on peut définir le *groupe* $H^0(X, \mathcal{A})$ et *l'ensemble* $H^1(X, \mathcal{A})$: cf. [9] ainsi que [10], chap. v, par exemple. En particulier, $H^1(X, \mathcal{G})$ est défini; les éléments de cet ensemble ne sont autres que *les classes d'espaces fibrés* algébriques principaux, de base X, et de groupe structural G (au sens défini par A. Weil, cf. [20]). Par exemple, les éléments de $H^1(X, \mathcal{O}_X)$ sont les classes d'espaces fibrés de groupe le groupe additif $\mathbf{C}$.

De même, si $\mathcal{G}^h$ désigne le faisceau des germes d'applications holomorphes de X dans G, les éléments de $H^1(X^h, \mathcal{G}^h)$ ne sont autres que les classes d'espaces fibrés *analytiques* de base X et de groupe G. Tout espace fibré algébrique E définit un espace fibré analytique E^h, d'où une application

$$\varepsilon : H^1(X, \mathcal{G}) \rightarrow H^1(X^h, \mathcal{G}^h),$$

analogue à celle du n° 11.

Proposition 16. — *Si* X *est compacte, l'application* ε *est injective.*

Soient E et E′ deux espaces fibrés algébriques principaux, de base X, et de groupe structural G. La proposition 16 signifie que, si E et E′ sont analytiquement isomorphes, ils le sont aussi algébriquement. En fait, nous allons démontrer un résultat un peu plus précis, à savoir que tout isomorphisme analytique $\varphi : E \rightarrow E'$ est un isomorphisme algébrique (c'est-à-dire régulier).

L'espace $E \times E'$ est un espace fibré algébrique principal, de base X × X, et de groupe structural G × G; nous désignerons par (E, E′) son image réciproque par l'application diagonale X → X × X : c'est le « produit fibré » de E et de E′. Faisons opérer G × G sur G par la formule :

$$(g, g').h = ghg'^{-1}.$$

Soit T l'espace fibré associé à l'espace fibré principal (E, E′) et admettant pour fibre type le groupe G, muni des opérations précédentes. On voit tout de suite que les sections de T correspondent biunivoquement aux isomorphismes de E sur E′; en particulier, l'isomorphisme φ correspond à une section analytique s de T. En appliquant à $s : X \to T$ la proposition 15, on voit que s est régulière, ce qui signifie que φ est régulier, et démontre la proposition.

Supposons maintenant que X soit une *variété projective.* On peut se demander si $\varepsilon : H^1(X, \mathcal{G}) \to H^1(X^h, \mathcal{G}^h)$ est bijective, autrement dit (compte tenu de la prop. 16), si tout espace fibré analytique est algébrique. C'est évidemment inexact si l'on n'impose aucune condition à G, comme le montre le cas où G est une variété abélienne (ou un groupe fini); dans les propositions suivantes, nous allons indiquer un certain nombre de groupes G pour lesquels c'est exact.

Proposition 17. — *Si* G *est le groupe additif* $\mathbf{C}$, *l'application* ε *est bijective.*

En effet, on a alors $\mathcal{G} = \mathcal{O}$ et $\mathcal{G}^h = \mathcal{O}^h$, et la proposition est un cas particulier du théorème 1.

Proposition 18. — *Si* G *est le groupe linéaire général* $GL_n(\mathbf{C})$, *l'application* ε *est bijective.*

A tout espace fibré principal de groupe structural $GL_n(\mathbf{C})$ est associé un espace fibré à fibre vectorielle, de fibre type $\mathbf{C}^n$, qui le caractérise. Compte tenu de la correspondance entre espaces fibrés à fibres vectorielles et faisceaux localement libres (cf. [18], nº 41, par exemple), on est donc ramené à démontrer l'énoncé suivant :

Si $\mathcal{M}$ *est un faisceau analytique cohérent sur* X^h, *qui est localement isomorphe à* $\mathcal{H}^n$, *il existe un faisceau algébrique cohérent* $\mathcal{F}$ *sur* X, *qui est localement isomorphe à* $\mathcal{O}^n$, *et tel que* $\mathcal{F}^h$ *soit isomorphe à* $\mathcal{M}$.

D'après le théorème 3 il existe un faisceau algébrique cohérent $\mathcal{F}$ sur X vérifiant la seconde condition. Pour tout $x \in X$, le $\mathcal{H}_x$-module $\mathcal{F}^h_x = \mathcal{F}_x \otimes \mathcal{H}_x$ est donc isomorphe à $\mathcal{H}^n_x$; en appliquant la proposition 30 de l'Annexe aux anneaux $A = \mathcal{O}_x$, $A' = \mathcal{H}_x$ et au module $E = \mathcal{F}_x$, on en conclut que $\mathcal{F}_x$ est isomorphe à $\mathcal{O}^n_x$; puisque $\mathcal{F}$ est cohérent, ceci entraîne que $\mathcal{F}$ est localement isomorphe à $\mathcal{O}^n$, et achève la démonstration.

Remarques 1. — Pour $n = 1$, $GL_n(\mathbf{C})$ coïncide avec le groupe multiplicatif $\mathbf{C}^*$; si l'on suppose que X est une variété *normale*, le groupe $H^1(X, \mathcal{G})$ coïncide avec le groupe des classes de diviseurs localement linéairement équivalents à zéro (cf. [20], § 3) et la proposition 18 signifie que tout espace fibré analytique de base X et de groupe structural $\mathbf{C}^*$ provient d'un tel diviseur. Lorsque X est *non singulière*, ce résultat avait été obtenu par KODAIRA-SPENCER [12]; dans ce cas, il est d'ailleurs essentiellement équivalent au théorème de LEFSCHETZ sur l'existence de diviseurs de classe d'homologie donnée.

2. La proposition 18 permet d'étendre d'autres résultats de KODAIRA aux variétés projectives arbitraires (pouvant avoir des singularités); il en est notamment ainsi des théorèmes 7 et 8 de [11]. Nous n'insisterons pas là-dessus.

Soient maintenant G un groupe algébrique, et H un sous-groupe algébrique de G; on sait (cf. [13], par exemple) que l'espace homogène G/H peut être muni d'une structure de variété algébrique, quotient de celle de G. Le groupe H opère sur G par translations à droite; nous supposerons que ces opérations définissent sur G une structure d'*espace fibré algébrique principal*, de base G/H, et de groupe structural H, ou, ce qui revient au même, nous supposerons qu'il existe une *section rationnelle* G/H → G (ce qui n'est pas toujours le cas, comme nous le verrons plus loin). Sous cette hypothèse, on a le résultat suivant, qui m'a été communiqué, ainsi que sa démonstration, par A. GROTHENDIECK :

PROPOSITION 19. — *Soit* X *une variété algébrique compacte, et soit* P *un espace fibré principal analytique, de groupe structural* H, *et de base* X. *Pour que* P *soit algébrique, il faut et il suffit qu'il en soit ainsi de l'espace fibré* $P \times_H G$ *déduit de* P *en étendant le groupe structural de* H *à* G.

La nécessité est évidente. Pour démontrer la suffisance, supposons que $P \times_H G$ soit algébrique. Cela signifie qu'il existe un espace fibré algébrique principal P_0 de groupe structural G, et un isomorphisme analytique $h : P_0 \to P \times_H G$. Considérons l'espace fibré E (resp. E_0) associé à $P \times_H G$. (resp. à P_0) et de fibre type G/H sur lequel G opère par translations. On a :

$$E_0 = P_0 \times_G G/H \qquad \text{et} \qquad E = (P \times_H G) \times_G G/H = P \times_H G/H.$$

L'isomorphisme analytique h définit un isomorphisme analytique $f : E_0 \to E$. Mais l'espace fibré $E = P \times_H G/H$ possède une section canonique s, puisque le groupe H laisse invariant le point de G/H correspondant à l'élément neutre de G. L'isomorphisme f transforme s en une section $s_0 = f^{-1} \circ s$ de E_0; la section s_0 est holomorphe, donc régulière, d'après la proposition 15.

D'autre part, puisque G opère sur P_0, il en est de même de H, et P_0/H n'est autre que E_0; plus précisément, P_0 est un espace fibré algébrique principal, de groupe structural H, et de base E_0 : cela se vérifie facilement, par un raisonnement local, en utilisant l'hypothèse que G est un espace fibré algébrique principal de groupe structural H et de base G/H. Soit alors $P_1 = s_0^{-1}(P_0)$ l'image réciproque de P_0 par l'application $s_0 : X \to E_0$; l'espace fibré P_1 est un espace fibré algébrique principal, de base X, et de groupe structural H. Nous allons montrer que P_1 est analytiquement isomorphe à P, ce qui démontrera la proposition.

La relation $s_0 = f^{-1} \circ s$, jointe au fait que f est un isomorphisme analytique, montre que $P_1 = s_0^{-1}(P_0)$ est analytiquement isomorphe à l'image réciproque de $P \times_H G$ (considéré comme espace fibré principal de groupe structural H) par l'application $s : X \to E$. Mais cette dernière image réciproque n'est autre que P, comme le montre le diagramme commutatif :

$$\begin{array}{ccc} P & \longrightarrow & P \times_H G \\ \downarrow & & \downarrow \\ X & \xrightarrow{s} & E = P \times_H G/H. \end{array}$$

Ceci achève la démonstration.

En combinant les propositions 18 et 19, on obtient :

PROPOSITION 20. — *Soit* G *un sous-groupe algébrique du groupe* $GL_n(\mathbf{C})$ *vérifiant la condition suivante :*

(R) — *Il existe une section rationnelle* $GL_n(\mathbf{C})/G \to GL_n(\mathbf{C})$.

Alors, pour toute variété projective X, *l'application* :

$$\varepsilon : H^1(X, \mathcal{G}) \to H^1(X^h, \mathcal{G}^h)$$

est bijective.

Exemples. — La condition (R) est vérifiée dans les cas suivants :

a) lorsque G est *résoluble*, en vertu d'un théorème de Rosenlicht, [13];

b) lorsque $G = SL_n(\mathbf{C})$, la section rationnelle étant alors évidente;

c) lorsque $G = Sp_n(\mathbf{C})$, $n = 2m$; dans ce cas, l'espace homogène $GL_n(\mathbf{C})/G$ est l'espace des formes alternées non dégénérées $\sum_{i<j} a_{ij} x_i \wedge x_j$, et la condition (R) résulte du fait que la forme *générique* $\sum_{i<j} u_{ij} x_i \wedge x_j$ peut être ramenée à la forme canonique $\sum_{i=1}^{m} x_{2i-1} \wedge x_{2i}$ par un changement linéaire de variables à coefficients dans le corps $\mathbf{C}(u_{ij})$.

4 Ces deux derniers exemples conduisent à conjecturer que la condition (R) est vérifiée chaque fois que G est un groupe *semi-simple simplement connexe.*

Par contre, on peut montrer que le groupe orthogonal unimodulaire $G = O_n^+(\mathbf{C})$ ne vérifie pas la condition (R) lorsque $n \geqslant 3$. J'ignore si, dans ce cas, l'application $\varepsilon : H^1(X, \mathcal{G}) \to H^1(X^h, \mathcal{G}^h)$ est bijective.

ANNEXE

Tous les anneaux considérés ci-dessous sont supposés *commutatifs* et *à élément unité*; tous les modules sur ces anneaux sont supposés *unitaires.*

21. Modules plats.

DÉFINITION 3. — *Soit* B *un* A-*module. On dit que* B *est* A-*plat* (*ou plat*) *si, pour toute suite exacte de* A-*modules :*

$$E \to F \to G,$$

la suite

$$E \otimes_A B \to F \otimes_A B \to G \otimes_A B$$

est exacte.

Vu la définition des foncteurs Tor, la condition précédente équivaut à dire que $\mathrm{Tor}_1^A(B, Q) = 0$ pour tout A-module Q; comme Tor commute avec les limites inductives, on peut se borner aux modules Q de type fini, et même (grâce à la suite exacte des Tor) aux modules Q monogènes; ainsi, pour que B soit A-plat, il faut et il suffit que $\mathrm{Tor}_1^A(B, A/\mathfrak{a}) = 0$ pour tout idéal $\mathfrak{a}$ de A, autrement dit que l'homomorphisme canonique $\mathfrak{a} \otimes_A B \to B$ soit injectif.

Exemples. — 1. Si A est un anneau principal, il résulte de ce qui précède que « B est A-plat » équivaut à « B est sans torsion ».

2. Si S est une partie multiplicativement stable d'un anneau A, l'anneau de fractions A_S est A-plat, d'après [18], n° 48, lemme 1.

Soient A et B deux anneaux, et soit $\theta : A \to B$ un homomorphisme de A dans B; cet homomorphisme munit B d'une structure de A-module. Si E et F sont deux A-modules, $E \otimes_A B$ et $F \otimes_A B$ sont munis de structures de B-modules; de plus, si $f : E \to F$ est un homomorphisme, $f \otimes 1$ est un B-homomorphisme de $E \otimes_A B$ dans $F \otimes_A B$; on obtient ainsi une application A-linéaire canonique:

$$\mathrm{Hom}_A(E, F) \to \mathrm{Hom}_B(E \otimes_A B, F \otimes_A B),$$

qui se prolonge par linéarité en une application B-linéaire:

$$\iota : \quad \mathrm{Hom}_A(E, F) \otimes_A B \to \mathrm{Hom}_B(E \otimes_A B, F \otimes_A B).$$

Proposition 21. — *L'homomorphisme* ι *défini ci-dessus est bijectif lorsque* A *est un anneau noethérien,* E *est un* A-*module de type fini, et* B *est* A-*plat.*

Pour un module F fixé, posons:
$T(E) = \mathrm{Hom}_A(E, F) \otimes_A B$ et $T'(E) = \mathrm{Hom}_B(E \otimes_A B, F \otimes_A B)$, de sorte que ι est un homomorphisme du foncteur $T(E)$ dans le foncteur $T'(E)$.

Pour $E = A$, on a $T(E) = T'(E) = F \otimes_A B$, et ι est bijectif; il en est de même lorsque E est un module libre de type fini.

Mais l'anneau A est noethérien, et E est de type fini; il existe donc une suite exacte:

$$L_1 \to L_0 \to E \to 0,$$

où L_0 et L_1 sont des modules libres de type fini. Considérons le diagramme commutatif :

$$\begin{array}{ccccccc} 0 \to & T(E) & \to & T(L_0) & \to & T(L_1) \\ & \iota\downarrow & & \iota_0\downarrow & & \iota_1\downarrow \\ 0 \to & T'(E) & \to & T'(L_0) & \to & T'(L_1). \end{array}$$

La première ligne de ce diagramme est exacte du fait que B est A-plat; la seconde l'est aussi d'après les propriétés générales des foncteurs $\otimes$ et Hom. Comme nous savons que ι_0 et ι_1 sont bijectifs, il en résulte bien que ι est bijectif, c.q.f.d.

22. Couples plats.

Définition 4. — *Soit* A *un anneau, et soit* B *un anneau*
5 *contenant* A. *On dit que le couple* (A, B) *est plat si le* A-*module* B/A *est* A-*plat.*

On a :

Proposition 22. — *Pour qu'un couple* (A, B) *soit plat, il faut et il suffit que* B *soit* A-*plat, et que l'une des propriétés suivantes soit vérifiée :*

a) (*resp. a'*)) *Pour tout* A-*module* (*resp. pour tout* A-*module de type fini*) E, *l'homomorphisme* $E \to E \otimes_A B$ *est injectif.*

a'') *Pour tout idéal* $\mathfrak{a}$ *de* A, *on a* $\mathfrak{a}B \cap A = \mathfrak{a}$.

Si E est un A-module quelconque, la suite exacte :

$$0 \to A \to B \to B/A \to 0,$$

donne naissance à la suite exacte :

$$\mathrm{Tor}_1^A(A, E) \to \mathrm{Tor}_1^A(B, E) \to \mathrm{Tor}_1^A(B/A, E) \to A \otimes_A E \to B \otimes_A E.$$

Compte tenu de ce que $A \otimes_A E = E$ et $\mathrm{Tor}_1^A(A, E) = 0$, on obtient la nouvelle suite exacte :

$$0 \to \mathrm{Tor}_1^A(B, E) \to \mathrm{Tor}_1^A(B/A, E) \to E \to E \otimes_A B.$$

On voit donc que, pour que $\mathrm{Tor}_1^A(B/A, E)$ soit réduit à 0, il faut et il suffit qu'il en soit de même pour $\mathrm{Tor}_1^A(B, E)$ et que l'homomorphisme $E \to E \otimes_A B$ soit injectif; la proposition résulte immédiatement de là (noter que la propriété *a''*) revient à dire que l'homomorphisme $A/\mathfrak{a} \to A/\mathfrak{a} \otimes_A B$ est injectif).

PROPOSITION 23. — *Soient* $A \subset B \subset C$ *trois anneaux. Si les couples* (A, C) *et* (B, C) *sont plats, il en est de même du couple* (A, B).

Montrons d'abord que B est A-plat, autrement dit que, si l'on a une suite exacte de A-modules :

$$0 \to E \to F,$$

la suite : $0 \to E \otimes_A B \to F \otimes_A B$ est encore exacte.

Soit N le noyau de l'homomorphisme $E \otimes_A B \to F \otimes_A B$; puisque C est B-plat, on a une suite exacte :

$$0 \to N \otimes_B C \to (E \otimes_A B) \otimes_B C \to (F \otimes_A B) \otimes_B C.$$

Mais, d'après l'associativité du produit tensoriel, $(E \otimes_A B) \otimes_B C$ s'identifie à $E \otimes_A C$, et de même $(F \otimes_A B) \otimes_B C$ s'identifie à $F \otimes_A C$. De plus, C étant A-plat, l'homomorphisme $E \otimes_A C \to F \otimes_A C$ est injectif. Il s'ensuit que $N \otimes_B C = 0$, et, en appliquant la proposition 22 au couple (B, C), on voit que $N = 0$, ce qui achève de démontrer que B est A-plat.

D'autre part, si E est un A-module quelconque, l'homomorphisme composé : $E \to E \otimes_A B \to E \otimes_A C$ est injectif (puisque le couple (A, C) est plat), et il en est *a fortiori* de même de $E \to E \otimes_A B$; ceci montre que le couple (A, B) vérifie toutes les hypothèses de la proposition 22, c.q.f.d.

Remarque. — Un raisonnement analogue montre que si (A, B) et (B, C) sont plats, il en est de même de (A, C). Par contre, il peut se faire que (A, B) et (A, C) soient plats, sans que (B, C) le soit.

23. Modules sur un anneau local.

Dans ce numéro, nous désignerons par A un *anneau local noethérien* [6], *d'idéal maximal* $\mathfrak{m}$.

PROPOSITION 24. — *Si un* A-*module de type fini* E *vérifie la relation* $E = \mathfrak{m}E$, *on a* $E = 0$.

(Cf. [15], p. 138 ou [4], exp. I, par exemple.)

Supposons $E \neq 0$, et soit $e_1, \ldots, e_n$ un système de générateurs

[6] En fait, tous les résultats démontrés dans ces deux derniers numéros sont valables sans changement pour un *anneau de Zariski* (cf. [15], p. 157).

de E ayant le plus petit nombre possible d'éléments. Puisque $e_n \in \mathfrak{m}E$, on a $e_n = x_1e_1 + \cdots + x_ne_n$, avec $x_i \in \mathfrak{m}$, d'où

$$(1 - x_n)e_n = x_1e_1 + \cdots + x_{n-1}e_{n-1};$$

comme $1 - x_n$ est inversible dans A, ceci montre que les $e_1, \ldots, e_{n-1}$ engendrent E, ce qui est en contradiction avec l'hypothèse faite sur n.

Corollaire. — *Soit* E *un* A-*module de type fini. Si un sous-module* F *de* E *vérifie la relation* $E = F + \mathfrak{m}E$, *on a* $E = F$.

En effet, cette relation signifie que $E/F = \mathfrak{m}(E/F)$.

Nous munirons tout A-module E de la *topologie* $\mathfrak{m}$-*adique* dans laquelle les sous-modules $\mathfrak{m}^nE$ forment une base de voisinages de 0 (cf. [15], p. 153).

Proposition 25. — *Soit* E *un* A-*module de type fini. Alors* :

a) *La topologie induite sur un sous-module* F *de* E *par la topologie* $\mathfrak{m}$-*adique de* E *coïncide avec la topologie* $\mathfrak{m}$-*adique de* F.

b) *Tout sous-module de* E *est fermé pour la topologie* $\mathfrak{m}$-*adique de* E (*et, en particulier,* E *est séparé*).

(Cf. [15], *loc. cit.*, ainsi que [3], exp. VIII bis).

Rappelons brièvement la démonstration de cette proposition. On commence par démontrer *a*), ce qui peut se faire, soit en utilisant la théorie de la décomposition primaire (Krull, cf. [15]), soit en établissant l'existence d'un entier r tel que l'on ait $F \cap \mathfrak{m}^nE = \mathfrak{m}^{n-r}(F \cap \mathfrak{m}^rE)$ pour $n \geqslant r$ (Artin, Rees, cf. [4], exp. 2).

On montre ensuite que E est séparé : en appliquant *a*) au sous-module F adhérence de 0 dans E, on voit que $F = \mathfrak{m}F$, d'où $F = 0$, d'après la proposition 24. En appliquant ce résultat aux modules quotients de E, on en déduit *b*).

Soit encore E un A-module de type fini, et soient $\hat{E}$ et $\hat{A}$ les complétés de E et de A pour la topologie $\mathfrak{m}$-adique. L'application bilinéaire $A \times E \to E$ se prolonge par continuité en une application $\hat{A} \times \hat{E} \to \hat{E}$ qui fait de $\hat{E}$ un $\hat{A}$-module. L'injection canonique de E dans $\hat{E}$ se prolonge donc par linéarité en un homomorphisme.

$$\varepsilon : E \otimes_A \hat{A} \to \hat{E}.$$

Proposition 26. — *Pour tout* A-*module de type fini* E, *l'homomorphisme* ε *défini ci-dessus est bijectif.*

Soit $0 \to R \to L \to E \to 0$ une suite exacte de A-modules, L étant un module libre de type fini. Du fait que A est noethérien, R est de type fini; d'autre part, la proposition 25 montre que la topologie $\mathfrak{m}$-adique de R est induite par celle de L, et il est clair que celle de E est quotient de celle de L; comme ces topologies sont *métrisables*, on en déduit une suite exacte:

$$0 \to \hat{R} \to \hat{L} \to \hat{E} \to 0.$$

Considérons alors le diagramme commutatif:

$$\begin{array}{ccccccc} R \otimes_A \hat{A} & \to & L \otimes_A \hat{A} & \to & E \otimes_A \hat{A} & \to & 0 \\ \varepsilon'' \downarrow & & \varepsilon' \downarrow & & \varepsilon \downarrow & & \\ \hat{R} & \to & \hat{L} & \to & \hat{E} & \to & 0. \end{array}$$

Les deux lignes de ce diagramme sont exactes, et, d'autre part, il est clair que ε' est bijectif. On en déduit que ε est surjectif (autrement dit, on a $\hat{E} = \hat{A}.E$, cf. [15], p. 153, lemme 1). Ce résultat, étant démontré pour tout A-module de type fini, s'applique en particulier à R, ce qui montre que ε'' est surjectif, et, en appliquant le lemme des cinq, on en conclut que ε est bijectif, c.q.f.d.

24. Propriétés de platitude des anneaux locaux.

Tous les anneaux locaux considérés ci-dessous sont supposés *noethériens.*

Proposition 27. — *Soit* A *un anneau local, et soit* $\hat{A}$ *son complété. Le couple* (A, $\hat{A}$) *est plat.*

Tout d'abord, $\hat{A}$ est A-plat. En effet, il suffit de montrer que, si $E \to F$ est injectif, il en est de même de $E \otimes_A \hat{A} \to F \otimes_A \hat{A}$, et l'on peut même supposer E et F de type fini. Dans ce cas, la proposition 26 montre que $E \otimes_A \hat{A}$ s'identifie à $\hat{E}$, et de même $F \otimes_A \hat{A}$ s'identifie à $\hat{F}$, et notre assertion résulte alors du fait évident que $\hat{E}$ se plonge dans $\hat{F}$.

De même, le fait que $E \to \hat{E}$ soit injectif si E est de type fini montre que le couple (A, $\hat{A}$) vérifie la propriété *a'*) de la proposition 22, donc est bien un couple plat.

Soient maintenant A et B deux anneaux locaux, et soit θ un homomorphisme de A dans B. Supposons que θ applique l'idéal maximal de A dans l'idéal maximal de B. Alors θ est continu, et se prolonge par continuité en un homomorphisme $\hat{\theta} : \hat{A} \to \hat{B}$.

PROPOSITION 28. — *Supposons que* $\hat{\theta} : \hat{A} \to \hat{B}$ *soit bijectif, et identifions* A *à un sous-anneau de* B *au moyen de* θ. *Le couple* (A, B) *est alors un couple plat.*

On a $A \subset B \subset \hat{B} = \hat{A}$, et les couples $(A, \hat{A})$ et $(B, \hat{B})$ sont plats, d'après la proposition précédente. La proposition 23 montre que (A, B) est un couple plat.

PROPOSITION 29. — *Soient* A *et* B *deux anneaux locaux, soit* $\mathfrak{a}$ *un idéal de* A, *et soit* θ *un homomorphisme de* A *dans* B. *Si* θ *vérifie l'hypothèse de la proposition* 28, *il en est de même de l'homomorphisme de* $A/\mathfrak{a}$ *dans* $B/\theta(\mathfrak{a})B$ *défini par* θ (*ce qui montre que le couple* $(A/\mathfrak{a}, B/\theta(\mathfrak{a})B)$ *est un couple plat*).

D'après la proposition 26, le complété de $A/\mathfrak{a}$ est $\hat{A}/\mathfrak{a}\hat{A}$, et, de même, celui de $B/\theta(\mathfrak{a})B$ est $\hat{B}/\theta(\mathfrak{a})\hat{B}$, d'où le résultat.

PROPOSITION 30. — *Soient* A *et* A′ *deux anneaux locaux, soit* θ *un homomorphisme de* A *dans* A′ *vérifiant l'hypothèse de la proposition* 28, *et soit* E *un* A*-module de type fini. Si le* A′*-module* $E' = E \otimes_A A'$ *est isomorphe à* A'^n, *alors* E *est isomorphe à* A^n.

Nous identifierons A à un sous-anneau de A′ au moyen de θ. Si $\mathfrak{m}$ et $\mathfrak{m}'$ désignent les idéaux maximaux de A et A′, on a donc $\mathfrak{m} \subset \mathfrak{m}'$; d'autre part, puisque $\mathfrak{m}'$ est un voisinage de 0 dans A′, et que A est dense dans A′, on a $A' = \mathfrak{m}' + A$, ce qui montre que $A/\mathfrak{m} = A'/\mathfrak{m}'$, d'où $E/\mathfrak{m}E = E'/\mathfrak{m}'E'$. Puisque le A′-module E′ est un module libre de rang *n*, il en est de même du $A'/\mathfrak{m}'$-module $E'/\mathfrak{m}'E'$. On en conclut qu'il est possible de choisir *n* éléments $e_1, \ldots, e_n$ dans E dont les images dans $E/\mathfrak{m}E$ forment une base de $E/\mathfrak{m}E$, considéré comme espace vectoriel sur $A/\mathfrak{m}$. Les éléments e_i définissent un homomorphisme $f : A^n \to E$ qui est surjectif en vertu du corollaire à la proposition 24. Nous allons montrer que f est injectif, ce qui démontrera la proposition.

Soit N le noyau de f. Du fait que le couple (A, A′) est plat (prop. 28), la suite exacte :

$$0 \to N \to A^n \xrightarrow{f} E \to 0,$$

donne naissance à la suite exacte:

$$0 \to N' \to A'^n \xrightarrow{f'} E' \to 0.$$

Comme le module E′ est libre, N′ est facteur direct dans A'^n, et l'on a une suite exacte:

$$0 \to N'/\mathfrak{m}'N' \to A'^n/\mathfrak{m}'A'^n \to E'/\mathfrak{m}'E' \to 0.$$

Mais, par construction même, f' définit une bijection de $A'^n/\mathfrak{m}'A'^n$ sur $E'/\mathfrak{m}'E'$. Il s'ensuit que $N'/\mathfrak{m}'N' = 0$, d'où $N' = 0$ (proposition 24), d'où $N = 0$ puisque le couple (A, A′) est plat, c.q.f.d.

BIBLIOGRAPHIE

[1] H. Cartan. Idéaux et modules de fonctions analytiques de variables complexes. *Bull. Soc. Math. France*, **78**, 1950, pp. 29-64.

[2] H. Cartan. Séminaire E. N. S., 1951-1952.

[3] H. Cartan. Séminaire E. N. S., 1953-1954.

[4] H. Cartan et C. Chevalley. Séminaire E. N. S., 1955-1956.

[5] H. Cartan et J.-P. Serre. Un théorème de finitude concernant les variétés analytiques compactes. *C. R.*, **237**, 1953, pp. 128-130.

[6] W-L. Chow. On compact complex analytic varieties. *Amer. J. of Maths.*, **71**, 1949, pp. 893-914.

[7] W-L. Chow. On the projective embedding of homogeneous varieties. *Lefschetz's volume*, Princeton, 1956.

[8] P. Dolbeault. Sur la cohomologie des variétés analytiques complexes. *C. R.*, **236**, 1953, pp. 175-177.

[9] J. Frenkel. Cohomologie à valeurs dans un faisceau non abélien. *C. R.*, **240**, 1955, pp. 2368-2370.

[10] A. Grothendieck. A general theory of fibre spaces with structure sheaf. *Kansas Univ.*, 1955.

[11] K. Kodaira. On Kähler varieties of restricted type (an intrinsic characterization of algebraic varieties). *Ann. of Maths.*, **60**, 1954, pp. 28-48.

[12] K. Kodaira and D. C. Spencer. Divisor class groups on algebraic varieties. *Proc. Nat. Acad. Sci. U. S. A.*, **39**, 1953, pp. 872-877.

[13] M. Rosenlicht. Some basic theorems on algebraic groups. *Amer J. of Maths.*, **78**, 1956, pp. 401-443.

[14] W. Rückert. Zum Eliminationsproblem der Potenzreihenideale. *Math. Ann.*, **107**, 1933, pp. 259-281.

[15] P. Samuel. Commutative Algebra (Notes by D. Herzig). *Cornell Univ.*, 1953.

[16] P. Samuel. Algèbre locale. *Mém. Sci. Math.*, 123, Paris, 1953.

[17] P. Samuel. Méthodes d'algèbre abstraite en géométrie algébrique. *Ergebn. der Math.*, Springer, 1955.

[18] J.-P. Serre. Faisceaux algébriques cohérents. *Ann. of Maths.*, **61**, 1955, pp. 197-278.

[19] J.-P. Serre. Sur la cohomologie des variétés algébriques. *J. de Maths. Pures et Appl.*, **36**, 1957.

[20] A. Weil. Fibre-spaces in algebraic geometry (Notes by A. Wallace). *Chicago Univ.*, 1952.

33.

Sur la dimension homologique des anneaux et des modules noethériens

Proc. int. symp., Tokyo-Nikko (1956), 175–189

Dans sa conférence au Colloque de Topologie de Bruxelles [7], J.-L. Koszul a montré quel avantage il y a à exposer la théorie des syzygies de Hilbert en utilisant le langage homologique. Ce point de vue a été repris et systématisé par H. Cartan et S. Eilenberg (cf. [3], Chap. VIII), qui ont notamment étendu les résultats de Koszul à d'autres anneaux que l'anneau des polynômes, par exemple à l'anneau des séries formelles, ou convergentes. En fait, ces résultats sont valables dans tout anneau local régulier: c'est ce que viennent de montrer M. Auslander et D. Buchsbaum, dans un article récent [2], où ils étudient également les relations existant entre la notion de "dimension homologique", introduite dans [3], et la notion classique de dimension, due à Krull; ces relations généralisent celles qui étaient connues dans le cas classique (cf. [5] par exemple).

Dans ce qui suit, je me propose d'exposer certains des résultats de [2], en les complétant sur plusieurs points, et notamment en montrant que la validité du théorème des syzygies caractérise les anneaux locaux réguliers (cf. th. 3). La conséquence sans doute la plus intéressante de cette caractérisation est le fait que tout anneau de fractions d'un anneau local régulier est régulier (cf. th. 5).

1. Conventions et terminologie.

a) Tous les anneaux considérés par la suite seront supposés *commutatifs, noethériens*, et *à élément unité*; tous les modules sur ces anneaux seront supposés *unitaires*, et *de type fini*, donc *noethériens*.

b) Si E est un module sur un anneau A, nous appellerons *dimension homologique* de E, et nous noterons $\mathrm{dh}_A(E)$ l'entier (fini ou égal à $+\infty$) appelé dimension "projective" de E, et noté $\dim_A E$, dans [3]: ce changement de terminologie parait nécessaire, si l'on veut appliquer cette notion à la géométrie "projective". Rappelons que $\mathrm{dh}_A(E) \leqq n$ signifie qu'il existe une suite exacte:

$$0 \to P_n \to \cdots \to P_1 \to P_0 \to E \to 0,$$

où les P_i sont des A-modules projectifs (facteurs directs de modules libres).

De même, nous noterons gl.dh(A) la borne supérieure, finie ou infinie, des $\mathrm{dh}_A(E)$, pour E parcourant tous les A-modules (se borner aux modules de type fini ne change pas gl.dh(A), d'après un résultat de M. Auslander [1]).

Pour toutes les autres définitions et notations d'algèbre homologique, nous renvoyons à [3].

c) Si A est un anneau, nous noterons dim(A) sa *dimension* au sens de Krull (cf. [8], [13], [14] par exemple), c'est-à-dire la borne supérieure des entiers n tels qu'il existe $n+1$ idéaux premiers emboîtés distincts dans A:

$$\mathfrak{p}_0 \subset \mathfrak{p}_1 \subset \cdots \subset \mathfrak{p}_n.$$

Si $\mathfrak{a}$ est un idéal de A, nous noterons dim$(\mathfrak{a})$ la dimension de l'anneau quotient $A/\mathfrak{a}$. Si A est un anneau local, on sait que dim(A) et les dim$(\mathfrak{a})$ sont finis.

d) Si A est un anneau, et si $\mathfrak{p}$ est un idéal premier de A, nous noterons $A_\mathfrak{p}$ l'anneau de fractions de A relativement au complémentaire de $\mathfrak{p}$ (cf. [13], Chap. 2 ainsi que [14], Chap. I, no. 4); rappelons que c'est l'ensemble des fractions a/s, $a \in A$, $s \notin \mathfrak{p}$, deux fractions a/s et a'/s' étant identifiées si et seulement si il existe $s'' \notin \mathfrak{p}$ tel que $s''(s'a-sa')=0$; l'anneau $A_\mathfrak{p}$ est un anneau local d'idéal maximal $\mathfrak{p}A_\mathfrak{p}$ et de corps des restes le corps des fractions de $A/\mathfrak{p}$; la dimension de
1 $A_\mathfrak{p}$ est appelée le *rang* de $\mathfrak{p}$, et notée rg$(\mathfrak{p})$.

e) Soit E un A-module. Si $\mathfrak{a}$ est un idéal de A, et si F est un sous-module de E, nous noterons $\mathfrak{a}F$ (ou $\mathfrak{a}\cdot F$) le sous-module de E engendré par les produits $a\circ f$ où a parcourt $\mathfrak{a}$ et f parcourt F. L'idéal $\mathfrak{a}$ sera dit *diviseur de zéro* dans E/F s'il existe $x \in E$, $x \notin F$, tel que $\mathfrak{a}x \subset F$ (c'est-à-dire $ax \in F$ pour tout $a \in \mathfrak{a}$). Soit $F=\bigcap Q_i$ une *décomposition primaire réduite* ([6], §6–[15], Chap. IV) de F dans E, les Q_i correspondant aux idéaux premiers $\mathfrak{p}_i$; nous dirons que les $\mathfrak{p}_i$ sont *les idéaux premiers de F dans E*; on sait ([6], cor. au th. 13–[15], Chap. IV, th. 7) qu'un idéal $\mathfrak{a}$ est diviseur de zéro dans E/F si et seulement si il est contenu dans l'un des $\mathfrak{p}_i$ (ou dans la réunion des $\mathfrak{p}_i$, cela revient au même d'après la prop. 6 du Chap. I de [13]); en particulier, l'ensemble des $a \in A$ qui sont diviseurs de zéro dans E/F est égal à la réunion des $\mathfrak{p}_i$.

f) Conformément à l'usage de N. Bourbaki, nous dirons qu'une application $f\colon E \to E'$ est *injective* si $f(e_1)=f(e_2)$ entraîne $e_1=e_2$, *surjective* si $f(E)=E'$, *bijective* si elle est à la fois injective et surjective. Une application injective (resp. surjective, bijective) est appelée une *injection* (resp. une *surjection*, une *bijection*).

2. La notion de *E*-suite.

Soit A un anneau local d'idéal maximal $\mathfrak{m}$, et soit E un A-module.

DÉFINITION 1. *Une suite* $(a_1, \cdots, a_q)$ *d'éléments de* $\mathfrak{m}$ *est appelée une E-suite si, pour tout* $i \leqq q$, *l'élément* a_i *n'est pas diviseur de zéro dans* $E/(a_1, \cdots, a_{i-1})E$. *L'entier q est appelé la longueur de la E-suite.* (Cf. [2], §3.)

Une E-suite $(a_1, \cdots, a_q)$ est dite *maximale* s'il n'existe aucun élément $a_{q+1} \in \mathfrak{m}$ tel que $(a_1, \cdots, a_q, a_{q+1})$ soit une E-suite; cela signifie que tout élément de $\mathfrak{m}$ est diviseur de zéro dans $E/(a_1, \cdots, a_q)E$; si $\mathfrak{p}_1, \cdots, \mathfrak{p}_k$ désignent les idéaux premiers de $(a_1, \cdots, a_q)E$ dans E, la condition précédente équivaut à dire que $\mathfrak{m}$ est contenu dans la réunion des $\mathfrak{p}_i$, donc est égal à l'un des $\mathfrak{p}_i$ (cf. no. 1).

Nous montrerons plus loin que, si E n'est pas réduit à 0, toute E-suite peut être prolongée en une E-suite maximale (cor. à la prop. 2), et que deux E-suites maximales ont même longueur (th. 2).

PROPOSITION 1. *Soit E un A-module, et soit* $\hat{E}$ *son complété, considéré comme module sur le complété* $\hat{A}$ *de A. Si une suite* $(a_1, \cdots, a_q)$ *est une E-suite (resp. une E-suite maximale), c'est aussi une* $\hat{E}$*-suite (resp. une* $\hat{E}$*-suite maximale).*

Puisque A est un anneau local, c'est un anneau de Zariski, et le foncteur $\hat{E}$ est un foncteur *exact* ([15], Chap. V, §2); en particulier, supposons que F soit un A-module et que $a \in \mathfrak{m}$ soit non diviseur de zéro dans F; on a une suite exacte:

$$0 \to F \xrightarrow{a} F \to F/aF \to 0,$$

d'où, par complétion, la suite exacte $0 \to \hat{F} \xrightarrow{a} \hat{F} \to \hat{F}/a\hat{F} \to 0$, qui montre que a est non diviseur de zéro dans $\hat{F}$. Par récurrence sur q, on en déduit que, si $(a_1, \cdots, a_q)$ est une E-suite, c'est aussi une $\hat{E}$-suite. Supposons maintenant que $(a_1, \cdots, a_q)$ soit une E-suite maximale i.e. que $\mathfrak{m}$ soit un idéal premier de $F = (a_1, \cdots, a_q)E$ dans E; il existe alors (cf. no. 1) un élément $x \in E$, $x \notin F$, tel que $\mathfrak{m} \cdot x \subset F$; on aura donc $\hat{\mathfrak{m}} \cdot x = \hat{A} \cdot \mathfrak{m} \cdot x \subset \hat{A} \cdot F = \hat{F}$, et $x \notin \hat{F}$ puisque $\hat{F} \frown E = F$ (cf. [15], loc. cit.); donc $\hat{\mathfrak{m}}$ est diviseur de zéro dans $\hat{E}/\hat{F} = \hat{E}/(a_1, \cdots, a_q)\hat{E}$, ce qui montre bien que la $\hat{E}$-suite $(a_1, \cdots, a_q)$ est maximale.

PROPOSITION 2. *Soit E un A-module, et soient* $\mathfrak{p}_i$ *les idéaux premiers de* 0 *dans* E. *Si* $(a_1, \cdots, a_q)$ *est une* E*-suite, on a* $q \leqq \dim(\mathfrak{p}_i)$ *pour tout* i.

Nous utiliserons le lemme suivant:

LEMME 1. *Soit* E *un* A*-module et soit* a *un élément de* $\mathfrak{m}$ *qui ne soit pas diviseur de zéro dans* E. *Si* $\mathfrak{p}$ *est un idéal premier de* 0 *dans* E, *il existe un idéal premier* $\mathfrak{p}'$ *de* aE *dans* E *qui contient l'idéal* $\mathfrak{p}+(a)$.

(Cf. [5], §135, no. 8).

S'il n'existait pas d'idéal $\mathfrak{p}'$ vérifiant les conditions de l'énoncé, l'idéal $\mathfrak{p}+(a)$ ne serait pas diviseur de zéro dans E/aE (no. 1), autrement dit, la relation $(\mathfrak{p}+(a))\cdot x \subset aE$ entraînerait $x \in aE$; comme on a évidemment $ax \in aE$, ceci signifie que la relation $\mathfrak{p}\cdot x \subset aE$ entraînerait $x \in aE$. Considérons alors le sous-module N de E formé des x tels que $\mathfrak{p}\cdot x=0$; puisque $\mathfrak{p}$ est un idéal premier de 0 dans E, on a $N \neq 0$ (cf. no. 1); mais, si $x \in N$, on a $\mathfrak{p}\cdot x=0 \subset aE$, d'où $x \in aE$, d'après ce que nous venons de voir, et l'on peut écrire $x=ay$, avec $y \in E$. La relation $\mathfrak{p}\cdot x=0$ s'écrit alors $\mathfrak{p}\cdot ay=0$, et, comme a n'est pas diviseur de zéro dans E, ceci entraîne $\mathfrak{p}\cdot y=0$, i.e. $y \in N$. On voit donc que $N=aN$, et, comme a appartient à $\mathfrak{m}$, ceci entraîne $N=0$ (cf. [3], Chap. VIII, Prop. 5.1′), d'où la contradiction cherchée.

Démontrons maintenant la prop. 2 par récurrence sur q, le cas $q=0$ étant trivial. Soit $\mathfrak{p}$ l'un des idéaux $\mathfrak{p}_i$, et soit $\mathfrak{p}'$ un idéal premier vérifiant les conditions du lemme 1 (avec $a=a_1$). Puisque le module E/a_1E possède la E/a_1E-suite $(a_2, \cdots, a_q)$, l'hypothèse de récurrence montre que $q-1 \leqq \dim(\mathfrak{p}')$. Mais $\mathfrak{p}' \subset \mathfrak{p}$, $\mathfrak{p}' \neq \mathfrak{p}$ (car sinon on aurait $a_1 \in \mathfrak{p}$, et a_1 serait diviseur de zéro dans E); d'où $\dim(\mathfrak{p}') \leqq \dim(\mathfrak{p})-1$, et $q \leqq \dim(\mathfrak{p})$, cqfd.

COROLLAIRE. *Si* E *est un* A*-module* $\neq 0$, *toute* E*-suite peut être prolongée en une* E*-suite maximale.*

En effet, la condition $E \neq 0$ signifie que l'ensemble des idéaux premiers de 0 dans E est non vide, et la prop. 1 montre alors que la longueur de toute E-suite est bornée par la dimension de l'un quelconque de ces idéaux.

3. Relations entre les notions de E-suite et de dimension homologique.

Les notations étant les mêmes que précédement, nous désignerons par k le corps des restes de l'anneau local A; puisque k est un anneau quotient de A, on peut le considérer comme un A-module, et les $\mathrm{Tor}_p^A(E, k)$ sont donc définis pour tout entier $p \geqq 0$ et tout A-module E. D'après [3], Chap. VIII, les relations:

$$\text{“}\mathrm{Tor}_p^A(E, k)=0\text{”} \quad \text{et} \quad \text{“}\mathrm{dh}_A(E)<p\text{”}$$

sont équivalentes. En particulier, gl.dh(A) est égal à $\mathrm{dh}_A(k)$, lui-même égal au plus petit entier q tel que $\mathrm{Tor}^A_{q+1}(k, k)=0$.

PROPOSITION 3. *Soit E un A-module $\neq 0$, et soit $(a_1, \cdots, a_q)$ une E-suite. Si $Q=E/(a_1, \cdots, a_q)E$, on a* $\mathrm{dh}_A(Q)=\mathrm{dh}_A(E)+q$.

(Ce résultat est bien connu dans la théorie classique des syzygies, cf. [5], §152, no. 6; dans le cas des anneaux locaux, voir [2], §3 ainsi que [16], no. 76, lemme 2.)

Par récurrence sur q, on voit que l'on peut supposer $q=1$. Désignons par u l'homothétie de rapport a_1 dans E. On a une suite exacte:

$$(*) \qquad 0 \rightarrow E \xrightarrow{u} E \rightarrow Q \rightarrow 0.$$

Pour tout entier $p \geqq 0$, u définit un homomorphisme

$$u_p : \mathrm{Tor}^A_p(E, k) \rightarrow \mathrm{Tor}^A_p(E, k).$$

Il résulte des propriétés générales des Tor que l'on obtient le même homomorphisme u_p en considérant l'homothétie de rapport a_1 dans k, et non plus dans E. Comme a_1 appartient à $\mathfrak{m}$, cette homothétie est identiquement nulle, et l'on a $u_p=0$ pour tout p. La suite exacte:

$$\cdots \rightarrow \mathrm{Tor}^A_p(E, k) \rightarrow \mathrm{Tor}^A_p(E, k) \rightarrow \mathrm{Tor}^A_p(Q, k) \rightarrow \mathrm{Tor}^A_{p-1}(E, k) \rightarrow \cdots$$

associée à la suite exacte $(*)$ se décompose donc en suites exactes partielles:

$$0 \rightarrow \mathrm{Tor}^A_p(E, k) \rightarrow \mathrm{Tor}^A_p(Q, k) \rightarrow \mathrm{Tor}^A_{p-1}(E, k) \rightarrow 0.$$

Si l'on pose $s=\mathrm{dh}_A(E)$, les suites exactes précédentes montrent que $\mathrm{Tor}^A_p(Q, k) \neq 0$ pour $p \leqq s+1$ et $\mathrm{Tor}^A_p(Q, k)=0$ pour $p>s+1$, ce qui montre bien que $\mathrm{dh}_A(Q)=s+1$, cqfd.

PROPOSITION 4. *Supposons que* gl.dh(A) *soit finie, et égale à s. Alors, si E est un A-module $\neq 0$, la longueur de toute E-suite maximale est égale à* $s-\mathrm{dh}_A(E)$.

Soit $(a_1, \cdots, a_q)$ une E-suite maximale, et soit $Q=E/(a_1, \cdots, a_p)E$. D'après la proposition précédente, on a $\mathrm{dh}_A(E)=\mathrm{dh}_A(Q)-q$, et il nous suffira donc de prouver que $\mathrm{dh}_A(Q)=s$. D'après ce que nous avons vu au no. 2, l'idéal $\mathfrak{m}$ de A est diviseur de zéro dans Q; on peut donc trouver un élément $x \in Q$, $x \neq 0$, tel que $\mathfrak{m} \cdot x=0$; l'élément x engendre donc un sous-module de Q isomorphe à k, et l'on a ainsi obtenu une suite exacte:

$$0 \rightarrow k \rightarrow Q \rightarrow Q/k \rightarrow 0.$$

On en déduit la suite exacte:

$$\mathrm{Tor}^A_{s+1}(Q/k, k) \rightarrow \mathrm{Tor}^A_s(k, k) \rightarrow \mathrm{Tor}^A_s(Q, k).$$

Puisque $s=\mathrm{gl.dh}(A)$, on a $\mathrm{Tor}^A_{s+1}(Q/k, k)=0$, et $\mathrm{Tor}^A_s(k, k) \neq 0$; d'où $\mathrm{Tor}^A_s(Q, k) \neq 0$, ce qui montre que $\mathrm{dh}_A(Q) \geqq s$; comme il est trivial que $\mathrm{dh}_A(Q) \leqq s$, la proposition est démontrée.

COROLLAIRE 1. *Pour que* $\mathrm{dh}_A(E)$ *soit égal à* s, *il faut et il suffit que* $\mathfrak{m}$ *soit un idéal premier de* 0 *dans* E.

En effet, les deux conditions équivalent à dire que toute E-suite est vide.

COROLLAIRE 2. *Si* $\mathrm{gl.dh}(A)$ *est finie, on a* $\mathrm{gl.dh}(A) \leqq \dim(A)$.

(En fait, on a $\mathrm{gl.dh}(A) = \dim(A)$, cf. [2], lemme 4.2, ainsi que les ths. 1 et 3 ci-après.)

En appliquant la prop. 4 à $E = A$, on voit que s est égal à la longueur de toute A-suite maximale; la prop. 2 montre alors que $s \leqq \dim(\mathfrak{p})$, pour tout idéal premier $\mathfrak{p}$ de 0 dans A, d'où *a fortiori* $s \leqq \dim(A)$.

THÉORÈME 1. *Si* A *est un anneau local régulier* (cf. [14], p. 29) *de dimension* n, *on a* $\mathrm{gl.dh}(A) = n$.

(Cf. [2], §4, ainsi que [3], Chap. VIII.)

Par définition, l'idéal $\mathfrak{m}$ de A peut être engendré par n éléments $(x_1, \cdots, x_n)$; de plus on sait ([14], loc. cit.) que, pour tout $i \leqq n$, l'anneau $A/(x_1, \cdots, x_{i-1})$ est un anneau local régulier, donc intègre, et x_i n'est pas diviseur de zéro dans $A/(x_1, \cdots, x_{i-1})$. Il s'ensuit que $(x_1, \cdots, x_n)$ est une A-suite; en appliquant la prop. 3 avec $E = A$, et en remarquant que $E/(a_1, \cdots, a_n)E = A/\mathfrak{m} = k$, on obtient:

$$\mathrm{dh}_A(k) = \mathrm{dh}_A(A) + n = n \text{ (puisque } A \text{ est } A\text{-libre)},$$

ce qui démontre le théorème, car $\mathrm{dh}_A(k) = \mathrm{gl.dh}(A)$.

Puisque $\mathrm{gl.dh}(A) = n < +\infty$, on peut appliquer la prop. 4. D'où:

COROLLAIRE 1. *Si* E *est un* A*-module* $\neq 0$, *la longueur de toute suite maximale est égale à* $n - \mathrm{dh}_A(E)$

Et, en appliquant la prop. 2:

COROLLAIRE 2. *Si* $\mathfrak{p}_i$ *désignent les idéaux premlers de* 0 *dans* E, *on a* $\mathrm{dh}_A(E) \geqq n - \dim(\mathfrak{p}_i)$ *pour tout* i.

Remarques.

1) On peut avoir $\mathrm{dh}_A(E) > n - \dim(\mathfrak{p}_i)$ pour tout i, comme le montrent de nombreux exemples. Cf. [5], §155, no. 8.

2) Le corollaire 1 ci-dessus fournit un procédé commode pour calculer $\mathrm{dh}_A(E)$. A titre d'exemple, montrons que tout anneau local régulier A de dimension 2 est factoriel, résultat dû à Krull ([9], Satz 9) et Samuel ([14], p. 61): puisque l'on sait que A est intégralement clos, il nous suffit de montrer que tout idéal premier minimal $\mathfrak{p}$ de A est principal; or il existe évidemment un élément $a \in \mathfrak{m}$ non contenu dans $\mathfrak{p}$, et cet élément n'est pas diviseur de zéro dans $A/\mathfrak{p}$; en appliquant le cor. 1 au module $A/\mathfrak{p}$, on en déduit

$\mathrm{dh}_A(A/\mathfrak{p}) \leqq 1$, d'où $\mathrm{dh}_A(\mathfrak{p}) \leqq 0$, ce qui signifie que $\mathfrak{p}$ est un A-module libre, donc est un idéal principal, cqfd.

4. Codimension homologique d'un module sur un anneau local.

THÉORÈME 2. *Soit A un anneau local. Si E est un A-module $\neq 0$, toutes les E-suites maximales ont même longueur.*

(Cf. [2], §3.)

Soient $(a_1, \cdots, a_p)$ et $(a'_1, \cdots, a'_q)$ deux E-suites maximales; d'après la prop. 1, ce sont aussi des $\hat{E}$-suites maximales. En vertu d'un théorème de Cohen ([4], cor. 2 au th. 15 - voir aussi [14], Chap. IV), l'anneau local complet $\hat{A}$ est isomorphe au quotient d'un anneau local régulier B; ainsi, $\hat{E}$ se trouve muni d'une structure de B-module. Si $(b_1, \cdots, b'_q)$ désignent de représentants dans B de $(a_1, \cdots, a'_q)$, il est clair que $(b_1, \cdots, b_p)$ et $(b'_1, \cdots, b'_q)$ sont des $\hat{E}$-suites maximales, et le cor. 1 au th. 1 montre alors que $p = q = \dim(B) - \mathrm{dh}_B(\hat{E})$, cqfd.

DÉFINITION 2. *Si E est un A-module $\neq 0$, on appelle codimen-*
2 *sion homologique de E, et on note $\mathrm{codh}_A(E)$, la longueur de toute E-suite maximale.*

Remarques.

1) La notation $\mathrm{codh}_A(E)$ est justifiée par le cor. 1 au th. 1: si A est un anneau local régulier de dimension n, on a:

$$\mathrm{dh}_A(E) + \mathrm{codh}_A(E) = n.$$

2) A la différence de la notion de dimension homologique, celle de codimension est indépendante de l'anneau A considéré, et ne dépend que du module E. De façon plus précise, si E est un A-module, et si l'anneau A est un quotient d'un anneau local B, on a:

$$\mathrm{codh}_A(E) = \mathrm{codh}_B(E).$$

On peut donc écrire $\mathrm{codh}(E)$ au lieu de $\mathrm{codh}_A(E)$ sans risque d'ambiguïté.

3) Il serait intéressant de trouver une démonstration directe du th. 2, n'utilisant ni les théorèmes de structure de Cohen, ni la notion de dimension homologique.

Exemples.

1) Prenons pour module E l'anneau local A lui-même. D'après la prop. 2, on a $\mathrm{codh}(A) \leqq \dim(\mathfrak{p})$ pour tout idéal premier $\mathfrak{p}$ de 0 dans A, et, en particulier, $\mathrm{codh}(A) \leqq \dim(A)$. Les anneaux locaux A vérifiant l'égalité $\mathrm{codh}(A) = \dim(A)$ sont ceux qui possèdent un "système distinct de paramètres", au sens de Nagata ([11], §7); on trouvera diverses caractérisations de ces anneaux dans le mémoire

précité de Nagata, et notamment celle-ci: ce sont les anneaux locaux dans lesquels le théorème d'équidimensionnalité de Cohen-Macaulay est valable. Ces anneaux ont pour analogues, dans la théorie classique des syzygies, les quotients d'un anneau de polynômes par un idéal "parfait" (cf. [5], §153).

2) Soit A un anneau local intègre, intégralement clos, et de dimension $\geqq 2$, et soit $\mathfrak{a}$ un idéal fractionnaire de A; supposons que $\mathfrak{a}$ soit un idéal "divisoriel" (cf. [15], p. 82). Je dis que l'on a alors $\mathrm{codh}(\mathfrak{a}) \geqq 2$ (lorsque $\mathfrak{a}=A$, on retrouve le résultat démontré dans [16], no. 76). En effet, on peut tout d'abord supposer (par multiplication par un élément convenable de A) que l'idéal $\mathfrak{a}$ est contenu dans A; si x est un élément non nul de $\mathfrak{m}$, l'idéal $x\cdot\mathfrak{a}$ est un idéal divisoriel, donc est intersection de puissances symboliques d'idéaux premiers minimaux $\mathfrak{p}_\alpha$ (cf. [15], Chap. IV, §4); comme $\dim(A)\geqq 2$, aucun des $\mathfrak{p}_\alpha$ n'est égal à $\mathfrak{m}$, et l'on peut donc choisir un $y \in \mathfrak{m}$ qui n'appartient à aucun des $\mathfrak{p}_\alpha$. Montrons maintenant que (x, y) est une $\mathfrak{a}$-suite, ce qui établira notre assertion; puisque A est intègre et $x \neq 0$, x est non diviseur de zéro dans A, donc *a fortiori* dans $\mathfrak{a}\subset A$; de même, y n'étant contenu dans aucun des $\mathfrak{p}_\alpha$ n'est pas diviseur de zéro dans $A/x\cdot\mathfrak{a}$, donc *a fortiori* dans $\mathfrak{a}/x\cdot\mathfrak{a}\subset A/x\cdot\mathfrak{a}$, cqfd.

3) La notion de codimension homologique permet d'énoncer de façon un peu plus simple certains résultats relatifs aux faisceaux algébriques cohérents. Ainsi, le th. 2 du no. 74 de [16] s'énonce de la façon suivante:

Soit V une variété algébrique projective, soit $\mathcal{F}$ un faisceau algébrique cohérent sur V, et soit p un entier $\geqq 0$. Les deux conditions suivantes sont équivalentes:

(a) $H^q(V, \mathcal{F}(-n))=0$ *pour n assez grand et* $0\leqq q<p$.

(b) *Pour tout $x \in V$, on a* $\mathrm{codh}(\mathcal{F}_x)\geqq p$.

(On observera que la condition (b) ne fait pas intervenir le plongement de V dans un espace projectif, alors qu'il n'en est pas de même, *a priori*, pour la condition (a)).

Supposons V irréductible, de dimension r, et appliquons la théorème avec $\mathcal{F}=\mathcal{O}$, et $p=r$; nous voyons ainsi que la condition "$H^q(V, \mathcal{O}(-n))=0$ pour n assez grand et $0\leqq q<r$" est vérifiée si et seulement si tous les anneaux locaux $\mathcal{O}_x$, $x \in V$, vérifient les conditions de l'exemple 1 ci-dessus; ce résultat contient évidemment comme cas particulier celui du no. 75 de [16].

5. Caractérisation homologique des anneaux locaux réguliers.

THÉORÈME 3. *Soit A un anneau local. Pour que* gl.dh(A) *soit* *finie, il faut et il suffit que A soit un anneau local régulier.*

Si A est régulier, nous savons déjà (cf. th. 1) que $\mathrm{gl.dh}(A) = \dim(A) < +\infty$. Pour démontrer la réciproque, nous aurons besoin du théorème suivant:

THÉORÈME 4. *Soit A un anneau local, d'idéal maximal $\mathfrak{m}$, de corps des restes $k = A/\mathfrak{m}$, et soit n la dimension du k-espace vectoriel $\mathfrak{m}/\mathfrak{m}^2$. Pour tout entier $p \geqq 0$, le A-module $\mathrm{Tor}_p^A(k, k)$ est un k-espace vectoriel de dimension $\geqq \binom{n}{p}$.*

Admettons provisoirement le th. 4, et montrons comment il entraîne le th. 3: du fait que $\mathrm{Tor}_n^A(k, k)$ est dimension $\geqq 1$ sur k, on a $n \leqq \mathrm{gl.dh}(A)$; d'autre part, le cor. 2 à la prop. 4 montre que $\mathrm{gl.dh}(A) \leqq \dim(A)$, d'où $n \leqq \dim(A)$, ce qui entraîne que A est un anneau local régulier (cf. [14], p. 29).

Le reste de ce n° va être consacré à la démonstration du théorème 4.

Soit $\xi_1, \cdots, \xi_n$ une base du k-espace vectoriel $V = \mathfrak{m}/\mathfrak{m}^2$, et soient $x_1, \cdots, x_n$ des représentants dans $\mathfrak{m}$ des $\xi_1, \cdots, \xi_n$; on sait (cf. [3], Chap. VIII, Prop. 5-1' par exemple) que les x_i engendrent l'idéal $\mathfrak{m}$. Au moyen des x_i on peut, par un procédé bien connu (cf. [7], §2, ou [3], Chap. VIII), définir un complexe $L = \sum_{p=0}^{p=n} L_p$; rappelons-en brièvement la définition:

Un élément de L_p est une application $(i_1, \cdots, i_p) \to a(i_1, \cdots, i_p)$ qui fait correspondre à toute suite $(i_1, \cdots, i_p)$ d'entiers $\leqq n$ un élément de l'anneau A dépendant de façon alternée de $i_1, \cdots, i_p$; on munit L_p d'une structure évidente de A-module, qui en fait un A-module libre de rang $\binom{n}{p}$; l'opérateur bord d: $L_p \to L_{p-1}$ est donné par la formule:

$$(da)(i_1, \cdots, i_{p-1}) = \sum_{i=1}^{i=n} x_i \cdot a(i, i_1, \cdots, i_{p-1}).$$

On a en particulier $L_1 = A^n$, $L_0 = A$, et l'opérateur d: $L_1 \to L_0$ fait correspondre à tout système $a(i) \in A^n$ l'élément $\sum x_i \cdot a(i) \in A$; on a donc $d(L_1) = \mathfrak{m}$.

LEMME 2. *Pour tout entier $p \geqq 1$, l'opérateur d définit, par passage au quotient, une application injective d' de $L_p/\mathfrak{m}L_p$ dans $\mathfrak{m}L_{p-1}/\mathfrak{m}^2L_{p-1}$.*

Posons $L'_p = L_p/\mathfrak{m}L_p$; un élément de L'_p peut s'identifier à une application $(i_1, \cdots, i_p) \to \alpha(i_1, \cdots, i_p)$, où $\alpha(i_1, \cdots, i_p)$ est un élément de k dépendant de façon alternée de $i_1, \cdots, i_p$. On peut également identifier $\mathfrak{m}L_{p-1}/\mathfrak{m}^2L_{p-1}$ à $\mathfrak{m}/\mathfrak{m}^2 \otimes L_{p-1}/\mathfrak{m}L_{p-1} = V \otimes L'_{p-1}$, et l'opérateur d' défini par d, est donné par la formule:

$$(d'\alpha)(i_1, \cdots, i_{p-1}) = \sum_{i=1}^{i=n} \xi_i \otimes \alpha(i, i_1, \cdots, i_{p-1}).$$

Mais, par hypothèse, les ξ_i forment une base de V; donc $d'\alpha = 0$ entraîne que, pour tout i, $\alpha(i, i_1, \cdots, i_{p-1}) = 0$, c'est-à-dire $\alpha = 0$, cqfd.

On notera que le complexe L défini ci-dessus n'est en général pas acyclique; autrement dit, la suite:

$$0 \to L_n \to L_{n-1} \to \cdots \to L_1 \to L_0 \to k \to 0,$$

n'est pas nécessairement exacte. Le lemme suivant montre que l'on peut toutefois la "compléter" en une suite exacte:

LEMME 3. *Il existe une suite exacte de A-modules:*

$$\cdots \to M_p \xrightarrow{d} M_{p-1} \to \cdots \to M_0 \to k \to 0$$

qui vérifie les conditions suivantes:

a) *Si* Q_p *désigne le noyau de* $d: M_p \to M_{p-1}$, *l'homomorphisme* d *définit, par passage au quotient, une bijection de* $M_p/\mathfrak{m}M_p$ *sur* $Q_{p-1}/\mathfrak{m}Q_{p-1}$.

b) *Le module* M_p *est somme directe du module* L_p *et d'un module libre* N_p; *la restriction de* d *à* L_p *applique* L_p *dans* L_{p-1} *et coïncide avec l'homomorphisme* d *défini ci-dessus.*

Nous allons construire les M_p et $d: M_p \to M_{p-1}$ par récurrence sur l'entier p. Pour $p=0$, on pose $M_0 = L_0 = A$; pour $p=1$, on pose $M_1 = L_1$; du fait que $d(L_1) = \mathfrak{m}$, la suite $M_1 \to M_0 \to k \to 0$ est exacte, et d applique biunivoquement $M_1/\mathfrak{m}M_1$ sur $\mathfrak{m}/\mathfrak{m}^2$.

Supposons donc que la suite exacte $M_{p-1} \to M_{p-2} \to \cdots \to M_0 \to k \to 0$ ait été définie, et qu'elle vérifie les conditions a) et b).

Du fait que le composé $L_p \xrightarrow{d} L_{p-1} \xrightarrow{d} L_{p-2}$ est nul, on a $d(L_p) \subset Q_{p-1}$, d'où un homomorphisme $d'': L_p/\mathfrak{m}L_p \to Q_{p-1}/\mathfrak{m}Q_{p-1}$. Je dis que d'' est injectif. Tout d'abord, puisque $M_{p-1}/\mathfrak{m}M_{p-1} \to Q_{p-2}/\mathfrak{m}Q_{p-2}$ est bijectif (d'après la condition a), le noyau Q_{p-1} de $d: M_{p-1} \to Q_{p-2}$ est contenu dans $\mathfrak{m}M_{p-1}$; il nous suffit donc de prouver que l'homomorphisme composé:

$$L_p/\mathfrak{m}L_p \xrightarrow{d''} Q_{p-1}/\mathfrak{m}Q_{p-1} \to \mathfrak{m}M_{p-1}/\mathfrak{m}^2M_{p-1}$$

est injectif; mais la condition b) entraîne que $\mathfrak{m}M_{p-1}/\mathfrak{m}^2M_{p-1}$ est isomorphe à la somme directe de $\mathfrak{m}L_{p-1}/\mathfrak{m}^2L_{p-1}$ et de $\mathfrak{m}N_{p-1}/\mathfrak{m}^2N_{p-1}$, et notre assertion résulte donc du lemme 2.

Soient alors $y_1, \cdots, y_k$ des éléments de Q_{p-1} dont les classes mod $\mathfrak{m}Q_{p-1}$ forment une base d'un supplémentaire de $d''(L_p/\mathfrak{m}L_p)$ dans le k-espace vectoriel $Q_{p-1}/\mathfrak{m}Q_{p-1}$. Posons $N_p = A^k$, et définissons $d: N_p \to Q_{p-1}$ par la condition que d applique la base canonique de N_p sur $y_1, \cdots, y_k$; prenons pour M_p la somme directe de L_p et de N_p, et définissons d sur M_p par linéarité. Par construction, d applique M_p

dans Q_{p-1}, et définit un isomorphisme de $M_p/\mathfrak{m}M_p$ sur $Q_{p-1}/\mathfrak{m}Q_{p-1}$; il s'ensuit (cf. [3], Chap. VIII, Prop. 5.1') que $d(M_p)=Q_{p-1}$, et il est clair que les conditions a) et b) sont satisfaites, cqfd.

Montrons maintenant comment le lemme 3 entraîne le théorème 4. Par définition, les $\mathrm{Tor}_p^A(k, k)$ sont les modules d'homologie du complexe formé par les $M_p \otimes_A k = M_p/\mathfrak{m}M_p$. Mais, d'après la condition a), $d(M_p)=Q_{p-1}$ est contenu dans $\mathfrak{m}M_{p-1}$, ce qui montre que l'opérateur bord du complexe précédent est identiquement nul; donc $\mathrm{Tor}_p^A(k, k)$ est isomorphe à $M_p/\mathfrak{m}M_p$. Mais, d'après la condition b), $M_p/\mathfrak{m}M_p$ est isomorphe à la somme directe de $L_p/\mathfrak{m}L_p$ et de $N_p/\mathfrak{m}N_p$, et, comme $L_p/\mathfrak{m}L_p$ est un espace vectoriel de dimension $\binom{n}{p}$ sur k, le théorème 4 est démontré, et, avec lui, le théorème 3.

6. Applications.

Nous montrerons d'abord comment les résultats qui précèdent permettent de démontrer, de façon simple, le théorème de Cohen-Macaulay ([4], th. 21- cf. aussi [14], p. 53 et [11], §7):

PROPOSITION 5. *Soit A un anneau local régulier de dimension n et d'idéal maximal $\mathfrak{m}$, et soient $a_1, \cdots, a_p$ des éléments de $\mathfrak{m}$ tels que $\dim(A/(a_1, \cdots, a_p))=n-p$. Alors tous les idéaux premiers de l'idéal $(a_1, \cdots, a_p)$ sont de rang p et de dimension $n-p$.*

Si $a_1, \cdots, a_p$ sont des éléments quelconques de $\mathfrak{m}$, on a évidemment $\dim(A/(a_1, \cdots, a_p)) \geqq n-p$; si l'égalité est vérifiée, nous dirons que le système $a_1, \cdots, a_p$ est *pur*; cela équivaut à dire que les $a_1, \cdots, a_p$ font partie d'un système de paramètres de A, cf. [14], Chap. II, no. 4.

Ceci posé, raisonnons par récurrence sur p, le cas $p=0$ étant trivial. Puisque le système $a_1, \cdots, a_p$ est pur, il en est même du système $a_1, \cdots, a_{p-1}$, et l'hypothèse de récurrence montre que les idéaux premiers $\mathfrak{p}_i$ de cet idéal sont tous de dimension $n-p+1$. L'élément a_p n'appartient à aucun des $\mathfrak{p}_i$, car, si l'on avait par exemple $a_p \in \mathfrak{p}_1$, on aurait $(a_1, \cdots, a_p) \subset \mathfrak{p}_1$, d'où:

$$\dim(A/(a_1, \cdots, a_p)) \geqq \dim(A/\mathfrak{p}_1)=n-p+1,$$

contrairement à l'hypothèse.

Il s'ensuit (cf. no. 1) que a_p n'est pas diviseur de zéro dans $A/(a_1, \cdots, a_{p-1})$, et de même a_i n'est pas diviseur de zéro dans $A/(a_1, \cdots, a_{i-1})$; la suite $(a_1, \cdots, a_p)$ est donc une A-suite, au sens de la définition 1. La prop. 3 montre alors que $\mathrm{dh}_A(A/(a_1, \cdots, a_p))= \mathrm{dh}_A(A)+p=p$. Si maintenant $\mathfrak{p}$ désigne un idéal premier de $(a_1, \cdots, a_p)$, le cor. au th. 1 montre que $p \geqq n - \dim(\mathfrak{p})$; d'autre part, l'hypothèse entraîne $\dim(\mathfrak{p}) \leqq n-p$, d'où $\dim(\mathfrak{p}) = n-p$. En outre, $\mathfrak{p}$ contient l'un des $\mathfrak{p}_i$, soit $\mathfrak{p}_1$ par exemple, et l'hypothèse de récurrence entraîne que $\mathrm{rg}(\mathfrak{p}_1) = p-1$; comme $\mathfrak{p}$ contient x_p, qui n'est pas contenu dans $\mathfrak{p}_1$, on a $\mathfrak{p} \neq \mathfrak{p}_1$, d'où $\mathrm{rg}(\mathfrak{p}) \geqq \mathrm{rg}(\mathfrak{p}_1)+1 = p$; en sens inverse, on a l'inégalité évidente $\mathrm{rg}(\mathfrak{p}) + \dim(\mathfrak{p}) \leqq n$, c'est-à-dire $\mathrm{rg}(\mathfrak{p}) \leqq p$, d'où $\mathrm{rg}(\mathfrak{p}) = p$, cqfd.

COROLLAIRE. *Si A est un anneau local régulier, et si* $\mathfrak{p}$ *est un idéal premier de A, on a* $\mathrm{rg}(\mathfrak{p}) + \dim(\mathfrak{p}) = \dim(A)$.

(Ce résultat est dû à Krull, cf. [8], Satz 11.)

Les notations étant les mêmes que ci-dessus, soit $a_1, \cdots, a_p$ un système pur d'éléments de $\mathfrak{p}$, ayant le plus grand nombre possible d'éléments. Puisque $\mathfrak{p}$ contient l'idéal $(a_1, \cdots, a_p)$, il contient au moins l'un des idéaux premiers $\mathfrak{p}_1, \cdots, \mathfrak{p}_r$ de cet idéal, soit $\mathfrak{p}_1$ par exemple. Montrons que l'on a $\mathfrak{p} = \mathfrak{p}_1$, ce qui démontrera le corollaire, en vertu de la proposition précédente. Si l'on avait $\mathfrak{p} \neq \mathfrak{p}_1$, l'idéal $\mathfrak{p}$ ne serait contenu dans aucun des $\mathfrak{p}_i$ (aucun des $\mathfrak{p}_i$ ne peut contenir $\mathfrak{p}_1$ puisque $\dim(\mathfrak{p}_i) = \dim(\mathfrak{p}_1)$ d'après la proposition précédente); d'après la prop. 6 du Chap. I de [13], il existerait alors un élément $a_{p+1} \in \mathfrak{p}$ tel que $a_{p+1} \notin \mathfrak{p}_i$ pour tout i; cette dernière propriété entraîne que $A/(a_1, \cdots, a_{p+1})$ est un anneau de dimension $\dim(A) - p - 1$ (cf. [14], p. 28); le système $a_1, \cdots, a_{p+1}$ serait donc pur, contrairement au caractère maximal de l'entier p, cqfd.

Le corollaire précédent signifie que la dimension de l'anneau de fractions $A_{\mathfrak{p}}$ est égale à $\dim(A) - \dim(\mathfrak{p})$; le résultat suivant précise la structure de $A_{\mathfrak{p}}$:

THÉORÈME 5. *Si A est un anneau local régulier, et si* $\mathfrak{p}$ *est un idéal premier de A, l'anneau* $A_{\mathfrak{p}}$ *est aussi un anneau local régulier.*

En effet, d'après le th. 3, il suffit de démontrer que $\mathrm{gl.dh}(A_{\mathfrak{p}}) < +\infty$; comme nous savons que $\mathrm{gl.dh}(A) < +\infty$, notre assertion résulte donc de l'inégalité

$$(*) \qquad \mathrm{gl.dh}(A_{\mathfrak{p}}) \leqq \mathrm{gl.dh}(A),$$

démontrée dans [2], §4.

(Pour être complets, rappelons brièvement la démonstration de l'inégalité (*): si $n = \mathrm{gl.dh}(A)$, on peut trouver une suite exacte de A-modules:

$$0 \to L_n \to \cdots \to L_1 \to L_0 \to A/\mathfrak{p} \to 0,$$

où les L_i sont libres; par produit tensoriel avec $A_{\mathfrak{p}}$, on en déduit que le $A_{\mathfrak{p}}$-module $A/\mathfrak{p} \otimes_A A_{\mathfrak{p}} = A_{\mathfrak{p}}/\mathfrak{p}A_{\mathfrak{p}}$ est de dimension homologique $\leqq n$, d'où l'inégalité cherchée.)

Remarques.

1) Le théorème précédent était connu dans divers cas particuliers: il avait été démontré, pour les anneaux locaux géométriques, par Zariski ([17], §5.3), pour les anneaux locaux complets non ramifiés, par Cohen ([4], th. 20), et, sans faire d'hypothèse sur A, mais en supposant $\mathfrak{p}$ "analytiquement non ramifié", par Nagata ([11], §13).

2) Lorsque A est non ramifié, il en est de même de $A_{\mathfrak{p}}$, d'après un résultat de Nagata ([10], cf. aussi [11], Lemme 1.19); en fait, ce résultat peut se déduire très simplement du théorème 5 lui-même: il suffit de montrer que, si x est un élément de $\mathfrak{p}$ tel que l'anneau A/xA soit régulier, il en est même de l'anneau $A_{\mathfrak{p}}/xA_{\mathfrak{p}}$, ce qui résulte du th. 5, appliqué à l'anneau A/xA, et à l'idéal premier $\mathfrak{p}/xA$ de cet anneau.

Le théorème 5 peut être appliqué au problème des "chaînes d'idéaux premiers":

PROPOSITION 6. *Soit A un anneau local, isomorphe au quotient d'un anneau local régulier. Si $\mathfrak{p}' \subset \mathfrak{p}$ sont deux idéaux premiers de A, toutes les chaînes saturées d'idéaux premiers joignant $\mathfrak{p}'$ à $\mathfrak{p}$ ont même longueur, à savoir* $\dim(\mathfrak{p}')-\dim(\mathfrak{p})$.

On peut se borner au cas où A est régulier, et, dans ce cas, il suffit de montrer que, si $\mathfrak{p}' \subset \mathfrak{p}$ sont deux idéaux premiers consécutifs, on a $\dim(\mathfrak{p}')=\dim(\mathfrak{p})+1$.

Dire que $\mathfrak{p}'$ et $\mathfrak{p}$ sont consécutifs signifie que l'idéal $\mathfrak{p}'A_{\mathfrak{p}}$ est de dimension 1. Puisque $A_{\mathfrak{p}}$ est régulier (th. 5), on peut lui appliquer le cor. à la prop. 5, et l'on voit ainsi que $\mathrm{rg}(\mathfrak{p}'A_{\mathfrak{p}})=\dim(A_{\mathfrak{p}})-1$, c'est-à-dire $\mathrm{rg}(\mathfrak{p}')=\mathrm{rg}(\mathfrak{p})-1$; appliquant le cor. à la prop. 5 à l'anneau A lui-même, on en déduit bien que $\dim(\mathfrak{p}')=\dim(\mathfrak{p})+1$, cqfd.

Remarque.

La prop. 6 ne s'étend pas à un anneau local quelconque: un contre-exemple a été récemment construit par Nagata; cf. [12], où l'on trouvera également des résultats plus généraux que notre prop. 6.

Ce qui fait toutefois l'intérêt de cette proposition, c'est le fait que la condition "A est isomorphe au quotient d'un anneau local régulier" est une condition très large; en effet, elle est vérifiée par les anneaux locaux *complets* (d'après les théorèmes de Cohen, cf. [4], cor. 2 au th. 15), par les anneaux locaux de *fonctions analytiques* (puisque l'anneau des séries convergentes est régulier), et par les anneaux locaux *de la géométrie algébrique* (éventuellement sur un anneau de Dedekind - cf. [10], ainsi que l'exemple ci-après).

Dans tout ce qui précède, nous ne nous sommes intéressés qu'aux anneaux locaux; cela tient au fait que la notion de dimension homologique a un caractère *local* (cf. [3], Chap. VII, Exer. 11): on pourra donc traduire les résultats obtenus en des résultats valables pour tout anneau. En particulier:

THÉORÈME 6. *Soit A un anneau, et soit n un entier. Les deux conditions suivantes sont alors équivalentes*:

a) $\mathrm{gl.dh}(A) \leqq n$.

b) *Pour tout idéal maximal* $\mathfrak{m}$ *de A, l'anneau local* $A_{\mathfrak{m}}$ *est un anneau local régulier de dimension* $\leqq n$.

Cela résulte immédiatement du th. 3, et du fait que $\mathrm{gl.dh}(A)$ est égale à la borne supérieure des $\mathrm{gl.dh}(A_{\mathfrak{m}})$, d'après [3], loc. cit.

COROLLAIRE 1. $\mathrm{gl.dh}(A)$ *est égal, soit à* $+\infty$, *soit à* $\dim(A)$.

COROLLAIRE 2. *Si* $\mathrm{gl.dh}(A) < +\infty$, *pour tout idéal premier* $\mathfrak{p}$ *de A l'anneau local* $A_{\mathfrak{p}}$ *est régulier.*

En effet, si $\mathfrak{m}$ est un idéal maximal contenant $\mathfrak{p}$, l'anneau $A_{\mathfrak{m}}$ est un anneau local régulier d'après le th. 6, et, comme $A_{\mathfrak{p}}$ est un anneau de fractions de $A_{\mathfrak{m}}$, c'est un anneau local régulier, d'après le th. 5.

Exemple.

Soit K un anneau de Dedekind, et soit $A = K[X_1, \cdots, X_n]$ un anneau de polynômes sur K; d'après un résultat (encore inédit) de S. Eilenberg, on a $\mathrm{gl.dh}(A) = n + \mathrm{gl.dh}(K) \leqq n+1$; le cor. 2 ci-dessus redonne alors un théorème de Nagata [10].

BIBLIOGRAPHIE

[1] M. Auslander, On the dimension of modules and algebras. III. Global dimension. Nagoya Math. J., **9** (1956), pp. 67–77.

[2] M. Auslander and D. A. Buchsbaum, Homological dimension in noetherian rings. Proc. Nat. Acad. Sci. USA, **42** (1956), pp. 36–38.

[3] H. Cartan and S. Eilenberg, Homological Algebra. Princeton Math. Ser., No. 19, (1956).

[4] I. S. Cohen, On the structure and ideal theory of complete local rings. Trans. Amer. Math. Soc., **59** (1946), pp. 54–106.

[5] W. Gröbner, Moderne algebraische Geometrie. Springer (1949).

[6] P. M. Grundy, A generalization of additive ideal theory. Proc. Camb. Phil. Soc., **38** (1942), pp. 241–279.

[7] J.-L. Koszul, Sur un type d'algèbres différentielles en rapport avec la transgression. Colloque de Topologie, Bruxelles (1950), pp. 73–81.

[8] W. Krull, Dimensionstheorie in Stellenringen. Journ. Crelle, **179** (1938), pp. 204–226.

[9] W. Krull, Zur Theorie der kommutativen Integritätsbereiche. Journ. Crelle, **192** (1954), pp. 230–252.

[10] M. Nagata, A general theory of algebraic geometry over Dedekind domains. Amer. J. of Math., **78** (1956), pp. 78–116.

[11] M. Nagata, The theory of multiplicity in general local rings. Ce Symposium, pp. 191–226.

[12] M. Nagata, On the chain problem of prime ideals. Nagoya Math. J., **10** (1956), pp. 51–64.

[13] D. G. Northcott, Ideal theory. Cambridge Univ. Press (1953).

[14] P. Samuel, Algèbre locale. Mém. Sci. Math., no. 123, Paris (1953).

[15] P. Samuel, Commutative algebra (Notes by D. Herzig), Cornell Univ. (1953).

[16] J.-P. Serre, Faisceaux algébriques cohérents. Ann. of Math., **61** (1955), pp. 197–278.

[17] O. Zariski, The concept of a simple point of an abstract algebraic variety. Trans. Amer. Math. Soc., **62** (1947), pp. 1–52.

34.

Critère de rationalité pour les surfaces algébriques (d'après un cours de K. Kodaira, Princeton, Novembre 1956)

Séminaire Bourbaki 1956/57, n° **146**

1. Définitions. Dans tout ce qui suit, V désignera une *surface algébrique, projective, non singulière,* définie sur un corps k algébriquement clos. Des résultats complets ne seront obtenus que lorsque k est le corps $\mathbf{C}$ des nombres complexes, mais nous indiquerons au fur et à mesure ce qui reste valable en caractéristique $p > 0$.

Par une *courbe* sur V, on entendra toujours une courbe irréductible. Un *diviseur* est un élément du groupe libre engendré par les courbes; on dit qu'il est ≥ 0 si tous ses coefficients sont ≥ 0. Si f est une fonction rationnelle non identiquement nulle, on sait définir le diviseur des zéros $(f)_0$ et le diviseur des pôles $(f)_\infty$ de f; on pose $(f) = (f)_0 - (f)_\infty$ et l'on dit que deux diviseurs D et D' sont *équivalents* s'il existe une fonction f telle que $D - D' = (f)$. On notera $|D|$ l'ensemble des diviseurs positifs équivalents à D, et $L(D)$ l'espace vectoriel des fonctions f telles que $(f) \geq -D$; c'est un espace de dimension finie dont l'espace projectif associé est $|D|$; on posera

$$l(D) = \dim L(D).$$

On notera K le diviseur d'une différentielle de degré 2 de V; la classe d'équivalence de K ne dépend pas de la différentielle choisie, c'est la *classe canonique* de V. Pour tout entier n, on posera:

$$P_n = l(nK). \tag{1}$$

Les P_n sont appelés les *plurigenres* de V.

Proposition 1. *Soient V et V' deux surfaces, et soit f: $V \to V'$ une application rationnelle telle que l'extension $k(V)/k(V')$ soit séparable de degré fini. On a alors $P_n(V') \leq P_n(V)$ pour tout $n \geq 0$.*

Soit S l'ensemble des points où f n'est pas régulière; c'est un ensemble fini. Tout élément $\omega \in L(nK(V'))$ peut être considéré comme une «forme différentielle de degré 2 et de poids n», soit $\omega = \varphi(dx \wedge dy)^n$, régulière sur V'. L'image réciproque de ω par f, soit $f^*(\omega)$, est alors bien définie; c'est une différentielle sur V, régulière sur $V - S$, donc sur V tout entière (l'ensemble des pôles d'une différentielle étant une réunion de courbes). De plus, la condition de séparabilité assure que $f^*(\omega) \neq 0$ si $\omega \neq 0$ d'où la proposition.

Corollaire. *Pour $n \geq 0$, les P_n sont des invariants birationnels de la surface V.*

(Par contre, il n'en est pas de même des P_n, $n < 0$, comme le montrent des exemples simples.)

Un autre invariant important de V est *son genre arithmétique* p_a (cf. [8], pour sa définition). Rappelons que l'on a:

(2) $$p_a = -h^{0,1} + h^{0,2}, \quad \text{avec} \quad h^{p,q} = \dim H^q(V, \Omega^p)$$

Ω^p désignant comme d'habitude le faisceau des formes différentielles de degré p (cf. [9]).

Proposition 2. *Le genre arithmétique p_a est un invariant birationnel de la surface V.*

Lorsque $k = \mathbf{C}$, c'est très simple à vérifier: on a alors la formule de symétrie $h^{p,q} = h^{q,p}$ qui permet d'écrire $p_a = h^{2,0} - h^{1,0}$, i.e.

(3) $$p_a = p_g - q \quad \text{avec} \quad p_g = P_1 = h^{2,0}, \quad q = h^{1,0},$$

et le raisonnement de la proposition 1 montre que q, comme p_g, est invariant birationnel.

En caractéristique $p > 0$, l'invariance de p_a résulte de [6], complété par [1].

Remarque. Il est facile d'étendre la proposition 1 aux variétés de dimension quelconque, en prenant pour «plurigenres» la dimension de l'espace des sections d'un fibré déduit du fibré tangent par une opération tensorielle *covariante* (d'où la condition $n \geq 0$). Il en est de même de la proposition 2, tout au moins lorsque $k = \mathbf{C}$; on ignore ce qu'il en est en caractéristique $p > 0$.

2. Énoncé du théorème. C'est le suivant:

Théorème 1. *Pour que V soit rationnelle (i.e., birationnellement équivalente au plan projectif), il faut et il suffit que l'on ait $p_a = P_2 = 0$.*

(Ici on doit supposer que $k = \mathbf{C}$.)

La condition est nécessaire. En effet, il est clair que $p_a = 0$ pour un plan projectif, donc aussi pour toute surface rationnelle d'après la prop. 2; d'autre part, le diviseur canonique d'un plan projectif est égal à $-3E$, où E désigne un hyperplan; on a donc $P_n = 0$ pour tout $n > 0$, et le corollaire à la proposition 1 montre qu'il en est de même pour toute surface rationnelle.

Le reste de l'exposé sera consacré à la démonstration de la *suffisance* des conditions $p_a = P_2 = 0$. Cette démonstration est due, en principe, à CASTELNUOVO; elle a été mise au point par K. KODAIRA dans son cours de Princeton; nous suivons l'exposé de KODAIRA de très près.

Signalons un corollaire du théorème 1:

Théorème 2. *Toute surface unirationnelle est rationnelle.*

(On dit qu'une surface V est unirationnelle s'il existe une surface rationnelle V' et une application rationnelle génériquement surjective $f\colon V' \to V$.)

En effet, la prop. 1 montre que l'on a $P_n(V) \leq P_n(V') = 0$ pour tout $n > 0$, et l'on a de même $q(V) \leq q(V') = 0$; d'après (3), il en résulte bien que $p_a(V) = 0$, d'où le résultat.

Le théorème 2 est l'analogue à deux dimensions du théorème de LÜROTH pour les courbes; il peut, comme ce dernier, s'énoncer (mais non se démontrer) purement en termes de corps:

Si K/k est une extension transcendante pure de $k = \mathbf{C}$, de degré de transcendance 2, tout sous-corps L de K, contenant k, et tel que $[K:L] < +\infty$, est aussi une extension transcendante pure de k.

Signalons enfin:

1 a) que le théorème 2 ne s'étend pas aux variétés de dimension ≥ 3 (ENRIQUES).

b) que, dans le théorème 1, on ne peut pas remplacer la condition $P_2 = 0$ par $P_1 = 0$: il y a des contre-exemples dus à ENRIQUES et GODEAUX. Par contre, il
2 se pourrait que $P_1 = 0$ et $\pi_1(V) = 0$ suffisent.

c) que l'on n'a aucune idée sur les invariants qui peuvent caractériser les variétés rationnelles de dimension ≥ 3.

3. Théorème de Riemann-Roch. Comme ce théorème va jouer un rôle essentiel dan la démonstration du théorème 1, nous allons en rappeler brièvement l'énoncé.

Introduisons d'abord une notation: soient Δ et Δ' deux classes de diviseurs, et soient D et D' deux diviseurs les représentant. On peut toujours supposer que D et D' n'ont aucune composante en commun, auquel cas leur intersection (en tant que cycles) est bien définie; c'est un cycle de dimension 0 dont le degré sera noté $D \cdot D'$. On constate facilement qu'il ne dépend que des classes Δ et Δ', ce qui permet de le noter $\Delta \cdot \Delta'$ (c'est le «nombre de points d'intersection» de Δ et de Δ'). Si maintenant D et D' sont des diviseurs quelconques, on notera $D \cdot D'$ le nombre de points d'intersection de leurs classes. On notera que, si C et C' sont des courbes *distinctes,* on a $C \cdot C' \geq 0$, mais que l'on peut avoir $C^2 = C \cdot C < 0$. Nous poserons

$$\pi(D) = \tfrac{1}{2} D^2 + \tfrac{1}{2} K \cdot D + 1; \tag{4}$$

on démontre que c'est un *entier,* le *genre virtuel* de D (cf. [8] et [9], ainsi que [3]). Lorsque C est une courbe non singulière, $\pi(C)$ est le genre de C, au sens usuel; lorsque C est une courbe à singularités, c'est son genre au sens de ROSENLICHT [7], c'est-à-dire la dimension de $H^1(C, \mathcal{O}_C)$.

Théorème 3 (Inégalité de RIEMANN-ROCH). *Pour tout diviseur D, on a:*

$$l(D) \geq \tfrac{1}{2} D^2 - \tfrac{1}{2} K \cdot D + 1 + p_a - l(K - D). \tag{5}$$

Pour la démonstration, voir [3] (dans le cas $k = \mathbf{C}$), ainsi que [8] et [9] (pour une caractéristique quelconque).

Notons un corollaire de (5), que l'on obtient en remarquant que $l(-D) = 0$ si $D > 0$:

$$l(K - D) \geq \pi(D) + p_a \quad si \quad D > 0. \tag{6}$$

4. Démonstration du théorème 1: réduction du problème. Elle est basée sur le résultat suivant:

Proposition 3. *S'il existe, sur une surface V, une courbe C telle que* $\pi(C)=0$ *et* $l(C)\geq 2$, *la surface V est rationnelle.*

D'après la théorie de ROSENLICHT, on a $\pi(C)=g(C)+\delta$, où g est le genre de la courbe normalisée de C, et où δ est un entier dépendant des singularités de C. Si l'on a $\pi(C)=0$, on en déduit donc $g(C)=\delta=0$, ce qui montre que C *est une courbe non singulière de genre zéro.*

D'après la condition $l(C)\geq 2$, il existe dans $L(C)$ une fonction f non constante; du fait que C est irréductible, on a alors

(7) $$C=(f)_\infty, \text{ diviseur des pôles de } f.$$

On peut considérer f comme une application rationnelle de V dans la droite projective Λ. Si λ désigne un point générique de Λ, le diviseur $f^{-1}(\lambda)=C_\lambda$ est bien défini; il coïncide d'ailleurs avec le diviseur noté au n° 1 $(f-\lambda)_0$. Du fait que C est spécialisation de C_λ pour $\lambda\to\infty$, le diviseur C_λ est *une courbe*, et, puisque $C_\lambda - C=(f-\lambda)$, on a $\pi(C_\lambda)=\pi(C)=0$. Donc C_λ est *une courbe de genre zéro*, définie sur le corps $E=k(\lambda)$. Le corps $F=E(C)$ des fonctions sur C rationnelles sur E n'est autre que le corps des fonctions rationnelles sur V; si l'on montre que F/E est une extension transcendante pure, il en résultera bien que V est rationnelle. On est donc ramené à prouver le lemme suivant:

Lemme. *Soit k un corps algébriquement clos, soit E un corps de fonctions algébriques d'une variable sur k, et soit F un corps de fonctions algébriques d'une variable sur E, qui soit de genre zéro. Alors F est extension transcendante pure de E.*

D'après la théorie générale des courbes de genre 0 (voir [2] par exemple), on a $F=E(x,y)$ où x et y vérifient une équation du second degré:

$$\varphi(x,y)=0,$$

et tout revient à trouver un point rationnel sur cette conique, c'est-à-dire des éléments $x,y\in E$ vérifiant l'équation précédente. C'est effectivement possible, en vertu du théorème de TSEN, suivant lequel le corps E est quasi-algébriquement clos (cf. [5] pour plus de détails).

Remarques. 1° La proposition précédente est due à M. NOETHER (dans le cas classique).

2° Lorsque V est une surface vérifiant $p_a=P_2=0$, les conditions $\pi(C)=0$, $l(C)\geq 2$ peuvent être remplacées par les suivantes:

(8) $$\pi(C)=0, \quad C^2\geq 0.$$

En effet, on remarque d'abord que $P_2=0$ entraîne $P_1=0$ (de façon générale, il est clair que $l(nD)=0$ entraîne $l(D)=0$). Ceci s'écrit $l(K)=0$, d'où:

(9) $$l(K-D)=0 \quad \text{pour tout } D\geq 0.$$

La formule (5) peut alors s'écrire:

(10) $$l(D)\geq \tfrac{1}{2}D^2-\tfrac{1}{2}K\cdot D+1=D^2-\pi(D)+2 \quad \text{pour} \quad D\geq 0,$$

si $\pi(D)=0$, $D^2\geq 0$, on en déduit bien $l(D)\geq 2$.

5. Démonstration du théorème 1: seconde réduction. On dit qu'une courbe C est une *courbe exceptionnelle de première espèce* si l'on a:

$$\pi(C)=0 \quad \text{et} \quad C^2=-1. \tag{11}$$

Proposition 4. *Toute surface est birationnellement équivalente à une surface n'ayant aucune courbe exceptionnelle de première espèce.*

On montre d'abord que, si C est une courbe exceptionnelle de première espèce, il existe une surface V' et un point $P \in V'$, tels que V soit isomorphe à la transformée quadratique $Q_P(V')$, la courbe C correspondant au point P; c'est là un résultat classique, dont on trouvera une démonstration, par exemple, dans KODAIRA [4], p. 44 (la démonstration de KODAIRA est rédigée en termes «analytiques», mais se transcrit tout de suite en caractéristique $p>0$). Si V' a encore des courbes exceptionnelles de première espèce, on recommence. Cette suite d'opérations s'arrête; en effet, dans le cas classique, on voit tout de suite que le second nombre de Betti décroit chaque fois d'une unité: en caractéristique $p>0$, on peut montrer qu'il en est de même de $h^{1,1}$, ou bien encore, on peut invoquer le théorème de la base de NÉRON-SEVERI.

A partir de maintenant V désignera une surface vérifiant les conditions $p_a = P_2 = 0$, et ne possédant aucune courbe exceptionnelle de première espèce. On se propose de montrer qu'il existe sur V une courbe C vérifiant $\pi(C)=0$ et $C^2 \geq 0$.

6. Démonstration du théorème 1 lorsque $K^2=0$. La formule (10) donne alors $l(-K) \geq 1$. Soit donc $D \in |-K|$. On a $D \neq 0$, car sinon on aurait $P_2 = l(2K) = l(0) = 1$. Soit E une section hyperplane de V; on supposera que $l(E-D)>0$, c'est toujours possible, quitte à remplacer E par un de ses multiples. Comme $E\cdot K = -E\cdot D < 0$, on a $(E+mK)\cdot E<0$ pour m grand, d'où $l(E+mK)=0$. Il est donc possible de choisir un $n \geq 1$ tel que:

$$\begin{cases} l(E+nK) \geq 1 \\ l(E+(n+1)K)=0. \end{cases} \tag{12}$$

Soit $D' \in |E+nK|$, et décomposons D' en $\sum a_s C_s$, les C_s étant des courbes, et les a_s des entiers >0. On a:

$$K\cdot D' = K\cdot(E+nK) = K\cdot E < 0, \tag{13}$$

ce qui montre que l'un des $K\cdot C_s$, soit $K\cdot C_1$, est <0. Posons $C=C_1$. On a $C \leq D'$, d'où:

$$l(K+C) \leq l(K+D') = l(E+(n+1)K)=0, \tag{14}$$

d'où, d'après (6), $\pi(C)=0$. Mais, d'après (4), $\pi(C)=0$ implique:

$$K.C+C^2=-2. \tag{15}$$

Comme $K\cdot C<0$, ceci entraîne $C^2 \geq -1$. Mais on ne peut pas avoir $C^2=-1$ car C serait une courbe exceptionnelle de première espèce; on a donc $C^2>0$ ce qui achève la démonstration dans ce cas.

7. Démonstration du théorème 1 lorsque $K^2<0$. On va d'abord montrer que, si E est une section hyperplane de V, on a $l(E+nK)=0$ pour n assez grand. Soit n_0 un entier tel que $n_0K^2+K\cdot E<0$. Supposons qu'il y ait un entier $m\geq n_0$ tel que $l(E+mK)\geq 1$, et soit $D=\sum a_s C_s$ un élément de $|E+mK|$. On a $K.D<0$, et il y a un indice s pour lequel $K.C_s<0$. La formule (4) $2\pi(C_s)-2=C_s^2+K.C_s$ montre que, si l'on avait $C_s^2<0$, on aurait $C_s^2=K\cdot C_s=-1$ et $\pi(C_s)=0$, ce qui est impossible. On a donc $C_s^2\geq 0$. Si maintenant m' est assez grand, on a

$$(E+m'K).C_s=(m'-m)K.C_s+\sum a_t C_t.C_s<0. \tag{16}$$

Je dis que, pour une telle valeur de m', on a nécessairement $l(E+m'K)=0$. En effet, sinon, il existerait $D'\in|E+m'K|$, et l'on aurait d'après (16), $D'.C_s<0$, alors qu'au contraire il est évident que $D'.C_s>0$ (car toute composante C' de D' est, soit égale à C_s, et l'on sait que $C_s.C'=C_s^2\geq 0$, soit distincte de C_s, et l'on a $C_s\cdot C'\geq 0$). Ceci démontre notre assertion.

On peut de plus choisir E tel que $l(E+K)\geq 2$. Ceci étant, il existe un entier n tel que:

$$\begin{cases} l(E+nK)\geq 2 \\ l(E+(n+1)K)\leq 1. \end{cases} \tag{17}$$

La première inégalité montre que $|E+nK|$ contient un «pinceau» D_λ. Si D désigne un élément générique de ce pinceau, le théorème de Bertini (en caractéristique zéro) affirme que l'on a:

$$D=A+\sum C_j,\quad A\geq 0 \text{ étranger aux } C_j, \tag{18}$$

où les C_j sont des courbes distinctes telles que $C_j^2\geq 0$ (elles constituent la «partie mobile» du pinceau). On peut avoir $A=0$, mais il y a au moins une courbe C_j.

Nous allons montrer que l'une des courbes C_j vérifie la condition $\pi(C_j)=0$, ce qui achèvera la démonstration.

On a en tout cas:

$$\pi(C_j)\leq l(K+C_j)\leq l(K+D)\leq 1. \tag{19}$$

Raisonnons donc par l'absurde, et supposons que tous les $\pi(C_j)$ soient égaux á 1. D'après (19), ceci entraînerait $l(K+C_j)=1$, et il existerait un $D_j\in|K+C_j|$. Si l'on avait $D_j=0$, on en tirerait $K\sim -C_j$ d'où $K^2=C_j^2\geq 0$ contrairement à l'hypothèse. On a donc $D_j>0$. Ecrivons:

$$D_j=\sum n_{j,s}X_{j,s},\quad \text{avec}\quad n_{j,s}>0. \tag{20}$$

Comme $\pi(C_j)=1$, on a, d'après (4), $K.C_j=-C_j^2\leq 0$, et, comme $D_j\sim K+C_j$, $D_j.C_j=0$, d'où en utilisant (20) et le fait que $C_j^2\geq 0$, la formule:

$$X_{j,s}.C_j=0. \tag{21}$$

On a alors:

$$0>K^2\geq (K+C_j).K=\sum n_{j,s}X_{j,s}.K,$$

ce qui montre que l'un des $X_{j,s}.K$ est <0. Mais on a:

$$X_{j,s}.K=X_{j,s}.(K+C_j)=n_{j,s}X_{j,s}^2+\sum_{t\neq s} n_{j,t}X_{j,s}.X_{j,t},$$

d'où:

(22) $$0 > X_{j,s}.K \;\; \geq \; n_{j,s} X_{j,s}^2.$$

En combinant (22) avec la formule (4), on voit que l'on doit avoir

$$X_{j,s}.K = -1, \quad X_{j,s}^2 = -1, \quad \pi(X_{j,s}) = 0,$$

ce qui est impossible et achève la démonstration.

Remarque. En caractéristique $p > 0$, le théorème de BERTINI ne s'applique plus de la même façon. On peut seulement dire que l'on a

(18′) $$D = A + p^{\nu} \sum C_j, \quad \nu \text{ entier} \geq 0,$$

les C_j jouissant des mêmes propriétés que ci-dessus. Cela ne change d'ailleurs rien à la démonstration précédente.

8. Démonstration de théorème 1 lorsque $K^2 > 0$. La formule (10) donne $l(-K) \geq 2$. On peut alors, comme précédemment, trouver dans $|-K|$ un diviseur D s'écrivant:

(23) $$D = A + \sum C_j, \quad A \geq 0, \quad C_j^2 \geq 0,$$

le nombre des C_j étant ≥ 1. En caractéristique $p > 0$, il faut affecter les C_j d'un coefficient p^{ν}.

Supposons d'abord que D ne soit pas une courbe, c'est-à-dire que $D - C_1 > 0$. On a alors:

$$l(K + C_1) = l(C_1 - D) = 0,$$

d'où $\pi(C_1) = 0$, d'après (6), et la démonstration est terminée dans ce cas.

Nous supposerons donc, à partir de maintenant que *D est une courbe*. On a alors

$$l(K + D) = l(0) = 1, \quad \text{et} \quad \pi(D) = 1 + \tfrac{1}{2} D.(K + D) = 1.$$

Soit encore E une section hyperplane de V, telle que $l(E - D) \geq 1$. Comme $(E + nK).E = E.E - nD.E$ est < 0 pour n grand, on en conclut qu'il existe un entier n tel que:

(24) $$\begin{cases} l(E + nK) \geq 1 \\ l(E + (n+1)K) = 0. \end{cases}$$

Choisissons donc un $D' \in |E + nK|$. Nous distinguerons deux cas:

(i) *La section hyperplane E peut être choisie de telle sorte que* $D' > 0$.

Soit alors $D' = \sum a_s C_s$ la décomposition de D'. Comme $K \sim -D$, et que $D^2 \geq 0$, on a $K.D' \leq 0$ et $K.C_1 \leq 0$ pour au moins l'un des C_s, soit C_1. On a, comme précédemment,

$$l(K + C_1) \leq l(K + D') = l(E + (n+1)K) = 0,$$

d'où, d'après (6), $\pi(C_1)=0$, d'où $C_1^2+K.C_1=-2$, et comme $K.C_1\leq 0$, on en déduit que, ou bien $C_1^2\geq 0$ (et on a obtenu la courbe C cherchée), ou bien $C_1^2=-2$ et $K.C_1=0$.

Plaçons-nous donc dans ce second cas. La formule (5) donne:

$$l(D-C_1)\geq K^2-l(2K+C_1),$$

et, comme $l(2K+C_1)\leq l(K+C_1)=0$, on en déduit $l(D-C_1)\geq 1$.

Soit donc $\Gamma\in|D-C_1|$. On a $\Gamma\neq 0$, car sinon on aurait $C_1\sim D\sim -K$ d'où $-2=C_1^2=K^2$, ce qui est absurde.

Ecrivons alors:

$$\Gamma=\sum n_j\Gamma_j,\qquad n_j>0.$$

On a:

$$l(K+\Gamma_j)\leq l(K+\Gamma)=l(-C_1)=0,$$

d'où, d'après (6), $\pi(\Gamma_j)=0$, pour tout j.

D'autre part, on a $\Gamma.K=-C_1.K-K^2<0$, d'où $\Gamma_1.K<0$ pour l'un des Γ_j, et l'on termine, comme d'habitude, en remarquant que la formule $-2=\Gamma_1^2+\Gamma_1.K$ entraîne $\Gamma_1^2\geq -1$, d'où $\Gamma_1^2\geq 0$, ce qui achève la démonstration dans le cas (i).

(ii) *Quel que soit le choix de E, on a $D'=0$.*

Cela signifie que, pour toute section hyperplane E telle que $l(E-D)\geq 1$, il existe un n tel que $E\sim -nK$. Or, on voit facilement que *tout diviseur* est linéairement équivalent à la différence de deux diviseurs E et E' du type précédent (correspondant à des plongements projectifs différents, bien entendu!); c'est là une conséquence des théorèmes de BERTINI, ou encore des «théorèmes A et B». Il s'ensuit que tout diviseur est équivalent à un multiple de K. La surface V a donc les propriétés suivantes:

(25) *On a $p_a=P_2=0$. Le groupe des classes de diviseurs de V est isomorphe à $\mathbf{Z}$, et la classe canonique en est un générateur. De plus il y a une courbe D équivalente à $-K$.*

Montrons que, lorsque $k=\mathbf{C}$, une telle surface n'existe pas.

Puisque $h^{0,2}=h^{2,0}=0$, le groupe de classes de diviseurs de V s'identifie à $H^2(V,\mathbf{Z})$. Comme K en est un générateur, la dualité de Poincaré montre que

$$K^2=\pm 1. \tag{26}$$

D'autre part, comme $H^2(V,\mathbf{Z})=\mathbf{Z}$, le second nombre de Betti de V est 1, la caractéristique d'Euler-Poincaré χ de V (au sens usuel) est égale à 3. En appliquant la formule de Noether-Zeuther-Segre:

$$12(1+p_a)=K^2+\chi \tag{27}$$

on obtient:

$$K^2=9 \tag{28}$$

d'où contradiction avec (26).

Variante. On peut tirer une contradiction de (28) par voie purement algébrique (KODAIRA):

On choisit un point simple sur D, soit P, et on introduit la surface $V' = Q_P(V)$, transformée quadratique de V par rapport à P. Toute courbe C sur V définit une courbe C' sur V', et le point P correspond à une courbe S vérifiant (11). Le diviseur canonique de V' est égal à $K' = -D'$, et l'on a $K'^2 = 8$. La formule (5) donne:

$$l(D' - 2S) \geq 4 - l(K' - D' + 2S).$$

Mais

$$l(K' - D' + 2S) = l(-2D' + 2S) < l(2S) = 1$$

d'où:

$$l(D' - 2S) \geq 4.$$

Choisissons alors un diviseur $C \in |D' - 2S|$. On peut évidemment écrire: $C = aS + \sum n_i C_i'$, les C_i étant des courbes de V. Du fait que S et D' forment des bases du groupe des classes de diviseurs de V', on en déduit que $\sum n_i C_i \sim D$, ce qui montre que l'on a en fait:

$$C = aS + C_0', \quad \text{avec} \quad C_0 \sim D.$$

En calculant $C.S$, on trouve:

$$C.S = \begin{cases} (aS + C_0').S = -a + i \quad (\text{avec } i = C_0'.S) \\ D'.S - 2S.S = 3, \end{cases}$$

d'où $i = a + 3$.

D'autre part, on a

$$l(K' + C_0') = l(-D' + C - aS) = l(-(a+2)S) = 0 \quad \text{d'où, d'après (6),}$$

$\pi(C_0') = 0$, et, en utilisant (4), on obtient:

$$-2 = C_0'(K' + C_0') = -(a+2)S_0'.S = -(a+2)(a+3),$$

ce qui est impossible puisque $a \geq 0$, et achève la démonstration.

Remarque. Pour étendre cette dernière démonstration au cas de la caractéristique $p > 0$, il suffirait de prouver que (25) entraîne (28), ou même seulement $K^2 \geq 6$. Remarquons qu'en tout cas les démonstrations de KODAIRA établissent le résultat suivant:

Toute surface V privée de courbes exceptionnelles de première espèce et telle que $p_a = P_2 = 0$ ou bien est rationnelle ou bien vérifie (25).

Additif

Les difficultés de caractéristique $p > 0$ ont été résolues par ZARISKI à propos du problème des «modèles minima» ([10], [11]). Le théorème 1 (critère de CASTELNUOVO) est valable sans changement. Le théorème 2 (toute surface unirationnelle est rationnelle) est valable à condition de définir l'unirationalité par l'existence d'une application génériquement surjective et *séparable* $f: V' \to V$ avec V' rationnelle.

Comme KODAIRA, ZARISKI se ramène à démontrer qu'il n'existe aucune surface vérifiant les propriétés (25). La démonstration dépend de la valeur de l'entier $K^2 \geq 1$; pour $K^2 \geq 2$, elle se trouve dans [11], n° 8, 9, 10, pour $K^2 = 1$, dans [12].

[Septembre 1958]

Bibliographie

[1] ABHYANKAR (S.). *Local uniformization of algebraic surfaces over ground fields of characteristic $p \neq 0$*, Ann. of Math., **63**, 1956, p. 491–526.

[2] CHEVALLEY (Claude). *Introduction to the theory of algebraic functions of one variable.* New York, Amer. math. Soc. 1951 (Math. Surveys n° **6**).

[3] KODAIRA (Kunihiko). *The theorem of Rieman-Roch on compact analytic surfaces,* Amer. J. of Math., **73**, 1951, p. 813–875.

[4] KODAIRA (Kunihiko). *On Kähler varieties of restricted type (An intrinsic characterization of algebraic varieties)*, Ann. of Math., **60**, 1954, p. 28–48.

[5] LANG (Serge). *On quasi algebraic closure,* Ann. of Math., **55**, 1952, p. 373–390.

[6] MUHLI (H. T.) and ZARISKI (O.). *Hilbert's characteristic function and the arithmetic genus of an algebraic variety,* Trans. Amer. math. Soc., **69**, 1950, p. 78–88.

[7] ROSENLICHT (Maxwell). *Equivalence relations on algebraic curves,* Ann. of Math., **56**, 1952, p. 169–191.

[8] ZARISKI (Oscar). *Complete linear systems on normal varieties and a generalization of a lemma of Enriques-Severi,* Ann. of Math., **55**, 1952, p. 552–592.

[9] ZARISKI (Oscar). *Algebraic sheaf theory,* Scientific report on the second Summer Institute, Bull. Amer. math. Soc., **62**, 1956, p. 117–141.

[10] ZARISKI (Oscar). *Introduction to the problem of minimal models in the theory of algebraic surfaces.* Tokyo, Math. Society of Japan, 1958 (Publ. Math. Soc. Japan, n° **4**).

[11] ZARISKI (Oscar). *The problem of minimal models in the theory of algebraic surfaces,* Amer. J. of Math., **80**, 1958, p. 146–184.

[12] ZARISKI (Oscar). *On Castelnuovo's criterion of rationality $p_0 = P_2 = 0$ of an algebraic surface,* Ill. J. of Math., **2**, 1958, p. 303–315.

35.

Sur la cohomologie des variétés algébriques

J. de Math. pures et appliquées **36** (1957), 1–16

Soit X une variété algébrique, définie sur un corps algébriquement clos k, et soit $\mathcal{F}$ un faisceau algébrique cohérent sur X. Dans le Mémoire [4] (auquel nous renvoyons pour toutes les définitions et notations) nous avons étudié les groupes de cohomologie $H^q(X, \mathcal{F})$, mais, pour obtenir des résultats précis, nous avons dû, la plupart du temps, nous limiter au cas où X est une variété affine ou une variété projective. Il est naturel de se demander si ces restrictions sont essentielles, et si certains résultats ne s'étendent pas aux variétés algébriques quelconques; l'objet de ce qui suit est de répondre, au moins partiellement, à cette question.

Nous donnerons d'abord une caractérisation homologique des variétés affines :

Théorème 1. — *Supposons que, pour tout faisceau cohérent d'idéaux* $\mathfrak{J}$ *du faisceau* $\mathcal{O}$ *des anneaux locaux de* X, *on ait* $H^1(X, \mathfrak{J}) = 0$. *Alors* X *est une variété affine.*

Ce théorème est une réciproque au corollaire 1 du théorème 3 de [5], n° 46; il est analogue à un résultat connu sur les variétés de Stein ([1], exposé XX, n° 2), et la démonstration que nous en donnons au paragraphe 1 est très voisine de celle de [1].

Le paragraphe 2 est consacré à divers résultats sur la structure des faisceaux algébriques cohérents, résultats qui sont utilisés au paragraphe 3 pour démontrer le théorème suivant :

THÉORÈME 2. — *Pour toute variété algébrique* X *et pour tout faisceau algébrique cohérent* $\mathcal{F}$ *sur* X, *on a* $H^q(X, \mathcal{F}) = 0$ *pour* $q > \dim X$.

Ce théorème était connu dans le cas où X peut se plonger comme sous-variété localement fermée dans un espace projectif (*cf.* [5], n° 52).

Dans le paragraphe 4 nous rappelons la définition d'une variété complète, et nous indiquons diverses propriétés élémentaires de ces variétés. Enfin, le paragraphe 5 contient la démonstration du théorème suivant (qui étend un résultat connu pour les variétés projectives, *cf.* [5], n° 66) :

THÉORÈME 3. — *Si* $\mathcal{F}$ *est un faisceau algébrique cohérent sur une variété algébrique complète* X, *alors* $H^0(X, \mathcal{F})$ *est un espace vectoriel de dimension finie sur* k.

1. DÉMONSTRATION DU THÉORÈME 1. — Nous démontrerons d'abord un résultat valable pour toute variété algébrique X :

LEMME 1. — *Soit* f *une fonction régulière sur* X, *soit* X_f *l'ensemble ouvert des points* $x \in X$ *tels que* $f(x) \neq 0$, *et soit* h *une fonction régulière sur* X_f. *Il existe alors un entier* $n \geq 0$ *et une fonction* k *régulière sur* X *tels que* $h = k/f^n$ *sur* X_f.

(Lorsque X est irréductible, on retrouve la proposition 5 du n° 43 de [5]).

Recouvrons X par un nombre fini d'ouverts affines U_i; en appliquant à chacun des U_i le lemme 1 du n° 55 de [5], on voit qu'il existe un entier $m \geq 0$ et des fonctions h_i régulières sur U_i tels que $h = h_i/f^m$ sur $X_f \cap U_i$. On a donc $h_i = h_j$ sur $X_f \cap U_i \cap U_j$, d'où $fh_i = fh_j$

sur $U_i \cap U_j$; ceci montre qu'il existe une fonction k, régulière sur X, et qui coïncide avec fh_i sur U_i pour tout i; en posant $n = m + 1$, on a bien $h = k/f^n$ sur X_f.

Dans tout le reste de ce paragraphe, X désignera une variété algébrique vérifiant l'hypothèse du théorème 1 ; nous noterons A l'algèbre $H^0(X, \mathcal{O})$; si $\mathcal{F}$ est un faisceau algébrique, $H^0(X, \mathcal{F})$ est un A-module.

LEMME 2. — *Si $\mathcal{R}$ est un sous-faisceau algébrique cohérent de $\mathcal{O}^p$, on a* $H^1(X, \mathcal{R}) = 0$.

Nous raisonnerons par récurrence sur p, le cas $p = 1$ n'étant pas autre chose que l'hypothèse faite sur X. Si l'on pose $\mathcal{R}' = \mathcal{R} \cap \mathcal{O}^{p-1}$ et $\mathcal{R}'' = \mathcal{R}/\mathcal{R}'$, on a une suite exacte :

$$0 \rightarrow \mathcal{R}' \rightarrow \mathcal{R} \rightarrow \mathcal{R}'' \rightarrow 0,$$

et $\mathcal{R}'$ (resp. $\mathcal{R}''$) est isomorphe à un sous-faisceau algébrique cohérent de $\mathcal{O}^{p-1}$ (resp. de $\mathcal{O}$); d'après l'hypothèse de récurrence, on a

$$H^1(X, \mathcal{R}') = H^1(X, \mathcal{R}'') = 0,$$

et la suite exacte de cohomologie montre que $H^1(X, \mathcal{R}) = 0$.

C. Q. F. D.

LEMME 3. — *Soit $\mathcal{F}$ un faisceau algébrique cohérent, et soient $s_1, \ldots, s_p$ des sections de $\mathcal{F}$ sur* X. *Si, pour tout $x \in X$, les s_i engendrent le $\mathcal{O}_x$-module $\mathcal{F}_x$, elles engendrent le* A*-module* $H^0(X, \mathcal{F})$.

Les s_i définissent un homomorphisme $\varphi : \mathcal{O}^p \rightarrow \mathcal{F}$, et l'hypothèse signifie que φ est surjectif. Soit $\mathcal{R}$ son noyau; la suite exacte de cohomologie :

$$H^0(X, \mathcal{O}^p) \rightarrow H^0(X, \mathcal{F}) \rightarrow H^1(X, \mathcal{R}),$$

jointe au lemme 2, montre que $H^0(X, \mathcal{O}^p) \rightarrow H^0(X, \mathcal{F})$ est surjectif, ce qui signifie bien que les s_i engendrent $H^0(X, \mathcal{F})$.

LEMME 4. — *Soit* V *une sous-variété fermée de* X. *Pour tout $x \in X - V$, il existe une fonction $f \in$ A qui est nulle sur* V *et non nulle en x.*

Soit $W = V \cup \{x\}$. La fonction g égale à 0 sur V et à 1 en x est régulière sur W, et tout revient à montrer qu'on peut la prolonger en une fonction f régulière sur X. Désignons par $\mathcal{J}(W)$ le faisceau cohérent d'idéaux défini par W (*cf.* [5], n° 39); on a la suite exacte

$$H^0(X, \mathcal{O}) \to H^0(W, \mathcal{O}_W) \to H^1(X, \mathcal{J}(W)),$$

et, comme par hypothèse $H^1(X, \mathcal{J}(W)) = 0$, on en conclut bien que l'élément g de $H^0(W, \mathcal{O}_W)$ est image d'un élément f de $H^0(X, \mathcal{O})$.

Lemme 5. — *Il existe un nombre fini de fonctions $f_i \in A$ telles que, si U_i désigne l'ensemble des $x \in X$ tels que $f_i(x) \neq 0$, les U_i soient des ouverts affines recouvrant X. De plus, si les f_i vérifient la condition précédente, il existe des $g_i \in A$ telles que $\Sigma f_i g_i = 1$.*

D'après [5] (n° 42, th. 1), il existe un recouvrement de X par des ouverts affines U'_α; posons $V_\alpha = X - U'_\alpha$. Pour tout $x \in X$, choisissons un indice $\alpha(x)$ tel que $x \in U'_{\alpha(x)}$; d'après le lemme 4, il existe une fonction $f_x \in A$, nulle sur $V_{\alpha(x)}$, et non nulle en x. Soit U_x l'ensemble des points $y \in X$ tels que $f_x(y) \neq 0$; les U_x forment un recouvrement de X puisque $x \in U_x$; de plus, U_x est contenu dans $U'_{\alpha(x)}$, donc est un ouvert affine ([5], n° 42, prop. 2). Comme X est quasi-compact, on peut extraire des U_x un recouvrement fini, ce qui démontre la première partie du lemme; la seconde résulte du lemme 3, appliqué aux sections f_i du faisceau $\mathcal{O}$.

Lemme 6. — *L'algèbre A est une algèbre de type fini sur le corps de base k.*

Soient f_i et g_i des fonctions vérifiant les hypothèses du lemme 5. Puisque les U_i sont des variétés affines, on sait (*cf.* [5], n° 48, par exemple) que leurs anneaux de coordonnées $H^0(U_i, \mathcal{O})$ peuvent être engendrés par un nombre fini d'éléments h_{ij}. En appliquant le lemme 1 à chacune des fonctions h_{ij}, on voit qu'il existe un entier $n \geq 0$ et des fonctions $k_{ij} \in A$ tels que $h_{ij} = k_{ij}/f_i^n$ sur U_i. Nous allons montrer que $A = k[f_i, g_i, k_{ij}]$, ce qui démontrera le lemme.

Soit a un élément de A; puisque la restriction de a à U_i est une fonction régulière sur U_i, il existe un polynome P_i tel que $a = P_i(h_{ij})$ sur U_i. Utilisant la formule $h_{ij} = k_{ij}/f_i^n$, on voit qu'il existe $a_i \in k[f_i, k_{ij}]$ et $m \geq 0$ tels que $a = a_i/f_i^m$ sur U_i; en prenant l'entier m assez grand, on peut en outre supposer qu'il est indépendant de i. La fonction

$f_j^m a_i - f_i^m a_j$ est nulle sur $U_i \cap U_j$, donc son produit par $f_i f_j$ est nul sur tout X; autrement dit, si l'on pose $b_i = f_i a_i$ et $r = m + 1$, on a encore $a = b_i / f_i^r$ sur U_i, et $f_j^r b_i - f_i^r b_j = 0$. Élevons alors la relation

$$\Sigma f_i g_i = 1$$

à une puissance assez élevée pour que tous les exposants des f_i deviennent $\geqq r$; on obtient une relation

$$\Sigma f_i^r g_i' = 1, \qquad \text{avec} \quad g_i' \in k[f_i, g_i].$$

Posons $a' = \Sigma g_i' b_i$; on a évidemment $a' \in k[f_i, g_i, k_{ij}]$, et il nous suffit donc de démontrer que $a' = a$. Or l'on a

$$f_i^r a = b_i = (\Sigma f_j^r g_j') b_i = f_i^r \Sigma g_j' b_j = f_i^r a' \quad \text{sur } U_i,$$

ce qui montre que les fonctions a et a' sont égales sur chacun des U_i, donc sur X. C. Q. F. D.

Ainsi, l'algèbre A est une algèbre de type fini, visiblement sans autre élément nilpotent que 0; c'est donc l'anneau de coordonnées d'une variété algébrique affine X', dont les points sont les idéaux maximaux de A. Si x est un point de X, l'application $f \to f(x)$ est un homomorphisme de A dans k qui est surjectif d'après le lemme 4 appliqué à $V = \emptyset$; son noyau est un idéal maximal $\theta(x)$ de A, et nous avons ainsi défini une application $\theta : X \to X'$. Le théorème 1 sera démontré si nous prouvons le résultat suivant :

Lemme 7. — *L'application* θ *définie ci-dessus est un isomorphisme de* X *sur* X'.

Montrons d'abord que θ est *bijectif*. Si x et y sont deux points distincts, le lemme 4 montre qu'il existe $f \in A$ tel que $f(x) \neq 0$ et $f(y) = 0$, d'où $\theta(x) \neq \theta(y)$, et θ est injectif. D'autre part, soit $\mathfrak{m}$ un idéal maximal de A, et soient $s_1, \ldots, s_p$ des générateurs de $\mathfrak{m}$ (on peut les supposer en nombre fini puisque l'anneau A est nœthérien, d'après le lemme 6); si $\mathfrak{m}$ n'était contenu dans aucun $\theta(x)$, les s_i engendreraient $\mathcal{O}_x$ pour tout $x \in X$, et, d'après le lemme 3, l'idéal qu'ils engendrent dans A serait A lui-même, ce qui est absurde; l'idéal $\mathfrak{m}$ est donc contenu dans un $\theta(x)$, d'où $\mathfrak{m} = \theta(x)$, puisque $\mathfrak{m}$ est maximal.

Ainsi, θ est bien bijectif, et nous pouvons identifier X′ à X au moyen de θ^{-1}.

Montrons maintenant que les topologies de X et de X′ coïncident, c'est-à-dire que θ est un *homéomorphisme*. Par définition, un sous-ensemble V de X est fermé pour la topologie de X′ si et seulement s'il est l'ensemble des zéros communs à une famille d'éléments de A; comme les fonctions $f \in A$ sont continues pour la topologie de X, un tel ensemble est fermé dans X. Inversement, si V est fermé dans X, le lemme 4 montre qu'il est fermé dans X′, d'où notre assertion.

Il nous reste à voir que les faisceaux $\mathcal{O}$ et $\mathcal{O}'$ des anneaux locaux de X et de X′ coïncident. Tous deux sont des sous-faisceaux du faisceau $\mathcal{F}(X)$ des germes de fonctions sur X à valeurs dans k. Un élément $f \in \mathcal{F}(X)_x$ appartient à $\mathcal{O}'_x$ si et seulement s'il existe a et b dans A, avec $b(x) \neq 0$, et $f = a/b$ dans $\mathcal{F}(X)_x$; ceci montre que l'on a $\mathcal{O}'_x \subset \mathcal{O}_x$. Inversement, soit $x \in X$, et soit h une fonction régulière sur un voisinage ouvert U de x; d'après le lemme 4, il existe une fonction $f \in A$ qui est nulle sur $X - U$ et non nulle en x; en appliquant le lemme 1, on voit alors qu'il existe un entier $n \geq 0$ et une fonction $k \in A$ tels que $h = k/f^n$ au voisinage de x, d'où $h \in \mathcal{O}'_x$. Ceci démontre que $\mathcal{O} = \mathcal{O}'$ et achève la démonstration du lemme 7, et, avec lui, du théorème 1.

2. Support d'un faisceau algébrique cohérent. — Dans tout ce qui suit, X désignera une variété algébrique, dont le faisceau des anneaux locaux sera noté $\mathcal{O}$. Si $\mathcal{I}$ est un faisceau cohérent d'idéaux, et si $\mathcal{F}$ est un faisceau algébrique cohérent, nous noterons $\mathcal{I}\mathcal{F}$ le sous-faisceau de $\mathcal{F}$ formé des $\mathcal{I}_x\mathcal{F}_x$; puisque $\mathcal{I}\mathcal{F}$ est image du faisceau $\mathcal{I} \otimes \mathcal{F}$ (le produit tensoriel étant pris sur $\mathcal{O}$), c'est un faisceau algébrique cohérent; en particulier, $\mathcal{I}^n$ est un faisceau cohérent d'idéaux.

Nous désignerons également par $V(\mathcal{I})$ la variété du faisceau d'idéaux $\mathcal{I}$, c'est-à-dire l'ensemble des $x \in X$ tels que $\mathcal{I}_x \neq \mathcal{O}_x$; si $\mathcal{I}$ est engendré, sur un ouvert U, par des fonctions f_i régulières sur U, l'intersection de $V(\mathcal{I})$ et de U n'est autre que l'ensemble des zéros communs aux fonctions f_i; ceci montre que $V(\mathcal{I})$ est fermé dans X, ce que l'on pourrait aussi voir en remarquant que $V(\mathcal{I})$ est le *support* du faisceau $\mathcal{O}/\mathcal{I}$, au sens de [5], n° 81.

Si $\mathcal{F}$ est un faisceau algébrique cohérent, nous noterons $\mathfrak{a}(\mathcal{F})_x$

l'*annulateur* du $\mathcal{O}_x$-module $\mathcal{F}_x$, c'est-à-dire l'ensemble des $a \in \mathcal{O}_x$ tels que $a\mathcal{F}_x = 0$; c'est le noyau de l'homomorphisme canonique

$$\mathcal{O}_x \to \mathrm{Hom}(\mathcal{F}_x, \mathcal{F}_x),$$

ce qui montre que les $\mathfrak{a}(\mathcal{F})_x$, $x \in X$, forment un faisceau cohérent d'idéaux $\mathfrak{a}(\mathcal{F})$. Il est clair que $V(\mathfrak{a}(\mathcal{F})) = \mathrm{Supp}(\mathcal{F})$.

Lemme 8. — *Soient $\mathcal{I}$ et $\mathcal{I}'$ deux faisceaux cohérents d'idéaux. Pour que l'on ait $V(\mathcal{I}') \subset V(\mathcal{I})$, il faut et il suffit que l'on ait $\mathcal{I}^n \subset \mathcal{I}'$ pour n assez grand.*

La question étant locale, on peut supposer que X est une variété affine, d'anneau de coordonnées A; les faisceaux $\mathcal{I}$ et $\mathcal{I}'$ sont engendrés par des idéaux $\mathfrak{a}$ et $\mathfrak{a}'$ de A, et notre énoncé résulte alors du classique théorème des zéros de Hilbert.

Proposition 1. — *Soit V une sous-variété fermée de X, et soit $\mathcal{F}$ un faisceau algébrique cohérent, nul en dehors de V. Il existe alors une suite décroissante de sous-faisceaux cohérents de $\mathcal{F}$:*

$$\mathcal{F} = \mathcal{F}_0 \supset \mathcal{F}_1 \supset \ldots \supset \mathcal{F}_n = 0,$$

tels que les quotients $\mathcal{F}_i/\mathcal{F}_{i+1}$ $(0 \leq i < n)$ soient des faisceaux algébriques cohérents sur V.

Soit $\mathcal{I}(V)$ le faisceau d'idéaux défini par V (au sens de [5], n° 39), et soit $\mathfrak{a}(\mathcal{F})$ l'annulateur de $\mathcal{F}$; l'hypothèse signifie que

$$V(\mathfrak{a}(\mathcal{F})) \subset V = V(\mathcal{I}(V)),$$

d'où, d'après le lemme 8, l'existence d'un $n \geq 0$ tel que $\mathcal{I}(V)^n \subset \mathfrak{a}(\mathcal{F})$, c'est-à-dire $\mathcal{I}(V)^n\mathcal{F} = 0$. En posant alors $\mathcal{F}_i = \mathcal{I}(V)^i\mathcal{F}$ on a une suite décroissante de faisceaux cohérents, avec $\mathcal{F}_n = 0$, et les $\mathcal{G}_i = \mathcal{F}_i/\mathcal{F}_{i+1}$ sont bien des faisceaux cohérents sur V, puisque $\mathcal{I}(V)\mathcal{G}_i = 0$ (*cf.* [5], n° 39, prop. 3).

Cette proposition permet, dans une certaine mesure, de ramener les faisceaux cohérents de support contenu dans V aux faisceaux cohérents sur la variété V. Par exemple :

Corollaire. — *Si V est une variété affine, on a $H^q(X, \mathcal{F}) = 0$ pour tout $q > 0$.*

On montre par récurrence sur i que $H^q(X, \mathcal{F}/\mathcal{F}_i)=0$: dans la suite exacte de cohomologie

$$H^q(X, \mathcal{F}_i/\mathcal{F}_{i+1}) \to H^q(X, \mathcal{F}/\mathcal{F}_{i+1}) \to H^q(X, \mathcal{F}/\mathcal{F}_i),$$

on a

$$H^q(X, \mathcal{F}_i/\mathcal{F}_{i+1}) = H^q(V, \mathcal{F}_i/\mathcal{F}_{i+1}) = 0,$$

puisque $\mathcal{F}_i/\mathcal{F}_{i+1}$ est cohérent sur V, et d'autre part on a $H^q(X, \mathcal{F}/\mathcal{F}_i)=0$, d'après l'hypothèse de récurrence. D'où $H^q(X, \mathcal{F}/\mathcal{F}_{i+1})=0$, ce qui démontre le corollaire.

A partir de maintenant, et pour tout le reste de ce paragraphe, nous supposerons que X est une variété *irréductible;* nous désignerons par K le corps $k(X)$ des *fonctions rationnelles* sur X; le faisceau constant isomorphe à K sera également noté K; on sait ([5], n° 36) que c'est le faisceau des corps des quotients du faisceau $\mathcal{O}$.

Soit $\mathcal{F}$ un faisceau algébrique, et soit $\mathcal{G} = \mathcal{F} \otimes K$, le produit tensoriel étant pris sur $\mathcal{O}$; le faisceau $\mathcal{G}$ est un faisceau de K-espaces vectoriels, dont nous allons déterminer la structure :

Proposition 2. — *Supposons que $\mathcal{F}$ soit un faisceau algébrique cohérent. Alors :*

a. Le faisceau $\mathcal{G}$ est isomorphe à un faisceau constant K^n;

b. Pour tout $x \in X$, le rang du $\mathcal{O}_x$-module $\mathcal{F}_x$ est égal à n;

c. Pour que $\operatorname{Supp}(\mathcal{F})$ *soit distinct de* X, *il faut et il suffit que $n=0$, c'est-à-dire que tous les modules $\mathcal{F}_x$ soient des modules de torsion.*

Démontrons d'abord *a* localement : on peut supposer qu'il existe une suite exacte

$$\mathcal{O}^q \xrightarrow{\varphi} \mathcal{O}^p \to \mathcal{F} \to 0,$$

d'où, par produit tensoriel avec K, une suite exacte

$$K^q \xrightarrow{\varphi} K^p \to \mathcal{G} \to 0,$$

où K^q et K^p sont des faisceaux constants, et φ est K-linéaire. Il s'ensuit que $\mathcal{G}$ est isomorphe au faisceau constant K^n, avec $n = p - \operatorname{rg}(\varphi)$, ce qui démontre notre assertion. Il est clair que l'entier n est constant sur toute composante connexe de X, donc constant puisque X est connexe. Le faisceau $\mathcal{G}$ est donc localement isomorphe à un faisceau K^n, donc aussi globalement d'après [5], n° 36, lemme 2, ce qui achève de démontrer *a*.

L'assertion *b* est évidente puisque, par définition, le rang de $\mathcal{F}_x$ est égal à la dimension du K-espace vectoriel $\mathcal{F}_x \otimes K$.

Si $\mathrm{Supp}(\mathcal{F}) \neq X$, il existe $x \in X$ tel que $\mathcal{F}_x = 0$, d'où *a fortiori* $n = 0$; inversement, si $n = 0$, on a $\mathfrak{a}(\mathcal{F})_x \neq 0$ pour tout x, ce qui, d'après le lemme 8, montre que $\mathrm{Supp}(\mathcal{F}) = V(\mathfrak{a}(\mathcal{F})) \neq X$, d'où *c*.

L'injection canonique $\mathcal{O} \to K$ définit, par passage au produit tensoriel, un homomorphisme $\mathcal{F} \to \mathcal{G}$, d'où, d'après *a*, un homomorphisme

$$\theta : \mathcal{F} \to K^n, \qquad \text{avec } n = \mathrm{rg}(\mathcal{F}_x).$$

Soit $\mathcal{C}$ le noyau de θ; pour tout $x \in X$, le module $\mathcal{C}_x$ n'est autre que le sous-module *de torsion* de $\mathcal{F}_x$; le faisceau $\mathcal{C}$ peut donc être appelé le *sous-faisceau de torsion* de $\mathcal{F}$. Le sous-faisceau $\theta(\mathcal{F})$ de K^n étant de type fini est un faisceau cohérent (*cf.* [5], n° 40, prop. 4 qui s'étend immédiatement au cas de K^n), et, puisque $\mathcal{C}$ est le noyau de $\mathcal{F} \to \theta(\mathcal{F})$, c'est aussi un faisceau cohérent. Ainsi le faisceau $\mathcal{F}$ est *une extension d'un sous-faisceau cohérent de* K^n *par son faisceau de torsion* (dont le support est distinct de X).

Remarque. — Lorsque X est une *courbe non singulière*, on peut aller plus loin. En effet, les $\mathcal{O}_x$ sont alors des anneaux de valuation discrète, donc principaux, et les $\mathcal{C}_x$ sont isomorphes à des sommes directes de modules $\mathcal{O}_x/\mathcal{I}(x)^m$, $\mathcal{I}(x)$ désignant l'idéal maximal de $\mathcal{O}_x$, ce qui donne la structure de $\mathcal{C}$. Comme chaque $\mathcal{C}_x$ est facteur direct dans $\mathcal{F}_x$, et que $\mathcal{C}$ est concentré en un nombre fini de points, le faisceau $\mathcal{C}$ est facteur direct dans $\mathcal{F}$, et l'on a $\mathcal{F} = \mathcal{C} \oplus \mathcal{F}/\mathcal{C}$; le faisceau $\mathcal{F}/\mathcal{C}$ étant localement libre est isomorphe au faisceau $\mathcal{S}(V)$ des sections d'un espace fibré à fibre vectorielle de base X, d'où finalement

$$\mathcal{F} = \mathcal{S}(V) \oplus \Sigma \mathcal{O}/\mathcal{I}(x_i)^{m_i}.$$

Revenons au cas général. L'ensemble des sous-faisceaux algébriques cohérents de K^n est *filtrant* pour la relation d'inclusion, car, si $\mathcal{F}$ et $\mathcal{G}$

sont deux tels faisceaux, le faisceau $\mathcal{F}+\mathcal{G}$ est de type fini, donc cohérent. On a :

PROPOSITION 3. — *Pour tout entier* $q \geqq 1$, *la limite inductive de* $H^q(X, \mathcal{F})$, *suivant l'ensemble ordonné filtrant précédent, est nulle.*

Soit $\mathcal{F}$ un sous-faisceau algébrique cohérent de K^n, et soit $z \in H^q(X, \mathcal{F})$. On peut représenter z par une classe de cohomologie $z' \in H^q(\mathfrak{U}, \mathcal{F})$, où $\mathfrak{U} = \{U_i\}$ est un recouvrement ouvert fini de X; soit a un cocycle appartenant à la classe z'. Puisque le faisceau K^n est un faisceau constant, les groupes de cohomologie $H^q(\mathfrak{U}, K^n)$ sont les groupes de cohomologie au sens usuel du nerf de $\mathfrak{U}$, c'est-à-dire d'un simplexe (X étant irréductible); on a donc $H^q(\mathfrak{U}, K^n) = 0$, et il existe une cochaîne $b \in C^{q-1}(\mathfrak{U}, K^n)$ telle que $a = db$. Soit $\mathcal{B}$ le sous-faisceau algébrique de K^n engendré par les composantes $b_{i_0 \ldots i_{q-1}}$ de la cochaîne b; le faisceau $\mathcal{B}$ est de type fini, donc cohérent, et il en est de même du faisceau $\mathcal{G} = \mathcal{F} + \mathcal{B}$. On a évidemment $b \in C^{q-1}(\mathfrak{U}, \mathcal{B})$, d'où $b \in C^{q-1}(\mathfrak{U}, \mathcal{G})$, et la relation $a = db$ montre alors que l'image de z' dans $H^q(\mathfrak{U}, \mathcal{G})$ est nulle, donc aussi celle de z dans $H^q(X, \mathcal{G})$.

C. Q. F. D.

Remarque. — Bien entendu, il est facile de donner une formule explicite pour la cochaîne b, par exemple $b_{i_0 \ldots i_{q-1}} = a_{j i_0 \ldots i_{q-1}}$, où j est un indice fixé.

3. DÉMONSTRATION DU THÉORÈME 2. — Les notations étant celles du théorème 2, nous désignerons par r la dimension de X. Nous raisonnerons par récurrence sur r, le cas $r = 0$ étant trivial.

LEMME 9. — *Soit* $\mathcal{M}$ *un faisceau algébrique cohérent sur* X, *dont le support* V *soit de dimension* $\leqq r-1$. *On a alors* $H^p(X, \mathcal{M}) = 0$ *pour tout* $p \geqq r$.

D'après la proposition 1, il existe une suite décroissante de sous-faisceaux cohérents de $\mathcal{M}$:

$$\mathcal{M} = \mathcal{M}_0 \supset \mathcal{M}_1 \supset \ldots \supset \mathcal{M}_n = 0,$$

tels que les quotients $\mathcal{M}_i / \mathcal{M}_{i+1}$ soient des faisceaux cohérents sur V.

D'après l'hypothèse de récurrence, on a donc

$$H^p(X, \mathcal{N}_i/\mathcal{N}_{i+1}) = H^p(V, \mathcal{N}_i/\mathcal{N}_{i+1}) = 0;$$

par récurrence sur i, on en déduit $H^p(X, \mathcal{N}/\mathcal{N}_i) = 0$, d'où le lemme en prenant $i = n$.

Lemme 10. — *Soient $\mathcal{A}$ et $\mathcal{B}$ deux faisceaux algébriques cohérents sur X, et soit φ un homomorphisme de $\mathcal{A}$ dans $\mathcal{B}$. Supposons que les supports du noyau et du conoyau de φ soient de dimensions $\leqq r-1$. L'homomorphisme φ^* : $H^q(X, \mathcal{A}) \rightarrow H^q(X, \mathcal{B})$ est alors bijectif.*

Posons

$$\mathcal{N} = \mathrm{Ker}(\varphi), \qquad \mathcal{I} = \mathrm{Im}(\varphi) \quad \text{et} \quad \mathcal{C} = \mathrm{Coker}(\varphi).$$

La suite exacte de cohomologie

$$H^{q-1}(X, \mathcal{C}) \rightarrow H^q(X, \mathcal{I}) \rightarrow H^q(X, \mathcal{B}) \rightarrow H^q(X, \mathcal{C}),$$

jointe au lemme 9, montre que $H^q(X, \mathcal{I}) \rightarrow H^q(X, \mathcal{B})$ est bijectif. On démontre de même que $H^q(X, \mathcal{A}) \rightarrow H^q(X, \mathcal{I})$ est bijectif, d'où le résultat.

Venons-en maintenant à la démonstration du théorème 2.

Soient X_i $(i = 1, \ldots, n)$ les composantes irréductibles de X, soient $\mathcal{I}_i$ les faisceaux d'idéaux définis par les X_i, et soit V l'ensemble des points $x \in X$ qui appartiennent à au moins deux des X_i. Il est clair que $\dim V \leqq r-1$. Posons alors $\mathcal{F}_i = \mathcal{F}/\mathcal{I}_i\mathcal{F}$, et soit $\mathcal{G}$ la somme directe des $\mathcal{F}_i$. On a un homomorphisme canonique $\mathcal{F} \rightarrow \mathcal{G}$ qui est évidemment bijectif en dehors de V, d'où, d'après le lemme 10,

$$H^q(X, \mathcal{F}) = H^q(X, \mathcal{G}) = \Sigma_{i=1}^{i=k} H^q(X, \mathcal{F}_i).$$

Mais le faisceau $\mathcal{F}_i$ peut être considéré comme un faisceau cohérent sur X_i, donc $H^q(X, \mathcal{F}) = \Sigma_{i=1}^{i=k} H^q(X_i, \mathcal{F}_i)$ et il nous suffit de montrer que les $H^q(X_i, \mathcal{F}_i)$ sont nuls. Autrement dit, nous sommes ramenés au cas où X *est une variété irréductible*.

Dans ce cas, soit $\mathcal{T}$ le sous-faisceau de torsion de $\mathcal{F}$; la proposition 2 montre que la dimension de $\mathrm{Supp}(\mathcal{T})$ est $\leqq r-1$, et le lemme 10 montre que $H^q(X, \mathcal{F}) = H^q(X, \mathcal{F}/\mathcal{T})$; nous sommes ainsi ramenés au cas où $\mathcal{F}$ est un faisceau *sans torsion*. Appliquant à nouveau la proposition 2, on peut alors identifier $\mathcal{F}$ à un sous-faisceau de K^n, avec $n = \mathrm{rg}(\mathcal{F}_x)$. Si $\mathcal{G}$ est un sous-faisceau cohérent de K^n, contenant $\mathcal{F}$, on a

$$\mathrm{rg}(\mathcal{F}_x) \leqq \mathrm{rg}(\mathcal{G}_x) \leqq \mathrm{rg}(K^n), \quad \text{d'où} \quad \mathrm{rg}(\mathcal{G}_x) = n,$$

ce qui montre que le faisceau $\mathcal{G}/\mathcal{F}$ est un faisceau de torsion; le raisonnement fait ci-dessus montre alors que $H^q(X, \mathcal{F}) \to H^q(X, \mathcal{G})$ est bijectif. Comme, d'après la proposition 3, la limite inductive des $H^q(X, \mathcal{G})$ est nulle, c'est que l'on a $H^q(X, \mathcal{F}) = 0$, ce qui achève la démonstration.

4. Variétés complètes.

Définition. — *Une variété algébrique* X *est dite complète si elle vérifie la condition suivante :*

(C) *Pour toute variété algébrique* Y *et pour toute partie fermée* Z *de* $X \times Y$, *la projection* $\mathrm{pr}_Y(Z)$ *de* Z *dans* Y *est fermée dans* Y.

Dans la condition précédente, on peut supposer Z irréductible. De plus, comme la condition « $\mathrm{pr}_Y(Z)$ est fermé dans Y » est *locale* par rapport à Y, il suffit de vérifier (C) lorsque Y est un espace affine k^n ou un espace projectif $\mathbf{P}_n(k)$.

Proposition 4. — *a. Toute sous-variété fermée d'une variété complète est complète.*

b. Pour qu'une variété X *soit complète, il faut et il suffit que ses composantes irréductibles* X_i *le soient.*

c. Si f *est une application régulière d'une variété complète* X *dans une variété* Y, *alors* $f(X)$ *est une sous-variété fermée et complète de* Y.

d. Toute fonction régulière sur une variété complète connexe est constante.

e. Tout espace fibré algébrique X, *dont la base* B *et la fibre* F *sont des variétés complètes, est une variété complète.*

L'assertion *a* est triviale. On en déduit que, si X est une variété complète, ses composantes irréductibles X_i en sont aussi; réciproquement, supposons que les X_i soient des variétés complètes, et soit Z une partie fermée de $X \times Y$; les $Z_i = Z \cap (X_i \times Y)$ sont fermés dans $X_i \times Y$, donc $pr_Y(Z_i)$ est fermé dans Y, et il en est de même de $pr_Y(Z)$ qui est réunion des $pr_Y(Z_i)$, ce qui démontre *b*. Pour *c*, notons Z le graphe de *f*; comme $f(X) = pr_Y(Z)$, et que Z est fermé dans $X \times Y$ ([5], n° 35), on en déduit tout d'abord que $f(X)$ est fermé dans Y; ensuite, si Z' est une partie fermée de $f(X) \times Y'$, on pose $Z'' = f^{-1}(Z')$ et Z'' est fermée dans $X \times Y'$; donc $pr_{Y'}(Z'')$ est fermée dans Y', et comme $pr_{Y'}(Z'') = pr_{Y'}(Z')$, ceci démontre *c*. L'assertion *d* résulte de *c*, appliquée à la droite projective Y et à la fonction *f* considérée : puisque *f* est régulière, $f(X)$ ne contient pas le point à l'infini de Y, donc est un sous-ensemble fini de Y, réduit à un point puisque X est connexe. Enfin, dans les hypothèses de *e*, si Z est fermé dans $X \times Y$, l'image Z' de Z dans $B \times Y$ est fermée : en effet, la question étant locale par rapport à B, on peut supposer que l'espace fibré X est isomorphe à $B \times F$, et notre assertion résulte alors du fait que F est une variété complète. Cela étant, on a $pr_Y(Z) = pr_Y(Z')$, et $pr_Y(Z')$ est fermée dans Y puisque B est complète. C. Q. F. D.

PROPOSITION 5. — *Toute variété projective est complète.*

D'après la proposition 4.*a*, il suffit de prouver que tout espace projectif P est une variété complète; en vertu des remarques qui précèdent cette proposition, cela revient à voir que, si Y est un espace affine, et Z une partie fermée irréductible de $P \times Y$, alors $pr_Y(Z)$ est fermée. Or ce résultat est bien connu : c'est une conséquence immédiate du théorème d'extension des spécialisations (*cf.*, par exemple, [3], chap. II, § 8, th. 13, ainsi que [4], chap. I, § 2, n° 4).

La définition des variétés complètes et les deux propositions données ci-dessus sont suffisantes dans beaucoup d'applications (et, en particulier, dans celle que nous ferons au paragraphe 5). Toutefois, pour la commodité du lecteur, nous allons indiquer rapidement comment on démontre l'équivalence de notre définition avec celle donnée par Weil dans [6], p. 168.

En traduisant en termes géométriques la notion de « spécialisation, finie ou non » de Weil, *loc. cit.*, on construit (*cf.* [2]) une variété projective Y, un ouvert U de Y, dense dans Y, et une application régulière surjective $f : U \to X$, dont le graphe Z est fermé dans $X \times Y$.

La condition de Weil s'énonce alors ainsi :

(W) *On a* $U = Y$.

Puisque $U = \mathrm{pr}_Y(Z)$, et que Z est fermé dans $X \times Y$, la condition (C) entraîne la condition (W).

D'autre part, si (W) est vérifiée, la variété U est une variété projective, et l'on a :

(Pr) *La variété* X *est image d'une variété projective par une application régulière.*

Enfin, la proposition 5 et la proposition 4.*c* montrent que (Pr) entraîne (C). En définitive, on obtient le résultat suivant, dû essentiellement à Chow [2] :

PROPOSITION 6. — *Les trois conditions* (C), (W) *et* (Pr) *sont équivalentes.*

Remarque. — En fait, la construction de Chow fournit une application f qui, outre les propriétés énoncées ci-dessus, est un isomorphisme birationnel (X étant supposée irréductible, pour simplifier); autrement dit, f définit un isomorphisme birégulier d'un ouvert non vide de U sur un ouvert de X.

5. DÉMONSTRATION DU THÉORÈME 3. — Elle est tout à fait analogue à celle du théorème 2. On raisonne par récurrence sur $r = \dim X$, le cas $r = 0$ étant trivial.

LEMME 11. — *Soit* $\mathcal{N}$ *un faisceau algébrique cohérent sur* X, *dont le support* V *soit de dimension* $\leq r - 1$. *Alors* $H^0(X, \mathcal{N})$ *est de dimension finie sur* k.

On définit des sous-faisceaux $\mathcal{N}_i$ de $\mathcal{N}$ comme dans la démonstration du lemme 9. D'après l'hypothèse de récurrence, $H^0(X, \mathcal{N}_i/\mathcal{N}_{i+1})$ est de dimension finie, d'où le lemme, puisque la dimension de $H^0(X, \mathcal{N})$ est inférieure ou égale à la somme des dimensions des $H^0(X, \mathcal{N}_i/\mathcal{N}_{i+1})$.

LEMME 12. — *Soit* $0 \to \mathcal{A} \to \mathcal{B} \to \mathcal{C}$ *une suite exacte de faisceaux de k-espaces vectoriels sur* X. *Si* $H^0(X, \mathcal{A})$ *et* $H^0(X, \mathcal{C})$ *sont de dimension finie sur k, il en est de même de* $H^0(X, \mathcal{B})$.

Cela résulte de la suite exacte :

$$0 \to H^0(X, \mathcal{A}) \to H^0(X, \mathcal{B}) \to H^0(X, \mathcal{C}).$$

Passons maintenant à la démonstration du théorème 3. Soient X_i les composantes irréductibles de X, et définissons comme au paragraphe 3 le faisceau $\mathcal{G} = \Sigma \mathcal{F}_i$. Si $\mathcal{N}$ désigne le noyau de l'homomorphisme canonique $\mathcal{F} \to \mathcal{G}$, il est clair que $\mathcal{N}$ vérifie l'hypothèse du lemme 11, donc $H^0(X, \mathcal{N})$ est de dimension finie. Appliquant alors le lemme 12 à la suite exacte $0 \to \mathcal{N} \to \mathcal{F} \to \mathcal{G}$, on voit qu'il nous suffit de démontrer que $H^0(X, \mathcal{G})$ est de dimension finie. Mais l'on a

$$H^0(X, \mathcal{G}) = \Sigma H^0(X, \mathcal{F}_i) = \Sigma H^0(X_i, \mathcal{F}_i),$$

et les $\mathcal{F}_i$ sont des faisceaux algébriques cohérents sur les X_i. Nous sommes donc ramenés au cas où X *est une variété irréductible*.

Dans ce cas, soit $\mathcal{T}$ le sous-faisceau de torsion de $\mathcal{F}$; nous savons que la dimension de $\mathrm{Supp}(\mathcal{T})$ est $\leqq r-1$, et, en appliquant les lemmes 11 et 12, on est ramené à montrer que $H^0(X, \mathcal{F}/\mathcal{T})$ est de dimension finie. Ainsi, il suffit de démontrer le théorème lorque $\mathcal{F}$ est un faisceau *sans torsion*. Appliquant la proposition 2, on peut alors identifier $\mathcal{F}$ à un sous-faisceau de K^n, avec $n = \mathrm{rg}(\mathcal{F}_x)$; le faisceau $\mathcal{O}^n$ peut de même être identifié à un sous-faisceau de K^n; posons $\mathcal{G} = \mathcal{F} + \mathcal{O}^n$. Le faisceau $\mathcal{G}/\mathcal{O}^n$ est un faisceau de torsion, donc, d'après le lemme 11, $H^0(X, \mathcal{G}/\mathcal{O}^n)$ est de dimension finie; d'autre part, $H^0(X, \mathcal{O}^n) = H^0(X, \mathcal{O})^n = k^n$, d'après la proposition 4.*d*; appliquant alors le lemme 12 à la suite exacte $0 \to \mathcal{O}^n \to \mathcal{G} \to \mathcal{G}/\mathcal{O}^n$, on voit que $H^0(X, \mathcal{G})$ est de dimension finie, d'où *a fortiori* le même résultat pour $H^0(X, \mathcal{F})$ qui en est un sous-espace vectoriel. C. Q. F. D.

1 *Remarques.* — 1° Le théorème 3 est très probablement valable pour tous les $H^q(X, \mathcal{F})$, mais le raisonnement ci-dessus ne semble pas pouvoir s'étendre au cas général [à moins que l'on ne puisse démontrer *a priori* que les $H^q(X, \mathcal{O})$ sont de dimension finie, ou bien préciser la proposition 3 en montrant que, pour tout $\mathcal{F}$, il existe un $\mathcal{G}$ contenant $\mathcal{F}$ tel que l'homomorphime : $H^q(X, \mathcal{F}) \to H^q(X, \mathcal{G})$ soit nul].

2° Supposons que X soit une variété irréductible et normale. Si D est un diviseur de X, on peut définir le faisceau $\mathcal{L}(D)$ des fonctions rationnelles dont le diviseur est localement $\geqq -D$. Si l'on pose alors $L(D) = H^0(X, \mathcal{L}(D))$, le théorème 3 redonne le fait que L(D) est un espace vectoriel de dimension finie sur *k* (*cf.* [3], chap. V, § 3, th. 2).

BIBLIOGRAPHIE.

[1] H. Cartan, *Séminaire Éc. Norm. Sup.*, 1951-1952.

[2] W. L. Chow, *On the projective embedding of homogeneous varieties*, Symposium in honor of S. Lefschetz, Princeton, 1956.

[3] S. Lang, *Introduction to Algebraic Geometry* (mimeographed notes), Chicago University, 1955.

[4] P. Samuel, *Méthodes d'algèbre abstraite en géométrie algébrique*, Ergebn. der Math., Springer, 1955.

[5] J.-P. Serre, *Faisceaux algébriques cohérents* (*Ann. of Math.*, t. 61, 1955, p. 197-278).

[6] A. Weil *Foundations of Algebraic Geometry*, Colloquium, XXIX, New-York, 1946.

36.

(avec S. Lang)

Sur les revêtements non ramifiés des variétés algébriques

Amer. J. of Math. **79** (1957), 319–330 (Erratum: *ibid.* **81** (1959), 279–280)

Introduction. Soit V une variété algébrique normale définie sur le corps $\mathbf{C}$ des nombres complexes. Munissons V de la topologie "usuelle," déduite de celle de $\mathbf{C}$. Tout revêtement algébrique non ramifié de V peut être considéré comme un revêtement topologique, et correspond donc à un sous-groupe d'indice fini du groupe fondamental $\pi_1(V)$ de V. Des propriétés connues du groupe fondamental résulte alors immédiatement:

a) Si V et W sont deux variétés, tout revêtement de $V \times W$ est quotient d'un revêtement de la forme $V' \times W'$, où V' et W' sont des revêtements de V et de W.

(C'est une conséquence de l'égalité $\pi_1(V \times W) = \pi_1(V) \times \pi_1(W)$).

b) Le nombre des revêtements de V de degré donné est fini.

(C'est une conséquence du fait que $\pi_1(V)$ peut être engendré par un nombre fini d'éléments).

Dans ce qui suit, nous nous proposons de donner des démonstrations *algébriques* de a) et de b), valables en toute caractéristique (cf. th. 1 et th. 4); nous devons toutefois faire l'hypothèse supplémentaire que V est une variété *complète*. Des contre-exemples simples (dus essentiellement à la présence de "ramification supérieure") montrent d'ailleurs que a) et b) ne sont pas vrais sans restriction en caractéristique $p > 0$.

Comme application de a), nous démontrons que tout revêtement non ramifié d'une variété abélienne est une isogénie (th. 2), généralisant ainsi un résultat bien connu pour les courbes elliptiques.

1. Conventions et notations. Nous adopterons la définition des *revêtements* donnée dans [4] § 1, à cela près que nous ne nous occuperons que de revêtements *géométriques*. Par définition, un revêtement est donc une application rationnelle partout définie

$$f\colon U \to V,$$

[1] Received December 21, 1956.

vérifiant les conditions suivantes:

α) U et V sont des variétés *normales* (absolument irréductibles) de même dimension.

β) Pour tout $v \in V$, l'ensemble $f^{-1}(v)$ est *fini.*

γ) La variété U est *complète* au-dessus de tout point de V.

δ) Si K et L désignent les corps des fonctions rationnelles sur V et sur U, l'extension L/K est *séparable.*

Si U, V et f sont définis sur un corps k, on dira plus brièvement que le revêtement est défini sur k.

Les propriétés ci-dessus entraînent que U est la normalisée de V dans l'extension L/K (pour tout ce qui concerne l'operation de normalisation, voir par exemple [6], Chap. II, § 5); inversement, si l'on se donne une variété normale V ayant K pour corps de fonctions, et si l'on se donne une extension finie séparable L de K, la normalisée U de V dans L/K est un revêtement de V. Ainsi, V étant donnée, il y a correspondance bijective entre revêtements de V et extensions finies séparables de K. Le *degré* de l'extension L/K sera appelé le degré du revêtement $f\colon U \to V$, et sera noté $[U\colon V]$. De même, un revêtement sera dit *galoisien,* de groupe de Galois G, si l'extension L/K correspondante est galoisienne et de groupe de Galois G; on a alors $V = U/G$, avec les notations de [7], no. 13.

Soit $f\colon U \to V$ un revêtement de degré n, défini sur un corps algébriquement clos k. Si v est un point de V, l'ensemble $f^{-1}(v)$ a au plus n éléments; s'il en a exactement n, on dira que U est *non ramifié en v.* L'ensemble des points de ramification est un sous-ensemble k-fermé de V; s'il est vide, on dira que U est *non ramifié.* En fait, pour qu'une application rationnelle partout définie $f\colon U \to V$ soit un revêtement non ramifié, il suffit, d'après Krull ([2], voir aussi [4], p. 292), que V soit normale, que les conditions β) et γ) soient remplies, et que pour tout point $v \in L$ l'ensemble $f^{-1}(v)$ ait exactement n points (n désignant comme précédemment le degré de l'extension L/K); la variété U est alors automatiquement normale, et l'extension L/K séparable.

Revenons au cas d'un revêtement quelconque $f\colon U \to V$, et soit V' une sous-variété de V. Soit $f^{-1}(V')$ l'image réciproque de V' dans U, et soient U_i' les composantes irréductibles de $f^{-1}(V')$. En appliquant les théorèmes du type Cohen-Seidenberg, on voit tout de suite que les U_i' ont même dimension que V'; de plus, si l'on note $[U_i'\colon V']$ le degré de la projection $U_i' \to V'$, on a:

1 $\Sigma[U_i'\colon V'] \leqq [U\colon V]$, cf. [2] ainsi que [4], *loc. cit.*.

Lorsque tous les degrés $[U_i' : V']$ sont égaux à 1, on dira que le revêtement U *se décompose complètement* sur V'.

En général, les U_i' ne sont pas des variétés normales, et les extensions de corps correspondant aux projections $U_i' \to V'$ ne sont pas séparables. On a toutefois:

LEMME 1. *Supposons que le revêtement* $f\colon U \to V$ *soit non ramifié, et soit* V' *une sous-variété normale de* V. *Alors les composantes* U_i' *de* $f^{-1}(V')$ *sont des variétés normales et disjointes. Chacune d'elles est un revêtement non ramifié de* V', *et l'on a l'égalité:*

$$\Sigma[U_i' : V'] = [U : V].$$

Posons $n = [U : V]$ et $n_i = [U_i' : V']$; d'après ce qui a été dit plus haut, on a en tout cas $\Sigma n_i \leqq n$. D'autre part, soit $v \in V'$, et soit m_i le norbre des points de U_i' se projetant en v; du fait que V' est normale, on a $m_i \leqq n_i$. Mais d'autre part, puisque $f\colon U \to V$ est non ramifié, il a exactement n points de U qui se projettent en v. On a donc $\Sigma m_i \geqq n$, d'où $m_i = n_i$ et $\Sigma n_i = n$. D'après le résultat de Krull déjà cité, l'égalité $m_i = n_i$ entraîne que U_i' est un revêtement non ramifié de V', et en particulier que U_i' est une variété normale; enfin, si U_i' et U_j' avait en commun un point u, de projection v, l'ensemble des points de U se projetant en v aurait au plus $\Sigma m_i - 1 = n - 1$ éléments, ce qui est impossible; les variétés U_i' sont donc bien disjointes, ce qui achève la démonstration.

(Notons que, si $f\colon V \to V$ est galoisien, il en est de même de chacun des revêtements $U_i' \to V'$; leurs groupes de Galois sont des sous-groupes de celui de U—les classiques "groupes de décomposition").

Plus généralement, soit $\alpha\colon V' \to V$ une application partout définie d'une variété V' dans V; supposons encore que V' soit normale. Alors $V' \times U$ forme de façon naturelle un revêtement de $V' \times V$; si l'on plonge V' dans $V' \times V$ au moyen du graphe de α, on peut encore définir $f^{-1}(V') \subset V' \times U$, et l'on se retrouve dans la situation envisagée ci-dessus; dans la suite, nous noterons $\alpha^*(U)$ l'ensemble algébrique $f^{-1}(V')$; par définition, c'est l'ensemble des couples $(v', u) \in V' \times U$ tels que $\alpha(v') = f(u)$. Lorsque U est non ramifié, le lemme 1 montre que les composantes irréductibles de $\alpha^*(U)$ sont des revêtements non ramifiés de V' (les "pull-back" de [4], § 4).

2. Revêtements d'un produit de variétés. Soient V et W deux variétés normales. Dans ce no., nous aurons à considérer des revêtements du produit $V \times W$. Si $f\colon U \to V \times W$ est un tel revêtement, et si w est un point de W, nous noterons U_w l'image réciproque de $V \times \{w\}$ dans U; si l'on note α_w l'injection de V dans $V \times W$ définie par la formule $\alpha_w(v) = (v, w)$, l'ensemble algébrique U_w n'est autre que $\alpha_w{}^*(U)$. Lorsque U est non ramifié, les composantes irréductibles de U_w sont des revêtements non ramifiés de V, d'après le lemme 1.

LEMME 2. *Soit k un corps de définition d'un revêtement $f\colon U \to V \times W$, et soit w un point générique de W sur k. Supposons que U soit complètement décomposé sur $V \times \{w\}$. Alors U est isomorphe à un revêtement $V \times W'$, où W' est un revêtement de W.*

Soit v un point générique de V, indépendant de w, et soit $u \in U$ tel que $f(u) = (v, w)$; le point u est alors un point générique de U sur k. On voit tout de suite que le lieu de u sur le corps $k(w)$ n'est autre que U_w, qui est donc irréductible sur $k(w)$. Soit L la fermeture algébrique de $k(w)$ dans $k(u)$; par hypothèse, $k(u)/k(v, w)$ est séparable, et il en est évidemment de même de $k(v, w)/k(w)$; donc $k(u)/k(w)$ est séparable, et l'extension $k(u)/L$ est régulière. Il s'ensuit que le lieu de u sur L est l'une des composantes irréductibles de U_w; puisque on a supposé U complètement décomposé sur $V \times \{w\}$, on a donc $k(u) = L(v)$. Si l'on désigne alors par W' la normalisée de W dans l'extension $L/k(w)$, la variété $V \times W'$ est la normalisée de $V \times W$ dans $k(u)/k(v, w)$, donc est isomorphe à U, cqfd.

Remarque. Le lemme 2 ne s'étend pas aux "revêtements inséparables" (c'est-à-dire ceux où l'on supprime l'hypothèse δ) du no. 1). Pour le voir, il suffit de poser $k(w) = k(x, y)$ et $k(u) = k(v, x, y, \theta)$, avec $\theta^p = x + v^p y$, k désignant un corps algébriquement clos de caractéristique p.

LEMME 3. *Soit $f\colon U \to V \times W$ un revêtement non ramifié, V étant un variété complète. Supposons qu'il existe $a \in W$ tel que U se décompose complètement sur $V \times \{a\}$. Alors U est isomorphe à un revêtement $V \times W'$, où W' est un revêtement non ramifié de W.*

Supposons d'abord que V soit une variété *projective.* Soit k un corps de définition du revêtement, et soit w un point générique de W par rapport à k. D'après le théorème de dégénérescence de Zariski ([8]), le nombre de composantes connexes de U_w est au moins égal à celui de sa spécialisation U_a; mais, d'après le lemme 1, ce dernier nombre est égal à celui des composantes irréductibles de U_a, lequel est égal à $[U : V]$ par hypothèse. Il s'ensuit que le nombre de composantes connexes de U_w est aussi égal à $[U : V]$, ce qui signifie que U se décompose complètement sur $V \times \{w\}$;

d'après le lemme 2, il s'ensuit que $U = V \times W'$, et on voit immédiatement que W' est non ramifié.

L'hypothèse que V est projective n'a été appliquée que pour pouvoir utiliser le théorème de dégénérescence de Zariski. Le cas général se ramène au cas projectif : d'après un résultat de Chow (cf. [1]), il existe une variété projective normale V_1 et une application birationnelle partout définie

$$\phi: V_1 \to V.$$

L'application ϕ définit une application $\psi: V_1 \times W \to V \times W$; posons $U_1 = \psi^*(U)$; en appliquant la première partie de la démonstration à U_1, on voit que $U_1 = V_1 \times W'$. Le corps $k(U_1)$ des fonction rationnelles sur U_1 est donc un composé $k(V_1) \cdot k(W') = k(V) \cdot k(W')$; il s'ensuit que $k(U) = k(V) \cdot k(W')$, d'où $U = V \times W'$, cqfd.

Remarque. Le lemme 3 est inexact lorsque l'on ne suppose plus que V est complète : on le voit en prenant pour V et W des droites affines de points génériques v et w, et en définissant U par l'équation $u^p - u = vw$ (si l'on fait $v = 0$ ou $w = 0$, l'équation se décompose, ce qui serait incompatible avec le lemme 3).

THÉORÈME 1. *Soit $f: U \to V \times W$ un revêtement non ramifié, V étant une variété complète. Il existe alors deux revêtements non ramifiés V' de V et W' de W tels que U soit un quotient du revêtement produit $V' \times W'$.*

Nous pouvons évidemment supposer que le revêtement U est galoisien; soit G son groupe de Galois. Choisissons alors un point $a \in W$, et soit $U_a = f^{-1}(V \times \{a\})$; d'après le lemme 1, les composantes irréductibles de U_a sont des revêtements non ramifiés de V; comme on a supposé U galoisien, il en sera de même pour ces composantes (leurs groupes de Galois étant des sous-groupes de G, les "groupes de décomposition"). Choisissons l'une de ces composantes, soit V', et soit $G' \subset G$ son groupe de Galois. La projection $V' \to V$ définit une projection

$$h: V' \times W \to V \times W,$$

qui fait de $V' \times W$ un revêtement de $V \times W$ de groupe de Galois G'. Posons $U = h^*(U)$, sous-ensemble algébrique de $V' \times W \times U$; comme précédemment pour U_a, les composantes irréductibles de U_1 sont des revêtements non ramifiés de $V' \times W$, galoisiens et de groupes de Galois des sous-groupes de G. Soit $b \in V'$ et soit U' la composante de U_1 qui contient le point $(b, a, b) \in U_1$; comme U' est un revêtement non ramifié de $V' \times W$, c'est aussi un revêtement non ramifié de $V \times W$; de plus, puisque la projection de U' sur $V \times W$ se factorise en $U' \to U \to V \times W$, le revêtement U est un quotient de U', et il nous suffira donc de prouver que U' est de la forme $V' \times W'$. Mais U' se décompose complètement sur $V' \times \{a\}$: en effet, U_1 contient la sous-variété de $V' \times W \times U$ formée des points (v', a, v') où v' parcourt V'; comme cette sous-variété a le point (b, a, b) en commun avec U', elle est contenue dans U', et constitue une composante de U_a' se projetant sur $V' \times \{a\}$ avec degré 1; du fait que U' est galoisien, ceci suffit à assurer que U' se décompose complètement sur $V' \times \{a\}$. En appliquant alors le lemme 3, on en déduit bien que U' est isomorphe à un revêtement de la forme $V' \times W'$, ce qui achève la démonstration.

COROLLAIRE 1. *Soit G un groupe abélien fini. Les notations étant celles de* [7], no. 14, *on a* $\pi^1(V \times W, G) = \pi^1(V, G) \times \pi^1(W, G)$.

C'est immédiat.

COROLLAIRE 2. *Les hypothèses étant celles du théorème* 1, *soient a et b deux points de W. Il existe alors un isomorphisme de l'ensemble algébrique U_a sur l'ensemble algébrique U_b compatible avec les projections $U_a \to V$ et $U_b \to V$.*

(On a un énoncé analogue en permutant les rôles de V et de W).

En effet, d'après le théorème 1, le revêtement U est quotient d'un revêtement $g: V' \times W' \to V \times W$; on peut supposer V' et W' galoisiens de groupes de Galois G_1 et G_2 respectivement; alors U est isomorphe à $(V' \times W')/H$, où H est un sous-groupe de $G_1 \times G_2$. Posons:

$$U_a' = g^{-1}(V \times \{a\}) \quad \text{et} \quad U_b' = g^{-1}(V \times \{b\}).$$

Il est clair que U_a' et U_b' sont tous deux isomorphes à $V' \times G_2$, ces isomorphismes commutant avec les opérations de $G_1 \times G_2$; comme U_a est isomorphe à U_a'/H, il est isomorphe à $(V' \times G_2)/H$, et de même pour U_b, ce que démontre le corollaire.

Lorsque U est galoisien, de groupe de Galois G, on a $G = (G_1 \times G_2)/H$; de plus, on peut supposer (quitte à changer V' et W') que $G_1 \cap H = \{e\}$ et $G_2 \cap H = \{e\}$. Les groupes G_1 et G_2 s'identifient ainsi à des sous-groupes de G, invariants, commutant entre eux, et engendrant G. De plus, le raisonnement fait ci-dessus montre que, pour tout $a \in W$, l'ensemble algébrique U_a se décompose en composantes irréductibles qui sont isomorphes à V', le groupe G_1 s'identifiant au groupe de décomposition correspondant; on a un résultat analogue pour U_v si $v \in V$. En définitive, on a obtenu:

COROLLAIRE 3. *Outre les hypothèses du théorème* 1, *supposons que* U *soit galoisien de groupe de Galois* G. *Soit* $(v, w) \in V \times W$, *et soit* V' (*resp.* W') *une composante de* U_w (*resp.* U_v) ; *soit* G_1 (*resp.* G_2) *son groupe de Galois. Les groupes* G_1 *et* G_2 *sont alors des sous-groupes invariants de* G, *qui commutent entre eux et engendrent* G; *si* H *désigne le noyau de l'homomorphisme* $G_1 \times G_2 \rightarrow G$, *le revêtement* U *est isomorphe à* $(V' \times W')/H$.

3. Revêtements non ramifiés des variétés abéliennes. Nous nous proposons de démontrer le résultat suivant:

THÉORÈME 2. *Toute revêtement non ramifié d'une variété abélienne est une isogénie* (*séparable*).

(Cela montre en particulier qu'un tel revêtement est *abélien*).

Soit donc V une variété abélienne, et soit $f\colon U \rightarrow V$ un revêtement non ramifié de V. On peut évidemment supposer que U est galoisien; soit G son groupe de Galois. Il nous faut montrer que l'on peut définir sur U une structure de variété abélienne (auquel cas f sera automatiquement une isogénie).

Soit $g\colon V \times V \rightarrow V$ l'application qui définit la loi de composition de V, i.e. $g(v, v') = v + v'$. Soit $U' = g^*(U)$, sous-ensemble algébrique de $V \times V \times U$ formé des triples (v, v', u) tels que $f(u) = v + v'$. Le groupe G permute les composantes irréductibles de U'; mais si l'on pose

$$U_1' = U' \cap (\{0\} \times V \times U),$$

l'ensemble U_1' s'identifie à U, donc est irréductible; *a fortiori*, il en est de même de U'. Nous noterons $f'\colon U' \rightarrow V \times V$ la projection de U' sur les deux premiers facteurs du produit $V \times V \times U$. On a évidemment $U_1' = f'^{-1}(\{0\} \times V)$, et l'on vient de voir que U_1' s'indentifie à U; de même $U_2' = f'^{-1}(V \times \{0\})$ s'identifie à U. Appliquant alors le corollaire 3 au théorème 1, on voit que. avec les notations de ce corollaire, on a $G_1 = G_2 = G$, ce qui montre d'abord que G est *abélien*, puis que U' s'identifie à $(U \times U)/H$, où H désigne le sous-groupe de $G \times G$ formé par les éléments (g, g^{-1}), $g \in G$. Comme on a une application canonique $h\colon U' \rightarrow U$, on en déduit par composition une application $g'\colon U \times U \rightarrow U' \rightarrow U$ qui "relève" l'application $g\colon V \times V \rightarrow V$. Si l'on a choisi dans U un point e tel que $f(e) = 0$, on peut en outre s'arranger pour que $g'(e, e) = e$. Il ne nous reste plus qu'à démontrer que l'application g' vérifie les axiomes d'une loi de groupe, ce que ne présente pas de difficultés:

a) Le point $e \in U$ est élément neutre pour la loi de composition g'. En effet, soit $\sigma : U \to U$ l'application définie par la formule:

$$\sigma(u) = g'(e, u).$$

On a $f \circ \sigma = f$, ce qui montre que σ est un automorphisme du revêtement U, i. e. un élément du groupe de Galois G. Mais on a $\sigma(e) = e$, et comme G opère sans points fixes, cela montre que σ est l'identité; un raisonnement analogue montre que $g'(u, e) = u$ pour tout $u \in U$.

b) La loi de composition g' est associative.

Soient k_1 et k_2 les applications de $U \times U \times U$ dans U définies par les formules:

$$k_1(v, v', v'') = g'(v, g'(v', v'')) \quad \text{et} \quad k_2(v, v', v'') = g'(g'(v, v'), v'').$$

Du fait que g' relève g, les projections de $k_1(v, v', v'')$ et de $k_2(v, v', v'')$ dans U sont les mêmes. On a donc $k_2(v, v', v'') = \sigma \cdot k_1(v, v', v'')$, avec $\sigma \in G$. Appliquons ceci à trois points génériques indépendants v, v', v''; en spécialisant v, v' et v'' en e, on voit que $\sigma = 1$, d'où $k_1 = k_2$ et g' est bien une loi de composition associative.

c) Il existe un inverse $u \to u^{-1}$ qui est un automorphisme de U.

Désignons par f'' l'application $f \times f : U \times U \to V \times V$; soit d'autre part $\phi : V \times V \to V \times V$ l'application définie par $(v, v') \to (v, v + v')$, et soit de même $\psi : U \times U \to U \times U$ l'application définie par

$$\psi(u, u') = (u, g'(u, u')).$$

On a évidemment la relation de commutation $f'' \circ \psi = \phi \circ f''$. En prenant les degrés des deux membres, et en tenant compte du fait que ϕ est birationnelle, on voit qu'il en est de même de ψ. De plus, ψ est partout définie puisque ϕ l'est. L'existence d'un inverse, et le fait que $u \to u^{-1}$ est un automorphisme résultent aussitôt de là, ce qui achève la démonstration.

Remarques.

1) La démonstration précédente est calquée sur la démonstration classique prouvant que tout revêtement d'un groupe topologique est un groupe topologique (démonstration qui repose elle-même sur la formule $\pi_1(X \times Y) = \pi_1(X) \times \pi_1(Y)$).

2) Le théorème 2 *ne s'étend pas* aux groupes algébriques non complets. On trouvera des contre-exemples dans [3], relatifs au cas où V est un groupe

non commutatif, défini sur un corps fini. En fait, ou peut même construire des contre-exemples où V est le groupe additif G_a: si U' est une courbe elliptique d'invariant de Hasse nul, une différentielle de première espèce de U' peut s'écrire $\omega = df$, où f est une fonction rationnelle; soit U l'ouvert de U' obtenu en retirant l'ensemble des pôles de f; il est clair que $f\colon U \to G_a$ est un revêtement non ramifié qui n'est pas une isogénie.

4. Finitude du nombre des classes de revêtements non ramifiés d'une variété complète. Nous démontrerons d'abord le résultat suivant:

THÉORÈME 3. *Soit V une variété normale, complète, définie sur un corps algébriquement clos k. Alors tout revêtement non ramifié de V est isomorphe à un revêtement défini sur k.*

(Autrement dit, il n'y a pas de "systèmes algébriques" de revêtements non ramifiés).

Soit $f_1\colon U_1 \to V$ un revêtement non ramifié de V, défini sur une extension L/k que l'on peut supposer de type fini. Soient v un point générique de V sur L et u un point de U_1 tel que $f_1(u) = v$. Soit d'autre part W' une variété normale, définie sur k, telle que, si w est un point générique de W' sur k, on ait $L = k(w)$. On a $L(v) = k(v, w)$, corps des fonctions rationnelles sur $V \times W'$, et le corps $L(u)$ est une extension finie de $k(v, w)$. Soit U' la normalisée de $V \times W'$ dans l'extension $L(u)/k(v, w)$, et soit f la projection canonique de U' sur $V \times W'$. It est clair que $U_w' = f^{-1}(V \times \{w\})$ est une variété $k(w)$-normale, et en correspondance birationnelle, sur $k(w)$, avec le revêtement donné U_1; comme U_1 est normale, ceci montre que U_w' et U_1 sont isomorphes. Soit $Z \subset V \times W'$ l'ensemble des points au-dessus desquels le revêtement U' est ramifié; c'est un ensemble algébrique k-fermé, qui ne rencontre pas $V \times \{w\}$ puisque par hypothèse $U_1 = U_w'$ est non ramifié. Il est donc contenu dans un produit $V \times Z'$, où Z' est un sous-ensemble algébrique k-fermé de W'; posons $W = W' - Z'$, et soit U l'image réciproque de $V \times W$ dans U'. Le revêtement U est non ramifié, et l'on a $U_w = U_w' = U_1$; choisissons alors dans W un point a, rationnel sur k. D'après le corollaire 2 au théorème 1 les ensembles algébriques U_w et U_a sont isomorphes. Il s'ensuit que U_a est irréductible, et que c'est un revêtement de V isomorphe à U_1, cfqd.

THÉORÈME 4. *Une variété normale et complète ne possède qu'un nombre fini de revêtements non ramifiés de degré donné.*

Soit V une telle variété. D'après Chow [1], V est image d'une variété projective V_1, que l'on peut supposer normale, et qui est birationnellement équivalente à V. Tout revêtement non ramifié de V en définit un de V_1, et l'on est ainsi ramené à démontrer le théorème pour V_1. Autrement dit, nous pouvons supposer que V est une variété *projective*. Soit k un corps de définition de V, et soit C_u une *courbe générique* de V (sur k), au sens défini dans [5], § 3; on sait (*loc. cit.*) que si U est un revêtement de V, défini sur k, la restriction de U à C_u est un revêtement irréductible de C_u. Il s'ensuit, par un raisonnement standard, que deux revêtements non isomorphes de V, tous deux définis sur k, ont des restrictions à C_u qui sont également non isomorphes. En prenant pour k un "domaine universel," on voit donc qu'il suffira de démontrer le théorème 4 pour C_u.

Nous supposerons donc, à partir de maintenant, que V est une *courbe* C, non singulière, complète, de genre g. Nous la supposerons plongée dans un espace projectif S_1, et nous désignerons son degré projectif par d. Si $f\colon U \to C$ est un revêtement non ramifié de C de degré n, le genre g_U de la courbe U est donné par la formule classique:

$$g_U - 1 = n(g-1),$$

et ne dépend donc pas de U. D'après le théorème de Riemann-Roch, on peut plonger birégulièrement U dans un espace projectif S_2 de dimension g_U (donc fixe), le degré projectif de ce plongement étant $d_2 = 2g_U + 1$. Soit $\Gamma \subset S_1 \times S_2$ le graphe de f. Si H_1 et H_2 sont des hyperplans de S_1 et S_2, posons:

$$H = S_1 \times H_2 + H_1 \times S_2;$$

un calcul immédiat montre que $\deg(\Gamma \cdot H) = d_2 + nd$, donc que ce degré ne dépend pas de U. Cela signifie que, si l'on plonge $S_1 \times S_2$ dans un espace projectif S_3 à la manière habituelle (i.e. de telle sorte que H devienne une section hyperplane dans ce nouveau plongement), le degré de Γ dans S_3 sera $d_2 + nd$, donc sera fixe.

Or, d'après la théorie des coordonnées de Chow, il n'existe qu'un nombre *fini* de familles algébriques irréductibles de cycles de $C \times S_2$ ayant un degré donné (dans S_3). Il nous suffit donc de prouver que, si deux revêtements U_1 et U_2 ont des graphes Γ_1 et Γ_2 qui appartiennent à la même famille algébrique F, ces deux revêtements sont isomorphes.

Pour cela, soit Γ un élément générique de la famille F; nous allons d'abord montrer que $\Gamma \to C$ est un revêtement non ramifié de degré n. Tout d'abord, puisque Γ admet pour spécialisation Γ_1, c'est une variété; comme la projection sur C est compatible avec les spécialisations, la relation

$pr_1(\Gamma_1) = nC$ entraîne $pr_1(\Gamma) = nC$, donc l'application $\Gamma \to C$ est de degré n. De plus, si Q est un point de C, on peut prolonger la spécialisation $\Gamma \to \Gamma_1$ en une spécialisation $Q \to Q_1$, et $Q \times S_2$ se spécialise en $Q_1 \times S_2$. Comme le cycle $\Gamma_1 \cdot (Q_1 \times S_2)$ est défini, et se compose de n points distincts, il en est de même du cycle $\Gamma \cdot Q \times S_2)$. D'après ce qu'on a vu au no. 1, il s'ensuit bien que Γ est un revêtement non ramifié de degré n de la courbe C.

Nous allons maintenant montrer que les revêtements Γ_1 et Γ sont isomorphes; comme le même argument montrera que Γ_2 et Γ sont isomorphes, il en résultera bien que Γ_1 et Γ_2 sont isomorphes, ce qui achèvera la démonstration, en vertu de ce qui a été dit plus haut.

D'après le théorème 3, le revêtement Γ est isomorphe à un revêtement Γ' défini sur le corps de base; on peut supposer Γ' plongé dans $C \times S_2$ comme ci-dessus. Désignons par T le graphe de l'isomorphisme $\Gamma \to \Gamma'$; c'est une sous-variété de $\Gamma \times \Gamma'$, lui-même contenu dans $C \times S_2 \times C \times S_2$. On a évidemment $pr_{13}(T) = n\Delta$, où Δ est la diagonale de $C \times C$. Etendons maintenant la spécialisation $\Gamma \to \Gamma_1$ en une spécialisation $T \to T_1$; la variété Γ' reste fixe durant cette spécialisation, puisqu'elle est définie sur le corps de base. On a $pr_{12}(T_1) = \Gamma_1$, $pr_{34}(T_1) = \Gamma'$ et $pr_{13}(T_1) = n\Delta$; les deux premières formules montrent que, ou bien T_1 est le graphe d'une correspondance birationnelle entre Γ_1 et Γ', ou bien T_1 est "dégénérée," i.e. égale à $\Gamma_1 \times \{\gamma'\} + \{\gamma_1\} \times \Gamma'$; la troisième formule exclut cette seconde possibilité. On a donc obtenu une correspondance birationnelle entre les revêtements Γ_1 et Γ', commutant avec les projections sur C. Il s'ensuit que Γ_1 et Γ' sont isomorphes, donc aussi Γ_1 et Γ, cqfd.

Remarques.

1) La démonstration du théorème 4 que nous venons de donner utilise de façon essentielle les résultats du no. 2. Inversement, si l'on pouvait démontrer directement le théorème 4 (dans le cas d'une courbe), on retrouverait facilement ces résultats comme corollaires.

2) Soit C une courbe, et soient $P_1, \cdots, P_r$ des points de C en nombre fini. Il est vraisemblable qu'il n'existe qu'un nombre fini de revêtements de C d'un degré n donné, ramifiés seulement aux points P_i, et n'y admettant
2 pas de ramification supérieure (revêtements "tamely ramified"). Une démonstration de ce fait permettrait d'étendre notablement nos résultats.

3) Dans le cas des revêtements abéliens, le théorème 4 peut aussi se démontrer en utilisant le théorème de Néron-Severi (pour les revêtements d'ordre premier à la caractéristique), et la finitude du premier groupe de

cohomologie (pour les revêtements d'ordre une puissance de la caractéristique). Cf. [7], nos. 15 et 16.

COLUMBIA UNIVERSITY
INSTITUTE FOR ADVANCED STUDY.

BIBLIOGRAPHIE.

[1] W-L. Chow, "On the projective embedding of homogeneous varieties," *Symposium in honor of S. Lefschetz*, Princeton, 1957.

[2] W. Krull, "Der allgemeine Diskriminantensatz. Unverzweigte Ringerweiterungen," *Mathematische Zeitschrift*, vol. 45 (1939), pp. 1-19.

[3] S. Lang, "Algebraic groups over finite fields," *American Journal of Mathematics*, vol. 78 (1956), pp. 555-563.

[4] ———, "Unramified class field theory over function fields in several variables," *Annals of Mathematics*, vol. 64 (1956), pp. 285-325.

[5] ———, "Sur les séries L d'une variété algébrique," *Bulletin de la Société Mathématique de France*, vol. 84 (1956), pp. 385-407.

[6] M. Nagata, "A general theory of algebraic geometry over Dedekind domains. I. The notion of models," *American Journal of Mathematics*, vol. 78 (1956), pp. 78-116.

[7] J-P. Serre, "Sur la topologie des variétés algébriques en caractéristique p," *Symposium de topologie algébrique*, Mexico, 1956.

[8] O. Zariski, "Theory and applications of holomorphic functions on algebraic varieties over arbitrary ground fields," *Memoirs of the American Mathematical Society*, No. 5, 1951.

ERRATUM

à l'article: *Sur les revêtements non ramifiés des variétés algébriques*
(vol. 79, 1957, pp. 319-330).

par SERGE LANG et JEAN-PIERRE SERRE.

Soit $f: U \rightarrow V$ un revêtement d'une variété algébrique V, soit V' une sous-variété irréductible de V, et soient U_i' les composantes de $f^{-1}(V')$. D'après un théorème de Krull, les facteurs séparables $[U_i': V']_s$ des degrés $[U_i': V']$ vérifient l'inégalité:

$$\Sigma[U_i': V']_s \leqq [U: V]. \tag{1}$$

Si de plus (1) est une égalité, on a $[U_i': V']_s = [U_i': V']$.

Dans l'article précité, nous avons écrit à la place de (1) la formule incorrecte suivante:

$$\Sigma[U_i': V'] \leqq [U: V]. \tag{2}$$

Cette erreur nous a été signalée par M. Greenberg. Elle n'est d'ailleurs d'aucune conséquence pour la suite de l'article: l'inégalité (2) n'intervenait que dans le lemme 1, et peut y être remplacée par (1), à condition de définir les entiers n_i par $n_i = [U_i': V']_s$.

Quant à la formule (2), elle est vraie si V' est *simple* sur V, en vertu de la théorie des intersections (voir Samuel, *Algèbre locale*, p. 32, cor. 2). Elle est par contre inexacte dans le cas général, comme le montre l'exemple suivant:

Soit X une variété normale, définie sur un corps de caractéristique $p > 0$. Soit $U = X^p$ (produit de la variété p fois avec elle-même), et soit $V = X^{(p)}$ (puissance symétrique p-uple de X); la variété V est quotient de U par le groupe symétrique de degré p, ce qui montre que $[U: V] = p!$. Prenons pour V' l'image de la diagonale Δ de X^p; l'image réciproque de V' dans U est Δ, et l'application $\Delta \rightarrow V'$ est bijective; toutefois, *ce n'est pas un isomorphisme*; on constate en effet, par application du théorème des fonctions symétriques, que les fonction rationnelles sur V' s'identifient aux puissances p-ièmes des fonctions rationnelles sur Δ. On a donc $[\Delta: V'] = p^{\dim. X}$, et l'inégalité (2) est en défaut si l'on s'arrange pour que $p^{\dim. X} > p!$; l'exemple le plus simple est $p = \dim. X = 2$. On notera que l'on peut même choisir U

non singulière (par contre, on sait que $V = X^{(p)}$ est toujours singulière lorsque $\dim. X \geqq 2$).

Traduit en termes d'algèbre locale, l'exemple précédent fournit deux anneaux locaux normaux A et B, avec B entier et galoisien sur A, tels que, si k_A et k_B désignent leurs corps des restes, on ait:

$$[k_B : k_A] > [B : A].$$

En prenant une infinité de variables on peut même s'arranger pour que $[k_B : k_A] = \infty$, mais les anneaux A et B ne sont alors plus noethériens.

37.

Résumé des cours de 1956–1957

Annuaire du Collège de France (1957), 61–62

1 Soit X une variété algébrique, et considérons l'ensemble des applications rationnelles $f: X \to G$ où G est une variété de groupe commutatif. Lorsque l'on se borne aux groupes G qui sont des variétés abéliennes, cet ensemble possède un élément «universel» $\varphi: X \to A(X)$ qui n'est autre que la variété d'Albanese de X (la jacobienne de X, si X est une courbe). Dans le cas général, il n'est évidemment plus possible de trouver un tel élément universel, tout au moins si l'on ne fait pas d'hypothèse restrictive sur l'ensemble $D(f)$ des points où l'application f n'est pas régulière. Par contre, il est plausible (mais non encore démontré) que, si l'on fixe $D(f)$ et si l'on «majore» (d'une façon qui reste à trouver) la partie polaire de f sur $D(f)$, on peut à nouveau définir un élément universel, qui serait une «variété d'Albanese généralisée». C'est en tout cas vrai, comme l'a montré ROSENLICHT, lorsque X est une courbe. La majoration des pôles de f doit alors se faire de la manière suivante: si $\mathfrak{m}$ est un diviseur ≥ 0 sur X, notons $H_{\mathfrak{m}}$ le groupe des diviseurs (g) des fonctions rationnelles g vérifiant la condition $g \equiv 1 \bmod \mathfrak{m}$; on dira que f admet le «module» $\mathfrak{m}$ si $f(D) = 0$ pour tout diviseur D appartenant à $H_{\mathfrak{m}}$; c'est la majoration cherchée. ROSENLICHT a démontré que toute application rationnelle f admet un module $\mathfrak{m}$, et que l'ensemble des f admettant un module $\mathfrak{m}$ donné possède un élément universel $\varphi_{\mathfrak{m}}: X \to J_{\mathfrak{m}}$. Les groupes $J_{\mathfrak{m}}$ sont appelés les jacobiennes généralisées de X; leur structure a été déterminée de façon à peu près complète par ROSENLICHT.

La connaissance des applications rationnelles $f: X \to G$ facilite l'étude des revêtements abéliens (éventuellement ramifiés) de X. En effet, d'après une remarque de S. LANG un tel revêtement est image réciproque d'une isogénie convenable $G' \to G$. Ceci vaut non seulement dans le cas où le corps de base k est algébriquement clos (théorie «géométrique»), mais aussi dans le cas où le corps k est un corps fini (théorie «arithmétique»). Ceci a permis à S. LANG d'étendre les théorèmes dits du corps de classes aux variétés X de dimension quelconque, autrement dit de déterminer le groupe de GALOIS G_K de l'extension abélienne maximale du corps K des fonctions sur X. Pour exprimer le résultat, convenons de dire qu'une application $f: X \to G$ est maximale si l'existence d'une factorisation $X \to G' \to G$, où $G' \to G$ est un homomorphisme, entraîne que cet homomorphisme soit surjectif, séparable, et à noyau connexe; si, de plus, f et G sont définis sur k, notons $G f(k)$ le groupe des points de G rationnels sur k; soit G_K^0 la limite du système projectif formé par les $G f(k)$, pour f variable. Le résultat de LANG peut alors se formuler (approximativement) en disant que G_K est isomorphe à $\hat{\mathbf{Z}} \times G_K^0$, où $\hat{\mathbf{Z}}$ désigne le complété du groupe additif des entiers pour la topologie définie par les sous-groupes d'indice fini. Lorsque X est une courbe, on peut prendre pour f les applications $\varphi_{\mathfrak{m}}: X \to J_{\mathfrak{m}}$, et le groupe G_K^0 n'est autre que le groupe des classes d'idèles de degré 0 du corps K; tous les résultats de la théorie classique se retrouvent ainsi aisément par voie géométrique, y compris les «formules explicites» pour les symboles locaux que l'on obtient de façon un peu plus satisfaisante.

Les jacobiennes généralisées ont une autre application, purement géométrique celle-là: elles permettent de donner des exemples non triviaux d'extensions de variétés abéliennes par des variétés de groupes commutatifs linéaires. En utilisant ces exemples, il est possible, à la suite de Rosenlicht, de déterminer la structure cohomologique des variétés abéliennes. Le résultat est le même qu'en caracteristique zéro: l'algèbre de cohomologie est une algèbre extérieure,
2 engendrée par ses éléments de degré 1, et il n'y a pas de torsion homologique.

38.

Sur la topologie des variétés algébriques en caractéristique *p*

Symp. Int. Top. Alg., Mexico (1958), 24–53

Introduction

Comme l'a signalé A. Weil, l'un des problèmes les plus intéressants de la géométrie algébrique sur un corps de caractéristique $p > 0$ est de donner une définition satisfaisante des "nombres de Betti" et des "groupes d'homologie" d'une variété algébrique X (supposée projective et non singulière).

En ce qui concerne les nombres de Betti, j'avais proposé dans [13] de les définir par la formule suivante (imitée du cas classique):

$$B_n = \sum_{r+s=n} h^{r,s} \quad \text{où} \quad h^{r,s} = \dim H^s(X, \Omega^r),$$

Ω^r désignant le faisceau des germes de formes différentielles régulières de degré r sur X.

Les B_n ainsi définis ont certaines des propriétés que l'on est en droit d'attendre de "nombres de Betti" : par exemple, ils vérifient la "dualité de Poincaré" $B_n = B_{2d-n}$, si $d = \dim X$, cf. [13]. Cependant des résultats récents ont montré qu'ils peuvent posséder des propriétés pathologiques : c'est ainsi que, si g désigne la dimension de la variété d'Albanese de X, on peut avoir $g < h^{0,1}$ (Igusa [6]), et aussi $h^{0,1} \neq h^{1,0}$ (cf. n° 20). Ces faits montrent que les B_n ne fournissent, tout au plus, qu'une *majoration* des nombres de Betti cherchés.

D'ailleurs, si l'on se place au point de vue "groupes d'homologie", l'insuffisance des $H^s(X, \Omega^r)$ est claire : ce sont des espaces vectoriels de caractéristique p, alors que, comme l'a mis en évidence Weil, on a besoin de groupes *de caractéristique zéro*, de façon à pouvoir y définir des traces et démontrer une *formule de Lefschetz* (donnant le nombre de points fixes d'une application régulière de X dans lui-même).

Dans le présent mémoire nous indiquons comment l'on peut effectivement attacher à X des groupes H^q qui soient des modules sur un anneau Λ de caractéristique zéro, analogue à l'anneau des entiers p-adiques; ces groupes sont définis comme les limites projectives des groupes de cohomologie de X à valeurs dans des *faisceaux de vecteurs de Witt*. Ces groupes de cohomologie sont étudiés dans le §1; on y verra notamment comment on peut définir la *torsion* de X, au moyen d'opérations semblables à celles de Bockstein; il semble bien que ce soit cette torsion qui soit responsable des phénomènes pathologiques cités plus haut. Nous avons dû laisser sans réponse une question importante : les H^q sont-ils des Λ-modules de type fini? (c'est vrai si $q = 0$ ou 1). De plus, les H^q ne constituent certainement qu'une partie de la cohomologie de X, celle qui correspond aux $h^{0,q}$ du cas classique: c'est dire que nous n'avons encore aucune définition raisonnable des "nombres de Betti" à proposer.

Le cas des *courbes*, auquel est consacré le §2, est cependant encourageant. Le Λ-module H^1 est alors un Λ-module libre de rang égal à $2g - \sigma$, g désignant le genre de X et σ le rang du groupe des éléments d'ordre p de la jacobienne de X; l'entier σ peut être déterminé au moyen de la *matrice de Hasse-Witt* de X. Dans les démonstrations, un rôle décisif est joué par une opération sur les formes différentielles qui vient d'être introduite par P. Cartier; comme les résultats de Cartier sur ce sujet n'ont pas encore été publiés, nous avons reproduit la définition et les principales propriétés de cette opération.

Enfin le §3 montre comment la cohomologie à valeurs dans les vecteurs de Witt permet de classifier les *revêtements cycliques d'ordre* p^n, étendant ainsi aux variétés de dimension quelconque des résultats connus pour les courbes ([5], [12]).

§1. Cohomologie à valeurs dans les vecteurs de Witt

1. Vecteurs de Witt

Soit p un nombre premier qui restera fixé dans toute la suite. Si A est un anneau commutatif, à élément unité, de caractéristique p, nous désignerons par $W_n(A)$ l'anneau des vecteurs de Witt de longueur n à coefficients dans A (cf. [21], §3). Rappelons qu'un élément de $W_n(A)$ est un système $\alpha = (a_0, \cdots, a_{n-1})$ avec $a_i \in A$; si $\beta = (b_0, \cdots, b_{n-1})$ est un autre vecteur, la somme:

$$\alpha + \beta = (c_0, \cdots, c_{n-1})$$

est donnée par des formules:

$$\begin{aligned} c_0 &= a_0 + b_0 \\ c_1 &= a_1 + b_1 - \textstyle\sum_{m=1}^{m=p-1} \frac{1}{p}\binom{p}{m} a_0^m b_0^{p-m} \\ &\cdots \\ c_i &= a_i + b_i + f_i(a_0, b_0, \cdots, a_{i-1}, b_{i-1}) \\ &\cdots \end{aligned}$$

où les f_i sont des polynômes à coefficients entiers dont on trouvera le procédé de formation dans [21]. De même, la différence et le produit de deux vecteurs sont donnés par des opérations polynomiales.

Les anneaux $W_n(A)$ sont reliés par les opérations suivantes :

(a) L'endomorphisme de Frobenius $F : W_n(A) \to W_n(A)$ qui applique le vecteur $(a_0, \cdots, a_{n-1})$ sur le vecteur $(a_0^p, \cdots, a_{n-1}^p)$.

(b) L'opération de décalage $V : W_n(A) \to W_{n+1}(A)$ qui applique le vecteur $(a_0, \cdots, a_{n-1})$ sur le vecteur $(0, a_0, \cdots, a_{n-1})$.

(c) L'opération de restriction $R : W_{n+1}(A) \to W_n(A)$ qui applique le vecteur $(a_0, \cdots, a_n)$ sur le vecteur $(a_0, \cdots, a_{n-1})$.

Les opérations F et R sont des homomorphismes d'anneaux; elles commutent entre elles. L'opération V est additive, et vérifie l'identité $(Vx) \cdot y = V(x \cdot FRy)$ pour $x \in W_n(A)$, $y \in W_{n+1}(A)$. On a en outre $RVF = FRV = RFV = p$ (multiplication par p).

Nous noterons $W(A)$ l'anneau des vecteurs de Witt $(a_0, \cdots, a_n, \cdots)$ de longueur infinie; c'est la limite projective, pour n infini, du système formé par les $W_n(A)$ et les homomorphismes R. Les opérations V et F sont définies sur $W(A)$ et vérifient la relation $VF = FV = p$; comme V et F sont injectives, on en conclut que l'anneau $W(A)$ est un anneau de caractéristique 0.

EXEMPLE. Prenons pour A le corps $\boldsymbol{F}_p = \boldsymbol{Z}/p\boldsymbol{Z}$; l'anneau $W_n(\boldsymbol{F}_p)$ est alors canoniquement isomorphe à $\boldsymbol{Z}/p^n\boldsymbol{Z}$, et l'anneau $W(\boldsymbol{F}_p)$ est canoniquement isomorphe à l'anneau $\boldsymbol{Z}_p$ des entiers p-adiques; dans ce cas, l'opération F est l'identité.

Plus généralement, si k est un corps parfait de caractéristique p, l'anneau $W(k)$ est un anneau de valuation discrète, non ramifié, complet, ayant k pour corps des restes (cf. [21], §3); en particulier, $W(k)$ est un anneau principal, d'unique idéal maximal $pW(k)$ vérifiant $W(k)/pW(k) = k$.

2. Faisceaux de vecteurs de Witt sur une variété algébrique

Soit X une variété algébrique définie sur un corps algébriquement clos k de caractéristique p, et soit $\mathcal{O}$ le faisceau de ses anneaux locaux (cf. [14], n° 34). Pour tout $x \in X$, l'anneau $\mathcal{O}_x$ est un anneau de caractéristique p, et, si n est un entier $\geqq 1$, on peut former l'anneau $W_n(\mathcal{O}_x)$; lorsque x varie, les $W_n(\mathcal{O}_x)$ forment de façon naturelle un faisceau d'anneaux, que nous noterons $\mathscr{W}_n$. En tant que faisceau *d'ensembles*, $\mathscr{W}_n$ est isomorphe à $\mathcal{O}^n$; mais, bien entendu, les lois de composition de ces deux faisceaux sont différentes si $n \geqq 2$.

Les opérations F, V et R du n° 1 définissent des opérations sur les faisceaux $\mathscr{W}_n$ que nous noterons par les mêmes symboles. On a la suite exacte, valable si $n \geqq m$:

$$(1) \qquad 0 \to \mathscr{W}_m \xrightarrow{V^{n-m}} \mathscr{W}_n \xrightarrow{R^m} \mathscr{W}_{n-m} \to 0.$$

Pour $m = 1$ on a $\mathscr{W}_m = \mathcal{O}$, d'où la suite exacte:

$$(2) \qquad 0 \to \mathcal{O} \xrightarrow{V^{n-1}} \mathscr{W}_n \xrightarrow{R} \mathscr{W}_{n-1} \to 0.$$

On voit ainsi que $\mathscr{W}_n$ est extension multiple de n faisceaux isomorphes à $\mathcal{O}$; cela permet d'étendre aux $\mathscr{W}_n$ un grand nombre de résultats connus pour le faisceau $\mathcal{O}$; par exemple, on peut facilement montrer (en utilisant [14], n°s 13 et 16) que les $\mathscr{W}_n$ sont des faisceaux cohérents d'anneaux, au sens de [14], n° 15.

Puisque les $\mathscr{W}_n$ sont des faisceaux de groupes abéliens, les groupes de cohomologie $H^q(X, \mathscr{W}_n)$ sont définis pour tout entier $q \geqq 0$. Si l'on note Λ l'anneau $W(k)$, les $\mathscr{W}_n$ sont des Λ-modules, annulés par $p^n\Lambda$, et il en est donc de même des $H^q(X, \mathscr{W}_n)$. Les opérations induites par F, V et R sur les $H^q(X, \mathscr{W}_n)$ sont semilinéaires: on a les formules

$$(3) \qquad F(\lambda w) = F\lambda\, F(w), \qquad V(\lambda w) = F^{-1}\lambda\, V(w), \qquad R(\lambda w) = \lambda R(w), \qquad \lambda \in \Lambda.$$

La proposition suivante donne les principales propriétés élémentaires des $H^q(X, \mathscr{W}_n)$:

PROPOSITION 1. (a) *On a* $H^q(X, \mathscr{W}_n) = 0$ *pour* $q > \dim X$.

(b) *Si* X *est une variété affine, on a* $H^q(X, \mathscr{W}_n) = 0$ *pour* $q > 0$.

(c) *Si* X *est une variété projective, les* Λ*-modules* $H^q(X, \mathscr{W}_n)$ *sont des modules de longueur finie.*

(d) *Si* $\mathfrak{U}$ *est un recouvrement fini de* X *par des ouverts affines, on a* $H^q(\mathfrak{U}, \mathscr{W}_n) = H^q(X, \mathscr{W}_n)$ *pour tout* $q \geqq 0$.

(e) *A toute suite exacte* $0 \to \mathscr{W}_n \to \mathscr{B} \to \mathscr{C} \to 0$, *où* $\mathscr{B}$ *et* $\mathscr{C}$ *sont des faisceaux quelconques, est associée une suite exacte de cohomologie:*

$$\cdots \to H^q(X, \mathscr{W}_n) \to H^q(X, \mathscr{B}) \to H^q(X, \mathscr{C}) \to H^{q+1}(X, \mathscr{W}_n) \to \cdots .$$

Puisque le faisceau $\mathcal{O}$ est un faisceau algébrique cohérent, la suite exacte (2) vérifie les hypothèses du Théorème 5 de [14], n° 47, et l'on obtient une suite exacte de cohomologie:

$$\cdots \to H^q(X, \mathcal{O}) \to H^q(X, \mathscr{W}_n) \to H^q(X, \mathscr{W}_{n-1}) \to \cdots . \tag{4}$$

En utilisant (4), on ramène immédiatement les assertions (a), (b), (c) de la Proposition 1 au cas particulier $n = 1$, où elles sont connues ([15], th. 2-[14], n° 46-[14], n° 66). Les assertions (d) et (e) résultent de (b) en appliquant les raisonnements de [14], n° 47.

REMARQUE. En utilisant (b), on peut montrer que les groupes de cohomologie $H^q(X, \mathscr{W}_n)$, définis ici par la méthode des recouvrements, coincident avec ceux définis par Grothendieck comme les Ext^n du foncteur $\Gamma(X, \mathscr{F})$.

3. Opérations de Bockstein

La construction des faisceaux $\mathscr{W}_n$ n'est pas spéciale aux variétés algébriques et aux faisceaux de leurs anneaux locaux. Nous aurions pu l'appliquer à un complexe simplicial K, en remplaçant le faisceau $\mathcal{O}$ par le faisceau constant $\boldsymbol{Z}/p\boldsymbol{Z}$; à la place de $\mathscr{W}_n$, nous aurions obtenu le faisceau constant $\boldsymbol{Z}/p^n\boldsymbol{Z}$. Ainsi, les groupes $H^q(X, \mathscr{W}_n)$ apparaissent comme les analogues des groupes de cohomologie de K mod p^n; nous allons poursuivre cette analogie en définissant des "opérations de Bockstein" jouissant de propriétés semblables à celles du cas classique.

D'après la Proposition 1, (e), la suite exacte (1) donne naissance à une suite exacte de cohomologie, et, en particulier, à un opérateur de cobord

$$\delta^q_{n,m} : H^q(X, \mathscr{W}_{n-m}) \to H^{q+1}(X, \mathscr{W}_m), \qquad n \geqq m.$$

Le cobord $\delta^q_{n,m}$ sera appelé une *opération de Bockstein* en dimension q. Par définition, on a donc la suite exacte:

$$\cdots \to H^q(X, \mathscr{W}_m) \xrightarrow{V^{n-m}} H^q(X, \mathscr{W}_n) \xrightarrow{R^m} H^q(X, \mathscr{W}_{n-m}) \xrightarrow{\delta^q_{n,m}} H^{q+1}(X, \mathscr{W}_m) \to \cdots$$

Les opérations de Bockstein sont semi-linéaires (de façon précise, $\delta^q_{n,m}$ est F^{n-m}-linéaire) et commutent avec F; elles vérifient avec V et R des relations de commutation que nous laissons au lecteur le soin d'expliciter.

Lorsque $n \geqq 2m$, l'idéal $V^{n-m}(\mathscr{W}_m)$ de $\mathscr{W}_n$ est un idéal *de carré nul*; cela permet de calculer l'effet de $\delta^q_{n,m}$ sur un cup-produit. On trouve:

$$(5) \qquad \delta^q_{n,m}(x \cdot y) = \delta^r_{n,m}(x) \cdot F^{n-m}R^{n-2m}y + (-1)^r F^{n-m}R^{n-2m}x \cdot \delta^s_{n,m}(y),$$

où $x \in H^r(X, \mathscr{W}_{n-m})$ et $y \in H^s(X, \mathscr{W}_{n-m})$, avec $r + s = q$.

Par analogie avec le cas classique, nous dirons que X *n'a pas de torsion* (homologique) *en dimension* q si les $\delta^q_{n,m}$ sont nuls pour tous les couples (n,m), avec $n \geqq m$. En vertu de la suite exacte écrite plus haut, cela signifie que les homomorphismes

$$R^m : H^q(X, \mathscr{W}_n) \to H^q(X, \mathscr{W}_{n-m})$$

sont surjectifs; on vérifie d'ailleurs facilement qu'il suffit que les homomorphismes $H^q(X, \mathscr{W}_n) \to H^q(X, \mathscr{O})$ le soient.

Exemples. Une variété algébrique X de dimension r n'a de torsion ni en dimension r (puisque $H^{r+1}(X, \mathscr{W}_m) = 0$ d'après la Proposition 1), ni en dimension 0 (car toute section f du faisceau $\mathscr{O}$ se remonte en une section $(f, 0, \cdots, 0)$ du faisceau $\mathscr{W}_n$). Ainsi, une *courbe algébrique* est sans torsion. Par contre, les surfaces construites par Igusa dans [6] ont de la torsion en dimension 1; nous verrons au n° 20 un exemple analogue.

Les opérations β_n.

A côté des opérations de Bockstein que nous venons de définir, et qui opèrent sur les divers groupes $H^q(X, \mathscr{W}_n)$, il y a intérêt à introduire des opérations β_n, non partout définies, opérant sur

$$H^*(X, \mathscr{O}) = \textstyle\sum_{q=0}^{q=\infty} H^q(X, \mathscr{O}).$$

La première de ces opérations

$$\beta^q_1 : H^q(X, \mathscr{O}) \to H^{q+1}(X, \mathscr{O})$$

n'est autre que l'opération de Bockstein $\delta^q_{2,1}$ associée à la suite exacte:

$$0 \to \mathscr{O} \to \mathscr{W}_2 \to \mathscr{O} \to 0.$$

On a $\beta^q_1 \circ \beta^{q-1}_1 = 0$, ce qui permet de poser $H^q(X, \mathscr{O})_2 = \mathrm{Ker}\ (\beta^q_1)/\mathrm{Im}\ (\beta^{q-1}_1)$; l'opération β^q_2 appliquera alors $H^q(X, \mathscr{O})_2$ dans $H^{q+1}(X, \mathscr{O})_2$, et ainsi de suite.

De façon précise, posons:

$$(6) \qquad Z^q_n = \begin{cases} \mathrm{Im}\,[H^q(X, \mathscr{W}_n) \xrightarrow{R^{n-1}} H^q(X, \mathscr{O})] \\ \mathrm{Ker}\,[H^q(X, \mathscr{O}) \xrightarrow{\delta^q_{n,n-1}} H^{q+1}(X, \mathscr{W}_{n-1})] \end{cases}$$

et

$$(7) \qquad B^q_n = \begin{cases} \mathrm{Ker}\,[H^q(X, \mathscr{O}) \xrightarrow{V^{n-1}} H^q(X, \mathscr{W}_n)] \\ \mathrm{Im}\,[H^{q-1}(X, \mathscr{W}_{n-1}) \xrightarrow{\delta^{q-1}_{n,1}} H^q(X, \mathscr{O})]. \end{cases}$$

Les Z_n^q (resp. les B_n^q) vont en décroissant (resp. en croissant) avec l'entier n, et les Z_n^q contiennent les B_m^q; pour $n = 1$, on a $B_1^q = 0$ et $Z_1^q = H^q(X, \mathcal{O})$; pour $n = 2$, on a $B_2^q = \operatorname{Im}(\beta_1^{q-1})$ et $Z_2^q = \operatorname{Ker}(\beta_1^q)$, de telle sorte que $Z_2^q/B_2^q = H^q(X, \mathcal{O})_2$. De façon générale, on posera $H^q(X, \mathcal{O})_n = Z_n^q/B_n^q$; si $x \in Z_n^q$, choisissons un $y \in H^q(X, \mathscr{W}_n)$ tel que $R^{n-1}y = x$, et posons $z = \delta_{n+1,1}^q(y)$, qui est un élément de $H^{q+1}(X, \mathcal{O})$; on vérifie tout de suite que l'application $x \to z$ définit par passage au quotient un homomorphisme

$$\beta_n^q : H^q(X, \mathcal{O})_n \to H^{q+1}(X, \mathcal{O})_n,$$

et que l'on a $\operatorname{Ker}(\beta_n^q) = Z_{n+1}^q/B_n^q$ et $\operatorname{Im}(\beta_n^{q-1}) = B_{n+1}^q/B_n^q$. Les β_n^q sont les opérations cherchées. Pour qu'elles soient identiquement nulles, il faut et il suffit que X n'ait pas de torsion: cela résulte immédiatement de l'expression (6). On notera la formule suivante, conséquence de la formule (5):

$$\beta_n(x \cdot y) = \beta_n(x) \cdot F^n(y) + (-1)^{\deg(x)} F^n(x) \cdot \beta_n(y). \tag{8}$$

En particulier, en prenant pour y un élément de degré 0, on voit que β_n est une opération p^n-linéaire.

Remarques. (1) Nous aurions également pu définir les β_n comme les différentielles successives de la suite spectrale définie par la filtration $\{V^k \mathscr{W}_{N-k}\}$ de $\mathscr{W}_N$ (N étant pris suffisamment grand).

1 (2) Il y a tout lieu de penser que l'on peut définir des puissances réduites de Steenrod dans $H^*(X, \mathcal{O})$ et que β_1 coïncide avec l'une de ces puissances. En tout cas, lorsque $p = 2$, un calcul direct montre que l'opération

$$\beta_1^1 : H^1(X, \mathcal{O}) \to H^2(X, \mathcal{O})$$

coïncide bien avec le cup-carré.

4. Un lemme sur les limites projectives

Nous aurons besoin au n° 5 du résultat suivant (bien connu dans le cas des espaces vectoriels):

Lemme 1. *La limite projective d'une suite exacte de modules de longueur finie est une suite exacte.*

Rappelons brièvement la démonstration. Soit I un ensemble ordonné filtrant pour une relation d'ordre notée $\geqq$, et soient (A_i, f_{ij}), (A'_i, f'_{ij}) et (A''_i, f''_{ij}) trois systèmes projectifs, indexés par I, formés de modules de longueur finie sur un anneau Λ; supposons donnée, pour tout $i \in I$, une suite exacte:

$$A_i \xrightarrow{g_i} A'_i \xrightarrow{h_i} A''_i,$$

avec $f'_{ij} g_i = g_j f_{ij}$, $f''_{ij} h_i = h_j f''_{ij}$ si $i \geqq j$ (les applications $f_{ij}, \ldots, h_i$ étant semi-linéaires). Dans ces conditions, il nous faut démontrer que la suite:

$$\lim(A_i, f_{ij}) \xrightarrow{g} \lim(A'_i, f'_{ij}) \xrightarrow{h} \lim(A''_i, f''_{ij})$$

est une suite exacte.

Soit donc $(a'_i) \in \lim(A'_i, f'_{ij})$ un élément du noyau de h; cela signifie que $h_i(a'_i) = 0$ pour tout $i \in I$, et si l'on pose $B_i = g_i^{-1}(a'_i)$, les B_i sont des sous-modules affines non vides des A_i, avec $f_{ij}(B_i) \subset B_j$. Soit $\mathfrak{S}$ l'ensemble des systèmes $\{C_i\}$ où les C_i sont des sous-modules affines non vides des B_i, vérifiant $f_{ij}(C_i) \subset C_j$. L'ensemble $\mathfrak{S}$, ordonné par inclusion descendante, est un ensemble inductif; cela résulte immédiatement du fait que les sous-modules affines d'un module de longueur finie vérifient la condition minimale. D'après le théorème de Zorn, $\mathfrak{S}$ possède un élément minimal, soit $\{C_i\}$. Si $i_0 \in I$, les $f_{ii_0}(C_i)$, $i \geqq i_0$, sont des sous-modules affines de C_{i_0}, d'intersections finies non vides; en appliquant à nouveau la condition minimale aux sous-modules affines de A_i, on voit que l'intersection des $f_{ii_0}(C_i)$ est non vide; soit a_{i_0} un élément de cette intersection. Posons maintenant $C'_i = f_{ii_0}^{-1}(a_{i_0}) \cap C_i$ si $i \geqq i_0$, et $C'_i = C_i$ sinon. On a $\{C'_i\} \in \mathfrak{S}$, comme on le voit tout de suite, d'où $C'_i = C_i$ en vertu du caractère minimal de $\{C_i\}$. En particulier, on a $C'_{i_0} = C_{i_0}$, ce qui signifie que C_{i_0} est réduit à $\{a_{i_0}\}$. Ceci s'applique à tout indice $i \in I$, et montre que $C_i = \{a_i\}$; on a $f_{ij}(a_i) = a_j$, et $g_i(a_i) = a'_i$, ce qui montre bien que $\{a_i\}$ est un élément de $\lim(A_i, f_{ij})$ ayant $\{a'_i\}$ pour image, cqfd.

5. Cas des variétés projectives

Nous supposerons à partir de maintenant que X est une *variété projective*. Les $H^q(X, \mathcal{O})$ sont alors des k-espaces vectoriels de dimension finie, ce qui entraîne diverses simplifications; par exemple, les Z^q_n et les B^q_n définis au n° 3 forment des suites stationnaires, et les homomorphismes β^q_n sont nuls pour n assez grand: nous noterons Z^q_∞ (resp. B^q_∞) la valeur limite de Z^q_n (resp. de B^q_n) pour $n \to +\infty$.

Pour tout entier $q \geqq 0$, les Λ-modules $H^q(X, \mathscr{W}_n)$ et les homomorphismes $R^{n-m}: H^q(X, \mathscr{W}_n) \to H^q(X, \mathscr{W}_{n-m})$ forment un *système projectif*. La limite projective de ce système sera notée $H^q(X, \mathscr{W})$, ou simplement H^q; c'est l'analogue, dans le cas classique, de la cohomologie à coefficients entiers p-adiques; on notera toutefois que nous n'avons pas défini les H^q comme des groupes de cohomologie de X à valeurs dans un certain faisceau, mais simplement comme des limites projectives de tels groupes.

Les H^q sont des Λ-modules, de façon évidente; de plus, ils peuvent être munis, par passage à la limite, des opérations V et F; comme d'ordinaire, V est p^{-1}-linéaire, F est p-linéaire, et l'on a $VF = FV = p$. Du fait que les $H^q(X, \mathscr{W}_n)$ sont des Λ-modules de longueur finie, on peut appliquer le Lemme 1 aux suites exactes:

$$\ldots \to H^q(X, \mathscr{W}_N) \xrightarrow{V^n} H^q(X, \mathscr{W}_{N+n}) \to H^q(X, \mathscr{W}_n) \to \ldots,$$

et l'on obtient les suites exactes:

$$(9) \qquad \ldots \to H^q \xrightarrow{V^n} H^q \to H^q(X, \mathscr{W}_n) \xrightarrow{\delta^q_n} H^{q+1} \to \ldots$$

Pour $n = 1$, l'image de H^q dans $H^q(X, \mathcal{O})$ n'est autre que Z^q_∞: cela résulte du Lemme 1. Ainsi, *pour que X n'ait pas de torsion en dimension q, il faut et il suffit que δ^q_1 soit nul*, et les autres δ^q_n sont alors automatiquement nuls.

Pour n quelconque, la suite exacte (9) montre que l'image de H^q dans $H^q(X, \mathscr{W}_n)$

s'identifie à H^q/V^nH^q; il en résulte que H^q est limite projective des H^q/V^nH^q, ce qui signifie:

(a) *que* $\bigcap V^nH^q = 0$,

(b) *que H^q est complet pour la topologie définie par les sous-groupes V^nH^q.*

Posons $T^q_n = \mathrm{Ker}\,(V^n : H^q \to H^q)$; d'après (9), c'est aussi l'image de l'homomorphisme δ^{q-1}_n, ce qui montre que c'est un sous-module de longueur finie de H^q. On a évidemment $T^q_n \subset T^q_{n+1}$, et les suites exactes:

$$\text{(10)}\qquad \begin{array}{ccccc} & & H^{q-1}(X, \mathscr{W}_n) & & \\ & & \downarrow V & & \\ H^{q-1} & \longrightarrow & H^{q-1}(X, \mathscr{W}_{n+1}) & \xrightarrow{\delta^{q-1}_{n+1}} & H^q \\ & & \downarrow R^n & & \\ & & H^{q-1}(X, \mathscr{O}) & & \end{array}$$

montrent que T^q_{n+1}/T^q_n est isomorphe à $Z^{q-1}_{n+1}/Z^{q-1}_\infty$. Il en résulte que la suite des T^q_n est stationnaire; nous désignerons par T^q sa limite, et nous l'appellerons la *composante de torsion* de H^q; la relation $T^q = 0$ signifie, en vertu de ce qui précède, que X n'a pas de torsion en dimension $q - 1$. Il est facile de calculer la longueur $l(T^q)$ du Λ-module T^q; on trouve:

$$\text{(11)}\qquad l(T^q) = \textstyle\sum_{n=1}^{n=\infty} l(Z^{q-1}_n/Z^{q-1}_\infty) = \sum_{n=1}^{n=\infty} n\cdot l(\mathrm{Im}(\beta^{q-1}_n)).$$

Remarque. Jusqu'à présent, les Λ-modules H^q se comportent exactement comme les groupes de cohomologie d'un complexe fini K à coefficients dans $\boldsymbol{Z}_p$, les T^q jouant le rôle des composantes de torsion. Mais, alors qu'il est évident que les $H^q(K, \boldsymbol{Z}_p)$ sont des $\boldsymbol{Z}_p$-modules de type fini (i.e. engendrés par un nombre fini d'éléments), *il n'est nullement évident que les H^q soient des Λ-modules de type fini.* En fait, c'est le cas pour H^0 qui est isomorphe à Λ^r (r désignant le nombre de composantes connexes de X), et c'est aussi le cas pour H^1 si X est normale (cf. Proposition 4); par contre, ce n'est *pas* le cas pour le groupe H^1 d'une courbe de genre 0 ayant un point de rebroussement ordinaire (cf. n° 6). De façon générale,
2 je conjecture que tous les H^q d'une variété projective *non singulière* sont des Λ-modules de type fini.

Proposition 2. *Supposons que H^q soit un Λ-module de type fini. Alors son module de torsion est T^q et, si l'on pose $L^q = H^q/T^q$, le Λ-module L^q est un Λ-module libre, de rang égal à $l(L^q/VL^q) + l(L^q/FL^q)$.*

Tout d'abord, on sait qu'il existe un entier n tel que $T^q = T^q_n$, d'où le fait que V^n est identiquement nul sur T^q; comme $p = FV$, on en conclut que tout élément de T^q est annulé par p^n, ce qui montre que T^q est contenu dans le sous-module de torsion T' de H^q. Soit maintenant $V' : T'/T^q \to T'/T^q$ l'application déduite de V par passage au quotient; vu la définition de T^q, l'application V' est injective; mais, puisque H^q est supposé être un module de type fini sur l'anneau principal Λ, le module T' est un module de longueur finie, et l'application V' est alors bijective. D'où:

$$T' = VT' + T^q,$$

et, en appliquant V^n,

$$V^nT' = V^{n+1}T' = \cdots$$

Puisque $\bigcap V^nH^q = 0$, on en déduit $V^nT' = 0$, d'où $T' \subset T^q$ et $T' = T^q$, ce qui démontre la première partie de la proposition.

Il est alors évident que $L^q = H^q/T^q$ est un Λ-module libre, de rang égal à la dimension du k-espace vectoriel $L^q/pL^q = L^q/FVL^q$. On a:

$$\dim_k(L^q/FVL^q) = l(L^q/VL^q) + l(VL^q/FVL^q) = l(L^q/VL^q) + l(L^q/FL^q),$$

puisque V est un semi-isomorphisme de L^q sur VL^q; ceci achève de démontrer la proposition.

COROLLAIRE. *Si H^1 est un module de type fini, c'est un module libre.*

En effet, T^1 est réduit à 0, puisqu'une variété n'a pas de torsion en dimension 0.

La Proposition 2 montre que, si H^q est un Λ-module de type fini, L^q/FL^q est un module de longueur finie, et il en est de même de H^q/FH^q, puisque H^q ne diffère de L^q que par le module de longueur finie T^q. Inversement:

PROPOSITION 3. *Si H^q/FH^q est un module de longueur finie, alors H^q est un module de type fini.*

L'hypothèse entraîne que $l(VH^q/VFH^q) < +\infty$, d'où:

$$l(H^q/pH^q) = l(H^q/VFH^q) < +\infty.$$

Il est donc possible de choisir dans H^q des éléments $x_1, \cdots, x_k$ en nombre fini, dont les images dans H^q/pH^q engendrent ce module; si H' désigne le module engendré par les x_i dans H^q, on a donc:

$$H^q = pH^q + H'. \tag{12}$$

Prouvons que $H' = H^q$. Montrons d'abord que H' est *dense* dans H^q, muni de la topologie définie par les V^nH^q. Posons $M_n = H^q/(H' + V^nH^q)$; la relation (12) montre que $M_n = p\cdot M_n$, et, comme M_n est un module de longueur finie (puisque quotient de H^q/V^nH^q), ceci entraîne $M_n = 0$, d'où $H^q = H' + V^nH^q$ pour tout n, ce qui signifie bien que H' est dense dans H^q. Montrons maintenant que H' est *complet* pour la topologie induite par celle de H^q, ce qui entraînera qu'il est *fermé*, donc égal à H^q. Posons $H'_n = H' \cap V^nH^q$; les H'_n sont des sous-modules de H' formant une base de voisinages de 0 pour la topologie induite sur H' par H^q; on a $\bigcap H'_n = 0$ et les quotients H'/H'_n sont de longueur finie; comme H' est un module de type fini sur l'anneau local complet Λ, il en résulte que la topologie définie par les H'_n est identique à la topologie p-adique de H', définie par les sous-modules p^kH' (cf. [11], p. 9, prop. 2, qui s'étend immédiatement aux modules de type fini sur un anneau semi-local complet); comme H' est complet pour la topologie p-adique, ceci achève la démonstration.

COROLLAIRE 1. *Pour que tous les* H^q, $q \geqq 0$, *soient des modules de type fini, il faut et il suffit que les limites projectives des modules* $H^q(X, \mathscr{W}_n/F\mathscr{W}_n)$ *soient des modules de longueur finie.*

Soit $S^q = \lim H^q(X, \mathscr{W}_n/F\mathscr{W}_n)$. Par passage à la limite à partir des suites exactes:

$$(13)\quad \cdots \to H^q(X, \mathscr{W}_n) \xrightarrow{F} H^q(X, \mathscr{W}_n) \to H^q(X, \mathscr{W}_n/F\mathscr{W}_n) \to H^{q+1}(X, \mathscr{W}_n) \to \cdots$$

on obtient la suite exacte:

$$(14)\quad \cdots \to H^q \xrightarrow{F} H^q \to S^q \to H^{q+1} \to \cdots$$

Si les H^q sont des modules de type fini, on a vu que le conoyau de F est un module de longueur finie, donc aussi son noyau; la suite exacte (14) montre alors bien que S^q est de longueur finie. Inversement, si S^q est de longueur finie, il en est de même du conoyau de F, et l'on peut appliquer la Proposition 3.

(Il est facile de voir que les $H^q(X, \mathscr{W}_n/F\mathscr{W}_n)$ et les S^q sont des Λ-modules annulés par p, autrement dit sont des *espaces vectoriels sur* k.)

COROLLAIRE 2. *Soit* q *un entier* $\geqq 0$; *supposons que* X *n'ait de torsion ni en dimension* $q-1$ *ni en dimension* q, *et que l'homomorphisme*

$$F : H^q(X, \mathcal{O}) \to H^q(X, \mathcal{O})$$

soit surjectif. Alors H^q *est un* Λ*-module libre de rang égal à* dim $H^q(X, \mathcal{O})$.

Puisque X n'a pas de torsion en dimension q, on a $Z^q_\infty = H^q(X, \mathcal{O})$ et l'hypothèse faite sur F signifie que $F : H^q/VH^q \to H^q/VH^q$ est surjectif. On en déduit aussitôt, par récurrence sur n, qu'il en est de même de $F : H^q/V^nH^q \to H^q/V^nH^q$, et, en appliquant le Lemme 1, on voit que $FH^q = H^q$. Comme X n'a pas de torsion en dimension $q-1$, on a $T^q = 0$ et $H^q = L^q$. Le corollaire s'ensuit, en appliquant les Propositions 2 et 3.

(Nous laissons au lecteur le soin d'énoncer un résultat plus général, sous la seule hypothèse que $F : Z^q_\infty \to Z^q_\infty$ soit surjectif.)

6. Un contre-exemple

Soit X une courbe de genre zéro, présentant un point de rebroussement ordinaire P; nous allons voir que $H^1(X, \mathscr{W})$ *n'est pas un* Λ*-module de type fini.*

Si X' désigne la courbe déduite de X par normalisation, l'application canonique $X' \to X$ est un homéomorphisme, ce qui nous permet d'identifier les espaces topologiques X et X'. Si $\mathcal{O}$ et $\mathcal{O}'$ désignent respectivement les faisceaux des anneaux locaux de X et de X', on a $\mathcal{O}_x \subset \mathcal{O}'_x$ et $\mathcal{O}_x = \mathcal{O}'_x$ pour $x \neq P$; quant à $\mathcal{O}_P$, c'est le sous-anneau de $\mathcal{O}'_P$ formé des fonctions f dont la différentielle df s'annule en P (une telle fonction s'écrit donc

$$f = a_0 + a_2t^2 + a_3t^3 + \cdots;$$

c'est la définition même d'un point de rebroussement ordinaire).

On obtient ainsi une suite exacte:

$$0 \to \mathcal{O} \to \mathcal{O}' \to \mathcal{Q} \to 0, \tag{15}$$

où $\mathcal{Q}$ est un faisceau concentré en P, et tel que $\mathcal{Q}_P = k$. D'où une suite exacte de cohomologie:

$$0 \to H^0(X, \mathcal{Q}) \xrightarrow{\delta} H^1(X, \mathcal{O}) \to H^1(X, \mathcal{O}'). \tag{16}$$

On a $H^0(X, \mathcal{Q}) = \mathcal{Q}_P = k$, et $H^1(X, \mathcal{O}') = H^1(X', \mathcal{O}') = 0$ (puisque X' est une courbe non singulière de genre 0). Il en résulte que $\dim H^1(X, \mathcal{O}) = 1$, d'où, par récurrence sur n, $l(H^1(X, \mathcal{W}_n)) = n$; on a d'ailleurs, pour tout entier n, une suite exacte analogue à (15):

$$0 \to \mathcal{W}_n \to \mathcal{W}'_n \to \mathcal{Q}_n \to 0, \tag{17}$$

et l'homomorphisme cobord $\delta : H^0(X, \mathcal{Q}_n) \to H^1(X, \mathcal{W}_n)$ est bijectif. L'opération $F : \mathcal{W}'_n \to \mathcal{W}'_n$ applique évidemment $\mathcal{W}_n$ dans lui-même, donc définit un homomorphisme de la suite exacte (17) dans elle-même; de plus, si $f \in \mathcal{O}'_P$, la fonction $Ff = f^p$ a une différentielle identiquement nulle, donc appartient à $\mathcal{O}_P$; ainsi, F applique le faisceau $\mathcal{W}'_n$ dans $\mathcal{W}_n$, et le faisceau quotient $\mathcal{Q}_n$ dans 0. Si l'on considère alors le diagramme commutatif:

$$\begin{array}{ccc} H^0(X, \mathcal{Q}_n) & \xrightarrow{\delta} & H^1(X, \mathcal{W}_n) \\ F \downarrow & & F \downarrow \\ H^0(X, \mathcal{Q}_n) & \xrightarrow{\delta} & H^1(X, \mathcal{W}_n), \end{array}$$

on voit que $F : H^1(X, \mathcal{W}_n) \to H^1(X, \mathcal{W}_n)$ est identiquement nul. Il s'ensuit que p annule $H^1(X, \mathcal{W}_n)$ qui est donc un *espace vectoriel sur k*, de dimension égale à n, d'après ce qui a été dit plus haut. Quant à H^1, limite projective des $H^1(X, \mathcal{W}_n)$, *c'est un espace vectoriel sur k de dimension infinie* (il est topologiquement isomorphe à l'espace produit k^N, N désignant l'ensemble des entiers $\geqq 0$); ce n'est donc pas un Λ-module de type fini.

Remarque. La suite exacte (15) s'applique plus généralement à toute courbe X et à sa normalisée X'; la suite exacte (16) montre alors que $\dim H^1(X, \mathcal{O})$ n'est pas autre chose que le "genre" π de X, au sens défini par Rosenlicht dans [9]; en appliquant [14], n° 80, on voit donc que *le genre arithmétique de la courbe (à singularités) X est égal à* $1 - \pi$, si X est connexe.

7. Le premier groupe de cohomologie d'une variété projective normale

Soit tout d'abord A un anneau commutatif quelconque, et soit

$$\alpha = (a_0, \cdots, a_{n-1})$$

un élément de $W_n(A)$. Nous associerons à α la forme différentielle de degré 1 donnée par la formule suivante:

$$D_n(\alpha) = da_{n-1} + a_{n-2}^{p-1}\, da_{n-2} + \cdots + a_0^{p^{n-1}-1}\, da_0. \tag{18}$$

Lorsque A est un anneau de caractéristique 0, les composantes $a^{(0)}, a^{(1)}, \cdots, a^{(n-1)}$ de α sont définies (cf. [21], §1), et l'on a évidemment:

$$D_n(\alpha) = \frac{1}{p^{n-1}}\, da^{(n-1)}. \tag{19}$$

De la formule (19) on déduit aussitôt:

$$D_n(\alpha + \beta) = D_n(\alpha) + D_n(\beta) \tag{20}$$

et

$$D_n(\alpha \cdot \beta) \equiv D_n(\alpha) \cdot b_0^{p^{n-1}} + a_0^{p^{n-1}} \cdot D_n(\beta) \bmod p. \tag{21}$$

En vertu du principe de prolongement des identités, la formule (20) reste valable lorsque A est un anneau de caractéristique p, alors que la formule (21) est remplacée par la suivante:

$$D_n(\alpha \cdot \beta) = D_n(\alpha) \cdot F^{n-1}R^{n-1}\beta + F^{n-1}R^{n-1}\alpha \cdot D_n(\beta). \tag{22}$$

Ceci s'applique notamment à l'anneau local $A = \mathcal{O}_x$ d'un point x sur une variété normale X, et l'on obtient ainsi un homomorphisme

$$D_n : W_n(\mathcal{O}_x) \to \Omega_x^1,$$

en désignant par Ω_x^1 le $\mathcal{O}_x$-module des germes de formes différentielles de degré 1 sur X qui n'ont pas de pôle en x (i.e. dont le diviseur polaire ne passe pas par x).

Si l'on a $\alpha \in FW_n(\mathcal{O}_x)$, c'est-à-dire si les $a_0, \cdots, a_{n-1}$ sont des puissances p-èmes, on a évidemment $D_n(\alpha) = 0$; inversement, il est classique que la relation $D_1(a) = da = 0$ entraîne que a est une puissance p-ème dans le corps $k(X)$ des fonctions rationnelles sur X; plus généralement, il n'est pas difficile de montrer (par exemple en utilisant l'opération C de Cartier, cf. n° 10) que la relation $D_n(\alpha) = 0$ entraîne que chacun des a_i est une puissance p-ème b_i^p, avec $b_i \in k(X)$; mais la relation $b_i^p = a_i$ montre que b_i est *entier* sur $\mathcal{O}_x$, donc appartient à $\mathcal{O}_x$, vu l'hypothèse de normalité faite sur X. Ainsi, le noyau de D_n est exactement $FW_n(\mathcal{O}_x)$ et, en passant aux faisceaux, on obtient:

Lemme 2. *L'application D_n définit par passage au quotient une injection du faisceau $\mathscr{W}_n/F\mathscr{W}_n$ dans le faisceau Ω^1 des germes de formes différentielles dépourvues de pôles.*

Supposons maintenant que X soit une variété *projective* et *normale*. D'après le Lemme 2, $H^0(X, \mathscr{W}_n/F\mathscr{W}_n)$ est un sous-espace vectoriel de $H^0(X, \Omega^1)$, qui est un espace vectoriel de dimension finie (Ω^1 étant un faisceau algébrique cohérent); on en déduit que $\dim H^0(X, \mathscr{W}_n/F\mathscr{W}_n)$ est *bornée* pour $n \to +\infty$; soit ν cette borne, et posons:

$$g = \dim Z_\infty^1 = \dim [\mathrm{Im} : H^1 \to H^1(X, \mathcal{O})].$$

Proposition 4. *Les hypothèses et notations étant comme ci-dessus, le Λ-module $H^1 = H^1(X, \mathscr{W})$ est un module libre de rang $\leqq g + \nu$, l'égalité ayant lieu si X n'a pas de torsion en dimension* 1.

Les $H^0(X, \mathscr{W}_n/F\mathscr{W}_n)$ forment une suite croissante de sous-espaces de $H^0(X, \Omega^1)$, et il existe donc un entier m tel que l'on ait dim $H^0(X, \mathscr{W}_n/F\mathscr{W}_n) = \nu$ pour $n \geqq m$. De la suite exacte de faisceaux:

$$0 \to \mathscr{W}_n \xrightarrow{F} \mathscr{W}_n \to \mathscr{W}_n/F\mathscr{W}_n \to 0,$$

on déduit la suite exacte suivante (qui n'est qu'un cas particulier de (13)):

$$0 \to H^0(X, \mathscr{W}_n/F\mathscr{W}_n) \to H^1(X, \mathscr{W}_n) \xrightarrow{F} H^1(X, \mathscr{W}_n).$$

Comme $H^1(X, \mathscr{W}_n)$ est un Λ-module de longueur finie, on tire de là:

(23) $$l(H^1(X, \mathscr{W}_n)/FH^1(X, \mathscr{W}_n)) = \nu \qquad \text{pour } n \geqq m.$$

Puisque H^1/FH^1 est limite projective des $H^1(X, \mathscr{W}_n)/FH^1(X, \mathscr{W}_n)$, on a aussi $l(H^1/FH^1) \leqq \nu$, ce qui, d'après la Proposition 3, entraîne que H^1 est un Λ-module de type fini. De plus, on sait que $T^1 = 0$, d'où $L^1 = H^1$, avec les notations du n° 5, et $H^1/VH^1 = Z^1_\infty$; en appliquant la Proposition 2, on en déduit que H^1 est un Λ-module libre de rang égal à dim $Z^1_\infty + l(H^1/FH^1) \leqq g + \nu$, ce qui démontre la première partie de la proposition.

Supposons maintenant X sans torsion en dimension 1. Les homomorphismes

$$R : H^1(X, \mathscr{W}_{n+1}) \to H^1(X, \mathscr{W}_n)$$

sont surjectifs, donc aussi les homomorphismes obtenus par passage au quotient

$$R : H^1(X, \mathscr{W}_{n+1})/FH^1(X, \mathscr{W}_{n+1}) \to H^1(X, \mathscr{W}_n)/FH^1(X, \mathscr{W}_n).$$

Mais, si $n \geqq m$, ces deux modules ont même longueur ν, et il s'ensuit que R est bijectif; en passant à la limite, il en est donc de même de l'homomorphisme $H^1/FH^1 \to H^1(X, \mathscr{W}_n)/FH^1(X, \mathscr{W}_n)$, et l'on a $l(H^1/FH^1) = \nu$; en appliquant à nouveau la Proposition 2 on en conclut bien que le rang de H^1 est égal à $g + \nu$, cqfd.

Remarques. (1) Même lorsque X a de la torsion en dimension 1, on peut calculer le rang de H^1. On trouve: $\mathrm{rg}(H^1) = g + \nu - l(T^2/FT^2)$.

(2) La Proposition 4 est encore valable si l'on ne suppose plus que X est normale mais seulement que les relations $a \in k(X)$, $a^p \in \mathscr{O}_x$ entraînent $a \in \mathscr{O}_x$; cela suffit en effet à assurer que $\mathscr{W}_n/F\mathscr{W}_n$ est un sous-faisceau de Ω^1.

§2. Cas des courbes algébriques

Dans tout ce §4, X désignera une *courbe algébrique irréductible*, *complète* (donc projective), *sans singularités*, définie sur le corps algébriquement clos k, de caractéristique $p > 0$.

8. Rappel

Montrons d'abord comment les groupes de cohomologie $H^1(X, \mathscr{O})$ et $H^1(X, \Omega^1)$ s'interprètent en termes classiques (cf. [1]):

Soit $K = k(X)$ le corps des fonctions rationnelles sur X; nous considérerons

K comme un faisceau constant sur X (cf. [14], n° 36), contenant $\mathcal{O}$ comme sous-faisceau. On a donc la suite exacte:

$$0 \to \mathcal{O} \to K \to K/\mathcal{O} \to 0. \tag{24}$$

Puisque K est un faisceau constant, et que X est irréductible, on a $H^1(X, K) = 0$; la suite exacte de cohomologie associée à (24) donne donc naissance à la suite exacte:

$$K \to H^0(X, K/\mathcal{O}) \to H^1(X, \mathcal{O}) \to 0. \tag{25}$$

Cette dernière suite exacte est facile à interpréter. Soit R l'algèbre des *répartitions* sur X (cf. [1], p. 25); rappelons qu'un élément $r \in R$ est une famille $\{r_x\}_{x \in X}$ où les r_x sont des éléments de K appartenant à $\mathcal{O}_x$ pour presque tout x (i.e. sauf pour un nombre fini). Les répartitions $r = \{r_x\}$ telles que $r_x \in \mathcal{O}_x$ pour tout x forment un sous-anneau $R(0)$ de R; celles qui sont telles que tous les r_x soient égaux à un même élément de K forment un sous-anneau de R que l'on peut identifier à K. On voit tout de suite que $R/R(0)$ est canoniquement isomorphe à $H^0(X, K/\mathcal{O})$, et la suite exacte (25) donne donc en définitive un isomorphisme:

$$R/(R(0) + K) \approx H^1(X, \mathcal{O}). \tag{26}$$

Nous identifierons en général $H^1(X, \mathcal{O})$ et $R/(R(0) + K)$ au moyen de l'isomorphisme précédent. On sait ([1], chaps. II et VI) que l'espace vectoriel $R/(R(0) + K)$ est dual de l'espace $H^0(X, \Omega^1)$ des formes différentielles de lère espèce, la dualité se faisant au moyen de la forme bilinéaire:

$$\langle r, \omega \rangle = \textstyle\sum_{x \in X} \operatorname{res}_x (r_x \omega). \tag{27}$$

En particulier, on a dim $H^1(X, \mathcal{O}) = g$, *genre* de la courbe X.

La forme bilinéaire (27) peut aussi être considérée comme le cup-produit de $r \in H^1(X, \mathcal{O})$ et de $\omega \in H^0(X, \Omega^1)$, à valeurs dans $H^1(X, \Omega^1)$ qui est canoniquement isomorphe à k (ce dernier isomorphisme s'obtient de la façon suivante: à une classe de cohomologie on associe, comme dans (26), une classe de "répartition-différentielles" $\{\omega_x\}_{x \in X}$ et, à une telle répartition, on fait correspondre l'élément $\sum_{x \in X} \operatorname{res}(\omega_x)$ qui appartient à k). C'est là un cas particulier du "théorème de dualité", dont on trouvera l'énoncé général dans [13], th. 4.

REMARQUE. Une formule analogue à (26) vaut pour $H^1(X, \mathcal{W}_n)$, ainsi que pour $H^1(X, \mathcal{L}(D))$, D désignant un diviseur de X.

9. La matrice de Hasse-Witt

Nous allons chercher la matrice de l'opération semi-linéaire

$$F : H^1(X, \mathcal{O}) \to H^1(X, \mathcal{O})$$

par rapport à une base convenable de $H^1(X, \mathcal{O})$.

Remarquons d'abord que l'identification (26) transforme F en l'élévation à la puissance p-ème dans R. D'autre part, en utilisant la dualité entre $R/(R(0) + K)$

et $H^0(X, \Omega^1)$, on voit qu'il existe g points $P_1, \cdots, P_g$ appartenant à X tels que, si $t_1, \cdots, t_g$ sont des paramètres uniformisants en ces points, les répartitions:

$$r_i = \{r_{i,x}\} \quad \text{où} \quad r_{i,x} = \begin{cases} 0 & \text{si } x \neq P_i \\ 1/t_i & \text{si } x = P_i \end{cases}, \qquad 1 \leqq i \leqq g,$$

forment une *base* du k-espace vectoriel $R/(R(0) + K)$. (Un tel système de g points est parfois appelé "non-spécial", cf. [1], p. 129.)

Soit $A = (a_{ij})$ la matrice de F par rapport à la base des r_i. Par définition, on a donc:

$$r_i^p \equiv \sum_{j=1}^{j=g} a_{ij} r_j \bmod (R(0) + K),\ 1 \leqq i \leqq g.$$

Ces congruences signifient qu'il existe des fonctions $g_i \in K$ telles que:

$$g_i \equiv r_i^p - \sum_{j=1}^{j=g} a_{ij} r_j \bmod R(0).$$

En d'autres termes, chaque g_i est régulière en dehors des points $P_1, \cdots, P_g$ et admet $\delta_{ij}/t_j^p - a_{ij}/t_j$ pour partie polaire au point P_j (δ_{ij} désignant comme à l'ordinaire le symbole de Kronecker). On reconnait là la définition de la *matrice de Hasse-Witt* de X (cf. [5]). Nous avons donc démontré:

PROPOSITION 5. *La matrice de* $F : H^1(X, \mathcal{O}) \to H^1(X, \mathcal{O})$ *par rapport à la base des* r_i $(1 \leqq i \leqq g)$ *n'est autre que la matrice de Hasse-Witt de* X.

Nous aurons besoin par la suite d'utiliser la *réduction de Jordan* de F (cf. [5] ainsi que [3], n° 10). Rappelons brièvement en quoi elle consiste:

De façon générale, soit F un endomorphisme p-linéaire d'un espace vectoriel V, de dimension finie, sur un corps algébriquement clos k de caractéristique p. L'espace V se décompose canoniquement en somme directe

(28) $$V = V_s \oplus V_n,$$

où V_s et V_n sont stables par F, l'endomorphisme F étant *nilpotent* sur V_n et *bijectif* sur V_s; les dimensions de V_s et V_n seront notées respectivement $\sigma(V)$ et $\nu(V)$. On montre en outre que V_s possède une base $e_1, \cdots, e_\sigma$ telle que $F(e_i) = e_i$ pour tout i; les $v \in V$ tels que $F(v) = v$ sont les combinaisons linéaires à coefficients entiers mod p des e_i, et forment donc un groupe fini V^F d'ordre p^σ et de type $(p, \cdots, p)$; l'existence de la base e_i fournit également le résultat suivant, qui nous sera utile plus loin: l'application $1 - F : V \to V$ est *surjective*.

Soit V' l'espace vectoriel dual de V. Le *transposé* F' de F est un endomorphisme p^{-1}-linéaire de V' défini par la formule:

(29) $$\langle Fv, v' \rangle = \langle v, F'v' \rangle^p \quad \text{pour} \quad v \in V \quad \text{et} \quad v' \in V'.$$

A la décomposition (28) correspond la décomposition duale:

(30) $$V' = V'_s \oplus V'_n.$$

Si e'_i désigne la base de V'_s duale de e_i, on a encore $F'e'_i = e'_i$ pour $1 \leqq i \leqq \sigma$, et les $v' \in V'$ tels que $F'v' = v'$ sont les combinaisons linéaires à coefficients entiers des

e'_i; ces v' forment donc un groupe *dual* du groupe V^F. (On observera que la décomposition (30) vaut pour *tout* endomorphisme p^{-1}-linéaire d'un k-espace vectoriel de dimension finie, puisqu'un tel endomorphisme peut toujours être considéré comme le transposé d'un endomorphisme p-linéaire.)

Ce qui précède s'applique notamment au cas où $V = H^1(X, \mathcal{O})$ et $V' = H^0(X, \Omega^1)$. On écrira alors simplement σ et ν à la place de $\sigma(V)$ et de $\nu(V)$; on a $g = \sigma + \nu$. Avec les notations de [5], l'entier σ n'est pas autre chose que le *rang* de la matrice $AA^p \cdots A^{p^{g-1}}$.

Le résultat suivant, dû à P. Cartier (non publié), sera démontré au n° 10:

Proposition 6. *Pour tout entier $m \geqq 1$, l'image de l'homomorphisme*

$$D_m : H^0(X, \mathcal{W}_m/F\mathcal{W}_m) \to H^0(X, \Omega^1) \quad \text{(cf. n° 7)}$$

est égale au noyau de la m-ème itérée F'^m de F'.

(Pour $m = 1$, ce résultat est facile à démontrer directement, et était d'ailleurs déjà connu, cf. [12], n° 6).

Il résulte de la prop. 6 que, pour m assez grand, l'image de D_m est égale à la "composante nilpotente" $H^0(X, \Omega^1)_n$ de $H^0(X, \Omega^1)$ et a donc pour dimension ν. Ainsi, l'entier ν défini ci-dessus *coïncide* avec celui défini au n° 7 comme Sup. dim $H^0(X, \mathcal{W}_m/F\mathcal{W}_m)$; en appliquant la Proposition 4, et tenant compte du fait qu'une courbe n'a pas de torsion, on obtient finalement:

Proposition 7. *Le Λ-module $H^1(X, \mathcal{W})$ est un module libre de rang égal à $g + \nu = 2g - \sigma$.*

En particulier, ce rang *ne dépend que de la matrice de Hasse-Witt* de la courbe X, ce qui n'était nullement évident *a priori*.

10. Une nouvelle opération sur les formes différentielles

Pour démontrer la Proposition 6, nous aurons besoin d'une opération sur les formes différentielles qui a été définie par P. Cartier dans le cas des variétés de dimension quelconque. Dans le cas particulier des courbes, auquel nous nous limiterons, cette opération avait déjà été envisagée par J. Tate [17].

Soit x un point de X, et soit t un élément de $\mathcal{O}_x$ dont la différentielle dt ne s'annule pas en x. On vérifie alors immédiatement que les p fonctions $1, t, \cdots, t^{p-1}$ forment une *base* de $\mathcal{O}_x$ considéré comme module sur $\mathcal{O}_x^p$; en d'autres termes, toute fonction $f \in \mathcal{O}_x$ s'écrit d'une manière et d'une seule sous la forme:

$$f = f_0^p + f_1^p t + \ldots + f_{p-1}^p t^{p-1}, \qquad \text{avec } f_i \in \mathcal{O}_x. \tag{31}$$

Les f_i^p sont des combinaisons linéaires des dérivées successives

$$d^k f/dt^k, \qquad 0 \leqq k \leqq p - 1;$$

en particulier, on a $f_{p-1}^p = -d^{p-1}f/dt^{p-1}$.

Soit $\omega = f\,dt$ un élément de Ω_x^1, et posons:

$$C(\omega) = f_{p-1}dt; \tag{32}$$

l'opération $C : \Omega_x^1 \to \Omega_x^1$ ainsi définie est *l'opération de Cartier et Tate.* On montre (cf. [17], th. 1) qu'*elle ne dépend pas* de l'élément t choisi; de plus, en prenant f dans K et non plus dans $\mathcal{O}_x$, on prolonge C en une opération définie sur *toutes* les différentielles (régulières ou non) de X.

Les deux propositions suivantes sont dues à Cartier:

PROPOSITION 8. (i) $C(\omega_1 + \omega_2) = C(\omega_1) + C(\omega_2)$.

(ii) $C(f^p\omega) = fC(\omega)$.

(iii) $C(df) = 0$.

(iv) $C(f^{p-1}df) = df$.

(v) *La suite* $0 \to \mathscr{W}_m/F\mathscr{W}_m \xrightarrow{D_m} \Omega_1 \xrightarrow{C^m} \Omega_1 \to 0$ *est une suite exacte* $(m \geqq 1)$.

Les formules (i), (ii) et (iii) résultent immédiatement de (31) et (32); pour la formule (iv), voir [17], Lemme 1. Il est clair que C est surjectif, et (v) se réduit donc à montrer que $\mathrm{Ker}\,(C^m) = \mathrm{Im}\,(D_m)$. Pour $m = 1$, cela signifie que $C(\omega) = 0 \Rightarrow \omega = df$, ce qui est immédiat sur les formules (31) et (32); à partir de là, on va raisonner par récurrence sur m, en utilisant la formule (déduite des formules (i) à (iv)) :

$$\text{(vi)} \qquad CD_m\alpha = D_{m-1}R\alpha \quad \text{pour} \quad \alpha \in \mathscr{W}_m.$$

Il est clair que (vi) entraîne que $\mathrm{Im}\,(D_m) \subset \mathrm{Ker}\,(C^m)$; inversement, soit $\omega \in \Omega_x^1$ tel que $C^m(\omega) = 0$; vu l'hypothèse de récurrence, il existe $\beta \in W_{m-1}(\mathcal{O}_x)$ tel que $D_{m-1}\beta = C(\omega)$; si l'on choisit un $\alpha \in W_m(\mathcal{O}_x)$ tel que $R\alpha = \beta$, on aura, d'après (vi), $C(\omega - D_m\alpha) = 0$, d'où, d'après ce qu'on a vu plus haut, $\omega - D_m\alpha = df$; en posant alors $\alpha' = \alpha + V^{m-1}f$, on aura bien $\omega = D_m\alpha'$, cqfd.

PROPOSITION 9. *L'homomorphisme* $C : H^0(X, \Omega^1) \to H^0(X, \Omega^1)$ *coïncide avec la transposée* F' *de l'opération* F.

Il nous faut montrer que, si ω est une forme différentielle, et r une répartition, on a:

$$\langle r^p, \omega\rangle = \langle r, C\omega\rangle^p.$$

Ceci s'écrit, en vertu de (27):

$$\textstyle\sum_{x\in X} \mathrm{res}_x\,(r_x^p\omega) = \sum_{x\in X} \mathrm{res}_x\,(r_xC\omega)^p,$$

ce qui résulte de la formule suivante, facile à vérifier:

$$\text{(33)} \qquad \mathrm{res}_x\,(\pi) = \mathrm{res}_x\,(C\pi)^p, \ \pi \text{ étant une forme différentielle quelconque.}$$

La Proposition 6 est maintenant une conséquence évidente de la Proposition 8, (v) et de la Proposition 9.

REMARQUE. Comme l'a montré Cartier, l'opération C peut être définie sur les formes différentielles *fermées* d'une variété algébrique de dimension quelconque; pour les formes de degré 1, les formules (i) à (iv) de la Proposition 8 subsistent sans changement alors que (v) doit être formulée de façon légèrement différente (il faut tenir compte du fait que C et ses itérées ne sont pas partout définies).

11. Classes de diviseurs d'ordre p

Soit G le groupe des classes de diviseurs de X, au sens de l'équivalence linéaire; soit G_p le sous-groupe des éléments $d \in G$ tels que $pd = 0$.

Proposition 10. *Le groupe G_p est canoniquement isomorphe au groupe additif des différentielles $\omega \in H^0(X, \Omega^1)$ qui vérifient $C(\omega) = \omega$. En particulier, c'est un groupe fini d'ordre p^σ.*

(Pour la définition de l'entier σ, voir n° 9.)

Nous allons tout d'abord définir une application $\theta : G_p \to H^0(X, \Omega^1)$.

Soit $d \in G_p$, et soit D un diviseur appartenant à la classe d; puisque $pd = 0$, il existe une fonction $f \neq 0$ telle que $pD = (f)$; posons $\omega = df/f$, différentielle "logarithmique" de f. Si l'on change D en un diviseur équivalent $D + (g)$, ceci a pour effet de multiplier f par g^p, ce qui ne change pas df/f; donc ω ne dépend que de d, et peut être notée $\theta(d)$. Enfin, si $x \in X$, l'équation $pD = (f)$ montre que l'on peut écrire $f = t^p u$, où u est une unité de $\mathcal{O}_x$, d'où $df/f = du/u$ ce qui montre que df/f n'a pas de pôle en x; ainsi $\theta(d)$ est bien une différentielle de 1ère espèce.

On vérifie tout de suite que l'application θ est un homomorphisme injectif de G_p dans $H^0(X, \Omega^1)$. On a de plus $\theta(d) = df/f$, et les formules (ii) et (iv) de la Proposition 8 montrent que:

$$C(df/f) = C(f^{p-1}\, df/f^p) = C(f^{p-1}\, df)/f = df/f.$$

Inversement, si une forme différentielle ω vérifie l'équation $C(\omega) = \omega$, elle est de la forme df/f d'après un théorème de Jacobson ([7], th. 15); si de plus ω est une forme de première espèce, l'ordre de la fonction f en un point quelconque de X est divisible par p, ce qui signifie que $(f) = pD$, d'où $\omega = \theta(d)$, en désignant par d la classe du diviseur D. Ainsi θ est bien un isomorphisme de G_p sur l'ensemble des points fixes de C (ou de F', cela revient au même d'après la Proposition 9), cqfd.

Remarques. (1) La Proposition 10 était connue ([12], Satz II) dans le cas particulier où le corps de base k est la clôture algébrique de $\boldsymbol{F}_p$, cette hypothèse permettant d'utiliser la théorie du corps de classes.

(2) La Proposition 10 a été étendue aux variétés normales de dimension quel-
3 conque par Cartier (le seul point non évident étant de montrer que l'équation $C(\omega) = \omega$ caractérise encore les différentielles logarithmiques).

(3) On peut donner de la Proposition 10 une démonstration toute différente, basée sur la théorie de la jacobienne (cf. n° 19).

12. Exemple: courbes elliptiques

On a alors $\dim H^1(X, \mathcal{O}) = \dim H^0(X, \Omega^1) = g = 1$, et la matrice de Hasse-Witt de X se réduit à un scalaire A, l'*invariant de Hasse* de la courbe (cf. [4]); il n'est déterminé de façon unique qu'une fois choisi un élément de base dans $H^1(X, \mathcal{O})$ ou $H^0(X, \Omega^1)$. Si, en caractéristique $p \neq 2$, on suppose X donnée sous la forme de Legendre:

$$y^2 = x(x-1)(x-\lambda),$$

on peut prendre pour élément de base de $H^0(X, \Omega^1)$ la forme différentielle dx/y, et l'invariant A est une fonction $P(\lambda)$ de λ. M. Deuring [2] a montré que $P(\lambda)$ est un polynôme de degré $(p-1)/2$ en λ qui n'est identiquement nul pour aucune valeur de p; il n'y a donc qu'un *nombre fini* de courbes elliptiques telles que $A = 0$, pour une caractéristique donnée.

Résumons les propriétés de X suivant que A est nul ou non:

(i) $A \neq 0$ (cas "général"). On a $\nu = 0$, $\sigma = 1$. Le groupe des éléments de X d'ordre p a p éléments; il existe $\omega \in H^0(X, \Omega^1)$, $\omega \neq 0$, avec $\omega = df/f$, $f \in k(X)$. Le Λ-module $H^1(X, \mathscr{W})$ est un module libre de rang 1.

(ii) $A = 0$ (cas "exceptionnel"). On a $\nu = 1$, $\sigma = 0$. Le groupe des éléments de X d'ordre p a un seul élément; toute forme $\omega \in H^0(X, \Omega^1)$ s'écrit $\omega = df$, avec $f \in k(X)$. Le Λ-module $H^1(X, \mathscr{W})$ est un module libre de rang 2.

Signalons également que, d'après Deuring [2] (resp. Dieudonné [3]), la condition $A \neq 0$ est nécessaire et suffisante pour que l'anneau des endomorphismes de X soit commutatif (resp. pour que le groupe algébrique X soit "analytiquement isomorphe" au groupe multiplicatif G_m).

§3. Revêtements cycliques d'ordre p^n d'une variété algèbrique

Les n°s 13, 14, 15 ci-dessous sont consacrés à diverses propriétés élémentaires des revêtements; dans ces n^{os}, la caractéristique du corps de base k est quelconque.

13. Quotient d'une variété algébrique par un groupe fini d'automorphismes

Soit Y une variété algébrique, sur laquelle opère (à droite) un groupe fini G; dans tout ce qui suit, nous supposerons vérifiée la condition:

(A) *Toute orbite de G est contenue dans un ouvert affine de Y.*

Puisqu'une orbite est un ensemble *fini*, la condition précédente est vérifiée si Y est une sous-variété localement fermée d'un espace projectif: on le voit en appliquant les Lemmes 1 et 2 de [14], n° 52.

Soit X l'ensemble quotient Y/G, que nous munirons de la topologie quotient de la topologie de Zariski de Y; nous noterons π la projection canonique: $Y \to X$. Si f est une fonction définie au voisinage d'un point $x \in \mathrm{M}$, nous dirons que f est *régulière en x* si $f \circ \pi$ est régulière au voisinage de $\pi^{-1}(x)$; on définit ainsi un sous-faisceau $\mathcal{O}_X$ du faisceau $\mathscr{F}(X)$ des germes de fonctions sur X.

Lemme 3. *La topologie et le faisceau précédent définissent sur X une structure de variété algébrique.*

Supposons d'abord que Y soit une variété affine, d'anneau de coordonnées A, et soit A^G l'ensemble des éléments de A laissés fixes par G. On vérifie tout de suite que A^G est une k-algèbre de type fini, sans éléments nilpotents, donc est l'anneau de coordonnées d'une variété affine Z; on montre ensuite, par des raisonnements élémentaires, que Z, munie de sa topologie de Zariski et de son faisceau d'anneaux locaux, est isomorphe à Y/G, muni de la topologie et du faisceau définis ci-dessus; ceci démontre le Lemme 3 lorsque Y est affine.

Dans le cas général, l'hypothèse (A) montre que l'on peut recouvrir Y au moyen d'un nombre fini d'ouverts affines V_i, stables par G. D'après ce qui précède, X est donc recouvert par les ouverts affines $U_i = V_i/G$, ce qui montre que X vérifie l'axiome (VA_{I}) de [14], n° 34. Quant à (VA_{II}), il résulte de ce que $X \times X$ est isomorphe à $(Y \times Y)/(G \times G)$.

Nous ne poursuivrons pas l'étude de Y/G dans le cas général. Signalons seulement que Y/G est une variété *affine* (resp. *complète*) si et seulement si Y a la même propriété (pour les variétés affines, cela résulte de la démonstration du Lemme 3 et du Théorème 1 de [15]—pour les variétés complètes, cela résulte directement de la définition donnée dans [15], §4).

NOTE. Dans la littérature, on trouvera surtout discuté le cas particulier (qui est le plus important pour les applications) où Y est une variété *irréductible* et *normale*; il en est alors de même de X qui peut être identifiée à la normalisée de la variété des "points de Chow" des orbites de G; inversement, Y est la normalisée de X dans l'extension des corps de fonctions rationnelles $k(Y)/k(M)$. Pour une discussion de ce point de vue, cf. [8], §1.

14. Revêtements

Les notations étant celles du n° précédent, nous dirons que Y est un *G-revêtement de X* (ou encore un revêtement de groupe de Galois G), si le groupe G opère *sans points fixes* sur Y, i.e. si:

$$y{\cdot}g = y, \quad y \in Y, g \in G \text{ entraînent } g = e.$$

Bien entendu, si X' est isomorphe à X, on dira encore que Y est un revêtement de X'.

L'ensemble des classes de G-revêtements de X sera noté $\pi^1(X, G)$. Comme dans le cas topologique, c'est un foncteur covariant en G et contravariant en X:

(a) Si Y est un G-revêtement de X, et si $f: X' \to X$ est une application régulière, on a un revêtement induit Y' de X' (Y' est l'image réciproque de Δ par

$$f \times \pi : X' \times Y \to X \times X).$$

D'où une application $f^1 : \pi^1(X, G) \to \pi^1(X', G)$.

(b) Si f est un homomorphisme de G dans un groupe fini G', on fait opérer G sur $Y \times G'$ par la formule usuelle:

$$(y, g'){\cdot}g = (y{\cdot}g, f(g^{-1}){\cdot}g'); \tag{34}$$

en posant $Y \times_G G' = (Y \times G')/G$, on vérifie (en se ramenant au cas des variétés affines, comme dans la démonstration du Lemme 3) que $Y \times_G G'$ est un G'-revêtement de X. D'où une application $f_1 : \pi^1(X, G) \to \pi^1(X, G')$.

Lorsque G est *abélien*, on peut appliquer (b) à l'homomorphisme canonique $G \times G \to G$, d'où une application de $\pi^1(X, G \times G)$ dans $\pi^1(X, G)$. En utilisant la formule (facile à vérifier):

$$\pi^1(X, G \times H) = \pi^1(X, G) \times \pi^1(X, H), \tag{35}$$

on voit que l'on a défini une loi de composition sur $\pi^1(X, G)$; des raisonnements classiques montrent que cette loi de composition fait de $\pi^1(X, G)$ un *groupe abélien.*

REMARQUE. Supposons que $k = C$ et que X soit une variété projective connexe. En utilisant les résultats de [16], on peut montrer que les revêtements de X (au sens ci-dessus) sont en correspondance bijective avec les revêtements topologiques de l'espace X^h que l'on obtient en munissant X de la topologie "usuelle" (cf. [16], n° 5). Si G est un groupe fini, les éléments de $\pi^1(X, G)$ correspondent donc aux classes d'homomorphismes de $\pi_1(X^h)$ dans G, modulo l'équivalence définie par les automorphismes intérieurs de G; si G est abélien, on a ainsi:

$$\pi^1(X, G) = \mathrm{Hom}\,(\pi_1(X^h), G),$$

ce qui justifie dans ce cas la notation $\pi^1(X,G)$.

15. Espaces fibrés associés à un revêtement

Soit Y un G-revêtement de X, et supposons d'abord que $k = C$. On peut considérer Y comme un espace fibré analytique principal, de base X, et de groupe structural le groupe discret G; si f est un homomorphisme de G dans un groupe algébrique H, on déduit de Y, par extension du groupe structural, un espace fibré analytique principal $Y \times_G H$, de groupe structural H; cet espace fibré peut être plus simple à étudier que le revêtement Y. C'est la méthode introduite par Weil ([18], Chap. III) lorsque X est une courbe, H étant un groupe linéaire $GL_n(C)$.

Essayons d'imiter cette construction dans le cas général. Il est toujours possible de définir $Y \times_G H$ comme la variété quotient $(Y \times H)/G$, le groupe G opérant par la formule (34). Le groupe H opère à droite sur $Y \times_G H$, et l'ensemble quotient $(Y \times_G H)/H$ s'identifie à X. Mais $Y \times_G H$ n'est pas toujours un *espace fibré algébrique* (au sens de Weil [20], c'est-à-dire localement trivial): le lemme suivant fournit un critère pour que ce soit le cas:

LEMME 4. *Supposons que, pour tout $x \in X$, il existe un voisinage saturé U de $\pi^{-1}(x)$, et une application régulière $\theta : U \to H$ telle que:*

(36) $$\theta(y\cdot g) = \theta(y)\cdot f(g) \quad pour \quad y \in U \quad et \quad g \in G.$$

Alors $Y \times_G H$ est un espace fibré algébrique principal, de base X, et de groupe structural H.

La question étant locale, on peut supposer que $U = Y$. Soit alors

$$\alpha : Y \times H \to Y \times H$$

l'application définie par la formule:

(37) $$\alpha(y, h) = (y, \theta(y)\cdot h).$$

Il est clair que α est birégulière. De plus, en combinant (36) et (37), on voit que α commute aux opérations de G (en faisant opérer G sur le second $Y \times H$ par les opérations de G sur Y seulement). Par passage au quotient, α définit donc une application birégulière $\bar{\alpha} : Y \times_G H \to X \times H$, commutant avec les opérations de H. Ceci montre bien que $Y \times_G H$ est un espace fibré algébrique, cqfd.

PROPOSITION 11. *L'hypothèse du Lemme 4 est vérifiée lorsque H est un sous-groupe algébrique du groupe linéaire $GL_n(k)$ vérifiant la condition:*

(R) — *Il existe une section rationnelle $GL_n(k)/H \to GL_n(k)$.*

(Cf. [16], n° 20, pour une discussion de la condition (R)).

Soit $x \in X$, et soient $y_1, \cdots, y_r$ les éléments de $\pi^{-1}(x)$; d'après la condition (A) du n° 13 on peut trouver des fonctions régulières au voisinage de $\pi^{-1}(x)$ et prenant aux y_i des valeurs données. Si l'on désigne par $M_n(k)$ l'algèbre des matrices carrées d'ordre n sur k, il existe donc un voisinage ouvert saturé V' de $\pi^{-1}(x)$, et une application régulière $a : V' \to M_n(k)$ telle que $a(y_1)$ (resp. $a(y_i)$, $2 \leqq i \leqq r$) soit la matrice unité (resp. la matrice 0). Posons alors:

$$\theta'(y) = \sum_{h \in G} a(y \cdot h) \cdot f(h^{-1}) \quad \text{pour} \quad y \in V.$$

Un calcul immédiat montre que $\theta' : V' \to M_n(k)$ vérifie (36); de plus, on a $\theta'(y_1) = 1 \in GL_n(k)$; il existe donc un voisinage ouvert saturé V de $\pi^{-1}(x)$ que θ' applique dans $GL_n(k)$.

Mais l'hypothèse (R) signifie qu'il existe un voisinage ouvert W de l'élément neutre de $GL_n(k)$, saturé pour les translations à droite de H, et une "rétraction" $r : W \to H$ telle que:

$$r(w \cdot h) = r(w) \cdot h \quad \text{si} \quad w \in W \quad \text{et} \quad h \in H.$$

Si l on pose alors $U = \theta'^{-1}(W)$ et $\theta = r \circ \theta'$, l'application θ est bien une application régulière de U dans H vérifiant (36), cqfd.

COROLLAIRE. *Supposons que H soit l'un des groupes $GL_n(k)$, $SL_n(k)$, $Sp_n(k)$, ou un groupe linéaire résoluble (par exemple le groupe additif G_a). Alors $Y \times_G H$ est un espace fibré principal algébrique.*

Il faut vérifier la condition (R) dans chaque cas. C'est trivial pour $GL_n(k)$ et $SL_n(k)$, facile pour $Sp_n(k)$ (cf. [16], n° 20); dans le cas d'un groupe linéaire résoluble, c'est un théorème de Rosenlicht ([10], th. 10).

EXEMPLE. *Revêtements cycliques d'ordre premier à p.*

Prenons pour G le groupe cyclique $\boldsymbol{Z}/n\boldsymbol{Z}$, avec $(n, p) = 1$. A toute racine primitive n-ème de l'unité est associé un isomorphisme f de G dans $k^* = GL_1(k)$. En appliquant le corollaire à la Proposition 11, on associe à tout revêtement $Y \in \pi^1(X, G)$ un espace fibré à groupe k^*, c'est-à-dire un élément $f(Y)$ de $H^1(X, \mathcal{O}^*)$ (en désignant par $\mathcal{O}^*$ le faisceau des $\mathcal{O}_x^*$, groupes multiplicatifs des éléments inversibles des $\mathcal{O}_x$). Si l'on suppose X projective, un raisonnement semblable à celui de la Proposition 12 ci-après montre que f est *un isomorphisme de $\pi^1(X, \boldsymbol{Z}/n\boldsymbol{Z})$ sur le sous-groupe des éléments $d \in H^1(X, \mathcal{O}^*)$ vérifiant $nd = 0$.* Lorsque X est non singulière, le groupe $H^1(X, \mathcal{O}^*)$ n'est autre que le groupe des *classes de diviseurs* de X (cf. [20], §3), et le résultat précédent est bien connu (cf. [8], où il est déduit de la théorie de Kummer).

16. Revêtements cycliques d'ordre p

Soit $G = \boldsymbol{Z}/p\boldsymbol{Z}$. Si l'on identifie G au corps premier $\boldsymbol{F}_p$, on obtient un plongement f de G dans le groupe additif G_a du corps de base k. En appliquant le corollaire à la Proposition 11 à f on fait correspondre à tout G-revêtement Y de X un espace fibré algébrique principal de base X et de groupe structural G_a, autrement dit un élément de $H^1(X, \mathcal{O})$. On a donc obtenu une application canonique

$$f_1 : \pi^1(X, \mathbf{Z}/p\mathbf{Z}) \to H^1(X, \mathcal{O}). \tag{38}$$

Proposition 12. *Si X est une variété projective, l'application f_1 est un isomorphisme du groupe $\pi^1(X, \mathbf{Z}/p\mathbf{Z})$ sur $H^1(X, \mathcal{O})^F$, sous-groupe de $H^1(X, \mathcal{O})$ formé des éléments ξ vérifiant*:

$$F\xi = \xi. \tag{39}$$

Le fait que f_1 soit un homomorphisme est facile à vérifier. Cherchons l'image de cet homomorphisme. Si l'on note $\wp : G_a \to G_a$ l'application $\wp(\lambda) = \lambda^p - \lambda$ i.e. $\wp = F - 1$), on a une suite exacte:

$$0 \to G \xrightarrow{f} G_a \xrightarrow{\wp} G_a \to 0. \tag{40}$$

Le fait que $\wp \circ f = 0$ montre que l'homomorphisme composé:

$$\pi(X, G) \xrightarrow{f_1} H^1(X, \mathcal{O}) \xrightarrow{\wp} H^1(X, \mathcal{O})$$

est identiquement nul, ce qui signifie que l'image de f_1 est contenue dans $H^1(X,\mathcal{O})^F$. Inversement, soit Z un espace fibré correspondant à un élément de $H^1(X, \mathcal{O})^F$, c'est-à-dire tel que l'espace fibré $\wp(Z)$ (déduit de Z par $\wp : G_a \to G_a$) soit trivial. Le groupe G opère sur Z, et la suite exacte (40), jointe à un raisonnement local évident, montre que Z/G s'identifie à $\wp(Z)$; si donc l'on a une section $s : X \to \wp(Z)$ qui identifie X à une sous-variété $s(X)$ de $\wp(Z)$, l'image réciproque Y de $s(X)$ dans Z sera un G-revêtement de X, donc un élément de $\pi^1(X, G)$. De plus, on vérifie facilement que $f(Y) = Y \times_G G_a$ s'identifie canoniquement à Z, ce qui montre bien que $Z \in \mathrm{Im}\,(f_1)$.

Reste à montrer que le noyau de f_1 est réduit à 0 (c'est le seul point qui fasse intervenir l'hypothèse que X est projective). Soit donc Y un G-revêtement tel que $f(Y)$ soit isomorphe à $X \times G_a$; l'injection $f : G \to G_a$ définit une injection de Y dans $X \times G_a$; mais X est une variété complète, donc aussi Y, et l'image de Y dans le facteur G_a ne peut consister qu'en un nombre fini de points (cf. [15], §4, par exemple). Il en résulte tout de suite que Y est trivial sur chaque composante connexe de X, donc aussi sur X tout entier, ce qui achève la démonstration.

Corollaire 1. *Soit σ la dimension de la "composante semi-simple" $H^1(X, \mathcal{O})_s$ de $H^1(X, \mathcal{O})$* (cf. n° 9). *Le groupe $\pi^1(X, \mathbf{Z}/p\mathbf{Z})$ est un groupe fini d'ordre p^σ.*

Cela résulte de ce qui a été dit au n° 9.

Corollaire 2. *Une variété de dimension ≥ 2 qui est une intersection complète n'a aucun revêtement cyclique de degré p non-trivial.*

En effet, si X est une telle variété, on sait que $H^1(X, \mathcal{O}) = 0$, cf. [14], n° 78.

Remarque. Si X n'est pas irréductible, X peut posséder des revêtements localement triviaux; ils correspondent au sous-groupe $H^1(X, \mathbf{Z}/p\mathbf{Z})$ de $H^1(X, \mathcal{O})^F$.

17. Variante

On peut obtenir les résultats du n° précédent par une autre méthode, reposant sur le lemme suivant:

LEMME 5. *Soient X une variété algébrique, G un groupe fini, Y un G-revêtement de X, et x un point de X. Désignons par $\mathcal{O}'_x$ l'anneau des germes de fonctions régulières au voisinage de $\pi^{-1}(x) \subset Y$. L'anneau $\mathcal{O}'_x$ est un anneau semi-local sur lequel opère G, et l'on a:*

(41) $$H^0(G, \mathcal{O}'_x) = \mathcal{O}_x \quad \textit{et} \quad H^q(G, \mathcal{O}'_x) = 0 \quad \textit{pour} \quad q > 0.$$

Le fait que $H^0(G, \mathcal{O}'_x) = \mathcal{O}_x$ résulte de la définition d'une variété quotient donnée au n° 13. D'autre part l'anneau semi-local $\mathcal{O}'_x$ a pour anneaux locaux les $\mathcal{O}_y$, $y \in \pi^{-1}(x)$; il s'ensuit (cf. [11], p. 15) que le complété $\hat{\mathcal{O}}'_x$ de $\mathcal{O}'_x$ est isomorphe au produit des $\hat{\mathcal{O}}_y$; comme le groupe G opère sans point fixe sur $\pi^{-1}(x)$, on en déduit, en appliquant un résultat classique de cohomologie des groupes:

(42) $$H^q(G, \hat{\mathcal{O}}'_x) = 0 \quad \text{pour} \quad q > 0.$$

Mais $\mathcal{O}'_x$ est un module de type fini sur $\mathcal{O}_x$ (pour le voir, prendre pour Y une variété affine, et expliciter $\mathcal{O}_x$ et $\mathcal{O}'_x$ en fonction de l'anneau de coordonnées de Y); il s'ensuit (cf. [16], Annexe, par exemple) que l'on a:

(43) $$\hat{\mathcal{O}}'_x = \mathcal{O}'_x \otimes \hat{\mathcal{O}}_x, \text{ le produit tensoriel étant pris sur } \mathcal{O}_x.$$

Comme $\hat{\mathcal{O}}_x$ est un $\mathcal{O}_x$-module plat ([16], *loc.cit.*), on déduit de (43):

(44) $$H^q(G, \hat{\mathcal{O}}'_x) = H^q(G, \mathcal{O}'_x) \otimes \hat{\mathcal{O}}_x.$$

Du fait que le couple $(\mathcal{O}_x, \hat{\mathcal{O}}_y)$ est plat ([16], prop. 27), les relations (42) et (44) entraînent $H^q(G, \mathcal{O}'_x) = 0$ pour $q > 0$, cqfd.

REMARQUES. (1) La démonstration de (42) montre en outre que l'on a:

$$\hat{\mathcal{O}}_y = \hat{\mathcal{O}}_x \quad \text{si} \quad \pi(y) = x.$$

Autrement dit, la projection π est un isomorphisme "analytique".

(2) En utilisant le Lemme 5, on peut démontrer l'existence d'une *suite spectrale* analogue à celle de Cartan-Leray; cette suite aboutit à $H^*(X, \mathcal{O})$ et a pour terme E_2 le groupe bigradué $H^*(G, H^*(Y, \mathcal{O}_Y))$. Cf. un mémoire de A. Grothendieck à paraître prochainement.

Revenons maintenant au cas $G = Z/pZ$. Comme la fonction $1 \in \mathcal{O}'_x$ a une trace nulle, la relation $H^1(G, \mathcal{O}'_x) = 0$ entraîne l'existence d'une fonction $\theta \in \mathcal{O}'_x$ vérifiant:

(45) $$\theta^\sigma = \theta + 1 \quad (\sigma \text{ désignant le générateur de } Z/pZ).$$

A l'écriture près, c'est l'équation (36). On remarquera que, si Y est irréductible, θ est un *générateur d'Artin-Schreier de l'extension* $k(Y)/k(X)$.

Une fois démontrée l'existence des fonctions θ, la construction de la classe de cohomologie ξ associée à Y ne présente plus de difficultés: on commence par construire un recouvrement ouvert $\{U_i\}$ de X, et des fonctions θ_i, régulières sur

$V_i = \pi^{-1}(U_i)$, et vérifiant (45). Si l'on pose $f_{ij} = \theta_i - \theta_j$ dans $V_i \cap V_j$, les f_{ij} sont invariants par G, et constituent un 1-*cocycle de* $\{U_i\}$ *à valeurs dans le faisceau* $\mathcal{O}$, dont la classe de cohomologie n'est autre que l'élément ξ cherché. Les autres résultats de la Proposition 12 ne présentent pas davantage de difficultés. Par exemple, le fait que $F\xi = \xi$ se démontre en remarquant que les $g_i = \theta_i^p - \theta_i$ sont invariants par G, donc forment une 0-cochaîne de $\{U_i\}$ à valeurs dans $\mathcal{O}$, dont le cobord est $f_{ij}^p - f_{ij}$.

18. Revêtements cycliques d'ordre p^n

Soit n un entier $\geqq 1$, et soit $G = \mathbf{Z}/p^n\mathbf{Z}$; on peut identifier canoniquement G au groupe $W_n(\mathbf{F}_p)$, cf. n° 1. Comme $\mathbf{F}_p$ se plonge dans k, on a ainsi défini un isomorphisme f de G dans le groupe $W_n = W_n(k)$. Ce dernier groupe est un groupe *algébrique*, en correspondance birégulière avec k^n; c'est de plus un groupe *linéaire*: cela se voit, soit directement, soit en invoquant [10], th. 16, cor. 4. On peut donc appliquer à W_n le corollaire à la Proposition 11: si Y est un G-revêtement de X, l'espace $Y \times_G W_n$ est un espace fibré principal de groupe structural W_n, c'est-à-dire un élément de $H^1(X, \mathcal{W}_n)$. Comme au n° 16, on a donc obtenu une application

$$f_1 : \pi^1(X, \mathbf{Z}/p^n\mathbf{Z}) \to H^1(X, \mathcal{W}_n). \tag{46}$$

PROPOSITION 13. *Si X est une variété projective, l'application f_1 est un isomorphisme de $\pi^1(X, \mathbf{Z}/p^n\mathbf{Z})$ sur $H^1(X, \mathcal{W}_n)^F$.*

La démonstration étant identique à celle de la Proposition 12, nous ne la répèterons pas; indiquons simplement que, ici encore, elle repose essentiellement sur le fait que l'homomorphisme $\wp = F - 1$ définit par passage au quotient un isomorphisme de W_n/G sur W_n.

Soient maintenant n et m deux entiers, avec $n \geq m$; on a un homomorphisme canonique de $\mathbf{Z}/p^n\mathbf{Z}$ sur $\mathbf{Z}/p^m\mathbf{Z}$, d'où, d'après le n° 14, b) un homomorphisme $\pi^1(X, \mathbf{Z}/p^n\mathbf{Z}) \to \pi^1(X, \mathbf{Z}/p^m\mathbf{Z})$; cherchons l'image de cet homomorphisme:

PROPOSITION 14. *Soit α un élément de $\pi^1(X, \mathbf{Z}/p^m\mathbf{Z})$ et soit $\xi = f_1(\alpha)$ la classe de cohomologie qui lui est associée. Pour que α appartienne à l'image de $\pi^1(X, \mathbf{Z}/p^n\mathbf{Z})$, il faut et il suffit que $\delta^1_{n,n-m}(\xi) = 0$.*

(Pour la définition de l'opération de Bockstein $\delta^1_{n,n-m}$, voir n° 3.)

Nous aurons besoin du lemme suivant:

LEMME 6. *Soit H un Λ-module de longueur finie, et soit F un endomorphisme p-linéaire de H. L'application $\wp = F - 1 : H \to H$ est alors une surjection.*

Il existe un entier n tel que l'on ait $p^nH = 0$; nous raisonnerons par récurrence sur n. Lorsque $n = 1$, H est un k-espace vectoriel de dimension finie, et le fait que $\wp$ est surjectif est connu (cf. n° 9); le cas général résulte de l'hypothèse de récurrence, appliquée à pH et à H/pH.

Nous pouvons maintenant démontrer la Proposition 14:

Si α est image d'un élément $\beta \in \pi^1(X, \mathbf{Z}/p^n\mathbf{Z})$, correspondant à une classe de cohomologie $\eta \in H^1(X, \mathcal{W}_n)^F$, on voit tout de suite que $\xi = R^{n-m}\eta$, d'où évidemment $\delta^1_{n,n-m}(\xi) = 0$.

Réciproquement, soit $\xi \in H^1(X, \mathscr{W}_m)^F$ vérifiant l'équation précédente; il nous faut montrer que ξ s'écrit $\xi = R^{n-m}(\eta)$, avec $\eta \in H^1(X, \mathscr{W}_n)^F$, c'est-à-dire $F\eta = \eta$. Or, par définition même des opérations de Bockstein, la relation $\delta^1_{n,n-m}(\xi) = 0$ signifie que $\xi = R^{n-m}(\eta')$, avec $\eta' \in H^1(X, \mathscr{W}_n)$. De plus, la relation $F\xi = \xi$ montre que $R^{n-m}(F\eta' - \eta') = 0$, i.e. $F\eta' - \eta' = V^m\theta$ avec $\theta \in H^1(X, \mathscr{W}_{n-m})$. En appliquant le Lemme 6 à $H^1(X, \mathscr{W}_{n-m})$, on peut écrire $\theta = F\theta' - \theta'$, et, en posant $\eta = \eta' - V^m\theta'$, on obtient un élément vérifiant les propriétés requises, cqfd.

Corollaire. *Si X n'a pas de torsion en dimension* 1, *le groupe* $\pi^1(X, \mathbf{Z}/p^n\mathbf{Z})$ *est somme directe de σ groupes isomorphes à* $\mathbf{Z}/p^n\mathbf{Z}$.

(Pour la définition de σ, voir Proposition 12, Corollaire 1.)

Désignons par H_n le groupe $\pi^1(X, \mathbf{Z}/p^n\mathbf{Z})$, considéré comme sous-groupe de $H^1(X, \mathscr{W}_n)$; d'après la Proposition 14, l'homomorphisme canonique

$$R^{n-1} : H_n \to H_1$$

est surjectif. De plus il est clair que son noyau est VH_{n-1}. On déduit de là, par récurrence sur n, que H_n est un groupe fini d'ordre $p^{n\sigma}$; comme il est plongé dans $H^1(X, \mathscr{W}_n)$, on a $p^nH_n = 0$. De plus, le composé:

$$H_n \xrightarrow{R} H_{n-1} \xrightarrow{V} H_n$$

est la multiplication par p (en vertu de la formule $FVR = p$ et du fait que F est l'identité sur H_n); puisque R est surjectif (d'après la Proposition 14), ceci entraîne que $H_{n-1} = pH_n$, et l'on voit donc que $H_n/pH_n = H_1$ a p^σ éléments. Ceci suffit à prouver que H_n est somme directe de σ groupes cycliques d'ordre p^n, cqfd.

Remarque. Lorsque X a de la torsion en dimension 1 la détermination explicite de $\pi^1(X, \mathbf{Z}/p^n\mathbf{Z})$ peut encore se faire de manière analogue, mais plus compliquée. Nous nous bornerons à donner le résultat:

Soient Z^1_m, $m = 1, 2, \cdots$, les sous-espaces vectoriels de $H^1(X, \mathcal{O})$ définis par les formules (6) du n° 3; soit σ_m la dimension de la "composante semi-simple" de Z^1_m/Z^1_{m+1}, et soit τ la dimension de la composante semi-simple de Z^1. Soit H le groupe abélien de type fini défini par la formule:

$$H = \textstyle\sum_{m=1}^{\infty} (\mathbf{Z}/p^m\mathbf{Z})^{\sigma_m} + \mathbf{Z}^\tau. \tag{47}$$

Le groupe $\pi^1(X, \mathbf{Z}/p^n\mathbf{Z})$ est alors *isomorphe à* $\mathrm{Hom}(H, \mathbf{Z}/p^n\mathbf{Z})$; autrement dit, tout se passe (au point de vue des revêtements cycliques d'ordre une puissance de p) comme si la variété X avait un "groupe fondamental" isomorphe à H.

19. Courbes algébriques et jacobiennes

Soit X une courbe algébrique irréductible, complète, et non singulière. Du fait que X n'a pas de torsion, le corollaire à la Proposition 14 montre que $\pi^1(X, \mathbf{Z}/p^n\mathbf{Z})$ est somme directe de σ groupes cycliques d'ordre p^n; de plus, d'après le n° 9, l'entier σ est égal au rang de la "composante semi-simple" de la matrice de Hasse-Witt A de X, c'est-à-dire au rang de $A \cdot A^p \cdots A^{p^{g-1}}$. On retrouve ainsi les résultats de Hasse-Witt [5] et de Schmid-Witt [12].

Soit en outre $\phi : X \to J$ l'application canonique de X dans sa jacobienne (pour tout ce qui concerne jacobiennes et variétés abéliennes, cf. [19]). D'après un résultat (inédit) de Rosenlicht, l'homomorphisme

$$\phi^* : H^1(J, \mathcal{O}_J) \to H^1(X, \mathcal{O}_X)$$

est bijectif. D'après la Proposition 12 il en est donc de même de

$$\phi^1 : \pi^1(J, \mathbf{Z}/p\mathbf{Z}) \to \pi^1(X, \mathbf{Z}/p\mathbf{Z}).$$

Dans le langage de [8], cela signifie que tout revêtement cyclique d'ordre p de X est "du type d'Albanese".

4 Nous montrerons ailleurs que tout revêtement d'une variété abélienne A est donné par une isogénie $B \to A$; ce point étant admis, des raisonnements classiques montrent que $\pi^1(A, \mathbf{Z}/n\mathbf{Z})$ s'identifie au dual du groupe A_n des points $a \in A$ vérifiant $na = 0$. Appliquant ceci à J et utilisant l'isomorphisme ϕ^1, on en conclut que $\pi^1(X, \mathbf{Z}/p\mathbf{Z})$ est dual du groupe J_p, lui-même isomorphe au groupe G_p du n° 11; on retrouve ainsi le fait que le groupe G_p est d'ordre p^σ (Proposition 10).

20. Un exemple

PROPOSITION 15. *Soient G un groupe fini, et r un entier $\geqq 1$. Il existe une variété algébrique Y de dimension r, non singulière, qui est une intersection complète dans un espace projectif convenable, et sur laquelle le groupe G opère sans points fixes.*

De plus, dans le cas où $r = 2$ et $G = \mathbf{Z}/p\mathbf{Z}$ (avec $p \geqq 5$), on peut imposer à Y d'être une surface dans $\mathbf{P}_3(k)$.

Nous allons construire Y en suivant une méthode due à Godeaux dans le cas classique:

Considérons une représentation linéaire R du groupe G, et notons $n + 1$ son degré. Puisque G opère linéairement sur k^{n+1}, il opère par passage au quotient sur $P = \mathbf{P}_n(k)$, et la variété quotient P/G est bien définie (cf. n° 13). Nous allons tout d'abord montrer comment l'on peut définir un plongement projectif de cette variété:

Soit S la sous-algèbre de $k[X_0, \cdots, X_n]$ formée des polynômes invariants par G; c'est une algèbre graduée, qui est de type fini sur k. Nous noterons S_d la composante homogène de degré d de S, et nous poserons:

$$S(d) = \Sigma_{m=0}^{\infty} S_{md}. \tag{48}$$

Un raisonnement élémentaire (analogue à celui utilisé dans la "normalisation projective" des variétés) montre que l'on peut choisir d de telle sorte que tous les éléments de $S(d)$ soient des polynômes en ceux de S_d. Si l'on gradue $S(d)$ en considérant S_{md} comme de degré m, ceci signifie que $S(d)$ est une algèbre graduée *engendrée par ses éléments de degré* 1, donc peut être considérée comme l'anneau de coordonnées projectives d'une sous-variété Z de l'espace projectif $\mathbf{P}_s(k)$, avec

$s+1=\dim S_d$. Si l'on choisit une base $f_0, \cdots, f_s$ de S_d, les f_i définissent par passage au quotient une application régulière $f: P \rightarrow Z$.

L'application f est invariante par G et définit par passage au quotient *un isomorphisme birégulier de P/G sur Z* (nous omettons la vérification de ce fait, qui est pénible, mais ne présente pas de difficulté essentielle). C'est donc le plongement projectif cherché.

Soit maintenant Q l'ensemble des points $y \in P$ tels qu'il existe $g \in G$, avec $g \neq e$ et $y \cdot g = y$; soit $Q' = f(Q)$. Les ensembles Q et Q' sont des sous-variétés fermées de P et de Z, de même dimension. Nous supposerons vérifiée la condition suivante:

(49) $$r < n - \dim(Q).$$

On observera que $P - Q$ est un G-revêtement de $Z - Q'$, ce qui montre (en utilisant la Remarque 1 du n° 17) que $Z - Q'$ est une variété non singulière.

Soit alors L une sous-variété linéaire de $P_s(k)$, de dimension égale à $s-n+r$; si L est choisie "en position générale", l'inégalité (49) montre qu'elle ne rencontre pas Q'; de plus, elle rencontre transversalement Z, ce qui entraîne que l'intersection $X = Z \cap L$ soit une variété *non singulière, de dimension r, et ne rencontrant pas Q'*. Posons $Y = f^{-1}(X)$; il est clair que Y est un G-revêtement de X. De plus, si L est définie par l'annulation de $g_1, \cdots, g_{n-r}$, combinaisons linéaires des f_i, la variété Y sera définie par l'annulation de ces mêmes g_i, considérés comme éléments de $k[X_0, \cdots, X_n]$; soit $\mathfrak{a}$ l'idéal engendré par les g_i; si l'on montre que $\mathfrak{a}$ n'est autre que l'idéal défini par Y, il en résultera bien que Y est une intersection complète. Or, d'après le théorème de Macaulay, $\mathfrak{a}$ est intersection d'idéaux primaires $\mathfrak{q}_\alpha$ correspondant aux idéaux premiers $\mathfrak{p}_\alpha$ associés aux composantes irréductibles Y_α de Y. Soit alors $y \in Y_\alpha$, et soit $x = f(y) \in Z$; comme, par hypothèse, L est transversale à Z en x, les g_i définissent dans $\mathcal{O}_x$ des éléments faisant partie d'un système régulier de paramètres (au sens de [11], p. 29); la relation $\hat{\mathcal{O}}_y = \hat{\mathcal{O}}_x$ montre qu'il en est de même dans $\mathcal{O}_y$, et l'idéal local $\mathfrak{a}\mathcal{O}_y$ est donc un idéal premier, d'où $\mathfrak{q}_\alpha = \mathfrak{p}_\alpha$ pour tout α, ce qui montre bien que Y est une intersection complète. Comme Y est non singulière et connexe (comme toute intersection complète, cf. [14], n° 78, Proposition 5, par exemple), on voit en outre que Y est *irréductible*.

La Proposition 15 sera donc démontrée si nous prouvons que l'on peut toujours choisir une représentation R de G vérifiant (49), et de dimension 4 dans le cas $r=2$, $G = \mathbf{Z}/p\mathbf{Z}$, $p \geqq 5$. Or c'est immédiat:

(a) Dans le cas général, on prend la somme directe d'un nombre suffisant (r par exemple) de copies de la représentation régulière.

(b) Dans le cas particulier $r=2$, $G = \mathbf{Z}/p\mathbf{Z}$, $p \geqq 5$, on fait correspondre au générateur de G l'endomorphisme $1+N$ de k^4, où N est défini par les formules $N(e_i) = e_{i+1}$, $0 \leqq i \leqq 2$, et $N(e_3) = 0$. L'ensemble Q est réduit au point de coordonnées homogènes $(0,0,0,1)$, et l'on a $r=2$, $n=3$, $\dim(Q)=0$, ce qui vérifie bien l'inégalité (49), cqfd.

Remarque. La méthode suivie plus haut pour définir un plongement projectif de P/G a une portée plus générale; en l'utilisant, on peut démontrer que, si Y

est une variété projective sur laquelle opère G, la variété Y/G est aussi une variété projective.

PROPOSITION 16. *Soit* $G = \mathbf{Z}/p\mathbf{Z}$, *avec* $p \geqq 5$. *Soit* Y *la surface de* $\mathbf{P}_3(\mathbf{k})$ *dont l'existence est affirmée par la Proposition* 15, *et posons* $X = Y/G$. *La surface* X *est une surface projective, non singulière, vérifiant:*

$$H^0(X, \Omega^1) = 0 \quad et \quad H^1(X, \mathcal{O}) \neq 0. \tag{50}$$

Puisque Y est connexe, c'est un revêtement non trivial de X, donc qui correspond à un élément $\xi \neq 0$ dans $H^1(X, \mathcal{O})^F$. D'autre part, on montre (par le même raisonnement que dans le cas classique) qu'il n'y a pas de forme différentielle de première espèce $\neq 0$ sur une surface non singulière de $\mathbf{P}_3(k)$; donc $H^0(Y, \Omega^1) = 0$, et comme $H^0(X, \Omega^1)$ est un sous-espace de $H^0(Y, \Omega^1)$, il est aussi réduit à 0, cqfd.

REMARQUES. (1) En utilisant la suite spectrale du revêtement $Y \to X$ (cf. n° 17), on peut préciser (50) et montrer que $h^{0,1} = \dim H^1(X, \mathcal{O})$ est égal à 1; de plus, l'operation de Bockstein

$$\beta_1 : H^1(X, \mathcal{O}) \to H^2(X, \mathcal{O})$$

n'est pas nulle.

Ceci montre que le "groupe fondamental" H de X, au sens du n° 18, est isomorphe à $\mathbf{Z}/p\mathbf{Z}$.

On observera par ailleurs que le groupe des classes de diviseurs d'ordre p de X est réduit à 0, puisque ce groupe est isomorphe à un sous-groupe de $H^0(X, \Omega^1)$ (cf. n° 11).

(2) Plus généralement, on peut appliquer la Proposition 15 à un p-groupe abélien G quelconque. On obtient ainsi une variété $X = Y/G$ dont le "groupe fondamental" H est isomorphe à G (cela se voit en remarquant que Y joue le rôle d'un "revêtement universel" de X, en vertu du Corollaire 2 à la Proposition 12).

BIBLIOGRAPHIE

1. C. CHEVALLEY. Introduction to the theory of algebraic functions of one variable. Math. Surveys VI, 1951.

2. M. DEURING. *Die Typen der Multiplikatorenringe elliptischer Funktionenkörper.* Abh. Math. Sem. Hamburg Univ. 14 (1941) pp. 197–272.

3. J. DIEUDONNÉ. *Lie groups and Lie hyperalgebras over a field of characteristic* $p > 0$. II. Amer. J. Math., 76 (1955) pp. 218–244.

4. H. HASSE. *Existenz separabler zyklischer unverzweigter Erweiterungskörper vom Primzahlgrade p über elliptischen Funktionenkörpern der Charakteristik p.* J. Reine angew. Math. 172 (1934) pp. 77–85.

5. H. HASSE und E. WITT. *Zyklische unverzweigte Erweiterungskörper vom Primzahlgrade p über einem algebraischen Funktionenkörper der Charakteristik p.* Monatsh. für Math. u. Phys., 43 (1936), pp. 477–492.

6. J. IGUSA. *On some problems in abstract algebraic geometry.* Proc. Nat. Acad. Sci. USA., 41 (1955) pp. 964–967.

7. N. JACOBSON. *Abstract derivations and Lie algebras.* Trans. Amer. Math. Soc., 42 (1937), pp. 206–224.

8. S. LANG. *Unramified class field theory for function fields of several variables.* Ann. of Math., 64 (1956), pp. 285–325.

9. M. ROSENLICHT. *Equivalence relations on algebraic curves.* Ann. of Math., 56 (1952), pp. 169–191.
10. M. ROSENLICHT. *Some basic theorems on algebraic groups.* Amer. J. Math., 78 (1956), pp. 401–443.
11. P. SAMUEL. Algèbre locale. Mém. Sci. Maths., n°123, Paris, 1953.
12. H. SCHMID und E. WITT. *Unverzweigte abelsche Körper vom Exponenten p^n über einem algebraischen Funktionenkörper der Charakterisktik p.* J. Reine Angew. Math., 176 (1936), pp. 168–173.
13. J. -P. SERRE. *Cohomologie et géométrie algébrique.* Congrès int. d'Amsterdam, 1954, vol. III, pp. 515–520.
14. J. -P. SERRE. *Faisceaux algébriques cohérents.* Ann. of Math., 61 (1955), pp. 197–278.
15. J. -P. SERRE. *Sur la cohomologie des variétés algébriques.* J. Math. Pures Appl., 36 (1957), pp. 1–16.
16. J. -P. SERRE. *Géométrie algébrique et géométrie analytique.* Ann. Inst. Fourier, Grenoble, 6 (1956), pp. 1–42.
17. J. TATE. *Genus change in inseparable extensions of function fields.* Proc. Amer. Math. Soc., 3 (1952), pp. 400–406.
18. A. WEIL. *Généralisation des fonctions abéliennes.* J. Math. Pures Appl., 17 (1938), pp. 47–87.
19. A. WEIL. Variétés abéliennes et courbes algébriques. Paris, Hermann, 1948.
20. A. WEIL. *Fibre spaces in algebraic geometry* (Notes by A. Wallace). Chicago Univ., 1952.
21. E. WITT. *Zyklische Körper und Algebren der Charakteristik p vom Grade p^n.* J. Reine angew. Math., 176 (1936), pp. 126–140.

39.

Modules projectifs et espaces fibrés à fibre vectorielle

Séminaire Dubreil-Pisot 1957/58, n° 23

1. Rappel. Tous les anneaux considérés dans cet exposé seront supposés *commutatifs* (sauf aux n°s 10 et 11), *noethériens*, et pourvus d'un élément *unité*. Tous les modules sur ces anneaux seront supposés *unitaires* et *noethériens* (c'est-à-dire de type fini).

Soit A un anneau et soit P un A-module (A et P vérifiant les conditions ci-dessus). On dit que P est *projectif* (CARTAN-EILENBERG [2], I-2) s'il est facteur direct d'un A-module libre (que l'on peut choisir de type fini); il revient au même de dire que $\mathrm{Ext}_A^q(M,N)=0$ pour tout A-module N et tout entier $q \geq 1$.

Dans le cas local, on a le résultat suivant:

Proposition 1. *Si P est un module sur un anneau local A, d'idéal maximal $\mathfrak{m}$, les trois conditions suivantes sont équivalentes:*

(i) *P est libre.*
(ii) *P est projectif.*
(iii) $\mathrm{Tor}_1^A(P, A/\mathfrak{m})=0$.

Il est trivial que (i) $\Rightarrow$ (ii) et (ii) $\Rightarrow$ (iii). Pour prouver que (iii) $\Rightarrow$ (i), on choisit des éléments $p_i \in P$ dont les classes dans $P/\mathfrak{m}P$ forment une base de $P/\mathfrak{m}P$ considéré comme espace vectoriel sur $A/\mathfrak{m}$; en utilisant iii) et le «lemme de Nakayama» (voir ci-après), on démontre que les p_i forment une base de P. Pour plus de détails, voir [2], VIII-5. Indiquons seulement l'énoncé du lemme de Nakayama:

Lemme 1. *Si P' est un sous-module de P tel que $P=P'+\mathfrak{m}P$, on a $P=P'$.*

Revenons au cas d'un anneau A quelconque; si $\mathfrak{p}$ est un idéal premier de A on définit comme on sait l'anneau local $A_\mathfrak{p}$; de même, si M est un A-module, on définit le module «localisé» $M_\mathfrak{p}$, qui est un $A_\mathfrak{p}$-module.

Proposition 2. *Pour qu'un A-module M soit projectif, il faut et il suffit que tous ses modules localisés $M_\mathfrak{p}$ le soient.*

La nécessité est triviale, puisque $M_\mathfrak{p}=M\otimes_A A_\mathfrak{p}$. Inversement, supposons que les $M_\mathfrak{p}$ soient projectifs, et soit N un A-module. Grâce aux hypothèses noethériennes faites au début, les Ext «se localisent»: on a

(1) $$\mathrm{Ext}_A^q(M,N)_\mathfrak{p}=\mathrm{Ext}_{A_\mathfrak{p}}^q(M_\mathfrak{p},N_\mathfrak{p}) \quad \text{pour tout entier } q \text{ et tout } \mathfrak{p}.$$

Puisque les $M_\mathfrak{p}$ sont projectifs, ceci montre que $\mathrm{Ext}_A^q(M,N)_\mathfrak{p}=0$ pour tout $\mathfrak{p}$ (si $q\geq 1$). Or on vérifie tout de suite le lemme suivant:

Lemme 2. *Si un A-module R est tel que $R_{\mathfrak{p}}=0$ pour tout idéal premier $\mathfrak{p}$ de A, on a $R=0$.*

En appliquant ce lemme à $R=\mathrm{Ext}_A^q(M,N)$, on en déduit que $\mathrm{Ext}_A^q(M,N)=0$, et M est bien projectif.

En combinant les prop. 1 et 2, on obtient:

Proposition 3. *Pour qu'un module soit projectif, il faut et il suffit qu'il soit localement libre.*

Remarquons que, si $\mathfrak{p}$ et $\mathfrak{p}'$ sont deux idéaux premiers tels que $\mathfrak{p}\subset\mathfrak{p}'$, le module $M_{\mathfrak{p}}$ est un module localisé du module $M_{\mathfrak{p}'}$; comme tout idéal premier $\mathfrak{p}$ est contenu dans un idéal maximal, on voit que, dans les prop. 2 et 3, on peut se borner aux idéaux premiers $\mathfrak{p}$ qui sont *maximaux*.

2. Spectre premier et spectre maximal d'un anneau. Soit A un anneau, et soit $\Omega_p(A)$, ou simplement Ω_p, l'ensemble des idéaux premiers de A. Si $\mathfrak{a}$ est un idéal de A, on notera $W(\mathfrak{a})$ le sous-ensemble de Ω_p formé des idéaux premiers $\mathfrak{p}$ qui contiennent $\mathfrak{a}$. Les $W(\mathfrak{a})$ sont les fermés d'une certaine topologie sur Ω_p; l'espace topologique ainsi obtenu sera appelé le *spectre premier* de A; le sous-espace Ω de Ω_p formé des idéaux maximaux sera appelé le *spectre maximal*, ou simplement le *spectre*, de A. On vérifie facilement les propriétés suivantes (voir par exemple [8], chap. I):

(a) L'espace Ω_p est *noethérien* (ses sous-ensembles ouverts vérifient la condition de chaîne ascendante), et il en est de même de tous ses sous-espaces.

(b) Un sous-ensemble fermé de Ω_p est *irréductible* (c'est-à-dire n'est pas réunion de deux sous-ensembles fermés distincts de lui-même) si et seulement s'il est de la forme $W(\mathfrak{p})$, où $\mathfrak{p}$ est un idéal premier.

(c) l'anneau A se décompose en produit d'anneaux ayant pour spectres premiers les *composantes connexes* de Ω_p; ceci permettra, pour étudier les modules sur A, de se borner au cas où Ω_p est connexe.

Dans tout espace topologique noethérien X on a la notion de *hauteur* d'un sous-espace fermé Y; si Y est irréductible, on définit sa hauteur, notée $\mathrm{ht}(Y)$, comme la borne supérieure, finie ou infinie, des entiers n tels qu'il existe une chaîne $Y=Y_0\subset Y_1\subset\ldots\subset Y_n$ de sous-ensembles fermés de X irréductibles et distincts. Si Y n'est pas irréductible, on définit $\mathrm{ht}(Y)$ comme $\inf\mathrm{ht}(Y')$, où Y' parcourt les sous-espaces fermés irréductibles de Y. La borne supérieure des $\mathrm{ht}(Y)$, pour $Y\subset X$, est la *dimension* de X.

Si l'on prend $X=\Omega_p$, ces définitions coïncident avec les notions usuelles. Par exemple, la dimension de Ω_p est égale à $\dim(A)$, au sens de Krull. Il n'en est plus de même pour le spectre maximal Ω; on a évidemment $\dim\Omega\leq\dim(A)$, mais cette inégalité peut être stricte, comme le montre le cas d'un anneau local où Ω est réduit à un seul point.

3. Rang d'un module projectif. Soit P un A-module projectif. Si $\mathfrak{p}$ est un idéal premier de A, on a vu que $P_{\mathfrak{p}}$ est un $A_{\mathfrak{p}}$-module libre, ce qui permet de parler de son *rang;* nous le noterons $\mathrm{rg}_{\mathfrak{p}}(P)$. On a évidemment:

$$(2) \qquad \mathrm{rg}_{\mathfrak{p}}(P) = [P_{\mathfrak{p}}/\mathfrak{p}P_{\mathfrak{p}} : A_{\mathfrak{p}}/\mathfrak{p}A_{\mathfrak{p}}],$$

le membre de droite désignant la dimension de $P_{\mathfrak{p}}/\mathfrak{p}P_{\mathfrak{p}}$ sur le corps $A_{\mathfrak{p}}/\mathfrak{p}A_{\mathfrak{p}}$. Si $\mathfrak{p}$ est maximal, on a $A_{\mathfrak{p}}/\mathfrak{p}A_{\mathfrak{p}} = A/\mathfrak{p}A$, et de même pour P.

Proposition 4. *Si P est un A-module projectif, l'entier* $\mathrm{rg}_{\mathfrak{p}}(P)$ *ne dépend que de la composante connexe de* $\mathfrak{p}$ *dans* Ω_p.

Disons que deux idéaux premiers $\mathfrak{p}$ et $\mathfrak{p}'$ sont *contigus* si $W(\mathfrak{p}) \cap W(\mathfrak{p}') \neq \emptyset$, c'est-à-dire s'il existe un idéal premier $\mathfrak{p}''$ qui les contient tous les deux. On vérifie alors (cf. [8], *loc. cit.*) que deux idéaux premiers $\mathfrak{p}$ et $\mathfrak{p}'$ sont dans la même composante connexe si et seulement si il existe une suite $\mathfrak{p} = \mathfrak{p}_0, \mathfrak{p}_1, \ldots, \mathfrak{p}_n = \mathfrak{p}'$ d'idéaux premiers tels que $\mathfrak{p}_i$ et $\mathfrak{p}_{i-1}$ soient contigus pour $1 \leq i \leq n$. Pour démontrer la prop. 4, il suffit donc de prouver que $\mathrm{rg}_{\mathfrak{p}}(P) = \mathrm{rg}_{\mathfrak{p}'}(P)$ si $\mathfrak{p} \subset \mathfrak{p}'$, ce qui est évident puisque $P_{\mathfrak{p}}$ est un module localisé de $P_{\mathfrak{p}'}$.

Lorsque Ω_p est *connexe*, on voit que $\mathrm{rg}_{\mathfrak{p}}(P)$ ne dépend pas de $\mathfrak{p}$. On l'appelle le *rang* du module projectif P.

Plus particulièrement, supposons A *intègre,* et soit K son corps de fractions; pour tout A-module M, on appelle *rang* de M la dimension du K-espace vectoriel $M \otimes_A K$; lorsque M est projectif, la formule (2) appliquée à l'idéal premier $\mathfrak{p} = 0$ montre que cette définition est en accord avec la précédente. Pour que M soit un module projectif de rang 1, il faut et il suffit qu'il soit isomorphe à un *idéal inversible* de l'anneau A (cf. [2], VII-3); la prop. 3 montre d'ailleurs qu'un idéal non nul de A est inversible si et seulement si il est localement principal. Deux idéaux inversibles $\mathfrak{a}$ et $\mathfrak{a}'$ de A sont isomorphes comme modules s'ils appartiennent à la même «classe», c'est-à-dire s'il existe $x \in K^*$ tel que $x\mathfrak{a} = \mathfrak{a}'$. On voit donc que le *groupe des classes d'idéaux inversibles* de A est isomorphe au groupe des *classes de A-modules projectifs de rang 1*, la multiplication étant le produit tensoriel.

4. Comparaison avec les espaces fibrés à fibre vectorielle. Supposons que A soit l'anneau de coordonnées $k[V]$ d'une variété algébrique affine V. Pour fixer les idées, nous supposerons k algébriquement clos et V connexe. D'après le théorème des zéros de Hilbert, les points de V correspondent biunivoquement aux idéaux maximaux de A; le spectre maximal Ω de A s'identifie à V, munie de la topologie de Zariski.

Soit maintenant E un espace fibré algébrique, de base V, à fibre vectorielle de dimension r. Les sections régulières de E forment un A-module $S(E)$; si E est trivial (i.e. isomorphe à $V \times k^r$), $S(E)$ est un module libre, et réciproquement. En utilisant le fait que E est localement trivial, on voit que $S(E)$ est localement libre, c'est-à-dire projectif (prop. 3). Inversement, tout module projectif P sur A est isomorphe à un module $S(E)$, où E est déterminé de façon unique, à un isomorphisme près (cf. [7], n° 50). On peut donc énoncer:

Proposition 5. *Il y a une correspondance biunivoque entre fibrés à fibre vectorielle de base V et A-modules projectifs.*

Les fibres E_x, $x \in V$, d'un fibré E se construisent à partir du module associé P, grâce à la formule:

$$E_x = P/\mathfrak{m}_x P\,, \quad \mathfrak{m}_x \text{ étant l'idéal maximal associé à } x\,.$$

Le rang du module projectif P est donc égal à la dimension r des fibres de E (que l'on appelle aussi le rang du fibré); l'hypothèse que V est connexe garantit que cette dimension reste constante.

La correspondance «modules projectifs $\leftrightarrow$ fibrés» préserve les opérations de somme directe, produit tensoriel, puissance extérieure, puissance symétrique, etc.

Vu la prop. 5, il est naturel d'essayer d'étendre aux modules projectifs (sur un anneau A quelconque) les résultats (et les problèmes) relatifs aux espaces fibrés à fibre vectorielle. Par exemple, on a le théorème suivant:

Tout fibré à fibre vectorielle de base V est somme directe d'un fibré trivial et d'un fibré de rang $\leq \dim V$.

(La démonstration se fait facilement, par voie géométrique, cf. ATIYAH [1], théorème 2, p. 426.)

Ce théorème se laisse transposer aux modules projectifs sous la forme suivante:

1 **Théorème 1.** *Soit A un anneau dont le spectre premier est connexe, et soit Ω son spectre maximal. Tout A-module projectif P est somme directe d'un A-module libre et d'un A-module projectif de rang* $\leq \dim \Omega$.

(Pour la définition de $\dim \Omega$, voir n° 2.)

La démonstration sera donnée au n° 6.

5. Résultats préliminaires. Dans ce numéro et dans le suivant, A désigne un anneau (commutatif, noethérien, à élément unité), et P un A-module projectif (de type fini). Si x est un élément du spectre maximal Ω de A, on notera $P(x)$ la «fibre» P/xP; si $s \in P$ on notera $s(x)$ l'image canonique de s dans $P(x) = P/xP$; des éléments $s_1, \ldots, s_h$ de P seront dits *linéairement indépendants en x* si les $s_i(x)$ sont des éléments linéairement indépendants de l'espace vectoriel $P(x)$ sur le corps $A(x)$. (Cette terminologie et ces notations sont inspirées du cas géométrique.)

Lemme 3. *Si $s_1, \ldots, s_h$ sont des éléments de P, l'ensemble F des $x \in \Omega$ tels que $s_1, \ldots, s_h$ soient linéairement dépendants en x est fermé dans Ω.*

Le module P est facteur direct d'un module libre L et la fibre $P(x)$ est facteur direct dans $L(x)$: l'on est ramené au cas d'un module libre. En prenant le produit extérieur des s_i et l'idéal $\mathfrak{a}$ de A engendré par les composantes de ce produit, on voit que l'on a $F = W(\mathfrak{a})$.

Lemme 4. *Soient $x_1, \ldots, x_n$ des points de Ω, deux à deux distincts, et soient $v_i \in P(x_i)$, $1 \leq i \leq n$. Il existe alors $s \in P$ tel que $s(x_i) = v_i$ pour tout i.*

Soit $\mathfrak{a}_i$ le produit des idéaux maximaux x_j, $j \neq i$; aucun idéal maximal de A ne contient tous les $\mathfrak{a}_i$, ce qui signifie que $\sum \mathfrak{a}_i = A$. On a donc une décomposition $1 = \sum \varepsilon_i$, $\varepsilon_i \in \mathfrak{a}_i$. Si l'on choisit alors des représentants $s_i \in P$ des v_i, on peut poser

$$s = \sum \varepsilon_i s_i ,$$

et l'on a

$$s(x_j) = \sum \varepsilon_i(x_j)\, s_i(x_j) = \varepsilon_j(x_j)\, s_j(x_j) = v_j$$

ce qui montre que s répond aux conditions posées (noter que ce lemme vaut sans supposer P projectif).

Lemme 5. *Soit $s \in P$. Pour que l'application $a \mapsto as$ de A dans P identifie A à un facteur direct de P, il faut et il suffit que $s(x) \neq 0$ pour tout $x \in \Omega$.*

La condition est évidemment nécessaire. Inversement, supposons-la vérifiée, et soit $\varphi: A \to P$ l'homomorphisme défini par s. Si A' désigne l'image de A dans P (c'est-à-dire le sous-module de P engendré par s), le composé $A(x) \to A'(x) \to P(x)$ est injectif, et $A(x) \to A'(x)$ est évidemment surjectif; donc $A(x) \to A'(x)$ est bijectif, et en appliquant le lemme 2 au noyau de $A \to A'$, on voit que $A \to A'$ est lui-même bijectif. Donc A s'identifie au moyen de φ à un sous-module de P. Pour tout $x \in \Omega$, on a $P \otimes A(x) = P(x)$, d'où la suite exacte:

$$0 \to \mathrm{Tor}_1^A(P/A, A(x)) \to A(x) \to P(x) .$$

Vu l'hypothèse, l'homomorphisme $A(x) \to P(x)$ est injectif, et on a donc $\mathrm{Tor}_1^A(P/A, A(x)) = 0$. En appliquant les prop. 1 et 3, on en déduit que P/A est projectif, et A est bien facteur direct dans P.

[Variante: On montre que A est localement facteur direct dans P en appliquant la prop. 5.2 du chap. VIII de [2]; on en conclut qu'il est globalement facteur direct grâce à la formule (1) du n° 1.]

6. Démonstration du théorème 1. On va établir le résultat suivant (qui est en fait plus fort que le théorème 1):

Théorème 2. *Soit F un sous-ensemble fermé de Ω, soient $x_1, \ldots, x_n$ des points de F, deux à deux distincts, et soient $v_i \in P(x_i)$. Soient $s_1, \ldots, s_h$ des éléments de P linéairement indépendants en tout point $x \notin F$. Soit enfin k un entier ≥ 0 tel que $h + k \leq \mathrm{rg}_x(P)$ pour tout $x \in \Omega$. Il existe alors $s \in P$ et un sous-ensemble fermé F' de Ω tels que:*

a) $s(x_i) = v_i$ *pour* $1 \leq i \leq n$.

b) $s_1, \ldots, s_h$ *et s sont linéairement indépendants en tout point $x \notin F \cup F'$.*

c) *On a* $\mathrm{ht}(F') \geq k$.

(Pour la définition de $\mathrm{ht}(F')$, voir n° 2.)

Raisonnons par récurrence sur l'entier k. Lorsque $k = 0$ on peut prendre $F' = \Omega$, la condition c) est satisfaite, et la condition b) l'est quel que soit le choix de s; il reste à vérifier la condition a) ce qui est possible d'après le lemme 4.

Supposons maintenant $k \geq 1$, et appliquons l'hypothèse de récurrence avec $k-1$ au lieu de k. On obtient un élément $u \in P$ et un sous-ensemble fermé G de Ω tels que:

a') $u(x_i) = v_i$ pour $1 \leq i \leq n$.
b') $s_1, \ldots, s_h$ et u sont linéairement indépendants en dehors de $F \cup G$.
c') $\mathrm{ht}(G) \geq k-1$.

Soit L l'ensemble des points de Ω où $s_1, \ldots, s_h$ et u sont linéairement dépendants; d'après le lemme 3, L est fermé dans Ω. Si G' désigne la réunion de celles des composantes irréductibles de L qui ne sont pas contenues dans F, on a $G' \subset G$ et $L \subset F \cup G'$, ce qui montre que b') et c') sont vrais lorsque l'on remplace G par G'. Soient alors $G'_1, \ldots, G'_m$ celles des composantes irréductibles de G' qui sont de hauteur $k-1$, et choisissons sur chaque G'_α un point y_α qui ne soit contenu, ni dans F, ni dans les autres G'_α. Ces hypothèses entraînent que les $s_i(y_\alpha)$ soient linéairement indépendants dans $P(y_\alpha)$, et que $u(y_\alpha)$ soit combinaison linéaire des $s_i(y_\alpha)$; de plus, l'hypothèse $h + k \leq \mathrm{rg}_{y_\alpha}(P)$ montre que la dimension de l'espace vectoriel $P(y_\alpha)$ est $\geq h$; on peut donc choisir un élément $w_\alpha \in P(y_\alpha)$ linéairement indépendant des $s_i(y_\alpha)$.

Appliquons alors l'hypothèse de récurrence au sous-ensemble fermé $F \cup G'$, aux $h+1$ éléments $s_1, \ldots, s_h$, u, aux points x_i (avec pour valeurs associées 0), aux points y_α (avec pour valeurs associées les w_α), et à l'entier $k-1$. Toutes les hypothèses du théorème sont vérifiées par ces données (on observera que, d'après le choix des y_α, ceux-ci sont deux à deux distincts, et distincts des x_i). On obtient ainsi un élément $t \in P$ et un sous-ensemble fermé H de Ω tels que:

a'') $t(x_i) = 0$ et $t(y_\alpha) = w_\alpha$.
b'') $s_1, \ldots, s_h, u, t$ sont linéairement indépendants en dehors de $F \cup H$.
c'') $\mathrm{ht}(H) \geq k-1$.

De plus, quitte à diminuer H, on peut supposer que H est contenu dans l'ensemble des points où $s_1, \ldots, s_h$, u, t sont linéairement dépendants. Désignons par $H_1, \ldots, H_r$ les composantes irréductibles de H qui ne sont pas contenues dans $F \cup G'$ et dont la hauteur est $k-1$. Si H_β est une de ces composantes, choisissons sur H_β un point z_β qui ne soit contenu, ni dans $F \cup G'$, ni dans les autres composantes de H. En un tel point z_β, les $s_1(z_\beta), \ldots, s_h(z_\beta)$, $u(z_\beta)$ sont linéairement indépendants d'après b') et $t(z_\beta)$ en est une combinaison linéaire; il existe donc un élément λ_β bien déterminé du corps $A(z_\beta)$ tel que l'on ait:

$$t(z_\beta) \equiv \lambda_\beta u(z_\beta) \mod (s_1(z_\beta), \ldots, s_h(z_\alpha)).$$

En appliquant le lemme 4 au module A et aux points y_α, z_β on voit qu'il existe $f \in A$ tel que:

a''') $f(y_\alpha) = 0$ et $f(z_\beta) \neq \lambda_\beta$ (noter que tout corps a au moins deux éléments!).

Nous poserons alors:

$$s = u - f \cdot t.$$

Soit K l'ensemble des points où $s_1, \ldots, s_h$, s sont linéairement dépendants, et soient K_γ celles des composantes irréductibles de K qui ne sont pas contenues dans F; nous poserons $F' = \bigcup K_\gamma$. Tout revient à montrer que F' et s vérifient bien les conditions a), b), c) de l'énoncé. C'est trivial pour b) par définition même de F'; pour a) cela résulte de a′) et a″). Reste à vérifier c), c'est-à-dire que chacun des K_γ a une hauteur $\geq k$. Remarquons d'abord que, d'après b″), on a $K \subset F \cup H$, d'où $K_\gamma \subset H$ pour tout K_γ. Il en résulte déjà, d'après c″), que $\mathrm{ht}(K_\gamma) \geq k-1$. Si l'on avait l'égalité $\mathrm{ht}(K_\gamma) = k-1$, K_γ serait l'une des composantes irréductibles de H. Deux cas seraient possibles:

(i) On aurait $K_\gamma \subset G'$, et K_γ coïnciderait avec l'un des G'_α. Mais d'après a″) et a‴) on a $s(y_\alpha) = w_\alpha$, qui est linéairement indépendant des $s_i(y_\alpha)$, ce qui est incompatible avec la définition de K.

(ii) K_γ ne serait pas contenu dans G', donc coïnciderait avec l'un des H_β. Mais, d'après a‴), on a:

$$s(z_\beta) \not\equiv 0 \mod (s_1(z_\beta), \ldots, s_h(z_\beta)),$$

ce qui est encore incompatible avec la définition de K.

On a donc nécessairement $\mathrm{ht}(K_\gamma) > k-1$, ce qui signifie que c) est vérifié, et achève la démonstration du théorème 2.

Revenons maintenant au théorème 1. Nous le démontrerons par récurrence sur le rang r de P (qui est bien défini puisque Ω_p est supposé connexe). Le cas $r=0$ est trivial. Supposons donc $r \geq 1$, et distinguons deux cas:

1° On a $r \leq \dim \Omega$. On écrit $P = 0 + P$, le module réduit à 0 est libre, et le module P est de rang $\leq \dim \Omega$.

2° On a $r > \dim \Omega$. On applique le théorème 2 en prenant $F = \emptyset$, $h = 0$, $k = r$, et aucun point x. On a bien $h + k \leq \mathrm{rg}_x(P)$ pour tout $x \in \Omega$. On obtient ainsi un élément $s \in P$ et un sous-ensemble fermé F' de Ω tels que:

b) $s(x) \not\equiv 0$ pour tout $x \notin F'$.

c) $\mathrm{ht}(F') \geq r$.

Puisque nous avons supposé $r > \dim \Omega$, l'inégalité c) n'est possible que si F' est réduit à $\emptyset$; la condition b), jointe au lemme 5, montre alors que P s'identifie à la somme directe de A et d'un module projectif P'. Comme P' est de rang $r-1$, l'hypothèse de récurrence montre que $P' = L' \oplus P''$, où L' est libre et où P'' est projectif de rang $\leq \dim \Omega$. On a donc $P = A \oplus L' \oplus P''$, d'où le résultat cherché.

Remarque. Les théorèmes, 1 et 2 s'appliquent aussi aux espaces fibrés *analytiques,* à fibre vectorielle, de base *une variété de Stein* connexe Ω. La dimension de Ω doit être prise *au sens complexe*; les sous-espaces fermés de Ω sont remplacés par les sous-espaces *analytiques* (fermés) de Ω; si F est un tel sous-espace, sa hauteur est définie comme la différence $\dim(\Omega) - \dim(F)$; dans le théorème 2, les points $x_i \in \Omega$ peuvent être *en nombre infini,* à condition de former un sous-ensemble discret de Ω.

7. Exemple: anneaux semi-locaux. Supposons que Ω soit *fini,* c'est-à-dire que A soit un anneau semi-local; on a alors $\dim \Omega = 0$ et le théorème 1 donne le résultat suivant, qui généralise la prop. 1:

Proposition 6. *Si A est un anneau semi-local à spectre premier connexe tout A-module projectif est libre.*

Il va sans dire que ce résultat n'est pas difficile à démontrer directement, en utilisant les lemmes 4 et 5, par exemple.

Si le spectre premier de A n'est pas connexe, l'anneau A se décompose en produit d'anneaux semi-locaux A_i, et tout module projectif est somme directe de modules isomorphes à l'un des A_i.

8. Exemple: anneaux de dimension 1

Proposition 7. *Soit A un anneau de dimension 1, dont le spectre premier est connexe. Tout A-module projectif $P \neq 0$ est somme directe d'un module libre L et d'un module projectif P_1 de rang 1. La classe de P_1 est déterminée de manière unique par celle de P.*

L'existence de la décomposition $P = L \oplus P_1$ résulte du théorème 1 et du fait que $\dim \Omega \leq \dim A$. Si l'on pose $r = \mathrm{rg}(P)$, on a $\mathrm{rg}(L) = r-1$, et le calcul de l'algèbre extérieure d'une somme directe (Bourbaki, *Algèbre,* chap. III, § 5, exerc. 7) montre que $\wedge^r P = (\wedge^{r-1} L) \otimes P_1 = P_1$, d'où l'unicité de P_1.

Corollaire. *La classe de P est déterminée de manière unique par les deux invariants $r = \mathrm{rg}(P)$ et $P_1 = \wedge^r P$.*

Notons additivement le groupe $D(A)$ des classes de A-modules projectifs de rang 1; si P et P' ont respectivement pour invariants (r, α) et (r', α'), on voit tout de suite que $P \oplus P'$ a pour invariants $(r+r', \alpha+\alpha')$, que $P \otimes P'$ a pour invariants $(rr', r\alpha'+r'\alpha)$, que $\mathrm{Hom}(P, P')$ a pour invariants $(rr', r\alpha'-r'\alpha)$, etc.

Un cas particulier intéressant est celui où A est un *anneau de Dedekind,* autrement dit un anneau intègre, intégralement clos, de dimension 1. Le groupe $D(A)$ coïncide alors avec le groupe des *classes d'idéaux* non nuls de A (cf. n° 3). D'autre part, un A-module P est projectif si et seulement si il est sans torsion (en effet, les deux propriétés sont locales, et les anneaux locaux $A_\mathfrak{m}$ de A sont principaux). On retrouve donc le théorème de Steinitz-Chevalley (cf. [3]):

Proposition 8. *Tout module non nul sans torsion sur un anneau de Dedekind est somme directe d'un module libre et d'un idéal dont la classe ne dépend que du module.*

9. Exemples de dimension ≥ 2. Il y en a très peu. Il serait souhaitable de déterminer, pour des anneaux A assez simples, tous les A-modules projectifs *indécomposables* (c'est-à-dire qui ne sont pas sommes directes de modules de rang inférieur). D'après le théorème 1, un tel module a un rang au plus égal à
2 $\dim A$; en fait, je ne connais aucun cas où il y ait égalité (sauf, bien sûr, si $\dim A \leq 1$).

Le premier cas à considérer est celui de *l'anneau des polynômes* $A = k[X_1, \ldots, X_n]$, où k est un corps. J'ignore si cet anneau possède des

3 modules projectifs qui ne soient pas libres; c'est en tout cas exclu pour $n=1$ (puisque A est principal), et pour $n=2$ en vertu du résultat suivant, dû à SESHADRI (non publié):

Proposition 9. *Si C est un anneau principal, tout module projectif sur l'anneau $A=C[X]$ est libre.*

Pour $n \geq 3$, on a le résultat plus faible suivant:

Proposition 10. *Pour tout module projectif P sur l'anneau de polynômes $A=k[X_1,\dots,X_n]$, il existe un module libre L tel que $P \oplus L$ soit un module libre.*

Introduisons une variable supplémentaire X_0, et soit $B=k[X_0,\dots,X_n]$. On peut identifier A au quotient de B par l'idéal $1-X_0$; plus généralement, si M est un B-module, on notera M' le A-module $M/(1-X_0)M$. On vérifie tout de suite que le foncteur $M \mapsto M'$ est un foncteur *exact* de la catégorie $\mathscr{G}(B)$ des B-modules *gradués* dans la catégorie des A-modules; de plus, tout A-module N est de la forme M' pour un $M \in \mathscr{G}(B)$ convenable (écrire N comme le conoyau d'un homomorphisme $L_1 \xrightarrow{\varphi} L_0$, où les L_i sont libres, et «remonter» les L_i et φ). En appliquant alors le théorème des syzygies de HILBERT (cf. [2], VIII-6) au module M, on voit que N possède une *résolution de longueur $n+1$ par des modules libres*:

$$0 \to L_{n+1} \to \dots \to L_1 \to L_0 \to N \to 0 .$$

Appliquons en particulier ceci au module $N=P$. La résolution ci-dessus se décompose alors ainsi:

$$L_i = N_i \oplus N_{i+1} \, (0 \leq i \leq n+1), \quad \text{avec } N_0 = P,\ N_{n+2} = 0 .$$

Par décomposition, on en déduit:

$$P \oplus L_1 \oplus L_3 + \dots = L_0 \oplus L_2 \oplus L_4 + \dots ,$$

d'où le résultat cherché.

Si l'on voulait utiliser la prop. 10 pour montrer que tout A-module projectif est libre, il faudrait prouver que «$P \oplus A$ est libre» $\Rightarrow$ «P est libre», ce qui peut se mettre sous la forme suivante:

Si $x_1,\dots,x_r$ sont r éléments de A tels que l'idéal qu'ils engendrent soit égal à A, il existe une matrice carrée inversible, d'ordre r, à coefficients dans A, et dont la première ligne est égale à $(x_1,\dots,x_r)$.

Malheureusement, cet énoncé n'a pas l'air facile à démontrer, en dépit (ou à cause) de sa forme élémentaire.

10. Le groupe des classes de modules projectifs. La prop. 10 suggère l'introduction d'une *relation d'équivalence* entre modules projectifs sur l'anneau A (cf. [4]): deux tels modules P et P' sont dits équivalents s'il existe des modules libres L et L' tels que $P \oplus L$ soit isomorphe à $P' \oplus L'$. Dans cette définition, il est inutile de supposer A commutatif (on pourra prendre, par exemple, l'algèbre d'un groupe fini). Si l'on note $P_0(A)$ l'ensemble des classes de A-modules projectifs, au sens précédent, on définit sur $P_0(A)$ une loi de composition au moyen de la *somme directe* des modules. Cette loi de composition fait de $P_0(A)$ un *groupe abélien:* l'associativité, la commutativité, l'existence d'un élément neutre (la classe de 0) sont évidentes; pour voir que la classe d'un module P a un opposé, on observe que, par définition, il existe P' tel que $P \oplus P'$ soit libre, et la classe de P' est l'opposée de la classe de P.

Lorsque A est commutatif, et de spectre premier connexe, on définit un *homomorphisme* $c: P_0(A) \to D(A)$ en faisant correspondre à tout module projectif de rang r sa puissance extérieure r-ième, qui est un module projectif de rang 1; cet homomorphisme est surjectif; lorsque $\dim A = 1$ il est même bijectif, d'après le corollairc à la prop. 7.

La prop. 10 peut s'énoncer en disant que $P_0(A) = 0$ lorsque $A = k[X_1, \ldots, X_n]$.

11. Comparaison avec la théorie de Grothendieck. Soit A un anneau, commutatif ou non, noethérien à gauche; soit $\mathscr{C}_M(A)$ la catégorie des A-modules à gauche (de type fini); nous désignerons par $\mathscr{C}_P(A)$ et $\mathscr{C}_H(A)$ les sous-catégories de $\mathscr{C}_M(A)$ formées respectivement des modules projectifs, et des modules de dimension homologique finie. On a donc:

$$\mathscr{C}_P(A) \subset \mathscr{C}_H(A) \subset \mathscr{C}_M(A) .$$

Si $\mathscr{C}$ désigne l'une de ces catégories, on définit, avec Grothendieck [5], le groupe $K(\mathscr{C})$ comme le groupe abélien libre engendré par les éléments de $\mathscr{C}$, modulo l'identification de A à la somme $A' + A''$ si l'on a une suite exacte:

$$0 \to A' \to A \to A'' \to 0 , \quad \text{avec } A, A', A'' \in \mathscr{C} .$$

Nous désignerons respectivement par $P(A)$, $H(A)$, $M(A)$ les groupes $K(\mathscr{C}_P(A))$, $K(\mathscr{C}_H(A))$, $K(\mathscr{C}_M(A))$. Les inclusions entre catégories définissent des homomorphismes canoniques: $P(A) \to H(A) \to M(A)$. En fait, Grothendieck a démontré:

Proposition 11. *L'homomorphisme $P(A) \to H(A)$ est bijectif.*

La démonstration est la même que celle du théorème 2 de [5].

Le groupe $P(A)$ est en rapport étroit avec le groupe $P_0(A)$ du numéro précédent: si l'on fait correspondre à tout module projectif P sa classe dans $P_0(A)$, on obtient une application «additive» de $\mathscr{C}_P(A)$ dans $P_0(A)$; vu le caractère universel de $P(A)$, on en déduit un homomorphisme surjectif $P(A) \to P_0(A)$. Lorsque A est commutatif, et de spectre premier connexe, le rang d'un module projectif est aussi une fonction additive du module, d'où un homomorphisme $P(A) \to \mathbf{Z}$. En le combinant avec le précédent, on obtient un homomorphisme

$$\theta: P(A) \to \mathbf{Z} \times P_0(A) ,$$

et l'on montre aisément que θ est *bijectif.* Le groupe $P_0(A)$ constitue donc la composante non triviale du groupe $P(A)$.

Indiquons, d'après GROTHENDIECK, comment on peut retrouver et généraliser la prop. 10 de ce point de vue. On commence par prouver:

Proposition 12. *Si C est un anneau commutatif de dimension finie (au sens de Krull), l'homomorphisme canonique $C \to C[X]$ définit une bijection de $M(C)$ sur $M(C[X])$.*

La démonstration se fait par récurrence sur la dimension de C, cf. [5], prop. 8 dans le cas géométrique.

Corollaire. *Si C est de dimension homologique globale finie, on a $P(C) = P(C[X])$.*

L'hypothèse entraîne que $\mathscr{C}_H(C) = \mathscr{C}_M(C)$, d'où $P(C) = M(C)$ d'après la prop. 11. Comme $C[X]$ est aussi de dimension homologique globale finie (voir par exemple [8], chap. IV), on a de même $P(C[X]) = M(C[X])$, et il n'y a plus qu'à appliquer la prop. 12.

Par récurrence, on déduit du corollaire que $P(C) = P(C[X_1, \ldots, X_n])$. Si C est réduit à un corps k, on a évidemment $P(k) = \mathbf{Z}$ et $P_0(k) = 0$, d'où $P_0(k[X_1, \ldots, X_n]) = 0$, énoncé qui est bien équivalent à la prop. 10.

12. Résultats complémentaires sur les anneaux de dimension 1. Soit A un anneau *sans éléments nilpotents* $\neq 0$, et dont *tous les anneaux locaux* $A_{\mathfrak{m}}$, $\mathfrak{m} \in \Omega$, *sont de dimension 1.* Soit A_S l'anneau total des fractions de A; si $\mathfrak{p}_1, \ldots, \mathfrak{p}_s$ désignent les idéaux premiers minimaux de A, l'anneau A_S est le produit des corps des fractions K_i des $A/\mathfrak{p}_i$. Nous désignerons par $\bar{A}$ la clôture intégrale de A dans A_S, et nous supposerons que *$\bar{A}$ est un A-module de type fini.* L'anneau $\bar{A}$, étant intégralement clos, contient les idempotents correspondant à la décomposition $A_S = \prod K_i$; il se décompose donc en produit $\bar{A} = \prod \bar{A}_i$, chaque $\bar{A}_i$ étant un *anneau de Dedekind* de corps des fractions K_i.

Exemples. (i) A est l'anneau de coordonnées $k[V]$ d'une courbe algébrique affine V, et $\bar{A}$ est l'anneau de coordonnées de sa normalisée $\bar{V}$; la courbe $\bar{V}$ est réunion de courbes non singulières disjointes $\bar{V}_i$, correspondant aux $\mathfrak{p}_i$.

(ii) A est un «ordre», au sens de Dedekind, d'un corps de nombres K, c'est-à-dire un sous-anneau de K qui est un $\mathbf{Z}$-module libre de rang égal à $[K:\mathbf{Q}]$. L'anneau $\bar{A}$ est l'anneau des entiers de K.

(iii) $A = \mathbf{Z}[\mathfrak{g}]$ est l'algèbre sur $\mathbf{Z}$ d'un groupe abélien fini $\mathfrak{g}$.

Soit $D(A)$ le groupe des classes de A-modules projectifs partout de rang 1; lorsque le spectre premier de A est connexe, on sait que $D(A) = P_0(A)$, cf. n° 8. Le groupe $D(\bar{A})$ est égal au produit des groupes des classes d'idéaux des anneaux de Dedekind $\bar{A}_i$. Dans l'exemple (i), la théorie des jacobiennes généralisées de ROSENLICHT [6] montre que *$D(A)$ est extension de $D(\bar{A})$ par un groupe de caractère «local».* Nous allons voir que c'est là un fait général.

Soient Ω et $\bar{\Omega}$ les spectres de A et de $\bar{A}$; l'inclusion $A \to \bar{A}$ définit une projection $\bar{\Omega} \to \Omega$ qui est surjective, puisque $\bar{A}$ est entier sur A. De plus, puisque

$\bar{A}$ est un A-module de type fini, ayant même anneau total de fractions que A, le quotient $\bar{A}/A$ est un A-module de longueur finie; il existe donc un idéal $\mathfrak{c}$ de A, tel que $\mathfrak{c}\bar{A} \subset A$, et que $W(\mathfrak{c}) = F$ soit un sous-ensemble fini de Ω. Si $\mathfrak{m} \notin F$, on a $A_\mathfrak{m} = \bar{A}_\mathfrak{m}$, et l'image réciproque de $\mathfrak{m}$ dans $\bar{\Omega}$ est réduite à un seul élément $\bar{\mathfrak{m}}$ (les anneaux A et $\bar{A}$ coïncident en dehors de F); si $\mathfrak{m} \in \Omega$, $\bar{A}_\mathfrak{m}$ est un anneau semi-local d'idéaux maximaux $\bar{\mathfrak{m}}_i$. Nous désignerons par $\bar{F}$ l'ensemble des $\bar{\mathfrak{m}}_i$, pour $\mathfrak{m} \in F$.

Soit $\mathfrak{m} \notin F$. Puisque $\bar{A}_\mathfrak{m} = A_\mathfrak{m}$, l'anneau $A_\mathfrak{m}$ est un anneau de valuation discrète; une combinaison linéaire à coefficients entiers d'éléments de $\Omega - F$ sera appelé un *diviseur* de A. Si $\mathfrak{m} \in \Omega$, l'anneau local $A_\mathfrak{m}$ s'identifie à un sous-anneau du produit des corps K_i correspondant aux idéaux $\mathfrak{p}_i$ contenus dans $\mathfrak{m}$; pour tout $f \in A_S = \prod K_i$, nous noterons $f_\mathfrak{m}$ la composante de f dans ce produit; si $f_\mathfrak{m} \in A^*_\mathfrak{m}$, groupe multiplicatif des éléments inversibles de $A_\mathfrak{m}$, nous écrirons aussi $f \in A^*_\mathfrak{m}$, et nous dirons que f est *inversible* en $\mathfrak{m}$. Si $f \in A^*_S$, et si f est inversible en tous les points $\mathfrak{m}_i$ de F, nous définirons le *diviseur* de f, noté (f), par la formule usuelle:

$$(f) = \sum_{\mathfrak{m} \notin F} v_\mathfrak{m}(f_\mathfrak{m}) \cdot \mathfrak{m}\,, \quad v_\mathfrak{m} \text{ étant la valuation attachée à } A_\mathfrak{m}\,.$$

Un tel diviseur est dit *équivalent à zéro dans A;* le groupe des classes de diviseurs de A, pour la relation d'équivalence précédente, sera noté $C(A)$.

Lemme 6. *Le groupe $C(A)$ des classes de diviseurs de A est canoniquement isomorphe au groupe $D(A)$ des classes de A-modules projectifs partout de rang 1.*

Soit P un A-module projectif partout de rang 1. Il existe $s \in P$ tel que $s(\mathfrak{m}) \neq 0$ pour tout $\mathfrak{m} \in F$ (lemme 4); si $\mathfrak{m} \notin F$, le module $P_\mathfrak{m}$ est un module libre de rang 1 sur l'anneau de valuation discrète $A_\mathfrak{m}$, et l'on peut parler de la valuation de s; on définit ainsi le diviseur (s) de s. Changer s revient à remplacer (s) par un diviseur équivalent; on obtient donc un homomorphisme $\varphi\colon D(A) \to C(A)$. Un module projectif P appartient au noyau de cet homomorphisme s'il possède une section s partout non nulle, donc (lemme 5) s'il est libre. Pour vérifier que φ est surjectif, il suffit d'observer que tout produit $\prod \mathfrak{m}^{n_\mathfrak{m}}$, $\mathfrak{m} \notin F$, est un module projectif partout de rang 1 (utiliser la proposition 3, par exemple), dont l'image par φ est la classe du diviseur $-\sum n_\mathfrak{m}\mathfrak{m}$.

Le résultat précédent s'applique aussi à $\bar{A}$, en remplaçant F par $\bar{F}$; les diviseurs de $\bar{A}$ sont *les mêmes* que ceux de A, seule la relation d'équivalence change: on considère comme équivalents à zéro les diviseurs de la forme (f), avec $f \in A^*_S$ et $f \in \bar{A}^*_{\bar{\mathfrak{m}}_i}$ si $\bar{\mathfrak{m}}_i \in \bar{F}$. Si l'on note alors $L(\bar{A}/A)$ le groupe des classes dans A des diviseurs qui sont équivalents à zéro dans $\bar{A}$, on a donc une *suite exacte:*

$$(*) \qquad 0 \to L(\bar{A}/A) \to D(A) \to D(\bar{A}) \to 0\,.$$

Il reste à décrire le groupe $L(\bar{A}/A)$, ce qui ne présente pas de difficulté. Indiquons simplement le résultat:

Soit $\mathfrak{c} = \prod \bar{\mathfrak{m}}_i^{n_i}$ la décomposition de $\mathfrak{c}$ dans $\bar{A}$, avec $\bar{\mathfrak{m}}_i \in \bar{F}$; soit R_i le quotient du groupe multiplicatif $\bar{A}^*_{\bar{\mathfrak{m}}_i}$ par le sous-groupe formé des éléments α tels que

$v_{\overline{\mathfrak{m}}_i}(1-\alpha)\geq n_i$, et soit R le produit des groupes R_i. Soit U le sous-groupe de R engendré par les éléments inversibles de $\bar{A}$, et soit V le sous-groupe de R engendré par les éléments de A_S^* qui sont inversibles aux points $\overline{\mathfrak{m}}_i\in F$. Si $U\cdot V$ désigne le sous-groupe de R engendré par U et V, on a alors un isomorphisme:

$$R/U\cdot V=L(\bar{A}/A)\,. \tag{**}$$

Exemple. Soit $\mathfrak{g}$ un groupe cyclique d'ordre p, et soit $A=\mathbf{Z}[\mathfrak{g}]$. L'anneau $\bar{A}$ est le produit $\mathbf{Z}\times\mathbf{Z}[\varepsilon]$, où ε est une racine primitive p-ième de l'unité. L'idéal (p) de $\mathbf{Z}$, et l'idéal $(1-\varepsilon)$ de $\mathbf{Z}[\varepsilon]$ ont même corps des restes $\mathbf{F}_p$, et A s'identifie au sous-anneau de $\mathbf{Z}\times\mathbf{Z}[\varepsilon]$ formé des couples (n,α) ayant même image dans $\mathbf{F}_p$ (c'est l'analogue d'un point double à tangentes distinctes dans le cas géométrique). On peut prendre $\mathfrak{c}=(p)\cdot(1-\varepsilon)$; le groupe R est le produit $\mathbf{F}_p^*\times\mathbf{F}_p^*$; le groupe U est le groupe $\{\pm 1\}\times\mathbf{F}_p^*$ (à cause des propriétés des unités du corps cyclotomique), et le groupe V est le sous-groupe diagonal de $\mathbf{F}_p^*\times\mathbf{F}_p^*$. On a donc $U\cdot V=R$, d'où $L(\bar{A}/A)=0$, et $D(A)=D(\bar{A})$. Le groupe $D(\bar{A})$ est égal à $D(\mathbf{Z})\times D(\mathbf{Z}[\varepsilon])=D(\mathbf{Z}[\varepsilon])$, d'où finalement $D(A)=P_0(A)$ $=D(\mathbf{Z}[\varepsilon])$, groupe des *classes d'idéaux du corps cyclotomique* $\mathbf{Q}(\varepsilon)$. On retrouve un résultat de Dock Sang Rim [4].

Il devrait être possible de traiter de façon analogue le cas d'un groupe abélien fini $\mathfrak{g}$ quelconque. En tout cas, (*) et (**) montrent que $D(A)$ est un *groupe fini*, chaque fois que A est un $\mathbf{Z}$-module libre de type fini, et n'a pas d'éléments nilpotents $\neq 0$, ce qui couvre à la fois les cas (ii) et (iii). J'ignore si ce résultat s'étend au cas non commutatif (en supposant que le radical de A, au sens de Jacobson, est réduit à 0).

Bibliographie

[1] Atiyah (M.). *Vector bundles over an elliptic curve,* Proc. London math. Soc. t. **7**, 1957, p. 414–452.

[2] Cartan (H.) and Eilenberg (S.). *Homological Algebra.* Princeton, University Press, 1956 (Princeton math. Series, **19**).

[3] Chevalley (Claude). *L'arithmétique dans les algèbres de matrices.* Paris, Hermann, 1936 (Act. scient. et ind., **323**).

[4] Dock Sang Rim. *Modules over finite groups,* Ann. of Math., t. **69** (à paraître).

[5] Grothendieck (Alexandre). *Le théorème de Riemann-Roch* (rédigé par A. Borel et J.-P. Serre), Bull. Soc. math. France, t. **86**, 1958, p. 97–136.

[6] Rosenlicht (Maxwell). *Generalized jacobian varieties,* Ann. of Math., t. **59**, 1954, p. 505–530.

[7] Serre (Jean-Pierre). *Faisceaux algébriques cohérents,* Ann. of Math., t. **61**, 1955, p. 197–278.

[8] Serre (Jean-Pierre). Cours au Collège de France 1958 (rédigé par P. Gabriel) (multigraphié).

40.

Quelques propriétés des variétés abéliennes en caractéristique p

Amer. J. of Math **80** (1958), 715–739

à Emil Artin.

Introduction. Soit A une variété abélienne de dimension g, définie sur un corps algébriquement clos k. Lorsque $k = \mathbf{C}$, la variété A est un tore complexe, ce qui montre que l'algèbre de cohomologie $H^*(A, \mathbf{C})$ est une algèbre extérieure engendrée par $2g$ éléments de degré 1, et que l'on a $h^{r,s}(A) = \binom{g}{r} \cdot \binom{g}{s}$. On peut se demander si ces résultats cohomologiques restent valables en caractéristique $p > 0$; ils gardent un sens, à cause de leur transcription en termes de faisceaux cohérents, cf. [20]. La première question qui se posait était la détermination de $h^{0,1}(A) = \dim. H^1(A, \mathcal{O}_A)$; elle vient d'être résolue par Rosenlicht [19]. Rosenlicht montre d'abord (*loc. cit.*, Th. 1) que $H^1(A, \mathcal{O}_A)$ est isomorphe au groupe $\mathrm{Ext}(A, G_a)$ des classes d'extensions de A par le groupe additif G_a, et il prouve ensuite (*ibid.*, Th. 3) que $\mathrm{Ext}(A, G_a)$ est un k-espace vectoriel de dimension g; ce dernier résultat a été également obtenu par Barsotti [3].

De là, on passe facilement à la détermination complète de $H^*(A, \mathcal{O}_A)$, et on montre qu'une variété abélienne *n'a pas de torsion homologique* (au sens de [22]); c'est ce qui est fait au § 1. Ce § contient également un exemple de variété abélienne A dont le second groupe de cohomologie à valeurs dans les vecteurs de Witt (le groupe $H^2(A, \mathcal{W})$) *n'est pas* un module de type fini, contrairement à ce que j'avais imprudemment conjecturé dans [22]. Cet exemple n'est guère encourageant du point de vue "définition homologique des nombres de Betti"!

Le § 2 est consacré à la classification des *isogénies radicielles de hauteur* 1. On sait que les isogénies séparables $A \to A'$ correspondent aux sous-groupes finis de A; une correspondance analogue vaut pour les isogénies radicielles de hauteur 1, à condition de remplacer les sous-groupes finis de A par certaines sous-algèbres de l'algèbre de Lie de A (cf. n°. 5, Th. 3). Ce résultat n'est d'ailleurs pas nouveau: il est contenu (au moins dans le cas commutatif) dans le mémoire de Barsotti cité plus haut. Barsotti considère même des

---

Received January 30, 1958.

isogénies de hauteur quelconque, et les classifie au moyen de la théorie de Dieudonné; ses énoncés, plus complets, sont peut-être moins maniables; c'est pourquoi j'ai cru utile de reprendre le cas de la hauteur 1, en m'appuyant uniquement sur la " théorie de Galois " de Jacobson [14]. D'ailleurs, beaucoup de questions sur les isogénies radicielles se laissent facilement ramener au cas de la hauteur 1 (cf. § 3, Lemme 9). Le § 2 se termine par une application à un théorème d'Igusa [12].

Nous rappelons au début du § 3 les principales propriétés élémentaires des groupes $\mathrm{Ext}(A,B)$ (cf. aussi [19]), et nous indiquons le comportement de ces groupes lorsque l'on effectue sur A une isogénie radicielle de hauteur 1. On en déduit une nouvelle démonstration du théorème de Barsotti [3] suivant lequel une variété abélienne *n'a pas de torsion* (dans le groupe de Néron-Severi). Le reste du § 3 est consacré à montrer que la représentation des endomorphismes de A dans $H^1(A, \mathfrak{W})$, augmentée de celle dans les points d'ordre p^ν de la variété duale, est l'analogue p-adique des représentations l-adiques de Weil (voir Th. 6 et Th. 7).[1]

§ 1. Cohomologie des variétés abéliennes.

1. Structure de l'algèbre $H^*(A)$. Soit A une variété abélienne de dimension g, définie sur un corps algébriquement clos k, et soit $\mathcal{O}_A$ le faisceau de ses anneaux locaux. Posons $H^*(A) = \sum_0^\infty H^n(A, \mathcal{O}_A)$; l'opération de *cup-produit* munit l'espace vectoriel $H^*(A)$ d'une structure d'algèbre graduée; du fait que la multiplication dans $\mathcal{O}_A$ est associative et commutative, celle de $H^*(A)$ est associative et anticommutative (pour toutes les propriétés du cup-produit, nous renvoyons à l'ouvrage de Godement sur les faisceaux, [8], Chap. II, § 6).

Ce qui précède n'utilise que la structure de variété algébrique de A; utilisons maintenant sa loi de composition $s\colon A \times A \to A$. Par passage à la cohomologie, elle définit un homomorphisme $s^*\colon H^*(A) \to H^*(A \times A)$.

Mais la *formule de Künneth* s'applique au faisceau des anneaux locaux (et plus généralement à des faisceaux cohérents quelconques): cela se voit, par exemple, en appliquant le théorème d'Eilenberg-Zilber ([8], Chap. I, Th. 3.10.1) aux complexes obtenus à partir de recouvrements affines. On a donc $H^*(A \times A) = H^*(A) \otimes H^*(A)$. De plus, le fait que A ait un élément neutre pour s montre, comme dans le cas classique, que, si $\deg(x) > 0$, on a

---

[1] P. Cartier a également obtenu une telle représentation (non publié); sa méthode est différente: il utilise le " module de Dieudonné " de la variété duale de A à la place de $H^1(A, \mathfrak{W})$.

$s^*(x) = x \otimes 1 + 1 \otimes x + \sum y_i \otimes z_i$, avec $\deg(y_i) > 0$, $\deg(z_i) > 0$. Cela signifie que $H^*(A)$ est une *algèbre de Hopf* au sens de Borel [4], § 6. Or on a:

LEMME 1. *Soit $H = \sum_0^\infty H^n$ une algèbre de Hopf sur k, associative, anticommutative, et connexe (i. e. $H^0 = k$). Soit g un entier tel que $H^n = 0$ pour $n > g$. On a alors* $\dim. H^1 \leqq g$, *et, si l'égalité est vérifiée, l'algèbre H s'identifie à l'algèbre extérieure du k-espace vectoriel H^1.*

D'après le théorème de structure de Borel (*loc. cit.*, Th. 6. 1), l'algèbre H est produit tensoriel sur k d'algèbres monogènes $k[x_i]$. Posons $n_i = \deg(x_i)$. Le produit de tous les x_i est un élément non nul de H, de degré égal à $\sum n_i$, d'où $\sum n_i \leqq g$. En particulier, le nombre des x_i de degré 1 est $\leqq g$; comme ce nombre est visiblement égal à $\dim. H^1$, ceci démontre l'inégalité $\dim. H^1 \leqq g$. S'il y a égalité, tous les x_i sont nécessairement de degré 1; de plus leurs carrés sont nuls, car, si l'on avait $x_1{}^2 \neq 0$, le produit $x_1{}^2 \otimes x_2 \otimes \cdots \otimes x_g$ serait un élément non nul de H, de degré $g+1$, ce qui est impossible. L'algèbre H s'identifie donc bien à l'algèbre extérieure sur H^1.

Les hypothèses du lemme précédent sont vérifiées par l'algèbre de Hopf $H = H^*(A)$: on a $H^0(A) = k$ puisque A est connexe et complète, et $H^n = 0$ pour $n > g$ puisque A est de dimension g ([21], Th. 2, ou même [20], n°. 66, Th. 1 si l'on tient compte du fait qu'une variété abélienne admet un plongement projectif). On a donc l'inégalité $\dim. H^1(A, \mathcal{O}_A) \leqq g$; on notera que Rosenlicht, dans sa démonstration de *l'égalité* $\dim. H^1(A, \mathcal{O}_A) = g$ ([19], Th. 3) a d'abord besoin d'établir l'inégalité précédente (*loc. cit.*, Lemme 3). Si l'on fait maintenant usage de l'égalité en question, on obtient:

THÉORÈME 1. *Soient A une variété abélienne de dimension g, et $\mathcal{O}_A$ le faisceau de ses anneaux locaux. L'algèbre de cohomologie*

$$H^*(A) = \sum H^n(A, \mathcal{O}_A)$$

s'identifie à l'algèbre extérieure de l'espace vectoriel $H^1(A, \mathcal{O}_A)$, qui est de dimension g.

Soit Ω^r le faisceau des formes différentielles régulières de degré r sur A, et posons $h^{r,s} = \dim. H^s(A, \Omega^r)$. Du fait que le fibré tangent à une variété de groupe est trivial, le faisceau Ω^r est isomorphe à la somme directe de $\binom{g}{r}$ copies du faisceau $\mathcal{O}_A$, et l'on en déduit $h^{r,s} = \binom{g}{r} \cdot \binom{g}{s}$.

On voit en particulier que la *formule de symétrie* $h^{r,s} = h^{s,r}$ est valable pour les variétés abéliennes.

2. Absence de torsion homologique sur les variétés abéliennes. Supposons que la caractéristique p du corps de base soit > 0. On sait ([22], n°. 3) que l'on peut associer à toute variété algébrique X des *opérations de Bockstein*, opérant sur $H^*(X, \mathcal{O}_X)$; on dit que X *n'a pas de torsion homologique* si ces opérations sont identiquement nulles.

THÉORÈME 2. *Une variété abélienne n'a pas de torsion homologique.*

Soit A une variété abélienne, et soient $\beta_1, \cdots, \beta_n, \cdots$ les opérations de Bockstein associées à A. Supposons démontré que $\beta_i = 0$ pour $i < n$, et montrons que $\beta_n = 0$. Comme β_n opère sur l'algèbre de cohomologie de β_{n-1} (*loc. cit.*), on voit que, dans le cas présent, β_n opère sur $H^*(A)$. De plus β_n vérifie la formule de dérivation suivante (*loc. cit.*, formule (8)) :

$$\beta_n(x \cdot y) = \beta_n(x) \cdot F^n(y) + (-1)^{\deg(x)} F^n(x) \cdot \beta_n(y), \qquad x, y \in H^*(A),$$

où F désigne l'opération définie par la puissance p-ème sur $\mathcal{O}_A$.

Puisque, en vertu du Th. 1, $H^*(A)$ est engendrée par ses éléments de degré 1, il nous suffira donc de montrer que $\beta_n(x) = 0$ si $x \in H^1(A)$. Dans ce cas, on a évidemment $s^*(x) = x \otimes 1 + 1 \otimes x$, autrement dit l'élément x est un élément *primitif* de l'algèbre de Hopf $H^*(A)$. Si l'on pose $y = \beta_n(x)$, on a $y \in H^2(A)$; de plus, en vertu du caractère fonctoriel de β_n, on a :

$$s^*(y) = s^*\beta_n(x) = \beta_n s^*(x) = \beta_n(x \otimes 1 + 1 \otimes x) = y \otimes 1 + 1 \otimes y.$$

L'élément y est donc un élément primitif de $H^*(A)$, de degré 2. Pour prouver que $y = 0$, il suffit alors d'établir le lemme suivant:

LEMME 2. *Les seuls éléments primitifs non nuls de $H^*(A)$ sont de degré* 1.

Soit $V = H^1(A)$; d'après le Théorème 1, on a $H^*(A) = \wedge V$. L'homomorphisme $s^*: H^*(A) \to H^*(A) \otimes H^*(A)$ s'identifie donc à l'application "diagonale" $\delta: \wedge V \to \wedge V \otimes \wedge V = \wedge (V + V)$.

On est alors ramené à démontrer qu'aucun élément non nul $y \in \wedge V$, de degré $\geqq 2$, ne vérifie l'identité $\delta(y) = y \otimes 1 + 1 \otimes y$. C'est là un simple exercice d'algèbre extérieure ; on peut, par exemple, considérer la composante $\lambda(y)$ de $\delta(y)$ dans $\wedge V \otimes V$, et la "contracter" avec un élément v' du dual V' de V ; on obtient ainsi un élément de $\wedge V$ qui n'est autre que le *produit intérieur* de y par v' ; par hypothèse, on a $\lambda(y) = 0$, ce qui montre le produit intérieur de y par tout élément de V' est nul, d'où $y = 0$, comme on sait.

3. Un contre-exemple. Soit X une variété projective, et soit $\mathscr{W}_n$ le faisceaux des *vecteurs de Witt* de longueur n à coefficients dans le faisceau $\mathscr{O}_X$ des anneaux locaux de X (cf. [22], § 1). Si q est un entier $\geqq 0$, le groupe $H^q(X, \mathscr{W}_n)$ est muni de façon naturelle d'une structure de Λ-module, Λ désignant l'anneau $W(k)$ des vecteurs de Witt de longueur infinie sur le corps de base k. Lorsque n varie, les $H^q(X, \mathscr{W}_n)$ forment un système projectif, dont la limite est notée $H^q(X, \mathscr{W})$; c'est un Λ-module. Si $q=0$, ou, si $q=1$ et si X est normale, on sait (*loc. cit.*, Prop. 4) que $H^q(X, \mathscr{W})$ est un Λ-module *de type fini*; nous allons montrer que ce résultat *n'est plus valable pour $q=2$, même si l'on suppose X non singulière.*

Nous prendrons pour X une variété abélienne de dimension 2, telle que l'endomorphisme $F\colon H^1(X, \mathscr{O}_X) \to H^1(X, \mathscr{O}_X)$ soit nul, par exemple le produit de deux courbes elliptiques dont l'invariant de Hasse est nul (cf. [9] ainsi que [22], § 2).

LEMME 3. *Pour tout $n \geqq 0$, l'homomorphisme*

$$F\colon H^2(X, \mathscr{W}_n) \to H^2(X, \mathscr{W}_n)$$

est nul.

Posons, pour simplifier les notations, $H_n^q = H^q(X, \mathscr{W}_n)$; on a en particulier $H_1^q = H^q(X, \mathscr{O}_X)$. Du fait que X n'a pas de torsion homologique (Théorème 2), on a une suite exacte:

$$0 \to H_{n-1}^q \to H_n^q \to H_1^q \to 0.$$

où le premier homomorphisme est le "décalage" V, et le second l'opération de "restriction" itérée R^{n-1}; pour la définition précise et les propriétés des opérations F, V, R, nous renvoyons à [22], § 1.

Nous raisonnerons par récurrence sur n, le cas $n=0$ étant trivial. Puisque F et V commutent, il s'ensuit que F est nul sur $V(H_{n-1}^2)$; de plus, en vertu du Th. 1, H_1^2 est un espace de dimension 1, ayant pour base le cup-produit de deux éléments $x, x' \in H_1^1$. Choisissons alors des éléments $y, y' \in H_n^1$ tels que $R^{n-1}y = x$, $R^{n-1}y' = x'$; le cup-produit $y \cdot y' \in H_n^2$ a un sens, puisque $\mathscr{W}_n$ est un faisceau d'anneaux, et l'image de $y \cdot y'$ par R^{n-1} est $x \cdot x'$; le Λ-module H_n^2 est donc engendré par $V(H_{n-1}^2)$ et par $y \cdot y'$, et il nous suffira de montrer que $F(y \cdot y') = 0$.

Vu l'hypothèse faite sur X, on a $Fx = Fx' = 0$ dans H_1^1; la suite exacte écrite ci-dessus montre alors qu'il existe $z, z' \in H_{n-1}^1$ avec $Fy = Vz$, $Fy' = Vz'$; comme $F(y \cdot y') = Fy \cdot Fy'$, on en déduit $F(y \cdot y') = Vz \cdot Vz'$. En appliquant l'identité $Va \cdot b = V(a \cdot FRb)$, on voit que $Vz \cdot Vz' = V(z \cdot FRVz')$; mais $FRV = p$, et on obtient finalement:

$$F(y \cdot y') = Vz \cdot Vz' = V(p \cdot z \cdot z').$$

Le produit $z \cdot z'$ appartient à $H^2{}_{n-1}$; d'après l'hypothèse de récurrence il est annulé par F, et *a fortiori* par $p = RVF$; on trouve donc bien $F(y \cdot y') = 0$, ce qui achève la démonstration.

COROLLAIRE. *Le* Λ*-module* $H^2(X, \mathcal{W}) = \lim. H^2(X, \mathcal{W}_n)$ *est annulé par* p, *et ce n'est pas un module de type fini sur* Λ.

Puisque F est nul sur chaque $H^2(X, \mathcal{W}_n)$, il est nul sur leur limite projective $H^2(X, \mathcal{W})$; comme $p = FV$ sur $H^2(X, \mathcal{W})$, on voit bien que p annule $H^2(X, \mathcal{W})$; du fait que $W(k)/p \cdot W(k) = k$, cela signifie que $H^2(X, \mathcal{W})$ est un k-espace vectoriel. Le même raisonnement vaut pour chacun des $H^2(X, \mathcal{W}_n)$; de plus, la suite exacte écrite ci-dessus montre que la dimension de $H^2(X, \mathcal{W}_n)$ est n ; la dimension de leur limite projective est donc infinie, cqfd.

§ 2. Isogénies radicielles de hauteur 1.

4. Résultats préliminaires. Soit G un groupe algébrique connexe, de dimension r, et soit $\mathfrak{t}(G)$ son *algèbre de Lie*, identifiée à l'espace vectoriel des champs de vecteurs tangents sur G, invariants à gauche. Soit K le corps des fonctions rationnelles sur G, et soit $\Delta(K)$ le K-espace vectoriel formé par les dérivations de K, ou, ce qui revient au même, par les champs de vecteurs tangents sur G ; on démontre, comme dans la théorie classique des groupes de Lie (cf. [2], § 5 et [18], par exemple) que $\Delta(K) = \mathfrak{t}(G) \otimes_k K$; de plus, $\mathfrak{t}(G)$ est stable par l'opération de *crochet* $(X, Y) \rightarrow [X, Y]$ et l'opération de *puissance p-ème* $X \rightarrow X^p$, c'est une p-algèbre de Lie restreinte au sens de Jacobson (cf. [10], [13]). On notera que G opère aussi par translations à droite sur $\Delta(K)$; ces opérations laissent stable le sous-espace $\mathfrak{t}(G)$ de $\Delta(K)$, définissant ainsi la *représentation adjointe* de G.

LEMME 4. *Soit* N *un* K*-sous-espace vectoriel de* $\Delta(K)$, *et soit* $\mathfrak{n} = N \cap \mathfrak{t}(G)$; *c'est un* k*-sous-espace vectoriel de* $\mathfrak{t}(G)$.

a) *Pour que* N *soit stable par les translations à gauche de* G, *il faut et il suffit que* $N = \mathfrak{n} \otimes_k K$.

b) *Supposons* a) *vérifié. Pour que* N *soit stable par les translations à droite de* G, *il faut et il suffit que* $\mathfrak{n}$ *soit stable par la représentation adjointe de* G.

c) *Supposons* a) *vérifié. Pour que* N *soit stable pour le crochet et la puissance p-ème, il faut et il suffit que* $\mathfrak{n}$ *le soit.*

a). Si $N = \mathfrak{n} \otimes_k K$, il est clair que N est stable par les translations à gauche (nous dirons aussi "invariant à gauche"). Supposons réciproquement que cette condition soit vérifiée, et soit e_i $(1 \leqq i \leqq r)$ une base de $\mathfrak{t}(G)$ sur k, donc aussi de $\Delta(K)$ sur K. Soit E le sous-corps de K attaché à N relativement à la base e_i (cf. Bourbaki, Alg. II, § 5, déf. 2) ; d'après le Corollaire à la Prop. 10, *loc. cit.*, le corps E est contenu dans le sous-corps de K formé des fonctions invariantes par translation à gauche, sous-corps qui n'est autre que k. En appliquant alors le Th. 2, *loc. cit.*, on en déduit bien que N est engendré par $\mathfrak{n}$, d'où $N = \mathfrak{n} \otimes_k K$.

b). est évident par transport de structure.

c). On sait que $\mathfrak{t}(G)$ est stable pour le crochet et la puissance p-ème; s'il en est de même pour N, il en est donc aussi de même pour $N \cap \mathfrak{t}(G) = \mathfrak{n}$. Inversement, supposons $\mathfrak{n}$ stable pour le crochet; la formule évidente:

$$[aX, bY] = ab[X, Y] + aX(b) \cdot Y - bY(a) \cdot X, \quad a, b \in K, \ X, Y \in \Delta(K),$$

montre que N est stable pour le crochet. Supposons en outre que $\mathfrak{n}$ soit stable pour la puissance p-ème, et utilisons la formule de Hochschild (cf. par exemple [7], Lemme 4) :

$$(aX)^p = a^p X^p + (aX)^{p-1}(a) \cdot X, \qquad a \in K, \quad X \in \Delta(K).$$

En appliquant cette formule avec $X \in \mathfrak{n}$, on voit que $(aX)^p \in N$. Pour montrer que N est stable pour la puissance p-ème, il suffira donc de montrer que, si $X \in N$, $Y \in N$, $X^p \in N$, $Y^p \in N$, on a aussi $(X + Y)^p \in N$. Pour cela on utilise la formule de Jacobson (cf. [13]) :

$$(X + Y)^p = X^p + Y^p + s(X, Y), \qquad X, Y \in \Delta(K),$$

où $s(X, Y)$ est un "alternant," c'est-à-dire un polynôme (explicitement déterminé par Jacobson) par rapport à l'opération de crochet. Dans le cas qui nous occupe, on sait que l'on a $s(X, Y) \in N$, puisque N est stable pour le crochet, et il en résulte bien que $(X + Y)^p \in N$, ce qui achève la démonstration.

Remarque. Si G est *commutatif*, la représentation adjointe est triviale, et le crochet est nul dans $\mathfrak{t}(G)$. On voit donc que les sous-espaces N de $\Delta(K)$ invariants par translation et stables pour le crochet et la puissance p-ème correspondent bijectivement aux sous-espaces vectoriels $\mathfrak{n}$ de $\mathfrak{t}(G)$ stables pour la puissance p-ème.

5. Classification des isogénies radicielles de hauteur 1. Conservons les notations du n°. précédent, et soit $\phi: G \rightarrow G'$ un homomorphisme surjectif de G dans un autre groupe algébrique G'. Identifions les algèbres de Lie de G et de G', soient $\mathfrak{t}(G)$ et $\mathfrak{t}(G')$, avec les espaces tangents à l'élément neutre. L'application ϕ admet une application tangente $\mathfrak{t}(\phi): \mathfrak{t}(G) \rightarrow \mathfrak{t}(G')$, dont nous désignerons le noyau par $\mathfrak{n}(\phi)$.

D'autre part, puisque ϕ est surjectif, le corps K' des fonctions rationnelles sur G' se plonge dans le corps K; nous désignerons par $N(\phi)$ le sous-espace de $\Delta(K)$ formé des dérivations qui s'annulent sur K'.

LEMME 5. *On a $N(\phi) = \mathfrak{n}(\phi) \otimes_k K$, et $\mathfrak{n}(\phi)$ est stable pour le crochet, la puissance p-ème, et la représentation adjointe de G.*

(Nous dirons que $\mathfrak{n}(\phi)$ est une *p-sous-algèbre de Lie* de $\mathfrak{t}(G)$, stable pour la représentation adjointe).

Il est clair que $N(\phi)$ est stable pour les translations à droite et à gauche, ainsi que pour le crochet et l'opération de puissance p-ème. D'après le Lemme 4, a), on a donc $N(\phi) = \mathfrak{n} \otimes_k K$, avec $\mathfrak{n} = N(\phi) \cap \mathfrak{t}(G)$. Si $X \in \mathfrak{n}$, le vecteur tangent à l'origine X_e déterminé par le champ de vecteurs X est évidemment dans le noyau de $\mathfrak{t}(\phi)$. Réciproquement, soit X un champ de vecteurs invariant à gauche, et tel que $X_e \in \mathfrak{n}(\phi)$; par translation, on voit que X appartient en tout point de G au noyau de l'application tangente à ϕ, ce qui signifie que X appartient à $N(\phi)$; on a donc $\mathfrak{n} = \mathfrak{n}(\phi)$. En appliquant le Lemme 4, b), c), on voit alors que $\mathfrak{n}(\phi)$ est une p-sous-algèbre de Lie stable pour la représentation adjointe.

(Noter que le fait que $\mathfrak{n}(\phi)$ est stable pour la représentation adjointe implique que $\mathfrak{n}(\phi)$ est un *idéal* de $\mathfrak{t}(G)$, sans qu'il y ait équivalence entre ces propriétés).

Nous dirons que $\phi: G \rightarrow G'$ est une *isogénie radicielle* si l'extension K/K' est radicielle, c'est-à-dire si K' contient K^{p^n} pour n assez grand. Il revient au même de dire que ϕ est *bijective*, vu les propriétés connues des revêtements. L'isogénie sera dite *de hauteur 1* si l'on a $K' \supset K^p$. Le corps K^p correspond à l'isogénie "de Frobenius" $G \rightarrow G^p$, où G^p désigne la variété déduite de G par l'automorphisme $x \rightarrow x^p$ du domaine universel (au point de vue de la théorie des faisceaux, la variété G^p peut être définie comme ayant les mêmes points et la même topologie de Zariski que G, et comme faisceau d'anneaux le faisceau des puissances p-èmes de $\mathcal{O}_G$). Si $\phi : G \to G'$ est une isogénie de hauteur 1, on a donc une factorisation $G \xrightarrow{\phi} G' \to G^p$, et G' est *la normalisée de G^p dans l'extension K'/K^p* (pour les propriétés de la normalisation des variétés, voir par exemple [15], Chap. V, §§ 3, 4). La connaissance du corps K' détermine donc de manière unique l'isogénie ϕ, à un isomorphisme près, et tout revient à caractériser les corps K', avec $K \supset K' \supset K^p$, qui correspondent à des isogénies. On a tout d'abord:

LEMME 6. *Pour qu'un sous-corps K' de K, contenant K^p, corresponde à une isogénie, il faut et il suffit qu'il soit stable par les translations à gauche et à droite par les éléments de G.*

La nécessité est triviale, démontrons la suffisance. Soit G' la normalisée de G^p dans K'/K^p; tout revient à montrer que l'application $(x, y) \to xy^{-1}$ de $G \times G$ dans G définit par passage au quotient une application régulière $G' \times G' \to G'$, car on en déduira la loi de groupe de G'. Il suffit même de démontrer que $G' \times G' \to G'$ est une application rationnelle, en vertu des propriétés de la normalisation (cf. [15], Chap. V, § 3).

Nous noterons $K \circ K$ le corps des fonctions rationnelles de $G \times G$; c'est le corps des fractions de l'anneau d'intégrité $K \otimes_k K$; même chose pour $K' \circ K'$. Il nous faut démontrer que, si $f \in K'$, la fonction rationnelle $g(x, y) = f(xy^{-1})$ appartient à $K' \circ K'$. On a en tout cas $g \in K \circ K$, d'où:

$$g(x, y) = [\sum_{i=1}^{i=n} a_i(x) \otimes b_i(y)]/c(x, y), \quad \text{avec} \quad c \in K \otimes K.$$

Quitte à remplacer c par sa puissance p-ème, on peut supposer $c \in K' \otimes K'$; de plus, si l'on prend n minimum, les a_i et les b_i sont linéairement indépendants sur k. Soit U un ouvert non vide de G tel que les fonctions b_i soient régulières sur U, et que $c(x, y)$ soit une fonction rationnelle de x (non identique à ∞) pour tout $y \in U$. Les fonctions b_i sont linéairement indépendantes sur U, et il existe donc des points $y_1, \cdots, y_n \in U$ tels que la matrice $c_{ij} = b_i(y_j)$ soit inversible. Le système linéaire

$$c(x, y_j) \cdot f(xy_j^{-1}) = \sum_{i=1}^{i=n} c_{ij} a_i(x), \qquad j = 1, \cdots, n,$$

montre alors que les $a_i(x)$ sont combinaisons linéaires des fonctions $c(x, y_j) \cdot f(xy_j^{-1})$; puisque K' est invariant à droite, ces dernières fonctions appartiennent à K'. On a donc $a_i \in K'$ pour tout i, et de même $b_i \in K'$ pour tout i, cqfd.

Nous pouvons maintenant appliquer la *théorie de Jacobson* pour les extensions radicielles de hauteur 1 (cf. [14] ainsi que [11], § 1) : d'après cette théorie, les corps K' tels que $K \supset K' \supset K^p$ correspondent bijectivement aux K-sous-espaces vectoriels N de $\Delta(K)$ qui sont stables pour le crochet et la puissance p-ème. (De façon plus précise, K' et N sont annulateurs l'un de l'autre pour l'application canonique de $K \times \Delta(K)$ dans K.) Le corps K' est donc invariant à droite et à gauche si et seulement si N l'est, c'est-à-dire (Lemme 4) si N est de la forme $\mathfrak{n} \otimes_k K$, où $\mathfrak{n}$ est une p-sous-algèbre de Lie de $\mathfrak{t}(G)$ stable pour la représentation adjointe. On obtient donc finalement :

THÉORÈME 3. *Les classes d'isogénies radicielles $G \to G'$ de hauteur 1 correspondent bijectivement aux p-sous-algèbres de Lie de $\mathfrak{t}(G)$ qui sont stables pour la représentation adjointe.*

De plus, le Lemme 5 montre que la sous-algèbre $\mathfrak{n}(\phi)$ qui correspond à une isogénie ϕ n'est autre que le noyau de l'application tangente à ϕ à l'origine.

Si $\mathfrak{n}$ est une p-sous-algèbre de Lie de $\mathfrak{t}(G)$ stable pour la représentation adjointe, nous désignerons par $G/\mathfrak{n}$ le groupe G' qui lui est associé ; au point de vue ensembliste, on a $G' = G$, mais les fonctions rationnelles (resp. régulières) sur G' sont les fonctions rationnelles (resp. régulières) sur G qui sont annulées par les dérivations invariantes appartenant à $\mathfrak{n}$. D'après la théorie de Jacobson, le *degré* $\nu(\phi) = [K : K']$ de l'isogénie est égal à $p^{\dim . \mathfrak{n}}$.

Si l'on prend $\mathfrak{n} = 0$, on trouve $G/\mathfrak{n} = G$; si l'on prend $\mathfrak{n} = \mathfrak{t}(G)$, on trouve $G/\mathfrak{n} = G^p$; ce sont les deux cas extrêmes. Il peut se faire que $\mathfrak{t}(G)$ n'admette pas d'autre p-sous-algèbre de Lie, stable pour la représentation adjointe ; c'est par exemple le cas si $\mathfrak{t}(G)$ est une algèbre de Lie simple.

Si $\theta : G \to H$ est un homomorphisme, et si le noyau de l'application tangente à θ contient $\mathfrak{n}$, on peut factoriser θ en $G \to G/\mathfrak{n} \to H$: cela résulte du Lemme 5 et de la caractérisation des fonctions rationnelles sur $G/\mathfrak{n}$.

Remarques. 1) Soit $\mathfrak{n}$ une p-sous-algèbre de Lie de $\mathfrak{t}(G)$, non nécessairement stable pour la représentation adjointe ; on peut encore définir $G/\mathfrak{n}$ et montrer que la loi de composition de G définit par passage au quotient une application régulière $G \times G/\mathfrak{n} \to G/\mathfrak{n}$, d'où une structure d'*espace homogène* sur $G/\mathfrak{n}$.

2) Comme on l'a dit dans l'introduction, le Théorème 3 est essentiellement dû à Barsotti ([3], § 2), à cela près qu'il se bornait au cas des groupes commutatifs (mais il considérait des isogénies radicielles de hauteur quel-

conque). Les résultats de Barsotti ont été généralisés par Cartier; voir sa note [6], dont il faut toutefois corriger légèrement les énoncés (sauf celui du Th. 3).

6. Application à la variété d'Albanese. Soit $f: V \to G$ une application rationnelle d'une variété irréductible V dans un groupe algébrique commutatif G, également irréductible.

THÉORÈME 4. *Les deux propriétés suivantes sont équivalentes:*

(i) *Il est impossible de factoriser f en $V \to G_1 \to G$, où $V \to G_1$ est une application rationnelle, et où $G_1 \to G$ est une isogénie radicielle de hauteur 1 non triviale (i.e. de degré $\neq 1$).*

(ii) *Pour toute forme différentielle ω de degré 1 sur G, invariante par translation, et non nulle, on a $f^*(\omega) \neq 0$.*

Soit $\Omega(G)$ l'espace vectoriel des formes différentielles de degré 1 sur G qui sont invariantes par translation; c'est le dual de l'algèbre de Lie $\mathfrak{t}(G)$. On observera que, puisque G est supposé commutatif, la représentation adjointe de G dans $\mathfrak{t}(G)$ est triviale, de même que le crochet; vu la dualité entre crochet et différentielle extérieure, on a $d\omega = 0$ pour tout $\omega \in \Omega(G)$. Ainsi, *l'opération de Cartier C* est définie pour tout $\omega \in \Omega(G)$, et l'on a $C(\omega) \in \Omega(G)$, cf. [5]; cette opération est transposée de l'opération de puissance p-ème dans $\mathfrak{t}(G)$, *loc. cit.*, formule (6).

Montrons maintenant que (ii) $\Rightarrow$ (i), et soit $V \to G_1 \to G$ une factorisation de f, où ϕ: $G \to G$ est une isogénie radicielle de hauteur 1 avec $\nu(\phi) \neq 1$. L'application $\mathfrak{t}(\phi): \mathfrak{t}(G_1) \to \mathfrak{t}(G)$ a un noyau non nul, donc n'est pas surjective, et il existe une forme linéaire non nulle ω sur $\mathfrak{t}(G)$ qui s'annule sur l'image de $\mathfrak{t}(G_1)$; on a $\phi^*(\omega) = 0$, d'où *a fortiori* $f^*(\omega) = 0$ et cette contradiction montre bien que (ii) $\Rightarrow$ (i).

Inversement, supposons (i) vérifié, et soit $\mathfrak{n}^*$ le sous-espace de $\Omega(G)$ formé des différentielles ω telles que $f^*(\omega) = 0$. La formule $Cf^* = f^*C$ montre que $\mathfrak{n}^*$ est stable par l'opération de Cartier C, donc que l'orthogonal $\mathfrak{n}$ de $\mathfrak{n}^*$ dans $\mathfrak{t}(G)$ est stable par l'opération de puissance p-ème. Soit $G_2 = G/\mathfrak{n}$, et soit g l'application composée $V \to G \to G_2$; si $\omega' \in \Omega(G_2)$ l'image réciproque de ω' par $G \to G_2$ s'annule sur $\mathfrak{n}$, donc appartient à $\mathfrak{n}^*$, d'où $g^*(\omega') = 0$. Comme $\Omega(G_2)$ engendre en chaque point de G_2 l'espace des covecteurs tangents, on en conclut que l'application linéaire tangente à g est triviale en tout point de V où elle est définie, i.e. sur tout ouvert U de V formé de points simples et sur lequel g est régulière. Soient alors $x \in U$, $y = g(x)$, et soit $\theta \in \mathfrak{O}_y(G_2)$; du fait que $g^*(d\theta) = 0$, la fonction $\theta \circ g$ est une puissance p-ème dans $\mathfrak{O}_x(V)$. Munissons alors G_2 du faisceau d'anneaux formé par les puissances p^{-1}-èmes des éléments de $\mathfrak{O}(G_2)$; on obtient ainsi $(G_2)^{p^{-1}}$ (cf. n°. 5), et ce qui précède montre que $g: V \to G_2$ est en fait une application régulière de V dans $(G_2)^{p^{-1}}$. Mais l'isogénie $G_2 \to G^p$ donne naissance à une isogénie $(G_2)^{p^{-1}} \to G$, et l'on a ainsi obtenu une factorisation de f "à travers" $(G_2)^{p^{-1}}$. Vu (i), cette isogénie doit être triviale, i. e. on doit avoir $(G_2)^{p^{-1}} = G$, ou $G_2 = G^p$, c'est-à-dire $\mathfrak{n} = \mathfrak{t}(G)$ ou encore $\mathfrak{n}^* = 0$, et (ii) est bien vérifié, cqfd.

Exemple. Soit A la *variété d'Albanese* de V; l'application canonique $f: V \to A$ vérifie évidemment (i), et le Théorème 4 redonne un résultat d'Igusa [12].[2]

Supposons en particulier que V soit *complète* et *normale*, et désignons par $H^0(V, \Omega^1)$ l'espace vectoriel des formes différentielles de degré 1 sur V qui n'ont pas de diviseur polaire; l'application $\omega \to f^*(\omega)$ est un homomorphisme de $\Omega(A)$ dans $H^0(V, \Omega^1)$ et est injectif d'après ce que l'on vient de voir; on obtient ainsi l'inégalité $h^{1,0} \geqq \dim. A$.

Remarques. 1) En fait, le Théorème 4 peut servir à démontrer *l'existence* de la variété d'Albanese de V. Indiquons rapidement comment:

Soit $g: V \to B$ une application rationnelle de V dans une variété abélienne B; on peut chercher à factoriser g en $V \to A \to B$, où $A \to B$ est une isogénie. Si l'on suppose que V engendre B, on voit aisément qu'il existe une factorisation *maximale* $V \to A \to B$; l'application $V \to A$ vérifie alors (i), et le Th. 4 montre que $\dim. A \leqq h^{1,0}$. On obtient ainsi une majoration de $\dim. B = \dim. A$ qui remplace la majoration par le genre de la courbe générique ([16], Chap. II, § 3). L'existence de la variété d'Albanese en résulte immédiatement (*loc. cit.*).

2) On observera que la condition (ii) ne signifie nullement que f soit une application *séparable*, c'est-à-dire correspondant à une extension de corps qui soit séparable: on sait que c'est inexact même pour l'application canonique de V dans sa variété d'Albanese. En voici un exemple simple: partons d'une variété abélienne A, de dimension 2, de corps des fonctions K, et soient $x, y \in K$ deux fonctions qui soient des paramètres uniformisants à l'élément neutre de A. Soit K' le sous-corps de K engendré par K^p et par l'élément $z = xy$; soit V la normalisée de A^p dans l'extension K'/K^p. On a des applica-

[2] Cette démonstration ne vaut qu'en caractéristique $p \neq 0$. En caractéristique zéro le théorème d'Igusa résulte simplement de ce que $\phi(V)$ *engendre* A.

tions canoniques $A \to V \to A^p$, et $[K : K'] = [K' : K^p] = p$; il s'ensuit que la variété d'Albanese de V est ou bien V ou bien A^p; mais on voit facilement que V a un point singulier à l'origine, donc V ne peut pas être une variété abélienne, et sa variété d'Albanese est A^p, ce qui fournit l'exemple cherché.

§ 3. Représentations *p*-adiques.

7. Les groupes Ext(A, B). Dans ce nº , nous allons résumer un certain nombre de définitions et de résultats élémentaires sur les extensions de groupes algébriques (commutatifs). Pour plus de détails, le lecteur pourra se reporter à [19], § 2 (et aussi à [2], dont le point de vue est toutefois assez différent).

Soient A, B, C trois groupes algébriques commutatifs, non nécessairement connexes. Une suite exacte d'homomorphismes (rationnels, ou réguliers, c'est la même chose) :

$$0 \to B \to C \to A \to 0 \tag{1}$$

est dite *strictement exacte* si B s'identifie à un sous-groupe de C (muni de la structure algébrique induite), et si A s'identifie au groupe quotient C/B (muni de la structure algébrique quotient). Il revient au même de dire que $B \to C$ et $C \to A$ sont *séparables*, ou encore que la suite d'algèbres de Lie:

$$0 \to \mathfrak{t}(B) \to \mathfrak{t}(C) \to \mathfrak{t}(A) \to 0 \tag{2}$$

est une suite exacte (d'espaces vectoriels).

Une suite strictement exacte (1) est appelée une *extension* de A par B; la notion d'isomorphisme de deux extensions a un sens clair; l'ensemble des classes d'extensions de A par B est noté $\mathrm{Ext}(A, B)$. On munit $\mathrm{Ext}(A, B)$ d'une loi de composition par le procédé classique de Baer [1] : si C et C' sont deux extensions, on désigne par D le sous-groupe de $C \times C'$ image réciproque de la diagonale de $A \times A$, et par Q le sous-groupe de D formé des couples $(b, -b)$, $b \in B$; on constate alors que le quotient D/Q forme de façon naturelle une extension de A par B, qui est dite somme des deux extensions données. Les raisonnements de Baer s'appliquent presque sans changement, et montrent que $\mathrm{Ext}(A, B)$ est un *groupe abélien* (la seule difficulté supplémentaire est qu'il faut montrer que l'on a bien des suites *strictement* exactes, mais c'est chaque fois évident sur les applications tangentes).

Si $f : A' \to A$ est un homomorphisme, et si C est une extension de A par B, on définit $f^*(C) \in \mathrm{Ext}(A', B)$ comme le sous-groupe de $A' \times C$ formé des couples (a', c) tels que a' et c aient même image dans A. On vérifie que $f^*: \mathrm{Ext}(A,B) \to \mathrm{Ext}(A',B)$ est un homomorphisme, et que l'on a les formules $1^* = 1$, $(fg)^* = g^*f^*$, $(f+f')^* = f^* + f'^*$; ainsi, $\mathrm{Ext}(A,B)$ est un *foncteur contravariant additif* en A.

De même, tout homomorphisme $s: B \to B'$ définit un homomorphisme $s_*: \mathrm{Ext}(A,B) \to \mathrm{Ext}(A,B')$, et l'on montre que $\mathrm{Ext}(A,B)$ est un *foncteur covariant additif* en B. Si $f: A' \to A$ est un homomorphisme, on a $f^*s_* = s_*f^*$, ce qui montre que $\mathrm{Ext}(A,B)$ est *biadditif*.

Si A et B sont deux groupes algébriques commutatifs, on note $\mathrm{Hom}(A,B)$ le groupe des homomorphismes (réguliers) de A dans B.

Soit maintenant $0 \to A' \to A \to A'' \to 0$ une suite strictement exacte, et soit $\phi \in \mathrm{Hom}(A',B)$; on a $\phi_*(A) \in \mathrm{Ext}(A'',B)$, et l'on obtient ainsi un homomorphisme $d: \mathrm{Hom}(A',B) \to \mathrm{Ext}(A'',B)$. Cet homomorphisme de "bord," combiné avec les homomorphismes fonctoriels associés à $A' \to A$ et $A \to A''$, fournit une *suite exacte*:

$$(3) \quad 0 \to \mathrm{Hom}(A'',B) \to \mathrm{Hom}(A,B) \to \mathrm{Hom}(A',B) \xrightarrow{d} \mathrm{Ext}(A'',B) \to \mathrm{Ext}(A,B) \to \mathrm{Ext}(A',B).$$

De même, on associe à toute suite strictement exacte $0 \to B' \to B \to B'' \to 0$ une *suite exacte*:

$$(4) \quad 0 \to \mathrm{Hom}(A,B') \to \mathrm{Hom}(A,B) \to \mathrm{Hom}(A,B'') \xrightarrow{d} \mathrm{Ext}(A,B') \to \mathrm{Ext}(A,B) \to \mathrm{Ext}(A,B'').$$

8. Comportement de $\mathrm{Ext}(A,B)$ par isogénie radicielle de hauteur 1. Soient A et B deux groupes algébriques commutatifs connexes, et soit $\mathfrak{n}$ une p-sous-algèbre de Lie de $\mathfrak{t}(A)$, c'est-à-dire un sous-espace vectoriel de $\mathfrak{t}(A)$ stable pour la puissance p-ème. On a défini au n°. 5 l'isogénie radicielle $A \to A/\mathfrak{n}$; à cette isogénie nous allons associer une *suite exacte* (analogue à la suite (3) du n°. 7):

$$(5) \quad 0 \to \mathrm{Hom}(A/\mathfrak{n},B) \to \mathrm{Hom}(A,B) \to \mathrm{Hom}(\mathfrak{n},\mathfrak{t}(B)) \xrightarrow{d} \mathrm{Ext}(A/\mathfrak{n},B) \to \mathrm{Ext}(A,B) \to \mathrm{Ext}(\mathfrak{n},\mathfrak{t}(B)).$$

Il faut d'abord préciser que $\mathrm{Hom}(\mathfrak{n},\mathfrak{t}(B))$ et $\mathrm{Ext}(\mathfrak{n},\mathfrak{t}(B))$ sont pris au sens de la catégorie des *espaces vectoriels munis d'une opération de puissance p-ème* (i.e. des p-algèbres de Lie abéliennes); par exemple, un élément de $\mathrm{Hom}(\mathfrak{n},\mathfrak{t}(B))$ est une application linéaire de $\mathfrak{n}$ dans $\mathfrak{t}(B)$ qui commute avec la puissance p-ème. Tout homomorphisme de A dans B définit un homomorphisme de $\mathfrak{t}(A)$ dans $\mathfrak{t}(B)$, d'où, par restriction, un homomorphisme de $\mathfrak{n}$ dans $\mathfrak{t}(B)$. Les homomorphismes $\mathrm{Hom}(A,B) \to \mathrm{Hom}(\mathfrak{n},\mathfrak{t}(B))$ et $\mathrm{Ext}(A,B) \to \mathrm{Ext}(\mathfrak{n},\mathfrak{t}(B))$ sont définis de façon évidente. Quant à l'homomorphisme "bord" d: $\mathrm{Hom}(\mathfrak{n},\mathfrak{t}(B)) \to \mathrm{Ext}(A/\mathfrak{n},B)$ il est défini ainsi: soit $\phi \in \mathrm{Hom}(\mathfrak{n},\mathfrak{t}(B))$, et soit $\mathfrak{n}_\phi$ le sous-espace de $\mathfrak{t}(A) \times \mathfrak{t}(B) = \mathfrak{t}(A \times B)$ formé par les couples $(X, \phi(X))$, où X parcourt $\mathfrak{n}$. Il est clair que $\mathfrak{n}_\phi$ est une p-sous-algèbre de Lie de $\mathfrak{t}(A \times B)$, ce qui permet de définir $C_\phi = (A \times B)/\mathfrak{n}_\phi$; les homomorphismes canoniques $B \to A \times B$ et $A \times B \to A/\mathfrak{n}$ définissent des homomorphismes $B \to C_\phi$ et $C_\phi \to A/\mathfrak{n}$, et l'on vérifie immédiatement que la suite

$$0 \to B \to C_\phi \to A/\mathfrak{n} \to 0$$

est strictement exacte. On a ainsi obtenu l'application

$$d: \mathrm{Hom}(\mathfrak{n},\mathfrak{t}(B)) \to \mathrm{Ext}(A/\mathfrak{n},B)$$

cherchée; on vérifie que c'est un homomorphisme.

Il reste maintenant à démontrer l'exactitude de la suite (5); jusqu'à $\mathrm{Hom}(\mathfrak{n},\mathfrak{t}(B))$ elle est triviale. Pour $\mathrm{Hom}(\mathfrak{n},\mathfrak{t}(B))$, on doit montrer que les conditions "C_ϕ est isomorphe à $A/\mathfrak{n} \times B$" et "ϕ est la restriction à $\mathfrak{n}$ d'un homomorphisme de A dans B" sont équivalentes. Tout d'abord, si ϕ se prolonge en $g: A \to B$, l'application $a \to (a, g(a))$ de A dans $A \times B$ applique $\mathfrak{n}$ dans $\mathfrak{n}_\phi$, donc définit par passage au quotient un homomorphisme $A/\mathfrak{n} \to C_\phi$ qui est une section; on a donc bien $C_\phi = A/\mathfrak{n} \times B$. Inversement, si l'extension C_ϕ est triviale, il y a une "rétraction" $r: C \to B$ qui est l'identité sur B, et, en composant r avec l'application naturelle de A dans C_ϕ, on trouve un homomorphisme $g: A \to B$ qui prolonge $-\phi$.

Soit $\phi \in \mathrm{Hom}(\mathfrak{n},\mathfrak{t}(B))$; par construction, il existe un homomorphisme $A \to C_\phi$ relevant la projection $A \to A/\mathfrak{n}$; donc C_ϕ appartient au noyau de $\mathrm{Ext}(A/\mathfrak{n},B) \to \mathrm{Ext}(A,B)$. Inversement, si C est un élément de ce noyau, il existe un homomorphisme $k: A \to C$ relevant $A \to A/\mathfrak{n}$; la restriction de $-k$ à $\mathfrak{n}$ est un homomorphisme ϕ de $\mathfrak{n}$ dans $\mathfrak{t}(G)$; soit C_ϕ l'extension de $A/\mathfrak{n}$ par B associée à ϕ. L'application $(a,b) \to k(a) + b$ est un homomorphisme de $A \times B$ dans C dont la restriction à $\mathfrak{n}_\phi$ est nulle; par passage au quotient, elle définit un homomorphisme $s: C_\phi \to C$ qui est l'identité sur B et définit par passage au quotient l'identité sur $A/\mathfrak{n}$; les deux extensions C et C_ϕ sont donc isomorphes, ce qui démontre l'exactitude de (5) en $\mathrm{Ext}(A/\mathfrak{n},B)$.

Soit $C \in \mathrm{Ext}(A/\mathfrak{n},B)$, et soit $E \in \mathrm{Ext}(A,B)$ l'image réciproque de C par $A \to A/\mathfrak{n}$; par définition, E est le noyau de l'homomorphisme $A \times C \to A/\mathfrak{n}$ différence des homomorphismes $A \to A/\mathfrak{n}$ et $C \to A/\mathfrak{n}$. L'application

$\mathfrak{t}(A \times C) \rightarrow \mathfrak{t}(A/\mathfrak{n})$ étant surjective, la suite $0 \rightarrow E \rightarrow A \times C \rightarrow A/\mathfrak{n} \rightarrow 0$ est strictement exacte, et $\mathfrak{t}(E)$ s'identifie au noyau de $\mathfrak{t}(A) \times \mathfrak{t}(C) \rightarrow \mathfrak{t}(A/\mathfrak{n})$; il s'ensuit que $\mathfrak{t}(E)$ contient $\mathfrak{n} \times \{0\}$, et que l'élément de $\mathrm{Ext}(\mathfrak{n}, \mathfrak{t}(B))$ défini par E est trivial. Inversement, soit E une extension de A par B jouissant de cette propriété, et soit $\theta \colon \mathfrak{n} \rightarrow \mathfrak{t}(E)$ une "section" (compatible avec la puissance p-ème) ; si l'on pose $C = E/\theta(\mathfrak{n})$, on vérifie tout de suite que $C \in \mathrm{Ext}(A/\mathfrak{n}, B)$ et que l'image de C dans $\mathrm{Ext}(A, B)$ n'est autre que E, ce qui achève de démontrer l'exactitude de la suite (5).

9. Comparaison de Ext(A, B) avec la cohomologie de A. Nous allons maintenant reprendre, en les complétant sur quelques points, les résultats de [19], § 3. Dans tout ce qui suit, A désigne une *variété abélienne*, et B un groupe linéaire commutatif et connexe. Les deux cas que nous avons principalement en vue sont les suivants:

a) $B = G_m$, groupe *multiplicatif*,

b) $B = W_n$, groupe additif des *vecteurs de Witt* de longueur n (pour $n = 1$, c'est le groupe *additif* G_a).

Soit $\mathcal{B}$ le faisceau des germes d'applications régulières de A dans B; le groupe $H^1(A, \mathcal{B})$ n'est autre que le groupe des classes d'espaces fibrés principaux (localement triviaux) de base A et de groupe structural B. Toute extension C de A par B définit un tel espace fibré: on sait en effet ([2], Lemme 3.2 ainsi que [17], Th. 10) qu'il existe une section rationnelle $A \rightarrow C$, d'où par translation l'existence d'une section régulière en un point donné de A, ce qui montre bien que C est localement trivial. On obtient ainsi une application canonique $\theta \colon \mathrm{Ext}(A, B) \rightarrow H^1(A, \mathcal{B})$ dont on vérifie tout de suite que c'est un homomorphisme.

Lemme 7. *L'application θ est injective.*

Soit C une extension de A par B qui soit triviale en tant qu'espace fibré, c'est-à-dire qui possède une section régulière $s \colon A \rightarrow C$. Quitte à effectuer une translation, on peut supposer que $s(0) = 0$. Soit A' le sous-groupe de C engendré par $s(A)$; comme A est complète et s régulière, $s(A)$ est complète et il en est de même de A', donc aussi de $A \cap B$; comme B est une variété affine, on a donc $\dim.(A' \cap B) = 0$, d'où $\dim. A' = \dim. A = \dim. s(A)$ et $A' = s(A)$. Ainsi s est un homomorphisme, cqfd.

Remarque. Le raisonnement précédent (dû à Rosenlicht, [19], Prop. 9) démontre en fait ceci: soit V une variété complète et non singulière, et soit

$\phi: V \to A$ l'application canonique de V dans sa variété d'Albanese. L'application composée $\mathrm{Ext}(A,B) \to H^1(A,\mathcal{B}) \to H^1(V,\mathcal{B})$ est alors *injective* (le second homomorphisme étant ϕ^*). C'est là un résultat analogue à celui d'Igusa (cf. n°. 6), et qui fournit l'inégalité $\dim. A \leqq h^{0,1}$ (et même $\dim. A \leqq \dim. Z_\infty{}^1$, avec les notations de [22], n°. 7).

Soient maintenant p_1 et p_2 les deux projections de $A \times A$ sur A, et soit $s = p_1 + p_2$.

LEMME 8. *Pour qu'un élément $x \in H^1(A,\mathcal{B})$ appartienne à l'image de θ, il faut et il suffit qu'il soit "primitif," c'est-à-dire qu'il vérifie la relation:*

$$s^*(x) = p_1{}^*(x) + p_2{}^*(x) \text{ dans } H^1(A \times A, \mathcal{B}).$$

La nécessité résulte de ce que $\mathrm{Ext}(A,B)$ est un foncteur *additif* de A. Supposons inversement que E soit un espace fibré principal, de base A et de groupe structural B, correspondant à un élément primitif de $H^1(A,\mathcal{B})$. Cette dernière hypothèse revient à dire qu'il existe une application régulière $g: E \times E \to E$, vérifiant la formule

$$g(e+b, e'+b') = g(e,e') + b + b',$$

et définissant par passage au quotient l'application $s: A \times A \to A$. Quitte à effectuer une translation, on peut en outre supposer que, pour un point $0 \in E$ se projetant au point 0 de A, on a $g(0,0) = 0$. Tout revient alors à montrer que la loi de composition g fait de E un groupe commutatif qui est une extension de A par B. Vérifions par exemple la commutativité de g: si $e, e' \in E$, $g(e,e')$ et $g(e',e)$ ont même image dans A, et l'on peut écrire: $g(e,e') = g(e',e) + k(e,e')$, où k est une application de $E \times E$ dans B; on voit facilement que k est régulière, et que $k(e+b, e'+b') = k(e,e')$, $b, b' \in B$; donc k définit par passage au quotient une application régulière $A \times A \to B$ qui ne peut être que constante, puisque $A \times A$ est complète et B affine; comme de plus $k(0,0) = 0$, on voit donc que $k(e,e') = 0$ pour tout couple (e,e'), ce qui démontre bien la commutativité de g. Les autres vérifications se font de manière analogue.

Les deux lemmes précédents nous permettent d'identifier $\mathrm{Ext}(A,B)$ au sous-groupe de $H^1(A,\mathcal{B})$ formé des *éléments primitifs*. Nous allons maintenant déterminer ce sous-groupe dans les deux cas particuliers indiqués plus haut:

Cas a). On a $B = G_m$, et le groupe $H^1(A,\mathcal{B})$ n'est autre que le groupe $D(A)$ des *classes de diviseurs* de la variété A, pour l'équivalence linéaire. Dire que la classe d'un diviseur X est un élément primitif de $D(A)$ signifie que l'on a $s^{-1}(X) \sim p_1^{-1}(X) + p_2^{-1}(X) = X \times A + A \times X$ sur $A \times A$, autrement dit que $X \equiv 0$ au sens de Weil [23], p. 107 (cf. aussi [16], Chap. IV). Nous désignerons par $P(A)$ le sous-groupe de $D(A)$ formé par les classses de tels diviseurs; d'après les Lemmes 7 et 8, on a $P(A) = \mathrm{Ext}(A, G_m)$, résultat dû à Weil [24].

On sait (cf. par exemple [16]) que $P(A)$ contient le sous-groupe A^* de $D(A)$ formé des classes de diviseurs *algébriquement équivalents à zéro*, le quotient $P(A)/A^*$ étant le *groupe de torsion* de A. En fait, Barsotti [3] a démontre que ce groupe est toujours nul, i.e. que $P(A) = A^*$; nous donnerons au n°. 10 une autre démonstration de ce fait.

Cas b). On a $B = W_n$, et le faisceau $\mathcal{B}$ n'est autre *que* le faisceau $\mathcal{B}\mathcal{W}_n$ considéré au n°. 3. *Tout élément de* $H^1(A, \mathcal{W}_n)$ *est primitif*. En effet, il suffit de montrer que $H^1(A \times A, \mathcal{W}_n)$ est égal à $H^1(A, \mathcal{W}_n) \times H^1(A, \mathcal{W}_n)$; pour $n = 1$, cela résulte de la formule de Künneth (n°. 1), et on va raisonner par récurrence sur n, en utilisant la suite exacte $0 \to \mathcal{W}_{n-1} \to \mathcal{W}_n \to \mathcal{O} \to 0$. Les deux injections canoniques de A dans $A \times A$ définissent un homomorphisme

$$i^*: H^1(A \times A, \mathcal{W}_n) \to H^1(A, \mathcal{W}_n) \times H^1(A, \mathcal{W}_n);$$

les deux projections canoniques de $A \times A$ sur A définissent un homomorphisme

$$p^*: H^1(A, \mathcal{W}_n) \times H^1(A, \mathcal{W}_n) \to H^1(A \times A, \mathcal{W}_n).$$

On a $i^* \circ p^* = 1$, et tout revient à montrer que i^* est injectif. Or on a un diagramme commutatif:

$$\begin{array}{ccccccc}
0 \to & H^1(A \times A, \mathcal{W}_{n-1}) & \to & H^1(A \times A, \mathcal{W}_n) & \to & H^1(A \times A, \mathcal{O}) \\
& \downarrow i^* & & \downarrow i^* & & \downarrow i^* \\
0 \to & H^1(A, \mathcal{W}_{n-1}) \times H^1(A, \mathcal{W}_{n-1}) & \to & H^1(A, \mathcal{W}_n) \times H^1(A, \mathcal{W}_n) & \to & H^1(A, \mathcal{O}) \times H^1(A, \mathcal{O}).
\end{array}$$

Vu l'hypothèse de récurrence les deux flèches verticales extrêmes sont bijectives; la flèche verticale médiane est donc injective, ce qui achève la démonstration.

On obtient finalement $\mathrm{Ext}(A, W_n) = H^1(A, \mathcal{W}_n)$, cf. [19], Th. 1.

10. Effet d'une isogénie sur la cohomologie. Non-existence de torsion. Nous nous proposons de déterminer l'effet d'une isogénie $\phi: A \to A'$ (A et A' étant des variétés abéliennes) sur les groupes $H^1(A, \mathcal{W}_n) = \mathrm{Ext}(A, W_n)$ et $P(A) = \mathrm{Ext}(A, G_m)$. Il est commode d'introduire quatre type "élémentaires" d'isogénies:

type s_1 (resp. s_2) : isogénie séparable $A \to A/N$, où N est un sous-groupe fini de A d'ordre premier à p (resp. d'ordre p).

type i_1 (resp. i_2) : isogénie radicielle $A \to A/\mathfrak{n}$, de hauteur 1, où $\mathfrak{n}$ est un sous-espace vectoriel de $\mathfrak{t}(A)$ ayant une base formée d'un élément X tel que $X^p = 0$ (resp. tel que $X^p = X$).

LEMME 9. *Toute isogénie est un produit d'isogénies appartenant à l'un des types précédents.*

Soit $\phi: A \to A'$ une isogénie quelconque, et soit $\nu(\phi)$ son degré; raisonnons par récurrence sur $\nu(\phi)$, le cas $\nu(\phi) = 1$ étant trivial. Si ϕ est séparable, on a $A' = A/Q$, où Q est un sous-groupe fini de A; si l'ordre de Q est premier à p, ϕ est du type s_1; sinon Q contient un sous-groupe N d'ordre p, et on peut factoriser ϕ en $A \to A/N \to A/Q$; comme le degré de l'isogénie $A/N \to A/Q$ est égal à $\nu(\phi)/p$, on peut lui appliquer l'hypothèse de récurrence. Supposons maintenant que ϕ soit inséparable, et soit $\mathfrak{q}$ le noyau de $\mathfrak{t}(A) \to \mathfrak{t}(A')$; on sait (Lemme 5) que $\mathfrak{q}$ est stable pour la puissance p-ème, et l'on a $\mathfrak{q} \neq 0$ (sinon ϕ serait séparable). La structure des p-algèbres de Lie abéliennes (c'est-à-dire la "réduction de Jordan" des applications p-linéaires) montre alors que $\mathfrak{q}$ contient un sous-espace $\mathfrak{n}$ ayant une base formée d'un élément X tel que $X^p = X$ ou $X^p = 0$ (cf. par exemple [7], n°s. 10, 11). On peut alors factoriser ϕ en $A \to A/\mathfrak{n} \to A'$, et appliquer l'hypothèse de récurrence à $A/\mathfrak{n} \to A'$, cqfd.

En particulier, toute isogénie de degré p est de l'un des types s_2, i_1, ou i_2.

Si $\phi: A \to A'$ est une isogénie, nous noterons ϕ_n^* l'application de $H^1(A', \mathcal{W}_n)$ dans $H^1(A, \mathcal{W}_n)$ définie par ϕ; c'est un Λ-homomorphisme, Λ désignant l'anneau $W(k)$, cf. n°. 3.

LEMME 10. *Si ϕ est de type s_1 ou de type i_2, ϕ_n^* est bijectif. Si ϕ est de type s_2 ou de type i_1, ϕ_n^* a pour noyau et pour conoyau des Λ-modules de longueur* 1.

D'après les Théorèmes 1 et 2, $H^1(A, \mathcal{W}_n)$ est un Λ-module de longueur $n \dim.(A)$, et de même pour $H^1(A', \mathcal{W}_n)$. Comme ϕ_n^* est un Λ-homomorphisme, son noyau et son conoyau ont même longueur, et il suffira de considérer le noyau.

Supposons d'abord ϕ séparable, donc de la forme $A \to A/N$. Tenant compte de ce que $H^1(A, \mathcal{W}_n) = \operatorname{Ext}(A, W_n)$, on peut appliquer la suite exacte des Ext (cf. n°. 7, suite (3)), et l'on obtient la suite exacte:[3]

$$0 \to \operatorname{Hom}(N, W_n) \to H^1(A/N, \mathcal{W}_n) \to H^1(A, \mathcal{W}_n). \tag{6}$$

[3] **Cette suite exacte peut aussi se déduire de la *suite spectrale* de Cartan-Leray du revêtement galoisien $A \to A/N$.**

On est alors ramené à vérifier que $\mathrm{Hom}(N, W_n)$ est un Λ-module de longueur 0 (resp. 1) dans le cas s_1 (resp. s_2), ce qui est évident.

Supposons ensuite ϕ inséparable, donc de la forme $A \to A/\mathfrak{n}$, avec $\mathfrak{n}$ de dimension 1. On peut alors appliquer la suite exacte (5) du n°. 8, et l'on obtient la suite exacte:[4]

$$(7) \qquad 0 \to \mathrm{Hom}(\mathfrak{n}, \mathfrak{t}(W_n)) \to H^1(A/\mathfrak{n}, \mathcal{W}_n) \to H^1(A, \mathcal{W}_n).$$

La structure de la p-algèbre de Lie $\mathfrak{t}(W_n)$ est bien connue (cf. par exemple [7], n°. 16) : elle a une base formée de n éléments $X_1, \cdots, X_n$, avec $X_1{}^p = X_2$, $X_2{}^p = X_3, \cdots, X_n{}^p = 0$. On en déduit bien que $\mathrm{Hom}(\mathfrak{n}, \mathfrak{t}(W_n))$ est de dimension 0 ou 1 (sur k) suivant que ϕ est de type i_2 ou de type i_1, cqfd.

Si $\phi\colon A \to A'$ est une isogénie, nous noterons ${}^t\phi$ l'homomorphisme de $P(A')$ dans $P(A)$ défini par ϕ (cette notation est en accord avec celle utilisée dans la théorie de la variété de Picard, cf. [16], Chap. V, § 1).

Lemme 11. *Si ϕ est de type s_2 ou de type i_1, le noyau de ${}^t\phi$ est nul; si ϕ est de type i_2, ce noyau est d'ordre p; si ϕ est de type s_1, il est fini et d'ordre premier à p. Dans tous les cas, ${}^t\phi$ est surjectif.*

On raisonne comme dans le Lemme 10, en utilisant l'isomorphisme $P(A) = \mathrm{Ext}(A, G_m)$ et les suites exactes (3) et (5). On obtient ainsi, dans le cas séparable, la suite exacte:

$$(8) \qquad 0 \to \mathrm{Hom}(N, G_m) \to P(A/N) \to P(A) \to \mathrm{Ext}(N, G_m).$$

Comme G_m est un groupe *divisible*, $\mathrm{Ext}(N, G_m)$ est nul, et ${}^t\phi$ est surjectif; quant au noyau de ${}^t\phi$, il est isomorphe à $\mathrm{Hom}(N, G_m)$, c'est-à-dire à la composante d'ordre premier à p du groupe des caractères de N; d'où le lemme dans le cas séparable.

Dans le cas inséparable, on a de même une suite exacte:

$$(9) \qquad 0 \to \mathrm{Hom}(\mathfrak{n}, \mathfrak{t}(G_m)) \to P(A/\mathfrak{n}) \to P(A) \to \mathrm{Ext}(\mathfrak{n}, \mathfrak{t}(G_m)).$$

La p-algèbre de Lie $\mathfrak{t}(G_m)$ a comme base l'élément $Y = t\partial/\partial t$, et l'on a $Y^p = Y$; on en déduit que $\mathrm{Hom}(\mathfrak{n}, \mathfrak{t}(G_m))$ est nul (resp. cyclique d'ordre p) si l'on est dans le cas i_1 (resp. i_2), et que, dans tous les cas, $\mathrm{Ext}(\mathfrak{n}, \mathfrak{t}(G_m)) = 0$, cqfd.

Théorème 5. *Une variété abélienne n'a pas de torsion.*

[4] De même que ci-dessus, cette suite exacte peut se déduire d'une *suite spectrale* analogue à celle de Cartan-Leray, où la cohomologie de la p-algèbre de Lie $\mathfrak{n}$ (au sens de Hochschild [10]) remplace la cohomologie des groupes.

(Autrement dit, on a $P(A)=A^*$, ou encore, si X est un diviseur, les relations "$X\equiv 0$" et "X est algébriquement équivalent à zéro" sont équivalentes).

Le groupe A^* des classes de diviseurs algébriquement équivalents à 0 est un sous-groupe de $P(A)$, et l'on sait (cf. [16], Chap. IV, par exemple) qu'il existe un entier $n\geqq 1$ tel que $n\cdot P(A)\subset A^*$. Soit $\phi\colon A\to A$ l'isogénie définie par la multiplication par n; en combinant les Lemmes 9 et 11 on voit que ${}^t\phi\colon P(A)\to P(A)$ est surjectif. Mais $P(A)=\mathrm{Ext}(A,G_m)$ et les foncteurs $\mathrm{Ext}(A,B)$ sont additifs; il s'ensuit que ${}^t\phi$ n'est autre que la multiplication par n (voir aussi [23], Prop. 31), d'où $P(A)=n\cdot P(A)\subset A^*$, cqfd.

Remarque. Comme on l'a indiqué dans l'introduction, le Théorème 5 est dû à Barsotti [3]; la démonstration de Barsotti, assez différente de celle donnée ci-dessus,[5] est basée sur une caractérisation des différentielles "logarithmiques" (voir aussi [5]).

11. Représentations *p*-adiques. Soit A une variété abélienne; on sait ([22], Prop. 4) que $H^1(A,\mathcal{W})=\lim. H^1(A,\mathcal{W}_n)$ est un Λ-module libre de type fini; soit $r(A)$ son rang. Tout homomorphisme $\phi\colon A\to B$ définit un homomorphisme transposé $\phi^*\colon H^1(B,\mathcal{W})\to H^1(A,\mathcal{W})$, limite des $\phi_n{}^*$ considérés au n^o. précédent. On notera que ϕ^* *commute* aux opérations V et F.

Soit d'autre part $A^*=P(A)$ le groupe des classes de diviseurs sur A algébriquement équivalents à zéro (la "variété de Picard" de A); nous noterons $T_p(A^*)$ le "groupe de Tate" de A^* relatif au nombre premier p. Rappelons ([16], Chap. VII, §1) que l'on a $T_p(A^*)=\mathrm{Hom}(\boldsymbol{Q}_p/\boldsymbol{Z}_p,A^*)$; un élément de $T_p(A^*)$ n'est donc pas autre chose qu'une suite $(x_1,\cdots,x_n,\cdots)$, avec $x_i\in A^*$, $px_1=0$, $px_2=x_1$, $px_3=x_2,\cdots$ etc. Si $p^{s(A)}$ est le nombre de points d'ordre p de A^* (ou de A, c'est la même chose, puisque A et A^* sont isogènes), $T_p(A^*)$ est un module libre de rang $s(A)$ sur l'anneau $\boldsymbol{Z}_p$ des entiers p-adiques (*loc. cit.*). Tout homomorphisme $\phi\colon A\to B$ définit un homomorphisme transposé ${}^t\phi\colon T_p(B^*)\to T_p(A^*)$.

On sait que l'anneau $\boldsymbol{Z}_p$ peut être identifié à l'anneau $W(\boldsymbol{F}_p)$ des vecteurs de Witt de longueur infinie sur le corps $\boldsymbol{F}_p$ à p éléments, donc à un sous-anneau de $\Lambda=W(k)$: l'ensemble des éléments de Λ invariants par F. Par extension de l'anneau d'opérateurs, le $\boldsymbol{Z}_p$-module $T_p(A^*)$ définit un Λ-module $T'_p(A^*)$ de même rang $s(A)$.

Enfin, nous désignerons par $L_p(A)$ la somme directe de $H^1(A,\mathcal{W})$ et de $T'_p(A^*)$; c'est un Λ-module libre de rang $r(A)+s(A)$, et, comme chacun

[5] Cette démonstration a également été obtenue par Cartier (non publié).

de ses facteurs, c'est un foncteur contravariant additif en A. Si $\phi\colon A\to B$ est un homomorphisme, nous noterons ϕ' l'homomorphisme de $L_p(B)$ dans $L_p(A)$ qui lui est associé.

THÉORÈME 6. *Soit $\phi\colon A\to B$ une isogénie de degré $\nu(\phi)$, et soit p^k la plus haute puissance de p divisant $\nu(\phi)$. L'application $\phi'\colon L_p(B)\to L_p(A)$ est alors injective, et son conoyau est un Λ-module de longueur finie égale à k.*

Vu le Lemme 9, il suffit de démontrer le théorème dans le cas d'une isogénie "élémentaire." Examinons successivement les quatre cas:

type s_1. Les Lemmes 10 et 11 montrent que $\phi^*\colon H^1(B,\mathfrak{W})\to H^1(A,\mathfrak{W})$ ainsi que ${}^t\phi\colon T_p(B^*)\to T_p(A^*)$ sont bijectifs, et il en est donc de même de ϕ'; comme $k=0$ dans ce cas, le théorème est bien vérifié.

type s_2. D'après le Lemme 10, pour tout $n\geqq 1$, le noyau et le conoyau de $\phi_n{}^*$ sont de longueur 1; par passage à la limite projective, on en déduit que le noyau de ϕ^* est de longueur 0 ou 1 (donc 0 puisque $L_p(B)$ est un module libre), et que le conoyau de ϕ^* est de longueur 1 (les conoyaux s'appliquant les uns sur les autres quand $n\to+\infty$). D'autre part, le Lemme 11 montre que ${}^t\phi$ est bijectif, d'où le théorème, puisqu'ici $k=1$.

type i_1. Même raisonnement que pour le type s_2.

type i_2. Le Lemme 10 montre que ϕ^* est bijectif. D'autre part le Lemme 11 montre que le noyau de ${}^t\phi\colon B^*\to A^*$ est cyclique d'ordre p; on en déduit par le raisonnement usuel ([23], p. 50 ou [16], *loc. cit.*) que ${}^t\phi\colon T_p(B^*)\to T_p(A^*)$ est injectif et que son conoyau est de longueur 1, d'où le théorème, puisqu'ici encore on a $k=1$.

COROLLAIRE 1. *Le rang $r(A)+s(A)$ du Λ-module $L_p(A)$ est égal à* $2.\dim(A)$.

On applique le Théorème 6 à l'isogénie $\phi\colon A\to A$ définie par la multiplication par p. On a $\nu(\phi)=p^{2.\dim(A)}$ ([23], p. 127), et d'autre part le conoyau de ϕ' est $L_p(A)/p\cdot L_p(A)$, qui est un Λ-module de longueur $r(A)+s(A)$.

COROLLAIRE 2. *Soient A et B deux variétés abéliennes de même dimension, et soit ϕ un homomorphisme de A dans B. Si ϕ n'est pas une isogénie, le conoyau de ϕ' n'est pas de longueur finie.*

Soit C l'image de A dans B. On a $\dim. C<\dim. A=\dim. B$. L'application ϕ' se factorise en $L_p(B)\to L_p(C)\to L_p(A)$. D'après le Cor. 1, le rang du Λ-module $L_p(C)$ est strictement inférieur à celui de $L_p(A)$, et le conoyau de ϕ' n'est donc pas de longueur finie.

(On pourrait facilement démontrer que $L_p(B) \to L_p(C)$ est surjectif, mais nous n'aurons pas besoin de ce résultat).

Nous allons maintenant prendre $B = A$, autrement dit considérer des éléments ϕ de l'anneau $\mathcal{A}(A)$ des *endomorphismes* de A. A un tel élément ϕ est attaché l'endomorphisme ϕ' de $L_p(A)$; on a les formules

$$(\phi_1 + \phi_2)' = \phi_1' + \phi_2' \text{ et } (\phi_1\phi_2)' = \phi_2'\phi_1' ;$$

ces formules signifient que $\phi \to \phi'$ est une *anti-représentation* de $\mathcal{A}(A)$ dans $L_p(A)$. Si l'on choisit une base dans $L_p(A)$, on obtient ainsi une représentation de $\mathcal{A}(A)$ par des matrices de degré $2.\dim(A)$ à coefficients dans Λ; nous allons voir que cette représentation est l'analogue p-adique des représentations l-adiques de Weil:

THÉORÈME 7. *Si ϕ est un élément de $\mathcal{A}(A)$, le polynôme caractéristique de ϕ (au sens de Weil,* [23], p. 131) *est égal à celui de l'endomorphisme ϕ' de $L_p(A)$ qui lui est associé. On a en particulier*

$$\nu(\phi) = \det(\phi') \quad et \quad \sigma(\phi) = \mathrm{Tr}(\phi').$$

Soit $D(\phi) = \det(\phi')$; c'est *a priori* un élément de Λ, et nous allons d'abord montrer que c'est un élément de $\mathbf{Z}_p$. Vu la décomposition de $L_p(A)$ en somme directe, on a $D(\phi) = \det(\phi^*) \cdot \det({}^t\phi)$, et il est clair que $\det({}^t\phi)$ appartient à $\mathbf{Z}_p$; reste à voir qu'il en est de même de $\det(\phi^*)$. Soit e_i, $i = 1, \cdots, r(A)$, une base de $H^1(A, \mathcal{W})$; si $\phi^*(e_i) = \sum a_{ij}e_j$, avec $a_{ij} \in \Lambda$, on a, par définition, $\det(\phi^*) = \det(a_{ij})$. Puisque $VF = p$, l'application F de $H^1(A, \mathcal{W})$ dans lui-même est une injection, et les Fe_i sont linéairement indépendants sur Λ. Du fait que ϕ^* commute avec F, on a $\phi^*(Fe_i) = \sum F(a_{ij}) \cdot Fe_i$, et l'on a $\det(\phi^*) = \det(F(a_{ij})) = F(\det(a_{ij})) = F(\det(\phi^*))$, ce qui signifie bien que $\det(\phi^*)$ est un élément de $\mathbf{Z}_p$, et démontre notre assertion.

A partir de là, la démonstration est la même que celle du Th. 36, p. 136, de [23]: le Th. 6 et son Cor. 2 montrent que les relations $\nu(\phi) = 0$ et $D(\phi) = 0$ sont équivalentes et que $D(\phi)$ et $\nu(\phi)$, lorsqu'ils sont non nuls, ont même valuation p-adique; en appliquant le Lemme 12, p. 134, de [23], on en déduit que $D(\phi) = \nu(\phi)$, d'où le théorème.

Remarques.

1). A la différence des représentations l-adiques ($l \neq p$), la représentation p-adique que nous venons d'obtenir est à coefficients dans $\Lambda = W(k)$, et non dans $\boldsymbol{Z}_p$; l'exemple des courbes elliptiques d'invariant de Hasse nul montre d'ailleurs qu'il est impossible d'obtenir une représentation à coefficients dans $\boldsymbol{Z}_p$ ayant la trace voulue.

2). Nous avons construit la représentation précédente comme somme directe de deux représentations. En fait on peut la décomposer de façon canonique en somme directe de *trois facteurs*: chacun des $H^1(A, W_n)$ est somme directe d'un sous-espace $H^1(A, \mathfrak{W}_n)_s$ où F est bijectif, et d'un sous-espace $H^1(A, \mathfrak{W}_n)_n$ où F est nilpotent (décomposition "de Fitting"). Par passage à la limite, on obtient une décomposition $H^1(A, \mathfrak{W})_s + H^1(A, \mathfrak{W})_n$ de $H^1(A, \mathfrak{W})$ qui est évidemment "fonctorielle"; le Λ-module $H^1(A, \mathfrak{W})_s$ est isomorphe à $\mathrm{Hom}(T_p(A), \Lambda)$, comme on peut le voir en utilisant les résultats de [22], § 3. Cette décomposition de $L_p(A)$ en trois facteurs, outre qu'elle fait jouer un rôle plus symétrique à A et A^*, a l'avantage de "séparer" les isogénies des types s_2 et i_1: celles du premier type sont bijectives sur le facteur $H^1(A, \mathfrak{W})_n$, celles du second type sur le facteur $H^1(A, \mathfrak{W})_s$.

COLLÈGE DE FRANCE,
PARIS.

BIBLIOGRAPHIE.

[1] R. Baer, "Erweiterungen von Gruppen und ihren Isomorphismen," *Mathematische Zeitschrift*, vol. 38 (1934), pp. 375-416.

[2] I. Barsotti, "Structure theorems for group varieties," *Annali di Matematica*, vol. 38 (1955), pp. 77-119.

[3] ———, "Abelian varieties over fields of positive characteristic," *Rendiconti del Circolo Matematico di Palermo*, vol. 5 (1956), pp. 1-25.

[4] A. Borel, "Sur la cohomologie des espaces fibrés principaux et des espaces homogènes de groupes de Lie compacts," *Annals of Mathematics*, vol. 57 (1953), pp. 115-207.

[5] P. Cartier, "Une nouvelle opération sur les formes différentielles," *Comptes Rendus*, vol. 244 (1957), pp. 426-428.

[6] ———, "Calcul différentiel sur les variétés algébriques en caractéristique non nulle," *ibid.*, vol. 245 (1957), pp. 1109-1111.

[7] J. Dieudonné, "Lie groups and Lie hyperalgebras over a field of characteristic $p > 0$, II," *American Journal of Mathematics*, vol. 77 (1955), pp. 218-244.

[8] R. Godement, *Topologie algébrique et théorie des faisceaux*, Paris, Hermann, 1958.

[9] H. Hasse, " Existenz separabler zyklischer unverzweigter Erweiterungskörper vom Primzahlgrade p über elliptischen Funktionenkörpern der Charakteristik p," *Journal Crelle*, vol. 172 (1934), pp. 77-85.

[10] G. Hochschild, " Cohomology of restricted Lie algebras," *American Journal of Mathematics*, vol. 76 (1954), pp. 555-580.

[11] ———, " Simple algebras with purely inseparable splitting fields of exponent 1," *Transactions of the American Mathematical Society*, vol. 79 (1955), pp. 477-489.

[12] J. Igusa, "A fundamental inequality in the theory of Picard varieties," *Proceedings of the National Academy of Sciences, U. S. A.*, vol. 41 (1955), pp. 317-320.

[13] N. Jacobson, "Abstract derivation and Lie algebras," *Transactions of the American Mathematical Society*, vol. 42 (1937), pp. 206-224.

[14] ———, " Galois theory of purely inseparable fields of exponent 1," *American Journal of Mathematics*, vol. 66 (1944), pp. 645-648.

[15] S. Lang, *Introduction to algebraic geometry*, Interscience Tracts n° 5, New York, 1958.

[16] ———, *Abelian varieties*, Interscience Tracts, New York, 1958.

[17] M. Rosenlicht, " Some basic theorems on algebraic groups," *American Journal of Mathematics*, vol. 78 (1956), pp .401-443.

[18] ———, "A note on derivations and differentials on algebraic varieties," *Portugaliae Mathematica*, vol. 16 (1957), pp. 43-55.

[19] ———, " Extensions of vector groups by abelian varieties," *American Journal of Mathematics*, vol. 80 (1958), pp. 685-713.

[20] J-P. Serre, " Faisceaux algébriques cohérents," *Annals of Mathematics*, vol. 61 (1955), pp. 197-278.

[21] ———, " Sur la cohomologie des variétés algébriques," *Journal de Mathématiques*, vol. 36 (1957), pp. 1-16.

[22] ———, " Sur la topologie des variétés algébriques en caractéristique p," *Symposium de topologie algébrique*, Mexico, 1956.

[23] A. Weil, *Variétés abéliennes et courbes algébriques*, Paris, Hermann, 1948.

[24] ———, " Variétés abéliennes," *Colloque d'algèbre et théorie des nombres*, Paris, 1949, pp. 125-128.

41.

Classes des corps cyclotomiques (d'après K. Iwasawa)

Séminaire Bourbaki 1958/59, n° 174

1. Énoncé des principaux resultats. Soit p un nombre premier, qui restera fixé dans tout ce qui suit, et soit K_n le corps des racines p^{n+1}-ièmes de l'unité. C'est une extension abélienne de $\mathbf{Q}$; le groupe de Galois $G(K_n/\mathbf{Q})$ est isomorphe au groupe multiplicatif des éléments inversibles de l'anneau $\mathbf{Z}/p^{n+1}\mathbf{Z}$.

Soit h_n l'ordre du groupe des classes d'idéaux de K_n, et soit p^{e_n} la plus grande puissance de p divisant h_n.

Théorème 1 (IWASAWA [2]). *Si $e_1 = 0$ (i.e. si p est un nombre premier «régulier» au sens de Kummer), on a $e_n = 0$ pour tout n.*

Pour $p = 2$, on retrouve un résultat de WEBER (cf. HASSE [1], § 34).

Théorème 2 (IWASAWA [3]). *Pour chaque nombre premier p, il existe des entiers m, l, c avec $m \geq 0$ et $l \geq 0$ tels que:*

$$(*) \qquad e_n = m\,p^n + l\,n + c \quad \textit{pour } n \textit{ assez grand}.$$

Comme on le verra au n° 4, ces deux théorèmes se déduisent d'un théorème de structure pour un certain groupe à opérateurs. Ce groupe se construit ainsi: soit X_n la p-composante du groupe des classes d'idéaux de K_n; c'est un p-groupe abélien fini, d'ordre p^{e_n}, sur lequel opère le groupe de Galois $G(K_n/\mathbf{Q})$ et en particulier son sous-groupe $\Gamma_n = G(K_n/K_0)$. En passant à la limite projective sur n au moyen des homomorphismes $X_{n+1} \to X_n$ définis par la norme, on obtient un p-groupe abélien compact totalement discontinu X, sur lequel opère le groupe $\Gamma = \varprojlim \Gamma_n$, groupe de Galois de L/K_0, où L est la réunion des K_n. Si $p \neq 2$, le groupe Γ_n est cyclique d'ordre p^n, et Γ est isomorphe au groupe additif $\mathbf{Z}_p$ des entiers p-adiques. Pour $p = 2$, il faut utiliser K_1 à la place de K_0.

Dans tout ce qui suit, on notera γ un générateur de Γ, et on posera $\omega_n = 1 - \gamma^{p^n}$. La connaissance du groupe à opérateurs X permet de récupérer X_n, grâce à la formule:

$$(**) \qquad X_n = X/\omega_n X.$$

La structure de X sera déterminée grâce au théorème suivant:

Théorème 3 (IWASAWA [3]). *Soit A la limite projective des algèbres sur $\mathbf{Z}_p$ des groupes Γ_n. Le groupe X est un A-module de type fini et de torsion.*

De tels modules peuvent se décrire complètement («modulo» les groupes finis), et c'est ainsi que l'on aboutit à la définition des entiers l et m. On a

$m = 0$ si et seulement si X est un $\mathbf{Z}_p$-module de type fini; le rang de ce module est alors l, et γ définit une matrice carrée d'ordre l, à coefficients dans $\mathbf{Z}_p$. On ne sait presque rien sur les valeurs propres de cette matrice, et c'est dommage: sur les corps de fonctions, dans la situation analogue, ces valeurs propres sont certains zéros d'une fonction ζ.

Les démonstrations des trois théorèmes qui précèdent utilisent uniquement la théorie du corps de classes (pour interpréter X_n comme le groupe de Galois de la p-extension abélienne non ramifiée maximale de K_n). Dans [4], Iwasawa utilise la formule analytique donnant h_n pour donner un critère permettant d'affirmer que $m > 0$: il faut et il suffit que les nombres de Bernoulli vérifient certaines congruences en nombre infini. Le calcul explicite a été fait, paraît-il, pour les trois premiers nombres irréguliers, $p = 37$, 59 et 67. Dans les trois cas, on a trouvé $m = 0$. Comme dit Iwasawa, cela ne suffit pas pour faire une
1 conjecture...

Signalons que la *limite inductive* des X_n est isomorphe à la p-composante de $H^1(\Omega, \mathscr{F})$, où Ω est l'ensemble des valuations de L (muni d'une topologie convenable), et $\mathscr{F}$ le faisceau des unités. Pour plus de détails, voir [5].

2. Groupes de décomposition et d'inertie. Soit L/K une extension galoisienne, finie ou infinie, de groupe de Galois $G(L/K)$; soit v une valuation de K, et soit w un prolongement de v à L; on sait que tout autre prolongement de v est transformé de w par une opération de $G(L/K)$. Soit A_w l'anneau de w, et soit $\bar{L}_w$ son corps des restes. *Le groupe de décomposition* $D_w(L/K)$ de w est l'ensemble des $\sigma \in G(L/K)$ tels que $\sigma(A_w) = A_w$; le *groupe d'inertie* $T_w(L/K)$ est l'ensemble des $\sigma \in D_w(L/K)$ qui opèrent trivialement sur $\bar{L}_w$. Ces groupes sont *fermés* dans $G(L/K)$, topologisé à la manière habituelle; ils jouissent de propriétés fonctorielles simples (passage au sous-groupe et au groupe quotient notamment). On dit que v est *non ramifiée* dans L si $T_w(L/K) = 0$, cette propriété ne dépendant pas de l'extension w choisie.

On appliquera ce qui précède à des corps de nombres algébriques (non nécessairement finis sur $\mathbf{Q}$). Les seules valuations de ces corps sont celles qui prolongent les valuations p-adiques de $\mathbf{Q}$. Si K est un corps de nombres, et L/K une extension galoisienne de K, on dit que L/K est *non ramifiée* si toutes les valuations de K sont non ramifiées dans L. La notion d'extension non ramifiée est de caractère fini. Plus précisément:

Lemme 1. *Soit L la réunion d'une suite croissante de corps K_n finis sur* $\mathbf{Q}$ *et soit M/L une extension finie, galoisienne, non ramifiée. Pour n assez grand, il existe alors une extension finie, galoisienne, non ramifiée M_n/K_n telle que $M = M_n \otimes_{K_n} L$.*

On construit facilement des extensions galoisiennes M_n/K_n avec $M_n \otimes_{K_n} L = M$ (pour n assez grand). Tout revient à voir que $M_n \cdot K_{n+i}$ est extension non ramifiée de K_{n+i} pour i assez grand, ce qui est un simple exercice de limites projectives (il faut se servir du fait qu'il n'y a qu'un nombre fini de valuations de K_n qui se ramifient dans M_n). Pour plus de détails, voir [3], th. 6.1.

3. Γ-extensions. Soit Γ un groupe topologique isomorphe au groupe $\mathbf{Z}_p$ des entiers p-adiques; comme au n° 1, nous désignons par γ un générateur de Γ.

Une extension algébrique L/K est dite une *Γ-extension* si elle est galoisienne et si son groupe de Galois est Γ. Il revient au même de dire que L est réunion d'une suite croissante de corps K_n, chaque K_n étant une extension cyclique de K de degré p^n; les K_n correspondent par la théorie de Galois aux sous-groupes $H_n = p^n\Gamma$ de Γ, et l'on sait que ce sont les seuls sous-groupes fermés de Γ (avec 0).

Lemme 2. *Soit L/K une Γ-extension, et supposons K fini sur $\mathbf{Q}$. Il existe alors au moins une valuation de K qui se ramifie dans L, et une telle valuation induit sur $\mathbf{Q}$ la valuation p-adique.*

D'après la théorie du corps de classes, toute extension abélienne non ramifiée de K est finie; comme L/K est une extension infinie, il existe au moins une valuation v de K qui se ramifie dans L. Soit T le groupe d'inertie correspondant; c'est un sous-groupe fermé $\neq 0$ de Γ, donc c'est un groupe isomorphe à $\mathbf{Z}_p$. D'après la théorie de la ramification supérieure, T est produit d'un groupe fini par un l-groupe, où l est la caractéristique de $\bar{K}_v$. On a donc nécessairement $l = p$, ce qui signifie bien que v induit sur $\mathbf{Q}$ la valuation p-adique.

Exemple. Le corps L défini au n° 1 est une Γ-extension de K_0 (on suppose $p \neq 2$); la seule valuation de K_0 qui soit ramifiée est l'unique valuation v prolongeant la valuation p-adique de $\mathbf{Q}$. Cette valuation est d'ailleurs *totalement ramifiée,* i.e. on a $T = \Gamma$.

4. Structure de la p-extension abélienne non ramifiée maximale d'une Γ-extension. Cas totalement ramifié. Si K est un corps de nombres algébriques nous noterons $A_p(K)$ la p-extension abélienne non ramifiée maximale de K, c'est-à-dire la composée des extensions finies M/K, où M/K est une extension abélienne non ramifiée dont le groupe de Galois est un p-groupe.

Soit L/K une Γ-extension, avec K fini sur $\mathbf{Q}$, et soit $M = A_p(L)$. Nous noterons X le groupe de Galois $G(M/L)$; c'est une limite projective de p-groupes abéliens finis. L'extension M/K est galoisienne résoluble; le groupe $\Gamma = G(L/K)$ opère sur $X = G(M/L)$ par automorphismes intérieurs.

$$\begin{array}{l} X\left\{\begin{array}{l} M \\ | \\ L \end{array}\right. \\ \Gamma\left\{\begin{array}{l} | \\ K \end{array}\right. \end{array}$$

D'après le lemme 1, le corps M est réunion des corps $M_n = A_p(K_n)$; le groupe X est donc limite projective des groupes $X_n = G(M_n/K_n)$. D'après la théorie du corps de classes, X_n est isomorphe à la p-composante du groupe des classes d'idéaux du corps K_n; nos notations sont donc cohérentes avec celles du n° 1. Le groupe X_n est un p-groupe abélien fini, sur lequel opère le groupe $\Gamma_n = G(K_n/K) = \Gamma/p^n\Gamma$; on peut donc munir canoniquement X_n d'une structure de module sur l'anneau $A_n = \mathbf{Z}_p[\Gamma_n]$, algèbre du groupe Γ_n à coefficients dans les entiers p-adiques. Par passage à la limite projective, on munit X d'une *structure de module topologique sur l'anneau A limite projective des anneaux A_n*; on verra d'ailleurs au n° 6 que A est isomorphe à l'anneau de
2 séries formelles $\mathbf{Z}_p[\![T]\!]$, l'isomorphisme faisant correspondre au générateur γ de Γ la série formelle $1 - T$.

On se propose maintenant de reconstruire X_n à partir du A-module X (et de certains éléments privilégiés de X):

Soient $v_1, \ldots, v_k$ les valuations de K qui se ramifient dans L (cf. lemme 2), et soient $T_i \subset \Gamma$ les groupes d'inertie correspondants. On a $T_i = p^{n_i}\Gamma$, avec $n_i \geq 0$. Nous supposerons dans ce numéro que $n_i = 0$ pour tout i, autrement dit que les valuations v_i sont *totalement ramifiées*; le cas général se ramène facilement à celui-là, cf. n° 5.

Pour tout i, soit w_i un prolongement de v_i à M, et soit $S_i \subset G(M/K)$ le groupe d'inertie correspondant; puisque M/L est non ramifié, on a $S_i \cap X = 0$; puisque v_i est totalement ramifié dans L, l'image de S_i dans Γ est Γ tout entier. Donc chacun des S_i est un *supplémentaire* de X dans $G(M/K)$, et $G(M/K)$ est produit semi-direct de S_1 par X. Si $\sigma_i \in S_i$ se projette en γ, on peut écrire $\sigma_i = a_i \sigma_1$, avec $a_i \in X$.

Théorème 4. *Avec les hypothèses et notations précédentes, on a $X_n = X/Y_n$, où Y_n est le sous-$\mathbf{Z}_p$-module de X défini de la façon suivante:*

(i) *Y_0 est engendré par les a_i et par $(1-\gamma)X$.*

(ii) *$Y_n = \nu_n Y_0$, avec $\nu_n = 1 + \gamma + \gamma^2 + \ldots + \gamma^{p^n - 1}$.*

Démonstration de (i). Le corps M_0 est évidemment la plus grande extension abélienne non ramifiée de $K_0 = K$ contenue dans M. Son groupe de Galois X_0 est donc égal à $G(M/K)/Z_0$, où Z_0 est le plus petit sous-groupe de $G(M/K)$ contenant le sous-groupe des commutateurs $G(M/K)'$ ainsi que les S_i. La décomposition de $G(M/K)$ en produit semi-direct de S_1 par X montre que $G(M/K)' = (1-\gamma)X$, d'où aussitôt le résultat.

Démonstraton de (ii). Comme L est une Γ-extension de K_n, le résultat ci-dessus s'applique à X_n, à condition de remplacer γ par γ^{p^n} et les σ_i par les $\sigma_i^{p^n}$. Cela a pour effet de remplacer les a_i par les $\nu_n a_i$, car, pour tout entier k, on a:

$$(\sigma_i)^k = (a_i \sigma_1)^k = a_i \cdot \sigma_1 a_i \sigma_1^{-1} \cdot \sigma_1^2 a_i \sigma_1^{-2} \cdots \sigma_1^{k-1} a_i \sigma_1^{-k+1} \cdot \sigma_1^k$$

et en particulier, pour $k = p^n$, cela donne:

$$(\sigma_i)^{p^n} = a_i^{\nu_n} \cdot (\sigma_1)^{p^n}.$$

On a donc $Y_n = (1-\gamma^{p^n})X + \nu_n H$, où H est engendré par les a_i. Comme $\nu_n(1-\gamma) = (1-\gamma^{p^n})$, ceci s'écrit aussi $Y_n = \nu_n Y_0$, ce qui achève la démonstration.

Exemple. Lorsque $k=1$, c'est-à-dire lorsqu'une seule valuation de K se ramifie dans L, on a $a_i = 0$, et le théorème 4 montre que $X_n = X/\omega_n X$; c'est la formule (**) du n° 1. Si en outre $X_0 = 0$, on a $X = \omega_0 X$, et comme ω_0 est dans l'idéal maximal $\mathfrak{m}$ de A, ceci entraîne $X = 0$ (lemme de Nakayama, cf. n° 6), d'où $X_n = 0$ pour tout n, ce qui démontre le théorème 1.

Théorème 5. *Le A-module X est un module de torsion de type fini.*

On sait que X_n est un groupe fini; le théorème 4 montre donc que $X/\omega_n X$ est un $\mathbf{Z}_p$-module de type fini, et de rang $\leq k-1$ (donc indépendant de n). Le théorème en résulte (cf. n° 6, lemmes 4 et 7).

Le résultat ci-dessus permet d'appliquer les théorèmes de structure du n° 6; si $\mathscr{C}$ désigne la catégorie des groupes finis, on en conclut que X est $\mathscr{C}$-isomorphe à la somme directe d'un $\mathbf{Z}_p$-module libre de rang fini l stable par γ, et de modules isomorphes à $\mathbf{Z}/p^{m_i}\mathbf{Z}[\![T]\!]$. On pose $m = \sum m_i$.

Théorème 6. *Si p^{e_n} est l'ordre de X_n, on a $e_n = mp^n + ln + c$ pour n grand, c étant une constante.*

Si Y est un p-groupe abélien fini, nous noterons $p^{e(Y)}$ son ordre; $e(Y)$ peut aussi être considéré comme la *longueur* du Λ-module Y. D'après le théorème 4, on a $e_n = e(X_n) = e(X/\nu_n Y_0) = e(X/Y_0) + e(Y_0/\nu_n Y_0)$. Comme $X/Y_0 = X_0$ est fini, le Λ-module Y_0 a les mêmes invariants l et m que X, et en lui appliquant le théorème 8 du n° 6, on obtient le résultat cherché.

5. Structure de la p-extension abélienne non ramifiée maximale d'une Γ-extension. Cas général. Revenons aux notations du début du n° 4, et soient $T_i = p^{n_i}\Gamma$ les groupes d'inertie des valuations de K qui se ramifient dans L. Choisissons un entier $n' \geq n_i$ pour tout i, et posons $K' = K_{n'}$. Le groupe de Galois Γ' de L/K' est isomorphe à $\mathbf{Z}_p$, et l'on peut appliquer à cette extension les résultats du numéro précédent. Le groupe X est donc un Λ'-module de type fini et de torsion, et *a fortiori* un Λ-module de type fini et de torsion. Le théorème 5 est donc valable sans modification, et un raisonnement analogue s'applique au théorème 6.

6. Structure de l'anneau Λ et des Λ-modules. Soit $\Lambda = \mathbf{Z}_p[\![T]\!]$, et posons $\gamma = 1 - T$, $\gamma_n = \gamma^{p^n}$, $\omega_n = 1 - \gamma_n$. On a donc $\omega_0 = T$; l'idéal maximal $\mathfrak{m}$ de Λ est l'idéal (p, T). On voit facilement que le développement de ω_n est de la forme:

$$\omega_n = \pm T^{p^n} + \sum a_i T^i, \quad \text{avec } i < p^n \text{ et } a_i \equiv 0 \mod p .$$

Dans la terminologie des anneaux locaux, ω_n est un *polynôme distingué* (au signe près). Il s'ensuit que $\Lambda/\omega_n\Lambda$ s'identifie à $\mathbf{Z}_p[T]/(\omega_n)$, anneau qui n'est autre que l'algèbre sur $\mathbf{Z}_p$ du groupe cyclique $\mathbf{Z}/p^n\mathbf{Z}$, c'est-à-dire A_n avec les notations du n° 4. On a donc défini pour chaque entier n un homomorphisme surjectif $\Lambda \to A_n$, d'où, par passage à la limite un homomorphisme canonique

$$\varepsilon: \Lambda \to A = \varprojlim A_n .$$

Lemme 3. *L'homomorphisme ε est un isomorphisme.*

Le noyau de ε est l'intersection des $\omega_n\Lambda$. Or, si l'on pose:

$$\nu'_n = 1 + \gamma_n + \gamma_n^2 + \ldots + \gamma_n^{p-1},$$

on a évidemment $\nu'_n \equiv 0 \mod \mathfrak{m}$, et $\omega_{n+1} = \nu'_n \omega_n$. Par récurrence on en conclut que $\omega_n \in \mathfrak{m}^n$, et $\bigcap \omega_n\Lambda \subset \bigcap \mathfrak{m}^n = 0$. Donc ε est injectif; comme Λ et A sont tous deux compacts, et que l'image de ε est dense dans A, ε est bien un isomorphisme.

A partir de maintenant on identifiera Λ et A au moyen de ε. On observera que l'anneau A est *un anneau local régulier complet de dimension 2.*

Soit X une limite projective de p-groupes finis munis de structures de $\mathbf{Z}_p[\Gamma_n]$-modules compatibles entre elles (cf. n° 4); comme on l'a déjà remarqué, ceci permet de définir sur X une structure de A-module topologique, évidemment *compact.*

Lemme 4. *Pour que X soit un A-module de type fini il faut et il suffit que $X/\mathfrak{m}X$ soit un p-groupe fini.*

La nécessité est évidente. Supposons donc que des éléments $a_i \in X$, $1 \leq i \leq k$, engendrent X modulo $\mathfrak{m}X$, et soit Z le sous-module qu'ils engendrent; ce sous-module est fermé, puisque c'est l'image continue de A^k, qui est compact. Dans $Y = X/Z$ on a $\mathfrak{m}Y = Y$; montrons que cette relation entraîne $Y = 0$, ce qui établira le lemme. Soit U un voisinage de 0 dans Y; puisque Y est un A-module topologique, pour tout $y \in Y$ il existe un voisinage V_y de y et une puissance $\mathfrak{m}^{n_y}$ de $\mathfrak{m}$ tels que $\mathfrak{m}^{n_y} V_y \subset U$; par compacité on en déduit qu'il existe un n tel que $\mathfrak{m}^n Y \subset U$. Mais $\mathfrak{m}Y = Y$ entraîne $\mathfrak{m}^n Y = Y$; on a donc $Y \subset U$ pour tout U, d'où $Y = 0$ puisque Y est séparé.

Remarque. Supposons que X soit de type fini. Alors sa topologie coïncide avec sa topologie $\mathfrak{m}$-adique; en effet, l'une est plus fine que l'autre, et toutes deux sont des topologies d'espace compact.

Nous allons maintenant nous occuper uniquement de *A-modules de type fini,* et donner un théorème de structure pour ces modules.

De façon générale, soit A un anneau noethérien intègre et intégralement clos, et soit $\mathscr{C}$ la catégories des A-modules de type fini dont l'annulateur n'est contenu dans aucun idéal premier de hauteur 1 de l'anneau A; pour $A = \mathbf{Z}_p[[T]]$ c'est la catégorie des A-modules qui sont des groupes *finis.*

On veut raisonner «modulo $\mathscr{C}$»; on dira donc qu'un homomorphisme $f\colon M \to M'$ est un $\mathscr{C}$-isomorphisme si son noyau et son conoyau appartiennent à $\mathscr{C}$; définitions analogues pour $\mathscr{C}$-injectif et $\mathscr{C}$-bijectif.

D'autre part, on dira qu'un module M est *réflexif* s'il est égal à son bidual $M^{**} = \mathrm{Hom}(\mathrm{Hom}(M,A),A)$.

Lemme 5. *Pour tout A-module X de type fini, il existe un $\mathscr{C}$-isomorphisme $f\colon X \to X'$ où X' est somme directe d'un module réflexif et de modules de la forme $A/\mathfrak{p}^n$, où $\mathfrak{p}$ est un idéal premier de hauteur 1 de A. De plus X' est déterminé de manière unique par X.*

3 La démonstration est un simple exercice de localisation. Si T désigne le sous-module de torsion de X, on commence par démontrer (en regardant la localisation de $\mathrm{Hom}(X,T)$) qu'il existe un $\mathscr{C}$-isomorphisme de X dans $T \times X/T$, ce qui nous ramène aux deux cas suivants:

i) X est sans torsion. – On prend alors $X' = X^{**}$ et pour f l'application canonique $X \to X^{**}$; en localisant en $\mathfrak{p}$ de hauteur 1, et en tenant compte de ce que $A_\mathfrak{p}$ est un anneau de valuation discrète on voit qu'on obtient un $\mathscr{C}$-isomorphisme.

ii) X est de torsion. – Chacun des $X_\mathfrak{p}$ est alors somme directe de modules de la forme $A_\mathfrak{p}/\mathfrak{p}^n A_\mathfrak{p}$, et $X_\mathfrak{p} = 0$ pour presque tout $\mathfrak{p}$. D'où facilement le résultat.

La structure des modules réflexifs n'est pas facile à élucider dans le cas général. Heureusement, l'anneau $\mathbf{Z}_p[\![T]\!]$ est un anneau local régulier de dimension 2, et l'on peut appliquer le résultat suivant:

Lemme 6. *Si A est un anneau local régulier de dimension 2, tout A-module réflexif est libre.*

Soit X un tel module; on peut le plonger dans un module libre L de même rang, et dire que X est réflexif signifie que, dans la décomposition primaire de X dans L, les idéaux premiers qui interviennent sont de hauteur 1 (c'est essentiellement la «Quasigleichheit» d'Artin, cf. par exemple [7], chap. III, où est traité le cas des idéaux, celui des modules est identique). Avec les notations de [8], on a alors $\operatorname{codh}(L/X) \geq 1$, d'où $\operatorname{dh}(L/X) = \dim(A) - \operatorname{codh}(L/X) \leq 1$; comme L est libre, on a $\operatorname{dh}(X) = \operatorname{dh}(L/X) - 1$, d'où $\operatorname{dh}(X) \leq 0$, ce qui signifie que X est libre. C.Q.F.D.

(L'analogue du lemme 6 pour les anneaux gradués redonne le théorème de GROTHENDIECK sur les fibrés à fibre vectorielle de base la droite projective.)

Les lemmes 5 et 6, appliqués à $A = \mathbf{Z}_p[\![T]\!]$, donnent le théorème de structure d'IWASAWA ([3], th. 1); on doit seulement observer que les idéaux premiers de hauteur 1 de A sont de deux types (cf. [6], p. 60):

(a) L'idéal pA engendré par p.

(b) Un idéal engendré par un polynôme distingué irréductible:

$$F(T) = T^n + a_1 T^{n-1} + \ldots + a_n, \quad a_i \equiv 0 \bmod p.$$

Dans le cas (a), le quotient $A/\mathfrak{p}^n$ est simplement $\mathbf{Z}/p^n\mathbf{Z}[\![T]\!]$. Dans le cas (b), c'est un $\mathbf{Z}_p$-module libre de type fini. On obtient donc finalement:

Théorème 7. *Soit $\mathscr{C}$ la catégorie des A-modules de longueur finie. Tout A-module de type fini X est $\mathscr{C}$-isomorphe à une somme directe de modules qui sont, soit isomorphes à $\mathbf{Z}_p[\![T]\!]$, soit isomorphes à $\mathbf{Z}/p^n\mathbf{Z}[\![T]\!]$, soit des $\mathbf{Z}_p$-modules libres de type fini.*

De plus ces modules sont déterminés par X de manière unique, à l'ordre près.

Lemme 7. *Soit X un A-module de type fini. Supposons que $X/\omega_n X$ soit un $\mathbf{Z}_p$-module de type fini dont le rang reste borné quand $n \to +\infty$. Alors X est un module de torsion.*

On voit tout de suite que l'hypothèse est invariante par $\mathscr{C}$-isomorphisme. On peut donc supposer que X est somme directe des modules types énumérés dans le théorème 7, et tout revient à voir que le rang de $A/\omega_n A$ n'est pas borné. Or $A/\omega_n A$ est l'algèbre sur $\mathbf{Z}_p$ du groupe Γ_n, et son rang sur $\mathbf{Z}_p$ est p^n qui tend vers l'infini avec n.

Si X est un A-module de torsion de type fini, on définit ses invariants m et l comme on l'a expliqué à la fin du n° 4.

Théorème 8. *Soit X un A-module de type fini, et supposons que, pour tout entier n, $X/\nu_n X$ soit un groupe fini, d'ordre p^{e_n}. Le module X est alors un module de torsion, et si m et l sont ses invariants on a*:

$$(*) \qquad e_n = m p^n + l n + c \quad \textit{pour } n \textit{ grand, } c \textit{ étant une constante.}$$

Ici encore, la question est invariante par $\mathscr{C}$-isomorphisme, et l'on est ramené aux trois cas suivants:

i) $X = A$. Dans ce cas $X/\nu_n X$ n'est pas un groupe fini, contrairement à l'hypothèse.

ii) $X = A/p^m A$. On écrit la suite exacte:

$$X/\omega_0 X \xrightarrow{\nu_n} X/\omega_n X \to X/\nu_n X \to 0,$$

et comme $X/\omega_n X = \mathbf{Z}/p^m \mathbf{Z}[\Gamma_n]$, on a $e(X/\omega_n X) = m p^n$, d'où $e(X/\nu_n X) = m p^n - c$ pour n grand.

iii) X est un $\mathbf{Z}_p$-module libre de rang l. La structure de Γ-module de X est définie par l'automorphisme associé à γ, c'est-à-dire par une matrice carrée M, de degré l, à coefficients dans $\mathbf{Z}_p$; pour que cette opération définisse sur X une structure de A-module il est nécessaire et suffisant que M soit *unipotente* $\bmod p$, c'est-à-dire qu'une puissance de $(M-1)$ soit $\equiv 0 \bmod p$. Pour n assez grand, on aura $\gamma_n \equiv 1 \bmod p$, d'où $\gamma_{n+1} \equiv 1 \bmod p^2$.

Si l'on pose $\nu'_n = 1 + \gamma_n + \gamma_n^2 + \ldots + \gamma_n^{p-1}$, on en déduit $\nu'_n \equiv p \bmod p^2$, c'est-à-dire $\nu'_n = p \cdot u_n$, où u_n est inversible. Comme $\nu_n = \nu'_n \nu_{n-1}$, on a donc $\nu_n X = p \nu_{n-1} X$ pour $n \geqq n_0$, d'où $\nu_n X = p^{n-n_0} \nu_{n_0} X$ si $n \geq n_0$. On en tire, en posant $Y = \nu_{n_0} X$:

$$e(X/\nu_n X) = e(X/Y) + e(Y/p^{n-n_0} Y) = c_1 + l(n - n_0),$$

puisque Y a même rang sur $\mathbf{Z}_p$ que X, d'où le résultat cherché.

Bibliographie

[1] Hasse (Helmut). *Über die Klassenzahl abelscher Zahlkörper.* Berlin, Akademie Verlag, 1952.

[2] Iwasawa (Kenkichi). *A note on class numbers of algebraic number fields,* Abh. Math. Sem. Hamburg, t. **20,** 1956, p. 257–258.

[3] Iwasawa (Kenkichi). *On Γ-extensions of algebraic number fields,* Bull. Amer. math. Soc., t. **65,** 1959, p. 183–226.

[4] Iwasawa (Kenkichi). *On some invariants of cyclotomic fields,* Amer. J. of Math., t. **80,** 1958, p. 773–783; *erratum,* t. **81,** 1959, p. 280.

[5] Iwasawa (Kenkichi). *Sheaves for algebraic number fields,* Ann. of Math., t. **69,** 1959, p. 408–413.

[6] Samuel (Pierre). *Algèbre locale.* Paris, Gauthier-Villars, 1953 (Mén. Sc. math., 123).

[7] Samuel (Pierre). *Commutative Algebra* (Notes by D. Hertzig). Ithaca, Cornell University, 1953.

[8] Serre (Jean-Pierre). *Sur la dimension homologique des anneaux et des modules noethériens,* Proc. intern. Symp. on alg. number theory [1955. Tokyo et Nikko]. Tokyo, Science Council of Japan, 1956, p. 175–189.

42.

Résumé des cours de 1957 – 1958

Annuaire du Collège de France (1958), 55–58

Les multiplicités d'intersections de la géométrie algébrique sont égales à certaines «caractéristiques d'Euler-Poincaré» formées au moyen des foncteurs
1 Tor de CARTAN-EILENBERG. Le but essentiel du cours a été d'établir ce résultat, et de l'appliquer à la démonstration des formules fondamentales de la théorie des intersections.

Il a fallu d'abord rappeler quelques résultats d'algèbre locale: décomposition primaire, théorèmes de COHEN-SEIDENBERG, normalisation des anneaux de polynômes, dimension (au sens de KRULL), polynômes caractéristiques (au sens de HILBERT-SAMUEL).

L'homologie apparaît ensuite, lorsque l'on considère la *multiplicité* $e_{\mathfrak{q}}(E,r)$ d'un idéal de définition $\mathfrak{q}=(x_1,\ldots,x_r)$ d'un anneau local noethérien A par rapport à un A-module E de type fini. Cette multiplicité est définie comme le coefficient de $n^r/r!$ dans le polynôme caractéristique $l_A(E/\mathfrak{q}^n E)$ [on note $l_A(F)$ la longueur d'un A-module F]. On démontre alors la formule suivante, qui joue un rôle essentiel dans la suite:

$$(*)\qquad e_{\mathfrak{q}}(E,r)=\sum_{i=0}^{i=r}(-1)^i\, l_A(H_i(E,x))$$

où les $H_i(E,x)$ désignent les modules d'homologie du *complexe de l'algèbre extérieure* construit sur E au moyen des x_i.

Ce complexe peut d'ailleurs être utilisé dans d'autres questions d'algèbre locale, par exemple pour étudier la *codimension homologique* des modules sur un anneau local, les modules *de Cohen-Macaulay* (ceux dont la dimension de KRULL coïncide avec la codimension homologique), et aussi pour montrer que les anneaux locaux *réguliers* sont les seuls anneaux locaux dont la dimension homologique soit finie.

Une fois la formule (*) démontrée, on peut aborder l'étude des caractéristiques d'Euler-Poincaré formées au moyen des Tor. Lorsque l'on traduit dans le langage de l'algèbre locale la situation géométrique des intersections, on obtient un anneau local régulier A, de dimension n, et deux A-modules E et F de type fini sur A, dont le produit tensoriel est de longueur finie sur A (cela signifie que les variétés correspondant à E et F ne se coupent qu'au point considéré). On est alors conduit à *conjecturer* les énoncés suivants:

i) *On a* dim. (E) + dim. $(F) \leq n$ (*«formule des dimensions»*).

ii) *L'entier* $\chi_A(E,F)=\sum_{i=0}^{i=n}(-1)^i\, l_A(\mathrm{Tor}_i^A(E,F))$ *est* ≥ 0.

iii) *On a* $\chi_A(E,F)=0$ *si et seulement si l'inégalité i) est stricte.*

La formule (*) montre que ces énoncés sont en tout cas vrais lorsque $F=A/(x_i,\ldots,x_r)$, avec $\dim(F)=n-r$. Grâce à un procédé, utilisant des pro-

duits tensoriels complétés, et qui est l'analogue algébrique de la «réduction à la diagonale», on peut en déduire qu'ils sont vrais lorsque *A a même caractéristique* que son corps des restes, ou bien quand A est *non ramifié.* A partir de là, on peut, en se servant des théorèmes des structure des anneaux locaux complets, *démontrer la formule des dimensions* i) *dans le cas le plus général.* Par
2 contre, je ne suis parvenu, ni à démontrer ii) et iii) sans faire d'hypothèses sur A, ni à en donner des contre-exemples. Il semble qu'il faille aborder la question sous un angle différent, par exemple en définissant directement (par un procédé asymptotique convenable) un entier ≥ 0 dont on montrerait ensuite qu'il est égal à $\chi_A(E, F)$.

Heureusement, le cas d'égale caractéristique est suffisant pour les applications à la géométrie algébrique (et aussi à la géométrie analytique). De façon précise, soit X une variété non singulière, soient V et W deux sous-variétés irréductibles de X, et supposons que $C = V \cap W$ soit une sous-variété irréductible de X, avec:

dim. X + dim. C = dim. V + dim. W (intersection «propre»). Soient A, A_V, A_W les anneaux locaux de X, V et W en C. Si $i(V, W, C; X)$ désigne la multiplicité d'intersection de V et W en C (au sens de WEIL, CHEVALLEY, SAMUEL), on a la formule:

(**) $$i(V.W, C; X) = \chi_A(A_V, A_W).$$

Cette formule (la *«formule des Tor»*) se démontre par réduction à la diagonale, en se ramenant à (*). En fait, il est commode de prendre (**) comme *définition* des multiplicités. Les propriétés de celles-ci s'obtiennent alors de façon naturelle: la commutativité résulte de celle des Tor; l'associativité résulte des deux suites spectrales qui expriment l'associativité des Tor; la formule de projection résulte des deux suites spectrales reliant les images directes d'un faisceau cohérent et les Tor (ces dernières suites spectrales ont d'autres applications intéressantes, mais il n'en a pas été question dans le cours). Chaque fois, on utilise le fait bien connu que les caractéristiques d'Euler-Poincaré restent constantes dans une suite spectrale.

Lorsque l'on définit les intersections au moyen de la formule des Tor, on est conduit à étendre la théorie au delà du cadre strictement «non singulier» de WEIL et de CHEVALLEY. Par exemple, si $f: X \to Y$ est un morphisme d'une variété X dans une variété non singulière Y, on peut faire correspondre à deux cycles x et y de X et de Y un «produit» $x._f y$ qui correspond au point de vue ensembliste à $x \cap f^{-1}(y)$ (bien entendu, ce produit n'est défini que sous certaines conditions de dimensions). Lorsque f est l'application identique, on trouve le produit ordinaire. Les formules de commutativité, d'associativité, de projection, peuvent s'énoncer et se démontrer pour ce nouveau produit. Plus généralement, si l'on se donne deux morphismes $X \to Y$ et $X' \to Y$ on peut définir le *produit fibré* $x._Y x'$ de deux cycles x, x' sur X et X'; c'est un cycle du produit fibré $X \times_Y X'$, défini, lui aussi, sous certaines conditions de dimensions. Lorsque $X' = Y$, on retrouve le produit précédent; lorsque Y est réduit à un point, on retrouve le produit direct de deux cycles.

Le cours s'est terminé par la théorie des diviseurs (sur une variété non nécessairement normale) et les questions de rationalité de cycles.

43.

On the fundamental group of a unirational variety

J. London Math. Soc. **34** (1959), 481–484

1. *Introduction.*

1 None of the known numerical invariants (irregularities, plurigenera, and the like) are capable of distinguishing between *rational* varieties and *unirational* ones. One may ask whether the fundamental group behaves better in this respect; since we know that rational varieties are simply connected, this means: *does there exist a unirational variety V with $\pi_1(V) \neq 0$?* We show below that the answer is *no*, if V is assumed to be projective and non-singular. As a consequence, such a variety *has no Severi torsion*‡.

2. *The complex case.*

In this section, the ground field k is the field of *complex numbers*, so that we may use at will analytic or algebraic methods.

Let V be an irreducible variety over k, and let $k(V)$ be the field of rational functions of V. The variety V is called *unirational* if there exists a finite extension $K/k(V)$, where K is a purely transcendental extension of k. Geometrically speaking, this means that there exists a *generically surjective rational map*

$$f: \mathbf{P} \to V,$$

where $\mathbf{P}$ is a projective space of the same dimension as V.

Let V be a unirational variety, and let us assume that V is projective, and non-singular. The following lemma is well known:

Lemma 1. (i) $h^{q,0}(V) = 0$ *for all* $q > 0$.

(ii) $h^{0,q}(V) = 0$ *for all* $q > 0$.

(iii) *The Todd genus* $\chi(V)$ *of* V *is equal to* 1.

[We put as usual $h^{p,q}(V) = \dim H^q(V, \Omega^p)$, where Ω^p is the sheaf of regular differential forms of degree p.]

Since V is a Kähler variety, we have $h^{0,q}(V) = h^{q,0}(V)$, and

$$\chi(V) = \sum_{q \geq 0} (-1)^q . h^{0,q}(V);$$

hence, it is enough to prove (i).

Received 1 July, 1959; read 19 November, 1959.

‡ This result is in contradiction with some assertions of L. Roth ([3], Chap. V, §9),
2 but it is not clear (to me) whether Roth's varieties are singular or not.

Let $f: \mathbf{P} \to V$ be the given rational map, and let W be the subset of $\mathbf{P}$ where f is not regular. Since V is complete, W is a subvariety of V of codimension at least 2. The restriction map

$$f: \mathbf{P} - W \to V$$

is now a *morphism* ("regular map"). If ω is an everywhere regular differential form of degree q on V, its inverse image $f^* \omega$ is regular on $\mathbf{P} - W$. Consider $f^* \omega$ as a rational differential form on $\mathbf{P}$, and let F be its polar set; the set F is a divisor (this is true for any rational section of a vector bundle); since $F \subset W$, we have $F = \emptyset$, and $f^* \omega$ is everywhere regular on $\mathbf{P}$. If $q > 0$, we have $h^{q,0}(\mathbf{P}) = 0$; hence $f^* \omega = 0$, and $\omega = 0$, f being generically surjective. This proves (i).

(The same proof gives also the vanishing of the plurigenera of V.)

Lemma 2. *The fundamental group $\pi_1(V)$ of V is finite, and the universal covering space V' of V is a projective non-singular unirational variety.*

Let $f: \mathbf{P} - W \to V$ be as before, and let $\pi: V' \to V$ be the universal covering space of V. Since $\operatorname{codim} W \geqslant 2$, it is well known that $\pi_1(\mathbf{P} - W) = \pi_1(\mathbf{P}) = 0$, and f may be lifted to a continuous map $g: \mathbf{P} - W \to V'$, with $\pi \circ g = f$.

On the other hand, f may be viewed as a covering of a Zariski open subset of V. More precisely, there exists a closed subvariety F of V, distinct from V, and a closed subvariety G of $\mathbf{P}$, containing W, such that f defines by restriction an unramified covering

$$f: \mathbf{P} - G \to V - F.$$

The degree of this covering is finite and equal to $[k(\mathbf{P}) : k(V)]$. Let F' be $\pi^{-1}(F)$. We have a factorization:

$$\mathbf{P} - G \to V' - F' \to V - F,$$

and since F is an analytic subvariety of codimension $\geqslant 1$, $V' - F'$ is connected. The degree of $V' \to V$ is thus a divisor of $[k(\mathbf{P}) : k(V)]$, hence $\pi_1(V)$ is finite.

If we lift to V' the analytic structure of V, a theorem of Kodaira ([2], §12) shows that V' becomes a projective non-singular variety. If we prove $g: \mathbf{P} - W \to V'$ to be a *morphism* (and not merely an analytic map), the unirationality of V' will follow. But this is a special case of the following *GAGA* type lemma:

Lemma 3. *Let X, Y, Z be algebraic varieties over the field of complex numbers, let $\pi: Y \to X$ and $f: Z \to X$ be morphisms, and assume that $\pi^{-1}(x)$ is finite for any $x \in X$. Let $g: Z \to Y$ be an analytic map such that $\pi \circ g = f$. Then, g is a morphism.*

If we replace π by its pull-back by f (" induced covering ", if π were a covering), we are reduced to the case $Z=X$, g being an analytic section $g: X \rightarrow Y$. Let us show first that $g(X)$ is an *algebraic subvariety* of Y. We may assume X algebraically irreducible, of dimension n, hence also analytically irreducible of dimension n (see, *e.g.*, Weil [5], *App.*, n° 11). Then $g(X)$ is a closed analytically irreducible subvariety of Y, of the same dimension as Y. Using again [5], *loc. cit.*, it follows that $g(X)$ is an algebraically irreducible component of Y, and our assertion is proved. Let us put $Y'=g(X)$. The projection map $\pi': Y' \rightarrow X$ is a bijective morphism, and its inverse $g: X \rightarrow Y'$ is analytic; by *GAGA*, [4], Prop. 9, it then follows that g is a morphism.

We now prove the result referred to in the introduction:

PROPOSITION 1. *A projective non-singular unirational variety is simply connected.*

Let V be such a variety, and let r be the order of its fundamental group. Let $V' \rightarrow V$ be the universal covering space of V. By Lemma 2, r is finite, and V' is a projective non-singular unirational variety. If we apply Lemma 1 to V', we get $\chi(V')=1$. On the other hand, the Riemann-Roch theorem (Hirzebruch [1]) gives us

$$\chi(V')=r \cdot \chi(V).$$

Hence $r=1$.

COROLLARY. *The variety V has no Severi torsion.*

Since $\pi_1(V)=0$, we have $H_1(V, \mathbf{Z})=0$; the torsion group of $H_1(V, \mathbf{Z})$ being dual to the Severi torsion group, the latter is 0.

3. *Tentative extension to characteristic p.*

Let now k be any algebraically closed field. An irreducible k-variety V is called *weakly unirational* if there exists a finite extension $K/k(V)$ where K is a purely transcendental extension of k; if moreover, $K/k(V)$ may be chosen separable, V is called *unirational* (see Zariski [7], §8).

LEMMA 4. *If V is complete, non-singular, and unirational, one has $h^{q,0}(V)=0$ for all $q>0$.*

Same proof as for Lemma 1, (i).

3 I do not know whether statements (ii) and (iii) of Lemma 1 are still true in the characteristic p case; since the symmetry $h^{0,q}=h^{q,0}$ is no longer true in general (even if V is projective), we cannot derive (ii) from (i).

PROPOSITION 2. *Let V be a complete, non-singular, and weakly unirational (resp. unirational) variety. There exists a maximal unramified connected covering $V' \rightarrow V$, and V' is weakly unirational (resp. unirational).*

The proof is much the same as that of Lemma 2. If $V_1 \to V$ is any connected unramified covering, the " purity of branch locus " of Zariski [6] shows that $f: \mathbf{P} - W \to V$ may be lifted to a morphism $g: \mathbf{P} - W \to V_1$. The field extension $k(V_1)/k(V)$ is then contained in $k(\mathbf{P})/k(V)$, and its degree is bounded; the proposition follows immediately.

Assume now that V is *unirational*. *If it could be proved that* $\chi(V') = 1$ (see above), the Riemann-Roch theorem (proved by Grothendieck in any characteristic) would again imply that $V' = V$, and V would have no Severi torsion of order prime to the characteristic. For the characteristic itself, we are better off:

PROPOSITION 3. *A complete non-singular unirational variety has no Severi torsion of order p equal to the characteristic.*

Let D be any divisor on V such that $pD \sim 0$ for linear equivalence. If we write $pD = (f)$, and put $\omega = df/f$, the differential form ω is everywhere regular on V; hence $\omega = 0$ (Lemma 4). This means that $f = g^p$, where g is a rational function, and we have $D = (g)$, hence $D \sim 0$.

References.

1. F. Hirzebruch, *Neue topologische Methoden in der algebraischen Geometrie* (Ergeb. der Math., 9, Springer, Berlin, 1956).
2. K. Kodaira, " Some results in the transcendental theory of algebraic varieties ", *Annals of Math.*, 59 (1954), 86–134.
3. L. Roth, *Algebraic threefolds—with special regard to problems of rationality* (Ergeb. der Math., 6, Springer, Berlin, 1955).
4. J.-P. Serre, " Géométrie algébrique et géométrie analytique ", *Annales Inst. Fourier*, 6 (1955–56), 1–42.
5. A. Weil, *Variétés kählériennes* (Publ. Inst. Math. Nancago, 6, Hermann, Paris, 1958).
6. O. Zariski, " On the purity of the branch locus of algebraic functions ", *Proc. Nat. Acad. Sci. U.S.A.*, 44 (1958), 791–796.
7. ———, " On Castelnuovo's criterion of rationality $p_a = P_2 = 0$ of an algebraic surface ". *Illinois J. of Maths.*, 2 (1958), 303–315.

Collège de France,
Paris 5e, France.

44.

Résumé des cours de 1958–1959

Annuaire du Collège de France (1959), 67–68

Soit G un groupe, et soit A un G-module. A ces données sont associés des groupes $H_q(G,A)$ et $H^q(G,A)$, $q=0,1,\ldots$, qui sont appelés respectivement le q^{ieme} groupe d'homologie et le q^{ieme} groupe de cohomologie de G à valeurs dans A. Un cas particulier intéressant est celui où G est le groupe de Galois d'une extension galoisienne L/K, et où A est un groupe attaché de façon canonique à L; on peut prendre par exemple pour A le groupe multiplicatif L^*, ou, plus généralement, le groupe V_L des points rationnels sur L d'un K-groupe algébrique V. Lorsqu'on fait des hypothèses de nature arithmétique sur les corps K et L, ainsi que sur le G-module A, on peut décrire explicitement les groupes $H_q(G,A)$ et $H^q(G,A)$; on obtient ainsi une formulation à la fois frappante et commode des théorèmes dits «du corps de classes».

Cette méthode a été introduite en arithmétique par divers auteurs, notamment Artin, Hochschild, Nakayama, Tate, Weil; son champ d'application s'accroît continuellement, comme en témoignent les travaux récents de Lang, Shafarevitch, Tate. Le cours de cette année en a donné un exposé détaillé, les applications étant toutefois limitées au cas du corps de classes «local». Outre l'intérêt propre des résultats obtenus, un tel exposé était nécessaire pour préparer le cours de l'année suivante, qui sera consacré aux relations entre extensions abéliennes d'un corps local et isogénies du groupe de ses unités.

Les notes du cours ont été rédigées avec la collaboration de M. Demazure,
1 et polycopiées par les soins du Secrétariat. Voici un résumé de la table des matières:

1e partie. – Homologie des groupes. – Définition et premières propriétés des groupes $H_q(G,A)$ et $H^q(G,A)$. Cas où G est cyclique fini, quotient de Herbrand, et théorème de Tate.

Cohomologie d'un groupe de Galois, groupe de Brauer, variétés de Severi-Brauer.

Cohomologie des groupes finis, cas des p-groupes, caractérisation des modules cohomologiquement triviaux et des modules projectifs, théorèmes de Nakayama et de Tate.

2e partie. – Corps locaux. – Valuations discrètes, anneaux de Dedekind, décomposition et ramification.

Corps locaux complets, théorèmes de structure.

Différente et discriminant.

3e partie. – Corps de classes local. – Formations de classes (d'après Artin-Tate), isomorphisme de réciprocité, groupes de normes, forme générale du théorème d'existence.

Détermination du groupe de Brauer d'un corps local; cas d'un corps des restes fini (et même «quasi-fini», au sens de Whaples), formation de classes correspondante. Le symbole (a,b) et son calcul dans divers cas élémentaires; le symbole $[a,b)$. Cas global: énoncé de résultats sans démonstrations.

Notes

La note n° x de la page Y est désignée par le symbole Y.x.

1. Extensions de corps ordonnés

2.1 Le «corps de rupture de $f(x)$ sur K» est le corps $K[X]/(f)$.

2.2 Pour un exposé de la théorie élémentaire des corps ordonnés basé sur les ths. 1 et 2, voir Bourbaki, *Algèbre*, chap. V, § 2.

2. Impossibilité de fibrer un espace euclidien par des fibres compactes (avec A. Borel)

3.1 La même méthode montre qu'il n'existe pas de fibration de $\mathbf{R}^n$ à fibres connexes et à base compacte non réduite à un point (A. Borel, *Oeuvres*, t. I, n° 11, cor. 2 au th. 3).

3. Cohomologie des extensions de groupes

5.1 Les résultats de cette Note ont été développés dans le n° 15, écrit en collaboration avec G. P. Hochschild.

4. Homologie singulière des espaces fibrés. I. La suite spectrale

8.1 Les résultats de cette Note et des deux suivantes ont été développés dans le n° 9; voir aussi n° 7.

6. Homologie singulière des espaces fibrés. III. Applications homotopiques

14.1 Il est nécessaire de faire des hypothèses de régularité sur X, par exemple de supposer que X est «ULC» au sens du n° 9, chap. V, § 1; sinon, la notion de «revêtement universel» n'a pas de sens.

7. Groupes d'homotopie

17.1 Voir la note 1 au n° 6.

8. Détermination des p-puissances réduites de Steenrod dans la cohomologie des groupes classiques. Applications

(avec A. Borel)

21.1 Les résultats annoncés dans cette Note ont été publiés: *Amer. J. of Math.* 75 (1953), 409–448 (= A. Borel, *Oeuvres*, t. I, 262–301).

22.2 Le calcul des $b_p^{k,j}$ a été fait par S. Mukohda et S. Sawaki: *J. Fac. Sci. Niigata Univ.* 1 (1954), n° 2.

23.3 Non, la condition «n est divisible par 12» n'est pas suffisante pour que $\mathbf{S}_{2n-1}$ admette un champ de 2-repères unitaires tangents: il faut (et il suffit) que n soit divisible par 24. Voir là-dessus I. M. James, *The Topology of Stiefel Manifolds*, L. M. S. Lect. Notes n° 24, 1976.

9. Homologie singulière des espaces fibrés. Applications

24.1 «L'objet essentiel de ce mémoire est d'étudier l'espace des lacets...».

Cette phrase me paraît inexacte: l'espace des lacets n'est guère plus qu'un auxiliaire. En fait, mon but initial était le calcul des groupes de cohomologie des complexes d'Eilenberg-MacLane $K(\Pi; n)$. J'avais remarqué que la théorie de Leray permet d'aborder ce calcul en procédant par récurrence sur n, pourvu que l'on dispose d'un espace fibré E ayant les propriétés suivantes:

a) E est contractile,

b) la base de E est un $K(\Pi; n)$,

ce qui entraîne:

c) les fibres de E sont des $K(\Pi; n-1)$.

J'avais commencé par admettre l'existence d'un tel espace E, existence rendue plausible par le cas $n=1$ (revêtement universel) et aussi par le cas $n=2$, $\Pi=\mathbf{Z}$ (la base étant dans ce cas l'espace projectif $\mathbf{P}_\infty(\mathbf{C})$). J'en avais déduit, notamment, la cohomologie de $K(\mathbf{Z}; n)$ à coefficients dans $\mathbf{Q}$, ainsi que le début de sa cohomologie (mod p). Ce n'est qu'après avoir fait ces calculs heuristiques que je me suis aperçu que l'espace des chemins fournit un espace fibré contractile de base donnée, donc satisfait à a) et b) si la base est de type $K(\Pi; n)$. Il restait encore à justifier l'application de la théorie de Leray à un tel espace fibré; fort heureusement, J-L. Koszul et H. Cartan m'ont suggéré une certaine filtration du complexe singulier (cf. chap. II) qui s'est révélée avoir toutes les vertus nécessaires. Une fois ce point technique acquis, les applications aux $K(\Pi; n)$, aux groupes d'homotopie et à la théorie de Morse sont venues d'elles-mêmes.

26.2 J'aurais dû remercier également J. H. C. Whitehead, qui m'a signalé une erreur que j'avais commise dans la définition du cup-produit (cf. p. 442), et que j'ai pu ainsi rectifier sur épreuves.

41.3 Cet article d'Eilenberg-MacLane est paru: *Amer. J. of Math.* 75 (1953), 189–199.

65.4 Dans le cas général, la condition (a) n'est pas surperflue: on peut avoir $\chi(E) \neq \chi(B) \cdot \chi(F)$, comme l'a montré A. Douady (*Sém. H. Cartan,* 1958/59, p. 3–02).

98.5 Le «travail non encore publié» auquel il est fait allusion ici est la *théorie des constructions* de H. Cartan (*Oeuvres,* t. III, 1300–1394).

10. Espaces fibrés et groupes d'homotopie. I. Constructions générales
(avec H. Cartan)

105.1 Les mêmes résultats ont été obtenus indépendamment par G. W. Whitehead (*Proc. Nat. Acad. Sci. U.S.A.* 38 (1952), 426–430).

11. Espaces fibrés et groupes d'homotopie. II. Applications

110.1 Ces calculs ont été justifiés par la théorie des constructions de H. Cartan, cf. note 5 au n° 9.

12. Sur les groupes d'Eilenberg-MacLane

111.1 Les résultats de cette Note ont été développés dans le n° 18.

112.2 Voir J. Adem, *Proc. Nat. Acad. Sci. U.S.A.* 38 (1952), 720–726, ainsi que N. E. Steenrod, *Cohomological Operations* (notes revised by D. B. A. Epstein), Ann. of Math. Studies n° 50, Princeton, 1962.

13. Sur la suspension de Freudenthal

114.1 Le contenu de cette Note a été repris dans le n° 19.

14. Le cinquième problème de Hilbert. Etat de la question en 1951

117.1 Le cinquième problème de Hilbert, sous la forme A, a été résolu par A. Gleason et D. Montgomery-L. Zippin au moment même où s'imprimait cette «seconde thèse». Par contre, la forme B est toujours ouverte: on ignore si le groupe additif des entiers p-adiques peut opérer continûment et librement sur une variété topologique.

Pour un exposé d'ensemble de ces questions, voir:

D. Montgomery et L. Zippin, *Topological Transformation Groups,* Interscience, 1955;

C. T. Yang, *Proc. Symp. Pure Math.* n° 28, vol. 1, A.M.S., 1976, 142–146.

15. Cohomology of group extensions
(avec G. P. Hochschild)

127.1 Les suites spectrales des chap. I et II sont isomorphes: cela a été démontré par L. Evens (*Trans. Amer. Math. Soc.* 212 (1975), 269–277) et F. R. Beyl (*Bull. Sc. Math.* 105 (1981), 417–434); voir aussi D. W. Barnes, *Memoirs Amer. Math. Soc.* vol. 53, nº 317 (1985).

138.2 La notation $C^j(G/K, C^i(K,M))$ n'a pas de sens, car G/K n'opère pas sur $C^i(K,M)$ mais seulement sur $H^i(K,M)$. Cette erreur a été signalée (et corrigée) par F. R. Beyl, *loc. cit.*, § 2.1.

17. Cohomologie et arithmétique

165.1 On dit maintenant «G-module induit» plutôt que «G-module fin».

170.2 A cette bibliographie, on peut ajouter:
E. Artin et J. Tate, *Class Field Theory*, Benjamin, New York, 1967;
J. Cassels et A. Fröhlich (édit.), *Algebraic Number Theory*, Acad. Press, Londres, 1967.

18. Groupes d'homotopie et classes de groupes abéliens

173.1 On dit maintenant:
$\mathscr{C}$-injectif au lieu de $\mathscr{C}$-biunivoque,
$\mathscr{C}$-surjectif au lieu de $\mathscr{C}$-sur,
$\mathscr{C}$-bijectif au lieu de $\mathscr{C}$-isomorphisme sur.
(La trilogie «injection, surjection, bijection» a été introduite par Bourbaki en 1953/54.)

176.2 Il existe des classes ne vérifiant pas (II_A), par exemple celle formée des groupes de torsion A tels que le nombre minimum de générateurs de la p-composante de A soit majoré par une forme linéaire en p quand p varie (S. Balcerzyk, *Fund. Math.* 51 (1962–1963), 149–178).

177.3 La classe définie dans la note précédente ne vérifie pas (III).

195.4 Cet «article ultérieur» n'a jamais été écrit.

201.5 Ce corollaire n'est correct que si $k = \mathbf{Q}$ (ou si la dimension de $H^n(K,k)$ est ≤ 1).

202.6 On doit supposer que k est réduit à $\mathbf{F}_p$.

203.7 Oui, une théorie du «$\mathscr{C}$-type d'homotopie» existe: c'est la théorie dite de la «localisation». Voir là-dessus:
A. Bousfield et D. Kan, *Bull. A.M.S.* 77 (1971), 1006–1010,
et
D. Sullivan, *Ann. of Math.* 100 (1974), 1–79.

207.8 On a d'abord cru, sur la foi d'un calcul erroné de H. Toda, que la prop. 7 était en défaut pour le groupe G_2. En fait, elle est vraie pour tous les groupes exceptionnels, comme l'a montré P. G. Kumpel (*Proc. A.M.S.* 16 (1965), 1350–1356).

19. Cohomologie modulo 2 des complexes d'Eilenberg-MacLane

208.1 Il y a des résultats analogues pour la cohomologie modulo p (p premier $\neq 2$). Voir:

H. Cartan, *Oeuvres,* t. III, n°s 92–93–94 (pour les §§ 2 et 4);

Y. Umeda, *Proc. Japan Acad.* 35 (1959), 563–566 (pour le § 3).

229.2 Effectivement, le cas γ) est impossible. Cela a été démontré par C. McGibbon et J. Neisendorfer (*Comm. Math. Helv.* 59 (1984), 253–257).

229.3 Cette conjecture a été démontrée par I. M. James (*Proc. London Math. Soc.* 8 (1958), 536–547, cor. 1.8).

20. Lettre à Armand Borel

243.1 Cette lettre a été envoyée à Borel qui était alors à l'Institute for Advanced Study de Princeton. Elle contient:

(a) le théorème de dualité analytique,

(b) l'interprétation du théorème de Riemann-Roch en termes de caractéristiques d'Euler-Poincaré, et sa démonstration en basses dimensions.

A ma demande, Borel l'a communiquée à K. Kodaira et D. C. Spencer, dont les travaux de 1951 et 1952 m'avaient servi de point de départ. Il s'est trouvé qu'ils avaient eu indépendamment l'idée de (b); ils l'ont publiée: *Proc. Nat. Acad. U.S.A.* 39 (1953), 641–649 et 868–877. De mon côté, j'ai publié (a), cf. n° 28.

244.2 C'est vrai, les $H^q(X,\mathscr{F})$ sont nuls pour $q > \dim X$, quel que soit le faisceau analytique $\mathscr{F}$ (cohérent ou pas), cf. note 1 au n° 28.

245.3 Cette formule de transposition n'est correcte qu'au signe près (n° 28, prop. 5).

245.4 La finitude de $\dim H^q(X,\mathscr{S}_V)$, pour X compacte, a été démontrée peu après (n° 24).

246.5 Cet énoncé a été démontré en décembre 1953 par F. Hirzebruch lorsque X est une variété algébrique projective. Voir:

F. Hirzebruch, *Topological Methods in Algebraic Geometry,* Springer-Verlag, 1956; seconde édition, augmentée, 1966;

F. Hirzebruch, *The Signature Theorem, Reminiscenses and Recreation,* Ann. of Math. Studies n° 70, Princeton, 1971, 3–31.

Les résultats de Hirzebruch ont été généralisés:

(i) aux morphismes propres de variétés algébriques lisses (sur un corps quelconque), par A. Grothendieck, en 1957 (cf. A. Borel, *Oeuvres,* t. I, n° 44, ainsi que SGA 6, *Lect. Notes in Math.* n° 225, Springer-Verlag, 1971, qui contient des résultats plus généraux); le cas de variétés non lisses a été traité ensuite par P. Baum, W. Fulton et R. MacPherson (*Publ. Math. I.H.E.S.* 45 (1975), 101–145);

(ii) aux variétés analytiques compactes quelconques, par M. F. Atiyah et I. M. Singer (*Ann. of Math.* 87 (1968), 546–604, § 4); et aux morphismes propres de variétés analytiques, par N. R. O'Brian, D. Toledo et Y. L. L. Tong (*Math. Ann.* 271 (1985), 493–526).

21. Espaces fibrés algébriques (d'après A. Weil)

251.1 Cet exposé au séminaire Bourbaki a été pour moi l'occasion de me familiariser avec la *topologie de Zariski*, et de me rendre compte qu'elle n'a rien de pathologique, malgré les apparences. Cela m'a beaucoup aidé pour écrire FAC (n° 29).

252.2 Ainsi, les espaces fibrés algébriques au sens de Weil sont *localement triviaux*, par définition. Il est utile d'affaiblir cette condition. On désire par exemple que, si G est un groupe algébrique et g un sous-groupe algébrique de G, on puisse dire que G est «fibré» de base G/g et de fibre g; or cela n'est pas possible avec la définition de Weil, même si G et g sont connexes. Cela conduit à introduire des espaces fibrés «localement isotriviaux», cf. exposé 1 au Séminaire Chevalley 1958 (non reproduit ici). Et de là à la «topologie étale», il n'y eut qu'un (grand) pas, franchi par Grothendieck.

22. Quelques calculs de groupes d'homotopie

257.1 Autant que je sache, personne n'a écrit explicitement un élément non nul de la composante p-primaire de $\pi_{2p}(\mathbf{S}_3)$, pour p premier ≥ 5.

258.2 Cet article de I. M. James est paru: *Quat. J. Math. Oxford* 5 (1954), 1–10.

23. Quelques problèmes globaux relatifs aux variétés de Stein

269.1 Oui, on a $H_p(X, \mathbf{Z}) = 0$ pour $p > \dim(X)$, lorsque X est une variété de Stein (A. Andreotti et T. Frankel, *Ann. of Math.* 69 (1959), 713–717).

269.2 Oui, l'application $A(X, G) \to C(X, G)$ est bijective, quels que soient la variété de Stein X et le groupe de Lie complexe G (H. Grauert, *Math. Ann.* 135 (1958), 263–273; voir aussi H. Cartan, *Oeuvres*, t. II, n° 49).

269.3 Oui, un revêtement d'une variété de Stein est une variété de Stein (K. Stein, *Archiv der Math.* 7 (1956), 97–107).

270.4 Non, un espace fibré analytique dont la base et la fibre sont des variétés de Stein n'est pas toujours une variété de Stein (H. Skoda, *Invent. Math.* 43 (1977), 97–107). Il y a même un exemple de J-P. Demailly où la base est $\mathbf{C}$, la fibre est $\mathbf{C}^2$, et où l'espace fibré n'est pas de Stein (*Invent. Math.* 48 (1978), 293–302).

26. Fonctions automorphes: quelques majorations dans le cas où X/G est compact

284.1 On a ainsi démontré que le corps des fonctions méromorphes sur une variété analytique compacte connexe X de dimension n est de degré de transcendance $\leq n$. Ce résultat avait été conjecturé par C. L. Siegel, et avait déjà été prouvé par W. Thimm par une autre méthode (*thèse*, Königsberg, 1939 et *Math. Ann.* 128 (1953), 1–48, Hauptsatz III). La démonstration donnée ici a été reproduite avec des changements mineurs par C. L. Siegel (*Göttingen Nach.* 1955, n° 4 = *Ges. Abh.*, t. III, n° 64). Pour une démonstration différente (et qui donne un résultat plus précis lorsque le degré de transcendance est $< n$), voir R. Remmert, *Math. Ann.* 132 (1956), 277–288, ainsi que H. Grauert et R. Remmert, *Coherent Analytic Sheaves*, Springer-Verlag, 1984, chap. 10, § 6.

27. Cohomologie et géométrie algébrique

291.1 La réponse à la question b) est «oui», d'après A. Grothendieck, cf. note 4 au n° 20.

28. Un théorème de dualité

299.1 Les Tor en question sont bien nuls. Cela résulte de ce que $\mathscr{A}_x^{0,0}$ est un $\mathscr{O}_x$-module plat, d'après un théorème de B. Malgrange généralisant le théorème de division des distributions de S. Lojasiewicz (*Séminaire Bourbaki* 1959/60, exposé 203, cor. au th. 4 – voir aussi J-C. Tougeron, *Idéaux de Fonctions Différentiables*, Springer-Verlag, 1972, p. 118, cor. 1.3).

29. Faisceaux algébriques cohérents

310.1 A. Grothendieck a montré que la catégorie des faisceaux a suffisamment d'objets injectifs, ce qui permet de définir les groupes de cohomologie comme des foncteurs dérivés (*Tôhoku J. Math.* 9 (1957) 119–221). On n'a donc plus besoin d'utiliser le procédé des recouvrements de Čech (mais c'est parfois bien commode...). Voir aussi R. Godement, *Topologie Algébrique et Théorie des Faisceaux*, Hermann, Paris, 1958, pour une définition basée sur les faisceaux «flasques».

339.2 Dans l'énoncé de la prop. 7, on doit supposer que U et U' sont non vides.

346.3 Les $h^{p,q}$ ne fournissent pas une bonne définition des nombres de Betti à la Weil, comme le montre l'exemple de J. Igusa cité à la fin du n° 27.

356.4 On sait depuis 1976 que les modules projectifs sur $k[X_1, \ldots, X_r]$ sont libres (*théorème de Quillen-Suslin*, cf. note 1 au n° 48).

359.5 On a $H^n(V, \mathscr{F}) = 0$ si $n > \dim(V)$ et si $\mathscr{F}$ est cohérent, cf. n° 35, th. 2 (en fait, l'hypothèse de cohérence n'est pas nécessaire, pourvu que l'on définisse la cohomologie comme un foncteur dérivé, cf. A. Grothendieck, *loc. cit.*, th. 3.6.5).

372.6 Le th. 1 a été étendu à toutes les variétés complètes par A. Grothendieck (EGA III, cor. 3.2.3).

389.7 Voir n° 27, § 3.

30. Une propriété topologique des domaines de Runge

393.1 On a en fait $H_n(X)=0$. En effet, on vient de voir que $H_n(X)$ est un groupe de torsion, et d'autre part A. Andreotti et T. Frankel ont montré que c'est un groupe sans torsion (*Ann. of Math.* 69 (1959), 713–717).

31. Notice sur les travaux scientifiques

394.1 Cette notice a été écrite en 1955, à l'occasion de ma candidature à la chaire d'Algèbre et Géométrie du Collège de France.

32. Géométrie algébrique et géométrie analytique

420.1 Les ths. 1, 2 et 3 ont été étendus aux variétés complètes (et même à tout morphisme propre) par A. Grothendieck (*Sém. H. Cartan* 1956–1957, exposé 2).

429.2 La prop. 12, et son corollaire, sont valables même si X est singulière, ou non projective. Cela résulte du théorème de comparaison de M. Artin reliant la cohomologie usuelle et la cohomologie étale (SGA 4, t. 3, *Lect. Notes in Math.* n° 305, Springer-Verlag, 1973, exposé XVI, § 4; voir aussi SGA $4\frac{1}{2}$, *Lect. Notes in Math.* n° 569, Springer-Verlag, 1977, p. 51).

430.3 Non, les variétés X et X^σ ne sont pas toujours homéomorphes. Leurs groupes fondamentaux peuvent être différents, cf. n° 63.

435.4 Cette conjecture est fausse. En effet, A. Grothendieck a montré que les seuls groupes semi-simples qui satisfont à (R) sont les produits de groupes $\mathbf{SL}_n(\mathbf{C})$ et $\mathbf{Sp}_{2m}(\mathbf{C})$, cf. *Sém. Chevalley* 1958, exposé 5, th. 3.

437.5 Au lieu de dire que (A, B) est un couple plat, on dit plutôt que B est *fidèlement plat* sur A (Bourbaki, *Alg. Comm.*, chap. I, § 3).

33. Sur la dimension homologique des anneaux et des modules noethériens

445.1 La dimension de $A_\mathfrak{p}$ s'appelle maintenant la *hauteur* de $\mathfrak{p}$, et se note $\mathrm{ht}(\mathfrak{p})$, cf. Bourbaki, *Alg. Comm.*, chap. VIII, § 8, ainsi que A. Grothendieck, EGA 0.16.1.3.

450.2 Le terme de «profondeur» a remplacé celui de «codimension homologique», cf. A. Grothendieck, EGA 0.16.4.5.

34. Critère de rationalité pour les surfaces algébriques (d'après K. Kodaira)

461.1 Voir les notes au n° 43.

461.2 Les conditions $P_1=0$ et $\pi_1(V)=0$ ne suffisent pas à entraîner la rationalité de la surface V. Il y a des contre-exemples de I. Dolgachev (*Algebraic surfaces with* $p_g=q=0$, CIME 1977, Liguori édit., Naples, 1977) et R. Barlow (*Invent. Math.* 79 (1985), 293–301).

35. Sur la cohomologie des variétés algébriques

483.1 Le th. 3 a été étendu par A. Grothendieck à tous les $H^q(X,\mathscr{F})$; voir par exemple EGA III, Cor. 3.2.3.

36. Sur les revêtements non ramifiés des variétés algébriques
(avec S. Lang)

486.1 Cette inégalité n'est correcte que si l'on remplace les $[U_i' : V']$ par leurs facteurs séparables, cf. Erratum.

495.1 Le théorème de finitude pour les revêtements modérément ramifiés a été démontré par S. Abhyankar (*Amer. J. of Math.* 81 (1959), 46–94). La méthode utilisée consiste à se ramener au cas non ramifié par un changement de base convenable («lemme d'Abhyankar»).

37. Résumé des cours de 1956 – 1957

499.1 Ce cours a été publié: *Groupes algébriques et corps de classes,* Hermann, Paris, 1959.

500.2 Pour la cohomologie (cohérente) des variétés abéliennes, voir n° 40, § 1.

38. Sur la topologie des variétés algébriques en caractéristique *p*

506.1 On peut en effet définir des puissances réduites de Steenrod dans $H^*(X,\mathcal{O})$, cf. D. Epstein, *Invent. Math.* 1 (1966), 152–208, § 11.1.

508.2 Cette conjecture est fausse, cf. n° 40, p. 719.

518.3 Voir P. Cartier, *Bull. Soc. math. France* 86 (1958), 177–251.

527.4 Le fait que tout revêtement (non ramifié) d'une variété abélienne soit donné par une isogénie est démontré au n° 36.

39. Modules projectifs et espaces fibrés à fibre vectorielle

534.1 Ce résultat a été complété par le théorème de stabilité de H. Bass: deux A-modules projectifs de rang $> \dim(\Omega)$, qui sont stablement isomorphes, sont isomorphes. Voir par exemple H. Bass, *Some problems in «classical» algebraic K-theory,* Lect. Notes in Math. n° 342, Springer-Verlag, 1973, 1–70, § 5.

538.2 Des exemples de tels modules indécomposables existent pour toute valeur paire de $\dim(A)$, cf. H. Bass, *loc. cit.*, p. 28.

539.3 Voir note 1 au n° 48.

41. Classes des corps cyclotomiques (d'après K. Iwasawa)

570.1 La question «$m = 0$?» est devenue rapidement la conjecture «$\mu = 0$?»; vingt ans plus tard, cette conjecture a été transformée en théorème par B. Ferrero et L. Washington (*Ann. of Math.* 109 (1979), 377–395; voir aussi S. Lang, *Cyclotomic Fields* II, Springer-Verlag, 1980, et L. Washington, *Introduction to Cyclotomic Fields*, Springer-Verlag, 1982).

571.2 J'ai proposé d'appeler A «l'algèbre d'Iwasawa», cf. nº 97, § 4.

574.3 Pour plus de détails sur cette démonstration, voir Bourbaki, *Alg. Comm.*, chap. 7, § 4, nº 4.

42. Résumé des cours de 1957–1958

577.1 Ce cours a été rédigé par P. Gabriel, et publié: *Algèbre Locale, Multiplicités*, Lect. Notes in Math. nº 11, Springer-Verlag, 3-ème édition, 1975.

578.2 Les conjectures ii) et iii) n'ont toujours pas été démontrées. Toutefois:

a) Elles sont vraies si $\dim(A) \leq 4$, cf. M. Hochster, *Lect. Notes in Math.* nº 311 (1973), 120–152;

b) P. Roberts (*On the vanishing of intersection multiplicities of perfect complexes*, à paraître) vient de prouver que $\dim(E) + \dim(F) < \dim(A)$ entraîne $\chi_A(E,F) = 0$, ce qui constitue la «moitié» de iii). Le même résultat a été aussi obtenu par H. Gillet et C. Soulé (*C. R. Acad. Sci. Paris* 300 (1985), série I, 71–74).

Pour des généralisations de ces conjectures à des anneaux locaux non nécessairement réguliers, et pour un contre-exemple à l'une de ces généralisations, voir: S. P. Dutta, M. Hochster et J. E. McLaughlin, *Invent. Math.* 79 (1985), 253–291.

43. On the fundamental group of a unirational variety

579.1 «None of the known numerical invariants ... are capable of distinguishing between *rational* varieties and *unirational* ones...»

Ce n'est pas exact: M. Artin et D. Mumford ont montré que le sous-groupe de torsion de $H^3(V, \mathbf{Z})$ est un invariant birationnel de la variété V qui est 0 (resp. $\neq 0$) pour toute variété rationnelle (resp. pour certaines variétés unirationnelles); d'où des exemples de variétés unirationnelles non rationnelles (*Proc. London Math. Soc.* 25 (1972), 75–95). D'autres exemples, basés sur des principes tout différents, avaient été construits peu auparavant par V. I. Iskovskih et Y. Manin (*Mat. Sbornik* 86 (1971), 140–166) et par C. Clemens et P. Griffiths (*Ann. of Math.* 95 (1972), 281–356). Voir là-dessus le rapport de A. Beauville: *Variétés rationnelles et unirationnelles*, Lect. Notes in Math. nº 997, Springer-Verlag, 1983, 16–33.

579.2 Les variétés de Roth avaient effectivement des singularités, comme l'a montré J. Tyrrell (*Proc. Cambridge Phil. Soc.* 57 (1961), 897–898).

581.3 En caractéristique $p > 0$, si l'on suppose seulement que V est «faiblement» unirationnelle, son groupe fondamental peut être $\neq \{1\}$. C'est le cas, lorsque $p \equiv 2, 3, 4 \pmod 5$, de la surface de Godeaux, quotient de $x^5 + y^5 + z^5 + t^5 = 0$ par un groupe cyclique d'ordre 5 opérant de façon évidente (T. Shioda, *Math. Ann.* 225 (1977), 155–159). Toutefois ce groupe fondamental est d'ordre premier à p, cf. T. Ekedahl, *C. R. Acad. Sci. Paris* 297 (1983), série I, 627–629 et R. M. Crew, *Comp. Math.* 52 (1984), 31–45.

Lorsque l'on fait l'hypothèse plus forte que V est «unirationnelle», on ignore si V est toujours simplement connexe. C'est en tout cas vrai si $\dim(V) \leq 3$ d'après N. Nygaard (*Invent. Math.* 44 (1978), 75–86).

44. Résumé des cours de 1958–1959

583.1 Ces notes de cours, augmentées de quelques chapitres sur les groupes de ramification, ont été publiées: *Corps Locaux*, Hermann, Paris, 1962.

Acknowledgements

Springer-Verlag thanks the original publishers of Jean-Pierre Serre's papers for permission to reprint them here.

The numbers following each source correspond to the numbering of the articles.

Reprinted from Algebraic Number Theory, © by Academic Press Inc.: 75, 76
Reprinted from Algebraic Number Fields, © by Academic Press Inc.: 110
Reprinted from Amer. J. of Math., © by Johns Hopkins University Press: 36, 40
Reprinted from Ann. Inst. Fourier, © by Institut Fourier, Grenoble: 32, 68
Reprinted from Ann. of Math., © by Math. Dept. of Princeton University: 9, 16, 18, 29, 45, 46, 79, 86
Reprinted from Ann. of Math. Studies, © by Princeton University Press: 88
Reprinted from Ann. Sci. Ec. Norm. Sup., © by Gauthier-Villars: 101
Reprinted from Annuaire du Collège de France, © by Collège de France: 37, 42, 44, 47, 52, 57, 59, 67, 71, 78, 82, 84, 93, 96, 98, 102, 107, 109, 114, 118, 124, 126, 127, 130, 132
Reprinted from Astérisque, © by Société Mathématique de France: 104, 111, 119, 122
Reprinted from Bull. Sci. Math., © by Gauthier-Villars: 73
Reprinted from Bull. Amer. Math. Soc., © by The American Mathematical Society: 61
Reprinted from Bull. Soc. Math. France, © by Gauthier-Villars: 14, 51
Reprinted from Colloque CNRS, © by Centre National de la Recherche Scientifique: 69, 70
Reprinted from Colloque de Bruxelles, © by Gauthier-Villars: 53
Reprinted from Comm. Math. Helv., © by Birkhäuser Verlag Basel: 19, 28, 131
Reprinted from Cong. Int. Math., Stockholm, © by Institut Mittag-Leffler: 56
Reprinted from Cong. Int. d'Amsterdam, © by North Holland Publishing Company: 27
Reprinted from C. R. Acad. Sci. Paris, © by Gauthier-Villars: 1, 2, 3, 4, 5, 6, 8, 10, 11, 12, 13, 22, 24, 63, 83, 90, 91, 100, 115, 116, 128
Reprinted from Gazette des Mathématiciens, © by Société Mathématique de France: 117
Reprinted from Int. Symp. Top. Alg. Mexico, © by University of Mexico: 38
Reprinted from Izv. Akad. Nauk SSSR, © by VAAP: 62, 89
Reprinted from Kyoto Int. Symp. on Algebraic Number Theory, © by Maruzen: 112
Reprinted from J. de Crelle, © by Walter de Gruyter & Co: 54

Reprinted from J. de Math. pures et appliquées, © by Gauthier-Villars: 35
Reprinted from J. London Math. Soc., © by Cambridge University Press: 43
Reprinted from J. of Number Theory, © by Academic Press: 85
Reprinted from l'Ens. Math., © by Université de Genève: 108
Reprinted from LMS Lect. Note Series no 36, © by Cambridge University Press: 120
Reprinted from Proc. Amer. Math. Soc., © by The American Mathematical Society: 30
Reprinted from Proc. int. symp., Tokyo-Nikko, © by The Science Council of Japan: 33
Reprinted from Publ. Math. I.H.E.S., © by Institut des Hautes Etudes Scientifiques: 49, 55, 74, 81, 103, 125
Reprinted from Séminaire Bourbaki, © by Ecole Normale Supérieure: 7, 17, 21, 25, 34, 41, 58, 60, 77, 95, 99
Reprinted from Séminaire Delange-Pisot-Poitou, © by Secrétariat Mathématique, Paris: 80, 87
Reprinted from Séminaire de Théorie des Nombres de Bordeaux, © by Université de Bordeaux: 123, 129
Reprinted from Séminaire Dubreil-Pisot, © by Secrétariat Mathématique, Paris: 39, 48
Reprinted from Séminaire H. Cartan, © by Secrétariat Mathématique, Paris: 26
Reprinted from Topology, © by Pergamon Press: 65, 66
Reprinted from Trans. Amer. Math. Soc., © by The American Mathematical Society: 15
Reprinted from Zeta and *L* functions, Arithmetical Algebraic Geometry, © by Harper and Row: 64

Other books by J-P. Serre published by Springer (most recent edition)

A Course in Arithmetic, 1978, 0-387-90040-3.
[Original French edition: *Cours d'arithmétique,* P.U.F., 1970.]

Algebraic Groups and Class Fields, 1997, 0-387-96648-X.
[Original French edition: *Groupes algébriques et corps de classes,* Hermann, 1959.]

Complex Semisimple Lie Algebras, 2001, 3-540-67827-1.
[Original French edition: *Algèbres de Lie semi-simples complexes,* Benjamin, 1966.]

Galois Cohomology, 2002, 3-540-42192-0.
[Original French edition: *Cohomologie Galoisienne* (3-540-58002-6), 5th ed., Lect. Notes Math. 5, 1994.]

Lie Algebras and Lie Groups,
Lect. Notes Math. 1500, 1992, 3-540-55008-9.
[First published by Benjamin, 1965.]

Linear Representations of Finite Groups, 1977, 0-387-90190-6.
[Original French edition: *Représentations linéaires des groupes finis,* Hermann, 1968.]

Local Algebra, 2000, 3-540-66641-9.
[Original French edition: *Algèbre Locale - Multiplicités,* Lect. Notes Math. 11, 1965. 3-540-07028-1.]

Local Fields, 1979, 0-387-90424-7.
[Original French edition: *Corps Locaux,* Hermann, 1962.]

Trees, 2003, 3-540-44237-5.
[Original French edition: *Arbres, Amalgames, SL_2,* S.M.F., 1977.]